Jean-Paul Thommen / Ann-Kristin Achleitner

Allgemeine Betriebswirtschaftslehre

Jean-Paul Thommen / Ann-Kristin Achleitner

Allgemeine Betriebswirtschaftslehre

Umfassende Einführung aus managementorientierter Sicht

3., vollständig überarbeitete und erweiterte Auflage

GABLER

Die Deutsche Bibliothek – CIP-Einheitsaufnahme
Ein Titeldatensatz für diese Publikation ist bei
Der Deutschen Bibliothek erhältlich

Prof. Dr. Jean-Paul Thommen ist Inhaber des Lehrstuhls für Allgemeine Betriebswirtschaftslehre, insbesondere Organisation und Personal, an der EUROPEAN BUSINESS SCHOOL Schloss Reichartshausen sowie Dozent an den Universitäten St. Gallen und Zürich.

Prof. Dr. Dr. Ann-Kristin Achleitner (vormals Inhaberin des Stiftungslehrstuhls Bank- und Finanzmanagement an der EUROPEAN BUSINESS SCHOOL) ist Inhaberin des Stiftungslehrstuhls Unternehmensgründung/Entrepreneurial Finance an der TU München und Dozentin an der Universität St. Gallen.

1. Auflage Oktober 1991
2. Auflage Mai 1998
Nachdruck Januar 1999
Nachdruck Oktober 2000
Nachdruck Januar 2001
3. Auflage Oktober 2001

Lektorat: Ulrike Lörcher

Der Gabler Verlag ist ein Unternehmen der Fachverlagsgruppe BertelsmannSpringer.
www.gabler.de

Umschlaggestaltung: Ulrike Weigel, www.CorporateDesignGroup.de
Satz: Dörlemann Satz, Lemförde
Druck und buchbinderische Verarbeitung: LegoPrint, Lavis, Italien
Gedruckt auf säurefreiem und chlorfrei gebleichtem Papier
Printed in Italy 2001

ISBN 3-409-33016-X

Vorwort

Dieses Buch richtet sich an alle, die sich mit betriebswirtschaftlichen Fragen im Rahmen ihrer Aus- und Weiterbildung auseinandersetzen. Angesprochen sind auch Studierende, welche die Betriebswirtschaftslehre als Nebenfach gewählt haben (z.B. Juristen, Ingenieure, Psychologen), und Praktiker, die mit betriebswirtschaftlichen Problemstellungen in Kontakt kommen. Das Buch bietet die Möglichkeit, entweder einen vollständigen Überblick über die gegenwärtige Betriebswirtschaftslehre zu gewinnen oder aber nur einzelne Fragestellungen zu bearbeiten. So erlaubt es der Aufbau des Buches, jede unternehmerische Funktion wie Marketing, Investition oder Führung für sich allein zu studieren. Durch die umfassende Darstellung und das ausführliche Stichwortverzeichnis wird es zum Nachschlagewerk.

Die dritte Auflage wurde stark überarbeitet und erweitert. Neben vielen Aktualisierungen wurde insbesondere das Rechnungswesen zu einem eigenständigen Teil ausgebaut und neue Themen wie Netzwerkorganisation, virtuelle Unternehmen, Balanced Scorecard, Konzept der Kernkompetenzen, Wissensmanagement, organisationales Lernen sowie neuere Unternehmensbewertungsmethoden aufgenommen.

Ergänzt wird das Buch durch ein Arbeitsbuch, das sowohl Repetitionsfragen als auch vertiefende Aufgaben und Übungen mit Lösungen enthält (Thommen, J.-P./ Achleitner, A.-K./Bassen, A.: Allgemeine Betriebswirtschaftslehre – Arbeitsbuch).

Unser Dank für die Herausgabe dieser Auflage geht an unseren Kollegen Prof. Dr. Walter Brenner, der das Kapitel Informationsmanagement aktualisiert hat und an Dipl.-Kfm. Christian Schütz, der mit großem Einsatz die Überarbeitung und Erweiterung dieser Auflage wesentlich unterstützt hat. Zudem danken wir herzlich Frau Ulrike Lörcher für die hervorragende Betreuung dieses Projekts und der Autoren. Ein Dankeschön geht auch in die Schweiz an den Versus Verlag, der einzelne Abschnitte aus der Schweizer Version dieser Allgemeinen Betriebswirtschaftslehre zur Verfügung gestellt hat.

München und Zürich, im August 2001

Ann-Kristin Achleitner
Jean-Paul Thommen

Inhaltsübersicht

Inhaltsverzeichnis

Teil 1	Unternehmen und Umwelt

Teil 5 Rechnungswesen

Teil 6 Finanzierung

Teil 7 Investition und Unternehmensbewertung

Teil 8 Personal

Teil 1

Unternehmen und Umwelt

Inhalt

Kapitel 1
Grundlagen

1.1 Wirtschaft und ihre Elemente

1.1.1 Bedürfnisse, Bedarf, Wirtschaft

Mit dem Begriff Wirtschaft bezeichnet man einen wichtigen Teil unseres gesellschaftlichen Lebens, mit dem jeder von uns auf vielfältige Art und Weise verbunden ist. Man umschreibt damit eine große Anzahl von Institutionen und Prozessen, die sehr vielschichtig miteinander verknüpft sind und die letztlich der Bereitstellung von materiellen und immateriellen Gütern dienen. Motor dieser Wirtschaft sind die **Bedürfnisse** des Menschen. Als Bedürfnis eines Menschen bezeichnet man das Empfinden eines Mangels, gleichgültig, ob dieser objektiv vorhanden oder nur subjektiv empfunden wird. Man spricht auch von einem unerfüllten **Wunsch.**

Aus der Vielzahl menschlicher Bedürfnisse interessieren in der Betriebswirtschaftslehre vor allem jene, die durch die Wirtschaft als Anbieter von Gütern und Dienstleistungen befriedigt werden können. Grundsätzlich können drei Arten von Bedürfnissen unterschieden werden:

- **Existenzbedürfnisse,** auch primäre Bedürfnisse genannt, dienen der Selbsterhaltung und müssen deshalb zuerst und lebensnotwendig befriedigt werden. Es handelt sich zum Beispiel um Bedürfnisse nach Nahrung, Kleidung und Unterkunft.
- **Grundbedürfnisse,** die zwar nicht existenznotwendig sind, die sich aber aus dem kulturellen und sozialen Leben sowie dem allgemeinen Lebensstandard einer

bestimmten Gesellschaft ergeben. Als Beispiele sind die Bedürfnisse nach Kultur (Theater, Oper usw.), Weiterbildung (Kurse, Bücher), Sport, Reisen oder Haushaltsgegenständen (Radio, Kühlschrank usw.) zu nennen.

- **Luxusbedürfnisse,** die – wie der Name bereits sagt – den Wunsch nach luxuriösen Gütern und Dienstleistungen erfüllen. Sie können in der Regel nur von Personen mit hohen Einkommen befriedigt werden. Als Beispiele lassen sich Schmuck, Zweitwohnungen und Luxusautos aufführen.

Da die dem Menschen zur Verfügung stehenden Mittel in der Regel beschränkt sind, kann er niemals – oder zumindest nicht gleichzeitig – alle Grund- oder gar Luxusbedürfnisse befriedigen. Er hat deshalb eine Wahl zu treffen, welche Bedürfnisse er vor allem oder zuerst befriedigen will. Darum fasst man die Grund- und Luxusbedürfnisse unter dem Begriff **Wahlbedürfnisse** zusammen.

Der Übergang von den Existenz- über die Grund- zu den Luxusbedürfnissen ist fließend. Was der eine als Grundbedürfnis empfindet, stuft der andere als Luxusbedürfnis ein. Die Einordnung eines Bedürfnisses hängt in starkem Maße von den Normen einer Gesellschaft sowie von den persönlichen Wertvorstellungen des Individuums ab. Diese können sich über die Zeit stark wandeln. Viele Bedürfnisse, die früher den Luxusbedürfnissen zugeordnet wurden, werden heute als selbstverständlich und somit als Grundbedürfnisse betrachtet. Außerdem ist zu beobachten, dass die Befriedigung einzelner Bedürfnisse neue Bedürfnisse hervorruft. Man spricht in diesem Zusammenhang auch von komplementären Bedürfnissen. Beispielsweise hat das Bedürfnis nach mehr Wohnraum oft zur Folge, dass das Bedürfnis nach neuen Einrichtungsgegenständen (z.B. Teppiche, Möbel, Bilder) entsteht.

Bedürfnisse, die der Einzelne aufgrund seiner alleinigen Entscheidungen befriedigen kann (z.B. Kauf eines Fahrzeuges), werden **Individualbedürfnisse** genannt. Sie sind von den **Kollektivbedürfnissen** zu unterscheiden. Diese zeichnen sich dadurch aus, dass deren Befriedigung vom Interesse und von den Entscheidungen einer ganzen Gemeinschaft (z.B. Staat) oder einer Mehrheit davon abhängt (z.B. Ausbau des Straßennetzes, Schulen).

Äußern sich die Bedürfnisse in einem wirtschaftlich objektiv feststellbaren, d.h. von der Kaufkraft unterstützten Tatbestand, so spricht man von einem **Bedarf,** der auch als gesamtwirtschaftliche **Nachfrage** nach einem bestimmten Gut oder Dienst bezeichnet wird. Aufgabe der Wirtschaft ist es, bestimmte Bedürfnisse des Menschen zu befriedigen und dem Bedarf nach Gütern und Dienstleistungen (= Nachfrage) ein entsprechendes Angebot gegenüberzustellen. Dabei besteht das Problem, dass niemals alle Bedürfnisse befriedigt werden können. Die dazu notwendigen Güter sind im Vergleich zum Bedarf relativ knapp, d.h. sie stehen in der Regel nicht in der erforderlichen Qualität und Menge sowie am erforderlichen Ort oder zur erforderlichen Zeit zur Verfügung.

> Zusammenfassend kann man unter dem Begriff **Wirtschaft** alle Institutionen und Prozesse verstehen, die direkt oder indirekt der Befriedigung menschlicher Bedürfnisse nach knappen Gütern dienen.

1.1.2 Wirtschaftsgüter

Die Wirtschaftsgüter oder **knappen Güter**, die Gegenstand unseres wirtschaftlichen Handelns sind, können von den **freien Gütern** unterschieden werden. Freie Güter werden im Gegensatz zu den knappen von der Natur in ausreichender Menge zur Verfügung gestellt, so dass sie nicht bewirtschaftet werden müssen. Allerdings ist durch das Bevölkerungswachstum und die zunehmende Industrialisierung die Tendenz festzustellen, dass auch bisher freie Güter immer mehr zu knappen werden und es somit immer weniger freie Güter (wie z.B. Luft, Wasser) gibt.

Die Wirtschaftsgüter lassen sich nach verschiedenen Kriterien in folgende Kategorien unterteilen (nach Schierenbeck 1995, S. 2):

- **Inputgüter – Outputgüter:** Diese Unterscheidung knüpft an der unterschiedlichen Stellung von Wirtschaftsgütern in wirtschaftlichen Produktionsprozessen an. Input- oder Einsatzgüter (wie z.B. Rohstoffe, Maschinen, Gebäude) werden benötigt, um andere Güter (wie z.B. Nahrungsmittel oder Haushaltsgeräte) zu produzieren, die als Output- bzw. Ausbringungsgüter das Ergebnis dieser Produktionsprozesse darstellen.

- **Produktionsgüter – Konsumgüter:** Diese Unterscheidung beruht darauf, ob die Wirtschaftsgüter nur indirekt oder direkt ein menschliches Bedürfnis befriedigen. Konsumgüter (z.B. Schuhe, Genussmittel, Ferienreisen) sind stets Outputgüter und dienen als solche unmittelbar dem Konsum, während Produktionsgüter (z.B. Werkzeuge, Maschinen) nicht nur Outputgüter, sondern zugleich auch Inputgüter für nachgelagerte Produktionsprozesse darstellen, an deren Ende schließlich wieder Konsumgüter stehen können.

- **Verbrauchsgüter – Gebrauchsgüter:** Die Wirtschaftsgüter werden nach ihrer Beschaffenheit in solche gegliedert, die bei einem einzelnen (produktiven oder konsumtiven) Einsatz verbraucht werden, d.h. wirtschaftlich gesehen dabei untergehen (z.B. Schmieröl) oder in das Produkt eingehen (z.B. Material), und in solche, die einen wiederholten Gebrauch, eine längerfristige Nutzung erlauben (z.B. Kleidungsstücke, Lastwagen). Das Begriffspaar Verbrauchs- und Gebrauchsgüter wird in der Praxis vor allem für Konsumgüter verwendet. Für die Produktionsfaktoren verwendet man oft die Begriffe
  - **Potenzialfaktoren,** womit auf die spezielle Eigenschaft hingedeutet wird, ein bestimmtes Leistungspotenzial zu verkörpern, (sie werden auch als Investitionsgüter bezeichnet), und

- **Repetierfaktoren,** womit auf den Verbrauchscharakter hingewiesen wird, weil diese Güter entweder ins Produkt eingehen oder endgültig verbraucht werden und somit deren Beschaffung „repetiert“, also laufend wiederholt werden muss.

Häufig findet man auch die Begriffe **Betriebsmittel** (= Potenzialfaktoren) und **Werkstoffe** (= Repetierfaktoren). Letztere werden weiter unterteilt in Rohstoffe, Hilfsstoffe und Betriebsstoffe:

- Die **Rohstoffe** bilden die Grundmaterialien für das Produkt (z.B. Holz, Metall, Kleiderstoffe). Sie gehen ebenso in das Produkt ein wie
- die **Hilfsstoffe,** doch bilden diese keinen wesentlichen Bestandteil des Produktes (z.B. Leim bei Möbeln, Faden bei Kleidern, Grundiermittel).
- Die **Betriebsstoffe** dagegen gehen nicht in das Produkt ein, sondern werden lediglich bei der Fertigung verbraucht (z.B. Benzin, Schmiermittel, elektrische Energie).

- **Halbfabrikate (Teile, Baugruppen) – Fertigfabrikate:** Als Teile bezeichnet man die einzelnen Elemente eines Produktes (z.B. Uhrzeiger, Autoscheibe), als Baugruppe die zu einem Zwischenprodukt zusammengefügten Teile (z.B. Automotor, Schuhoberteil). Teile oder Baugruppen werden als Halb- oder Zwischenfabrikate, Endprodukte als Fertigfabrikate bezeichnet. Allerdings ist zu beachten, dass das gleiche Produkt (z.B. Autoreifen) für ein Unternehmen (Reifenhersteller) ein Endprodukt, für ein anderes (Autohersteller) ein Zwischenprodukt darstellen kann.

- **Materielle Güter – immaterielle Güter:** Immaterielle Güter haben im Gegensatz zu den erstgenannten keine materielle Substanz. Beispiele hierfür sind Dienstleistungen (z.B. Schulungen) und Rechte (z.B. Lizenzen). Die verschiedenen Ausprägungen von immateriellen Gütern können anhand des rechtlichen Schutzes unterschieden werden.

- **Realgüter – Nominalgüter:** Unter Nominalgütern versteht man Geld und Rechte auf Geld. Sie sind stets immaterieller Natur. Somit erlangt eine Unterscheidung zwischen Nominal- und Realgütern nur in einer Geldwirtschaft Bedeutung. In einer reinen Tauschwirtschaft beinhalten Wirtschaftsgüter dagegen ausschließlich materielle und immaterielle Realgüter.

Wie in der Volkswirtschaftslehre spricht man auch in der Betriebswirtschaftslehre von Produktionsfaktoren.[1]

> Als **Produktionsfaktoren** bezeichnet man in der Betriebswirtschaftslehre alle Elemente, die im betrieblichen Leistungserstellungs- und Leistungsverwertungsprozess miteinander kombiniert werden.

---

1 In der Volkswirtschaftslehre werden üblicherweise die drei Produktionsfaktoren Kapital, Boden und Arbeit unterschieden.

Neben den Potenzial- und Repetierfaktoren kommt als drittes Element die **menschliche Arbeitsleistung** dazu. Diese erfüllt die vielfältigsten Aufgaben im Unternehmen, wobei zwischen ausführenden und leitenden (= dispositiven) Tätigkeiten unterschieden werden kann. Letztere beinhalten verschiedene Managementfunktionen, die in Teil 10 ausführlich behandelt werden.[1] Ein immer wichtiger werdender Produktionsfaktor ist schließlich die **Information** bzw. das **Wissen**. Beide sind notwendig, um die bisher erwähnten Produktionsfaktoren (Potenzial- und Repetierfaktoren, menschliche Arbeit) zielgerecht und erfolgsbringend miteinander zu kombinieren.[2]

1.1.3 Wirtschaftseinheiten

1.1.3.1 Haushalte und Unternehmen

Haushalte sind primär dadurch charakterisiert, dass sie **konsumorientiert** sind, d.h. vor allem Konsumgüter verbrauchen. Der Konsum von Gütern und Dienstleistungen – selbstgeschaffenen oder fremdbezogenen – dient stets der Deckung des eigenen Bedarfs. Man spricht deshalb auch von **Konsumtionswirtschaften,** die auf die **Eigenbedarfsdeckung** ausgerichtet sind.

Die Haushalte lassen sich in **private** und **öffentliche** unterteilen. Diese beiden Kategorien unterscheiden sich dadurch, dass die privaten Haushalte (Einzel- oder Mehrpersonenhaushalte) aufgrund von Individualbedürfnissen ihren Eigenbedarf decken, während die öffentlichen Haushalte (Bund, Länder, Gemeinden) ihren Bedarf aus den Bedürfnissen der privaten Haushalte, also von Kollektivbedürfnissen, ableiten. Sowohl die privaten als auch die öffentlichen Haushalte sind als Konsumtionswirtschaften in der Regel nicht primärer Gegenstand der Betriebswirtschaftslehre. Sie werden aber selbstverständlich in die Betrachtung betriebswirtschaftlicher Probleme einbezogen, da sie letztlich die Nachfrage nach Gütern und Dienstleistungen auslösen. Sie bilden damit zum Beispiel eine wesentliche Entscheidungsgrundlage im Marketing (z.B. Entscheidungen über die Absatzmenge oder die Art der abzusetzenden Güter).

Unternehmen lassen sich im Gegensatz zu Haushalten als **produktionsorientierte** Wirtschaftseinheiten umschreiben, die primär der **Fremdbedarfsdeckung** dienen und deshalb auch **Produktionswirtschaften** genannt werden.

---

1 Vgl. Abschnitt 1.2.3.2 „Steuerungsfunktionen" in diesem Kapitel sowie Teil 10, Kapitel 2 „Führungsfunktionen".

2 Vgl. dazu Teil 10, Kapitel 5, Abschnitt 5.1 „Informationsmanagement" und Abschnitt 5.2 „Wissensmanagement".

1.1.3.2 Private und öffentliche Unternehmen, Verwaltung

Unternehmen können in private und öffentliche unterteilt werden, doch ist die Abgrenzung in der Praxis oft schwierig. Folgende Kriterien können dabei nützlich sein:

- **Rechtliche Grundlagen:** Private Unternehmen werden durch das **Zivilrecht** erfasst (Bürgerliches Gesetzbuch [BGB], Handelsgesetzbuch [HGB], Aktiengesetz [AktG], GmbH-Gesetz [GmbHG], Genossenschafts-Gesetz [GenG]), öffentliche Unternehmen unterstehen dagegen in der Regel dem **öffentlichen Recht** (Bundeshaushaltsordnung [BHO], Deutsche Gemeindeordnung, Eigenbetriebsverordnung, Bundesbahngesetz und Gesetz über das Postwesen).
- **Kapitalbeteiligung:** Falls die öffentliche Hand mehr als 50 % des Kapitals besitzt oder die Hauptaktionärin ist, kann tendenziell auf ein öffentliches Unternehmen geschlossen werden. Allerdings besteht generell auch die Möglichkeit, öffentliche Unternehmen in privatrechtlicher Form zu führen, z.B. als Kapitalgesellschaft (AG, GmbH).
- **Grad der Selbstbestimmung:** Aus betriebswirtschaftlicher Sicht von großer Bedeutung ist die Frage, ob das Unternehmen (bzw. diejenigen, welche das Unternehmen führen) alle wichtigen Entscheidungen (z.B. über die Unternehmensziele) selber treffen kann oder ob es in seiner Entscheidungsfreiheit durch die öffentliche Hand eingeschränkt wird.

In der Praxis gibt es viele Mischformen zwischen rein öffentlichen und privaten Unternehmen. Sobald eine Kapitalbeteiligung der öffentlichen Hand an einem privaten Unternehmen besteht, spricht man von einem **gemischtwirtschaftlichen Unternehmen.**

Als klassische Bereiche, in denen öffentliche Unternehmen tätig sind, können angeführt werden:

- Ver- und Entsorgungswirtschaft (Elektrizität, Gas, Wasser, Abfall),
- Verkehrswirtschaft (Bahn, Schifffahrt, Straße),
- Kreditwirtschaft (auf Bundes-, Länder- und Gemeindeebene),
- Versicherungswirtschaft (Gesetzliche Sozialversicherung),
- Informationswirtschaft (Radio, Fernsehen).

Gerade die Entwicklungen in jüngster Zeit haben aufgezeigt, dass zunehmend öffentliche Unternehmen privatisiert werden (z.B. Bundesdruckerei). Neben diesen Vollprivatisierungen sind einige Mischformen zwischen öffentlichen und privaten Unternehmen entstanden (z.B. Deutsche Telekom AG). Hierbei kann davon ausgegangen werden, dass in den nächsten Jahren auch bei diesen Unternehmen eine Vollprivatisierung angestrebt wird.

Daneben finden sich viele Institutionen der öffentlichen Hand aus den verschiedensten Bereichen wie Kultur (Theater, Museen), Bildung (Schulen, Universitäten), Erholung und Freizeit (Sportanlagen, Schwimmbäder), Gesundheit und

Pflege (Krankenhäuser, Heime) sowie Schutz und Sicherheit (Armee, Gefängnisse). Diese zeichnen sich in der Regel dadurch aus, dass die Kosten nicht oder nur teilweise durch selbsterwirtschaftete Erträge gedeckt werden können und somit durch Steuergelder mitfinanziert werden müssen.

Schließlich ist neben den privaten und öffentlichen Unternehmen die öffentliche Verwaltung zu erwähnen.

> Die **öffentliche Verwaltung** besteht aus der Gesamtheit der ausführenden Einheiten eines Staates, die im Rahmen gegebener Gesetze, Verordnungen und Richtlinien tätig werden.

Die öffentliche Verwaltung umfasst im Sinne der Gewaltenteilung die nicht zur Legislative (Gesetzgebung) und Judikative (Rechtsprechung) gehörenden Institutionen. Üblicherweise wird die Regierung selbst nicht zur Verwaltung gezählt. Die öffentliche Verwaltung stellt somit nur einen Teil der Exekutive dar. Ihre Aufgabe besteht im Vollzug der Anordnungen der Regierung, d.h. des anderen Teils der Exekutive.

1.1.3.3 Zusammenfassung

Mithilfe der Unterscheidung von Konsumtions- und Produktionswirtschaften aufgrund der Art der Bedarfsdeckung einerseits und der privaten und öffentlichen Hand als Träger von Unternehmen andererseits kann mit ▶ Abb. 1 eine Übersicht über die verschiedenen Wirtschaftseinheiten gegeben werden. Diese Unterscheidung der verschiedenen Wirtschaftseinheiten hat insofern eine praktische Bedeutung, als damit der konkrete Untersuchungsgegenstand der Betriebswirtschaftslehre bestimmt wird.

<table>
<tr><th>Art der Bedarfsdeckung / Träger</th><th>Eigenbedarfsdeckung (Konsumtionswirtschaften)</th><th>Fremdbedarfsdeckung (Produktionswirtschaften)</th></tr>
<tr><td rowspan="2">öffentliche Hand</td><td rowspan="2">öffentliche Haushalte</td><td>öffentliche Unternehmen und Verwaltungen</td></tr>
<tr><td rowspan="2">gemischtwirtschaftliche Unternehmen</td></tr>
<tr><td rowspan="2">private Hand</td><td rowspan="2">private Haushalte</td></tr>
<tr><td>private Unternehmen</td></tr>
</table>

▲ Abb. 1 Einteilung der Wirtschaftseinheiten

Den Ausführungen in den nachfolgenden Kapiteln liegt als Wirtschaftseinheit primär das private **Unternehmen** zugrunde. Dabei ist nicht ausgeschlossen, dass sich viele Erkenntnisse über die Führung und Gestaltung von Unternehmen auch auf öffentliche Unternehmen und Verwaltungen übertragen lassen. So spricht man im Falle der heute stattfindenden Neuorientierung der öffentlichen Verwaltung von „New Public Management".

Unter **New Public Management** bzw. **wirkungsorientierter Verwaltungsführung** versteht man einen umfassenden Ansatz zur Gestaltung der Strukturen und Steuerung der Abläufe in der öffentlichen Verwaltung. Ziel ist der Übergang von einer Input- zu einer Output-Betrachtung, d.h. es findet eine Verlagerung der Betonung von der Mittelzuteilung und dem Ressourceneinsatz auf eine produkt- und nutzenorientierte Führung statt.

1.2 Unternehmen als Gegenstand der Betriebswirtschaftslehre

1.2.1 Managementorientierte Merkmale des Unternehmens

Aus der Sicht einer **managementorientierten Betriebswirtschaftslehre** interessieren vor allem jene Merkmale des Unternehmens, welche als wesentliche Eigenschaften bei der Führung von Unternehmen von Bedeutung sind.

In diesem Sinn kann das **Unternehmen** als ein offenes, dynamisches, komplexes, autonomes, marktgerichtetes produktives soziales System charakterisiert werden.

Mit dieser Umschreibung wird zum Ausdruck gebracht, dass das Unternehmen

- als **offenes** System mit seiner Umwelt dauernd Austauschprozesse durchführt und durch vielfältige Beziehungen mit seiner Umwelt verbunden ist,
- sich laufend ändern muss, um sich neuen Entwicklungen anzupassen oder diese selber zu beeinflussen (**dynamisches** System),
- aus vielen einzelnen Elementen besteht, deren Kombination zu einem Ganzen ein sehr **komplexes** System von Strukturen und Abläufen ergibt,
- **autonom** seine Ziele bestimmen kann, auch wenn dabei – gerade in einer sozialen Marktwirtschaft – gewisse Einschränkungen durch den Staat (Gesetze) als Rahmenbedingungen zu beachten sind,
- sämtliche Anstrengungen letztlich auf die Bedürfnisse des Marktes ausrichten muss (**marktgerichtetes** System),
- durch Kombination der Produktionsfaktoren **produktive Leistungen** erstellt,

- ein **soziales** System ist, in welchem Menschen als Individuen oder in Gruppen tätig sind und das Verhalten des Unternehmens wesentlich beeinflussen.

1.2.2 Betrieblicher Umsatzprozess

Der betriebliche Umsatzprozess eines Industrieunternehmens kann vorerst in einen **güterwirtschaftlichen** und in einen **finanzwirtschaftlichen** Umsatzprozess unterteilt werden. Da diese beiden Prozesse aber eng miteinander verknüpft sind, wird auf eine gedankliche Trennung verzichtet (▶ Abb. 2).

Werden die verschiedenen Phasen des gesamten betrieblichen Umsatzprozesses aufgrund des logischen Ablaufs geordnet, so ergibt sich folgende Reihenfolge:

Phase 1 **Beschaffung von finanziellen Mitteln** auf dem Kredit- und Kapitalmarkt.

Phase 2 **Beschaffung der Produktionsfaktoren:**

- Potenzialfaktoren, d.h. Betriebsmittel, die im Umsatzprozess genutzt werden, ohne mit ihrer Substanz Eingang in die hergestellten Erzeugnisse zu finden (z.B. Maschinen, EDV-Anlagen, Gebäude),
- Repetierfaktoren, d.h. Werkstoffe wie Roh-, Hilfs- und Betriebsstoffe, Halb- und Fertigfabrikate, die als Bestandteil in die hergestellten Erzeugnisse eingehen oder zum Betrieb und Unterhalt der Betriebsmittel erforderlich sind,
- Arbeitsleistungen, d.h. die von Menschen im Unternehmen zu erbringenden Leistungen,
- Informationen, die für ein zielgerichtetes wirtschaftliches Handeln notwendig sind (z.B. Daten über die wirtschaftliche Entwicklung oder über die Bedürfnisse der Konsumenten).

Phase 3 Transformationsprozess durch **Kombination der Produktionsfaktoren** zu Halb- und Fertigfabrikaten.

Phase 4 **Absatz der erstellten Erzeugnisse** an die Kunden durch das Marketing.

Phase 5 **Rückzahlung der finanziellen Mittel.** Beschaffung von neuen Produktionsfaktoren, womit wieder in Phase 2 eingetreten wird und der Kreislauf sich schließt.

In der betrieblichen Wirklichkeit findet man diese Reihenfolge höchstens bei der Gründung, später laufen die einzelnen Phasen nebeneinander ab.

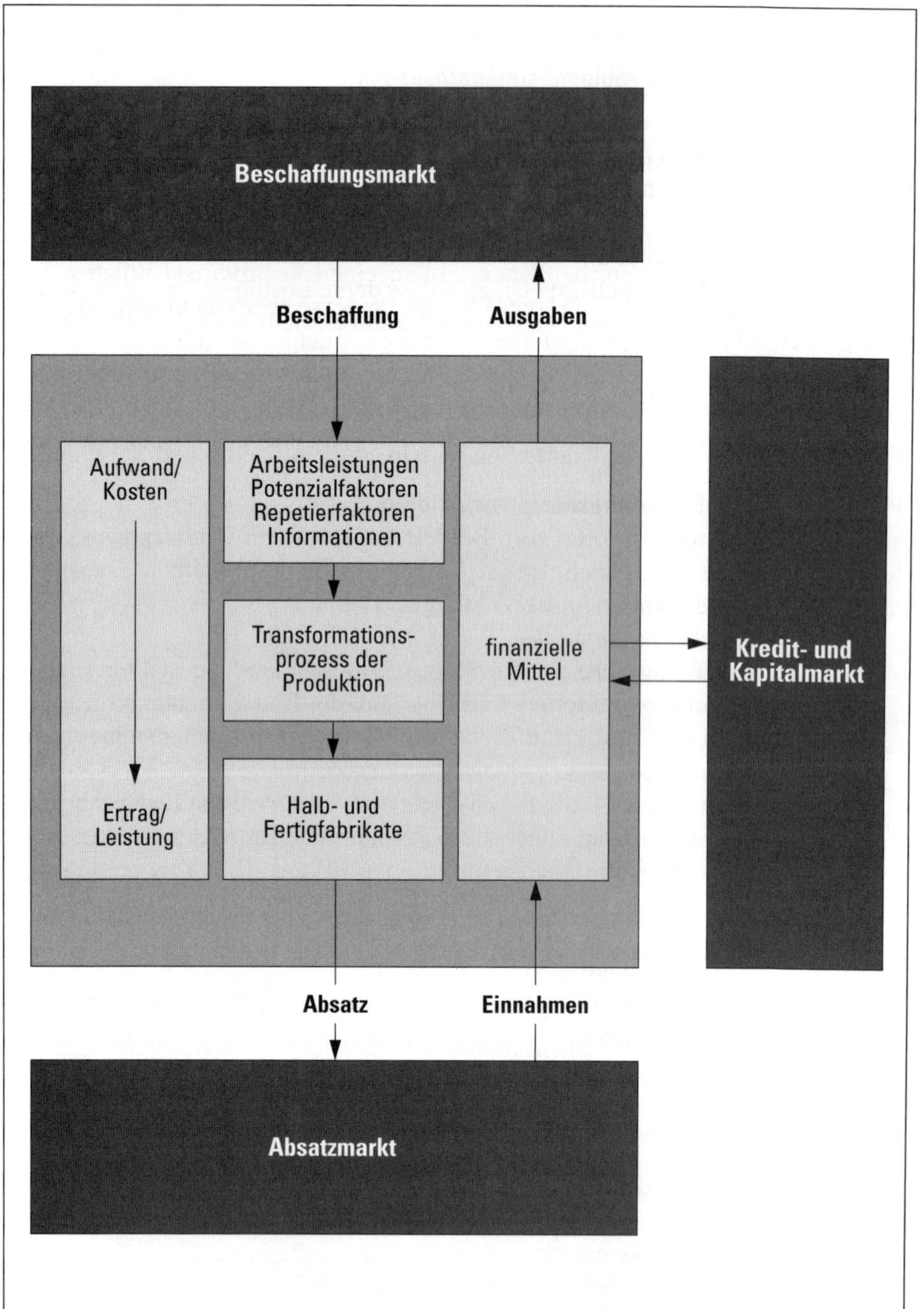

▲ Abb. 2 Schematische Darstellung des güter- und finanzwirtschaftlichen Umsatzprozesses

1.2.3 Steuerung der Problemlösungsprozesse

1.2.3.1 Phasen des Problemlösungsprozesses

Im Rahmen des betrieblichen Umsatzprozesses sind sehr viele und sehr verschiedenartige Aufgaben und Probleme zu lösen. Diese werden in den folgenden Teilen (Marketing, Materialwirtschaft, Produktion, Finanzierung, Investition, Personal, Organisation, Führung) ausführlich behandelt. Trotz der Vielfalt betrieblicher Probleme hat sich aber gezeigt, dass deren Lösung immer ähnlich abläuft. Ein allgemeiner Problemlösungsprozess kann deshalb formal dargestellt und in mehrere charakteristische Phasen unterteilt werden (▶ Abb. 3):

1. **Analyse der Ausgangslage:** In der Ausgangslage geht es darum, die Grundlageninformationen für den eigentlichen Problemlösungsprozess zur Verfügung zu stellen. Sie kann aufgeteilt werden in:
   - **Problemerkennung:** Zuerst muss das eigentliche Problem erkannt werden, da Probleme nicht a priori fest gegeben sind. Dies zeigt sich beispielsweise daran, dass ein gleicher Tatbestand (z.B. autoritärer Führungsstil) in einer bestimmten Situation ein Problem, in einer anderen kein Problem für die Beteiligten darstellt. Ein Problem ist immer dann gegeben, wenn eine Diskrepanz zwischen einem gegenwärtigen und einem gewünschten Zustand auftritt sowie das Bestreben besteht, den gewünschten, als höherwertig eingestuften Zustand zu erreichen. Die Bewertung sowohl des gegenwärtigen als auch des gewünschten Zustandes kann von Mensch zu Mensch verschieden ausfallen.
   - **Problembeschreibung** und **Problemanalyse:** In einem nächsten Schritt muss das Problem genau umschrieben werden. Insbesondere müssen die Art des Problems, dessen Ursachen sowie die verschiedenen Einflussfaktoren erfasst werden.
   - **Problembeurteilung:** Zum Abschluss dieser Phase muss entschieden werden, ob eine Problemlösung angestrebt werden soll oder nicht. Es muss abgeklärt werden, ob die Diskrepanz zwischen aktuellem und gewünschtem Zustand als wesentlich erachtet wird, eine Lösung überhaupt möglich ist sowie der Aufwand zur Verbesserung der Situation den daraus entstehenden Nutzen rechtfertigt.

2. **Festlegung der Ziele:** Es sind jene Ziele zu bestimmen, auf die sich das betriebliche Handeln auszurichten hat. In der Regel handelt es sich nicht um ein einziges Ziel, sondern um ein Bündel von Zielen. Auf die Problematik der Ziele und der Zielbildung wird in Kapitel 3 „Ziele des Unternehmens“ ausführlich eingegangen.

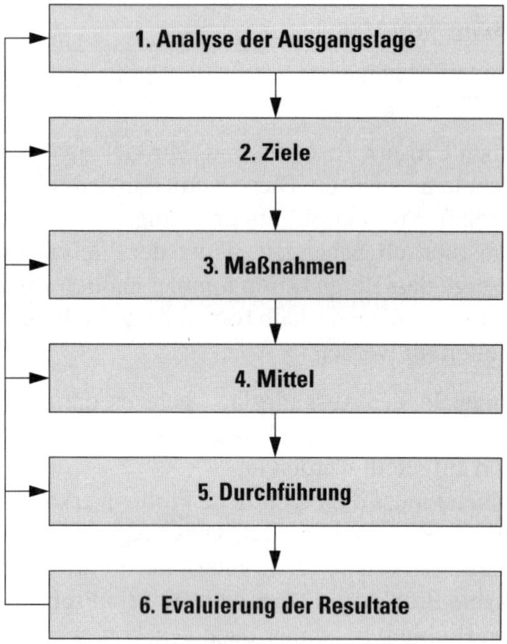

▲ Abb. 3 Problemlösungsprozess

3. **Festlegung der Maßnahmen:** Oft bestehen verschiedene Alternativen, um ein bestimmtes Ziel zu erreichen. Es sind dann jene Maßnahmen zu wählen, die den höchsten Nutzen bzw. Zielerfüllungsgrad versprechen.

4. **Festlegung der Mittel:** Um die Maßnahmen durchführen zu können, sind entsprechende Ressourcen einzusetzen. Es handelt sich in erster Linie um personelle und finanzielle Mittel.

5. **Durchführung (Realisierung):** In einer nächsten Phase müssen die Maßnahmen, die noch auf dem Papier stehen, in die Tat umgesetzt, d.h. implementiert werden.

6. **Evaluierung der Resultate:** Am Schluss des Problemlösungsprozesses stehen die Resultate, die sich aus der Durchführung aller Maßnahmen und dem Einsatz der zur Verfügung stehenden Mittel ergeben haben.

Diese Problemlösungsprozesse sind nicht einmaliger Natur, sondern wiederholen sich ständig. Deshalb werden die Resultate zur Verbesserung neuer Problemlösungsprozesse herangezogen, d.h. die Resultate haben meistens Auswirkungen auf die zukünftige Ziel- und Maßnahmenformulierung, den Ressourceneinsatz sowie die Gestaltung der Realisierungsphase.

1.2.3.2 Steuerungsfunktionen

Zur Lösung der vielfältigen Probleme im Rahmen des Umsatzprozesses bedarf es einer Steuerungsfunktion, damit die Probleme zielgerichtet bearbeitet und koordiniert werden können. Diese **Steuerungsfunktion** bezeichnet man als **Führung.**[1] Ihre Aufgabe ist es, den betrieblichen Umsatzprozess oder, genauer gesagt, alle Problemlösungsprozesse, die im Zusammenhang mit dem güter- und finanzwirtschaftlichen Umsatzprozess eines Unternehmens anfallen, zu steuern. Diese Steuerungsfunktion kann in vier Teilfunktionen oder Führungselemente unterteilt werden (vgl. Rühli 1996):

1. **Planung:** Die Planung versucht, ein Problem zu erkennen und zu analysieren, Lösungsvorschläge zu erarbeiten und zu beurteilen sowie die daraus resultierenden Ergebnisse vorherzusagen.
2. **Entscheidung:** Die Entscheidungsaufgabe besteht vor allem darin, die Ziele zu bestimmen, eine mögliche Variante der Problemlösung auszuwählen und über die Allokation der Mittel zu entscheiden.
3. **Aufgabenübertragung:** Aufgaben müssen während des gesamten Problemlösungsprozesses übertragen werden. Ist eine Entscheidung getroffen worden, so muss diese in die Tat umgesetzt werden. Da meistens mehrere Personen an der Durchführung einer Problemlösung beteiligt sind, müssen diese Personen instruiert werden. Im Vordergrund werden aber jene Aufgabenübertragungen stehen, bei denen es um die Umsetzung der Ziele und Maßnahmen in praktisches Handeln geht.

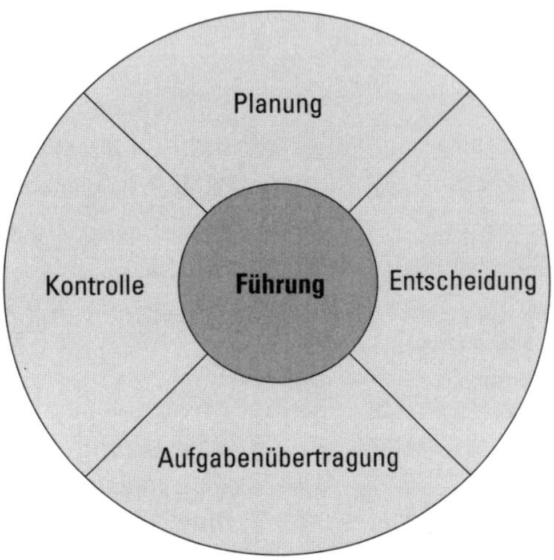

▲ Abb. 4 Führungsrad

1 Auf die Führung wird in Teil 10 „Führung" ausführlich eingegangen.

4. **Kontrolle:** Diese Funktion besteht sowohl in der Überwachung der einzelnen Phasen des Problemlösungsprozesses als auch in der Kontrolle der daraus resultierenden Ergebnisse.

Diese vier Führungsfunktionen können im sogenannten **Führungsrad** zu einer Einheit zusammengefasst werden (◄ Abb. 4). Damit soll zum Ausdruck gebracht werden, dass alle vier Steuerungsfunktionen notwendig sind, um die vielen Prozesse im Unternehmen und damit das Unternehmen selbst zielgerichtet zu gestalten und zu lenken.

1.2.3.3 Zusammenfassung

► Abb. 5 zeigt schematisch die Steuerung des Problemlösungsprozesses in allen Phasen mit den Führungsfunktionen Planung, Entscheidung, Aufgabenübertragung und Kontrolle. Das Führungsrad bewegt sich dabei ständig entlang des gesamten Problemlösungsprozesses, wobei in jeder Phase meistens alle Führungsfunktionen eingesetzt werden (z.B. muss die konkrete Durchführung einer

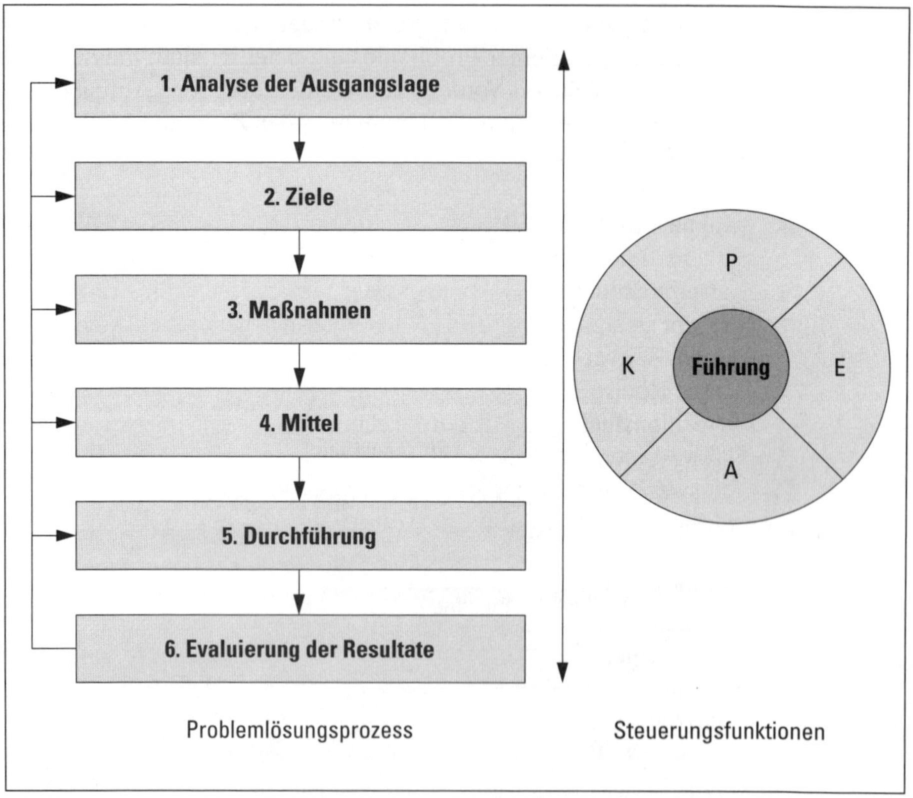

▲ Abb. 5 Steuerung des Problemlösungsprozesses

Werbekampagne geplant werden, es muss darüber entschieden werden, es müssen Aufgaben verteilt werden und schließlich muss der Werbeerfolg kontrolliert werden). Dieses Konzept wird bei der Behandlung der nachfolgenden Bereiche (Marketing, Materialwirtschaft, Produktion, Finanzierung, Investition, Personal, Organisation, Führung) vorangestellt, wobei jeweils die einzelnen Phasen des Problemlösungsprozesses bereichsspezifisch dargestellt werden.

1.2.4 Erfassung, Darstellung und Auswertung des betrieblichen Umsatzprozesses

Ein Unternehmen hat sowohl aufgrund rechtlicher Vorschriften als auch aus betriebswirtschaftlichen Überlegungen das Resultat des Umsatzprozesses, den Unternehmenserfolg, auszuweisen. Dies bedeutet, dass ein Unternehmen die Vorgänge des Umsatzprozesses zu erfassen, darzustellen und auszuwerten hat. Derjenige Bereich, welcher sich mit diesen Aufgaben befasst, ist das Rechnungswesen.

Das **betriebswirtschaftliche Rechnungswesen** ist eine systematische Ermittlung, Aufbereitung, Darstellung, Analyse und Auswertung von in Mengen- und Geldeinheiten ausgedrückten Wertgrößen über einzelne Wirtschaftseinheiten (Unternehmen, Betrieb, Geschäftseinheit) oder über Konzentrationen von Wirtschaftseinheiten (Konzern usw.). (Lücke 1993)

Das Rechnungswesen erfüllt gleichzeitig verschiedene Aufgaben, wozu im wesentlichen die folgenden zu zählen sind:

- **Dokumentationsfunktion**: Das Rechnungswesen dient der Dokumentation vergangener und zukünftiger Wirtschaftsvorgänge im Unternehmen.
- **Kontrollfunktion**: Das Rechnungswesen ist als Kontrollinstrument in zweifacher Hinsicht geeignet. So dient es der internen Kontrolle (Analyse von Soll-Ist-Werten, Zeitvergleichsanalysen). Darüber hinaus stellt es die Grundlage für die externe Kontrolle durch die Wirtschaftsprüfung dar.
- **Dispositionsfunktion**: Mit dem Rechnungswesen wird eine rechnerische Fundierung unternehmerischer Entscheidungen ermöglicht. So kann das Rechnungswesen unter anderem zur Preiskalkulation und Ermittlung von Preisuntergrenzen, der Ermittlung von Break even-Punkten und der Bestimmung der Vorteilhaftigkeit von Investitionen eingesetzt werden.
- **Steuerbasis**: Das Rechnungswesen bildet die Grundlage für die Erhebung verschiedener Steuern an den Staat. Dazu gehören die Kapital-, die Ertrags-, die Umsatzsteuer usw.
- **Informationsfunktion**: Die extern orientierte Rechenschaftslegung wird als Publizitätsinstrument gegenüber Gesellschaftern, Gläubigern, Arbeitnehmern, Lieferanten, Kunden, der interessierten Öffentlichkeit und dem Staat verwendet.

Das Rechnungswesen ist in internes und externes Rechnungswesen zu unterteilen. Ersteres lässt sich in die drei Hauptbereiche Finanzbuchhaltung, Kosten- und Leistungsrechnung sowie Controlling unterteilen. Das Rechnungswesen wird ausführlich in Teil 5 dargestellt.

1.2.5 Umwelt des Unternehmens

Bei einer Betrachtung des Unternehmens und seiner betriebswirtschaftlichen Probleme muss gleichzeitig auch seine Umwelt miteinbezogen werden. Zwischen einem Unternehmen und seiner Umwelt bestehen nämlich sehr viele Beziehungen unterschiedlicher Art. Das Unternehmen wird durch seine Umwelt ständig beeinflusst und umgekehrt prägt es auch seine Umgebung. Diese Beziehungen sind nichts Statisches, sondern unterliegen einer ständigen Entwicklung. Es ist deshalb Aufgabe des Unternehmens, diese Beziehungen zu beobachten, Entwicklungen zu beurteilen und Veränderungen in seinen Entscheidungen zu berücksichtigen.

Die Umwelt des Unternehmens ist einmal dadurch gekennzeichnet, dass sie sich aus verschiedenen Gruppen zusammensetzt, mit deren Ansprüchen und Erwartungen sich das Unternehmen auseinanderzusetzen hat. Diese werden deshalb oft als **Anspruchsgruppen** (Stakeholders) bezeichnet (▶ Abb. 6). Eingeschlossen werden alle Gruppen und Organisationen, die mit dem Unternehmen direkt oder auch nur indirekt, gegenwärtig oder zukünftig in irgendeiner Beziehung stehen. Zu nennen sind in erster Linie Arbeitnehmer und Arbeitnehmerorganisationen (Gewerkschaften), Kunden und Konsumentenorganisationen, Kapitalgeber (Eigentümer, Banken), Lieferanten, Konkurrenten, Staat. Daneben gibt es eine Vielzahl staatlicher und nicht-staatlicher Organisationen, mit denen ein Unternehmen mit unterschiedlicher Intensität in Beziehung steht und die deshalb auch mehr oder weniger bedeutsam sind.[1]

Die Umwelt kann gemäß St. Galler Management-Modell von Hans Ulrich (1987) auch in verschiedene **Bereiche** unterteilt werden, in denen jeweils ein spezieller Aspekt bzw. ein spezielles Problem im Vordergrund steht:

- Der **ökologische** Bereich schließt die Natur im weitesten Sinne in die Betrachtung mit ein. Die Natur mit ihren knappen Ressourcen und die Eingriffe des Menschen in die Natur stehen hier im Vordergrund. Durch die starke Beanspruchung der Ressourcen und die ständige Abgabe von Schadstoffen an die Umwelt hat dieser Aspekt für die Erhaltung der Natur und damit unseres Lebensraumes eine große Bedeutung. Je nach Branche, Standort oder anderen Gegebenheiten muss sich ein Unternehmen stärker oder schwächer mit solchen Problemen auseinander setzen, die mit den Schlagworten „Umweltschutz“ und

1 Zum Einfluss und zur Berücksichtigung von Anspruchsgruppen vgl. ausführlich bei Achleitner/Achleitner 1997 und Thommen 1996d.

	Anspruchsgruppen	Interessen (Ziele)
Interne Anspruchsgruppen	1. **Eigentümer** ▪ Kapitaleigentümer ▪ Eigentümer-Unternehmer 2. **Management** (Manager-Unternehmer)	▪ Einkommen/Gewinn ▪ Erhaltung, Verzinsung und Wertsteigerung des investierten Kapitals ▪ Selbstständigkeit/Entscheidungsautonomie ▪ Macht, Einfluss, Prestige ▪ Entfaltung eigener Ideen und Fähigkeiten, Arbeit = Lebensinhalt
	3. **Mitarbeiter**	▪ Einkommen (Arbeitsplatz) ▪ soziale Sicherheit ▪ sinnvolle Betätigung, Entfaltung der eigenen Fähigkeiten ▪ zwischenmenschliche Kontakte (Gruppenzugehörigkeit) ▪ Status, Anerkennung, Prestige (ego-needs)
Externe Anspruchsgruppen	4. **Fremdkapitalgeber**	▪ sichere Kapitalanlage ▪ befriedigende Verzinsung ▪ Vermögenszuwachs
	5. **Lieferanten**	▪ stabile Liefermöglichkeiten ▪ günstige Konditionen ▪ Zahlungsfähigkeit der Abnehmer
	6. **Kunden**	▪ qualitativ und quantitativ befriedigende Marktleistung zu günstigen Preisen ▪ Service, günstige Konditionen usw.
	7. **Konkurrenz**	▪ Einhaltung fairer Grundsätze und Spielregeln der Marktkonkurrenz ▪ Kooperation auf branchenpolitischer Ebene
	8. **Staat und Gesellschaft** ▪ lokale und nationale Behörden ▪ ausländische und internationale Organisationen ▪ Verbände und Interessenlobbys aller Art ▪ politische Parteien ▪ Bürgerinitiativen ▪ allgemeine Öffentlichkeit	▪ Steuern ▪ Sicherung der Arbeitsplätze ▪ Sozialleistungen ▪ positive Beiträge an die Infrastruktur ▪ Einhalten von Rechtsvorschriften und Normen ▪ Teilnahme an der politischen Willensbildung ▪ Beiträge an kulturelle, wissenschaftliche und Bildungsinstitutionen ▪ Erhaltung einer lebenswerten Umwelt

▲ Abb. 6 Anspruchsgruppen des Unternehmens und ihre Interessen (nach P. Ulrich/Fluri 1995, S. 79)

„Umweltbelastung" überschrieben werden können. Neben der zunehmenden Belastung durch Schadstoffe ist in diesem Bereich zu beachten:

- Es gibt immer weniger freie Güter.
- Es findet eine zunehmende Benutzung und Veränderung von naturgegebenen Stoffen, Kräften und Lebewesen statt.
- Es ist eine Zunahme rechtlicher Regelungen im Bereich des Umweltschutzes festzustellen.
- Es fallen steigende Kosten zur Verhütung und Behebung umweltgefährdender Aktivitäten an.

- Der **technologische** Bereich umfasst die Technik und somit die Beobachtung des technischen Fortschritts. Natur- und Ingenieurwissenschaften an den Hochschulen, vor allem aber auch die Forschung und Entwicklung der Konkurrenz bilden einen wichtigen Teil der technologischen Umwelt des Unternehmens. Die große Bedeutung dieses Bereichs zeigt sich in folgenden Entwicklungen:
  - Beschleunigung des technologischen Wandels,
  - Verkürzung der Produktlebenszyklen,
  - erhöhter Einsatz an finanziellen Mitteln,
  - erhöhtes Risiko der Forschung und Entwicklung,
  - schwindende Gewährleistung des Schutzes der eigenen Technologie.

- Der **ökonomische** Bereich beruht darauf, dass das Unternehmen in einen gesamtwirtschaftlichen Prozess eingebettet und Teil einer Volkswirtschaft ist. Das Unternehmen ist deshalb in starkem Maße von der volkswirtschaftlichen Entwicklung eines Landes oder sogar der Weltwirtschaft abhängig. Je nach Branche, Beschaffungs- oder Absatzmarkt interessieren das Unternehmen zum Beispiel Daten bezüglich der Entwicklung der Bevölkerungszahlen, des Bruttosozialproduktes, des Konsums der privaten Haushalte, der Investitionen, der Inflation, der Beschäftigung. Weiter sind für das Unternehmen folgende Tendenzen von Bedeutung:
  - Zunahme weltwirtschaftlicher Interdependenzen,
  - zunehmende Globalisierung der Beschaffungs-, Absatz- und Finanzmärkte.

- Der **soziale** oder **gesellschaftliche** Bereich betrifft den Menschen als Individuum und in der Gemeinschaft. Dieser Bereich ist sehr komplex und kann beispielsweise in die Unterbereiche Familie, Kultur, Recht, Politik und Kirche eingeteilt werden. Er hat in den letzten Jahrzehnten stark an Bedeutung gewonnen, da
  - durch speziell zu diesem Zweck gegründete Organisationen immer mehr versucht wird, gesellschaftliche Normen und Werte zu verfechten und durchzusetzen,
  - das Unternehmen zunehmend als ein soziales Gebilde mit einer eigenen sozialen Verantwortung betrachtet wird.

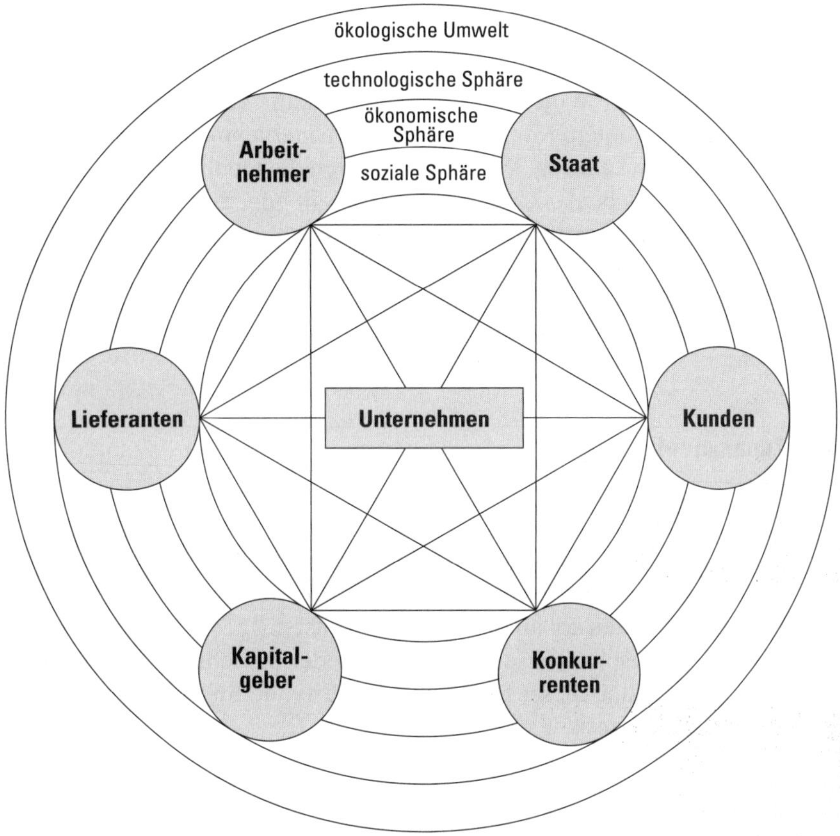

▲ Abb. 7 Umwelt des Unternehmens

◄ Abb. 7 zeigt schematisch die Bereiche der Umwelt. Darin kommt zum Ausdruck, dass die Beziehungen zwischen dem Unternehmen und seiner Umwelt durch eine große Komplexität und Dynamik gekennzeichnet sind. In Kapitel 3 „Ziele des Unternehmens" wird erläutert, dass die Umwelt (bzw. die verschiedenen Anspruchsgruppen) einen entscheidenden Einfluss auf die Zielbildung haben kann.

Von großer Bedeutung ist für das Unternehmen die unmittelbare Umwelt, die sich aus den Austauschprozessen von Gütern zur Aufrechterhaltung des güter- und finanzwirtschaftlichen Umsatzprozesses ergibt. Es handelt sich um den **Beschaffungs-** und **Absatzmarkt.** Diese beiden Umweltsegmente können analog zur gesamten Umwelt in die vier beschriebenen Bereiche unterteilt werden. Im Vordergrund stehen dabei die Entwicklungstendenzen in Bezug auf (H. Ulrich 1987, S. 82):

- **Marktraum:** Wird sich der Markt in geografisch-politischer Hinsicht ausdehnen oder nicht?
- **Marktstruktur:** Wird sich die Marktstruktur verändern, beispielsweise durch neue Lieferanten, Konkurrenten oder Unternehmenszusammenschlüsse?
- **Qualität der Leistung:** Wie verändert sich die Qualität der Güter und Dienstleistungen, welche das Unternehmen bezieht oder anbietet?
- **Quantität der Leistung:** Welche mengenmäßige Entwicklung (z.B. Nachfrage) ist zu erwarten?
- **Bewertung der Leistung:** Wie verändert sich die Preisstruktur der angebotenen (bzw. nachgefragten) Dienstleistungen?

1.2.6 Zusammenfassung

Der güter- und finanzwirtschaftliche Umsatzprozess, dessen Steuerung und Erfassung sowie die dazugehörige Umwelt kann mit ► Abb. 8 zusammengefasst werden. Hervorzuheben ist lediglich, dass die sich im Unternehmen abspielenden Prozesse simultan ablaufen und sich gegenseitig beeinflussen. Das Rechnungswesen erfasst beispielsweise die Ergebnisse der betrieblichen Tätigkeiten und liefert nach Auswertung dieser Daten wieder wertvolle Informationen für die Steuerung des Umsatzprozesses.

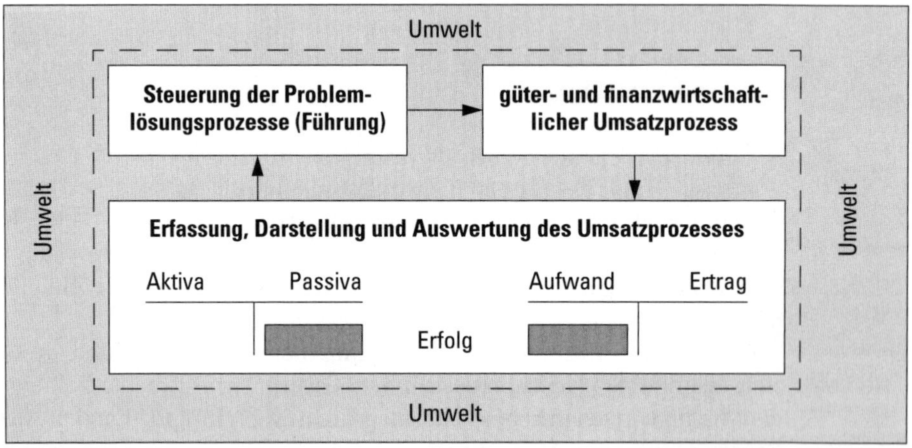

▲ Abb. 8 Unternehmen und Umwelt

1.3 Betriebswirtschaftslehre als Wissenschaft

1.3.1 Wissenschaftsverständnis: Angewandte Betriebswirtschaftslehre

Den Ausführungen in diesem Buch liegt ein Wissenschaftsverständnis zugrunde, das in der Regel als angewandte oder als anwendungsorientierte Wissenschaft bezeichnet wird. Darunter verstehen wir in Anlehnung an H. Ulrich (1984, S. 200) solche Tätigkeiten, die im Wesentlichen darauf ausgerichtet sind, mit Hilfe von Erkenntnissen der theoretischen oder Grundlagenwissenschaften sowie der Erfahrung der Praxis Problemlösungen (Regeln, Modelle, Verfahren) für praktisches Handeln zu entwickeln. Anwendungsorientierte Wissenschaft weist dabei einen eigenständigen Charakter auf und unterscheidet sich damit in wesentlichen wissenschaftstheoretischen Merkmalen sowohl von den Grundlagenwissenschaften als auch von der betrieblichen (unternehmerischen) Praxis. Sie ist aber untrennbar mit diesen verbunden und liegt zwischen der Grundlagenforschung und der Praxis eingebettet (▶ Abb. 9).

Ohne eine vollständige oder völlig hinreichende Begründung und Abgrenzung zu geben, sollen in Anlehnung an H. Ulrich (1984, S. 202f.) einige wichtige Aspekte angewandter Forschung hervorgehoben und durch Abgrenzung von den Grundlagenwissenschaften verdeutlicht werden:

1. **Problementstehung:** Probleme der Grundlagenforschung entstehen im Theoriezusammenhang und werden in der Wissenschaft selbst aufgeworfen. Sie betreffen die Frage nach der Gültigkeit von allgemeinen Hypothesen, Gesetzen und Theorieentwürfen. Probleme der angewandten Forschung stammen demgegenüber aus der Praxis und entstehen somit außerhalb der Wissenschaft. Im Vordergrund steht die **Relevanz** einer Problemlösung für das betriebliche Handeln und Gestalten. Nicht die Gültigkeit von Hypothesen und ganzen Theorien sind das zu bearbeitende Problem, sondern die Anwendbarkeit und Wirksamkeit von Modellen und Regeln für wissenschaftsgeleitetes Verhalten in der Praxis.
2. **Problembetrachtung:** Die von der anwendungsorientierten Forschung aufgegriffenen Probleme aus der Praxis lassen sich nicht nach den genau abgegrenzten Disziplinen der Grundlagenwissenschaften klassieren. Lediglich in den Grundlagenwissenschaften gibt es nur psychologische, soziologische, ökonomische usw. Probleme. Die Probleme des handelnden Menschen sind aber a-disziplinär, d.h. sie haben mit der (historisch bedingten) Einteilung der Grundlagenwissenschaften in verschiedene Disziplinen nichts zu tun. Angewandte Forschung ist daher ihrem Wesen nach **interdisziplinär.** Dies ermöglicht eine **mehrdimensionale** Betrachtungsweise des zu untersuchenden praktischen Problems.
3. **Wissenschaftsziel:** Die empirische Grundlagenforschung will die bestehende betriebliche Wirklichkeit beobachten, analysieren, abbilden und mit Hilfe von allgemeinen Theorien erklären. Damit hofft sie, die Wirklichkeit besser zu

Grundlagenforschung	Anwendungsorientierte Forschung	Praxis
Allgemeingültige objektive Erkenntnisse der Grundlagenwissenschaften	Verarbeitung der Erkenntnisse der Grundlagenwissenschaften mit den Problemen und Erfahrungen der Praxis	Probleme und (subjektive) Erfahrungen der Praxis

▲ Abb. 9 Grundlagenforschung, anwendungsorientierte Forschung, Praxis

erklären als bestehende Theorien und diese zu modifizieren, zu ergänzen und letztlich ihre Gültigkeit zu erhöhen. Anders die anwendungsorientierte Forschung, welche die Wirklichkeit nicht erklären, sondern verändern, gestalten und lenken will. Sie zielt auf den Entwurf einer neuen, einer „besseren" Wirklichkeit. Aus dieser Grundeinstellung zur Wirklichkeit wird auch das Regulativ wissenschaftlicher Forschung deutlich. Die Grundlagenforschung lässt sich von der Wahrheit und Allgemeingültigkeit wissenschaftlicher Aussagen leiten, während die anwendungsorientierte Forschung den **Nutzen** der entworfenen Modelle und Regeln für die Praxis zum Ausgangspunkt macht. Demzufolge stehen bei ersterer Allgemeingültigkeit, Bestätigungsgrad und Erklärungskraft von Theorien im Vordergrund, bei letzterer hingegen die aus der Praxis stammenden **Nutzenkriterien** wie Leistungsgrad, Zuverlässigkeit, universelle Anwendbarkeit usw. der gefundenen Problemlösungen.

4. **Werturteile:** Bei einer rein wissenschaftlichen Ableitung von Handlungsanweisungen an die Praxis muss der Wissenschaftler selbst keine Wertungen vornehmen. Er überlässt es dem Praktiker zu bestimmen, welche Ziele er erreichen will und welche Ereignisse herbeigeführt werden sollen. Gibt er trotzdem Empfehlungen an den Praktiker ab, welche Ziele dieser verfolgen soll, so macht er dies nicht als Wissenschaftler, sondern in seiner Eigenschaft als Privatperson oder als privater Unternehmensberater. Damit bleibt die Wertfreiheit der Wissenschaft unangetastet. Diese Sichtweise ist aber für die anwendungsorientierte Wissenschaft nicht haltbar. Die Gestaltung der Wirklichkeit anhand von Nutzenkriterien der Praxis hat zur Folge, dass dauernd – implizit oder explizit – Werturteile gefällt werden müssen, welche der Forscher als Vertreter einer solchen Wissenschaft ständig anwendet und anwenden muss. Eine wertfreie anwendungsorientierte Wissenschaft wäre für die Praxis wertlos und würde somit ihr Wissenschaftsziel gar nie erreichen. Allerdings muss und darf der Forscher diese Nutzenkriterien nicht einfach übernehmen, sondern muss sie kritisch hinterfragen.
5. **Implementierung:** Bei den Grundlagenwissenschaften wird der Implementierungsaspekt ausgeklammert bzw. die wissenschaftliche Arbeit hört nach Abgabe von Handlungsanweisungen auf. Ihre Umsetzung ist technisch-handwerklicher Natur und muss deshalb der Praxis zugeordnet werden. Da diese

Merkmale \ Wissenschaft	Theoretische Wissenschaften	Anwendungsorientierte Wissenschaften
Entstehung der Probleme	in der Wissenschaft selbst	in der Praxis
Art der Probleme	disziplinär	a-disziplinär
Forschungsziele	Theorie-Entwicklung und -prüfung Erklärung der bestehenden Wirklichkeit	Entwurf möglicher Wirklichkeiten
Angestrebte Aussagen	deskriptiv wertfrei	normativ wertend
Forschungsregulativ	Wahrheit	Nützlichkeit
Fortschrittskriterien	Allgemeingültigkeit Bestätigungsgrad Erklärungskraft Prognosekraft von Theorien	praktische Problemlösungskraft von Modellen und Regeln

▲ Abb. 10 Unterschiede zwischen theoretischen und anwendungsorientierten Wissenschaften (H. Ulrich 1988, S. 177)

durch rein sprachlogische Transformation aus bestätigten Hypothesen (Gesetzen) abgeleitet worden sind, können sie nicht falsch sein. Führen sie aber trotzdem nicht zum gewünschten Erfolg, so liegt dies nicht an den Handlungsanweisungen, sondern daran, dass die entsprechenden Situationsbedingungen nicht geschaffen worden sind. Offen bleibt dabei aber die Frage, auf welche Art und Weise die Situationsbedingungen geschaffen werden können, damit diese Handlungsanweisungen zum angestrebten Ereignis oder Zustand führen werden. Für den Praktiker ist es nämlich oft weniger schwierig, mit Hilfe theoretischer Erkenntnisse auf dem Papier zu **formulieren,** was er erreichen will, als das Gewollte in der betrieblichen Wirklichkeit zu **realisieren.** So mag es zwar schwierig sein, eine gute Unternehmenskultur oder Organisationsstruktur empirisch zu umschreiben und Handlungsanweisungen daraus abzuleiten, unverhältnismäßig schwieriger wird es aber sein, eine solche Kultur oder Organisationsstruktur erfolgreich zu implementieren.

6. **Evaluierung der Problemlösung:** Am Schluss des Forschungsprozesses sollte untersucht werden, inwiefern die Problemlösung zur Problembewältigung beigetragen hat, unabhängig davon, ob der Forscher in die Problemlösung direkt involviert war oder nicht. Daraus wird der Nutzen für die Praxis ersichtlich sowie die Zweckmäßigkeit und der Erfolg der Forschung dargelegt; zudem können wichtige Schlüsse für zukünftige Forschungsarbeiten gezogen werden.

◀ Abb. 10 zeigt eine Zusammenfassung der wichtigsten Aspekte und Unterschiede zwischen theoretischen und anwendungsorientierten Wissenschaften.

1.3.2 Einteilung der Betriebswirtschaftslehre

Die Betriebswirtschaftslehre als Lehr- und Forschungsgebiet kann nach einem funktionellen, genetischen oder institutionellen Aspekt gegliedert werden.

1.3.2.1 Funktionelle Gliederung

Die funktionelle Gliederung beruht auf der Einteilung betrieblicher Probleme nach den Funktionen, wie sie sich aus dem betrieblichen Umsatzprozess ergeben. Aufgrund dieses Prozesses können die folgenden hauptsächlichen Unternehmensfunktionen unterschieden werden:

- **Marketing:** Abklärung effektiver Bedürfnisse, Gestaltung der Beziehungen zu den Kunden, Absatz der hergestellten Produkte.
- **Materialwirtschaft:** Beschaffung und Lagerhaltung von Repetierfaktoren.
- **Produktion:** Be- und Verarbeitung von Repetierfaktoren, Einsatz von Potenzialfaktoren.
- **Finanzierung:** Beschaffung, Einsatz und Rückzahlung von Kapital.
- **Investition:** Beschaffung von Potenzialfaktoren oder Finanzbeteiligungen.
- **Organisation:** Sinnvolle Gliederung und Abstimmung der betrieblichen Tätigkeiten sowie Festlegung der Kommunikationswege.
- **Führung:** Steuerung der betrieblichen Vorgänge, Ausrichtung auf die gemeinsamen Unternehmensziele.
- **Personal:** Beschaffung, Betreuung und Freistellung von Mitarbeitern.
- **Forschung und Entwicklung:** Systematische Aktivitäten zur Erfindung und Entwicklung neuer Produkte und Produktionsprozesse bis zur Markt- bzw. Einsatzfähigkeit.
- **Rechnungswesen:** Erfassung und Auswertung des betrieblichen Umsatzprozesses, bei dem mit Hilfe der Produktionsfaktoren marktfähige Leistungen erstellt werden.
- **Informations- und Wissensmanagement:** Erkennung des Potenzials der Ressourcen „Information" und „Wissen" sowie der Möglichkeiten der Computer- und Kommunikationstechnik und Einsatz derselben für unternehmerische Lösungen.[1]
- **Recht:** Einhaltung der gesetzlichen Vorschriften („legal compliance") in allen Funktionsbereichen, aber auch Wahrnehmung der Chancen, die sich durch Ausnutzung rechtlicher Gestaltungsmöglichkeiten bei der Realisierung von Geschäftsvorhaben ergeben (z.B. optimale Gestaltung von Lieferanten- und Kundenverträgen, rechtliche Regelungen von Unternehmenskooperationen).[2]

---

1 Vgl. dazu Teil 10, Kapitel 5, Abschnitt 5.1 „Informationsmanagement" und Abschnitt 5.2 „Wissenmanagement".

2 Umfassende Darstellung des Managements von Recht als Führungsaufgabe vgl. Staub 1995.

Dabei wird zwischen Funktionen unterschieden, die sich direkt aus dem güter- und finanzwirtschaftlichen Umsatzprozess ergeben, nämlich **Grundfunktionen** wie Materialwirtschaft, Forschung und Entwicklung, Produktion, Marketing, Finanzierung, Investition, und solchen, die sich durch den gesamten Umsatzprozess hindurchziehen. Bei letzteren handelt es sich um **Querfunktionen** wie Führung, Personal, Rechnungswesen, Informations- und Wissensmanagement oder Recht[1].

1.3.2.2 Genetische Gliederung

Die genetische Gliederung geht vom „Lebenslauf" des Unternehmens aus. Sie will vor allem diejenigen betriebswirtschaftlichen Entscheidungen erfassen, die einmaliger oder doch sehr seltener Natur sind und durch die das Unternehmen auf längere Zeit geprägt wird. Sie kann in die drei Phasen Gründung, Umsatz und Liquidation gegliedert werden.

1. Die **Gründungs-** oder **Errichtungsphase** umfasst die konstitutiven Entscheidungen, die einen als langfristig gültig gedachten Rahmen für die nachfolgenden laufenden Entscheidungen zur Leistungserstellung (Produktion) und Leistungsverwertung (Marketing) abstecken. Im Vordergrund stehen die Entscheidungen über das Leistungsprogramm, das Zielsystem, die Rechtsform, die Organisation sowie den Standort.

2. In der **Umsatzphase** stehen jene Entscheidungen im Mittelpunkt, die der Steuerung des güter- und finanzwirtschaftlichen Umsatzprozesses dienen. Es sind dies Entscheidungen, die sich aus den laufenden Änderungen der Umwelt des Unternehmens, also den gesellschaftlichen, ökologischen, technologischen und ökonomischen Umweltbedingungen ergeben. Daneben müssen aber auch die in der Gründungsphase getroffenen Entscheidungen oft revidiert oder ergänzt werden. Neben den bereits in der Gründungsphase genannten Entscheidungstatbeständen können zusätzlich als spezielle Ereignisse der Unternehmenszusammenschluss und die Sanierung hervorgehoben werden.

3. In der **Liquidations-** oder **Auflösungsphase** schließlich findet die Veräußerung aller Vermögensteile eines Unternehmens statt. Ziel ist es, aus den erhaltenen flüssigen Mitteln alle Verbindlichkeiten zu tilgen und einen möglichen erzielten Überschuss an die Eigentümer des Unternehmens auszuzahlen. Eine Liquidation kann dabei aus verschiedenen Gründen erfolgen, am häufigsten wegen

1 Auf das Recht wird nicht in einem separaten Kapitel, sondern im Rahmen der Behandlung der jeweiligen Unternehmensfunktion, bei der es von Bedeutung ist, eingegangen.

- Erreichen des Betriebszweckes,
- ungenügender Rentabilität auf dem eingesetzten Kapital oder bereits eingetretener Verluste und wenn zudem keine Verbesserung der wirtschaftlichen Situation auf längere Sicht abzusehen ist (z.B. wenn die Absatzprobleme nicht nur konjunkturell, sondern auch strukturell bedingt sind),
- Konkurseröffnung.

1.3.2.3 Institutionelle Gliederung

Die institutionelle Gliederung der Betriebswirtschaftslehre hat die Zugehörigkeit des Unternehmens zu verschiedenen Wirtschaftszweigen als Abgrenzungskriterium. Untersucht werden jeweils die betriebswirtschaftlichen Probleme einer bestimmten Branche. Diese Unterteilung wird in der Regel als **Spezielle Betriebswirtschaftslehre** bezeichnet. Als wesentliche Institutionen, die als Teil der Speziellen Betriebswirtschaftslehre eine gewisse Bedeutung erlangt haben, sind zu nennen: Industrie, Handel, Banken, Versicherungen, Wirtschaftsprüfung und Steuerwesen, Tourismus, öffentliche Betriebe, öffentliche Verwaltung.

1.3.2.4 Zusammenfassung

▶ Abb. 11 zeigt eine Übersicht mit Integration aller Gliederungskriterien. Eine Betrachtung betrieblicher Probleme anhand dieser Kriterien macht deutlich, dass sich die drei Aspekte nicht streng auseinander halten lassen.

Bei den Ausführungen in den folgenden Kapiteln wird grundsätzlich vom Modell eines größeren Industrieunternehmens ausgegangen. Gelegentlich werden aber auch andere Wirtschaftszweige angesprochen, um typische Gemeinsamkeiten oder Unterschiede aufzuzeigen. Im Vordergrund steht die funktionelle Analyse, aber auch die genetische Betrachtung wird häufig einbezogen. Gerade die Probleme der Umsatzphase sind bei der genetischen Analyse praktisch identisch mit den Problemen, die einer funktionellen Betrachtungsweise zugrunde liegen.

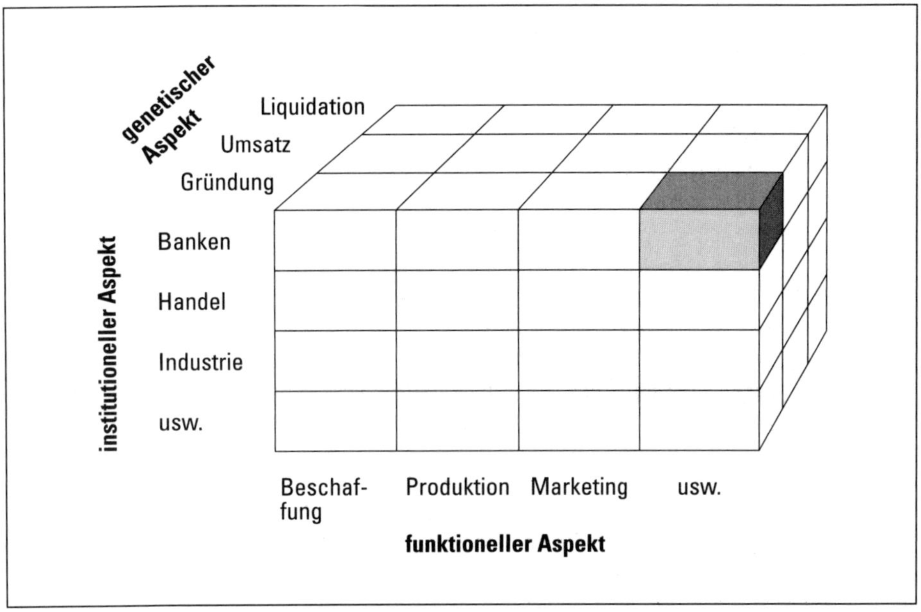

▲ Abb. 11 Gliederungskriterien der Betriebswirtschaftslehre

Kapitel 2
Typologie des Unternehmens

In diesem Kapitel wird eine Einteilung der Unternehmen nach verschiedenen Kriterien vorgenommen und damit eine Unternehmenstypologie gebildet. Diese ermöglicht, die Vielfalt der Probleme, die bei der Führung von Unternehmen auftreten, differenziert unter Berücksichtigung der spezifischen Eigenschaften und Gegebenheiten der jeweiligen Unternehmenskategorie zu betrachten. Als charakteristische Merkmale zur Typenbildung, auf die in den nachfolgenden Abschnitten eingegangen wird, können die Gewinnorientierung, die Branche, die Größe, die technisch-ökonomische Struktur, die Rechtsform, der Kooperationsgrad sowie der Internationalisierungsgrad herangezogen werden.

Neben diesen charakteristischen Merkmalen zur Typenbildung hat die Unterscheidung zwischen Wachstumsunternehmen und etablierten Unternehmen in den letzten Jahren an Bedeutung gewonnen. Im Prinzip gilt für diese Unternehmen zwar die gleiche Unternehmenstypologie, jedoch unterliegen sie speziellen Herausforderungen, die im folgenden Abschnitt dargestellt werden.

2.1 Wachstumsunternehmen

Im Vergleich zu etablierten Unternehmen besitzen Wachstumsunternehmen in der Regel keine Unternehmenshistorie. Meist basiert die typischerweise stark expansive Geschäftstätigkeit auf der Idee eines Gründerteams, so dass der Geschäftserfolg dieser Unternehmen in hoher Abhängigkeit von der Qualifikation des Managementteams steht.

Im Gegensatz zu etablierten Unternehmen, deren Wachstum häufig von der Innenfinanzierung oder Möglichkeiten der externen Kapitalbeschaffung getragen wird, sind die Finanzierungsmöglichkeiten von Wachstumsunternehmen aufgrund der asymmetrischen Informationsverteilung stark beschränkt. Kennzeichnend für diese Unternehmen sind ein hoher Kapitalbedarf bei niedrigem vorhandenem Kapital, wobei eine Innenfinanzierung aufgrund der häufig negativen Cashflows nicht möglich ist. Da meistens auch nicht auf Vermögensgegenstände zur Beleihung zurückgegriffen werden kann, ist eine Fremdkapitalfinanzierung kaum möglich. Deshalb nutzen Wachstumsunternehmen besondere Formen der Eigenkapital-Bereitstellung etwa durch Business Angels oder Venture Capital-Gesellschaften. Wegen des hohen Risikogehaltes ist dies vergleichsweise teuer.

2.2 Gewinnorientierung

Im vorangegangenen Kapitel wurde gezeigt, dass einige öffentliche Betriebe ähnliche Merkmale wie private Unternehmen aufweisen. Andererseits gibt es aber auch viele private Unternehmen, die sich von ihrem Wesen kaum von öffentlichen Unternehmen bzw. Institutionen unterscheiden. Allerdings spricht man in diesem Fall nicht mehr von Unternehmen, sondern von privaten Organisationen. Diese zeichnen sich in der Regel dadurch aus, dass nicht die Gewinnorientierung im Vordergrund steht, sondern primär die Bedürfnisbefriedigung bzw. die Bedarfsdeckung. Daraus ergibt sich die Unterscheidung in **Profit-** und **Nonprofit-Organisationen**. Zwar unterscheiden sich diese beiden Formen bezüglich der Gewinnerzielung, doch besitzen sie auch wesentliche gemeinsame Merkmale:

- Es handelt sich um soziale Systeme, in denen Menschen und Gruppen von Menschen tätig sind.
- Sie übernehmen eine produktive Funktion, indem sie durch Kombination der Produktionsfaktoren eine spezifische Leistung erstellen.
- Sie richten sich auf einen bestimmten Markt aus, d.h. befriedigen ein ganz bestimmtes Bedürfnis.

▶ Abb. 12 zeigt neben einer Gegenüberstellung der staatlichen und privaten Nonprofit-Organisationen eine Gliederung der privaten Nonprofit-Organisationen nach wirtschaftlichen, soziokulturellen, politischen und karitativen Aspekten.

Arten \ Merkmale		Aufgaben	Formen
Staatliche NPO	**Gemeinwirtschaftliche NPO**	Erfüllung demokratisch festgelegter *öffentlicher Aufgaben* (auf Bundes-, Länder-, Gemeindeebene), Erbringung konkreter Leistungen für die Bürger (Mitglieder)	▪ Öffentliche Verwaltungen ▪ Öffentliche Betriebe: □ Verkehr, Post, Energie □ Krankenhaus, Heim, Anstalt □ Schule, Universität □ Museum, Theater, Bibliothek
Private NPO	**Wirtschaftliche NPO**	Förderung der *wirtschaftlichen Interessen* der Mitglieder	▪ Wirtschaftsverband ▪ Arbeitnehmerorganisation ▪ Berufsverband ▪ Verbraucherorganisation ▪ Genossenschaft
	Soziokulturelle NPO	Gemeinsame Aktivitäten im Rahmen *kultureller, gesellschaftlicher Interessen,* Bedürfnisse der Mitglieder	▪ Sportverein ▪ Freizeitverein ▪ Kirche, Sekte ▪ Privatclub
	Politische NPO	Gemeinsame Aktivitäten zur Bearbeitung und Durchsetzung *politischer (ideeller) Interessen* und Wertvorstellungen	▪ Politische Partei ▪ Natur-, Heimat-, Umweltschutzorganisation ▪ Politisch orientierter Verein ▪ Organisierte Bürgerinitiative
	Karitative NPO	Erbringung *karitativer Unterstützungsleistungen* an bedürftige Bevölkerungskreise (Wohltätigkeit, Gemeinnützigkeit)	▪ Hilfsorganisation für Betagte, Behinderte, Geschädigte, Süchtige, Arme, Benachteiligte ▪ Entwicklungshilfe-Organisation ▪ Selbsthilfegruppe mit sozialen Zwecken

▲ Abb. 12 Nonprofit-Organisationen (NPO) (nach Schwarz 1992, S. 18)

2.3 Branche

Am gesamtwirtschaftlichen Leistungsprozess ist eine Vielzahl von Unternehmen in unterschiedlicher Weise beteiligt. Betrachtet man diesen Prozess als eine Folge von verschiedenen Produktionsstufen, so bilden die Naturgrundlagen wie Mineralien, Pflanzen, Tiere und Naturkräfte den Ausgangspunkt. Abbau und Nutzbarmachung dieser Naturgrundlagen, deren Aufbereitung zu Zwischenprodukten sowie schließlich deren Verarbeitung zu Endprodukten bilden die verschiedenen Produktionsstufen der **Sachleistungsbetriebe.** Daneben finden sich **Dienstleistungsbetriebe,** die verschiedene Dienste auf unterschiedlichen Produktionsstufen übernehmen können (▶ Abb. 13).

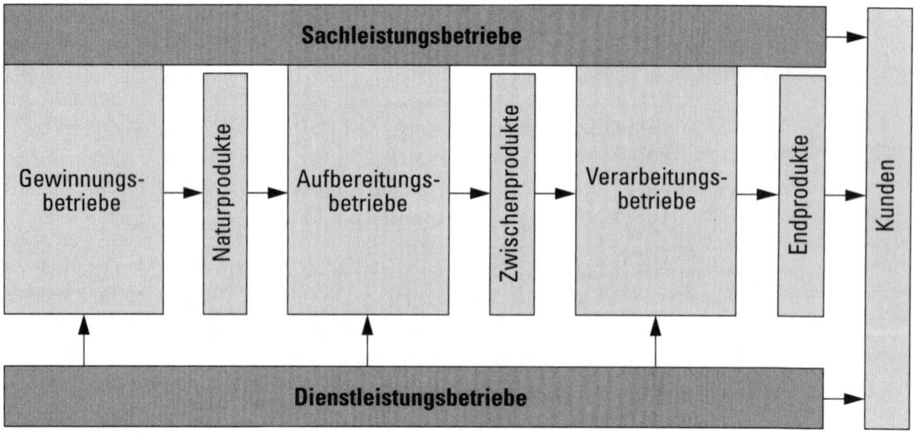

▲ Abb. 13 Schematische Branchengliederung

2.4 Größe

Ein weiteres Kriterium zur Charakterisierung des Unternehmens ist seine Größe. Leider gibt es aber kein einheitliches Kriterium, welches einen sinnvollen Vergleich zwischen Unternehmensgrößen verschiedener Branchen erlauben würde. Als mögliche Maßgrößen werden am häufigsten genannt:[1]

- Anzahl der Beschäftigten,
- Umsatz,
- Bilanzsumme.

1 Diese Maßgrößen werden auch zur Klassifizierung der Kapitalgesellschaften in § 267 HGB verwendet.

Rang 2000	Rang 1999	Firma	Land	Umsatz 2000 (in Mio. Euro)	Beschäftigte 2000	Gewinn 2000 (in Mio. Euro)
1	1	DAIMLERCHRYSLER	D	162.384	416.500	7.894
2	2	ROYAL DUTCH/SHELL	NL/GB	161.483	95.000	13.771
3	3	BP AMOCO PLC	GB	155.768	98.000	12.488
4	12	TOTAL FINA ELF	F	114.557	123.300	7.208
5	4	VOLKSWAGEN	D	85.555	324.400	2.062
6	5	SIEMENS AG	D	78.396	430.200	7.901
7	8	E.ON AG	D	74.048	203.700	3.570
8	10	ENI GROUP	I	65.672	70.000	5.771
9	17	CARREFOUR SA	F	64.802	330.200	2.437
10	7	FIAT GROUP	I	57.600	223.953	664
11	9	NESTLE	CH	53.517	224.500	3.788
12	22	AHOLD N.V.	NL/GB	52.500	248.100	1.100
13	6	GLENCORE INT	CH	51.971	–	–
14	14	UNILEVER	NL/GB	47.582	295.000	–
15	11	METRO	D	46.930	225.200	334
16	15	PEUGEOT	F	44.181	172.400	1.300
17	34	REPSOL YPF, SA	E	44.043	37.400	2.429
18	21	RWE	D	42.426	152.100	1.212
19	13	VIVENDI UNIVERSAL	F	41.800	290.000	2.300
20	18	DEUTSCHE TELEKOM	D	40.939	227.000	5.926
21	16	RENAULT	F	40.175	166.100	1.080
22	24	PHILIPS ELECTRONICS	NL	37.862	219.400	9.602
23	20	REWE-GRUPPE	D	37.682	179.000	–
24	26	THYSSENKRUPP AG	D	37.209	193.300	527
25	27	BASF AG	D	35.946	105.800	1.240
26	19	BMW	D	35.356	100.300	1.026
27	23	SUEZ LYONNAISE DES EAUX	F	34.617	421.900	1.919
28	31	FRANCE TELECOM SA	F	33.674	188.900	3.660
29	45	DEUTSCHE POST AG	D	32.708	324.200	1.527
30	29	ROBERT BOSCH GMBH	D	31.555	196.900	1.380
31	41	ALCATEL	F	31.408	131.600	1.324
32	25	EDEKA-GRUPPE	D	31.240	190.000	–
33	35	BRITISH TELECOM	GB	31.197	136.800	3.426
34	30	BAYER AG	D	30.971	122.100	1.816
35	36	ERICSSON	S	30.882	1051.00	2.373
36	37	TESCO	GB	30.617	134.900	1.098
37	49	NOKIA OYJ	FIN	30.376	60.300	2.938
38	28	OLIVETTI	I	30.116	120.000	–940
39	-	GLAXOSMITHKLINE	F	28.968	108.200	6.746
40	33	TELECOM ITALIA	I	28.911	–	2.028
41	43	SAINT GOBAIN SA	F	28.815	–	1.517
42	42	TELEFONICA	E	28.485	–	2.505
43	32	TENGELMANN-GRUPPE	D	27.300	187.100	–
44	39	J.SAINSBURRY	GB	27.186	–	583
45	50	VIVENDI ENVIRONMENT	F	26.394	–	615
46	56	STATOIL	NL/GB	25.657	16.800	1.397
47	38	ABB	CH	25.506	160.800	1.603
48	47	ENEL	I	25.057	–	2.188
49	51	PINAULT-PRINTEMPS	F	24.761	110.900	767
50	44	EADS	NL	24.208	–	–909

▲ Abb. 14 Die größten westeuropäischen Industrie- und Dienstleistungsunternehmen

◀ Abb. 14 zeigt die größten westeuropäischen Industrie- und Dienstleistungsunternehmen, gemessen am Umsatz in Euro. Daraus wird deutlich, dass zwischen den verschiedenen Kriterien keine direkten Korrelationen bestehen. So bedeutet zum Beispiel eine kleine Beschäftigtenzahl nicht unbedingt auch einen kleinen Umsatz, wie dies bei Handelsbetrieben deutlich wird. Es hat sich deshalb als zweckmäßig erwiesen, ein Unternehmen in Bezug auf seine Größe nach mehreren Merkmalen gleichzeitig zu betrachten. So könnte zum Beispiel die verbreitete Klassifizierung in **Klein-, Mittel-** und **Großunternehmen** mit ▶ Abb. 15 wiedergegeben werden. Ein Unternehmen wird dann einer dieser Kategorien zugeteilt, wenn zwei der drei Merkmale für eine bestimmte Klasse zutreffen.

Eine Klassifikation nach Unternehmensgrößen ist betriebswirtschaftlich von großer Bedeutung, unterscheiden sich doch Groß- und Kleinunternehmen in wesentlichen Merkmalen voneinander. Dies wird beispielsweise aus einer Charakterisierung der Klein- und Mittelbetriebe nach Pleitner (1986, S. 7) deutlich:

1. Der Unternehmer prägt den Betrieb durch seine Persönlichkeit.
2. Der Unternehmer ist typischerweise zugleich Eigenkapitalgeber und Führungskraft.
3. Persönliche Beziehungen (network) des Unternehmers entscheiden maßgeblich über den betrieblichen Erfolg.
4. Kleinere Unternehmen zeigen in der Regel eine besondere Fähigkeit zur Erstellung von Leistungen nach Maß (individuelle und differenzierte Leistungen).
5. Kleinere Unternehmen zeichnen sich durch intensive persönliche Kontakte zwischen den Mitarbeitern sowie zwischen ihnen und dem Unternehmer aus.
6. Es überwiegt ein organisatorisch zugeschnittenes Einliniensystem mit wenigen Führungskräften.
7. Der Formalisierungsgrad ist gering.
8. Die kurzfristige Orientierung steht im Vordergrund des Denkens und Handelns.

Kapitalgesellschaften	Bilanzsumme in Mio DM	Umsatzerlöse in Mio. DM	Arbeitnehmer
Kleine	bis 5,31	bis 10,62.	bis 50
Mittelgroße	bis 21,24	bis 42,48	bis 250
Große	über 21,24	über 42,48	über 250

▲ Abb. 15 Größenklassen nach § 267 Abs. 1–3 HGB

2.5 Technisch-ökonomische Struktur

Der technisch-ökonomische Aspekt zur Gliederung von Unternehmen betrifft in erster Linie die Industrieunternehmen. Als wichtigste Unterscheidungsmerkmale lassen sich festhalten:

- Nach dem **vorherrschenden Produktionsfaktor:**
  - **Personalintensive** Unternehmen sind charakterisiert durch einen hohen Lohnkostenanteil an den gesamten Produktionskosten.
  - **Anlagenintensive** Unternehmen sind dadurch gekennzeichnet, dass sie einen hohen Bestand an Potenzialfaktoren haben, in denen hohe Kapitalbeträge gebunden sind.
  - **Materialintensive** Unternehmen weisen einen hohen Rohstoffverbrauch und entsprechend hohe Materialkosten auf.
  - **Energieintensive** Unternehmen zeichnen sich durch einen hohen Verbrauch an Energie bei der Produktion aus.

  In der Praxis sind auch Kombinationen dieser vier Fälle möglich. Diese Betrachtung dient vor allem dazu, jenen oder jene Produktionsfaktoren mit dem größten Anteil an den Gesamtkosten zu ermitteln. Dieser Faktor muss dann bei der Betrachtung betriebswirtschaftlicher Probleme besondere Berücksichtigung finden.

- Nach der **Anzahl der zu fertigenden Produkte (Fertigungstypen):**
  - **Einzelfertigung:** Die Einzelfertigung zeichnet sich dadurch aus, dass meist aufgrund eines konkreten Kundenauftrages genau eine Einheit eines Produktes hergestellt wird. Sie ist immer dort anzutreffen, wo etwas nach Maß produziert wird (z.B. Turbine, Brücke).
  - **Mehrfachfertigung:** Bei der Mehrfachfertigung wird eine große Anzahl des gleichen Produktes hergestellt. Man findet sie vor allem dort, wo eine weitgehende Automatisierung möglich ist.

- Nach der **Anordnung der Maschinen (Fertigungsverfahren):**
  - **Werkstattprinzip:** Das Werkstattprinzip beinhaltet, dass sich der Bearbeitungsprozess eines Werkstückes nach der innerbetrieblichen Anordnung der Maschinen auszurichten hat. Unter Umständen muss das Werkstück auch in verschiedene Werkstätten transportiert werden.
  - **Fließprinzip:** Beim Fließprinzip richtet sich die Anordnung der Maschinen – im Gegensatz zum Werkstattprinzip – nach der Reihenfolge der am Produkt durchzuführenden Tätigkeiten. Die Folge davon sind Fertigungsstraßen und Fließbänder.

Die Fertigungstypen und -verfahren hängen in der Praxis eng zusammen, indem die Einzelfertigung meistens nach dem Werkstattprinzip, die Mehrfachfertigung häufig nach dem Fließprinzip vorgenommen wird.[1]

1 Zu den verschiedenen Fertigungstypen und -verfahren vgl. Teil 4, Kapitel 1 „Grundlagen“.

2.6 Rechtsform

2.6.1 Bedeutung der Rechtsform

Die Rechtsform des Unternehmens gibt nicht nur den Rahmen der inneren Ordnung vor, sondern es werden ebenso die rechtlichen Beziehungen mit der Umwelt determiniert. Im Bürgerlichen Gesetzbuch (BGB), im Handelsgesetzbuch (HGB), im Aktiengesetz (AktG) und im Gesetz betreffend die Gesellschaften mit beschränkter Haftung (GmbHG) werden die wichtigsten Rechtsformen aufgelistet, die von den Unternehmen frei gewählt werden können.[1]

Die Wahl der Rechtsform zählt zu den strategischen unternehmerischen Entscheidungen. Sie wird gefällt bei Gründungen und Umwandlungen, wenn sich wesentliche persönliche, wirtschaftliche, rechtliche oder auch steuerrechtliche Rahmenbedingungen ändern. Beeinflusst wird die Wahl maßgeblich durch die

- Haftung,
- Kapitalbeschaffung,
- Unternehmensleitung,
- Publizitäts- und Prüfungspflichten,
- Flexibilität der Änderung der Gesellschafterverhältnisse (insbesondere im Erbfall) sowie die
- Steuerbelastung.

Infolge der bestehenden Interdependenzen dürfen diese Faktoren nicht isoliert betrachtet werden, sondern müssen im Verbund gesehen und entsprechend ihrer Bedeutung gewichtet werden.

Mit der Entscheidung über die Rechtsform wird die rechtliche Verfassung des Unternehmens beeinflusst. Die Unternehmensverfassung kann als Summe aller Regelungen verstanden werden, die durch die Gesetzgebung, Rechtsprechung, Verwaltung und Kollektivverträge für die Unternehmen geschaffen wurden.

2.6.2 Einzelunternehmen

Die von einer einzelnen natürlichen Person betriebene selbstständige Betätigung wird häufig schlicht als „Einzelunternehmen" bezeichnet. In der Regel ist das Einzelunternehmen folglich dadurch gekennzeichnet, dass der Einzelkaufmann sein Unternehmen ohne Gesellschafter oder nur mit einem stillen Gesellschafter führt. In dieser Sonderform des Einzelunternehmens beteiligt sich der Stille mit einer Vermögenseinlage nach §§ 230ff. HGB an dem Handelsgewerbe eines anderen. Es entsteht eine Innengesellschaft, welche vermögenslos ist. § 231 HGB be-

1 Bei nichtpersonenbezogenen Gesellschaften ist die Rechtsform oftmals vorgegeben.

stimmt, dass der Stille am Gewinn dispositiv, aber nicht am Verlust des Handelsgewerbes beteiligt ist. Er hat keine Geschäftsführungsbefugnis aus der stillen Einlage (§ 233 HGB).

Der Einzelunternehmer haftet unbeschränkt, d.h. auch mit seinem Privatvermögen, und allein für die Verbindlichkeiten seines Unternehmens. Die Gründung eines Einzelunternehmens kann formlos erfolgen, allerdings muss in Abhängigkeit vom Umfang und der Art des Gewerbes eine Eintragung im Handelsregister vorgenommen werden. Prototyp des gewerblichen Einzelunternehmers ist der „Muss-Kaufmann", der ein Grundhandelsgewerbe betreibt. Die neun wesentlichen Gewerbearten (sog. Grundhandelsgewerbe) sind umfassend im § 1 HGB definiert.

Ist der Einzelunternehmer Kaufmann, so führt er eine Firma. Das ist der Name, unter dem er im Handel seine Geschäfte betreibt und die Unterschrift abgibt, unter der er klagen und verklagt werden kann (§ 17 HGB). Im Regelfall besteht die Firma aus dem Familiennamen und mindestens einem ausgeschrieben Vornamen des Einzelkaufmanns. § 18 Abs. 2 HGB verbietet Zusätze, die ein Gesellschaftsverhältnis andeuten oder sonst geeignet sind, „eine Täuschung über Art und Umfang des Geschäfts oder die Verhältnisse des Geschäftsinhabers herbeizuführen."[1]

2.6.3 Gesellschaftsformen

Eine Gesellschaft ist ein vertraglicher Zusammenschluss von mehreren Personen, der eine Organisation zur Erreichung eines gemeinsamen Zwecks schafft (§ 705 BGB). Die Mitglieder haben die Pflicht, zur Verfolgung dieses Ziels beizutragen. Grundsätzlich lassen sich **Personengesellschaften** und **Kapitalgesellschaften** unterscheiden.

Ein wesentliches Unterscheidungsmerkmal ist der Haftungsumfang gegenüber den Gläubigern. Bei Personengesellschaften ist die persönliche Haftung ein Wesensmerkmal, bei Kapitalgesellschaften haftet dagegen nur das Gesellschaftsvermögen der juristischen Person.

- Die **Personenbezogenheit** äußert sich z.B. in der Treuepflicht (§ 242 BGB), beim Tod eines Gesellschafters (z.B. Auflösung der Gesellschaft), in der Organisation usw.
- **Kapitalbezogenheit** bedeutet in erster Linie, dass die Unternehmen über ein bestimmtes Kapital bei der Gründung verfügen müssen (z.B. Grundkapital bei der AG (§§ 1, 6 AktG), Stammkapital bei der GmbH [§ 6 GmbHG]).

Im Folgenden werden diese verschiedenen Gesellschaftsformen dargestellt, wobei ergänzend zum Schluss noch die Rechtsform der Genossenschaft vorgestellt wird.

1 Zu beachten sind die Ausnahmen der §§ 21, 22 HGB.

2.6.3.1 Personengesellschaften

a) Gesellschaft des bürgerlichen Rechts

Grundform der Personengesellschaft ist die Gesellschaft bürgerlichen Rechts, deren rechtstechnische Ausgestaltung durch die Figur der gesamthänderischen Vermögensbildung, weitgehend auch durch das Recht der Offenen Handelsgesellschaft (OHG) und der Kommanditgesellschaft (KG) bestimmt wird (§§ 105, Abs. 2; 161, Abs. 2 HGB). Notwendige Voraussetzung für die Entstehung ist der Abschluss eines BGB-Gesellschaftsvertrags. Für den Abschluss des Vertrags gelten die allgemeinen Regeln des BGB. Der Gesellschaftsvertrag kann stillschweigend durch schlüssiges Handeln erfolgen.[1] Als BGB-Gesellschaft in der wirtschaftsrechtlichen Praxis kommt es beispielsweise bei zeitlich befristeten und zweckgebundenen Konsortien natürlicher oder juristischer Personen zur Anwendung (große Bauprojekte, Wertpapieremissionen etc.). Die Gesellschaft hat keine Firma. Sie wird nicht in das Handelsregister eingetragen und endet im Normalfall (durch Auflösung und Auseinandersetzung) mit der Erreichung des beabsichtigten Zwecks (§§ 723–725 BGB). Die Beiträge der Gesellschafter können in Geld, Sachen, Forderungen, Rechten und Dienstleistungen bestehen (§ 706 BGB). Zusammen mit den durch die vorgeschriebene gemeinschaftliche Geschäftsführung (§ 709 BGB) erworbenen Vermögensgegenständen bilden sie das Gemeinschaftsvermögen (§ 718 BGB), das allerdings einer gesamthänderischen Bindung unterliegt (§ 719 BGB). Jedoch besteht über dieses Vermögen hinaus eine „persönliche" Haftung der Gesellschafter, wobei die „Person" auch eine juristische Person sein kann. Die Gesellschafter sind Gesamtgläubiger der Gesellschaftsforderungen und Gesamtschuldner der Gesellschaftsschulden (§§ 420ff. BGB). Alle diese Bestimmungen sind, soweit es sich um das Verhältnis der Gesellschafter untereinander handelt, nur dispositiv, d.h. sie können durch Gesellschaftsvertrag geändert werden. So können beispielsweise einzelnen Gesellschaftern Geschäftsführung und Vertretung übertragen werden.

b) Offene Handelsgesellschaft

Die Offene Handelsgesellschaft (OHG) (§§ 105ff. HGB) ist die vertragliche Vereinigung von zwei oder mehr Personen zum Betrieb eines Handelsgewerbes unter gemeinschaftlicher Firma mit – im Gegensatz zu der später noch zu erläuternden KG – **unbeschränkter** Haftung aller Gesellschafter (§ 105, Abs. 1 HGB). Die Firma muss im Handelsregister angemeldet werden (§ 106 HGB). Zur Führung

1 Allerdings können sich besondere Formerfordernisse dadurch ergeben, dass der Gesellschaftsvertrag formbedürftige Verpflichtungen nach allgemeinen Bestimmungen enthält (z.B. §§ 311, 313 BGB).

der Geschäfte der Gesellschaft sind gesetzlich alle Gesellschafter berechtigt und verpflichtet (§ 114, Abs. 1 HGB). Allerdings kann im Gesellschaftsvertrag die Geschäftsführungsbefugnis z.B. auf ein bestimmtes Aufgabengebiet beschränkt oder sogar aufgehoben werden (§ 114, Abs. 2 HGB).

Weitere **Pflichten** regeln der § 706 BGB (Leistung der Kapitaleinlage), die §§ 112f. HGB (Wettbewerbsenthaltung) und der § 121, Abs. 3 HGB (Verlustbeteiligung). Über das **Recht** einer gemeinschaftlichen Geschäftsführung hinaus werden die wichtigsten Rechte der Gesellschafter im § 118 HGB (Kontrolle der Geschäftsführung – und dies auch bei Geschäftsführungsbeschränkung oder -aufhebung), im § 121 HGB (Gewinnanteil), dem § 122 HGB (Kapitalentnahme) und schließlich im § 132 HGB (Kündigung des Gesellschaftsvertrages) geregelt.

c) Kommanditgesellschaft

Die Kommanditgesellschaft (KG) (§§ 161ff. HGB) ist eine Gesellschaft, deren Zweck auf den Betrieb eines Handelsgewerbes unter gemeinschaftlicher Firma gerichtet ist. Hierbei ist bei einem oder einigen von den Gesellschaftern die Haftung gegenüber den Gesellschaftsgläubigern auf den Betrag einer bestimmten Vermögenseinlage beschränkt (Kommanditisten), während bei dem anderen Teil der Gesellschafter keine Beschränkung der Haftung stattfindet (persönlich haftende Gesellschafter bzw. Komplementäre) (§ 161 Abs. 1 HGB). Für den Komplementär gelten die Vorschriften der OHG.

2.6.3.2 Kapitalgesellschaften

a) Gesellschaft mit beschränkter Haftung

Die Gesellschaft mit beschränkter Haftung (GmbH) ist eine juristische Person, deren Gesellschafter (einer oder mehrere) mit Stammeinlagen von mindestens DM 500,– am Stammkapital von mindestens DM 50.000,– beteiligt sind (§§ 5, 13, 42 GmbHG). Man unterscheidet bei der GmbH ebenfalls drei Organe. Die Geschäftsführungsbefugnis und Vertretungsmacht wird von einem oder von mehreren Geschäftsführern ausgeübt, die Gesellschafter oder dritte Personen sein können (§§ 35ff. GmbHG). Die Bestellung eines Beirates kann durch den Gesellschaftsvertrag individuell vorgeschrieben sein. Allerdings ist die Bildung eines Aufsichtsrates nach den Mitbestimmungsgesetzen ab einer gewissen Größe und bei einer bestimmten Branchenzugehörigkeit rechtlich vorgeschrieben. Das dritte Organ, die Gesellschafterversammlung, ist, ähnlich wie die Hauptversammlung einer AG, das beschließende Organ der GmbH (§§ 45ff. GmbHG). Im Gegensatz zur AG wurde die Rechtsform der GmbH wegen des niedrigen Kapitalbedarfs bei der Gründung und der wesentlich geringeren Gründungskosten, aber auch wegen der beschränkten Haftung bis zur Verabschiedung des Gesetzes für kleine Aktiengesellschaften und zur Deregulierung des Aktienrechts, sehr häufig gewählt. Die Möglichkeit der Kapitalbeschaffung durch neue Gesellschafter bleibt im Vergleich zur Publikums-AG eher beschränkt.

b) Aktiengesellschaft

Die Aktiengesellschaft (AG) ist eine Handelsgesellschaft mit eigener Rechtspersönlichkeit (und daher eine juristische Person, § 1 AktG). Ihre Gesellschafter sind an ihr mit Einlagen auf das in Aktien zerlegte Grundkapital beteiligt, ohne persönlich für die Verbindlichkeiten der Gesellschaft zu haften (§§ 1, 3 AktG). Das Grundkapital (= gezeichnetes Kapital) muss zu Beginn – unabhängig davon, ob eine Bar- oder Sachgründung vorliegt – mindestens DM 100.000,– betragen (§§ 6, 7 AktG).

Die AG hat drei Organe, den **Vorstand** (§§ 76ff. AktG), der das Unternehmen leitet, den **Aufsichtsrat** (§§ 95ff. AktG sowie Mitbestimmungsgesetz), der den Vorstand bestellt und überwacht, sowie die **Hauptversammlung** (§§ 180ff. AktG), in der die grundlegenden Entscheidungen für die Gesellschaft gefällt werden. So können bei einer Hauptversammlung u.a. die Aufsichtsratsmitglieder der Kapitalseite durch die Hauptversammlung mit einfacher Mehrheit bestellt bzw. mit Dreiviertelmehrheit abberufen werden (§§ 101, 103 AktG). Außerdem wählt die Hauptversammlung den Abschlussprüfer, beschließt über die Verwendung des festgestellten Bilanzgewinns und die Entlastung der Vorstands- und Aufsichtsratsmitglieder.

Trotz der Möglichkeit der Kapitalbeschaffung über die Börse[1] ist die AG unter den Rechtsformen in Deutschland immer noch unterrepräsentiert. Als Grund wird von Unternehmensseite häufig der durch das AktG festgelegte hohe Gründungsaufwand (Prospektkosten, Emissionskosten etc.) angeführt. Zudem werden die weitreichenden Mitbestimmungsrechte der Arbeitnehmerseite häufig als Nachteil einer AG empfunden.

Mit dem Gesetz für **kleine Aktiengesellschaften** und zur Deregulierung des Aktienrechts vom August 1994 wurde die Gründung einer Ein-Mann-AG möglich. Gemäß § 2 AktG müssen an der Feststellung des Gesellschaftsvertrags eine oder mehrere Personen beteiligt sein (vorher: Mindestzahl 5).[2] Ziel dieser Gesetzesänderung ist es, die einzige Gesellschaftsform mit Zugang zum Eigenkapitalmarkt (Börse) auch für mittelständische Unternehmen attraktiv zu machen. Unabhängig

1 Vgl. dazu in Teil 6 „Finanzierung“, Kapitel 3, den Abschnitt 3.3 „Going Public“.

2 Die „Kleine AG“ begründet aber keinen neuen Typus der Aktiengesellschaft. Der Terminus „klein“ steht auch nicht im Zusammenhang mit den Größenklassenkriterien Umsatz, Bilanzsumme oder Anzahl der Beschäftigten (§ 316, Abs. 1 in Verbindung mit § 267, Abs. 1 HGB).

von einem möglichen Börsengang kann die AG für mittelständische Unternehmen eine sinnvolle Rechtsform-Alternative bieten (Generationswechsel, Sicherung der Unternehmensunabhängigkeit etc.). Das Gesetz enthält für kleine, nicht börsennotierte Aktiengesellschaften eine Reihe von Vereinfachungen, wie z.B.

- den Verzicht auf die Einreichung des Gründungsberichts bei der IHK,
- den Verzicht auf sämtliche Einberufungsmodalitäten bei Vollversammlungen,
- die Freistellung von der Unternehmensmitbestimmung bei Aktiengesellschaften unter 500 Arbeitnehmern.

2.6.3.3 Mischformen

Auf der Grundlage der bereits erwähnten Gesetze haben sich in der Praxis einige nicht unbedeutende Mischformen, d.h. aus den Charakteristika der Kapital- und Personengesellschaft zusammengesetzte Rechtsformen, entwickelt.

1. **Kommanditgesellschaft auf Aktien (KGaA):** Diese Kombination von KG und AG ist eine juristische Person. Sie steht der AG näher als der KG und wird daher auch umfassend im AktG (§§ 278ff. AktG) geregelt. Das Kommanditkapital ist in Aktien verbrieft (deshalb werden zum Beispiel die Aktien der Henkel KGaA auch an der Börse notiert), entsprechend der Regelung zur KG muss aber mindestens ein Komplementär persönlich und unbeschränkt haften. Durch diese Kombination verbindet die KGaA die Finanzierungsvorteile der AG mit der starken Stellung der persönlich haftenden Gesellschafter einer KG.
2. **AG & Co. KG, GmbH & Co. KG:** Hier übernimmt eine juristische Person (GmbH, AG, Stiftung) die Funktion des Komplementärs der KG. Die Gesellschafter der GmbH oder AG können dabei auch gleichzeitig Kommanditisten der KG sein (sog. engere Form). Im Ergebnis ist bei dieser Rechtsform die Haftung aller natürlichen Personen ausgeschlossen. Gleichzeitig muss aber nicht auf den Charakter einer Personengesellschaft – mit dem Vorteil einer größeren unternehmerischen Entscheidungsfreiheit – verzichtet werden.

2.6.3.4 Genossenschaften

Die Genossenschaft ist eine Gesellschaft mit nicht geschlossener Mitgliederzahl (mindestens sieben), welche die Förderung des Erwerbs oder der Wirtschaft ihrer Mitglieder durch gemeinschaftlichen Geschäftsbetrieb bezweckt, ohne dass diese persönlich für die Verbindlichkeiten der Genossenschaft haften (§ 1 GenG). Die Genossenschaft ist eine juristische Person (§ 17 GenG), wodurch den Gläubigern nur das Vermögen der Genossenschaft haftet. Allerdings können die Statuten

Eigenschaften / Rechtsform	Zahl der Gesellschafter	Gründungsvorschriften	Geschäftsführung; Kontrolle	Mindesteigenkapital (MEK); Entnahmeregelung	Haftungsbeschränkung; Nachschüsse
Einzelunternehmen	ein Eigentümer	keine	in einer Hand	kein MEK; keine Entnahmebegrenzungen	unbeschränkte Haftung
stille Gesellschaft §§ 230–237 HGB	mindestens ein Eigentümer; ein „stiller" Gesellschafter	keine	keine GF für stillen G.; Kontrollrecht nach § 233 HGB	kein MEK; stiller G. ist am Gewinn beteiligt; er **kann** am Verlust beteiligt sein	Haftung der st. G. ist auf Einlage beschränkt; st. G. ist Konkursgläubiger: § 236 HGB
OHG §§ 105–160 HGB	mindestens 2 Eigentümer	■ § 106 HGB Anmeldung	alle Ges. sind zur GF berechtigt und verpflichtet: § 114 (1) HGB aber: Ges.vertrag nach § 114 (2) HGB; Kontrolle: § 118 HGB	kein MEK; Verteilung von Gewinn bzw. Verlust nach Gesetz oder Vertrag § 121 (1) HGB; Entnahmerecht ist dreistufig, gemäß § 122 HGB	unbeschränkte Haftung aller Gesellschafter
KG §§ 161–177a HGB	mindestens ein Vollhafter (Komplementär), mindestens ein Teilhafter (Kommanditist)	Kommanditist haftet unbeschränkt, wenn Gesellschaft vor Eintragung in das Handelsregister mit seiner Zustimmung die Geschäfte aufnimmt: § 176 HGB	GF nur durch Komplementäre: § 164 HGB Kontrollrechte für Kommandisten: § 166 (1), (2), (3) HGB	kein MEK; Kommanditist ist an Gewinn und Verlust beteiligt; Kommanditist hat Gewinnanspruch, wenn sein Kapitalanteil nicht durch frühere Verluste angegriffen ist. § 169 HGB	Kommanditist haftet beschränkt gemäß Einlage: § 171 HGB; nach Ausscheiden haftet Komm. noch 5 Jahre in Höhe seiner Einlage für Verbindl. der KG § 159 HGB. Ausnahme: Dritter übernimmt Einlage des Ausscheidenden und Sonderrechtsnachfolge wird im Handelsregister eingetragen
GmbH ⇒ GmbHG	1–n	■ Gründungsprüfung bei Sacheinlagen § 5 (4) GmbHG; ■ Anmeldung der Ges. § 7 GmbHG; ■ Inhalt der Anmeldung § 8 GmbHG; ■ Prüfung durch Gericht § 9c GmbHG	GF: Geschäftsführer Diese können Gesellschafter sein Kontrolle durch Gesellschafterversammlung; ggf. WP ⇒ RL	■ 25.000 Euro: § 5 (1) GmbHG ■ Stammeinlage jeder Ges. mindestens 100 Euro: § 5 (1) GmbHG ■ Stammkapital muss erhalten bleiben: § 30 GmbHG ■ Mindesteinzahlung 50 %	Haftungsbeschränkung a) § 13 (2) GmbHG für Verb. haftet nur Gesellschaftsvermögen b) Ges. haftet nur mit Einlage Nachschüsse fakultativ: a) unbeschränkt Abandonrecht b) beschränkt
GmbH u. Co KG	mindestens 1	siehe GmbH und KG	anstelle des Vollhafters tritt GmbH, die mit ihrem gesamten Vermögen, faktisch aber beschränkt haftet		
AG ⇒ AktG	mindestens 1: § 2 AktG	aufwändige Regelung: §§ 23–41 AktG	GF: Vorstand Kontrolle: AR HV WP	MEK: 50.000 Euro § 7 AktG Mindestnennbetrag der Aktien: 1 Euro Nennbetrag oder Stückaktien § 8 AktG ■ Mindesteinzahlung 25 % Entnahmeregelung über JA und § 58 (2) AktG	Haftungsbeschränkung § 1 AktG AE haften nur mit Einlage keine Nachschusspflicht
KGaA §§ 278–290 AktG	Vorschriften der AktG gelten analog		■ persönlich haftende Gesellschafter ■ Kontrolle durch HV und AR; AR ist Vertreter der HV	siehe AktG	mindestens ein Gesellschafter haftet unbeschränkt; die übrigen Kommanditaktionäre haften beschränkt
Genossenschaft § 1 GenG	mindestens 7 § 4 GenG	■ nicht geschlossene Mitgliederzahl ■ Zweck: Förderung der Mitglieder ■ Eintrag ins Genossenschaftsregister	GF: Vorstand Kontrolle ■ Generalversammlung ■ AR ■ genossenschaftl. Prüfungsverband §§ 53ff GenG	kein MEK Gewinnverteilung § 19 GenG	Haftungsbeschränkung § 2 GenG; unterschiedliche Nachschussregelungen

▲ Abb. 16 Rechtsformen und wichtige Eigenschaften I (Drukarczyk 1996a, S. 246–249)

Eintritt; Austritt; Kündigung	Rechnungslegung; Publizität der Rechnungslegung (RL)	besondere Gesellschaftsorgane	Finanzierungseigenschaften	Relevanz von Mitbestimmungsregeln
„Kündigung" ist gleich bedeutend mit Liquididation des Unternehmens oder Verkauf	RL nach § 1 PublG möglich; Größenkriterien: (1) BS > 125" DM (2) NU > 250" DM (3) AN > 5000 Zwei Kriterien an 2 aufeinander folgenden Stichtagen müssen erfüllt sein	keine	EF beschränkt durch Vermögen des Eigners; SF beschränkt durch Höhe der erzielten Überschüsse; FF beschränkt durch Gläubiger.	–
Kündigung § 234 HGB; Auseinandersetzung § 235 HGB a) Nominalwert b) Anteil am Vermögen	RL nach PublG. Größenkriterien wie oben	keine	Probleme der Vertragsbeziehung; sonst wie bei EU	–
Eintritt, Austritt schwerfällig; Ausschluss möglich § 140 HGB	RL nach PublG.	keine	mehrere **Voll**hafter; höhere Kreditwürdigkeit; EF weniger beschränkt als bei EU; SF wie oben FF wie oben	–
eintretender Kommanditist haftet auch für Verb. der KG, die vor seinem Eintreten entstanden sind; Ausscheiden leichter als bei einer OHG, wenn Gesellschaftsvertrag Kommanditistenwechsel vorsieht und an die Stelle des „alten" Komm. ein „neuer" tritt.	RL nach PublG.	ggf. Beirat, wenn Zahl der Komm. sehr groß ist: sog. Publikums-KG	bessere Möglichkeiten als OHG, da neben Vollhaftern auch viele Kommanditisten mit relativ kleinen Einlagen beteiligt werden können.	–
■ analog OHG ■ Übertragung von Anteilen per notariellem Vertrag	Pflicht § 264 nach § 267 HGB abhängig von **Größe** der GmbH; „kleine" KG: BS < 6,72 Mio DM NU < 13,44 Mio DM AN < 50 „mittelgroße" KG: BS < 26,89 Mio DM NU < 53,78 Mio DM AN < 250 „große" KG	■ GF (n > 1); ■ Gesellschaftsversammlung; ■ Aufsichtsrat, wenn Zahl der Arbeitnehmer größer als 500	beschränkte Haftung; mehrere EK-Geber; Selbstfinanzierung abhängig von Überschüssen; FF abhängig von Ertragslage, Sicherheitspotenzial	siehe AG, wenn dieses Organ besteht
anstelle des Vollhafters tritt GmbH, die mit ihrem gesamten Vermögen, faktisch aber beschränkt haftet	gemäß § 264a HGB publizitätspflichtig wie Kapitalgesellschaften	siehe GmbH; ggf. Beirat als Vertretung der Kommanditisten	siehe GmbH	siehe GmbH
Kündigung nicht erforderlich; AE verkauft Anteil; Eintritt problemlos!	siehe GmbH	Vorstand Aufsichtsrat Hauptversammlung	im Prinzip ausgezeichnet wegen ■ Handelbarkeit der Anteile ■ Diversifikationsmöglichkeiten ■ leichtem Aus- u. Einstieg	Ab 500 Arbeitnehmern Drittelparität; Parität ab 2.000 Arbeitnehmern; gemäß Montan-Mitbestimmungsgesetz (ab 1.000 Arbeitnehmern) Arbeitsdirektor im Vorstand
keine Kündigung erforderlich; Verkauf d. Anteile	siehe GmbH	1. HV 2. persönlich haftende Gesellschafter 3. Aufsichtsrat (§ 267 AktG) als Vertreter der K.-Aktionäre	über Aktien im Prinzip gut; Kontrollmehrheiten können nicht erlangt werden	siehe AG
Anteilserwerb durch Antrag; Kündigung durch Rückgabe des Anteils	§ 33 GenG §§ 336–339 HGB3	■ Vorstand ■ Aufsichtsrat ■ Generalversammlung ■ genossensch. Prüfungsverband	im Prinzip gut wegen ■ Stückelung der Anteile ■ Rückgaberecht, ■ Herstellbarkeit beschränkter Haftung	siehe AG bzw. § 1 (1) MitbestG

▲ Abb. 16 Rechtsformen und wichtige Eigenschaften II (Drukarczyk 1996a, S. 246–249)

bestimmen, dass im Konkursfall die Genossen Nachschüsse in beschränkter oder unbeschränkter Höhe leisten müssen (§ 6 GenG). Organe dieser Rechtsform sind (§§ 24ff. GenG) der Vorstand (Geschäftsführung und Vertretung), der Aufsichtsrat (Kontrolle des Vorstandes) und die Generalversammlung, die im Vergleich zur Hauptversammlung der AG mehr Rechte hat. Hat die Genossenschaft mehr als 3000 Mitarbeiter, so besteht die Generalversammlung allerdings aus Vertretern der Genossen und nennt sich dann Vertreterversammlung.[1] Beispielsweise wählt sie nicht nur den Aufsichtsrat, sondern kann auch den Vorstand ernennen. Außerdem beschließt sie über den Jahresabschluss (§ 43 GenG). Beispiele für diese Rechtsform sind Einkaufsgenossenschaften (Intersport eG), Kreditgenossenschaften (Volksbank eG, Raiffeisenbank eG) und landwirtschaftliche Verwertungsgenossenschaften.

2.6.3.5 Zusammenfassung

Abschließend werden die fünf wichtigsten Rechtsformen in ◄ Abb. 16 noch einmal zusammengefasst.

2.6.4 Mitbestimmung und Rechtsform

Deutschland hat im internationalen Vergleich und in Abhängigkeit von der Rechtsform sehr weitreichende Mitbestimmungsrechte. Dabei nimmt der Anteil der Mitbestimmungsmöglichkeiten der Arbeitnehmer an unternehmerischen Entscheidungen mit abnehmender persönlicher Haftung der Gesellschafter zu. Die rechtlich geregelte und institutionalisierte Mitwirkung des Mitarbeiters kann dabei auf fünf Ebenen stattfinden (vgl. Hopfenbeck 1997, S. 309ff.), nämlich der

- Arbeitsplatzebene (z. B. Einsicht in die Personalakte),
- Betriebsebene (z. B. Betriebsrat),
- Unternehmensebene (z. B. Arbeitnehmervertreter im Aufsichtsrat),
- überbetrieblichen Ebene (z. B. Forderung nach Selbstverwaltungskörperschaften wie Wirtschafts- und Sozialräte),
- supranationale Ebene (z. B. auf EG-Ebene).

Im Folgenden wird auf die ersten drei Ebenen eingegangen.

1 Gleiches kann das Statut für eine Genossenschaft mit mehr als 1.500 Mitgliedern bestimmen.

2.6.4.1 Betriebsverfassungsgesetz

Das Betriebsverfassungsgesetz (BetrVG) von 1972 regelt die **betrieblichen** Mitbestimmungsrechte der Arbeitnehmer. In **allen** Betrieben mit mindestens fünf ständigen wahlberechtigten Arbeitnehmern kann ein **Betriebsrat** in geheimer, unmittelbarer Wahl auf drei Jahre gewählt werden (§§ 1, 14, 21 BetrVG). Bei Betrieben mit mehr als 100 ständig beschäftigten Arbeitnehmern wird darüberhinaus ein **Wirtschaftsausschuss** gebildet, der wirtschaftliche Angelegenheiten mit dem Unternehmer zu beraten und den Betriebsrat zu unterrichten hat (§§ 106ff. BetrVG). Die Arbeitnehmer unter 18 Jahren können in Betrieben mit mindestens fünf Jugendlichen eine eigene **Jugendvertretung** wählen (§§ 60–73 BetrVG). In Betrieben mit mindestens 10 leitenden Angestellten können auch **Sprecherausschüsse** gewählt werden. Diese Sprecherausschüsse entsprechen rechtlich den Betriebsräten, jedoch gehen ihre Mitwirkungsrechte nicht so weit wie die des Betriebsrates. Der Betriebsrat ist der gesetzliche Interessenvertreter der Belegschaft, ohne allerdings der Vertreter der Arbeitnehmer im Sinne der §§ 164ff. BGB zu sein.

Welche Aufgaben und Rechte hat nun der Betriebsrat? Zunächst hat er zu überprüfen, ob die zugunsten der Arbeitnehmer geltenden Gesetze, Verordnungen, Unfallverhütungsvorschriften, Tarifverträge und Betriebvereinbarungen durchgeführt und eingehalten werden (§ 80 BetrVG). Außerdem muss er die Belange von Schwerbehinderten, Jugendlichen, älteren und ausländischen Arbeitnehmern fördern. Die Rechte des Betriebsrates (§ 87 BetrVG) erstrecken sich im Zusammenhang mit diesen Aufgaben auf die

- **Mitbestimmung** in Bezug auf betriebliche Maßnahmen, z.B. die Festlegung der Arbeits- und Urlaubszeit, die Einführung einer Arbeitszeiterfassung oder Regelungen zum Unfall- und Gesundheitsschutz. Solche betrieblichen Maßnahmen werden erst durch die **Zustimmung** des Betriebsrates wirksam.
- **Mitwirkung,** z.B. bei der Umgestaltung von Arbeitsplätzen und -abläufen, Einstellungen und Entlassung von Mitarbeitern. Er kann hier widersprechen, jedoch werden die Maßnahmen dadurch nicht unwirksam. Das **Arbeitsgericht** oder die **Einigungsstelle** hat stattdessen zu entscheiden bzw. zu vermitteln.
- **Beratung,** z.B. im Zusammenhang mit der Planung und Einführung von Bauten und technischen Anlagen, der Stilllegung von Betrieben bzw. Betriebsteilen, der Aufstellung von Sozialplänen bei größeren Entlassungen. Der Arbeitgeber hat hier den Betriebsrat zu unterrichten und sich mit ihm zu beraten.
- **Information,** z.B. bei der Einstellung leitender Angestellter oder bei wichtigen wirtschaftlichen Angelegenheiten des Betriebes.

Die Arbeitnehmer können darüber hinaus ihren Einfluss auf wirtschaftliche Angelegenheiten in den Aufsichtsräten bei Unternehmen mit mehr als 500 Mitarbeitern geltend machen. Der zu bildende Aufsichtsrat (GmbH, AG, KGaA) ist dann bis zu einer Betriebsgröße von 2.000 Mitarbeitern mit einem Drittel Arbeitnehmervertretern besetzt.

2.6.4.2 Montan-Mitbestimmungsgesetz

Das **Montan-Mitbestimmungsgesetz** (MG) erfasst ausschließlich Unternehmen der Montanindustrie (Bergbau, Eisen, Stahl). Ist das Unternehmen in der Rechtsform einer Kapitalgesellschaft geführt und hat es mehr als 1.000 Arbeitnehmer, so schreibt § 3 MG eine **paritätische** Besetzung des Aufsichtsrates sowie einer zusätzliche neutrale Person vor. Außerdem ist für das Ressort Personal und Sozialwesen ein **Arbeitsdirektor** in den Vorstand zu entsenden, der nicht gegen die Stimmen der Mehrheit der Arbeitnehmervertreter im Aufsichtsrat bestellt oder abberufen werden darf.

2.6.4.3 Gesetz über die Mitbestimmung der Arbeitnehmer

Das Gesetz über die **Mitbestimmung der Arbeitnehmer von 1976** (MitbestG) ist auf alle privatrechtlichen Unternehmen mit mehr als 2.000 Arbeitnehmer anzuwenden, die nicht unter die Montanmitbestimmung fallen. Diese so genannte „unternehmerische Mitbestimmung" erstreckt sich dabei neben den Kapitalgesellschaften auch auf Kommanditgesellschaften, deren Komplementär eine juristische Person ist (z.B. GmbH & Co. KG) und an der die Kommanditisten die Anteilsmehrheit haben. Der Aufsichtsrat muss auch hier paritätisch besetzt werden. Mit der Zweitstimme des Aufsichtsratvorsitzenden können jedoch die Arbeitnehmervertreter im Aufsichtsrat überstimmt werden. Auch im MitbestG ist die Position des Arbeitsdirektors im Vorstand verankert.

2.7 Unternehmensverbindungen

2.7.1 Ziele von Unternehmensverbindungen

Die Ziele, die ein Unternehmen veranlassen, eine Unternehmensverbindung einzugehen, sind sehr vielfältiger Natur. Aus betriebswirtschaftlicher Sicht stehen drei Motive im Vordergrund, die in den vergangenen Jahren häufig zu Unternehmensverbindungen geführt haben:

1. **Wachstum:** Beim Wachstum eines Unternehmens muss zwischen einem internen und einem externen Wachstum unterschieden werden:

- Das **interne Wachstum** beruht auf einem Ausbau der Kapazitäten aufgrund einer steigenden Nachfrage und/oder eines steigenden Marktanteils. Man spricht deshalb auch von einem **natürlichen** Wachstum.
- Das **externe Wachstum** hingegen kommt dadurch zustande, dass sich Unternehmen zur Erfüllung einer gemeinsamen Aufgabe miteinander verbinden und ihre gesamten Geschäftstätigkeiten oder Teile davon zusammenlegen. Häufig erfolgt dieses externe Wachstum durch Übernahme eines Unternehmens. Je nachdem, ob diese Übernahme aus Sicht des Managements des übernommenen Unternehmens erwünscht oder nicht erwünscht ist, spricht man von einer freundlichen (friendly) oder unfreundlichen (unfriendly) Übernahme (takeover).

Der Vorgang der Bildung größerer Unternehmenseinheiten durch Zusammenschluss und Übernahme von Unternehmen wird volkswirtschaftlich auch **Unternehmenskonzentration** genannt.

Ein wesentlicher Grund für das starke externe Wachstum vieler Unternehmen in den letzten Jahren (▶ Abb. 17) beruht auf der Tatsache, dass heute viele Märkte gesättigt sind und somit ein internes Wachstum schwierig ist. Dieses ist meistens nur durch Erhöhung des Marktanteils auf Kosten der Konkurrenz möglich und mit hohen Kosten verbunden.

2. **Synergieeffekte:** Allgemein besagt der Synergieeffekt, auch 1+1=3-Effekt genannt, dass das Ganze einen größeren Wert aufweist als die Summe der Einzelteile. Mit anderen Worten können bei einem Unternehmenszusammenschluss Know-how ausgetauscht und Rationalisierungen vorgenommen werden, die Doppelspurigkeiten vermeiden und letztlich Ertragssteigerungen bzw. Kostensenkungen zur Folge haben.
3. **Risikostreuung:** Durch Diversifikation in neue Produkte und Märkte versucht man, das Risiko auf verschiedene Geschäftsbereiche zu verteilen und damit zu verkleinern.

Geht man von den einzelnen Funktionsbereichen des Unternehmens aus, so können folgende Motive festgehalten werden:

1. **Beschaffungsbereich:** Durch gemeinsamen Auftritt und Einkauf auf dem Beschaffungsmarkt können die Lieferkonditionen (z.B. Liefertermine, Finanzierungsmöglichkeiten, Preise) gegenüber dem Lieferanten verbessert werden. Daneben ist aber auch die Risikominderung ein häufig anzutreffendes Ziel. Durch eine Zusammenarbeit mit Unternehmen, die der eigenen Produktionsstufe vorgelagert sind, erfolgt eine Sicherung der Rohstoffversorgung und es können somit Engpässe bei der Beschaffung von Rohstoffen oder Zwischenprodukten vermieden werden.
2. **Produktionsbereich:** Zusammenschlüsse im Produktionsbereich verfolgen eine Koordinierung in Bezug auf Menge, Qualität, Ort, Zeit oder Verfahren der Produktion. Es handelt sich dabei zum Beispiel um eine

Ziel / Fusionspartner	Branche	Käufer/Größter Fusionspartner	Branche	Wert in Mrd. Euro[1]	Jahr
VoiceStream (USA)	Telekomunikation	Deutsche Telekom AG	Telekomunikation	54,8	2000
Chrysler Corp. (USA)	Automobil	Daimler-Benz	Automobil	40,0	1998
Orange plc	Telekomunikation	Ing. C. Olivetti & Co. SpA	Telekomunikation	34,8	1999
Rhône Poulenc (F)	Life Science	Hoechst	Life Science	25,0	1998
AL Group (CH)	Aluminium	Viag	Mischkonzern	24,0	1998
Viag AG	Energieversorger	Veba AG	Energieversorger	13,8	1999
One 2 One	Telekomunikation	Deutsche Telekom AG	Telekomunikation	13,6	1999
Krupp	Stahl u.a.	Thyssen	Stahl u.a.	11,8	1998
Bankers Trust	Bank	Deutsche Bank	Bank	10,1	1998
Mannesmann Atecs AG	Telekomunikation	Siemens/Bosch	Elektronik u.a.	9,4	2000
Tarnes Water (GB)	Versorger	RWE AG	Versorger	9,0	2000
Ing. C. Olivetti & Co. SpA	Telekomunikation	Mannesmann AG	Telekomunikation	8,4	1999
Bank Austria AG	Bank	HypoVereinsbank AG	Versorger	7,3	2000
Debis Systemhaus GmbH	Software	Deutsche Telekom AG	Telekomunikation	5,4	2000
Bayerische Hypotheken- und Wechsel-Bank AG (45 %)	Bank	Bayerische Vereinsbank AG	Bank	4,7	1997
AGA AB	Industriegase	Linde AG	Maschinenbau, Gase	4,1	1999
Degussa AG (36,4)	Metalle	Veba AG	Versorger	1,7	1997
Hapag-Lloyd AG (99,2 %)	Verkehr	Preussag AG	Metalle	1,6	1997
E-Plus Mobilfunk GmbH (90,13 %)	Telekomunikation	RWE AG/Veba AG	Mischkonzern	1,5	1997

▲ Abb. 17 Große Übernahmen mit deutscher Beteiligung

1 Markt- bzw. Unternehmenswert zum Zeitpunkt der Ankündigung, bei Fusion Wert des kleineren Fusionspartners

- bessere Auslastung vorhandener Kapazitäten,
- gemeinsame Entwicklung von Produktionsverfahren,
- Arbeitsteilung, verbunden mit einer entsprechenden Spezialisierung auf bestimmte Produkte oder Produktteile,
- Vereinheitlichung der hergestellten Produkte,
- Rationalisierung von Produktionsabläufen oder
- Ausnutzung der Kostendegression durch hohe Stückzahlen.

3. **Absatzbereich:** Eine Zusammenarbeit im Absatzbereich kann erstens der Verbesserung der Absatzmöglichkeiten und somit der Erhöhung der Wirtschaftlichkeit dienen, wie zum Beispiel durch gemeinsame Verkaufsorganisationen, durch Aufteilung der Absatzmärkte oder durch gemeinsame Werbung. Daneben kann eine Unternehmensverbindung auch zur Schaffung von Marktmacht, d.h. einer marktbeherrschenden Position, eingegangen werden. Allerdings sind den Unternehmen hier enge Grenzen durch das Wettbewerbsrecht gesetzt, die in einem separaten Abschnitt behandelt werden.[1] Schließlich kann auch eine

Verringerung des Risikos beabsichtigt sein. Das eigene Produktionsprogramm wird durch andere Produkte erweitert, so dass der Erfolg eines Unternehmens von mehreren Produkten abhängig ist und somit das Risiko auf mehrere Produkte gestreut ist.

4. **Forschungs- und Entwicklungsbereich:** Ein wichtiger Grund für eine Zusammenarbeit verschiedener Unternehmen ist der Bereich Forschung und Entwicklung. Dieser verursacht heute sehr hohe Kosten, die ein einzelnes Unternehmen nicht mehr allein zu tragen vermag. Zudem können Doppelarbeiten vermieden und durch Ausnutzung von Synergieeffekten Zeit und Kosten gespart werden.

5. **Finanzierungsbereich:** Großprojekte können vielfach finanziell nicht von einem einzelnen Unternehmen getragen werden, insbesondere nicht von Klein- und Mittelbetrieben, so dass eine Zusammenarbeit zur Finanzierung und somit zur Durchführung größerer Projekte unerlässlich ist. Eine Unternehmensverbindung erhöht vielfach die Kreditmöglichkeiten bei Banken oder öffnet den Weg an den Kapitalmarkt.

Es wurden hier nur einige wichtige Gründe aufgezählt, die zu Unternehmensverbindungen führen können. In der Praxis gibt es noch eine Vielzahl weiterer Gründe (z.B. Nachfolgeprobleme bei Familiengesellschaften, Eindringen in einen unbekannten Markt). Es ist zu beachten, dass in der Regel nicht allein *eine* Ursache als Grund für das Eingehen einer Unternehmensverbindung angeführt werden kann, auch wenn meistens ein bestimmter Faktor schließlich ausschlaggebend ist.

2.7.2 Merkmale von Unternehmensverbindungen

Unternehmensverbindungen können nach den drei Kriterien Produktionsstufe, Dauer der Verbindung sowie Kooperationsgrad unterteilt werden.

2.7.2.1 Produktionsstufe

Nach dem Merkmal **Produktionsstufe** werden drei Arten von Unternehmensverbindungen unterschieden:

1. **Horizontale Unternehmensverbindung:** Eine Unternehmensverbindung auf horizontaler Ebene bedeutet eine Verbindung der gleichen Produktions- oder Handelsstufe (z.B. Zusammenschluss mehrerer Warenhäuser oder Schuhfabriken).

1 Vgl. Abschnitt 2.7.4 „Wettbewerbsrechtliche Behandlung von Unternehmensverbindungen".

2. **Vertikale Unternehmensverbindung:** Bei den vertikalen Unternehmensverbindungen sind Unternehmen aufeinander folgender Produktions- oder Handelsstufen vereinigt. Dabei sind zwei Arten möglich: Entweder wird eine vorgelagerte Produktions- oder Handelsstufe angegliedert (z.B. eine Lederfabrik an eine Schuhfabrik) oder umgekehrt eine nachgelagerte angehängt (z.B. ein Schuhgeschäft an eine Schuhfabrik). Im ersten Fall spricht man von einer **Rückwärtsintegration** (Backward Integration), im zweiten von einer **Vorwärtsintegration** (Forward Integration).
3. **Laterale Unternehmensverbindung:** Bei lateralen Unternehmensverbindungen sind Unternehmen verschiedener Branchen beteiligt (z.B. Schuhfabrik, Maschinenfabrik, Versicherung).

2.7.2.2 Kooperationsgrad

Eine weitere Einteilung kann nach dem Kooperationsgrad vorgenommen werden. Aus betriebswirtschaftlicher Sicht interessiert insbesondere, inwieweit die rechtliche und vor allem die wirtschaftliche Selbstständigkeit eingeschränkt wird, ergeben sich doch daraus erhebliche Auswirkungen auf die Lenkung und Gestaltung eines Unternehmens. Rechtlich selbstständig bedeutet, dass ein Unternehmen seine rechtliche Struktur (Einzelunternehmen oder Gesellschaftsform) beibehalten kann. Wirtschaftliche Selbstständigkeit dagegen beinhaltet, dass ein Unternehmen seine wirtschaftlichen Entscheidungen – insbesondere die aus seiner Perspektive wesentlichen – ohne Zwang von außen treffen kann.

Der Umfang der rechtlichen und wirtschaftlichen Selbstständigkeit hängt stark davon ab, auf welche Art und Weise der Unternehmenszusammenschluss vorgenommen worden ist. Im Wesentlichen können vier Möglichkeiten unterschieden werden (Boemle 1995, S. 457ff.):

1. **Vertragliche Grundlage:** Die beteiligten Unternehmen bewahren bei einer vertraglichen Abmachung ihre volle wirtschaftliche und rechtliche Selbstständigkeit.

2. **Beteiligungserwerb:** Durch den Erwerb eines Anteils oder des gesamten Aktienkapitals versucht ein Unternehmen, mit einem anderen zusammenzuarbeiten oder einen maßgeblichen Einfluss auszuüben. Die Stärke des Einflusses hängt dabei primär vom Umfang der Kapitalbeteiligung sowie von der Aktionärsstruktur ab.

3. **Käufliche Übernahme von Aktiva und Passiva:** Ein Unternehmen kauft die Aktiven und übernimmt die Schulden einer anderen Firma, ohne dass diese juristisch gesehen aufgelöst wird. Es verbleibt somit meist eine so genannte Rumpfgesellschaft.

4. **Fusion:** Als Fusion bezeichnet man betriebswirtschaftlich die völlige Verschmelzung von zwei oder mehreren Unternehmen zu einer neuen wirtschaftlichen Einheit. Nach der Art der aktienrechtlichen Verschmelzung unterscheidet man zwischen einer
   - Verschmelzung durch Aufnahme, bei der das Vermögen einer oder mehrerer Gesellschaften (übertragende Gesellschaften) als Ganzes auf eine andere Gesellschaft (übernehmende Gesellschaft) gegen Gewährung von Aktien dieser Gesellschaft erfolgt (§ 2, Nr. 1 UmwG) und einer
   - Verschmelzung durch Neubildung, bei der auf eine neue Aktiengesellschaft das Vermögen der übertragenden Gesellschaften gegen Aktiengewährung übertragen wird. Im Gegensatz zum ersten Fall erlöschen folglich alle übertragenden Gesellschaften (§ 2, Nr. 2 UmwG).

2.7.3 Formen von Unternehmensverbindungen

Die Darstellung der wichtigsten Formen von Unternehmensverbindungen soll entsprechend einer zunehmenden Bindungsintensität vorgenommen werden. Die Möglichkeiten reichen dabei von einer lockeren **Kooperation** bis hin zu **Konzentrationsformen,** bei denen schließlich eine Angliederung bestehender Unternehmen an eine andere Wirtschaftseinheit erfolgt (▶ Abb. 18).

Da bei allen Unternehmensverbindungen wettbewerbspolitische und -rechtliche Aspekte mit in die Analyse einbezogen werden müssen, soll im Anschluss an die Darstellung verschiedener Formen von Unternehmensverbindungen eine kurze wettbewerbsrechtliche Beurteilung vorgenommen werden.

2.7.3.1 Konsortium

Konsortien sind Unternehmensverbindungen auf vertraglicher Basis zur Abwicklung von genau abgegrenzten Projekten. Das Konsortium tritt nach außen hin in Erscheinung. Als Rechtsform eignet sich in der Regel am besten die bereits erwähnte Gesellschaft des bürgerlichen Rechts (§§ 705 ff. BGB). Bekannt sind vor allem Bankenkonsortien, die entweder zum Zwecke der Emission von Obligationen oder Aktien (Emissionskonsortium) oder zur Vergabe von größeren Krediten (Kreditkonsortium) gebildet werden. Aber auch in der Industrie werden häufig Konsortien gebildet, um Großprojekte zu realisieren (z.B. Bauprojekte). Dies ermöglicht in vielen Fällen erst die Durchführung eines Projektes und verteilt das mit Großaufträgen verbundene Risiko (z.B. Aufträge aus politisch instabilen Ländern) auf mehrere Partner.

	Bindungsintensität
Stillschweigende Kooperation/Abgestimmtes Verhalten ▪ Stillschweigende Kooperation: gleichförmiges Verhalten mehrerer Unternehmen ohne schriftliche und mündliche Absprachen ▪ Abgestimmtes Verhalten (25 Abs. 1 GWB): bewusstes und gewolltes Zusammenwirken von Unternehmen zum Zwecke der Wettbewerbsbeschränkung	niedrig ▲
Agreements – mündliche, aber keine schriftliche Absprache zum Zwecke der Wettbewerbsbeschränkung	
Partizipation – Gelegenheitsgesellschaft in der Form der Gesellschaft des bürgerlichen Rechts (705ff. BGB), die nach außen nicht in Erscheinung tritt	
Konsortium – Gelegenheitsgesellschaft in der Form der Gesellschaft des bürgerlichen Rechts (705ff. BGB), die als solche nach außen auch in Erscheinung tritt	
Wirtschaftsverbände – freiwillige Zusammenschlüsse von Unternehmen (sog. Elementar- oder Grundverbände) oder von deren Verbänden (sog. Verbände höherer Ordnung) zum Zwecke der gemeinschaftlichen Erfüllung bestimmter betrieblicher Teilaufgaben (insbesondere Informationsgewinnung und Interessenvertretung)	
Kartell – ein auf Vertrag oder Beschluss basierender Unternehmenszusammenschluss, wobei die Beteiligten zwar rechtlich selbstständig bleiben, jedoch ihre wirtschaftliche Selbstständigkeit – je nach der vertraglichen Gestaltung – mehr oder minder stark einschränken	
Gemeinschaftsunternehmen – Zusammenschluss, bei der den Gesellschaftsunternehmen die Anteile an einem Unternehmen zu gleichen Teilen gehören	
Konzern – Zusammenschluss von mindestens zwei rechtlich selbstständig bleibenden Unternehmen unter gemeinsamer Leitung	
Verschmelzung gem. 339ff. AktG – liquidationslose Übertragung des Vermögens einer oder mehrerer Kapitalgesellschaften im Wege der Gesamtrechtsnachfolge; es geht die rechtliche Selbstständigkeit zumindest eines Unternehmens unter	▼ hoch

▲ Abb. 18 Unternehmensverbindungen nach Bindungsintensität (in Anlehnung an Schubert/Küting 1981, S. 10)

2.7.3.2 Kartell

Kartelle werden durch Vertrag mit dem Ziel begründet, den Wettbewerb zwischen den an ihnen beteiligten Unternehmen zu beschränken. Dabei bleibt zwar die rechtliche und organisatorische Selbstständigkeit der Kartellmitglieder erhalten, sie geben jedoch in den im Vertrag bestimmten Bereichen ihre wirtschaftliche Handlungsfreiheit auf. Im Ergebnis wird die ungewisse Koordinierung über den

Kartelltyp	Gegenstand und Zweck des Kartells	Wettbewerbspolitische Beurteilung
Preis-kartell	Verpflichtung der K.-Mitglieder zum Absatz zu einheitlichen Festpreisen (Festpreis-K.) oder Verbot des Unterbietens vereinbarter Mindestpreise (Mindestpreis-K.); zur Sicherung der Kartellpreise zumeist auch Regelungen zur Angebotsbegrenzung (Kontingent-K.; Quoten-K.).	Funktionen sich frei bildender Marktpreise und eines unbeschränkten Leistungswettbewerbs werden außer Kraft gesetzt: Ausbeutung der Marktgegenseite durch kollektive Monopolisierung; kein Ausscheiden dauerhaft leistungsschwacher Anbieter; Anreiz zur Innovation entfällt; Reduzierung der Anpassungsflexibilität. In einer Marktwirtschaft eindeutig ordnungswidrig.
Submis-sions-kartell	Sonderform des Preis-K.; zielt darauf ab, das Angebotsverhalten der Mitglieder bei öffentlichen Ausschreibungen so zu organisieren, dass gegenseitiges Sich-Unterbieten vermieden wird und jedes K.-Mitglied damit rechnen kann, in vereinbarter Abfolge den Zuschlag als der dann absprachegemäß preisgünstigste Anbieter zu erhalten.	Siehe Preiskartell.
Rabatt-kartell	Zählt zu den so genannten Preis-K. im weiteren Sinne; regelt, aus welchem Anlass, in welcher Form und welcher Höhe Preisnachlässe gewährt werden dürfen.	Bedenklich, da geeignet, den sogenannten Nebenleistungswettbewerb zu verhindern, der bei Verzicht auf Preiswettbewerb in weitgehend friedlichen Oligopolen ein wesentliches Moment des hier noch bestehenden „Restwettbewerbs" darstellt.
Kalkula-tions-kartell	Verpflichtet dazu, Angebotspreise nach einheitlichen Kalkulationsverfahren zu ermitteln.	Bedenklich, soweit die erhöhte Markttransparenz auf der Angebotsseite die Möglichkeit der Verhaltensabstimmung schafft oder im Oligopol ein so rasches Reagieren auf Wettbewerbsvorstöße erlaubt, dass dadurch der Anreiz zu Preisunterbietungen entfällt.
Kondi-tionen-kartell	Verpflichtet zur Anwendung einheitlicher allgemeiner Geschäftsbedingungen und will damit Unterschiede in den gewährten Lieferungs-, Haftungs- und Zahlungsbedingungen ausschließen.	Siehe Rabattkartell.
Fracht-basis-System	Schreibt vor, welche Frachtkosten in den Preisforderungen der K.-Mitglieder berücksichtigt werden dürfen. Frachtbasis ist in der Regel der Standort des Anbieters mit den höchsten Transportkosten.	Produzenten mit günstigen Standorten realisieren bei Kalkulation des Angebotspreises auf Frachtbasis eine Differenzialrente; räumlich optimale Faktorallokation wird dadurch verhindert.
Syndikat	Verzicht auf autonome Preis- und Mengenpolitik und Verpflichtung zum ausschließlichen Absatz über gemeinsame Verkaufsorganisation; diese hat zumeist auch die Aufgabe, das Einhalten der vereinbarten K.-Bestimmungen zu überwachen.	Siehe Preiskartell.
Rationali-sierungs-kartell/ Speziali-sierungs-kartell	Einheitliche Anwendung von Normen oder Typen (Normungs-K; Typisierungs-K.). Gemeinsame Maßnahmen, die die Leistungsfähigkeit oder Wirtschaftlichkeit der beteiligten Unternehmen in technischer, betriebswirtschaftlicher oder organisatorischer Hinsicht steigern sollen (Rationalisierungs-K.). Spezialisierung auf bestimmte Sortimente (Spezialisierungs-K.).	Die behauptete wettbewerbspolitische Unbedenklichkeit kann mit Hinweis darauf bestritten werden, dass hier Kostenersparnisse durch kollektives Handeln und ex-ante-Koordinierung angestrebt werden, die nach marktwirtschaftlichem Prinzip durch individuelle Unternehmerinitiative und ex-post-Koordinierung der autonomen Disposition durch freie Preisbildung realisiert werden sollen. Spezialisierungs-K. beseitigen zudem Angebotsüberschneidungen und damit Wettbewerbsbeziehungen.

▲ Abb. 19 Kartelltypen (Berg 1999, S. 323f.)

Kartelltyp	Gegenstand und Zweck des Kartells	Wettbewerbspolitische Beurteilung
Krisenkartell	Konjunktur(krisen)-K. zielen darauf ab, bei konjunkturell bedingtem Nachfragerückgang das Ausbrechen eines aggressiven Preiswettbewerbs („ruinöse Konkurrenz") zu verhindern; Strukturkrisen-K. sollen dauerhaft drohende, da strukturell bedingte Überkapazitäten durch gemeinsame Regelungen des Kapazitätsabbaus beseitigen.	Konjunktur(krisen)-K. können negative Beschäftigungswirkungen eines Nachfragerückgangs durch Erhöhung der Preisrigidität verstärken; Strukturkrisen-K. beinhalten die Gefahr, notwendige Strukturanpassungen zu verzögern und damit die Anpassungsflexibilität des Wirtschaftssystems zu vermindern.
Export-(Import-)kartell	Export-K. dienen dem Organisieren gemeinsamer Strategien, um internationale Wettbewerbsfähigkeit der K.-Mitglieder auf ausländischen Märkten zu stärken und um hier einen Wettbewerb der K.-Mitglieder untereinander zu vermeiden. Import-K. sollen ausländischen Anbietern den Zugang zum heimischen Markt der K.-Mitglieder versperren oder Gegenmarktmacht zu Export-K. ausländischer Produzenten bilden.	Export-K. provozieren Abwehrstrategien (Import-K.) und begründen dann einen Protektionismus, der dem Freihandelspostulat widerspricht. Import-K. verhindern das Wirksamwerden von Importkonkurrenz und vermindern damit die Chance bestmöglicher Versorgung.

▲ Abb. 19 Kartelltypen (Berg 1999, S. 323f.) (Forts.)

Markt durch eine kontrollierbare und vor allem kalkulierbare Verhaltensabstimmung ersetzt. ◄ Abb. 19 gibt einen umfassenden Überblick über die verschiedenen Kartelltypen.[1]

2.7.3.3 Joint Venture

Joint Ventures sind von zwei oder mehreren Unternehmen gemeinsam getragene körperschaftliche Gebilde, die in irgendeiner Form mit der Führung des Stammunternehmens verbunden sind.

Die Form des **Joint Venture** gewinnt durch die wachsende Bedeutung strategischer Allianzen an Aktualität. Die Partner beabsichtigen bei dieser Unternehmensverbindung nicht nur die organisatorische Verknüpfung bestimmter Unternehmensaktivitäten, sondern bringen die zur Zielerfüllung notwendigen Ressourcen in eine rechtlich selbstständige Einheit mit klarer Ergebniszuordnung ein.

Schwierigkeiten ergeben sich bei Joint Ventures häufig bei deren Führung. Bei einer kapitalmäßigen Gleichberechtigung der Partner besteht nämlich die Gefahr von Patt-Situationen. Indem jeder Partner auf seinem spezialisierten Bereich die endgültigen Entscheidungen trifft (z. B. der eine im Bereich Absatz, der andere im Bereich Forschung/Entwicklung/Produktion), können solche Patt-Situationen vermieden werden.

1 Zur rechlichen Bewertung der verschieden Formen von Unternehmensbindung vergleiche Gliederunggspunkt 2.6.4 „Mitbestimmung und Rechtsform"

Zahlreiche Joint Ventures werden auf internationaler Ebene abgeschlossen, um die spezifischen Vorteile und Kenntnisse der jeweiligen Unternehmen zu verbinden. Oft werden aber auch Unternehmen, die beispielsweise in osteuropäischen Ländern Fuß fassen wollen, zu Joint Ventures mit (ehemaligen) Staatsbetrieben gezwungen. Andere Formen des privatwirtschaftlichen Engagements werden (noch) nicht erlaubt.

2.7.3.4 Strategische Allianz

Unter einer **strategischen Allianz** versteht man eine Partnerschaft, bei der die Handlungsfreiheit der beteiligten Unternehmen im Kooperationsbereich maßgeblich eingeschränkt ist. Sie bezieht sich insbesondere auf die folgenden strategischen Kernfragen:

- Wahl attraktiver Märkte,
- Verteidigung und Ausbau von Wettbewerbspositionen,
- Erhaltung und Stärkung von Know-how (Kernkompetenzen).

Mit dem Begriff „strategisch" will man zum Ausdruck bringen, dass eine solche Unternehmensverbindung sowohl für die langfristige Existenz als auch für den langfristigen Erfolg des ganzen Unternehmens von großer Bedeutung ist. Insbesondere geht es darum, Wettbewerbsvorteile gegenüber der Konkurrenz zu erlangen.

Die Ursachen für die Bildung von strategischen Allianzen liegen nach Rühli (1992c, S. 61) in folgenden Entwicklungen:

- Ein wesentlicher Grund ist in der heute sehr ausgeprägten **Globalisierungstendenz** zu sehen, die den Unternehmen die Möglichkeit eröffnet, weltweit tätig zu werden. Nur wenige Unternehmen sind aber in der Lage, die sich bietenden Chancen zu jeder Zeit und an jedem Ort zu nutzen. Auch ist nicht immer eine Akquisition eines geeigneten Unternehmens in den bisher nicht bearbeiteten Märkten möglich. In solchen Lagen kann eine Allianz der einzige gangbare Weg zur Nutzung globaler Chancen sein.
- Die Notwendigkeit zur Bildung von Allianzen kann auch in der **Verkürzung der Produktlebenszyklen,** in Kombination mit **steigenden Forschungs- und Entwicklungskosten,** gesehen werden. Die hohen Innovationsinvestitionen können nur dann amortisiert werden, wenn die Produkte durch kooperative Distribution rasch und großflächig abgesetzt werden, bevor sie durch ein Substitutionsprodukt abgelöst werden und ihr Lebenszyklus zu Ende geht.
- Als weiterer Grund für die Bildung von Allianzen gilt die rasche Entwicklung und Ausdifferenzierung des **technischen Know-hows.** Soll dem Kunden eine umfassende Problemlösung angeboten werden, so sind zuweilen weitgefächerte technische Fähigkeiten erforderlich. Das einzelne Unternehmen ist aber

nicht immer in der Lage, in allen technischen Bereichen eine Spitzenposition zu halten. Es muss sich auf ausgewählte **Kernkompetenzen** konzentrieren und das übrige Know-how durch Kooperationen sicherstellen.

- Strategische Allianzen können auch in den **Economies of scale** begründet sein. Die in allen Bereichen des Unternehmens anfallenden Fixkosten können dank Zusammenarbeit mit Partnern auf größere Outputvolumina verteilt werden, was insbesondere bei einer Strategie der Kostenführerschaft[1] entscheidend ist.
- Schließlich ist es oft nötig, partnerschaftliche Lösungen anzustreben, um **Antitrust-Klagen** zu vermeiden, protektionistische **Handelsbeschränkungen** zu umgehen oder um technische **Standards** auf dem Markt rasch durchzusetzen. Als Beispiel zum letztgenannten Punkt kann die Matsushita-Gruppe erwähnt werden, die im Videorecordermarkt durch frühzeitige Verträge mit anderen Herstellern ihr VHS-System als „De-facto-Standard" rasch verbreiten und somit andere Gruppen ausschalten konnte. Im Alleingang oder über zeitraubende Akquisitionen wäre dies nicht möglich gewesen.

In Bezug auf die **rechtliche Ausgestaltung** einer strategischen Allianz bieten sich nach Rühli (1992c, S. 61) drei Grundtypen an:

1. Die bekannteste Form strategischer Allianzen ist das **Joint Venture.**[2]
2. Eine weitere Form ist die **Minderheitsbeteiligung.** Obwohl ein solches langfristiges finanzielles Engagement tatsächlich nicht selten Bestandteil strategischer Kooperationsverträge ist, stellt es allerdings nicht zwingend eine strategische Allianz dar. Es kann sich auch nur um ein reines Finanzinvestment handeln. Dies soll jedoch nicht über die wichtige Funktion, welche solche Minderheitsbeteiligungen im Rahmen echter Allianzen erfüllen (Finanzierungsfunktion, Verkörperung unternehmerischer Mitverantwortung, Mittel zur Einsitznahme im Verwaltungsrat), hinwegtäuschen.
3. Strategische Allianzen beruhen oft nur auf längerfristigen **vertraglichen Vereinbarungen** über Kooperationen in strategisch wichtigen Bereichen (Produkte, Märkte, betriebliche Funktionen, Ressourcen) ohne Kapitalbeteiligung und ohne gemeinsame Institutionen. Das Ziel liegt in der synergetischen Nutzung der bereits vorhandenen komplementären Potenziale. Jeder Partner leistet hierbei seinen besonderen Beitrag und partizipiert anteilig an der Nutzung der Resultate. Diese Form wird oft auch als **strategisches Netzwerk** bezeichnet[3].

---

1 Zur Strategie der Kostenführerschaft vgl. Teil 10, Kapitel 4, Abschnitt 4.4.1.2 „Wettbewerbsstrategien nach Porter".

2 Vgl. Abschnitt 2.7.3.3 „Joint Venture".

3 Vgl. Teil 9, Kapitel 3, Abschnitt 3.2.5 „Netzwerkorganisation und virtuelle Organisationen".

2.7.3.5 Konzern

Nach § 118 AktG bilden ein herrschendes und ein oder mehrere abhängige Unternehmen unter der einheitlichen Leitung des herrschenden Unternehmens einen **Konzern**. Die einzelnen Unternehmen gelten dann als **Konzernunternehmen**.

Rund 90% der deutschen Aktiengesellschaften und weit über 50% der Personengesellschaften stehen in Konzern- oder zumindest konzernähnlichen Beziehungen.[1] Die nachfolgenden Ausführungen beschränken sich hauptsächlich auf die Vorschriften zur Konzernrechnungslegung nach Aktiengesetz (AktG) und Handelsgesetzbuch (HGB).

Ein Konzern ist nach deutschem Recht selbst nicht rechtsfähig und kann deshalb nicht Träger von Rechten und Pflichten sein. Rechtsfolgen können sich immer nur an einzelne Konzernunternehmen richten. Da Konzernbeziehungen aber immer die wirtschaftliche Selbstständigkeit eines Unternehmens beeinflussen, haben die Anspruchsgruppen (insbesondere Staat, Gläubiger, Anteilseigner und Öffentlichkeit) ein großes Interesse an einer weitgehenden Offenlegung der Beteiligungsverhältnisse und an der Absicherung vor Benachteiligungen, die durch die Konzernverbindung entstehen können. Für Rechtsfolgen, wie beispielsweise die Pflicht zur Aufstellung und Veröffentlichung eines Jahresabschlusses für den Gesamtkonzern, musste daher der Gesetzgeber festlegen,

- wann ein Konzern vorliegt (Abhängigkeitsverhältnis, Rechtsform, Größe und Nationalität der verbundenen Unternehmen) und
- welches Konzernunternehmen (Mutter-, Tochter-, Enkelgesellschaft im In- oder/und Ausland) welchen Pflichten entsprechen muss.

Der deutsche Konzernabschluss als Grundlage der Information der verschiedenen Interessengruppen folgt im wesentlichen der sogenannten Einheitstheorie. Diese besagt, dass der Konzern als eine eigenständige wirtschaftliche Einheit betrachtet wird, die im Rahmen der Konsolidierung mehrerer einzelner Unternehmen zu einer Gesamtheit der Konzernunternehmung entsteht. Dabei ist die Bilanzierung und Bewertung an einem einheitlichen Abschlussstichtag durchzuführen. Nach der Einheitstheorie werden die Bilanzen und Gewinn- und Verlustrechnungen der Mutter- und Tochterunternehmen in einem einzigen Abschluss zusammengefasst. Dabei wird von der Fiktion einer rechtlichen Einheit ausgegangen. Diese stellt einen elementaren Konsolidierungsgrundsatz dar und gibt vor, dass die Vermö-

1 Vgl. zur Analyse konzernspezifischer Problemstellungen Bassen 1998 sowie Teil 9, Kapitel 3, Abschnitt 3.2.3 „Management-Holding".

gens-, Finanz- und Ertragslage der in den Konzern einbezogenen Unternehmen in ihrer Gesamtheit als ein einziges Unternehmen darzustellen ist. Zu diesem Zweck sind verschiedene Konsolidierungsvorschriften zu beachten, damit Forderungen und Verbindlichkeiten, Aufwand und Ertrag sowie Gewinne und Verluste aus konzerninternen Lieferungen und Leistungen eliminiert werden. Dies basiert auf der Überlegung, dass der Konzern keine Forderungen gegen sich selbst ausweisen darf. Somit dürfen nur solche Transaktionen und Ergebnisse abgebildet werden, die zwischen dem Konzern und externen Dritten angefallen sind.[1]

2.7.4 Wettbewerbsrechtliche Behandlung von Unternehmensverbindungen

Bei der Darstellung der Zielsetzungen von Unternehmensverbindungen wurde bereits mehrfach angedeutet, dass der Gesetzgeber entsprechend der Ordnungskonzeption der „sozialen Marktwirtschaft" wettbewerbsbeschränkendes Marktverhalten der Unternehmen einschränkt, wenn nicht sogar verbietet.

Ein funktionierender Wettbewerbsprozess auf den Märkten führt zu einem Leistungswettbewerb der Anbieter um eine bessere Marktversorgung. Folglich hat die Wettbewerbspolitik die Aufgabe, diesen iterativen Prozess von schöpferischen Innovationen und zerstörenden Imitationen aufrecht zu erhalten. In Deutschland existieren hierzu im wesentlichen drei zentrale Instrumente der Wettbewerbspolitik:

- Kartellverbot und Verbot abgestimmten Verhaltens,
- Missbrauchsaufsicht,
- Zusammenschlusskontrolle.

Diese Instrumente beeinflussen die bereits dargestellten Formen von Unternehmensverbindungen und grenzen daher die Freiheitsgrade bei der Wahl einer geeigneten Unternehmensverbindung mehr oder weniger stark ein.

Durch das **Kartellverbot** im Gesetz gegen Wettbewerbsbeschränkung (GWB) werden Verträge, die Unternehmen oder Vereinigungen von Unternehmen zu einem gemeinsamen Zweck schließen, unwirksam, „soweit sie geeignet sind, die Erzeugung oder die Marktverhältnisse für den Verkehr mit Waren und gewerblichen Leistungen durch Beschränkungen des Wettbewerbs zu beeinflussen" (§ 1 GWB). Das Gesetz verbietet mit § 25, Abs. 1 GWB auch das so genannte „aufeinander abgestimmte Verhalten" von Unternehmen, bei dem die beteiligten Unternehmen zwar keine rechtliche, wohl aber eine möglicherweise ebenso wirksame moralische, gesellschaftliche oder wirtschaftliche Bindung eingehen. Die Strenge des Kartellverbots wird allerdings durch eine Vielzahl von Ausnahmen in den

1 Vgl. Teil 5, Kapitel 2, Abschnitt 2.2 „Konzernabschluss".

§§ 2-8 GWB in Gestalt von Normen- und Typenkartellen, Konditionenkartellen, Spezialisierungskartellen, Mittelstandskartellen, Rationalisierungskartellen sowie Strukturkrisenkartellen aufgelockert, die jedoch beim Bundeskartellamt anzumelden sind.[1] Zugelassen wird ein Kartell nur, wenn der Rationalisierungserfolg in einem angemessenen Verhältnis zu der zu erwartenden Wettbewerbsbeschränkung steht und die Leistungsfähigkeit durch diese Kooperation gesteigert wird.

Bestehende Marktmacht auf einzelnen Märkten wird zwar im GWB akzeptiert. Das Gesetz bietet aber in Form der **Missbrauchsaufsicht** nach § 22 GWB Regelungen zur Verhinderung von Missbrauch durch Marktmacht. Marktmacht wird anhand von Kriterien wie Marktanteil, Finanzkraft, Zugang zu den Beschaffungs- und Absatzmärkten, Verflechtungen mit anderen Unternehmen und das Bestehen von Marktzutrittsschranken beurteilt (Berg 1995, S. 283). Danach kann die Kartellbehörde untersagend eingreifen und auch Unternehmensverbindungen für unwirksam erklären, wenn eine marktbeherrschende Stellung missbräuchlich ausgenutzt wird.

Insbesondere die Freiheitsgrade bei der Konzern- und Trustbildung werden durch das dritte Instrument, die **Zusammenschlusskontrolle** nach §§ 23, 24 GWB, eingeschränkt. Danach können Unternehmenszusammenschlüsse, durch die eine marktbeherrschende Stellung begründet oder verstärkt wird, vom Bundeskartellamt (BKartA) untersagt werden. Dennoch kann der Bundesminister für Wirtschaft auf Antrag – wie 1990 im Falle der beabsichtigten Fusion von MBB mit den bereits vorher zum Daimler-Benz Konzern gehörenden Unternehmen Dornier und MTU geschehen – die Erlaubnis zum Zusammenschluss nach § 24, Abs. 3 GWB erteilen. Allerdings müssen nach dem Gesetz die Nachteile der Wettbewerbsbeschränkungen durch die gesamtwirtschaftlichen Vorteile des Zusammenschlusses aufgewogen werden oder aber ein „überragendes Interesse der Allgemeinheit" identifiziert werden.

2.7.4.1 Zusammenfassung

Aufgrund der zu Beginn dieses Abschnittes aufgestellten Kriterien zur Charakterisierung von Unternehmensverbindungen wird in ▶ Abb. 20 ein zusammenfassender Überblick über die verschiedenen Formen von Unternehmensverbindungen gegeben.

1 Zu den Ausnahmen vom Kartellverbot und ihre Begründung vgl. die ausführliche Übersicht bei Berg 1999, S. 338ff.

Kriterien / Formen	Dauer		Art		
	dauernd	vorübergehend	horizontal	vertikal	lateral
Konsortium		•	•		
Kartell	•		•	•	
Joint Venture[1]	•		•	•	
Strategische Allianz	•		•	•	
Konzern[2]	•		•	•	•

▲ Abb. 20 Übersicht über die Unternehmensverbindungen

1 Bezogen auf die Unternehmen, die das Joint Venture gegründet haben.
2 Bezogen auf die Tochtergesellschaften des Konzerns.

2.8 Standort des Unternehmens

Unter dem **Standort** eines Unternehmens versteht man den geografischen Ort, an dem ein Unternehmen seine Produktionsfaktoren einsetzt.

Ein Unternehmen kann aus verschiedenen Gründen einen oder mehrere Standorte aufweisen. Insbesondere bei Konzernen verteilen sich die Tochtergesellschaften auf verschiedene Standorte. Bei der Frage nach dem Standort des Unternehmens stellen sich zwei Probleme:

1. **Grad der geografischen Ausbreitung**, d.h. die Bestimmung des Grades der räumlichen Zentralisierung bzw. Dezentralisierung der Unternehmenstätigkeiten. Im Rahmen der zunehmenden Globalisierung der Wirtschaft stellt sich insbesondere die Frage nach der internationalen Ausrichtung (Internationalisierungsstrategie).
2. **Standortanalyse**, d.h. die Bestimmung des **konkreten Standortes** in einem bestimmten Land, einer Region oder Gemeinde.

Diese beiden Problembereiche werden in den beiden folgenden Abschnitten behandelt.

2.8.1 Grad der geografischen Ausbreitung

Nach dem Grad der geografischen Ausbreitung können verschiedene Standortkategorien unterschieden werden. Als Einteilungskriterium dienen der Ort bzw. die Orte, an denen sich die Produktion und/oder der Absatz der hergestellten Erzeugnisse abwickeln. Aufgrund dieses Merkmals können die folgenden Standortkategorien gebildet werden:

1. **Lokaler Standort:** Das Unternehmen beschränkt seine betriebliche Tätigkeit in erster Linie auf eine Gemeinde/Stadt (z.B. örtliches Gewerbe).
2. **Regionaler Standort:** Das Unternehmen ist in einer bestimmten Region eines Landes tätig (z.B. kleinere Firmen der Baubranche, Raiffeisen- und Volksbanken).
3. **Nationaler Standort:** Das Unternehmen hat seine Produktions- und/oder Vertriebsstätten auf ein bestimmtes Land verteilt (z.B. RWE, Bayernwerke).
4. **Internationaler Standort:** Ein Unternehmen mit einem internationalen Standort produziert zur Hauptsache im Inland, exportiert aber seine Produkte auch in andere Länder (z.B. Heidelberger Druckmaschinen AG).
5. **Multinationaler Standort:** Im Gegensatz zum internationalen Standort kennt das multinationale Unternehmen bezüglich Leistungserstellung und Leistungsverwertung keine Grenzen. Es ist dadurch gekennzeichnet, dass es in mehreren Ländern Standorte von Tochtergesellschaften hat (z.B. Nestlé SA, IBM, Procter & Gamble, Siemens).

Beim internationalen und multinationalen Standort stellt sich die Frage, in welcher Form und wie stark sich ein Unternehmen international betätigen will. Diese Problematik hängt eng mit der Frage nach dem Standort und dem Eingehen von Unternehmensverbindungen zusammen.[1] Sie ist deshalb von Bedeutung, weil sich durch eine **Internationalisierungsstrategie** verschiedene Vorteile ergeben können:

- Vergrößerung des Absatzmarktes,
- verbesserter Zugang zu den Beschaffungsmärkten,
- Ausnutzung komparativer Kostenvorteile, insbesondere bei den Kosten für die Arbeitskräfte,
- Ausnutzung von spezifischem Know-how,
- Profitieren von regionalen Wirtschaftsförderungsmaßnahmen,
- Zugang zum internationalen Kapitalmarkt,
- Minimierung der Steuerbelastung.

Die Ausnutzung dieser Vorteile hängt sehr stark von der gewählten Form der Internationalisierung ab. In Abhängigkeit von der Kapital- und Management-

1 Vgl. dazu Abschnitt 2.7 „Unternehmensverbindungen".

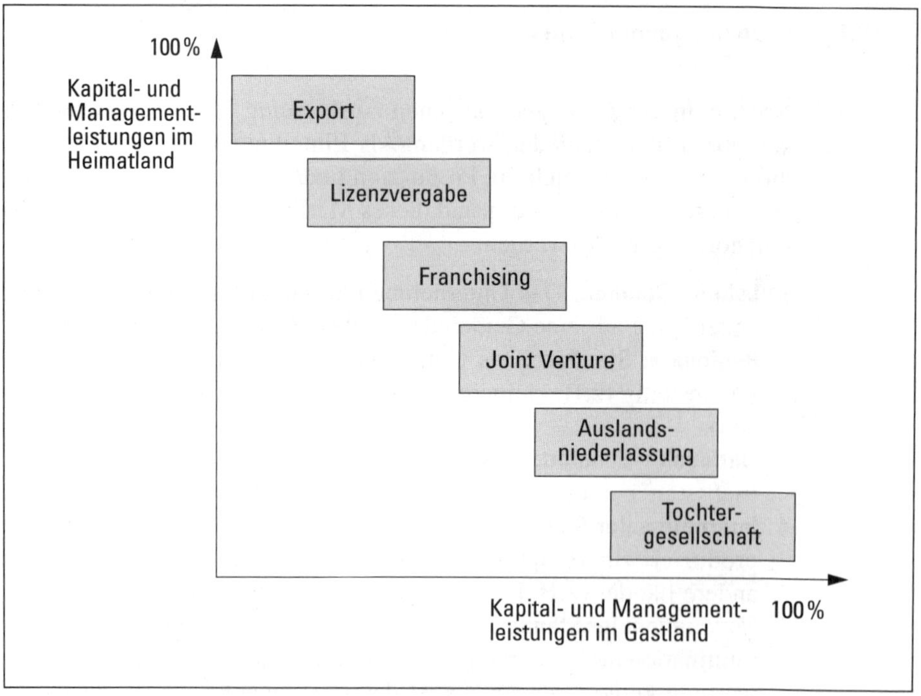

▲ Abb. 21 Internationalisierungsstufen (Schierenbeck 1995, S. 45)

leistung können verschiedene **Internationalisierungsstufen** unterschieden werden (◄ Abb. 21):

- **Export:** Absatz der im Inland hergestellten Güter im Ausland.
- **Lizenzvertrag:** Nutzung von Rechten (z.B. Patent, Warenzeichen) oder betrieblichem Know-how durch ein ausländisches Unternehmen gegen Entgelt.
- **Franchising:** Als Sonderform des Lizenzvertrags ist das Franchising ein Kooperationsvertrag zwischen zwei Unternehmen, bei dem das eine Unternehmen dem anderen gegen Entgelt ein ganzes Bündel von Know-how zur Verfügung stellt und ihm erlaubt, Güter oder Dienstleistungen unter einem bestimmten Warenzeichen zu vertreiben.[1]
- **Joint Venture:** Gründung eines rechtlich selbstständigen Unternehmens mit einem ausländischen Partner.[2]
- **Auslandniederlassungen:** rechtlich unselbstständige Unternehmen im Ausland (z.B. Verkaufsniederlassungen).
- **Tochtergesellschaften:** rechtlich selbstständige Unternehmen im Ausland.

1 Vgl. dazu Teil 2, Kapitel 4, Abschnitt 4.2.2 „Franchising".
2 Vgl. dazu den Abschnitt 2.7.3.3 „Joint Venture".

2.8.2 Standortanalyse

Bei der Wahl des oder der geeigneten Standorte für ein Unternehmen handelt es sich um eine **konstitutive Entscheidung,** die sowohl bei der Gründung als auch später bei Erweiterungen des Unternehmens gefällt werden muss. Infolge dieser großen Bedeutung der Standortwahl eines Unternehmens ist vor der eigentlichen Standortentscheidung eine sorgfältige **Standortanalyse** durchzuführen. Aufgabe einer solchen Standortanalyse ist es, aus den zur Auswahl stehenden Standorten denjenigen zu finden, dessen gegenwärtige und zukünftige Eigenschaften am besten die Anforderungen an den gesuchten Standort erfüllen.

2.8.2.1 Standortfaktoren

> Bei den **Standortfaktoren** handelt es sich um jene Faktoren, welche die Wahl eines Standortes maßgeblich beeinflussen.

Von Bedeutung sind vor allem die folgenden Standortfaktoren:

1. **Arbeitsbezogene Standortfaktoren:** Der Standortfaktor Arbeitskraft nimmt in fast allen Unternehmen eine große Bedeutung ein. Wichtig sind hierbei die verschiedenen Dimensionen des Standortfaktors Arbeit, die nicht unabhängig voneinander betrachtet werden, sondern in enger Beziehung zueinander stehen. Die Dimensionen umfassen die Zahl der Arbeitskräfte, ihre Kosten sowie ihre Qualifikation.

2. **Materialbezogene Standortfaktoren:** Von einem materialorientierten Standort spricht man dann, wenn sich der Standort nach dem Fundort (Rohstoffe) oder nach dem Entstehungsort (Hilfs- und Betriebsstoffe, Halb- und Fertigfabrikate) des zu verarbeitenden Materials richtet. Entscheidend für eine Materialorientierung sind die drei Kriterien Transportkosten, Zuliefersicherheit und die Art des Produktes.
   - **Transportkosten:** Je höher die Materialtransportkosten sind, desto eher wird die Wahl des Standortes von den Materialkosten beeinflusst.
   - **Zuliefersicherheit:** Oft ist ein Unternehmen auf eine gute und sichere Zulieferung der zu beschaffenden Güter angewiesen (z.B. kleiner Lagerraum, kurzfristige Bedarfsschwankungen, Konventionalstrafen bei Nichteinhalten von Terminen). Je größer jedoch die Entfernung zum Lieferanten ist, desto kleiner wird die Zuliefersicherheit (z.B. infolge politischer Unruhen im Ausland, Streiks, Transportunfall) und desto stärker wird ein Unternehmen gezwungen, seine Lager zu erhöhen. Dies wiederum bringt hohe Lagerkosten mit sich.

- **Art des Produktes:** Schließlich hat auch die Art des zu beschaffenden Produktes selbst einen Einfluss auf den Standort. So ist es z.B. sinnvoll, bei leicht verderblichen Produkten einen Standort mit möglichst kurzem Transportweg zu wählen.

3. **Absatzbezogene Standortfaktoren:** Von einem absatzorientierten Standort spricht man dann, wenn sich der Standort nach dem Absatzgebiet richtet. Entscheidend für die Wahl eines solchen Standortes sind neben den bereits im vorangegangenen Abschnitt genannten Kriterien (Transportkosten, Zuliefersicherheit, Art des Produktes):
   - Kundennähe (direkte Ansprechbarkeit der Kunden),
   - vorhandene oder zukünftige Konkurrenz,
   - Transportfähigkeit der Produkte,
   - potenzielle Nachfrage,
   - Frist zwischen Auftreten des Bedarfs und der angestrebten Versorgung des Kunden.

   Bei der Unterscheidung zwischen transportfähigen und transportunfähigen Gütern (z.B. Gebäude) sind die letzteren vollständig absatzorientiert. Die übrigen Kriterien spielen in erster Linie bei Dienstleistungsbetrieben (z.B. Handel, Banken, Reisebüros) eine große Rolle.

4. **Verkehrsbezogene Standortfaktoren:** Eine gute Verkehrsinfrastruktur erlaubt es einem Unternehmen, seine Transportkosten und Transportzeit gering zu halten. Neben der Vielzahl der Verkehrsverbindungen (Verkehrsknotenpunkt) ist meist auch die Vielfalt der Verkehrsmittel (Schiff, Flugzeug, Eisenbahn, Straße) von großer Bedeutung. So wählen vor allem Unternehmen, die mit Rohstoffen handeln (z.B. Kaffee, Baumwolle, Öl), einen verkehrsorientierten Standort (z.B. Hafenstädte).

5. **Immobilienbezogene Standortfaktoren:** Aufgrund der zum Teil sehr unterschiedlichen (regionalen) Preise für Immobilien (Gebäude, Land) und somit auch der Mietpreise kommt diesen Standortfaktoren eine große Bedeutung zu. Besonders Industrieunternehmen haben diese Standortfaktoren zu beachten, da die Produktion ihrer Produkte meist unabhängig vom Standort der Kunden ist. Dies trifft hingegen für viele Dienstleistungsunternehmen nicht zu.

6. **Umweltbezogene Standortfaktoren:** Eine immer größere Bedeutung kommt der Umweltorientierung bei der Standortwahl zu. Erstens gibt es immer weniger freie Güter (z.B. Wasser, Luft). Zweitens müssen Unternehmen immer mehr aus Imagegründen auf die öffentliche Meinung Rücksicht nehmen. Gerade bei Unternehmen, welche die Umwelt in hohem Maße belasten (z.B. Atomkraftwerke, chemische Industrie), trifft dies besonders zu. Drittens gibt es immer mehr gesetzliche Vorschriften zur Erhaltung und zum Schutze der Umwelt (z.B. Landschaftsschutz, Lärmschutz, Gewässerschutz).

7. **Abgabenbezogene Standortfaktoren:** Bei einem abgabenorientierten Standort richtet sich der Standortentscheid nach dem Ort mit den geringsten Beiträgen, Gebühren und Steuern an den Staat. Es geht dabei in erster Linie um die Ausnutzung von nationalen und internationalen Steuergefällen:
   - Im **nationalen** Bereich ist insbesondere die Gewerbesteuerbelastung sehr verschieden.
   - Ebenso ist es möglich, aufgrund der unterschiedlichen Steuersysteme und Steuerbelastungen im **internationalen** Vergleich Steuervorteile auszunützen. Häufig versuchen dabei Staaten durch Gewährung von Steuerbefreiung oder Steuervorteilen Unternehmen aus hochbesteuerten Ländern ins eigene Land zu locken, um die eigene Wirtschaft zu fördern und die Staatseinnahmen zu erhöhen. Gerade zur Zeit ist zu beobachten, dass Investitionen zu ertragsstarken Standorten streben, bei denen die Unternehmenssteuern gering sind. Dennoch werden bei Standortentscheidungen andere Faktoren berücksichtigt wie Arbeitsmarkt, Regulierungsdichte, politische Stabilität usw.
8. **Clusterbildung:** in einem zunehmenden Maße spielt die Clusterbildung in bestimmten Regionen eine Rolle. Das Zusammenspiel von Know-how Trägern im Bereich der Technologie und Dienstleistung ist für viele Unternehmen zu einem entscheidenden Kriterium bei der Wahl des Standortes geworden (Bsp. Ansiedlung der Venture Capital Gesellschaften in München).

2.8.2.2 Standortwahl

Die Betrachtung der verschiedenen Standortfaktoren hat gezeigt, dass bei der Wahl eines Standortes gleichzeitig verschiedene Standortfaktoren berücksichtigt werden müssen. In der Praxis zeigt sich allerdings oft, dass kein zur Verfügung stehender Standort geeignet ist, weil bestimmten Standortanforderungen, die unbedingt erfüllt sein müssen, nicht die notwendigen Standortbedingungen gegenüberstehen. Man spricht in diesem Zusammenhang von **Muss-Kriterien** im Gegensatz zu den **Wunsch-Kriterien,** bei denen lediglich der Erfüllungsgrad von Bedeutung ist. Deshalb kann es vorkommen, dass eine Standortspaltung vorgenommen wird, bei der die betrieblichen Funktionen auf verschiedene Standorte verteilt werden (z.B. Trennung von Produktion und Absatz).

Meist steht einem Unternehmen eine sehr große Auswahl von Standorten zur Verfügung. Nach einer Gegenüberstellung der Standortbedingungen und der Standortanforderungen ist derjenige Standort zu wählen, der einem Unternehmen den größten Nutzen bringt. Das theoretisch richtige Verfahren der Standortbestimmung wäre, den zukünftigen Gewinn bzw. die auf dem eingesetzten Kapital erzielbare Rentabilität eines jeden Standortes zu berechnen und den Standort mit dem größten Barwert des Gewinns bzw. der höchsten Rentabilität zu wählen. Eine

	Standortanforderung	Gewichtung	Standort A X	Standort A R	Standort B X	Standort B R	Standort C X	Standort C R	Standort D X	Standort D R
1	*zentrale Verkehrslage* (z.B. Autobahn- und Flughafennähe)	8	5	40	1	8	3	24	3	24
2	*günstiger Arbeitsmarkt* (z.B. qualifizierte Facharbeiter, Arbeitskraftreserven)	15	5	75	5	75	1	15	3	45
3	*verfügbares Industriegelände* (z.B. Mindestfläche, zukünftige Erweiterungsmöglichkeiten)	16	3	48	3	48	5	80	5	80
4	*günstige Versorgung und Entsorgung* (z.B. Versorgung mit Elektrizität, Gas, Wasser)	10	1	10	3	30	1	10	3	30
5	*annehmbare rechtliche Auflagen* (z.B. Bauvorschriften)	10	5	50	5	50	3	30	1	10
6	*geringe Steuerbelastung* (z.B. tiefe Steuersätze, Steuererleichterungen)	25	3	75	5	125	1	25	3	75
7	*günstige Förderungsmaßnahmen* (z.B. staatliche Subventionen, kommunale Wirtschaftsförderung)	8	3	24	1	8	5	40	3	24
8	*gute Lebensbedingungen* (z.B. Sozial-, Bildungs- und Freizeiteinrichtungen)	8	3	24	1	8	3	24	5	40
	Gesamtnutzen der Alternativen	100		346		352		248		328
	Festlegung der Präferenzordnung der Alternativen		2. Rang		**1. Rang**		4. Rang		3. Rang	

X = Bewertung (gut = 5, befriedigend = 3, schlecht = 1) R = Nutzen pro Standortfaktor
Hinweis: *unabdingbare Forderungen*, d.h. Muss-Kriterien (z.B. Mindestfläche), wurden nicht berücksichtigt.

▲ Abb. 22 Nutzwertanalyse für einen Industriebetrieb (nach Müller-Hedrich 1992, S. 45)

solche **Investitionsrechnung**[1] scheitert aber daran, dass viele und zum Teil sehr wesentliche Standortfaktoren quantitativ nicht erfassbar sind, so dass die Berechnungen keine schlüssigen Ergebnisse erlauben würden. Deshalb behilft man sich mit einer sogenannten Nutzwertanalyse, in der auch qualitative Kriterien Eingang finden.

Bei einer **Nutzwertanalyse** werden alle relevanten Standortfaktoren aufgelistet und nach ihrer Bedeutung für das Unternehmen gewichtet. Anschließend folgt eine Bewertung der Standortfaktoren für jeden einzelnen Standort, wobei der Bewertung eine bestimmte Punkteskala (z. B. 1 bis 5) zugrunde liegt. Die Multiplikation der Gewichtung mit der Bewertung ergibt den Nutzen des betreffenden Standortfaktors, die Summe aller Nutzen der verschiedenen Standortfaktoren schließlich den Gesamtnutzen des jeweiligen Standortes. Vorteilhaft ist jener Standort, welcher die höchste Punktzahl erreicht. ◄ Abb. 22 zeigt ein Beispiel für eine Nutzwertanalyse mit vier verschiedenen Standorten.

2.9 Zusammenfassung

Die Betrachtung der verschiedenen Kriterien zur Typenbildung von Unternehmen macht deutlich, dass durch die Kombination dieser Kriterien sehr viele Erscheinungsformen des Unternehmens möglich sind. Jede Form weist dabei ihre besonderen Eigenheiten auf. Wie bereits erwähnt, liegt den Ausführungen in den folgenden Kapiteln mehrheitlich ein größeres Industrieunternehmen zugrunde, weil in einem solchen Gebilde alle klassischen Funktionen anzutreffen sind. Diese Einschränkung soll aber nicht bedeuten, dass viele Aussagen, die für einen größeren Industriebetrieb zutreffen, nicht auch für andere Unternehmenstypen Gültigkeit besitzen oder unter Berücksichtigung der spezifischen Gegebenheiten des betrachteten Unternehmens leicht modifiziert werden können.

---

1 Zu den Verfahren der Investitionsrechnung vgl. Teil 7, Kapitel 2 „Investitionsrechenverfahren".

Kapitel 3
Ziele des Unternehmens

3.1 Zielbildung

Die Ziele stellen ein wesentliches Element des privaten Unternehmens im marktwirtschaftlichen System dar. Im Gegensatz zum öffentlichen Unternehmen kann sich das private Unternehmen seine Ziele selber setzen. Dabei stellt sich die Frage, um wessen Ziele es sich handelt, wer die Ziele beeinflusst oder gar formuliert. Auch wenn jeweils von den Zielen des Unternehmens gesprochen wird, so sind es letztlich immer **Menschen,** welche die Ziele in einem Unternehmen bestimmen.

Wie bereits dargelegt, gibt es verschiedene Anspruchsgruppen, die in irgendeiner Beziehung zum Unternehmen stehen.[1] Sie alle können die Unternehmensziele mehr oder weniger stark beeinflussen. So gilt dies zum Beispiel für die Gewerkschaften, welche mit ihren Erwartungen und Ansprüchen einen Einfluss ausüben können, oder die Banken, die bei der Kreditvergabe oft auf die Zielbildung einwirken wollen. Diese Gruppen sind den sekundären Gruppen – den so genannten **Satellitengruppen** – zuzuordnen, die meist einen **indirekten** Einfluss auf die Zielsetzung des Unternehmens ausüben.

Daneben gibt es die so genannten **Kerngruppen.** Diese sind von großer Bedeutung, weil sie **direkt** am Zielsetzungsprozess beteiligt sind (Heinen 1985, S. 95):

1 Vgl. Kapitel 1, Abschnitt 1.2.5 „Umwelt des Unternehmens".

- Eine Kerngruppe sind die **Eigentümer**. Sie können in einem marktwirtschaftlichen System ihre Beteiligung an der Zielbildung aus dem Privateigentum ableiten.
- Oft aber delegieren die Eigentümer einen Teil ihrer Rechte an ein **Management,** das im Interesse des Unternehmens Führungsaufgaben wahrnimmt und somit in der Regel auch am Zielbildungsprozess wesentlich beteiligt ist. Typisches Beispiel sind die Aktionäre einer Familienaktiengesellschaft, die bei Nachfolgeproblemen die Führung des eigenen Unternehmens oft auf familienfremde Führungskräfte übertragen.
- Schließlich sind auch die **Mitarbeiter** zu nennen, die direkten Einfluss auf die Ziele des Unternehmens nehmen können. Neben der hierarchischen Stellung des Mitarbeiters wird dessen Persönlichkeit eine maßgebliche Rolle spielen, wie groß der Einfluss ausfallen wird.

Wie stark die verschiedenen Gruppen an der Zielbildung beteiligt sind, hängt von der jeweiligen Unternehmenssituation ab. So können zum Beispiel die einzelnen (Klein-)Aktionäre als Miteigentümer einer großen Publikumsgesellschaft einen sehr kleinen Einfluss ausüben, während umgekehrt die Banken als Kreditgeber im Falle einer Unternehmenssanierung in der Regel eine dominierende Rolle spielen werden.

3.2 Zielinhalt

Im Zielinhalt kommt zum Ausdruck, worauf sich das Handeln des Unternehmens ausrichten soll, d.h. auf welchen Sachverhalt sich die Ziele beziehen.

Bei einer systematischen Betrachtung der Zielinhalte kann grundsätzlich zwischen Sach- und Formalzielen unterschieden werden:

1. **Sachziele** beziehen sich auf das konkrete Handeln bei der Ausübung der verschiedenen betrieblichen Funktionen und somit auf die Steuerung des güter- und finanzwirtschaftlichen Umsatzprozesses.
2. **Formalziele** hingegen stellen übergeordnete Ziele dar, an denen sich die Sachziele auszurichten haben und in denen der Erfolg unternehmerischen Handelns zum Ausdruck kommt. Deshalb werden die Formalziele auch als **Erfolgsziele** bezeichnet.

3.2.1 Sachziele

Geht man bei der Zielformulierung vom güter- und finanzwirtschaftlichen Umsatzprozess sowie dessen Steuerung aus, so können unter Berücksichtigung der Menschen innerhalb und außerhalb des Unternehmens vier Bereiche von Sachzielen unterschieden werden, nämlich Leistungsziele, Finanzziele, Führungs- und Organisationsziele sowie soziale und ökologische Ziele.

3.2.1.1 Leistungsziele

Die Leistungsziele beziehen sich auf den leistungswirtschaftlichen Umsatzprozess. Es handelt sich deshalb um alle Ziele, die mit der Leistungserstellung und -verwertung direkt zusammenhängen. Im Vordergrund stehen die **Markt-** und **Produktziele,** die aus den Bedürfnissen abgeleitet werden können, welche das Unternehmen befriedigen will. Insbesondere geht es um

- die **Märkte** und **Marktsegmente,** die bearbeitet werden sollen,
- die Festlegung der **Marktstellung** in diesen Märkten oder Marktsegmenten (z.B. in Form des Marktanteils),
- die Bestimmung des mengenmäßigen und pekuniären **Umsatzvolumens,**
- die Umschreibung der **Art der Produkte,** die erstellt werden sollen,
- die Festlegung des **Qualitätsniveaus,** das erreicht werden soll.

Daneben sind aber alle anderen betrieblichen Funktionen einzubeziehen, welche in den leistungswirtschaftlichen Prozess eingeschlossen sind, also insbesondere die Materialwirtschaft, die Produktion und das Marketing.

3.2.1.2 Finanzziele

Die Finanzziele lassen sich aus dem finanzwirtschaftlichen Umsatzprozess ableiten. Im Vordergrund stehen deshalb:

- Versorgung des Unternehmens mit genügend **Kapital,** d.h. es sollte so viel Kapital zur Verfügung stehen, dass der angestrebte leistungswirtschaftliche Prozess ermöglicht wird.
- Aufrechterhaltung der **Liquidität,** um jederzeit den finanziellen Verpflichtungen nachkommen zu können. Eine ausreichende **Zahlungsfähigkeit** durch zeitliche Koordinierung der Einzahlungs- und Auszahlungsströme ist für den störungsfreien Ablauf des Betriebsprozesses unerlässlich.

- Zu den Hauptzielen im finanzwirtschaftlichen Bereich gehört auch eine optimale **Kapital-** und **Vermögensstruktur**.

Eine besondere Stellung, vor allem aus kurzfristiger Perspektive, nimmt dabei die Liquidität ein.

> Unter **Liquidität** versteht man die Fähigkeit, fällige Zahlungsverpflichtungen uneingeschränkt erfüllen zu können.

Eine ausreichende Liquidität ist ein Basisziel jedes Unternehmens. Kann dieses Ziel nicht erfüllt werden, ist die Existenz des Unternehmens in starkem Maße bedroht, denn bei Illiquidität besteht Konkursgefahr.

Wichtig ist dabei die Rangordnung der Güter nach ihrer **Liquidierbarkeit**. Diese ergibt sich aus der Zeitdauer zwischen dem Zeitpunkt des Entschlusses der Liquidierung und dem Zeitpunkt, an dem der entsprechende Liquidationserlös zur Verfügung steht. Bei dieser Betrachtungsweise interessiert nur, wie schnell das Unternehmen seine Güter liquidieren kann, um allfälligen Zahlungsverpflichtungen nachkommen zu können.

Zur Erfassung und Analyse der Liquidität stehen verschiedene Kennzahlen zur Verfügung, wie sie im Teil 6 „Finanzierung" dargestellt werden.[1]

3.2.1.3 Führungs- und Organisationsziele

Mit den Führungs- und Organisationszielen soll eine optimale Gestaltung und Steuerung des güter- und finanzwirtschaftlichen Umsatzprozesses erreicht werden. Im Vordergrund stehen somit die Ziele in Bezug auf

- die Gestaltung des **Problemlösungsprozesses** mit seinen verschiedenen Phasen (z.B. Führung durch Zielvorgabe),
- die einzusetzenden **Führungsfunktionen** wie Planung, Entscheidung, Aufgabenübertragung und Kontrolle (z.B. Zeithorizont der Planung, Förderung der Selbstkontrolle),
- den anzuwendenden **Führungsstil** (z.B. kooperativer Führungsstil),
- die **Arbeitsteilung** und Zusammenarbeit zwischen den verschiedenen Abteilungen und Stellen innerhalb eines Unternehmens (z.B. dezentrale Organisationsstruktur).

Auf diese Ziele wird in Teil 9 „Organisation" und Teil 10 „Führung" ausführlich eingegangen.

1 Vgl. Teil 6, Kapitel 2, Abschnitt 2.2.2.1 „Liquidität".

3.2.1.4 Soziale und ökologische Ziele

Jedes Unternehmen ist ein soziales Gebilde, d.h. es ist ein Teil unserer Gesellschaft und in ihm arbeiten Menschen mit ihren vielfältigen individuellen Zielen und Bedürfnissen. Dies bedeutet, dass implizit oder explizit diese Ziele im Zielsystem des Unternehmens Eingang finden müssen. Wie stark diese Berücksichtigung im Einzelnen ausfällt, kann nicht allgemein gesagt werden, da dies von verschiedenen Faktoren abhängt wie zum Beispiel von den gesellschaftlichen Rahmenbedingungen (z.B. rechtliche Grundlagen, Mitbestimmung), von der persönlichen Einstellung der Eigentümer oder der Führungsgruppe des Unternehmens oder von der gesamtwirtschaftlichen Situation.

Grundsätzlich kann man dabei zwischen mitarbeiter- und gesellschaftsbezogenen Zielen unterscheiden:

- **Mitarbeiterbezogene Ziele** versuchen, die Bedürfnisse und Ansprüche der Mitarbeiter zu erfassen und zu berücksichtigen. Als Beispiele für solche Ziele können gerechte Entlohnung, Gewinnbeteiligung, gute Arbeitsbedingungen, Arbeitsplatzsicherheit, Mitbestimmungsmöglichkeiten, Freizeitgestaltung, Weiterbildungsmöglichkeiten und gute Sozialleistungen genannt werden. Mit diesen Zielen beschäftigt sich vor allem der Personalbereich.
- **Gesellschaftsbezogene Ziele** beruhen auf der Erkenntnis, dass Unternehmen als Teil der Gesellschaft einen Beitrag zur Lösung gesellschaftlicher Probleme zu leisten haben.[1] In diesem Zusammenhang ist vor allem die Forderung nach Wahrnehmung ökologischer Verantwortung durch das Unternehmen hervorzuheben.[2] Unternehmen benötigen als Input verschiedene nur begrenzt verfügbare Ressourcen, während als Output neben den eigentlichen Marktleistungen (Produkten) auch vielfältige Emissionen und Abfälle (z.B. Abwasser, Abgase, Lärm) wieder an die Umwelt abgegeben werden. Darüber hinaus beinhalten die verschiedenen Unternehmenstätigkeiten auch viele potenzielle Gefahrenquellen für Gesundheit und Umwelt, die sich immer wieder in Unfällen und Störfällen manifestieren (Dyllick 1990, S. 24). Liegt das Ziel des Umweltschutzes im Schutz des Menschen und seiner Umwelt vor schädlichen oder lästigen Einwirkungen, so können drei Teilziele des Umweltschutzes als Unternehmensziel postuliert werden: Ressourcenschutz, Emissions- und Abfallbegrenzung, Risikobegrenzung (▶ Abb. 346, S. 981).

1 Damit beruhen diese Ziele letztlich auf ethischen Überlegungen. Zur Unternehmensethik vgl. Teil 10, Kapitel 5, Abschnitt 5.4 „Unternehmensethik".

2 Vgl. dazu Teil 10, Kapitel 5, Abschnitt 5.3 „Ökologiemanagement".

3.2.2 Formalziele (Erfolgsziele)

3.2.2.1 Ökonomisches Prinzip

Formalziele sind dadurch gekennzeichnet, dass sie sich am Erfolg der betrieblichen Tätigkeiten ausrichten, d.h. sie zeigen das Resultat des güter- und finanzwirtschaftlichen Umsatzprozesses. Sie sind deshalb den Leistungs-, Finanz-, Führungs- und Organisations- sowie den sozialen Zielen übergeordnet.

Ausgangspunkt der Formalziele ist die Frage nach dem optimalen Einsatz der Produktionsfaktoren, denn diese stellen immer eine knappe Ressource dar. Deshalb versucht jedes Unternehmen, sich nach dem **ökonomischen Prinzip** auszurichten, das in drei Ausprägungen vorkommt:

- **Maximalprinzip:** Mit einem gegebenen Input an Produktionsfaktoren soll ein möglichst hoher Output erzielt werden.
- **Minimalprinzip:** Ein vorgegebener Output soll mit einem möglichst kleinen Input an Produktionsfaktoren realisiert werden.
- **Optimalprinzip** bzw. **Extremumprinzip:** Input und Output sollen so aufeinander abgestimmt werden, dass das ökonomische Problem nach den festgelegten Kriterien optimal gelöst wird. Somit wird weder Input noch Output vorgegeben.

Wegen ihrer großen Bedeutung für die Praxis stehen bei der Verfolgung des ökonomischen Prinzips die drei Erfolgsziele Produktivität, Wirtschaftlichkeit sowie Rentabilität bzw. Gewinn im Vordergrund.

3.2.2.2 Produktivität

> Als **Produktivität** bezeichnet man das *mengenmäßige* Verhältnis zwischen Output und Input des Produktionsprozesses.

Die Produktivität kann durch folgende Formel ausgedrückt werden:

$$(1)\quad \text{Produktivität} = \frac{\text{Ausbringungsmenge der Faktorkombination}}{\text{Einsatzmenge an Produktionsfaktoren}}$$

Da sich bei der Messung der Produktivität für ein Unternehmen als Ganzes Probleme ergeben, werden meistens Teilproduktivitäten ermittelt. Diese beziehen sich dann auf einzelne Produktionsfaktoren, so dass als Einsatzmengen Arbeitsstunden, Maschinenstunden, Materialeinsatz und Verkaufsflächen in Frage kommen. Beispiele:

- $\text{Arbeitsproduktivität} = \dfrac{\text{Anzahl ausgewertete Fragebogen}}{\text{Arbeitsstunde}}$

- $\text{Maschinenproduktivität} = \dfrac{\text{Anzahl Stück}}{\text{Maschinenstunde}}$

- $\text{Flächenproduktivität} = \dfrac{\text{Umsatz}}{\text{m}^2}$

3.2.2.3 Wirtschaftlichkeit

Mit der **Wirtschaftlichkeit** wird – im Gegensatz zur Produktivität – ein *Wertverhältnis* zum Ausdruck gebracht.

Als Wertgrößen dienen die aus dem Güter- und Finanzprozess abgeleiteten Größen Aufwand und Ertrag:

$$(2)\ \text{Rentabilität} = \frac{\text{Ertrag}}{\text{Aufwand}}$$

Die Wirtschaftlichkeit ist somit eine dimensionslose Zahl. Beträgt sie genau 1, so wird weder ein Verlust noch ein Gewinn erzielt.

3.2.2.4 Gewinn und Rentabilität

Das Gewinnziel kann entweder **absolut** als Differenz zwischen Ertrag und Aufwand (Gewinn) oder **relativ** als Relation zwischen Gewinn und dem zur Erwirtschaftung dieses Gewinnes eingesetzten Kapital formuliert werden. Letzteres bezeichnet man als Rentabilität:

$$(3)\ \text{Rentabilität} = \frac{\text{Gewinn}}{\text{ø eingesetztes Kapital}} \cdot 100$$

Die Rentabilität bezieht sich dabei entweder auf das Gesamtunternehmen[1] (bzw. einzelne Geschäftsbereiche) oder auf einzelne Investitionsobjekte (z.B. Maschine).[2]

1 Vgl. dazu Teil 6, Kapitel 2, Abschnitt 2.2.2.5 „Rentabilität".
2 Vgl. dazu Teil 7, Kapitel 2, Abschnitt 2.2.3 „Rentabilitätsrechnung".

3.2.3 Zusammenfassung

► Abb. 23 gibt eine zusammenfassende Übersicht über die verschiedenen Kategorien von Zielinhalten. Die verschiedenen Ziele dürfen nicht isoliert voneinander betrachtet werden, da sie oft auvielfältige Weise zusammenhängen.[1] Es ist deshalb wichtig, sie immer in ihrer Gesamtheit als **Zielsystem** zu betrachten. Dieser Tatsache muss auch bei der Behandlung der betrieblichen Aufgaben und Probleme stets Rechnung getragen werden.

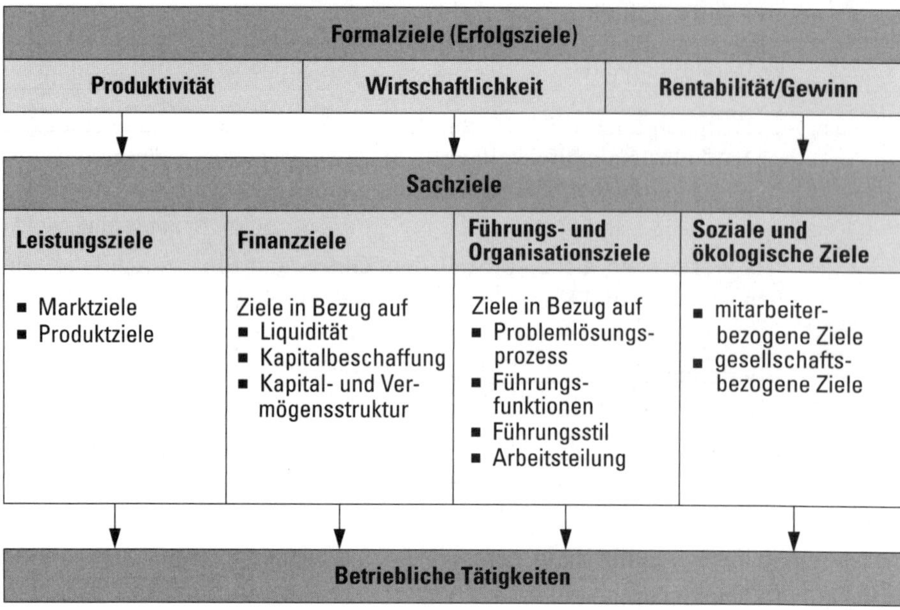

▲ Abb. 23 Übersicht Zielkategorien

3.3 Dimensionen der Ziele

Für eine operationale Zielformulierung sind neben dem Inhalt der Ziele verschiedene Aspekte oder Dimensionen zu beachten. Von den folgenden Fragen ausgehend, sollen deshalb drei wesentliche Zieldimensionen unterschieden werden:

1. **Zielausmaß** und **Zielmaßstab:** Welches ist der Umfang des zu erreichenden Zieles und wie kann die Erreichung eines Zieles gemessen werden?
2. **Zeitlicher Bezug:** Auf welchen Zeitraum bezieht sich die Formulierung eines Zieles?

1 Vgl. Abschnitt 3.4 „Zielbeziehungen“.

3. **Organisatorischer Bezug:** Auf welche Organisationseinheiten beziehen sich die Ziele?

Anhand dieser drei Dimensionen sollen die Ziele in den folgenden Abschnitten charakterisiert werden.

3.3.1 Zielausmaß und Zielmaßstab

Bei diesem Zielkriterium geht es einmal darum, das **angestrebte Ausmaß** eines Zieles festzulegen. Grundsätzlich kann dabei zwischen einem begrenzt formulierten und einem unbegrenzt formulierten Ziel unterschieden werden.

- Beim begrenzt formulierten Ziel, zum Beispiel Erzielung eines Gewinnes von 10 % des Umsatzes, versucht man, ein bestimmtes Anspruchsniveau zu definieren. Man spricht deshalb von **Satisfizierungszielen.**
- Den Gegensatz dazu bilden die **Extremal-** oder **Maximierungsziele.** Bei diesen müssen – als unbegrenzt formulierte Ziele – Alternativen und Maßnahmen gesucht werden, welche die Zielerfüllung maximal gewährleisten. Beispiel für ein solches Ziel wäre, den höchstmöglichen Gewinn zu erreichen.

Während die ältere Betriebswirtschaftslehre meist von Extremalzielen ausgegangen ist, ist heute die Tendenz zu Satisfizierungszielen unbestreitbar. Damit wird auch eine größere Übereinstimmung mit der betrieblichen Wirklichkeit erreicht.

Die **Messung der Zielerreichung** kann – je nach Zielinhalt – auf verschiedenen Mess-Skalen beruhen:

1. **Kardinalskala:** Eine kardinale Messung liegt dann vor, wenn jeder Zielerreichungsgrad durch einen numerischen Wert ausgedrückt werden kann. In diesem Fall spricht man von einem quantifizierbaren Ziel, wie das zum Beispiel bei Gewinnzielformulierungen der Fall ist.
2. **Ordinalskala:** Eine ordinale Messung der Zielerreichung beruht auf der Vorstellung einer Rangordnung. Verschiedene Zielerreichungsgrade lassen sich in eine Reihenfolge bringen (z.B. sehr gut, gut, befriedigend, ungenügend), so dass zwei Zielerreichungsgrade miteinander verglichen und mit Worten wie „größer“ („besser“), „kleiner“ („schlechter“) oder „gleich“ umschrieben werden können.
3. **Nominalskala:** Bei der nominalen Messung kann lediglich gesagt werden, ob ein Ziel erreicht worden ist oder nicht. Dies ist zum Beispiel dann der Fall, wenn als Ziel der Abschluss eines Kaufvertrages ins Auge gefasst worden ist.

3.3.2 Zeitlicher Bezug der Ziele

Schließlich muss bei einer eindeutigen Zielformulierung angegeben werden, welche Geltungsdauer dieses Ziel hat. Ziele können sich grundsätzlich auf kurz-, mittel- und langfristige Zeiträume beziehen, wobei im Einzelnen diese Zeitbegriffe genauer definiert werden müssen. Als grobe Regel können die folgenden Richtlinien aufgestellt werden:

- kurzfristig: bis 1 Jahr,
- mittelfristig: 1 bis 5 Jahre,
- langfristig: über 5 Jahre.

Was kurz-, mittel- oder langfristig ist, hängt letztlich von der Art der Entscheidungen ab, die getroffen werden müssen, und nicht von der Anzahl der Tage oder Jahre.

Der zeitliche Bezug kann zudem **statisch,** d.h. ohne Berücksichtigung anderer Perioden, gemacht werden, oder **dynamisch,** indem man Bezug auf den Zielerfüllungsgrad einer anderen Periode nimmt. So kann man zum Beispiel ein Gewinnziel formulieren, das lautet: „10% mehr Gewinn als im Vorjahr".

3.3.3 Organisatorischer Bezug der Ziele

Ziele können sich auf unterschiedliche organisatorische Einheiten des Unternehmens beziehen. Grundsätzlich können drei verschiedene Bereiche unterschieden werden.

1. **Unternehmensziele** beziehen sich auf das Unternehmen als Ganzes. Es handelt sich um die obersten Ziele, auf die sich sämtliche unternehmerischen Tätigkeiten auszurichten haben. Typische Beispiele für Unternehmensziele sind
   - der **Gewinn** als Erfolgsziel, wobei der Gewinn oft auch in Beziehung zum Kapital gesetzt wird (Rentabilität),
   - das **Wachstum** des Unternehmens, wobei sich dieses meistens auf den Umsatz bezieht,
   - die **Marktstellung,** die häufig mit dem Marktanteil gemessen wird,
   - die Erhaltung und Verbesserung des unternehmensspezifischen **Know-hows,** das mit den angebotenen Produkten verbunden ist,
   - Befriedigung der Ansprüche verschiedener **Interessengruppen** innerhalb und außerhalb des Unternehmens.
2. **Bereichsziele** beziehen sich nur auf bestimmte Teilbereiche des Unternehmens. Je nach Größe des Unternehmens handelt es sich um größere oder kleinere organisatorische Einheiten wie beispielsweise den Marketingbereich, die Markt-

forschungsabteilung oder die Stelle Informationsauswertung (Sekundärmarktforschung). Als Beispiele für solche Ziele aus dem Bereich Produktion können genannt werden: Kapazitätsauslastung, Arbeitssicherheit, technischer Fortschritt, Qualität der Produkte, Termineinhaltung, Kostensenkung.

3. Bei den **Mitarbeiterzielen** handelt es sich um Ziele, die dem einzelnen Mitarbeiter vorgegeben oder gemeinsam mit ihm erarbeitet werden. Die Art der Zielformulierung hängt dabei stark vom jeweiligen Aufgabenbereich und von der Führungsstufe ab.

3.4 Zielbeziehungen

In Bezug auf den Einfluss der Umwelt auf die Ziele kann vorerst zwischen einer entscheidungsfeldbedingten und einer entscheidungsträgerbedingten Zielbeziehung unterschieden werden:

- Eine **entscheidungsfeldbedingte** Zielbeziehung liegt dann vor, wenn diese von der jeweiligen Entscheidungssituation, d.h. den zur Verfügung stehenden Handlungsmöglichkeiten und den das Entscheidungsfeld begrenzenden Daten abhängt. Die Entscheidungssituation ist fest vorgegeben und kann vom Entscheidungsträger nicht beeinflusst werden.
- Eine **entscheidungsträgerbedingte** Zielbeziehung ist dagegen dadurch gekennzeichnet, dass darin die subjektiven Wertvorstellungen, die Präferenzen und das Anspruchsniveau des Entscheidungsträgers zum Ausdruck kommen. Der Entscheidungsträger beeinflusst somit mit seiner Wertung die betrachtete Zielbeziehung.

3.4.1 Komplementäre, konkurrierende und indifferente Zielbeziehungen

Zwischen zwei Zielen können drei verschiedene Zielbeziehungen bestehen, nämlich Komplementarität, Konkurrenz und Indifferenz.

1. Eine Zielbeziehung ist **komplementär,** wenn durch die Erreichung des einen Zieles die Erfüllung des anderen Zieles gesteigert wird.
2. Führt hingegen die Erfüllung des einen Zieles zu einer Minderung des Zielerreichungsgrades des zweiten Zieles, so spricht man von einer **konkurrierenden** oder **konfliktären** Zielbeziehung.
3. Beeinflussen sich die beiden Ziele gegenseitig nicht, so liegt eine **indifferente** oder **neutrale** Zielbeziehung vor.

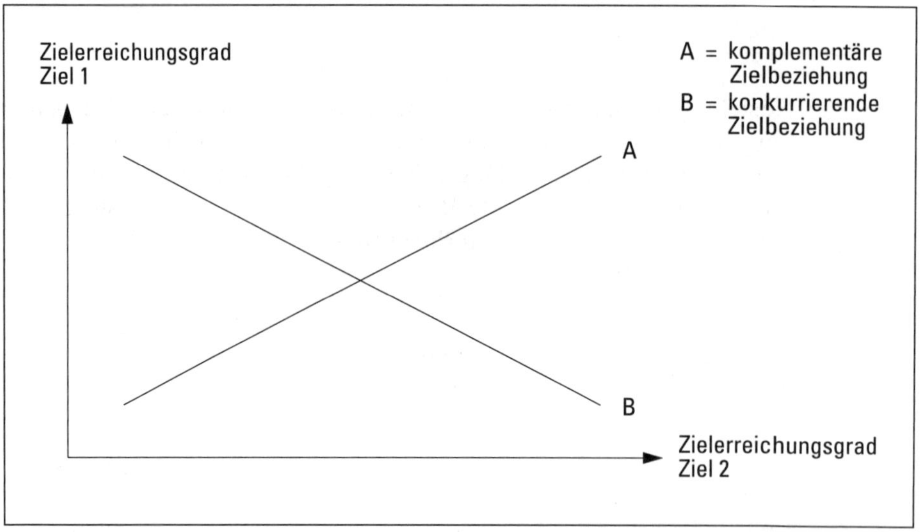

▲ Abb. 24 Komplementäre und konkurrierende Zielbeziehung

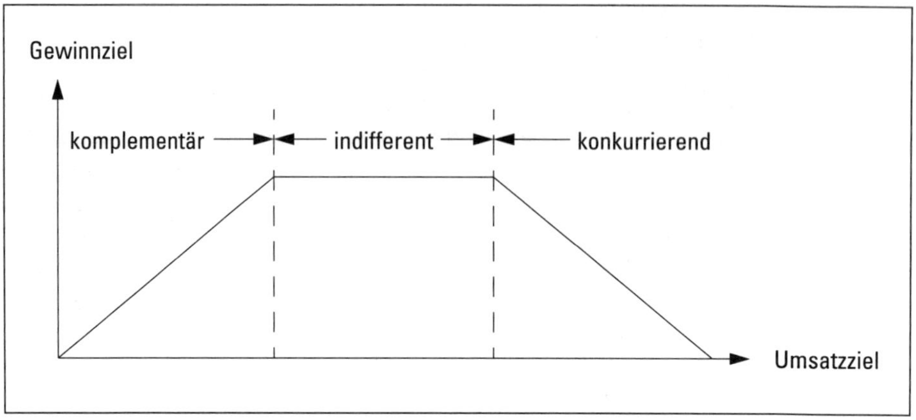

▲ Abb. 25 Zielbeziehungen zwischen Gewinn und Umsatz

Komplementarität und Konkurrenz zwischen Zielen können durch ◀ Abb. 24 dargestellt und verdeutlicht werden. ◀ Abb. 25 zeigt ferner, dass zwischen zwei Zielen auch komplementäre **und** konkurrierende Beziehungen bestehen können. Je nach Situation ergibt sich das eine oder das andere Verhältnis. Man spricht deshalb von einer partiellen oder einer totalen Konkurrenz bzw. Komplementarität.

3.4.2 Haupt- und Nebenziele

Besteht zwischen zwei Zielen eine Konkurrenz, so ist eine Gewichtung der beiden Ziele notwendig. In diese Gewichtung fließen die Wertvorstellungen und Ansprüche des Entscheidungsträgers ein. Demzufolge handelt es sich um eine entscheidungsträgerbedingte Beziehung. Der Entscheidungsträger schafft durch seine Präferenzen **Haupt-** und **Nebenziele.**

3.4.3 Ober-, Zwischen- und Unterziele

Die Unterscheidung in Ober-, Zwischen- und Unterziele beruht auf einer Zielhierarchie, bei der Mittel-Zweck-Beziehungen zwischen den verschiedenen Zielen bestehen. Oft ist es nämlich so, dass ein (Unter-)Ziel (z.B. Lärmschutz für den Mitarbeiter) ein Mittel zum Zweck, d.h. zur Erfüllung eines Oberzieles (in diesem Fall die Gesundheit der Mitarbeiter), darstellt. Voraussetzung für solche Mittel-Zweck-Beziehungen ist eine Komplementarität zwischen den Zielen.

Die Frage, ob die Einteilung in Ober-, Zwischen- und Unterziele aufgrund von Mittel-Zweck-Beziehungen entscheidungsfeld- oder entscheidungsträgerbedingt sei, kann nicht allgemein beantwortet werden. Wie erwähnt, ist die Mittel-Zweck-Beziehung immer an die – zumindest partielle – Komplementarität gebunden. Grundsätzlich kann aber auch eine partielle Konkurrenz bestehen. Konkurrierende und komplementäre Zielbeziehungen sind an und für sich entscheidungsfeldbedingt. Der Entscheidungsträger hat aber die Möglichkeit, beim Vorliegen verschiedener Zielbeziehungen durch entsprechende Festsetzung seines Anspruchsniveaus eine komplementäre und somit eine Mittel-Zweck-Beziehung zu wählen. Damit ist die Unterteilung in Ober-, Zwischen- und Unterziele auch eine entscheidungsträgerbedingte Beziehung.

Die Aufteilung der Ziele in Mittel-Zweck-Beziehungen hat deshalb eine große praktische Bedeutung, weil Oberziele in der Regel nicht operational sind und für den einzelnen Mitarbeiter, je tiefer er in der organisatorischen Hierarchie eingestuft ist, keine konkrete Zielvorgabe beinhalten können. Daher ist es nötig, die Oberziele in – unter Umständen mehrere – Zwischen- und Unterziele zu gliedern, bis eine Zielvorgabe aufgestellt ist, an welcher sich der Mitarbeiter orientieren und seine Arbeit ausrichten kann.

Teil 2

Marketing

Inhalt

Kapitel 1
Grundlagen

Grundsätzlich können dem Marketing zwei Bedeutungen zugeordnet werden. Erstens versteht man darunter eine bestimmte **Denkhaltung,** die im betrieblichen Handeln zum Ausdruck kommt. Zweitens will man damit ein betriebswirtschaftliches **Aufgaben-** oder **Problemgebiet** abgrenzen. Es handelt sich dabei um eine unternehmerische Funktion wie beispielsweise die Produktion oder die Finanzierung.

1.1 Marketing als Denkhaltung

Der Inhalt des Marketing als eine Denkhaltung kann am besten anhand einer historischen Betrachtung der unternehmerischen Funktion wiedergegeben werden. Unter Einbezug der gesamtwirtschaftlichen Entwicklung und der Beziehungen zwischen Unternehmen und Umwelt können vier Phasen unterschieden werden:

1. **Phase der Produktionsorientierung:** Eine erste Phase, die in den USA bereits zu Beginn des 20. Jahrhunderts und in Europa vor allem nach dem 2. Weltkrieg beobachtet werden konnte, ist dadurch gekennzeichnet, dass die Nachfrage das Angebot überstieg. Obschon mit den Methoden des Scientific Management (Taylor) zu Beginn dieses Jahrhunderts der Grundstein für eine rationelle Massenproduktion gelegt worden war, vermochte die industrielle Produktion den Bedarf an Gütern nicht zu befriedigen.[1] Zunehmende Bevölkerungszahlen, steigende Einkommen, Ausbau von Verteilorganisationen (Groß- und Einzel-

handel), allgemeiner Nachholbedarf und sinkende Preise sind mögliche Erklärungen für diesen Nachfrageüberhang. Diese Situation entspricht einem typischen **Verkäufermarkt:** alles was produziert wurde, konnte auch ohne Probleme verkauft werden. Die Ausrichtung betriebswirtschaftlicher Entscheidungen erfolgte deshalb beinahe ausschließlich auf die Produktion und die Materialwirtschaft. Die Beschaffung der – teilweise nur schwer erhältlichen – Rohstoffe und die kostengünstigste Herstellung der Produkte standen im Vordergrund. Diese vorrangige Bedeutung der Produktionswirtschaft kann mit dem Grundsatz **Primat der Produktion** umschrieben werden.

2. **Phase der Verkaufsorientierung:** In einer zweiten Phase zeigte sich bei zunehmender Spezialisierung (Arbeitsteilung) und technischem Fortschritt sowie der damit verbundenen Rationalisierungen eine Sättigung des Marktes. Diese Sättigungserscheinungen hatten eine größere Konkurrenz unter den Marktanbietern zur Folge, die sich vor allem in sinkenden Preisen auswirkte. Verbunden mit hoher Arbeitslosigkeit und niedrigen Löhnen (USA), welche das Konsumentenverhalten stark beeinflussten, konnten viele Unternehmen ihre Produkte nicht mehr absetzen. Überkapazitäten oder sogar Konkurse waren die Folge. Viele Unternehmen sahen sich daher gezwungen, ihre Verkaufsbemühungen zu verstärken. Die Orientierung verschob sich von der Produktion zum Absatz. In den Mittelpunkt rückte die letzte Phase des betrieblichen Umsatzprozesses und zum Grundsatz wurde das **Primat des Absatzes.** Neben der Herabsetzung der Preise versuchte man mittels Werbung, Ausstattung der Produkte mit Markennamen sowie Ausbau und Verbesserung des Außendienstes, den Umsatz zu erhöhen. Die Entscheidungen im Produktionsbereich bildeten aber immer noch den Ausgangspunkt der Entscheidungen für andere Bereiche. Die Absatzabteilung hatte primär die Aufgabe, mit den verfügbaren Maßnahmen und Mitteln die produzierten Güter abzusetzen. Im Vordergrund steht somit das eigentliche „Vermarkten" von Gütern und Dienstleistungen.

3. **Phase der Marktorientierung:** Die dritte Phase war von der Tatsache gekennzeichnet, dass es nicht mehr genügte, qualitativ gute Produkte kostengünstig zu produzieren und sie mit Hilfe erhöhter Verkaufsanstrengungen abzusetzen. Es sollte nur noch das produziert werden, was sich tatsächlich absetzen ließ oder mit anderen Worten, auch tatsächlich nachgefragt wurde. Je besser man diese Nachfrage in qualitativer (was?) und quantitativer (wie viel?) Hinsicht erfassen konnte, um so erfolgreicher glaubte man zu sein. Es erfolgte deshalb eine verstärkte Ausrichtung auf die Bedürfnisse der potenziellen Kunden und somit eine Marktorientierung. Oberstes Prinzip wurde das **Primat des Marktes.** Ausgangspunkt sind die Bedürfnisse des Marktes, auf die sich sowohl die Produktion (Leistungserstellung) als auch der Absatz (Leistungsverwertung) auszurichten haben. Damit ist das Marketing nicht mehr nur eine einzelne unter-

1 Zum Scientific Mangement vgl. Teil 9, Kapitel 3, Abschnitt 3.1.2.2 „Mehrliniensystem".

nehmerische Funktion, sondern eine Denkhaltung, die alle anderen Funktionen einbezieht.

4. **Phase der Umweltorientierung:** Seit den 70er-Jahren des 20. Jahrhunderts erhielt der Marketingbegriff eine zusätzliche Ausweitung. Das Marketing hat sich nicht nur auf die Bedürfnisse der effektiven und potenziellen Abnehmer auszurichten, sondern hat sämtliche Anspruchsgruppen (Stakeholder)[1] einzubeziehen. Die Bedürfnisse der Arbeitnehmer, Kapitalgeber, Lieferanten und des Staates sowie ökologische oder gesellschaftliche Aspekte sind ebenso zu berücksichtigen wie diejenigen der Kunden. Diese Denkhaltung wird mit dem Begriff **gesellschaftsorientiertes Marketing („Societal Marketing")** umschrieben.

1.2 Marketing als unternehmerische Aufgabe

1.2.1 Problemlösungsprozess des Marketing

Betrachtet man das Marketing als eine unternehmerische Funktion neben anderen (z.B. Produktion, Finanzierung, Personal), so muss es sich mit verschiedenen Problemen und Aufgaben auseinander setzen. Diese können aus dem Problemlösungsprozess des Marketing abgeleitet werden. Analog zum allgemeinen Problemlösungsprozess können folgende Phasen unterschieden werden (▶ Abb. 26):

1. **Analyse der Ausgangslage:** In einer ersten Phase müssen die notwendigen Informationen über die gegenwärtige und zukünftige Entwicklung gewonnen werden. Wichtig sind in diesem Zusammenhang
   - die allgemeinen Umweltbedingungen und die Beziehungen zwischen dem Unternehmen und seiner Umwelt,
   - die Bedürfnisse tatsächlicher oder potenzieller Kunden (d.h. die für das Unternehmen relevanten Märkte), die mit Hilfe der **Marktforschung** abgeklärt werden müssen, sowie
   - die Unternehmensziele.

2. **Bestimmung von Marketing-Zielen:** Die Marketing-Ziele werden aus den unternehmensinternen (Wertvorstellungen, Unternehmensziele, vorhandenes Leistungspotenzial) und unternehmensexternen (Umwelt) Gegebenheiten abgeleitet. Typische Marketing-Ziele beziehen sich auf den Umsatz, den Marktanteil, die (geografischen) Märkte, die Produkte oder die Kunden. Die Marketing-Ziele sind ihrerseits wieder aus den Unternehmenszielen abgeleitet, wobei vielfach – gerade wegen der großen Bedeutung des Marketing für das ganze Unternehmen – keine klare Grenze zwischen Unternehmenszielen und allgemeinen Marketing-Zielen gezogen werden kann.

1 Vgl. dazu Teil 1, Kapitel 1, 1.2.5 „Umwelt des Unternehmens".

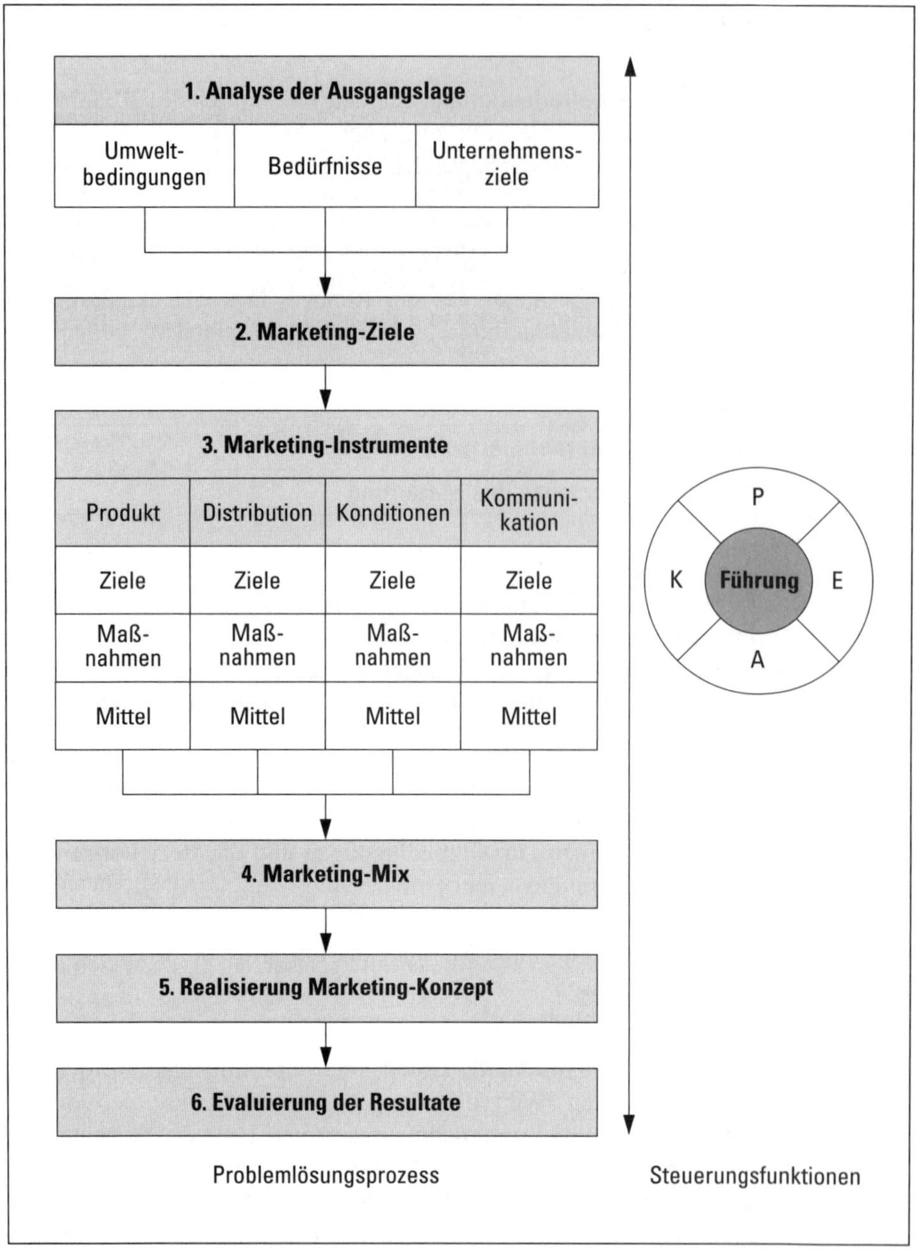

▲ Abb. 26 Steuerung des Marketing-Problemlösungsprozesses

3. **Bestimmung der Marketing-Instrumente:** Sind die Marketing-Ziele festgelegt, können aus diesen die Ziele für verschiedene Aufgabenbereiche des Marketing abgeleitet sowie die Maßnahmen und Mittel bestimmt werden, mit denen diese Bereichsziele erreicht werden sollen. Die einzelnen Aufgabenbereiche werden als **Marketing-Instrumente** bezeichnet, womit der instrumentelle Charakter zur Unterstützung und Erreichung der übergeordneten Marketing-Ziele zum Ausdruck kommt. In der Literatur finden sich verschiedene Systematisierungen der Marketing-Instrumente. Bekannt ist vor allem das Konzept von McCarthy (1981), das als „4 P's-Model" bezeichnet wird. Die vier P stehen für die Begriffe **Product, Place, Price** und **Promotion.** Entsprechend liegt den Ausführungen in diesem Teil folgende Gliederung zugrunde:
   - Produktpolitik,
   - Distributionspolitik,
   - Konditionenpolitik,
   - Kommunikationspolitik.

   Die **Marktforschung** liefert dazu jene Informationen, die für die Gestaltung der einzelnen Marketing-Instrumente bekannt sein müssen.

4. **Erstellen eines Marketing-Mix:** Schließlich sind die verschiedenen Marketing-Instrumente miteinander zu kombinieren und in einem so genannten Marketing-Mix zu einer optimalen Einheit zusammenzufassen. Jedes Teilziel sowie alle Maßnahmen eines bestimmten Instrumentes müssen sowohl mit den übergeordneten Marketing-Zielen in Einklang stehen als auch auf die anderen Teilziele und Maßnahmen abgestimmt werden.

5. **Realisierung Marketing-Konzept:** Die noch auf dem Papier stehenden Marketing-Ziele und -Maßnahmen müssen mit konkreten Aktionen umgesetzt werden. Zu denken ist beispielsweise an die Durchführung einer Werbekampagne oder den Aufbau eines neuen Vertriebsnetzes.

6. **Evaluierung der Marketing-Resultate:** Schließlich ergeben sich aus dem Marketing-Problemlösungsprozess konkrete Ergebnisse, die über die Erfüllung der Marketing-Aufgaben Auskunft geben.

Im Mittelpunkt dieses Problemlösungsprozesses stehen die Formulierung der Marketing-Ziele und die Ausgestaltung des Marketing-Mix.

> Die angestrebten Marketing-Ziele und die Ausgestaltung der Marketing-Instrumente bezeichnet man als **Marketing-Konzept.**

1.2.2 Marketing-Management

Die Steuerung des allgemeinen Marketing-Problemlösungsprozesses, insbesondere die Gestaltung und Umsetzung des Marketing-Konzepts, bezeichnet man als **Marketing-Management.**

Diese Steuerung erfolgt mit den Elementen **Planung, Entscheidung, Aufgabenübertragung** und **Kontrolle** (◄ Abb. 26). Obschon diese Steuerungsfunktionen in allen Problemlösungsphasen auftreten, stehen folgende Aspekte im Vordergrund:

- Ausgehend von einer umfassenden Analyse müssen zuerst die Ziele (was?), die Maßnahmen (wie?) und die Mittel (womit?) für jedes Instrument geplant werden.
- Es muss über den Einsatz der verschiedenen Marketing-Instrumente entschieden werden.
- Ist eine Entscheidung gefallen, muss der geplante Einsatz der Marketing-Instrumente in die Tat umgesetzt werden. Dazu muss eine Vielzahl von Anordnungen gegeben werden (z.B. Auftrag an eine Werbeagentur).
- Abschließend müssen die Resultate der verschiedenen Marketingaktivitäten erfasst und mit den Marketingzielen verglichen werden. Daraus lassen sich wertvolle Informationen für zukünftige Marketing-Massnahmen ableiten.

1.3 Markt

1.3.1 Merkmale des Marktes

Die Leistungsverwertung, der Absatz der hergestellten Produkte, findet auf dem Markt statt. Dieser stellt aber nicht irgendein abstraktes Gebilde dar, sondern besteht in erster Linie aus Menschen, welche durch ihr Verhalten den Markt konstituieren. Im Laufe der Zeit und je nach Blickwinkel hat der Begriff „Markt" verschiedene Begriffsinhalte angenommen:

1. Die ursprüngliche Bedeutung des Wortes „Markt" ist identisch mit dem **Ort**, an dem Käufer und Verkäufer zum Austausch von Gütern und Dienstleistungen zusammentreffen. Während in der Antike und im Mittelalter solche Märkte, auf denen vielfach die Produzenten den Abnehmern direkt gegenübertraten, eine große Bedeutung hatten, spielen sie heute nur noch eine untergeordnete Rolle.
2. Aus volkswirtschaftlicher Sicht umfasst der Markt die Gesamtheit der Nachfrager und Anbieter, die an den Austauschprozessen eines bestimmten Gutes beteiligt sind. Entscheidend ist nicht mehr der geografische Ort des Zusammentreffens, sondern die ökonomischen Aspekte des Tausches in Bezug auf den Preis, die Menge, die Kosten, den Zeitraum oder das Gebiet.

3. Die Betriebswirtschaftslehre schließlich betrachtet als Markt alle Personen und Organisationen, die bereits Käufer sind oder als zukünftige Käufer in Frage kommen. Aus betriebswirtschaftlicher Sicht steht somit die Nachfrageseite im Vordergrund. Die Anbieterseite, d.h. das eigene Angebot und dasjenige der Konkurrenz, wird als **Branche** bezeichnet.

Das Unternehmen steht mit verschiedenen Märkten in Kontakt.[1] Grundsätzlich lassen sich Beschaffungsmärkte und Absatzmärkte unterscheiden. Dabei ist zu beachten, dass ein bestimmter Markt für ein Unternehmen den Beschaffungsmarkt, für ein anderes hingegen den Absatzmarkt darstellen kann.

Unter dem **Absatzmarkt** versteht man die Gesamtheit der Bedarfsträger, an die sich das Unternehmen als tatsächliche und potenzielle Abnehmer seiner Leistungen wendet, um sie durch die Gestaltung seines Angebots und dem aktiven Einsatz seiner Marketing-Instrumente zum Kauf seiner Leistungen zu veranlassen. (Hill 1982a, S. 16)

Diese Umschreibung macht deutlich, dass der Markt in der Regel sehr dynamisch ist. Er ist keine vorgegebene Größe, sondern muss vom Unternehmen aufgrund ständiger Veränderungen immer wieder neu gesucht und bestimmt werden. Während die **Marktforschung** dazu dient, diesen Markt zu definieren, soll mit den **Marketing-Instrumenten** dieser potenzielle Markt in einen realen Markt umgewandelt werden.

Da die Märkte in der Regel sehr komplex sind, ist es wichtig, die besonderen Elemente und Aspekte eines jeden Marktes zu erfassen. Nach Kotler/Bliemel (1999, S. 357) kann ein Markt durch folgende Kriterien umschrieben werden:

1. **Kunden:** Wer bildet den Markt?
2. **Kaufobjekte:** Was wird gekauft?
3. **Kaufziele:** Warum wird gekauft?
4. **Kaufbeeinflusser:** Wer spielt mit im Kaufprozess? Je nach dem Grad der Beeinflussung des Kaufes unterscheiden Kotler/Bliemel (1995, S. 303) zwischen
   - **Initiator:** Diejenige Person, die als erste vorschlägt, ein bestimmtes Produkt zu erwerben oder eine bestimmte Dienstleistung in Anspruch zu nehmen.
   - **Einflussnehmer:** Diejenige Person, deren Ansichten oder Ratschläge für die endgültige Kaufentscheidung von Gewicht sind.
   - **Entscheidungsträger:** Diejenige Person, die endgültig darüber befindet, ob, was, wie, wann oder wo gekauft wird, und zwar entweder im Ganzen oder über einzelne dieser Aspekte.
   - **Käufer:** Diejenige Person, die den Kauf tatsächlich ausführt.

---

1 Vgl. dazu Teil 1, Kapitel 1, Abschnitt 1.2.2 „Betrieblicher Umsatzprozess“, insbesondere ◀ Abb. 2 auf Seite 40.

- **Benutzer:** Diejenige Person (oder Gruppe), die das Produkt oder die Dienstleistung schließlich verwendet.

5. **Kaufprozesse:** Wie wird gekauft?
6. **Kaufanlässe:** Wann wird gekauft?
7. **Kaufstätten:** Wo wird gekauft?

In den nächsten Abschnitten sollen zur genaueren Erfassung und Abgrenzung des Marktes die folgenden grundlegenden Fragen behandelt werden:

- Welches sind die **Marktpartner,** die auf dem Markt auftreten und für das Unternehmen von Bedeutung sind?
- Wie ist das Marktverhalten der Abnehmer? Im speziellen soll das **Konsumentenverhalten** untersucht werden.
- Wie lässt sich der Markt, d.h. sämtliche Abnehmer, in Teilmärkte aufgliedern? Es handelt sich dabei um das Problem der **Marktsegmentierung.**

1.3.2 Marktpartner

Primäre Marktpartner sind die tatsächlichen und potenziellen Abnehmer. Dabei ist zu beachten, dass die Käufer (Abnehmer) nicht unbedingt identisch mit den Benutzern oder Eigentümern sein müssen. Geschenkartikel werden – wie der Name bereits zum Ausdruck bringt – gekauft, um sie weiterzugeben. Handelt es sich beim Geschenk beispielsweise um ein Gesellschaftsspiel, so sind sogar Käufer, Benutzer und Eigentümer – zumindest zum Teil – nicht identisch.

Neben den eigentlichen, gegenwärtigen oder zukünftigen Abnehmern sind für ein Unternehmen jene Personen und Organisationen von besonderem Interesse, welche eine aktive absatzwirtschaftliche Funktion übernehmen, indem sie Güter und Informationen austauschen und sich wechselseitig beeinflussen. Nach dem Grad und der Art der Beteiligung an den Austauschprozessen kann in Anlehnung an Meffert (1982, S. 43) zwischen primären, sekundären und tertiären Elementen unterschieden werden:

1. **Primäre** aktive Elemente sind Hersteller, Absatzmittler (Handel) und Käufer (Konsument). Es handelt sich also um die eigentlichen Marktpartner, zwischen denen Verträge über die Absatzleistung geschlossen werden. **Absatzmittler** (Handelsunternehmen) sind wirtschaftlich und rechtlich selbstständige Institutionen, die Ware kaufen und verkaufen, ohne sie einer nennenswerten produktionswirtschaftlichen Umwandlung zu unterziehen. Großhandel und Einzelhandel kennzeichnen unterschiedliche Absatzmittlerstufen.
2. **Sekundäre** aktive Elemente sind am Marktgeschehen nicht direkt als Käufer oder Verkäufer beteiligt. Sie werden jedoch in den Absatzprozess als **Absatz-**

helfer eingeschaltet. Hierzu zählen z.B. Kommissionäre, Spediteure, Werbeagenturen, Kreditinstitute. Da sie Dienstleistungen zur Anbahnung oder Durchführung von Markttransaktionen erbringen, werden sie als **Serviceanbieter** bezeichnet.

3. **Tertiäre** aktive Elemente sind weder Marktpartner noch übernehmen sie vertraglich vereinbarte absatzwirtschaftliche Funktionen. Vielmehr handelt es sich um solche Elemente, die durch ihr Kommunikationsverhalten den Absatzprozess beeinflussen. Man bezeichnet sie daher als **Beeinflusser** oder **Meinungsbildner.** Meinungsbildner können entweder in vertraglicher Beziehung zu den aktiven Elementen stehen (z.B. Architekten) oder zufällig Informationen über Unternehmen und Leistungen weitergeben (z.B. Mund-zu-Mund-Werbung).

Daneben können auch **passive** Elemente in einem Marketingsystem unterschieden werden. Dazu zählen beispielsweise die auf Lager gehaltenen Absatzprodukte oder die gespeicherten Marktinformationen.

1.3.3 Konsumentenverhalten

Ein wesentliches Element, das die Beziehungen zwischen Abnehmern und Unternehmen prägt, ist das Verhalten des Käufers, auch Konsumentenverhalten genannt. Im Mittelpunkt stehen die Kaufentscheidungsprozesse und deren Einflussfaktoren, seien es die Wirkungen des Unternehmensverhaltens, insbesondere der Marketing-Instrumente, oder seien es die Umweltfaktoren im weiteren Sinne. In einem ersten Abschnitt sollen zuerst die verschiedenen Typen von Kaufentscheidungen dargestellt werden, bevor in einem zweiten Abschnitt auf umfassende Modelle des Konsumentenverhaltens eingegangen wird.

1.3.3.1 Typen von Kaufentscheidungen

In der Literatur findet man sehr viele Typologien von Kaufentscheidungen. Die zugrunde liegenden Kriterien beziehen sich meistens entweder auf die Entscheidungsvorbereitung (Informationsgewinnung und -verarbeitung) oder die Entscheidung selbst (Entscheidungskriterien und -regeln). Nach Meffert (1986, S. 141) können vier Grundverhaltenstypen unterschieden werden:

1. **Rationalverhalten:** Der Käufer handelt als „homo oeconomicus“. Er hat klare Ziele, die er durch Gewinnung und Verwertung der verfügbaren Informationen erreichen will. In einem rationalen Problemlösungsprozess stellt er mehrere Alternativen auf und versucht, diese zu bewerten. Diejenige Alternative, die seinen Nutzen maximiert, wird er auswählen.

Kriterium	Ausprägungen
Käufermerkmale	■ psychologische Faktoren (Motivation, Wahrnehmung, Lernverhalten, Einstellungen) ■ persönliche Faktoren (Alter und Lebensabschnitt, Beruf, wirtschaftliche Verhältnisse, Lebensstil (Lifestyle), Persönlichkeit und Selbstbild) ■ soziale Faktoren (Bezugsgruppen, Familie, Rollen und Status) ■ kulturelle Faktoren (Kulturkreis, Subkulturen, soziale Schicht)
Produktmerkmale	■ Art des Gutes (z. B. Güter des täglichen Bedarfs, Luxusgüter) ■ Neuartigkeit ■ Preis (absoluter Betrag) ■ funktionale Eigenschaften ■ ästhetische Eigenschaften (Form, Design)
Anbietermerkmale	■ Image des Unternehmens ■ Ausgestaltung der Marketing-Instrumente
Marktmerkmale	■ Markttransparenz ■ Substitutions- oder Komplementärprodukte ■ Intensität des Wettbewerbs (Konkurrenz)
Situative Merkmale	■ Zeitdruck, Wetter, Tageszeit, Saison usw.

▲ Abb. 27 Einflussfaktoren Kaufentscheidung (nach Kotler 1982, S. 142ff., und Kottler/Bliemel 1999, S. 309 ff.)

2. **Gewohnheitsverhalten:** Der Käufer verzichtet darauf, bei jedem Kauf eine neue Entscheidung zu treffen. Er verhält sich nach einem – meistens aufgrund seiner Erfahrung – bewährten Muster. Es handelt sich um routinemäßige Entscheidungen.[1]
3. **Impulsverhalten:** Der Käufer lässt sich von seinen augenblicklichen Gefühlen und Eingebungen leiten. Er verzichtet auf Informationen und handelt spontan.
4. **Sozial abhängiges Verhalten:** Der Käufer entscheidet nicht aufgrund eigener Informationen und Erfahrungen, sondern lässt sich von den Wertvorstellungen seiner Umwelt (Freunde, Mitarbeiter, berühmte Leute) leiten.

Diese verschiedenen Entscheidungstypen lassen erahnen, dass eine Vielzahl von Einflussfaktoren auf eine Kaufentscheidung einwirkt (◄ Abb. 27).

1 Dieses Verhalten könnte man ebenfalls dem Rationalverhalten zuordnen, da der Käufer sich damit die „Kosten“ der Informationsbeschaffung und -bearbeitung spart.

1.3.3.2 Modelle des Konsumentenverhaltens

Aus der Vielzahl der Einflussfaktoren kann abgeleitet werden, dass einem bestimmten Kaufverhalten komplexe Zusammenhänge zugrunde liegen müssen. Interdisziplinäre Erkenntnisse (insbesondere aus den verschiedenen Richtungen der Psychologie und Soziologie) sind notwendig, um bereits einfache, beschränkte Aussagen machen zu können. In der Regel wirken mehrere Faktoren mit unterschiedlicher Gewichtung auf ein bestimmtes Verhalten ein. Eine weitere Erschwernis besteht darin, dass zwar die möglichen kaufrelevanten Faktoren sowie die tatsächlichen Kaufentscheidungen beobachtet und empirisch erfaßt werden können,[1] sich der direkten Beobachtung aber jene Vorgänge entziehen, welche die eigentlichen Kaufentscheidungsprozesse beinhalten. Somit kennt man die Ursachen (Input) und die Wirkung (Output), es fehlt aber der genaue Kausalzusammenhang.

Das Grundmodell verhaltensorientierter Gesamtbetrachtungen umschreibt den Menschen als Konsumenten zunächst als **Black Box,** über die man nichts weiß, außer dass sich darin irgendwelche Vorgänge abspielen, welche zu einer bestimmten (positiven oder negativen) Entscheidung führen. Die Inputfaktoren bezeichnet man als **Stimuli,** welche als Reize auf die Black Box einwirken. Diese Stimuli werden unterteilt in

- **endogene** Einflussfaktoren, die im Konsumenten selbst bereits angelegt sind (wie soziale Merkmale), und in
- **exogene** Einflussfaktoren, die aus der Umwelt des Konsumenten auf dessen Entscheidungsprozess einwirken (wie die eigenen oder fremden Marketing-Maßnahmen).

Zeigen diese Stimuli eine Wirkung, so erfolgt eine Reaktion, ein Kauf **(Response).** ▶ Abb. 28 zeigt das vereinfachte Denkmodell, das in der Literatur als **Black Box-Modell** oder **Stimulus-Response (S-R)-Modell** bekannt ist.

Das S-R-Modell wurde zu sogenannten **Stimulus-Organismus-Response (S-O-R)-Modellen** erweitert. Diese neueren Verhaltensmodelle versuchen festzustellen, was in der Black Box abläuft. Sie zeichnen sich in der Regel dadurch aus, dass sie eine beschränkte Anzahl erklärender (intervenierender) Variablen berücksichtigen. ▶ Abb. 29 zeigt ein Beispiel eines umfassenden Modells zur Erklärung des Kaufverhaltens. Dieses Modell versucht, empirisch messbare Input-Variablen (Stimuli) und Output-Variablen (Response) miteinander zu verknüpfen, indem in der Black Box (Organismus) eine Reihe untereinander vernetzter **hypothetischer Konstrukte** als gegeben unterstellt wird. Personale, soziale, kulturelle und situative Faktoren werden demgegenüber als exogene Faktoren im Modell nicht explizit

1 Wenn auch zum Teil mit erheblichen Schwierigkeiten, da es sich in der Regel – wie zum Beispiel beim Charakter – um schwer quantifizierbare Merkmale handelt.

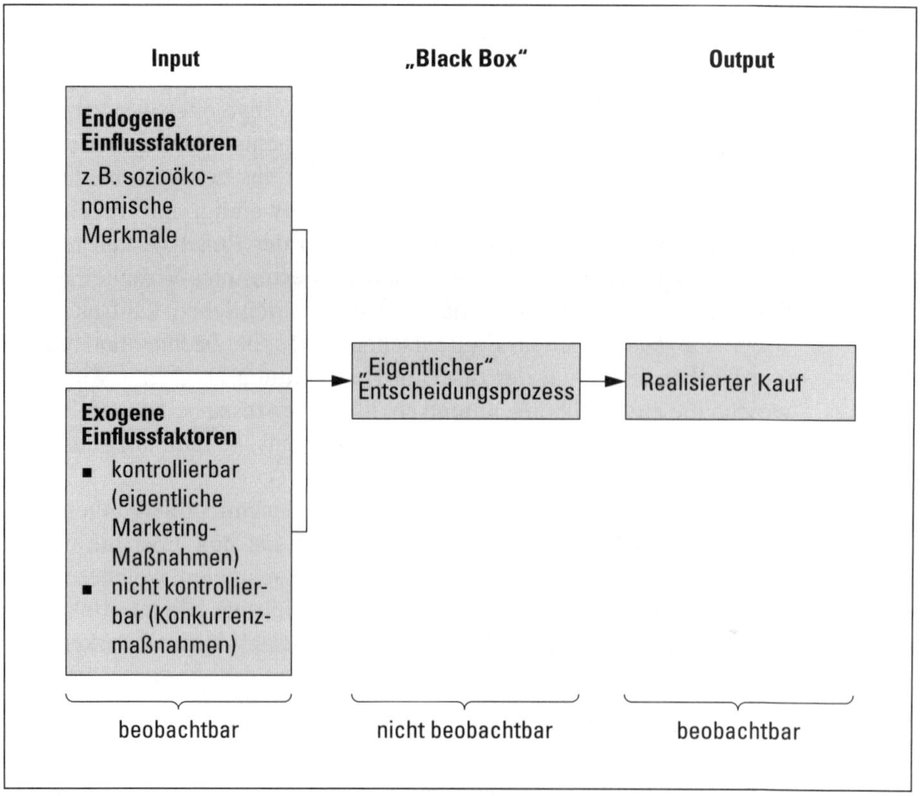

▲ Abb. 28 Grundmodell des Käuferverhaltens (Meffert 1986, S. 145)

berücksichtigt. Die einzelnen Elemente des Modells können wie folgt beschrieben werden (Marr/Picot 1991, S. 644):

1. **Input-Variablen** wirken von außen und verursachen eine Aktivierung von neuen oder gespeicherten Informationen des Organismus.
2. Die **hypothetischen Konstrukte** stellen zwei Mechanismen der Reizverarbeitung dar, nämlich die Wahrnehmung und das Lernen. Diese entziehen sich der direkten Beobachtung. Auf deren Vorhandensein kann nur mittels Beobachtung der Output-Variablen geschlossen werden. Es werden dabei mehrere Hypothesen unterstellt, mit deren Hilfe sich die Gewinnung und Verarbeitung der entscheidungsrelevanten Informationen sowie die Entscheidungsfindung selbst erklären lässt.
3. Die **Output-Variablen** geben die Ergebnisse der Wahrnehmungs- und Lernprozesse und die Reaktionsmöglichkeiten auf die Input-Variablen wieder.

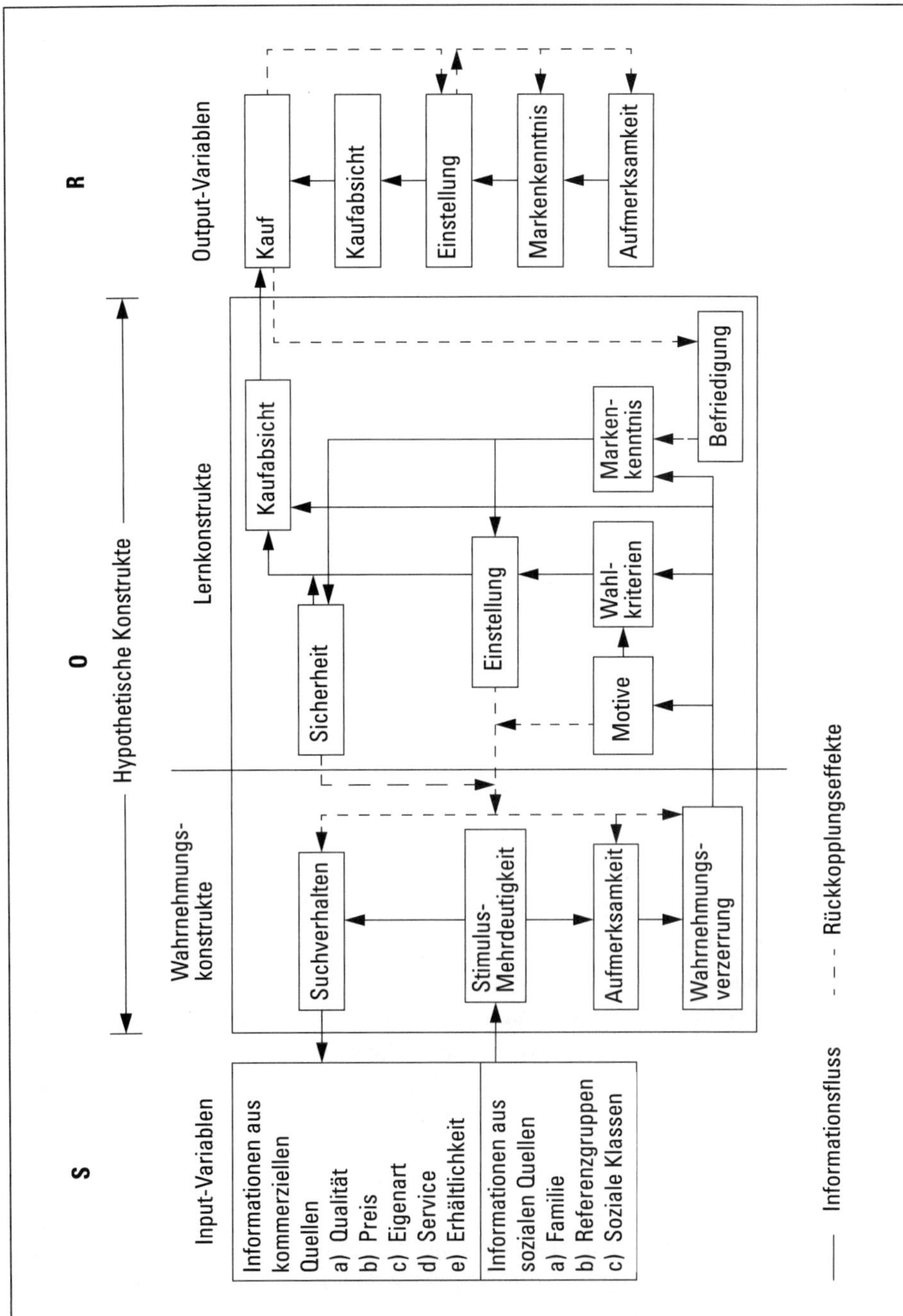

▲ Abb. 29 Konsumenten-Verhaltensmodell nach Howard/Sheth (Nieschlag/Dichtl/Hörschgen 1997, S. 198)

1.3.4 Marktsegmentierung

Der Markt für ein bestimmtes Produkt besteht in der Regel aus einer Vielzahl von Kunden, die sich mehr oder weniger voneinander unterscheiden. Ein Unternehmen muss sich deshalb überlegen,

1. welche Kunden es mit welchen Produkten bedienen will (Abgrenzung von der Konkurrenz) und
2. auf welche Untergruppen es ein Marketing-Programm ausrichten will (zielgerichtete Marktbearbeitung).

Um eine sinnvolle Aufteilung des Marktes vornehmen zu können, muss dieser in einzelne Sektoren aufgeteilt werden, was mit dem Begriff Marktsegmentierung umschrieben wird.

Unter **Marktsegmentierung** versteht man die Aufteilung des Gesamtmarktes in homogene Käufergruppen nach verschiedenen Kriterien. Hauptziel einer Marktsegmentierung ist immer, eine solche Aufteilung zu wählen, die eine effiziente und erfolgreiche Marktbearbeitung ermöglicht.

Je homogener eine Gruppe ist, desto leichter wird es einem Unternehmen fallen, die Ziele, Maßnahmen und Mittel der Marketing-Instrumente festzulegen. Eine homogene Käufergruppe bedeutet nämlich nichts anderes, als dass deren Mitglieder gleiche oder ähnliche Bedürfnisse haben. Somit besteht das Ziel einer Marktsegmentierung letztlich darin, eine möglichst große Übereinstimmung zwischen den Bedürfnissen, die ein Anbieter zu decken vermag, und den Bedürfnissen, die eine bestimmte Käufergruppe auszeichnen, zu erreichen.

Eine Marktsegmentierung ist dann besonders nützlich, wenn sie folgende Voraussetzungen erfüllt:

1. **Messbarkeit:** Die Kriterien der Marktsegmentierung müssen so gewählt werden, dass sich die Größe und weitere Eigenschaften der daraus gebildeten Segmente eindeutig messen lassen. Während bei quantitativen Kriterien (wie Alter, Geschlecht) diesbezüglich keine Probleme entstehen, treten bei qualitativen Kriterien (wie sie psychologische Faktoren beispielsweise darstellen) erhebliche Schwierigkeiten auf.
2. **Kausalzusammenhang:** Es sollte ein eindeutiger Zusammenhang zwischen dem Abgrenzungskriterium und den Eigenschaften des angebotenen Produktes bestehen. Das abgegrenzte Bedürfnis einer Käufergruppe sollte mit jenem Bedürfnis, das mit dem Produkt abgedeckt werden kann, übereinstimmen.
3. **Entscheidungsträgerorientierung:** Wie bereits dargelegt, sind die Käufer nicht unbedingt identisch mit den Verwendern. Beeinflusst der Verwender die Kaufentscheidung, so sind dessen Eigenschaften ebenso wie diejenigen anderer Kaufbeeinflusser bei der Kriterienwahl zu berücksichtigen.

Kriterium	Ausprägung
Geografische Segmentierung	■ Gebiet: Nation, Region, Bundesland, Gemeinde, Stadt ■ Bevölkerungsdichte: städtisch, ländlich ■ Klima: nördlich, südlich ■ Sprache
Demografische Segmentierung	■ Alter ■ Geschlecht: männlich, weiblich ■ Haushaltsgröße ■ Einkommen ■ Beruf ■ Nationalität ■ Konfession ■ Ausbildung
Sozialpsychologische Segmentierung	■ Persönlichkeit: □ Lebensstil: verschwenderisch, sparsam □ Arbeitsverhältnis: selbstständig, unselbstständig □ Kontaktfähigkeit: Einzelgänger, gesellig □ Zielerreichung: ehrgeizig, gleichgültig □ Temperament: impulsiv, ruhig □ Werthaltung: konservativ, modern ■ Soziale Schicht: Unter-, Mittel-, Oberschicht
Verhaltensbezogene Segmentierung	■ allgemein: □ Art der Freizeitgestaltung □ Ess- und Trinkgewohnheiten □ Urlaubsgestaltung □ Fernsehgewohnheiten □ Mitgliedschaft in Vereinen ■ auf Produkt oder Dienstleistung bezogen: □ Kaufanlass: regelmäßiger, besonderer, zufälliger Anlass □ Kaufmotive: Qualität, Preis, Bequemlichkeit, Prestige □ Produktbindung: keine, mittel, stark □ Verwenderstatus: Nichtverwender, Erstverwender, ehemalige, potenzielle, regelmäßige Verwender □ Informationsquelle: Medien, persönliche Kontakte

▲ Abb. 30 Übersicht Marktsegmentierungskriterien (vgl. Kotler/Bliemel 1999, S. 426ff.)

4. **Segmentgröße:** Die Segmentierungskriterien sollten so gewählt werden, dass genügend große Marktsegmente entstehen, die einerseits die Fertigungskapazitäten bzw. Herstellungskosten berücksichtigen und für die es sich andererseits lohnt, ein eigenes Marketing-Programm aufzustellen.
5. **Konstanz:** Die Kriterien sollten über einen langen Zeitraum anwendbar sein.

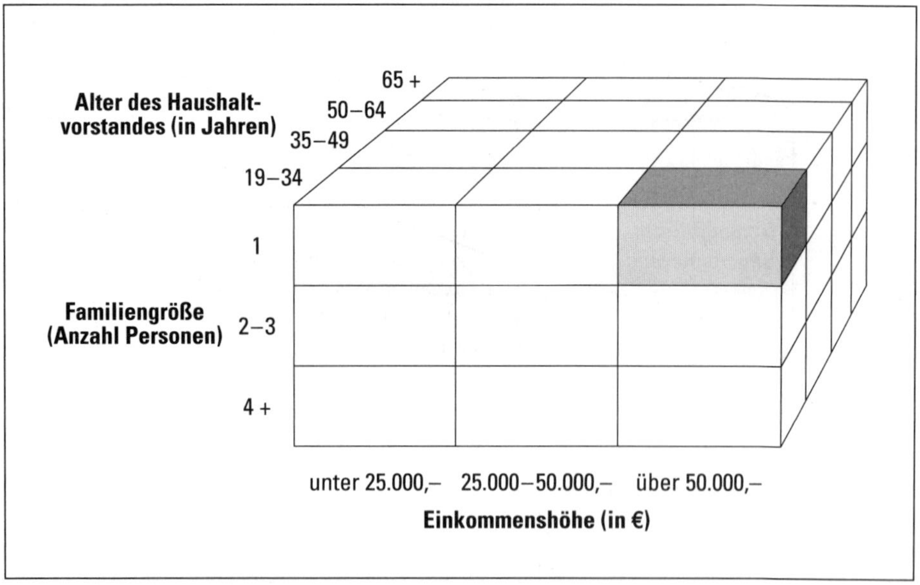

▲ Abb. 31 Beispiel Marktsegmentierung (Kotler/Bliemel 1999, S. 141)

Aus dieser Liste wird ersichtlich, dass der Wahl der Segmentierungskriterien eine sehr große Bedeutung zukommt. In ◀ Abb. 30 findet man eine Systematisierung verschiedener Segmentierungskriterien und deren Ausprägungen. In der Regel ergibt die Anwendung eines einzigen Segmentierungskriteriums jedoch noch keine sinnvolle Marktsegmentierung, weshalb meist mehrere Kriterien herangezogen werden. ◀ Abb. 31 zeigt eine Marktsegmentierung nach den drei Kriterien Alter, Einkommen und Familiengröße.

1.3.5 Marktgrößen

1.3.5.1 Überblick

Um die zukünftigen Absatzchancen ihrer Produkte abschätzen zu können und eine Entscheidungsgrundlage für die übrigen betrieblichen Funktionen zu haben, ist die Kenntnis folgender Marktgrößen für das Unternehmen von großer Bedeutung:

1. **Marktpotenzial:** maximale denkbare Aufnahmefähigkeit des Marktes für ein bestimmtes Gut oder eine bestimmte Dienstleistung.
2. **Marktvolumen:** effektiv realisiertes oder geschätztes Absatzvolumen eines bestimmten Gutes oder einer bestimmten Dienstleistung.
3. **Marktanteil:** das von einem Unternehmen realisierte Absatzvolumen in Prozenten des Marktvolumens.

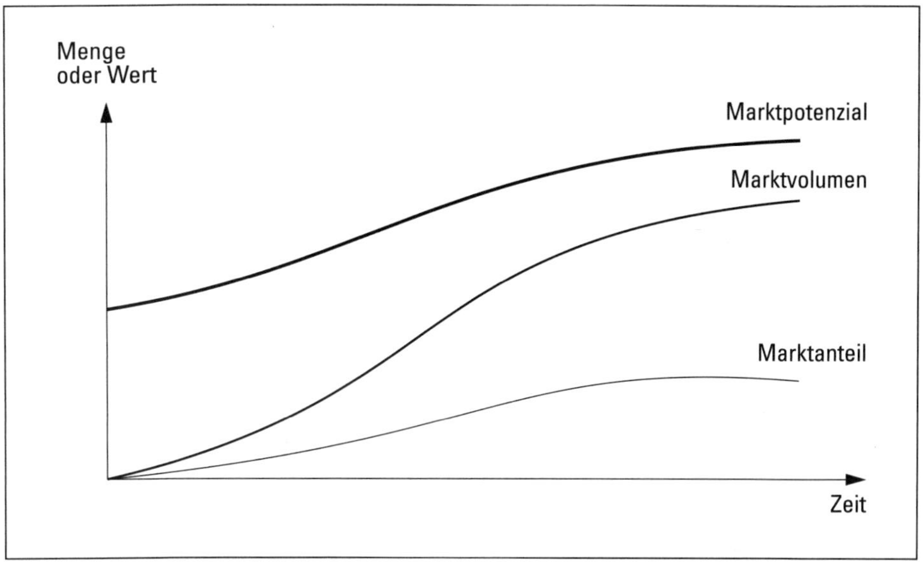

▲ Abb. 32 Marktpotenzial, Marktvolumen, Marktanteil

◀ Abb. 32 zeigt, wie sich die drei Marktgrößen über die Zeit zueinander verhalten können. Implizit enthalten sind bestimmte Annahmen über den Einsatz der Marketing-Instrumente sowie die allgemeinen Umweltentwicklungen.

Kennt das Unternehmen diese drei Größen, so kann es verschiedene Schlüsse daraus ziehen. Liegt das Marktvolumen deutlich unter dem Marktpotenzial, so besteht die Möglichkeit, durch Ausnutzen des noch nicht ausgeschöpften Marktpotenzials den Umsatz zu steigern. Sind Marktpotenzial und Marktvolumen hingegen beinahe gleich groß, so ist der Markt nahezu gesättigt und eine Umsatzsteigerung kann nur über eine Vergrößerung des Marktanteils (auf Kosten einer Verminderung des Marktanteils der Mitanbieter) erreicht werden. Die Kenntnis dieser Größen und Zusammenhänge ist auch für die Art und den Umfang des Einsatzes der Marketing-Instrumente von großer Bedeutung. Bei einem gesättigten Markt stehen beispielsweise oft preispolitische Aktionen im Vordergrund, während bei einem noch nicht ausgeschöpften Marktpotenzial neue Käuferschichten durch informative Werbung gewonnen werden können.

1.3.5.2 Marktvolumen und Marktpotenzial

Unter dem Marktvolumen verstehen wir den effektiv realisierten Umsatz (Ist) oder einen prognostizierten Umsatz (Soll) eines bestimmten Produktes unter Berücksichtigung der Kundengruppe, des geografischen Gebietes, der Zeitperiode, der Umweltbedingungen und des Einsatzes der Marketing-Instrumente. Kotler (1982, S. 224ff.) unterscheidet acht wesentliche Elemente des Marktvolumens:

1. **Produkt:** Die Messung des Marktvolumens erfordert eine genaue Festlegung des Produktes oder der Produktgruppe. Je merkmalspezifischer ein Produkt definiert wird, um so schwieriger wird es sein, dessen Marktvolumen zu prognostizieren; um so leichter wird es dafür sein, vorhandene Daten als Entscheidungsgrundlage zu verwenden.
2. **Kundengruppe:** Das Marktvolumen kann entweder für den ganzen Markt oder für einzelne Marktsegmente definiert werden. Beispielsweise ist es sinnvoll, für Güter, die sowohl von konsum- als auch von produktionsorientierten Wirtschaftseinheiten gekauft werden, eine getrennte Berechnung vorzunehmen. Dieses Vorgehen trägt nicht nur den unterschiedlichen Verbrauchsgewohnheiten Rechnung, sondern vermeidet auch Doppelzählungen, wenn ein Produkt auf einer späteren Stufe weiterverarbeitet wird (z.B. Früchte, Milch).
3. **Umsatz:** Der Umsatz wird meistens in Mengen gemessen. Allerdings drängt sich bei inhomogenen Gütern oft eine wertmäßige Erfassung auf. Eine Messung des Marktvolumens des Uhrenhandels könnte beispielsweise ergeben, dass aufgrund eines Trends zu Billiguhren der mengenmäßige Absatz stark zunimmt, die Bewertung in Geldeinheiten diese Entwicklung jedoch nicht erkennen lässt.
4. **Geografisches Gebiet:** Marktvolumen und Marktpotenzial beziehen sich auf einen klar abgrenzbaren geografischen Raum (z.B. Land, Kontinent).
5. **Zeitperiode:** Das Marktvolumen wird üblicherweise für eine bestimmte Zeitperiode festgelegt. Bei Gebrauchsgütern wird meistens ein Jahr als Einheit gewählt, während bei langlebigen Verbrauchsgütern und Potenzialfaktoren größere Zeiteinheiten oder sogar Bestandesgrößen gewählt werden.
6. **Umwelt:** Wie bereits mehrmals angedeutet, spielt eine Vielzahl von Umweltfaktoren eine entscheidende Rolle für die Höhe des Marktvolumens, welche das Unternehmen nicht oder nur beschränkt beeinflussen kann.
7. **Marketing-Einsatz:** Im Gegensatz zu den Umweltfaktoren können die Unternehmen einer Branche das Marktvolumen durch den Einsatz der Marketing-Instrumente maßgeblich beeinflussen.
8. **Effektiv realisierter bzw. realisierbarer Absatz:** Beim Marktvolumen handelt es sich um eine Größe, die entweder effektiv abgesetzt worden ist, oder die – im Falle einer Prognose – auch mit großer Wahrscheinlichkeit nachgefragt werden wird. Produktion von Gütern auf Lager, die nicht abgesetzt werden (können), fallen außer Betracht, da sie das effektiv vorhandene Marktvolumen verfälschen würden. Das Marktvolumen kann somit nicht mit dem vom Unternehmen bereitgestellten Angebot gleichgesetzt werden. Allerdings ist es umgekehrt denkbar, dass das Marktvolumen deshalb kleiner ist als das Marktpotenzial, weil die Fertigungskapazitäten nicht ausreichen, um die gesamte Nachfrage zu befriedigen.

Während das Marktvolumen die befriedigte oder prognostizierte Nachfrage widerspiegelt, zeigt das Marktpotenzial die maximal mögliche Nachfrage, die unter bestimmten Bedingungen möglich wäre. Dafür müssten die folgenden Voraussetzungen gegeben sein:

- Alle in Frage kommenden Käufer müssen über das erforderliche Einkommen verfügen, um das Produkt erwerben zu können.
- Das Bedürfnis nach diesem Gut muss vorhanden sein und sich – in Kombination mit dem oben genannten Punkt – in einem Bedarf äußern.
- Die Marketing-Anstrengungen müssen auf das gesamte Marktpotenzial ausgerichtet sein und die maximal mögliche Wirkung zeigen. So müssen beispielsweise alle potenziellen Abnehmer das Produkt kennen und über seine Eigenschaften informiert sein oder das Produkt muss für alle potenziellen Kunden erhältlich sein.

Eine Erhöhung eines gegenwärtigen Marktpotenzials kann im wesentlichen durch folgende Sachinhalte erreicht werden:

- **Kaufkraftsteigerungen:** Es spielt eine Rolle, ob es sich um Verbrauchs- oder (langlebige) Gebrauchsgüter handelt. Güter des täglichen Bedarfs wie Brot, Milch und Kartoffeln weisen nämlich eine gegen Null strebende Einkommenselastizität auf. Eine Erhöhung des Einkommens bringt keinen zusätzlichen Verbrauch des betreffenden Gutes mit sich. Anders bei langlebigen Gütern, bei denen eine Einkommenserhöhung ein beträchtliches neues Potenzial schaffen kann. Beispielsweise können sich mehr Haushalte einen Erst- oder Zweitwagen leisten.
- **Bevölkerungswachstum:** Eine Zunahme der Bevölkerungszahlen hat meistens auch eine Erhöhung des Marktpotenzials zur Folge. Dies gilt insbesondere für Konsumgüter.
- **Verwendergewohnheiten:** Aufgrund vielfältiger Einflüsse kann sich die Verwendungsintensität verändern. Beispielsweise kann ein höheres Umweltbewusstsein die Benutzung öffentlicher Verkehrsmittel fördern. Die Bedürfnisse und deren Ausmasse unterliegen einem ständigen Wandel.

Der Anteil des Marktvolumens am Marktpotenzial gibt den Grad der Sättigung eines Marktes wieder:

- Sättigungsgrad $S_M = \frac{M_v}{M_p}$

Je kleiner dieser Sättigungsgrad ist, um so mehr lohnt sich der Einsatz der Marketing-Instrumente. Betrachtet man die effektiv berechenbare Nachfrage unter gegebenen Umweltbedingungen (z. B. Wirtschaftslage), so kann die Nachfrage oder das Marktvolumen als Funktion der Marketing-Anstrengungen einer ganzen Branche für ein bestimmtes Gut dargestellt werden. ▶ Abb. 33 zeigt diesen Zusammenhang grafisch unter der Annahme einer pessimistischen und einer optimistischen Wirtschaftslage sowie konstanter übriger Umwelteinflüsse.

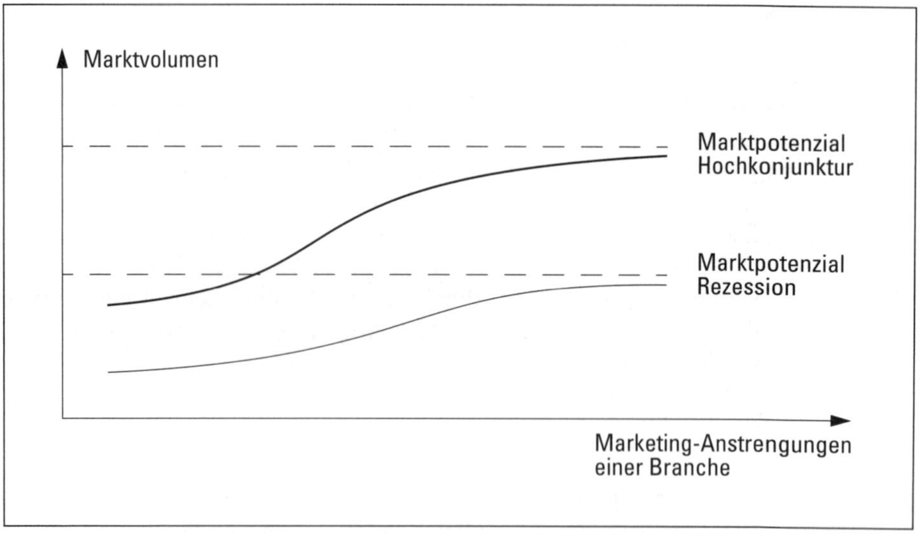

▲ Abb. 33 Zusammenhang zwischen Marketing-Anstrengungen und Marktvolumen

Ist das Niveau der Marketing-Anstrengungen bestimmt, lässt sich daraus eine Marktprognose ableiten. Da die Bestimmung des Marktvolumens in der Praxis auf Schwierigkeiten stößt, versucht man aufgrund von Vergangenheitswerten Prognosen über das künftige Wachstum abzuleiten. Als mathematische Methoden stehen die **Trendextrapolation**[1] und das **Regressionsverfahren** zur Verfügung. Erstere versucht aufgrund der zurückliegenden Absatzmengen eine Trendgerade abzuleiten, welche die Berechnung zukünftiger Absatzmengen erlaubt. Beim Regressionsverfahren versucht man, zwischen einer oder mehreren gesamtwirtschaftlichen Entwicklungsgrößen (z.B. Sparquote, Bruttosozialprodukt) und der Entwicklung des Marktvolumens einen kausalen Zusammenhang aufzustellen und diesen quantitativ zu erfassen.

1.3.5.3 Marktanteil

Unter dem **Marktanteil** eines Unternehmens versteht man den prozentualen Anteil des Unternehmensumsatzes am Marktvolumen eines bestimmten Marktes:

- $\text{Marktanteil} = \frac{\text{Unternehmensumsatz}}{\text{Marktvolumen}} \cdot 100$

1 Vgl. dazu Kapitel 2, Abschnitt 2.3.2 „Absatzprognosemethoden“.

Der Marktanteil zeigt somit die relative Stärke eines Unternehmens im Vergleich zu seinen Konkurrenten auf dem Markt. Er hängt primär von zwei Faktoren ab: einerseits vom Marktvolumen und andererseits von den eigenen Marketing-Anstrengungen. Die Berechnung des Marktanteils und dessen Beobachtung über die Zeit gibt daher bessere Hinweise auf die Konkurrenzfähigkeit und die Erfolgschancen eines Unternehmens auf dem Markt als eine reine Umsatzbetrachtung. Konnte der Umsatz nämlich gesteigert werden, so kann dies bedeuten, dass entweder

- das Marktvolumen unverändert geblieben ist, der Marktanteil aber auf Kosten der Konkurrenz erhöht werden konnte,
- das Marktvolumen gestiegen ist, aber der Marktanteil sich im gleichen Verhältnis erhöht hat,
- das Marktvolumen sehr stark gestiegen ist, der Marktanteil aber zurückgegangen ist oder,
- das Marktvolumen sich zurückgebildet hat, aber der Marktanteil sehr stark gesteigert werden konnte und den Rückgang des Marktvolumens sogar überkompensiert hat.

Aufgrund der obigen Formel für die Berechnung des Marktanteils kann der Umsatz eines Unternehmens (U_i) bezeichnet werden als

(1) $U_i = m_i U$

wobei: m_i = Marktanteil des Unternehmens i ($i = 1, 2, \ldots, n$)

U = gesamtes Marktvolumen ($U = \sum_{i=1}^{n} U_i$)

Nimmt man das Marktvolumen U als konstant an, so hängt der Marktanteil m_i in erster Linie von den Marketing-Anstrengungen dieses Unternehmens ab. Geht man ferner davon aus, dass allein der absolute Betrag der Marketing-Aufwendungen für die Höhe des Marktanteils verantwortlich ist und eine lineare Beziehung besteht, so ergibt sich

(2) $$m_i = \frac{A_i}{\sum_{i=1}^{n} A_i}$$

wobei A_i die Marketing-Anstrengungen des Unternehmens i, gemessen in den dafür aufgewendeten Geldeinheiten, bezeichnet. Verkaufen beispielsweise die beiden Unternehmen U_1 und U_2 als einzige Anbieter ein bestimmtes Produkt, wobei das Unternehmen U_1 30.000 € für den Einsatz seiner Marketing-Instrumente aufwendet, Unternehmen U_2 70.000 €, so ergibt sich für ersteres ein Marktanteil von

$$m_1 = \frac{30.000}{30.000 + 70.000} = 0{,}30$$

In der betrieblichen Realität wird der effektive Marktanteil der beiden Unternehmen aber kaum genau 30% bzw. 70% betragen, da letztlich nicht der Betrag der Aufwendungen, sondern die Wirksamkeit der eingesetzten Mittel entscheidend sein wird. Unter Berücksichtigung dieses Sachverhaltes kann (2) wie folgt ergänzt werden:

$$(3)\quad m_i = \frac{\alpha_i A_i}{\sum_{i=1}^{n} \alpha_i A_i}$$

wobei: α_1 = Marketing-Wirksamkeit eines €, die das Unternehmen i für seine Marketing-Anstrengungen eingesetzt hat ($\alpha = 1$ bedeutet dabei die durchschnittliche Wirksamkeit).

$\alpha_1 A_1$ = Wirksame Marketing-Anstrengungen des Unternehmens i.

In unserem Beispiel setzte Unternehmen U_1 seine Marketing-Instrumente weniger wirksam ein als Unternehmen U_2. Es gilt $\alpha_1 = 0{,}80$ und $\alpha_2 = 1{,}15$. Der Marktanteil des Unternehmens U_1 kann nun wie folgt berechnet werden:

$$m_1 = \frac{0{,}8 \cdot (30.000)}{0{,}8 \cdot (30.000) + 1{,}15 \cdot (70.000)} = 0{,}23$$

Entsprechend ergibt sich für U_2 ein effektiver Marktanteil von rund 77%.

Kapitel 2

Marktforschung

2.1 Einleitung

In einem Unternehmen sind laufend Entscheidungen über die Marketing-Ziele, -Maßnahmen und -Mittel zu treffen. Allen diesen Entscheidungen liegen Annahmen über die Reaktionen der Käufer, Konkurrenten oder anderer Personengruppen zugrunde. Für die Verantwortlichen im Marketingbereich ist es äußerst wichtig, das Verhalten dieser verschiedenen Gruppen zu kennen, um darauf aufbauend geeignete Marketing-Maßnahmen ableiten zu können. Allerdings ist die Erarbeitung dieser Informationen aus verschiedenen Gründen schwierig:

- Der Markt unterliegt einer großen Dynamik. Das Konsumentenverhalten in bezug auf Produkt, Kaufort, Kaufzeit usw. kann sich schnell ändern.
- Die Konsumenten sind selten eine homogene Gruppe, die sich durch ein gleichartiges Kaufverhalten auszeichnet.
- Das Unternehmen sieht sich Konkurrenten gegenüber, die mit ihren Marketing-Maßnahmen ebenfalls versuchen, das Verhalten der Konsumenten zu beeinflussen. Daneben gibt es andere externe Einflüsse (z.B. Einkommensentwicklung, Modeströmungen), auf die das Unternehmen wenig Einfluss nehmen kann.

Trotz oder gerade wegen dieser Probleme ist eine systematische Informationsgewinnung wichtig. Auf Intuition, Erfahrung und einzelnen Informationen beruhende Entscheidungen sind zwar in einfachen Einzelfällen möglich, doch vermögen sie in komplexen Situationen, wie sie die Märkte in der Regel darstellen, nicht mehr zu genügen. Erfahrungsgestütztes Marktwissen ist nämlich immer unsystematisch erworben und deshalb in einem gewissen Masse verzerrt durch subjektive Erlebnisse und Zufälligkeiten. Die Gefahr ist groß, dass einige Kunden, die man aus irgendwelchen Gründen häufiger trifft, dass einzelne Reklamationen, die zufällig gleichzeitig auf dem Schreibtisch landen, oder dass ein an einer Tagung aufgeschnapptes Gerücht über den wichtigsten Konkurrenten ein allzu starkes Gewicht in unserer Meinungsbildung erhalten und deshalb zu Fehleinschätzungen führen. Nur die systematische Sammlung und Auswertung relevanter Informationen garantieren, ein objektives Bild der vergangenen, gegenwärtigen oder zukünftigen Marktsituation zu erhalten. Allerdings darf daraus nicht geschlossen werden, dass Intuition und Erfahrung wertlos seien. Auch durch eine noch so umfassende Informationsgewinnung können wegen der Vielzahl der bereits genannten Einflussfaktoren auf das Kaufverhalten[1] niemals alle Entscheidungen abgeleitet werden. Mit Hilfe von Intuition und Erfahrung kann und muss die systematische Informationsgewinnung überprüft, ergänzt und korrigiert werden. (Kühn/Fankhauser 1996, S. 5f.)

Jenen Bereich des Marketing, der sich mit der systematischen Gewinnung und Verarbeitung von Informationen über den Markt beschäftigt, bezeichnet man als Marktforschung.

Die **Marktforschung** kann definiert werden als systematische, auf wissenschaftlichen Methoden beruhende Gewinnung und Auswertung von Informationen über die Elemente und Entwicklungen des Marktes unter Berücksichtigung der Umweltbedingungen. Ziel ist das Bereitstellen von objektiven Informationen und Analysen, die als Grundlage für die Planung, Entscheidung, Aufgabenübertragung und Kontrolle von Marketing-Maßnahmen dienen.

Die Marktforschung ist ein wichtiger Teilbereich des Marketing. Je besser die Marktforschung und deren Resultate ausfallen, um so bessere Entscheidungen können getroffen werden.

Da sich die Marktforschung mit einem äußerst komplexen Untersuchungsgegenstand beschäftigt, fällt auch die Ausgestaltung der Marktforschung (Marktforschungsmethode) sehr verschieden aus. Im folgenden wird eine erste Abgrenzung der Marktforschung nach verschiedenen Kriterien vorgenommen. Auf einzelne dieser Merkmale wird weiter unten eingegangen.

1. Abgrenzung des **Marktes:** Die Marktforschung kann sich entweder auf
   - den **Beschaffungsmarkt** (Arbeitsmarkt, Kapitalmarkt, Rohstoffmarkt) oder
   - den **Absatzmarkt** beziehen.

1 Vgl. Kapitel 1, Abschnitt 1.3.3 „Konsumentenverhalten“.

2. **Ziel** der Marktforschung: Man unterscheidet zwischen einer
   - **Marktforschung im engeren Sinne,** die sich nur auf den Markt (Marktpotenzial, Marktvolumen, Marktanteil) und seine Elemente selbst bezieht, und einer
   - **Marktforschung im weiteren Sinne,** die neben der Analyse der für das Unternehmen relevanten Märkte auch Untersuchungen einbezieht, welche die Eignung einzelner Marketing-Instrumente zu klären versucht. Diese erweiterte Form der Marktforschung wird deshalb auch als Marketing-Forschung bezeichnet.
3. **Zeitlicher Bezug** der Marktforschung:
   - Die **Marktanalyse** ist eine statische Analyse, welche ein gegenwärtiges Bild über die Struktur und Größe des Marktes abgibt.
   - Die **Marktbeobachtung** dagegen untersucht die Veränderungen und Entwicklungen der Märkte über mehrere Zeitperioden.
   - Die **Marktprognose** schließlich versucht aus den vorhandenen und gesicherten Informationen Rückschlüsse auf zukünftige Entwicklungen zu ziehen.
4. **Art der Informationsgewinnung:**
   - **Primärmarktforschung** (Field-Research) wird eigens zur Beantwortung einer spezifischen Fragestellung durchgeführt.
   - **Sekundärmarktforschung** (Desk Research) greift auf vorhandene Informationen zurück, die bereits früher zusammengestellt worden sind.
5. **Datenquellen:** Aufgrund der verwendeten Quellen unterscheidet man
   - **außerbetriebliche** Quellen, die Informationen von unternehmensexternen Organisationen beinhalten, und
   - **innerbetriebliche** Quellen, die ausschließlich Informationsmaterial aus dem eigenen Unternehmen darstellen.
6. **Träger** der Marktforschung: Nach der Institution, welche die Marktforschung durchführt, unterscheidet man zwischen
   - **interner** Marktforschung, die vom Unternehmen als unternehmerische Funktion selbst wahrgenommen und für die eine spezielle Stelle (Abteilung) geschaffen wird, und
   - **externer** Marktforschung, die von selbstständigen Institutionen durchgeführt wird, die sich auf diesem Gebiet spezialisiert haben (Marktforschungsinstitute).
7. **Aussagen** der Marktforschung:
   - **Deskriptive** Marktforschung: Beschreibung vergangener oder gegenwärtiger Entwicklungen.
   - **Explikative** (bzw. kausale) Marktforschung: Erklärung, warum eine Entwicklung in eine bestimmte Richtung erfolgt ist. Dies erfordert das Aufdecken der Einflussfaktoren, welche das Verhalten von Konsumenten und Konkurrenten beeinflussen.

- **Prognostische** Marktforschung: Voraussage von Tendenzen. Je besser es gelingt, die für eine bestimmte Situation verantwortlichen Einflussfaktoren herauszukristallisieren, um so bessere Prognosen können abgegeben werden.

Aus dem letzten Punkt wird ersichtlich, dass die drei Arten von Aussagen eng miteinander verknüpft sind. Prognosen bauen in der Regel auf der Erkenntnis kausaler Zusammenhänge auf, denen ihrerseits Beschreibungen vorangehen.

8. Erfassung der **Informationsträger:**
   - **Voll-** oder **Totalerhebung,** bei der alle Elemente einer Grundgesamtheit (z.B. alle Dorfbewohner) erfasst werden.
   - **Teil-** oder **Partialerhebung,** bei der aus verschiedenen Gründen (Kosten, Zeit) nur ein Teil der Grundgesamtheit berücksichtigt wird. Das Problem besteht in diesem Fall in einer repräsentativen Auswahl einer Teilmenge, welche die gleichen Merkmale aufweist wie die Grundgesamtheit.

2.2 Methoden der Marktforschung

2.2.1 Datenquellen

Je nach Zweck der Marktforschung steht eine Vielzahl von Marktforschungsmethoden zur Verfügung (▶ Abb. 34). Ausgangspunkt ist die Unterscheidung in eine Primär- und eine Sekundärmarktforschung.

Die **Sekundärmarktforschung** oder **Desk Research** stützt sich auf bereits vorhandene Informationen, die in der Regel für einen anderen Zweck (z.B. Untersuchungen für ein anderes Produkt auf dem gleichen Markt) oder wegen eines allgemeinen Interesses (z.B. Veröffentlichungen statistischer Ämter) zusammengetragen worden sind.

Die Sekundärmarktforschung bildet vielfach den ersten Schritt für ein Marktforschungskonzept, bevor die eigentliche Marktforschung in Form von Primärerhebungen durchgeführt wird. Die Sekundärmarktforschung ist meist kostengünstiger als die Primärmarktforschung. Voraussetzung ist allerdings, dass die möglichen Datenquellen bekannt und verfügbar sind, damit rasch auf diese zurückgegriffen werden kann. Die Informationen der Sekundärmarktforschung stammen entweder aus dem Unternehmen selbst (interne Daten) oder von Institutionen außerhalb des Unternehmens (externe Daten). Die wichtigsten Datenquellen sind in ▶ Abb. 35 festgehalten.

Bei der **Primärmarktforschung** oder **Fieldresearch** werden die Informationen für eine bestimmte Problemstellung mit einer eigens dafür konzipierten Erhebung gewonnen.

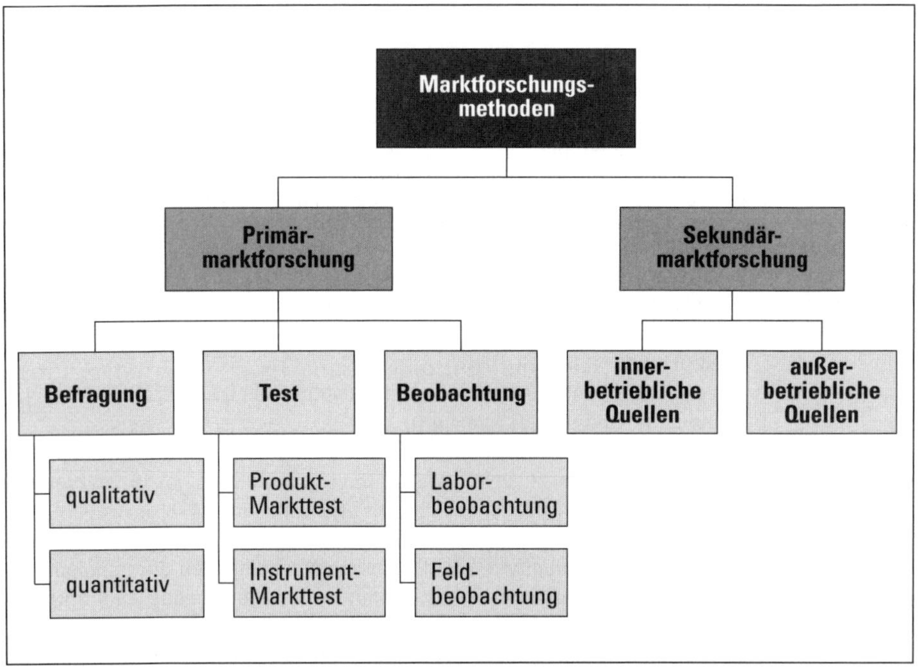

▲ Abb. 34 Überblick über die Marktforschungsmethoden

Die Informationen werden primär (originär) mit Hilfe spezieller Erhebungstechniken, die im nächsten Abschnitt besprochen werden, gewonnen. Infolge der größeren Genauigkeit und Problembezogenheit sind die Kosten der Primärmarktforschung höher als die der Sekundärmarktforschung, doch hängen sie stark von der gewählten Erhebungstechnik ab. Da die Primärmarktforschung eine hohe Professionalität erfordert, wird sie häufig von darauf spezialisierten Marktforschungsinstituten durchgeführt.

Quellen	Beispiele
Innerbetriebliche Quellen	■ Absatzstatistiken ■ Produktionsstatistiken ■ Planungsunterlagen aus verschiedenen Abteilungen ■ Informationen des Rechnungswesens ■ Berichte über Kundenbesuche, Messebesuche usw. ■ bereits erstellte Marktforschungsunterlagen
Außerbetriebliche Quellen	■ amtliche Statistiken (z. B. Monatsberichte der Deutschen Bank zur allgemeinen konjunkturellen Lage, Jahrbuch des Statistischen Bundesamtes mit seinen zahlreichen Informationen, z. B. zur Bevölkerungsverteilung, zur Siedlungsstruktur, zur Größe und Struktur der Haushalte usw.) ■ Veröffentlichung von Verbänden und Institutionen (z. B. Veröffentlichungen der Industrie- und Handelskammern) ■ Handbücher und Nachschlagewerke (im Sinne von „Who is Who in der Wirtschaft" oder „Wer gehört zu wem", wie sie von einzelnen Kreditinstituten herausgegeben werden, um den Zusammenhang von Unternehmen und deren Zugehörigkeit aufdecken zu können) ■ Verlagsuntersuchungen (z. B. die jährlich erscheinenden Untersuchungen des Spiegel-Verlages, Hamburg, zu bestimmten Fragestellungen des Nachfragerverhaltens in unterschiedlichen Branchen) ■ Wirtschaftswissenschaftliche Institute und deren Veröffentlichungen (insbesondere Publikationen von Hochschulen oder anderen Forschungsinstitutionen, wie etwa vom Ifo-Institut für Wirtschaftsforschung in München) ■ Fachzeitschriften und -zeitungen über eigene und vor- bzw. nachgelagerte Märkte ■ Tages- und Wirtschaftszeitungen bzw. -zeitschriften ■ Firmenveröffentlichungen (z. B. Geschäftsberichte, Firmenzeitschriften, Prospekte, Kataloge, Preislisten) ■ Wirtschaftsinformationsdienste (z. B. Hoppenstett) ■ zugängliche Bibliotheken (öffentliche Bibliotheken sowie Bibliotheken von Hochschulen) ■ Veröffentlichungen von Marktforschungsinstituten (Marktforschungsinstitute führen häufig Studien nicht nur als Auftragsforschung mit Exklusivcharakter für die Auftraggeber durch, sondern auch Untersuchungen, deren Ergebnisse in der Regel von jedem Interessenten erworben werden können, wie z. B. GfK, Nielsen oder themenspezifische Quellen wie etwa Schmidt & Pohlmann Mediaanalysen) ■ Datenbanken (z. B. entsprechende Datenbanken bei Industrie- und Handelskammern sowie bei kommerziellen Anbietern etwa über neue technologische Entwicklungen, Patentinformationen usw.) ■ Messen und Ausstellungen, Messekataloge, Auskünfte der Organisatoren und von Ausstellern zur Verfügung gestelltes Informationsmaterial usw.

▲ Abb. 35 Wichtigste Datenquellen (nach Mattmüller 1995, S. 63)

2.2.2 Erhebungstechniken

2.2.2.1 Befragung

Unter **Befragung** versteht man ein planmäßiges Vorgehen mit der Zielsetzung, eine Person mit gezielten Fragen zur Angabe der gewünschten Informationen zu bewegen.

Die Befragungsmethoden sind sehr vielfältig und lassen sich nach der Variationsfreiheit der Befragung in zwei grundsätzliche Gruppen unterteilen (Kühn/Fankhauser 1996, S. 52ff.):

- **Quantitative** Umfragen versuchen bei einer relativ großen Zahl von Befragten (= Stichprobe) unter Benutzung vorformulierter Fragen zahlenmäßig erfassbare Tatbestände zu erheben. Es handelt sich hierbei in erster Linie um sozio-demografische Merkmale und Verhaltensmerkmale.
- **Qualitative** Umfragen versuchen bei einer statistisch nicht repräsentativen Zahl von Befragten durch verhaltenswissenschaftlich geschulte Interviewer in erster Linie psychologische, sozialpsychologische und soziologische Merkmale – als schwer quantifizierbare Faktoren – zu ermitteln. Qualitative Umfragen dienen in erster Linie der Motiv- und Meinungserhebung, um die grundlegenden Einstellungen der Befragten und deren Veränderungen über die Zeit zu erforschen.

Die Befragung kann in verschiedenen Formen durchgeführt werden. Zur Auswahl stehen bei den quantitativen Methoden die persönliche Befragung (Interviews), die Telefonbefragung und die schriftliche Befragung, bei den qualitativen das Einzel- und Gruppengespräch. Über die Vor- und Nachteile dieser verschiedenen Methoden orientiert ▶ Abb. 36.

Bei der **persönlichen Befragung** lassen sich aufgrund der Variationsfreiheit der Befragung folgende **Interviewarten** unterscheiden:

1. **Standardisiertes Interview:** Beim standardisierten Interview sind der Wortlaut und die Reihenfolge der Fragen für alle Interviews genau festgelegt. Die Aufgabe des Interviewers beschränkt sich auf das Vorlesen der Fragen und das genaue Festhalten der Antworten. Er hat keinen unmittelbaren Einfluss auf den Inhalt und den Ablauf des Gesprächs. Der Vorteil des standardisierten Interviews liegt demzufolge auch in der Objektivität der gewonnenen Informationen.
2. **Strukturiertes (geleitetes) Interview:** Beim strukturierten Interview stützt sich der Interviewer auf einen Fragenkatalog, der ihm lediglich als Leitfaden zur Gestaltung des Interviews dient. Für das Gespräch sind nur gewisse Grundlinien vorgegeben. Der Befrager kann die Reihenfolge der Fragen ändern, bestimmte Fragen weglassen oder zusätzliche Fragen stellen. Auch kann er unter Umständen die Antworten erst nach Verlassen der Auskunftsperson schriftlich festhalten.

Formen / Kriterien	Quantitative Befragung			Qualitative Befragung	
	schriftlich	telefonisch	persönlich	Gruppengespräche	Einzelgespräche
Anforderungen an die Qualifikation der Befrager (QB)	keine	beschränkte QB	mittlere QB	hohe bis sehr hohe QB (Qualifikation als Fachexperte oder Sozialwissenschaftler)	
Interviewereinfluss (IE); Einfluss durch Dritte (DE); Kontrollmöglichkeiten (KM)	unkontrollierbarer DE; keine KM	beschränkter IE; sehr gute KM	mittlerer bis hoher IE; mittlere KM	sehr hoher IE; schlechte bis gute KM in Abhängigkeit von Datenerfassung (Video, Tonband, Handprotokoll)	
Einschränkungen in der Fragestellung (FS) und Interviewlänge (IL)	nur einfache geschlossene FS; beschränkte IL	vorzugsweise geschlossene FS; kein Zeigematerial; beschränkte IL	an sich alle FS möglich; geschlossene FS dominieren; längere IL („in home")	Offene, nicht vorstrukturierte oder z. T. vorstrukturierte FS; beschränkte Zahl geschlossener FS (insbesondere Beurteilungsskalen) möglich	
Möglichkeiten zur Sicherung der Repräsentanz der Stichprobe (RS)	beschränkte RS (Rücklaufproblematik)	gute bis sehr gute RS möglich; gewisse Gruppen schwer erreichbar (Randgruppen, Jugendliche, Männer)		Keine RS angestrebt; RS unmöglich	keine RS angestrebt, aber an sich möglich
„Normale" Stichprobengrösse	mittlere bis grössere Stichproben sind üblich			einige wenige Gruppen	kleine Stichproben dominieren
Kosten pro Befragung	eher gering	mittel	mittel (Straßenbefragung) bis hoch („in home")	hoch bis sehr hoch	sehr hoch

▲ Abb. 36 Vor- und Nachteile verschiedener Befragungsarten (Kühn/Fankhauser 1996, S. 78)

3. **Nichtstrukturiertes (freies) Interview:** Bei einem freien Interview sind dem Befrager überhaupt keine Fragen vorgegeben, sondern er hat sich lediglich an ein bestimmtes Thema zu halten. Es bleibt ihm somit selbst überlassen, auf welche Art und Weise er sich die benötigten Informationen erfragt. Der Vorteil dieser Methode liegt darin, dass man auf Umwegen zu Informationen gelangen kann, die der Interviewte entweder nicht preisgeben will (weil er sich beispielsweise schämen würde) oder derer er sich gar nicht bewusst ist. Das freie Interview wird deshalb vor allem in der Motivforschung eingesetzt, wo es auch unter dem Namen **Tiefeninterview** bekannt ist. Als Nachteil dieser Methode sind die höhe-

ren Kosten für ein einzelnes Interview zu erwähnen, denn nur gut geschulte Fachleute kommen dafür infrage. Massenbefragungen sind daher von vornherein ausgeschlossen. Zudem kann die Vergleichbarkeit der verschiedenen Interviews problematisch sein.

Die **schriftliche Befragung** stellt einen Sonderfall des standardisierten Interviews dar. Der Fragebogen wird den Auskunftspersonen zugeschickt oder persönlich überbracht und ohne Anwesenheit der Kontrollperson ausgefüllt. Es entsteht somit eine räumliche Distanz zwischen Erhebungs- und Auskunftsperson. Der Vorteil dieses Verfahrens liegt vor allem in seiner Einfachheit und in der kostengünstigen Durchführung. Dem steht als Nachteil gegenüber, dass die Quoten der Antwortverweigerung in der Regel zwischen 80% und 90% betragen, so dass vielfach keine repräsentativen Ergebnisse gewonnen werden können.

Das **telefonische Interview** ist zwar auch eine Form der mündlichen Befragung und mit dem persönlichen verwandt, doch weist es einige Besonderheiten auf. Zwischen Interviewer und Auskunftsperson besteht wie bei der schriftlichen Befragung eine räumliche Distanz. Diese birgt die Gefahr in sich, dass der Interviewte das Gespräch jederzeit unterbrechen kann. Deshalb sollte man darauf achten, nur wenige, leicht verständliche Fragen zu stellen, die nicht viel Zeit in Anspruch nehmen. Als Vorzüge des Verfahrens können die relativ niedrigen Kosten genannt werden. Dazu kommt, dass nicht verständliche Fragen oder unklare Antworten durch weiteres Nachfragen geklärt werden können.

Neben der schriftlichen und telefonischen Befragung als Grundtypen der mittelbaren Ausprägung gewinnt in letzter Zeit die **computergestützte Befragung** an Bedeutung. Hierbei werden die Antworten auf die gestellten Fragen entweder vom Interviewer oder auch vom Befragten selbst in den Computer eingegeben. Entsprechende Zeitvorteile durch bereits erfolgte Dateneingabe bei der späteren Auswertung oder auch die Möglichkeit zur permanenten Überprüfung der erreichten Stichprobe und zur Erstellung von Zwischenergebnissen stellen hierbei wesentliche Pluspunkte dar. Erfolgt die Befragung im alleinigen Mensch-Maschine-Dialog zwischen Computer und Befragten, so wird von computerisierter Befragung gesprochen. (Meyer/Mattmüller 1996, S. 853)

In der Praxis gibt es eine Vielzahl weiterer spezifischer Methoden, die sich aufgrund folgender zusätzlicher Abgrenzungskriterien ergeben:

- **Zahl** der Auftraggeber für eine Umfrage:
  - individuelle Einzeluntersuchung,
  - Befragung, an der mehrere Unternehmen beteiligt sind.
- **Auftraggeber** (Auslöser):
  - Informationsverwender selbst,
  - Marktforschungsinstitut, das die Resultate potenziellen Informationsverwendern zum Kauf anbietet.

- **Erhebungshäufigkeit:**
  - einmalig,
  - mehrmalig, aber unregelmäßig,
  - regelmäßig in bestimmten Abständen.
- **Befragtenkreis:**
  - Produzenten (Konsumgüter, Investitionsgüter),
  - Handel (Einzelhandel, Großhandel),
  - Konsumenten, Haushalte.

Als solche spezifische Methoden, wie sie häufig in der Praxis eingesetzt werden, können genannt werden:

1. **Ad-hoc-Umfragen:** Bei den Ad-hoc-Umfragen handelt es sich um maßgeschneiderte Befragungen, die für eine ganz bestimmte Problemstellung konzipiert wurden. Sowohl die Formulierung der Fragen als auch die Auswertung der Antworten ist auf den individuellen Untersuchungszweck ausgerichtet. Ihr Vorteil liegt in der großen Genauigkeit und Problembezogenheit, der Nachteil in den hohen Kosten.

2. **Standarderhebung:** Als standardisierte Form der Befragung werden solche Erhebungen meist von Marktforschungsinstituten durchgeführt und enthalten verschiedene Fragen zu einem bestimmten Themenkomplex. Die Ergebnisse werden interessierten Unternehmen als Dienstleistungsprodukte zum Kauf angeboten. Naturgemäß sind die Kosten für das einzelne Unternehmen geringer als bei eigener Ausführung oder beim Ad-hoc-Auftrag. Dafür erhält sie keine spezifischen Informationen, ganz abgesehen davon, dass sich die Konkurrenz dieser Unterlagen ebenfalls bedienen kann.

3. **Omnibusumfrage:** Bei einer Omnibusumfrage beteiligen sich verschiedene Auftraggeber mit verschiedenen Fragen. Sie wird deshalb auch als Beteiligungs- oder Mehrthemenumfrage bezeichnet. Diese Umfrageart ist dann angezeigt, wenn
   - ein Unternehmen einen relativ geringen, aber spezifischen Informationsbedarf hat,
   - dieser Informationsbedarf nicht durch eine vorhandene Standarderhebung abgedeckt werden kann,
   - die Kosten für eine separate Exklusiverhebung zu groß ausfallen würden.

   Voraussetzungen für den Einsatz dieser Befragungsart bzw. der Beteiligung eines Unternehmens an einer Omnibus-Umfrage sind, dass
   - die befragte Personengruppe (Stichprobe) für den Auftraggeber geeignet ist,
   - die Fragen des Auftraggebers in den allgemeinen Themenbereich der Umfrage passen.

   Der Vorteil der Omnibusumfrage ergibt sich aus den relativ niedrigen Kosten im Vergleich zu einer speziell konzipierten Umfrage. Nachteile können sich daraus ergeben, dass die Themen der verschiedenen Auftraggeber nicht zusammenpassen und unter Umständen Störeffekte auftreten, wenn die befragte Personengruppe nicht genau mit der Zielgruppe eines Unternehmens übereinstimmt.

4. **Panel:** Unter einem Panel versteht man die wiederholte Befragung derselben Auskunftspersonen oder -stellen. Ziel ist die Ermittlung bestimmter Einstellungen, Erwartungen oder Verhaltensweisen, insbesondere deren Veränderungen über einen längeren Zeitraum. Deshalb erfolgt eine Befragung meist in regelmäßigen Abständen und zu demselben Themenbereich. Zwei wichtige Panelarten sind (Bruhn 1997, S. 105f.):
   - **Handelspanel:** Das bekannteste unter den Handelspanels ist das Einzelhandelspanel. Hierbei werden in ausgewählten Einzelhandelsgeschäften die Bestände und Einkäufe der verschiedenen Produkte in Warengruppen erfasst. Weiterhin wird die Präsenz der Produkte in den Geschäften erhoben. Hierdurch lassen sich für die verschiedenen Produkte Informationen über Umsätze, Bestände, Endverbraucherpreise usw. erfassen und nach Merkmalen wie beispielsweise Geschäftstypen, Gebieten und Geschäftsgrößen aufgliedern. Bekannte Marktforschungsinstitute in Deutschland, die solche Panels durchführen, sind die GfK Gesellschaft für Konsum-, Markt- und Absatzforschung e. V. und A. C. Nielsen GmbH.
   - **Verbraucherpanel:** Endverbraucher (Individuen oder Haushalte) geben periodisch, meist mittels schriftlicher Befragung Auskunft über ihre Einkäufe in Bezug auf gekaufte Warenart, Produktmarke, Packungsgröße, Preis, Einkaufsort, Name des Geschäftes usw. Zu den bekanntesten Panels in Deutschland zählen die G&I- und GfK-Verbraucherpanels mit Stichproben zwischen 2.500 und 10.000 Teilnehmern.

2.2.2.2 Beobachtung

Von einer **Beobachtung** als Erhebungstechnik spricht man dann, wenn das Verhalten von Personen mittels optischer, akustischer oder sonstiger sensorischer Wahrnehmung erfasst wird.

Während bei der Befragung in erster Linie subjektive Äußerungen gesammelt und ausgewertet werden, versucht die Beobachtung äußerlich wahrnehmbare Sachverhalte, nämlich das Verhalten der Versuchspersonen, zu erfassen. Untersucht werden psychische und physische Veränderungen sowie Verhaltensreaktionen einer beschränkten Anzahl von Versuchspersonen. Bekannt sind beispielsweise Blindtests bei Lebensmitteln, in denen der Versuchsperson verschiedene Produkte vorgesetzt werden, ohne dass deren Herkunft erkannt werden kann. Um störende

Einflüsse von Drittpersonen zu vermeiden, werden vielfach einseitig durchsichtige Spiegel (Einwegspiegel) oder Filmkameras eingesetzt. Die Beobachtung kann nach folgenden Kriterien charakterisiert werden:

- **Ort der Beobachtung (Wirklichkeitsnähe):**
  - **Feldbeobachtungen** finden unter natürlichen Bedingungen am Verkaufsort statt. Beobachtet werden zum Beispiel das Verhalten des Käufers vor einem Regal in einem Selbstbedienungsladen, aber auch die Reaktionen auf bestimmte Verkaufsargumente beim direkten Kundenkontakt in einem Verkaufsgespräch.
  - **Laborbeobachtungen** finden unter künstlich geschaffenen Bedingungen in speziell dafür eingerichteten Räumen von Marktforschungsinstituten statt.
- **Stellung (Engagement) des Beobachters:**
  - Eine **teilnehmende** Beobachtung liegt dann vor, wenn der Beobachter selbst aktiv an der Entstehung des zu beobachtenden Sachverhalts beteiligt ist. Dies ist beispielsweise dann der Fall, wenn der Beobachter als Kunde auftritt und sich von einem Verkäufer beraten lässt. Er beobachtet dabei, wie gut der Verkäufer ihm das Produkt erklären kann und welche Verkaufsargumente dieser findet.
  - Bei der **nicht-teilnehmenden (distanzierten)** Beobachtung befindet sich der Beobachter außerhalb des Untersuchungsfeldes und verhält sich völlig passiv. Er ist lediglich für die Aufzeichnung (Schrift, Film) und/oder Auswertung verantwortlich.
- **Kenntnis der Beobachtungssituation:**
  - Bei der **offenen** Beobachtung ist der Beobachtete sowohl über die Beobachtungssituation als auch über den Zweck der Beobachtung informiert.
  - Im Fall einer **verdeckten** Beobachtung dagegen wird der Beobachtete über die Situation nicht in Kenntnis gesetzt.
  - Bei der **maskierten** Beobachtung weiß der Beobachter, dass eine Beobachtung vorliegt, er kennt jedoch nicht deren Zweck.

  Die Entscheidung für ein offenes, verdecktes oder maskiertes Vorgehen hängt von verschiedenen Faktoren ab. Neben forschungsethischen Überlegungen und Problemen des Datenschutzes steht vor allem die Frage im Vordergrund, inwieweit durch die Bekanntgabe der Beobachtungssituation Verhaltensänderungen und somit Verzerrungen der Beobachtungsresultate eintreten können.

2.2.2.3 Test

Beim **Test** wird mit einer speziellen Anordnung eine Situation geschaffen, in der vermutete kausale Zusammenhänge zweier oder mehrerer Faktoren durch Veränderung der Testgröße überprüft und allenfalls bestätigt werden können.

Tests können ebenfalls unter künstlich geschaffenen oder effektiven Marktbedingungen durchgeführt werden. **Labortests** unterscheiden sich von Laborbeobachtungen dadurch, dass eine Situationsvariable absichtlich beeinflusst, d.h. verändert und kontrolliert wird, um deren Wirkung auf das Verhalten der Versuchsperson festzustellen. Diese Unterscheidung ist jedoch von untergeordneter Bedeutung, gehen doch beide Methoden ineinander über. Im Vordergrund sollen deshalb die Markttests stehen, bei denen unter realen Marktbedingungen eine Untersuchung durchgeführt wird.

Bei einem **Markttest** wird in einem geografisch begrenzten und gut abgrenzbaren Teilmarkt, dem sogenannten **Testmarkt,** entweder ein neues Produkt mit einem vollständigen Marketing-Mix (= Produkt-Markttest) oder ein einzelnes Element (z.B. Werbekampagne) eines Marketing-Mix (= Marketing-Instrument-Markttest) vor dem endgültigen Einsatz erprobt. Der Testmarkt sollte dabei möglichst die gleiche Struktur aufweisen wie der Gesamtmarkt, damit die richtigen Schlüsse aus den Testresultaten gezogen werden können.

Bei einem **Produkt-Markttest** wird festgestellt, ob das neue Produkt mit dem ausgearbeiteten Marketing-Mix auf dem Gesamtmarkt eingeführt werden kann. Aufgrund der Verkaufsmengen und -werte im Testmarkt kann auf zukünftige Umsätze im Gesamtmarkt geschlossen werden. Neben der Strukturgleichheit des Test- und Gesamtmarktes ist vor allem darauf zu achten, dass die Dauer des Markttests genügend lang angesetzt wird. Spontankäufe und Neugierkäufe des neuen Produktes sowie kurzfristige Sondereinflüsse (z.B. Wetter, gesellschaftliche Ereignisse) können das Testresultat maßgeblich beeinflussen. Besonders bei Gütern des täglichen Bedarfs ist zwischen Erst- und Wiederholungskäufen zu unterscheiden. Eine erfolgreiche Einführung im Gesamtmarkt wird man dann erwarten können, wenn die Testmarktergebnisse auf einen stetig wachsenden Anteil der Wiederholungskäufer hinweisen. Schwierig ist die Interpretation der Ergebnisse allerdings dann, wenn diese unbefriedigend ausgefallen sind. Da ein ganzes Bündel von Marketing-Maßnahmen eingesetzt worden ist, kann nicht auf den Erfolg oder Misserfolg einzelner Marketing-Instrumente geschlossen werden. Da es sich zudem auch um ein neues Produkt handelt, stehen keine Vergleichszahlen früherer Perioden zur Verfügung. Deshalb sind meist zusätzliche Abklärungen in Labortests notwendig, sofern diese nicht bereits vor dem Produkt-Markttest durchgeführt worden sind.

Diesen Problemen nicht gegenübergestellt sieht sich der **Marketing-Instrument-Markttest** bereits eingeführter Produkte, wenn nur eine einzelne Marketingmaßnahme untersucht werden soll. Entsprechend dem getesteten Marketing-Instrument spricht man von einem Preis-Markttest, Werbe-Markttest usw. Es wird gezielt nur ein Marketing-Instrument verändert, die anderen werden konstant gehalten. Es handelt sich um ein **Experiment**, das in der Regel durch folgende Versuchssituation gekennzeichnet ist:

1. Die **unabhängige Variable** oder der **experimentelle Faktor**, welche das Marketing-Instrument (Preis, Werbung, Verpackung usw.) darstellt. Dieses wird verändert; untersucht werden sollen die Auswirkungen dieser Veränderung.
2. Die **abhängige Variable** bezeichnet das Phänomen, an dem die erwarteten Auswirkungen der veränderten unabhängigen Variablen gemessen werden sollen. Meist handelt es sich dabei um den Umsatz oder den Marktanteil.
3. Die **exogenen Variablen** stellen die übrigen Faktoren dar, die einen Einfluss auf die unabhängige Variable haben können. Diese können während des Experimentes nicht oder nur ungenügend erkannt, gesteuert und gemessen werden. Es handelt sich beispielsweise um Wettereinflüsse oder Marketing-Maßnahmen der Konkurrenz.

Bei der Form des **klassischen** Experiments werden (z.B. durch Zufallsauswahl) zwei strukturgleiche Versuchsgruppen (Experimental- und Kontrollgruppe) gebildet. Während die Experimentalgruppe einer bestimmten Versuchsanordnung ausgesetzt wird, lässt man der Kontrollgruppe die gewohnten Umweltbedingungen. Bei beiden Gruppen wird die abhängige Variable jeweils zum gleichen Zeitpunkt vor und nach Einführung des experimentellen Faktors gemessen. Durch diese Versuchsanordnung kann festgestellt werden, welche Faktoren im Untersuchungszeitraum zusätzlich auf die abhängige Variable einwirken. Die Differenz der beiden Messungen bei der Kontrollgruppe beruhen – bei sonst äquivalenten Gruppen – auf der Wirkung der unkontrollierten Faktoren. Die Wirkung des experimentellen Faktors ergibt sich demnach aus der Differenz der beiden Messungen bei der Experimentalgruppe abzüglich der Differenz, die bei den beiden Messungen in der Kontrollgruppe festgestellt wurde. (Schäfer/Knoblich 1978, S. 321f.)

Dieser Sachverhalt soll an einem einfachen Beispiel verdeutlicht werden. Ein Käseproduzent plant einen Markttest, in dem die Auswirkungen einer neuen Verpackung einer Fondue-Mischung auf den Umsatz untersucht werden soll. Er bestimmt zwei Gruppen von Testpersonen (Experimental- und Kontrollgruppe), deren Verbrauchsgewohnheiten bezüglich Fondue-Mischungen er während eines bestimmten Zeitraumes untersuchen lässt. Der Experimentalgruppe werden die neuen Verpackungen (= experimenteller Faktor) angeboten, die Kontrollgruppe wird mit herkömmlichen Verpackungen versorgt. Ein Umsatzzuwachs bei der Kontrollgruppe während des Untersuchungszeitraumes ist auf externe Faktoren zurückzuführen. Besonders kaltes Wetter oder eine gleichzeitig durchgeführte Werbekampagne für den Schweizer Käse könnten solche exogene Variablen bilden. Der Umsatzzuwachs bei der Experimentalgruppe ist nun einerseits ebenfalls auf diese Faktoren zurückzuführen, vorausgesetzt, dass die beiden Teilmärkte den gleichen Bedingungen ausgesetzt waren. Andererseits ist eine Umsatzsteigerung auch auf den experimentellen Faktor zurückzuführen. Bei der Messung der effektiven Wirkung des experimentellen Faktors auf die abhängige Variable ist deshalb die Differenz aus beiden Umsatzveränderungen zu bilden, wie das nachfolgende Beispiel veranschaulicht.

Beispiel

- Umsatz/Monat der Kontrollgruppe vor Test: 50 Einheiten
- Umsatz/Monat der Kontrollgruppe nach Test: 55 Einheiten
- Umsatz/Monat der Experimentalgruppe vor Test: 40 Einheiten
- Umsatz/Monat der Experimentalgruppe nach Test: 50 Einheiten

Die Wirkung des experimentellen Faktors berechnet sich wie folgt:
50 – 40 – (55 – 50) = 5 Einheiten

Der zusätzliche Umsatz von 10 Einheiten bei der Experimentalgruppe ist somit zur Hälfte auf die neue Verpackung, zur Hälfte auf eine allgemeine Umsatzsteigerung zurückzuführen. Betrachtet man allerdings die relative Zunahme des Umsatzes, verändert sich das Bild. Externe Faktoren verursachen eine Steigerung von 10% bei der Kontrollgruppe. Zieht man diese von der 25%igen Umsatzzunahme der Experimentalgruppe ab, so beträgt der Einfluß des experimentellen Faktors eine 15%ige Erhöhung des Umsatzes!

2.2.3 Auswahlverfahren der Untersuchungseinheiten

In den meisten Fällen ist der zu untersuchende Markt so groß, d.h. setzt sich aus so vielen Marktteilnehmern zusammen, dass niemals alle Informationsträger befragt, beobachtet oder gar getestet werden können. Die Kosten und die Zeitdauer für eine solche **Vollerhebung** wären zu groß, ganz abgesehen davon, dass in der Regel gar nicht alle Marktteilnehmer erfasst oder erreicht werden können. Wie aus der Stichprobentheorie bekannt, ist dieses Vorgehen aber gar nicht nötig. Es genügt, wenn unter Beachtung bestimmter Auswahlregeln eine beschränkte Zahl von Versuchspersonen ausgewählt wird. Stimmt die Struktur dieser Gruppe oder Stichprobe mit derjenigen sämtlicher Informationsträger (= Grundgesamtheit) überein, so können die gewünschten Informationen aus einer **Teilerhebung** gewonnen werden. Die Übereinstimmung zwischen Stichprobe und Grundgesamtheit bezeichnet man als **Repräsentativität.** Um die Repräsentativität einer Stichprobe gegenüber der Grundgesamtheit zu gewährleisten, stehen verschiedene Methoden zur Verfügung, die sich aufgrund unterschiedlicher Auswahlregeln ergeben:

1. **Random-Verfahren** oder **Zufallsauswahl:** Beim Random-Verfahren erfolgt die Auswahl der Informationsträger rein zufällig. Voraussetzung für dessen Anwendung ist jedoch, dass jedes Element der Grundgesamtheit die gleiche und

von Null verschiedene Chance haben muss, um in die Stichprobe zu gelangen. Für die Zusammenstellung der Stichprobe stehen verschiedene Techniken zur Verfügung:

- Auswahl durch Auslosen oder Auswürfeln,
- Auswahl durch Zufallszahlentafeln,
- Auswahl durch Abzählen (z.B. jeder Zehnte einer Einwohnerkartei),
- Auswahl nach Schlussziffern,
- Buchstabenauswahl oder Geburtstagsverfahren (z.B. alle Leute, die am gleichen Tag in einem bestimmten Monat geboren sind).

2. **Quotenverfahren:** Das Prinzip des Quotenverfahrens besteht darin, dass – entsprechend der Strukturen der Grundgesamtheit bezüglich einzelner Merkmale – Quoten an die Interviewer gegeben werden, nach denen sich diese bei der Auswahl der zu Befragenden zu richten haben (z.B. 40% der Befragten müssen weiblich sein oder 75% der Befragten müssen in der Stadt arbeiten). Im Rahmen dieser Quoten, die sich meist auf leicht feststellbare demografische oder soziografische Gegebenheiten beziehen (beispielsweise Geschlecht, Alter, Wohnort, Beruf), können die Interviewer die zu Befragenden völlig frei auswählen. Ausgangspunkt dieses Verfahrens ist die These, dass bei Übereinstimmung der Stichprobe bezüglich bestimmter vorgegebener Merkmale mit der Grundgesamtheit auch die Aussagen über die Stichprobe mit denjenigen der Grundgesamtheit übereinstimmen (Struktur-Isomorphie). Wichtigste Voraussetzung zur Verwendung des Quotaverfahrens ist daher die Kenntnis der Strukturmerkmale innerhalb der Grundgesamtheit.

2.2.4 Anforderungen an Marktforschungsmethoden

Oft stellt sich die Frage, welche Marktforschungsmethode man wählen soll. Diese Frage kann jedoch nicht eindeutig beantwortet werden, da die Wahl der Methode von verschiedenen Faktoren abhängt wie beispielsweise

- Art der Problemstellung,
- Ziele, die damit erreicht bzw. Hypothesen, die überprüft werden sollen,
- Größe der Grundgesamtheit,
- zur Verfügung stehende finanzielle Mittel,
- Informationsträger, an die man sich wenden möchte.

Auch wenn keine allgemein gültigen Aussagen über die Wahl einer Marktforschungsmethode gemacht werden können, bestehen Vorstellungen darüber, welche Kriterien eine Methode erfüllen muss, damit ihre Resultate möglichst genaue Informationen für spätere Entscheidungen liefern. Die Genauigkeit einer Methode lässt sich durch die drei Kriterien Objektivität, Reliabilität und Validität bestimmen.

1. **Objektivität:** Unter der Objektivität wird die Unabhängigkeit des Untersuchungsgegenstandes (Objekt) von (bewussten oder unbewussten) Einflüssen der Untersuchungsperson (Subjekt) verstanden. Im Zusammenhang mit den einzelnen Untersuchungsschritten differenziert Scheuch (1986, S. 223) weiter nach:
   - **Durchführungsobjektivität,** d.h. die Unabhängigkeit vom Versuchsleiter, Interviewer usw. in der Abwicklung der Erhebung aufgrund schriftlicher Anweisungen, standardisierter Fragen- und Antwortmöglichkeiten, Verbot eigener Formulierungen durch den Interviewer usw.
   - **Auswertungsobjektivität,** d.h. die Unabhängigkeit von der untersuchenden Person durch standardisierte Kategorien bei der Auswertung offener Antwortmöglichkeiten, standardisierte Messverfahren, einheitliche Skalen usw.
   - **Interpretationsobjektivität,** d.h. die Sicherstellung der Einheitlichkeit von Folgerungen, die aus Messergebnissen zu erzielen sind, z.B. durch Angabe von Grenzen der Messwerte, die zu einer Interpretationsalternative führen (Angabe des Signifikanzniveaus) usw.

2. **Reliabilität:** Das Kriterium der Reliabilität bedeutet die Zuverlässigkeit einer Messung. Verstanden wird darunter die Genauigkeit im Sinne von Reproduzierbarkeit der Werte bei wiederholter Messung. Konkret bedeutet dies, abgesehen von der Wirkung der zu untersuchenden Variable oder Variablen,
   - **Stabilität** der Messresultate, d.h. eine zeitverschobene Messung bei der gleichen Gruppe von Personen führt zu gleichen Resultaten.
   - **Konsistenz** der Messresultate, d.h. parallel vorgenommene Untersuchungen führen zu den gleichen Messwerten. Die Konsistenz kann überprüft werden, indem entweder die Stichprobe in zwei Unterstichproben aufgeteilt wird oder der gleiche Sachverhalt bei der gleichen Stichprobe mit einer zweiten, formal gleichen, aber inhaltlich verschiedenen Erhebung überprüft wird. Je höher die Übereinstimmung in den Ergebnissen, um so höher die Reliabilität.

3. **Validität:** Mit der Validität wird umschrieben, ob ein Verfahren auch tatsächlich misst, was es zu messen vorgibt. Dies ist dann der Fall, wenn ein kausaler Zusammenhang zwischen den Messergebnissen und den konkreten Merkmalen, welche untersucht worden sind, vorliegt. Unterschieden wird vorerst zwischen einer inneren und einer äußeren Validität.
   - **Äußere Validität:** Nach Scheuch (1986, S. 224) bezeichnet die äußere Validität die Forderung nach Übertragbarkeit von Ergebnissen aus einem Experiment oder einer Stichprobe auf die Grundgesamtheit, auf andere Stichproben oder analoge Situationen im intendierten Anwendungsbereich. Die Forderung nach Genauigkeit im Zusammenhang mit dieser Übertragbarkeit ist daher unter Berücksichtigung von Auswahlverzerrungen bzw. Stichprobenfehlern, Problemen der experimentellen Anordnung, Versuchsleitereffekten oder Experimentaleffekten zu prüfen.

- **Innere Validität:** Die innere Validität wird nach Nieschlag/Dichtl/Hörschgen (1997, S. 723f.) aufgeteilt in:
  - **Inhaltsvalidität,** wenn die zu untersuchende Versuchsperson das zu messende Merkmal inhaltlich auch tatsächlich repräsentiert. Dies kann entweder offenkundig sein („face validity") oder es wird von Experten bestätigt („expert validity").
  - **Kriteriumsvalidität** (empirische Validität): Eine kriterienbezogene Validität liegt vor, wenn die Messergebnisse mit einem externen Kriterium hoch korrelieren, das als externer Indikator für den zu messenden Sachverhalt angesehen wird. Mit anderen Worten: die Merkmale weisen eine hohe Validität auf, wenn beim Vorliegen eines Merkmals auf ein anderes Merkmal geschlossen werden kann.
  - **Konstruktvalidität** (theoretische Validität): Handelt es sich beim zu untersuchenden Merkmal um ein theoretisches Konstrukt, so fordert die Konstruktvalidität, dass die mit Hilfe der Theorie prognostizierten Werte mit den effektiven Messwerten übereinstimmen.

2.3 Absatzprognosen

2.3.1 Überblick

Die Marktforschung sollte nicht nur in beschreibender und erklärender Weise das Verhalten der Konsumenten erfassen, sondern auch Prognosen über die zukünftige Entwicklung, insbesondere die Absatzmengen, die Preise und damit auch über den Umsatz, abgeben. Nach Hill (1982a, S. 145) dienen solche Absatzprognosen drei Zwecken:

1. Langfristige Prognosen werden aufgestellt, um eine mögliche Differenz zwischen den Umsatzzielen des Unternehmens und dem erwarteten Umsatz bei Fortsetzung bisheriger Strategien festzustellen. Die Prognose dient dann dem Aufdecken von Ziellücken und damit der Entwicklung neuer Strategien und Aktionsprogramme zur Schließung dieser Lücken.
2. Absatzprognosen müssen dann aufgestellt werden, wenn die Umsatzwirkung bestimmter alternativer Maßnahmen (z.B. Preisänderungen, Einführung neuer Produkte) abgeschätzt werden soll und wenn man ermitteln möchte, welche Umsatzziele in einer kommenden Periode unter Berücksichtigung externer Gegebenheiten und eigener Maßnahmen erreicht werden können.
3. Man ist vor allem kurzfristig auf Absatzprognosen angewiesen, weil deren Kenntnis für mengenmäßige Dispositionen in vorgelagerten Bereichen (Fertiglager, Produktion und Einkauf) benötigt werden.

Um möglichst genaue Prognosen als Entscheidungsgrundlagen abgeben zu können, sind folgende Informationen zu beschaffen:

- Verkäufe in der Vergangenheit, wenn möglich differenziert nach Produkten, Kunden und Regionen;
- konjunkturelle Entwicklung;
- Entwicklung des Marktpotenzials und Marktvolumens der gesamten Branche;
- Verhalten der Konkurrenz;
- absatzpolitische Maßnahmen des eigenen Unternehmens;
- Mittel, die zur Verfügung stehen, um absatzpolitische Maßnahmen durchzuführen;
- Meinungen der direkt am Absatzprozess des Unternehmens Beteiligten (z.B. Vertreter, Produktmanager) über die Auswirkungen der geplanten Vorhaben.

2.3.2 Absatzprognosemethoden

In der Praxis stehen mehrere Verfahren zur Verfügung, um eine Absatzprognose herzuleiten:

- **Qualitative** oder **heuristische** Methoden, bei denen der zukünftige Umsatz geschätzt wird durch die Geschäftsleitung oder die Vertreter im Außendienst sowie durch die Befragung von Händlern oder der Endverbraucher.
- **Quantitative** Methoden, die auf statistisch-mathematischen Verfahren beruhen. Aus der Vielzahl der quantitativen Methoden soll die **exponentielle Glättung** herausgegriffen werden.

Bei der exponentiellen Glättung handelt es sich um ein Verfahren zur Trendextrapolation. Das Prinzip aller Trendverfahren besteht darin, beobachtete Werte – in diesem Fall Umsatzzahlen – mit dem Faktor Zeit zu verknüpfen.[1] Damit wird eine Zeitreihenanalyse aufgestellt, bei der bewusst die einzelnen Komponenten, welche diese Werte beeinflusst haben, außer acht gelassen werden. Man nimmt an, dass die in der Vergangenheit festgestellte Wirkung (Umsatzwerte), welche sich aufgrund verschiedener Ursachen ergibt, einer Gesetzmäßigkeit unterliege, die auch für die Zukunft Gültigkeit haben wird.

Der Prognosewert für den Umsatz Y der nächsten Periode (t + 1) ergibt sich bei der exponentiellen Glättung aus der Addition des vorhergesagten Umsatzes Y für die gegenwärtige Periode mit der durch einen Faktor α gewichteten Differenz zwischen dem tatsächlich eingetretenen Umsatz X_t und dem prognostizierten Umsatz Y_t. Somit lautet das Grundmodell:

$$(1)\quad Y_{t+1} = Y_t + \alpha\,(X_t - Y_t)$$

1 In Teil 3, Kapitel 3, Abschnitt 3.3 „Ermittlung des Materialbedarfs“, findet sich ein Beispiel zur Prognose des Materialbedarfs mit Hilfe der exponentiellen Glättung.

Der Prognosefehler für die Periode t betrug somit $X_t - Y_t$. Für die nächste Periode t + 1 will man diesen Fehler berücksichtigen, indem der Prognosewert für die Periode t mit einem bestimmten Prozentsatz – ausgedrückt durch den sogenannten Glättungsfaktor α – dieses Prognosefehlers korrigiert wird. Dieser Glättungsfaktor kann einen Wert zwischen 0 und 1 annehmen.

Wird eine Prognose für die nächste Periode nicht nur aufgrund der Werte der letzten Periode gemacht, so kann die exponentielle Glättung als spezielle Methode gleitender Durchschnitte wie folgt formuliert werden:

$$(2)\quad Y_{t+1} = \alpha X_t + (1-\alpha) Y_t$$

$$(3)\quad Y_t = \alpha X_{t-1} + (1-\alpha) Y_{t-1}$$

$$(4)\quad Y_{t-1} = \alpha X_{t-2} + (1-\alpha) Y_{t-2}$$

$$(5)\quad Y_{t-2} = \alpha X_{t-3} + (1-\alpha) Y_{t-3} \text{ usw.}$$

Durch Einsetzen von Y_t aus Gleichung (3) in Gleichung (2), Y_{t-1} aus Gleichung (4) in Gleichung (3) usw. erhält man folgende allgemeine Gleichung bei t zurückliegenden Perioden, wobei $t \geq 1$:

$$(6)\quad Y_{t+1} = \alpha X_t + \alpha (1-\alpha) X_{t-1} + \alpha (1-\alpha)^2 X_{t-2} + \ldots$$
$$\ldots + \alpha (1-\alpha)^{t-1} X_1 + (1-\alpha)^t Y_1$$

Je höher der Glättungsfaktor α gewählt wird, um so stärker wird die unmittelbare Vergangenheit berücksichtigt, da die Gewichtungsfaktoren exponentiell abnehmen. Ist beispielsweise $\alpha = 1$, so wird nur die letzte Periode berücksichtigt und der Prognosewert wird um den vollen Prognosefehler korrigiert. Je größer α bestimmt wird, um so schneller passen sich die Prognosewerte an eine Veränderung des Marktes an, um so größer sind aber auch die Prognoseschwankungen. Ein hoher α-Wert ist somit dann gerechtfertigt, wenn es um kurzfristige Prognosen geht. Bei einem kleinen α steht dagegen mehr der langfristige Trend im Vordergrund. Es wird somit immer abzuwägen sein, ob eine gute Glättung zufälliger Absatzschwankungen oder eine schnelle Reaktion auf Marktänderungen angestrebt wird. In der Literatur werden für wirtschaftliche Verhältnisse α-Werte angegeben, die zwischen 0,1 und 0,3 liegen.

2.4 Ablauf und Steuerung der Marktforschung

Wird aufgrund der Markt- und Unternehmensverhältnisse entschieden, dass eine Marktforschung durchgeführt werden soll, so hat diese Entscheidung einen komplexen Problemlösungsprozess zur Folge, wie er in ▶ Abb. 37 schematisch dargestellt ist. Offen bleibt dabei die Frage, ob die Marktforschung vom Unternehmen

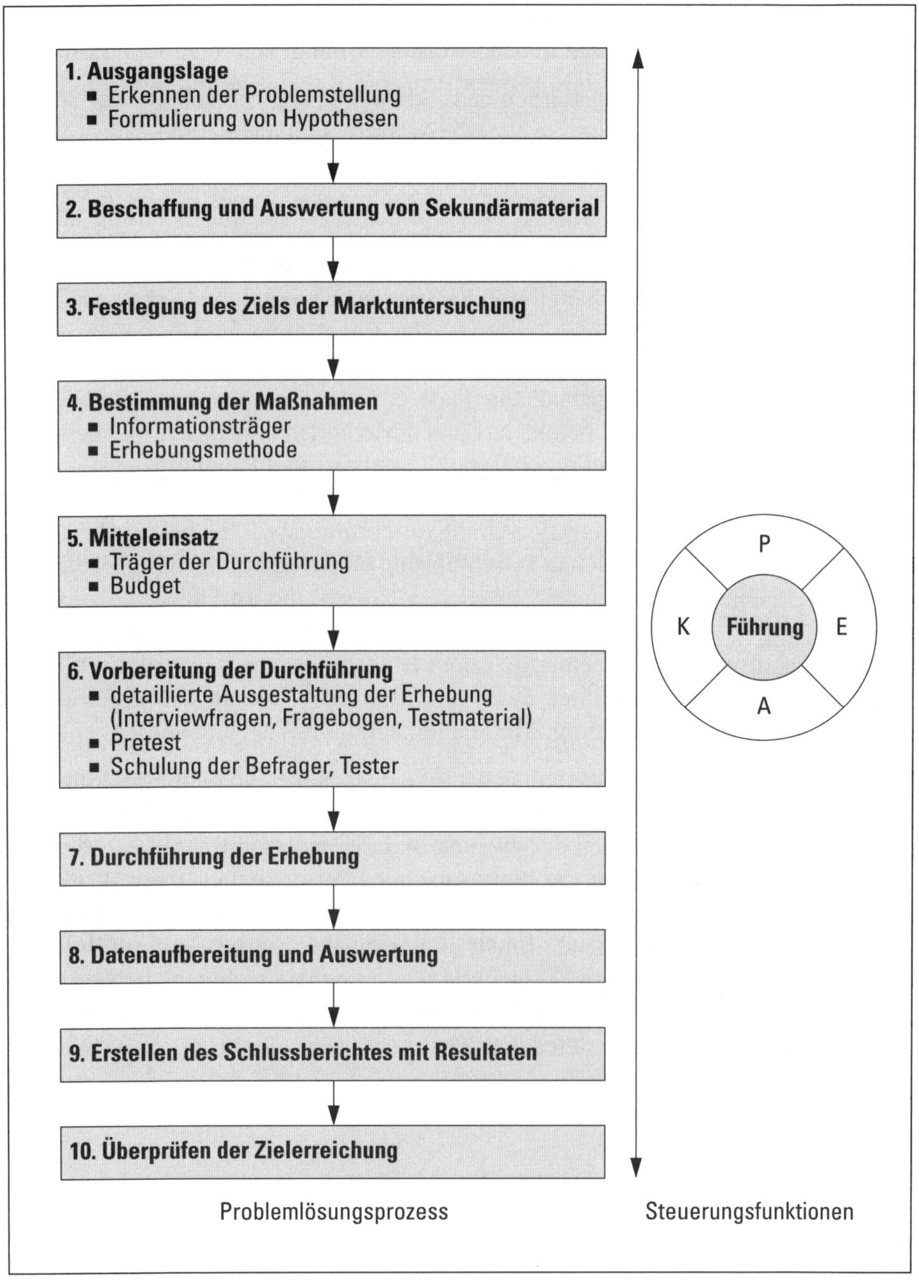

▲ Abb. 37 Steuerung des Problemlösungsprozesses der Marktforschung

selbst oder von Spezialisten der Marktforschungsinstitute durchgeführt werden soll. Wie diese Frage zu beantworten ist, hängt von folgenden Einflussfaktoren ab:

- **Marktforschungswissen und -erfahrung:** Marktforschung verlangt in der Regel fundierte Kenntnisse über die Marktforschungsmethoden und praktische Erfahrung bei der Durchführung einer Erhebung. Fehlen diese Voraussetzungen, so ist die Erteilung eines Marktforschungsauftrages an einen Spezialisten angezeigt.
- **Unternehmensgröße:** Ob ein Unternehmen über eigene Marktforschungsspezialisten verfügt, hängt vielfach von der Unternehmensgröße ab. Klein- und Mittelbetriebe können es sich in der Regel nicht leisten, solche Spezialisten fest anzustellen.
- **Marktforschungsmethode:** Dass die Marktforschungsmethode eine Rolle spielen kann, wird bereits aus jenen Methoden ersichtlich, bei denen mehrere Unternehmen beteiligt sind (vgl. Omnibus- und Panelumfrage).
- **Kosten:** Letztlich entscheiden auch die Kosten darüber, ob man eine interne oder externe Marktforschung durchführen will. Dabei ist nicht nur an die Kosten der eigentlichen Durchführung eines Marktforschungsprojektes zu denken, sondern auch an die möglichen Kosten, die im Falle einer schlechten Marktforschung entstehen würden. Werden beispielsweise unvollständige Informationen zusammengestellt oder Ergebnisse falsch interpretiert, so können Marketing-Maßnahmen durchgeführt werden, die nicht die gewünschte Wirkung (Umsatzsteigerung, Marktanteilserhöhung) zeigen werden.

Wird ein Marktforschungsinstitut eingeschaltet, so bleibt die Frage offen, zu welchem Zeitpunkt bzw. in welcher Phase man dies tun will. Je nach Wissensstand wird dies zwischen der zweiten und der sechsten Phase geschehen (◄ Abb. 37). Nach Überprüfung der Marktforschungsresultate und einem Vergleich mit den gesetzten Zielen in der zehnten Phase wird ersichtlich, ob die Informationen genügen, um ausreichende Entscheidungsunterlagen für die Einführung eines neuen Produktes oder den Einsatz von Marketing-Maßnahmen zur Verfügung zu stellen. Je nach Ergebnis dieser Kontrolle müssen zusätzliche Abklärungen und Untersuchungen vorgenommen werden.

Kapitel 3

Produktpolitik

3.1 Produktpolitisches Entscheidungsfeld

Unter der **Produktpolitik** versteht man die art- und mengenmäßige Gestaltung des Absatzprogrammes eines Unternehmens sowie der zusammen mit dem Produkt angebotenen Zusatzleistungen (z.B. Montage, Reparaturdienst).

Die Zusatzleistungen werden manchmal auch anderen Marketing-Instrumenten zugeordnet. So könnten beispielsweise Garantieleistungen sowohl der Produkt- als auch der Konditionenpolitik zugeordnet werden.

Die Gestaltung der Produktpolitik – wie auch die Festlegung der übrigen Marketing-Instrumente – hängt in sehr starkem Masse von der Art der Produkte ab. ▶ Abb. 38 zeigt die wichtigsten Kriterien, nach denen Produkte charakterisiert werden können.

3.1.1 Gestaltung des Absatzprogrammes

Hauptproblem bei der Bestimmung des Absatzprogrammes ist die Beantwortung der Frage nach der optimalen Anzahl von Produkten, die ein Unternehmen anbieten soll. Dieses Problem kann aber nur zusammen mit der Frage, wie die artmäßige Zusammensetzung des Absatzprogrammes optimal gestaltet werden

Kriterium	Ausprägungen
Verwendungszweck	▪ Konsumgüter ▪ Produktivgüter (Investitionsgüter)
Verwendungsdauer	▪ Verbrauchsgüter ▪ Gebrauchsgüter
Erklärungsbedürftigkeit	▪ nicht erklärungsbedürftige Güter ▪ erklärungsbedürftige Güter
Lagerfähigkeit	▪ lagerfähig ▪ beschränkt lagerfähig ▪ nicht lagerfähig
Zahl der Bedarfsträger	▪ Massengüter ▪ Individualgüter
Art der Bedürfnisbefriedigung	zum Beispiel ▪ Haushaltsartikel ▪ Freizeitartikel ▪ Lebensmittel
Einkaufsgewohnheiten	zum Beispiel in Bezug auf ▪ Art des Einkaufsgeschäfts ▪ Anzahl Einkäufe pro Zeitperiode ▪ Zeitpunkt des Einkaufs
Neuheitsgrad	▪ neue Produkte ▪ modifizierte alte Produkte ▪ alte Produkte
Bekanntheitsgrad	▪ unbekannte Produkte ▪ bekannte Produkte (Markenartikel)

▲ Abb. 38 Produktmerkmale

kann, gelöst werden. Grundsätzlich ist dabei zwischen der Tiefe und der Breite eines Absatzprogrammes zu unterscheiden.

- Die **Programmtiefe** gibt an, wieviele verschiedenartige Ausführungen einer Produktart in das Programm aufgenommen werden sollen. Es handelt sich um die Anzahl Sorten eines Bieres oder die verschiedenen Ausführungen eines Automodells. Je tiefer ein Programm, um so mehr Varianten eines Produktes werden angeboten, um so besser können verschiedene Käufergruppen angesprochen werden. Die Programmtiefe ist somit wichtig, um der Heterogenität des Käufermarktes zu begegnen.
- Mit der **Programmbreite** wird dagegen umschrieben, wieviele verschiedene Produktarten das Absatzprogramm enthält. Unter einer Produktart wird eine

Klasse von Produkten verstanden, die primär bezüglich des zu befriedigenden Bedürfnisses, aber auch bezüglich anderer Merkmale wie der angewendeten Fertigungstechnik, der Absatzwege oder der Kundengruppe eine gewisse Homogenität aufweist. Die Abgrenzung einer bestimmten Produktart hat sich jeweils nach dem praktischen Zweck auszurichten, den das Unternehmen mit einer solchen Einteilung verfolgt. Meist werden gewisse Synergieeffekte zwischen den Produkten einer Produktklasse erwartet.

Eng mit der Unterscheidung in eine Programmtiefe und Programmbreite hängt die Aufteilung des Absatzprogrammes in seine verschieden weit gefassten Bestandteile zusammen:

1. **Einzelne Produkte.**
2. **Produktgruppen,** in der ähnliche Produkte zusammengefasst werden. Oft handelt es sich um gleichartige Produkte einer bestimmten Produktart. Eine Produktgruppe erfasst beispielsweise die verschiedenen Ausführungen eines bestimmten Automodells (z.B. VW Golf – GL, GT, GTI, VR6).
3. **Produktlinien,** welche verschiedene Produktgruppen umfassen. Ein Autohersteller kann als Produktlinien beispielsweise Personenwagen, Lastwagen und Motorräder führen.

Besonders bei einem Handelsbetrieb verwendet man in der Regel anstelle des Begriffes Absatzprogramm den Begriff **Sortiment.** Analog zur Programmtiefe und -breite werden die beiden Begriffe **Sortimentstiefe** und **Sortimentsbreite** verwendet. Man spricht dann von einem schmalen oder breiten sowie flachen oder tiefen Sortiment.

Ziel eines Unternehmens bezüglich des Absatzprogrammes wird es sein, die Anzahl der Produkte zu optimieren. Das Optimierungsproblem ist allerdings nicht leicht zu lösen. Bei einer großen Zahl von Produktvarianten besteht zwar eine gute Übereinstimmung zwischen den vorhandenen Bedürfnissen und den sie deckenden Produkten, doch kann eine zu große Vielfalt an Produkten sowohl Verkäufer als auch Käufer verwirren. Zudem können von einer einzelnen Variante nur kleine Stückzahlen produziert werden, was dazu führt, dass eine mögliche Kostendegression, wie sie bei einer Massenproduktion oft zu beobachten ist (z.B. Automobilindustrie), nicht ausgenutzt wird. Andererseits kann eine zu kleine Produktvielfalt dazu führen, dass Bedürfnisse einzelner Konsumentengruppen nicht oder nur ungenügend abgedeckt werden (Beispiel: Kein Sportwagenmodell für „sportliche" Fahrer, keine preisgünstige Ausführung eines bestimmten Modells für untere Käuferklassen).

3.1.2 Produktgestaltung

3.1.2.1 Produktnutzen

Bevor man mit der Gestaltung eines Produktes beginnt, ist zu überlegen, welches die Elemente bzw. Dimensionen eines Produktes sind, die gestaltet werden können. Unterschieden werden kann vorerst zwischen dem Produktkern und dem Marketing-Überbau.

Der **Produktkern** stellt das eigentliche Produkt, die (physikalische) Substanz dar und zeichnet sich durch seine funktionalen Eigenschaften aus. Er beinhaltet die technisch-ökonomische Dimension und bietet dem Käufer den **Grundnutzen,** den er aus dem Gebrauch des Objektes ziehen kann. Der Produktkern umfasst je nach dessen Zweckbestimmung:

- Gebrauchs- und Funktionstüchtigkeit (Leistungsgrad),
- Funktionssicherheit,
- Betriebssicherheit,
- Störanfälligkeit,
- Haltbarkeit (Lebensdauer),
- Wertbeständigkeit.

Der **Marketing-Überbau** um den Produktkern beinhaltet die sozial-psychologische Dimension. Er vermittelt einen **Zusatznutzen.** Dieser Marketing-Überbau setzt sich aus folgenden Elementen zusammen:

1. **Design:** Neben sozial-psychologischen Aspekten wie Mode und Prestige berücksichtigt die Formgebung auch vielfach technisch-funktional orientierte Elemente (z. B. Handlichkeit, Betriebssicherheit).
2. Der **Verpackung** kommen in der Regel verschiedene Funktionen zu. Als wichtigste sind zu nennen:
   - Informationsfunktion,
   - Werbefunktion,
   - Identifikationsfunktion,
   - Schutzfunktion,
   - Lagerfunktion,
   - Transportfunktion (Erleichterung des Transportes),
   - Verwendungsfunktion (Unterstützung des Gebrauchs),
   - Fertigungsfunktion (Unterstützung des Herstellungsprozesses).
3. Unter **Markierung** versteht man die Kennzeichnung eines Produktes mit einem speziellen Produktnamen (Apple), dem Firmennamen (Maggi) oder einem sonstigen Erkennungszeichen (Symbol, z. B. Kranich).

Produkte werden als **Markenartikel** bezeichnet, wenn sie folgende Merkmale aufweisen:

- eindeutige Markierung,
- gleich bleibende oder stetig steigende Qualität,
- gleich bleibende Aufmachung (Design),
- markenbezogene Verbraucherwerbung,
- weite Verbreitung im Absatzmarkt,
- hoher Bekanntheitsgrad.

Seit einigen Jahren haben – insbesondere in den USA – Produkte, bei denen der Hersteller nicht bekannt ist, eine gewisse Bedeutung erlangt. Sie werden als **weiße Ware, Generika** (Generics) oder **No-Name-Produkte** bezeichnet. Diese Produkte zeichnen sich neben einer einfachen und sachlichen Beschriftung durch einen Preis aus, der bis zu 50% unter demjenigen des entsprechenden Markenartikels liegen kann. Dies nicht zuletzt deshalb, weil für diese Produkte keine oder nur sehr geringe Werbung gemacht wird. Diese namenlosen Produkte als anonyme Güter zu klassifizieren, ist aber sicher nicht richtig. Zwar ist der jeweilige Produzent unbekannt, doch wird durch die meist einheitliche Gestaltung aller No-name-Produkte ein ganz bestimmtes Markenimage geschaffen. Zudem treffen oft noch weitere Merkmale von Markenartikeln auf diese Art von Produkten zu.

Unterschieden wird ferner zwischen **Herstellermarken** einerseits und **Handelsmarken** oder **Eigenmarken** andererseits. Letztere werden von großen Handelsunternehmen oder -gruppen angeboten, um

- ein preisgünstigeres Produkt als die entsprechende Herstellermarke anzubieten,
- die Kunden an das Handelsunternehmen zu binden (eine Herstellermarke kann auch bei der Konkurrenz gekauft werden),
- wenig bekannte Herstellermarken zu ersetzen bzw. in Verhandlungen mit den Lieferanten damit „argumentieren“ zu können,
- Lücken im eigenen Sortiment zu schließen, die nicht durch die Herstellermarke ausgefüllt werden können (z.B. bei Boykott des Herstellers).

3.1.2.2 Kundendienst

Neben dem Grundnutzen und den verschiedenen Zusatznutzen spielen auch die **Zusatzleistungen,** die mit dem Produkt verkauft oder zumindest in Aussicht gestellt werden, eine große Rolle. Diese Zusatzleistungen werden im Kundendienst zusammengefasst. Dieser umfasst sämtliche Dienstleistungen, die ein Hersteller oder ein Händler vor und/oder nach dem Absatz eines Produktes erbringt, um das Produkt für einen potenziellen Käufer attraktiv zu gestalten oder die Zufriedenheit nach dem Kauf zu sichern. Nach Hill (1982b, S. 206f.) können diese Zusatzleistungen in vier Hauptgruppen eingeteilt werden:

1. Information und Beratung beim Einkauf,
2. Zustellung und Montage,
3. Schulung und Instruktion,
4. Unterhalts-, Reparatur-, Ersatzteil- und Garantiedienst.

Diese Zusatzleistungen sind je nach Produkt von großer Bedeutung, spielen aber vor allem bei hochwertigen und technisch komplizierten Gebrauchsgütern eine große Rolle. Für das gleiche Produkt mit oder ohne zusätzliche Leistungen müssen verschiedene Preise bezahlt werden. Man kann sogar sagen, dass es sich um zwei unterschiedliche Produkte handelt. Eine Stereoanlage, die beim Produzenten vom Kunden selbst abgeholt werden muss und für welche keine Serviceleistungen angeboten werden, ist nicht das gleiche Produkt wie dieselbe Stereoanlage, die der Händler auf die persönlichen Bedürfnisse des Käufers abstimmt, transportiert und installiert. Diese beiden Produkte werden von unterschiedlichen Kundengruppen nachgefragt. Deshalb handelt es sich um zwei verschiedene Marktsegmente, bei denen nicht nur die Produktpolitik, sondern auch die übrigen Marketing-Maßnahmen voneinander abweichen.

3.2 Produktpolitische Möglichkeiten

Geht man von einem bestehenden Unternehmen aus, das ein bestimmtes Absatzprogramm anbietet, so ergeben sich die folgenden produktpolitischen Möglichkeiten (▶ Abb. 39):

1. **Produktbeibehaltung:** Das bestehende Programm wird beibehalten, weil Marktveränderungen nicht erkannt werden, Marktchancen nicht gesucht werden oder eine eingehende Prüfung der Marktsituation ergibt, dass eine Änderung des Programmes nicht angezeigt ist.

2. **Produktveränderung** (Produktmodifikation): Bei der Produktveränderung im engeren Sinne werden bei grundsätzlich gleicher Produktkonzeption (Funktion, Technologie) die ursprünglichen Produkte verändert. Unterschieden werden kann zwischen:
   a. **Produktvariation:** Das bisherige Produkt wird durch eine neue Ausführung ersetzt. Es handelt sich in erster Linie um eine Produktverbesserung (z.B. ein Buch erscheint in einer überarbeiteten Auflage).
   b. **Produktdifferenzierung:** Wird bei einem bestehenden Absatzprogramm ein Produkt oder eine Produktart durch zusätzliche Ausführungen ergänzt, so spricht man von einer Produktdifferenzierung. Beispiel: Ariel weiß und Ariel color. Angesprochen wird somit die Programmvertiefung. Ziel einer Produktdifferenzierung ist es, das Produkt besser auf die verschiedenen Bedürfnisse potenzieller Kunden (Marktsegmente) abzustimmen.

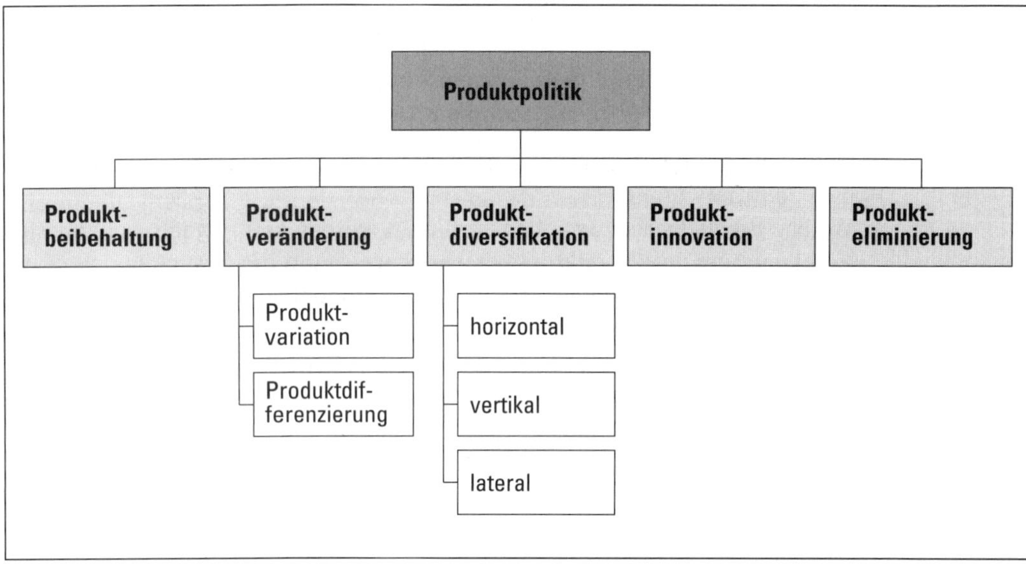

▲ Abb. 39 Produktpolitische Möglichkeiten

Die Produktveränderung im weiteren Sinne dagegen kann sich auf ästhetische Eigenschaften (z.B. Farbe, Form, Verpackung), auf symbolische Eigenschaften (z.B. Markenname) oder auf Zusatzleistungen (z.B. Kundendienst, Beratung) beziehen.

3. **Produktdiversifikation:** Unter Diversifikation versteht man die Aufnahme neuer Produkte, die auf neuen Märkten angeboten werden. Man unterscheidet folgende Formen der Diversifikation:

   - **Horizontale** Diversifikation: Erweiterung des Absatzprogrammes mit Produkten, die in einem sachlichen Zusammenhang mit den bisherigen Produkten stehen (z.B. gleiche Werkstoffe, verwandte Technik, ähnlicher Markt, gleiche Abnehmer, vorhandenes Vertriebssystem).
   - **Vertikale** Diversifikation: Aufnahme von Produkten ins Absatzprogramm, die bisher von einem Lieferanten bezogen wurden (vorgelagerte vertikale Diversifikation) oder die von den bisherigen Kunden hergestellt wurden (nachgelagerte vertikale Diversifikation).
   - **Laterale** Diversifikation: Die neuen Produkte weisen keine Verwandtschaft mit den bisherigen Produkten auf. Diese Art der Diversifikation bedeutet einen Vorstoß in völlig neue Märkte.

4. **Produktinnovation:** Ein neues Produkt, das zwar das gleiche Grundbedürfnis befriedigt, aber aufgrund einer neuen Technologie dieses Bedürfnis viel besser abdeckt, verdrängt das alte Produkt (Beispiel: Übergang vom Nadeldrucker zum Laserdrucker). Meistens ist die Herstellung dieses neuen Produktes erst durch den Erwerb von neuem naturwissenschaftlich-technischen Wissen mög-

lich geworden. Dieses Wissen kann sich ein Unternehmen durch eigene Forschungs- und Entwicklungsarbeiten selbst aneignen oder außerhalb des Unternehmens über Lizenzen, Beteiligungen, Kooperation (z.B. Joint Venture) oder Übernahme eines anderen Unternehmens (Akquisition) beschaffen.

5. **Produkteliminierung:** Bei einer Straffung des Absatzprogrammes sind folgende Fragen zu beantworten:
   a. Welche **Produktvarianten** sollen eliminiert werden? Es handelt sich um eine Verkleinerung der Produkttiefe, beispielsweise um die Streichung einer bestimmten Ausführung eines Personenwagenmodells.
   b. Welche **Produktgruppen** sollen aus dem Programm gestrichen werden? Ein Beispiel wäre die vollständige Aufgabe eines Personenwagenmodells.
   c. Welche **Produktlinien** sollen aufgelöst werden? Beispielsweise wird beschlossen, keine Lastwagen mehr im Absatzprogramm zu führen.

3.3 Produktlebenszyklus

3.3.1 Modell des Produktlebenszyklus

Wird die Entwicklung von Produkten über die Zeit verfolgt, so kann man beobachten, dass sich die Umsätze nicht kontinuierlich entwickeln. Aufgrund verschiedener Einflüsse (Neuheit, Sättigung, Veraltung) unterliegen die abgesetzten Mengen großen Schwankungen.

Das Konzept des **Produktlebenszyklus** versucht, gewisse Gesetzmäßigkeiten bezüglich des Umsatzverlaufs eines Produktes während einer als begrenzt angenommenen Lebensdauer einzufangen.

Grafisch wird der Lebenszyklus so erfasst, dass in einem Koordinatensystem auf der Abszisse die Zeit, auf der Ordinate die Umsätze und/oder der Gewinn pro Zeiteinheit eingetragen werden. Meistens wird von einem idealtypischen Verlauf der Lebenszykluskurve ausgegangen, die einen S-förmigen Verlauf hat: Am Anfang werden nur kleine Umsätze erzielt, die aber rasch anwachsen. Danach folgt eine Stagnation und schließlich ein Rückgang der Umsätze (▶ Abb. 40).

Das Modell unterstellt zudem, dass jedes Produkt unabhängig von seiner gesamten absoluten Lebensdauer ganz bestimmte Phasen durchläuft. In der Literatur findet man häufig die folgende Phasengliederung:

1. **Einführungsphase:** Nachdem ein Produkt entwickelt und getestet worden ist, wird es in einer ersten Phase auf dem Markt eingeführt. Während in der Entwicklungsphase lediglich Kosten angefallen sind, stellen sich nun die Erlöse ein. Diese sind allerdings noch bescheiden, da das neue Produkt zuerst bekannt gemacht werden muss. Der Umsatz setzt sich vor allem aus Probe- und Neu-

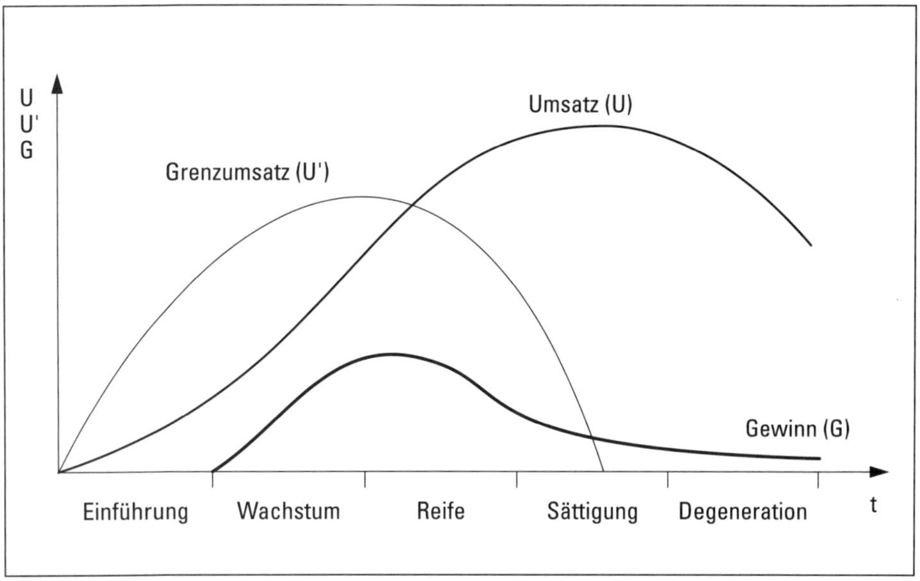

▲ Abb. 40 Produktlebenszyklus

gierkäufen zusammen. Infolge der hohen Marketing-Investitionen (Auf- und Ausbau der Produktions- und Absatzorganisation, Werbung, gegebenenfalls niedrige Einführungspreise[1]) stellt sich noch kein Gewinn ein.

2. **Wachstumsphase:** Stellt das Produkt eine tatsächliche Problemlösung dar und vermag es ein echtes Bedürfnis zu befriedigen, so wird der Umsatz in einer zweiten Phase stark ansteigen. Neben Wiederholungskäufen vermögen Mund-zu-Mund-Werbung zufriedener Kunden und Berichte in Fachzeitschriften den Umsatz stark zu beeinflussen. In dieser Phase treten häufig auch Konkurrenzprodukte auf, die sich durch ihre Form, technische Ausführung, Qualität oder im Preis unterscheiden. Dadurch werden neue Käuferschichten gewonnen, was ebenfalls eine starke Marktausweitung zur Folge hat. Diese Phase ist somit durch ein überproportionales Umsatzwachstum gekennzeichnet, das sich aber gegen Ende hin zu stabilisieren beginnt. Mit dem Eintreten in die Wachstumsphase wird auch gleichzeitig die Gewinnschwelle überschritten.
3. **Reifephase:** Mit dem Wendepunkt der Umsatzkurve wird die nächste Phase eingeleitet. Zwar nimmt das absolute Marktvolumen noch zu, doch nehmen die Umsatzzuwachsraten ab. Oft wird in dieser Phase der höchste Gewinn erzielt.
4. **Sättigungsphase:** In dieser Phase kommt das Umsatzwachstum zum Stillstand. Die Sättigung des Marktes führt dazu, dass der Konkurrenzkampf größer wird. Das einzelne Unternehmen kann eine Umsatzausweitung nur durch Erhöhung seines Marktanteils erreichen. Um den Übergang in die letzte Phase des Pro-

1 Allerdings wird das Unternehmen versuchen, mit *höheren* Preisen auf den Markt zu treten, solange noch keine Konkurrenten vorhanden sind.

duktlebenszyklus zu verhindern oder zumindest hinauszuzögern, werden verschiedene Marketing-Maßnahmen ergriffen (z.B. Produktveränderungen wie z.B. neues Design und neue Verpackung, Preisnachlässe). Man spricht in diesem Fall von einem **Relaunching.**

5. **Degenerationsphase:** Wenn der Umsatzrückgang auch durch entsprechende Marketing-Maßnahmen nicht mehr aufgehalten werden kann, tritt das Produkt in seine letzte Lebensphase. Grund für das Absinken des Umsatzes ist in erster Linie die Ablösung durch neue Produkte, die aufgrund des technischen Fortschritts eine bessere Problemlösung (z.B. in Bezug auf den Preis oder die Qualität) ermöglichen. Daneben können aber viele andere Faktoren verantwortlich sein (z.B. Modeerscheinungen, rechtliche Bestimmungen).

3.3.2 Beurteilung des Produktlebenszyklus-Modells

Das Modell des Produktlebenszyklus beruht auf einer idealtypischen Betrachtungsweise. Es beinhaltet allgemeine Aussagen über den Verlauf des Umsatzes (bzw. Gewinns) über die Zeit. Will man konkrete Aussagen für ein einzelnes Produkt daraus ableiten, so müssen folgende Überlegungen berücksichtigt werden:

1. Zuerst ist zu klären, worauf sich der Lebenszyklus bezieht. Grundsätzlich kommen in Frage:
   - eine Produktgruppe (z.B. alkoholfreie Biere),
   - ein einzelnes Produkt (z.B. Clausthaler Drive) oder
   - eine Produktmarke eines Herstellers (König Brauerei).

   Tendenziell scheint das Konzept um so besser zuzutreffen, je allgemeiner die Bezugsgröße ist. Aus obigem Beispiel wird jedoch deutlich, dass sich eine Produktgruppe (Bier) in der Sättigungsphase befinden kann, ein einzelnes Produkt (Light-Bier) aber in der Reifephase.

2. Weiter sollte die Art des Gutes mitberücksichtigt werden. Es wird wohl wesentliche Unterschiede zwischen Produktiv- und Konsumgütern, zwischen Gütern des täglichen Bedarfs und Gebrauchsgütern sowie zwischen Modegütern und traditionellen Gütern bezüglich des Produktlebenszyklus geben.

3. Das Modell des Produktlebenszyklus kann zwar keine Angaben über die Art und den Umfang der eingesetzten Marketing-Maßnahmen machen, spiegelt dessen Ergebnisse aber durchaus wieder. Schließlich können Marketing-Maßnahmen einen entscheidenden Einfluss auf die Höhe des Umsatzes oder des Gewinns haben. Der Produktlebenszyklus ist somit nicht nur die Grundlage *für*, sondern auch das Resultat *von* Marketing-Entscheidungen.

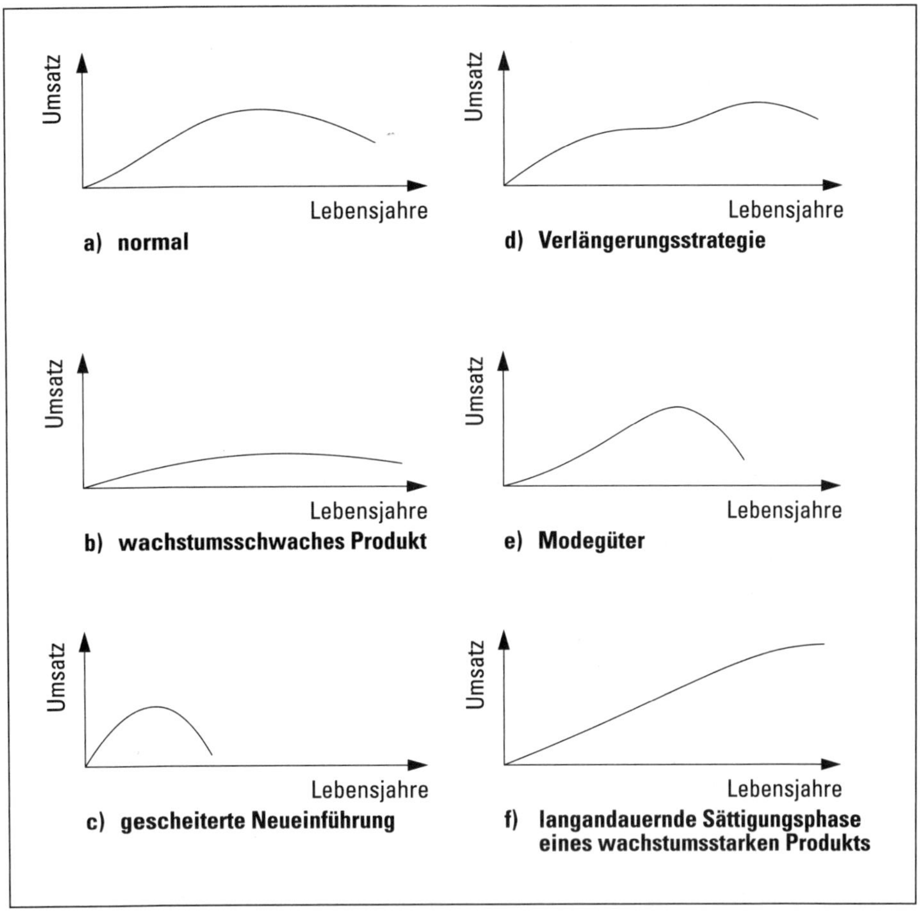

▲ Abb. 41 Beispiele typischer Produktlebenszyklen (Bantleon/Wendler/Wolff 1976, S. 99)

4. Sowohl die Zeitdauer des gesamten Produktlebenszyklus als auch die einzelnen Lebenszyklusphasen unterscheiden sich stark voneinander und lassen sich selten im voraus festlegen.

Aus diesen Punkten folgt, dass sich Produktlebenszyklen selten voraussagen lassen. Genaue Aussagen sind in der Regel nur im Nachhinein möglich. Trotzdem kann das Konzept als Denkmodell wertvolle Anregungen vermitteln. Beispielsweise kann aus dem bisherigen Umsatz- und Gewinnverlauf, bei dem bestimmte Phasen erkannt worden sind, unter Berücksichtigung der allgemeinen Rahmenbedingungen die zukünftige Entwicklung bzw. nächste Phase vermutet werden. In ◄ Abb. 41 sind verschiedene typische Produktlebenszyklen aufgeführt.

3.4 Produktentwicklung

3.4.1 Überblick über die Produktentwicklung

Die **Produktentwicklung** umfasst die Gesamtheit der technischen, markt- und produktionsorientierten Tätigkeiten des Forschungs- und Entwicklungsbereiches eines industriellen Unternehmens, das auf die Schaffung eines neuen oder verbesserten Produktes oder Verfahrens gerichtet ist.

Der Entwicklung neuer Produkte kommt für ein Unternehmen eine sehr große Bedeutung zu. Wie empirische Untersuchungen zeigen, stammen ungefähr 75% des Umsatzzuwachses und sogar 90% des Gewinnzuwachses von neuen Produkten. Es wäre aber falsch, die stark steigende Zahl an Neuentwicklungen der letzten Jahrzehnte nur auf das Umsatz- und Gewinnstreben der Unternehmen zurückzuführen. Ebenso können die folgenden Gründe aufgezählt werden, die für das rasche Wachstum der Zahl der Produkte verantwortlich sind:

- Rasche Entwicklung des **technischen Fortschritts** und dessen sofortige Umsetzung in neue Produkte.
- Die Erschließung **neuer Märkte** zur Befriedigung neuer oder nur latent vorhandener Bedürfnisse. Dies ist vor allem auch deshalb der Fall, weil nach Befriedigung der primären Bedürfnisse immer mehr sekundäre Bedürfnisse auftauchen, die auch von einer entsprechend gestiegenen Kaufkraft unterstützt werden.
- Durch den Übergang von einem Verkäufer- zu einem Käufermarkt besteht die Tendenz, sich durch neue Produkte von der Konkurrenz abzuheben und sich damit Wettbewerbsvorteile zu verschaffen. Dies führt zu einer großen **Produktheterogenität.**

Im folgenden wird der idealtypische Verlauf des Produktentwicklungsprozesses für ein Investitionsgut betrachtet. Dabei ist zu beachten, dass sich die einzelnen Phasen dieses Prozesses in der betrieblichen Wirklichkeit zeitlich überlappen und nebeneinander ablaufen können oder aufgrund von Rückkoppelungsschlaufen mehrmals durchlaufen werden. Grundsätzlich kann der Produktentwicklungsprozess in drei Phasen unterteilt werden (▶ Abb. 42):

- In der **Anregungsphase** werden Ideen gesucht und ausgewählt. Dabei ist zu beachten, dass die Erfolgsquote von Produktideen sehr klein ist. Dies hat zur Folge, dass die technischen und wirtschaftlichen Erfolgschancen dauernd im Auge behalten werden müssen. Dies gilt nicht nur für diese erste Phase, sondern auch für die daran anschließende Konkretisierungsphase.
- In der **Konkretisierungsphase** geht es um die Umsetzung von zumeist noch vagen Vorstellungen in die Realität, d.h. um die eigentliche **Entwicklung** eines marktfähigen Produktes. Man wird dabei versuchen, die kostenintensiven

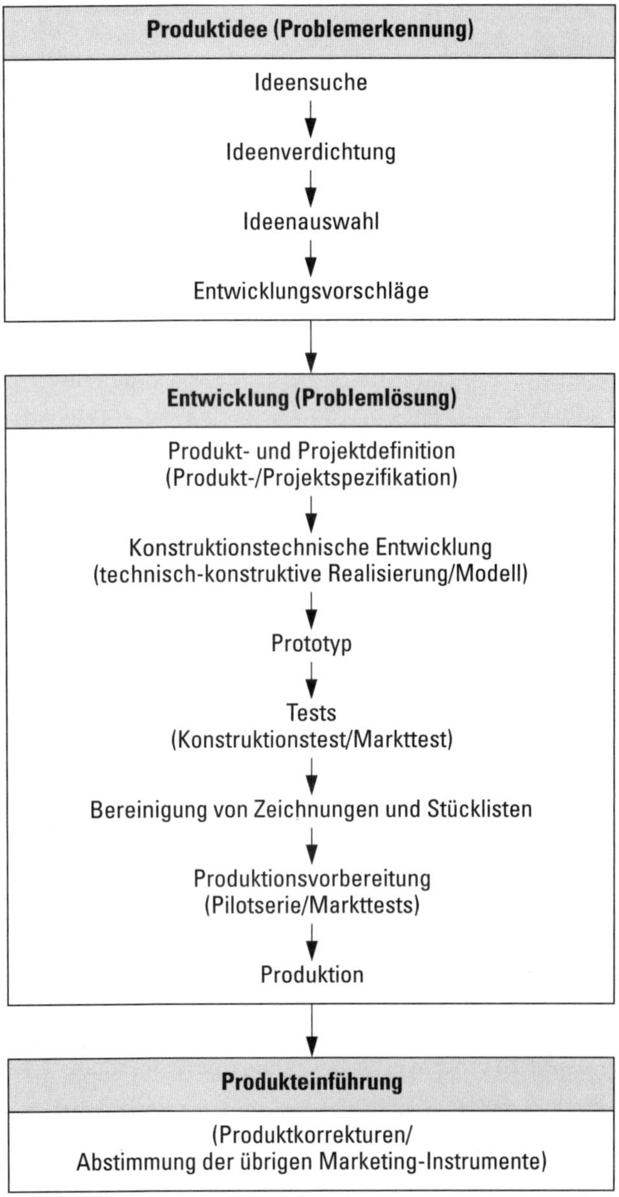

▲ Abb. 42 Produktentwicklungsprozess

Arbeiten des Entwicklungsprozesses so spät wie möglich anzusetzen, damit im Falle eines Abbruchs der Entwicklungsarbeiten möglichst wenig Kosten angefallen sind.

- In einer letzten Phase werden schließlich die Marketing-Vorbereitungen zur marktgerechten **Einführung** des Produktes getroffen. In dieser Phase werden auch noch kleinere Korrekturen am Produkt vorgenommen.

3.4.2 Produktideen

Ziel der Anregungsphase ist es, mehrere Produktideen zu suchen, aus denen jene Ideen herausgefiltert werden können, die aufgrund ihrer Erfolgschancen zur Entwicklung vorgeschlagen werden können. Daraus können folgende Teilprobleme abgeleitet werden, wie sie in den nächsten Abschnitten behandelt werden:

- Quellen von Ideen,
- Methode der Ideensammlung,
- Auswahl von Ideen.

3.4.2.1 Ideenquellen

Dem Unternehmen steht eine Vielzahl von Ideenquellen zur Verfügung, die es ausschöpfen kann. Vorerst können die verschiedenen Abteilungen im Unternehmen als Ideenquellen dienen:

- Nahe liegend ist der **Forschungs-** und **Entwicklungsbereich,** da sich die Mitarbeiter in diesem Bereich ständig mit solchen Problemen auseinander setzen.
- Ebenso wichtig sind die Mitarbeiter im **Marketing,** die aufgrund des direkten Kundenkontaktes Wünsche und Kritiken an bestehenden Produkten äußern.
- Auch der **Produktionsbereich** dient als Informationsquelle für neue Ideen, da Produktionsverfahren und Produktqualität in engem Zusammenhang stehen. Ein verbessertes Fertigungsverfahren erlaubt oft eine Produktveränderung oder sogar eine Neuentwicklung.
- Als letzter Bereich kommt die **Materialwirtschaft** in Frage. Durch neue Materialien ist es möglich, bisherige Produkte zu verbessern, oder ein Unternehmen zieht erst jetzt in Betracht, ein bestimmtes Produkt herzustellen und auf dem Markt anzubieten. Aufgrund der vielfältigen Beziehungen mit dem Beschaffungsmarkt dürfte der Bereich Materialwirtschaft immer auf dem neuesten Stand sein und damit zu einer wertvollen Ideenquelle werden.

Die Mitarbeiter dieser Bereiche können durch ein **betriebliches Vorschlagswesen** mit einem entsprechenden Belohnungssystem motiviert werden.

Neben diesen unternehmensinternen Quellen stehen dem Unternehmen eine Reihe **unternehmensexterner** Quellen zur Verfügung. Hier ist insbesondere an die Kunden und Lieferanten zu denken, da sie mit ihren entsprechenden Märkten ständig in Kontakt stehen. Daneben kann es sich allgemein zugänglicher Informationsquellen wie Messen, Ausstellungen, Fachtagungen und Fachzeitschriften bedienen. Ferner können konkrete Forschungsaufträge, die häufig auch die Entwicklungsarbeiten einschließen, an externe Stellen vergeben werden. Neben privaten Institutionen kommen vor allem staatliche Forschungseinrichtungen in Frage.

3.4.2.2 Ideensuche

Um vorhandene oder mögliche Produktideen zu erhalten, gibt es verschiedene Verfahren. Diese kann man in drei Gruppen einteilen:

1. **Methode der systematischen Ideensammlung:** Bei dieser Methode werden die Ideen und Anregungen aller oben genannten Ideenquellen von einer zentralen Stelle (z.B. Forschung und Entwicklung) gesammelt und nach Problembereichen katalogisiert. Sobald man aus unternehmenspolitischen Gründen ein neues Produkt herstellen will oder wenn aufgrund gehäufter Beanstandungen oder Anregungen zu einem bestimmten Problem eine Lösung gefunden werden soll, kann auf diese Datei zurückgegriffen werden.
2. **Analytische** oder **diskursive Methode:** Während es sich bei der systematischen Ideensammlung mehr um ein passives Ablegen vorhandener Ideen handelt, versucht die analytische oder diskursive Methode ebenso wie die nachfolgend dargestellte intuitive Methode, aktiv auf die Ideensuche Einfluss zu nehmen und den Prozess zu gestalten. Es wird versucht, ein vorhandenes und erkanntes Problem analytisch in seine Teilprobleme zu zerlegen, für jedes Teilproblem eine oder mehrere Teillösungen zu erarbeiten und die verschiedenen Teillösungen zu einer gesamtheitlichen Lösung zu kombinieren. Aus ► Abb. 43 ist leicht erkennbar, dass je mehr Lösungen möglich sind, desto mehr Teilprobleme und Lösungen pro Teilproblem erarbeitet werden können. Als konkretes Verfahren sind der morphologische Kasten von Zwicky (1966) sowie die darauf aufbauende Problemfeldergrafik zu erwähnen.

Problemelemente (Produktfunktionen)	**mögliche Problemlösungen** (Funktionsträger)		
Teilproblem 1	Lösung 1a	Lösung 1b	Lösung 1c
Teilproblem 2	Lösung 2a	Lösung 2b	Lösung 2c
Teilproblem 3	Lösung 3a	Lösung 3b	Lösung 3c
Teilproblem 4	Lösung 4a	Lösung 4b	Lösung 4c

▲ Abb. 43 Schematische Darstellung der analytischen Methode

3. **Intuitive Methoden:** Bei den intuitiven Methoden wird versucht, durch eine ungezwungene Atmosphäre die Kreativität der am Ideensuchprozess beteiligten Leute zu fördern. Als bekannteste Methode und zur Veranschaulichung sei das **Brainstorming** erwähnt, das sein „Erfinder" Osborn (1953) nach der Idee dieser Methode, nämlich „using the brain to storm a problem", benannt hat. Als Grundregeln des Brainstormings können festgehalten werden:

- Alle Teilnehmer sollen spontan ihre Ideen und Fantasien äußern können. Ideen sollen zum Beispiel auch dann vorgebracht werden, wenn sie offenbar nicht direkt eine Problemlösung beinhalten oder die Problemlösungsidee als völlig unrealistisch und demzufolge als unrealisierbar erscheint. Auf Grundlage solcher Äußerungen können durch deren Weiterentwicklung nämlich neue brauchbare Problemlösungen entstehen.
- Zu den vorgetragenen Ideen darf kein Kommentar abgegeben werden, insbesondere keine Kritik geübt werden, da dadurch die Fantasie der einzelnen Teilnehmer abgeblockt würde.

3.4.2.3 Auswahl von Ideen

Bei der Ideenauswahl geht es darum, aus der Vielzahl vorhandener Ideen diejenigen herauszufiltern, für welche es sinnvoll ist, einen Entwicklungsvorschlag zu machen und in der Konkretisierungsphase weiterzuverfolgen. Ob eine Idee sinnvoll ist oder nicht, hängt von verschiedenen Fragen ab:

- Ist das Produkt primär einmal unter **wirtschaftlichen** Aspekten interessant, d.h. kann damit ein Gewinn erzielt werden?
- Passt das neue Produkt in das bestehende **Sortiment?**
- Wie groß ist das **Risiko,** das mit der Herstellung dieses Produktes eingegangen wird?
- Ist die Idee auch **technisch** zu realisieren?
- Wie groß ist das **Leistungsvermögen** des eigenen Unternehmens?

Bei einer ersten Überprüfung dieser Ideen kann es sich allerdings nur um eine Grobanalyse handeln. Es wird oft nur eine summarische Beurteilung vorgenommen, da keine Detailinformationen zur Verfügung stehen. So muss man sich auf grobe Schätzungen verlassen. Ist die technische Realisierbarkeit abgeklärt, so werden bei einer Beurteilung der Marktchancen etwa die folgenden Beurteilungskriterien im Vordergrund stehen:

- Entwicklungszeit,
- Entwicklungskosten,
- Umsatzwachstum,
- allgemeine Beurteilung des langfristigen Erfolgs unter Berücksichtigung der Konkurrenz (Marktanteil, Marktform), der langfristigen Nachfrage sowie der unternehmensinternen Möglichkeiten (Know-how, Kapazitäten, Synergieeffekte).

Als Beurteilungsverfahren eignen sich die **Nutzwertanalyse,** wie sie bei der Standortbewertung dargestellt wird,[1] oder die **Methoden der Investitionsrechnung.**[2]

3.4.3 Entwicklung

Als Resultat der Ideenauswahl stehen die Entwicklungsvorschläge zur Verfügung, die am Anfang des Konkretisierungsprozesses stehen. Während bei der Ideenauswahl – neben der grundsätzlichen technischen Realisierbarkeit einer Idee – noch wirtschaftliche Aspekte im Vordergrund stehen, sind es im Entwicklungsprozess die technischen Aspekte, die in den Aufgabenbereich der Ingenieure fallen. Der Prozess kann in folgende Hauptphasen unterteilt werden:

1. Produkt- und Projektspezifikation,
2. konstruktionstechnische Entwicklung,
3. Herstellen eines Prototyps,
4. Produktionsvorbereitung.

Auch wenn in diesen Phasen die technischen Aspekte dominieren, so muss immer wieder überprüft werden, ob das Produkt auch auf dem Markt erfolgreich sein wird. Beispielsweise muss die Konkurrenz ständig im Auge behalten oder das Kosten-Nutzenverhältnis kontrolliert werden.

3.4.3.1 Produkt- und Projektdefinition

Bei der Produkt- und Projektdefinition geht es darum, in detaillierter Form das Produkt zu umschreiben und ein genau definiertes Projekt für die Entwicklung dieses Produktes festzulegen.

1. **Produktspezifikation:** Unter der Produktspezifikation versteht man eine Liste genau definierter Merkmale und Eigenschaften, welche das neue Produkt aufweisen soll. ▶ Abb. 44 zeigt die Produktspezifikation eines Investitionsgutes in Bezug auf funktionale, wirtschaftliche und formale Faktoren. Daneben sind weitere Faktoren zu berücksichtigen (falls sie nicht bereits bei den oben genannten Faktoren berücksichtigt worden sind). Zu erinnern ist hier an die verschiedenen Sphären der Umwelt, insbesondere an die gesellschaftliche, rechtliche und ökologische Sphäre.[3] Hieraus können sich konkrete Anforderungen

1 Vgl. Teil 1, Kapitel 2, Abschnitt 2.8 „Standort des Unternehmens".
2 Die Methoden der Investitionsrechnung werden ausführlich in Teil 7, Kapitel 2 „Investitionsrechenverfahren", besprochen.
3 Vgl. Teil 1, Kapitel 1, Abschnitt 1.2.5 „Umwelt des Unternehmens".

Funktionale Faktoren	Wirtschaftliche Faktoren	Formale Faktoren
▪ Produktionsleistung je Zeiteinheit ▪ Arbeitsbereich ▪ Arbeitsgenauigkeit ▪ Betriebsmitteleinrichtungen ▪ Arbeitsverfahren ▪ Mechanisierungsgrad ▪ Steuerungsgrad ▪ Einsatzstoffe ▪ Ausbaufähigkeit ▪ Einsatzmöglichkeit	▪ Selbstkosten ▪ Betriebskosten ▪ Instandsetzungskosten ▪ Länge der technischen Nutzungsdauer ▪ Anforderungen an Bedienungspersonal	▪ Bauhöhe ▪ Bedarf an Bodenfläche ▪ Gewicht ▪ Handhabung ▪ Anordnung der Bedienungselemente ▪ Sicherheitsvorschriften ▪ Formgebung ▪ Verpackung ▪ Farbe

▲ Abb. 44 Produktspezifikation

aus Umweltschutzüberlegungen, sozialen und ethischen Gründen oder rechtlichen Bestimmungen (Gesetze, Normen) ergeben.

2. **Projektspezifikation:** Neben den Festlegungen, die sich direkt auf die Gestaltung des Produktes beziehen, sind auch die Rahmenbedingungen für diese Produktentwicklung zu bestimmen. Da dies meist ein relativ komplexes Vorhaben darstellt, ist es sinnvoll, für ein bestimmtes Produkt jeweils ein Projekt zu definieren. Dieses beinhaltet folgende Elemente und Informationen:
   - ein Budget,
   - einen Zeitplan,
   - die daran beteiligten Stellen,
   - die Zusammenarbeit zwischen den verschiedenen Stellen,
   - die räumliche Belastung.

3.4.3.2 Konstruktionstechnische Entwicklung

Sind die Produktspezifikationen bestimmt, so wird es in einer nächsten Phase darum gehen, die auf dem Papier (Skizzen, Zeichnungen, Tabellen) stehenden Anforderungen in ein konkretes, technisch funktionierendes Produkt umzusetzen.

Aus **betriebswirtschaftlicher** Sicht beinhaltet diese Phase, den Zeitplan zu überwachen, die budgetierten Projektkosten einzuhalten und die sich aus der Umweltbeobachtung (Konkurrenz, Gesetz, Kunden usw.) ergebenden Änderungen laufend in die Produktentwicklung einfließen zu lassen.

Aus **fertigungstechnischer** Sicht gibt es eine Reihe von Aspekten, die bei der Entwicklung beachtet werden müssen, damit die Herstellungskosten möglichst niedrig gehalten werden können und das Produkt zu einem wirtschaftlichen Erfolg wird:

- **Berücksichtigung allgemeiner Rahmenbedingungen:** Vorerst sind die unternehmensinternen Gegebenheiten zu berücksichtigen. Folgende Fragen sind abzuklären:
  - Sind nicht ausgelastete Maschinen im Unternehmen vorhanden?
  - Wie qualifiziert ist das Personal für die neuen Produkte?
  - Stehen genügend Räumlichkeiten (Lager) zur Verfügung?

  Nach Abklärung dieser Fragen und Ausnützung der vorhandenen Möglichkeiten muss ein eventueller Ausbau mit den entsprechenden finanziellen Auswirkungen überprüft werden.

- **Anwendung konstruktiver Gestaltungsprinzipien:** Die Anwendung konstruktiver Gestaltungsprinzipien kann sich auf Einzelteile, Produkte und Produktgruppen des Outputs oder auf Einzelteile des Inputs beziehen. Je nachdem spricht man von Normung, Typung oder Baukastenprinzip:
  - Unter **Normung** versteht man die einheitliche überbetriebliche (national oder international gültige) Festlegung von Größen, Sorten, Güteklassen, Abmessungen, Formen, Farben, Qualitäten bestimmter Teile und Erzeugnisse, die verbindliche Definition technischer und organisatorischer Begriffe sowie die Festlegung mathematischer und physikalischer Symbole. Die Normung ist für den Produzenten mit verschiedenen Vorteilen wie niedrige Herstellungskosten und vereinfachte Materialwirtschaft, aber auch mit Nachteilen wie Verharren auf den bisherigen Materialien und Techniken verbunden.
  - Die **Typung** demgegenüber bezieht sich nicht auf Einzelteile, sondern auf Produkte und Produktgruppen. Unter Typung versteht man die Festlegung der verschiedenen Varianten eines bestimmten Produktes, die sich durch Art und Größe unterscheiden. Resultat ist eine bestimmte Produktreihe, deren Ausrichtung unterschiedlich tief sein kann.
  - Beim **Baukastensystem** erscheint ein Einzelteil mehrmals in der Struktur eines Produktes. Je häufiger gleiche Teile eingesetzt werden können, um so einfacher und somit wirtschaftlicher wird die Herstellung des Produktes.

- **Dimensionierung und Formgebung:** Bei einer unzweckmäßigen Größe und komplizierten Form besteht die Gefahr, dass längere Transport- und Bearbeitungszeiten (Durchlaufzeiten) entstehen und/oder hohe Lagerkapazitäten bereitgestellt werden müssen. Zudem können Verpackungsschwierigkeiten auftauchen.

- **Werkstoffwahl:** Bei der Werkstoffwahl muss darauf geachtet werden, dass die Werkstoffe entsprechend ihrem Verwendungszweck ausgewählt werden. Oft besteht nämlich die Gefahr, dass Materialien eingesetzt werden, die eine zu hohe Qualität aufweisen, die vom Verwender weder gebraucht noch verlangt wird und deshalb auch nicht notwendig ist. Oft stellt sich gerade bei neueren Produkten auch die Frage, ob auf bewährte Materialien zurückgegriffen werden soll oder ob man neue, noch wenig erprobte Werkstoffe verwenden soll, die aber einige Vorzüge gegenüber dem bekannten Material aufweisen.

- **Festlegung der Toleranzen/Leistungsfähigkeit:** Bei der Festlegung der Leistungsfähigkeit und Genauigkeit muss eine optimale Abstimmung zwischen Leistungsfähigkeit und den dafür notwendigen Kosten gefunden werden. Je größer die Leistungsfähigkeit, desto höher sind die Kosten der Entwicklung und Herstellung. Empirisch ist dabei zu beobachten, dass die Kosten ab einer bestimmten Leistungsfähigkeit überproportional ansteigen.

Die Festlegung der fertigungstechnischen Ausgestaltung beeinflusst in starkem Masse den Einsatz eines bestimmten Fertigungsverfahrens und die Art der einzusetzenden Produktionsfaktoren. Ebenso werden sich die Auswirkungen dieser Entscheidungen in den Kosten und der Kostenstruktur der Herstellung dieses Produktes niederschlagen. Zu denken ist zum Beispiel an das Verhältnis zwischen fixen und variablen Kosten oder das Verhältnis zwischen Arbeits- und Kapitalkosten.

Die konstruktionstechnische Entwicklung des Produktes wird in dieser Phase aber nicht nur auf dem Papier stattfinden. Es wird ein **Modell** angefertigt, an dem man die Funktionsfähigkeit des neuen Produktes abklären und verschiedene Tests und Experimente zur Verbesserung vornehmen kann. Im Gegensatz zum Prototyp handelt es sich aber beim Modell nicht um eine Konstruktion des ganzen neuen Produktes, sondern um Teilfunktionen, die besonders problematisch und schwierig zu konstruieren sind.

3.4.3.3 Prototyp

Beim **Prototyp** handelt es sich um die erste konkrete Ausführung des neuen Produktes aufgrund der Konstruktionszeichnungen und -kosten. Dieser in Einzelfertigung hergestellte Prototyp dient dazu, allenfalls noch vorhandene Mängel zu beheben und erste Reaktionen vom Markt zu erhalten. Ziel ist es, das Produkt so weit zu entwickeln, dass es in Serie hergestellt werden kann.

Aufgabe wird es deshalb sein, diesen Prototyp einem eingehenden **Konstruktionstest** zu unterwerfen. Dieser Test bezieht sich auf die funktionalen, formalen und wirtschaftlichen Anforderungen, wie sie bereits in ◄ Abb. 44 dargestellt worden sind. Daneben sind auch **Markttests** durchzuführen, die zum Ziel haben, nach der unternehmensinternen Überprüfung (Konstruktionstests) auch eine unternehmensexterne Beurteilung zu erhalten. Es handelt sich dabei keineswegs um einen klassischen Markttest, wie er im Rahmen der Marktforschung der Konsumgüterindustrie besprochen worden ist. Es werden lediglich einzelne Sachverständige herbeigezogen, die sich entweder aus Kunden, mit denen enge und bedeutende geschäftliche Beziehungen bestehen (Lead-user), oder aus Händlern zusammensetzen. Aufgrund dieser Prototyp-Tests ist es möglich, konstruktive Verbesserungen vorzunehmen und eine letzte Bereinigung der Konstruktionszeichnungen und Stücklisten durchzuführen, damit die serienmäßige Produktion dieses neuen Produktes in Angriff genommen werden kann.

3.4.3.4 Produktionsvorbereitung

Bevor mit der eigentlichen Produktion begonnen werden kann, ist diese vor allem in bezug auf das Fertigungsverfahren,[1] die einzusetzenden Produktionsfaktoren und die Terminierung zu bestimmen. Da der Prototyp in Einzelfertigung hergestellt worden ist, ist beim Übergang zur serienmäßigen Herstellung zuerst eine so genannte **Vorserie** herzustellen. Diese Vorserie, auch **Pilot-** oder **Nullserie** genannt, dient dazu, allfällige Mängel, die sich aufgrund einer serienmäßigen Herstellung ergeben, zu beheben und letzte Korrekturen anzubringen. Mit dieser Pilotserie hat man gleichzeitig auch die Möglichkeit, einen breiter angelegten **Markttest** durchzuführen, indem diese Produkte zukünftigen Abnehmern kostenlos zur Verfügung gestellt werden. Damit kann eine Beurteilung aufgrund eines Einsatzes beim Kunden in der fortlaufenden Produktion vorgenommen werden. Dieser Markttest des Investitionsgutes entspricht dem Markttest, wie er für Konsumgüter besprochen worden ist.

3.4.4 Produkteinführung

Als letzte Phase der Produktentwicklung bezeichnen wir die Produkteinführung, die aber ebenso der ersten Phase der Vermarktung des neuen Produktes zugerechnet werden kann. Wir ziehen sie aber vor, weil die Produkteinführung in der Regel zeitlich parallel zur Produktentwicklung verläuft. Als Produkteinführungsmaßnahmen für ein Investitionsgut müssen insbesondere folgende Punkte beachtet werden:

- **Instruktionsmanuals:** Gerade bei Investitionsgütern ist es wichtig, dem zukünftigen Abnehmer und Verwender Bedienungsanleitungen zur Inbetriebnahme, Wartung und Reparatur sowie zu den verschiedenen Einsatzmöglichkeiten abzugeben.
- **Verkäufer-Schulung:** Betriebseigene Verkäufer oder Händler müssen geschult werden, damit sie einerseits die Einsatzmöglichkeiten und die Vorzüge des neuen Produktes kennen, andererseits auch bis zu einem gewissen Grad mit dem Gerät selbst vertraut sind. Nur so können sie auf entsprechende Fragen des Kunden befriedigende Antworten geben.

---

1 Vgl. Teil 4, Kapitel 1, Abschnitt 1.6 „Festlegung des Fertigungsverfahrens".

- **Vorführungen:** Sobald erste serienmäßig hergestellte Stücke vorliegen, kann bereits in einer frühen Phase das neue Produkt auf Ausstellungen vorgestellt werden, sei es zuerst nur in einem Prospekt oder einer Broschüre, sei es mittels einer Demonstration des Produktes.
- **Werbung:** Als konkrete Werbemaßnahmen können Anzeigen in Fachzeitschriften oder unter Umständen eine Besprechung im redaktionellen Teil einer Tages-/ Wochenzeitung in Betracht gezogen werden.

Daneben wird es auch bei der eigentlichen Markteinführung vorkommen, dass kleine Produktkorrekturen vorgenommen werden müssen, wobei der Übergang zur Produktveränderung, insbesondere -variation, fließend ist.

Kapitel 4
Distributionspolitik

4.1 Distributionspolitisches Entscheidungsfeld

Unter der **Distribution** eines Produktes versteht man die Gestaltung und Steuerung der Überführung dieses Produktes vom Produzenten zum Käufer.

Diese Maßnahmen umfassen alle Entscheidungen über den Aufbau der internen und externen Absatzorganisation, welche mit Hilfe der Marketing-Instrumente den Kontakt zwischen Anbieter und Nachfrager nach einem Produkt herstellt. Im Vordergrund stehen dabei zwei Probleme:

1. Wahl des **Absatzweges:** Ein Unternehmen kann entweder **direkt** an seine Kunden gelangen oder einen **indirekten** Weg wählen, indem es so genannte Absatzmittler einschaltet, welche die Distributionsfunktion übernehmen.
2. Bestimmung des **Absatzorganes:** Sowohl beim direkten als auch beim indirekten Absatzweg stehen verschiedene Formen von Distributionsorganen und -organisationen (z.B. Außendienstmitarbeiter, Einzelhändler) zur Verfügung, die für die Ausübung der Distributionsfunktionen eingesetzt werden können. Grundsätzlich kann zwischen **unternehmenseigenen** und **unternehmensfremden** Organen unterschieden werden.

Den Absatzweg und das Absatzorgan bezeichnet man zusammen als **Absatzmethode** oder **Absatzkanal.** Anstelle von Absatzmethode spricht man auch von **akquisitorischer Distribution.** Man will mit dieser Umschreibung deutlich machen, dass die Ausgestaltung der Absatzkanäle letztlich dazu dient, Kunden und Kun-

Kriterium	Beispiele
Produktbezogene Faktoren	▪ Erklärungsbedürftigkeit ▪ Lagerfähigkeit ▪ Transportempfindlichkeit ▪ Wert ▪ Umfang der Zusatzleistungen
Kundenbezogene Faktoren	▪ Zahl ▪ geografische Verteilung ▪ Bedarfshäufigkeit ▪ Einkaufsgewohnheiten
Konkurrenzbezogene Faktoren	▪ Absatzwege der Konkurrenz ▪ Art der Konkurrenzprodukte (Grad der Produktdifferenzierung) ▪ Marktform (Anzahl Konkurrenten)
Unternehmensbezogene Faktoren	▪ Größe des Unternehmens (Umsatz) ▪ Leistungsprogramm (Art und Anzahl der Produkte) ▪ zur Verfügung stehendes Kapital (der Kapitalbedarf ist umso größer, je mehr Handelsfunktionen ein Unternehmen selbst ausübt) ▪ bestehende Absatzorganisationen für bereits eingeführte Produkte ▪ Marketing-Konzept (z.B. absichtliche Abhebung von der Konkurrenz, Art des gewünschten Kundenkontakts)
Absatzmittlerbezogene Faktoren	▪ bestehende Absatzorganisation ▪ Kapazität der Absatzmittler ▪ Kosten, die durch Einschaltung von Absatzmittlern entstehen ▪ Komplementär- und Substitutionsprodukte, welche die Absatzmittler führen
Umweltbezogene Faktoren	▪ wirtschaftliche Lage ▪ gesellschaftliche Tendenzen (z.B. Ausweitung des Versandhandels, da immer mehr Frauen und Männer einer Erwerbsarbeit nachgehen und damit weniger Zeit für das Einkaufen haben) ▪ gesetzliche Regelungen ▪ ökologische Überlegungen

▲ Abb. 45 Einflussfaktoren Absatzkanal

denaufträge zu „akquirieren“, d.h. Kunden zu gewinnen und Aufträge zu vermitteln. Die Wahl des Absatzkanals ist eine Entscheidung mit relativ langfristigen Auswirkungen. Sie beeinflusst beispielsweise die Verfügbarkeit der Produkte, die Preise, das Produktimage und somit auch die Absatzmenge.

Die Ausgestaltung des Absatzkanals kann sehr verschiedene Formen annehmen, die aber in der betrieblichen Realität durch eine Reihe von Einflussfaktoren begrenzt werden, wie sie in ◄ Abb. 45 zusammengestellt sind.

Im Gegensatz zur akquisitorischen steht die **logistische Distribution (Distributionslogistik)**, welcher die Aufgabe der physisch-technischen Überführung der Ware zum Kunden zukommt. Sie ist gedanklich von der Wahl der Absatzmethode zu trennen, obwohl Entscheidungen über die Absatzmethode mit solchen der physischen Warenverteilung oft eng verbunden sind. Die logistische Distribution hat die Aufgabe, die richtigen Produkte in der richtigen Menge beim richtigen Kunden zur rechten Zeit und zu optimalen Kosten zu liefern. Über die Lieferzuverlässigkeit können sich dabei bedeutende akquisitorische Wirkungen ergeben. Im Vordergrund stehen die **Auftragsabwicklung**, das **Lagerwesen** und das **Transportwesen**.

Gemäß der Übersicht über die distributionspolitischen Entscheidungen in ► Abb. 46 sollen in einem nächsten Abschnitt die Absatzwege besprochen werden. Im darauf folgenden Abschnitt werden die verschiedenen Absatzorgane dargestellt, wobei auf den Handel wegen seiner großen Bedeutung ausführlich eingegangen wird. Der letzte Abschnitt schließlich befasst sich mit der logistischen Distribution.

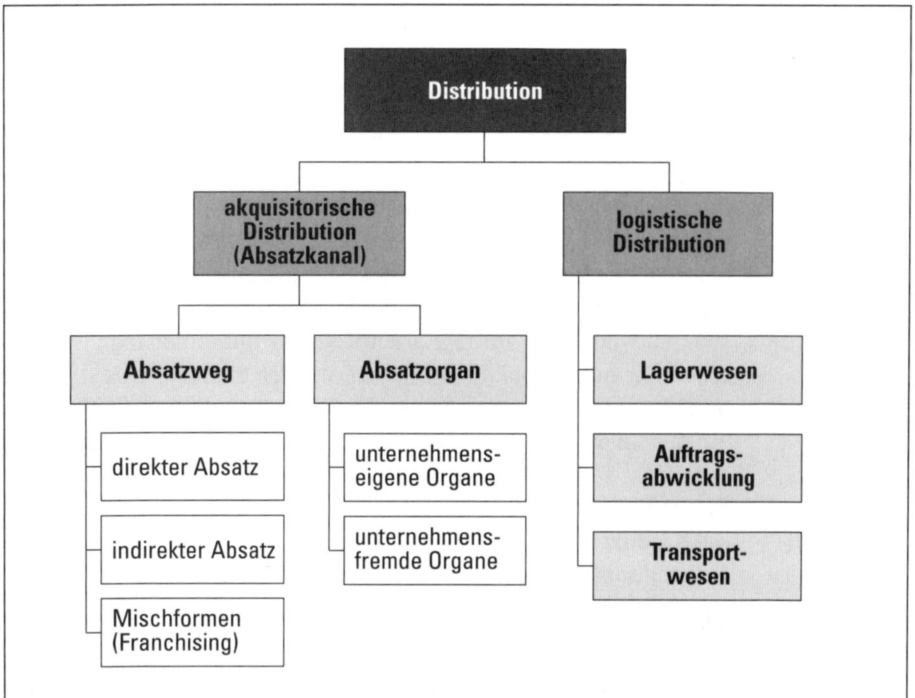

▲ Abb. 46 Überblick über die distributionspolitischen Entscheidungen

4.2 Absatzweg

4.2.1 Direkter und indirekter Absatz

Eine der wichtigsten Entscheidungen im Rahmen der akquisitorischen Distribution (Absatzmethode) betrifft die Frage über die Einschaltung der Zahl und die Art der Absatzmittler zwischen Unternehmen und Endverbraucher. Sie bestimmt in erster Linie den so genannten **Distributionsgrad,** der die Erhältlichkeit eines Produktes zu einem bestimmten Zeitpunkt oder in einer bestimmten Zeitperiode wiedergibt. Dabei unterscheidet man zwischen einem direkten und einem indirekten Absatz:

- Von einem **direkten** Absatz spricht man dann, wenn der Produzent als unmittelbarer Verkäufer gegenüber dem Endverbraucher auftritt, während
- beim **indirekten** Absatz ein oder mehrere Absatzmittler, die Händler, eingeschaltet werden.

Konstitutives Merkmal beim direkten Absatz ist der unmittelbare Eigentumsübergang von Objekten vom Produzenten zum Endverbraucher, während beim indirekten Absatz ein zweifacher Eigentumsübergang beim Händler vorliegt. (Mattmüller 1993, S. 82)

▶ Abb. 47 zeigt die verschiedenen Formen des Absatzweges schematisch auf. Die Entscheidung, ob direkt oder indirekt abgesetzt werden soll, hängt von verschiedenen Faktoren ab. In Bezug auf die produkt- und kundenbezogenen Faktoren können folgende Tendenzen abgeleitet werden:

- **Produkt:**
  - **Verderbliche** Güter verlangen in der Regel eine rasche Überführung vom Produzenten zum Konsumenten, da Zeitverluste und häufiges Umladen die Qualität der Produkte sehr stark beeinflussen können.
  - Bei **nichtstandardisierten** Produkten erfolgt meistens ein direkter Absatz, speziell wenn eine auftragsorientierte Fertigung vorliegt.
  - Güter, die einen hohen **Wert** haben, werden meistens direkt vertrieben, da sie hohe Lagerkosten verursachen. Dazu kommt, dass mit diesen Gütern häufig ein **Kundendienst** verbunden ist (z. B. Instandsetzung, regelmäßige Wartung), der direkt vom Hersteller ausgeführt werden muss.
  - Schließlich spielt auch die **Erklärungsbedürftigkeit** und **Neuartigkeit** des Produktes eine Rolle. Sie sprechen ebenfalls für einen direkten Absatz, da der Hersteller über das notwendige Know-how verfügt.

- **Kunden:**
  - Je größer die **Zahl** der Kunden, um so eher wird der indirekte Absatz gewählt.
  - **Häufigkeit** des Bedarfsanfalls. Bei seltenem oder gelegentlichem Bedarf wird ein direkter, bei regelmäßigem ein indirekter Absatzweg im Vordergrund stehen.

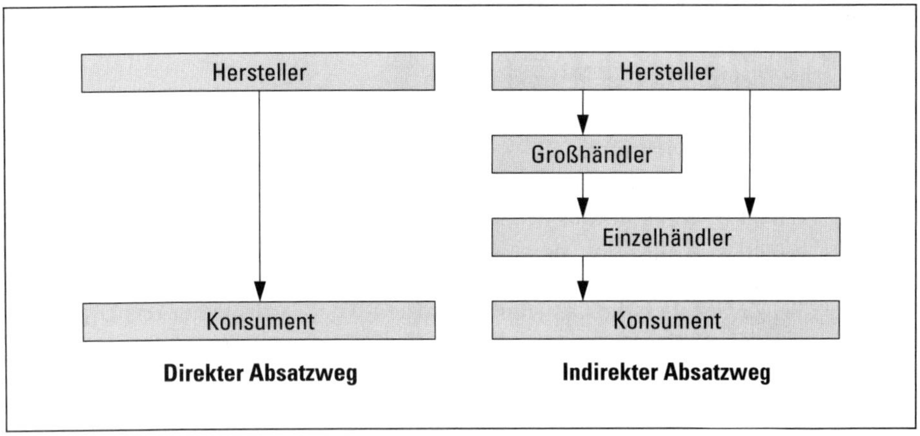

▲ Abb. 47 Formen des Absatzweges

- Je größer die **geografische Streuung** der Kunden ist, um so teurer ist die Distribution (insbesondere bei einer kleinen Anzahl an Kunden), um so eher wird ein indirekter Absatzweg gewählt.
- Die **Einkaufsgewohnheiten** der Kunden können eine entscheidende Rolle spielen. Je kleiner die gekaufte Menge pro Einkauf – vor allem zusammen mit einer großen Einkaufshäufigkeit – desto mehr ist ein indirekter Absatzweg angezeigt.

Der **direkte Absatz** hat sich vor allem im Investitionsgütermarkt bewährt. Bei Investitionsgütern, insbesondere wenn es sich um kapitalintensive und um technisch komplizierte Produkte und um Güter handelt, die einen regelmäßigen Kundendienst benötigen, bietet der Direktabsatz am ehesten Gewähr für eine entsprechende Marktdurchdringung. Im Konsumgüterbereich findet man den Direktabsatz vor allem in Form von Fabrikläden. Bei diesem Verkauf ab Fabrik erwirbt der Kunde das Produkt zu günstigen Preisen direkt beim Hersteller. Oft sind die Waren mit kleinen Fehlern behaftet und die Serviceleistungen eingeschränkt (Beispiele: Kleider, Geschirr und Kochtöpfe, landwirtschaftliche Produkte).

Der **indirekte Absatz** über den Handel bietet dem Unternehmen verschiedene Vorteile:

- Das Unternehmen muss nur einen beschränkten Distributionsservice anbieten.
- Das Unternehmen hat es nur mit einer beschränkten Anzahl von Kunden zu tun (z.B. Großhändler).
- Das Unternehmen braucht kein Kapital zum Aufbau einer flächendeckenden Distributionsorganisation.
- Das Unternehmen müsste bei einem Direktverkauf auch die Komplementärprodukte führen, um das Sortiment auf die Kundenbedürfnisse auszurichten. Damit würde das Unternehmen selber zu einem Händler.

- Die Aufteilung der Produktions- und Distributionsfunktion aufgrund des unterschiedlich benötigten Know-hows führt zu einer Spezialisierung. Dadurch können die Kosten gesenkt werden.
- Der Handel verfügt über bessere Marktkenntnisse, von denen das Unternehmen profitieren kann.
- In der Regel können die finanziellen Mittel (Kapital) rentabler im angestammten Tätigkeitsbereich investiert werden.

Diesen Vorteilen des indirekten Absatzes stehen aber einige Nachteile gegenüber:

- Zwar fallen die Distributionskosten weg, dafür erzielt das Unternehmen niedrigere Verkaufspreise.
- Falls das Unternehmen nur mit dem Absatzmittler Kontakt hat, besteht die Gefahr, dass es wegen des fehlenden Endverbraucherkontaktes Marktveränderungen nicht rechtzeitig zu erkennen vermag.
- Arbeitet das Unternehmen nur mit wenigen Absatzmittlern zusammen, so besteht zudem die Gefahr, dass es von diesen in starkem Masse abhängig und zu einem nur noch ausführenden Lieferanten wird.

4.2.2 Franchising

In der Praxis finden sich verschiedene Mischformen, die nicht eindeutig einem direkten oder indirekten Absatzweg zugeordnet werden können. Dies ist insbesondere dann der Fall, wenn der Vertrieb zwar indirekt über rechtlich selbstständige Absatzmittler erfolgt, diese aber wirtschaftlich über Verträge an den Produzenten gebunden sind. Eine typische Erscheinung dieser Mischformen ist das Franchising.

> Unter **Franchising** versteht man eine vertraglich geregelte vertikale Kooperation zwischen zwei rechtlich selbstständigen Unternehmen, bei der der Franchise-Geber (engl. „franchisor") dem Franchise-Nehmer (engl. „franchisee") gegen ein Entgelt das Recht gewährt, Güter und Dienstleistungen unter einer Marke bzw. einem bestimmten Unternehmenskennzeichen und nach den Vorgaben des Franchise-Gebers zu vertreiben.

Als Beispiele für dieses System können angeführt werden: Coca Cola, Hertz, Holiday Inn, McDonald's. Der Franchise-Geber stellt dem Franchise-Nehmer je nach Ausgestaltung des Franchise-Vertrages folgendes zur Verfügung:

- Handelsname und Marke seines Unternehmens,
- Methoden und Techniken der Geschäftsführung (Organisation, Führungskonzept, Rechnungswesen),
- Produktionsverfahren, Rezeptur,

- Belieferung mit Waren,
- Marketing-Konzepte,
- Personalschulung.

Auf der anderen Seite verpflichtet sich der Franchise-Nehmer gegenüber dem Franchise-Geber zu einer einmaligen Zahlung beim Eintritt und/oder periodischen Zahlungen, so genannten Royaltys, sowie zur Anwendung der vom Franchise-Geber vorgeschriebenen Geschäftsführungsmethoden.

Das Franchising ist sowohl für den Franchise-Geber wie auch für den Franchise-Nehmer mit verschiedenen **Vorteilen** verbunden.

- Als allgemeine Vorteile für den **Franchise-Geber** können genannt werden:
  - geringer Bedarf an finanziellen Mitteln,
  - große Expansionsmöglichkeiten,
  - größere Motivation beim selbstständig arbeitenden Unternehmer,
  - vorteilhafte Kostenstruktur (z.B. durch zentralisierte Erledigung bestimmter Aufgaben),
  - Ausnutzen von lokalem/kulturellem Know-how des Franchise-Nehmers.
- Vorteile für den **Franchise-Nehmer** sind:
  - Aneignung von bisher nicht vorhandenem Know-how (Führung und Marketing),
  - Verminderung des Unternehmerrisikos,
  - Bewahrung der Unabhängigkeit,
  - sofortiger Wettbewerb mit allen Mitanbietern des gleichen Produktes oder der gleichen Dienstleistung.

4.2.3 Weitere Charakterisierung des Absatzweges

Neben Art und Länge des Distributionskanals sind zur Charakterisierung eines Absatzweges weitere Elemente zu beachten:

- Wie gelangt die Information vom Produzenten zum Kunden?
- Wie wird der Absatz gefördert?
- Wie fließen die Zahlungsmittel an den Produzenten zurück?
- Wer trägt das Risiko der Zahlungsunfähigkeit (bzw. in wessen Eigentum befindet sich die Ware auf dem Weg zum Kunden)?

▶ Abb. 48 zeigt diese Charakteristika an einem einfachen Beispiel mit einer einzigen Zwischenstufe. Dieses macht deutlich, dass es sich bei der Distribution nicht bloß um einen physischen Warenfluss, sondern um verschiedene Flüsse handelt.

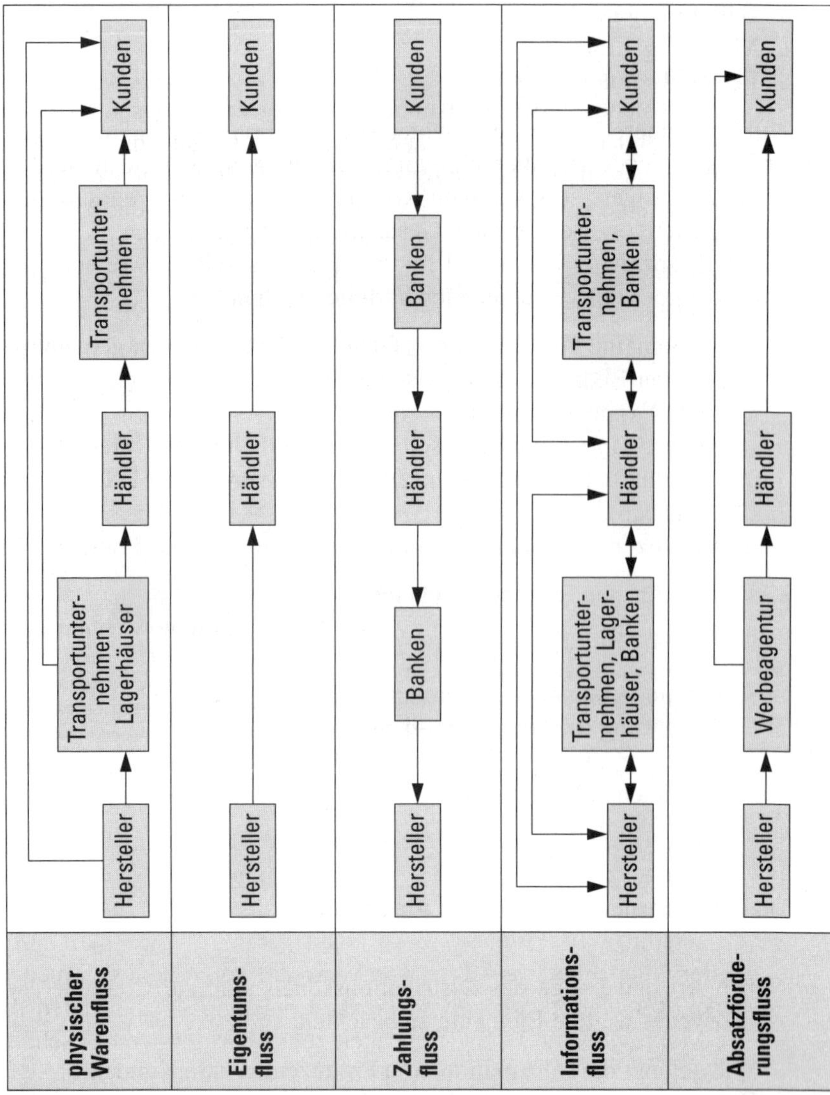

▲ Abb. 48 Charakterisierung des Absatzweges (Kotler/Bliemel 1999, S. 821)

4.3 Absatzorgane

4.3.1 Übersicht

Grundsätzlich stehen einem Unternehmen folgende Verkaufsorgane oder Verkaufsorganisationen für den Vertrieb seiner Produkte zur Verfügung:

1. **Verkauf durch Mitglieder der Geschäftsleitung:** Diese Art des Verkaufs ist dort anzutreffen, wo persönliche Kontakte zu den Kunden notwendig sind. Dies

trifft insbesondere auf Großabnehmer zu, die einen bedeutenden Umsatzteil ausmachen.

2. **Verkäufer im Außendienst:** Der Reisende ist ein Angestellter des Unternehmens und als solcher dessen Weisungen unterworfen. Er besucht regelmäßig seine Kunden und bezieht dafür häufig ein festes Gehalt, nur in Ausnahmefällen erhält er ausschließlich eine umsatzabhängige Provision. In den meisten Fällen wird aber eine kombinierte Entlohnung angestrebt, um die Vorteile beider Zahlungsformen zu vereinigen. Die Spesen des Vertreters gehen zu Lasten des Unternehmens. Beispiele dazu sind Medikamente, Kosmetika und Bücher.
3. **Verkaufsniederlassung:** Vor allem Großunternehmen führen oft eigene Niederlassungen, welche für Kundenberatung, Verkaufsabschlüsse und Auslieferung aus eigenen Lagern zuständig sein können. Der Grad der Selbstständigkeit und auch die Rechtsform ist von Unternehmen zu Unternehmen stark verschieden.
4. **Handelsvertreter (Agent):** Der Handelsvertreter ist ein selbstständiger Gewerbetreibender, der seine Tätigkeit im wesentlichen frei gestalten und seine Arbeitszeit selbst bestimmen kann. Die rechtlichen Grundlagen für die Beziehung zwischen Unternehmen und Vertreter bilden § 84ff. HGB. Die Ware geht nicht in sein Eigentum über und er übernimmt somit keine damit verbundenen Risiken (Verderb der Ware, Änderung der Mode, Preisänderungen, Zahlungsunfähigkeit des Kunden). Ein Handelsvertreter handelt somit in fremdem Namen und auf fremde Rechnung. Im Vergleich zum Reisenden erfolgt die Vergütung der Arbeitsleistung rein umsatzorientiert, d.h. er bekommt eine umsatzabhängige Provision.
5. **Kommissionär:** Kommissionäre kaufen und verkaufen im eigenen Namen, jedoch auf Rechnung und Gefahr ihrer Auftraggeber. Als Vergütung erhalten sie eine umsatzabhängige Kommission, die mit steigendem Umsatz fallen kann. Kommissionsgeschäfte (§ 383ff. HGB) werden häufig im Wertpapiergeschäft und im Handel mit Agrarprodukten und Rohstoffen (Import- und Exporthandel) getätigt.
6. **Makler:** Makler suchen Käufer und Verkäufer von Produkten (meistens Grundstücke, Versicherungen und Finanzdienstleistungen) und bieten ihnen gegen eine Maklerprovision die Gelegenheit zum Abschluss von Geschäften (§ 93ff. HGB).
7. **Großhandel:** Die Institutionen des Großhandels kaufen Güter in großen Mengen ein und verkaufen diese an Wiederverkäufer, Weiterverarbeiter oder an Großverbraucher. Auf die dabei wahrgenommenen Funktionen und verschiedenen Formen des Großhandels wird im nächsten Abschnitt eingegangen.
8. **Einzelhandel:** Der Einzelhändler kauft Waren und verkauft diese in der Regel ohne zusätzliche Bearbeitung in bedarfsgerechten Mengen an den Konsumenten. Wegen seiner großen Bedeutung und der Vielzahl der Erscheinungsformen wird ebenfalls im nächsten Abschnitt ausführlich auf diese Handelsform eingegangen.

9. **Weitere Glieder im Absatzsystem:** In einem weiteren Sinne müssen nach Hill (1982b, S. 82) auch solche Unternehmen als Glieder der Absatzwege gesehen werden, die zwischen dem Produzenten und dem Konsumenten irgendwelche **Teilfunktionen** des Marketing übernehmen, insbesondere also Werbeagenturen, Transportfirmen, Spediteure und Lagerhalter, Transportversicherungsgesellschaften, Kredit- und Inkassoinstitute.

   In manchen Branchen kommt der Einschaltung so genannter **Absatzhelfer** große Bedeutung zu. Es sind dies zum Beispiel Ärzte für den Absatz von Medikamenten, Lehrkräfte für den Absatz von Büchern, Ernährungsberater für den Absatz von Diätnahrung usw.

   Ferner sind auch spezielle **Marktveranstaltungen** (Messen und Ausstellungen) und **Institutionen** (Fachverbände, Industrie- und Handelskammer, staatliche Organisationen) zu erwähnen, die eine Distributionsfunktion ausüben können.

4.3.2 Absatzorgane des Handels

4.3.2.1 Funktionen des Handels

Der Handel bildet als Absatzmittler ein wichtiges Glied in der Absatzkette zwischen Produzent und Verbraucher. Wie schon aus der Darstellung der verschiedenen Kriterien bei der Wahl eines direkten oder indirekten Absatzweges ersichtlich wurde, kann der Handel dabei verschiedene Funktionen übernehmen (Mattmüller 1993, S. 79f.):

1. Funktion der Überbrückung **räumlicher** Spannungen, die durch die räumliche Trennung zwischen Produzent und Verbraucher entstehen (Transport- und Beschaffungsfunktion).
2. Funktion der Überbrückung zeitlicher **objekt-** und **wertbezogener** Spannungen. Durch den Wunsch der Hersteller nach sofortigem Absatz der Produktion und einem verzögerten Beschaffungsverhalten der Nachfrager entstehen objektbezogene Spannungen, die der Handel durch Lagerhaltung überbrückt (Lagerfunktion). Aufgrund der gleichen Ursachen entstehen wertbezogene Spannungen, die der Handel durch Kreditsysteme abbaut (Kreditfunktion).
3. Funktion der Überbrückung **quantitativer** Spannungen: Da einerseits zumindest Konsumgüter in großen Mengen hergestellt werden, aber i.d.R. nur eine kleine, ge- und verbrauchsgerechte Menge von den Verbrauchern nachgefragt wird, findet eine mengenmäßige Aufteilung über den Handel statt. Der entgegengesetzte Fall – Aufkauf von kleinen Mengen durch den Handel und Weiterverkauf von sinnvoll großen Mengen an den Hersteller – ist auch nachweisbar, z. B. der Hopfen-Aufkauf-Großhandel (Verteilungsfunktion).

4. Funktion der Überbrückung **qualitativer** Spannungen. Durch die Sortimentsbildung kommt der Handel dem Wunsch des Verbrauchers nach Auswahl gleichartiger Produkte nach (Sortimentsfunktion).

Der Handel wird in einen **Großhandel** und einen **Einzelhandel** unterteilt, die in den nächsten beiden Abschnitten besprochen werden.

4.3.2.2 Einzelhandel

Der **Einzelhandel** besteht aus der Summe der Aktivitäten beim Verkauf von Gütern und Dienstleistungen, die direkt an den Endverbraucher zu dessen persönlichem Konsum oder sonstigen Verwendung (z.B. Geschenk) gehen.

Dem Einzelhandel fällt also die Aufgabe zu, Waren in bedarfsgerechten Mengen an Letztverbraucher abzusetzen. Eine Systematisierung der Erscheinungsformen des Einzelhandels wird nach den drei Kriterien Sortiment, Preis und Verkaufsort vorgenommen:

1. Nach dem **Sortiment:**
   - **Fachgeschäfte:** Hier werden neben einem tiefen Sortiment eine fachmännische Beratung und zusätzliche Serviceleistungen geboten.
   - **Spezialgeschäfte:** Diese bieten bei ähnlichen Merkmalen wie Fachgeschäfte im Vergleich zu diesen ein engeres Sortiment an.
   - **Kaufhäuser:** Kaufhäuser bieten ein besonders breites Sortiment an. Beispiele: Kaufhof, Horten, Hertie.
   - **Supermärkte:** Supermärkte bieten große Volumen von problemlosen Artikeln des Lebensmittel- und des Non-Food-Bereichs mit geringen Handelsmargen und zu niedrigen Preisen an. Typisch ist das Selbstbedienungsprinzip. Beispiele: Tengelmann, Minimal, Plus.
   - **Einkaufszentren:** In Einkaufszentren vereinigen sich mehrere unabhängige Einzelhandelsunternehmen unter dem Gedanken der Standort-Kooperation. Meist errichtet eine Verwaltungsgesellschaft das Zentrum und vermietet dann die Räumlichkeiten an die unabhängigen Unternehmen. Ein wichtiges Merkmal von Einkaufszentren ist das große Parkplatzangebot. Beispiel: Breuningerland.
   - **Filialbetriebe:** Filialunternehmen sind große Fachgeschäfte mit mehreren, örtlich getrennten Verkaufsstellen, die von der Zentrale aus geführt werden.
   - **Gemischtwarengeschäfte:** Gemischtwarengeschäfte (Nachbarschaftsläden) bieten Waren verschiedener Branchen, ohne große Auswahlmöglichkeiten, an. Sie sind noch vorwiegend in ländlichen Gebieten zu finden.

- **Kioske:** Kioske bieten in der Regel eine Kombination aus den folgenden Produkten an: Getränke (in kleinen Abfüllmengen), Süßigkeiten, Tabakwaren, Postkarten, Stadtpläne, Zeitungen und Zeitschriften.
- **Convenience Store**: Der Convenience Store ist eine Form des Einzelhandels. Er führt ein begrenztes Sortiment an Lebensmitteln und Waren des täglichen Bedarfs. Man findet ihn heute vor allem bei Tankstellen, die den Vorteil haben, nicht an Ladenöffnungszeiten gebunden zu sein. Es besteht aber die Tendenz, diese Vertriebsform auch auf traditionelle Einzelhandelsformen auszudehnen. Beispielsweise bieten Bäckereien neben ihrem eigentlichen Sortiment weitere Lebensmittel an oder führen eine Imbissecke.

2. Nach dem **Preis:**
   - **Discounter:** Discounter verkaufen an kostengünstigen Standorten in funktionaler Aufmachung Produkte, die sie unter dem Gesichtspunkt des schnellen Lagerumschlages in ihr Sortiment aufgenommen haben. Sie bieten wenig Serviceleistungen, dafür niedrige Preise. Beispiel: Aldi.
   - **Lagerverkauf:** Der Verkauf ab Lager, bei dem der Kunde einen großen Teil der Distributionsleistungen selber erbringt, dafür aus einem großen Sortiment auswählen kann, hat sich vor allem beim Verkauf von Möbeln und Bekleidung durchgesetzt. Beispiel: Boss.
   - **Katalog-Schauräume (Showrooms):** In besonderen Abteilungen oder in eigens dafür konzipierten Geschäften kann der Kunde aufgrund von Katalog-Abbildungen oder Ausstellungsmustern seine Bestellung aufgeben und erhält die Ware (oft Gepäckstücke, Kameraausrüstungen oder Elektroartikel) entweder zugestellt oder ab Lager ausgehändigt. Die Verkaufspreise können niedrig gehalten werden, bedingt durch die vergleichsweise geringen Personal-, Service- und Verlustkosten (z.B. durch unsachgemäßes Ausprobieren oder Diebstahl).
   - **Boutiquen:** Boutiquen sind kleinere Fachgeschäfte mit stark zielgruppenorientierter Laden- und Sortimentsgestaltung im obersten Preissegment. Sie sind vor allem im Modebereich anzutreffen (Kleider, Schuhe, Schmuck).
   - **Off-Price-Stores:** Bei dieser aus den USA stammenden Form des Einzelhandels werden Markenartikel zu tieferen Verkaufspreisen als in anderen Einzelhandels-Unternehmen verkauft. Der Off-Price-Store ist eine preisaggressive Handelsform, die in der Regel nur qualitativ hochwertige Markenprodukte anbietet. Das Sortiment kann jedoch auch veraltete oder leicht fehlerhafte Waren umfassen.

3. Nach dem **Ort des Verkaufs:**
   - **Telefonbestellung:** Das Telefon-Marketing wird zunehmend durch Bestellungen über das Internet verdrängt.
   - **Versandhandel:** Das Angebot erfolgt in der Regel auf schriftlichem, die Bestellung auf schriftlichem (Brief, Telefax) oder mündlichem (Telefon) Wege. Traditionellerweise wird mit Katalogen oder Prospekten sowie TV-

Werbung gearbeitet, doch wird heute ein nicht unerheblicher Teil des Umsatzes über das Internet (e-commerce) erzielt. Beispiele: Amazon, Otto Versand.

- **Automatenverkauf:** Diese vollmechanisierte Form des Absatzes bietet vor allem den Vorteil des 24-Stundenbetriebes. Ihre Grenze liegt in der Größe und Verderblichkeit bestimmter Produkte, in der Störanfälligkeit der Automaten selbst sowie möglicher Fremdeinwirkung durch Vandalismus.
- **Haustürgeschäfte:** Haustürgeschäfte stellen eine sehr traditionelle Form des persönlichen Verkaufs dar. Auf diese Weise werden vor allem Haushaltsartikel wie Staubsauger (Vorwerk) und Putzlappen sowie Haushaltsbesen verkauft.
- **„Tupperware-Partys":** Tupperware- und andere Produkte (z. B. Pfannen, Kosmetik, Kleider) werden verkauft, indem Hausfrauen ihre Nachbarinnen und andere Interessierte einladen, denen diese Produkte präsentiert werden.
- **Tankstellen:** Tankstellen haben als ein Ort des Produktabsatzes von Lebensmitteln und auch Non-Food-Artikeln in den letzten Jahren zunehmend an Bedeutung gewonnen. Sie werden auch als Convenience Stores bezeichnet (vgl. Punkt 1).
- **Shop-in-the-Shop:** Ein Geschäft (z. B. ein Kaufhaus) vermietet an einen Konzessionär einen Teil seiner Verkaufsfläche, auf der dieser eine eigene Verkaufsparzelle einrichten und sein Warensortiment anbieten kann.
- **Virtual Shopping:** Beim virtuellen Shopping (Home Shopping System) wandert der Kunde via Internet durch einen dreidimensionalen virtuellen Supermarkt (Kaufhaus). Er betrachtet Produkte, die er per Datenhandschuh auch anfassen kann, legt sie in einen virtuellen Einkaufswagen und geht zur Kasse, wo er bargeldlos bezahlt. Der Kunde kann bei dieser Art des Einkaufens per Mausklick das Warenangebot eines Anbieters auf dem Bildschirm betrachten.

In der Praxis lassen sich die einzelnen Formen des Einzelhandels nach den drei Kriterien Sortiment, Preis und Verkaufsort nicht immer eindeutig einordnen. Oft treffen zwei oder drei Kriterien gleichzeitig zu (z. B. ist das Möbelhaus IKEA ein Fachgeschäft, doch zeichnet es sich auch durch niedrige Preise und teilweise auch durch Verkauf ab Lager aus). Dies trifft insbesondere für neue Formen des Einzelhandels zu. Zu nennen sind beispielsweise:

- **Verbrauchermärkte (Selbstbedienungswarenhäuser):** Verbrauchermärkte bieten ein breites, preisgünstiges Sortiment im Lebensmittel- und/oder im Non-Food-Bereich an. Der Kunde muss sich selbst bedienen. Da Verbrauchermärkte auf sehr große Verkaufsflächen ausgerichtet sind, findet man sie zunehmend in den Industriegebieten außerhalb der Großstädte. Beispiele: Continent, Extra.
- **Fachmärkte:** Der Fachmarkt verfügt über ein tiefes und breites Sortiment, das auf die Deckung eines kundenspezifischen Bedarfs ausgerichtet ist. Er ist eine Weiterentwicklung des Fachgeschäfts und zeichnet sich durch eine große Auswahl, große Verkaufsflächen, ein aktuelles Sortiment, attraktive Preise und in der Regel Selbstbedienung aus. Beispiele: Media Markt, Toys 'R' Us, Bau- und Gartencenter.

- **Factory-Outlet:** Factory-Outlets sind Läden der Hersteller, die – im Gegensatz zu den eigentlichen Fabrikläden[1] – fernab von den Produktionsstätten liegen. Die Hersteller von Markenartikeln (vor allem Möbel, Textilien, Sportartikel, Hi-Fi-Geräte) setzen auf diese Weise ihre überschüssige Ware (Auslaufmodelle, Restposten) zu niedrigeren Preisen ab. Auf Service wie Beratung und Bedienung wird verzichtet, die Warenpräsentation ist sehr einfach und entspricht einer Lagerhausatmosphäre.
- **Convenience Store:** Der Convenience Store führt ein begrenztes Sortiment an Lebensmitteln und Waren des täglichen Bedarfs. Man findet ihn heute vor allem bei Tankstellen, doch besteht die Tendenz, diese Vertriebsform auch auf traditionelle Einzelhandelsformen auszudehnen. So bieten beispielsweise Bäckereien neben ihrem eigentlichen Sortiment weitere Lebensmittel an oder führen eine Imbissecke.

4.3.2.3 Großhandel

Der **Großhandel** kauft als Absatzmittler Waren ein und verkauft sie an Wiederverkäufer, Weiterverarbeiter und an Großverbraucher weiter.

Im Gegensatz zum Einzelhandel werden größere Mengen vermittelt und die Absatzgebiete sind größer. Dafür sind die Promotion, die Verkaufsatmosphäre und zum Teil auch der Standort von geringer Bedeutung. Es können folgende **Formen des Großhandels** unterschieden werden:

- **Sortimentsgroßhandel:** Hier wird ein breites, aber flaches Sortiment aus mehreren bedarfsverwandten Branchen angeboten.
- **Spezialgroßhandel:** Der Spezialgroßhandel bietet ein enges, aber tiefes Sortiment – meist einer Branche – an. Beispiel: Papiergroßhandel.
- **Zustellgroßhandel:** Hier werden die Produkte im Anschluss an eine gezielte Bestellung an Einzelhändler oder Weiterverarbeiter geliefert. Beispiele: Bücher, Ersatzteile.
- **Cash and carry-Großhandel:** Bei dieser Form errichten Großhändler an billigen und verkehrsgünstigen Standorten Lagerhallen, in denen Einzelhändler bzw. Gewerbetreibende ihre Waren in Selbstbedienung und gegen Barzahlung einkaufen können. Der Großhändler benötigt dabei weder Verkaufsreisende noch einen eigenen Lieferdienst, noch gewährt er Debitorenkredite. Darum können seine Preise bis zu 5 % unter den sonst handelsüblichen Ankaufspreisen liegen. Beispiele: Metro, Fegro.

1 Zum Direktabsatz vgl. Abschnitt 4.2.1 „Direkter und indirekter Absatz".

- **Rack Jobber-Großhandel (Regalgroßhandel):** Regalgroßhändler mieten – vorzugsweise in Supermärkten und Verbrauchermärkten – Regale an und lassen dort eigene Verkaufsstände aufstellen. Diese werden von örtlichen Verkaufsbetreuern überwacht. Die Handelsorganisation übernimmt Artikelauswahl, Einkauf, Lagerhaltung, Warenauszeichnung, Verpackung, Transport und Verkaufsaktionen. Der örtliche Verkaufsberater prüft regelmäßig den Warenbestand beim Einzelhändler und ergänzt diesen mit fertig abgepackter und ausgezeichneter Ware, die er vom Zentrallager erhält. Der Vermieter übernimmt meistens Inkasso und Abrechnung, wofür er ein festes Entgelt (Regalmiete) erhält und am Umsatz beteiligt ist. Das Warenangebot umfasst in der Regel Waren des Non-food-Bereichs, Waren also, die dem Lebensmittelhändler wenig bekannt sind. Für dieses Verkaufssystem eignen sich vorwiegend Artikel, die der Kunde täglich braucht, aber meist erst dann kauft, wenn er sie im Angebot sieht.

4.3.2.4 Konzentrations- und Kooperationsformen des Groß- und Einzelhandels

Der rechtlich und wirtschaftlich unabhängige Einzelhändler stellt die ursprüngliche Form des Einzelhandels dar, die aber immer mehr im Verschwinden begriffen ist. An ihre Stelle treten verschiedene Formen, die der Konzentration und Kooperation im Handel zuzuschreiben sind.

Als typische **Konzentrationsform** des Groß- und Einzelhandels ist die **Filialkette** zu bezeichnen, d.h. ein Unternehmen, das über eine größere Zahl gleichartiger Filialgeschäfte verfügt, die es von seiner Zentrale aus mit einem einheitlichen Warensortiment beliefert. Typische Beispiele für solche Kettenläden finden sich im Lebensmittel-, Rauchwaren-, Textil-, Schuh-, Möbel- und Spielwarenhandel.

Bei den Formen der **Kooperation** kann nach den beteiligten Kooperationspartnern folgende Einteilung vorgenommen werden:

1. **Kooperation zwischen Einzelhandel und Großhandel** (November 1978, S. 10f.):
   - **Einkaufsgesellschaften** selbstständiger Einzelhändler: Der unabhängige Einzelhandel, der zwar unter dem Zwang der Modernisierung steht, aber seine Unabhängigkeit nicht völlig aufgeben will, hat verschiedene Formen von Zusammenschlüssen geschaffen, um seine Verhandlungsposition gegenüber Fabrikanten und Lieferanten zu stärken. Das Ziel solcher Vereinigungen besteht darin, die Bestellungen der angeschlossenen Einzelhändler zu zentralisieren und Lieferanten auszuwählen, denen nach Aushandlung der Liefer- und Preisbedingungen die Bestellungen übergeben werden. Die angeschlossenen Einzelhändler werden direkt oder von einem regionalen Zwischenlager aus bedient, und die Rechnungen werden individuell erledigt. Sie verpflichten sich durch ihre Zugehörigkeit zu einer solchen Vereinigung aber nicht, nur noch durch ihre Einkaufsgesellschaft einzukaufen. Sie können ihre Lieferanten nach wie vor frei wählen. Zusätzlich gewähren

solche Einkaufsgesellschaften ihren Mitgliedern außer dem zentralen Einkauf auch Kredite, technische Ratschläge und Beratung bei der Betriebsführung. Ferner tragen sie zur Werbung und Absatzförderung der verschiedenen Produkte bei.

- **Freiwillige Ketten:** Die Initiative zur Bildung freiwilliger Ketten ist von den Großhändlern ausgegangen, um ein Gegengewicht zu den vollintegrierten Unternehmen zu schaffen. Die freiwilligen Ketten gleichen zwar den Einkaufsgenossenschaften des Handels, sind mit ihnen aber nicht identisch. Der hauptsächliche Unterschied besteht in der Tatsache, dass es bei Einkaufsgenossenschaften die Einzelhändler sind, welche sich zusammenschließen („horizontale" Kooperation), während es im Falle der freiwilligen Ketten um eine Zusammenarbeit von Einzelhändlern und Großhändlern geht („vertikale" Kooperation). Das Ziel der freiwilligen Ketten liegt vor allem im zentralisierten Einkauf, welchem verschiedene Dienstleistungen angegliedert sind, von denen die Mitglieder profitieren können. Die wichtigsten Aufgaben freiwilliger Ketten sind:
  - zusammengefasster Einkauf,
  - gemeinsame Werbekampagnen (Verwendung von Eigenmarken innerhalb der ganzen Kette),
  - Standardisierung des ganzen Sortiments,
  - Rationalisierung der Verwaltungs- und Auslieferungsarbeiten (Bestellungen und Rechnungen),
  - Unterstützung der Mitglieder in Geschäftsführung und Verkaufsmethoden (z.B. Warendisposition, Organisation der einzelnen Abteilungen),
  - finanzielle Hilfe (Vermittlung langfristiger und kurzfristiger Kredite).
- **Konsum- und Einkaufsgenossenschaften:** Gewerbliche Genossenschaften (Konsum- und Einkaufsgenossenschaften) stützen sich in ihrer juristischen Ausgestaltung auf die Grundgedanken der Genossenschaft. Die Konsumgenossenschaft verdankt ihren Ursprung der Initiative von Konsumenten, die sich in einer Organisation zusammengeschlossen haben, um billiger in eigenen Geschäften einkaufen zu können; der erzielte Gewinn wird im Verhältnis der getätigten Einkäufe (in Form von Rückvergütungen) wieder verteilt.
- **Produzentengenossenschaften** (besonders für Landwirtschaftsprodukte) sowie **Verkaufsgesellschaften von Industriekartellen** (Syndikate).

2. **Kooperation zwischen Hersteller und Händler:**
   - **Vertragshändlersystem:** Bei diesem System verpflichtet sich der Händler zur exklusiven Führung des Herstellersortiments, zur Einhaltung von Preisen, Rabatt- und Lieferkonditionen, zur Durchführung von Garantiearbeiten und eventuell auch von Reparaturarbeiten zu Festpreisen. Weitere vertragliche Abmachungen können Verpflichtungen zur Lagerhaltung, zur Beteiligung an den Werbeaufwendungen und die Erzielung eines bestimmten Mindestumsatzes beinhalten. Der Hersteller kann seinerseits dem Händler Gebiets-

exklusivität einräumen, unterstützt den Händler durch Werbung und Verkaufshilfen, berät ihn in Fragen der Betriebsführung und vermittelt dem Personal erforderliche Spezialkenntnisse. Dieses System trifft man bei Autoherstellern wie beispielsweise Ford und Opel an. (Hill 1982b, S. 81f.)

- **Franchising:** Eng verwandt mit dem Vertragshändlersystem ist das bereits besprochene Franchising.[1] Dieses enthält zwar ebenfalls die beim Vertragshändlersystem genannten Vertragselemente, unterscheidet sich jedoch dadurch, dass der Franchise-Geber darüber hinaus sicherstellt, dass Ladenausstattung, Warenpräsentation und Sortiment vollständig seinen Richtlinien entsprechen, so dass das Geschäft nach außen wie eine Verkaufsfiliale des Herstellers wirkt.

4.3.3 Zusammenfassung

Aus den bisherigen Ausführungen ist deutlich geworden, dass sich einerseits die einzelnen Formen des Absatzweges nicht immer streng auseinander halten lassen und andererseits ein Unternehmen sich mehrerer Absatzwege gleichzeitig bedienen kann. ► Abb. 49 zeigt das Verkaufsnetz eines Herstellers von Kosmetika mit möglichen Absatzkanälen.

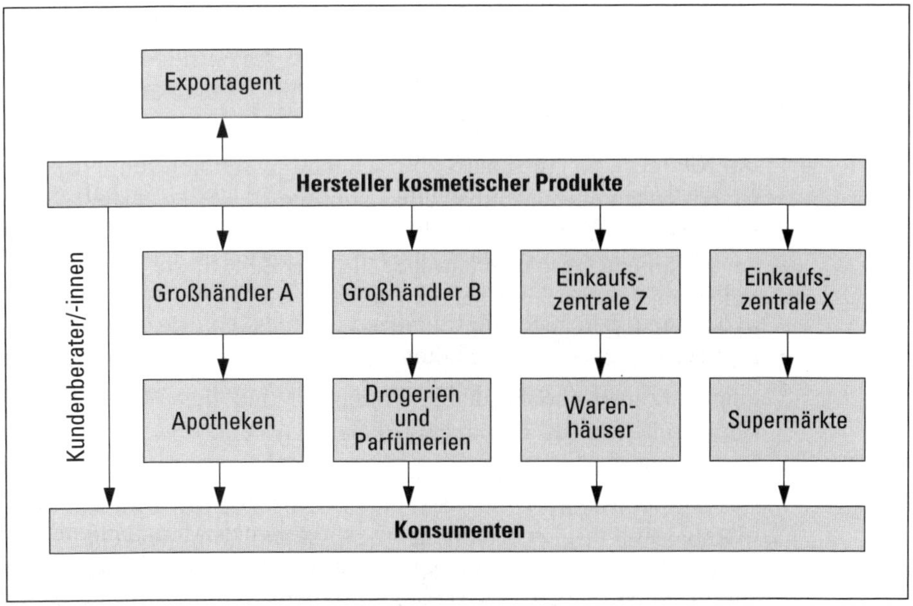

▲ Abb. 49 Distribution eines Kosmetikherstellers (November 1978, S. 8)

1 Vgl. Abschnitt 4.2.2 „Franchising".

4.4 Logistische Distribution

4.4.1 Logistische Distribution als Teil der Logistik

Unter der **logistischen Distribution** versteht man alle Tätigkeiten der technischen Überführung von unternehmerischen Leistungen an den Ort des Kunden.

Die logistische Distribution (Distributionslogistik) stellt einen Bestandteil der Logistik des Unternehmens dar. Aufgabe der **Logistik** ist die zielgerichtete Gestaltung und Steuerung des physischen Warenflusses eines Unternehmens. Sie setzt sich unter Betrachtung des güterwirtschaftlichen Umsatzprozesses aus drei Elementen zusammen:

1. **Physisches Versorgungssystem:** Dieses System sorgt für die physische Bereitstellung von Input-Faktoren für das Unternehmen.
2. **Innerbetriebliches Logistiksystem:** Dieses System befasst sich mit der physischen Versorgung des Produktionsprozesses innerhalb des Unternehmens.
3. **Distributionslogistik:** Dieser Logistikbereich hat die Übertragung des Outputs des Unternehmens an andere soziale Systeme der Umwelt (Konsumenten, Staat, Unternehmen) zur Aufgabe.

Mit den ersten beiden Bereichen beschäftigt sich vor allem die Materialwirtschaft (Beschaffung und Lagerhaltung) sowie der Produktionsbereich, während die Distributionslogistik dem Marketing zugeordnet wird. Die Bedeutung der Distributionslogistik als eigenständiges Marketing-Instrument beruht auf folgenden Entwicklungen (Bantleon/Wendler/Wolff 1976, S. 147):

1. Im Käufermarkt verschafft die schnelle Warenlieferung des Marktes dem Unternehmen einen Wettbewerbsvorsprung.
2. Der verkürzte Lebenszyklus vieler Produkte, beruhend auf dem relativ schnellen Mode- und Geschmackswandel unserer Zeit, führte zu einem Rückgang der Vororders seitens des Handels und hatte zur Folge, dass die Produktionsbetriebe erhöhte Lagerhaltung zu übernehmen hatten.
3. Entsprechende Techniken der Lagerorganisation (EDV-gesteuerte Lagerhaltung, automatische Fördereinrichtungen) und der Warenauslieferung (z.B. Hängetransport bei Bekleidung, Palettensysteme) bedingten kapitalintensive Investitionen.
4. Marktsättigungstendenzen und die starke internationale Verflechtung der Märkte führten zur Ausweitung der betrieblichen Absatzgebiete. Kostensteigerungen im Inland waren die Ursachen für Produktionsverlagerungen ins Ausland. Damit ergaben sich Transportprobleme und der Zwang zu neuen Lagerstandorten.
5. Die zunehmende Bedeutung der Servicekonkurrenz bedingte ein Steigen der Warenverteilungskosten und beeinflusste die Ertragssituation der Unternehmen.

4.4.2 Ziel der logistischen Distribution

Hauptziel der logistischen Distribution ist es, die richtigen Produkte zur rechten Zeit am richtigen Ort in der richtigen Qualität und Quantität zu minimalen Kosten zu verteilen. Daraus können im wesentlichen die beiden Ziele Kostenminimierung und Lieferzuverlässigkeit abgeleitet werden.

Wird das Ziel der **Kostenminimierung** verfolgt, so versucht man die Kosten der logistischen Distribution möglichst niedrig zu halten. Dabei ist allerdings zu berücksichtigen, dass nicht nur die Kosten der eigentlichen logistischen Teilfunktionen (z.B. Lagerhaltung), sondern auch die Kosten entgangener Verkäufe (z.B. aufgrund von Lieferschwierigkeiten) als so genannte Opportunitätskosten berücksichtigt werden. Daraus ergeben sich folgende Distributionskosten:

- $D = A + T + L_{fix} + L_{var} + O$

wobei:
D = gesamte Distributionskosten
A = Auftragsabwicklungskosten
T = Transportkosten
L_{fix} = Fixkosten der Lagerung
L_{var} = variable Kosten der Lagerung
O = Opportunitätskosten aufgrund entgangener Verkäufe

Die **Lieferzuverlässigkeit**, auch **Lieferservice** genannt, kann durch folgende Aspekte qualifiziert werden:

- räumliche und zeitliche Verfügbarkeit von Gütern für potenzielle Abnehmer,
- kurze Lieferzeiten,
- Flexibilität (bezüglich Zeitpunkt, Ort der Lieferung, Liefermenge),
- Erhältlichkeit von Ersatzteilen,
- Installations- und Reparaturdienste,
- Einhaltung der vertraglich garantierten Qualität der Ware,
- Sorgfältige Lieferung, damit der Kunde die Ware in einwandfreiem Zustand in Empfang nehmen kann,
- Bereitschaft, defekte Ware schnell zu ersetzen,
- Vollständigkeit des Sortiments.

Mit dem **Lieferbereitschaftsgrad** wird ausgedrückt, in welchem Ausmaß ein Unternehmen fähig ist, die gewünschten bzw. bestellten Gütermengen zu liefern. Er kann durch folgende Formel ausgedrückt werden:

- $$\frac{\text{Sofort lieferbare Menge eines Artikels pro Zeiteinheit}}{\text{Bestellte Menge pro Zeiteinheit}} \cdot 100$$

Ist der Lieferbereitschaftsgrad unter 100%, so kann das Unternehmen eine Bestellung nicht oder nur teilweise ausführen. Je mehr der Lieferbereitschaftsgrad über 100% liegt, desto größer ist die Wahrscheinlichkeit, dass auch bei zusätzlichen, nicht vorhergesehenen Aufträgen geliefert werden kann.

Die **Lieferzeit** umfasst die Zeitdauer zwischen der Auftragserteilung bzw. dem Auftragsempfang und dem Eintreffen der Ware beim Kunden. Je kürzer die Lieferzeit, um so kurzfristiger kann der Kunde disponieren. Dies bedeutet auch, dass die Lagerhaltung und somit die Lagerhaltungskosten dem Produzenten übertragen werden.

Die Problematik einer Zielformulierung für die logistische Distribution liegt darin, dass sie stark konkurrierende Ziele enthält. Bereits eine Gegenüberstellung der beiden oben besprochenen Ziele macht deutlich, dass diese entgegengesetzt sind: Eine große Lieferzuverlässigkeit mit einem hohen Lieferbereitschaftsgrad und kurzer Lieferzeit ist nur mit hohen Kosten aufrecht zu erhalten. Umgekehrt beeinflussen Maßnahmen der Kostenminimierung den Lieferservice. Es gilt somit den optimalen Lieferservice zu ermitteln, der aber wegen der vielen, zum Teil nicht bestimmbaren oder quantifizierbaren Einflussfaktoren theoretisch nur schwierig festzustellen ist. Immerhin haben empirische Studien gezeigt, dass beispielsweise die Ausführung von 95% aller Bestellungen innerhalb von 24 Stunden gegenüber einer Zustellung von 90% der Aufträge innerhalb von 48 Stunden zu einer Verdoppelung der Distributionskosten führen kann (Nieschlag/Dichtl/Hörschgen 1997, S. 505).

4.4.3 Komponenten der logistischen Distribution

4.4.3.1 Auftragsabwicklung

Die Auftragsabwicklung steht insofern im Zentrum der logistischen Distribution, als sie auch Ausgangspunkt für die anderen noch zu besprechenden Komponenten darstellt. Ihre Aufgabe beinhaltet die administrative Erledigung der Aufträge (z.B. Bestätigungen der Aufträge, Erstellen der Versandpapiere, Fakturierung) und die Auslösung aller anderen Tätigkeiten, die im Zusammenhang mit dem Versand der Waren notwendig sind. ► Abb. 50 zeigt die Arbeiten dieser Abteilung und in Klammern die Zusammenarbeit mit anderen Bereichen.

Aufgabe der Auftragsabwicklung ist die optimale Gestaltung und Abstimmung der einzelnen Tätigkeiten, um die Lieferzeiten möglichst kurz zu halten. Deshalb werden diese Ablaufprozesse genau analysiert.

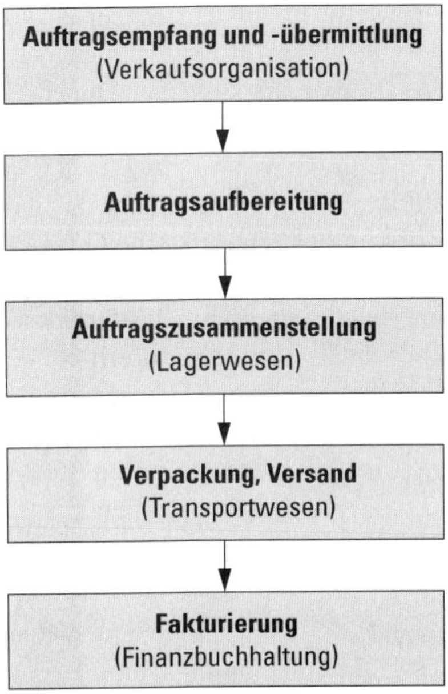

▲ Abb. 50 Elemente der Auftragsabwicklung

4.4.3.2 Lagerwesen

Das Lagerwesen hat unter Berücksichtigung der beiden Oberziele „Lieferzuverlässigkeit“ und „Kostenminimierung“ folgende Problembereiche zum Inhalt:

1. **Optimaler Lagerbestand:** Auf den Zielkonflikt zwischen Kostenminimierung und Maximierung des Lieferbereitschaftsgrades wurde bereits hingewiesen. Je größer der Lagerbestand, um so kleiner ist die Wahrscheinlichkeit von Fehlmengen, um so größer werden dafür die Lagerhaltungskosten ausfallen.
2. **Zweckmäßiges Lagersystem:** Eine Lagerorganisation versucht folgende Ziele zu verwirklichen: Schnelles und sicheres Auffinden aller Artikel, kurze und einfache Transportwege, optimale Raumausnützung. Dazu gehört auch die Bestimmung des technischen Lagersystems (z.B. Hoch- oder Flachregal) unter Berücksichtigung der Größe des Sortiments, der Umschlagshäufigkeit usw.
3. **Anzahl und Standort der Außenlager:** Sowohl die Lieferzeit als auch die Kosten hängen bei einem weitläufigen Absatzgebiet von der Zahl der Zwischenlager ab. Je mehr Zwischenlager eingerichtet werden, um so kleiner werden die Lieferzeiten. Bei den Kosten ist zwischen den Lager- und den Transportkosten zu unterscheiden. Vernachlässigt man die fixen Lagerhaltungskosten, so nehmen erstere mit zunehmender Anzahl der Zwischenlager zu. Umgekehrt sinken die Transportkosten durch Verkürzung der Transportwege. Daraus ergibt sich

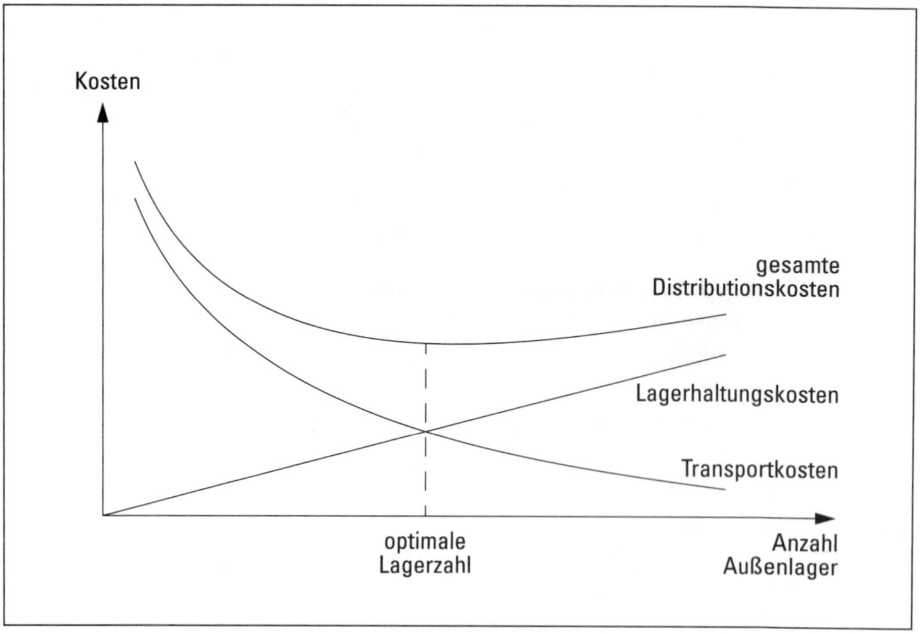

▲ Abb. 51 Bestimmung der optimalen Anzahl von Außenlagern

durch Addition der beiden Kostenkurven der in ◄ Abb. 51 dargestellte Kurvenverlauf für die gesamten Distributionskosten. Die optimale Anzahl an Zwischenlagern liegt dort, wo die Gesamtkostenkurve ihr Minimum hat.

4.4.3.3 Transportwesen

Für den Transport von Gütern stehen verschiedene Transportmittel zur Verfügung. Als wichtigste sind zu nennen:

1. **Schiene:** Der Bahntransport ist vergleichsweise billig. Diverse Marketinganstrengungen haben das Schienentransportangebot in letzter Zeit beträchtlich verbessert. Nach wie vor lässt die Flexibilität der Schiene aber zu wünschen übrig.
2. **Wassertransport:** Der Schiffstransport ist am preiswertesten für schwere, dauerhafte Güter wie Öl, Kohle und Rohmetalle, dafür aber relativ langsam.
3. **Straße:** Der Lastwagentransport eignet sich dank seiner Flexibilität sehr gut für die Feinverteilung von Tür zu Tür und für den Transport hochwertiger Güter.
4. **Rohrleitungen:** Rohrleitungen eignen sich am besten für den Transport von Erdölprodukten, Gas und chemischen Stoffen. Sie gehören meist den Produzenten (z.B. Erdölgesellschaften) selbst.

5. **Luft:** Der Luftverkehr eignet sich für den Transport von verderblichen, kleinen und/oder wertvollen Produkten. Er ist teuer; auf der anderen Seite kann etwa die Möglichkeit des schnellen Transports dazu beitragen, Lagerkosten zu senken, da wegen der raschen Beschaffungsmöglichkeit nur kleine Sicherheitslager angelegt werden müssen.[1]

Welches Transportmittel im Einzelfall gewählt wird, hängt von verschiedenen Faktoren ab. Auswahlkriterien bilden unter anderem:

- Art des zu transportierenden Gutes,
- Transportgeschwindigkeit,
- Häufigkeit und Regelmäßigkeit der Transportmöglichkeit,
- Transportkapazität,
- Transportkosten,
- Verfügbarkeit des Transportmittels,
- Natürliche Restriktionen (z.B. für einen Transport von oder zu einer Insel kommen Schiene/Straße nicht in Frage),
- Abhängigkeit vom Verteiler,
- Ökologische Überlegungen (Umweltbelastung),
- Eingesetztes Marketing-Konzept.

Zur Zeit sind auf dem Transportmarkt zwei Tendenzen zu beobachten: Erstens finden normierte Container eine zunehmende Verbreitung (auch auf Lastwagen), zweitens werden die Transportmedien in steigendem Ausmaß kombiniert, d.h. die so genannte Huckepack-Idee setzt sich immer mehr durch (auch auf Schiffen oder in Flugzeugen).

1 Man spricht in diesem Zusammenhang von „Just-in-Time-Beschaffung“. Vgl. dazu auch Teil 4, Kapitel 1, Abschnitt 1.7 „Just-in-Time-Produktion“.

Kapitel 5
Konditionenpolitik

5.1 Konditionenpolitisches Entscheidungsfeld

Die **Konditionenpolitik** umfasst die Entscheidungen über die Preise der angebotenen Produkte sowie die damit verbundenen Bezugsbedingungen wie Rabatte, Skonti und Kreditfinanzierung.

Die Konditionenpolitik gliedert sich in

- die **Preispolitik,**
- die **Rabattpolitik** und
- die **Transportbedingungen.**

Typisch für diese Instrumente ist ihre Flexibilität. Da sie mit den Kaufakten unmittelbar zusammenhängen, sind sie im Gegensatz zu den Instrumenten der Produkt- und Distributionspolitik relativ kurzfristig variierbar. Dies trifft vor allem auf die Preis- und Rabattpolitik zu. Dabei darf allerdings nicht übersehen werden, dass diese kurzfristigen Änderungen oft erhebliche langfristige Auswirkungen haben können.

Oft werden auch der Kundendienst, die Zahlungsbedingungen und die Absatzfinanzierung zur Konditionenpolitik gezählt. Den Kundendienst kann man aber auch als Bestandteil des Produktes verstehen. Er wird deshalb im Rahmen der Produktpolitik besprochen.[1] Auf die Kreditgewährung an den Kunden, wird im

1 Vgl. Kapitel 3, Abschnitt 3.1.2.2 „Kundendienst".

Rahmen der Finanzierung eingegangen.[1] In diesem Kapitel wird die **Preispolitik** im Vordergrund stehen. Sie ist der wichtigste Bestandteil der Konditionenpolitik. Rabatt- und Transportpolitik haben ihr gegenüber in der Regel eine untergeordnete Bedeutung.

5.2 Preispolitik

5.2.1 Preispolitisches Entscheidungsfeld

Die **Preispolitik** entspricht der Gesamtheit aller Entscheidungen im Absatzprogramm, die der kunden- und zielorientierten Gestaltung des Preis-Leistungsverhältnisses dienen.

In der betrieblichen Praxis gibt es nach Kotler (1982, S. 396) vier **Anlässe,** bei denen der Preis bestimmt werden muss:

1. Das Unternehmen muss zum ersten Mal einen Preis festlegen. Dies ist zum Beispiel dann der Fall, wenn es ein neues Produkt entwickelt hat oder wenn ein existierendes Produkt über einen neuen Absatzweg oder in einem neuen geografischen Gebiet auf den Markt gebracht wird.
2. Die aktuellen Unternehmens- und Marktverhältnisse erfordern Preisanpassungen. Im Vordergrund stehen Veränderungen der Nachfrage- und/oder Kostenstrukturen.
3. Falls eine Preisveränderung von der Konkurrenz initiiert wird, muss sich das Unternehmen entscheiden, ob und um wie viel es auch seinen Preis verändern will.
4. Wenn ein Unternehmen mehrere Produkte herstellt, deren Preise und/oder Kosten voneinander abhängig sind, muss das Unternehmen das optimale Preisverhältnis der einzelnen Produkte einer Produktlinie ermitteln.

Der Preis eines Produktes hängt primär von den Preisvorstellungen des Anbieters und der potenziellen Nachfrager ab. Stimmen diese überein, so steht der Preis fest. Diese Idealvorstellung der Preisbildung ist aber nur noch selten zu beobachten wie beispielsweise bei börsenmäßig gehandelter Ware (Rohstoffe, Aktien). Es handelt sich um einen vollkommenen Markt, bei dem für das gleiche Gut in einem bestimmten Zeitpunkt keine unterschiedlichen Preise bezahlt werden müssen.[2] Mögliche Unterschiede würden über den Preisbildungsmechanismus sofort wieder ausgeglichen. In der wirtschaftlichen Realität liegen jedoch meistens unvollkommene Märkte vor. Auf diesen setzen die Anbieter ihre Preisforderungen fest,

1 Vgl. dazu Teil 6, Kapitel 5, Abschnitt 5.2.1.2 „Kundenkredit“.

2 Für die Unterscheidung zwischen vollkommenen und unvollkommenen Märkten vgl. Abschnitt 5.2.2.1 „Grundlagen“.

die ein potenzieller Käufer ablehnen, annehmen oder durch Verhandlungen zu reduzieren versuchen kann. Wegen der Unvollkommenheit des Marktes kann es vorkommen, dass die Preise zu einem bestimmten Zeitpunkt für die gleiche Menge eines qualitativ homogenen Produktes erheblich voneinander abweichen.

Von einer betrieblichen Preispolitik kann nur dann gesprochen werden, wenn das Unternehmen die Preise für seine Produkte auch selbst bestimmen kann. Ist dies der Fall, so wird das Unternehmen darauf achten müssen, dass die Preise langfristig sämtliche anfallenden Kosten decken und darüber hinaus einen Gewinn einbringen. Kurzfristig kann diese **Preisuntergrenze** aber durchaus durchbrochen werden, wenn zum Beispiel

- ein neues Produkt eingeführt wird oder ein neuer Markt erschlossen werden soll,
- der Preis in einer zeitlich begrenzten Marketing-Aktion auf die übrigen Marketing-Instrumente abgestimmt wird oder
- aufgrund einer konjunkturellen Abschwächung ein kurzfristiger Nachfragerückgang zu erwarten ist.

5.2.2 Preistheorie

5.2.2.1 Grundlagen

Die klassische Preistheorie geht davon aus, dass primär der Preis die nachgefragte Menge bestimmt. Damit resultiert aus der Festlegung eines bestimmten Preises für ein Produkt automatisch die Höhe der nachgefragten (und somit abgesetzten) Menge. Damit das Unternehmen unter diesen Annahmen den optimalen Preis (z.B. im Sinne der Gewinnmaximierung) festlegen kann, müssen folgende Voraussetzungen erfüllt sein: Einerseits muss das Unternehmen die Preis-Absatzfunktion kennen, welche die funktionale Beziehung zwischen dem Absatzpreis p und der erzielbaren Absatzmenge x in der Planungsperiode wiedergibt. Andererseits muss auch die Kostenfunktion bekannt sein, welche die funktionale Beziehung zwischen den anfallenden Kosten und der produzierten Menge zum Ausdruck bringt.

In der Regel legt man den theoretischen Überlegungen eine fallende **Preis-Absatzfunktion** zugrunde, womit unterstellt wird, dass die erzielbare Absatzmenge um so kleiner (größer) ist, je höher (niedriger) der Preis ist. ▶ Abb. 52 zeigt zwei verbreitete Auffassungen über den Verlauf der Preis-Absatzfunktion. Formal lautet die Preis-Absatzfunktion

$$(1)\quad x = f(p)$$

wobei das Unternehmen häufig nicht den Angebotspreis p als unabhängige Variable betrachtet, sondern die Absatzmenge x. Die Preis-Absatzfunktion lautet dann:

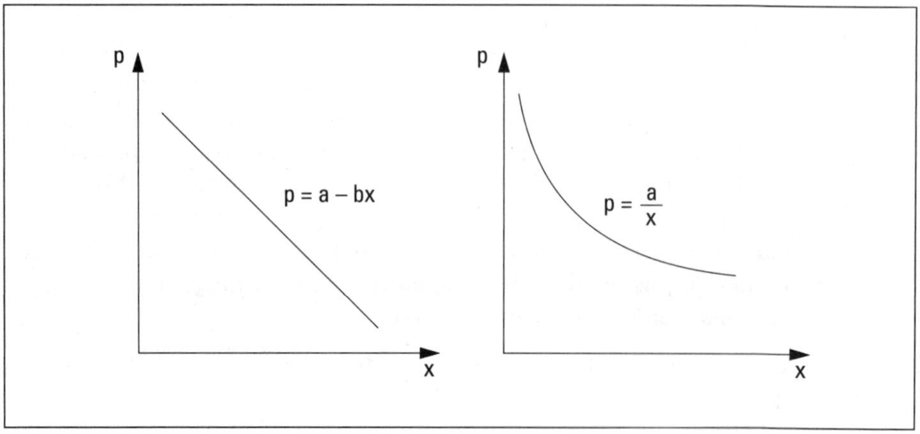

▲ Abb. 52 Preis-Absatzfunktionen

(2) $p = g(x)$

Die verschiedenen Preis-Absatzfunktionen lassen sich durch die **Preiselastizität der Nachfrage** (η) charakterisieren. Sie stellt einen zentralen Begriff der Preistheorie dar. Sie gibt an, wie sich die Nachfrage nach einem Gut verändert, wenn der Preis für dieses Gut um einen bestimmten Betrag erhöht oder gesenkt wird. Sie misst somit die Reaktion der Nachfrage auf Preisänderungen. Sie ist definiert als das Verhältnis der relativen (prozentualen) Änderung der Nachfrage x nach einem Produkt i zu der sie auslösenden relativen (prozentualen) Änderung des Preises p dieses Produktes i. Formal stellt sich die Preiselastizität der Nachfrage η_{p_i, x_i} nach Gut i bei infinitesimaler Änderung wie folgt dar:

$$(3)\quad \eta_{p_i, x_i} = \frac{dx_i}{x_i} : \frac{dp_i}{p_i} = \frac{dx_i}{dp_i} \cdot \frac{p_i}{x_i}$$

Für den Fall einer linear sinkenden Preis-Absatzfunktion ($p = a - b\,x$) führt die allgemeine Definition aus Gleichung (3) durch Einsetzen zu:

$$(4)\quad \eta_{p_i, x_i} = \frac{p_i}{-b\,x_i}$$

Man erkennt, dass die Preiselastizität der Nachfrage in diesem Fall stets negativ ist. Eine Variation des Preises führt immer zu einer entgegengesetzten Mengenänderung. Zudem ist die Preiselastizität für verschiedene Punkte auf einer bestimmten Preis-Absatzfunktion – bis auf die beiden Extremfälle einer vollkommen unelastischen ($\eta = 0$) und einer vollkommen elastischen Nachfrage ($\eta = -\infty$) – nicht konstant und kann somit grundsätzlich alle Werte zwischen Null und minus unendlich annehmen. In ▶ Abb. 53 sind diese Preiselastizitäten einer endlich elastischen Nachfragekurve und die beiden Extremfälle angegeben. In Ausnahmefällen

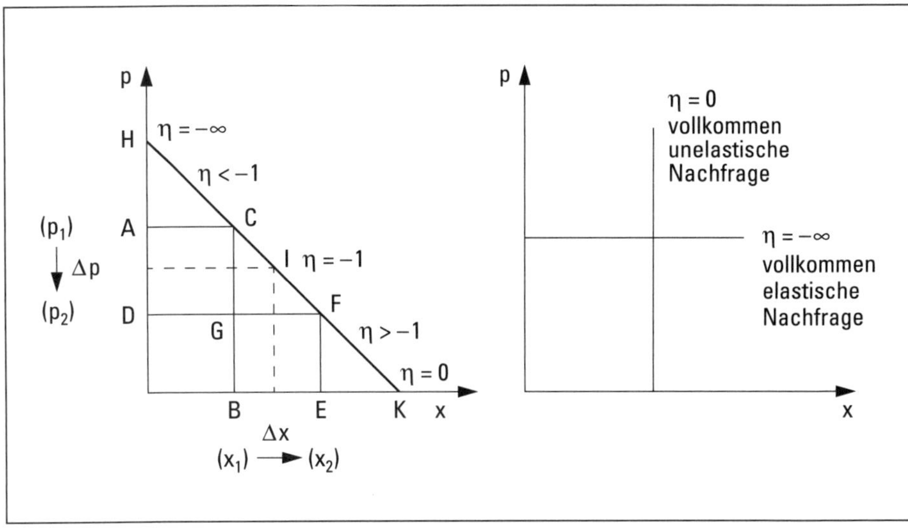

▲ Abb. 53 Preis-Absatzfunktionen und Preiselastizität der Nachfrage

ist es möglich, dass die Preiselastizität positiv ist. Bei Produkten, die einen hohen Prestigewert vermitteln, wird oft das teurere Produkt dem preiswerteren vorgezogen. Durch den hohen Preis wird sozusagen ein hoher Prestigewert erkauft. Man spricht in diesem Fall vom so genannten **Snob-Effekt**, es liegt eine steigende Preis-Absatzfunktion vor. Ebenso können Preiserhöhungen bewirken, dass die Konsumenten mit noch höheren Preisen rechnen. Diese Erwartung kann eine erhöhte Nachfrage auslösen.

Die Kenntnis der Preiselastizität ist ebenfalls wichtig für die Beurteilung der Auswirkungen von Preisänderungen auf den wertmäßigen Umsatz (Erlös). Ausgehend von der Erlösgleichung

(5) $E(x) = p\,x$

hängt die Veränderung des Umsatzes sowohl von der Veränderung des Preises als auch der Absatzmenge ab. Die gedankliche Aufteilung der Umsatzänderung in eine partielle Umsatzänderung aufgrund der Preisänderung und eine partielle Umsatzänderung aufgrund der Mengenänderung kommt grafisch in ▶ Abb. 54 zum Ausdruck. Formal kann der Zusammenhang zwischen Umsatzveränderung, Preiselastizität und der durch eine Preisänderung verursachten Mengenänderung mit der Amoroso-Robinson-Gleichung zum Ausdruck gebracht werden. Ausgehend von der Umkehrfunktion der Preisabsatzfunktion

(6) $p = f(x)$

lautet die Erlösfunktion

(7) $E(x) = f(x)\,x$

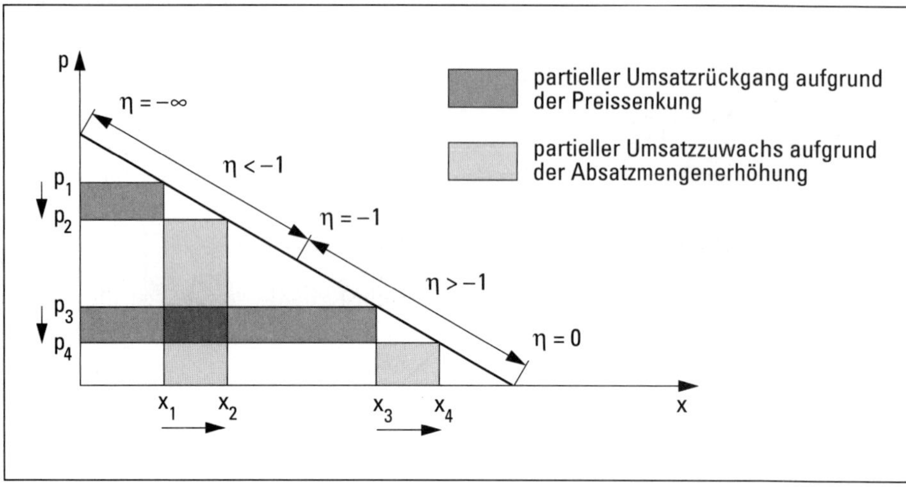

▲ Abb. 54 Preiselastizität der Nachfrage und Umsatz (nach Meffert 1997, S. 476)

Durch Ableitung nach x ergibt sich die Grenzerlösfunktion:

$$(8)\quad E'(x) = \frac{dE\,(x)}{dx} = f'(x)\,x + f(x) \cdot \frac{dx}{dx} = f(x) + f'(x)\,x$$

$$(9)\quad E'(x) = p + \frac{dp}{dx}\,x = p + \frac{dp\;x\;p}{dx\;p} = p\left(1 + \frac{dp\;x}{dx\;p}\right)$$

$$(10)\quad E'(x) = p\left(1 + \frac{1}{\dfrac{dx\;p}{dp\;x}}\right) = p\left(1 + \frac{1}{\eta}\right)$$

Gleichung (10) gibt somit die Abhängigkeit der Erlösänderung E'(x) von der Preiselastizität der Nachfrage (η) an. Durch Einsetzen der verschiedenen Preiselastizitäten der Nachfrage einer Preis-Absatzfunktion zeigt sich, ob eine Preisänderung (die im Falle einer sinkenden Preis-Absatzfunktion mit einer entgegengesetzten Mengenänderung einhergeht) in einem bestimmten Bereich der Preis-Absatzfunktion zu einer gleichgerichteten, einer entgegengesetzten oder gar keiner Umsatzänderung führt (▶ Abb. 55).

Im Rahmen der betrieblichen Preispolitik interessieren vor allem die **Bestimmungsfaktoren der Preiselastizität** der Nachfrage. Nach Meffert (2000, S. 492f.) verdienen die folgenden Determinanten besondere Beachtung:

1. Die **Verfügbarkeit von Substitutionsgütern** nimmt auf die Preiselastizität Einfluss. Kann ein Produkt nicht durch ein anderes ersetzt werden, so lässt dies auf eine relativ unelastische Nachfrage schließen. Als Beispiel sei auf die Nachfrage nach Heizöl hingewiesen.

Preisänderung \ Elastizität	η > −1	η = −1	η < −1
Preiserhöhung	Umsatzsteigerung	Umsatz konstant	Umsatzsenkung
Preissenkung	Umsatzsenkung	Umsatz konstant	Umsatzsteigerung

▲ Abb. 55 Zusammenhang zwischen Preisänderung und Preiselastizität

2. Ein zweiter Faktor, der die Preiselastizität bestimmt, ist die **„Leichtigkeit" der Nachfragebefriedigung.** Kann das Bedürfnis leicht befriedigt werden, so ist die Nachfrage nach dem Produkt unelastisch. Salz ist ein oft zitiertes Beispiel. Es ist unwahrscheinlich, dass selbst eine große Preisreduktion den Absatz stark erhöhen würde.
3. Ein dritter Faktor ist die **Dauerhaftigkeit des Gutes.** Der Kauf der meisten dauerhaften Güter kann aufgeschoben werden, wenn die Preise ungünstig sind. Die Dauerhaftigkeit wird deshalb oft als ein Faktor betrachtet, der die Nachfrage elastisch macht (z.B. Automobilkauf).
4. Viertens ist die **Dringlichkeit der Bedürfnisse** anzuführen. Hohe Dringlichkeit ist ein Faktor, der die Nachfrage weitgehend unelastisch macht (z.B. Medikamente).
5. Schließlich kann der **Preis eines Produktes** selbst die Preiselastizität bestimmen. So wird ein teures Konsumgut nur einen geringen Kundenkreis ansprechen. Eine merkliche Preisänderung eröffnet neue Märkte (z.B. bei Kühlschränken und Fernsehgeräten). Andererseits versprechen Güter mit relativ niedrigen absoluten Preisen (z.B. Schokolade) durch Preissenkungen nicht immer eine Eröffnung neuer Absatzchancen.

Um überhaupt preistheoretische Überlegungen anstellen zu können, muss ein Unternehmen seinen Markt genau kennen und abgrenzen. In der Preistheorie stehen die folgenden **Kriterien der Merkmalsabgrenzung** im Vordergrund:

- **Sachlicher** Aspekt: das Produkt oder die Produktgruppe, die auf dem Markt angeboten wird.
- **Räumlicher** Aspekt: das Marktgebiet, auf dem das Produkt angeboten wird.
- **Personeller** Aspekt: der Personenkreis, d.h. Käufer und Konkurrenten, mit denen es ein Unternehmen in der konkreten Situation zu tun hat.

Grundlegend ist in der klassischen Preistheorie die **Klassifikation von Märkten.** Sie wird in der Regel nach folgenden Einteilungskriterien vorgenommen (Meffert 2000, S. 504ff.):

1. **Vollkommenheitsgrad des Marktes:** Hiernach werden vollkommene und unvollkommene Märkte unterschieden. Ein Markt wird als vollkommen bezeichnet, wenn folgende Merkmale gegeben sind, bzw. als unvollkommen, wenn mindestens eines davon nicht vorliegt:

a. **Maximumprinzip:** Alle Marktteilnehmer handeln nach dem Maximumprinzip, d.h. die Käufer streben nach Nutzenmaximierung, die Unternehmer nach Gewinnmaximierung. Dabei werden bei der Preisbildung übergeordnete bzw. staatliche Eingriffe ausgeschlossen.
b. Unendlich große **Reaktionsgeschwindigkeit:** Es treten keine zeitlichen Verzögerungen bei Preisanpassungen auf.
c. **Homogenitätsbedingung:** Sowohl auf der Angebots- als auch auf der Nachfrageseite fehlen örtliche, zeitliche, persönliche oder sachliche Präferenzen.
d. **Markttransparenz:** Es herrscht vollkommene Markttransparenz, d.h. beide Marktpartner sind vollkommen informiert.

Allerdings kommt dem vollkommenen Markt nur eine hypothetische Bedeutung zu, denn in der Realität hat man es – nicht zuletzt infolge der Vielzahl von Marketingaktivitäten – stets mit relativ unvollkommenen Märkten zu tun.

2. **Anzahl und Größe** (gemessen am Marktanteil) der **Marktteilnehmer** auf der Angebots- und Nachfrageseite: Aufgrund der für beide Marktseiten möglichen drei Ausprägungen „viele kleine Marktteilnehmer", „wenige mittelgroße Marktteilnehmer" oder „ein großer Marktteilnehmer" ergibt sich das bekannte morphologische **Marktformenschema** für vollkommene Märkte.
Die Einteilung in ▶ Abb. 56 lässt sich entsprechend für unvollkommene Märkte umwandeln. Die wichtigste Änderung betrifft dabei die Verwendung des Begriffs **polypolistische** oder **monopolistische Konkurrenz** für den Fall „viele kleine Anbieter und viele kleine Nachfrager auf einem unvollkommenen Markt".

3. **Intensität der Konkurrenzbeziehungen:** Diese wird mit Hilfe der **Kreuzpreiselastizität** (= Triffinscher Koeffizient) ausgedrückt und ist definiert als das Verhältnis zwischen der relativen Änderung der Nachfragemenge x eines Gutes und der sie bewirkenden relativen Änderung des Preises p eines anderen Gutes.

$$(11)\quad T = \frac{dx_B}{x_B} : \frac{dp_A}{p_A} = \frac{dx_B}{dp_A} \cdot \frac{p_A}{x_B}$$

Eine positive Kreuzpreiselastizität gilt als Anzeichen dafür, dass es sich um substituierende bzw. konkurrierende Produkte handelt. Eine negative Kreuzpreiselastizität weist darauf hin, dass komplementäre Produkte vorliegen, die nicht in gegenseitiger Konkurrenz stehen. Je größer der Wert dieses Koeffizienten ist, um so enger sind die Konkurrenz- bzw. Komplementaritätsbeziehungen zwischen den Unternehmen bzw. ihren Erzeugnissen. Falls $T \geq 0$ ist, so lassen sich folgende Fälle unterscheiden:
a. **Substitutionslücke** ($T = 0$): Das Absatzvolumen eines Unternehmens B ändert sich überhaupt nicht, wenn Unternehmen A den Preis ändert. Es bestehen keine Konkurrenzbeziehungen.
b. **Homogene Konkurrenz** ($T = \infty$): Das Unternehmen A nimmt nur eine ganz minimale Veränderung seines Preises vor. Der Absatz des Unternehmens B

Anbieter / Nachfrager	viele kleine	wenige mittelgroße	ein großer
viele kleine	atomistische Konkurrenz	Angebots-Oligopol	Angebots-Monopol
wenige mittelgroße	Nachfrage-Oligopol	bilaterales Oligopol	beschränktes Angebots-Monopol
ein großer	Nachfrage-Monopol	beschränktes Nachfrage-Monopol	bilaterales Monopol

▲ Abb. 56 Morphologische Einteilung vollkommener Märkte

wird dadurch stark beeinflusst. In diesem Fall liegt eine äußerst enge und intensive Konkurrenzbeziehung vor.

c. **Heterogene Konkurrenz** ($0 < T < \infty$) Preisänderungen des Unternehmens A beeinflussen die Absatzmenge von Unternehmen B zwar nicht übermäßig stark, aber durchaus spürbar. Diese Konkurrenzbeziehung setzt mehr oder weniger starke Preisdifferenzierungen voraus.

4. **Verhalten der Marktteilnehmer:** Diesem Kriterium liegen keine objektiven Marktgegebenheiten zugrunde, sondern die Erwartungen des Anbieters in Bezug auf die Reaktionen anderer Marktteilnehmer (= Konkurrenten, Konsumenten) auf seine preispolitischen Aktionen. Es lassen sich drei Verhaltensstrategien unterscheiden:
   a. Der Anbieter muss sich an den Marktpreis anpassen und kann damit keine eigene Preispolitik verfolgen. Dies trifft für das Polypol auf vollkommenem Markt zu.
   b. Der Anbieter hat die Möglichkeit, unabhängig von der Konkurrenz und unter Berücksichtigung der Reaktionen der Nachfrager seinen Preis festzulegen. Diese Situation findet man beim Monopol sowie auf unvollkommenen Märkten innerhalb bestimmter Grenzen beim Polypol und Oligopol.
   c. Der Anbieter rechnet mit Reaktionen der Konkurrenz auf seine Preispolitik. Dieser Fall ist für das Oligopol auf dem vollkommenen Markt typisch.

Im folgenden sollen einige klassische Modelle der Preistheorie dargestellt werden. Von einem Einproduktunternehmen ausgehend wird in diesen Modellen versucht, mittels der Marginalanalyse das Preisoptimum zu bestimmen. Aufgrund der Klassifikation der Märkte lassen sich Monopol-, Oligopol- und Polypolmodelle unterscheiden. Allerdings sind die Oligopolmodelle relativ kompliziert, da sich diese nur schwer mit einem allgemeinen Schema erfassen lassen. Oligopolistische Verhaltensweisen verlangen in der Regel nach einem dynamischen Modell der Preisbildung. Wir beschränken uns deshalb auf die folgenden drei Modellvarianten der klassischen Preistheorie:

1. Preispolitik beim Angebotsmonopol,
2. Preispolitik bei atomistischer Konkurrenz (Polypol auf vollkommenen Märkten),
3. Preispolitik bei polypolistischer (monopolistischer) Konkurrenz (Polypol auf unvollkommenen Märkten).

5.2.2.2 Preispolitik bei monopolistischer Angebotsstruktur

Das Monopol ist durch eine linear fallende Preis-Absatzfunktion charakterisiert, wie sie in ▶ Abb. 57 dargestellt worden ist. Das Modell unterstellt, dass die Nachfrage- und die Kostenfunktion dem Monopolisten bekannt sind und dass keine finanziellen oder kapazitätsmäßigen Restriktionen vorliegen. Versucht der Monopolist seinen Gewinn zu maximieren, so ist der optimale Preis dann bestimmt, wenn die Differenz zwischen Umsatzerlös und Kosten am größten ist:

(12) $G(x) = E(x) - K(x) \rightarrow \max!$

Diese Funktion hat dort ihr Maximum, wo die erste Ableitung nach x gleich null ist und die zweite in diesem Punkt einen negativen Wert annimmt:

(13) $E'(x) - K'(x) = 0 \rightarrow E'(x) = K'(x)$

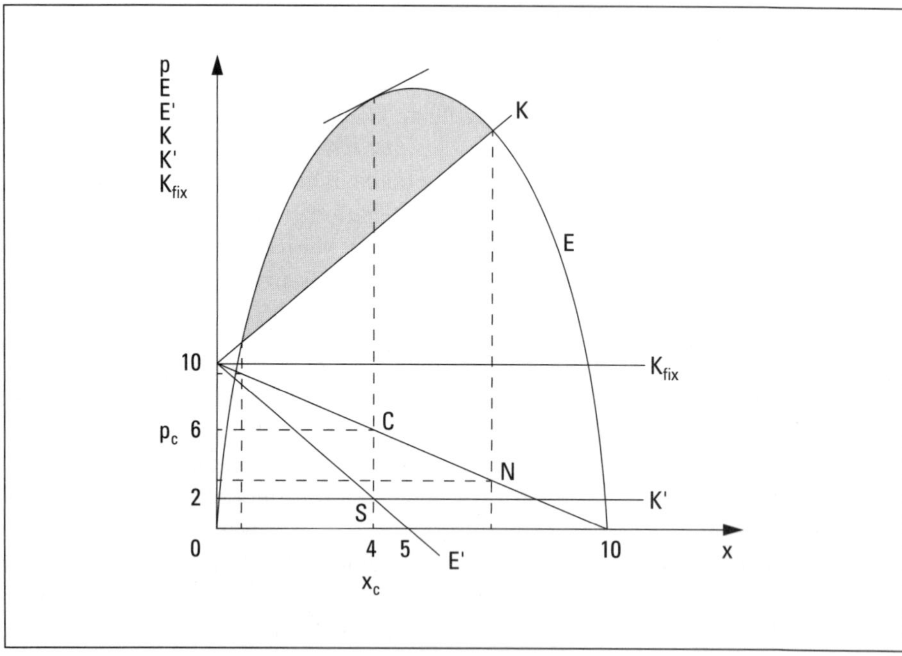

▲ Abb. 57 Cournot-Optimum

Der gewinnmaximale Preis liegt somit dort, wo der Grenzumsatz gleich den Grenzkosten ist. Der Monopolist wird seinen Preis solange verändern, bis entweder der zusätzliche Erlös nicht von den zusätzlichen Kosten des Mehrumsatzes oder der verminderte Umsatz noch nicht von den eingesparten Kosten dieses Minderumsatzes kompensiert worden ist.

Ist der gewinnmaximale Preis auf diese Weise bestimmt worden, sind gleichzeitig die gewinnmaximale Absatzmenge und der maximale Gesamtgewinn bekannt. Nach Cournot, der diese Zusammenhänge 1838 erstmals analytisch dargestellt und veröffentlicht hat, wird diese gewinnmaximale Situation des Monopols auch **Cournot-Optimum** genannt. Dieses kann unter Verwendung folgender Symbole sowohl algebraisch hergeleitet als auch grafisch (◀ Abb. 57) veranschaulicht werden. Im folgenden werden folgende Abkürzungen verwendet:

N = Preis-Absatzkurve
K = Gesamtkostenkurve
K' = Grenzkostenkurve
E = Erlöskurve
E' = Grenzerlöskurve
K_{fix} = gesamte fixe Kosten
K_{var} = gesamte variable Kosten
k_{var} = variable Kosten pro Stück
k = Kosten pro Stück (= Stückkosten)
S = Schnittpunkt der Grenzerlös- und Grenzkostenkurve
C = Cournot'scher Punkt
p_c = gewinnmaximaler Preis
x_c = gewinnmaximale Menge

Die algebraische Ableitung des **gewinnmaximalen Preises** geht von folgenden Funktionen aus (das Zahlenbeispiel bezieht sich auf die Tabelle in ▶ Abb. 58):

(14) Preis-Absatzfunktion: $p = a - b\,x = 10 - x$

(15) Kostenfunktion: $K(x) = K_{fix} + k_{var}\,x = 10 + 2\,x$

(16) Erlösfunktion: $E(x) = x\,(a - b\,x) = x\,(10 - x)$

Daraus kann die folgende Gewinngleichung abgeleitet werden:

(17) $G(x) = x\,(a - b\,x) - K_{fix} - k_{var}\,x = x\,(10 - x) - 10 - 2\,x$

Es folgt nun die Bestimmung des Gewinnmaximums durch Differenzieren nach der Menge x:

(18) $G'(x) = \frac{dG\,(x)}{dx} = a - 2\,b\,x - k_{var} = 10 - 2\,x - 2$

(19) $G''(x) = \frac{d^2G\,(x)}{dx^2} = -2\,b = -2$

1	2	3	4			5	6	7
Preis p	**nachgefragte Menge x**	**Erlös E (x)**	**Kosten**			**Gewinn**	**Grenzerlös E' (x)**	**Grenzkosten K' (x)**
			K_{fix} (x)	K_{var} (x)	K (x)			
10	0	0	10	0	10	– 10	10	2
9	1	9	10	2	12	– 3	8	2
8	2	16	10	4	14	+ 2	6	2
7	3	21	10	6	16	+ 5	4	2
6	4	24	10	8	18	+ 6	2	2
5	5	25	10	10	20	+ 5	0	2
4	6	24	10	12	22	+ 2	– 2	2
3	7	21	10	14	24	– 3	– 4	2
2	8	16	10	16	26	– 10	– 6	2
1	9	9	10	18	28	– 19	– 8	2
0	10	0	10	20	30	– 30	– 10	2

▲ Abb. 58 Beispiel zur Bestimmung des Cournot-Punktes (Meffert 2000, S. 516)

Die **gewinnmaximale Menge** (= Cournot-Menge) ergibt sich durch Nullsetzen der ersten Ableitung und anschließendes Auflösen nach x:

$$(20)\quad a - 2\,b\,x_c - k_{var} = 0;\quad 10 - 2\,x_c - 2 = 0$$

$$(21)\quad x_c = \frac{a - k_{var}}{2\,b} = \frac{10 - 2}{2} = 4$$

Den **Cournot-Preis** (p_c) erhält man schließlich durch Einsetzen der Cournot-Menge (x_c) in die Preis-Absatzfunktion:

$$(22)\quad p_c = a - b\,x_c = 10 - x_c$$

$$(23)\quad p_c = a - b\left(\frac{a - k_{var}}{2\,b}\right) = \frac{a + k_{var}}{2} = 6$$

5.2.2.3 Preispolitik bei atomistischer Konkurrenz (Polypol auf vollkommenen Märkten)

Beim Polypol liegt eine sehr große Anzahl von Anbietern und Nachfragern vor. Die einzelnen Unternehmen haben einen relativ kleinen Marktanteil und treffen keine Preisabsprachen. Diese Situation stellt die Idealvorstellung des Preisbildungsprozesses in marktwirtschaftlichen Wirtschaftssystemen dar. Wie aus ► Abb. 59 ersichtlich, stellt sich in einem vollkommenen Markt ein bestimmter Gleichgewichtspreis p_0 ein, der sich als Schnittpunkt zwischen Angebots- und Nachfragekurve ergibt.

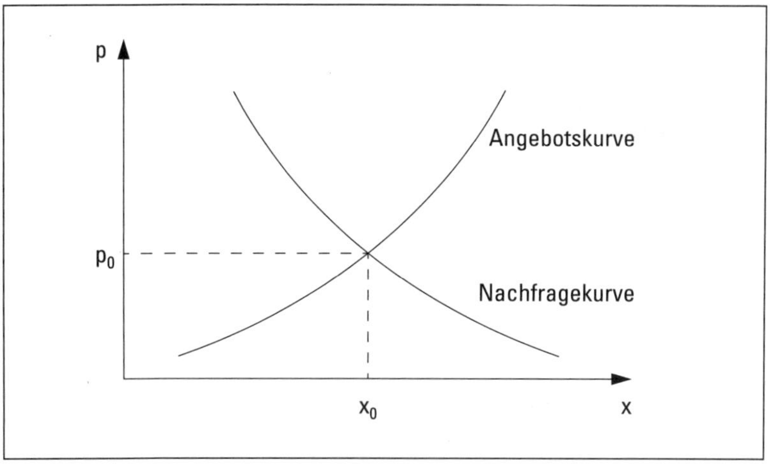

▲ Abb. 59 Gleichgewichtspreis bei atomistischer Konkurrenz auf einem vollkommenen Markt

Das einzelne Unternehmen hat praktisch keine Möglichkeit, mit einer aktiven Preispolitik von diesem Gleichgewichtspreis abzuweichen. Liegt die Preisforderung des Unternehmens über dem Gleichgewichtspreis, so würde es gemäß den Bedingungen des vollkommenen Marktes in kürzester Zeit sämtliche Abnehmer verlieren. Umgekehrt würde das Unternehmen bei einer Senkung des Preises unter den herrschenden Gleichgewichtspreis die gesamte Nachfrage des Marktes auf sich ziehen, die es wegen seiner beschränkten Kapazität – gemäß den Bedingungen der atomistischen Konkurrenz (viele kleine Anbieter) – gar nicht befriedigen könnte. Der Gleichgewichtspreis stellt somit den Marktpreis dar, den das einzelne Unternehmen als Datum hinnehmen muss. Aufgrund des für das einzelne Unternehmen nicht beeinflussbaren Gleichgewichtspreises verläuft die Preis-Absatzfunktion bei atomistischer Konkurrenz parallel zur Abszisse und ist damit unendlich elastisch (▶ Abb. 60).

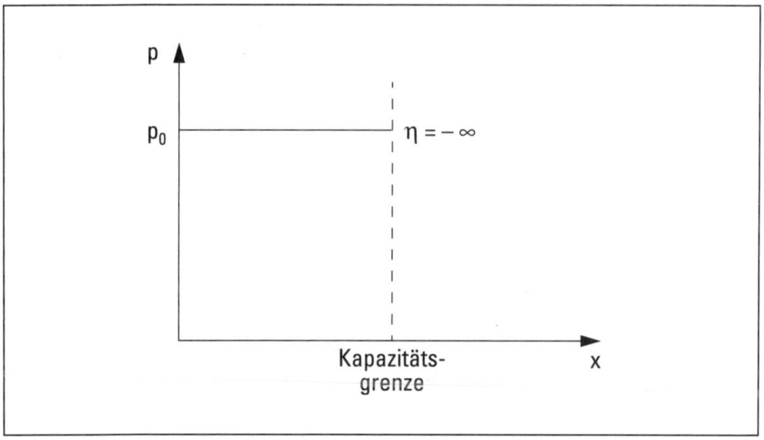

▲ Abb. 60 Preis-Absatzfunktion bei atomistischer Konkurrenz

Der Berechnung des maximalen Gewinns liegt wiederum die Bedingung Grenzerlös gleich Grenzkosten zugrunde:

(24) $\frac{dE}{dx} = \frac{dK}{dx}$

Da der Umsatzerlös bei atomistischer Konkurrenz proportional mit der Absatzmenge x verläuft, ist der Grenzerlös identisch mit dem Marktpreis p_0:

(25) $E(x) = p_0 x$

(26) $E'(x) = \frac{dE}{dx} = p_0$

Schließlich ergibt sich für das Gewinnmaximum die neue Bedingung

(27) $\frac{dK}{dx} = p_0$

Das Gewinnmaximum hängt damit allein von der jeweiligen Kostenfunktion des Unternehmens ab. Grundsätzlich sind zwei Kostenverläufe möglich:

1. Bei einem **S-förmigen** Kostenverlauf schneidet die Grenzkostenkurve in der Regel die horizontal verlaufende Preis-Absatzfunktion. Auf diesen Fall wird ausführlich im Rahmen der Kostentheorie eingegangen.[1]
2. Bei einem **linearen** Gesamtkostenverlauf schneiden sich die Grenzkostenkurve und die Preis-Absatzkurve jedoch nicht. Wie aus ▶ Abb. 61 ersichtlich, sind die Grenzkosten konstant und die Kurve verläuft ebenfalls parallel zur Abszisse.

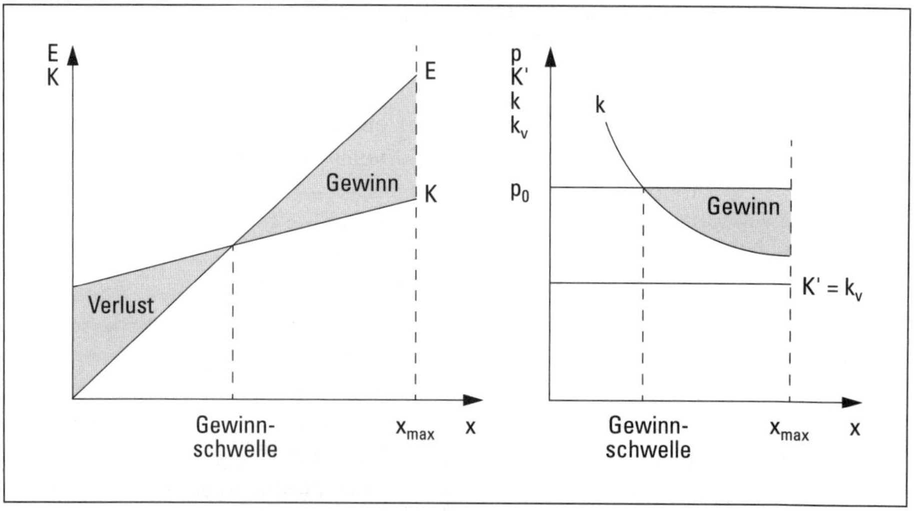

▲ Abb. 61 Gewinnentwicklung bei linearer Gesamtkostenentwicklung

1 Vgl. Teil 4, Kapitel 3, Abschnitt 3.1.2.2 „Kostenfunktion der Produktionsfunktion vom Typ A".

Unter der Voraussetzung, dass die Grenzkosten kleiner als der Marktpreis sind, liegt das Gewinnmaximum an der Kapazitätsgrenze des Unternehmens. Erwähnenswert ist bei diesem Fall, dass keine Zielkonflikte zwischen Gewinn-, Umsatz- und Absatzmengenmaximierung bestehen. Bei jeder dieser Zielsetzungen liegt die optimale Situation an der Kapazitätsgrenze.

5.2.2.4 Preispolitik bei polypolistischer Konkurrenz (Polypol auf unvollkommenen Märkten)

Die polypolistische oder monopolistische Konkurrenz auf unvollkommenen Märkten ist in der Praxis häufig im Einzelhandel anzutreffen. Insbesondere dann, wenn Unternehmen räumlich relativ dicht beieinanderliegen und eine unvollkommene Markttransparenz vorliegt, versucht das einzelne Geschäft einen eigenen Markt zu schaffen. Gutenberg (1976b, S. 238) spricht in diesem Zusammenhang von einem **akquisitorischen Potenzial.** Dieses bedeutet nichts anderes, als dass es dem Unternehmen mit Hilfe von Marketing-Maßnahmen gelungen ist, bei den Konsumenten Präferenzen für die eigene Marke oder die eigenen Produkte zu bewirken. Je größer diese Präferenzen sind, um so größer ist auch der preispolitische Spielraum, innerhalb dessen das Unternehmen den Preis variieren kann ohne Gefahr zu laufen, einen wesentlichen Nachfragerückgang in Kauf nehmen zu müssen. In einer solchen Marktsituation verfügt das einzelne Unternehmen in einem bestimmten Bereich über eine individuelle Preis-Absatzfunktion. Gutenberg bezeichnet sie als **doppelt geknickte Preis-Absatzfunktion.** Wie aus ▶ Abb. 62 ersichtlich wird, weist diese zwei verschiedene Arten von Kurvenabschnitten auf:

- Der **monopolistische** Kurvenabschnitt BC ist dadurch gekennzeichnet, dass das Unternehmen seine Preise erhöhen oder senken kann, ohne dabei eine große Zahl von Käufern an die Konkurrenz zu verlieren oder von dieser zu gewinnen. In diesem und nur in diesem Kurvenabschnitt kann sich das Unternehmen wie ein Monopolist verhalten.
- Sobald das Unternehmen aber den oberen oder unteren Grenzpreis des monopolistischen Bereichs verlässt, tritt es in die **atomistischen** Kurvenabschnitte der polypolistischen Preis-Absatzfunktion ein. Dies hat zur Folge, dass bisherige Kunden abwandern (Strecke AB) oder neue Kunden dazukommen (Strecke CD). Im Unterschied zur atomistischen Konkurrenz auf vollkommenen Märkten setzen diese Käuferbewegungen wegen des unvollkommenen Marktes mit einer zeitlichen Verzögerung ein. Damit verlaufen die atomistischen Kurvenabschnitte auf unvollkommenem Markt zwar flacher als im monopolistischen Bereich, aber steiler (und somit nicht so elastisch) als bei atomistischer Konkurrenz auf vollkommenem Markt.

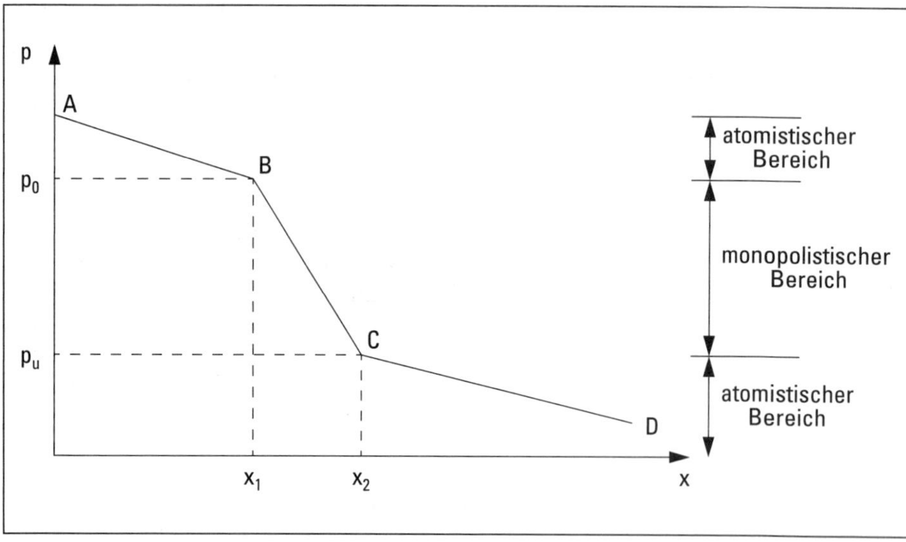

▲ Abb. 62 Preis-Absatzkurve im Polypol auf unvollkommenem Markt

Der Abstand zwischen den Grenzpreisen p_0 und p_u sowie der Verlauf der Kurve werden nach Gutenberg durch folgende Faktoren beeinflusst:

1. Der Abstand zwischen Grenzpreis p_0 und p_u ist um so größer, je stärker die **Bindung der Käufer** an das Unternehmen ist. Dies bedeutet, dass das Unternehmen um so eher eine aktive Preispolitik betreiben kann, je größer die Präferenzen sind.

2. Der monopolistische Bereich ist um so größer, je kleiner die **Substitutionsmöglichkeiten** durch konkurrierende Produkte sind.

3. Die **akquisitorischen Potenziale aller Anbieter** im Verhältnis zum einzelnen Unternehmen: Neben dem Fall, dass alle Unternehmen über ein etwa gleich starkes akquisitorisches Potenzial verfügen und sich der in ◄ Abb. 62 dargestellte Kurvenverlauf ergibt, können folgende Situationen unterschieden werden:
   - Haben alle Unternehmen ein relativ schwaches akquisitorisches Potenzial, so wird die Preis-Absatzfunktion relativ flach verlaufen.
   - Verfügt ein einzelnes Unternehmen im Vergleich zur Konkurrenz über ein starkes akquisitorisches Potenzial, so wird es sich einen relativ großen monopolistischen Kurvenabschnitt zunutze machen können, der auch den Streckenabschnitt AB umfassen wird.
   - Im umgekehrten Fall dagegen, bei dem die Konkurrenz große Präferenzen schaffen kann, muss das Unternehmen mit einem relativ flachen Kurvenabschnitt AC und einer relativ steilen Kurvenstrecke CD rechnen. Im letzten Fall werden auch durch weitere Preissenkungen wenig zusätzliche Kunden von der Konkurrenz gewonnen.

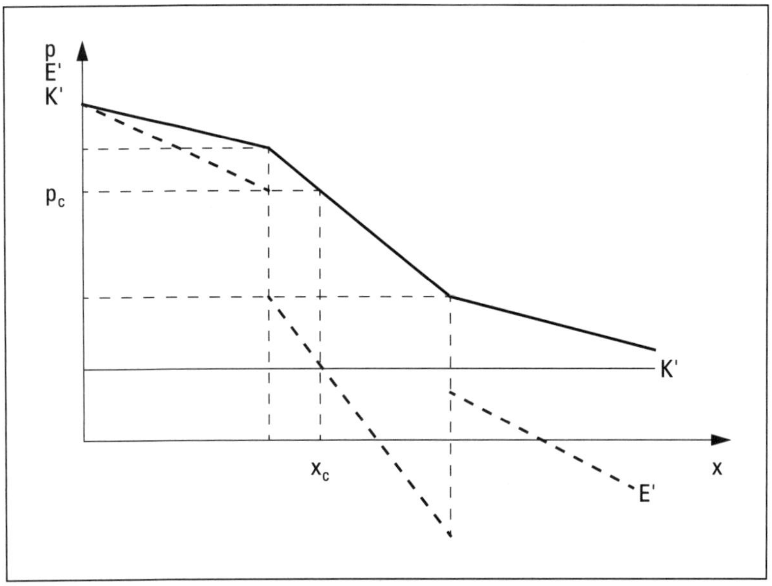

▲ Abb. 63 Preisbestimmung bei polypolistischer Konkurrenz

4. Die Kurvenstrecken des atomistischen Bereichs verlaufen um so flacher, je größer die durchschnittliche **Reaktionsgeschwindigkeit** der Käufer auf eine Preisänderung ist.

Der optimale Preis bei der polypolistischen Marktsituation lässt sich auf die gleiche Art wie beim Monopol bestimmen. ◄ Abb. 63 zeigt, dass die optimale Absatzmenge durch den Schnittpunkt der Grenzerlös- und Grenzkostenkurve festgelegt wird. Ist diese bekannt, so kann mit Hilfe der Preis-Absatzfunktion der optimale Preis bestimmt werden, bei dem der Gesamtgewinn maximiert wird.

5.2.2.5 Beurteilung der Preistheorie

Obschon die besprochenen Modelle der Preistheorie erlauben, die Auswirkungen von Preisänderungen auf die Kosten, den Absatz, den Erlös oder den Gewinn aufzuzeigen, haften ihnen verschiedene Mängel an. Im einzelnen richtet sich die Kritik gegen folgende Annahmen (Meffert 1986, S. 323f.):

- Es wird eine **kurzfristige** Betrachtung unterstellt, da Kosten und Nachfrage im Betrachtungszeitraum als konstant gelten. Die Praxis zeigt jedoch, dass sich diese beiden Größen laufend ändern und somit auch langfristige Aspekte berücksichtigt werden müssen.
- Es wird primär das **monistische Ziel der kurzfristigen Gewinnmaximierung** verfolgt. Die von der Praxis gesetzten Ziele zeigen jedoch, dass nicht nur der

Gewinn Zielinhalt sein kann, sondern zum Beispiel auch der Marktanteil, der Umsatz, die Marktdurchdringung oder auch Kombinationen dieser Größen und dass nicht überwiegend maximale, sondern befriedigende Zielniveaus angestrebt werden. Unterschiedliche Zielsetzungen sind von Produkt zu Produkt und von Marktsegment zu Marktsegment möglich. Darüber hinaus kann sich ein produktbezogenes Ziel im Laufe des Lebenszyklus des Produktes ändern.

- Die Modelle sind **deterministisch.** Das setzt voraus, dass die Umweltbedingungen eindeutig gegeben und dem Entscheidungsträger bekannt (= vollkommene Information) sind.
- Die preistheoretischen Modelle beziehen sich nur auf ein **Einzelprodukt** bzw. ein **Einproduktunternehmen.** Dies hat zur Folge, dass preispolitische Überlegungen innerhalb eines Sortiments unbeachtet bleiben (z.B. der preispolitische Ausgleich).
- Es erfolgt eine **einstufige Marktbetrachtung.** Es existiert kein Handel und damit zum Beispiel auch nicht das Problem einer optimal gestalteten Handelsspannenpolitik.
- Es wird von **unendlich schnellen Informations-** und **Reaktionsgeschwindigkeiten** ausgegangen; folglich werden keine Anpassungswiderstände und -verzögerungen (= Time-lags) beachtet.
- Es wird **ein rationales Verhalten** der Konsumenten (= Nutzenmaximierung) angenommen. Folglich werden beispielsweise Käufe aufgrund von Markentreue oder sonstigen psychologischen bzw. soziologischen Determinanten explizit ausgeklammert.
- Es fließen **keine anderen Marketing-Instrumente** explizit in die Modelle ein. Es wird unterstellt, dass diese für die geplante Periode bereits festgelegt sind. Damit wird vom Problem des Wirkungsverbundes der Instrumente abstrahiert.
- Die Modelle sind **statisch.** Sie beziehen sich nur auf eine einzelne Periode und beachten keine mehrperiodigen, dynamischen Entwicklungen der Umwelt und Wirkungen der Preispolitik.
- Es wird eine **freie Preisbildung** vorausgesetzt. Staatliche Preisvorschriften als Determinanten einer realistischen Preispolitik bleiben unbeachtet.
- Bei der optimalen Preisfindung wird eine **Individualentscheidung unter rationalem Verhalten** angenommen. In der Praxis sind hingegen oft mehrere Entscheidungsträger (Familie, Abteilung) an der Preisentscheidung beteiligt, wobei in diese Entscheidung durchaus die unterschiedlichen Interessenlagen der einzelnen Mitglieder einfließen.

5.2.3 Praxisorientierte Preisbestimmung

Die Modelle der Preistheorie vermögen keine Entscheidungsgrundlagen zu liefern. Aus ihnen können höchstens allgemeine Aussagen abgeleitet werden, die gewisse Tendenzen erkennen lassen. In der Praxis hängt die Preisbestimmung stark von der Risikobereitschaft der Entscheidungsträger, dem Verhalten der Konkurrenz sowie der Preisstrategie und der Ausgestaltung der übrigen Marketing-Instrumente ab. Im Einzelfall können die folgenden Ausrichtungen bei der Preisbestimmung beobachtet werden:

- Kostenorientierung,
- Gewinnorientierung,
- Nachfrageorientierung,
- Konkurrenz- oder Branchenorientierung.

5.2.3.1 Kostenorientierte Preisbestimmung

Die kostenorientierte Preisbestimmung beruht auf der Kostenrechnung des Rechnungswesens. Das dabei angewandte Verfahren wird als **progressive Kalkulation, Zuschlagskalkulation** oder **„mark-up pricing"** bezeichnet. Grundsätzlich ergibt sich der Preis aus den Kosten und einem darauf berechneten Gewinnzuschlag. Der Anbieter fragt sich also, welchen Preis er verlangen muss, um erstens seine Selbstkosten decken und zweitens darüber hinaus einen Gewinn erwirtschaften zu können. Es lassen sich dabei zwei verschiedene Vorgehensweisen unterscheiden:

1. Wird von einer **Vollkostenrechnung** ausgegangen, bei der sämtliche durch das Produkt verursachten Kosten verrechnet werden, ergibt sich der Preis wie folgt:

   - Preis = totale Stückkosten + Gewinnzuschlag

   Wird das Produkt über den Handel abgesetzt, so lautet die Berechnung:

   - Preis = Einstandspreis + Handelsspanne

   Die Höhe des Gewinnzuschlags hängt von verschiedenen Faktoren wie beispielsweise der Produktgruppe, der Risikoneigung und den Erfahrungen des Unternehmens ab. Der Vorteil dieses Verfahrens liegt in der einfachen Berechnung. In der Regel sind die Stückkosten dem Unternehmen besser bekannt als die Nachfrage. Zudem wird das Kostenkriterium in der Regel sowohl vom Käufer als auch Verkäufer nicht zuletzt wegen seiner Transparenz als ein objektives Kriterium betrachtet. Allerdings weist dieses Verfahren den Nachteil auf, dass damit nicht oder nur zufällig der gewinnoptimale Preis gefunden wird. Da die Absatzmenge vom festgelegten Preis abhängt, besteht zudem die Gefahr, dass bei einem hohen Fixkostenanteil und einer zu klein geschätzten Absatzmenge die Preise zu hoch ausfallen (weil der Fixkostenanteil pro Mengeneinheit sehr groß wird), so dass die Produkte gar nicht abgesetzt werden können. Deshalb wird häufig das nachfolgende Verfahren herangezogen.

2. Den eben erwähnten Nachteil versucht man dadurch zu eliminieren, dass man die variablen Stückkosten als Ausgangspunkt nimmt und darauf einen Bruttogewinnzuschlag berechnet. Dieser beinhaltet dann nicht nur den beabsichtigten

Gewinnanteil, sondern auch einen Beitrag an die fixen Kosten. Grundlage ist also nicht mehr eine Vollkosten-, sondern lediglich eine **Teilkostenrechnung**, auch **Deckungsbeitragsrechnung** genannt. Damit ist nicht bekannt, wie groß der Gewinn- und Fixkostenbeitrag ist; dieser kann erst nachträglich aufgrund der tatsächlich verkauften Menge berechnet werden.

Die kostenorientierte Preisbildung hat für das Unternehmen bei der Bestimmung des für seine Existenz notwendigen Mindestpreises eine große Bedeutung. Werden die Kosten durch den Preis nicht mehr gedeckt, gerät das Unternehmen früher oder später in Schwierigkeiten. Deshalb ist es wichtig zu wissen, wo seine (kostenorientierten) Preisuntergrenzen liegen:

- Die **langfristige Preisuntergrenze** liegt dort, wo der Preis sämtliche Kosten deckt. Dies ist dann der Fall, wenn der Preis gleich den totalen Stückkosten ist.
- Für die **kurzfristige Preisuntergrenze** gilt die Bedingung, dass der Preis den variablen Stückkosten entspricht. Die fixen Kosten werden also nicht gedeckt. Dieses Vorgehen ergibt sich aus der Überlegung, dass kurzfristig die Fixkosten nicht verändert werden können und diese somit ohnehin anfallen. Jeder Preis, der über den variablen Stückkosten angesetzt werden kann, bringt dann einen Beitrag zur Deckung der Fixkosten.

5.2.3.2 Gewinnorientierte Preisbestimmung

Bei der gewinnorientierten Preisbestimmung versucht das Unternehmen ein Gewinnziel anzugeben, von dem der Preis abgeleitet werden kann. Voraussetzung für dieses Verfahren ist allerdings, dass das Unternehmen neben dem angestrebten Gewinn

- den Verlauf der Gesamtkostenkurve[1] kennt und
- über genügend Produktionskapazitäten verfügt, um die dazu notwendige Absatzmenge herzustellen.

Oft ist das Unternehmen daran interessiert, die Auswirkungen unterschiedlicher Gewinnziele auf den Preis und auf die Kapazitätsauslastung (hergestellte Menge) zu kennen. Dazu wird häufig die so genannte **Gewinnschwellen-** oder **Break-even-Analyse** herangezogen, welche die Zusammenhänge zwischen den genannten Größen aufzuzeigen vermag (▶ Abb. 64, die auf dem Beispiel in ▶ Abb. 65 beruht).

Die Break-even-Analyse geht in der Regel von linearen Gesamtkosten- und Erlöskurven aus. Ausgangspunkt bildet die Grundgleichung:

---

1 Zur allgemeinen Kostenfunktion vgl. Teil 4, Kapitel 3, Abschnitt 3.1 „Produktions- und Kostenfunktionen“.

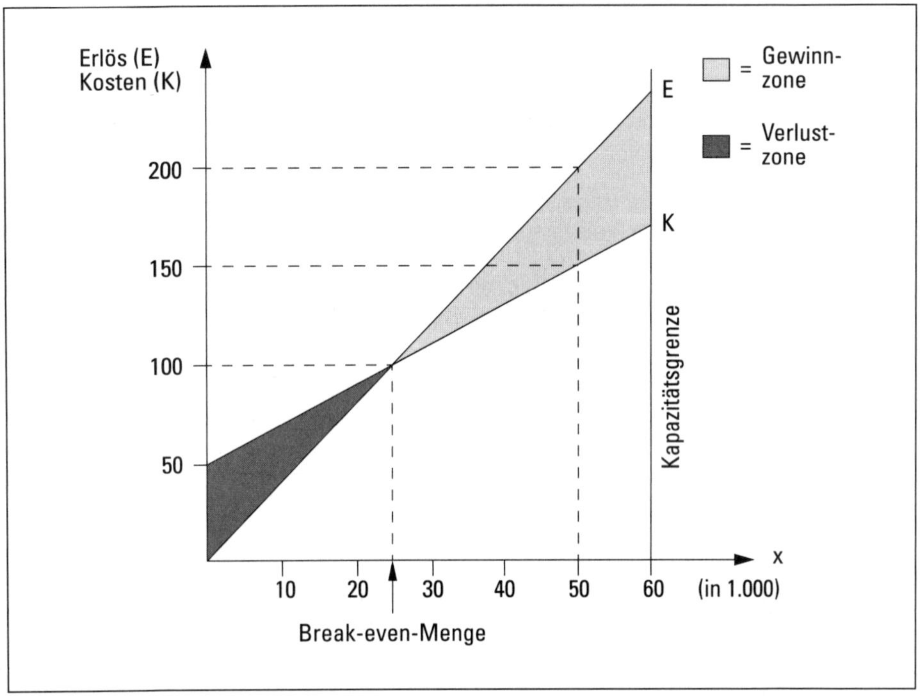

▲ Abb. 64 Break-even-Analyse

(1) Periodengewinn (G) = Periodenerlös (E) – Periodenkosten (K)

Im Break-even-Punkt ist G gleich null, d.h. es wird weder ein Gewinn noch ein Verlust erzielt, die Kosten werden durch den Erlös genau gedeckt.

Im Falle eines Unternehmens mit einem Produkt und einem linearen Kostenverlauf kann die Gleichung (1) wie folgt geschrieben werden:

(2) $G = p\,x - k_{var}\,x - K_{fix}$

wobei p den Preis (Stückerlös) und x die produzierte Menge darstellt, von der angenommen wird, dass sie auch abgesetzt werden kann. Sie dient daneben zur Messung der Kapazitätsauslastung, wenn sie zur maximalen Unternehmenskapazität, die aufgrund der maximal produzierbaren Menge während der betrachteten Periode gemessen wird, in Beziehung gesetzt wird. Die variablen Stückkosten k_{var} stellen wegen des linearen Kostenverlaufs gleichzeitig auch die Grenzkosten dar, während K_{fix} die gesamten Fixkosten umfasst.[1] Gleichung (2) kann nun übergeführt werden in:

(3) $G = x\,(p - k_{var}) - K_{fix}$

1 Zu den verschiedenen Kostenbegriffen vgl. Teil 5, Kapitel 3, Abschnitt 3.1.4.1.2 „Messgröße“.

Ausgangslage

- Maximale Produktionskapazität pro Periode: 60.000 Stück
- Fixkosten pro Periode (K_{fix}): 50.000 €
- variable Kosten pro Stück (k_{var}): 2 €
- Gewinnziel: 50.000 €

a) Das Unternehmen schätzt den Absatz der nächsten Periode auf 50.000 Stück. Wie hoch muss es den Preis festsetzen?

$$p = \frac{G + K_{fix}}{x} + k_{var} = \frac{50.000\text{ €} + 50.000\text{ €}}{50.000\text{ Stück}} + 2\text{ €} = 4\text{ €/Stück}$$

b) Wie stark darf die abgesetzte Menge zurückgehen, bis ein Verlust eintritt?

$$x = \frac{G + K_{fix}}{p - k_{var}} = \frac{0 + 50.000\text{ €}}{4\text{ €} - 2\text{ €}} = 25.000\text{ [Stück]}$$

Das Unternehmen muss somit mehr als 25.000 Stück produzieren, um einen Gewinn zu erzielen (◄ Abb. 64).

c) Wie stark darf der Bruttogewinnzuschlag verkleinert werden, damit – ohne einen Verlust einstecken zu müssen – ein drohender Absatzrückgang über eine Preissenkung aufgefangen werden kann?

$$p - k_{var} = \frac{G + K_{fix}}{x} = \frac{0 + 50.000\text{ €}}{50.000\text{ Stück}} = 1\text{ €/Stück}$$

Der kritische Preis ist somit bei 3 € erreicht. Bei diesem Preis kann das Unternehmen die geplante Kapazitätsauslastung von 50.000 Stück aufrechterhalten, wobei es weder einen Gewinn noch einen Verlust erzielt.

▲ Abb. 65 Beispiel einer Break-even-Analyse

Da ($p - k_{var}$) dem absoluten Bruttogewinnzuschlag (auch Deckungsbeitrag pro Stück genannt) entspricht, ist der Bruttogewinn G abhängig von der abgesetzten Menge x bzw. der Kapazitätsauslastung, dem Bruttogewinnzuschlag und den Fixkosten. Der Preis kann wie folgt berechnet werden:

$$(4)\quad p = \frac{G + K_{fix}}{x} + k_{var}$$

Dieses Verfahren ist jedoch mit einem schwerwiegenden Mangel behaftet. Der Preis wird nämlich aufgrund des geschätzten Absatzes bestimmt, obschon der Absatz wiederum vom Preis abhängt. Es handelt sich damit um einen Zirkelschluss. Die Nachfrageseite, insbesondere die Elastizität der Nachfragefunktion, wird bei diesem Preissetzungsverfahren nicht berücksichtigt. Der festgesetzte Preis kann zu hoch oder zu niedrig angesetzt sein, um die produzierte Menge aufgrund des geschätzten Absatzes verkaufen zu können.

5.2.3.3 Nachfrageorientierte Preisbestimmung (Wertprinzip)

Grundlage dieser Preisfestsetzung sind nicht die Kosten des Verkäufers, sondern der vom Käufer subjektiv empfundene Wert eines Produktes. Das Unternehmen orientiert sich an den Marktdaten bzw. Nachfrageverhältnissen. Es muss sich dabei nach Meffert (1986, S. 328) folgende Fragen stellen:

- Wie schätzt der Verbraucher das Produkt ein?
- Welchen Ruf besitzt der Anbieter, Hersteller oder Händler? Wie hoch ist sein akquisitorisches Potenzial?
- Welchen Preis ist der Käufer bereit zu zahlen?
- Welche Spannen fordern Groß- und Einzelhandel, damit sie das Erzeugnis in ihr Sortiment aufnehmen und sich für den Absatz einsetzen?
- Besteht ein autonomer oder reaktionsfreier preispolitischer Bereich?
- Empfiehlt es sich, einen „gebrochenen" (z.B. 1,95 €) oder einen „runden" (z.B. 2,– €) Preis zu wählen?
- Empfiehlt es sich, eine neue Preislage zu schaffen, die über, unter oder zwischen der bisherigen liegt, wobei Qualität und Image des Produktes eine wichtige Rolle spielen?

Je größer die Nutzenerwartung des Konsumenten für ein Produkt ist, um so höher wird dieses Produkt im Vergleich zur Konkurrenz bewertet. Dies äußert sich wiederum in einer hohen Nachfrage und erlaubt es dem Unternehmen, einen hohen Preis zu verlangen. Ein Problem ist bei dieser Art der Preisbestimmung, den effektiven Nutzen bzw. die Nutzenerwartung der Konsumenten zu messen. Hier können Preis-Markttests wertvolle Hinweise geben.

5.2.3.4 Konkurrenz- und branchenorientierte Preisbestimmung

Bei der konkurrenzorientierten Preisbestimmung richtet sich das Unternehmen nach den Preisen der Konkurrenz. Damit besteht weder ein festes Verhältnis zwischen Preis und Nachfrage noch zwischen Preis und Kosten. Der eigene Preis wird entweder in gleicher Höhe wie der Konkurrenzpreis (= Leitpreis) oder mit einer bestimmten Abweichung (höher oder niedriger) angesetzt. Der einmal festgelegte Preis wird solange beibehalten, bis der Leitpreis geändert wird, unabhängig von der jeweiligen Nachfrage- und Kostensituation.

Vielfach orientiert sich ein Unternehmen am **Branchenpreis.** Diese Verhaltensweise kann damit begründet werden, dass es schwierig und aufwendig ist, die tatsächlich anfallenden Kosten für ein Produkt zu ermitteln. Zudem wird das Risiko insofern minimiert, als keine unvorhergesehenen Reaktionen der Konkurrenz oder der Konsumenten, wie dies bei einer aktiven Preispolitik möglich wäre, auftreten. Auch wird ein Preiskampf praktisch ausgeschlossen, bei dem über einen immer niedrigeren Preis Marktanteile gewonnen werden wollen (ruinöser Wettbewerb).

Die konkurrenzorientierte Preisbildung findet man oft auf Märkten mit homogenen Gütern (z.B. Rohstoffe, Nahrungsmittel) und/oder oligopolistischer oder atomistischer Konkurrenz. Im Falle des Oligopols sieht sich das Unternehmen bei einer Senkung des Leitpreises durch den Marktführer gezwungen, seinen Preis ebenfalls zu senken, um keine Marktanteile zu verlieren. Eine alleinige Preiserhöhung wird dagegen kaum vorgenommen, da sich das betreffende Unternehmen sonst einer kleineren Nachfrage gegenübergestellt sieht. Der Fall der atomistischen Konkurrenz wurde bereits ausführlich weiter oben behandelt.[1]

Eine besondere Form der konkurrenzorientierten Preisbildung ist die **Preisführerschaft.** Bei dieser besteht ein von der Branche anerkannter Preisführer, dem sich die übrigen Unternehmen bei Preisveränderungen sofort anschließen (z.B. Preis für Benzin). Während diese Form nur informell besteht, handelt es sich beim **Preiskartell** um eine vertragliche Abmachung, an welche die Vertragsparteien gebunden sind.[2]

5.2.4 Preispolitische Strategien

5.2.4.1 Überblick über preispolitische Strategien

Mit der preispolitischen Strategie wird eine längerfristige Preisbestimmung angestrebt. Sie löst sich von der gegenwärtigen Situation (Zeitperiode) und versucht den Preis vor allem in Übereinstimmung mit den übergeordneten Unternehmenszielen, den übrigen Marketing-Instrumenten sowie des Produktlebenszyklus festzulegen. In der Praxis sind die folgenden preispolitischen Strategien am häufigsten anzutreffen (Meffert 1997, S. 534f.):

1. **Prämien- und Promotionspreisstrategie:**
   - **Prämienpreise** sind relativ hohe Preise, die mit entsprechend hoher Qualitätspolitik verbunden sind. Zudem sind meistens alle anderen Marketing-Instrumente auf Exklusivität ausgerichtet, wie dies beispielsweise bei exklusiven Parfums oder Kleidern der Fall ist.
   - **Promotionspreise** sind demgegenüber relativ niedrige Preise, mit denen bewusst das Image eines Niedrigpreisproduktes geschaffen werden soll (Beispiele: IKEA, Aldi, A & P).

1 Vgl. Abschnitt 5.2.2.3 „Preispolitik bei atomistischer Konkurrenz (Polypol auf vollkommenen Märkten)".

2 Zum Preiskartell vgl. Teil 1, Kapitel 2, Abschnitt 2.7.3.2 „Kartell".

2. **Penetrations- und Abschöpfungsstrategie:**
   - Bei der **Penetrationsstrategie** sollen mit relativ niedrigen Preisen möglichst schnell Massenmärkte erschlossen und bei niedrigen Stückkosten große Absatzmengen erzielt werden (z.B. Swatch). Darüber hinaus wird eine Abschreckung potenzieller Konkurrenten bezweckt. Später kann dann – je nach Art des Produktes und der Konkurrenzsituation – der Penetrationspreis sukzessive erhöht werden. Eine solche Politik empfiehlt sich, wenn
     - eine hohe Preiselastizität der Nachfrage besteht,
     - bei einer hohen Anlagenausnutzung die Kostendegression wirksam wird.
   - Bei der **Abschöpfungs-** oder **Skimmingstrategie** wird dagegen in der Einführungsphase eines neuen Produktes ein relativ hoher Preis (bei hohen Stückkosten und niedrigen Absatzmengen) gefordert, der dann mit zunehmender Erschließung des Marktes und/oder aufkommendem Konkurrenzdruck sukzessive gesenkt wird (z.B. Videorekorder, Computer). Der Einsatz dieser Strategie ist sinnvoll, wenn
     - genügend Konsumenten bereit sind, für den Besitz eines neuen Produktes auch einen hohen Preis zu bezahlen,
     - für das Produkt eine rasche Veralterungsgefahr besteht (kurzer Lebenszyklus),
     - es keinen Vergleichsmaßstab gibt, mit dem der Wert oder Nutzen aus dem Produkt gemessen werden kann,
     - die Produkt- oder Vertriebskapazitäten beschränkt sind und nur relativ langsam ausgebaut werden können.

3. **Strategie der Preisdifferenzierung:** Preisdifferenzierung liegt immer dann vor, wenn ein Unternehmen aufgrund bestimmter Kriterien das gleiche Produkt an verschiedene Konsumenten zu unterschiedlichen Preisen verkauft. Mit dieser Strategie wird versucht, durch Bildung von Teilmärkten den Gesamtgewinn zu vergrößern. Allerdings ist jede Preisdifferenzierung an folgende Voraussetzungen gebunden:
   - Es muss möglich sein, die Nachfrager in Gruppen einzuteilen, die sich nach bestimmten Merkmalen voneinander unterscheiden. Zudem müssen sich diese Käufergruppen isolieren lassen und eine unterschiedliche Preiselastizität aufweisen.
   - Die Märkte müssen unvollkommen sein, sonst würden alle Käufer wegen der Markttransparenz zum niedrigsten Preis kaufen.
   - Das Unternehmen muss eine – zumindest in gewissen Grenzen – von links oben nach rechts unten fallende Nachfragekurve aufweisen. Dies bedeutet, dass die Preisdifferenzierung nur bei polypolistischer oder oligopolistischer Konkurrenz sowie beim Monopol betrieben werden kann. In den ersten beiden Fällen ist sie allerdings nur beschränkt anwendbar.

5.2.4.2 Formen der Preisdifferenzierung

Unterschieden werden kann zwischen horizontaler und vertikaler Preisdifferenzierung. Eine **horizontale Preisdifferenzierung** wird dadurch erreicht, dass der Gesamtmarkt in mehrere, in sich gleiche Käuferschichten unterteilt wird. Da die Käufer jeder Schicht bereit sind, für ein bestimmtes Produkt entweder einen höheren oder niedrigeren Preis als die Käufer einer anderen Gruppe zu bezahlen, kann das Unternehmen den Preis gemäß den Wert- und Nutzenvorstellungen jeder Käuferschicht festlegen. ▶ Abb. 66 zeigt eine Preisdifferenzierung mit drei Käufergruppen.

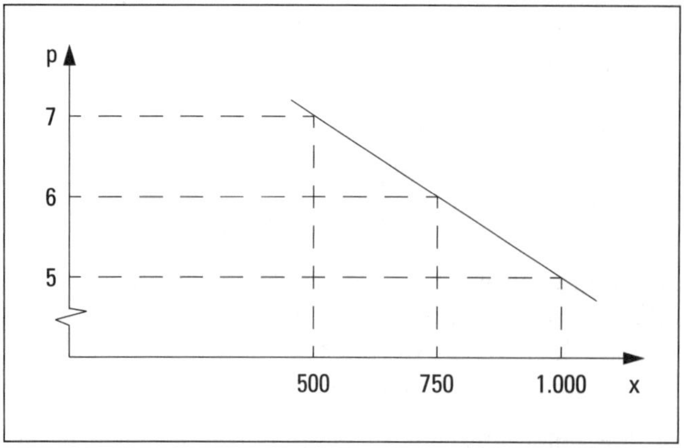

▲ Abb. 66 Horizontale Preisdifferenzierung

Unter Verwendung der Zahlen in ◀ Abb. 66 werden folgende Zusammenhänge ersichtlich, wenn die Stückkosten bei der Herstellung von 1.000 Einheiten 4,50 € pro Stück betragen:

1. **ohne** Preisdifferenzierung können 1.000 Stück à 5,– € abgesetzt werden. Der Gesamterlös würde 5.000,– € betragen, der Gesamtgewinn 500,– €.

2. **mit** Preisdifferenzierung sieht die Rechnung wie folgt aus:
   - Käuferschicht 1: 500 Stück à 7,– €, Erlös 3.500 €, Gewinn 1.250,– €
   - Käuferschicht 2: 250 Stück à 6,– €, Erlös 1.500 €, Gewinn 375,– €
   - Käuferschicht 3: 250 Stück à 5,– €, Erlös 1.250 €, Gewinn 125,– €

   Damit ergibt sich bei einer gleich großen Absatzmenge wie im ersten Fall ein Gesamtgewinn von 1.750,– €.

Bei der **vertikalen Preisdifferenzierung** wird der Gesamtmarkt in einzelne Teilmärkte zerlegt, wobei sich auf jedem Teilmarkt Käufer aller oder zumindest mehrerer Preisschichten befinden. Auf diesen Teilmärkten können dann unterschiedliche Preise festgelegt werden. Eine solche Preisdifferenzierung ist beispielsweise dann möglich, wenn die Elastizität der Nachfrage auf dem Inlandsmarkt und dem

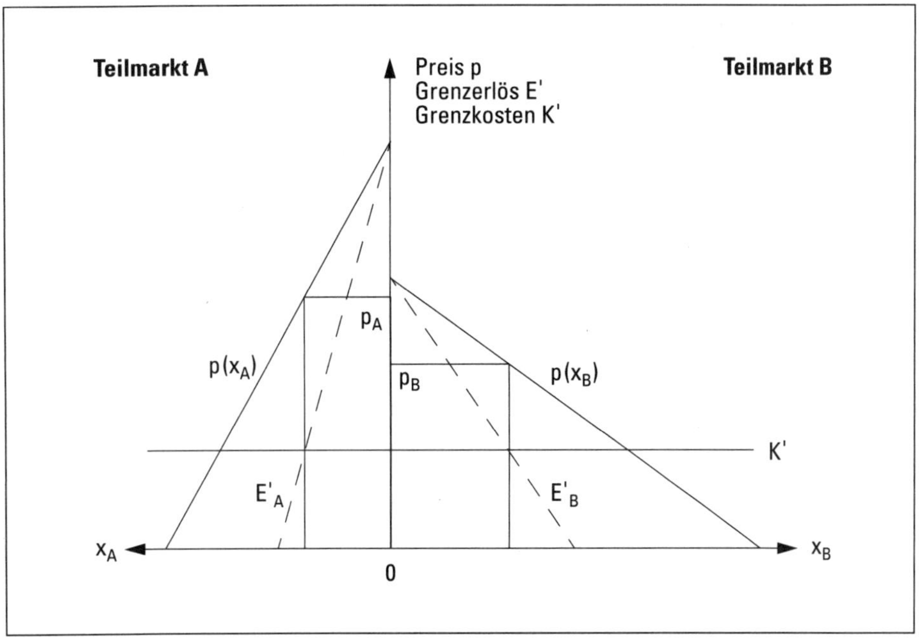

▲ Abb. 67 Vertikale Preisdifferenzierung

Auslandsmarkt bei gleichem Preis unterschiedlich ist. Dies bedeutet, dass der Verlauf der Preis-Absatzfunktion auf den beiden Teilmärkten unterschiedlich steil ist (◄ Abb. 67).

Daraus wird auch ersichtlich, dass der Gesamtgewinn dann maximiert wird, wenn auf beiden Teilmärkten die Cournotsche Menge abgesetzt wird. Dies trifft dann zu, wenn die Grenzkosten K' mit dem Grenzerlös E' (= p) übereinstimmen:

$$(1)\quad E'_a = E'_b = K'$$

Unter Verwendung der Amoroso-Robinson-Relation kann man die Gleichung (1) auch folgendermaßen schreiben:

$$(2)\quad p_a\left(1+\frac{1}{\eta_a}\right) = p_b\left(1+\frac{1}{\eta_b}\right)$$

und es ergibt sich folgende Beziehung:

$$(3)\quad \frac{p_a}{p_b} = \frac{\left(1+\frac{1}{\eta_b}\right)}{\left(1+\frac{1}{\eta_a}\right)}$$

Das Verhältnis der gewinnmaximalen Preise auf den beiden Teilmärkten hängt von den Verhältnissen der beiden Nachfrageelastizitäten ab. Wären diese gleich groß, so müssten auch die Preise gleich groß sein und eine Preisdifferenzierung wäre nicht möglich.

Nach dem Merkmal, das einer Preisdifferenzierung zugrunde liegt, können folgende **Arten der Preisdifferenzierung** unterschieden werden:

1. **Räumliche Preisdifferenzierung:** Bei der Differenzierung nach Absatzgebieten erfolgt eine regionale Marktaufspaltung. Bekannt ist vor allem die Unterteilung in einen Inlands- und Auslandsmarkt im internationalen Handel. Die Preise der ins Ausland exportierten Güter können entweder über oder unter den Preisen der im einheimischen Markt verkauften Güter angesetzt werden. Sind diese Exportpreise im Vergleich zu den Preisen der lokalen Anbieter im Ausland sehr niedrig und zielen sie darauf ab, die lokalen Anbieter aus dem Markt zu drängen, so spricht man von **Dumpingpreisen.**
2. **Zeitliche Preisdifferenzierung:** Für das gleiche Produkt werden zu verschiedenen Zeiten unterschiedliche Preise verlangt. Eine solche Preisdifferenzierung nach dem Bestellzeitpunkt ist dann möglich, wenn die Dringlichkeit der Nachfrage zu verschiedenen Tages- oder Jahreszeiten unterschiedlich groß ist. Der Sinn der Preisdifferenzierung besteht darin, die schwankende Auslastung der Kapazitäten oder eine Produktion auf Vorrat, sofern dies überhaupt möglich ist, zu vermeiden, indem die Absatzschwankungen ausgeglichen werden. Bekannte Beispiele sind vergünstigte Telefon- oder Stromgebühren während der Nacht, günstige Hotelangebote in der Zwischensaison, Sommer- bzw. Winterschlussverkauf am Ende einer Saison.
3. **Preisdifferenzierungen nach Abnahmemenge:** Wird eine bestimmte Abnahmemenge – vielfach während einer im voraus festgelegten Zeitperiode – übertroffen, so wird nachträglich ein Rabatt (Bonus) gewährt. Dadurch soll der Kunde zu einem hohen Abnahmevolumen motiviert werden. Diese Form der Preisdifferenzierung lässt sich sowohl bei verschiedenen Arten von Produkten (z.B. Nahrungsmittel, Gebrauchsgüter) als auch auf verschiedenen Absatzstufen (erster Anbieter, Großhändler, Einzelhändler, letzter Nachfrager) beobachten.
4. **Preisdifferenzierung nach Auftragsgröße:** Je nachdem wie groß ein einzelner Auftrag ist, fällt auch der Preis unterschiedlich hoch aus: Je höher die bezogene Menge, um so kleiner der Preis. Beispiele sind die Gewährung von gestaffelten Mengenrabatten (z.B. bei Papier, Getränken) oder von Spezialtarifen für Großabnehmer (z.B. Strom, Gas, Wasser). Diese Preisdifferenzierung hat ihren Grund darin, dass die Lieferung größerer Mengen kostengünstiger ist.
5. **Preisdifferenzierung nach Kundengruppen:** Oft erfolgt eine Preisdifferenzierung nach verschiedenen Gruppen, deren Käufer jeweils ein ganz bestimmtes Merkmal aufweisen. Beispielsweise werden Studenten, Rentnern, Kriegsversehrten oder Vereinsmitgliedern günstigere Preise gewährt. Oft werden die angebotenen Leistungen durch bestimmte Bedingungen eingeschränkt (z.B. Gültigkeit nur zu bestimmten Zeiten).

5.2.5 Auswirkungen von Preisveränderungen

Oft stellt sich für ein Unternehmen die Frage, welche Auswirkungen Preisveränderungen auf einem bereits eingeführten Produkt hervorrufen. Zwar kann es aufgrund rationaler Kriterien (z.B. Kosten) den optimalen Preis bestimmen, doch kann es selten das Verhalten der Konsumenten und/oder Konkurrenten voraussagen. Im folgenden sollen deshalb die Gründe für Preisveränderungen und mögliche Kundenreaktionen auf solche Maßnahmen untersucht werden.

5.2.5.1 Preissenkungen

Preissenkungen können entweder wirtschaftlich notwendig sein oder sich als mögliche aktive Strategie anbieten, wie die folgenden **Gründe** für eine solche Maßnahme zeigen:

- Überangebot,
- ungünstige Kapazitätsauslastung,
- fallender Marktanteil,
- allgemeine Wirtschaftslage (Rezession),
- niedrigere Kosten, die sich entweder aufgrund rationellerer Produktionsverfahren oder durch Ausdehnung des Produktionsvolumens (Kostendegression) ergeben.

Die **Kundenreaktion** auf eine Preissenkung kann vorerst darin bestehen, dass die Konsumenten das Produkt in einer größeren Menge kaufen, sofern eine elastische Preis-Absatzfunktion vorliegt. Allerdings kann eine solche Absatzausweitung auch ausbleiben, wenn der Kunde beispielsweise folgende Überlegungen über die Ursache der Preissenkung anstellt:

- das Produkt wird bald ersetzt und man will die Lager so schnell wie möglich abbauen,
- das Produkt hat Fehler und muss deshalb billiger abgegeben werden, damit der Kunde nicht enttäuscht wird,
- das Produkt wird vielleicht noch billiger, insbesondere dann, wenn schon mehrere Preissenkungen vorgenommen wurden,
- die Qualität des Produktes wurde schlechter, was die funktionalen Eigenschaften beeinflussen könnte (z.B. Haltbarkeit).

Von diesen langfristigen Preissenkungen sind jene zu unterscheiden, die ein Unternehmen nur für eine kurze Zeitdauer durchführt. Nicht selten werden bei solchen Aktionen die Produkte unter dem kostendeckenden Preis (kurzfristige oder langfristige Preisuntergrenze) verkauft. Diese Preise werden deshalb oft **Promotionspreise** genannt. Sie werden beispielsweise folgenderweise eingesetzt:

- **Schlussverkauf:** Zu speziellen Anlässen (z.B. Ladenumbau), in Zeiten geringer Nachfrage (z.B. im Januar) oder bei überhöhten Lagerbeständen werden kurzfristige Preisnachlässe gewährt.
- **Lockvogelangebote:** Wie der Name bereits zum Ausdruck bringt, werden durch spezielle Aktionen Produkte zu Tiefstpreisen angeboten, damit der Kunde das Geschäft aufsucht und bei dieser Gelegenheit auch andere Produkte aus dem Normalpreisangebot kauft.

5.2.5.2 Preiserhöhungen

Beabsichtigt ein Unternehmen Preiserhöhungen vorzunehmen, so können dafür folgende **Gründe** ausschlaggebend sein:

- Kostensteigerungen (infolge inflationärer Tendenzen) können dazu führen, dass das Unternehmen die erhöhten Kosten auf die Preise überwälzen muss, um zumindest die langfristige Preisuntergrenze halten zu können.
- Bei einem konjunkturellen oder strukturellen Aufschwung kann das Unternehmen aufgrund einer Übernachfrage erwägen, einen höheren Gewinn zu erzielen. Minimale Preiserhöhungen können den Gesamtgewinn erheblich vergrößern. (Beispiel: Bei einem Produkt mit Kosten von 9,70 € und einem Verkaufspreis von 10,– € wird der Preis um 1 % erhöht. Wenn die Kosten gehalten werden, erhöht sich der Stückgewinn um ganze 33 %.)

Die zuerst erwartete Reaktion wäre bei einer elastischen Nachfragekurve ein Rückgang des Absatzes. Doch auch hier hängt die **Reaktion der Kunden** von ähnlichen Überlegungen ab, wie sie bereits im Zusammenhang mit Preissenkungen gemacht worden sind:

- Der Kunde unterstellt dem Unternehmen Gewinnmaximierung zu Lasten der Konsumenten. In diesem Fall ist es besonders wichtig, dass das Unternehmen den Kunden über die Gründe der Preiserhöhung (z.B. Kostensteigerung) mit Hilfe anderer Marketing-Instrumente aufklärt.
- Die Produktqualität wurde verbessert.
- Das Produkt wird in Zukunft noch teurer. Dies kann im Extremfall zu Vorratskäufen führen.

Allgemein ist das Preisbewusstsein bei häufig gekauften Produkten am stärksten. Bei unregelmäßig eingekauften Produkten werden Preisschwankungen hingegen oft nicht wahrgenommen. Zudem ist das Preisempfinden der Konsumenten mitunter auch irrational. Beispielsweise werden Änderungen des Kaffeepreises heftig diskutiert, während die Fleischpreise kaum beachtet werden.

5.2.6 Preisgestaltung im Produkt-Mix

Vielfach ist ein Produkt in eine Produktlinie integriert und somit Bestandteil eines gesamten Produkt-Mix. In diesem Falle muss das Unternehmen einige der bisher gemachten Überlegungen modifizieren (Kotler 1982, S. 422ff.):

1. Das Preisgestaltungsziel ist nicht auf einen Einzelpreis, sondern auf eine Kombination von Preisen bezogen.
2. Es herrscht gegenseitige Nachfrageabhängigkeit (der Preis oder ein anderes Marketing-Instrument beeinflusst die Nachfrage des anderen Produkts). Diese ist messbar an der Kreuzpreiselastizität.
3. Oft besteht auch eine gegenseitige Kostenabhängigkeit. Neben- und Kuppelprodukte sind in diesem Sinne voneinander abhängig (Beispiel: Schinken und Bauchspeck).
4. Der Einfluss der Konkurrenz auf die ganze Produktlinie ist anders zu beurteilen als der Konkurrenzeinfluss auf ein einzelnes Produkt.

Das Unternehmen kann bei der Gestaltung eines sinnvollen Preisbündels verschiedene Wege einschlagen:

1. **Mischkalkulation:** Das Sortiment umfasst Produkte, die keine volle Kostendeckung oder nur einen geringen Gewinnaufschlag zulassen, während andere Produkte mit einem höheren Gewinnaufschlag verkauft werden. Dadurch soll in einem ausgeglichenen Sortiment, das sich gesamthaft möglichst optimal an den Marktchancen orientiert, ein preispolitischer Ausgleich geschaffen werden. Dieses Verhalten wird als „kalkulatorischer Ausgleich" bezeichnet.
2. **Produktlinienpreisgestaltung:** Innerhalb einer Produktlinie müssen die einzelnen Produktpreise aufeinander abgestimmt werden. Es stellt sich dabei einerseits die Frage, wie groß die Preisdifferenzen zwischen den verschiedenen Modellklassen sein sollen und andererseits, mit welchen Preisen die Ausführungen einer bestimmten Modellklasse zu versehen sind. Oft kann beispielsweise durch eine minimale Produktveränderung (z.B. Änderung der Farbe) bei entsprechender Nachfrage ein Aufpreis von 5% erhoben werden, obwohl diese Änderung in den Produktionskosten vielleicht nur 1% ausmacht.
3. **Preisgestaltung Komplementärprodukte:** Es gibt zahlreiche Produkte, welche nur im Zusammenhang mit der Verwendung zusätzlicher, komplementärer Produkte genutzt werden können (Beispiel: Faxgerät und Faxpapier, Mobiltelefon in Verbindung mit Netzbetreiberkarte derselben Marke). Dieser Umstand kann ausgenützt werden, indem das Hauptprodukt billig verkauft wird, um dann die Gewinne vor allem über den Verkauf der Komplementärprodukte zu realisieren.
4. **Preisgestaltung Kuppelprodukte:** Besonders bei der Herstellung von Fertignahrung, in der Erdölverarbeitung und in der Chemie sowie in anderen Industriezweigen fallen bei der Produktion Nebenprodukte an. Wenn diese keinen Wert haben oder gar Kosten verursachen (Beispiel: Entsorgung von Altlasten), be-

einflussen sie die Kosten der Hauptprodukte. Das Unternehmen wird deshalb versuchen, einen Markt für diese Nebenprodukte zu finden, um durch deren Verkauf die Hauptprodukte vom Konkurrenzdruck zu entlasten.

5.3 Rabattpolitik

Rabatte sind Preisnachlässe, die der Hersteller (oder der Handel) für bestimmte Leistungen des Abnehmers gewährt.

Da durch die Rabatte der Preis verändert wird, den der Kunde tatsächlich zu bezahlen hat, stellt die Rabattpolitik ein Mittel der Preisvariation dar. In Anlehnung an Meffert (2000, S. 583) können mit der Rabattpolitik die folgenden **Ziele** verfolgt werden:

- Umsatz- bzw. Absatzausweitung durch Verbesserung des Preis-Leistungsverhältnisses,
- Erhöhung der Kundentreue,
- Rationalisierung der Auftragsabwicklung,
- Steuerung der zeitlichen Verteilung des Auftragseinganges,
- Sicherung des Images exklusiver und teurer Güter bei gleichzeitiger Möglichkeit, diese preiswert anzubieten.

In der Praxis werden verschiedene **Rabattsysteme** angewandt, um diese Ziele zu erreichen. Diese Systeme können unter drei Aspekten betrachtet werden:

1. Funktion des Rabattes,
2. Absatzstufe, an die der Rabatt gewährt wird,
3. Art der Verrechnung des Rabattes.

▶ Abb. 68 zeigt eine Einteilung aufgrund der beiden ersten Kriterien. Die **Art der Verrechnung** kann nicht nur wert-, sondern auch mengenmäßig erfolgen. Bei einem wertmäßigen Mengenrabatt reduziert der Anbieter seinen Preis um einen bestimmten Prozentsatz, sei es auf der bestellten Gesamtmenge oder nur auf dem eine bestimmte Menge übersteigenden Teil einer Bestellung. Mengenmäßige Rabatte, auch Naturalrabatte genannt, sind entweder „Dreingaben" oder „Draufgaben" von Produkten der gleichen Art und Qualität.

- Bei **Draufgaben** werden zu den gelieferten und in Rechnung gestellten Mengen zusätzliche Mengen dazugeschlagen, die der Lieferant nicht verrechnet.
- Bei der **Dreingabe** hingegen wird ein Teil der bestellten Menge nicht verrechnet.

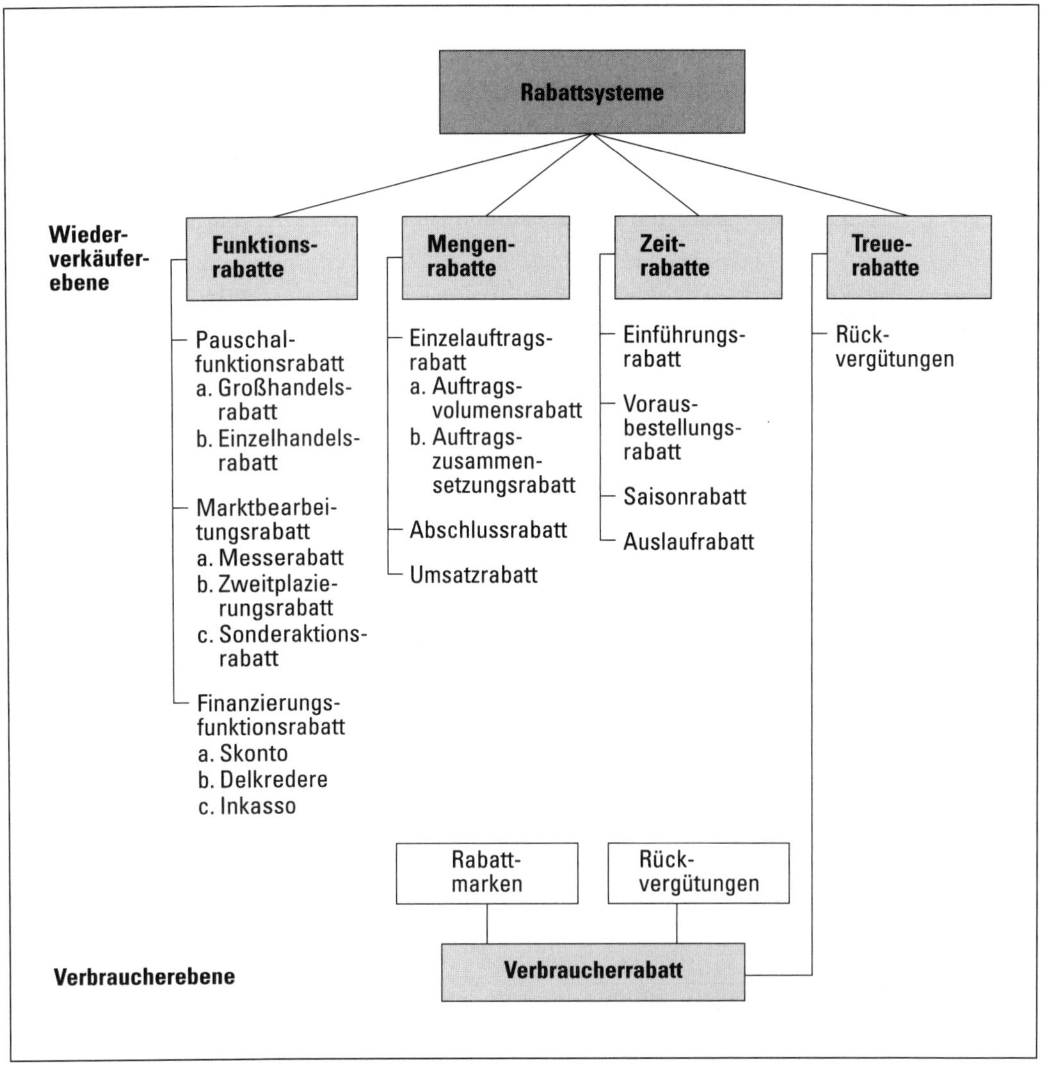

▲ Abb. 68 Rabatte auf der Wiederverkäufer- und Verbraucherebene (Meffert 2000, S. 586)

Wenn der Kunde beispielsweise 100 Einheiten bestellt, muss er bei einer Dreingabe nur 90 bezahlen, während er bei einer Draufgabe 110 Einheiten zum Preis von 100 Einheiten erhält.

Eine **optimale Rabattpolitik** beim Mengenrabatt ist primär darauf ausgerichtet, die Differenz aus den rabattbedingten Erlösschmälerungen und den Nutzen der Rabattpolitik – wie beispielsweise Kosteneinsparung durch Verminderung von Kleinaufträgen – zu maximieren. Je nachdem welche Strategie ein Unternehmen verfolgt, wird es seinen Abnehmern einen relativ hohen oder niedrigen Rabatt gewähren:

- **Strategie des Pushing:** Soll sich in erster Linie der Handel um den Weiterverkauf der Produkte bemühen, so wird man versuchen, über günstige Einstandspreise den Handel dazu zu motivieren.
- **Strategie des Pulling:** Richtet man seine Marketing-Anstrengungen direkt auf die potenziellen Konsumenten aus, damit diese einen Nachfragesog beim Handel auslösen und dieser gezwungen wird, das Produkt in sein Sortiment aufzunehmen, so werden die Rabatte an den Handel eher knapp ausfallen.

5.4 Transportbedingungen

Gegenstand der Transportbedingungen ist die Regelung der Frage, wer die **Versandkosten,** d.h. die Anlieferung, Fracht, Wiegegebühren, Verladekosten und die Zölle zu bezahlen hat. Wenn darüber nichts anderes vereinbart wurde, gelten die spezifischen Gewohnheiten der jeweiligen Branche. Bestehen dagegen keine solchen Gewohnheiten, so müssen die Regelungen des allgemeinen Vertragsrechts herangezogen werden. Beim Verkauf an inländische Abnehmer kommen die **Transportklauseln** gemäß ▶ Abb. 69 in Betracht.

Bezeichnung	Bedeutung
Ab Lager (Fabrik, Werk)	Der Lieferant trägt keine, der Käufer die gesamten von Lager zu Lager entstandenen Transportkosten.
Frei/franko Bahnhof, Versand- oder Verladestation	Der Lieferant trägt die Anrollkosten von seinem Lager bis zur Verkaufsstelle.
Frei/franko Waggon	Der Lieferant übernimmt auch die Verladekosten.
Frei/franko/frachtfrei Bestimmungsort	Der Lieferant trägt die Kosten bis zur Bestimmungsstation. Das Entladen muss der Käufer auf seine Kosten besorgen.
Frei/franko/frachtfrei Bestimmungsstation	Der Lieferant trägt auch die Entladekosten.
Frei Haus (Werk, Fabrik)/frachtfrei/franko	Der Lieferant trägt die gesamten Transportkosten.

▲ Abb. 69 Transportklauseln für Inlandgeschäfte

Exportgeschäften liegen im allgemeinen die „Incoterms“ zugrunde, die im Jahre 1936 von der Internationalen Handelskammer in Paris aufgestellt wurden und nach der überarbeiteten Fassung vom Mai 1953 die **Vertragsformeln** wie in ▶ Abb. 70 vorsehen.

Bezeichnung	Bedeutung
ex works	Ab Werk (ab Fabrik)
FOR (free on rail) – FOT (free on truck) from ... (named point of departure)	Frei (franko) Waggon ... (benannter Abgangsort)
FAS (free alongside ship) ... (named port of shipment)	Frei Längsseite Seeschiff ... (benannter Verschiffungshafen)
FOB (free on board) ... (named port of shipment)	Frei an Bord ... (benannter Verschiffungshafen)
C&F (cost and freight) ... (named port of destination)	Kosten und Fracht ... (benannter Bestimmungshafen)
CIF (cost, insurance, freight) ... (named port of destination)	Kosten, Versicherung, Fracht ... (benannter Bestimmungshafen)
freight or carriage paid to ... (named port of destination)	Frachtfrei ... (benannter Bestimmungshafen)
ex ship ... (named port of destination)	Ab Schiff ... (benannter Bestimmungshafen)
ex quai (duty paid) ... (named port)	Ab Kai (verzollt) ... (benannter Hafen)

▲ Abb. 70 „Incoterms" für Exportgeschäfte

Kapitel 6
Kommunikationspolitik

6.1 Kommunikationspolitisches Entscheidungsfeld

Eine wichtige Aufgabe im Rahmen des Marketing kommt der Kommunikationspolitik zu. Es genügt nämlich nicht, ein gutes Produkt zu entwickeln, die dazu passenden Konditionen festzulegen und den entsprechenden Absatzweg auszuwählen. Das Unternehmen muss seinen potenziellen Kunden auch mitteilen, zu welchen Bedingungen oder an welchen Orten sie ein bestimmtes Gut oder eine bestimmte Dienstleistung beschaffen können. Gerade in einem Käufermarkt spielt es eine entscheidende Rolle, dass der potenzielle Abnehmer über das Angebot eines Unternehmens genau informiert wird.

Eine solche Kommunikation, die als Informationsaustausch allen Kauf- und Verkaufsentscheidungen vorausgeht, darf sich aber nicht nur auf ein bestimmtes Produkt oder den potenziellen Abnehmer beschränken. Wie bereits ausführlich dargelegt, ist das Unternehmen von einer komplexen Umwelt umgeben, mit der es in ständiger Kommunikation steht.[1] Diese umfasst alle Institutionen, mit denen das Unternehmen – in der Gegenwart oder in der Zukunft – geschäftliche Beziehungen pflegt oder die einen Einfluss auf das Unternehmen ausüben können.

1 Vgl. Teil 1, Kapitel 1, Abschnitt 1.2.5 „Umwelt des Unternehmens“.

Ziel der **Kommunikationspolitik** ist es somit, Informationen über Produkte und das Unternehmen den gegenwärtigen und potenziellen Kunden sowie der an dem Unternehmen interessierten Öffentlichkeit zu übermitteln, um optimale Voraussetzungen (z.B. Markttransparenz, Schaffung von Entscheidungsgrundlagen) zur Befriedigung von Bedürfnissen zu schaffen.

Im Rahmen der Kommunikationspolitik stehen insbesondere folgende Fragen im Vordergrund:

- **Kommunikationssubjekt:** Mit wem wollen wir kommunizieren?
- **Kommunikationsobjekt:** Was wollen wir mitteilen? Handelt es sich zum Beispiel um einzelne Produkte oder um das Unternehmen als Ganzes?
- **Kommunikationsprozess:** Welches Vorgehen wählen wir, um mit unseren Kommunikationspartnern zu kommunizieren? Wie sollen die Kommunikationsbeziehungen gestaltet werden?

Den nachstehenden Ausführungen zur Kommunikationspolitik liegt folgende Einteilung zugrunde:

- Public Relations,
- Werbung,
- Verkaufsförderung und
- persönlicher Verkauf.

6.2 Public Relations

Mit Public Relations oder Öffentlichkeitsarbeit wird versucht, ein Bild zu vermitteln, das eine Beurteilung des Unternehmens als Ganzes erlaubt.

Die **Public Relations** vermitteln allgemeine Informationen über die unternehmerischen Tätigkeiten und deren Resultate. Sie wollen damit ein Vertrauensverhältnis schaffen, das die zukünftigen Beziehungen zwischen dem Unternehmen und möglichen Partnern oder sonstigen Interessengruppen erleichtert.

Eine genauere Einteilung der verschiedenen Funktionen der Public Relations nimmt Meffert (2000, S. 724ff.) vor:

- **Informationsfunktion:** Vermittlung von Informationen nach innen und außen (Öffentlichkeit).
- **Kontaktfunktion:** Aufbau und Aufrechterhaltung von Verbindungen zu allen für das Unternehmen relevanten Gruppen.
- **Imagefunktion:** Aufbau, Änderung und Pflege des Vorstellungsbildes vom Unternehmen.

- **Harmonisierungsfunktion:** Abgleich der wirtschaftlichen und gesellschaftlichen sowie der innerbetrieblichen Verhältnisse, Verbesserung der Human Relations.
- **Absatzförderungsfunktion:** Anerkennung und Vertrauen in der Öffentlichkeit fördert den Verkauf.
- **Stabilisierungsfunktion:** Erhöhung der Standfestigkeit des Unternehmens in kritischen Situationen aufgrund der stabilen Beziehungen zu den Teilöffentlichkeiten.
- **Kontinuitätsfunktion:** Bewahrung eines einheitlichen Stils des Unternehmensverhaltens nach innen und nach außen.
- **Sozialfunktion:** Aufzeigen der gesellschafts- und sozialbezogenen Unternehmensleistungen.
- **Balancefunktion:** Auspendeln des Anreiz-Beitrags-Gleichgewichts der verschiedenen unternehmensrelevanten Bezugsgruppen.

Aus dieser Liste wird zugleich auch ersichtlich, dass als **Kommunikationssubjekte** die ganze Umwelt infrage kommt, d.h. alle möglichen Personen, Gruppen, Institutionen, die in einer Beziehung mit dem Unternehmen stehen oder stehen werden. Sie wird neben Kunden auch Lieferanten, Absatzmittler der eigenen Produkte, Eigen- und Fremdkapitalgeber, Mitarbeiter, Behörden und Verbände umfassen.

In erster Linie wird es darum gehen, das Unternehmen und seine Tätigkeiten zu beschreiben. Daneben wird vielfach auf die Bedeutung des Unternehmens für eine bestimmte Region oder Institution aufmerksam gemacht. Der **Kommunikationsinhalt** kann dann beispielsweise folgende Bereiche betreffen:

- Wirtschaft (als Steuerzahler),
- Gesellschaft (als Arbeitgeber),
- Politik (als Rahmengeber),
- wissenschaftliche Entwicklung (Forschungsprojekte),
- Umwelt (Umweltschutzbemühungen).

Zur Gestaltung der **Kommunikationsbeziehungen** kommen verschiedene Maßnahmen in Betracht, je nachdem welche Aspekte und welche Kommunikationssubjekte im Vordergrund stehen.[1] Beispielhaft können genannt werden:

- Publikation von Informationen über das Unternehmen in Zeitungen und Zeitschriften,
- Pressekonferenzen anlässlich wichtiger Ereignisse (Jahresabschluss, Neuentwicklungen),
- Betriebsbesichtigungen,
- Geschäftsberichte, Firmenbroschüren,
- Auftreten als Sponsor von sportlichen und kulturellen Veranstaltungen,

1 Vgl. dazu auch die Prinzipien der Öffentlichkeitsarbeit in Teil 10, Kapitel 5, Abschnitt 5.4.5.2 „Kommunikatives Handeln“.

- Ausschreiben von Wettbewerben,
- Unterstützung öffentlicher Forschungsprojekte,
- Beiträge an gemeinnützige Institutionen.

6.3 Werbung

6.3.1 Funktionen der Werbung

Mit dem Begriff Werbung sind sehr viele Vorstellungen, Meinungen und Vorurteile verbunden. Dies nicht zuletzt deshalb, weil jedermann täglich und an verschiedenen Orten in unterschiedlicher Weise mit Werbung in Berührung kommt. Sie ist sozusagen das „am besten sichtbare Instrument" des gesamten Marketing-Instrumentariums, woraus aber nicht unbedingt geschlossen werden kann, dass es auch das wichtigste ist.

Im Vordergrund steht zunächst die Frage, welche **Funktion** der Werbung bei der Kommunikation zwischen Produzent, Händler und Konsument zukommt. Je nach Standpunkt und Wertvorstellungen reichen dabei die Antworten von Manipulation über Beeinflussung und Überzeugung bis zur reinen Information des Konsumenten. Aus betriebswirtschaftlicher Sicht ist die Werbung in erster Linie ein Element der Kommunikationspolitik, die ihrerseits wieder einen Teil des Marketing-Konzepts bildet.

Der **Werbung** kommt somit die Aufgabe zu, Informationen über die Existenz, Eigenschaften, Erhältlichkeit und Bezugsbedingungen (Preis) von Produkten und Dienstleistungen zu vermitteln.

Solche Informationen dienen dem potenziellen Kunden, um

- die Übereinstimmung zwischen seinem Bedarf und einem konkreten Angebot zu überprüfen,
- sich über das Produkt zu informieren, ohne das Produkt konkret vor sich haben zu müssen, und damit eine Vorentscheidung treffen zu können (Vorselektion),
- auf ein Produkt aufmerksam zu werden, für das er zwar einen Bedarf hat, auf das er aber ohne Werbung nicht gestoßen wäre,
- unterschiedliche Angebote vergleichen zu können (Markttransparenz).

Es gibt verschiedene und zum Teil berechtigte Gründe, die Werbung als problematisch darzustellen. Erstens kann Werbung einseitig sein, d.h. sie kann nur einen Teil der Informationen darstellen. Dies kann der Werbung allerdings nicht zum Vorwurf gemacht werden, denn dieses Phänomen ist nicht nur bei der Werbung zu beobachten, sondern überall dort, wo etwas beschrieben oder in geschriebener Form wiedergegeben wird. Es findet stets eine Selektion und Gewichtung der möglichen Informationen statt. Problematisch ist dagegen, wenn bewusst Informationen weggelassen werden, um den Käufer irrezuführen. Zweitens ist Werbung dann unmoralisch, wenn sie bewusst falsche Informationen vermittelt.

Es braucht wohl nicht besonders hervorgehoben zu werden, dass die Grenzen zwischen den oben dargestellten Extremen fließend sind. In diesem Zusammenhang muss aber darauf hingewiesen werden, dass die Werbung nicht nur rationale, sondern auch emotionale Informationen über Produkte vermitteln kann, weil der Nutzen eines Produktes – wie bereits weiter oben ausführlich dargelegt – sehr verschieden sein kann. Der persönliche Nutzen kann unter Umständen von etwas anderem als der Grundfunktion eines Produktes (z.B. Auto) herrühren wie zum Beispiel von seinem Aussehen (Design). In diesem Falle gibt der Besitz und das Zeigen dieses Produktes, nicht der eigentliche Gebrauch den Hauptnutzen. Dabei darf nicht übersehen werden, dass erstens immer der Konsument über den Erwerb oder Nichterwerb eines bestimmten Produktes entscheidet und damit auch die Verantwortung für diese Entscheidung trägt. Zweitens findet ein Kauf immer im Hinblick auf die Befriedigung eines Bedürfnisses statt. Inwieweit dieses Bedürfnis befriedigt wird, hängt dann in starkem Masse von der subjektiven Erlebniswelt des einzelnen ab.

6.3.2 Arten der Werbung

Werbung zeigt sich in vielfältiger Weise. Um die verschiedenen Arten und Möglichkeiten der Werbung zu charakterisieren und einzuteilen, sollen die folgenden Kriterien herbeigezogen werden:

1. **Marktorientierung:** Grundsätzlich kann zwischen einer Beschaffungs- und einer Absatzorientierung unterschieden werden. In diesem Kapitel wird aber in erster Linie die Absatzwerbung betrachtet, der im allgemeinen die größere Bedeutung zukommt. Die Beschaffungswerbung, die sehr oft mit Public Relations-Anstrengungen verknüpft ist, wird bei der Besprechung der einzelnen Unternehmensfunktionen, bei denen sie eine Rolle spielt (z.B. Personalwerbung im Rahmen der Personalwirtschaft), behandelt.

2. **Objekt** der Werbung:
   - Investitionsgüter,
   - Konsumgüter.

3. **Anzahl** der Beteiligten:
   - **Einzelwerbung,** bei der ein einzelner Produzent oder Händler allein Werbung macht, im Gegensatz zur
   - **Kollektivwerbung,** bei der mehrere Werbetreibende sich an einer gemeinsamen Aktion beteiligen. Dabei können folgende Formen unterschieden werden:

- Bei der **Gemeinschaftswerbung** handelt es sich um einen horizontalen Zusammenschluß mehrerer Werbender in Form einer speziellen Werbegemeinschaft oder eines allgemeinen Zusammenschlusses, dem noch weitere Aufgaben zukommen (z.B. Kartell, Verband). Beispiele dafür sind Werbung für Käse, Bier oder für eine bestimmte (touristische) Region.
- Bei der **Verbundwerbung** schließen sich solche Werbende zusammen, welche Produkte anbieten, die vom Konsumenten gut miteinander kombiniert werden können (z.B. Coca Cola und Bacardi).
- Die **Sammelwerbung** entsteht dadurch, dass bei einem gemeinsamen Anlass die Beteiligten zusammen eine Werbeaktion durchführen (z.B. Plakat bei Ausstellung in Einkaufszentrum, Ausstellungskatalog bei Messen).

4. Angesprochene **Zielgruppe:**
   - Händlerwerbung,
   - Konsumentenwerbung.
5. **Informationsgehalt:**
   - informativ-rational,
   - informativ-emotional.
6. **Marketing-Ziel:** Je nach übergeordneter Zielsetzung der Werbung kann unter Berücksichtigung des Produktlebenszyklus zwischen folgenden Formen unterschieden werden:
   - Einführungswerbung,
   - Stabilisierungswerbung,
   - Expansionswerbung,
   - Rückgewinnungswerbung.

6.3.3 Werbekonzept

Bei der Ausgestaltung der Kommunikation zwischen Werbendem und Werbeempfänger geht es um die Festlegung des Werbekonzepts, die sich aus folgenden Elementen zusammensetzt:[1]

1. **Werbeobjekt:** Ausgangspunkt eines Werbekonzepts bildet das Produkt, für das die Werbung gemacht werden soll.
2. **Werbesubjekt:** Anschließend wird es darum gehen, die Werbesubjekte, d.h. die **Zielgruppe** festzulegen, auf die sich die Werbung auszurichten hat.
3. **Werbeziele:** Danach werden die Werbeziele bestimmt, die es zu erreichen gilt und auf die sich die folgenden Entscheidungen auszurichten haben. Sie müssen in Einklang mit der Zielgruppe und den Marketing-Zielen sowie den übrigen Marketing-Instrumenten stehen.

1 Dieses formale Schema kann auch für die Public Relations übernommen werden.

4. **Werbebotschaft:** Mit der Werbebotschaft wird der konkrete Inhalt, die Aussage der Werbung festgelegt.
5. **Werbemedien:** Die Werbemedien dienen dazu, durch den Einsatz von geeigneten Mitteln die Werbeziele zu erreichen. Dabei kann zwischen **Werbeträgern** und **Werbemitteln** unterschieden werden.
6. **Werbeperiode:** Bei der Planung der Werbeperiode wird es einerseits um die Festlegung der gesamten Zeitdauer des Werbeeinsatzes gehen, andererseits auch um die zeitliche Verteilung der Werbung innerhalb einer bestimmten Periode.
7. **Werbeort:** Bei der Festlegung des Werbeortes geht es um die räumliche Abgrenzung der Werbung, d.h. um die Frage, in welchem Gebiet die Werbung durchgeführt werden soll.
8. **Werbebudget:** Als letztes ergeben sich die finanziellen Auswirkungen eines konkreten Werbekonzepts, die im Werbebudget zusammengefasst werden.

Die Ausgestaltung des Werbekonzepts ist so vorzunehmen, dass damit die maximal mögliche Wirkung erreicht wird. Dabei ist zu berücksichtigen, dass der potenzielle Käufer verschiedene Wirkungsphasen durchläuft. Das bekannteste Wirkungsmodell ist der **AIDA-Ansatz,** bei dem der Umworbene der Reihe nach folgende Phasen durchläuft:

1. **A**ttention (Aufmerksamkeit),
2. **I**nterest (Interesse),
3. **D**esire (Wunsch),
4. **A**ction (Handeln).

6.3.3.1 Zielgruppe

Die Aufgabe der Zielgruppenbestimmung besteht darin, jene Personen zu bestimmen, bei denen ein Bedürfnis für das Werbeobjekt vorhanden ist und die auch bereit und fähig sind, dieses Bedürfnis mit ihrer Kaufkraft zu decken. Nach der Intensität der Werbewirkung können die im Zusammenhang mit der Werbung relevanten Personen in folgende Gruppen eingeteilt werden:

1. **Werbeadressaten:** eigentliche Zielgruppe, auf die die Werbung ausgerichtet ist.
2. **Werbeberührte:** Gruppe, die mit der Werbung in Kontakt gekommen und somit von der Werbung erreicht worden ist.
3. **Werbebeeindruckte:** Gruppe, welche die Werbung bewusst oder unbewusst wahrgenommen hat.
4. **Werbeerinnerer:** Anteil der Werbeberührten, welcher sich an das Werbeobjekt und seine Eigenschaften auch zu einem späteren Zeitpunkt erinnern kann (aktiv oder passiv).
5. **Werbeagierer:** Anteil der Werbebeeindruckten, der das Werbeobjekt auch tatsächlich kauft.

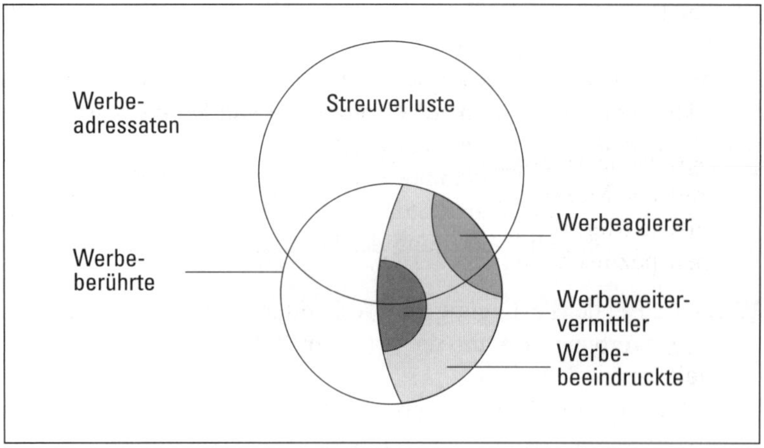

▲ Abb. 71 Zielgruppendifferenzierung

6. **Werbeweitervermittler:** Anteil der Werbebeeindruckten, der das Werbeobjekt selber nicht kauft (weil vielleicht kein Bedarf vorhanden ist), aber die Werbung weitervermittelt.

Wie ◄ Abb. 71 zum Ausdruck bringt, gibt es einige Überlappungen dieser verschiedenen Gruppen. Zu beachten ist auch, dass in der Regel nur ein Teil der Zielgruppe mit der Werbung erfasst wird und dadurch entsprechend große **Streuverluste** auftreten. Allerdings wäre es nicht wirtschaftlich zu versuchen, die ganze Zielgruppe zu erreichen, da die Kosten überproportional ansteigen würden, wie aus ► Abb. 72 ersichtlich ist.

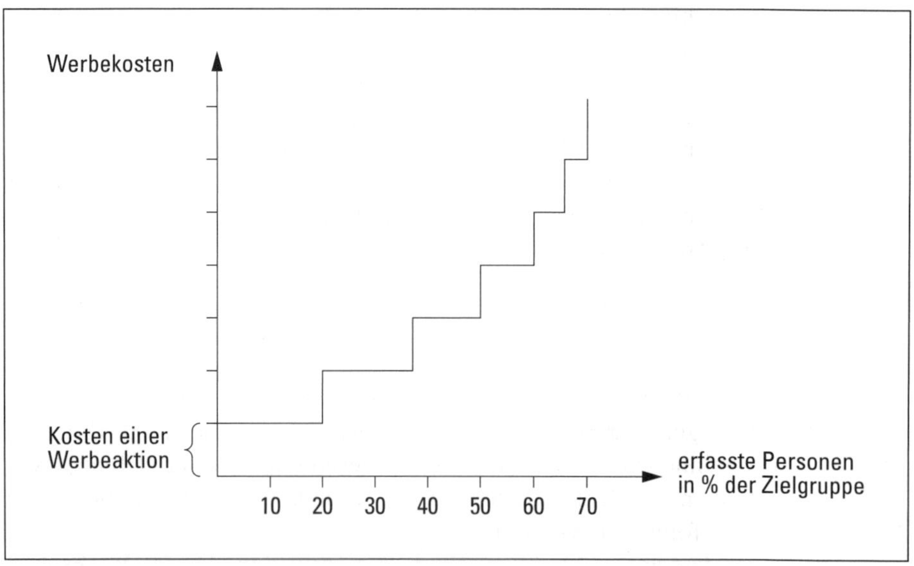

▲ Abb. 72 Kosten der Zielgruppenerfassung

Bei der Bestimmung der Zielgruppe wird es darum gehen, dem Werbeobjekt möglichst adäquate Merkmale auszuwählen. In Übereinstimmung mit den Merkmalen der Marktsegmentierung können folgende Merkmalsgruppen unterschieden werden (wobei sie miteinander kombiniert werden können):

- demografische Merkmale,
- geografische Merkmale,
- psychische Merkmale,
- gruppenspezifische Merkmale.

6.3.3.2 Werbeziele

Entsprechend den Funktionen der Werbung können vier Hauptziele der Werbung unterschieden werden:

- **Bekanntmachung:** Das erste Ziel der Werbung umschreibt die Notwendigkeit, die Existenz des Werbungtreibenden überhaupt und/oder seines Angebotes bei den Umworbenen bekannt zu machen.
- **Information:** Bei der Information als zweites Ziel stehen weiterführende Informationen, z.B. über das Produkt im Vordergrund (z.B. Anwendungsmöglichkeiten, technische Daten, Preis, Bezugsquellen usw.)
- **Imagebildung:** Nach der Bekanntmachung und Information gilt es, beim Umworbenen ein positives Image über den Werbungtreibenden bzw. über das Werbeobjekt zu schaffen.
- **Handlungsauslösung:** Das vierte und letztendliche Ziel werblicher Aktivitäten kann hinsichtlich seiner weiteren Zielformulierung in drei Kategorien eingeteilt werden:
  - Handlung soll zum sofortigen Absatz führen, z.B. Bestellung über eine Couponanzeige oder via Telefon bei Telefonshoppingspots
  - Handlung soll zunächst zu weiterführenden Aktivitäten des Umworbenen im Absatz- bzw. Beschaffungsprozess führen, z.B. Verlangen von weiteren Informationen über das Werbeobjekt
  - Handlung soll zur Weitervermittlung der Werbebotschaft durch den Umworbenen an Dritte und somit zu einer mehrstufigen Kommunikation führen, z.B. Weitergabe von werblichen Aktivitäten bzw. deren Inhalte durch den Rezipienten an Bekannte, Freunde etc.

Eine durchgängige werbliche Maßnahme strebt alle vier Ziele an, wobei von der Bekanntmachung bis zur Handlungsauslösung ein Ziel auf das andere aufbaut. Insofern sind die Hauptziele in ihrer Gesamtheit als Stufenkonzept zu verstehen, d.h. das nachfolgende Ziel kann nur erreicht werden, wenn die vorangegangenen Ziele erfolgreich abgeschlossen wurden.

Die Werbeziele dürfen auch nicht mit den allgemeinen Marketing-Zielen wie Umsatzsteigerung oder Erhöhung des Marktanteils gleichgesetzt oder verwechselt werden.

Eine klare Festlegung des Werbeziels ist vor allem deshalb notwendig, um eine Werbeerfolgskontrolle vornehmen zu können. Gerade in der Werbung ist eine klare Zielformulierung nötig, da der Erfolg der Werbung nur schlecht messbar ist. Dies kommt etwa auch in Aussagen der folgenden Art zum Ausdruck: „Die Hälfte unserer Werbeausgaben könnten wir ebensogut zum Fenster hinauswerfen, aber wir wissen nicht welche."

6.3.3.3 Werbebotschaft

Die Werbebotschaft enthält die eigentliche Werbeaussage, die man dem Konsumenten vermitteln will. Dieser Inhalt der Werbung kann sich je nach Werbeziel auf verschiedene Aspekte beziehen wie

- Marke des Produktes,
- Eigenschaften des Produktes,
- Nutzen des Produktes,
- Bedürfnisse, die mit dem Produkt abgedeckt werden können,
- Status des Produktes,
- Vorteile (gegenüber Konkurrenzprodukten),
- Aufzeigen möglicher Benutzer des Produktes,
- Erhältlichkeit des Produktes,
- Bedingungen, zu denen ein Produkt erworben werden kann (vor allem Preis) sowie
- besondere Leistungen, die mit dem Produkt verbunden sind (z. B. Kundendienst, Garantieleistungen).

Der Inhalt der Werbebotschaft kann unterschieden werden in einen **rationalen** Teil, dessen sachliche Informationen zu bewusst wahrgenommenen (d. h. kognitiven) Vorgängen führen, und in einen **emotionalen** Teil, dessen Informationen zu affektiven Vorgängen führen.

Die Formulierung der Werbebotschaft hängt primär vom Werbeziel sowie der Art der Güter ab. Bei Investitionsgütern wird ohne Zweifel die reine **Sachinformation** im Vordergrund stehen. Der Nutzen des Produktes ergibt sich hier fast ausschließlich aus dem betrieblichen Einsatz. Bei Konsumgütern dagegen wird vielfach die **emotionale Information** benutzt, um für ein Produkt zu werben. Dabei muss auch in diesen Fällen zwischen Gebrauchsgütern (z. B. Haushaltgeräten) und meist kurzlebigen Verbrauchsgütern (z. B. Modeartikeln) unterschieden werden. Bei letzteren wird es tendenziell mehr darum gehen, die Marke, das Aussehen (Design) oder die Erhältlichkeit hervorzuheben.

6.3.3.4 Werbemedien

Ist die Werbebotschaft bestimmt, muss sie in geeigneter Form an den Werbeadressaten herangebracht werden. Dazu dienen die Werbemedien, wobei sich diese aus einem Werbemittel und einem Werbeträger zusammensetzen.

Beim **Werbemittel** handelt es sich um die reale, sinnlich wahrnehmbare Erscheinungsform der Werbebotschaft, beim **Werbeträger** um die Instrumente oder Informationskanäle, mit deren Hilfe die Werbemittel zum Werbeadressaten gebracht werden können.

▶ Abb. 73 gibt einen Überblick über verschiedene Werbemittel und Werbeträger. Die Unterscheidung ist vor allem deshalb notwendig, weil ein Werbemittel meist über verschiedene Werbeträger zum Werbeadressaten geführt werden kann.

Bei der Bestimmung und Gestaltung der Werbemedien muss darauf geachtet werden, dass

- die Werbeadressaten erreicht werden können,
- die kostengünstigsten Werbemittel und Werbeträger eingesetzt werden,
- die Werbemittel möglichst wirkungsvoll eingesetzt werden.

Am Beispiel einer Anzeige in Tageszeitungen sollen diese Anforderungen verdeutlicht werden. Bei Berücksichtigung des kostengünstigsten Einsatzes von Anzeigen müssen jene Zeitungen ausgewählt werden, die ein möglichst gutes Verhältnis zwischen Anzeigenpreis, Auflage, Streuung und erreichter Leserschaft der Zielgruppe aufweisen. Man zieht zur Beurteilung den sogenannten **Tausenderpreis** herbei, der den Preis für eine ganzseitige Anzeige für 1.000 verkaufte Exemplare ausdrückt. Zuerst lässt sich unter Einbezug der verkauften Auflage folgende Größe berechnen:

(1) Tausenderpreis A: $\dfrac{\text{Preis je Anzeigenseite} \times 1.000}{\text{verkaufte Auflage}}$

Unter Berücksichtigung der Mehrfachleser infolge der Streuung der Zeitung ergibt sich:

(2) Tausenderpreis B: $\dfrac{\text{Preis je Anzeigenseite} \times 1.000}{\text{verkaufte Auflage} \times \text{quantitative Reichweite (= Leser)}}$

Schließlich ist aber von besonderem Interesse, wieviele Leser angesprochen werden, die der Zielgruppe angehören. Dies zeigt der

(3) Tausenderpreis C: $\dfrac{\text{Preis je Anzeigenseite} \times 1.000}{\text{Leserschaft} \times \text{qualitative Reichweite}}$

Werbemittel	Werbeträger
Anzeigen	Tages- und Wochenzeitungen, Anzeigeblätter, Illustrierte, Fachzeitschriften, Veranstaltungsprogramme
Außen- und Innenplakate	Anschlagflächen an Verkehrswegen, Bauzäunen, öffentlichen Verkehrseinrichtungen (Bahnhöfen, U- und S-Bahnhöfen, Zügen, Straßenbahnen usw.), Veranstaltungszentren (Sportstadien), Ladengeschäften, Messen und Ausstellungen
Permanente Außen- und Innenwerbung mittels Leuchtschriften und Dauerplakaten	Private und öffentliche Gebäude, Veranstaltungszentren, Verkehrsmittel, Ladengeschäfte, Messen und Ausstellungen
Prospekte und Kataloge	Postversand, Verteilerorganisationen, Verteilung auf der Straße, an Veranstaltungen, Messen, Ausstellungen, durch Außendienstpersonal, als Beilage zum Schriftverkehr der Firma, in Produktverpackungen, im Einzelhandel
Individuell zu tragende Abzeichen, Abziehbilder und Aufkleber, Kleidungsstücke, Startnummern usw.	Firmenangehöriges Personal, Käufer und Verwender, irgendwelche Dritte, Fahrzeuge, Teilnehmer an Sportveranstaltungen
Einpackpapier, Tragetaschen	Käufer und Besucher von Einzelhandelsgeschäften, Veranstaltungen usw.
Werbegeschenke wie Taschen- und Wandkalender, Arbeitstabellen, Werkzeuge, Taschenrechner, Fachbücher, Etuis usw.	Käufer und Verwender der Produkte, Händler und Absatzhelfer
Diapositive und Werbefilme	Kinos, Theater, Veranstaltungen
Fernsehspots	Verschiedene Fernsehanstalten, eventuell auch verbilligte Abgabe von Videokassetten für Unterrichtszwecke
Gesprochene und vertonte Werbetexte	Radiosender, Sport- und Unterhaltungsveranstaltungen, Detailgeschäfte, Autos mit Lautsprechereinrichtungen

▲ Abb. 73 Übersicht über die wichtigsten Werbemittel und Werbeträger (Hill 1982b, S. 159)

Selbstverständlich interessiert das Unternehmen in erster Linie der Tausenderpreis C, der den prozentualen Anteil der Werbeadressaten an der Gesamtleserschaft berücksichtigt. Oft ist aber die qualitative Reichweite schwierig zu bestimmen, so dass auf einfachere Kennzahlen zurückgegriffen wird.

Bei der Gestaltung und Platzierung von Anzeigen hat sich aufgrund von verschiedenen empirischen Untersuchungen gezeigt, dass keine eindeutigen Resultate vorliegen bezüglich

- der relativen Aufmerksamkeitswirkung mehrfarbiger Anzeigen gegenüber Schwarz-Weiß-Anzeigen (gemessen an der zusätzlichen Aufmerksamkeit, die eine farbige Anzeige bewirkt, im Vergleich zu den Mehrkosten farbiger Anzeigen),
- der Wirkung reiner Textanzeigen gegenüber Text-Bild-Kombinationen bzw. reiner Bildanzeigen,
- des Zusammenhangs zwischen Anzeigengröße und Aufmerksamkeitswirkung,
- des Einflusses der Seitenplazierung der Anzeige auf ihre Aufmerksamkeitswirkung.

Vielmehr kann beobachtet werden, dass der Erfolg eines Werbemittels in starkem Masse von der Kreativität und dem Einfühlungsvermögen der Gestalter (Grafiker und Texter) abhängt.

6.3.3.5 Werbeperiode

Nach Bestimmung der Werbemittel und Werbeträger muß als nächster Punkt die Werbeperiode festgelegt werden, d.h. der **Zeitraum,** über den sich eine bestimmte Werbeaktion erstrecken soll (Makro-Terminplanung). Diese Entscheidung hängt im wesentlichen von folgenden Kriterien ab:

- **Produkt:** Handelt es sich um ein Investitions- oder Konsumgut, ein Gebrauchs- oder Verbrauchsgut?
- **Phase des Produktlebenszyklus:** Unterstützt die Werbung die Einführung eines Produktes, die Expansionsphase usw.?
- **Marketing-Ziele:** Wozu dient die Werbung (z.B. Bekanntmachung einer Produktinnovation)?
- **Marketing-Mix:** Welche Aufgabe kommt der Werbung im Rahmen des gesamten Marketing-Mix zu?
- **Werbeziele:** Welches sind die konkreten Werbeziele, auf die sich der Inhalt der Werbung auszurichten hat?
- **Saisonale Branchenschwankungen:** Welche Werbeperioden werden in der Regel von einer Branche bevorzugt?
- **Konjunkturelle Schwankungen:** Wie wirkt sich die Wirtschaftslage (Rezession, Hochkonjunktur) auf die Werbeperiode aus?

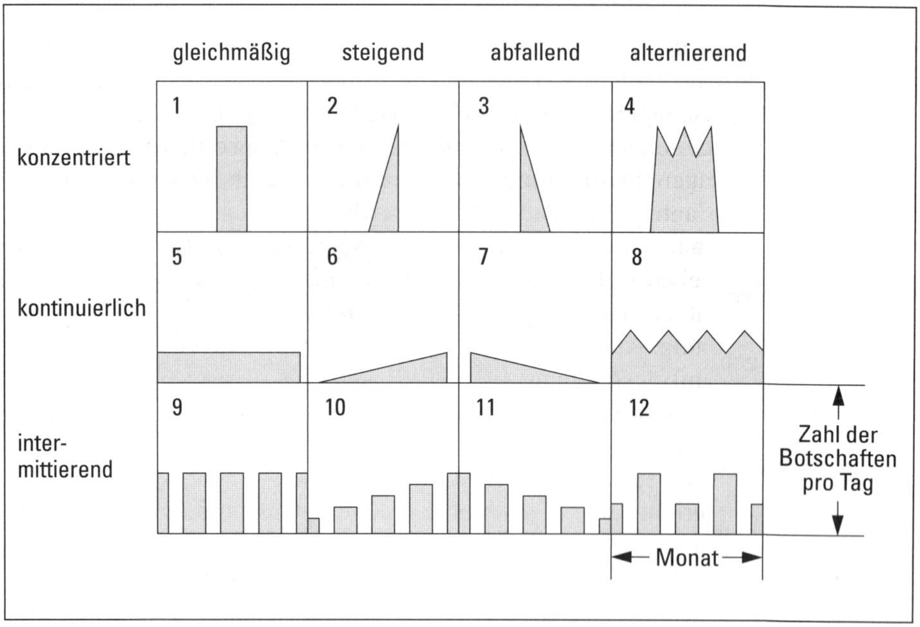

▲ Abb. 74 Zeitliche Verteilung des Werbeeinsatzes (Kotler 1982, S. 541)

Ist die gesamte Werbeperiode bestimmt, folgt daran anschließend die Planung der Einsätze der Werbemittel und -träger innerhalb dieses Zeitraums. ◀ Abb. 74 zeigt die verschiedenen Möglichkeiten, die bezüglich dieser Entscheidung offenstehen (Mikro-Terminplanung). Neben den bereits oben erwähnten Einflußfaktoren – und damit wird auch deutlich, dass beide Entscheidungen eng miteinander verknüpft sind – kommen als weitere dazu:

- das Kaufverhalten der Konsumenten,
- das Konkurrenzverhalten,
- die Aufnahmebereitschaft des Werbeadressaten.

6.3.3.6 Werbebudget

Ist das Werbekonzept grundsätzlich festgelegt, müssen die finanziellen Auswirkungen dieser Entscheidungen untersucht werden. Die Werbeausgaben umfassen alle Ausgaben, die mit der Gestaltung, Herstellung und Streuung der Werbemittel zusammenhängen. Die Bestimmung dieses Werbebudgets (= gesamte Werbeausgaben einer Periode) kann nach folgenden Kriterien ausgerichtet werden:

- **Umsatz:** Eine Ausrichtung des Werbebudgets am Umsatz ist in der Praxis sehr verbreitet. Ein bestimmter Prozentsatz des vergangenen oder geplanten Umsatzes wird für das Werbekonzept bestimmt. Dieses Verfahren hat den Vorteil, dass sich das Werbebudget leicht und schnell bestimmen läßt. Allerdings muß diesem Verfahren entgegengehalten werden, dass ein nicht vorhandener Kausalzusammenhang unterstellt wird. Die Werbung ist nicht eine Folge des Umsatzes, sondern – im Gegenteil – die Werbung sollte zu einer Umsatzerhöhung beitragen. Deshalb sollte gerade bei tiefen Umsätzen die Werbung – im Sinne eines antizyklischen Vorgehens – erhöht werden.

- **Gewinn:** Bei der Ausrichtung des Werbebudgets als Prozentsatz des Gewinns fehlt ebenso der sachlogische Zusammenhang wie bei einer Ausrichtung am Umsatz. Der Gewinn wird von vielen Größen beeinflußt und nicht nur von der Werbung. Auch in diesem Fall ist eine Vergangenheitsorientierung statt einer Zukunftsausrichtung der Werbeausgaben festzustellen. Zudem stellt sich bei einem Mehrproduktbetrieb die Frage, wie die nach dem Gesamtgewinn bestimmten Werbeausgaben auf die einzelnen Produkte – die in der Regel in unterschiedlichem Ausmaß zum Erfolg beigetragen haben – verteilt werden.
- **Konkurrenz:** Eine Bestimmung des Werbebudgets aufgrund der Werbeausgaben der Konkurrenz vernachlässigt die spezifische Situation des eigenen Unternehmens, insbesondere die Ausgestaltung der übrigen Marketing-Instrumente. Zudem ist es oft schwer, die zukünftigen Werbeausgaben der Konkurrenz zu bestimmen. Allerdings läßt sich in der Praxis beobachten, dass in bestimmten Branchen die Werbeausgaben sehr hoch sind und das einzelne Unternehmen somit gezwungen wird, mit der Konkurrenz einigermaßen mitzuziehen (z.B. Biermarkt USA).
- **Werbeziel:** Als theoretisch richtiges Verfahren verbleibt die Ausrichtung an den Zielen, die man sich gesetzt hat. Damit ergibt sich ein sachlogischer Zusammenhang zwischen Zielen, Maßnahmen und Mitteln, während die oben besprochenen Verfahren im wesentlichen von den maximal verfügbaren Mitteln ausgehen und erst danach die Ziele festlegen. Oder mit anderen Worten: Bei der **Zielorientierung** wendet man das Minimumprinzip an, d.h. man will ein vorgegebenes Werbeziel mit möglichst geringem Mittelaufwand erreichen, bei der **Mittelorientierung** steht das Maximumprinzip im Vordergrund, indem man die – nach verschiedenen Kriterien bestimmten – gegebenen Mittel optimal ausnutzen will.

Neben diesen mehr praxisorientierten Grundsätzen gibt es eine Reihe von Modellen, die auf mathematischem Wege das optimale Werbebudget bestimmen. Aus der Vielzahl der Modelle sollen ein marginalanalytischer und ein dynamischer Ansatz dargestellt werden.

Ausgangspunkt des **marginalanalytischen Ansatzes** zur Bestimmung des optimalen Werbebudgets ist eine vollkommene Konkurrenz auf dem Markt, womit der Preis (p_0) fest gegeben ist. Zielfunktion ist die Maximierung des Gewinns G, der sich als Differenz zwischen dem Erlös (E) und den Kosten (K) ergibt:

(1) $G = E - K \rightarrow \max!$

Wird unterstellt, dass die Werbemaßnahmen die Preis-Absatz-Funktion nicht verändern, so ist der Preis (p_0) eine Konstante und es ergibt sich unter Berücksichtigung der Absatzmenge (x) folgende Erlösfunktion:

$$(2)\ E = p_0\, x$$

Die Werbewirkungsfunktion

$$(3)\ x = x(W)$$

ergibt als Inverse die Werbekostenfunktion

$$(4)\ W = W(x)$$

Somit können die Gesamtkosten (K) einerseits in die Produktionskosten $K_p(x)$ und andererseits in die Werbekosten $W(x)$ zerlegt werden:

$$(5)\ K = K_p(x) + W(x)$$

Damit sind die Erlös- und die Kostenfunktion sowie auch die Gewinnfunktion nur noch Funktionen der unabhängigen Absatzmenge (x) und die Zielfunktion kann wie folgt geschrieben werden:

$$(6)\ G(x) = p_0\, x - K_p(x) - W(x) \rightarrow \max!$$

Es folgt noch die Bestimmung des Gewinnmaximums, indem die Gleichung (6) nach x differenziert und gleich Null gesetzt wird:

$$(7)\ G'(x) = p_0 - K'_p(x) - W'(x) = 0$$

Setzt man schließlich die Grenzkosten gleich dem Grenzerlös, so ergibt sich

$$(8)\ p_0 = K'_p(x) + W'(x)$$

Das gewinnoptimale Werbebudget liegt somit dann vor, wenn die Gesamtgrenzkosten (K') (aus Grenzproduktionskosten und Grenzwerbekosten) dem gegebenen Preis (p_0) entsprechen. ▶ Abb. 75 zeigt diesen Sachverhalt grafisch.

Während das besprochene marginalanalytische Modell statischen Charakter hat, versucht der von Vidale/Wolfe (1957) aufgrund empirischer Untersuchungen entwickelte **dynamische Ansatz** den zeitlichen Aspekt zu berücksichtigen. Die Veränderung der Umsatzrate zur Zeit t ist dabei eine Funktion von vier Faktoren:

- dem Werbebudget,
- der Umsatzreaktionskonstante,
- dem Sättigungsniveau sowie
- der Umsatzabnahmerate.

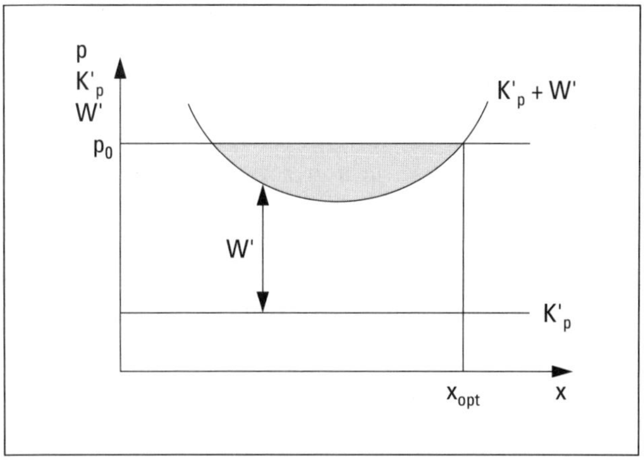

▲ Abb. 75 Grafische Bestimmung des optimalen Werbebudgets

Formal lautet die Gleichung des Modells:

$$(9)\quad \frac{dU}{dt} = r\,W_t \left(\frac{S - U_t}{S}\right) - \lambda\,U_t$$

wobei den einzelnen Symbolen folgende Bedeutung zukommt:

U_t	=	Umsatzrate zur Zeit t	Variablen
$\frac{dU}{dt}$	=	Veränderung der Umsatzrate zur Zeit t	
W_t	=	Werbeausgaben zur Zeit t	
r	=	Umsatzreaktions- oder Wirkungskonstante	Parameter
S	=	Sättigungsniveau	
λ	=	Umsatzabnahmerate	

Die einzelnen Parameter lassen sich folgendermaßen umschreiben:

- Die **Umsatzabnahmerate** λ gibt den Umsatzrückgang bei einem Wegfall der Werbung in einer bestimmten Periode an. Formal kann dies in Form einer Exponentialfunktion ausgedrückt werden:

  $$(10)\ U_t = U_0\,e^{-\lambda t}$$

- Mit dem **Sättigungsniveau S** bezeichnet man das Marktpotential, das mittels eines ganz bestimmten Werbeeinsatzes maximal erreichbar ist:

  $$(11)\ S = \frac{\text{mit einem Werbebudget maximal erreichbares Absatzpotenzial}}{\text{maximal erreichbare Käufer}}$$

- In der **Umsatzreaktionskonstante r** kommt die Zunahme des Umsatzes durch eine zusätzlich eingesetzte Werbeeinheit zum Ausdruck, unter der Voraussetzung, dass die bisherigen Umsätze gleich Null waren.

Die Gleichung (9) kann wie folgt interpretiert werden: Eine Erhöhung der Umsatzrate ist um so größer, je höher die Umsatzreaktionskonstante, je höher die Werbeausgaben, je höher das ungenutzte Umsatzpotential und je niedriger die Umsatzabnahmerate ist.

Auf der Grundlage dieses Prognosemodells kann das optimale Werbebudget abgeleitet werden, bei dem der Umsatz auf der erreichten Höhe bleibt. Mit anderen Worten: es werden gerade soviele neue Kunden angesprochen, wie bestehende verlorengehen. Durch Umformulieren der ursprünglichen Gleichung (9) ergibt sich

$$(12)\; W_t = \frac{\lambda\, U_t\, S}{r(S - U_t)}$$

Formel (12) sagt folgendes aus: Je näher die Umsätze am Sättigungsniveau liegen und je größer das Verhältnis der Abnahmerate zur Wirkungskonstanten, desto höher muß auch das Werbebudget sein, um die Umsätze auf der erreichten Höhe zu halten.

6.3.4 Werbeerfolgskontrolle

Nach der Planung, Entscheidung und Durchführung eines Werbekonzepts erfolgt als letztes Element des Führungsprozesses die Erfolgskontrolle der Werbung. Mit dieser soll festgestellt werden, in welchem Umfang die angestrebten Werbeziele erreicht worden sind. Sie dient damit einerseits der Beurteilung eines abgeschlossenen Werbekonzepts bzw. der daran beteiligten Mitarbeiter, liefert aber andererseits gleichzeitig wertvolle Informationen für die Gestaltung zukünftiger Werbekonzepte. Allerdings ist die Erfassung des Werbeerfolgs oft mit großen Schwierigkeiten verbunden. Zu erwähnen sind folgende Punkte:

- Die Werbung ist lediglich ein Instrument im Rahmen der Kommunikationspolitik bzw. des gesamten Marketing-Mix. Eine vollständige Isolierung des Werbeerfolgs ist äußerst schwierig, so dass sich der Werbeerfolg kaum ermitteln läßt.
- Da oft mehrere Werbemittel und Werbeträger gleichzeitig eingesetzt werden, ist es nicht möglich, den Erfolg eines bestimmten Werbemittels oder -trägers zu bestimmen. Zudem kann es vorkommen, dass die Werbeziele, die Werbeperiode oder das Werbebudget – also andere Elemente des Werbekonzepts – falsch gewählt worden sind und diese für einen Mißerfolg verantwortlich sind.

- Schließlich muß darauf verwiesen werden, dass der Werbeerfolg häufig nicht den sie verursachenden Werbeausgaben zugeordnet werden kann, da Werbewirkungen und somit der Werbeerfolg erst zu einem späteren Zeitpunkt eintreten.

Zur Ermittlung des Werbeerfolgs stehen verschiedene Meßverfahren und Kennziffern zur Verfügung, von denen die wichtigsten kurz dargestellt werden sollen:

1. **Berührungs-** oder **Streuerfolg:** Der Berührungs- oder Streuerfolg gibt die Anzahl der erreichten Werbeadressaten wieder, die mit dem Werbeträger in Berührung gekommen sind. Er kann durch folgende Relation erfaßt werden:

$$(1)\quad \text{Berührungserfolg} = \frac{\text{Zahl der Werbeberührten}}{\text{Zahl der Werbeadressaten}} \cdot 100$$

2. **Beeindruckungserfolg:** Bei der Messung des Beeindruckungserfolgs wird festgestellt, inwieweit ein Werbemittel Aufmerksamkeit erregte und wahrgenommen wurde. Somit ergibt sich:

$$(2)\quad \text{Beeindruckungserfolg} = \frac{\text{Zahl der Werbebeeindruckten}}{\text{Zahl der Werbeberührten}} \cdot 100$$

3. **Erinnerungserfolg:** Die Messung des Erinnerungserfolgs dient dazu, die Zahl derjenigen Werbeberührten zu erfassen, die sich auch zu einem späteren Zeitpunkt an die Werbebotschaft erinnern können. Als Kennzahl stehen zur Verfügung:

$$(3)\quad \text{Erinnerungserfolg (I)} = \frac{\text{Zahl der Werbeerinnerer}}{\text{Zahl der Werbeberührten}} \cdot 100$$

oder

$$(4)\quad \text{Erinnerungserfolg (II)} = \frac{\text{Zahl der Werbeerinnerer}}{\text{Zahl der Werbebeeindruckten}} \cdot 100$$

4. **Kauferfolg:** Der Kauferfolg schließlich stellt fest, inwieweit eine Werbeaktion auch einen Kaufimpuls ausgelöst hat. Bezogen auf die Gesamtzahl der Werbeadressaten kann folgende Kennziffer festgehalten werden:

$$(5)\quad \text{Kauferfolg} = \frac{\text{Zahl der Bestellungen}}{\text{Zahl der Werbeadressaten}} \cdot 100$$

Für die Ermittlung der Daten kann auf die gleichen Methoden verwiesen werden, die im Rahmen der Marktforschung besprochen werden.[1]

1 Vgl. Kapitel 2, Abschnitt 2.2.2 „Erhebungstechniken“.

6.4 Verkaufsförderung

Unter **Verkaufsförderung,** auch **Sales Promotion** genannt, versteht man alle Maßnahmen, welche die Absatzbemühungen der Verkaufsorgane des Herstellers und/oder des Handels unterstützen, indem sie zusätzliche Kaufanreize auslösen.

Da es sich vorwiegend um kommunikative Maßnahmen handelt, ordnet man die Verkaufsförderung der Kommunikationspolitik zu. Zudem können Werbe- und Verkaufsförderungsmaßnahmen nicht immer eindeutig auseinandergehalten werden, nicht zuletzt deshalb, weil sie vielfach gleichzeitig und kombiniert eingesetzt werden. Während aber die Werbung und erst recht die Public Relations mehr auf langfristige Ziele (Produktinformation, Produktimage) ausgerichtet sind, ist die Verkaufsförderung in erster Linie kurzfristiger Natur.

Nach dem Zweck und der Zielgruppe lassen sich vier **Formen der Verkaufsförderung** unterscheiden:

- **Dealer Promotion:** Förderung des Verkaufs an den Handel.
- **Merchandising:** Förderung des Verkaufs durch Unterstützung der Verkaufsbemühungen des Handels.
- **Staff Promotion:** Förderung des Verkaufs durch Unterstützung der eigenen Verkäufer (Außendienstorganisation).
- **Consumer Promotion:** Förderung des Verkaufs an den Konsumenten (Verbraucher).

In der Praxis existiert eine Vielzahl von **Maßnahmen** der Verkaufsförderung. Bei einer Einteilung nach der Zielgruppe (Adressaten) können – ohne Anspruch auf Vollständigkeit – folgende Maßnahmen erwähnt werden:

1. **Verbraucherorientierte Maßnahmen,** welche auf den Letztverwender zielen:
   - Durchführung von Wettbewerben.
   - Einräumung von Sonderpreisen:
     - Preisreduktion (z.B. Einführungspreise),
     - zusätzliche Mengen (z.B. drei Einheiten zum Preis von zwei).
   - Angebot einer bedingungslosen Warenrücknahme, falls die in das Produkt gesetzten Erwartungen nicht erfüllt wurden.
   - Abgabe von Gutscheinen, die einen Kaufvorteil gewähren.
   - Verteilen kostenloser Produktproben.
   - Self Liquidation Offers: Abgabe von Zusatzprodukten, für die nur ein kostendeckender Preis verlangt wird (solche Zusatzprodukte sind häufig Bücher, Uhren, Taschenrechner, Taschen).

2. **Außendienstorientierte Maßnahmen** zur Motivation des eigenen Verkaufspersonals:
   - Außendienst-Wettbewerbe: Neben der ohnehin üblichen Leistungsentlohnung (z.B. Provisionen) können Sachpreise (z.B. Reisen) beim Erreichen eines bestimmten Umsatzes oder den Verkäufern mit den höchsten Umsätzen versprochen werden.
   - Durchführung von Schulungs- und Informationsveranstaltungen: Weiterbildung, Vorstellen neuer Produkte, Erfahrungsaustausch unter Mitarbeitern.
   - Ausstattung mit Verkaufshilfen: Verkaufshandbücher, Broschüren über Unternehmen und Produkt, Werbegeschenke (Kugelschreiber, Feuerzeug).

3. **Händlerorientierte Maßnahmen,** welche an den Handel gerichtet sind:
   - Preisnachlässe (Drauf- und Dreingaben).
   - Bereitstellung von Display-Material, d.h. von technischen Hilfsmitteln zur Präsentierung der Ware (Regale, Plakate).
   - Einsatz von Hostessen zur Präsentation und Degustation der Produkte.
   - Schulung der Mitarbeiter des Handels, die mit den bestehenden oder potentiellen Kunden Kontakt haben oder suchen.
   - Beteiligung an einer Werbekampagne.

Obwohl solche Verkaufsförderungsmaßnahmen kurzfristiger Natur sind, müssen sie sorgfältig geplant und durchgeführt werden, da ein Mißerfolg langfristige Auswirkungen haben kann. Insbesondere sind die Interdependenzen zwischen Hersteller, Händler und Konsumenten zu beachten, wie das folgende Beispiel veranschaulicht: Im Jahre 1984 führten die amerikanische Fluggesellschaft TWA und der Kamerahersteller Polaroid eine Verkaufsförderungsaktion durch. Mit *jedem* Kauf einer Polaroid-Kamera wurde ein Fluggutschein abgegeben, der zu einem sehr günstigen Flug berechtigte. Das Resultat: Da die Flugbillette über den Kauf von Polaroid-Kameras für Reisebüros billiger zu stehen kamen als über den direkten Einkauf bei der Fluggesellschaft, setzte eine große Nachfrage nach Polaroid-Kameras ein, die dann von den Reisebüros als Zusatzprodukte abgegeben wurden!

6.5 Persönlicher Verkauf

Dem persönlichen Verkauf kommt innerhalb des Kommunikations-Mix insofern eine besondere Bedeutung zu, als es sich um einen direkten Kontakt zwischen Käufer und Verkäufer mit einer zweiseitigen Kommunikation handelt. Das primäre **Ziel** des persönlichen Verkaufs besteht darin, einen Verkaufsabschluß zu erzielen. Daneben übernimmt er nach Hill (1982b, S. 183f.) vielfach eine Reihe weiterer Aufgaben, die stark von der Art der Kunden, der angebotenen Marktleistung, dem eingesetzten Marketing-Konzept sowie der jeweiligen Verkaufssituation bestimmt werden:

1. Gewinnung von Informationen über die Kunden:
   - Auffinden potentieller Kunden,
   - Ermittlung des Kundenbedarfs.
2. Erlangen von Kundenaufträgen:
   - Kontaktaufnahme mit dem Kunden,
   - Abgabe eines Angebots,
   - Vertragsabschluß.
3. Verkaufsunterstützung:
   - Beratung und Instruktion künftiger Benutzer, des Verkaufspersonals im Handel und des Servicepersonals,
   - Verkaufsveranstaltungen, Warendemonstrationen.
4. Public Relations:
   - Imagebildung,
   - Kundenpflege.
5. Logistische Funktionen:
   - Auslieferung der Ware,
   - Weiterleitung oder Erledigung von Reklamationen.
6. Gewinnung von Informationen über die Konkurrenz:
   - Marketing-Maßnahmen der Konkurrenz,
   - Image der Konkurrenz beim Handel.

Um den persönlichen Verkauf im Hinblick auf einen erfolgreichen Abschluß gestalten zu können, ist die Kenntnis der wesentlichen Einflußfaktoren auf die sich dabei abspielenden Verkaufsprozesse von großer Bedeutung. Der sogenannte **dyadische Ansatz** geht davon aus, dass an der Erzielung eines Verkaufsabschlusses beide Parteien, also Käufer und Verkäufer, maßgeblich beteiligt sind (▶ Abb. 76). Aufgrund empirischer Untersuchungen kann geschlossen werden, dass sich dieser Ansatz gegenüber einem rein verkäuferorientierten, welcher das Verhalten des Verkäufers in den Mittelpunkt stellt, als besseres Erklärungsmodell erweist und damit eine effizientere Steuerung der Verkaufsprozesse und -beziehungen erlaubt. Nach Nieschlag/Dichtl/Hörschgen (1997, S. 486) kommt es dabei um so eher zu einem Verkaufsabschluß,

- je mehr sich potentieller Käufer und Verkäufer hinsichtlich ihrer Persönlichkeit ähneln,
- je stärker die Rollenerwartungen bei beiden am Verkaufsgespräch beteiligten Parteien hinsichtlich der Verkäuferrolle übereinstimmen,
- je stärker das tatsächliche Verhalten des Gesprächspartners den Erwartungen des Kunden über das Verhalten von Verkäufern entspricht.

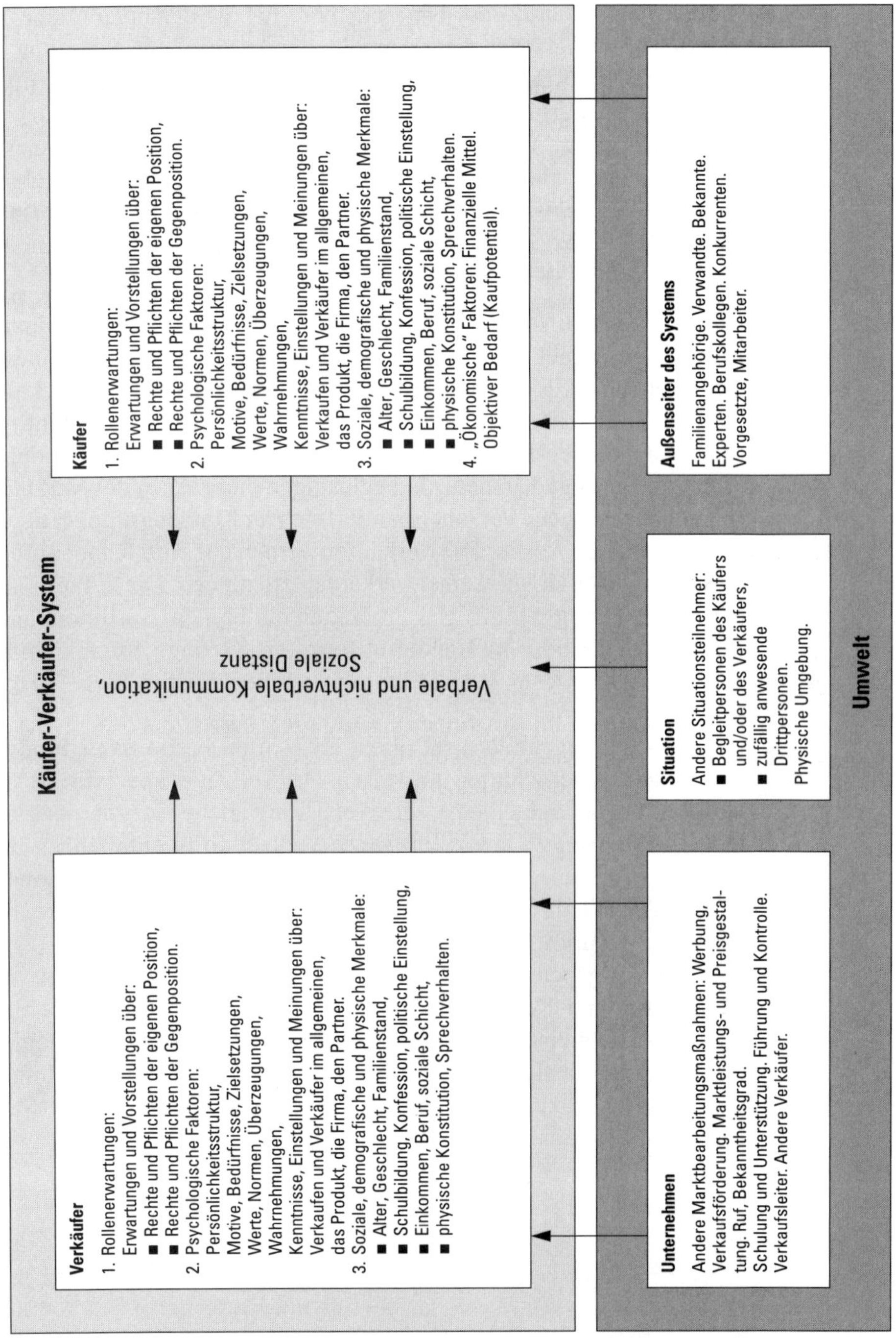

▲ Abb. 76 Schematische Darstellung des dyadischen Ansatzes (Nieschlag/Dichtl/Hörschgen 1997, S. 487)

Dies zeigt deutlich auf, dass Unternehmen, für die der persönliche Verkauf ein wichtiges Marketing-Instrument darstellt, der Auswahl und Schulung der Verkäufer eine besondere Bedeutung beimessen müssen, damit deren Eigenschaften möglichst den Erwartungen potentieller Kunden entsprechen.

Beim Einsatz der Verkäufer ist vor allem auf eine effiziente Gestaltung der **Außendienstorganisation** zu achten. Nach den Merkmalen Absatzgebiet, Kunden, Produkt und Verkaufsfunktionen lassen sich die folgenden **Organisationsformen** unterscheiden, wobei in der Praxis meist eine Kombination verschiedener Kriterien zu beobachten ist (Meffert 2000, S. 914ff.):

- **Gebietsbezogener Verkauf** liegt dann vor, wenn die Verkäufer in einem ihnen zugewiesenen Gebiet alle Kunden besuchen und alle Produkte eines Unternehmens vertreiben. Eine solche Organisationsform ist dann zweckmäßig, wenn die Produkte nicht erklärungsbedürftig sind, ein tiefes Sortiment vorliegt und eine relativ einheitliche Kundenstruktur gegeben ist. Starke Produktverwandtschaft und geringe Kundenzahl begünstigen diese Form des Verkaufs.
- Der **kundenbezogene Verkauf** orientiert sich an Kundengruppen, die ein einheitliches Verhalten zeigen. Die Verkäufer werden auf eine Kundengruppe spezialisiert, um dadurch wirksamer verkaufen zu können. Diese Form ist vornehmlich bei erklärungsbedürftigen Produkten mit breitem Sortiment und bei hoher Machtkonzentration im Handel anzutreffen. Geringe Produktverwandtschaft und unterschiedlicher Verwendungszweck begünstigen diese Verkaufsgliederung.
- Der **produktbezogene Verkauf** orientiert sich an bestimmten Produktgruppen, die ähnliche Eigenschaften aufweisen. Der Verkäufer spezialisiert sich auf eine Gruppe, um dadurch eine bessere Anpassung an die Erfordernisse der angebotenen Leistungen zu erreichen. Diese Verkaufsform empfiehlt sich vor allem beim Verkauf ganzer Systeme und Anlagen (System-Selling) sowie bei einer großen Anzahl an Kunden. Überzeugungsbedürftige Produkte begünstigen diese Verkaufsform.
- Sind die Aufgaben eines Verkäufers vielfältig und benötigt er verschiedene Fähigkeiten und Kenntnisse, um alle Kommunikationsaufgaben erfüllen zu können, so liegt eine **funktionale Gliederung** vor. Diese ist vor allem dann gegeben, wenn Kundenfertigung vorliegt und ausgedehnte Verhandlungen mit Einkaufsgremien abzuwickeln sind. Ungelöste Kundenprobleme fördern diese Form des Verkaufs.

Kapitel 7
Marketing-Mix

7.1 Bedeutung und Probleme des Marketing-Mix

Die Entscheidung über den Einsatz eines Marketing-Instrumentes stellt keine isolierbare Teilentscheidung dar. Denn erstens müssen alle Marketing-Instrumente auf ein gemeinsames Marketing-Ziel ausgerichtet werden und zweitens bestehen große Interdependenzen zwischen den einzelnen Maßnahmen. Auf diese Zusammenhänge wurde mehrfach bei der Besprechung der einzelnen Instrumente hingewiesen. Das Unternehmen muß deshalb immer über den Einsatz einer bestimmten Kombination von Marketing-Instrumenten entscheiden. Diese Kombination wird allgemein als **Marketing-Mix** bezeichnet.

Unter dem **optimalen Marketing-Mix** ist demzufolge die zu einem bestimmten Zeitpunkt eingesetzte Kombination von Marketing-Maßnahmen zu verstehen, welche dem Unternehmen in bezug auf das angestrebte Marketing-Ziel den größten Nutzen stiftet.

Neben dem eigentlichen Marketing-Mix findet man auch den Begriff Sub-Marketing-Mix, der nur eine Gruppe von Marketing-Maßnahmen umfaßt. Ausgehend von unserer Einteilung der Marketing-Instrumente kann zwischen einem Produkt-, Distributions-, Konditionen- und Kommunikations-Mix unterschieden werden.

Die Forderung nach einem optimalen Marketing-Mix ist zwar einleuchtend, doch stehen deren Realisierung einige große Probleme im Wege. Es sind dies beispielsweise:

1. **Die Vielzahl denkbarer oder möglicher Kombinationen:** Will man die Zahl möglicher Kombinationen (K) der verschiedenen Marketing-Instrumente (M) berechnen, gilt folgende Formel:

   - $K = I^M$

   I stellt die Zahl der Ausprägungen bzw. die Anzahl unterschiedlicher Intensitäten der einzusetzenden Marketing-Instrumente dar (z.B. verschiedene Preise oder Werbebudgets). Bereits bei 4 Marketing-Instrumenten mit je 3 Ausprägungen ergeben sich 81 Kombinationsmöglichkeiten.
2. **Zeitliche Interdependenzen:** Die Wirkung von Marketing-Maßnahmen der Planperiode kann sich ganz oder teilweise auf spätere Perioden verschieben. Entsprechend wird von einem Time-lag oder – im zweiten Fall – von einem Carry over-Effekt gesprochen.
3. **Sachliche Interdependenzen:** Wenn der Marketing-Einsatz für ein bestimmtes Produkt Auswirkungen auf andere Produkte hat, so handelt es sich um sachliche Abhängigkeiten.
4. **Synergieeffekte:** Es wurde bereits darauf hingewiesen, dass zwischen den verschiedenen Marketing-Instrumenten Synergieeffekte auftreten können, d.h. dass der Gesamtnutzen aus dem kombinierten Einsatz größer ist als die Summe der Einzelnutzen eines jeden Instruments.
5. **Qualität des Marketing-Instruments:** Der Nutzen eines Marketing-Instruments hängt nicht nur von der Höhe der Kosten ab, sondern auch von dessen Qualität. Oft sind einfache und kostengünstige, aber gute Ideen wirksamer als ein mit hohen Kosten verbundenes Marketing-Konzept, dem aber die Originalität fehlt.
6. **Kosten-/Nutzen-Verhältnis der Marketing-Instrumente:** Der Nutzen aus dem Einsatz eines Marketing-Instruments verläuft nicht proportional zu den Kosten. Vielfach muß ein Marketing-Instrument in einem gewissen Umfang eingesetzt werden, bis eine Wirkung sichtbar wird. Andererseits kann die Wirkung nicht beliebig gesteigert werden, d.h. der Grenznutzen nähert sich null oder kann im Extremfall sogar negativ werden (z.B. bei zuviel Werbung, die der Konsument als aufdringlich empfindet).
7. **Verhalten der Konkurrenz:** Unter den vielen umweltbezogenen, schwer beurteilbaren Einflußfaktoren sei die Konkurrenz speziell erwähnt. Gleichzeitig durchgeführte, ähnliche oder sich abhebende Marketing-Maßnahmen der Konkurrenz beeinflussen die Wirkung der eigenen Maßnahmen.
8. **Phase des Produktlebenszyklus:** Die optimale Kombination der Marketing-Instrumente hängt von der jeweiligen Phase des Produktlebenszyklus ab, in der sich das Produkt befindet.

9. **Quantifizierung des Nutzens:** Viele Auswirkungen, die auf dem Einsatz von Marketing-Instrumenten beruhen, lassen sich nicht oder nur schwer in Geldeinheiten erfassen (z.B. gutes Firmenimage), so dass man meist auf grobe Schätzungen angewiesen ist.

7.2 Bestimmung des optimalen Marketing-Mix

7.2.1 Heuristische Problemlösung

Die Bestimmung des optimalen Marketing-Mix kann entweder mit Hilfe heuristischer Prinzipien oder mit analytischen Methoden vorgenommen werden. Während bei den analytischen Modellen ein Verfahren (Algorithmus) angegeben werden kann, das eine exakte Lösung des Problems in einer endlichen und überschaubaren Anzahl von Schritten garantiert, bietet eine **Problemlösungsheuristik** keine exakte Lösung des Problems. Die Problemlösung basiert in diesem Fall meist auf Erfahrung und Intuition. Man versucht, die Komplexität systematisch zu reduzieren. Es wird in Kauf genommen, dass nicht unbedingt die beste, aber eine brauchbare und vor allem befriedigende Lösung gefunden wird. Meist wird das Gesamtproblem in Teilprobleme zerlegt und durch schrittweise Lösung dieser Teilprobleme die Gesamtlösung angestrebt. Oft muß der Gesamtlösungsprozeß mehrmals wiederholt werden, bis eine endgültige Entscheidung feststeht. Als **heuristische Prinzipien** können herbeigezogen werden:

- **Problemreduktion:** Eliminierung nicht relevanter Marketing-Instrumente.
- **Prioritätensetzung:** Gliederung der relevanten Instrumente in Haupt- und Nebeninstrumente.
- **Induktionsschluß:** Aufgrund vergangener Erfolge (Mißerfolge) wird auf zukünftige Entwicklungen geschlossen.
- **Analogieschluß:** Durch Beobachtung der Maßnahmen der Konkurrenz wird auf das eigene Unternehmen geschlossen.
- **Mittel-Zweck-Analyse:** Die Marketing-Maßnahmen werden in bezug auf die Marketing-Ziele und Marktsegmente beurteilt.

7.2.2 Analytische Problemlösung

Im folgenden soll ein Modell von Kotler (1964) dargestellt werden, das auf der Break-even-Analyse und der Marginalanalyse beruht.[1] Kotler geht dabei von folgenden Annahmen und Daten aus:

- Es handelt sich um ein Einproduktunternehmen.
- Das Unternehmen verfolgt Gewinnmaximierung.
- Dem Unternehmen stehen drei Marketing-Instrumente, nämlich der Preis (P), die Werbung (W) und der persönliche Verkauf (V) zur Verfügung; die Instrumente können dabei unterschiedliche Werte annehmen.
- Die Produktqualität wird nicht verändert.
- Die Fixkosten und variablen Kosten sind gegeben und betragen:
  k_{var} = 10 GE pro ME
  K_{fix} = 38.000 GE pro Planperiode.

Geht man in einem **ersten Schritt** davon aus, dass jedes der Marketing-Instrumente zwei verschiedene Werte annehmen kann, ergeben sich $2^3 = 8$ mögliche Kombinationen für den Marketing-Mix. Die aus einer Kombinationsmöglichkeit resultierende Absatzmenge (x_i) kann aufgrund von Vergangenheitsdaten geschätzt werden. Aufgrund dieser Informationen ist es möglich,

- die Break-even-Menge (x_B),
- die Differenz zwischen Absatzmenge x_i und Break-even-Menge x_B sowie
- den daraus resultierenden Gewinn oder Verlust (Z)

aufgrund der nachstehenden Formeln sowie den in ▶ Abb. 77 angegebenen Zahlen zu berechnen:

$$(1)\quad x_B = \frac{38.000 + W + V}{P - 10}$$

$$(2)\quad Z = (P - 10)\,(x_i - x_B)$$

Aus den Resultaten in ▶ Abb. 77 wird ersichtlich, dass die Kombination Nr. 5 den größten Gewinn verspricht. Diese stellt aber ein Optimum aus nur 8 Möglichkeiten dar, während in der Realität eine unzählbare Menge von Möglichkeiten denkbar ist (4 Instrumente mit 10 verschiedenen Ausprägungen ergeben bereits über 1.000 Kombinationen!). Kotler schlägt deshalb vor, in einem **zweiten Schritt** aufgrund der geschätzten Umsatzwerte für x_i eine Funktion zu finden, welche den Umsatz in Abhängigkeit der drei Variablen Preis, Werbung und Verkauf darstellt. Eine solche **Umsatzreaktionsfunktion** kann als multiple Exponentialfunktion geschrieben werden:

1 Vgl. dazu Kotler 1982, S. 269ff. und Kotler/Bliemel 1999, S. 160ff.

Marketing-Mix Nr.	P	W	V	x_i	x_B	$x_i - x_B$	Z
1	16	10.000	10.000	12.400	9.667	2.733	16.398
2	16	10.000	50.000	18.500	16.333	2.167	13.002
3	16	50.000	10.000	15.100	16.333	– 1.233	– 7.398
4	16	50.000	50.000	22.600	23.000	– 400	– 2.400
5	24	10.000	10.000	5.500	4.143	1.357	18.998
6	24	10.000	50.000	8.200	7.000	1.200	16.800
7	24	50.000	10.000	6.700	7.000	– 300	– 4.200
8	24	50.000	50.000	10.000	9.857	143	2.002

▲ Abb. 77 Beispiel eines optimalen Marketing-Mix

(3) $x_i = k\, P^{\alpha}\, W^{\beta}\, V^{\gamma}$

Folgende neue Symbole wurden verwendet:

k = Skalierungsfaktor
α = Preiselastizität
β = Werbeelastizität
γ = Verkaufsförderungselastizität

Unter Verwendung der Regressionsschätzungsmethode der kleinsten Quadrate ergibt sich folgende Umsatzreaktionsfunktion:

(4) $x_i = 100.000\, P^{-2}\, W^{\frac{1}{8}}\, V^{\frac{1}{4}}$

Damit beträgt die Preiselastizität – 2, d.h. eine Preisreduktion um 1% erhöht den Umsatz um 2%, sofern die anderen Werte nicht verändert werden. Der Koeffizient von 100.000 ist ein Skalierungsfaktor, der die Geldeinheiten in Mengeneinheiten übersetzt.

Wird die Funktion (4) und (1) in (2) eingesetzt, so ergibt sich folgende Formel für die Gewinn(Verlust-)berechnung:

(5) $Z = (P - 10)\left(100.000\, P^{-2}\, W^{\frac{1}{8}}\, V^{\frac{1}{4}} - \frac{38.000 + W + V}{P - 10}\right)$

(6) $Z = 100.000\; W^{\frac{1}{8}}\, V^{\frac{1}{4}}(P^{-1} - 10\, P^{-2}) - 38.000 - W - V$

Wird diese Funktion zur Bestimmung des Gewinnmaximums partiell nach P, W und V abgeleitet, so ergibt sich der optimale Marketing-Mix:

P = 20 GE
W = 12.947 GE
V = 25.894 GE

Die Ausgaben für den persönlichen Verkauf sind doppelt so hoch wie diejenigen für die Werbung, weil die Verkaufsförderungselastizität doppelt so groß ist wie die Werbeelastizität. Weiter können das optimale Umsatzvolumen und der maximale Gewinn bestimmt werden:

x_i = 10.358 ME
Z = 26.735 GE

Damit ist nicht nur der optimale Marketing-Mix bestimmt, sondern auch das optimale **Marketing-Budget,** das in diesem Fall 38.841 GE (Werbung + persönlicher Verkauf) beträgt.

Dieses erweiterte Break-even-Modell bildet die realen Entscheidungsprobleme nur unvollkommen ab. Seine größten Mängel bestehen darin, dass (vgl. Meffert 1986, S. 533)

- die Auswirkungen unterschiedlicher Konkurrenzsituationen vernachlässigt werden,
- zeitliche und sachliche Interdependenzen (Time-lag, Synergieeffekte) zwischen den Instrumenten außer acht gelassen werden,
- in dieser statischen Analyse zeitliche Unterschiede im Anfall von Einzahlungen und Auszahlungen nicht berücksichtigt werden.

Literaturhinweise

Becker, Jochen: Marketing-Konzeption. Grundlagen des strategischen Marketing-Managements. 6. Auflage, München 1998

Berekoven, L./Eckert, W./Ellenrieder, P.: Marktforschung. Methodische Grundlagen und praktische Anwendung. 7., vollständig überarbeitete und erweiterte Auflage, Wiesbaden 1996

Brockhoff, Klaus: Produktpolitik. 4., neubearbeitete und erweiterte Auflage. Stuttgart 1999

Bruhn, Manfred: Marketing. Grundlagen für Studium und Praxis. 3., überarbeitete Auflage. Wiesbaden 1997

Diller, Hermann (Hrsg.): Vahlens Großes Marketinglexikon. München 1992

Ergenzinger, R./Thommen, J.-P.: Marketing. Vom klassischen Marketing zu Customer Relationship Management und E-Business. Zürich 2001

Falk, B./Wolf, J.: Handelsbetriebslehre. 11., völlig überarbeitete und erweiterte Auflage, Landsberg/Lech 1992

Herrmann, A./Homburg, Chr. (Hrsg): Markforschung. Methoden, Anwendungen, Praxisbeispiele. 2., aktualisierte Auflage, Wiesbaden 2000

Kotler, Ph./Bliemel, F.: Marketing-Management. Analyse, Planung, Umsetzung und Steuerung. 9., überarbeitete und aktualisierte Auflage, Stuttgart 1999

Kroeber-Riel, W./Weinberg, P.: Konsumentenverhalten. 6. Auflage, München 1996

Kühn, R./Fankhauser, K.: Marktforschung. Ein Arbeitsbuch für das Marketing-Management. Bern/Stuttgart/Wien 1996

Mattmüller, Roland: Integrativ-prozessualorientiertes Marketing. Eine Einführung. Mit durchgehender Schwarzkopf & Henkel-Fallstudie. Wiesbaden 2000

Meffert, Heribert: Marketingforschung und Käuferverhalten. 2., vollständig überarbeitete und erweiterte Auflage, Wiesbaden 1992

Meffert, Heribert: Marketing-Management. Analyse – Strategie – Implementierung. Wiesbaden 1994

Meffert, Heribert: Marketing. Grundlagen marktorientierter Unternehmensführung. Konzepte – Instrumente – Praxisbeispiele. 9., überarbeitete und erweiterte Auflage, Wiesbaden 2000

Seiler, Armin: Marketing. Zürich 2000

Specht, Günter: Distributionsmanagement. 2., überarbeitete und erweiterte Auflage. Stuttgart/Berlin/Köln 1992

Teil 3

Materialwirtschaft

Inhalt

Kapitel 1
Grundlagen

1.1 Abgrenzung der Materialwirtschaft

Sind die Produkte festgelegt, die ein Unternehmen absetzen will, so geht es in einer nächsten Phase darum, die zur Erstellung dieser Produkte notwendigen Güter und Dienstleistungen zu beschaffen. Es handelt sich um die Beschaffung von Arbeitskräften, Kapital, Informationen, Rechten, Dienstleistungen, Handelswaren, Potenzialfaktoren oder Repetierfaktoren. Im Rahmen der Materialwirtschaft steht die Beschaffung des für die Leistungserstellung notwendigen **Materials** im Vordergrund, das direkt in den Produktionsprozess eingeht oder für den Absatz bereitgestellt wird. In Anlehnung an die allgemeine Einteilung der Wirtschaftsgüter[1] können unterschieden werden:

- **Rohstoffe,** die als Grundmaterial unmittelbar in das Produkt eingehen (z.B. Mehl bei der Brotherstellung, Gold und Edelsteine bei Schmuck).
- **Hilfsstoffe,** die ebenfalls in das Produkt eingehen, aber nur ergänzenden Charakter haben (z.B. Schrauben und Lack bei der Möbelherstellung).
- **Betriebsstoffe,** die keinen Bestandteil des Fertigproduktes bilden, sondern im Produktionsprozess verbraucht werden (z.B. Energie, Kühlwasser).
- **Halbfabrikate,** die als Teile oder Baugruppen in das Endprodukt eingehen und die sich von den Hilfsstoffen durch einen höheren Reifegrad unterscheiden.
- **Handelswaren,** die als Ergänzung des Produktionsprogrammes nicht in den Produktionsprozess eingehen, sondern unverarbeitet weiterverkauft werden.

1 Vgl. Teil 1, Kapitel 1, Abschnitt 1.1.2 „Wirtschaftsgüter“.

Betrachtet man den Materialfluss im Industriebetrieb, so ergeben sich drei verschiedene Lagerstufen:

1. **Eingangslager,** welche den Güterzufluss aus der Umwelt auffangen, wenn der momentane Bedarf der Fertigung kleiner ist als der Güterzufluss oder der zukünftige Bedarf größer ist als der zukünftige Güterzufluss.
2. **Zwischenlager,** die während des Produktionsprozesses entstehen und Puffer zwischen den verschiedenen Fertigungsstufen darstellen. Die Höhe der Zwischenlager hängt sehr stark von der Lösung des Dilemmas der Ablaufplanung ab, d.h. der Minimierung der Durchlaufzeiten des zu bearbeitenden Materials bei gleichzeitiger Minimierung der Leerzeiten der Potenzialfaktoren.[1] Je stärker das Prinzip der maximalen Kapazitätsauslastung verfolgt wird, um so eher entstehen Zwischenlager.
3. **Fertigwarenlager** fallen zeitlich nach Beendigung des Produktionsprozesses an. Diese Lager dienen dazu, die Abweichungen zwischen Produktions- und Absatzmenge auszugleichen, wie sie zum Beispiel aufgrund konjunktureller oder saisonaler Schwankungen auftreten.

Da die verschiedenen Lager unterschiedliche Funktionen und somit unterschiedliche Probleme aufweisen, ist es sinnvoll, diese jenen Funktionsbereichen zuzuordnen, in denen sie auftreten. Somit sind Fertigwarenlager primär dem Marketing (logistische Distribution) und Zwischenlager dem Produktionsbereich zuzuordnen, während Eingangslager als Teilproblem der Materialwirtschaft bei der Bereitstellung der Güter für den Produktionsprozess gesehen werden müssen.

Neben den zentralen Funktionen Beschaffung und Lagerhaltung ist als dritte Funktion der Materialwirtschaft die Bewegung des Materials zum Bedarfsort zu erwähnen. Die mit der Materialbereitstellung verbundenen Transportvorgänge können in außerbetriebliche und innerbetriebliche unterteilt werden:

- **Außerbetriebliche** Transportvorgänge dienen der Überbrückung des Raumes zwischen Lieferant und beschaffendem Unternehmen.
- **Innerbetriebliche** Transportvorgänge treten zwischen dem Ort der Materialannahme bzw. -einlagerung und dem Bedarfsort der Weiterverarbeitung auf.

Aufgrund dieser verschiedenen Funktionen und Aspekte der Materialwirtschaft kann diese zusammenfassend wie folgt definiert werden:

> Unter **Materialwirtschaft** wird jener Funktionsbereich des Unternehmens verstanden, der die **Beschaffung** (Bezug), die **Lagerhaltung** und die **Verteilung** (Transport) des zur Produktion (Leistungserstellung) notwendigen Materials umfasst.

1 Vgl. dazu Teil 9, Kapitel 1, Abschnitt 1.3.2.2 „Ziele der Ablauforganisation und das Dilemma der Ablaufplanung“.

1.2 Problemlösungsprozess der Materialwirtschaft

Unter Berücksichtigung der drei Aufgabenbereiche der Materialwirtschaft (Beschaffung, Lagerhaltung, Transport) und des allgemeinen Problemlösungsprozesses ergibt sich für die Materialwirtschaft der in ▶ Abb. 78 schematisch aufgeführte Problemlösungsprozess. Die einzelnen Phasen können wie folgt charakterisiert werden:

1. **Analyse der Ausgangslage:** Bei der Analyse der Ausgangslage ist festzuhalten, welche Einflussgrößen die Ziele und Aufgaben der Materialwirtschaft wesentlich bestimmen. Grundsätzlich kann dabei zwischen Faktoren, die im Unternehmen selbst begründet sind, und solchen, die sich aus der Umwelt ergeben, unterschieden werden. In dieser Phase stellt sich auch die grundsätzliche Frage, ob die zur Produktion notwendigen Materialien selbst hergestellt werden sollen oder von einem Lieferanten zu beziehen sind (Make-or-buy-Entscheidung).[1]
2. **Bestimmung der Ziele der Materialwirtschaft:** Ausgehend von der Aufgabe der Materialwirtschaft, die bedarfsgerechte Materialversorgung sicherzustellen, beinhaltet das **Sachziel** der Materialwirtschaft, die für die Leistungserstellung notwendigen Materialien bereitzustellen
   - in der benötigten Art,
   - in der benötigten Menge,
   - in der benötigten Qualität,
   - zum richtigen Zeitpunkt und
   - am richtigen Ort.

   Die dabei zu berücksichtigenden **Formalziele** werden in Abschnitt 1.3 „Ziele der Materialwirtschaft" besprochen.
3. **Bestimmung der Ziele, Maßnahmen und Mittel der Beschaffung, der Lagerhaltung und des Transports:** Aus den allgemeinen Zielen der Materialwirtschaft sind die spezifischen Ziele, Maßnahmen und Mittel der einzelnen Teilbereiche zu formulieren und aufeinander abzustimmen.
   a. Gerade bei den **Zielen** wird deutlich, dass diese oft eine konkurrierende Zielbeziehung aufweisen. So wird die Beschaffung möglichst große Bestellmengen fordern, um damit große Rabatte und tiefe Beschaffungskosten zu bewirken, während die Lagerhaltung wegen des gebundenen Kapitals und den Lagerverwaltungskosten möglichst kleine Lager anstreben wird. Die Lösung dieses Zielkonflikts ist nur unter Zuhilfenahme übergeordneter Zielkriterien möglich.

1 Vgl. dazu Teil 4, Kapitel 1, Abschnitt 1.3 „Festlegung des Produktionsprogramms".

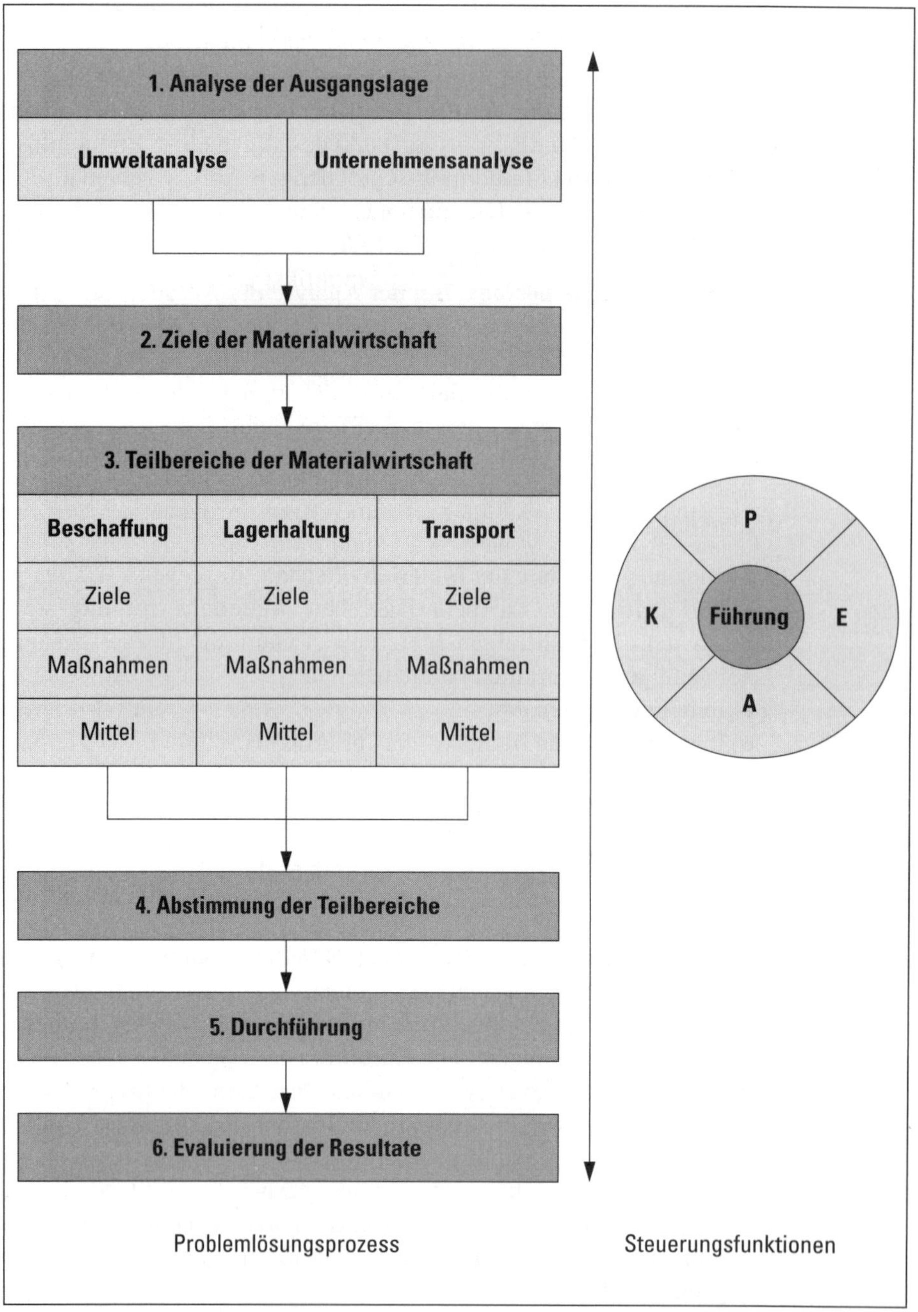

▲ Abb. 78 Problemlösungsprozess der Materialwirtschaft

b. Im Bereich der **Maßnahmen** ist auf das **Beschaffungsmarketing** zu verweisen, mit dessen Hilfe man die Ziele der Materialwirtschaft optimal erfüllen will. In Analogie zum Marketing können diese Instrumente des Beschaffungsmarketing, auch beschaffungspolitische Instrumente genannt, in vier Gruppen eingeteilt werden:
   - Beschaffungsproduktpolitik,
   - Beschaffungsmethodenpolitik,
   - Beschaffungskonditionenpolitik,
   - Beschaffungskommunikationspolitik.

   Dieser Bereich wird wegen seiner großen Bedeutung eingehend in Kapitel 2 „Beschaffungsmarketing" behandelt.
c. Als **Mittel** werden vor allem eingesetzt: Personen, finanzielle Mittel, Informationssysteme (z.B. Lagerbuchhaltung), bauliche Mittel (z.B. Lagerhallen), Transportmittel, Lagersysteme.

Auf die möglichen **materialwirtschaftlichen Entscheidungstatbestände,** auf welche sich die Ziele, Maßnahmen und Mittel beziehen, wird in Abschnitt 1.4 „Materialwirtschaftliche Entscheidungstatbestände" eingegangen.

4. **Durchführung:** Sind die angestrebten Ziele festgehalten sowie die dazu notwendigen Maßnahmen und Mittel bestimmt, so müssen diese durchgeführt bzw. eingesetzt werden.

5. **Evaluierung der Resultate:** Am Ende des Problemlösungsprozesses stehen die konkreten Resultate, welche über die Ausführung und Zielerreichung der materialwirtschaftlichen Aufgaben Auskunft geben.

Eine wesentliche Aufgabe im Rahmen der Materialwirtschaft kommt der **Steuerung** des Problemlösungsprozesses zu. Sie kann in die Steuerungselemente Planung, Entscheidung, Aufgabenübertragung und Kontrolle zerlegt werden, die grundsätzlich in allen Problemlösungsphasen auftreten.

Im folgenden wird insbesondere auf die Beschaffungs- und Lagerplanung, d.h. die **Planung** der Beschaffungs- und Bestellmenge sowie der Bestellzeitpunkte und des Lagersystems eingegangen. Dabei wird gezeigt, welche Instrumente zur **Entscheidungsfindung** eingesetzt werden können.[1] **Aufgabenübertragungen** werden vor allem in der Durchführungsphase gegeben, wenn die beschaffungspolitischen Instrumente eingesetzt werden oder die Materialien bestellt, entgegengenommen und eingelagert werden müssen.

Die **Kontrolle** in der Materialwirtschaft bezieht sich entweder auf den Ablauf des Problemlösungsprozesses oder auf die daraus resultierenden Ergebnisse. Als Kontrollinstrument stehen verschiedene Kennzahlen zur Verfügung. Die bekanntesten sind:

---

1 Vgl. dazu Kapitel 3 „Beschaffungs- und Lagerplanung".

(1) **Lieferbereitschaftsgrad** der Lagerhaltung:

(1a) Anforderungsbereitschaftsgrad:

$$\frac{\text{Anzahl der sofort ausgeführten Anforderungen}}{\text{Anzahl Anforderungen pro Jahr}} \cdot 100$$

(1b) Mengenbereitschaftsgrad:

$$\frac{\text{Sofort ausgelieferte Menge}}{\text{Gesamte angeforderte Menge}} \cdot 100$$

(2) **Durchschnittlicher Lagerbestand** (bei gleichmäßigen Zu- und Abgängen):

(2a) $$\frac{\text{Anfangsbestand} + \text{Endbestand}}{2}$$

oder

(2b) $$\frac{\text{Anfangsbestand} + \text{12 Monatsendbestände}}{13}$$

Der durchschnittliche Lagerbestand zeigt, in welcher Höhe Kapital im Durchschnitt einer Periode durch die Lagervorräte gebunden ist.

(3) **Lagerumschlagshäufigkeit:** $$\frac{\text{Lagerabgang pro Jahr}}{\text{durchschnittlicher Lagerbestand}}$$

Die Lagerumschlagshäufigkeit wird in der Regel für einzelne Materialgruppen berechnet. Sie gibt an, wie häufig der Lagerbestand pro Jahr durch Ein- und Auslagerung gewechselt wurde.

(4) **Durchschnittliche Lagerdauer** (in Tagen):

(4a) $$\frac{\text{Zahl der Tage pro Periode}}{\text{Lagerumschlagshäufigkeit}}$$

Auf ein Jahr berechnet lautet somit die Formel:

(4b) $$\frac{\text{durchschnittlicher Lagerbestand pro Jahr} \cdot 360}{\text{Lagerabgang pro Jahr}}$$

Die durchschnittliche Lagerdauer gibt an, wie lange eine Materialgruppe durchschnittlich im Lager ist und sagt aus, wie viele Verbrauchsperioden (Tage) ein durchschnittlicher Lagerbestand abdeckt.

Diese Kennzahlen können, sofern sie Soll-Werte beinhalten, auch im Rahmen der Planung (als Zielgrößen) oder Anordnung (als Vorgabegrößen) eingesetzt werden.

1.3 Ziele der Materialwirtschaft

Bei der Erfüllung der materialwirtschaftlichen Aufgaben stehen die eigentlichen **Sachziele** (Bereitstellung der für die Produktion notwendigen Güter) im Vordergrund. Daneben sind aber die allgemeinen Unternehmensziele zu beachten, aus denen sich die **Formalziele**[1] der Materialwirtschaft ableiten lassen. Diese können den materialwirtschaftlichen Handlungsspielraum stark einschränken oder ihn sogar bestimmen. Ein solches Formalziel ist das Streben nach einer hohen **Wirtschaftlichkeit** im materialwirtschaftlichen Bereich. Eine hohe Wirtschaftlichkeit wird erreicht, wenn die Gesamtkosten, die sich im wesentlichen aus den Beschaffungskosten, den Lagerhaltungskosten, den (innerbetrieblichen) Transportkosten sowie den Fehlmengenkosten zusammensetzen, minimiert werden. Dieser Hauptzielsetzung stehen jedoch eine Reihe von Nebenzielen entgegen, die bei einer langfristigen Betrachtung der Wirtschaftlichkeit eine ebenso große Bedeutung haben können. Es sind dies vor allem

- das **Sicherheitsstreben,** das sich in einem hohen Lieferbereitschaftsgrad der Materialwirtschaft äußert,
- das **Liquiditäts-** und **Rentabilitätsstreben,** das sich in einem niedrigen gebundenen Kapital zeigt,
- das Streben nach einer hohen **Flexibilität,** das sich in einer hohen Anpassungsfähigkeit an neue Verhältnisse ausdrückt,
- das Streben nach dauernden guten **Lieferantenbeziehungen,** das sich in einem geringen Wechsel der Lieferanten zeigt.

Die gemeinsame Betrachtung dieser Ziele macht deutlich, dass verschiedenartige Zielbeziehungen vorliegen, die im Einzelfall zu beachten sind. So ist das Unternehmen häufig gezwungen, große Lagerbestände aufzubauen, wenn die eigenen Bedarfsmengen nur schlecht oder überhaupt nicht prognostiziert werden können, die Lieferzeiten stark schwanken oder die Beschaffungsmärkte selber unsicher sind. Solche Sicherheitskäufe widersprechen dem Streben nach minimalen Kosten. Allerdings müssen mögliche **Fehlmengen,** die sich aus einem nicht zu deckenden Materialbedarf ergeben, und die daraus entstehenden Fehlmengenkosten in die Überlegungen einbezogen werden. Durch hohe Lagerbestände können unter Umständen Fehlmengenkosten vermieden werden, die höher ausfallen würden als die zusätzlichen Lagerkosten für die Sicherheitskäufe. In diesem Falle läge eine komplementäre Zielbeziehung zwischen den beiden Zielen Kostenminimierung und Sicherheitsstreben vor. Werden die Sicherheitsbestände aber so groß gehalten, dass mit sehr großer Wahrscheinlichkeit Fehlmengenkosten ausgeschlossen werden können, so werden die Kosten für diese Sicherheitsbestände die mög-

---

1 Zur Unterscheidung zwischen Sach- und Formalzielen vgl. Teil 1, Kapitel 3, Abschnitt 3.2 „Zielinhalt“.

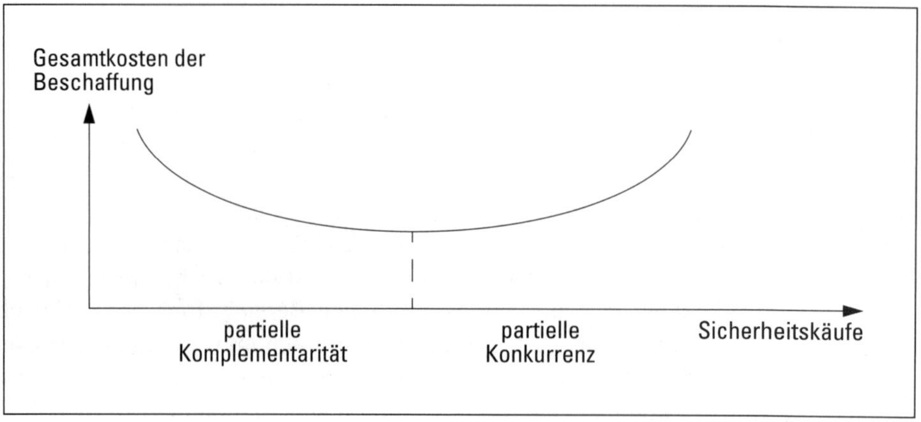

▲ Abb. 79 Zielbeziehung zwischen Sicherheitsstreben und Kostenminimierung

lichen Fehlmengenkosten bei weitem übersteigen, so dass in diesem Falle eine konkurrierende Zielbeziehung vorliegen wird. Für den Unternehmer geht es somit darum, jenen Punkt oder Bereich zu finden, in welchem die Kosten unter Berücksichtigung der Sicherheitskosten und der Fehlmengenkosten ein Minimum bilden. ◄ Abb. 79 zeigt die grafische Lösung dieses Problems. Dabei ist zu berücksichtigen, dass in der Praxis dieser Punkt nur schwer bestimmt werden kann, da diese Werte (Fehlmengenkosten) nur mit einer bestimmten Wahrscheinlichkeit eintreffen werden. Zudem wird es von der Risikoneigung des Unternehmers abhängen, wie groß oder wie klein sein Sicherheitsbestand sein wird.

Um eine optimale Lösung anzustreben, werden häufig Erfahrungswerte herangezogen. Zudem können unvorhergesehene Ereignisse, die hohe Fehlmengenkosten verursachen, durch eine entsprechende Versicherung abgedeckt werden.

Die Pflege guter **Lieferantenbeziehungen** ist ebenfalls eine wichtige Zielsetzung, die sowohl zum Sicherheitsstreben als auch zum Ziel der Kostenminimierung komplementär sein kann. Gute Lieferantenbeziehungen bedeuten einerseits Termintreue, Flexibilität, hohe Qualität und Interesse an Weiterentwicklung (Konkurrenzfähigkeit), andererseits aber auch höhere Preise. Diese können jedoch durch die vermiedenen Fehlmengenkosten, geringeren Ausschuss und gute Konkurrenzfähigkeit mehr als kompensiert werden.

Schließlich sind aus finanzwirtschaftlicher Sicht auch die **Liquidität** und die **Rentabilität** zu berücksichtigen, da Lagerbestände sowohl liquiditäts- als auch erfolgswirksam sind. Hohe Lagerbestände führen einerseits zu einer hohen Kapitalbindung und damit zu einer Einschränkung der Liquidität, andererseits zu hohen Kosten und damit zu einer Verminderung der Rentabilität. Gerade in Zeiten hoher Zinssätze und/oder bei teuren Gütern führt das gebundene Kapital zu einer wesentlichen Erhöhung der Kosten. Solange das (ohnehin vorhandene) gebundene Kapital allerdings nicht anderweitig besser eingesetzt werden kann, ist dieses Problem von untergeordneter Bedeutung (Opportunitätsprinzip).

Die **Flexibilität** äußert sich darin, dass auf Änderungen des Umfeldes wie beispielsweise Preisvariationen, unvorhergesehene Nachfrage oder neue Produktentwicklungen sofort reagiert werden kann und für das Unternehmen dadurch keine Wettbewerbsnachteile entstehen.

1.4 Materialwirtschaftliche Entscheidungstatbestände

Aufgrund der Aufgabenbereiche der Materialwirtschaft kann die Vielzahl materialwirtschaftlicher Entscheidungstatbestände in die drei Gruppen Güterbezug (Beschaffung), Güterlagerung und Gütertransport eingeteilt werden (▶ Abb. 80). Im Vordergrund stehen dabei die Tatbestände des Beschaffungsprogramms sowie die Instrumente zur Gestaltung des Beschaffungsmarktes (Beschaffungsmarketing). Die beiden Bereiche Lagerhaltung und Gütertransport beschäftigen sich in erster Linie mit Fragen der Materialdisposition und der technischen Gestaltung der **Lager-** und **Transportsysteme.**[1]

Entscheidungstatbestände der Materialwirtschaft		
Güterbeschaffung	**Güterlagerung**	**Gütertransport**
Beschaffungsprogramm ▪ Beschaffungsgüterart ▪ Beschaffungsqualität ▪ Bestellmenge ▪ Bestellzeitpunkt **Beschaffungsmarketing** ▪ Beschaffungsmarktforschung ▪ Beschaffungsproduktpolitik ▪ Beschaffungsmethodenpolitik ▪ Beschaffungskonditionenpolitik ▪ Beschaffungskommunikationspolitik	**Lagerausstattung** ▪ Lagerart ▪ Lagereinrichtungen ▪ Lagerkapazität ▪ Lagerstandort **Lagerprogramm** ▪ Gelagerte Güterarten ▪ Lagermengen ▪ Sicherheitsbestände ▪ Lagerorte **Lagerprozess** ▪ Güterannahme ▪ Qualitätsprüfung ▪ Einlagerung ▪ Auslagerung ▪ Lagerverwaltung	▪ Transportmittel ▪ Transportmengen ▪ Verteilung der Transportmengen ▪ Transportwege

▲ Abb. 80 Überblick materialwirtschaftliche Entscheidungstatbestände (nach Küpper 1989, S. 198)

1 Vgl. dazu Hartmann 1990, S. 425ff.

Kapitel 2

Beschaffungsmarketing

2.1 Überblick

Genauso wie sich ein Unternehmen an seinem Absatzmarkt ausrichten muss oder versucht, auf diesen einzuwirken, ist es auch mit dem Beschaffungsmarkt verbunden. Aufgabe des Beschaffungsmarketing ist es deshalb,

- diesen Markt zu beobachten und zu analysieren, um Entscheidungsunterlagen zur Verfügung zu stellen, sowie
- die Marktbeziehungen so zu gestalten, dass die Unternehmensziele optimal erfüllt werden.

Die erste Aufgabe übernimmt die **Beschaffungsmarktforschung,** die zweite übernehmen die **beschaffungspolitischen Instrumente.**

▶ Abb. 81 gibt einen Überblick über die Elemente des Beschaffungsmarketing, die in den folgenden Abschnitten behandelt werden.

Beschaffungsmarktforschung

Beschaffungsproduktpolitik	**Beschaffungsmethodenpolitik**	**Beschaffungskonditionenpolitik**	**Beschaffungskommunikationspolitik**
▪ Produktausführung ▪ Sortiment ▪ Produktentwicklung	▪ Beschaffungsweg ▪ Lieferantenstruktur ▪ Beschaffungsorgane	▪ Preis ▪ Zahlungsbedingungen ▪ Lieferzeiten	▪ Beschaffungswerbung ▪ Lieferantenförderung ▪ Public Relations

▲ Abb. 81 Überblick über die Instrumente des Beschaffungsmarketing

2.2 Beschaffungsmarktforschung

Die Beschaffungsmarktforschung dient – wie die Marktforschung im Bereich Marketing – der Erhebung, Systematisierung und Auswertung der für die Materialwirtschaft relevanten Informationen des Beschaffungsmarktes. Sie bildet die Grundlage für die Planung, Entscheidung, Aufgabenübertragung und Kontrolle des Einsatzes der beschaffungspolitischen Instrumente, die ähnlich gegliedert werden können wie die Marketing-Instrumente. Allerdings ist die Aufgabe der Beschaffungsmarktforschung insofern einfacher, als

- eine kleinere Anzahl von Lieferanten im Vergleich zu der Anzahl Kunden und Verbraucher betrachtet werden muss,
- die Lieferanten selbst ein großes Interesse haben, Kunden zu gewinnen und diese möglichst umfassend über ihr Angebot und ihre Angebotsbedingungen zu informieren.

2.2.1 Inhalt der Beschaffungsmarktforschung

Die Beschaffungsmarktforschung umfasst sowohl die Analyse der Ist-Situation (Marktanalyse) als auch die Erforschung der zukünftigen Entwicklungen des Beschaffungsmarktes. Im Vordergrund stehen die potenziellen **Lieferanten,** die anhand der Kriterien in ▶ Abb. 82 untersucht werden können.

Bei der Betrachtung des Beschaffungsmarktes als Ganzes interessieren Informationen zu folgenden Bereichen:

1. **Angebots- und Nachfragestruktur:** Um die Marktstellung und daraus abgeleitet den Handlungsspielraum des Unternehmens beurteilen zu können, ist die Kenntnis folgender Daten wichtig:
   - Anzahl und Größe der in Frage kommenden Lieferanten.
   - Anzahl und Größe der Konkurrenten, welche die gleichen potenziellen Lieferanten haben.

   Existieren für ein bestimmtes Produkt nur sehr wenige Lieferanten, denen aber viele Nachfrager gegenüberstehen (Angebotsmonopol oder -oligopol)[1], so ist der Gestaltungsspielraum der einzelnen Nachfrager relativ klein, es sei denn, sie versuchen mit gezielten Maßnahmen (z.B. in Form einer Kooperation) diese Situation zu ändern.
2. **Preisentwicklung:** Während die Abklärung des gegenwärtigen Preisniveaus relativ einfach ist, ist die Prognose der zukünftigen Preisentwicklung meist sehr schwierig. Um eine gute Prognose abgeben zu können, ist die Kenntnis

1 Zu den Marktformen vgl. Teil 2, Kapitel 5, Abschnitt 5.2.2 „Preistheorie“.

1. Zuverlässigkeit	in Bezug auf ■ gleich bleibende Qualität ■ fristgerechte Lieferung der Güter (Termintreue) ■ Einhaltung der Serviceversprechungen
2. Fertigungsmöglichkeiten	■ Produktionskapazität des Lieferanten ■ Qualitätsniveau ■ Flexibilität bei Sonderanfertigungen oder schwankenden Bestell- bzw. Beschaffungsmengen
3. Konditionen	■ Güterpreis ■ Liefer- und Zahlungsbedingungen ■ Lieferfristen ■ Garantieleistungen
4. Produkt	■ Qualität ■ Sortiment ■ Kundendienst ■ Produktentwicklung (Forschung und Entwicklung)
5. Geografische Lage	■ Transportbedingungen ■ politische Sicherheit im Beschaffungsland ■ Wechselkursstabilität
6. Allgemeine Situation und Merkmale des Lieferanten	■ Marktstellung (Marktanteil) ■ Belieferung der Konkurrenz ■ Zugehörigkeit zu einem Unternehmenszusammenschluss (z. B. Konzern) ■ finanzielle Verhältnisse ■ Qualität des Managements (insbesondere bezüglich Innovationen)

▲ Abb. 82 Lieferantenmerkmale

der Angebots- und Nachfragestrukturen (z.B. der Preiselastizität, von Preisabsprachen, von Preisbindungen oder von Preisführerschaften) bedeutsam.

3. **Produktentwicklung:** Neue technische Verfahren, die eine Verbesserung des Produktes bewirken, oder neue Produkte (Materialien), die zu Substitutionsmöglichkeiten bisheriger Produkte führen (z.B. Kunststoffe/Glas), müssen frühzeitig erkannt werden. Die neuen Produkte sind rechtzeitig zu bestellen und die Fertigungseinrichtungen müssen an die neuen Materialien angepasst werden, damit keine Wettbewerbsnachteile gegenüber der Konkurrenz entstehen. Zudem ist darauf zu achten, dass keine zu großen Lagerbestände an alten Materialien vorhanden sind.

Neben der Betrachtung des eigentlichen Beschaffungsmarktes sind auch die Angebote und Entwicklungen im Bereich der **Lager-** und **Transporttechniken** zu verfolgen. Gerade durch zweckmäßige Lager- und Transportsysteme mit entsprechenden Rationalisierungseffekten können große Kosteneinsparungen bewirkt werden.

2.2.2 Methoden der Beschaffungsmarktforschung

Wie bei der Marktforschung des Marketing[1] können die Methoden der Beschaffungsmarktforschung in eine primäre (Field-Research) und eine sekundäre (Desk Research) Forschung unterschieden werden. Die **primäre** Beschaffungsmarktforschung stützt sich nach Hartmann (1990, S. 139) auf folgende Quellen:

1. Kontakte mit Lieferanten: Sie schlagen sich in der Korrespondenz der Beschaffungsabteilung und in den Berichten der betrieblichen Kontaktpersonen (Leiter, Sachbearbeiter, Vertreter) nieder. Durch eine Vielzahl von eingeholten Angeboten ergibt sich die Möglichkeit einer großen Informationsbreite. Anfrageaktionen sind unabhängig vom konkreten Bedarfsfall zu starten.
2. Kontakte mit Verkäufern: Sie werden in Aktennotizen festgehalten und beziehen personelle Informationen mit ein.
3. Besuche von Messen und Ausstellungen: Sie bieten eine Fülle von Informationen über technische Entwicklungen, Preise und Qualität der Waren. Entscheidend für den Erfolg eines Messebesuchs ist eine gründliche Vorbereitung anhand eines Messekataloges.
4. Einkaufsreisen und Betriebsbesichtigungen: Aus ihnen lassen sich Rückschlüsse auf die Lieferfähigkeit, das technische Leistungsvermögen und auf die Persönlichkeitsmerkmale der (potenziellen) Lieferanten ziehen.

Die **sekundäre** Beschaffungsmarktforschung bedient sich dagegen bereits vorhandener Unterlagen. Als Ausgangsmaterial für diese Methoden kommen nach Hartmann (1990, S. 140) in Frage:

1. Markt- und Börsenberichte: Sie zeigen vor allem die Preisentwicklung wichtiger Rohstoffe.
2. Zeitschriften, Tageszeitungen, Funk und Fernsehen: Sie geben Aufschluss über die politische Entwicklung. Entscheidungsrelevant für den Beschaffungsbereich sind beispielsweise Streiks, politische Unruhen oder kriegerische Auseinandersetzungen, welche die Rohstoffversorgung beeinflussen können.
3. Hauszeitschriften der Lieferanten, der Konkurrenz, der Wirtschaftsverbände und der Industrie- und Handelskammer: Sie bieten vor allem Informationen über neue Entwicklungen und Verfahren.
4. Angebote in Fachzeitschriften, Katalogen, Broschüren und Prospekten: Sie enthalten Informationen über Qualität und Leistungsfähigkeit der Beschaffungsobjekte.
5. Branchenadressbücher, Messekataloge, technische Handbücher: Sie informieren über die in Betracht kommenden Bezugsquellen.

---

1 Vgl. Teil 2, Kapitel 2, Abschnitt 2.2.1 „Datenquellen“.

2.3 Beschaffungspolitische Instrumente

2.3.1 Beschaffungsproduktpolitik

Die Beschaffungsproduktpolitik umfasst in Übereinstimmung mit dem Marketing die art- und mengenmäßige Gestaltung des Absatzprogrammes eines Lieferanten sowie der zusammen mit diesen Produkten angebotenen Zusatzleistungen.[1] Letztere werden häufig der Beschaffungskonditionenpolitik zugeordnet.[2] Da das Unternehmen nur indirekt über den Lieferanten einen Einfluss auf die Gestaltung der zu beschaffenden Produkte ausüben kann, spricht man auch von einer **mittelbaren Produktpolitik.** Diese **aktive** Produktpolitik ist zu unterscheiden von einer **passiven,** bei welcher sich das Unternehmen als Anpasser verhält. Es versucht lediglich mit Hilfe der Beschaffungsmarktforschung jene Lieferanten zu finden, welche die Produktanforderungen am besten erfüllen.

Betrachtet man die Gestaltungsmöglichkeiten bezüglich der Beschaffungsproduktpolitik, so können sich diese auf folgende Entscheidungstatbestände beziehen:

1. **Produktausführung:** Ziel der Produktpolitik ist es, beim Lieferanten ein bestimmtes Qualitätsniveau der Produkte (z.B. bezüglich Lebensdauer, Härtegrad, Genauigkeit, Reißfestigkeit usw.) sowie die Aufrechterhaltung dieser Qualität über die Zeit zu erreichen. Dabei können sich die Maßnahmen ausrichten auf:
   a. **Höherwertige Produkte,** falls das angebotene Produkt nicht den Qualitätsanforderungen des Unternehmens entspricht.
   b. **Produktvereinfachungen,** wenn das zu beschaffende Produkt ein zu hohes Qualitätsniveau im Vergleich zum herzustellenden Endprodukt aufweist. Durch eine Produktvereinfachung erhofft man sich, das Produkt billiger einkaufen zu können.
   c. **Sonderanfertigungen,** die vor allem Unternehmen mit Einzelfertigung oder kleinen Serien benötigen.

2. **Sortiment:** Ein Unternehmen kann den Lieferanten dazu veranlassen, möglichst viele der für das Unternehmen relevanten Produkte in seinem Sortiment zu führen, um das Beschaffungswesen durch die Verminderung der Anzahl der Lieferanten zu vereinfachen.

3. **Produktentwicklung:** Für ein Unternehmen von besonderem Interesse ist es zu wissen, dass der Lieferant an Verbesserungen der bisherigen und an Entwicklungen neuer Produkte interessiert ist und dies auch durch entsprechende For-

1 Vgl. Teil 2, Kapitel 3, Abschnitt 3.1.2.2 „Kundendienst".
2 Vgl. Abschnitt 2.3.3 „Beschaffungskonditionenpolitik".

schungs- und Entwicklungsaktivitäten unterstützt. In Anlehnung an die Produktpolitik des Marketing[1] kann folgende Unterscheidung gemacht werden:

a. **Produktmodifikation,** bei der eine bessere Ausführung des bisherigen Produktes bei grundsätzlich gleicher Technologie und Produktfunktion angestrebt wird.
b. **Produktinnovation,** bei der aufgrund neuer wissenschaftlicher Erkenntnisse mit neuer Technologie und/oder neuen Materialien nicht nur bisherige Anforderungen besser erfüllt, sondern auch neue Anwendungsmöglichkeiten eröffnet werden.

2.3.2 Beschaffungsmethodenpolitik

Ähnlich wie bei der Distributionspolitik im Marketing geht es bei der Beschaffungsmethode um die Gestaltung und Steuerung der Überführung der zu beschaffenden Materialien. Es können die drei Problembereiche Beschaffungsweg, Beschaffungsorgan und Lieferantenstruktur unterschieden werden.

2.3.2.1 Beschaffungsweg

Wird auf eine Eigenfertigung verzichtet, so stellt sich die Frage, ob **direkt** beim Produzenten oder **indirekt** über den Handel eingekauft werden soll. Häufig wird der indirekte Beschaffungsweg aus folgenden Gründen vorgezogen:

- Das **Sortiment** des Handels ist in der Regel größer als jenes des Produzenten. Dies vereinfacht sowohl die Beschaffungsmarktforschung und die Lieferantenbeziehungen als auch die Beschaffungsabwicklung.
- Bei einem direkten Bezug beim Produzenten müssen meistens Mindestabnahmemengen beachtet werden, während beim Handel auch **kleinere Mengen** bestellt werden können.
- Der Handel übernimmt die **Lagerhaltungsfunktion,** so dass die Lagerhaltungskosten tief gehalten werden können.
- Bei der Standortwahl orientiert sich der Handel oft an den Verwendungsorten des Materials. Dies führt zu einem Standortvorteil gegenüber dem Produzenten und äußert sich in **kurzen Lieferzeiten** oder wegen der niedrigeren Transportkosten in günstigeren Preisen.
- Die **Verkaufspreise** des Handels sind aber vielfach auch deshalb niedriger als jene der Produzenten, weil der Handel wegen seiner Spezialisierung eine effizientere Verkaufsorganisation und somit niedrigere Verkaufskosten hat.

---

1 Vgl. Teil 2, Kapitel 3, Abschnitt 3.2 „Produktpolitische Möglichkeiten".

Zusammenfassend kann festgehalten werden, dass sich ein Einkauf über den Handel dann lohnt, wenn die in der Regel bestehende Preisdifferenz zu Gunsten des Produzenten durch Inanspruchnahme der spezifischen Handelsfunktionen (Überbrückungsfunktion, Warenfunktion, Funktion des Makleramtes)[1] mehr als kompensiert wird. Ein **direkter** Beschaffungsweg drängt sich jedoch dann auf, wenn

- sehr große Mengen gebraucht werden, die der Handel selbst nicht lagern könnte, für die es sich aber wegen der geringen Verkaufskosten (nur ein Besteller für eine große Menge) für den Produzenten lohnt, direkt zu liefern,
- Sonderanfertigungen gewünscht werden, die der Handel nicht auf Lager hat und selbst beim Produzenten bestellen müsste.

2.3.2.2 Beschaffungsorgane

Als Beschaffungsorgane kommen neben der unternehmenseigenen Beschaffungsabteilung Kommissionäre und Makler in Frage:

- **Kommissionäre** kaufen und verkaufen Ware in eigenem Namen auf fremde Rechnung (Rechnung des Auftraggebers). Sie sind vor allem im internationalen Handel im Bereich der Rohstoffe tätig.
- **Makler** arbeiten dagegen auf eigene Rechnung und versuchen, Käufer und Verkäufer gegen eine Maklerprovision zusammenzubringen.

Sowohl beim direkten als auch beim indirekten Beschaffungsweg kann das Unternehmen in **Kooperation** mit anderen Unternehmen die Beschaffung von Materialien organisieren. Die Intensität der Zusammenarbeit kann von gemeinsamer Angebotseinholung aufgrund formloser Absprachen bis hin zu speziellen Einkaufsorganisationen auf gesellschaftsrechtlicher Basis reichen. Eine solche überbetriebliche Beschaffung hat verschiedene Vorteile:

- Rationalisierungseffekte, da nur eine einzige, auf den Einkauf spezialisierte Organisation besteht.
- Der durchschnittliche Gesamtlagerbestand der Einkaufsgesellschaft kann kleiner gehalten werden als bei individueller Lagerhaltung aller beteiligten Unternehmen.
- Es können infolge größerer Bestellmengen günstigere Einkaufspreise und eventuell niedrigere Transportkosten erzielt werden. Allerdings ist zu berücksichtigen, dass die Transportkosten des „Umweges" über die Einkaufsgesellschaft sowie die Kosten für zusätzliches Einlagern und Auslagern die Einstandspreise erhöhen können.

---

1 Die Handelsfunktionen werden ausführlich in Teil 2, Kapitel 4, Abschnitt 4.3.2.1 „Funktionen des Handels", besprochen.

2.3.2.3 Lieferantenstruktur

Der Auswahl der Lieferanten kommt eine große Bedeutung zu, hängt doch eine gute Versorgung in starkem Maße von der Zuverlässigkeit des Lieferanten ab. Bezüglich der Lieferantenstruktur stehen folgende Fragen im Vordergrund:

- **Anzahl** der Lieferanten: Die Zahl der potenziellen Lieferanten wird vorerst durch die Angebotsstruktur auf dem Beschaffungsmarkt bestimmt. Bei einem Angebotsmonopol oder -oligopol[1] wird sich die Beschaffung auf einen oder wenige Lieferanten beschränken. Stehen eine Vielzahl von Lieferanten zur Auswahl, so ist die Zahl der effektiven Lieferanten so festzusetzen, dass die Beschaffungsmenge auf mehrere Anbieter verteilt werden kann. Damit sind einerseits die Lieferanten kleineren Bedarfsschwankungen des Bestellers ausgesetzt, andererseits werden die Nachfrager von unerwarteten Lieferausfällen weniger stark getroffen. Würde das Unternehmen nur von einem einzigen Lieferanten beziehen, bestünde die Gefahr einer großen Abhängigkeit, die sich nicht nur auf die Lieferung, sondern auch auf die Verkaufspreise und die allgemeinen Verkaufsbedingungen beziehen könnte. Allerdings ist es auch umgekehrt möglich, dass der Lieferant bei Lieferung an einen einzigen Abnehmer in ein solches Abhängigkeitsverhältnis geraten könnte.
- **Räumliche Verteilung:** Durch die Wahl der Lieferstandorte nach vorgegebenen Kriterien (z.B. Kosten, Lieferzeit, Qualität) ist die räumliche Verteilung der Lieferanten simultan bestimmt. Abweichungen von diesen Standorten ergeben sich höchstens, wenn aus Risikogründen (politisch, währungsbedingt) andere Lieferstandorte vorgezogen werden.

2.3.3 Beschaffungskonditionenpolitik

Die Konditionenpolitik im Beschaffungsbereich bezieht sich auf die Bedingungen, zu denen das Unternehmen die Materialien beziehen kann. Im Vordergrund steht dabei wie im Marketing die **Preispolitik.** Bei einer **aktiven** Preispolitik versucht der Besteller auf die Preisgestaltung der Lieferanten Einfluss zu nehmen, während bei einer **passiven** Preispolitik die Marktpreise als gegebene Daten hingenommen werden und lediglich versucht wird, das beste der zur Auswahl stehenden Angebote zu finden. Der **preispolitische Spielraum** des Bestellers ist tendenziell um so größer,

- je größer die Beschaffungsmenge ist (Aushandlung von Mengenrabatten),
- je höher der Wert des bestellten Produktes ist,

1 Zu den Marktformen vgl. Teil 2, Kapitel 5, Abschnitt 5.2.2 „Preistheorie“.

- je stärker es sich um standardisierte Produkte handelt, da in diesem Fall eine große Markttransparenz besteht und somit gute Vergleichsmöglichkeiten gegeben sind,
- je neuartiger das Produkt ist, da der Anbieter großes Interesse an Erstverkäufen hat,
- je größer die Marktmacht des Bestellers ist.

Als weitere **beschaffungspolitische Instrumente** kommen im Rahmen der Konditionenpolitik neben der Preispolitik infrage:

- die Lieferzeiten (Zeitraum zwischen Abschluss des Abnahmevertrages (Bestellung) und dem Zeitpunkt, an dem das Produkt im Unternehmen eintrifft),
- die Zahlungsbedingungen (Skonto, Zahlungsziel, Kreditgewährung),
- die Transportbedingungen (wer übernimmt die Transportkosten?),
- die Garantieleistungen, Beratung usw.

2.3.4 Beschaffungskommunikationspolitik

Die Instrumente der Beschaffungskommunikationspolitik sind primär darauf ausgerichtet, das Image des Unternehmens auf dem Beschaffungsmarkt positiv zu beeinflussen, bestehende Lieferantenbeziehungen zu festigen sowie neue Lieferanten zu gewinnen. Sie sind vor allem dann von großer Bedeutung, wenn die Nachfrage das Angebot übersteigt und der Beschaffungsmarkt somit durch eine Verkäufermarktsituation gekennzeichnet ist. Die Instrumente können in drei Gruppen aufgeteilt werden:

1. **Beschaffungswerbung:** Die Beschaffungswerbung soll bestehenden und potenziellen Lieferanten die Vorteilhaftigkeit einer langfristigen Geschäftsbeziehung aufzeigen sowie die Zuverlässigkeit des Unternehmens (regelmäßige Bestellung, Mitarbeit an neuen Entwicklungen, Zahlungsfähigkeit) deutlich machen.

2. **Public Relations:** Die Öffentlichkeitsarbeit im Beschaffungsmarketing unterscheidet sich kaum von jener des Marketing. Mit ihrer Hilfe soll die Umwelt des Unternehmens (z.B. Arbeitnehmer des Lieferanten, Staat) informiert werden mit dem Zweck, die Geschäftstätigkeiten auf dem Beschaffungsmarkt zu erleichtern.

3. **Lieferantenförderung:** Die Schaffung eines gegenseitigen Vertrauensverhältnisses kann durch verschiedene Maßnahmen geschehen wie beispielsweise:
   - Schulung von Mitarbeitern des Lieferanten im Unternehmen des Abnehmers.
   - Einladung zu Betriebsbesichtigungen, Betriebsvorstellungen und persönlichen Gesprächen.
   - Unterstützung der Produktentwicklungsbemühungen des Lieferanten.

Kapitel 3
Beschaffungs- und Lagerplanung

3.1 Beschaffungsarten

Im Rahmen der Beschaffungs- und Lagerplanung stellt sich die Frage, wie die Materialien optimal beschafft werden können. Grundsätzlich werden drei Beschaffungsarten unterschieden:

1. Prinzip der fallweisen Beschaffung,
2. Prinzip der fertigungssynchronen Beschaffung,
3. Prinzip der Vorratsbeschaffung.

3.1.1 Prinzip der fallweisen Beschaffung

Bei der fallweisen Beschaffung wird der Beschaffungsvorgang ausgelöst, wenn ein entsprechender Materialbedarf festgestellt wird. Die Anwendung dieses Prinzips kommt nur dann infrage, wenn das Material jederzeit beschaffbar ist oder der Materialbedarf nicht für längere Zeit geplant werden kann. Somit ist die fallweise Beschaffung vor allem auf die auftragsorientierte Einzelfertigung beschränkt. Umgekehrt darf daraus aber nicht abgeleitet werden, dass die Einzelfertigung nur fallweise die notwendigen Güter beschafft. Im Gegenteil, sie wird sich in erster Linie auf Spezialteile und selten verwendete Materialien beziehen, während standardisierte und häufig eingesetzte Teile auf Vorrat gehalten werden. So werden in einer auftragsorientierten Schreinerei wohl verschiedene Hölzer, Gläser, Schrauben, Nägel und Leim an Lager sein, sobald aber spezielle Hölzer, Beschläge oder Schlösser verlangt werden, müssen diese fallweise bestellt werden.

3.1.2 Prinzip der fertigungssynchronen Beschaffung

Bei der fertigungs- oder einsatzsynchronen Beschaffung erfolgt ein idealerweise lagerloser Zufluss des Materials aus der Umwelt. Dieses Prinzip wird deshalb auch Just-in-time-Beschaffung genannt.[1] Die zeitliche und mengenmäßige Anpassung der Beschaffung an den Bedarf kann dabei so präzise vorgenommen werden, dass Eingangslager überflüssig werden. Dieses Beschaffungsprinzip erfordert zunächst einmal eine außerordentliche Planungsgenauigkeit. Treten nämlich die kleinsten Abweichungen auf (sowohl bei der Fertigung als auch bei den verschiedenen Beschaffungsvorgängen), so können erhebliche Schwierigkeiten entstehen. Voraussetzung für dieses Prinzip ist somit eine große Sicherheit bei den Beschaffungsdaten sowie eine genaue Bestimmbarkeit des Produktionsprogrammes in bezug auf Art, Menge und Zeitpunkt. Eine solche Situation ist am ehesten bei der Massen- und Großserienfertigung gegeben. Bei einer Anwendung der Taktfertigung ergibt sich ein konstanter Fertigungsablauf und der Bedarf ist im voraus bekannt. Schwieriger wird es, eine solche Situation auf der Beschaffungsseite zu erreichen. Hier muss es dem Abnehmer gelingen, beim Lieferanten eine hohe Termintreue, Flexibilität, Lieferbereitschaft usw. zu erreichen. Dies kann er zum Beispiel durch seine Marktstellung (Macht/Abhängigkeit des Lieferanten, hohe Konventionalstrafen bei Nichtlieferung), durch vertikale Integration oder durch langfristige Lieferverträge erwirken. Gerade die langfristigen Lieferverträge haben in der Regel aber einen höheren Preis zur Folge. Dieser kommt durch den größeren Lieferbereitschaftsgrad zustande, insbesondere durch die dem Lieferanten überwälzten Lagerhaltungs- und Verwaltungskosten. Dadurch können die Vorteile einer fertigungssynchronen Beschaffung (über-)kompensiert werden. Allerdings können auch bei noch so hoher Plangenauigkeit und hohem Lieferbereitschaftsgrad des Lieferanten Verzögerungen auftreten, wenn beispielsweise auf Grund höherer Gewalt der Transport zwischen Lieferanten und Abnehmer gestört wird. Für diese Fälle muss eine Lagerhaltung vorgesehen werden.

1 Zu diesem Konzept vgl. auch Teil 4, Kapitel 1, Abschnitt 1.7 „Just-in-Time-Produktion“.

3.1.3 Prinzip der Vorratsbeschaffung

Bei der Vorratsbeschaffung werden für die verschiedenen Materialien Eingangslager aufgebaut. Die Beschaffungsplanung baut somit nicht mehr unmittelbar auf dem Fertigungsablauf auf. Die Anwendung dieses Prinzips drängt sich insbesondere dann auf, wenn stochastische (= zufallsabhängige) Bedarfsverläufe vorliegen, während der fertigungssynchronen und auch der fallweisen Beschaffung notwendigerweise eine deterministische (= genau festgelegte) Bedarfsstruktur zu Grunde liegt. Bei Letzteren können auf Grund der bekannten Beschaffungszeiten die jeweiligen Bestellmengen und -zeitpunkte unmittelbar aus der Materialbedarfsplanung für die Fertigung abgeleitet werden. Demgegenüber liegen der Vorratshaltung verschiedene Einflussfaktoren zu Grunde, welche die Höhe des Lagers beeinflussen. Als grundsätzliche Lagerhaltungsmotive können unterschieden werden:

- **Sicherheits-** oder **Reservelager,** auch eiserner Bestand genannt, werden eingerichtet, wenn entweder die Unsicherheit des Beschaffungsmarktes ausgeschaltet werden soll oder der Materialbedarf der Fertigung nicht genau prognostizierbar ist. Sie übernehmen damit eine Ausgleichsfunktion zwischen Beschaffung und Fertigung.
- Einen Spezialfall stellt die **spekulative Lagerhaltung** dar, bei der ein Unternehmer aufgrund großer Preisschwankungen auf dem Beschaffungsmarkt ein Lager anlegt. Diese Preisschwankungen treten vor allem auf dem Rohstoffmarkt auf wie zum Beispiel bei Kaffee, Erdöl und Metallen. Diese Lager werden aber nicht dazu angelegt – wie dies aus dem Wort „spekulativ" abgeleitet werden könnte –, um sie zu einem höheren Preis wieder zu verkaufen (und damit eine reine Spekulation zu betreiben), sondern um beispielsweise die Kosten möglichst konstant bzw. den Verkaufspreis der eigenen Endprodukte stabil zu halten.
- Allerdings gibt es auch den Fall, dass die Beschaffungs- und Einsatzdaten bekannt sind, die notwendigen Materialien aber nicht jederzeit zur Verfügung stehen. In diesem Fall spricht man von einer **antizipativen Lagerhaltung.** Diese findet sich immer dann, wenn das Gut nur zu einem bestimmten Zeitpunkt erstanden werden kann, zum Beispiel wenn der Lieferant nur an bestimmten Daten liefert oder die Produkte nur einmal anfallen. Im letzteren Fall spricht man auch von einer **saisonalen Lagerhaltung,** die beispielsweise bei landwirtschaftlichen Produkten anzutreffen ist. Die Konservenindustrie wird gezwungen, große Lager an Früchten anzulegen, die sie später verarbeiten kann. Aber auch in der Kleiderbranche ist es üblich, dass – gerade bei sehr modischen oder saisonbezogenen Artikeln – die Kleider zu einem bestimmten Zeitpunkt auf Lager genommen werden müssen, da sie später nicht mehr oder nur noch beschränkt erhältlich sind (z.B. Einkauf der Sommermode bereits im Dezember/Januar).

- Lager können auch eine **Produktivfunktion** übernehmen, indem die eingelagerten Produkte sozusagen als Teil des Produktionsprozesses einen bestimmten Reifungs- oder Gärungsprozess durchmachen (z. B. Holz, Wein).
- **Rechtliche Vorschriften** können ein Unternehmen zum Halten von Lagerbeständen, so genannten Pflichtlagern, zwingen.

3.1.4 Zusammenfassung

Zusammenfassend können die wichtigsten Einflussfaktoren der Entscheidung über die Beschaffungsart wie folgt festgehalten werden:

- Menge des zu beschaffenden Materials,
- Wert der bestellten Güter (Preisniveau, Preisschwankungen),
- zeitlicher Anfall des Materialbedarfs,
- Eigenschaften des Materials (Lagerfähigkeit, Erhältlichkeit),
- Beurteilung der Lieferanten (Lieferbereitschaft, Zuverlässigkeit).

3.2 Planungs- und Entscheidungsinstrumente

Zur Erfüllung der materialwirtschaftlichen Ziele bedarf es einer möglichst umfassenden und genauen Planung. Die damit verbundenen Tätigkeiten verursachen jedoch hohe Kosten, so dass die Planung auf jene Bereiche beschränkt werden muss, in denen der daraus resultierende Nutzen die Kosten rechtfertigt. In einem Industriebetrieb muss in der Regel eine Vielzahl von sehr verschiedenartigen Gütern beschafft werden. Deshalb lohnt sich eine intensive Materialbewirtschaftung nur bei jenen Gütern, denen eine große Bedeutung für das Unternehmen zukommt. Dazu müssen Selektionskriterien und -verfahren aufgestellt werden, um jene Güter auszusondern, die einer genauen und umfassenden Planung bedürfen. Solche Instrumente stellen die ABC-Analyse und die XYZ-Analyse dar, die in den beiden folgenden Abschnitten vorgestellt werden.

3.2.1 ABC-Analyse

Das Vorgehen der ABC-Analyse beruht auf der Erfahrung, dass meistens ein relativ kleiner Teil der Gesamtanzahl der Materialarten und/oder der verbrauchten Gütermenge einen großen Anteil am Gesamtwert der verbrauchten Güter hat. Deshalb ordnet man die verschiedenen Materialarten nach ihrem relativen Anteil

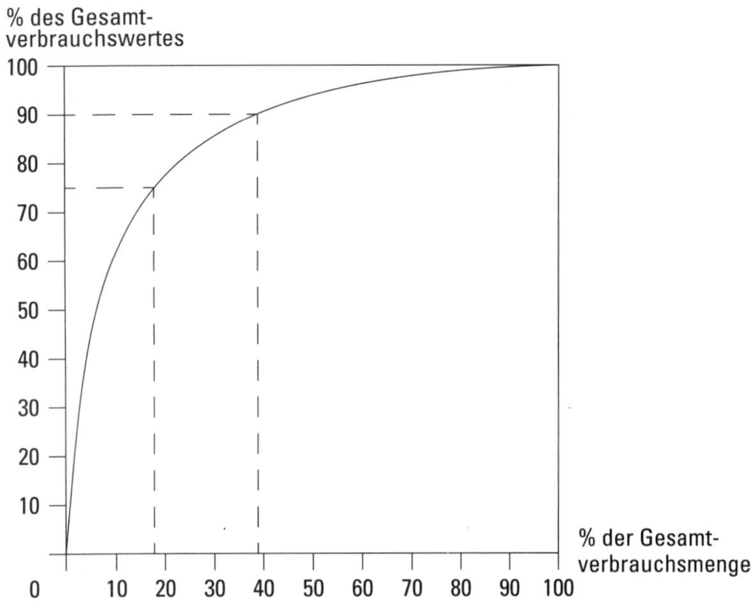

▲ Abb. 83 ABC-Analyse mit Lorenzkurve

am Gesamtverbrauch in A-, B- und C-Güter. Verbreitet ist bei dieser dreiteiligen Klassenbildung, dass

- **A-Güter** etwa 70–80% des Gesamtverbrauchswertes, aber nur etwa 10–20% der gesamten Verbrauchsmenge aller Materialarten darstellen,
- **B-Güter** etwa 10–20% des Gesamtverbrauchswertes und etwa 20–30% der gesamten Verbrauchsmenge aller Materialarten beinhalten, und
- **C-Güter** nur etwa 5–10% des Gesamtverbrauchswertes, dafür aber etwa 60–70% der gesamten Verbrauchsmenge aller Materialarten ausmachen.

◄ Abb. 83 zeigt diese Zusammenhänge mit Hilfe der Lorenzkurve[1]. Auch wenn bei der Durchführung einer ABC-Analyse im Einzelfall abweichende Ergebnisse von den oben aufgeführten Werten festgestellt werden können, so trifft die grundsätzliche Aussage der ABC-Analyse in den meisten Fällen zu. Empirische Untersuchungen haben zudem gezeigt, dass der Verlauf der Lorenzkurve stark von der jeweiligen Branche abhängt, in welcher der Nachfrager tätig ist. Allgemein kann dabei festgehalten werden, dass die Lorenzkurve um so flacher verläuft, je näher das Unternehmen in der Absatzkette (zwischen Produzent und Konsument) dem

1 Nach M.C. Lorenz benannt, der 1905 mit Hilfe solcher Darstellungen die Unterschiede in der Einkommensverteilung veranschaulicht hat.

Kunden ist. Daraus folgt, dass Einzelhandelsunternehmen eine sehr flache und somit atypische Lorenzkurve bei einer ABC-Analyse aufweisen (vgl. Hartmann 1990, S. 125).

Die einzelnen Schritte bei der Durchführung einer ABC-Analyse können wie folgt umschrieben werden:

1. Berechnung des Gesamtverbrauchswertes jeder Materialart pro Periode (Menge multipliziert mit dem Einstandspreis).
2. Ordnen der Materialarten in absteigender Reihenfolge in Bezug auf den Gesamtverbrauchswert.
3. Berechnung des prozentualen Anteils an der Gesamtzahl aller verbrauchten Güter.
4. Kumulieren der prozentualen Anteile am Gesamtverbrauch aller Güter.
5. Berechnung des prozentualen Anteils am Gesamtverbrauchswert aller Materialarten.
6. Kumulieren der prozentualen Anteile am Gesamtverbrauchswert aller Materialarten.
7. Einteilung der Materialarten in A-, B- und C-Güter.

▶ Abb. 84 und 85 zeigen ein ausführliches Beispiel einer ABC-Analyse mit 10 verschiedenen Materialarten. In der Praxis muss allerdings meistens ein Vielfaches dieser Zahl analysiert werden.

Bei der Beschaffungs- und Lagerplanung (wie auch -kontrolle) stehen die **A-Güter** im Vordergrund, weil bei diesen die größten Kosteneinsparungen zu erwarten sind. Für diese Güter ist es sinnvoll, beispielsweise

- eingehende Beschaffungsmarktanalysen (mit Hilfe der Beschaffungsmarktforschung) zu erstellen,
- die Instrumente des Beschaffungsmarketing gezielt einzusetzen,
- genaue Analysen der Kostenstrukturen vorzunehmen,
- die optimale Bestellmenge zu berechnen,
- eine umfassende Produktbewertung (Wertanalyse) zu machen,
- den eisernen Lagerbestand (Sicherheitsbestand) und Meldebestand genau zu bestimmen.

Während man für die A-Güter eine genaue Analyse, Planung und Kontrolle vornimmt, wird man für die **C-Güter**

- die optimale Bestellmenge grob abschätzen oder lediglich die gesamte Beschaffungsmenge zu Beginn der Planperiode bestellen,
- einen höheren Sicherheitsbestand festlegen und deshalb den Lagerbestand seltener kontrollieren,
- das Beschaffungsmarketing kaum einsetzen (höchstens eine passive Preis- oder Produktpolitik).

Materialart Nr.	Jahresverbrauch		Preis je ME	Wert des Gesamtverbrauchs		Rang
	in ME	in %		in GE	in %	
1	2	3	4	5	6	7
1	1.000	9,2	3,–	3.000,–	6,3	6
2	200	1,8	4,–	800,–	1,7	10
3	2.000	18,3	0,50	1.000,–	2,1	9
4	5.000	45,9	0,30	1.500,–	3,2	8
5	200	1,8	20,–	4.000,–	8,4	4
6	400	3,7	6,–	2.400,–	5,1	7
7	900	8,3	4,–	3.600,–	7,6	5
8	500	4,6	40,–	20.000,–	42,3	1
9	600	5,5	10,–	6.000,–	12,7	2
10	100	0,9	50,–	5.000,–	10,6	3
	10.900	100,0		47.300,–	100,0	

▲ Abb. 84 Rangordnung der Materialarten nach Gesamtverbrauchswert

Rang	Mat.-art Nr.	Mengenverbrauch in %	kumulierter Mengenverbrauch in %	Mengenverbrauch pro Klasse in %	Wertverbrauch in %	kumulierter Wertverbrauch in %	Wertverbrauch pro Klasse in %	Klasse
1	2	3	4	5	6	7	8	9
1	8	4,6	4,6	12,8	42,3	42,3	74,0	A
2	9	5,5	10,1		12,7	55,0		
3	10	0,9	11,0		10,6	65,6		
4	5	1,8	12,8		8,4	74,0		
5	7	8,3	21,1	21,2	7,6	81,6	19,0	B
6	1	9,2	30,3		6,3	87,9		
7	6	3,7	34,0		5,1	93,0		
8	4	45,9	79,9	66,0	3,2	96,2	7,0	C
9	3	18,3	98,2		2,1	98,3		
10	2	1,8	100,0		1,7	100,0		

▲ Abb. 85 ABC-Einteilung der Materialarten nach Mengen- und Wertverbrauch

Bei den **B-Gütern** ist von Fall zu Fall über die Planungs- und Kontrollaktivitäten zu entscheiden, je nachdem wie groß die Bedeutung der betreffenden Materialien eingeschätzt wird.

Der ABC-Analyse kann nicht nur die Beziehung zwischen Verbrauchsmengen und Verbrauchswerten zugrunde gelegt werden, sondern sie kann je nach Aufgabenstellung auch andere Bezugsgrößen berücksichtigen[1] wie

- die Lagerflächen- oder Lagerraumbeanspruchung, wenn man diejenigen Materialarten ermitteln will, die das Lager besonders stark beanspruchen,
- die Lagerentnahmehäufigkeit, wenn der optimale innerbetriebliche Lagerstandort für häufig gebrauchte Materialarten gesucht werden soll,
- das Lagerverlustrisiko, wenn beispielsweise leicht verderbliche Materialien bestimmt werden sollen,
- die Bestellhäufigkeit, wenn die mit hohen Bestellkosten verbundenen Materialarten ausgesondert werden sollen,
- Beschaffungsschwierigkeiten, um diejenigen Güter auszusondern, welche für den Produktionsprozess sehr wichtig sind, bei deren Beschaffung aber erfahrungsgemäß mit Schwierigkeiten zu rechnen ist.

3.2.2 XYZ-Analyse

Die ABC-Analyse ist in dem Sinne eine statische Analyse, als sie lediglich den Gesamtverbrauch (Menge oder Wert) für eine bestimmte Planperiode betrachtet. Von Bedeutung ist aber auch der **Verbrauchsverlauf** der einzelnen Materialarten während eines längeren Zeitabschnittes (Planperiode). Es lässt sich nämlich beobachten, dass es Güter gibt, die in relativ konstanten Mengen verbraucht werden, und andere, deren Verbrauch bestimmten Schwankungen unterliegt oder unregelmäßig ist. Daraus abgeleitet können drei Güterklassen gebildet werden:

- **X-Güter** zeichnen sich durch einen regelmäßigen, schwankungslosen Bedarfsverlauf aus. Die Genauigkeit der Prognose des Bedarfs ist bei diesen Gütern sehr groß.
- **Y-Güter** sind durch einen trendmäßig steigenden oder fallenden Bedarfsverlauf charakterisiert oder der Bedarf unterliegt saisonalen Schwankungen. Sie weisen eine mittlere Prognosegenauigkeit auf.
- **Z-Güter** sind gekennzeichnet durch einen äußerst unregelmäßigen Bedarfsverlauf, der aufgrund zufälliger oder nicht voraussehbarer Einflüsse zustandekommt. Die Prognosegenauigkeit des Bedarfs ist dementsprechend gering.

Die XYZ-Analyse dient in erster Linie zur Bestimmung der Beschaffungsart. Für X-Güter ist es aufgrund der höheren Prognosegenauigkeit des Bedarfs angezeigt,

1 Die ABC-Analyse wird zudem nicht nur in der Materialwirtschaft, sondern auch in anderen Funktionsbereichen eingesetzt. Sie kann beispielsweise benutzt werden, um Beziehungen zwischen Anzahl angebotener Produkte und damit erreichtem Umsatz, zwischen Umsatz und Gewinn oder zwischen Umsatz und Produktionskapazität aufzuzeigen.

die fertigungssynchrone Beschaffung zu wählen. Für Y-Güter ist es dagegen sinnvoll, die Vorratsbeschaffung vorzusehen, während für Z-Güter die fallweise Beschaffung im Bedarfsfall als zweckmäßig erscheint.

3.2.3 Kombination der ABC-Analyse und der XYZ-Analyse

Durch eine Kombination der ABC- mit der XYZ-Analyse kann schließlich ein Instrument geschaffen werden, das Informationen für ein differenziertes Vorgehen bei der Beschaffungs- und Lagerplanung ermöglicht. Aufgrund der Tabelle in ► Abb. 86 kann beispielsweise entschieden werden, bei welchen Materialarten

- gemäß Plandaten disponiert werden kann (XA, XB, XC),
- besonders auf kurze Lieferfristen und hohe Lieferantenzuverlässigkeit geachtet werden muss (ZA, ZB),
- eine aktive Preispolitik besonders lohnend erscheint (XA, XB, YA).

Verbrauchswert / Prognose-genauigkeit	A	B	C
X	hoher Verbrauchswert hoher Vorhersagewert	mittlerer Verbrauchswert hoher Vorhersagewert	tiefer Verbrauchswert hoher Vorhersagewert
Y	hoher Verbrauchswert mittlerer Vorhersagewert	mittlerer Verbrauchswert mittlerer Vorhersagewert	tiefer Verbrauchswert mittlerer Vorhersagewert
Z	hoher Verbrauchswert niedriger Vorhersagewert	mittlerer Verbrauchswert niedriger Vorhersagewert	tiefer Verbrauchswert niedriger Vorhersagewert

▲ Abb. 86 Kombination der ABC-Analyse mit der XYZ-Analyse

3.3 Ermittlung des Materialbedarfs

Ausgangspunkt der quantitativen Beschaffungsplanung bildet zunächst das Fertigungsprogramm, das seinerseits aus dem Absatzprogramm abgeleitet ist. Aufgrund der zu erstellenden Güterart, der Herstellungsmenge und der Fertigungstermine können die Materialmengen berechnet werden, die für die Produktion bereitgestellt werden müssen. Zur Ermittlung der effektiven Beschaffungsmenge ist wie folgt vorzugehen:

	Materialbedarf einer Materialart pro Planperiode (= Bruttobedarf) (inkl. Ausschuss, Schwund, direkter Weiterverkauf)
+/–	Lagerveränderungen
–	bestellte, aber noch nicht gelieferte Mengen
=	Beschaffungsmenge (= Nettobedarf)

Zur Ermittlung des Bruttobedarfs stehen verschiedene Methoden zur Verfügung. Diese können in folgende drei Gruppen unterteilt werden:

1. **Subjektive Schätzungen:** Subjektive Schätzungen werden vor allem dann vorgenommen, wenn
   - der Umfang (Menge und/oder Wert) der zu beschaffenden Güter eine genaue Berechnung mit Hilfe aufwändiger Verfahren nicht rechtfertigt oder
   - die notwendigen Informationen für mathematische Prognosemethoden nicht zur Verfügung stehen.
2. **Deterministische Bedarfsermittlung aufgrund des Fertigungsprogrammes:** Grundlage der Materialbedarfsbestimmung bilden die Kundenaufträge oder die Produktionspläne sowie die Fertigungsvorschriften. In Teil 4 wird gezeigt, wie sich mit Hilfe von Stücklisten der Materialbedarf errechnen lässt.[1]
3. **Stochastische Bedarfsermittlung aufgrund des Verbrauchs in der Vergangenheit:** Aufgrund der Verbrauchsentwicklung der Vergangenheit versucht man mit Hilfe mathematisch-statistischer Methoden, den Bedarf für die Zukunft zu prognostizieren.

Zur Materialbedarfsprognose aufgrund von Vergangenheitswerten sind eine Vielzahl von Verfahren entwickelt worden. Die wichtigsten sind die Methode der Mittelwertbildung, der exponentiellen Glättung sowie der Regressionsanalyse.[2] Auf die beiden ersten Verfahren soll kurz eingegangen werden.

Die **Methode der Mittelwertbildung** zeichnet sich durch ihre Einfachheit aus. Sie hat aber den Nachteil, dass sie nur bei konstantem Verbrauchsverlauf zu brauchbaren Resultaten führt. Sobald saisonale Schwankungen auftreten oder ein steigender bzw. ein fallender Trend zu beobachten ist, versagt diese Methode. Man unterscheidet in der Regel zwischen folgenden Mittelwerten:

1. **Arithmetisches Mittel,** bei dem alle Vergangenheitsdaten berücksichtigt und gleich gewichtet werden. Da mit wachsender Anzahl Perioden der Einfluss der jüngsten Periode stark abnimmt, wird sie kaum verwendet.
2. **Gleitendes Mittel,** bei dem nur eine bestimmte Anzahl vorausgegangener Perioden berücksichtigt werden:

1 Vgl. Teil 4, Kapitel 2, Abschnitt 2.2 „Stücklisten und Stücklistenauflösung".

2 Zur Methode der Regressionsanalyse vgl. Bohley (1992).

Periode	Istbedarfswert	Einfacher Mittelwert		Gleitender Mittelwert		Exponentielle Glättung			
						α = 0,1		α = 0,5	
		Vorhersage	Überdeckung (Unterdeckung)	Vorhersage	Überdeckung (Unterdeckung)	Vorhersage	Überdeckung (Unterdeckung)	Vorhersage	Überdeckung (Unterdeckung)
1	2	3	4	5	6	7	8	9	10
1	315	–	–	–	–	–	–	–	–
2	325	–	–	–	–	–	–	–	–
3	318	320,0	2,0	–	–	–	–	–	–
4	321	319,3	(1,7)	–	–	–	–	–	–
5	327	319,8	(7,2)	319,8	(7,2)	320,0 *	(7,0)	320,0 *	(7,0)
6	316	321,2	5,2	321,2	5,2	320,7	4,7	323,5	7,5
7	318	320,3	2,3	321,4	3,4	320,2	2,2	319,8	1,8
8	320	320,0	0	320,0	0	320,0	0	318,9	(1,1)
9	301	320,0	19,0	320,4	19,4	320,0	19,0	319,4	18,4
10	280	317,9	37,9	316,4	36,4	318,1	38,1	310,2	30,2
11	292	314,1	22,1	307,0	15,0	314,3	22,3	295,1	3,1
12	296	312,1	16,1	302,2	6,2	312,1	16,1	293,6	(2,4)
13	304	310,8	6,8	297,8	(6,2)	310,5	6,5	294,8	(9,2)
14	321	310,2	(10,8)	294,6	(26,4)	309,8	(11,2)	299,4	(21,6)
15	338	311,0	(27,0)	298,6	(39,4)	310,9	(27,1)	310,2	(27,8)
16	331	312,8	(18,2)	310,2	(20,8)	313,6	(17,4)	324,1	(6,9)
17	354	313,9	(40,1)	318,0	(36,0)	315,4	(38,6)	327,5	(26,5)
18	367	316,3	(50,7)	329,6	(37,4)	319,2	(47,8)	340,8	(26,2)
19	367	319,1	(47,9)	342,2	(24,8)	324,0	(43,0)	353,9	(13,1)
20	380	321,6	(58,4)	351,4	(28,6)	328,3	(51,7)	360,4	(19,6)

* geschätzter Anfangswert (Initialisierung)

▲ Abb. 87 Beispiel Materialbedarfsprognose aufgrund des Verbrauchs

$$V_{t+1} = \frac{1}{n} \sum_{t=1}^{n} I_t$$

wobei: V_{t+1} = gleitender Mittelwert, der den Prognosewert des Verbrauchs für die nächste Planperiode darstellt

I_t = Ist-Verbrauch für die Periode t

t = Periode in der Vergangenheit

n = Anzahl berücksichtigter Perioden

Auch bei dieser Methode besteht der Nachteil, dass alle berücksichtigten Vergangenheitswerte gleich gewichtet werden. Dies lässt sich aber mit einer entsprechenden Gewichtung der einzelnen Werte beseitigen.

Die **Methode der exponentiellen Glättung** wurde bereits in Teil 2 im Zusammenhang mit der Vorhersage der zukünftigen Absatzmenge besprochen.[1] Analog kann deshalb die Formel für die Ermittlung des zukünftigen Materialverbrauches verwendet werden:

$$V_{t+1} = V_t + \alpha (I_t - V_t)$$

Der neue Prognosewert (V_{t+1}) ergibt sich somit aus dem Prognosewert der laufenden Periode (V_t) zuzüglich der mit dem Glättungsfaktor α gewichteten Differenz zwischen dem tatsächlichen Ist-Verbrauch I_t und dem prognostizierten Materialverbrauch V_t. Dabei werden die Vergangenheitswerte um so stärker berücksichtigt, je größer der Glättungsfaktor α – der einen Wert zwischen 0 und 1 annehmen kann – gewählt wird, da die Gewichtungsfaktoren exponentiell abnehmen.

Zusammenfassend zeigt ◄ Abb. 87 eine Gegenüberstellung der Resultate bei Anwendung verschiedener Prognosemethoden.[2]

3.4 Bestellplanung

3.4.1 Entscheidungstatbestände

Im Rahmen der Beschaffungs- und Lagerplanung geht es um die optimale Bestimmung des Beschaffungs- und Lagerprogrammes. Dies beinhaltet im wesentlichen die Entscheidungen über

- die optimale Bestellmenge,
- den optimalen Lagerbestand und
- den optimalen Bestellzeitpunkt.

1 Vgl. Teil 2, Kapitel 2, Abschnitt 2.3.2 „Absatzprognosemethoden". Eine ausführliche Darstellung mit anschaulichem Beispiel findet sich in Hässig (1996).

2 In Anlehnung an Küpper 1989, S. 219.

Legt man der Lösung dieser drei Problembereiche das Zielkriterium Kostenminimierung zugrunde, so ist das Beschaffungsprogramm dann optimal, wenn es möglichst tiefe Gesamtkosten verursacht. Dabei sind verschiedene Kostenvariablen zu berücksichtigen, die allerdings zum Teil gegenläufige Tendenzen aufweisen:

1. **Beschaffungskosten:** Die Beschaffungskosten setzen sich aus den unmittelbaren Beschaffungskosten, die direkt von der Bestellmenge abhängig sind, und den mittelbaren Beschaffungskosten, die nur von der Anzahl der Bestellungen beeinflusst werden, zusammen.
   a. Die **unmittelbaren** Beschaffungskosten ergeben sich in erster Linie aus der mit dem Einstandspreis multiplizierten Beschaffungsmenge. Der Einstandspreis berechnet sich aus dem Marktpreis abzüglich der Rabatte und zuzüglich der Transport- und Verladekosten, Versicherungen, Zölle und Steuern.
   b. Die **mittelbaren** Beschaffungskosten sind unabhängig von der Höhe der Bestellung. Sie sind in erster Linie auf innerbetriebliche Tätigkeiten im Zusammenhang mit der Beschaffung zurückzuführen. Zu erwähnen wären Bedarfsmeldungen, Angebotseinholung und -prüfung, Bestellausführung, Lieferterminüberwachung, Warenannahme (Kontrolle) und Einlagerung.

2. **Lagerkosten:** Die Höhe der Lagerkosten wird in erster Linie durch die eingelagerte Menge, deren Wert sowie die Dauer der Lagerung bestimmt. Die Kosten können wie folgt aufgeteilt werden:
   - Raumkosten (Miete, Abschreibungen gemäß Beanspruchung [z.B. auf Lagergestellen, Gebäuden], Beleuchtung, Heizung, Klimaanlage usw.),
   - Unterhaltskosten (Manipulationen, Kontrollen),
   - Zinskosten für das im Lager gebundene Kapital,
   - Versicherungen,
   - Lagerrisiko (Wertminderung durch Schwund, Verderb).

3. **Fehlmengenkosten:** Unter Fehlmengenkosten versteht man jene Kosten, die durch mangelnde Versorgung des Fertigungsprozesses mit den notwendigen Gütern entstehen. Dazu sind zu zählen:
   - Preisdifferenzen, die bei der Beschaffung der Fehlmengen entstanden sind (z.B. erhöhte Transportkosten, teurere Güter),
   - Konventionalstrafen bei Nichtlieferung infolge Produktionsausfalls,
   - Auftragsverluste und somit entgangene Gewinne,
   - Goodwill-Verluste,
   - Kosten einer Produktionsunterbrechung (Leerkosten nicht eingesetzter Maschinen und nicht beschäftigter Mitarbeiter).

Neben den Kostenvariablen ist – insbesondere bei der Bestimmung der Bestellzeitpunkte – die **Beschaffungszeit** zu berücksichtigen. Die Beschaffungszeit umfasst die Zeitdauer zwischen Bedarfsfeststellung und dem Zeitpunkt, zu dem die Ware für die Fertigung zur Verfügung steht. Sie wird wie folgt berechnet:

	Bedarfsermittlungszeit	(Zeit zwischen Bedarfsfeststellung und Entscheidung über Bestellmenge)
+	Bestellzeit	(Zeit zwischen Entscheidung über Bestellmenge und Bestellerteilung)
+	Lieferzeit	(Zeit zwischen Bestellerteilung und Versand des Lieferanten)
+	Transportzeit	(Zeit zwischen Versand des Lieferanten und Eintreffen beim Besteller)
+	Warenannahmezeit	(Zeit zwischen Eintreffen beim Besteller und Verfügbarkeit für die Produktion)
=	Beschaffungszeit	

Die Dauer dieser Zeiten hängt von verschiedenen Tätigkeiten und Einflussfaktoren ab:

- Während der **Bedarfsermittlungszeit** wird der Lagerbestand kontrolliert und der zukünftige Bedarf abgeklärt.
- Die Dauer der **Bestellzeit** hängt stark davon ab, ob es sich um laufende Routinebestellungen handelt. Ist dies nicht der Fall, so müssen Angebote eingeholt und eine Lieferantenwahl getroffen werden.
- Die **Lieferzeit** hängt vom Lieferbereitschaftsgrad des Lieferanten sowie von dessen organisatorischer Gestaltung der Auftragsabwicklung ab.
- Die **Transportzeit** wird von der Entfernung zwischen Lieferant und Besteller, den Verkehrsverbindungen und der Art des Gutes (Empfindlichkeit) beeinflusst.
- Die **Warenannahmezeit** schließlich wird für die Mengen- und Qualitätsprüfung sowie die Einlagerung der Materialien ins Eingangslager benötigt.

Bei der Festlegung der **Bestellmenge** können zwei Vorgehensweisen unterschieden werden:

1. Entweder gibt das Unternehmen über die gesamte Planperiode eine im voraus bestimmte **feste** Bestellmenge in Auftrag oder
2. es entscheidet sich für eine **variable** Bestellmenge, die es bei jedem Bestellzeitpunkt neu festlegt.

Eine feste Bestellmenge kann sich sowohl für den Besteller (Vereinfachung der Bestellabwicklung) als auch für den Lieferanten (Vereinfachung der Absatz-, Produktions- und Lagerplanung) als vorteilhaft erweisen. Oft ergibt sie sich aber auch aufgrund technischer Restriktionen (z.B. Container-Transport). Eine feste Bestellmenge ist vor allem bei konstantem Bedarf angezeigt, während die variable Bestellmenge bei starken Bedarfsschwankungen zweckmäßig erscheint. Auf das Problem der Ermittlung der optimalen festen Bestellmenge wird in Abschnitt 3.4.2 eingegangen.

Die Entscheidungen über die Höhe der Bestellmenge und über die Bestellzeitpunkte sind eng miteinander verknüpft. Unter der Voraussetzung einer bekannten Beschaffungsmenge und konstanten Lagerabgangsrate ist mit der Entscheidung über die kostenoptimale Bestellmenge auch gleichzeitig der Bestellzeitpunkt festgelegt. Sind hingegen diese Voraussetzungen nicht gegeben, sind also insbesondere die Lagerabgangsraten nicht konstant, so sind auch die Entscheidungen über Bestellmenge und Bestellzeitpunkt nicht mehr simultan fixiert; die Bestellzeitpunkte werden unabhängig von der Bestellmenge festgelegt.

Durch die zeitliche Verteilung der Bestelltermine über die Planperiode wird der Bestellrhythmus festgelegt. Grundsätzlich kann dies auf drei Arten geschehen:

1. Das Unternehmen bestellt an im voraus bestimmten Terminen.
2. Die Bestelltermine sind für das Unternehmen frei wählbar.
3. Das Unternehmen entscheidet an im voraus bestimmten Terminen, ob es bestellen will oder nicht.

Die Art und Weise der Betrachtung des Mengen- und Zeitaspektes im Rahmen des Beschaffungsprogrammes führt zu unterschiedlichen Lagerhaltungssystemen, welche konkrete Verfahrensregeln zur Bestimmung der Bestellzeitpunkte und der Bestellmenge enthalten. Grundsätzlich lassen sich zwei Typen von Lagerhaltungsmodellen unterscheiden, nämlich das **Bestellpunkt-** und das **Bestellrhythmussystem.**[1]

3.4.2 Ermittlung der optimalen Bestellmenge

Ausgehend vom Ziel der Kostenminimierung im Beschaffungs- und Lagerbereich gilt es, diejenige Bestellmenge zu ermitteln, bei der die Summe aus Beschaffungs- und Lagerhaltungskosten pro Stück ein Minimum bildet.

Beim Zerlegen der gesamten Beschaffungsmenge einer Planperiode in die Bestellmengen sind unter Berücksichtigung der Kostenminimierung folgende Überlegungen anzustellen: Kleine Bestellmengen, die häufige Bestellungen zur Folge haben, verursachen niedrige Lagerkosten, dafür häufig anfallende Bestellkosten. Geht man davon aus, dass ein Teil der Bestellkosten unabhängig von der Höhe der Bestellmenge anfällt, so würde sich eine einmalige Bestellung aufdrängen und somit wäre die Bestellmenge gleich der Beschaffungsmenge. Allerdings wären in diesem Fall die Zins- und Lagerkosten ungemein größer. Außer acht gelassen werden dabei jegliche Einschränkungen unternehmensinterner (z.B. Lagerkapazität, Liquidität) und -externer Art (z.B. Lieferant).

Ausgangspunkt des Grundmodells der optimalen Bestellmenge bilden die Annahmen, dass

1 Vgl. Abschnitt 3.4.3 „Ermittlung des Bestellzeitpunktes“.

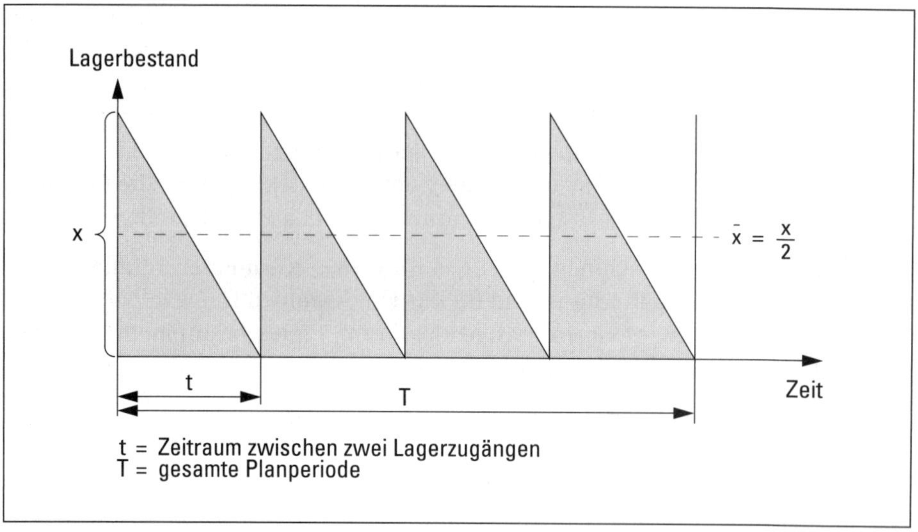

▲ Abb. 88 Lagerbewegungen bei optimaler Bestellmenge

- die Beschaffungsmenge in gleich bleibende Bestellmengen während der Planperiode aufgeteilt wird und
- die Lagerabgangsraten ebenfalls gleich bleiben (◄ Abb. 88),
- die Einstandspreise weder von der Bestellmenge noch vom Bestellzeitpunkt abhängig sind,
- die fixen Kosten pro Bestellung sowie der Zins- und Lagerkostensatz genau bestimmbar sind und sich während der Planperiode nicht verändern.

Grafisch lässt sich die Ermittlung der optimalen Bestellmenge mit ► Abb. 89 darstellen.

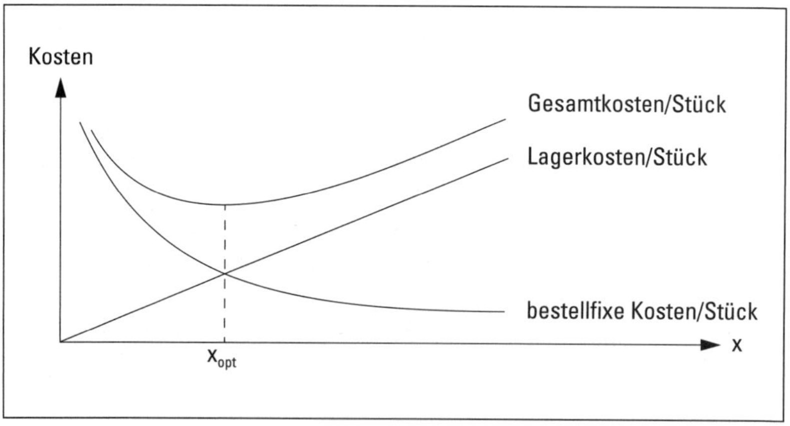

▲ Abb. 89 Optimale Bestellmenge

Zur Ermittlung der optimalen Bestellmenge auf mathematischem Wege kann folgende Formel verwendet werden:

$$(1)\quad x_{opt} = \sqrt{\frac{200 \cdot M \cdot a}{p \cdot q}}$$

wobei:
- x = Bestellmenge
- M = gesamte Beschaffungsmenge pro Jahr
- a = auftragsfixe Kosten
- p = Einstandspreis
- q = Zins- und Lagerkostensatz/Jahr (in Prozenten)

Sobald die optimale Bestellmenge bestimmt ist, lässt sich wegen der Annahme eines konstanten Lagerabganges die optimale Lagerzeit t_{opt} und optimale Bestellhäufigkeit n_{opt} bestimmen.

$$(2)\quad t_{opt} = \frac{x_{opt}}{M} = \sqrt{\frac{200 \cdot a}{p \cdot q \cdot M}}$$

$$(3)\quad n_{opt} = \frac{1}{t_{opt}} = \frac{M}{x_{opt}} = \sqrt{\frac{p \cdot q \cdot M}{200 \cdot a}}$$

Ebenso können die Gesamtkosten K_T pro Planperiode berechnet werden, da

$$(4)\quad K_T = n\left[a + p \cdot x + \frac{(a + p\ x)q\ x}{200 \cdot M}\right]$$

Um die optimalen Gesamtkosten zu erhalten, muss x_{opt} und n_{opt} in Gleichung (4) eingesetzt werden und somit ergibt sich:

$$(5)\quad K_{T_{opt}} = M \cdot p + \frac{a}{2}\, q + \sqrt{200 \cdot a \cdot p \cdot q \cdot M}$$

Dem Grundmodell der optimalen Bestellmenge liegen einige Annahmen zugrunde, die in der betrieblichen Realität nicht oder nur teilweise zutreffen. Folgende Annahmen sind dabei besonders problematisch:

- von der Bestellmenge unabhängige Einstandspreise: In der Regel verändern sich die Einstandspreise bei einer Erhöhung der Bestellmenge, da Mengenrabatte erwirkt werden können,
- von der Bestellmenge unabhängige fixe Kosten,
- von der Bestellmenge unabhängige Lagerhaltungskosten.

3.4.3 Ermittlung des Bestellzeitpunktes

Bei der Ermittlung des optimalen Bestellzeitpunktes muss darauf geachtet werden, dass der Lagerbestand aus Kostengründen nicht zu hoch, aus Risikogründen nicht zu tief ist. Zur Bestimmung des Bestellzeitpunktes stehen grundsätzlich zwei Bestellsysteme zur Verfügung:

1. Beim **Bestellpunktsystem** werden immer dann Bestellungen aufgegeben, wenn die Vorräte auf einen im voraus bestimmten Lagerbestand absinken. Dieser wird auch als kritischer Lagerbestand bezeichnet, weil beim Ausbleiben einer Bestellung der zukünftige Bedarf nur noch für eine bestimmte Zeit aus dem Lager gedeckt werden kann. Es handelt sich somit bei diesem kritischen Bestand um die **Meldemenge.** Im Vordergrund stehen die beiden Entscheidungen über die fixe Bestellmenge und den kritischen Lagerbestand. Sind diese beiden Größen festgelegt, so ist der Zeitraum zwischen zwei Lagerzugängen bzw. Bestellungen variabel, wenn die Lagerabgangsrate nicht konstant ist (▶ Abb. 90).
2. Das **Bestellrhythmussystem** ist dadurch gekennzeichnet, dass der Zeitraum zwischen zwei Bestellungen gleich bleibt. Die Bestellmengen werden in der Regel aufgrund des Lagerabganges der letzten Bestellperiode festgelegt. Damit ergeben sich für das Bestellrhythmussystem fixe Bestellzeitpunkte und variable Bestellmengen, während beim Bestellpunktsystem gerade umgekehrt fixe Bestellmengen und variable Bestellzeitpunkte resultieren. Aus ▶ Abb. 91 werden die Lagerbewegungen im Bestellrhythmussystem ersichtlich.

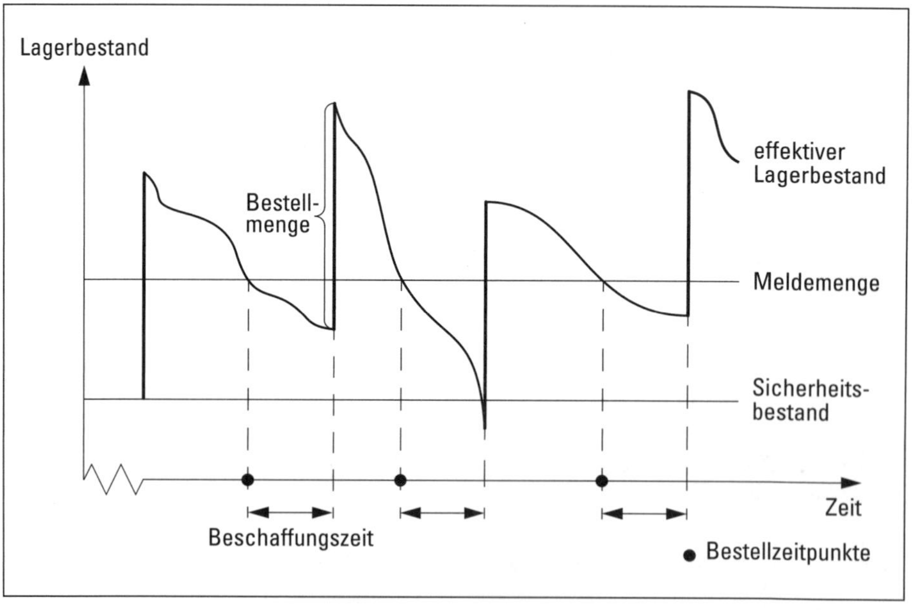

▲ Abb. 90 Lagerbewegungen im Bestellpunktsystem

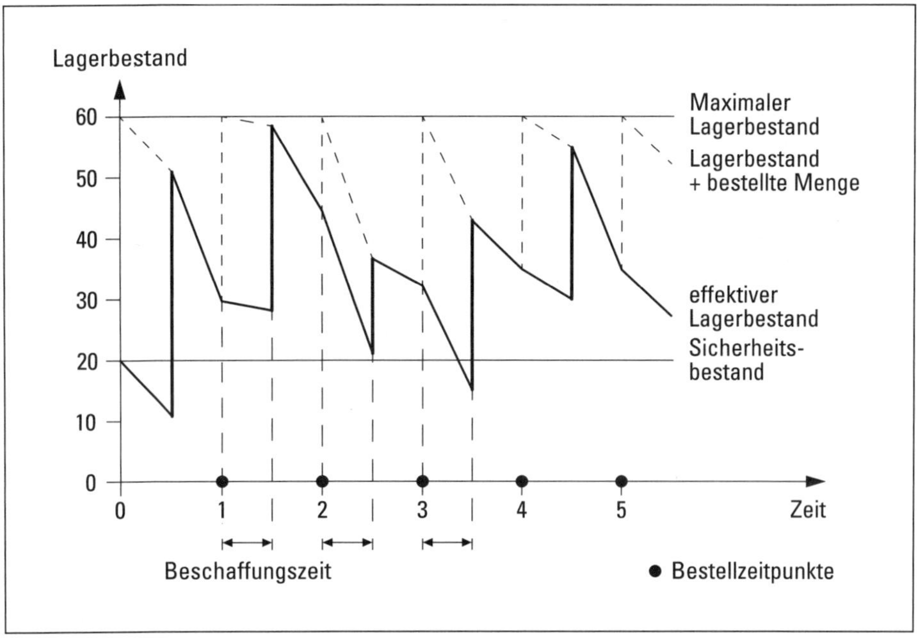

▲ Abb. 91 Lagerbewegungen im Bestellrhythmussystem

3.5 Überblick über den Beschaffungsablauf

Als Zusammenfassung dieses Kapitels soll ein Überblick über den Beschaffungsablauf im weiteren Sinne, d.h. unter Einbezug des Absatzmarktes bis hin zur Einlagerung der Materialien im Eingangslager, gegeben werden (▶ Abb. 92).

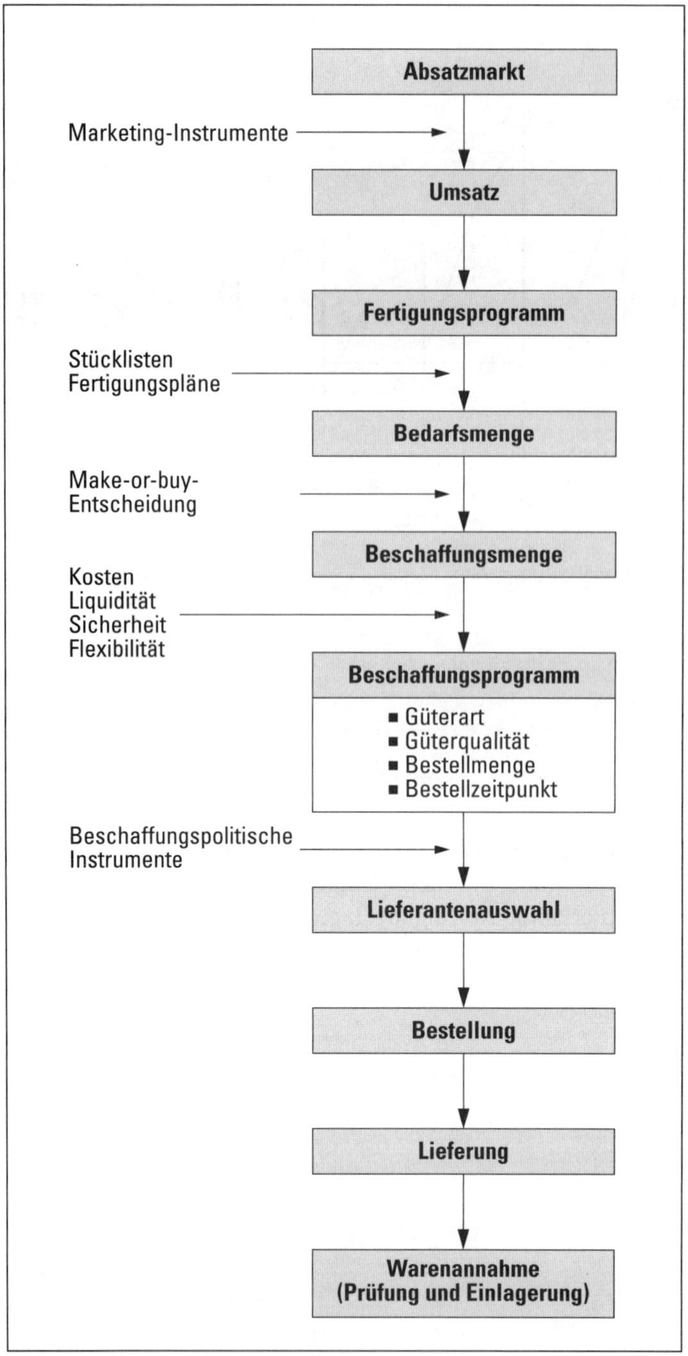

▲ Abb. 92 Überblick über den Beschaffungsablauf

Literaturhinweise

Arnold, Ulli: Beschaffungsmanagement. Stuttgart 1995

Arnolds, H./Heege, F./Tussing, W.: Materialwirtschaft und Einkauf. 9., vollständig überarbeitete und erweiterte Auflage, Wiesbaden 1996

Dürler, Beat: Logistik als Teil der Unternehmungsstrategie. Bern/Stuttgart 1990

Ehrmann, Harald: Logistik. 2., überarbeitete Auflage, Ludwigshafen (Rhein) 1999

Grochla, Erwin: Grundlagen der Materialwirtschaft. Wiesbaden 1978

Hartmann, Horst: Materialwirtschaft. Organisation, Planung, Durchführung, Kontrolle. 5., überarbeitete Auflage, Gernsbach 1990

Hässig, Kurt: Material- und Produktionswirtschaft. In: Thommen, J.-P.: Betriebswirtschaftslehre, Band 1: Unternehmung und Umwelt, Marketing, Material- und Produktionswirtschaft. 4. Auflage, Zürich 1996, S. 385–580

Hässig, Kurt: Prozessmanagement in Unternehmensnetzwerken. Zürich 2000

Klaus, P./Krieger, W. (Hrsg.): Gabler Lexikon Logistik. 2., vollständig überarbeitete und erweiterte Auflage, Wiesbaden 2000

Oeldorf, G./Olfert, K.: Materialwirtschaft. 9., überarbeitete und erweiterte Auflage, Ludwigshafen (Rhein) 2000

Schulte, Christof: Logistik. Wege zur Optimierung des Material- und Informationsflusses. München 1991

Weber, Jürgen: Logistik-Controlling. 2., vollständig überarbeitete und erweiterte Auflage, Stuttgart 1991

Teil 4
Produktion

Inhalt

Kapitel 1

Grundlagen

1.1 Einleitung

Unter dem Begriff Produktion können grundsätzlich zwei verschiedene Begriffsinhalte verstanden werden:

- **Produktion als Fertigung:** Unter der Produktion als Fertigung (Produktion i. e. S.) versteht man die eigentliche Be- und Verarbeitung von Rohstoffen zu Halb- und Fertigfabrikaten. Bei dieser Betrachtung der Produktion als Umwandlung und Herstellung von Gütern steht der **technische** Aspekt gegenüber dem wirtschaftlichen im Vordergrund.
- **Produktion als Leistungserstellungsprozess:** Eine Erweiterung des Produktionsbegriffs ergibt sich durch die Betrachtung des Produktionsbereichs als betrieblichen Leistungsprozess (Produktion i. w. S.). Im Vordergrund stehen die **betriebswirtschaftlichen Entscheidungstatbestände,** die im Rahmen des Leistungserstellungsprozesses gefällt werden müssen. Produktion in diesem Sinne stellt eine unternehmerische Funktion neben anderen (wie Marketing, Materialwirtschaft, Finanzierung usw.) dar. Im Vordergrund stehen dabei die Festlegung
  - des **Produktionsprogramms:** Welche Produkte sollen hergestellt werden?
  - der **Produktionsmenge:** Wie viel soll produziert werden?
  - des **Fertigungstyps:** Wie groß sind die einzelnen Fertigungseinheiten bzw. wie häufig soll ein bestimmter Fertigungsvorgang wiederholt werden?
  - des **Fertigungsverfahrens:** Wie sollen die Produktionsanlagen angeordnet werden?

- des gesamten **produktionswirtschaftlichen Ablaufs:** Welche Fertigungsphasen können unterschieden werden und welche Entscheidungen sind in jeder Phase zu treffen?

Je nach Branche beinhaltet die betriebliche Leistungserstellung eine andere Tätigkeit, so zum Beispiel die Gewinnung von Rohstoffen in Gewinnungsbetrieben, die Herstellung von Halb- und Fertigfabrikaten in Fabrikationsbetrieben oder die Ausführung von Dienstleistungen durch Dienstleistungsbetriebe.

Die Beschränkung auf den Fertigungsbetrieb hat zur Folge, dass im Folgenden zur Hauptsache der Produktionsbereich eines Industriebetriebes dargestellt wird. Dabei ist zu beachten, dass viele produktionswirtschaftliche Entscheidungen sowohl technische als auch ökonomische Fragen betreffen. In den folgenden Ausführungen werden die betriebswirtschaftlichen Aspekte im Vordergrund stehen, während auf die technischen nur am Rande eingegangen wird. Diese sind primär Gegenstand der Ingenieurwissenschaften.

1.2 Problemlösungsprozess der Produktion

Bei der Betrachtung der Produktion als unternehmerische Funktion können verschiedene Aufgaben bzw. Phasen des produktionswirtschaftlichen Problemlösungsprozesses unterschieden werden (▶ Abb. 93):

1. **Analyse der Ausgangslage:** Die Ergebnisse der Analyse der Ausgangslage sollen zeigen, welche Probleme im Rahmen der Produktion zu lösen sind und welche Einflussfaktoren die Problemlösung wesentlich beeinflussen. Es sind dies
   - die **allgemeinen Unternehmensziele** als Oberziele der Produktion und die **Teilbereichsziele** der verschiedenen Funktionsbereiche (Marketing, Materialwirtschaft, Finanzierung usw.),
   - die zur Verfügung stehenden **Kapazitäten** (z.B. Maschinen, Mitarbeiter), die für den Produktionsbereich Restriktionen darstellen, sowie
   - die allgemeinen **Umweltbedingungen** (Konjunktur, technischer Fortschritt usw.), welche die für das Unternehmen wenig beeinflussbaren Rahmenbedingungen setzen.
2. **Bestimmung der Ziele der Produktion:** In Übereinstimmung mit den allgemeinen Unternehmenszielen sind die produktionswirtschaftlichen Ziele festzulegen. Diese beziehen sich als **Sachziele** primär auf die Güterart, die Produktionsmenge, die Produktqualität und den Zeitpunkt, zu dem die fertig gestellten Produkte bereitstehen müssen. Die **Formalziele** beziehen sich dagegen beispielsweise auf die Produktivität und Wirtschaftlichkeit, die Sicherheit der Mitarbeiter oder die Flexibilität, d.h. die Anpassungsfähigkeit bei zusätzlichen Aufträgen oder bei unvorhergesehenen Fertigungsunterbrechungen.

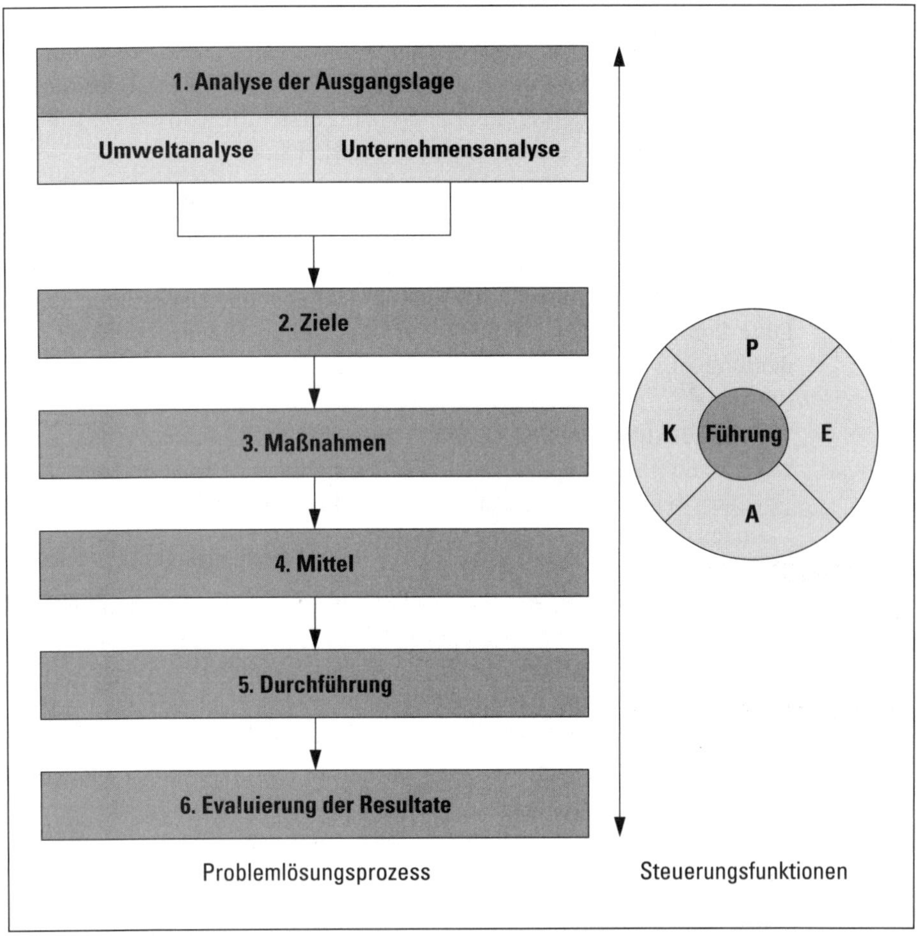

▲ Abb. 93 Problemlösungsprozess der Produktion

3. **Bestimmung der Maßnahmen:** Die produktionswirtschaftlichen Maßnahmen beinhalten vor allem die Entscheidung über die Organisation der Fertigung und den Fertigungstyp.

4. **Bestimmung der Mittel:** Im Produktionsbereich geht es um die Bestimmung des Einsatzes von finanziellen Mitteln, Potenzialfaktoren, Repetierfaktoren (Material), Personen, Produktionsstätten und Lagerhallen (Zwischen- und Fertiglager) sowie Informationssystemen (EDV).

5. **Durchführung:** Sobald die Sachziele festgelegt, die Detailpläne für die Produktionsabteilungen ausgearbeitet sowie die zu verarbeitenden Repetierfaktoren eingetroffen sind, müssen mit entsprechendem Mitteleinsatz die Planziele erreicht werden.

6. **Evaluierung der Resultate:** Das Ergebnis des produktionswirtschaftlichen Problemlösungsprozesses sind die hergestellten Halb- und Fertigfabrikate, die entweder vom Marketing an die Kunden abgesetzt werden oder für den Eigenverbrauch zur Verfügung stehen. Es wird ersichtlich, inwieweit die Formal- und Sachziele der Produktion erreicht worden sind.

Die Steuerung des Problemlösungsprozesses der Produktion zur Erreichung der Unternehmensziele bezeichnet man als **Produktionsmanagement.** Sie geschieht wiederum mit den vier Steuerungsfunktionen Planung, Entscheidung, Aufgabenübertragung und Kontrolle. Gerade im Rahmen einer computerintegrierten Fertigung kommt dabei der **Produktionsplanung und -steuerung (PPS)** eine große Bedeutung zu.[1]

Die **Produktionsplanung** befasst sich mit der zeitgerechten Bereitstellung von Materialien und dem Einsatz der in der Fabrik verfügbaren Ressourcen, um geplante Mengen von Endprodukten rechtzeitig für den Vertrieb herstellen zu können.

Wenn diese Pläne realisierbar erscheinen, werden sie für die eigentliche Produktion freigegeben. Damit beginnt die Phase der Produktionssteuerung.

Im Rahmen der **Produktionssteuerung** werden die für die Realisierung der Pläne notwendigen Aufträge schrittweise für die Produktion freigegeben. Die Produktionsfortschritte werden laufend überprüft und bei Planabweichungen werden Korrekturmaßnahmen eingeleitet.

Bei der Produktionsplanung geht es um die Planung zukünftiger Aktivitäten in einem größeren Rahmen, während sich die Produktionssteuerung mit der kurzfristigen Regelung der Abläufe auf Fabrikebene befasst. Dabei sollen die Auslastung der Kapazitäten, die Durchlaufzeiten, die Termintreue und die Lagerbestände optimiert werden.

1 Vgl. Abschnitt 2.7 „Computerunterstützte Steuerung des Produktionsablaufs (CIM)“.

1.3 Festlegung des Produktionsprogramms

Unter dem **Produktionsprogramm** versteht man die Gesamtheit aller von einem Unternehmen zu erstellenden Leistungen. Die Festlegung des Produktionsprogramms umfasst somit die Entscheidung über die herzustellenden Produkte. Demgegenüber steht das **Absatzprogramm,** das die Gesamtheit aller von einem Unternehmen angebotenen Leistungen umfasst.

Bei einer Gegenüberstellung des Produktionsprogramms und des Absatzprogramms eines Unternehmens kann man grundsätzlich drei Fälle unterscheiden:

1. **Produktionsprogramm = Absatzprogramm:** Produktionsprogramm und Absatzprogramm sind identisch, wobei diese Übereinstimmung in der Praxis selten anzutreffen ist.
2. **Produktionsprogramm > Absatzprogramm:** Das Produktionsprogramm ist größer als das Absatzprogramm, wenn das Unternehmen einen Teil seines Produktionsprogramms für seinen Eigenverbrauch herstellt.
3. **Produktionsprogramm < Absatzprogramm:** Das Absatzprogramm ist größer als das Produktionsprogramm, wenn das Unternehmen einen Teil seines Absatzprogrammes nicht selber herstellt (Eigenfertigung), sondern an Dritte in Auftrag gibt (Fremdfertigung) oder als Handelsware einkauft.

Die **Festlegung des Produktionsprogramms** ist eine Entscheidung mit langfristigen Auswirkungen. Als Haupteinflussfaktor dieser Entscheidung ist das Absatzprogramm eines Unternehmens zu nennen. In einem marktorientierten Unternehmen sind dies die von den Kunden nachgefragten Erzeugnisse. Da es aber in erster Linie Aufgabe des Marketing ist zu erforschen, welche Produkte abgesetzt werden können, werden die mit diesen Problemen verbundenen Fragen in Teil 2 „Marketing" behandelt.[1]

Geht man von einem gegebenen Absatzprogramm aus, so stellt sich zudem das Problem des **Outsourcing**, d.h. die Frage, welche Produkte das Unternehmen selbst herstellen und welche es von Zulieferern beziehen will. Man spricht in diesem Fall von einer **Make-or-buy-Entscheidung,** die ein Unternehmen zu treffen hat, wobei folgende Kriterien als Entscheidungshilfe herangezogen werden können:

- **Kosten:** Die Kosten eines Fremdbezugs und diejenigen der Eigenfertigung sind einander gegenüberzustellen. So ist es unter Umständen nicht wirtschaftlich, einen Massenartikel, den ein Unternehmen in kleinen Mengen benötigt, in Eigenfertigung herzustellen.

---

1 Vgl. Teil 2, Kapitel 2 „Marktforschung".

- **Produkt:** Als Voraussetzung für den Fremdbezug muss ein entsprechendes Produkt in artmäßiger, quantitativer und qualitativer Hinsicht auf dem Beschaffungsmarkt angeboten werden.
- **Produktionskapazität:** Stehen ungenutzte oder nicht voll ausgelastete Maschinen zur Verfügung, so erscheint eine Eigenfertigung zur Minimierung der Leerkosten sinnvoll.
- **Finanzielle Mittel:** Sind neue Produktionsanlagen zu kaufen, so ist abzuklären, ob das dafür notwendige Kapital überhaupt vorhanden ist oder beschafft werden kann.
- **Lieferant:** An die Lieferanten werden bestimmte Anforderungen gestellt. Insbesondere sollten sie sich durch folgende Eigenschaften auszeichnen:
  - Zuverlässigkeit (insbesondere Termintreue),
  - bestimmtes Qualitätsniveau,
  - Flexibilität (z. B. bei Absatzschwankungen),
  - Interesse an Forschung und Weiterentwicklung.
- **Unabhängigkeit:** Je größer die Aufträge sind und je weniger Lieferanten in Frage kommen, desto größer wird die Abhängigkeit des Unternehmens. Eine solche Abhängigkeit kann von den Lieferanten ausgenutzt werden (z. B. überhöhte Preise).
- **Mitarbeiter:** Aus sozialpolitischen Überlegungen kann das Unternehmen eine Vollbeschäftigung zur Auslastung seiner bestehenden Kapazitäten einem (temporären) Personalabbau vorziehen, obschon eine Fremdfertigung aus wirtschaftlichen Gründen gerechtfertigt wäre.
- **Marktentwicklung:** Oft stehen nicht kurzfristige, sondern langfristige wirtschaftliche Überlegungen im Vordergrund. So könnte sich zum Beispiel eine nicht kostendeckende Eigenfertigung langfristig lohnen, wenn die Marktpreise für die zu beschaffenden oder abzusetzenden Produkte steigen werden.
- **Know-how:** Dem Unternehmen geht Know-how verloren, das dafür der Lieferant erwirbt. Unter Umständen ergeben sich in diesem Zusammenhang Probleme mit der Geheimhaltung, wenn der Lieferant ein gleiches oder ähnliches Produkt auch anderen – vielleicht sogar konkurrierenden – Unternehmen verkauft.

Obschon die Entscheidung über das Produktionsprogramm grundsätzlich eine langfristige ist, gibt es auch einige kurzfristige Einflussfaktoren. So können sich beispielsweise kurzfristige Programmänderungen aufgrund rasch wechselnder Nachfrage oder plötzlichen Ausfalls eines Lieferanten ergeben.

1.4 Festlegung der Produktionsmenge

Bei der Festlegung der Produktionsmenge geht es um die Bestimmung der herzustellenden **Menge für eine Planperiode** (z. B. ein Jahr) und die **zeitliche Verteilung** dieser Menge auf die Planperiode. Im folgenden werden die Einflussfaktoren betrachtet, die diese beiden Entscheidungen beeinflussen können. Anschließend soll gezeigt werden, welche Möglichkeiten ein Unternehmen hat, seine Produktion an Schwankungen des Absatzes anzupassen.

1.4.1 Festlegung der Periodenmenge

Primär bildet der langfristige Absatzplan die Grundlage für die Bestimmung der zu produzierenden Menge einer Planperiode. Allerdings beruht der Absatzplan in der Regel auf relativ langfristigen Prognosen, so dass sich bei kurzfristigen Schwankungen der Nachfrage auch Auswirkungen auf die Produktionsmenge einer Planperiode ergeben können. In diesem Fall bilden vor allem die vorhandenen Kapazitäten oder die Beschaffungsmöglichkeiten von Werkstoffen und finanziellen Mitteln die wesentlichen Einflussfaktoren. Gutenberg (1976a, S. 163 ff.) spricht in diesem Zusammenhang von der **Dominanz des Minimumsektors**, d. h. dass der schwächste betriebliche Bereich Ausgangspunkt für die kurzfristige Produktionsplanung ist. Deshalb formuliert er gleichzeitig das Ausgleichsgesetz der Planung.

> Das **Ausgleichsgesetz der Planung** besagt, dass sich die Gesamtplanung zwar kurzfristig nach dem Engpassbereich richten muss, dass aber langfristig der schwächste Bereich auf das Niveau der anderen Bereiche angehoben werden muss.

Kann ein Unternehmen seine Kapazitäten nicht anpassen, so geht es darum, jene Aufträge auszuführen, die dem Unternehmen den größtmöglichen Nutzen abwerfen. Dieses Problem stellt sich auch dann, wenn das Unternehmen angebotsorientiert produzieren kann und sich zwischen verschiedenen Produkten entscheiden muss. Neben anderen Kriterien kann der Gewinn zur Bestimmung des optimalen Produktionsprogramms herangezogen werden.

Mit Hilfe der **linearen Programmierung** kann das optimale Produktionsprogramm gefunden werden. Ausgangspunkt ist die Deckungsbeitragsrechnung.[1]

---

1 Vgl. Teil 5, Kapitel 3, Abschnitt 3.1.5.1.2 „Teilkostenrechnungssystem“.

Als **Deckungsbeitrag** bezeichnet man die Differenz zwischen den erzielbaren Verkaufspreisen und den variablen (= direkt mengenabhängigen) Kosten einer Verkaufseinheit.

Wird die Erzielung eines maximalen Gewinns als Kriterium bei der Zusammenstellung des Produktionsprogramms gewählt, so sind jene Produkte in das Programm aufzunehmen, bei denen die Summe aller erzielbaren Deckungsbeiträge (= Bruttogewinn) das Maximum erreicht. Es handelt sich allerdings um eine Gewinnmaximierung auf kurze Sicht, da die Produktionskapazitäten fest gegeben und die fixen Kosten somit nicht beeinflussbar sind. Zudem wird die Entscheidung über die optimale Produktionsmengenkombination dadurch erschwert, dass betriebliche Engpässe den Umfang der Produktion einschränken. Diese finden sich in der Materialwirtschaft (z.B. Materialversorgung, Lagerkapazität), der Produktion (z.B. vorhandene Maschinen und Mitarbeiter) und im Finanzbereich (z.B. Liquiditätsbeanspruchung).

▶ Abb. 94 zeigt ein Beispiel, bei dem ein Unternehmen die zwei Produkte A und B herstellt, wobei von Produkt A die Menge x_1 und von Produkt B die Menge x_2 produziert werden soll. Dazu werden die drei Maschinen M_1, M_2 und M_3 benötigt, auf denen die Produkte hergestellt werden können. Als Restriktion sind die verfügbaren Maschinenstunden pro Produktionsperiode gegeben sowie die zeitliche Beanspruchung der Maschinen zur Herstellung einer Fertigungseinheit eines jeden Produktes.

Maschine	Maschinenbeanspruchung in Stunden zur Erzeugung einer Einheit		zur Verfügung stehende Maschinenstunden pro Periode
	Produkt A	Produkt B	
M_1	45	25	1.125
M_2	100	–	1.800
M_3	15	50	1.500

▲ Abb. 94 Maschinenbeanspruchung und Maschinenkapazität

Voraussetzung zur Bestimmung der gewinnmaximalen Mengenkombination ist die Kenntnis der Verkaufspreise und der variablen Kosten pro Stück. Daraus kann der Deckungsbeitrag pro Stück berechnet werden:

		Produkt A	Produkt B
	Verkaufspreis pro Stück	170,–	140,–
./.	Variable Kosten pro Stück	90,–	80,–
=	Deckungsbeitrag pro Stück	80,–	60,–

Aufgrund der vorliegenden Informationen können nun diejenigen Mengen x_1 und x_2 der beiden Produkte A und B ermittelt werden, die dem Unternehmen in der Planperiode den maximalen Bruttogewinn einbringen. Dies geschieht in folgenden Schritten:

A. Formulierung der **Zielfunktion:**

(1) $G = 80\,x_1 + 60\,x_2 \rightarrow \max!$

B. Formulierung der **Kapazitätsrestriktionen:**

(2) $45\,x_1 + 25\,x_2 \leq 1.125$

(3) $100\,x_1 + 0\,x_2 \leq 1.800$

(4) $15\,x_1 + 50\,x_2 \leq 1.500$

C. Beachtung der **Nichtnegativitätsbedingungen,** d.h. x_1 und x_2 sind positiv:

(5) $x_1, x_2 \geq 0$

Solange nur zwei Produkte betrachtet werden, kann die gewinnmaximale Mengenkombination, welche die Zielfunktion unter Einhaltung der Nebenbedingungen maximiert, grafisch ermittelt werden (▶ Abb. 95). In einem zweidimensionalen Koordinatensystem wird auf der Abszisse x_1 und auf der Ordinate x_2 abgetragen. Zuerst werden die Nebenbedingungen (Kapazitätseinschränkungen) als Geraden eingetragen, die den zulässigen vom unzulässigen Lösungsbereich trennen. Unter gleichzeitiger Berücksichtigung aller Nebenbedingungen werden die möglichen Mengenkombinationen abgegrenzt, welche die Nebenbedingungen nicht verletzen. Aus diesem zulässigen Bereich, in ▶ Abb. 95 schattiert gekennzeichnet, stammt die gewinnmaximale Mengenkombination.

In einem nächsten Schritt zeichnet man die Zielfunktion ein. Setzt man für G verschiedene Werte ein, so ergeben sich die sogenannten Iso-Gewinnlinien (so genannt, weil der Gewinn auf jedem Punkt einer solchen Linie gleich groß ist), die sich mit steigendem Gewinniveau parallel vom Koordinatenursprung entfernen. Um die gewinnmaximale Mengenkombination zu erhalten, ist die Gewinnlinie möglichst weit vom Koordinatenursprung zu verschieben, ohne dabei den zulässigen Lösungsbereich zu verlassen. Es handelt sich somit um die äußerste, den Lösungsbereich gerade noch tangierende Gewinnlinie. In der Regel liegt diese gewinnmaximale Menge in einem Eckpunkt des zulässigen Lösungsraumes (in unserem Beispiel in Punkt C).

Für das Beispiel in ◀ Abb. 94 gilt schließlich, dass von Produkt A 10 Mengeneinheiten und von Produkt B 27 Mengeneinheiten produziert werden müssen (▶ Abb. 95). Damit ergibt sich der maximal mögliche Bruttogewinn (G) als

(6) $G = 10 \cdot 80{,}– + 27 \cdot 60{,}– = 2.420{,}–$

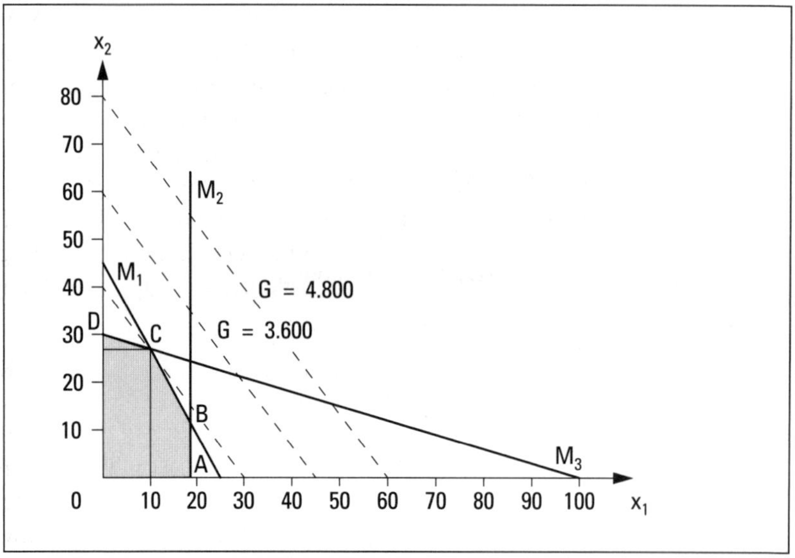

▲ Abb. 95 Grafische Lösung der linearen Programmierung

Das Problem konnte deshalb geometrisch gelöst werden, weil nur zwei Variablen berücksichtigt wurden. Sobald mehr als zwei Variablen auftreten, bedarf die geometrische Darstellung eines n-dimensionalen Raumes. Diese Darstellung lässt sich aus praktischen Überlegungen nicht realisieren, weshalb man algebraische Lösungsverfahren wie beispielsweise die so genannte Simplex- oder Transportmethode verwendet. Bei Anwendung dieser Verfahren müssen aber nicht nur die betrieblichen Restriktionen dem Entscheidungsträger bekannt sein, sondern sie müssen sich darüber hinaus in Form von mathematischen Funktionen beschreiben lassen.

1.4.2 Zeitliche Verteilung der Produktionsmenge

Wichtigste Einflussfaktoren der zeitlichen Verteilung der Produktionsmenge einer Planperiode sind:

- **Auftrags-** und **vorratsbezogene Fertigung:** Grundsätzlich kann zwischen auftrags- und vorratsbezogener Fertigung unterschieden werden:
  - Bei der **auftragsbezogenen** Fertigung stellt ein Unternehmen genau jene Menge her, für die es von seinen Kunden feste Bestellungen erhalten hat.
  - Bei der **vorratsbezogenen** Fertigung dagegen produziert ein Unternehmen aufgrund prognostizierter Absatzmengen auf Vorrat und versucht, die hergestellten Produkte abzusetzen.

In der Praxis kommen diese beiden Fälle jedoch selten in reiner Ausprägung vor. Meistens handelt es sich um eine Kombination dieser beiden Arten. Man spricht daher von einer so genannten **Gemischtfertigung.** Ob ein Unternehmen mehr auftragsbezogen oder mehr vorratsbezogen produziert, kann verschiedene Gründe haben. Erstens können nur lagerfähige Produkte vorratsbezogen hergestellt werden. Somit fallen alle Dienstleistungen außer Betracht. Eine große Rolle spielt zweitens auch der Fertigungstyp der Produktion. Tendenziell werden Produkte, die in Einzelfertigung hergestellt werden, auftragsbezogen, Produkte der Mehrfachfertigung, insbesondere der Massenfertigung, vorwiegend vorratsbezogen produziert.

- **Saisonale Schwankungen:** Häufig weisen Produkte, insbesondere Konsumgüter, regelmäßige saisonale Absatzschwankungen auf. Diese sind beispielsweise auf Klimaeinflüsse oder gesellschaftliche Gegebenheiten (z.B. Weihnachtsgeschenke, Schulferien) zurückzuführen. Als Beispiele für Produkte mit starken saisonalen Absatzschwankungen lassen sich aufführen: Genussmittel (Schokolade, Eis, alkoholische Getränke wie Bier und Champagner), landwirtschaftliche Produktionsmittel (Düngemittel, Pflanzen, Samen) und Heizöl. Saisonale Schwankungen ergeben sich allerdings nicht nur auf der Absatz-, sondern auch auf der Beschaffungsseite. So ist zum Beispiel die Konservenindustrie saisonalen Beschaffungsschwankungen ausgesetzt, die nur teilweise (durch Einfrieren der Frischprodukte) ausgeglichen werden können.
- **Auslastung der Produktionskapazitäten:** Ein Unternehmen wird bestrebt sein, seine Produktionskapazitäten möglichst gut auszulasten, damit keine Kosten der Unterbeschäftigung, so genannte Leerkosten, entstehen.
- **Minimierung der Lagerkosten:** Aus der Sicht des Lagerwesens sollten die Endlager möglichst klein gehalten werden, damit die Lagerkosten, insbesondere die Zinsen auf dem gebundenen Kapital, möglichst niedrig ausfallen.
- **Fehlmengen:** Kann eine bestehende Nachfrage durch die laufende Produktion oder aus den Lagerbeständen nicht gedeckt werden, so entstehen Fehlmengen. Diese haben für ein Unternehmen verschiedene Folgen, die sich in der Regel alle negativ auf den Gewinn auswirken. Zu nennen sind beispielsweise
  - Verlust von Marktanteilen,
  - Verlust bestehender oder potenzieller Kunden,
  - Goodwill-Verlust, der durch den Einsatz der Marketing-Instrumente wieder wettgemacht werden müsste,
  - Konventionalstrafen, wenn das Unternehmen infolge eines unvorhergesehenen Produktionsausfalls nicht liefern kann.

Die Anpassung der Produktion an saisonale Absatzschwankungen kann auf folgende Arten vorgenommen werden (▶ Abb. 96):

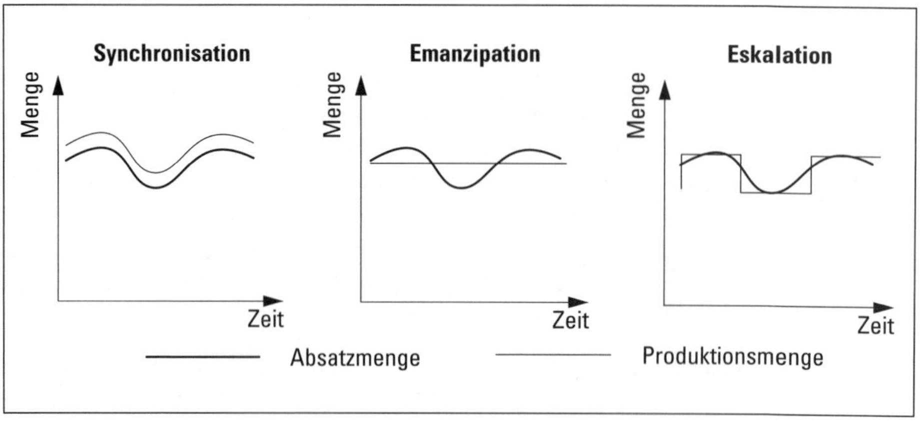

▲ Abb. 96 Synchronisation, Emanzipation und Eskalation

1. **Synchronisation:** Die Produktionsmengen werden vollständig den Absatzmengen angepasst. Es wird somit genau jene Menge produziert, die auch abgesetzt werden kann. Dies führt zu einer sehr unterschiedlichen Auslastung vorhandener Kapazitäten, dafür aber zu sehr kleinen Lagerbeständen.
2. **Emanzipation:** Bei der Emanzipation ist die produzierte Menge konstant. Dies bedeutet, dass die Kapazität niedriger ist als bei der Synchronisation. Die Kapazität ist zwar vollständig ausgelastet, es entstehen aber hohe Lagerbestände und demzufolge hohe Lagerkosten.
3. **Eskalation:** Die Eskalation ist eine Kombination der Synchronisation und der Emanzipation. Durch eine treppenförmige Anpassung der Produktion an den Absatz versucht man die optimale Kombination zu finden, bei der die Kosten der Lagerhaltung und die Kosten für die Betriebsbereitschaft ein Minimum darstellen.

1.5 Festlegung des Fertigungstyps

1.5.1 Fertigungstypen

Bei der Festlegung des Fertigungstyps geht es um die Bestimmung der Fertigungseinheiten, d.h. die Aufteilung der gesamten Produktionsmenge in einzelne Mengeneinheiten, die in einem nicht unterbrochenen Produktionsprozess gefertigt werden. Abgrenzungskriterium ist die Häufigkeit der Wiederholung eines bestimmten Fertigungsvorganges. ► Abb. 97 gibt einen Überblick über die verschiedenen Fertigungstypen.

Bei der **Einzelfertigung** wird von einem Produkt nur eine einzige Einheit angefertigt.

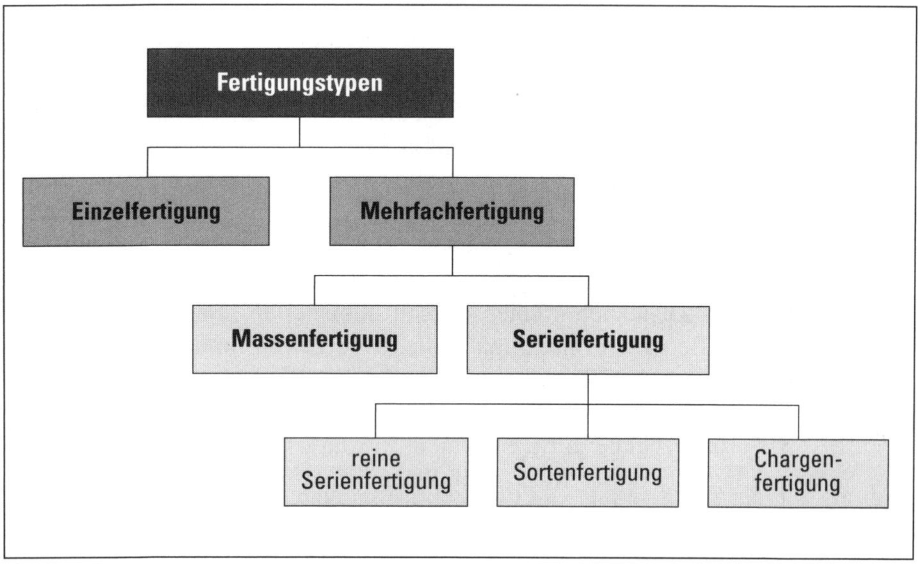

▲ Abb. 97 Fertigungstypen

Ein Unternehmen mit Einzelfertigung arbeitet in der Regel auftragsbezogen und kann auf diese Weise auf die Kundenwünsche eingehen. Die Einzelfertigung beruht nicht auf einem festen Produktionsprogramm, sondern es werden jene Güter produziert, die sich mit den vorhandenen Produktionsanlagen und Arbeitskräften sowie dem vorhandenen Know-how herstellen lassen. Als Beispiele für diesen Fertigungstyp können die Baubranche (Wohnungs-, Brückenbau), der Großmaschinenbau (Turbinen), der Schiffsbau oder verschiedene Handwerksbetriebe (Maßschneiderei) genannt werden.

Die **Mehrfachfertigung** zeichnet sich dadurch aus, dass von einem Produkt mehrere Einheiten hergestellt werden.

Nach dem Umfang der Mehrfachfertigung und unter Berücksichtigung produktionstechnischer Einflussfaktoren werden folgende Arten unterschieden:

1. **Massenfertigung:** Bei der Massenfertigung werden von einem einzigen (= einfache Massenfertigung) oder von mehreren Produkten (= mehrfache Massenfertigung) über eine längere Zeit sehr große Stückzahlen hergestellt. Ein und derselbe Fertigungsprozess wird ununterbrochen wiederholt, ein Ende ist nicht absehbar. Beispiele für Produkte der Massenfertigung sind Zigaretten, Papiertaschentücher oder Zement. Da eine Veränderung der Fertigungsanlagen wegen Produktionsumstellungen wegfällt, können Spezialmaschinen angeschafft oder hergestellt werden, die nur für einen einzigen Produktionsprozess eingesetzt werden können. Diese müssen nur einmal zu Beginn des Produk-

tionsprozesses eingerichtet werden. Umstellungen sind lediglich aus produktionstechnischen Gründen (z.B. Rationalisierung durch technischen Fortschritt, höhere Arbeitssicherheit) oder bei Veränderungen in der Nachfragestruktur notwendig. Die Massenfertigung eignet sich besonders gut für eine weitgehende Automatisierung.

2. **Serienfertigung:** Die reine Serienfertigung zeichnet sich dadurch aus, dass meistens mehrere Produkte hintereinander in einer begrenzten Stückzahl auf den gleichen oder verschiedenen Produktionsanlagen hergestellt werden. Die Serienfertigung liegt zwischen den beiden Extremen Einzel- und Massenfertigung. Zusätzlich können deshalb **Kleinserien** (nur einige wenige Stücke wie zum Beispiel Einfamilienhäuser, Möbel) und **Großserien** (Serie, die über eine längere Zeit läuft und sehr hohe Stückzahlen aufweist, wie zum Beispiel Elektrogeräte und Autos) unterschieden werden.
3. **Sortenfertigung:** Eine besondere Form der Serienfertigung ist die Sortenfertigung. Bei dieser wird ebenfalls eine begrenzte Stückzahl eines Produktes hergestellt. Der Unterschied liegt aber darin, dass bei der Sortenfertigung ein einheitliches Ausgangsmaterial zugrunde liegt und die Endprodukte einen hohen Verwandtschaftsgrad aufweisen. Die verschiedenen Sorten können auf den gleichen Produktionsanlagen mit minimalen produktionstechnischen Umstellungen hergestellt werden. Im Gegensatz zur Sortenfertigung erfordert die Serienfertigung bei der Verwendung der gleichen Produktionsanlagen größere Umstellungen. Der Übergang zwischen der reinen Serienfertigung und der Sortenfertigung ist allerdings fließend, weil nicht eindeutig angegeben werden kann, bis zu welchem Verwandtschaftsgrad eine Sortenfertigung vorliegt. Beispiel für die Sortenfertigung ist die Bekleidungsindustrie, in der Herrenanzüge in unterschiedlicher Größe oder Stoffqualität hergestellt werden.
4. **Chargen-** oder **Partiefertigung:** Die Chargen- oder Partiefertigung ist dadurch charakterisiert, dass die Ausgangsbedingungen und der Produktionsprozess selbst nicht konstant gehalten werden können und somit das Ergebnis verschiedener Chargen unterschiedlich ausfällt. Ursache sind Unterschiede in den verwendeten Rohmaterialien oder nur teilweise beeinflussbare Produktionsprozesse (z.B. chemische Prozesse).

> Als **Charge** oder **Partie** bezeichnet man jene Menge, die in einem einzelnen Produktionsvorgang hergestellt wird.

Innerhalb einer Charge sind keine oder nur geringe Produktunterschiede feststellbar, hingegen können zwischen den einzelnen Chargen größere Abweichungen auftreten. Eine einzelne Charge wird in ihrer Menge begrenzt durch die vorhandenen Rohstoffe (z.B. Wein) oder durch die Kapazitäten der Produktionsmittel (z.B. Weinfass). Typische Beispiele für die Chargenfertigung sind das Färben von Textilien, die Bier- oder Weinherstellung.

Aufgrund dieser Ausführungen wird deutlich, dass die Bestimmung der Größe der Fertigungseinheiten von verschiedenen Faktoren beeinflusst wird wie beispielsweise

- der Gesamtmenge,
- dem Verwandtschaftsgrad der hergestellten Produkte,
- den technischen Bedingungen oder
- von wirtschaftlichen Überlegungen (Kosten).

1.5.2 Ermittlung der optimalen Losgröße

Bei der Serien- und Sortenfertigung besteht das Problem der Festlegung der optimalen Losgröße.

Als **Fertigungslos** bezeichnet man jene Menge einer Sorte oder einer Serie, die hintereinander und ohne Umstellung oder Unterbrechung des Produktionsprozesses hergestellt wird.

Will man nach einer produzierten Serie eine neue auflegen, so müssen der eigentliche Produktionsprozess unterbrochen und die Produktionsanlagen neu eingerichtet werden. Durch diese Arbeiten fallen Kosten an, die unabhängig von der Größe des Fertigungsloses sind. Es sind dies die **auflagefixen** Kosten. Sie umfassen die Kosten für das Einrichten der Produktionsanlagen für einen neuen Produktionsprozess sowie die fixen Kosten für das Lagern eines Fertigungsloses. Je größer das Fertigungslos ist, desto größer ist die Gesamtstückzahl, auf die sich die auflagefixen Kosten verteilen, desto kleiner sind die auflagefixen Kosten pro Einheit. Man spricht in diesem Zusammenhang von einer **Auflagendegression.** Große Fertigungslose haben allerdings hohe Lagerbestände zur Folge, die hohe Lagerkosten sowie hohe Zinskosten auf dem gebundenen Kapital verursachen. In diesem Fall spricht man von **auflageproportionalen** Kosten, weil diese Kosten direkt abhängig von der Anzahl produzierter Einheiten und für jedes Stück gleich hoch sind.

Bei der Ermittlung der **optimalen Losgröße** geht es darum, jene Menge zu bestimmen, die unter Berücksichtigung der auflagefixen und auflageproportionalen Kosten mit einem Minimum an Kosten pro Fertigungseinheit produziert werden kann.

Zur Ermittlung der optimalen Losgröße kann folgende Formel verwendet werden:

- $$x_{opt} = \sqrt{\frac{200\,M(H_{fix} + L_{fix})}{h_{var}\,q}}$$

wobei:
x = Anzahl Einheiten pro Fertigungslos
M = Gesamtzahl der während eines Jahres herzustellenden Einheiten eines bestimmten Produktes
H_{fix} = gesamte fixe Herstellkosten eines Fertigungsloses
L_{fix} = gesamte fixe Lagerkosten eines Fertigungsloses
h_{var} = variable Herstellkosten für eine Einheit
q = Zins- und Lagerkostensatz/Jahr in Prozenten

▶ Abb. 98 zeigt grafisch die Zusammenhänge zwischen den auflagefixen und auflageproportionalen Kosten. Es ist ersichtlich, dass die optimale Losgröße genau im Schnittpunkt der beiden Kostenkurven liegt. Allerdings gilt es zu beachten, dass in der betrieblichen Wirklichkeit die Annahmen, die hinter diesem Modell stehen, nur bedingt zutreffen. Es handelt sich dabei im wesentlichen um die folgenden Annahmen:

- Es wird unterstellt, dass nur ein Produkt auf einer Anlage aufgelegt wird.
- Die Kapazität der Produktionsanlage ist so groß, dass die optimale Losgröße überhaupt hergestellt werden kann.
- Der Absatz der hergestellten Produkte verläuft kontinuierlich (konstante Absatzgeschwindigkeit).
- Die Kosten verändern sich nicht (konstante Kosten in der Planperiode).
- Bei der Produktion fällt kein Ausschuss an und es tritt kein Lagerschwund (Verderb, Diebstahl) ein.
- Es sind ausreichende Lagerkapazitäten vorhanden.

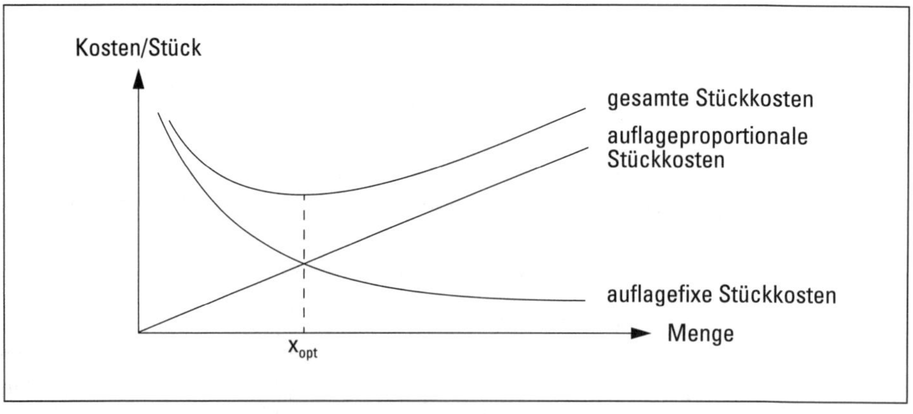

▲ Abb. 98 Grafische Darstellung der optimalen Losgröße

1.6 Festlegung des Fertigungsverfahrens

Bei der Festlegung des Fertigungsverfahrens geht es um die **innerbetriebliche Standortwahl.** Es handelt sich um die organisatorische Gestaltung der Bearbeitungsreihenfolge der Erzeugnisse und die Zuordnung der Aufgaben zu den Arbeitsplätzen. Werden die Maschinen und Arbeitsplätze zu fertigungstechnischen Einheiten zusammengefasst, so lassen sich die in ▶ Abb. 99 aufgeführten Fertigungsverfahren unterscheiden.

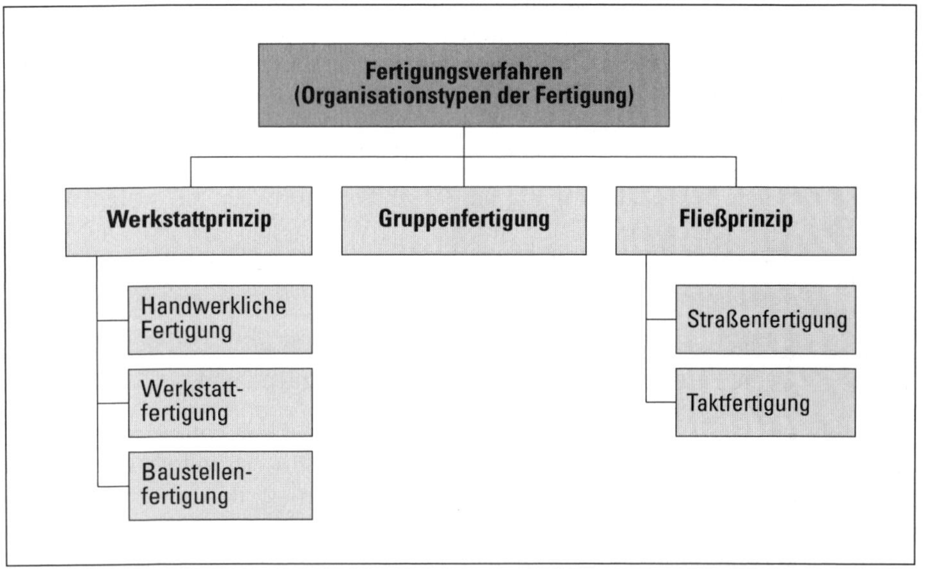

▲ Abb. 99 Fertigungsverfahren

1.6.1 Werkstattprinzip

Die **handwerkliche Fertigung** zeichnet sich dadurch aus, dass ein Produkt vollständig an einem einzigen Arbeitsplatz von einer Person hergestellt wird.

Der Arbeitsplatz ist mit allen dazu notwendigen Maschinen und Werkzeugen ausgerüstet, wobei allerdings oft einzelne größere Anlagen von mehreren Arbeitsplätzen (Personen) genutzt werden können.

Die handwerkliche Fertigung ist weitgehend von anderen Fertigungsverfahren verdrängt worden. Sie ist vor allem noch in Kleinbetrieben (Einmannbetrieben) vorzufinden, die sich der Einzelfertigung widmen. Ihr Vorteil liegt in der hohen Flexibilität, die durch die hohe Qualifikation der Arbeitskräfte und durch die vielseitig verwendbaren Maschinen und Werkzeuge erreicht wird. Dies hat allerdings auch zur Folge, dass die Kosten der handwerklichen Fertigung höher liegen als bei den anderen Fertigungsverfahren.

> Die **Werkstattfertigung** ist dadurch charakterisiert, dass Maschinen und Arbeitsplätze mit *gleichartigen* Arbeitsverrichtungen zu einer fertigungstechnischen Einheit, einer Werkstatt, zusammengefasst werden (z.B. Dreh-, Fräs-, Bohr-, Schleif-, Spritz-, Montagewerkstatt).

Das zu bearbeitende Produkt muss deshalb von Werkstatt zu Werkstatt transportiert werden, in denen sich die entsprechenden Maschinen befinden. Sein Weg wird durch die notwendigen Arbeitsverrichtungen und den innerbetrieblichen Standort der entsprechenden Werkstätten bestimmt. Es kann dabei eine einzelne Werkstatt mehrmals oder niemals durchlaufen, wie aus ▶ Abb. 100, die beispielhaft den Durchlauf von drei Produkten zeigt, ersichtlich ist.

Die Werkstattfertigung hat lange Transportwege zur Folge. In den einzelnen Werkstätten können sich zudem lange Wartezeiten ergeben. Dies ist wiederum mit einer Zwischenlagerung sowie mit den entsprechenden Zins- und Lagerkosten verbunden. Hauptprobleme bei der Werkstattfertigung sind deshalb

- die Planung der Maschinenbelegung,
- die Festlegung der Reihenfolge von Aufträgen und
- die Terminplanung,

um einerseits eine optimale, d.h. möglichst hohe und gleichmäßige Auslastung der Maschinen und Arbeitskräfte (Minimierung der Leerzeiten) zu erzielen und um andererseits eine Minimierung der Wartezeiten des Materials und der Zwischenprodukte zu erreichen.[1]

Die Werkstattfertigung eignet sich in erster Linie für die Einzelfertigung und die Kleinserienfertigung, da vor allem Mehrzweckmaschinen eingesetzt werden, die einen Wechsel im Produktionsprogramm in bestimmten Grenzen zulassen.

Als **Vorteile** der Werkstattfertigung können – ähnlich wie bei der handwerklichen Fertigung – genannt werden:

- die hohe Flexibilität sowohl in qualitativer (Kundenwünsche) als auch in quantitativer (Absatzschwankungen) Hinsicht sowie
- das hohe Qualitätsniveau.

Als **Nachteile** stehen gegenüber

- die langen Transportwege (Transportkosten),
- die großen Zwischenlager (Lager- und Zinskosten) sowie
- keine Vollauslastung der Kapazitäten (Leerkosten).

---

1 Vgl. dazu Teil 9, Kapitel 1, Abschnitt 1.3.2.2 „Ziele der Ablauforganisation und das Dilemma der Ablaufplanung".

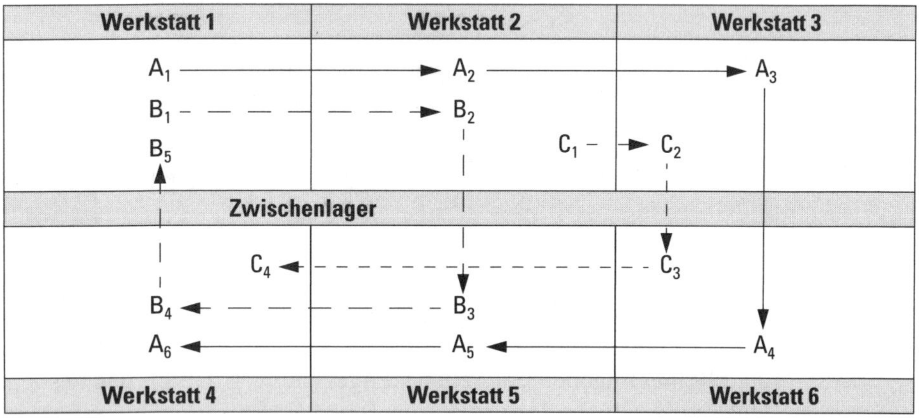

▲ Abb. 100 Beispiel einer Werkstattfertigung

Die **Baustellenfertigung** stellt insofern ein besonderes Fertigungsverfahren dar, als im Gegensatz zu den anderen Verfahren alle Produktionsmittel an einen festen Produktionsstandort gebracht werden müssen. Dieses Fertigungsverfahren ist fast ausschließlich bei der Einzelfertigung, bei auftragsorientierten Unternehmen anzutreffen, wie beispielsweise in der Baubranche und im Großmaschinenbau.

1.6.2 Fließprinzip

Die **Fließfertigung** ist dadurch gekennzeichnet, dass die Anordnung der Arbeitsplätze und Anlagen der Reihenfolge der am Produkt durchzuführenden Tätigkeiten entspricht.

Ausschlaggebend für die Anordnung der Arbeitsplätze und Maschinen ist die Bearbeitungsreihenfolge des Produktes vom Rohstoff zum Halb- oder Fertigfabrikat. Dabei ist es möglich, dass gleiche Verrichtungen mehrmals ausgeführt werden müssen. ▶ Abb. 101 zeigt beispielhaft den Ablauf der Fließfertigung.

Voraussetzung für die Anwendung des Fließprinzips ist die Massen- oder Großserienfertigung. Es muss eine große Gewissheit bestehen, dass die hergestellten Produkte für längere Zeit ohne größere Modifikationen produziert werden können, da in der Regel Spezialmaschinen eingesetzt werden müssen.

Die Fließfertigung ist mit verschiedenen **Vorteilen** gegenüber der Werkstattfertigung verbunden:

- Primär ist die Verkürzung der Durchlaufzeiten zu nennen, die auf einer Verringerung der innerbetrieblichen Transportwege beruht.
- Die Zwischenlager werden vermindert oder sogar völlig ausgeschaltet.

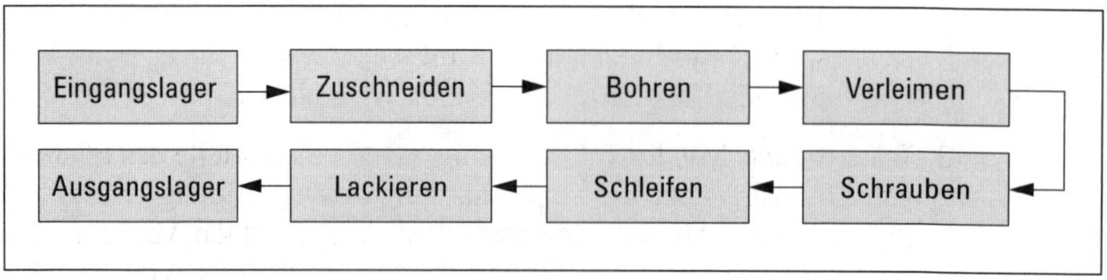

▲ Abb. 101 Beispiel einer Fließfertigung

- Der Produktionsprozess ist einfacher und übersichtlicher und lässt sich somit auch leichter gestalten. Die Probleme der Terminplanung, Maschinenbelegung und Reihenfolgeplanung fallen weitgehend weg. Durch das Festlegen der Produktionsgeschwindigkeit ist zum Beispiel die Durchlaufzeit eines Produktes fest gegeben.

Demgegenüber lassen sich bei der Fließfertigung folgende hauptsächliche **Nachteile** ausmachen:

- Die bei der Fließfertigung meist notwendigen Spezialmaschinen bedingen einen hohen Kapitalbedarf und hohe Fixkosten. Dies bedeutet im Falle eines Nachfragerückgangs, dass die fixen Kosten (insbesondere Abschreibungen und Zinskosten) nicht angepasst, d.h. vermindert werden können. Damit nimmt der Anteil der Fixkosten zu, der auf eine Produktionseinheit verrechnet werden sollte, und dadurch wird sowohl der Gewinn pro Einheit als auch der Gesamtgewinn geschmälert.
- Die Fließfertigung ist sehr anfällig für Störungen im Produktionsprozess. Fällt eine Maschine oder ein Mitarbeiter aus, so wird der ganze Fertigungsprozess gestört und es entstehen ungeplante Zwischenlager.
- Es können soziale und psychische Probleme infolge Monotonie bei der Arbeit entstehen. Fließfertigung beinhaltet nämlich für den einzelnen Mitarbeiter meist eine Spezialisierung auf eine bestimmte Tätigkeit mit wenig Kompetenzen und Verantwortung sowie wenig Kontakten mit anderen Mitarbeitern. Diese Probleme sowie mögliche Lösungen werden im Rahmen der Personalwirtschaft besprochen.[1]

Bei der Fließfertigung werden zwei Arten des Fertigungsrhythmus unterschieden:

1. **Straßenfertigung:** Bei der Straßenfertigung sind die Arbeitsplätze und Produktionsanlagen nach der Bearbeitungsreihenfolge geordnet, aber es besteht kein Zeitzwang für die Ausübung der einzelnen Verrichtungen und somit fehlt eine vollkommene zeitliche Abstimmung zwischen den verschiedenen Verrichtungen. Dies hat zur Folge, dass es bei Leistungsschwankungen oder bei einem

1 Vgl. insbesondere Teil 8, Kapitel 4, Abschnitt 4.4.1 „Arbeitsaufteilung“.

Ausfall von Personal und Maschinen zu Stauungen und Wartezeiten im Fertigungsprozeß kommen kann. Es müssen Zwischenlager errichtet werden, die entsprechende Zins- und Lagerkosten verursachen.

2. **Taktfertigung:** Mit der Taktfertigung werden die Vorteile des Fließprinzips weitgehend ausgenutzt. Im Gegensatz zur Straßenfertigung erfolgt eine vollständige zeitliche Abstimmung zwischen den einzelnen Verrichtungen des Produktionsprozesses. Der gesamte Produktionsprozess wird in zeitlich gleiche Arbeitstakte (= Taktzeit) aufgeteilt. Die Dauer eines Arbeitsgangs an einer Maschine oder an einem Arbeitsplatz entspricht dann genau der Taktzeit oder einem Vielfachen davon. Spezifischer Vorteil der Taktfertigung ist der Wegfall der Zwischenlager. Da zudem die Ausbringungsmenge und somit auch der Materialverbrauch aufgrund der fest vorgegebenen Produktionsgeschwindigkeit genau berechenbar ist, können die erforderlichen Lager an Roh-, Hilfs- und Betriebsstoffen sehr klein gehalten werden. Nach dem Grad der Automation kann ferner zwischen Fließbandfertigung und vollautomatischer Fertigung unterschieden werden:
   - Bei der **Fließbandfertigung** bewegt sich das Werkstück kontinuierlich oder intervallartig auf einem Fördersystem (Fließband) vorwärts. Die Mitarbeiter müssen sich der Taktzeit anpassen, um einen gleichmäßigen Produktionsablauf zu gewährleisten.
   - Bei der **vollautomatischen Fertigung** werden die Werkstücke dagegen mit Hilfe computergesteuerter Maschinen[1] automatisch weitertransportiert, in die Lage gebracht, die zu ihrer Bearbeitung notwendig ist (Transferstraße), und verarbeitet. Selbst die Arbeitskontrolle (z.B. Ausscheiden von Ausschussmaterial) kann von entsprechenden Spezialmaschinen vorgenommen werden. Die menschliche Arbeitskraft programmiert in erster Linie die computergesteuerten Maschinen und übt nur noch eine überwachende Funktion über den gesamten Produktionsprozess aus.

► Abb. 102 zeigt am Beispiel des Smart eine optimale **Fließfertigung.** Die fertigen Fahrzeugmodule werden von den sieben integrierten Zulieferern im richtigen Zeitpunkt direkt ans Fließband geliefert. Dort werden sie in der Endmontage von verschiedenen Teams in rund viereinhalb Stunden zusammengesetzt.

1 Man spricht in diesem Zusammenhang entweder von NC-Maschinen („numerical control"), wenn Steuerungsdaten über Lochstreifen oder Magnetband einfließen, oder von CNC-Maschinen („computerized numerical control"), wenn programmierbare Rechner in die Maschinen eingebaut sind.

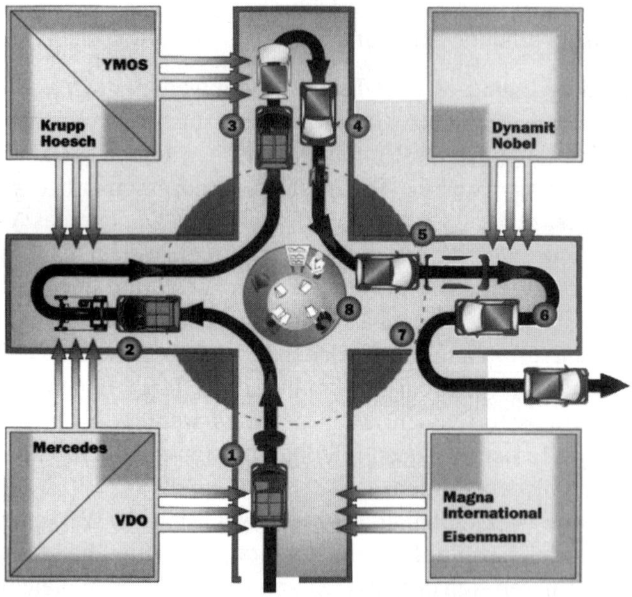

1 **Verlobungsstation**
Zusammenbau Karosserie mit Cockpitmodul
2 **Hochzeitsstation**
Zusammenbau des Fahrwerks- und Antriebsmoduls mit der Karosserie
3 **Einrichtungshaus**
Verkleidungen, Auskleidungen, Verglasung, Sitzsysteme
4 **Schmuckatelier**
Interieur-Dekor-Elemente, Design-Features
5 **Design-Shop**
Kunststoffaussenteile, Exterieur-Design-System
6 **Fitnesstudio**
Probelauf, Kurztest, Qualitätsprüfung
7 **Qualitätszirkel**
Qualitätsaudit, Qualitätssicherung, Quality-Award
8 **Marktplatz Bistro**
Treffpunkt für Mitarbeiter und Partner

▲ Abb. 102 Fertigung Smart (Bilanz, Nr. 9, 1997, S. 64)

1.6.3 Gruppenfertigung

Die Gruppenfertigung ist eine Kombination der Werkstatt- und Fließfertigung. Die gesamte Produktion wird in fertigungstechnische Einheiten aufgeteilt, die eine so genannte Funktionsgruppe bilden. Innerhalb einer solchen Funktionsgruppe wird dann das Fließprinzip angewandt, d.h. die Arbeitsplätze und Maschinen richten sich nach der Bearbeitungsreihenfolge. In ▶ Abb. 103 ist ein Beispiel für eine Gruppenfertigung schematisch festgehalten.

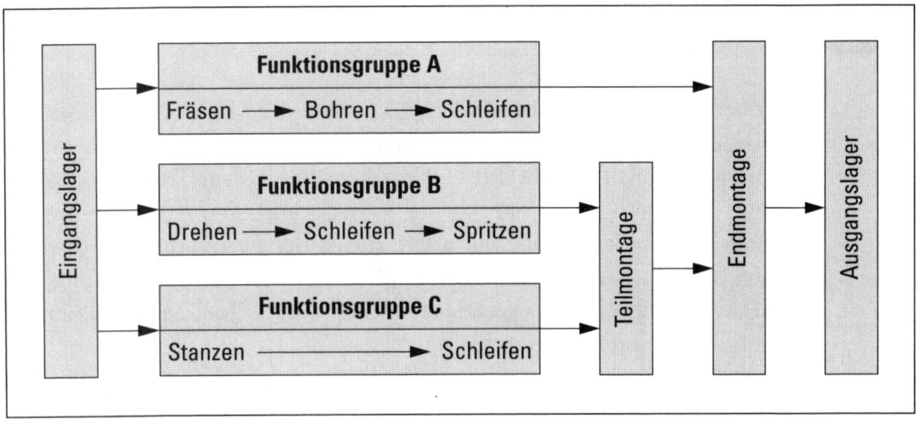

▲ Abb. 103 Beispiel Gruppenfertigung

Solche Funktionsgruppen mit Fließfertigung können für die Produktion von Einzelteilen eingesetzt werden, die einen großen Anteil des gesamten Produktionsprogrammes bilden, während die übrigen Einzelteile in Werkstattfertigung produziert werden. Die Fertigungsstruktur kann sogar so zusammengesetzt sein, dass sämtliche Halb- oder Fertigfabrikate fast ausschließlich aus solchen Teilen zusammengesetzt sind, die in den einzelnen Funktionsgruppen gefertigt werden. Man spricht in diesem Fall von einem so genannten **Baukastenprinzip.**

1.6.4 Zusammenfassung

Die Darlegung der verschiedenen Fertigungsverfahren hat erstens gezeigt, dass ein starker Zusammenhang zwischen dem Fertigungstyp und dem Fertigungsverfahren besteht. Zweitens kann man abschließend festhalten, dass in der betrieblichen Wirklichkeit die verschiedenen Fertigungsverfahren selten in reiner Form anzutreffen sind. Explizit wurde bereits die Gruppenfertigung als eine besondere Mischform zwischen Werkstatt- und Fließfertigung genannt. Weitere Mischformen sind jedoch denkbar, wenn zum Beispiel die Produktion einzelner Teile in Werkstattfertigung geschieht, die Zusammensetzung (Montage) der Einzelteile zum Endprodukt aber nach dem Fließprinzip. Zudem wird eine reine Fließfertigung selten anzutreffen sein, da gewisse Verrichtungen, die sehr unregelmäßig anfallen, nicht nach dem Fließprinzip eingeordnet werden können (z.B. Reparatur- und Revisionswerkstätten).

1.7 Just-in-Time-Produktion

Zur besseren Ausrichtung der Produktion an die Marktbedürfnisse und zur Rationalisierung des Produktionsprozesses sind in den letzten Jahren so genannte **Just-in-Time-Lösungskonzepte** entwickelt worden. Just-in-Time-Produktion (JiT) bedeutet das Produzieren auf Abruf.[1] Es ist somit eine Art „Von-der-Hand-in-den-Mund-leben"-Philosophie auf allen Stufen der Fertigung. Der oberste Grundsatz lautet deshalb, dass zu jeder Zeit auf allen Stufen der Beschaffung, der Fertigung und der Distribution nur gerade so viel zu beschaffen, zu produzieren und zu verteilen ist, wie unbedingt notwendig.

Die Lagerbestände sind bei dieser Methode möglichst gering zu halten. Einerseits können auf diese Weise die Lagerhaltungskosten gesenkt werden, und andererseits verkleinert man die Risiken im Beschaffungssektor. Drei Ursachen führten zu dieser neuen Form der industriellen Logistik:

- Der Lebenszyklus der Produkte wurde immer kürzer.
- Die von Kunden verlangte Lieferzeit nahm ständig ab.
- Die Variantenvielfalt auf Produktebene nahm ständig zu.

Diese neuen Umweltbedingungen führten zu neuen Zielsetzungen in der betrieblichen Planung. Erstens soll die Flexibilität gegenüber den Wünschen und Bedürfnissen des Marktes erhöht werden. Zweitens ist die Durchlaufzeit innerhalb der logistischen Kette zu beschleunigen, damit die Kapitalbindung reduziert werden kann. Damit diese Ziele realisiert werden können, müssen folgende Voraussetzungen erfüllt sein:

- Ablauforientierte Fertigung (Fließprinzip),
- Harmonisierung der vorhandenen Kapazitäten,
- Bildung autonomer Arbeitsgruppen,
- absolute Qualitätssicherung,
- kurze Rüst- und Einrichtezeiten,
- kurze Durchlaufzeiten,
- kleine Fertigungs- und Montagelose.

Die Fertigungslose sind üblicherweise so klein, dass man oft von Tageslosen und Tagesprogramm spricht. Über die Methode, wie diese Tagesportionen gebildet werden sollen, besteht in Theorie und Praxis noch keine Einigkeit. Es stehen zwei Möglichkeiten zur Auswahl:

1. „Produziere heute das, was morgen gebraucht wird": Die Ausgangslage ist zum Beispiel ein Jahres- oder Halbjahresprogramm, das durch die Anzahl der Arbeitstage dividiert wird, oder eine Bedarfsplanung der Kunden. Auf diese Weise ist eine fast vollständige Harmonisierung der täglichen Programme

1 Die Ausführungen zur Just-in-Time-Produktion sind Soom (1986) entnommen.

möglich (Synchronfertigung). Dieses System kann durch folgende Stichworte umschrieben werden:

- bedarfsorientiert,
- Anteil der Ausführungsvarianten fix,
- die Steuerung erfolgt zentral.

2. „Produziere heute das, was gestern verbraucht wurde“: Diese Auffassung ist vor allem in Japan vertreten. Von dort kommt auch der Begriff **Kanban,** der zur Bezeichnung dieses Systems verwendet wird. Es kann wie folgt charakterisiert werden:
   - verbrauchsorientiert,
   - Anteil der Ausführungsvarianten innerhalb gewisser Grenzen variabel,
   - die Steuerung erfolgt dezentral.

Welches Fertigungsverfahren betriebswirtschaftlich das sinnvollste ist, kann nicht allgemein gesagt werden. Für eine Beurteilung der verschiedenen Verfahren müssen je nach Situation die als wesentlich erachteten Kriterien herangezogen werden wie beispielsweise

- der wirtschaftliche Aspekt (Kosten der Produktion),
- der technische Aspekt (Rationalisierung, technischer Fortschritt),
- der soziale Aspekt (Arbeitsgestaltung, Humanisierung der Arbeit),
- die Risikobereitschaft (hohe Fixkosten, Flexibilität).

Kapitel 2
Planung und Kontrolle des Produktionsablaufs

2.1 Überblick über die Phasen des Produktionsablaufs

Um den Produktionsablauf umfassend darstellen zu können, wird im Folgenden von der Annahme ausgegangen, dass ein Industrieunternehmen einen Kundenauftrag erhält, den es in Einzelfertigung ausführen muss. ▶ Abb. 104 gibt einen Überblick über die dabei zu beachtenden Phasen der Ablaufplanung und Kontrolle, die in den nächsten Abschnitten besprochen werden sollen.

2.2 Stücklisten und Stücklistenauflösung

Liegt ein Kundenauftrag vor, der nicht über vorhandene Lagerbestände abgedeckt werden kann, so sind vorerst Informationen über Eigenschaften und Zusammensetzung der zu produzierenden Güter notwendig. Diese Informationen, die von der Entwicklungs- und Konstruktionsabteilung bereitgestellt werden, können bei bisherigen Produkten einerseits den technischen Zeichnungen (Maße, Toleranzen, Oberflächenbeschaffenheit) und andererseits den Stücklisten entnommen werden. Bei neuen Produkten hingegen müssen die Zeichnungen und Stücklisten zuerst erstellt werden.

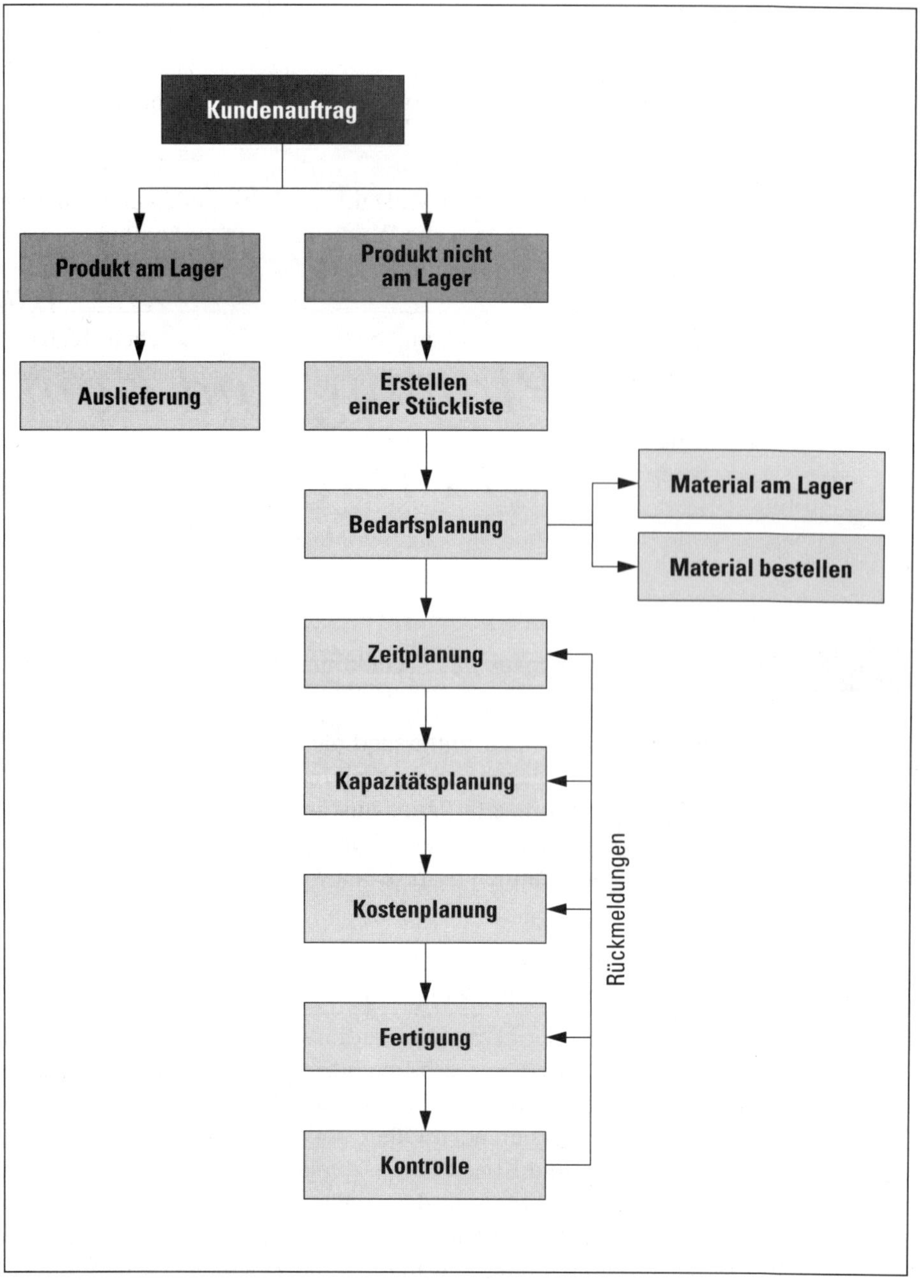

▲ Abb. 104 Überblick Planung und Kontrolle des Produktionsablaufs

Einer **Stückliste** kann entnommen werden, aus welchen Materialien (Rohstoffen), Teilen oder Baugruppen sich das Endprodukt zusammensetzt. Sie gibt in tabellarischer Form Auskunft über die art- und mengenmäßige Zusammensetzung eines Erzeugnisses.

Erzeugnisse bestehen aus einer Vielzahl von Einzelteilen und Baugruppen. Diese Teile können auf unterschiedliche Weise miteinander kombiniert werden, jedoch nur eine ganz spezifische Ordnung bestimmt das betrachtete Endprodukt.

Die für ein bestimmtes Erzeugnis typischen hierarchischen Beziehungen zwischen den Einzelteilen und Baugruppen bezeichnet man als **Erzeugnisstruktur.**

Die Erzeugnisstruktur kann entweder grafisch (Strukturbild), zum Beispiel als Stammbaum wie in ▶ Abb. 105, oder tabellarisch (Stückliste) dargestellt werden. Sie bildet die Grundlage für eine Stücklistenauflösung, bei welcher der Materialbedarf durch eine Auflösung nach den verschiedenen Fertigungs- oder Dispositionsstufen ermittelt wird:

- Nach **Fertigungsstufen** (▶ Abb. 105): In diesem Fall bildet die Montage des Endproduktes die Fertigungsstufe 0. In jeder Fertigungsstufe werden jene Baugruppen oder Teile festgehalten, die unmittelbar in die nächste Fertigungsstufe eingehen. Diese Darstellung in Form eines Strukturbaumes hat den Vorteil, dass sie sehr übersichtlich ist. Dies spielt insbesondere dann eine Rolle, wenn zwei oder mehr Endprodukte mit gleichen Teilen vorliegen.
- Nach **Dispositionsstufen** (▶ Abb. 106): Die Dispositionsstufe bezeichnet dagegen die tiefste Fertigungsstufe, in der das betreffende Teil Verwendung findet. Die Darstellung erfolgt in Form eines Gozinto-Graphs. Diese Form der Bedarfsauflösung ist dann sinnvoll, wenn die gleichen Teile oder Baugruppen auf unterschiedlichen Fertigungsstufen für verschiedene Endprodukte benötigt werden.

An eine Stückliste werden unterschiedliche Anforderungen gestellt, je nachdem welchem Zweck sie dient. Sie bildet beispielsweise eine Informationsgrundlage für (Reichwald/Dietel 1991, S. 492 f.):

- die Konstruktionsabteilung zur Prüfung und Durchführung von Änderungen,
- die Materialdisposition zur Bedarfsermittlung, auf die die Einkaufs- und Lagerhaltungsplanung abstellen,
- das Lager zur Materialbereitstellung für die Fertigung,
- der Kapazitätsplanung bei der Arbeitsplanerstellung,
- die Fertigungssteuerung zur Kontrolle der Verfügbarkeit des Materials,
- die Montagevorbereitung zur Montageanleitung,
- den Kundendienst als Ersatzteile- und Prüflisten,
- die Rechnungsabteilung als Unterlagen für die Vor- und Nachkalkulation.

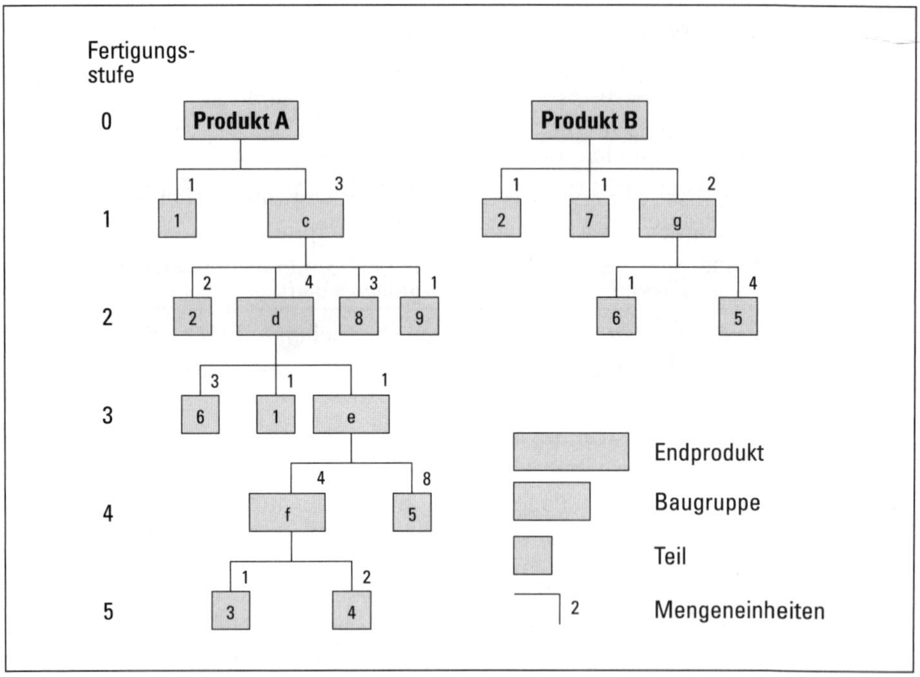

▲ Abb. 105 Erzeugnisstruktur nach Fertigungsstufen

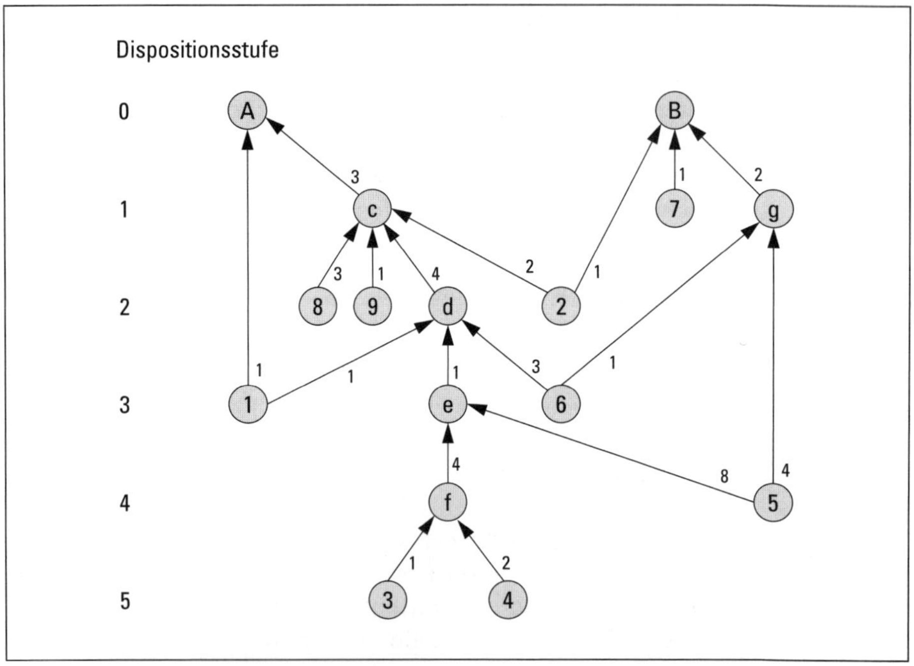

▲ Abb. 106 Erzeugnisstruktur nach Dispositionsstufen

2.3 Terminierung des Fertigungsablaufs

2.3.1 Aufgaben und Informationsgrundlagen

Auftragsbestände und Stücklisten sowie Informationen über vorhandene Maschinen und Personen (Quantität und Qualität) bilden die Informationsgrundlagen für die Terminierung des Fertigungsablaufes.

Ziel der **Terminierung des Fertigungsablaufs** ist es, die Anfangs- und Endtermine der Arbeitsgänge so aufeinander abzustimmen, dass die Terminvorgaben der Kunden eingehalten werden können.

Die vorhandenen Kapazitäten (Maschinen, Personen) werden dabei vorerst nicht berücksichtigt, sondern erst bei der darauf folgenden Kapazitätsplanung einbezogen.

Wie ▶ Abb. 107 zeigt, kann die **gesamte Auftragszeit** in eine Rüstzeit und eine Ausführungszeit unterteilt werden. Die **Rüstzeiten** sind Zeiten, die für die Vorbereitung der eigentlichen **Ausführung** aufgewendet werden müssen. Sie fallen an, wenn nach längerer Unterbrechung die Maschinen wieder hergerichtet oder bei einem Serien- oder Sortenwechsel umgestellt werden müssen. Ebenso zählt aber zur Rüstzeit jene Zeit, die zur Herstellung des ursprünglichen Zustandes der Maschinen nach Beendigung eines Auftrages (Abrüsten) benötigt wird. Rüst- und Ausführungszeiten können weiter unterteilt werden in:

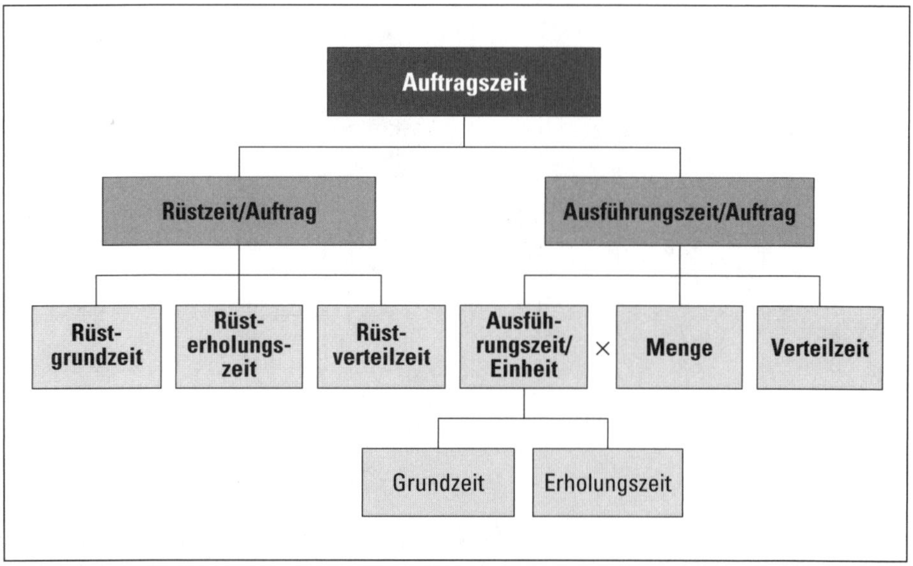

▲ Abb. 107 Gliederung der Auftragszeit

- **Grundzeiten,** welche die Sollzeiten zur Durchführung der entsprechenden Arbeiten angeben. Die Grundzeit der Ausführung umfasst sowohl Bearbeitungs- als auch Warte- und Transportzeiten.
- **Erholungszeiten,** in denen der Mensch und die Maschine ruhen.
- **Verteilzeiten,** welche unregelmäßig und unvorhergesehen anfallen. Sie können sowohl sachlich (z.B. technische Störung einer Maschine) als auch persönlich (z.B. Unwohlsein eines Mitarbeiters) bedingt sein.

Während die Rüstzeit nur ein Mal für das Vorbereiten eines ganzen Auftrages anfällt, ist die Ausführungszeit – mit Ausnahme der Verteilzeit – direkt mengenabhängig. Aus praktischen Gründen wird jedoch diese Zeit vielfach in Prozenten der Grundzeit angegeben. Sind Ausführungszeit und Rüstzeit sowie die Anzahl herzustellender Stücke bekannt, kann der gesamte Zeitaufwand für ein Teil berechnet werden (▶ Abb. 108).[1] Diese Informationen bilden zusammen mit den Stücklisten die Grundlage für die Berechnung der Start- und Endtermine eines ganzen Auftrags oder der einzelnen Arbeitsgänge. Die Berechnung dieser Termine erfolgt mit Hilfe der Netzplantechnik, die im Folgenden vorgestellt wird.

Sachnummer	Rüstzeit in Std.	Ausführungszeit in Std.	Stückzahl	Auftragszeit in Stunden	Tage (zu 8 Arbeitsstunden)	Tage (zu 16 Arbeitsstunden)
A	7	25	1	32	4	2
B	6	1	10	16	2	1
c	5	25	3	80	10	5
d	4	5	12	64	8	4
e	12	3	12	48	6	3
f	24	0,5	48	48	6	3
g	2	1,5	20	32	4	2
1	3	1	13	16	2	1
2	4	1	16	20	2	1
3	4	0,25	48	16	2,5	1,25
4	8	0,25	96	32	4	2
5	12,8	0,2	176	48	6	3
6	20	0,5	56	48	6	3
7	6	1	10	16	2	1
8	7,5	4,5	9	48	6	3
9	4	4	3	16	2	1

▲ Abb. 108 Informationsgrundlagen der Zeitplanung

1 ◀ Abb. 108 basiert auf der Erzeugnisstruktur von ◀ Abb. 105. Sie enthält ihrerseits die notwendigen Informationen für ▶ Abb. 110 (Vorgangsliste), ▶ Abb. 111 und 113 (Netzpläne) sowie ▶ Abb. 114 (Balkendiagramm), wobei dann die Sachnummern die Vorgänge zur Erstellung der jeweiligen Endprodukte, Baugruppen und Teile darstellen.

2.3.2 Netzplantechnik

2.3.2.1 Einleitung

Große komplexe Projekte (z.B. Planung und Bau von Kernkraftwerken, Flugzeugen und Schiffen, Raumfahrtprojekte) erfordern ein Organisationsinstrument, das einerseits eine Fülle von Einzelheiten berücksichtigt und andererseits die zeitlichen und funktionalen Abhängigkeiten modellmäßig darstellen kann. Ein solches Instrument ist die Netzplantechnik, die Ende der 50er-Jahre von verschiedenen Firmen unabhängig voneinander und in unterschiedlichen Variationen entwickelt worden ist: In den USA die „Critical Path Method“ (CPM) und die „Project Evaluation and Review Technique“ (PERT) sowie in Europa die „Metra-Potenzial-Method“ (MPM). Diese Verfahren weisen zwar zum Teil charakteristische Unterschiede auf, und es bestehen eine Vielzahl von Weiterentwicklungen, doch beruhen alle auf den gleichen Grundprinzipien.

> Ein **Netzplan** zeigt die zur Realisierung eines Projektes wesentlichen Vorgänge und Ereignisse sowie deren logische und zeitliche Abhängigkeiten.

Je nach Informationsstand und -bedürfnis können bei der Planung und Durchführung von Projekten mit Hilfe der Netzplantechnik vier Phasen unterschieden werden:

1. **Strukturplanung:** Übersichtliche Darstellung der logischen Ablaufstruktur eines Projektes.
2. **Zeitplanung:** Minimierung der Projektdauer und Einhaltung vorgegebener Termine.
3. **Kapazitätsplanung:** Optimale Kapazitätsauslastung unter Berücksichtigung vorhandener Kapazitäten und Kapazitätsbelegungen.
4. **Kostenplanung:** Minimierung der Projektkosten.

Heute befindet sich die Entwicklung der Netzplantechnik in einer Konsolidierungsphase und das Schwergewicht liegt in der Ausarbeitung flexibler und benutzerfreundlicher Software, um mit Hilfe des Computers umfangreiche Rechenprogramme durchzuführen. Moderne Softwarepakete erlauben zudem, auf der Zeitplanung aufbauend die Kapazitäts- und Kostenplanung einzubeziehen.

Die Netzplantechnik eignet sich besonders gut für komplexe, hohe Kosten verursachende und unter großem Zeitdruck stehende Projekte aller Art, an die hohe Anforderungen bezüglich Flexibilität und Genauigkeit (Termineinhaltung) der Durchführung gestellt werden. Allerdings sind die Voraussetzungen für einen wirkungsvollen Einsatz der Netzplantechnik nicht immer gegeben. Gerade bei erstmalig durchgeführten Projekten ist es oft schwierig, die Dauer der einzelnen Vorgänge einigermaßen genau abzuschätzen. Deshalb bleibt die Netzplantechnik meist auf Projekte beschränkt, deren Elemente relativ gut abgrenzbar sind. Im Folgenden soll auf die Struktur- und Zeitplanung näher eingegangen werden.

2.3.2.2 Strukturplanung: Aufbau und Darstellung von Netzplänen

Der Netzplan als grafische Darstellung des Projektes ist formal ein so genannter Graph. Ein **Graph** ist ein Gebilde aus **Knoten** und **Kanten,** wobei Knoten als Kreise, Kanten als Verbindungslinien zwischen den Knoten dargestellt werden (▶ Abb. 109). Knoten, von denen nur Kanten ausgehen, bezeichnet man als Startknoten; Knoten, in denen nur Kanten enden, als Zielknoten.

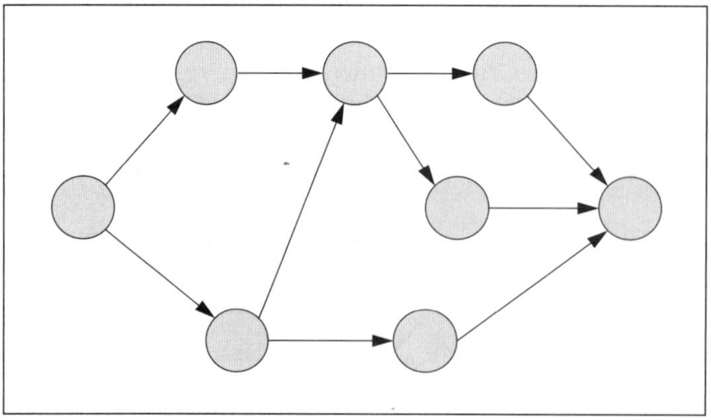

▲ Abb. 109 Beispiel eines gerichteten Graphen

In einer ersten Phase wird das Projekt in seine Vorgänge zerlegt. Sämtliche Vorgänge sowie die aufgrund der technologischen und wirtschaftlichen Bedingungen unmittelbar folgenden Vorgänge werden in einer Vorgangsliste festgehalten. Ein **Vorgang** ist ein zeitbeanspruchendes Geschehen (wie z.B. Erstellen von Grundmauern, Transport von Röhren und Bestellen von Rohstoffen, wobei aber auch Wartezeiten [z.B. Lieferzeiten] dazu gehören), das durch ein Anfangs- und Endereignis bestimmt wird. Als **Ereignis** bezeichnet man das Eintreten eines definierten Zustandes im Projektablauf (z.B. Fertigstellung des Rohbaus, Fenster eingebaut, Zimmer tapeziert). Damit werden die Abfolgebeziehungen zum Ausdruck gebracht. Die erste und dritte Spalte der Tabelle in ▶ Abb. 110 zeigen eine solche Analyse von Vorgängen.

In einer zweiten Phase wird die Prozess-Struktur durch einen Netzplan abgebildet. Dabei bestehen zwei grundsätzliche Möglichkeiten:

1. **Vorgangs-Knoten-Netzplan,** bei dem jedem Vorgang ein Knoten zugeordnet wird, wie dies bei der MPM gemacht wird (vgl. Netzplan in ▶ Abb. 111, beruhend auf der Erzeugnisstruktur in ◀ Abb. 105).

Vorgang	Dauer (Stunden)	unmittelbare Vorgänger
A	32	c, 1
B	16	g, 2, 7
c	80	d, 2, 8, 9
d	64	e, 1, 6
e	48	f, 5
f	48	3, 4
g	32	5, 6
1	16	–
2	20	–
3	16	–
4	32	–
5	48	–
6	48	–
7	16	–
8	48	–
9	16	–

▲ Abb. 110 Vorgangsliste mit Vorgangsdauer

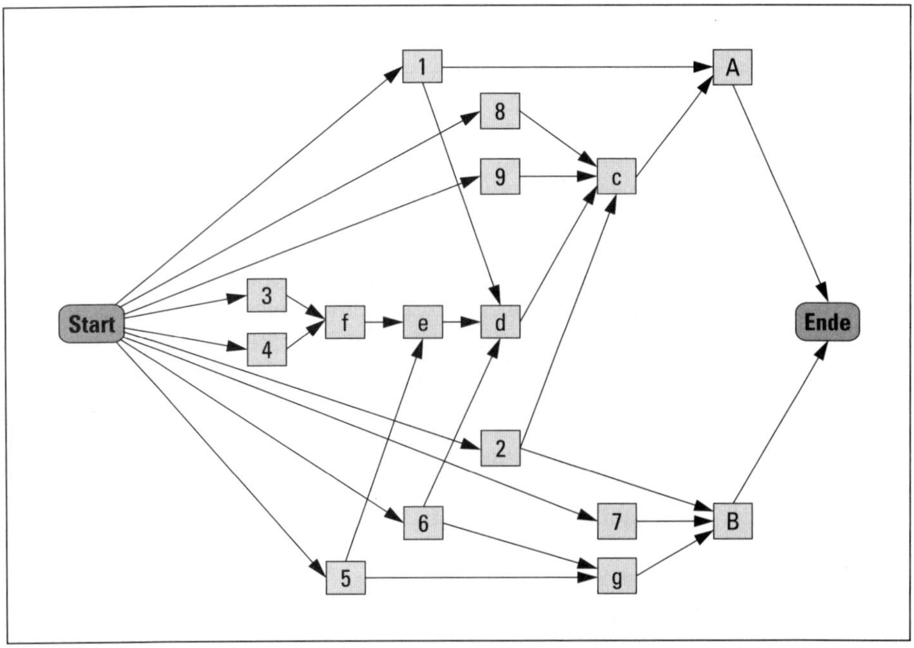

▲ Abb. 111 Netzplan

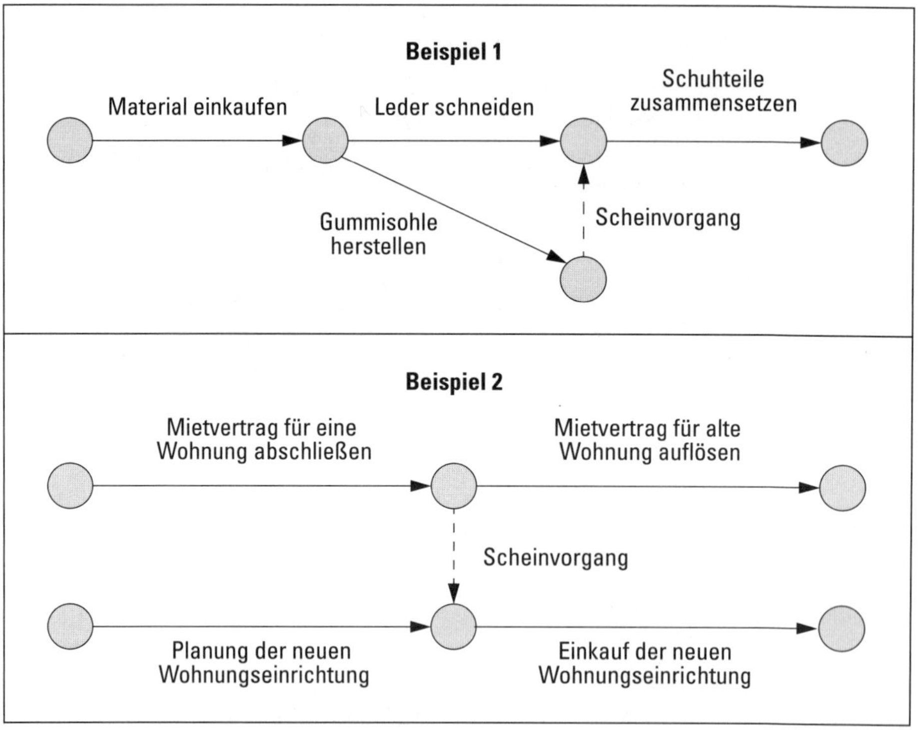

▲ Abb. 112 Netzpläne mit Scheinvorgang

2. **Vorgangs-Pfeil-Netzplan,** bei dem jedem Vorgang ein beschrifteter Pfeil zugeordnet wird, wie dies bei der CPM der Fall ist.[1]

Sowohl beim Vorgangs-Knoten- als auch beim Vorgangs-Pfeil-Netzplan wird der Projektbeginn bzw. das Projektende durch einen einzigen Knoten, den Start- bzw. Zielknoten, gekennzeichnet. Diese werden auch **Meilensteine** (Milestones) genannt und können ebenso bei wichtigen Zwischenterminen im Projektablauf eingezeichnet werden. Beim Vorgangs-Pfeil-Netzplan stellen sich aber zusätzlich folgende Probleme:

- Wenn zwei Vorgänge gemeinsame Anfangs- und Endknoten haben, so verlaufen die dazugehörenden Pfeile parallel. Um eine Mehrdeutigkeit zu vermeiden (insbesondere dann, wenn die beiden eine unterschiedliche Vorgangsdauer

1 Bei neuartigen Projekten ist es manchmal schwierig, die verschiedenen Teilvorgänge zu beschreiben und mit einer bestimmten Zeitdauer zu versehen. Man nimmt in diesen Fällen statt der Vorgänge die Ereignisse bzw. die Ergebnisse, die es zu erreichen gilt, und schreibt sie in die Knoten. Dieses Vorgehen wird beim PERT-Verfahren angewandt. Oft findet man aber weder einen rein vorgangs- noch einen rein ereignisorientierten Netzplan. Man spricht dann von einem **gemischtorientierten** Netzplan, bei dem die Projektbeschreibung sowohl mit Vorgängen als auch mit Ereignissen erfolgt.

haben), wird ein so genannter **Scheinvorgang** (Scheintätigkeit) eingefügt (◄ Abb. 112, Beispiel 1). Dieser wird durch einen gestrichelten Pfeil dargestellt und weist die Zeitdauer Null auf.

- Um gewisse Nebenbedingungen aufgrund technologischer Abhängigkeiten bei der Reihenfolge von Vorgängen zu berücksichtigen, müssen ebenfalls Scheinvorgänge eingefügt werden. Dies ist dann der Fall, wenn in einem Knoten mehrere Vorgänge enden oder beginnen, die nicht alle voneinander abhängig sind (◄ Abb. 112, Beispiel 2).

2.3.2.3 Zeitplanung mit Netzplan

Auf der Grundlage des Netzplanes erfolgt die Zeitplanung, die sich in drei Schritten abwickelt:

1. Ermittlung der **Vorgangsdauer:** Zuerst ist die zeitliche Beanspruchung eines jeden Vorgangs zu ermitteln, wie aus ◄ Abb. 110 ersichtlich ist.
2. Ermittlung der **Anfangs-** und **Endtermine:** Für jeden Vorgang i sind für die Zeitplanung vier Termine relevant:
   - FAZ_i: frühestmöglicher Anfangszeitpunkt,
   - FEZ_i: frühestmöglicher Endzeitpunkt,
   - SAZ_i: spätesterlaubter Anfangszeitpunkt,
   - SEZ_i: spätestzulässiger Endzeitpunkt.

   Diese Termine können durch die Vorwärts- oder Rückwärtsterminierung ermittelt werden.
   - Bei der **Vorwärtsterminierung** oder **progressiven** Terminierung werden die frühestmöglichen Anfangs- (FAZ_i) und Endzeitpunkte (FEZ_i) der Vorgänge bei gegebenem Zeitpunkt des Projektanfangs ermittelt.
   - Bei der **Rückwärtsterminierung** oder **regressiven** Terminierung werden die spätesterlaubten Anfangs- (SAZ_i) und spätestzulässigen Endzeitpunkte (SEZ_i) der Vorgänge bei gegebenem Zeitpunkt des Projektendes berechnet.

   Sowohl aus der Vorwärts- als auch aus der Rückwärtsterminierung ergibt sich die Gesamtdauer des Projektes.
3. Ermittlung der **Pufferzeiten** und des **kritischen Weges:** Aufgrund der Informationen des zweiten Schrittes können die Pufferzeiten bestimmt werden.

> Bei den **Pufferzeiten** handelt es sich um die Zeitreserven, um die ein Vorgang ausgedehnt werden kann, ohne den Endtermin des Projektes zu beeinflussen.

Die Pufferzeiten ergeben sich aus der Differenz zwischen dem frühestmöglichen (FAZ_i) und dem spätesterlaubten Anfangszeitpunkt (SAZ_i) bzw. dem frühestmöglichen (FEZ_i) und dem spätestzulässigen (SEZ_i) Endzeitpunkt eines

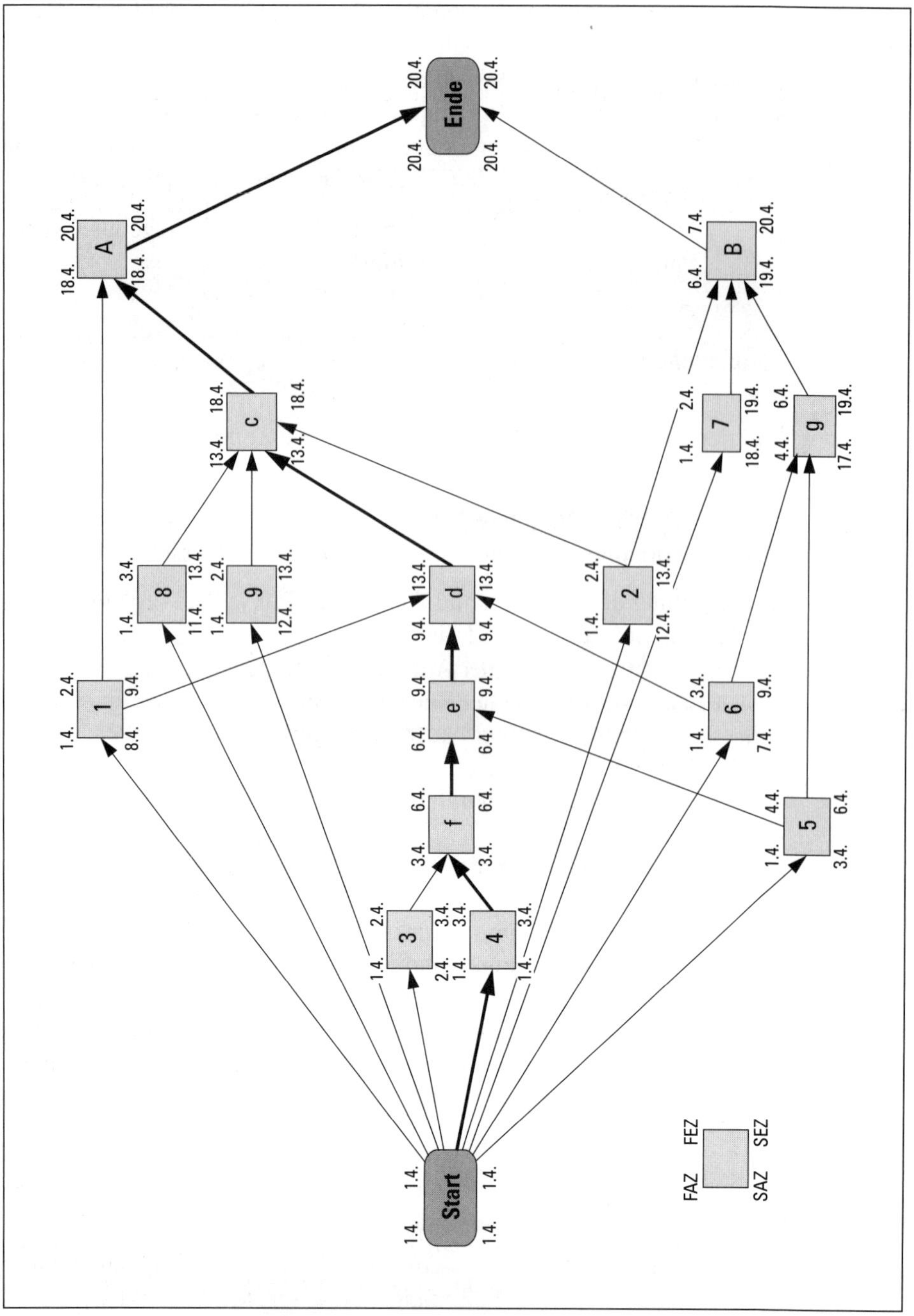

▲ Abb. 113 Netzplan mit kritischem Weg (16 Std./Arbeitstag, inkl. Samstag/Sonntag)

Vorganges. Vorgänge, deren Pufferzeit null ist, befinden sich auf dem kritischen Weg.

Die Ermittlung des kritischen Weges stellt das zentrale Problem der Zeitplanung dar.

Der **kritische Weg** ist derjenige Weg, auf dem sämtliche Vorgänge eine Pufferzeit von null aufweisen. Die Summe der auf ihm liegenden kritischen Vorgangsdauern ergibt die minimal mögliche Projektdauer.

Jede Verzögerung eines Vorganges auf dem kritischen Weg führt zu einer Verlängerung des Gesamtprojektes, weil die Verzögerung nicht durch eine Pufferzeit aufgefangen werden kann (◄ Abb. 113).[1]

2.4 Kapazitäts- und Kostenplanung

2.4.1 Kapazitätsplanung

Nach Berechnung der Durchlaufzeiten (die sich aus den Bearbeitungszeiten, den Förderzeiten und den Warte- oder Lagerzeiten zusammensetzen) bzw. der gesamten Projektdauer mit den möglichen Anfangs- und Endterminen der Fertigung müssen die dazu erforderlichen Kapazitäten ermittelt werden. In der **Kapazitätsplanung** muss überprüft werden,

- ob die notwendigen Kapazitäten vorhanden sind und
- wie die vorhandenen Kapazitäten unter Einhaltung der Termine bestmöglich ausgenutzt werden können, damit so wenig Leerzeiten wie möglich entstehen.

Daraus wird deutlich, dass Kapazitäts- und Zeitplanung (bzw. Berechnung der Durchlaufzeiten) in einem engen Zusammenhang zueinander stehen. Oft ist es nötig, dass die Zeitplanung aufgrund der vorhandenen Kapazitäten nochmals angepasst wird. Resultat dieser Abstimmungen ist ein endgültiger Maschinenbelegungsplan für die nächsten Tage, Wochen oder Monate, bei dem die verfügbaren Maschinen und Personen berücksichtigt worden sind. Als Instrument zur Darstellung dieser Zusammenhänge dient das Balkendiagramm.

Balkendiagramme stellen Zeitbänder in einem Koordinatensystem dar. Auf der Abszisse wird die Zeiteinteilung in Tagen, Wochen oder Monaten eingetragen, auf der Ordinate werden die einzelnen Arbeitsvorgänge untereinander gereiht. Durch einen Balken vom Anfangs- zum Schlusszeitpunkt wird die Dauer der einzelnen Arbeitsvorgänge angegeben.

1 Diesem Netzplan liegen die Daten in ◄ Abb. 108 (S. 350) zugrunde.

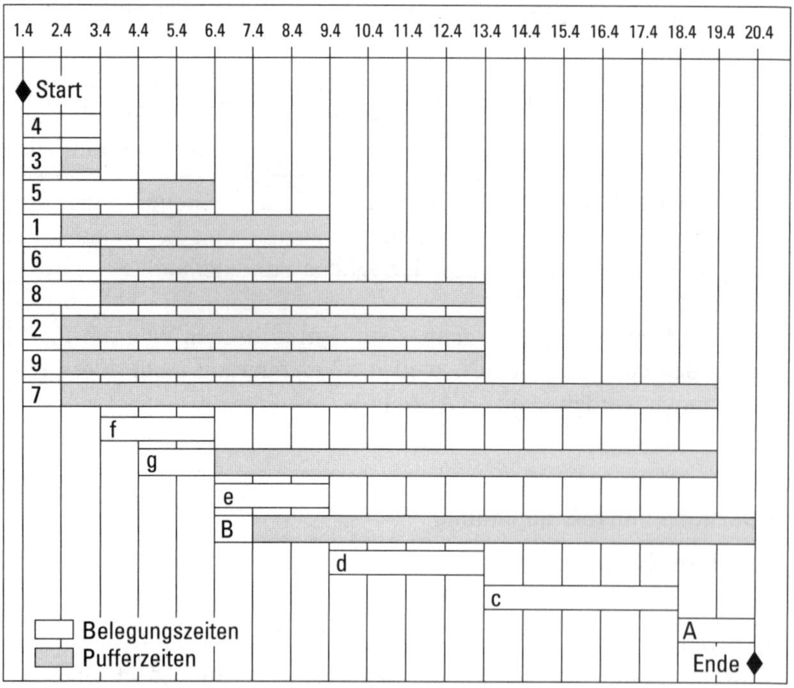

▲ Abb. 114 Beispiel eines Balkendiagramms

Balkendiagramme können zum Beispiel zur Darstellung von Arbeitsabläufen, zur Terminplanung bei Projekten und zur Planung des zeitlichen Einsatzes von Mitarbeitern und Maschinen verwendet werden (◀ Abb. 114). Sie zeigen hingegen nicht, wie die einzelnen Tätigkeiten logisch voneinander abhängen. Zudem sind Planänderungen nur mit relativ hohem Aufwand durchführbar, denn bei Verzögerung einer einzigen Teilaktivität verschieben sich – sofern keine Pufferzeit vorliegt – alle nachfolgenden Teilaktivitäten.

Probleme entstehen dann, wenn die vorhandenen Kapazitäten kleiner sind als die zur fristgerechten Auftragserfüllung notwendigen Kapazitäten. In diesem Falle müssen verschiedene Maßnahmen geprüft werden wie zum Beispiel

- eine Fremdvergabe,
- eine Erhöhung der Intensität (z. B. zusätzliche Schichten),
- der Versuch einer Terminverschiebung beim Kunden oder
- eine Kapazitätserweiterung durch zusätzliche Investitionen.

2.4.2 Kostenplanung

Bei der Kostenplanung geht es darum, die Gesamtkosten des Projektes zu erfassen und zu minimieren. Dabei wird man auf das **Dilemma der Ablaufplanung** stoßen.[1] Denn oft wird es zwar möglich sein, den kritischen Weg und somit die Projektdauer zu verkürzen, doch wird dies nur durch den Einsatz zusätzlicher oder durch stärkere Belastung der vorhandenen Produktionsfaktoren erreicht. Beide Möglichkeiten sind mit steigenden Kosten verbunden. Es gilt deshalb jenen kritischen Weg zu ermitteln, bei dem die Gesamtprojektkosten ein Minimum erreichen.

2.5 Fertigung

Sobald die Kapazitäts- und Kostenplanung abgeschlossen und darüber entschieden ist, kann die eigentliche Ausführung eines Projektes bzw. die Herstellung der Produkte in Angriff genommen werden. Dazu ist es notwendig, den ausführenden Mitarbeitern im Fertigungsbereich mit möglichst detaillierten und genauen Anordnungen ihre Aufgaben und die Arbeitsabläufe mitzuteilen. Als Hilfsmittel dient das Werkstattpapier und die Ablaufkarte.

2.5.1 Werkstattpapier

Die **Werkstattpapiere (Arbeitspläne)** enthalten sämtliche Informationen, die der Mitarbeiter zur Herstellung der Produkte braucht (▶ Abb. 115).

Neben technischen Spezifikationen enthalten die Werkstattpapiere vor allem Informationen über

- die erforderlichen Maschinen und Arbeitsplätze,
- die benötigten Werkzeuge und Materialien,
- die Reihenfolge der verschiedenen Arbeitsgänge und
- die dafür vorgesehenen Zeiten und Kosten.

Die Werkstattpapiere muss jedes Unternehmen entsprechend seiner spezifischen Situation entwerfen. Ein Werkstattpapier muss einerseits für jedes selbst produzierte Teil erstellt werden, das in das Endprodukt eingeht, und andererseits für jedes Endprodukt, das sich aus verschiedenen Teilen zusammensetzt. Werkstattpapiere werden in erster Linie in der Serienfertigung eingesetzt. In der Einzelfertigung, zumindest bei kleineren Produkten, wäre der Aufwand zur Erstellung solcher Arbeitspapiere zu groß.

1 Vgl. Teil 9, Kapitel 1, Abschnitt 1.3.2.2 „Ziele der Ablauforganisation und das Dilemma der Ablaufplanung".

Arbeitsplan	Benennung: Antriebswelle	Zeichnung: 63.213.71	Stückzahl: 30
Werkstoff: St 70	Rohlingsabmessung: ø 120 x 248 lang	Rohlingsgewicht: 22 kg/Stück	
Auftrags Nr.: 47/197	Termin: 14. 5. 01	Ausstellungstag: 25. 3. 01	

Nr.	Arbeitsgang	Maschine	Rüstzeit t_r in Minuten	Zeit je Einheit t_e in Minuten	Werkzeugkurzbezeichnung	Lohngruppe	Kostenstelle Arbeitsplatz	Vergleichswert tatsächlich verbrauchte Zeit	
								Rüsten	Fertigen
1	absägen 246 lang	Sgk 400	10	1,5		3		12	1,6
2	plandrehen, zentrieren	DZ 500	12	1,15	D1/B1	5		12	1,2
3	2. Seite plandrehen 244 lang	DZ 500	8	1,15	D1	5		8	1,1
4	3 Ansätze zwischen den Spitzen langdrehen	DZ 500	12	4,7	D3/4	5		10	4,5
5	Vierkant fräsen	UF 600 x 300	22	2,2	Fräsvorrichtung	4		22	2,3
6	entgraten	von Hand	–	0,35		3		–	0,4
7	bohren 2 x ø 8 und senken	BS 30	13	2,30	B2/8	3		12	2,2

▲ Abb. 115 Beispiel eines Werkstattpapiers (Tschätsch 1983, S. 71)

2.5.2 Ablaufkarte

Die **Ablaufkarte** – auch Arbeitsablauf- oder Laufkarte genannt – ist ein organisatorisches Hilfsmittel zur Arbeitsplanung im Fertigungs- und Montagebereich, um den Arbeitsablauf transparent zu machen (▶ Abb. 116).

Die Ablaufkarte ist eine spezielle Form des Ablaufplanes.[1] Sie enthält Informationen über

- die verschiedenen Arbeitsgänge (Ablaufstufen),
- die Art der Verrichtung (Objektbearbeitung, Inspektion, Transport, Stillstand) sowie
- die an der betrachteten Arbeit beteiligten Stellen.

Der Vorteil von Ablaufkarten liegt in der leichten Verständlichkeit, die vom betroffenen Mitarbeiter keine besonderen Kenntnisse erfordert. Sie sind vor allem bei Serien- und Sonderfertigung nützlich, wo sie als so genannte Auftragskarten die Aufträge bis zur Fertigstellung begleiten. Bei komplexen und stark verzweigten Prozessen sind Ablaufkarten weniger geeignet.

1 Vgl. dazu Teil 9, Kapitel 1, Abschnitt 1.4.1.4 „Ablaufplan".

Arbeitsablauf		Inhalt																
		Abteilung/Bereich																
Aufgenommen von		Geprüft von																
am		am																
Lfd Nr.	Ablaufstufen	Verrichtung				beteiligte Stellen												
		Objektbearbeitung	Inspektion	Transport	Stillstand	Planungsabteilung	Fertigungsleiter	Lager für Einsatzmaterial	Einkauf	Sägerei	Hobeln	Schleiferei	Montage	Lackiererei	Trockenraum	Beschlaganbringung	Kontrolle	Absatzlager
1	Fertigungsauftrag			x		1												
2	Auftragsbearbeitung durch den Fertigungsleiter	x					2											
3	Materialbereitstellung			x				3										
4	Einkauf der Beschläge	x							4									
5	Zuschnitt der Rohteile	x								5								
6	Hobeln der Rohteile	x									6							
7	Schleifen und Vorbereiten zum Lackieren	x										7						
8	Montage	x											8					
9	Lackieren des Rahmens	x												9				
10	Trocknen				x										10			
11	Eingang der bestellten Beschläge			x												11		
12	Beschläge anbringen	x														12		
13	Kontrolle		x														13	
14	Lagerung				x													14

▲ Abb. 116 Beispiel einer Ablaufkarte (Küpper 1981, S. 63)

2.6 Kontrolle

Rückmeldungen der Fertigung betreffen verschiedene Bereiche und ihre Informationen werden deshalb zu unterschiedlichen Zwecken verwendet. Rückmeldungen über den Auftragsfortschritt dienen in erster Linie der **Terminüberwachung.** Durch Meldung der abgeschlossenen Arbeitsgänge wird ersichtlich, ob der Auftrag termingerecht ausgeführt werden kann oder ob ungeplante Verzögerungen aufgrund irgendwelcher Störungen eingetreten sind. Im letzteren Fall muss die Terminierung und Kapazitätsauslastung neu vorgenommen werden. Rückmeldungen über Arbeitszeiten, Materialverbrauch, Anzahl hergestellter Stücke sowie über Ausschuss dienen dem **Rechnungswesen** zur Erfassung der Kosten bzw. zur Berechnung der Abweichungen zwischen den vorgegebenen Soll-Kosten (Standard-Kosten) und den effektiven Kosten. Die gleichen Daten dienen auch bei bestimmten Lohnformen (Akkordlohn, Prämienlohn[1]) zur Berechnung des **Leistungsanteils des Lohnes** eines Mitarbeiters.

2.7 Computerunterstützte Steuerung des Produktionsablaufs (CIM)

Ausgehend von der These Taylors, dass mit einer Funktions- oder Aufgabenspezialisierung die Produktivität erhöht werden könne,[2] schenkte man der Integration zusammenhängender Teilbereiche in der Produktion lange Zeit wenig Beachtung. Zusammengehörende Vorgänge wie Konstruktion, Arbeitsplanung, Maschinensteuerung und Kalkulation wurden in Teilvorgänge zergliedert, die von unterschiedlichen Abteilungen ausgeführt wurden. Empirische Untersuchungen haben in diesem Zusammenhang jedoch gezeigt, dass die Durchlaufzeiten bei starker Arbeitsteilung aufgrund der mehrfachen Informationsübertragung und Einarbeitungszeiten außerordentlich hoch sind. Diese Erkenntnisse führten zusammen mit der Entwicklung in der EDV dazu, dass mit Hilfe einer gemeinsamen Datenbasis eine bereichsübergreifende Nutzung der wesentlichen Informationen sichergestellt wurde. (Scheer 1987, S. 4)

Eine solche gemeinsame Datenbasis ermöglicht es, dass Informationen, die in einer Abteilung anfallen und in die Datenbasis eingegeben werden, sofort auch anderen beteiligten Stellen zur Verfügung stehen. Dadurch entfallen die Informationsübertragungszeiten und die Abläufe können erheblich beschleunigt werden. Dieses Prinzip versucht das **Computer Integrated Manufacturing (CIM)** zu verwirklichen, indem es die integrierte Informationsverarbeitung für betriebswirtschaftliche und technische Aufgaben eines Industriebetriebes anstrebt. Dies bedeutet, dass neben der gemeinsamen Datenbasis auch Datenverbindungen zwischen den mehr technischen Funktionen wie Konstruktion, Arbeitsplanung, Fertigung und den mehr begleitenden administrativen Prozessen wie Produktionsplanung und -steuerung aufgebaut werden müssen. (Scheer 1987, S. 5)

CIM soll beispielsweise folgenden Daten- und Vorgangsablauf ermöglichen: Die Wünsche des Kunden bezüglich einer besonderen Variante eines Erzeugnisses werden von der Auftragsannahme entgegengenommen und sofort über die gemeinsame Datenbasis an den Konstruktionsbereich weitergeleitet. Dieser kann aufgrund von Ähnlichkeitskatalogen auf bereits früher konstruierte und gefertigte verwandte Erzeugnisse zugreifen und damit eine erste Abschätzung der Auswirkungen des Kundenwunsches auf Fertigung und Kosten vornehmen. Falls nur ge-

1 Vgl. Teil 8, Kapitel 5, Abschnitt 5.3.4 „Lohnformen“.

2 Vgl. Teil 9, Kapitel 3, Abschnitt 3.1.2.2 „Mehrliniensystem“.

ringe konstruktive Änderungen zu erwarten sind, können bereits in der Datenbasis gespeicherte Zeichnungsinformationen für das früher gefertigte verwandte Erzeugnis an den Kunden übermittelt werden. Die Einbeziehung der Zeichnung in das Angebot kann im Übrigen auch die Kundenakquisition unterstützen. Nach Annahme des Auftrages kann eine Detailkonstruktion mit Hilfe des Datensystems durchgeführt und damit die Geometrie exakt festgelegt werden. (Scheer 1987, S. 7)

Zusammenfassend kann das **Computer Integrated Manufacturing (CIM)** als der integrierte EDV-Einsatz in allen mit der Produktion zusammenhängenden Betriebsbereichen umschrieben werden.[1]

CIM umfasst das informationstechnologische Zusammenwirken zwischen den folgenden Funktionen (▶ Abb. 117):[1]

- **Computer Aided Design (CAD):** CAD ist ein Sammelbegriff für alle Aktivitäten, bei denen die EDV direkt oder indirekt im Rahmen von Entwicklungs- und Konstruktionstätigkeiten eingesetzt wird. Dies bezieht sich im engeren Sinn auf die grafisch-interaktive Erzeugung und Manipulation einer digitalen Objektdarstellung, z.B. durch die zweidimensionale Zeichnungserstellung oder durch die dreidimensionale Modellbildung.
  Funktionszuordnung:
  - Entwicklungstätigkeiten
  - Technische Berechnungen
  - Konstruktionstätigkeiten
  - Zeichnungserstellung
- **Computer Aided Planning (CAP):** CAP bezeichnet die EDV-Unterstützung bei der Arbeitsplanung. Hierbei handelt es sich um Planungsaufgaben, die auf den konventionell oder mit CAD erstellten Arbeitsergebnissen der Konstruktion aufbauen, um Daten für Teilefertigungs- und Montageanweisungen zu erzeugen. Darunter wird die rechnerunterstützte Planung der Arbeitsvorgänge und der Arbeitsgangfolgen, die Auswahl von Verfahren und Betriebsmitteln zur Erzeugung der Objekte sowie die rechnerunterstützte Erstellung von Daten für die Steuerung der Betriebsmittel des Computer Aided Manufacturing verstanden.
  Funktionszuordnung:
  - Arbeitsplanerstellung
  - Betriebsmittelauswahl
  - Erstellung von Teilefertigungsanweisungen
  - Erstellung von Montageanweisungen
  - NC-Programmierung
- **Computer Aided Manufacturing (CAM):** CAM bezeichnet die EDV-Unterstützung zur technischen Steuerung und Überwachung der Betriebsmittel bei der Her-

1 Diese und die folgenden Definitionen und Beschreibungen wurden einer Broschüre der Arbeitsgemeinschaft für wirtschaftliche Fertigung entnommen (AWF 1986).

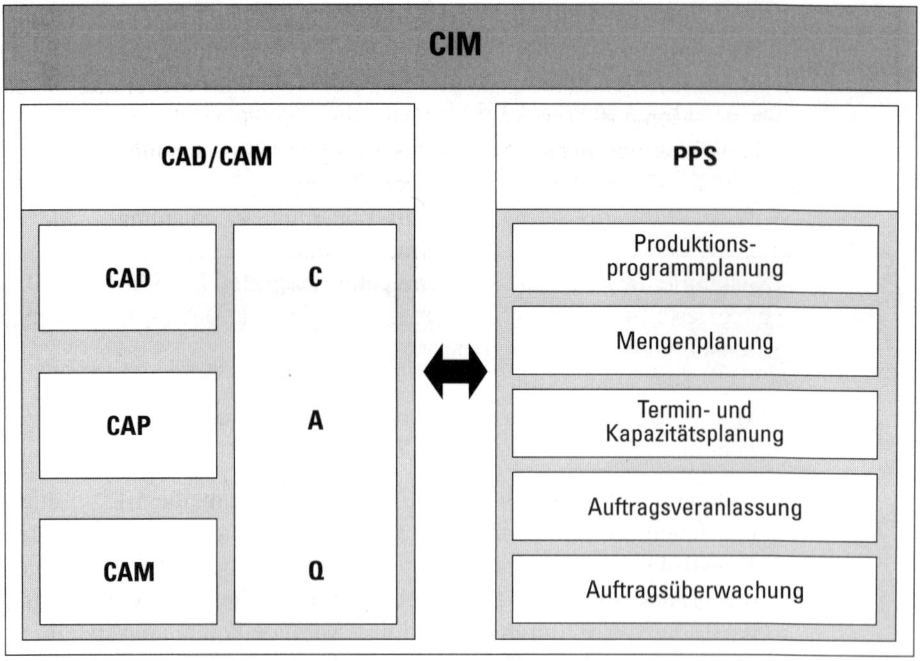

▲ Abb. 117 CIM-Konzept (AWF 1986, S. 10)

stellung der Objekte im Fertigungsprozess. Dies bezieht sich auf die direkte Steuerung von Arbeitsmaschinen, verfahrenstechnischen Anlagen, Handhabungsgeräten sowie auf das Transport- und Lagersystem.

Funktionszuordnung: Technische Steuerung und Überwachung folgender Funktionen:
- Fertigen
- Handhaben
- Transportieren
- Lagern

- **Computer Aided Quality Assurance (CAQ):** CAQ bezeichnet die EDV-unterstützte Planung und Durchführung der Qualitätssicherung. Hierunter wird einerseits die Erstellung von Prüfplänen, Prüfprogrammen und Kontrollwerten verstanden, andererseits die Durchführung rechnerunterstützter Mess- und Prüfverfahren.

Funktionszuordnung:
- Festlegen von Prüfmerkmalen
- Erstellung von Prüfvorschriften und -plänen
- Erstellung von Prüfprogrammen für rechnerunterstützte Prüfeinrichtungen
- Überwachung der Prüfmerkmale am Objekt

- **Produktionsplanung und -steuerung (PPS):** PPS bezeichnet den Einsatz rechnerunterstützter Systeme zur organisatorischen Planung, Steuerung und Überwachung der Produktionsabläufe von der Angebotsbearbeitung bis zum Versand unter Mengen-, Termin- und Kapazitätsaspekten.

  Funktionszuordnung:
  - □ Produktionsprogrammplanung
  - □ Mengenplanung
  - □ Termin- und Kapazitätsplanung
  - □ Auftragsveranlassung
  - □ Auftragsüberwachung

Kapitel 3

Produktions- und Kostentheorie

3.1 Produktions- und Kostenfunktionen

3.1.1 Einleitung

Wie bereits dargelegt, ist die betriebliche Leistung das Resultat der Kombination von Produktionsfaktoren. Aufgabe einer Produktions- und Kostentheorie[1] ist es deshalb, die funktionalen Beziehungen zwischen dem mengen- und wertmäßigen Input an Produktionsfaktoren und dem jeweiligen Output zu untersuchen und modellmäßig darzustellen.

Je nach dem Verhältnis, in dem die Produktionsfaktoren eingesetzt werden, kann zwischen **substitutionalen** und **limitationalen** Produktionsfaktoren unterschieden werden.

1. **Substitutionale** Produktionsfaktoren sind solche, die bei der Erbringung eines bestimmten Outputs untereinander ausgetauscht werden können und somit in keinem festen Verhältnis zueinander eingesetzt werden (z.B. menschliche Arbeitskraft kann durch eine Maschine ersetzt werden). Je nachdem, ob ein Faktor entweder ganz oder nur teilweise ersetzt werden kann, unterscheidet man zwischen einer partiellen, totalen oder partiell-totalen Substitution. Bei der partiell-totalen Substitution kann beispielsweise bei zwei Produktionsfaktoren der eine vollständig, der andere aber nur teilweise substituiert werden.

1 Die allgemeinen kostentheoretischen Grundlagen werden in Teil 5, Kapitel 3, Abschnitt 3.1 „Kosten- und Leistungsrechnung", behandelt.

2. **Limitationale** Produktionsfaktoren dagegen stehen zur Erbringung eines Outputs immer in einem gleich bleibenden festen Verhältnis zueinander, zum Beispiel $r_1 : r_2 : r_3 = 1 : 3 : 6$.

Durch den **Produktionskoeffizienten** ρ kann ferner die Menge angegeben werden, mit der ein Produktionsfaktor r_i an der Ausbringung x beteiligt ist:

- $\rho_i = \frac{r_i}{x}$ wobei $i = 1, 2, \ldots, n$

Als Ausgangspunkt für die modellmäßige Darstellung der funktionalen Beziehungen zwischen dem Input an Produktionsfaktoren und dem jeweiligen Output dient die so genannte **Produktionsfunktion,** die in ihrer allgemeinen Form folgendes Aussehen hat:

(1) $x = f(r_1, r_2, \ldots, r_n)$

wobei: x = Output
$r_1, r_2, \ldots, r_n$ = Faktoreinsatzmengen

Bewertet man die verschiedenen Faktoreinsatzmengen $r_1, r_2, \ldots, r_n$ mit ihren als konstant angenommenen Faktorpreisen $p_1, p_2, \ldots, p_n$, so erhält man als allgemeine **Kostenfunktion:**

(2) $K^* = r_1 p_1 + r_2 p_2 + \ldots + r_n p_n$

In der Theorie wurden verschiedene Produktionsfunktionen mit den dazugehörenden Kostenfunktionen entwickelt, die in der Literatur als Typ A, B und C bezeichnet werden. Im Folgenden wird die Produktionsfunktion vom Typ A dargestellt.[1]

3.1.2 Produktions- und Kostenfunktion vom Typ A

3.1.2.1 Grundstruktur der Produktionsfunktion vom Typ A

Die Produktionsfunktion vom Typ A beruht auf dem Gesetz vom abnehmenden Ertragszuwachs, meistens nur Ertragsgesetz genannt.

> Die Verallgemeinerung des aus dem landwirtschaftlichen Bereich stammenden **Ertragsgesetzes** besagt, dass wachsende Faktoreinsätze zunächst steigende, über ein bestimmtes Optimum hinausgehend aber sinkende Ertragszunahmen zur Folge haben.

1 Für die Produktionsfunktion vom Typ B vgl. Gutenberg 1976a, S. 326ff., für die Produktionsfunktion vom Typ C Heinen 1990, S. 166ff., und Reichwald/Dietel 1991, S. 412ff.

Die aus dem Ertragsgesetz abgeleitete Produktionsfunktion beruht auf folgenden Annahmen (Wöhe 1990, S. 565f.):

1. Ein konstanter und ein variabler Produktionsfaktor (oder eine Gruppe variabler Faktoren) werden in der Weise kombiniert, dass die Ausbringungsmenge allein durch steigende Mengeneinheiten des variablen Faktors erhöht werden kann.
2. Der variable Produktionsfaktor ist völlig homogen, d.h. alle Einheiten sind von völlig gleicher Qualität und gegenseitig austauschbar.
3. Der variable Produktionsfaktor ist beliebig teilbar.
4. Die Produktionstechnik ist unveränderlich.
5. Es wird nur eine Produktart erzeugt.

Geht man vereinfachend von zwei Einsatzfaktoren r_1 und r_2 aus, so lautet die Produktionsfunktion

(3) $x = f(r_1, r_2)$

Werden zwei Produktionsfaktoren nun so miteinander kombiniert, dass der eine konstant gehalten wird und der andere frei variierbar ist, d.h.

(4) $x = f(r_1, \bar{r}_2)$ wobei $\bar{r}_2$ = konstant,

dann resultiert eine Ertragsänderung nur durch Variation der Einsatzmengen des variablen Faktors und es ergibt sich die in ▶ Abb. 118 dargestellte Gesamtertragskurve. Diese bildet den Ausgangspunkt für die folgenden kostentheoretischen Überlegungen.

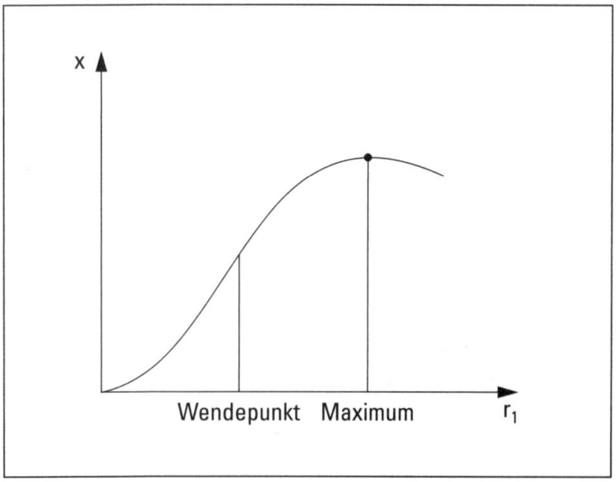

▲ Abb. 118 Gesamtertragskurve Produktionsfunktion Typ A

3.1.2.2 Kostenfunktion der Produktionsfunktion vom Typ A

Die Ermittlung der Kostenfunktion zielt darauf ab, die Kosten K der Produktion eines Produktes in Abhängigkeit von der Ausbringungsmenge x dieses Gutes darzustellen. Dazu wird Gleichung (2) herangezogen, welche die Abhängigkeit der Kosten von der Faktoreinsatzmenge angibt, und Gleichung (4), welche die Abhängigkeit der Ausbringungsmenge von der Faktoreinsatzmenge darstellt. Bei der Herleitung dieser Gesamtkostenfunktion K(x) sind des Weiteren auch die fixen Kosten K_{fix} (für vorhandene Maschinen und Mitarbeiter) zu berücksichtigen, die unabhängig von der Höhe der Ausbringungsmenge anfallen. Aus Gleichung (2) ergibt sich somit:

$$(5)\quad K^*(r_1) = K_{fix} + p_1 r_1$$

Gleichung (6), welche die Umkehrfunktion der Produktionsfunktion (vgl. Gleichung (4)) darstellt, gibt nun die Abhängigkeit der Faktoreinsatzmenge von der Ausbringungsmenge an:

$$(6)\quad r_1 = f^{-1}(x)$$

Eingesetzt in Gleichung (5) ergeben sich somit Gleichung (7) und (8), welche die Gesamtkosten K(x) in Abhängigkeit von der Ausbringungsmenge darstellen.

$$(7)\quad K^*[f^{-1}(x)] = K_{fix} + p_1 f^{-1}(x)$$

$$(8)\quad K(x) = K_{fix} + p_1 f^{-1}(x)$$

Geometrisch lässt sich die Gesamtkostenfunktion in ▶ Abb. 119 herleiten, indem zunächst die Produktionsfunktion (vgl. Gleichung (4)) durch eine Spiegelung an der 45° Linie in deren Umkehrfunktion (vgl. Gleichung (6)) überführt wird, welche somit die Faktoreinsatzmenge r_1 in Abhängigkeit von der Ausbringungsmenge x darstellt. Durch Multiplikation der Werte dieser Funktion mit dem (als konstant angenommenen) Preis des Faktors 1 erhält man die Funktion der variablen Kosten $K_{var}(x)$. Durch Addition der fixen Kosten K_{fix}, ergibt sich somit die Funktion der Gesamtkosten K(x) (vgl. Gleichung (8)), welche aus einer Verschiebung der Funktion K_{var} nach oben um den Betrag der fixen Kosten resultiert.

Aus der Gesamtkostenkurve lassen sich verschiedene Kostenkurven ableiten, die als Entscheidungsgrundlage für das Unternehmen und somit für die folgenden Betrachtungen von Bedeutung sind:

- Grenzkostenkurve K',
- Durchschnittskosten- oder Stückkostenkurve k,
- variable Stückkostenkurve k_v,
- fixe Stückkostenkurve k_f.

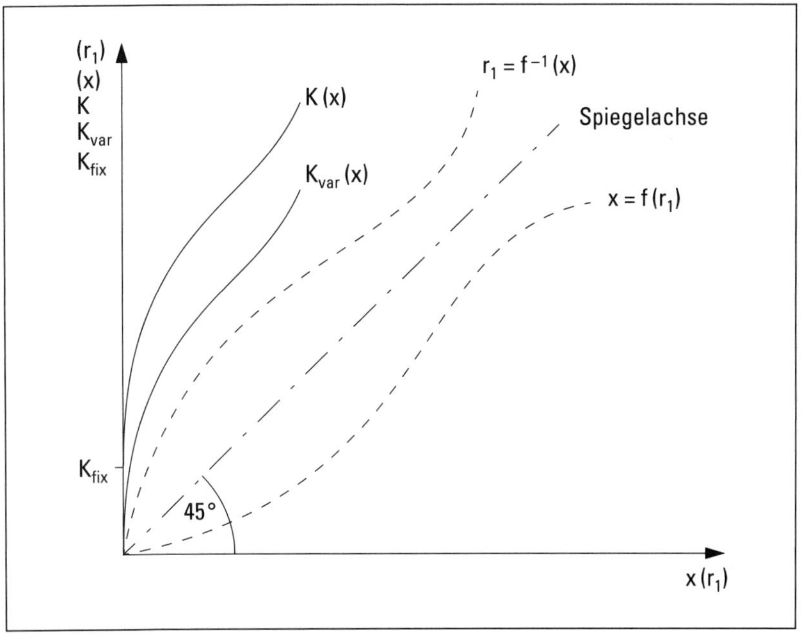

▲ Abb. 119 Gesamtkostenkurve Produktionsfunktion Typ A

Unterstellt man zusätzlich für das produzierte Gut x einen konstanten Stückpreis, womit dieser gleich dem Grenzerlös und dem Durchschnittspreis ist, so lassen sich – unter Berücksichtigung der sich ergebenden Erlös- und Grenzerlöskurven – die so genannten kritischen Kostenpunkte ermitteln (▶ Abb. 120). Erfolgt die Ausrichtung der Betrachtung auf die produzierte Menge, so ergeben sich folgende Punkte:

- **Gewinnschwelle (P_3)** und **Gewinngrenze (P_4)**: Diese beiden Punkte, auch Nutzschwelle und Nutzgrenze genannt, signalisieren den Eintritt in bzw. den Austritt aus der Gewinnzone bei einer Variation der produzierten Menge. Punkt P_3 bezeichnet man auch als **Break-even-Punkt.**
- **Betriebsminimum (P_1)** und **Betriebsmaximum (P_2)**: Punkt P_1 und P_2 geben die langfristige mengenmäßige Grenze an, die nicht unter- bzw. überschritten werden sollte, weil dadurch die fixen Kosten nicht und die variablen nur teilweise gedeckt würden. Wenn ein Unternehmen langfristig insbesondere Punkt P_1 nicht erreichen würde, müsste eine Betriebsschließung in Erwägung gezogen werden.
- **Gewinnmaximum (P_5)**: In diesem Punkt erwirtschaftet das Unternehmen den maximalen Gesamtgewinn, weil bis zu diesem Punkt jede zusätzlich produzierte Einheit zwar einen abnehmenden, aber positiven Gewinnbeitrag beisteuert.
- **Optimaler Kostenpunkt (P_6)**: Der Punkt P_6 ist der optimale Kostenpunkt, weil das Unternehmen in diesem Punkt mit den geringsten Stückkosten und somit am

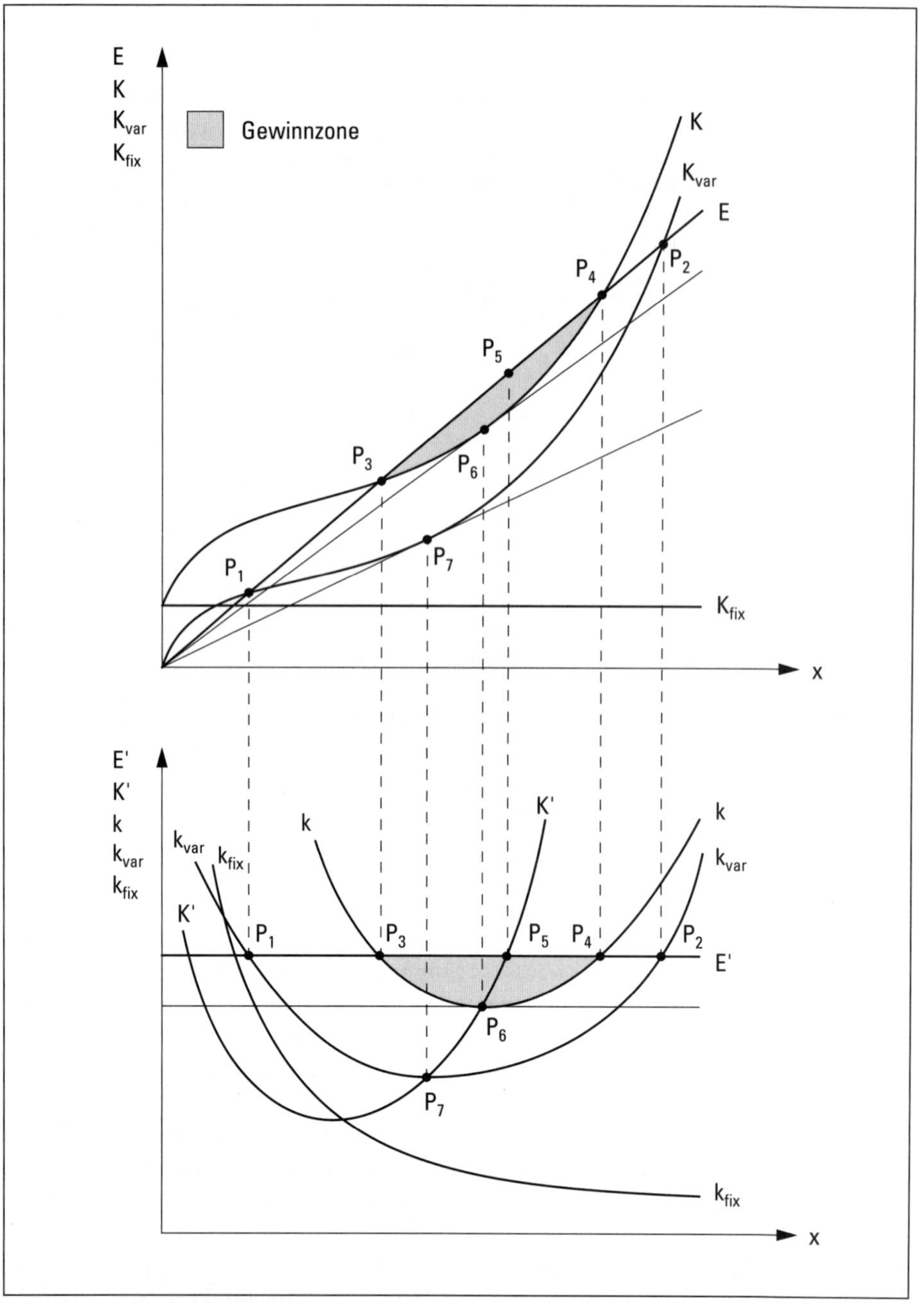

▲ Abb. 120 Kostenkurven aus Produktionsfunktion Typ A

wirtschaftlichsten arbeitet. Diese sind gleich den Grenzkosten und somit ist der **Gewinn pro Stück** am größten.

Erfolgt die Ausrichtung der Betrachtung auf den mit dem Verkauf zu erzielenden Preis des Produktes x, so ergeben sich folgende Punkte:

- **Langfristige Preisuntergrenze (P_6):** Geht man davon aus, dass sich der Verkaufspreis des Produktes x ändern kann (die Erlös- und Grenzerlöskurve verschieben sich dabei), so gibt der Punkt P_6 den Preis an, der genau den niedrigsten Kosten pro Stück entspricht, die im Rahmen der Produktion zu erreichen sind. Sinkt der Preis unter dieses Niveau, ist es nicht mehr möglich, die Stückkosten durch eine Variation der produzierten Menge zu decken, und das Unternehmen ist langfristig nicht überlebensfähig.
- **Kurzfristige Preisuntergrenze (P_7):** Unter Berücksichtigung der Tatsache, dass das Unternehmen kurzfristig nur die variablen Kosten beeinflussen kann – die fixen Kosten sind kurzfristig gegeben – gibt P_7 die kurzfristige Preisuntergrenze an. Sinkt der Preis unter das durch den Punkt P_6 bestimmte Niveau, so werden die Stückkosten zwar nicht komplett gedeckt, zumindest aber die kurzfristig beeinflussbaren variablen Stückkosten. Es wird also ein positiver Deckungsbeitrag erzielt. Sinkt der Preis weiter unter das durch P_7 bestimmte Niveau, werden auch die variablen Stückkosten nicht mehr gedeckt, so dass eine kurzfristige Einstellung der gesamten Produktion die Verluste verringern würde.

3.1.2.3 Beurteilung

Die Übertragbarkeit des Ertragsgesetzes vom landwirtschaftlichen auf den industriellen Bereich wurde stark angezweifelt, weil sie empirisch nie bewiesen werden konnte, sondern auf einem reinen Analogieschluss beruht. Auch wenn in bestimmten industriellen Bereichen (z.B. Chemie) gewisse Voraussetzungen des Ertragsgesetzes erfüllt sind, werden vor allem zwei Bedingungen dieses Gesetzes angezweifelt, nämlich

1. die weitgehende Substituierbarkeit der Produktionsfaktoren und
2. das Vorhandensein eines konstanten Produktionsfaktors.

3.2 Anpassungsformen an Beschäftigungsschwankungen

3.2.1 Anpassung bei unverändertem Potenzialfaktorbestand

Bei Veränderungen des Beschäftigungsgrades stellt sich für ein Unternehmen die Frage, auf welche Art und Weise es seine Kapazität an die veränderte Situation anpassen könnte. Grundsätzlich können drei Formen unterschieden werden:

1. Bei der **zeitlichen Anpassung** wird bei gleich bleibendem Bestand der eingesetzten Potenzialfaktoren und konstanter Intensität die Betriebszeit entweder erhöht (z.B. Überstunden) oder verkürzt (z.B. Kurzarbeit). Unterstellt man konstante Faktorkosten, so sind die Grenzkosten konstant und die variablen Kosten steigen proportional zur Produktionsmenge. In der betrieblichen Wirklichkeit wird es aber so sein, dass insbesondere die über die vertraglich festgelegte Arbeitszeit hinausgehende Zeit höhere Faktorkosten infolge von Überstunden-, Nachtarbeits- oder Sonn- und Feiertagszuschlägen verursacht. Dies bewirkt sowohl eine prozentuale Steigerung der Lohnkosten- als auch der Gesamtkostenkurve vom Punkt der Überzeit an (▶ Abb. 121).
2. Bei der **intensitätsmäßigen Anpassung** wird bei gleich bleibendem Bestand der eingesetzten Potenzialfaktoren und konstanter Betriebszeit die Nutzungsintensität der Potenzialfaktoren variiert. Man lässt zum Beispiel eine Maschine mit verschiedenen Tourenzahlen laufen oder die Mitarbeiter erreichen unterschiedliche Produktivitäten. In diesem Fall sind keine allgemeinen Aussagen über den Verlauf der Gesamtkosten möglich.

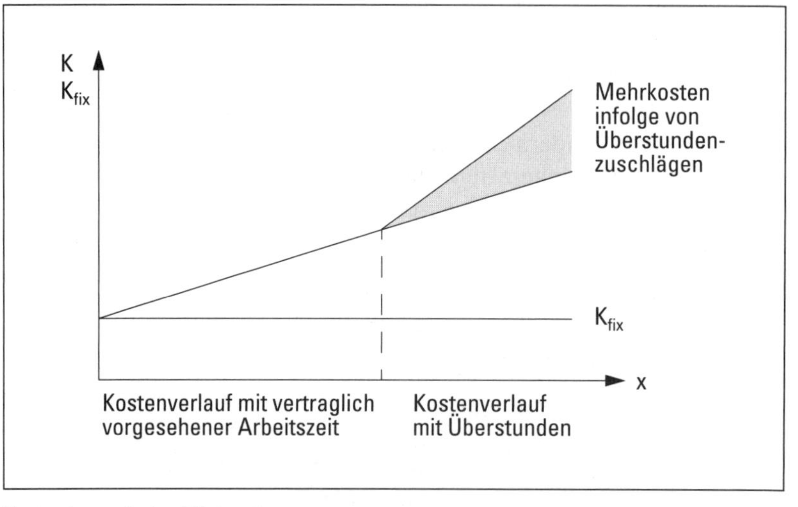

▲ Abb. 121 Kostenkurve bei zeitlicher Anpassung

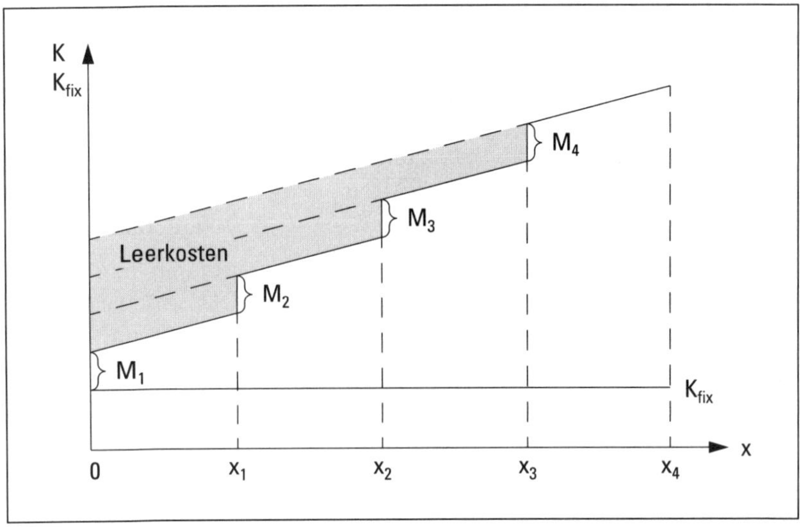

▲ Abb. 122 Rein quantitative Anpassung

3. Bei der **quantitativen Anpassung** wird die Anzahl der eingesetzten Potenzialfaktoren bei gleicher Intensität und Betriebszeit variiert, ohne dass der Gesamtbestand an Potenzialfaktoren verändert wird. Dabei gilt es zwei Fälle zu unterscheiden, nämlich die rein quantitative und die quantitativ-selektive Anpassung:
   a. **Rein quantitative Anpassung:** Bei der rein quantitativen Anpassung liegen Potenzialfaktoren gleicher Beschaffenheit bezüglich technischer Eigenschaften (Intensität, Genauigkeit, Ausschussquoten) vor. Sie weisen deshalb auch die gleiche Kostenstruktur auf, d. h. pro hergestellte Einheit eines Erzeugnisses fallen gleich hohe variable Kosten an und jedes Aggregat verursacht intervallfixe Kosten in gleicher Höhe. Es spielt für ein Unternehmen somit keine Rolle, welche Faktoren es bei einer Veränderung des Beschäftigungsgrades zuerst ausscheidet bzw. in Betrieb nimmt. ◀ Abb. 122 zeigt den Kostenverlauf und die dabei anfallenden Kosten bei vier gleichartigen Maschinen.
   b. **Quantitativ-selektive Anpassung:** Während die rein quantitative Anpassung in der Regel kein Auswahlproblem mit sich bringt, besteht ein solches, wenn die vorhandenen Maschinen unterschiedliche technische Eigenschaften und eine unterschiedliche Kostenstruktur aufweisen. In diesem Fall müssen zuerst die unproduktivsten Potenzialfaktoren ausgeschieden bzw. die produktivsten in Betrieb genommen werden. Es handelt sich somit nicht nur um eine quantitative Veränderung der Zahl der eingesetzten Potenzialfaktoren, sondern zugleich auch um eine qualitative Veränderung der Faktorkombination. In ▶ Abb. 123 werden wiederum die Kosten von vier Maschinen aufgezeigt, die in diesem Falle aber qualitativ verschieden voneinander sind. Bei

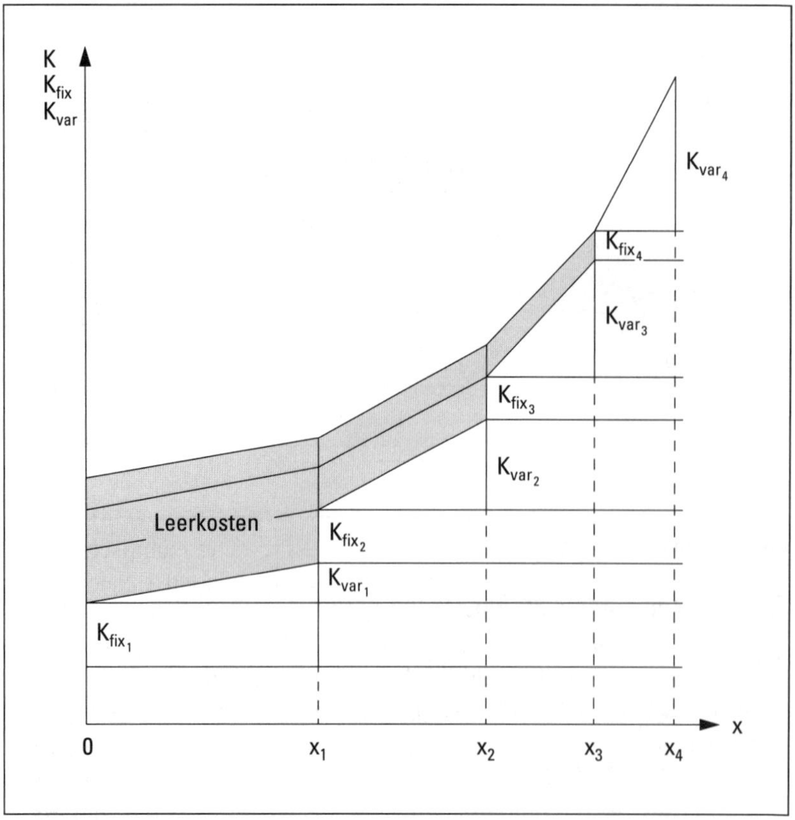

▲ Abb. 123 Quantitativ-selektive Anpassung

einem Beschäftigungsrückgang würde nun jene Maschine zuerst ausgeschieden, deren variable Kosten K_v am höchsten sind, da die intervallfixen Kosten einer jeden Maschine ohnehin anfallen. In ◄ Abb. 123 ist dies die Maschine M_4.

3.2.2 Anpassung bei verändertem Potenzialfaktorbestand (Betriebsgrößenvariation)

Während bei den bisher betrachteten Anpassungsformen an Beschäftigungsschwankungen die kurz- bis mittelfristig durchführbaren Maßnahmen Ausgangspunkt waren, geht es in diesem Abschnitt um die **langfristigen** Maßnahmen, d.h. um die Anpassung der Betriebsgröße durch eine **Veränderung des Potenzialfaktorbestandes.** Dabei werden zwei Fälle unterschieden:

1. Die **multiple Betriebsgrößenvariation** beinhaltet eine Veränderung des Potenzialfaktorbestandes in dem Sinne, dass eine Erweiterung durch Maschinen oder

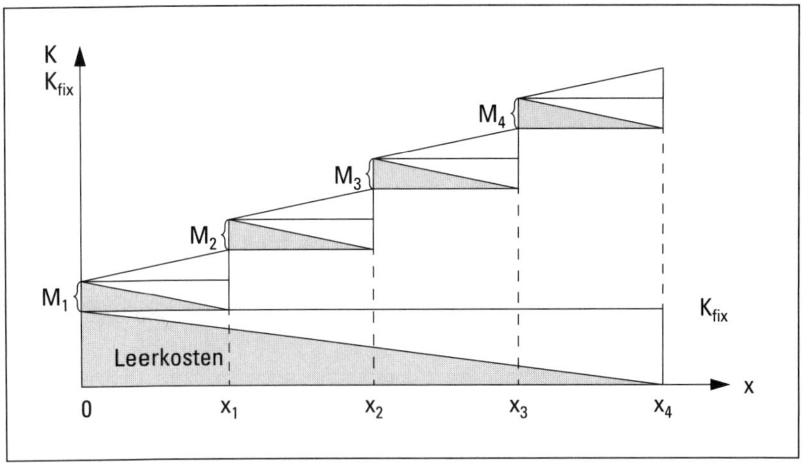

▲ Abb. 124 Multiple Betriebsgrößenvariation

Betriebsteile (Abteilungen) mit völlig gleichartiger technischer und personeller Ausstattung geschieht. Da die neu dazukommenden Betriebseinheiten lediglich ein **Vielfaches** der bisherigen darstellen, spricht man von einer multiplen Betriebsgrößenvariation. ◄ Abb. 124 zeigt den Kostenverlauf für vier gleichartige Maschinen bei dieser Form der Anpassung.

2. In der betrieblichen Wirklichkeit wird jedoch infolge des technischen Fortschritts eine Betriebsgrößenvariation meist mit einer Veränderung des angewandten fertigungstechnischen Verfahrens einhergehen. Es handelt sich somit nicht in erster Linie um eine quantitative, sondern um eine **qualitative** Veränderung. Man spricht deshalb von einer **mutativen Betriebsgrößenvariation**. Diese ist dadurch gekennzeichnet, dass ein Betrieb mit steigender Ausbringungsmenge zu kapitalintensiveren Verfahren übergeht, die mit steigenden Fixkosten und sinkenden proportionalen Kosten verbunden sind. Die daraus resultierenden Kostenkurven (Gesamtkosten K, Durchschnittskosten k, Grenzkosten K' und variable Durchschnittskosten k_v, wobei $K' = k_v$ bei linearem Gesamtkostenverlauf) zeigt ► Abb. 125 bei vier Aggregaten mit unterschiedlichen Produktionsverfahren. Aus dieser Abbildung wird zudem deutlich, dass das günstigste Verfahren von der Ausbringungsmenge x abhängig ist. Die Punkte x_1, x_2 und x_3 zeigen, von welcher Menge an sich ein neues kapitalintensiveres Verfahren lohnt. Unterstellt man beliebig viele Aggregate mit unterschiedlichen Produktionsverfahren, so liegen die Schnittpunkte der Gesamtkostenkurven auf der in ► Abb. 125 fett eingezeichneten Kurve. Auf dieser befinden sich die minimal erreichbaren Gesamtkosten jeder Ausbringung.

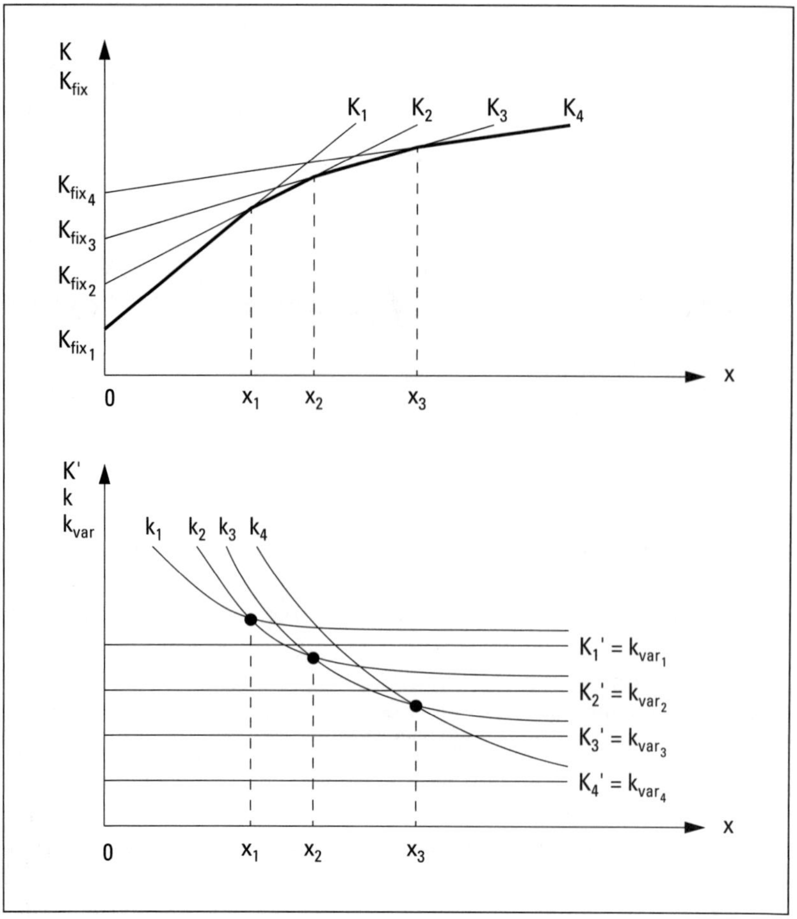

▲ Abb. 125 Mutative Betriebsgrößenvariation

Literaturhinweise

Hässig, Kurt: Material- und Produktionswirtschaft. In: Thommen, J.-P.: Betriebswirtschaftslehre, Band 1: Unternehmung und Umwelt, Marketing, Material- und Produktionswirtschaft. 4. Auflage, Zürich 1996, S. 385–580

Hässig, Kurt: Prozessmanagement in Unternehmensnetzwerken. Zürich 2000

Jehle, E./Müller, K./Michael, H.: Produktionswirtschaft. Eine Einführung mit Anwendungen und Kontrollfragen. 3. Auflage, Heidelberg 1990

Kahle, Egbert: Produktion. Lehrbuch zur Planung der Produktion und Materialbereitstellung. 3., völlig neu bearbeitete Auflage, München/Wien 1991

Kern, Werner: Industrielle Produktionswirtschaft. 4., neu bearbeitete und erweiterte Auflage, Stuttgart 1990

Kern, Werner (Hrsg.): Handwörterbuch der Produktionswirtschaft. 2. Auflage, Stuttgart 1996

Scheer, August-Wilhelm: CIM – Computer Integrated Manufacturing. Der computergesteuerte Industriebetrieb. 2., durchgesehene Auflage, Berlin u. a. 1987

Steinbuch, P. A./Olfert, K.: Fertigungswirtschaft. 6., aktualisierte Auflage, Ludwigshafen (Rhein) 1995

Warnecke, Hans-Jürgen: Der Produktionsbetrieb 1. Organisation, Produkt, Planung. 3., unveränderte Auflage, Berlin u.a. 1995a

Warnecke, Hans-Jürgen: Der Produktionsbetrieb 2. Produktion, Produktionssicherung. 3., unveränderte Auflage, Berlin u.a. 1995b

Wiendahl, Hans-Peter: Betriebsorganisation für Ingenieure. 3., überarbeitete und erweiterte Auflage, München/Wien 1989

Zäpfel, Günther: Taktisches Produktions-Management. Berlin/New York 1989a

Zäpfel, Günther: Strategisches Produktions-Management. Berlin/New York 1989b

Teil 5

Rechnungswesen

Inhalt

Kapitel 1

Grundlagen des betrieblichen Rechnungswesens

1.1 Begriff und Zweck des betrieblichen Rechnungswesens

Das betriebliche Rechnungswesen dient der mengen- und wertmäßigen Erfassung, Verarbeitung, Abbildung und Überwachung sämtlicher Zustände und Vorgänge (Geld- und Leistungsströme), die im Zusammenhang des betrieblichen Leistungsprozesses auftreten. Dabei lässt es sich – je nach seinen Aufgaben – in das externe und das interne Rechnungswesen unterteilen (▶ Abb. 126). Das externe und das interne Rechnungswesen haben sich getrennt voneinander entwickelt, sind jedoch eng miteinander verbunden und basieren teilweise auf gleichem Zahlenmaterial.

Das **externe Rechnungswesen** wird durch das Handelsrecht (HGB) und das Steuerrecht (EStG, KStG) bestimmt. Seine Aufgaben sind vor allem die Rechenschaftslegung und die Informationsbereitstellung über die Vermögens-, Finanz- und Ertragslage des Unternehmens. Es informiert neben den Gläubigern und Aktionären des Unternehmens auch die Mitarbeiter sowie die am Unternehmen interessierte Öffentlichkeit. Zudem stellt es die Bezugsgrundlage für die Unternehmensbesteuerung dar.

Das **interne Rechnungswesen** ist weitgehend unternehmensspezifisch gestaltet. Zu seinen Aufgaben zählen die Dokumentation und Kontrolle aller im Betrieb anfallenden Geld- und Leistungsströme. Zudem dient es dem Unternehmen zur internen Steuerung von betrieblichen Ressourcen und als Informationssystem.

	Externes Rechnungswesen	Internes Rechnungswesen
Ziele	Rechenschaftslegung, Information	Dokumentation, Kontrolle, Steuerung
Vorschriften	Handelsrecht (HGB), Steuerrecht (EStGB, KStG)	weitgehend unternehmensspezifische Ausgestaltung
Rechnungsgrößen	Aufwand und Ertrag (Erfolgsgrößen, die für externe Erfolgsnachweise dienen)	Kosten und Leistungen (Rechnungsgrößen, die für interne Analyse- und Entscheidungsanlässe betrachtet werden)

▲ Abb. 126 Vergleich externes und internes Rechnungswesen

1.2 Struktur des betrieblichen Rechnungswesens

▶ Abb. 127 stellt die Struktur des betrieblichen Rechnungswesens dar. Zum **externen** Rechnungswesen zählen der Jahres- und Konzernabschluss (die nach nationalen und zum Teil auch nach internationalen Normen erstellt werden) und die Steuerbilanz. Des weiteren gehören hierzu die Sonderbilanzen, die bei besonderen Finanzierungsanlässen (Gesellschaftsgründungen, -umwandlungen, -fusionen, -sanierungen, -liquidationen, -überschuldungen, -auseinandersetzungen, -konkurse und -vergleiche) des Unternehmens aufgestellt und publiziert werden müssen.

Das **interne** Rechnungswesen kann in die drei Hauptbereiche Finanzbuchhaltung, Kosten- und Leistungsrechnung (KLR) und Controlling untergliedert werden, die durch sonstige Bereiche ergänzt werden. In diese fallen z.B. die Kapitalflussrechnung, Betriebsanalyse, Statistik und diverse Sonderrechnungen.

Die Finanzbuchhaltung dient als Grundlage für das externe und das interne Rechnungswesen und wird deswegen nachfolgend kurz erläutert.

Unter **Finanzbuchhaltung** versteht man die chronologische Erfassung aller wirtschaftlich bedeutenden, im Betrieb ereigneten Geschäftsvorfälle, die sich auf den Wert und die Zusammensetzung des Vermögens, des Kapitals und des Erfolges des Unternehmens auswirken.

In der Finanzbuchhaltung werden die Bestände (und deren Veränderungen) an Gebäuden, Maschinen, Vorräten, Forderungen und Geldmitteln auf der einen Seite und die Verpflichtungen des Unternehmens auf der anderen Seite ausgewiesen und der Unternehmenserfolg ermittelt. Auf Grund dieser allgemeinen Charakterisierung kann der Finanzbuchhaltung insbesondere die Aufgabe der chronologischen und systematischen Erfassung des laufenden Geschäftsverkehrs zugewiesen wer-

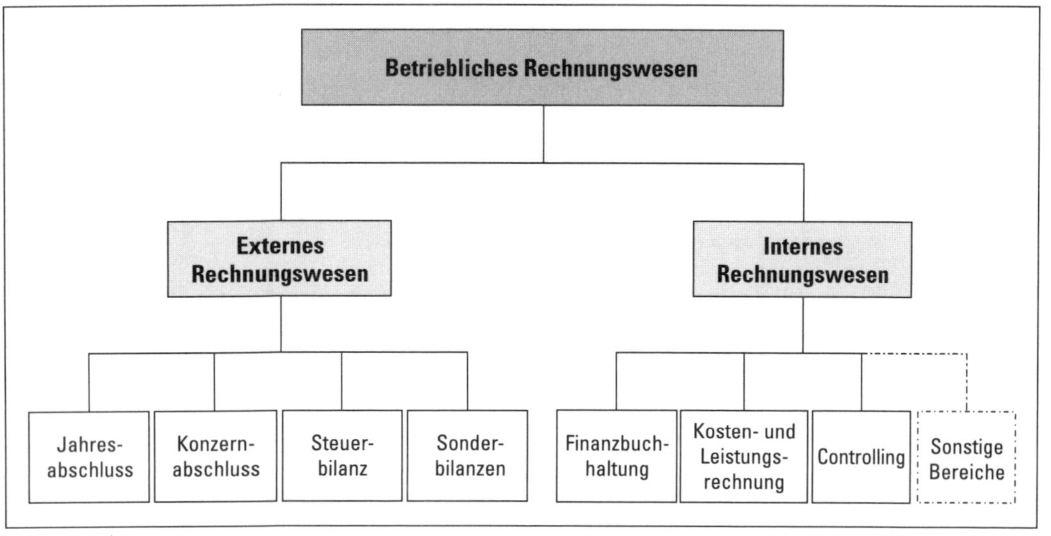

▲ Abb. 127 Struktur des betrieblichen Rechnungswesen

den. Die chronologische Erfassung des laufenden Geschäftsverkehrs erfolgt im Journal, die systematische in den Konten der Buchhaltung. Bezüglich dieser Konten unterscheidet man zwischen Bestandskonten und Erfolgskonten (▶ Abb. 128):

- **Bestandskonten:** Diese erfassen sämtliche Anfangsbestände an Vermögensgegenständen und Kapitalbeträgen des Unternehmens sowie die in einer Periode anfallenden Zu- und Abgänge der jeweiligen Vermögens- und Kapitalpositionen. Die am Periodenende ermittelten Endbestände (Saldo aus Anfangsbestand + Zugänge – Abgänge) werden in die Bilanz im Rahmen des Jahresabschlusses übertragen.[1]
- **Erfolgskonten:** Im Gegensatz zu den Bestandskonten erfassen die Erfolgskonten sämtliche in einer Periode angefallenen Aufwendungen und Erträge. Durch Saldierung der jeweils getrennt erfassten Aufwands- und Ertragspositionen ergeben sich die Endbestände der einzelnen Aufwands- und Ertragsarten. Diese werden daraufhin in der Gewinn- und Verlustrechnung im Rahmen der Jahresabschlusserstellung erfasst.[2]

Jedes Konto umfasst einen eindeutig abgrenzbaren Inhalt, das heißt ganz bestimmte Arten von Geschäftsvorgängen (z.B. alle Vorgänge, welche Roh-, Hilfs- oder Betriebsstoffe betreffen). Je nach Anzahl der Konten müssen einzelne Konten systematisch in Klassen und Gruppen zusammengefasst werden (z.B. Anlagevermögen und langfristiges Kapital). Eine solche systematische Ordnung der Konten bezeichnet man als **Kontenplan**. Sobald ein solcher für eine ganze Gruppe

1 Vgl. zu Bilanz und Jahresabschluss, Kapitel 2, Abschnitt 2.1 "Jahresabschluss".
2 Vgl. zu Gewinn- und Verlustrechnung, Kapitel 2, Abschnitt 2.1.5 „Gewinn- und Verlustrechnung".

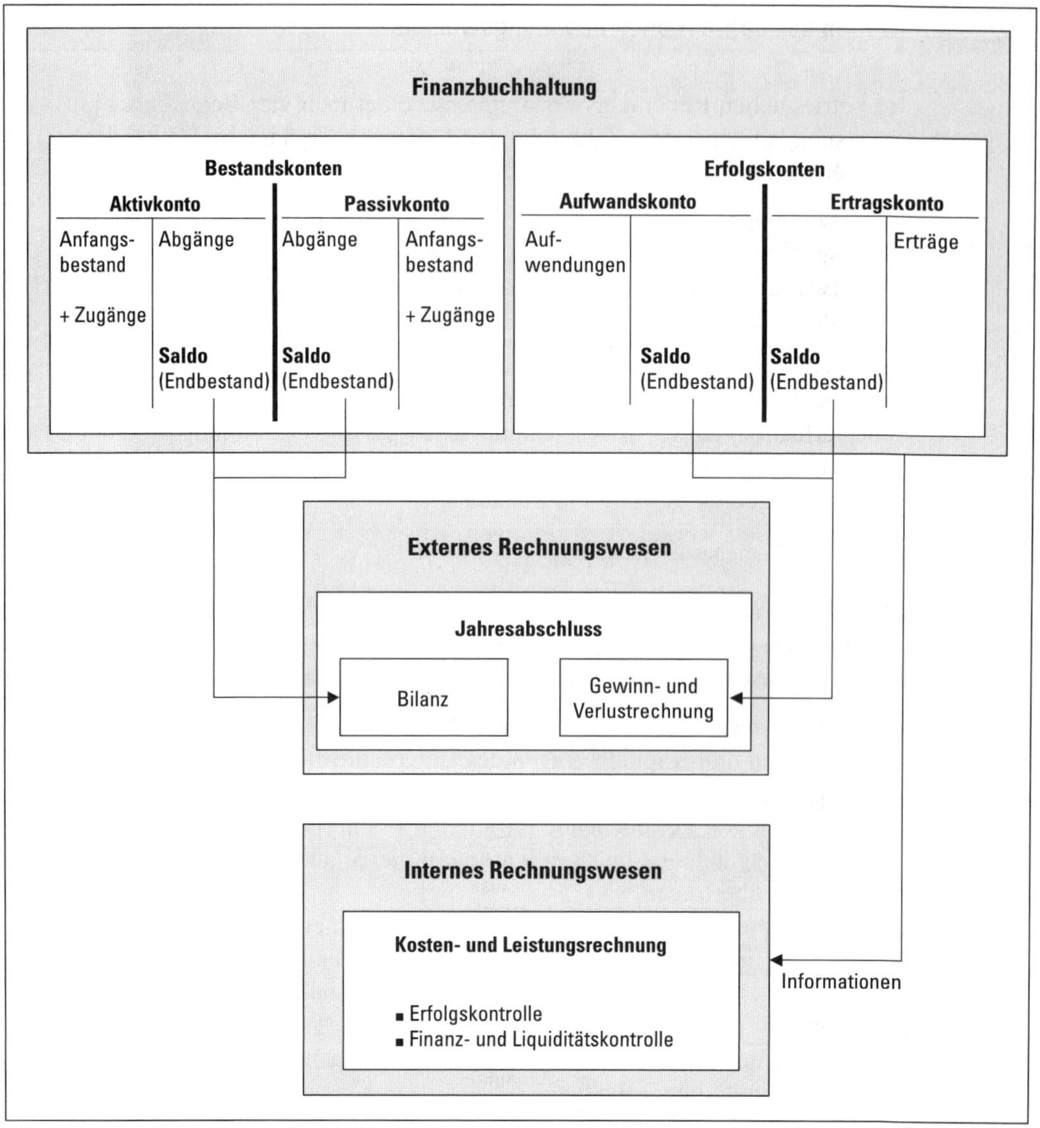

▲ Abb. 128 Schematische Darstellung der Finanzbuchhaltung

gleichartiger Unternehmen (z.B. Branche) aufgestellt wird, spricht man von einem **Kontenrahmen**. Hier ist der Industriekontenrahmen (IKR) für Gewerbe-, Industrie- und Handelsbetriebe zu nennen.

1.3 Größen des betrieblichen Rechnungswesens

Im betrieblichen Rechnungswesen unterscheidet man vier Begriffspaare, die zur Erfassung verschiedener Zahlungs- und Leistungsvorgänge im Unternehmen verwendet werden:

- Auszahlungen – Einzahlungen,
- Ausgaben – Einnahmen,
- Aufwand – Ertrag,
- Kosten – Leistungen.

Da das externe Rechnungswesen vor allem dem Erfolgsnachweis dient, beschäftigt es sich insbesondere mit den Größen Aufwand und Ertrag, die in der Gewinn- und Verlustrechnung (Erfolgsrechnung des externen Rechnungswesens) dargestellt sind. Im Mittelpunkt der Erfolgsrechnung des internen Rechnungswesens stehen dagegen die Kosten und Leistungen.

Nachfolgend werden Auszahlungen, Ausgaben, Aufwand und Kosten voneinander abgegrenzt (▶ Abb. 129). Diese Erläuterungen können analog auf Einzahlungen, Einnahmen, Ertrag und Leistungen übertragen werden:

1. Unter **Auszahlungen** werden Geldabflüsse im Unternehmen erfasst, die zu einer Verringerung des Zahlungsmittelbestandes (Kassenbestand + Bankguthaben) führen.

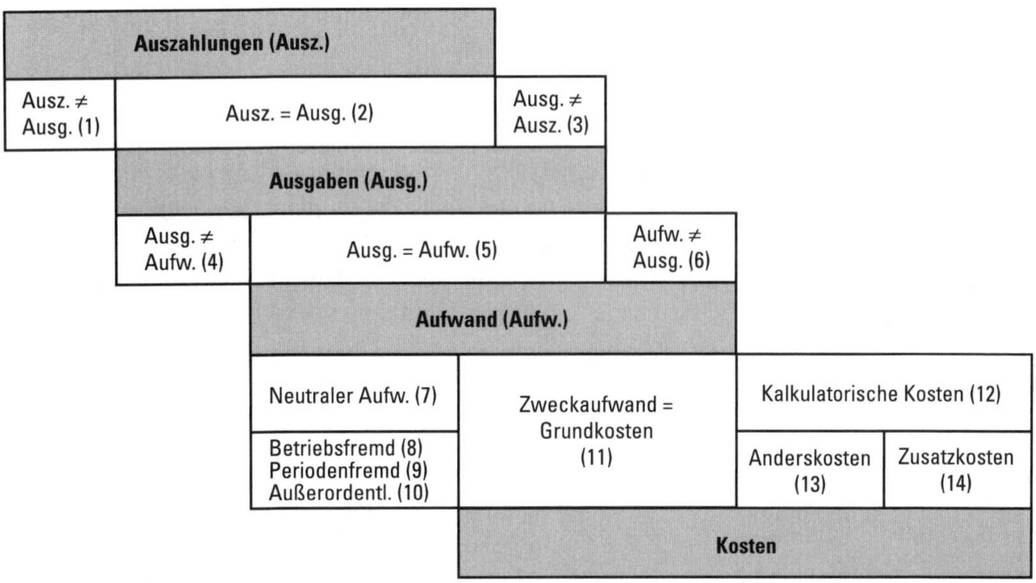

▲ Abb. 129 Abgrenzung von Auszahlungen, Ausgaben, Aufwand und Kosten (in Anlehnung an Wöhe 2000, S. 1006 ff.)

2. Unter **Ausgaben** versteht man Veränderungen des Geldvermögens (Zahlungsmittelbestand + Forderungen – Verbindlichkeiten). Hierbei kann es sich neben Auszahlungen um Veränderungen bei den Forderungen und Verbindlichkeiten handeln. Unter Ausgaben werden somit Abflüsse des Geldvermögens infolge von Gütereingängen im betrieblichen Beschaffungsprozess verstanden.

3. **Aufwand** sind Abflüsse vom Reinvermögen (Geldvermögen + Sachvermögen) pro Periode. Sie betrachten somit nicht nur das Geld-, sondern auch das Sachvermögen. Man unterscheidet hierbei zwischen Zweckaufwand und Neutralem Aufwand:
   - Der **Zweckaufwand**, d.h. der ordentliche betriebliche Aufwand, umfasst den Aufwand, der mit der betrieblichen Leistungserstellung und -verwertung anfällt. Beispiel: Werbeaufwand.
   - Der **Neutrale Aufwand (7)** wird unterteilt in:
     - **Betriebsfremder Aufwand (8):** Dieser zeichnet sich dadurch aus, dass der anfallende Aufwand nicht aus der eigentlichen betrieblichen Tätigkeit resultiert. Beispiel: Immobiliengeschäfte eines Industrieunternehmens.
     - **Periodenfremder Aufwand (9):** Dieser entsteht nicht in der Betrachtungsperiode. Beispiel: Nachzahlung von Steuern.
     - **Außerordentlicher Aufwand (10):** Dieser fällt im Betriebsprozess an, ist jedoch außergewöhnlich hoch und kann nicht dem Zweckaufwand zugeordnet werden. Beispiel: Nicht vorhersehbarer Schadensfall durch Erdbeben.

4. **Kosten** sind der Wertverzehr im betrieblichen Leistungsprozess aller Güter pro Periode. Sie bestehen aus den Grundkosten und den kalkulatorischen Kosten.
   - Als **Grundkosten (11)** bezeichnet man jenen Werteverzehr aller Güter einer Periode, der aus der betrieblichen Leistungserstellung und -verwertung resultiert. Sie entsprechen dem Zweckaufwand. Beispiel: Werbeaufwand.
   - **Kalkulatorische Kosten (12)** werden durch Bewertungsunterschiede von Güterverbräuchen einer Periode in der Erfolgsrechnung des externen und des internen Rechnungswesens definiert. In der externen Erfolgsrechnung (Gewinn- und Verlustrechnung) darf neben dem Neutralen Aufwand nur der Zweckaufwand erfasst werden. Diese Aufwandspositionen stellen die der Periode zurechenbaren, tatsächlich angefallenen Kosten dar. Sofern z.B. Güterverbräuche vom Unternehmen aus kostenrechnerischen Gesichtspunkten höher bewertet werden als dies nach handelsrechtlichen Vorschriften erlaubt ist, werden für diese Güterverbräuche Kosten kalkuliert, die nur in die Erfolgsrechnung des internen Rechnungswesens eingehen. Folglich bezeichnen kalkulatorische Kosten solche Kosten, die vom Aufwand der laufenden Periode abweichen, weil sie aus handelsrechtlichen Gründen nicht oder zumindest nicht in gleicher Höhe angesetzt werden können. Kalkulatorische Kosten werden insbesondere bei der Ermittlung des kalkulatorischen Betriebserfolges bzw. zur Überprüfung der Wirtschaftlichkeit betrieblicher Teilbereiche berücksichtigt. Sie unterteilen sich in Anderskosten und Zusatzkosten:

- Unter **Anderskosten (13)** wird solcher Güterverbrauch erfasst, der in anderer Weise als der Zweckaufwand auf die Perioden verteilt und/oder in anderer Höhe bewertet wird. Beispiel: Kalkulatorische Abschreibungen.
- **Zusatzkosten (14)** werden für solche Güterverbräuche angesetzt, die nach handelsrechtlichen Vorschriften nicht als Aufwand behandelt werden können. Beispiel: Kalkulatorischer Unternehmerlohn, kalkulatorische Eigenkapitalzinsen, kalkulatorische Mieten.

Diese Begriffshierarchie wird insbesondere einsichtig, wenn man sich die möglichen Unterschiede zwischen den verschiedenen Begriffen vor Augen führt:

- **Auszahlungen, keine Ausgaben (1):** Die mit der Auszahlung verbundene Verringerung des Zahlungsmittelbestandes wird entweder durch eine Erhöhung der Forderungen oder durch eine Verringerung der Schulden ausgeglichen, sodass sich das Geldvermögen nicht verändert. Beispiel: Gewährung eines Barkredites.
- **Auszahlungen = Ausgaben (2):** Geschäftsvorfälle, die zu einer Auszahlung führen und gleichzeitig mit einer Ausgabe verbunden sind, bewirken eine Verringerung des Zahlungsmittelbestandes und des Geldvermögens. Beispiel: Barkauf von Maschinen.
- **Ausgaben, keine Auszahlungen (3):** Ausgaben, die in der Betrachtungsperiode nicht auch eine Auszahlung bewirken, resultieren aus unverändertem Zahlungsmittelbestand bei reduziertem Geldvermögen. Beispiel: Kauf von Maschinen auf Ziel.
- **Ausgaben, kein Aufwand (4):** Unter Ausgaben, die kein Aufwand sind, versteht man Verminderungen des Geldvermögens, die nicht oder erst in einer späteren Periode zu einem Aufwand werden. Dem Geldvermögensabgang steht somit eine Zunahme des Sachvermögens in gleicher Höhe gegenüber, sodass keine Senkung des Reinvermögens erfolgt. Beispiel: Mietvorauszahlung für Januar des nächsten Jahres im Dezember diesen Jahres.
- **Ausgaben = Aufwand (5):** In diesem Fall werden Ausgaben in derselben Periode zu Aufwand. Demzufolge sinkt das Geld- und das Rein- oder Nettovermögen, sodass ein Geldvermögensabgang nicht mit einem Sachvermögenszugang verbunden ist. Beispiel: Zinszahlungen ohne Zunahme des Sachvermögens.
- **Aufwand, keine Ausgaben (6):** Sofern Geschäftsvorgänge betrachtet werden, die zu einem Abgang des Nettovermögens führen, jedoch das Geldvermögen nicht verändern, handelt es sich um Aufwand, der nicht gleichzeitig auch Ausgaben darstellt. Beispiel: Abschreibungen.[1]

Wie bereits erläutert, sind für die Abgrenzung von Auszahlungen, Ausgaben, Aufwand und Kosten die Vermögensbegriffe Zahlungsmittelbestand, Geldvermögen und Reinvermögen von Bedeutung. Diese Begriffe werden zum besseren Verständnis der Zusammenhänge abschließend systematisiert:

---

1 Im Abschnitt 1.4 „Exkurs: Abschreibungen“ wird detailliert auf verschiedene Abschreibungsformen eingegangen.

	Kassenbestand
+	Bankguthaben
=	Betrieblicher Zahlungsmittelbestand
+	Forderungen
–	Verbindlichkeiten
=	Geldvermögen
+	Sachvermögen
=	Rein- und Nettovermögen

1.4 Exkurs: Abschreibungen

1.4.1 Problemstellung

Bei Potenzialfaktoren stellt sich das Problem, dass sie auf Grund ihrer relativ langen Lebensdauer nicht in einer Abrechnungsperiode des Leistungserstellungsprozesses verbraucht werden. Deshalb können ihre Anschaffungs- oder Herstellungskosten auch nicht in voller Höhe dieser Abrechnungsperiode zugerechnet, sondern müssen auf mehrere Perioden verteilt werden. Ergibt sich der Wert eines Potenzialfaktors – z.B. einer maschinellen Anlage – aus der Summe der zukünftig zu erwartenden Nutzleistungen, so stellen die Abschreibungen den Verzehr solcher Nutzleistungen in einer Abrechnungsperiode dar. Es fragt sich dabei, wie dieser Wertverzehr gemessen werden kann, wobei sich je nach Ursache des Wertverzehrs verschiedene Mess- bzw. Abschreibungsverfahren ergeben. Folgende Gründe führen zu Abschreibungen:

1. **Verbrauchsbedingte (technische) Abschreibungen**
   - Gebrauchsbedingte Abnutzung,
   - natürlicher Verschleiß (z.B. Verrostung),
   - Substanzverringerung (z.B. Steinbruch),
   - Wertverminderung infolge Katastrophen (z.B. Feuerschäden).
2. **Wirtschaftlich bedingte Abschreibungen**
   - Wertverminderung infolge technischen Fortschritts,
   - Nachfrageverschiebungen,
   - Fehlinvestitionen durch Fehleinschätzungen,
   - sinkende Wiederbeschaffungspreise,
   - fallende Absatzpreise.
3. **Zeitlich bedingte Abschreibung (z.B. Ablauf von Patenten).**

Zusätzlich können noch finanz- und bilanzpolitische Gründe genannt werden. Bei der Betrachtung der Abschreibungen als Aufwand in der Finanzbuchhaltung stehen nämlich häufig Aspekte der Gewinnausschüttung und der Besteuerung im Vordergrund und weniger der effektiven Wertminderungen, wie dies bei der Darstellung der Abschreibungen als Kosten in der Kosten- und Leistungsrechnung der Fall ist.

1.4.2 Abschreibungsverfahren

Zur Berechnung der jährlichen Abschreibungen stehen grundsätzlich die folgenden Verfahren zur Verfügung (▶ Abb. 130):

- Abschreibung nach der **Zeit:** Die Abschreibungen werden auf Grund der voraussichtlichen Nutzungsdauer der Betriebsmittel berechnet. Der Abschreibungsbetrag ist im Prinzip unabhängig von der erstellten Leistung der Betriebsmittel. Allerdings kann durch die Wahl eines entsprechenden Abschreibungsverfahrens der Verlauf des Wertverzehrs über die Abschreibungsperiode berücksichtigt werden. Folgende Verfahren werden unterschieden:
  - lineare Abschreibung,
  - degressive Abschreibung,
  - progressive Abschreibung.

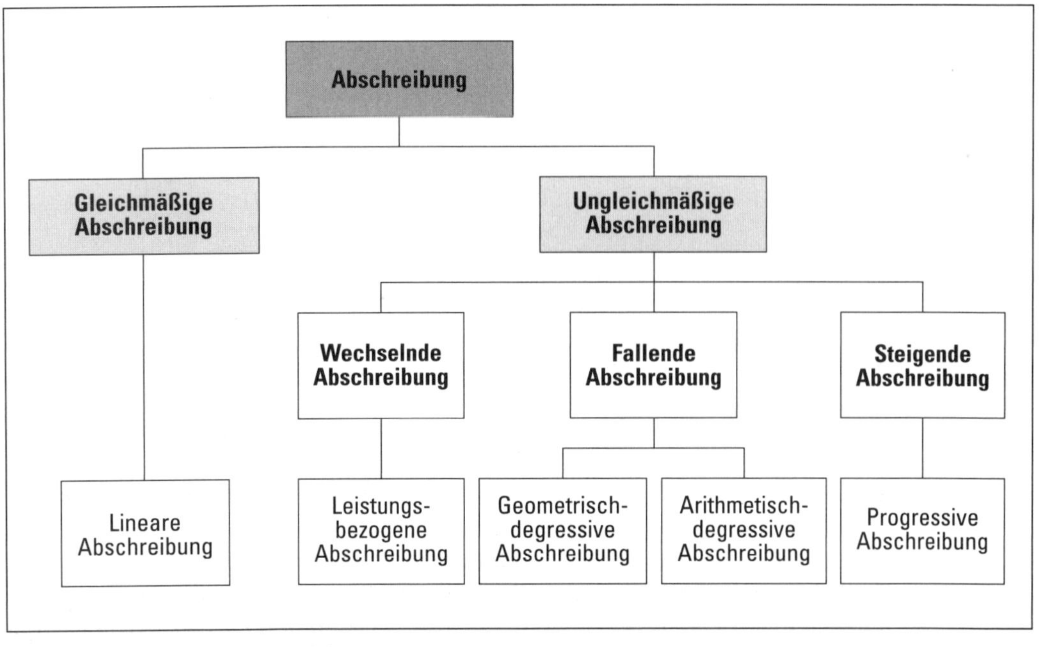

▲ Abb. 130 Abschreibungsverfahren

- Abschreibung nach der **Leistungsabgabe:** Die Abschreibungen ergeben sich aus der effektiven Inanspruchnahme der Betriebsmittel, d.h. der Menge der in einer Abrechnungsperiode mit dem abzuschreibenden Wirtschaftsgut produzierten Leistungen (z.B. Stückzahl, Maschinenstunden, km-Leistung). Sie verhalten sich proportional zur Ausbringungsmenge pro Abrechnungsperiode.

Bei der Darstellung der verschiedenen Verfahren gehen wir von folgenden Symbolen aus:

t = Abschreibungsperiode, wobei $t = 1, 2, ..., n$
n = gesamte Nutzungsdauer in Jahren
L_n = Liquidationserlös des Betriebsmittels am Schluss der Nutzungsdauer (Restwert, Schrottwert); es gilt $L_n = I_n$
I_t = Wert des Betriebsmittels in einer beliebigen Zeitperiode t
I_0 = Anschaffungs- oder Herstellungswert des Betriebsmittels zu Beginn der Nutzungsdauer
A_t = absoluter Abschreibungsbetrag pro Zeitperiode
a_t = Prozentsatz der Abschreibungen pro Zeitperiode; $a_t = \frac{A_t}{I_0 - L_n} \cdot 100$
a_e = Abschreibungsbetrag pro Leistungseinheit; $a_e = \frac{I_0 - L_n}{E}$
E = gesamte mögliche Leistung eines Betriebsmittels
e_t = erstellte Leistung in einer bestimmten Zeitperiode.

1. Bei der **linearen Abschreibung** werden die Anschaffungs- oder Herstellungskosten gleichmäßig auf die angenommene Nutzungsdauer verteilt.

$$(1) \quad A_t = \frac{I_0 - L_n}{n} = \frac{1}{n}(I_0 - L_n) \text{ und } a_t = \frac{A_t}{I_0 - L_n} \cdot 100 = \frac{100}{n}$$

ergibt sich

$$(2) \quad A_t = \frac{a_t}{100}(I_0 - L_n)$$

2. Bei der **degressiven Abschreibung** werden die Anschaffungs- oder Herstellungskosten mittels sinkender jährlicher Abschreibungsbeträge auf die geschätzte Nutzungsdauer verteilt. Somit ist die Abschreibung im ersten Jahr der Nutzungsdauer am größten, im letzten am kleinsten. Wir unterscheiden zwei Formen der degressiven Abschreibung:
   a. Bei der **arithmetisch-degressiven** Abschreibung sinken die jährlichen Abschreibungsbeträge immer um den gleichen Betrag. Der Degressionsbetrag k ist

   $$(3) \quad k = A_{t-1} - A_t$$

Entspricht der Abschreibungsbetrag im letzten Jahr genau dem Betrag, um den die jährlichen Abschreibungsbeträge abnehmen, so spricht man von einer **digitalen** Abschreibung. In diesem Fall ist der Degressionsbetrag $k = A_n$ und es ergibt sich

$$(4) \quad k = \frac{I_0 - L_n}{1 + 2 + \ldots + n} = \frac{I_0 - L_n}{\frac{n\,(n+1)}{2}}$$

und A_t kann berechnet werden als

$$(5) \quad A_t = k\,(n - [t-1])$$

b. Das **geometrisch-degressive** Abschreibungsverfahren berechnet die jährlichen Abschreibungsbeträge als festen Prozentsatz vom jeweiligen Restbuchwert. Somit ist

$$(6) \quad A_t = \frac{\bar{a}_t}{100}\,(I_{t-1})$$

wobei $\bar{a}_1 = \bar{a}_2 = \ldots = \bar{a}_n$; d.h. $\bar{a}_n$ = konstant.

Der Abschreibungsprozentsatz wird durch den am Ende der Abschreibungsdauer noch erzielbaren Liquidationserlös L_n bestimmt.

Da sich ferner der Liquidationserlös bzw. der Wert des Betriebsmittels am Ende der Nutzungsdauer als

$$(7) \quad L_n = I_n = I_0\left(1 - \frac{\bar{a}_t}{100}\right)^n$$

berechnen lässt, ergibt sich der Abschreibungssatz $\bar{a}_t$:

$$(8) \quad \bar{a}_t = 100\left(1 - \sqrt[n]{\frac{I_n}{I_0}}\right)$$

3. Das **progressive Abschreibungsverfahren** ist dadurch gekennzeichnet, dass die Abschreibungsbeträge von Periode zu Periode zunehmen. Der Abschreibungsbetrag im ersten Jahr ist deshalb am kleinsten, im letzten am größten. Da diese Methode dem Prinzip der kaufmännischen Vorsicht widerspricht und zudem steuerlich nicht zulässig ist, verzichten wir auf ein näheres Eintreten. Zudem kommt es in der betrieblichen Praxis nur für ein paar Spezialfälle infrage (z.B. bei Reben oder Obstplantagen, die mit zunehmendem Alter quantitativ und/oder qualitativ höhere Erträge bringen).

4. Bei der **Abschreibung nach der Leistung** bzw. Inanspruchnahme wird nicht von der Zeit ausgegangen, auf die die Anschaffungs- oder Herstellkosten verteilt

werden, sondern von der Abgabe der möglichen Nutzleistungen. Die Abschreibungen sind somit direkt abhängig vom Beschäftigungsgrad. Da der Abschreibungsbetrag pro Leistungseinheit

$$(9)\quad a_e = \frac{I_0 - L_n}{E}$$

ist, ergibt sich:

$$(10)\quad A_t = \frac{I_0 - L_n}{E}\, e_t$$

Diese Abschreibungsverfahren sollen an einem einfachen Beispiel (▶ Abb. 131) veranschaulicht werden.

I. Ausgangslage

- Anschaffungskosten der Maschine: 105.000 EUR
- voraussichtliche Nutzungsdauer: 5 Jahre
- Liquidationserlös am Ende des 5. Jahres: 5.000 EUR
- Menge, die insgesamt hergestellt werden kann: 1,8 Mio Stück
- Aufteilung der gesamten Leistungsmenge auf 5 Jahre:
  1. Jahr: 300.000 Stück
  2. Jahr: 500.000 Stück
  3. Jahr: 400.000 Stück
  4. Jahr: 450.000 Stück
  5. Jahr: 150.000 Stück

a_t = Abschreibungssatz, A_t = Abschreibungsbetrag, $\overline{a_t}$ = konstanter Abschreibungssatz vom Restwert

II. Berechnungen

	Jahr	a_t	A_t	Zeitwert I_t
1. Lineare Abschreibung	0			105.000,00
	1	20,00 %	20.000,00	85.000,00
	2	20,00 %	20.000,00	65.000,00
	3	20,00 %	20.000,00	45.000,00
	4	20,00 %	20.000,00	25.000,00
	5	20,00 %	20.000,00	5.000,00
	Σ	100,00 %	100.000,00	
2. Arithmetisch-degressive Abschreibung (mögliche Werte)	Jahr	a_t	A_t	Zeitwert I_t
	0			105.000,00
	1	30,00 %	30.000,00	75.000,00
	2	25,00 %	25.000,00	50.000,00
	3	20,00 %	20.000,00	30.000,00
	4	15,00 %	15.000,00	15.000,00
	5	10,00 %	10.000,00	5.000,00
	Σ	100,00 %	100.000,00	

▲ Abb. 131 Beispiel Abschreibungsverfahren

	Jahr	a_t	A_t	Zeitwert I_t
4. Arithmetisch-progressive Abschreibung (mögliche Werte)	0			105.000,00
	1	10,00 %	10.000,00	95.000,00
	2	15,00 %	15.000,00	80.000,00
	3	20,00 %	20.000,00	60.000,00
	4	25,00 %	25.000,00	35.000,00
	5	30,00 %	30.000,00	5.000,00
	Σ	100,00 %	100.000,00	

	Jahr	a_t	A_t	Zeitwert I_t
5. Digitale Abschreibung	0			105.000,00
	1	33,33 %	33.333,33	71.666,67
	2	26,67 %	26.666,67	45.000,00
	3	20,00 %	20.000,00	25.000,00
	4	13,33 %	13.333,33	11.666,67
	5	6,67 %	6.666,67	5.000,00
	Σ	100,00 %	100.000,00	

	Jahr	a_t	$\bar{a}_t$	A_t	Zeitwert I_t
6. Geometrisch-degressive Abschreibung	0				105.000,00
	1	47,89 %	45,6 %	47.885,63	57.114,37
	2	26,05 %	45,6 %	26.047,21	31.067,16
	3	14,17 %	45,6 %	14.168,29	16.898,87
	4	7,70 %	45,6 %	7.706,79	9.192,08
	5	4,19 %	45,6 %	4.192,08	5.000,00
	Σ	100,00 %		100.000,00	

	Jahr	a_t	A_t	Zeitwert I_t
7. Abschreibung nach der Leistungsabgabe	0			105.000,00
	1	16,67 %	16.666,67	88.333,33
	2	27,78 %	27.777,78	60.555,55
	3	22,22 %	22.222,22	38.333,33
	4	25,00 %	25.000,00	13.333,33
	5	8,33 %	8.333,33	5.000,00
	Σ	100,00 %	100.000,00	

▲ Abb. 131 Beispiel Abschreibungsverfahren (Forts.)

Kapitel 2

Externes Rechnungswesen

2.1 Jahresabschluss

2.1.1 Aufgabe des Jahresabschlusses

Der Jahresabschluss hat vielfältige Aufgaben zu erfüllen. Jahresabschlüsse stehen im direkten Zusammenhang mit der Interessenregelung zwischen Unternehmen und staatlichen Instanzen, erfüllen **wirtschafts-, finanz-, sozialpolitische Aufgaben** und liefern schließlich wichtige Informationen für die Rechnungslegungsadressaten.

Der Gesetzgeber verfolgt das rechtspolitische Ziel, durch Handlungsbeschränkungen (Entnahme-, Ausschüttungssperren) und Informationsanforderungen die zu schützenden Finanzinteressen von Unternehmensbeteiligten (**Gläubiger-** und **Gesellschafterschutz**) abzusichern. Dieser Gläubiger- und Gesellschafterschutz wird dadurch gewährleistet, dass Kapitalgesellschaften zur Buchführung und zur Aufstellung und Veröffentlichung testierter Jahresabschlüsse verpflichtet sind. Dadurch wird sichergestellt, dass ein den tatsächlichen Verhältnissen entsprechendes Bild der Vermögens-, Finanz- und Ertragslage des Unternehmens bekannt gegeben wird (**Informationsfunktion**, § 264 Abs. 2 HGB). Weiterhin übernimmt der (Einzel-) Jahresabschluss die **Funktion der Zahlungsbemessung** sowohl für die Eigner des Unternehmens (Ausschüttungsbemessung) als auch für den Staat (Steuerzahlung).

Zudem liefern Jahresabschlüsse wichtige Informationen für die Öffentlichkeit sowie für alle relevanten Bezugsgruppen, die ein Interesse an den unternehmerischen Aktivitäten der Gesellschaft haben. Hinsichtlich dieser Bezugsgruppen lassen sich zwei Ansätze unterscheiden (Shareholder- und Stakeholder-Ansatz).

Die Aktionäre (Shareholder) richten sich insbesondere nach ihren monetären Interessen und streben diesbezüglich die Maximierung des Marktwertes ihres eingelegten Eigenkapitalanteils an (**Shareholder-Value**). Dieser Wert des Unternehmens lässt sich als quantitatives Maß der unternehmerischen Leistung ansehen und richtet sich nach dem zukünftigen Einkommensstrom. Dieser besteht aus der Kurssteigerung der Aktie, der ausgeschütteten Dividende und veräußerbaren Bezugsrechten. Wird weiterhin davon ausgegangen, dass alle wertsteigernden Maßnahmen vom Kapitalmarkt wahrgenommen werden und sich im Börsenkurs widerspiegeln, wird die Bedeutung der Informations- und Zahlungsbemessungsfunktion des Jahresabschlusses für diese Bezugsgruppe deutlich. Demnach sind für die Shareholder alle Informationen relevant, die geeignet sind, den Aktienkurs sowohl positiv als auch negativ zu beeinflussen.

Der Stakeholder-Ansatz erweitert den Shareholder-Ansatz um qualitative Elemente, indem er sich in der Zielausrichtung nicht nur an den wirtschaftlichen Interessen von Anteilseignern, sondern auch an den Interessen anderer gesellschaftlicher Bezugsgruppen orientiert (**Stakeholder-Value**).[1] Somit wird von diesem Ansatz neben einer finanziellen und wirtschaftlichen Zielperspektive auch eine soziale Verantwortung verlangt, die die Notwendigkeit gesellschaftlicher Akzeptanz einschließt. Praktisch bedeutet dies, dass wichtige Ziele im Diskurs festgelegt werden, dieser Ansatz einen langfristigen Zeithorizont erfordert und vom Unternehmen in wesentlichen Fragen ein Abgleich der verschiedenen Interessen fordert. Zu dieser Gruppe zählen:

1. **Interne Anspruchsgruppe**
   - **Eigentümer:** Im Verhältnis zu den Eigentümern als interne Anspruchsgruppe fungiert der Jahresabschluss als Rechenschaftslegungsdokument, um die Verwendung des zur Verfügung gestellten Kapitals zu dokumentieren und den Erfolg der Geschäftstätigkeit auszuweisen.
   - **Management:** Die gewonnenen Daten können zudem für interne Zwecke verwendet werden und dienen dem Management z.B. als Unterstützung bei geschäftspolitischen Entscheidungen.
   - **Mitarbeiter:** Für die Mitarbeiter spielt die Sicherheit des Arbeitsplatzes eine entscheidende Rolle, die besonders von der Zahlungs-, Wettbewerbsfähigkeit und Ertragskraft des Unternehmens abhängt. Die in der Bilanz enthaltenen Daten und Informationen spiegeln dies wider und geben somit unter anderem Aufschluss über die Lohnzahlungsfähigkeit des Arbeitgebers.

2. **Externe Anspruchsgruppe**
   - **Fremdkapitalgeber bzw. Gläubiger:** Die Gläubiger sind als Fremdkapitalgeber eines Unternehmens besonders an den im Jahresabschluss enthaltenen Informationen über die momentane und zukünftige Liquidität, den Verschuldungsgrad, potenzielle und bisher vergebene Kreditsicherheiten, Ausschüttungsgewohnheiten, Gewinnerwartungen und drohende Unternehmensge-

1 Vgl. dazu Teil 1, Kapitel 1, Abschnitt 1.2.5 „Umwelt des Unternehmens", S. 46.

fahren interessiert. Dieses Interesse ist dadurch zu begründen, dass sich Gläubiger (z.B. Kreditinstitute) bei der Festlegung der Kredithöhe, des Zinsniveaus und der möglichen Sicherheiten für eingeräumte Kredite an der Jahresabschlusssituation des Unternehmens orientieren.

- **Lieferanten und Kunden:** Für Lieferanten und Kunden sind vornehmlich die Erfolgsaussichten sowie die momentane und zukünftige Vermögens-, Finanz- und Ertragslage des Unternehmens von Bedeutung, um eine dauerhafte Geschäftsbeziehung mit dem Unternehmen gewährleisten bzw. die Einhaltung von Garantien und Serviceverträgen sicherstellen zu können.
- **Konkurrenz:** In Konkurrenz stehende Unternehmen einer Branche können anhand der Jahresabschlussdaten ihrer Wettbewerber Rückschlüsse über ihre relative Geschäftsentwicklung ableiten. Die gewonnenen Erkenntnisse lassen sich z.B. für die Entwicklung strategischer, finanzieller und operativer Maßnahmen zur Sicherung der Wettbewerbsfähigkeit (z.B. Ausdehnung des Produktionsangebots, Verlagerung der Produktionsstätten, Restrukturierungsmaßnahmen, etc.) einsetzen. Das Interesse seitens der Konkurrenten an der Vermögens- Finanz- und Ertragslage eines Unternehmens könnte sich darüber hinaus auf die Suche eines potenziellen Kooperationspartners beziehen.
- **Staat und Gesellschaft:** Zu dieser Gruppe gehören der Staat, potenzielle Anleger und mögliche neue Mitarbeiter, die sich anhand des Jahresabschlusses ein Bild über die Vermögens-, Finanz- und Ertragslage des Unternehmens machen wollen. Dieses eher allgemeine Interesse wird ergänzt um das spezielle Interesse des Staates an der Steuerzahlungspflicht der Unternehmen und der Erhaltung der Arbeitsplätze.

In Deutschland unterscheidet man **Handelsbilanzen**, die auf Grund handelsrechtlicher Vorschriften erstellt werden, und Steuerbilanzen, deren Aufstellung primär steuerrechtliche Gründe hat. **Steuerbilanzen** werden erstellt, um das zu versteuernde Einkommen einer Kapitalgesellschaft abzuleiten. Der einkommen- oder körperschaftssteuerliche Gewinn bildet die zentrale Ausgangsgröße zur Ermittlung der Körperschaftsteuer (Köst) für Kapitalgesellschaften bzw. der Einkünfte aus Gewerbebetrieb von Einzelunternehmen und Personengesellschaften. Bei der Gewinnermittlung greift das Steuerrecht auf das **Maßgeblichkeitsprinzip** (§ 5 Abs. 1, S. 1 EStG) der Handelsbilanz für die Steuerbilanz zurück, indem die handelsrechtlichen Grundsätze ordnungsmäßiger Buchführung subsidiär für die Wertansätze und Bewertungen in der Steuerbilanz gelten, sofern zwingende steuerliche Einzelnormen im Steuerrecht fehlen.

Aus dem Maßgeblichkeitsprinzip resultiert die **umgekehrte Maßgeblichkeit**. Demnach sind steuerrechtlich eingeräumte Wahlrechte bei der steuerlichen Gewinnermittlung nur anzuerkennen, wenn sie analog in der Handelsbilanz ausgeübt wurden.

Auf Grund der Unternehmensverpflichtung, Steuern an den Staat zu zahlen, besteht somit die wesentliche Aufgabe der Steuerbilanz in der Ermittlung einer Bemessungsgrundlage für Ertrag- und teilweise Substanzsteuern (**Steuerbemes-**

sungsfunktion). Neben diesen rechtspolitischen Aufgaben verfolgt der Gesetzgeber mit der Handels- und Steuerbilanz aber auch weitere Ziele, so unter anderem den nationalen und internationalen Kapitaltransfer zu fördern und durch bilanzpolitische Instrumente (Bewertungsfreiheiten, Sonderabschreibungen usw.) Einfluss auf konjunktur-, sektoral-, regional-, mittelstands-, wettbewerbs-, umweltschutz- oder energiepolitische Ziele zu nehmen.

2.1.2 Grundlagen des handelsrechtlichen Jahresabschlusses

In den folgenden Kapiteln wird im Rahmen der handelsrechtlichen Rechnungslegung eingehender auf den Jahres- und Konzernabschluss eingegangen. Beide werden auf der Basis der Grundsätze ordnungsmäßiger Buchführung erstellt und setzen sich in Abhängigkeit von der Unternehmensgröße aus der Bilanz, der Gewinn- und Verlustrechnung sowie dem Anhang zusammen und werden durch einen Lagebericht ergänzt. Der Konzernabschluss beinhaltet zudem eine Kapitalflussrechnung und eine Segmentberichterstattung.

Während die **Bilanz** eine auf einen bestimmten Stichtag hin erstellte übersichtliche Zusammenstellung des Vermögens und der Kapitalbeträge in Form von Fremd- und Eigenkapital einer Unternehmung ist (**Vermögenslage**), zeigt die **Gewinn- und Verlustrechnung** den Erfolg des Unternehmens als Ertrag minus Aufwand (**Ertragslage**). Im **Anhang** werden detaillierte Informationen zu einzelnen Positionen der Bilanz und der Gewinn- und Verlustrechnung bereitgestellt. Diese Informationen dienen dem Leser des Anhangs zur näheren Erläuterung der Vermögens-, Finanz- und Ertragslage des Unternehmens bzw. als Ergänzung um entscheidungsrelevante Daten, z.B. für potenzielle Investoren. Im **Lagebericht**, der nicht Bestandteil des Jahresabschlusses ist, sondern diesen als eigenständiges Informationsinstrument ergänzt, sind weitere Angaben zur Geschäftsentwicklung sowie zukunftsorientierte Informationen bezüglich der voraussichtlichen Entwicklung des Unternehmens enthalten. Diese tragen dazu bei, dass sich der Leser einen umfassenden Gesamteindruck über die Lage des Unternehmens bilden kann.

Die Rechtsgrundlagen des externen Rechnungswesens sind im Dritten Buch des Handelsgesetzbuches (§§ 238 – 342 HGB) zu finden. Auf Grund der Buchführungspflicht (§ 238 HGB) ist jeder Kaufmann verpflichtet, Bücher zu führen und in diesen seine Handelsgeschäfte und die Lage seines Vermögens nach den Grundsätzen ordnungsmäßiger Buchführung ersichtlich zu machen. Der Kaufmannsbegriff im Sinne des HGB wird dabei im Ersten Buch, erster Abschnitt (§§ 1 – 7 HGB) festgelegt.

In Abhängigkeit von der Größe des Unternehmens[1] bestehen verschiedene Gliederungsvorschriften für Kapitalgesellschaften.[2] Daher müssen große und mit-

1 Vgl. Teil 1, Kapitel 2, Abschnitt 2.4 „Größe“.

2 Im Rahmen dieses Kapitels erfolgt keine nähere Betrachtung von Personengesellschaften.

telgroße Unternehmen die ausführliche Gliederung nach § 266 Abs. 2 u. 3 HGB anwenden, kleine Unternehmen können sich hingegen auf die gesetzliche Gliederungstiefe (§ 266 Abs. 1 HGB) beschränken.

2.1.3 Grundsätze ordnungsmäßiger Buchführung und Bilanzierung

2.1.3.1 Vorschriften der Grundsätze ordnungsmäßiger Buchführung

Auf Grund § 238 Abs. 1 Satz 1 HGB ist jeder Kaufmann verpflichtet, Handelsbücher zu führen und in diesen seine Handelsgeschäfte und die Vermögenslage nach den **Grundsätzen ordnungsmäßiger Buchführung und Bilanzierung (GoB)** einzutragen (**Generalvorschrift**). Eine Vielzahl von GoB sind mittlerweile in §§ 243, 246, 252 und 253 HGB gesetzlich kodifiziert. Ursprünglich fanden die zum großen Teil nicht gesetzlich geregelten Vorschriften als nicht kodifizierte GoB allgemein gültige Anwendung, weil die Varianten ordnungsmäßiger Buchführung nicht alle gesetzlich erfasst werden konnten bzw. können. Die nicht kodifizierten GoB wurden im Laufe der Zeit mit dem Ziel in gesetzliches Recht überführt, um einzelne zwingende Rechtsvorschriften in ihrer Bedeutung hervorzuheben, sodass heutzutage sowohl **allgemeine Vorschriften** (▶ Abb. 132) als auch **kodifizierte Ansatz- und Bewertungsvorschriften** (▶ Abb. 133, Abb. 134) im Gesetz geregelt sind. Diese sind zwingend bei der Buchführung zu beachten. Losgelöst von den kodifizierten Vorschriften existiert weiterhin eine Vielzahl von nicht kodifizierten GoB, die ebenfalls bei der Buchführung zu berücksichtigen sind und insbesondere als Rechtsergänzung bei Gesetzeslücken Anwendung finden. Zudem kann den nicht kodifizierten Vorrang vor den kodifizierten GoB eingeräumt werden, wenn die Beachtung der kodifizierten GoB nicht zur Darstellung eines den tatsächlichen Verhältnissen entsprechenden Bildes der Vermögens-, Finanz- und Ertragslage des Unternehmens führt.

Eine besondere Bedeutung kommt dabei im deutschen Rechnungswesen dem **Vorsichtsprinzip** zu. Hiernach sollte die Rechnungslegung vor allem im Interesse des Gläubigers vorsichtig geführt werden, das heißt es müssen alle vorhersehbaren Risiken und Verluste berücksichtigt werden. Eine diesen Anforderungen gerechte Bilanzierung wird durch die Beachtung der beiden Subprinzipien des Vorsichtsprinzips erreicht, nämlich dem Realisationsprinzip und dem Imparitätsprinzip.

Grundsatz	Gesetzliche Regelung	Erläuterung
Klarheit und Übersichtlichkeit	§ 243 Abs. 2 HGB	Klarer und übersichtlicher Aufbau des Jahresabschlusses, Geschäftsvorfälle, Bilanzpositionen und Erfolgsbestandteile sind eindeutig zu bezeichnen und zu ordnen, damit die Bücher, Abschlüsse verständlich und übersichtlich sind
Bilanzwahrheit	§ 242 ff. HGB	Abbildung der tatsächlichen Verhältnisse
Aufstellungsfristen	§ 243 Abs. 3 HGB	Aufstellung innerhalb der einem ordnungsgemäßen Geschäftsgang entsprechenden Zeit (kleine Kapitalgesellschaften innerhalb von 3 – 6 Monaten, mittelgroße und große Kapitalgesellschaften bis 3 Monate des folgenden Geschäftsjahres)

▲ Abb. 132 Allgemeine Vorschriften der Grundsätze ordnungsmäßiger Buchführung

Grundsatz	Gesetzliche Regelung	Erläuterung
Vollständigkeit	§ 246 Abs. 1 HGB	Erfassung sämtlicher buchungspflichtiger Geschäftsvorfälle (Vermögensänderungen) des Unternehmens und Berücksichtigung bestehender Risiken, die sich noch nicht auf die Bilanz und GuV ausgewirkt haben
Verrechnungsverbot	§ 246 Abs. 2 HGB	Verbot der Verrechnung von Posten der Aktivseite mit Posten der Passivseite und Aufwand mit Ertrag
Darstellungsstetigkeit	§ 265 Abs. 1 HGB	Beibehaltung der Bilanzgliederung und der GuV-Gliederung zum Zweck der Vergleichbarkeit (Kontinuität der Bilanzierungsmethoden)
Periodisierung	§ 252 Abs. 1 Nr. 5 HGB	Berücksichtigung von Aufwand und Ertrag unabhängig vom Zeitpunkt der entsprechenden Zahlungen im Jahresabschluss, um eine von finanziellen Vorgängen losgelöste periodengerechte Erfolgsermittlung zu erreichen

▲ Abb. 133 Ansatzvorschriften der Grundsätze ordnungsmäßiger Buchführung

Grundsatz	Gesetzliche Regelung	Erläuterung
Bilanzidentität	§ 252 Abs. 1 Nr. 1 HGB	Übereinstimmung der Wertansätze in der Eröffnungsbilanz des Geschäftsjahres mit denen der Schlussbilanz des vorhergehenden Geschäftsjahres
Going Concern	§ 252 Abs. 1 Nr. 2 HGB	Bewertung auf der Grundlage der Weiterführung der Unternehmenstätigkeit, sofern dem nicht tatsächliche oder rechtliche Gegebenheiten entgegenstehen
Einzelbewertung	§ 252 Abs. 1 Nr. 3 HGB	Einzelbewertung der Vermögensgegenstände und Schulden, sofern nicht Ausnahmen (Gruppen-, Fest-, Sammelbewertung) zulässig sind
Vorsichtsprinzip	§ 252 Abs. 1 Nr. 4 HGB	Gläubigerschutzbedingtes Prinzip:[1] ▪ Realisationsprinzip ▪ Imparitätsprinzip ▪ Niederstwertprinzip ▪ Höchstwertprinzip
Wertansatzprinzip	§ 253 HGB	Bewertung der Vermögensgegenstände höchstens mit den Anschaffungs- oder Herstellungskosten
Bewertungs-stetigkeit	§ 252 Abs. 1 Nr. 6 HGB	Beibehaltung der auf den vorhergehenden Jahresabschluss angewandten Bewertungsmethoden Bewertung der Verbindlichkeiten mit ihrem Rückzahlungsbetrag

▲ Abb. 134 Bewertungsvorschriften der Grundsätze ordnungsmäßiger Buchführung

2.1.3.2 Realisationsprinzip

Auf Grund § 252 Abs. 1 Satz 4 sind Gewinne nur dann zu berücksichtigen, wenn sie am Abschlussstichtag realisiert sind. Demzufolge gibt das Realisationsprinzip darüber Aufschluss, ab wann Produkte bzw. Dienstleistungen im Jahresabschluss ergebniswirksam (Aufwand oder Ertrag) erfasst werden und wie sie bis zu diesem Zeitpunkt zu bewerten sind. Der Realisationszeitpunkt liegt in der Regel vor, wenn die vereinbarte Lieferung oder Leistung erbracht und der Ausgleichsanspruch inklusive des Gewinnanteils wirtschaftlich entstanden ist. Dieser Zeitpunkt

1 Vgl. dazu Abschnitt 2.1.3.2 „Realisationsprinzip“ und Abschnitt 2.1.3.3 „Imparitätsprinzip“.

ist meistens mit dem Gefahrenübergang vom Verkäufer auf den Käufer durch die Abnahme der erbrachten Leistung erreicht. Bis zu diesem Zeitpunkt sind sämtliche Leistungen nach dem Wertansatzprinzip (Bewertung der Vermögensgegenstände höchstens mit den Anschaffungs- oder Herstellungskosten) im Jahresabschluss zu bewerten.

Allerdings ergeben sich Probleme bei der Anwendung des Realisationsprinzips, insbesondere bei der langfristigen Auftragsfertigung (z.B. Tiefbau, Flugzeuge). Diese zeichnet sich dadurch aus, dass eine hohe Wertigkeit des jeweiligen Auftrages vorliegt und die Auftragsabwicklung langfristig, d.h. über mindestens 12 Monate, erfolgt. Folglich entstehen hohe Kosten vor Vertragsschluss, denen Erfolge, die über mehrere Perioden hinweg erwirtschaftet wurden, auf Grund des Realisationsprinzips erst am Ende der Fertigung als Gesamterfolg (so genannter Wertsprung) zugeordnet werden dürfen. Daraus würde prinzipiell resultieren, dass während der Auftragsfertigung keine Darstellung eines den tatsächlichen Verhältnissen entsprechenden Bildes der Ertragslage des Unternehmens möglich wäre. Um dennoch eine geeignete Erfolgszuordnung auf die einzelnen Perioden der Fertigstellung zu erreichen, müssten die Erlöse dem Auftragsfortschritt entsprechend im jeweiligen Jahresabschluss verbucht werden. Diese Methode wird nach internationalen Rechnungslegungsgrundsätzen als PoC – Percentage of Completion Methode – bezeichnet, ist allerdings nach herkömmlicher Meinung in Deutschland unzulässig.

2.1.3.3 Imparitätsprinzip

Nach dem Imparitätsprinzip sind alle vorhersehbaren Risiken und noch nicht eingetretenen (unrealisierten) Verluste, die bis zum Abschlussstichtag entstanden sind, bereits im Jahresabschluss zu berücksichtigen. Unrealisierte Gewinne und unrealisierte Verluste werden somit asymmetrisch behandelt. Das Imparitätsprinzip untergliedert sich wiederum in zwei Prinzipien:

1. **Niederstwertprinzip (Aktivseite der Bilanz):** Das Niederstwertprinzip für die Bewertung von Gegenständen des Anlage- und Umlaufvermögens besagt, dass Vermögensgegenstände am Abschlussstichtag mit dem niedrigeren Wert aus Börsen- oder Marktpreis und den Anschaffungs- oder Herstellkosten (Anschaffungskosten-, Herstellkosten-Prinzip) zu bewerten bzw. abzuschreiben sind. Für Vermögensgegenstände des Umlaufvermögens ist das **strenge Niederstwertprinzip** zwingend zu beachten. Das strenge Niederstwertprinzip gibt vor, dass bei einer Wertminderung der Vermögensposition in jedem Fall auf den niedrigeren Wert abzuschreiben ist. Für Vermögensgegenstände des Anlagevermögens hingegen gilt das **gemilderte Niederstwertprinzip**, wonach nur bei voraussichtlich dauerhafter Wertminderung eine Abschreibungspflicht auf den niedrigeren Wert besteht. Personengesellschaften haben ein Abschreibungswahlrecht, wenn eine nicht dauerhafte Wertminderung vorliegt, Kapitalgesell-

schaften hingegen haben dieses Wahlrecht nur bezüglich ihres Finanzanlagevermögens.

2. **Höchstwertprinzip (Passivseite der Bilanz):** Nach dem Höchstwertprinzip sind Schulden mit dem höheren von zwei Werten an zwei aufeinander folgenden Abschlussstichtagen anzusetzen. Grundsätzlich sind Verbindlichkeiten mit ihrem Rückzahlungsbetrag zu bewerten, müssen jedoch bei Veränderungen der Verbindlichkeitshöhe in der Handelsbilanz unter Umständen angepasst werden. Demzufolge ist der jeweilige Tageswert mit den Anschaffungskosten der Schulden zu vergleichen. Die Anschaffungskosten von Verbindlichkeiten sind als Mindestwert anzusetzen, sofern jedoch der Tageswert die Anschaffungskosten übersteigt, ist dieser zu passivieren.

Basis der ordnungsmäßigen Buchführung sind die Inventur und das Inventar. Unter **Inventur** versteht man die Tätigkeit oder das körperliche Verfahren der Bestands- und Wertaufnahme von Vermögensgegenständen und Schulden des Unternehmens. Hingegen bezeichnet das **Inventar** die daraus abgeleitete Liste bzw. das Bestandsverzeichnis sämtlicher Vermögensgegenstände und Schulden. Jeder Kaufmann hat zu Beginn seines Handelsgewerbes und dann für den Schluss eines jeden Geschäftsjahres seine Grundstücke, seine Forderungen und Schulden, den Betrag seines baren Geldes sowie seine sonstigen Vermögensgegenstände genau zu verzeichnen und dabei den Wert der einzelnen Vermögensgegenstände und Schulden anzugeben.

2.1.4 Bilanz

2.1.4.1 Aufbau und Bilanz

Die **Bilanz** ist die durch eine umfassende Darstellung von Art, Größe und Zusammensetzung des Vermögens (**Aktiva**) sowie des Fremd- und Eigenkapitals (**Passiva**) auf einen bestimmten Stichtag hin erstellte übersichtliche Zusammenstellung der Vermögenslage der Unternehmung.

Mit der Aufstellung einer Bilanz wird das Ziel verfolgt, aussagefähige Informationen über die Vermögenslage der Unternehmung, insbesondere zur Liquidität und zum Verschuldungsgrad, in übersichtlicher Form bereitzustellen.

Der Aufbau der Bilanz ist für Kapitalgesellschaften in § 266 HGB geregelt. Demnach ist die Bilanz in Kontenform aufzustellen und weist gemäß § 247 Abs.1 HGB das Anlage- und Umlaufvermögen des Betriebes auf der Aktivseite und das Eigenkapital und Fremdkapital auf der Passivseite aus (▶ Abb. 135). Die Passivseite gibt somit Auskunft über die Herkunft der finanziellen Mittel (**Mittelherkunft**), während die Aktivseite die Verwendung dieser finanziellen Mittel (**Mittelverwendung**) zeigt. Beide Bilanzseiten müssen sich ausgleichen.

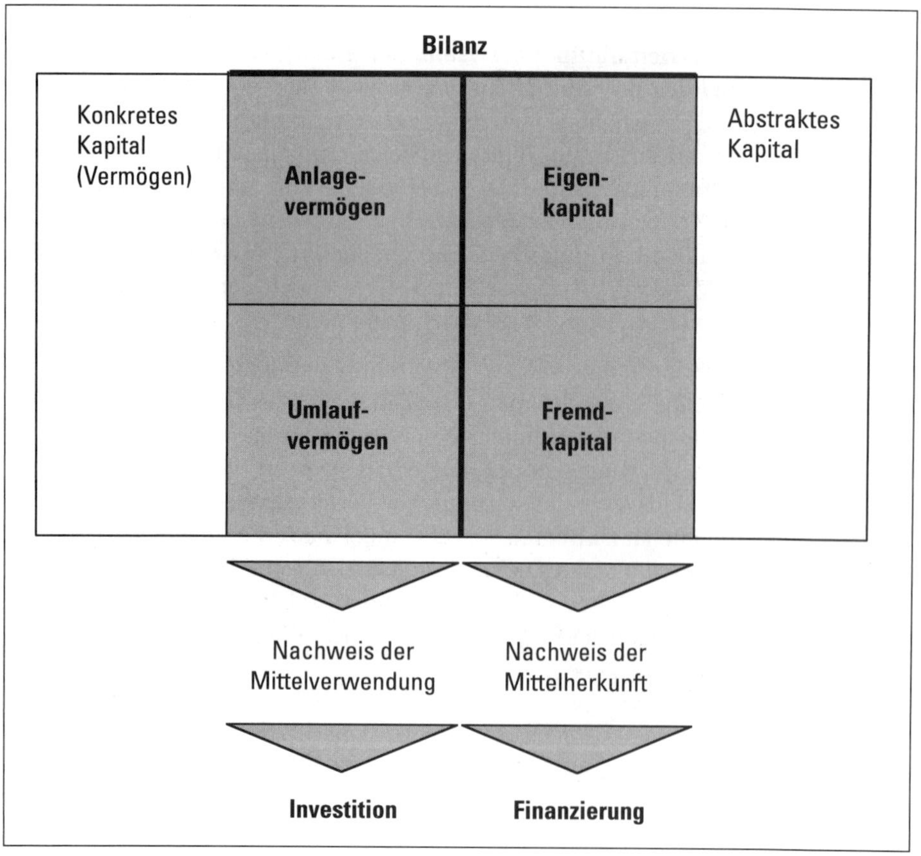

▲ Abb. 135 Aufbau der Bilanz

Demnach zeigt die Passivseite, wer der Unternehmung Kapital zur Verfügung gestellt hat bzw. wer rechtliche Ansprüche auf Teile des Vermögens hat (deshalb wird die Passivseite der Bilanz auch Kapital- oder Finanzierungsseite genannt), und die Aktivseite, wie die Summe der verfügbaren Mittel angelegt wurde (Aktivseite als Investitionsseite oder Vermögen).

Die einzelnen Bilanzpositionen sind in Abhängigkeit von der Größe des Unternehmens hinreichend aufzugliedern und auf der Aktivseite nach ihrer zunehmenden Liquidierbarkeit bzw. auf der Passivseite nach ihrer abnehmenden Fälligkeit zu ordnen. Beispiel: Während der Kassenbestand eines Unternehmens am Ende der Bilanzaktivseite zu finden ist, wird das Eigenkapital auf der Passivseite unter Position A (▶ Abb. 136) notiert. Für Kreditinstitute und für Versicherungen hingegen sind die Bilanzpositionen in umgekehrter Reihenfolge geregelt, d.h. der Kassenbestand einer Bank steht an oberster Stelle der Aktivseite und das Eigenkapital wird auf der Passivseite als letzter Bilanzposten erfasst.

Aktiva	Passiva
A. Anlagevermögen (AV) 1. Immaterielle Vermögensgegenstände 2. Sachanlagen 3. Finanzanlagen B. Umlaufvermögen 1. Vorräte 2. Forderungen und sonstige Vermögensgegenstände 3. Wertpapiere 4. Schecks, Kassenbestand, Bundesbank und Postgiroguthaben, Guthaben bei Kredikinstituten C. Rechnungsabgrenzungsposten D. Bilanzverlust	A. Eigenkapital (EK) 1. Gezeichnetes Kapital 2. Kapitalrücklage 3. Gewinnrücklage 4. Gewinnvortrag/Verlustvortrag 5. Jahresüberschuss/Jahresfehlbetrag B. Rückstellungen 1. Rückstellungen auf Pensionen und ähnliche Verpflichtungen 2. Steuerrückstellungen 3. sonstige Rückstellungen C. Verbindlichkeiten 1. Anleihen, davon konvertibel 2. Verbindlichkeiten gegenüber Kreditinstituten 3. Verbindlichkeiten auf Lieferungen und Leistungen D. Rechnungsabgrenzungsposten
Bilanzsumme	Bilanzsumme

▲ Abb. 136 Aufbau der Bilanz

2.1.4.2 Aktivseite

Das wesentliche Unterscheidungskriterium auf der Aktivseite zwischen Anlage- und Umlaufvermögen ist die Dauer der voraussichtlichen Unternehmenszugehörigkeit der jeweiligen Vermögensposition.

Das **Anlagevermögen** seinerseits weist die Gegenstände aus, die bestimmt sind, dauerhaft dem Geschäftsbetrieb (langfristiger Zeithorizont) zu dienen. Hierbei sind nicht nur die Eigenschaften des Vermögensgegenstandes, sondern auch die Planung zur langfristigen Nutzung im Betrieb maßgeblich. Das Anlagevermögen lässt sich in drei Bilanzpositionen untergliedern:

1. Zu **immateriellen Vermögensgegenständen** zählen betriebsbezogene Rechte und Werte, die nicht materiell, d.h. nicht körperlich fassbar, die entgeltlich erworben wurden und somit selbstständig bewertbar sind. Beispiele: Patente und Lizenzen, Geschäfts- oder Firmenwert.
2. **Sachanlagen** umfassen Grundstücke und Gebäude sowie das Vermögen in Maschinen und Anlagen, die dem Kriterium des Anlagevermögens entsprechen.

3. **Finanzanlagen** setzen sich aus Wertpapieren, Beteiligungen und Ausleihungen zusammen, sofern diese ebenfalls dem Kriterium des Anlagevermögens entsprechen.

Zum **Umlaufvermögen** zählen alle Güter, welche zum Zweck der Veräußerung beschafft werden und damit immer wieder Geldform annehmen oder bereits in Geldform vorhanden sind. Demnach sind beispielsweise Grundstücke und Gebäude, die in der Regel dem Sachanlagevermögen zuzurechnen sind, im Umlaufvermögen zu buchen, wenn sie mit dem Ziel der Weiterveräußerung gekauft wurden. Das Umlaufvermögen untergliedert sich in vier Bilanzpositionen:

1. **Vorräte:** Zu den Vorräten zählen gem. § 266 Abs. 2 HGB Roh-, Hilfs- und Betriebsstoffe, unfertige Erzeugnisse, unfertige Leistungen, fertige Erzeugnisse, Waren und geleistete Anzahlungen.
2. **Forderungen und sonstige Vermögensgegenstände:** In dieser Bilanzposition werden sämtliche Forderungen des Unternehmens gegenüber Dritten erfasst, so weit sie nicht anderen Bilanzpositionen zugeordnet werden können.
3. **Wertpapiere:** Die Wertpapiere des Umlaufvermögens sind nicht dazu bestimmt, langfristig dem Unternehmen zu dienen, sondern werden nur kurzfristig als Liquiditätsreserve gehalten.
4. **Schecks, Kassenbestand, Bundesbank- und Postgiroguthaben, Guthaben bei Kreditinstituten:** Diese werden als liquide Mittel im Unternehmen zum jeweiligen Nennwert verbucht. Hierzu zählen u.a. Bargeld, ausländische Sorten und Guthaben in Form täglich fälliger Gelder und Festgelder bei in- und ausländischen Kreditinstituten.

Die Bilanzierung von **Rechnungsabgrenzungsposten** ist in § 250 HGB geregelt. Die Aufgabe der Rechnungsabgrenzungsposten besteht darin, die Periodisierung von Vermögensänderungen zu erfassen, d.h. Aufwand/Ertrag, die mit Auszahlungen/Einzahlungen in einer anderen Rechnungsperiode verbunden sind, periodengerecht abzugrenzen. Hierbei unterscheidet man zwischen transitorischen und antizipativen Rechnungsabgrenzungsposten:

1. Als **transitorische Rechnungsabgrenzungsposten** sind auf der Aktivseite Ausgaben, die vor dem Abschlussstichtag auftreten, auszuweisen, so weit sie Aufwand für eine bestimmte Zeit nach diesem Abschlussstichtag darstellen. Beispiel: Mietvorauszahlung für Januar des nächsten Jahres im Dezember dieses Jahres.
2. Bei **antizipativen Rechnungsabgrenzungsposten** werden sämtliche Erträge dokumentiert, die vor dem Abschlussstichtag erzielt wurden, jedoch erst nach diesem Abschlussstichtag zu Einnahmen führen. Beispiel: Noch nicht erhaltene Mietzahlungen für Dezember.

2.1.4.3 Passivseite

Die entscheidenden Kriterien zur Differenzierung zwischen Eigen- und Fremdkapital auf der Passivseite sind das Rechtsverhältnis, die Haftung und die Verfügbarkeit des Kapitals.

Das **Eigenkapital** zeigt das in der Unternehmung vorhandene risikotragende Kapital, welches als Teil des Beteiligungsverhältnisses des Eigenkapitalgebers die Haftung des (Mit-)Eigentümers in Höhe der Einlage begründet.[1] Die Bilanzierung des Eigenkapitals richtet sich nach der Rechtsform des zu betrachtenden Unternehmens. Im nachfolgenden Abschnitt konzentriert sich die Behandlung des Eigenkapitals auf Vorschriften für Kapitalgesellschaften (§ 272 HGB). Das auszuweisende Eigenkapital des Unternehmens untergliedert sich in fünf Positionen:

1. **Gezeichnetes Kapital:** Unter der Position Gezeichnetes Kapital[2] wird das Kapital, auf das die Haftung der Gesellschafter für die Verbindlichkeiten der Kapitalgesellschaft gegenüber Gläubigern normalerweise beschränkt ist, verstanden. Das Gezeichnete Kapital weist somit den Nennwert der ausgegebenen Kapitalanteile der Gesellschaft aus.
2. **Kapitalrücklage:** In die Kapitalrücklage werden die Beträge eingestellt, die bei der Ausgabe von Kapitalanteilen über den Nennwert (Agio oder Aufgeld) hinaus erzielt werden. Weiterhin umfasst die Kapitalrücklage sämtliche Beträge, die bei der Emission von Wandelschuldverschreibungen und Optionsanleihen zum Erwerb von Unternehmensanteilen erzielt werden.
3. **Gewinnrücklage:** Als Gewinnrücklage dürfen nur Beträge ausgewiesen werden, die im Geschäftsjahr oder in einem früheren Geschäftsjahr aus dem Ergebnis gebildet worden sind. Dazu gehören aus dem Ergebnis zu bildende gesetzliche oder auf Gesellschaftsvertrag oder Satzung beruhende Rücklagen und andere Gewinnrücklagen.
4. **Gewinnvortrag/Verlustvortrag:** Der Gewinnvortrag beinhaltet sämtliche einbehaltene Gewinne, die nicht anderen Gewinnrücklagen zugeführt wurden. Der Verlustvortrag umfasst die Summe der Jahresfehlbeträge vergangener Perioden.
5. **Jahresüberschuss/Jahresfehlbetrag:** Der am Ende des Geschäftsjahres zu ermittelnde Jahresüberschuss/Jahresfehlbetrag zeigt das aus der Gewinn- und Verlustrechnung resultierende Ergebnis aus Ertrag abzüglich Aufwand. Als Bilanzgewinn wird schließlich der Betrag ausgewiesen, der nach (teilweiser) Gewinnverwendung des Jahresergebnisses zur Ausschüttung an die Anteilseigner vorgesehen ist.

---

1 Vgl. Teil 6, Kapitel 3, Abschnitt 3.1 „Einleitung“.

2 Vgl. dazu Teil 6, Kapitel 3, Abschnitt 3.2.1 „Gezeichnetes Kapital der Aktiengesellschaft“.

Im Gegensatz zum Eigenkapital geht das Unternehmen mit der Aufnahme von **Fremdkapital** ein Schuldverhältnis ein, sodass der Fremdkapitalgeber prinzipiell nicht für Verluste des Unternehmens in Höhe des Kapitalbetrages haftet.[1]

Das bilanzielle Fremdkapital setzt sich aus den Positionen Rückstellungen, Verbindlichkeiten und Rechnungsabgrenzungsposten zusammen. Der entscheidende Unterschied zwischen Rückstellungen und Verbindlichkeiten liegt in der Ungewissheit bei Rückstellungen bzw. der Sicherheit bei Verbindlichkeiten bezüglich der Schuldhöhe und -fälligkeit am Bilanzstichtag begründet.

Rückstellungen stehen auf der Passivseite nach dem Eigenkapital und werden für solchen Aufwand gebildet, der im betrachteten Geschäftsjahr verursacht wurde, jedoch erst zu einem späteren Zeitpunkt nach dem Abschlussstichtag zu einer Auszahlung (Pensionsrückstellungen, Steuerrückstellungen) führt (§ 249 Abs. 2 HGB). Rückstellungen stellen eine Verbindlichkeit dar und sind dadurch gekennzeichnet, dass sie bezüglich ihres Eintretens wahrscheinlich oder sicher, aber ihrer Höhe nach noch unbestimmt sind. Eine Rückstellung ist erst dann aufzulösen, wenn der Grund hierfür entfallen ist (§ 249 Abs. Satz 2 HGB). Als Beispiele für passivierungspflichtige Rückstellungen (◄ Abb. 136) gelten u.a.:

- Rückstellungen für Pensionen und ähnliche Verpflichtungen,
- Steuerrückstellungen,
- sonstige Rückstellungen.

Sämtliche Rückstellungen können einem der folgenden übergeordneten Rückstellungsbegriffe zugeordnet werden:

1. **Verbindlichkeitsrückstellungen:** Rückstellungen für ungewisse Verbindlichkeiten (§ 249 Abs. 1 HGB) sind auf der Passivseite zu bilanzieren, wenn es sich hierbei um genau bestimmbare Schulden des Unternehmens gegenüber Dritten handelt, die auf Grund einer rechtlichen Verpflichtung entstanden, jedoch der Höhe nach noch nicht sicher sind. Beispiele: Latente Steuern, drohende Bürgschaftsverpflichtungen.

   Des Weiteren zählen Rückstellungen für Gewährleistungen, die ohne rechtliche Verpflichtung erbracht werden, zu Verbindlichkeitsrückstellungen (Kulanzrückstellungen). Beispiel: Reparatur einer Maschine auf Kulanz.
2. **Drohverlustrückstellungen:** Von den Verbindlichkeitsrückstellungen sind Rückstellungen für drohende Verluste aus schwebenden Geschäften (§ 249 Abs. 1 HGB) abzugrenzen, die aus Verträgen zwischen dem Unternehmen und externen Vertragspartnern resultieren und sich bei diesem Geschäft ein drohender Verlust vorhersehen lässt. Charakteristisch hierfür ist, dass das Verpflichtungsgeschäft des zweiseitig verpflichtenden Vertrages schon rechtswirksam zu Stande gekommen ist, während das Erfüllungsgeschäft noch zu erbringen ist. Beispiel: Erwartung einer Lieferung von Computerprozessoren, die bereits heute veraltet sind.

1 Vgl. Teil 6, Kapitel 5, Abschnitt 5.1 „Einleitung".

3. **Aufwandsrückstellungen:** Unter Aufwandsrückstellungen werden sämtliche Rückstellungen für im Geschäftsjahr unterlassenen Instandhaltungsaufwand erfasst, der im folgenden Geschäftsjahr innerhalb von drei Monaten nachgeholt wird (§ 249 Abs. 1 Satz 1). Beispiel: Instandhaltungsaufwand für Produktionshallen des Unternehmens, die vor dem Abschlussstichtag entstanden sind und zwei Monate nach Ende des Geschäftsjahres durchgeführt werden. Für unterlassenen Instandhaltungsaufwand besteht ein Wahlrecht zur Rückstellungsbildung, wenn dieser Aufwand nach Ablauf der Frist von drei Monaten, aber bis zum Ende des Geschäftsjahres nachgeholt wird.

Verbindlichkeiten sind schuldrechtliche Verpflichtungen, die sowohl der Höhe als auch des Eintrittsgrundes nach feststehen. Dabei ist zu beachten, dass eine Aufrechnung von Forderungen und Verbindlichkeiten grundsätzlich nicht gestattet ist. Verbindlichkeiten lassen sich nach unterschiedlichen Kriterien (Leistung und Gegenleistung, Empfänger der Leistung) in verschiedene Posten (handelsrechtliches Gliederungsschema) gliedern.

Auf der Passivseite sind analog **transitorische Rechnungsabgrenzungsposten** (Einnahmen, die vor dem Abschlussstichtag entstehen) auszuweisen, so weit sie Ertrag für eine bestimmte Zeit nach diesem Tag sind. Beispiel: Im Voraus erhaltene Miete für Januar nächsten Jahres.

Als **antizipative Rechnungsabgrenzungsposten** der Passivseite wird solcher Aufwand gebucht, der in der Betrachtungsperiode anfällt, jedoch erst in der Folgeperiode zu einer Auszahlung führt. Beispiel: Noch zu zahlende Miete für Dezember diesen Jahres.

2.1.5 Gewinn- und Verlustrechnung

> Die **Gewinn- und Verlustrechnung (GuV)** ist eine periodische Erfolgsrechnung, die eine übersichtliche Ertrags- und Aufwandszusammenstellung des abgelaufenen Geschäftsjahres enthält.

Die Gewinn- und Verlustrechnung verfolgt das Ziel, detailliert über die Unternehmenstätigkeit Rechenschaft abzulegen und den Periodenerfolg (Gewinn oder Verlust als Differenz zwischen Ertrag und Aufwand) zu ermitteln. Die enge Verbindung mit der Bilanz ergibt sich aus dem System der **doppelten Buchführung**. Demnach wird jeder Geschäftsvorfall, der sich auf Aufwand und Ertrag des Unternehmens auswirkt, in der GuV gegengebucht. Entsprechend weisen die Bilanz und die GuV einen **Jahresüberschuss** oder **Jahresfehlbetrag** bzw. Bilanzgewinn/Bilanzverlust in gleicher Höhe aus.

Die Gliederung der GuV ist in § 275 HGB festgelegt und bestimmt, dass die GuV in Staffelform aufzustellen ist. Dabei kann sie nach dem Gesamtkostenverfahren oder dem Umsatzkostenverfahren erstellt werden. Der wesentliche Unterschied zwischen beiden Verfahren besteht darin, dass zur Bestimmung des Betriebserfolges nach dem **Gesamtkostenverfahren** sämtliche produzierten Leistungen (Umsatzerlöse und Bestandsmehrungen) berücksichtigt, hingegen beim **Umsatzkostenverfahren** nur die umgesetzten Leistungen (ohne Bestandsmehrungen) betrachtet werden.

Wie ▶ Abb. 137 zeigt, wird der Jahresüberschuss bzw. Betriebserfolg beim Gesamtkostenverfahren durch die Gegenüberstellung der produzierten Leistungen

Ertrag	Gesamtumsatzerlöse der Periode + Bestandsmehrungen fertiger und unfertiger Erzeugnisse mit ihren Herstellkosten – Bestandsminderungen fertiger und unfertiger Erzeugnisse mit ihren Herstellkosten + andere aktivierte Eingenleistungen
– Aufwand	– Gesamtproduktionsaufwendungen der Periode (betriebliche Aufwendungen Material, Personal, Abschreibungen, sonstige betriebliche Aufwendungen)
= Erfolg	= Betriebserfolg

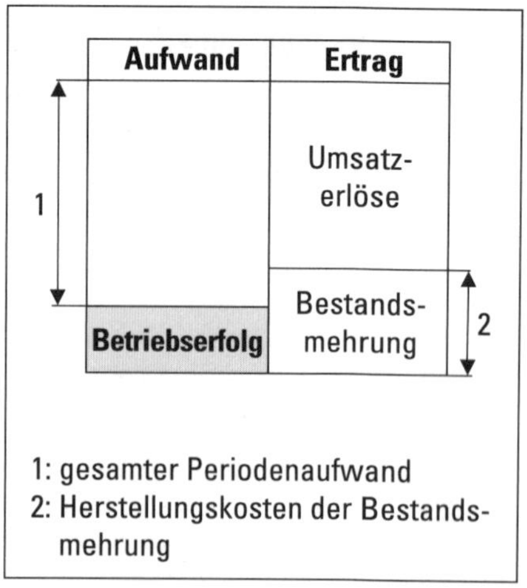

▲ Abb. 137 Ermittlung des Betriebserfolges nach dem Gesamtkostenverfahren

Ertrag	Gesamtumsatzerlöse der Periode
– Aufwand	– Umsatzaufwendungen: Produktionsaufwand +/– laufende Bestandsveränderungen fertiger und unfertiger Erzeugnisse – Aufwand für aktivierte Eigenleistung
= Erfolg	= Betriebserfolg

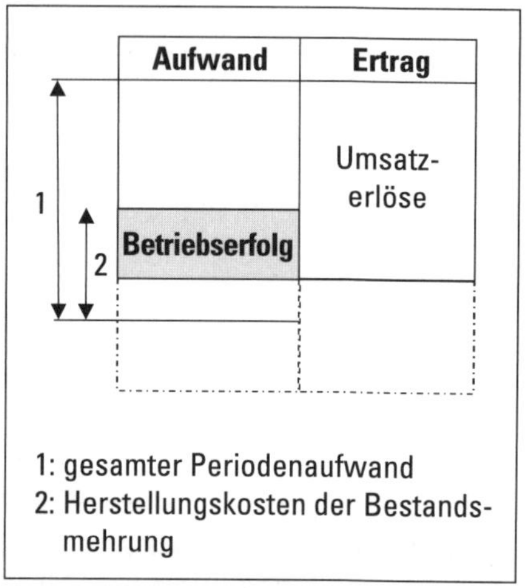

▲ Abb. 138 Ermittlung des Betriebserfolges nach dem Umsatzkostenverfahren

auf der Ertragsseite mit dem gesamten Periodenaufwand auf der Aufwandsseite ermittelt.

Beim Umsatzkostenverfahren wird der Betriebserfolg als Differenz zwischen den Gesamtumsatzerlösen und dem Umsatzaufwand der in der Abrechnungsperiode abgesetzten Produkte errechnet (◀ Abb. 138). Der Umsatzaufwand wird kalkuliert, indem die Herstellkosten der Bestandsmehrung vom gesamten Periodenaufwand abgezogen werden.

2.1.6 Anhang und Lagebericht

Der Jahresabschluss ist um einen **Anhang** zu erweitern, der mit der Bilanz und der Gewinn- und Verlustrechnung eine Einheit bildet. Ziel des Anhangs ist es, den Leser des Jahresabschlusses einer Gesellschaft durch ergänzende Angaben mit sämtlichen erforderlichen Informationen zu versorgen, die einen den tatsächlichen Verhältnissen entsprechenden Einblick in die Vermögens-, Finanz- und Ertragslage des Unternehmens Gewähr leisten. Diese Zusatzangaben umfassen unter anderem Erläuterungen zu angewandten Bilanzierungs- und Bewertungsmethoden, zu Umsatzerlösen nach Tätigkeitsbereichen und geographischen Märkten sowie zu sonstigen finanziellen Verpflichtungen, die nicht in der Bilanz (z.B. nicht bilanzierungspflichtige Pensionsrückstellungen) ausgewiesen werden müssen. Folglich wäre ohne diese Informationen trotz einer gesetzestreuen Erstellung des Jahresabschlusses unter Beachtung der GoB keine den tatsächlichen Verhältnissen entsprechende Darstellung der Vermögens-, Finanz- und Ertragslage des Unternehmens möglich. Daher ist die Aufstellung des Anhangs von zentraler Bedeutung für das Verständnis des Jahresabschlusses und des Gesamtbildes der Unternehmung. Der Anhang ist bezüglich der formalen Gestaltung nicht an gesetzliche Anforderungen gebunden. In diesem Zusammenhang übernimmt er folgende Funktionen:

1. **Erläuterungsfunktion:** Diese dient dem besseren Verständnis und der richtigen Interpretation des Jahresabschlusses. Demzufolge sind im Anhang Angaben über Bilanzierungs- und Bewertungsmethoden zu machen, die auf einzelne Posten der Bilanz und GuV angewandt wurden. Außerdem sind Abweichungen von bisher angewandten Methoden zu erläutern.
2. **Entlastungsfunktion:** Der Anhang entlastet die Bilanz und die GuV, indem relevante Informationen anstatt in der Bilanz oder GuV im Anhang erscheinen. Dadurch wird der Jahresabschluss ohne Informationsverluste insgesamt übersichtlicher und damit transparenter gestaltet.
3. **Korrekturfunktion:** Tritt auf Grund besonderer Umstände ein nicht den tatsächlichen Verhältnissen entsprechendes Bild der Unternehmung auf, so ist dieses Bild durch die Bereitstellung zusätzlicher Informationen zu korrigieren.
4. **Ergänzungsfunktion:** Der Anhang liefert zudem weiterführende Informationen, für die eine Relevanz bezüglich der zukünftigen Entwicklung des Unterneh-

mens besteht. Hierzu zählen z.B. Angaben über zukünftige finanzielle Verpflichtungen und Entwicklungen, die nicht oder nur unvollständig in der Bilanz und GuV berücksichtigt werden konnten. Beispiel: durchschnittliche Zahl der während des Geschäftsjahres beschäftigten Arbeitnehmer (§ 285 Nr. 7 HGB).

Zudem ist ein **Lagebericht** zu erstellen und zu veröffentlichen, der zusammen mit dem Anhang eine schriftliche Darstellung des Geschäftsverlaufs und der wirtschaftlichen Situation des Unternehmens beinhaltet. In § 289 HGB sind die Aufgaben und Anforderungen des Lageberichts geregelt, der jedoch kein gesetzlicher Bestandteil des Jahresabschlusses ist.

Der Lagebericht ist eine ergänzende Informationsquelle für die Bilanzadressaten und bezieht sich in Anlehnung an den Anhang auf den Geschäftsverlauf und die Lage der Kapitalgesellschaft im Berichtsjahr. Dabei sind insbesondere Risiken der künftigen Entwicklung aufzudecken und Fortschritte im Bereich Forschung und Entwicklung darzustellen. Diese Risiken sind in einem so genannten Risikobericht anzugeben, der auf Grund des KonTraG (Gesetz zur Kontrolle und Transparenz im Unternehmensbereich) seit dem 01.05.1998 aufgestellt werden muss.

Sowohl der Anhang als auch der Lagebericht unterstützen somit die Aussagefähigkeit des Jahresabschlusses durch zusätzliche Angaben und Begründungen über Vorgänge, die nach dem Schluss des Geschäftsjahres aufgetreten und von besonderer Bedeutung für die Gesellschaft sind. Die Aussagefähigkeit wird weiterhin durch zusätzliche Informationen und Aufgliederungen über die voraussichtliche Entwicklung der Kapitalgesellschaft unterstützt, die nicht in der Bilanz oder GuV dargestellt werden.

2.2 Konzernabschluss

2.2.1 Grundlagen des Konzernabschlusses

Der **Konzernabschluss** umfasst die nach handelsrechtlichen Gesichtspunkten aufgestellten Einzelabschlüsse der in den Konzernabschluss einzubeziehenden Unternehmen und stellt den Jahresabschluss einer wirtschaftlich geschlossenen Einheit rechtlich selbstständiger Unternehmen dar.[1]

Kapitalgesellschaften (**Mutterunternehmen**) sind zur Aufstellung eines Konzernabschlusses verpflichtet, sofern sie bei einem anderen Unternehmen (**Tochterunternehmen**), an dem sie beteiligt sind, eine einheitliche Leitung ausüben (§ 290 Abs. 1 HGB – **Konzept der einheitlichen Leitung**) und eine Beteiligung i. S. d. § 271 Abs. 1 HGB vorliegt. Unter einer Beteiligung werden solche Anteile an anderen

1 Vgl. Teil 1, Kapitel 2, Abschnitt 2.7.3.5 „Konzern“.

Unternehmen verstanden, die bestimmt sind, dem eigenen Geschäftsbetrieb durch Herstellung einer dauernden Verbindung zu jenen Unternehmen zu dienen. Folglich ist das Vorliegen einer Beteiligung nicht entscheidend von der Höhe der Beteiligungsquote abhängig, allerdings werden Anteile an einem Unternehmen über 20 % als Beteiligung angesehen (**Beteiligungsvermutung**, §271 Abs. 1 Satz 3 HGB).

Zur Aufstellung eines Konzernabschlusses sind Kapitalgesellschaften als Mutterunternehmen außerdem stets dann verpflichtet, wenn sie gemäß § 290 Abs. 2 HGB (**Control-Konzept**) eine der drei folgenden Bedingungen erfüllen:

1. Mehrheit der Stimmrechte der Gesellschafter,
2. Recht, die Mehrheit der Mitglieder des Verwaltungs-, Leitungs- oder Aufsichtsorgans zu bestellen oder abzurufen und die Kapitalgesellschaft gleichzeitig Gesellschafterin ist,
3. beherrschender Einfluss des Mutterunternehmens auf Grund eines geschlossenen Beherrschungsvertrags oder auf Grund einer Satzungsbestimmung.

Aus dem **Konsolidierungskreis** (§§ 294 – 296 HGB) lässt sich ableiten, wer in den Konzernabschluss des Mutterunternehmens einzubeziehen ist. Demnach sind das Mutterunternehmen und alle Tochterunternehmen ohne Rücksicht auf den Sitz der Tochterunternehmen zu berücksichtigen (**Weltabschlussprinzip**). Davon ausgenommen sind Tochterunternehmen, deren Tätigkeit von der anderer einbezogener Unternehmen derart abweicht, dass sich ein verändertes Gesamtbild der Vermögens-, Finanz- und Ertragslage des Konzerns ergäbe (z.B. Bank in einem industriell orientierten Konzern). Diese **Konsolidierungsverbote** werden um **Konsolidierungswahlrechte** (§ 296 HGB) erweitert, die bestimmen, dass ein Tochterunternehmen nicht in den Konzernabschluss einbezogen werden muss, sofern:

1. erhebliche und andauernde Beschränkungen vorliegen, die eine Ausübung der Rechte des Mutterunternehmens in bezug auf das Vermögen oder die Geschäftsführung dieses Unternehmens nachhaltig beeinträchtigen,
2. die für die Aufstellung des Konzernabschlusses erforderlichen Angaben nicht ohne unverhältnismäßig hohe Kosten oder Verzögerungen zu erhalten sind,
3. die Anteile des Tochterunternehmens nur zum Zweck der Weiterveräußerung gehalten werden,
4. das Tochterunternehmen nur von untergeordneter Bedeutung ist.

2.2.2 Aufgaben des Konzernabschlusses

Der Konzernabschluss besteht gemäß § 297 HGB aus der **Konzernbilanz**, der **Konzern-Gewinn- und Verlustrechnung** und dem **Konzernanhang**. Der Konzernanhang ist bei börsennotierten Mutterunternehmen um eine **Segmentberichterstattung** und eine **Kapitalflussrechnung** zu erweitern (§ 297 Abs. 1 Satz 2 HGB). Die in der Konzernbilanz, der Konzern-GuV und dem Konzernanhang dargestellte Vermögens-,

Finanz- und Ertragslage wird durch den **Konzernlagebericht** ergänzt, der über den Geschäftsverlauf und die gesamte Lage des Konzerns Auskunft gibt. Der Konzernlagebericht ist allerdings kein Bestandteil des Konzernabschlusses.

Der Konzernabschluss ist als besonderer Abschluss der gesamten Einheit zu verstehen, ersetzt jedoch nicht die Einzelabschlüsse der Tochterunternehmen. Alle drei gesetzlichen Bestandteile des Konzernabschlusses unterliegen keinen besonderen Anforderungen bezüglich des Gliederungsschemas, sondern sind grundsätzlich an die für Einzelabschlüsse geltenden Gliederungsvorschriften gebunden. Ausnahmen sind dann zu berücksichtigen, wenn die Eigenart des Konzernabschlusses Abweichungen erfordert.

Auf Grund § 297 Abs. 2 Satz 2 hat der Konzernabschluss die Aufgabe, unter Beachtung der GoB ein den tatsächlichen Verhältnissen entsprechendes Bild der Vermögens-, Finanz- und Ertragslage des Konzerns zu vermitteln (**Informationsfunktion**). Hierzu zählen vor allem die Dokumentation der Tätigkeiten des Konzerns sowie die Rechenschaftslegung gegenüber den verschiedenen Adressaten des Konzernabschlusses. Mit der Aufstellung des Konzernabschlusses wird zudem die Aufgabe der Kompensation verfolgt, um Doppelzählungen zu vermeiden. Der Konzernabschluss beschränkt sich somit auf die Auskunft über die wirtschaftliche Leistungsfähigkeit des Konzerns und bezieht nicht die dem Einzeljahresabschluss zu Grunde liegende Funktion der Zahlungsbemessung ein.

Um die den tatsächlichen Verhältnissen entsprechende wirtschaftliche Lage des Konzerns darstellen zu können, sind Konsolidierungsmaßnahmen durchzuführen, die sich in entscheidendem Maß nach verschiedenen Konsolidierungsmethoden richten. Diese werden im folgenden Kapitel näher erläutert.

2.2.3 Konsolidierungsmethoden und -maßnahmen

2.2.3.1 Überblick über Konsolidierungsmethoden

Die bei der Erstellung des Konzernabschlusses jeweils anzuwendende Konsolidierungsmethode hängt wesentlich von der Form der Beteiligung der in den Konzernabschluss einzubeziehenden Unternehmen ab (▶ Abb. 139).

2.2.3.2 Vollkonsolidierung

Dem Konzept der einheitlichen Leitung und dem Control-Konzept folgend, ist bei Vorliegen eines Mutter-Tochter-Verhältnisses, d.h. die Muttergesellschaft hält mehr als 50 % der Stimmrechte oder übt einen beherrschenden Einfluss auf die Tochtergesellschaft aus, als Konsolidierungsmethode die **Vollkonsolidierung** (§ 300 ff. HGB) anzuwenden. Ein **beherrschender Einfluss** liegt dann vor, wenn

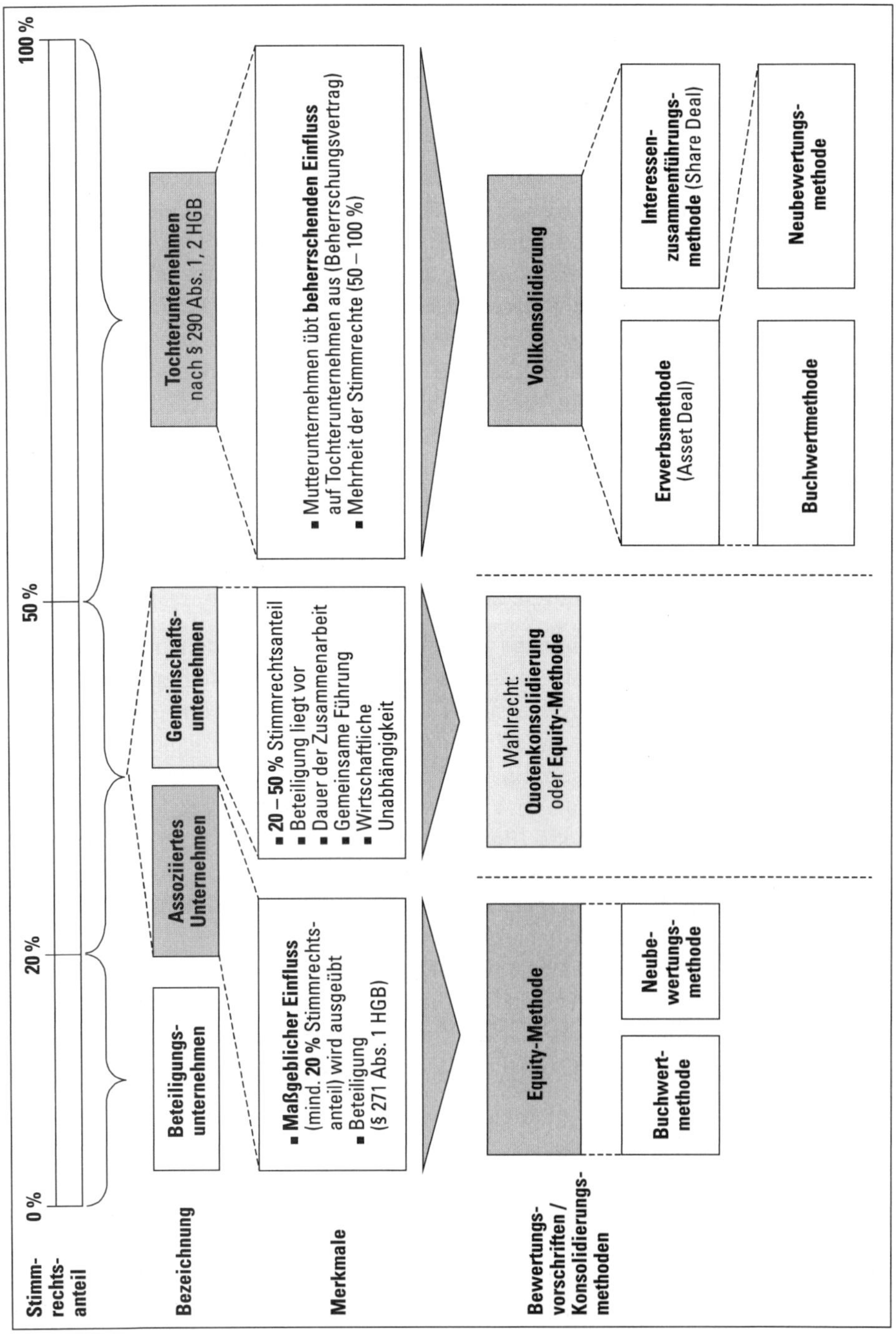

▲ Abb. 139 Konsolidierungsmethoden

das Mutterunternehmen auf Grund eines Beherrschungsvertrages die Leitung der Tochter übernimmt. Zudem kann bei einem Stimmrechtsanteil von 50 – 100 % von einem beherrschenden Einfluss ausgegangen werden.

Die Vollkonsolidierung ist dadurch charakterisiert, dass – ungeachtet von Ansprüchen anderer Aktionäre (Minderheitsaktionäre) – sämtliche Positionen aus Bilanz und Gewinn- und Verlustrechnung der Tochterunternehmen mit ihrem vollen Betrag in den Konzernabschluss einbezogen werden (§ 300 HGB). Hiervon ausgenommen ist das Eigenkapital, das nur entsprechend dem Anteil des Konzerns verrechnet wird. Sofern eine Beteiligungsquote unter 100 % vorliegt, sind **Minderheitsanteile anderer Gesellschafter** am Eigenkapital von Tochterunternehmen in einem **Ausgleichsposten** zu erfassen und im Konzernabschluss auszuweisen. Zu den relevanten Bilanzpositionen, die im Konzernabschluss berücksichtigt werden, zählen alle Vermögensgegenstände, Schulden, Rechnungsabgrenzungsposten, Bilanzierungshilfen und Sonderposten der Tochterunternehmen. Diese treten an die Stelle der dem Mutterunternehmen gehörenden Anteile an den einbezogenen Tochterunternehmen.

Um die auf der **Fiktion einer rechtlichen Einheit** basierenden Doppelrechnungen zu vermeiden,[1] sind im Rahmen der Vollkonsolidierung verschiedene **Konsolidierungsmaßnahmen** durchzuführen:

1. **Kapitalkonsolidierung** (§ 301 HGB): Die Kapitalkonsolidierung sieht eine Aufrechnung des Eigenkapitals der Tochtergesellschaften mit dem Beteiligungswert der Muttergesellschaft an den in den Konzern einzubeziehenden Unternehmen vor. Somit wird das Eigenkapital der Tochtergesellschaften nicht in den Konzernabschluss übernommen. Die Kapitalkonsolidierung kann nach der Vollkonsolidierung in zwei Vorgehensweisen unterschieden werden:
   - **Erwerbsmethode (Purchase-Methode):** Der Erwerbsmethode liegt die Annahme zu Grunde, dass nicht die Anteile des Tochterunternehmens, sondern einzelne Vermögensgegenstände und Schulden durch den Anteilserwerb angeschafft werden (Asset Deal).
   - **Interessenzusammenführungsmethode (Pooling of Interest-Methode)**: Als Alternative zur Erwerbsmethode besteht für das Unternehmen die Möglichkeit, die in § 301 Abs. 1 HGB vorgeschriebene Verrechnung der Anteile auf das gezeichnete Kapital der Tochterunternehmen zu beschränken.

2. **Schuldenkonsolidierung** (§ 303 HGB): Die Schuldenkonsolidierung schreibt eine Eliminierung sämtlicher Schuldbeziehungen innerhalb des Konzerns vor. Als rechtliche Einheit kann dieser keine Forderungen und Verbindlichkeiten gegen andere Konzernunternehmen haben, da im Konzernabschluss die Lage des Konzerns entsprechend der Fiktion der rechtlichen Einheit so darzustellen ist, als ob es sich insgesamt um ein einziges Unternehmen handeln würde. Dies erfordert somit die Aufrechnung sämtlicher konzerninterner Ausleihungen und

1 Vgl. Teil 1, Kapitel 2, Abschnitt 2.7.3.5 „Konzern".

anderer Forderungen, Rückstellungen, Verbindlichkeiten und Rechnungsabgrenzungsposten zwischen den einzubeziehenden Unternehmen.

3. **Zwischenergebniseliminierung** (§ 304 HGB): Gesetzlich wird festgelegt, dass alle Zwischengewinne aus konzerninternen Lieferungen zu eliminieren sind. Demzufolge müssen die zu übernehmenden Vermögensgegenstände so bewertet werden, dass kein Zwischengewinn enthalten ist.
4. **Aufwands- und Ertragskonsolidierung** (§ 305 HGB): Bei der Aufwands- und Ertragskonsolidierung wird sämtlicher Aufwand und Ertrag eliminiert, der aus Transaktionen mit anderen einbezogenen Unternehmen stammt.

Die im Rahmen der Kapitalkonsolidierung erwähnte **Erwerbsmethode** lässt sich darauf zurückführen, dass die Tageswerte der Vermögensgegenstände und Schulden den Kaufpreis der erworbenen Anteile bestimmen. Als Techniken bzw. Verfahren dieser Erwerbsmethode stehen sowohl die Buchwertmethode als auch die Neubewertungsmethode zur Verfügung.

Die **Buchwertmethode** zeichnet sich dadurch aus, dass der Wert des Eigenkapitals des Tochterunternehmens mit dem **Buchwert** der aufzunehmenden Vermögensgegenstände, Schulden, Rechnungsabgrenzungsposten, etc. angesetzt wird, um anschließend mit dem Anteil des Mutterunternehmens verrechnet zu werden. Bei der Buchwertmethode ist folgende Vorgehensweise anzuwenden:

1. Alle Vermögensgegenstände und Schulden der Tochterunternehmen werden ohne Berücksichtigung einer eventuellen Beteiligungsquote übernommen.
2. Anschließend erfolgt die Verrechnung der Beteiligungsbuchwerte mit dem anteiligen Eigenkapital der Bilanzen der Tochterunternehmen.
3. Ein eventueller Unterschiedsbetrag ergibt sich daher als Differenz zwischen dem Buchwert der Beteiligungen und dem Buchwert des anteiligen Eigenkapitals und
4. wird dann auf die einzelnen Bilanzpositionen nach Feststellung der Zeitwerte verrechnet.
5. Ein gegebenenfalls verbleibender Unterschiedsbetrag wird als Geschäfts- oder Firmenwert (aktiver Unterschiedsbetrag) oder als Unterschiedsbetrag aus der Kapitalkonsolidierung (passiver Unterschiedsbetrag) ausgewiesen.

Von der Buchwertmethode unterscheidet sich die **Neubewertungsmethode** dadurch, dass vor der Zusammenfassung der Einzelabschlüsse eine **Neubewertung** der Wertansätze in der Bilanz des Tochterunternehmens vorzunehmen ist. Das Eigenkapital wird dann mit dem Wert der aufzunehmenden Positionen verrechnet, der sich zum gewählten Zeitpunkt der Konzernzusammenführung ergibt. Unterschiede zwischen beiden Verfahren ergeben sich nur bei Beteiligungen unter 100 %. Vergleichbar der Vorgehensweise nach der Buchwertmethode lässt sich auch für die Neubewertungsmethode ein Ablauf definieren:

1. Zunächst werden alle Vermögensgegenstände und Schulden der Tochterunternehmen vollständig übernommen und gegebenenfalls vorhandene stille Reserven durch die Neubewertung der Bilanzpositionen aufgedeckt.
2. Die Beteiligungsbuchwerte sind dann mit dem neu bewerteten anteiligen Eigenkapital der Bilanzen der Tochterunternehmen zu verrechnen.
3. Ein eventuell vorhandener Differenzbetrag ist als Geschäfts- oder Firmenwert bzw. als Unterschiedsbetrag aus der Kapitalkonsolidierung aufzuteilen.

Wird alternativ zur Erwerbsmethode die Pooling of Interest-Methode angewandt, werden zunächst die Beteiligungsbuchwerte mit dem gezeichneten Kapital verrechnet, ohne dass die Vermögensgegenstände und Schulden neu bewertet werden. Im Anschluss ist eine eventuelle Differenz mit den Rücklagen zu verrechnen, sodass sich als entscheidender Unterschied zur Erwerbsmethode kein Ausweis eines positiven oder negativen Geschäfts- oder Firmenwertes ableiten lässt. Diese Möglichkeit ist jedoch nur unter bestimmten Voraussetzungen zulässig und gilt für die Fälle, in denen beim Anteilserwerb kein Unternehmenskauf, sondern eine Vereinigung von Vermögensinteressen im Vordergrund steht. Die Voraussetzungen hierfür sind:

1. Die Beteiligung des Mutterunternehmens beträgt mindestens 90 %,
2. die Beteiligung wurde durch einen Anteilstausch (Share Deal) erworben,
3. eine eventuelle Barabfindung darf 10 % des Nennbetrages der ausgegebenen Anteile nicht übersteigen.

2.2.3.3 Quotenkonsolidierung

Aus ◀ Abb. 139 wird deutlich, dass eine Beteiligung eines Gesellschafterunternehmens an dem in den Konzernabschluss einzubeziehenden Unternehmen unter 50 % nicht als Tochterunternehmen anzusehen ist (Ausnahme bei Beherrschungsvertrag). Wenn der Stimmrechtsanteil des Gesellschafterunternehmens zwischen 20 % und 50 % liegt, unterscheidet man Gemeinschaftsunternehmen und assoziierte Unternehmen.

Sofern das in den Konzernabschluss einzubeziehende Unternehmen kein Tochterunternehmen gemäß § 290 HGB ist, sondern dieses von mehreren wirtschaftlich unabhängigen Unternehmen gemeinsam geführt wird, handelt es sich bei dem geführten Unternehmen um ein **Gemeinschaftsunternehmen**. Für die Einbeziehung von Gemeinschaftsunternehmen in den Konzernabschluss besteht ein Wahlrecht zwischen der Quotenkonsolidierung und der Equity-Methode.

Entgegen der Vollkonsolidierung werden bei der **Quotenkonsolidierung** (Teilkonsolidierungsmethode), unter Vernachlässigung der Fiktion der rechtlichen Einheit des Konzerns, entsprechend den Beteiligungsanteilen des Mutterunternehmens am Tochterunternehmen nur die quotalen Anteile der Vermögensgegenstände und Schulden, etc. übernommen. Bei der Quotenkonsolidierung (anteilsmäßige Konsolidierung) sind die §§ 297 – 301, §§ 303 – 306, § 308 f. HGB anzuwenden. Demnach sind die Kapital-, Schulden-, Zwischenergebnis- und Aufwands- und Ertragskonsolidierung vergleichbar mit der Vollkonsolidierung auch bei der Quotenkonsolidierung durchzuführen, allerdings jeweils nur mit den anteilsmäßigen Werten. Auf Grund dieser quotalen Verrechnung, insbesondere der stillen Reserven und Lasten, führen die Buchwertmethode und die Neubewertungsmethode zum gleichen Ergebnis. Folglich ist auch kein Ausgleichsposten für andere Gesellschaften zu bilden. Im Vergleich zur Vollkonsolidierung ist die Konzernbilanzsumme bei der Quotenkonsolidierung niedriger.

2.2.3.4 Equity-Methode

Im Gegensatz zu der bisher betrachteten Vollkonsolidierung und Quotenkonsolidierung handelt es sich bei der **Equity-Methode** (§§ 311 – 312 HGB) statt einer Konsolidierungsmethode um eine Bewertungsvorschrift. Die Equity-Methode kann optional auf nicht quotal konsolidierte Gemeinschaftsunternehmen oder auf nicht vollkonsolidierte Tochterunternehmen (§§ 295 – 296 HGB) angewendet werden, bei den assoziierten Unternehmen ist sie zwingend vorgeschrieben.

Ein **assoziiertes Unternehmen** liegt dann vor, wenn von einem Mutter- oder Tochterunternehmen des Konzerns ein maßgeblicher Einfluss auf die Geschäfts- und Finanzpolitik eines anderen Unternehmens ausgeübt wird, das nicht zum Konzern gehört. Zudem muss die bereits erwähnte Beteiligung gemäß § 271 Abs. 1 HGB vorliegen. Ein **maßgeblicher Einfluss** besteht bei

- technologischen oder intensiven Lieferungs- und Leistungsbeziehungen,
- Teilnahme an unternehmenspolitischen Entscheidungen,
- finanzieller und technologischer Abhängigkeit des Beteiligungsunternehmens,
- Austausch von Führungspersonal,
- Vertretung in Vorstand oder Aufsichtsrat,
- Mitspracherecht bei der Bestellung der Mitglieder der Leitungs- und Aufsichtsorgane.

In Ergänzung zu den oben genannten Kriterien bezüglich des maßgeblichen Einflusses wird in § 311 Abs. 1 Satz 2 unterstellt, dass ein solcher Einfluss zudem vermutet wird, wenn ein Unternehmen an einem anderen Unternehmen, das nicht zum Konzern gehört, 20 – 50 % der Stimmrechte der Gesellschafter hält.

Wesentliches Merkmal der Equity-Methode ist die Fortschreibung des Beteiligungsbuchwertes entsprechend der Entwicklung des anteiligen Eigenkapitals des assoziierten Unternehmens in den Folgeperioden. Folglich entfällt die Übernahme sämtlicher Vermögensgegenstände, Schulden, Aufwand und Ertrag aus dem Einzelabschluss des assoziierten Unternehmens in den Konzernabschluss. Vergleichbar mit der Voll- und Quotenkonsolidierungsmethode wird auch bei der Equity-

Methode auf die Buchwertmethode oder die Neubewertungsmethode (Kapitalanteilsmethode) zurückgegriffen, allerdings bestehen Unterschiede in der jeweiligen Vorgehensweise:

1. **Buchwertmethode**:
   - Keine Übernahme der Vermögensgegenstände und Schulden des assoziierten Unternehmens,
   - Ansatz der Beteiligung mit dem Buchwert aus dem Einzelabschluss des Unternehmens, das den maßgeblichen Einfluss ausübt,
   - dieser Buchwert wird daraufhin mit dem anteiligen Eigenkapital des assoziierten Unternehmens verglichen und
   - ein Unterschiedsbetrag ist nur im Jahr der erstmaligen Anwendung als Teil der Beteiligungsposition anzugeben,
   - in den Folgejahren wird der Equity-Wert um die Eigenkapitaländerungen des assoziierten Unternehmens fortgeschrieben, sodass der Ausweis des Unterschiedsbetrages entfällt.
2. **Neubewertungsmethode (Kapitalanteilsmethode)**:
   - Die Beteiligung wird mit dem Betrag angesetzt, der dem anteiligen Eigenkapital des assoziierten Unternehmens entspricht,
   - ein Unterschiedsbetrag zwischen dem Equity-Wert (entspricht dem anteilig neu bewerteten Eigenkapital) und dem Beteiligungsbuchwert ist bei erstmaliger Anwendung der Equity-Methode in der Konzernbilanz gesondert als Geschäfts- oder Firmenwert bzw. als passiver Unterschiedsbetrag auszuweisen oder im Konzernanhang anzugeben,
   - dieser gesonderte Posten wird entgegen der Buchwertmethode auch in der Folgeperiode fortgeschrieben.

Bei einem Stimmrechtsanteil bis 20 % wird von einem **Beteiligungsunternehmen** ausgegangen, das entsprechend der Erfassung im Einzeljahresabschluss nach dem Anschaffungswertprinzip zu bewerten ist. Für Beteiligungsunternehmen sind keine Konsolidierungsmaßnahmen durchzuführen.

2.2.4 Instrumente des Konzernabschlusses

Der Konzernabschluss besteht aus der Konzernbilanz, der Konzern-GuV und dem Konzernanhang, der für börsennotierte Unternehmen, die als Mutterunternehmen einen Konzernabschluss erstellen müssen (§ 297 Abs. 1 HGB), um eine Kapitalflussrechnung und eine Segmentberichterstattung zu erweitern ist.[1]

Die **Konzernbilanz** kann je nach Wahl der Konsolidierungsmethode aus unterschiedlichen Bilanzpositionen bestehen, da z.B. Anteile anderer Gesellschafter (Vollkonsolidierung nach der Erwerbsmethode, Beteiligungsquote unter 100 %)

1 Vgl. Abschnitt 2.2 „Konzernabschluss".

ausgewiesen werden müssen oder der Geschäfts- oder Firmenwert entweder separat (Quotenkonsolidierung, Buchwertmethode und Neubewertungsmethode), als Teil der Beteiligung (Equity-Methode, Buchwertmethode) oder nicht (Vollkonsolidierung, Interessenzusammenführungsmethode) in der Konzernbilanz erfasst wird. Weiterhin ist es möglich, dass die Höhe der Konzernbilanzsummen bei Anwendung unterschiedlicher Konsolidierungsmethoden voneinander abweichen. Dies lässt sich insbesondere darauf zurückführen, dass z.B. bei der Equity-Methode (Beteiligungsquote von 50 %) keine Vermögensgegenstände und Schulden übernommen werden und die Konzernbilanzsumme im Verhältnis zur Quotenkonsolidierung (Beteiligungsquote von 50 %) niedriger ist.

Generell wird die Konzernbilanz durch die Addition der Bilanzen aus den Einzelabschlüssen ermittelt. Dabei sind zunächst die Bilanzen der in den Konzernabschluss einzubeziehenden Unternehmen zu vereinheitlichen und die Bilanzpositionen der Konzernunternehmen zeilenweise zu addieren (**Summenbilanz**). Zur Überführung dieser Summenbilanz in die Konzernbilanz sind jedoch die bereits erläuterte Kapital- und Schuldenkonsolidierung sowie die Eliminierung von Zwischenergebnissen durchzuführen.

Wie die Konzernbilanz, so entsteht auch die **Konzern-GuV** durch die Addition gleichartiger GuV-Positionen (**Summen-GuV**). Die Summen-GuV wird in die Konzern-GuV überführt, indem sämtlicher Aufwand und Ertrag eliminiert wird, der aus Transaktionen mit anderen einbezogenen Unternehmen resultiert. Als Ergebnis bleiben die Aufwands- und Ertragspositionen übrig, die sich ausschließlich aus dem Geschäftsverkehr mit Dritten ableiten lassen.

Grundsätzlich sind bei der Erstellung der Konzern-GuV die Gliederungsvorschriften für die Einzel-GuV einzuhalten. Hiervon ausgenommen sind die auf Minderheitsgesellschafter entfallenden Gewinne oder Verluste. Die Konsolidierungskorrekturen in der Gewinn- und Verlustrechnung finden sowohl bei der Voll- als auch bei der Quotenkonsolidierung Anwendung. Diese Vorgehensweise bezieht sich nicht auf die Equity-Methode. Wie bereits erläutert[1], erfolgt keine Übernahme des Aufwands und Ertrags aus dem Einzelabschluss des assoziierten Unternehmens in den Konzernabschluss. Hingegen wird der ermittelte Equity-Wert in den Folgeperioden um die Eigenkapitaländerungen der assoziierten Unternehmen angepasst und fortgeschrieben. Der dabei ermittelte Unterschiedsbetrag mindert bzw. erhöht den Wertansatz der Beteiligung und wird in der Konzern-GuV erfolgswirksam verbucht. Dadurch reduziert sich der Jahresüberschuss des Konzerns.

Der **Konzernanhang** bildet zusammen mit der Konzernbilanz und der Konzern-GuV eine Einheit und ist von Funktion und Inhalt her weitgehend mit dem Anhang des Einzelabschlusses vergleichbar. Darüber hinaus werden ergänzende Angaben verlangt, wie z.B. Änderungen im Konsolidierungskreis, in den Konsolidierungs-

1 Vgl. dazu Abschnitt 2.2.3.4 „Equity-Methode“.

methoden und eventuelle Abweichungen des Konzernabschlussstichtages vom Bilanzstichtag des Mutterunternehmens.

Mit Einführung des KonTraG vom 01.05.1998 ist die Konzernleitung einer börsennotierten Muttergesellschaft auf Grund § 297 Abs. 1 Satz 2 HGB zur Aufstellung einer Segmentberichterstattung und einer Kapitalflussrechnung ergänzend zum Konzernanhang verpflichtet. Die **Segmentberichterstattung** ist allerdings kein gesetzlicher Bestandteil des Konzernabschlusses und zudem keiner in Einzelheiten gehenden gesetzlichen Regelungstiefe unterworfen. Inhaltlich stellt die Segmentberichterstattung eine zusätzliche Informationsquelle zum Konzernabschluss dar und verfolgt das Ziel, über die wesentlichen Geschäftsbereiche eines Konzerns sowie über deren wirtschaftliche Rahmenbedingungen und deren Umfeld detaillierte Informationen bereitzustellen (Segmenterträge, -umsatzerlöse, -vermögen, -schulden usw.). Anhand dieser Angaben sollen die Adressaten von Konzernabschlüssen in die Lage versetzt werden, sich ein umfassendes Bild über die wirtschaftliche Leistungsfähigkeit und die Finanz- und Ertragslage der einzelnen Geschäftsfelder zu machen. Die wirtschaftliche Lage des gesamten Konzerns lässt sich somit differenzierter beurteilen.

Die Kapitalflussrechnung übernimmt die Aufgabe, die Finanzlage des Unternehmens abzubilden und stellt die strukturierte Veränderung des Finanzmittelfonds (Zahlungsmittel und Zahlungsmitteläquivalente) dar. Hinzu kommen Angaben, wie die Finanzmittel erwirtschaftet, welche zahlungswirksamen Investitionen durchgeführt wurden und wie sich die Liquidität im Unternehmen entwickelt hat. Diese Informationen sind für eine finanzwirtschaftliche Beurteilung eines Unternehmens von entscheidender Bedeutung. Anhand der Kapitalflussrechnung kann der Adressat eines Konzernabschlusses die Fähigkeit eines Unternehmens, finanzielle Überschüsse (Cashflows) aus operativer Tätigkeit, Investitions- und Finanzierungstätigkeit zu erzielen, besser einschätzen. Die Summe der Cashflows entspricht der Veränderung des Finanzmittelfonds.[1]

2.3 Internationale Rechnungslegung

In den letzten Jahren haben für das externe Rechnungswesen neben den handelsrechtlichen Rechnungslegungsvorschriften zunehmend auch internationale Rechnungslegungsnormen an Bedeutung gewonnen. Im Vordergrund stehen dabei die Normen des **International Accounting Standards Committee (IASC)**, einer Rechnungslegungskommission mit dem Ziel, internationale Normen zu erstellen, und die **US-Generally Accepted Accounting Principles (US-GAAP)**, die primär für die in den Vereinigten Staaten kotierten Unternehmen entwickelt wurden, sich aber mitt-

1 Zur Berechnung des Cashflow nach der direkten und indirekten Methode vgl. Teil 6, Kapitel 2, Abschnitt 2.2.3 „Dynamische Finanzkontrolle“.

lerweile trotz ihres nationalen Charakters zu auch international verwendeten Normen entwickelt haben.

Die Entwicklung zur internationalen Rechnungslegung ist vor allem auf die zunehmende Internationalisierung großer Konzerne zurückzuführen, die im Rahmen einer permanenten Ausweitung ihrer Tätigkeit auch auf eine weltweite Kapitalaufnahme angewiesen sind und sich somit den Anforderungen internationaler Investoren stellen mussten. Dabei war die Kotierung der Daimler Benz AG an der New York Stock Exchange im Jahre 1993 wegweisend für die weiterführende Entwicklung der internationalen Rechnungslegung in Deutschland. Börsennotierte Muttergesellschaften, die auf Grund von § 292 HGB prinzipiell zur Aufstellung eines Konzernabschlusses verpflichtet sind, waren bis zur Verabschiedung des Kapitalaufnahmeerleichterungsgesetz (KapAEG) in 1998 somit – z.B. bei einem geplanten Börsengang an der New York Stock Exchange (NYSE) – an die Vorlage von zwei Konzernabschlüssen nach HGB und IAS oder US-GAAP gebunden. Folglich gab es bis 1998 keinen so genannten befreienden Konzernabschluss. Im Zuge des Inkrafttretens des KapAEG besteht mittlerweile die Möglichkeit, einen Konzernabschluss mit befreiender Wirkung gemäß § 292a HGB zu veröffentlichen. Dieser bezieht sich somit auf Konzernabschlüsse und -lageberichte börsennotierter Unternehmen, wenn statt eines HGB-Konzernabschlusses ein nach international anerkannten Rechnungslegungsgrundsätzen erstellter Konzernabschluss offen gelegt wird. Die befreiende Wirkung tritt mit Erfüllung der in § 292a Absatz 2 Satz 1 – 5 aufgeführten Voraussetzungen in Kraft.

Mittlerweile erstellt die überwiegende Mehrzahl der Dax-30-Unternehmen ihren Konzernabschluss auf Basis von International Accounting Standards (IAS) oder US-Generally Accepted Accounting Principles (US-GAAP). Um die aktuelle Bedeutung der internationalen Rechnungslegung für deutsche Unternehmen hervorzuheben, sei darauf hingewiesen, dass z.B. Neue-Markt-Unternehmen als Zulassungsvoraussetzung bereits ihren Jahresabschluss nach internationalen Rechnungslegungsstandards erstellen müssen. Zudem hat die Europäische Kommission bereits im Sommer 2000 einen Entwurf vorgelegt, der ab 2005 für alle börsennotierten Unternehmen die Pflicht zur Erstellung ihres Konzernabschlusses nach IAS vorsieht. Insgesamt wird somit deutlich, dass an die Stelle der nationalen Rechnungslegungsvorschriften zunehmend die US-GAAP oder die IAS treten, um den Anforderungen der internationalen Kapitalmärkte Rechnung zu tragen.

Die Berücksichtigung der internationalen Rechnungslegungsnormen stellt die Unternehmen insofern vor große Herausforderungen, als diese Normen einer anderen Bilanzierungstradition entspringen. Die handelsrechtliche Rechnungslegung, die den **kontinentaleuropäischen** Systemen (z.B. HGB) zugerechnet wird, verfolgt als Primärziele der Rechnungslegung das Vorsichtsprinzip, den Gläubigerschutz und die Stärkung der Selbstfinanzierungskraft des Unternehmens. Demgegenüber liegt das Hauptaugenmerk der **angelsächsischen** Systeme (IAS, US-GAAP) auf der Vermittlung eines „**true and fair view**" oder „**fair presentation**" des Unternehmens sowie auf der Vertretung der Investoreninteressen und der Kapitalmarktfähigkeit des Wertpapiers. Auf kontinentaleuropäischer Ebene zählen die Wahrung der Investoreninteressen eher zu den untergeordneten Zielen des Rechnungswesens. Auf angelsächsischer Seite ist wiederum die Unternehmenserhaltung und der Gläubigerschutz eher von sekundärer Bedeutung für die Rechnungslegung.

Der Grund für diesen unterschiedlichen Fokus liegt in der unterschiedlichen Finanzierungstradition kontinentaleuropäischer und angloamerikanischer Unternehmen begründet. Während kontinentaleuropäische Unternehmen vor allem bankfinanziert waren und in der Regel von einem beschränkten Eigentümerkreis gehalten wurden, der sich auch anders als durch den Jahresabschluss informieren konnte, nahmen angloamerikanische Unternehmen schon lange Eigenkapital auf dem Kapitalmarkt auf und mussten daher den Informationsbedürfnissen vielfältiger Aktionäre Genüge tun, deren primäre Informationsquelle der Jahresabschluss war.

Kapitel 3
Internes Rechnungswesen

Wie bereits dargelegt,[1] kann das interne Rechnungswesen in die drei Hauptbereiche Finanzbuchhaltung, Kosten- und Leistungsrechnung und Controlling sowie ergänzende Bereiche unterteilt werden. Die folgenden Ausführungen befassen sich vor allem mit der Kosten- und Leistungsrechnung sowie dem Controlling.

3.1 Kosten- und Leistungsrechnung

3.1.1 Abgrenzung der Kosten- und Leistungsrechnung

Unter **Kosten- und Leistungsrechnung** versteht man ein betriebswirtschaftliches Informations- und Leitungsinstrument zur systematischen Erfassung, Verteilung und Zurechnung der im Rahmen des betrieblichen Leistungserstellungs- und -verwertungsprozesses entstehenden Kosten.

Die Kosten- und Leistungsrechnung (Betriebsbuchhaltung) beschäftigt sich mit den wertmäßigen Auswirkungen der im Unternehmen zu erstellenden oder erstellten Leistungen. Einerseits handelt es sich um den mit dieser Leistungserstellung verbundenen Verzehr von Geld, Gütern und Dienstleistungen und andererseits um den aus diesen Leistungen resultierenden Nutzenzugang

Aus der allgemeinen Umschreibung der Kosten- und Leistungsrechnung wird deutlich, dass diese Rechnung nicht auf den periodenbezogenen, nach handels-

1 Vgl. Kapitel 1, Abschnitt 1.2 „Struktur des betrieblichen Rechnungswesens“.

rechtlichen oder steuerlichen Gesichtspunkten bewerteten Größen Aufwand und Ertrag basieren kann, sondern man mit den auf die erstellte Leistung bezogenen Begriffen Kosten und Leistung arbeiten muss.[1]

Nachfolgend werden zunächst die Aufgaben der Kosten- und Leistungsrechnung erläutert und im Anschluss daran erfolgt die Unterteilung der Kosten- und Leistungsrechnung in die Kostenarten-, Kostenstellen- und Kostenträgerrechnung. Abschließend werden verschiedene Kostenrechnungssysteme beschrieben, die sich zur Umsetzung der Aufgaben der Kosten- und Leistungsrechnung eignen.

3.1.2 Aufgaben der Kosten- und Leistungsrechnung

Übergeordnete Aufgabe der Kosten- und Leistungsrechnung ist es, die Unternehmensleitung mit Informationen für anstehende Entscheidungen zu unterstützen. Diese übergeordnete Aufgabe lässt sich in drei Teilaufgaben aufteilen, nämlich die Abbildung, die Planung und die Kontrolle des Unternehmensprozesses (▶ Abb. 140):

1. **Abbildung des Unternehmensprozesses:** Die Abbildung des Unternehmensprozesses setzt voraus, dass zunächst der Ist-Zustand der unternehmerischen Prozesse dokumentiert wird. Diese Dokumentation stellt die grundlegende Aufgabe der Kosten- und Leistungsrechnung dar. Dadurch wird der Unternehmensleitung die Möglichkeit gegeben, eine Planung aufzubauen und ggf. Abweichungen von Planvorgaben zu erkennen und frühzeitig ungünstigen Geschäftsentwicklungen entgegenzuwirken. Die Umsetzung der Ist-Zustandsdarstellung und der Abbildung des Unternehmensprozesses erfolgt mittels:
   - **Kostenerfassung (Kostenartenrechnung):** In der Kostenerfassung werden alle im Unternehmen anfallenden Kosten systematisiert und bewertet.
   - **Zurechnung der Kosten auf bestimmte Bezugsobjekte (Kostenstellen- und Kostenträgerrechnung):** Die ermittelten Kosten werden bezogen auf Kostenstellen (wo sind die Kosten angefallen?) und Kostenträger (bei welchen Leistungen sind die Kosten entstanden?) abgebildet.
   - **Abbildung des Unternehmenserfolges:** Der Unternehmenserfolg kann entweder in Form des Gesamterfolges der Unternehmung oder als Erfolg einer bestimmten Produktart dargestellt werden.

2. **Planung des Unternehmensprozesses:** Damit das Unternehmen auf sich verändernde Marktparameter nicht nur reaktiv, sondern proaktiv handeln kann, bedarf es einer Planung des Geschäftsablaufes mit Bezug auf das erwartete Wirtschaftsgeschehen. Diese Planung beinhaltet die Prognose von Konsequenzen für alternative Handlungsmöglichkeiten des Unternehmens, die durch vielfäl-

[1] Vgl. dazu Kapitel 1, Abschnitt 1.3 „Größen des betrieblichen Rechnungswesens".

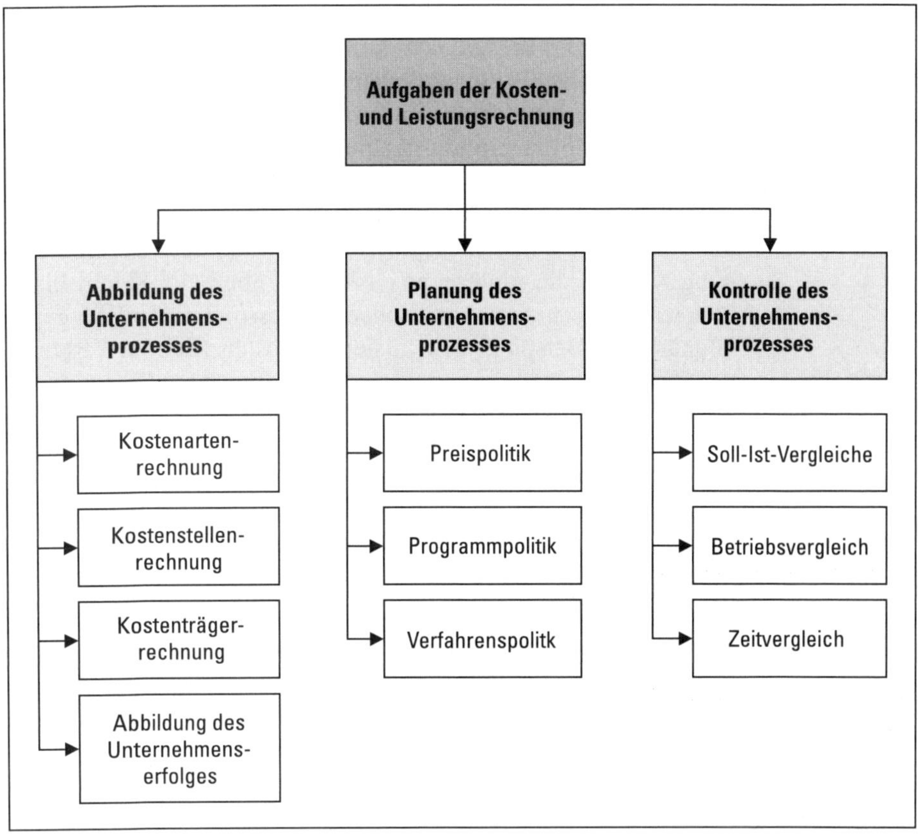

▲ Abb. 140 Aufgabe der Kosten- und Leistungsrechnung

tige Einflüsse (Konjunkturentwicklung, rechtliche Vorschriften usw.) determiniert werden.

- **Preispolitik:** Unter Preispolitik wird die Festlegung von Preisuntergrenzen im Verkauf, Preisobergrenzen im Einkauf sowie Verrechnungspreisen für Leistungen innerhalb des Unternehmens zusammengefasst. Als Bezugsgrundlage für die Preisgestaltung dienen die Kosten für ein Produkt, kalkulierten Gewinne sowie die Marktpreise. Aus den abgeleiteten Preisen lassen sich Entscheidungsgrundlagen anhand von Deckungsbeitragsrechnungen (Stückpreis abzüglich variable Kosten) zum Beispiel für neue Aufträge gewinnen.
- **Programmpolitik (Absatz-, Beschaffungs-, Wiedereinsatzgüter):** Die Kosten- und Leistungsrechnung unterstützt kurzfristige programmpolitische Entscheidungen, indem zum Beispiel bei einer Produktionsmengensenkung aus technischen Gründen jenes Produkt mit dem niedrigsten Deckungsbeitrag nicht mehr produziert wird. Sie kann jedoch keine Unterscheidungsunterstützung darüber liefern, ob eine neue Produktart eingeführt werden, oder welche Produkte hergestellt werden sollen, da es sich dabei um langfristige

Entscheidungen handelt. Hierfür ist auf die Investitionsrechnung zurückzugreifen.[1]

- **Verfahrenspolitik (Fertigungs-, Vertriebsbereich):** Mithilfe der Kosten- und Leistungsrechnung können zudem verfahrenspolitische Fragen gelöst werden. Es handelt sich um Entscheidungen, welche Maschine für einen Auftrag bzw. welcher Vertriebsweg für ein bestimmtes Produkt auf Grund der jeweiligen Kosten genutzt werden soll.
- **Kontrolle des Unternehmensprozesses:** Mit der Kosten- und Leistungsrechnung verfügt die Unternehmensleitung über ein Kontrollinstrument zur Steuerung der unternehmerischen Prozesse. Im Vorfeld geplante Kosten können zum Beispiel mit realisierten Kosten (**Soll-Ist-Vergleich**) am Ende der Planungsperiode verglichen werden, um daraufhin eine Kostenabweichung zu bestimmen. Des weiteren besteht die Möglichkeit, die Entwicklung der Kosten- und Leistungsstruktur anhand eines **Betriebsvergleichs** zu kontrollieren. Diese Kontrolle erfolgt mittels Gegenüberstellung der Kosten- und Leistungsergebnisse zweier oder mehrerer vergleichbarer Betriebe in einer Periode. Im Fall des **Zeitvergleichs** werden die erfassten Kosten und Leistungen eines Betriebes in zwei oder mehreren aufeinander folgenden Perioden betrachtet. Die gewonnenen Erkenntnisse dienen der Unternehmensführung als Anhaltspunkt für Steuerungsmaßnahmen zur Begleichung der aufgetretenen Differenzen.

3.1.3 Kosteneinflussfaktoren

Eine vollständige Aufzählung aller Kosteneinflussfaktoren ist weder möglich noch sinnvoll. Unmöglich ist dies deshalb, weil erstens die Verhältnisse von Branche zu Branche und von Unternehmen zu Unternehmen sehr stark variieren, und zweitens, weil im Laufe der Zeit neue Kosteneinflussfaktoren auftreten können. Grundsätzlich kann zwischen entscheidungsfeldbedingten und entscheidungsträgerbedingten Einflussfaktoren unterschieden werden:

- Die **entscheidungsfeldbedingten** Einflussfaktoren sind die vom Unternehmen in der Regel nicht beeinflussbaren Daten, da diese aus der jeweiligen Umweltsituation fest vorgegeben sind. Hierzu sind beispielsweise die Marktpreise sowie die Qualität der Produktionsfaktoren (technische Daten) zu zählen.
- Die **entscheidungsträgerbedingten** Einflussfaktoren hingegen sind Variablen, welche das Unternehmen durch seine Entscheidungen wesentlich zu beeinflussen vermag. Es handelt sich dabei häufig um Entscheidungen über den Beschäftigungsgrad, die Auftragsgrößen, die zeitliche Ablaufplanung und die zeitliche Produktionsverteilung (▶ Abb. 141).

1 Vgl. Teil 6, Kapitel 1 „Grundlagen".

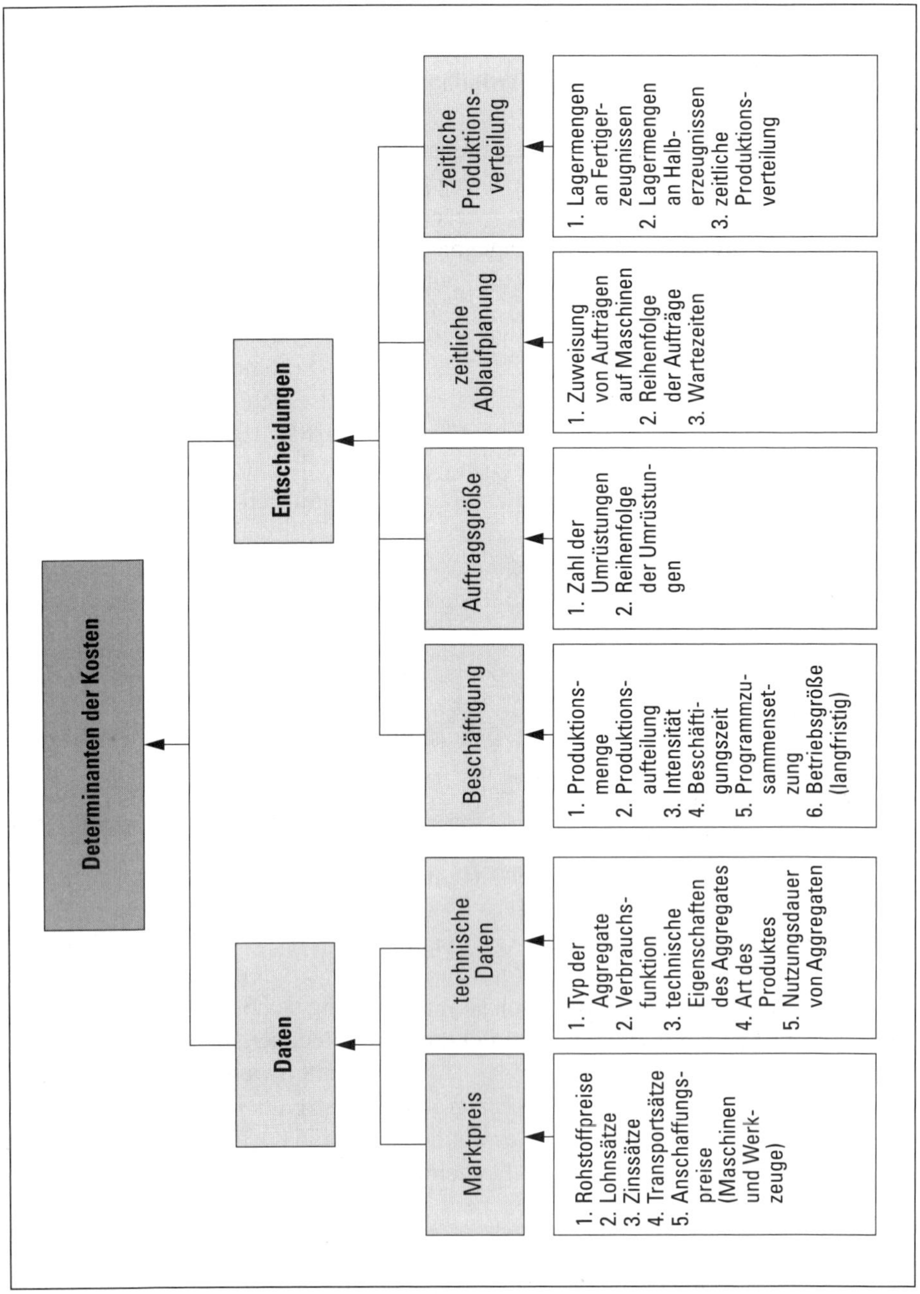

▲ Abb. 141 Kosteneinflussfaktoren (Schierenbeck 1995, S. 212)

Da das Verhalten der Kosten bei Beschäftigungsschwankungen[1] im Allgemeinen einen wesentlichen Kosteneinflussfaktor darstellt, werden zuerst die Begriffe Kapazität und Beschäftigung im betriebswirtschaftlichen Sinne geklärt.

Als **Kapazität** einer Anlage bezeichnet man ihr Leistungsvermögen in quantitativer und qualitativer Hinsicht.

Bezüglich der quantitativen Kapazität sind zu unterscheiden:

- **Technisch-wirtschaftliche Maximalkapazität**, die aus technischen Gründen entweder nicht überschritten werden kann oder nicht überschritten werden sollte, zum Beispiel wegen der Gefahr stark erhöhter Störanfälligkeit, hoher Ausschussquoten oder sehr großen Materialverschleißes.
- **Technisch-wirtschaftliche Minimalkapazität**, die nicht unterschritten werden kann, weil die Maschine an eine Minimalkapazität gebunden ist, oder die zum Beispiel auf Grund eines überdurchschnittlich hohen Betriebsstoffverbrauchs nicht unterschritten werden sollte.
- **Wirtschaftliche** oder **optimale Kapazität**, die in der Regel zwischen technisch-wirtschaftlicher Maximal- und Minimalkapazität liegt. Bei dieser Kapazität ist der bewertete Faktorverbrauch für eine bestimmte Leistungsmenge/Zeiteinheit am kleinsten.

Als **Beschäftigung** oder **Beschäftigungsgrad**, auch **Kapazitätsausnutzungsgrad** genannt, bezeichnet man das Verhältnis zwischen vorhandener Kapazität und effektiver Ausnutzung.

Die Beschäftigungkann wie folgt ausgedrückt werden:

- $\text{Beschäftigungsgrad} = \frac{\text{Ist-Produktion}}{\text{Kann-Produktion}} \, 100$

Unter der Kann-Produktion ist jene Nutzung des Betriebes oder von Betriebsteilen zu verstehen, die unter Berücksichtigung technischer, wirtschaftlicher und sozialer Aspekte über längere Zeit aufrechterhalten werden kann. Deshalb ist es möglich, dass der Beschäftigungsgrad kurzfristig über 100 % liegen kann. In diesem Falle spricht man von einer **Überbeschäftigung**. Ist der Beschäftigungsgrad hingegen kleiner als 100 %, so liegt eine **Unterbeschäftigung** vor. Ist er genau 100 %, ist eine **Vollbeschäftigung** gegeben.

1 Vgl. Teil 4, Kapitel 3, Abschnitt 3.2 „Anpassungsformen an Beschäftigungsschwankungen".

3.1.4 Gliederung der Kosten- und Leistungsrechnung

In ► Abb. 142 wird die Unterteilung der Kosten- und Leistungsrechnung in eine Kostenarten-, Kostenstellen- und Kostenträgerrechnung dargestellt. In der Kostenartenrechnung werden sämtliche im betrieblichen Leistungsprozess entstandenen Kosten zunächst erfasst. Ist eindeutig zu ermitteln, wofür (Kostenträger wie Produkte und Produktgruppen) die Kosten entstanden sind, werden die Kosten direkt auf diese Kostenträger verteilt. Ist dies jedoch nicht eindeutig möglich, muss ermittelt werden, wo die Kosten (Kostenstellen) angefallen sind, um auf diesem Wege die Kosten zu verteilen. Nur so ist es möglich, den Erfolg eines Produktes zu ermitteln. Nachfolgend werden die einzelnen Schritte in der Kostenarten-, Kostenstellen- und Kostenträgerrechnung näher untersucht.

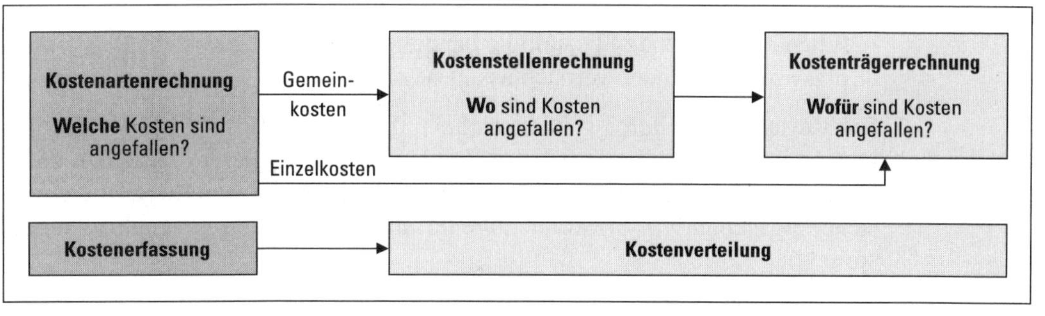

▲ Abb. 142 Kostenarten-, Kostenstellen-, Kostenträgerrechnung

3.1.4.1 Kostenartenrechnung

Die Kostenartenrechnung beantwortet die Frage, welche Kosten während einer bestimmten Periode entstanden sind (◄ Abb. 142). Dabei werden alle Kosten nach Kostenarten (z.B. Materialkosten, Personalkosten, Raumkosten usw.) gesammelt und gegenüber dem Aufwand in der Finanzbuchhaltung abgegrenzt. Nachfolgend werden Alternativen zur Erfassung und Gliederung von Kostenarten erläutert. Dazu zählen vor allem die Kostenunterscheidung nach der Beschäftigung, nach der Messgröße und nach der Art der Verrechnung.

3.1.4.1.1 Beschäftigung

Auf Grund des Einflussfaktors Beschäftigung kann eine wesentliche Unterteilung der Kosten gemacht werden, die für viele unternehmerische Entscheidungen von großer Bedeutung ist. Je nachdem, ob nämlich die Beschäftigung einen direkten

Einfluss auf die Kosten ausübt oder nicht, können variable und fixe Kosten unterschieden werden (▶ Abb. 143):

1. **Variable Kosten** lassen sich dadurch charakterisieren, dass sie unmittelbar auf Änderungen des Beschäftigungsgrades reagieren (z. B. Rohstoffkosten). Es können vier verschiedene Fälle unterschieden werden:
   - **Proportionale Kosten**, die im gleichen Verhältnis wie die Beschäftigungsänderung variieren.
   - **Progressive Kosten**, die überproportional, das heißt stärker als die Beschäftigungsänderung steigen.
   - **Degressive Kosten**, die unterproportional, das heißt weniger stark als die Beschäftigungsänderung steigen.
   - **Regressive Kosten**, die im Gegensatz zu den degressiven Kosten nicht nur relativ, sondern auch absolut sinken. Da die in der Literatur aufgeführten Beispiele (z. B. fallende Heizkosten in einem zunehmend besetzten Kino) sehr selten anzutreffende Spezialfälle darstellen, kann diese Kostenkategorie aus praktischen Gründen vernachlässigt werden.
2. **Fixe Kosten** sind dadurch gekennzeichnet, dass sie auf Beschäftigungsschwankungen während einer bestimmten Zeitdauer nicht reagieren. Sie fallen unabhängig vom Beschäftigungsgrad an und sind deshalb konstant (z. B. Miete, Versicherungsgebühren). Sie können weiter unterteilt werden in absolut-fixe und sprungfixe Kosten:
   - **Absolut-fixe Kosten** bleiben unabhängig von Beschäftigungsschwankungen konstant.
   - **Sprungfixe Kosten** sind nur für bestimmte Beschäftigungsintervalle fix – deshalb werden sie auch intervallfixe Kosten genannt – und steigen treppenförmig an. Je kleiner jedoch die Beschäftigungsintervalle sind, desto mehr nähern sie sich den variablen Kosten an.

Auf Grund des effektiven Beschäftigungsgrades können zudem so genannte Leer- und Nutzkosten unterschieden werden:

- **Leerkosten** entstehen bei Unterbeschäftigung und entsprechen denjenigen Kosten, die infolge ungenutzter Kapazitäten nicht auf die erstellten Produkte verrechnet werden können (sofern mit einem festen Kostenzurechnungssatz gerechnet wird).
- **Nutzkosten** sind demzufolge jener Teil der fixen Kosten, der auf die effektiv produzierten Einheiten zugerechnet wird. Die Nutzkosten betragen 100 %, wenn eine Maschine voll ausgelastet ist, und null, wenn die Maschine überhaupt nicht läuft. Sie verhalten sich umgekehrt proportional zu den Leerkosten, d. h. je größer die Nutzkosten, umso kleiner sind die Leerkosten und umgekehrt.

Die fixen Kosten fallen also unabhängig vom Beschäftigungsgrad an und können, zumindest kurzfristig, nicht verändert oder angepasst werden. Umso wichtiger ist

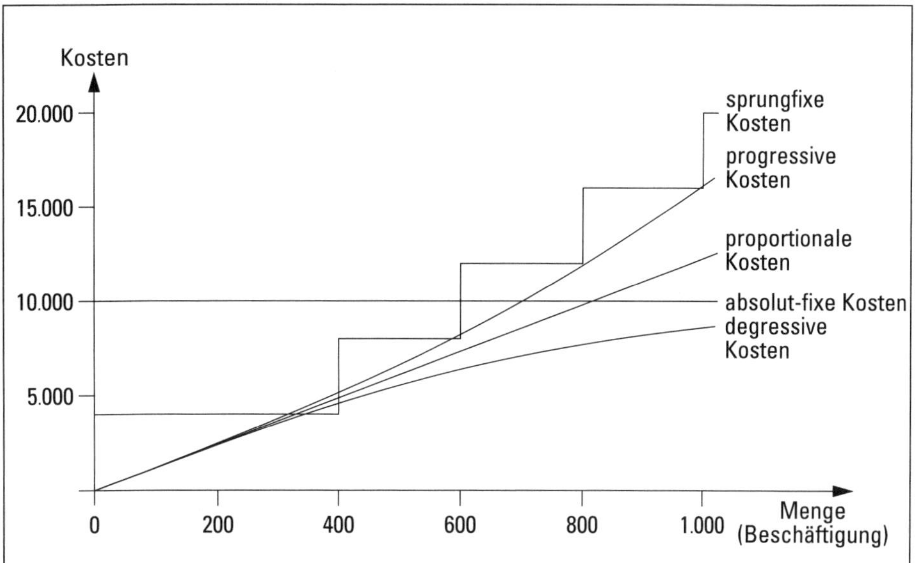

Menge x	Fixe Kosten		Sprungfixe Kosten		Proportionale Kosten		Progressive Kosten		Degressive Kosten	
	K_f	$\frac{K_f}{x}$	K_f	$\frac{K_f}{x}$	K_v	$\frac{K_v}{x}$	K_v	$\frac{K_v}{x}$	K_v	$\frac{K_v}{x}$
200	10.000,–	50,–	4.000,–	20,–	2.400,–	12,–	2.400,–	12,–	2.400,–	12,–
400	10.000,–	25,–	8.000,–	20,–	4.800,–	12,–	5.200,–	13,–	4.400,–	11,–
600	10.000,–	16,67	12.000,–	20,–	7.200,–	12,–	8.400,–	14,–	6.000,–	10,–
800	10.000,–	12,50	16.000,–	20,–	9.600,–	12,–	12.000,–	15,–	7.200,–	9,–
1.000	10.000,–	10,–	20.000,–	20,–	12.000,–	12,–	16.000,–	16,–	8.000,–	8,–

▲ Abb. 143 Kostenverläufe

es deshalb für ein Unternehmen zu wissen, weshalb überhaupt fixe Kosten entstehen. Es sind dafür mehrere Gründe zu nennen:

- **Unternehmerische Entscheidung**: Fixe Kosten bzw. deren Höhe werden vielfach durch eine unternehmerische Entscheidung festgelegt. Zu diesen Kosten gehören beispielsweise die Werbekosten oder die Ausbildungskosten für Mitarbeiter.
- **Entscheidungszeitraum**: Je kürzer der Entscheidungszeitraum, desto mehr fixe Kosten werden tendenziell in einem Unternehmen anfallen, d. h. desto weniger können die Kosten an Beschäftigungsschwankungen angepasst werden. Eine Abgrenzung der variablen und fixen Kosten kann deshalb oft nicht eindeutig vorgenommen werden, da die Zuteilung zur einen oder anderen Kostenkategorie in erster Linie vom betrachteten Entscheidungszeitraum abhängt. Diese Tatsache wurde übrigens bereits durch die Unterscheidung von absolut-fixen und sprungfixen Kosten angedeutet.

- **Kostenremanenz**: Bei solchen Kosten, die von ihrem Charakter her kurzfristig veränderbar wären, auf Grund situativer Einflüsse aber bei einem rückläufigen Beschäftigungsgrad nicht entsprechend angepasst und gesenkt werden können, spricht man von remanenten Kosten (▶ Abb. 144). Das Phänomen der Kostenremanenz kann man vor allem bei intervallfixen, aber auch bei variablen Kosten beobachten, wenn beispielsweise die Mitarbeiter aus Angst vor einer Entlassung bei Beschäftigungsrückgang ihre Arbeit strecken oder qualifiziertes Personal Hilfsarbeiten übernehmen muss.

Daneben gibt es eine Vielzahl weiterer Gründe, die für die Entstehung von fixen Kosten verantwortlich ist. Als typische Beispiele sind zu nennen:

- Rechtliche Bindungen (z. B. Leasing-Verträge, die nicht gekündigt werden können).
- Soziale Ziele (z. B. keine kurzfristigen Entlassungen von Mitarbeitern).
- Beibehaltung von qualifiziertem Personal, um dieses nicht an die Konkurrenz zu verlieren oder um dieses nicht zu einem späteren ungünstigeren Zeitpunkt – beispielsweise bei angespanntem Arbeitsmarkt – wieder suchen zu müssen.
- Kosten der Anpassung (falls diese größer sind als die fixen [Leer-]Kosten).

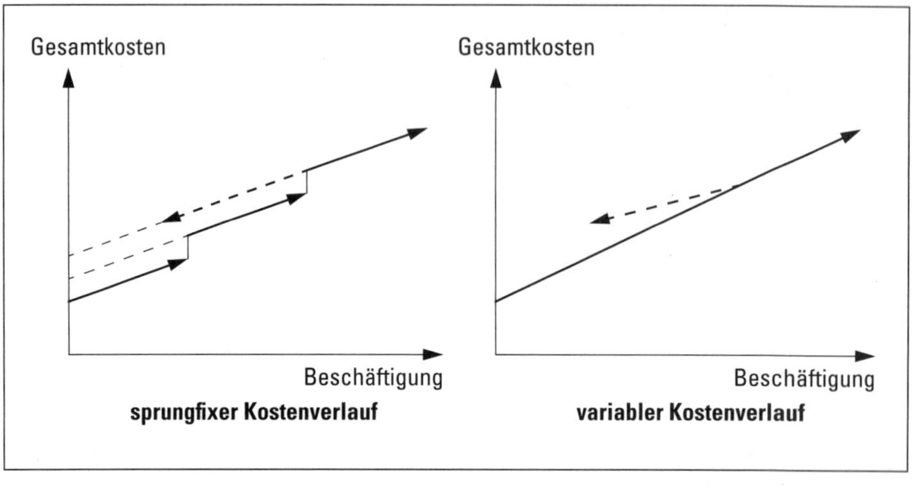

▲ Abb. 144 Kostenremanenz bei sprungfixen und variablen Kosten

3.1.4.1.2 Messgröße

Bei einer Klassifizierung der Kosten nach der Messgröße können folgende Unterscheidungen gemacht werden:

- Unter den Gesamtkosten versteht man die Summe des bewerteten Faktorverbrauchs zur Erstellung einer Leistungsmenge x während einer bestimmten Periode. Unter Berücksichtigung der Unterscheidung variabler und fixer Kosten können folgende Kosten definiert werden:

- Gesamte variable Kosten: K_v
- Gesamte fixe Kosten: K_f
- Gesamte Kosten: $K = K_v + K_f$

Die Bezugsgröße der Gesamtkosten ist nicht immer eindeutig definiert. Nur aus dem Zusammenhang geht hervor, ob es sich um die Kosten eines ganzen Unternehmens, einer Kostenstelle (z. B. Einkauf, Fertigung), einer einzelnen Produktart oder nur einer bestimmten Kostenart handelt.

- Bezieht man die Gesamtkosten K auf eine Einheit der erstellten Leistung, so ergibt sich eine **Stückbetrachtung** mit folgender Unterteilung:
  - Durchschnittliche variable Kosten: $kv = \frac{K_v}{x}$
  - Durchschnittliche fixe Kosten: $k_f = \frac{K_f}{x}$
  - Durchschnittliche Kosten (= Stückkosten): $k = \frac{K}{x}$
- Unter den **Grenzkosten** versteht man jene Kosten, die durch Produktion einer zusätzlichen Ausbringungseinheit anfallen. Um die Höhe der Grenzkosten zu erhalten, sind jeweils die Mengendifferenzen und die entsprechenden Kostendifferenzen zu ermitteln. Praktisch werden sie als Veränderung der variablen Kosten ermittelt, wenn die Produktionsmenge um eine Mengeneinheit erhöht oder gesenkt wird. Dies ergibt folgende mathematische Funktion:
  - Grenzkosten = $\frac{\Delta K}{\Delta x}$

  Eine Erhöhung der Produktionsmenge um Δx verursacht somit eine Kostenerhöhung um ΔK.

  Die Kenntnis der Grenzkosten ist für ein Unternehmen zum Beispiel dann von Interesse, wenn es darüber entscheiden muss, ob es einen zusätzlichen Auftrag annehmen soll oder nicht. Es wird dies in der Regel nämlich nur dann tun, wenn mindestens die Grenzkosten durch die zusätzlich anfallenden Erträge gedeckt sind.

Ein weiterer wichtiger Kostenbegriff ist derjenige der Opportunitätskosten, auch Alternativkosten genannt.

> Unter **Opportunitätskosten** versteht man den Nutzenentgang, der sich daraus ergibt, dass die höchst bewertete Alternative aus den zur Verfügung stehenden Handlungsmöglichkeiten nicht gewählt wurde.

Opportunitätskosten implizieren somit immer, dass mehrere Handlungsmöglichkeiten vorhanden sind, die einen unterschiedlichen Nutzen abwerfen. Sie berechnen sich als Differenz zwischen der gewählten Variante und der höchst bewerteten. Kann man beispielsweise einen bestimmten Geldbetrag zu 4 % oder 10 % anlegen und entscheidet man sich – z. B. aus Risikogründen – für die niedriger verzinsliche Variante, so betragen die Opportunitätskosten 6 %.

3.1.4.1.3 Verrechnung

Bei einer Unterscheidung der Kosten nach Art der Verrechnung differenziert man zwischen Einzel- und Gemeinkosten. Unter **Einzelkosten** werden die Kosten subsumiert, die der einzelnen Bezugsgröße (zumeist Kostenträger, z.T. wird auch von Kostenstelleneinzelkosten gesprochen) direkt zugerechnet werden können. Als **Gemeinkosten** gelten jene Kosten, die der Bezugsgröße nicht direkt zugeordnet werden können („**echte Gemeinkosten**") oder sollten, weil sie gemeinsam für mehrere Leistungen anfallen oder die Zurechnung zu aufwändig wäre („**unechte Gemeinkosten**").

Im Rahmen der Kostenrechnung kann die Gliederung der Kostenarten auch nach folgenden Kriterien erfolgen:

- **Art der eingesetzten Produktionsfaktoren** (Werkstoffe, Betriebsmittel, Arbeitsleistungen),
- **Verbrauchscharakter der eingesetzten Produktionsfaktoren** (Gebrauchskosten (Gebäude), Verbrauchskosten (Material)),
- Entstehung der Kosten **als primäre** (externer Bezug der Produktionsfaktoren) oder als **sekundäre Kosten** (Bezug innerbetrieblicher Leistungen),
- **Bereich der Kostenentstehung** (Beschaffung, Lagerhaltung, Fertigung, Vertrieb, Verwaltung, F&E).

Nach Erfassung sämtlicher Kosten werden diese auf die Kostenstellen und Kostenträger verrechnet (◄ Abb. 142), die in den beiden folgenden Abschnitten näher betrachtet werden. Um eine Kostenzurechnung zur jeweiligen **Bezugsgröße** (Kostenträger, Kostenstelle) Gewähr leisten zu können, bedarf es unterschiedlicher **Kostenverrechnungsprinzipien**:

- **Verursachungsprinzip:** Nach dem Verursachungsprinzip werden die Bezugsgrößen mit genau den Kosten belastet, die sie auch verursacht haben. Die Verteilung der Kosten nach diesem Prinzip stellt eine wirklichkeitsgetreue Abbildung des Kostenanfalls für Produktion der Güter und Dienstleistungen dar. Jedoch ist die Durchführbarkeit in einzelnen Fällen (Verteilung von Gemeinkosten) eingeschränkt, sodass die beiden folgenden Prinzipien Anwendung finden.

- **Tragfähigkeitsprinzip:** Das Tragfähigkeitsprinzip basiert auf der Grundlage der Verteilung von Kosten auf die Kostenträger im Verhältnis der Preise oder der Stückdeckungsbeiträge und wird vor allem bei Verrechnung von fixen Kosten berücksichtigt. Je höher also die Preise bzw. die Stückdeckungsbeiträge sind, desto mehr Kosten werden auf die Kostenträger verrechnet. Die Kostenzurechnung nach dem Tragfähigkeitsprinzip erlaubt somit nur in Ausnahmefällen eine realitätsnahe Abbildung des Kostenanfalls.
- **Durchschnittsprinzip:** Beim Durchschnittsprinzip werden die Gemeinkosten durchschnittlich auf die Kostenträger zugerechnet. Dieses Verfahren ist lediglich als Hilfsmethode zu beurteilen, weil weder eine realitätsgetreue Abbildung der Kostensituation noch eine wirtschaftlichkeitsbezogene Darstellung der Leistungssituation des Unternehmens erreicht wird.

3.1.4.2 Kostenstellenrechnung

Die Kostenstellenrechnung ist das Bindeglied zwischen der Kostenarten- und der Kostenträgerrechnung (◄ Abb. 142). Sie übernimmt die Kostenarten aus der Kostenartenrechnung, die nicht unmittelbar (einzeln oder direkt) der betrieblichen Leistung (Kostenträger) zugerechnet werden können (Gemeinkosten). Diese werden anteilig und verursachungsgerecht den Stellen im Unternehmen zugeordnet, an denen sie bei der Leistungserstellung und -verwertung entstanden sind (Kostenstellen).

Damit diese Zurechnung der Kosten zu den einzelnen Kostenstellen eindeutig ist, muss das Unternehmen in solche Teilbereiche untergliedert werden, die eine einheitliche und kalkulierbare Leistung erbringen (z.B. Betriebsabteilungen wie Einkauf oder Arbeitsvorbereitung) und nach Verantwortung abgegrenzte Bereiche darstellen. Außerdem ist es möglich, die Bildung von Kostenstellen nach

- räumlichen Gesichtspunkten (einzelne Betriebsteile),
- Kostenträgergesichtspunkten (Betriebsbereiche, die nur von einem Kostenträger beansprucht werden) und
- leistungstechnischen Gesichtspunkten (Haupt-/Hilfskostenstellen)

zu strukturieren. Die Einteilung der Kostenstellen in eindeutig voneinander abgrenzbare Bereichseinheiten erleichtert wesentlich die Kostenverrechnung. Sofern es gelingt, Kostenstellen in klar voneinander abgrenzbare Bereiche (z.B. Werkstatt Nr. 1, Nr. 2, Nr. 3) zu gliedern, lassen sich die Leistungsinanspruchnahme und teilweise auch die Gemeinkostenverursachung dem jeweiligen Verantwortungsbereich präziser zuordnen.

Die Bildung von Kostenstellen ist erforderlich, da die im betrieblichen Prozess angefallenen Gemeinkosten zur Wirtschaftlichkeitsprüfung sowohl von einzelnen

Produkten als auch von gesamten Unternehmensbereichen berücksichtigt werden müssen. Die Gemeinkostenverteilung als zentrale Aufgabe innerhalb der Kostenstellenrechnung ist folglich entscheidend, um Unternehmensentscheidungen bzgl. der Steuerung von einzelnen Betriebseinheiten, Wirtschaftlichkeitskontrollen, Budgetvorgaben und innerbetrieblichen Leistungsverrechnungen ableiten zu können.

Um die Gemeinkosten über die Kostenstellen auf die Kostenträger zu verteilen, werden Verrechnungssätze ermittelt. Die Verteilung der Gemeinkosten und die Ermittlung der Verrechnungssätze erfolgt im **Betriebsabrechnungsbogen (BAB)**, der tabellarisch strukturiert ist (▶ Abb. 145). Der BAB ist zeilenweise nach Kostenarten und spaltenweise nach Kostenstellen gegliedert. Die Kostenverrechnung im BAB erfolgt in drei Schritten:

1. Zuerst werden die **primären Gemeinkosten** aufgestellt, die den Kostenstellen direkt zugerechnet werden können. Bei primären Gemeinkosten unterscheidet man zwischen Kosten, die sich anhand von Belegen (z.B. Entnahmescheine, Gehaltslisten) auf Kostenstellen verteilen lassen, und Kosten, die auf Grund von Verteilungsschlüsseln (Raumgröße, Zahl der Beschäftigten) zugerechnet werden müssen. In dem Beispiel in ▶ Abb. 145 sind dies Personalaufwand, Zinsen, Abschreibungen sowie der übrige Betriebsaufwand. Die gesamten im BAB zu verteilenden Gemeinkosten betragen somit 205 EUR. Innerhalb der Kostenstellen lassen sich in einem Unternehmen Haupt- und Hilfskostenstellen unterscheiden. Die **Hilfskostenstellen** (Allgemeine Hilfskostenstellen, Fertigungs-Hilfskostenstellen) sind dadurch gekennzeichnet, dass sie innerbetriebliche Leistungen an andere Kostenstellen erbringen. Aus ▶ Abb. 145 wird deutlich, dass zunächst die primären Gemeinkosten auf die Hilfs- (Gebäude, Fuhrpark) und Hauptkostenstellen (Materialstelle, Fertigung I, Fertigung II, Verwaltung und Vertrieb) verteilt werden.
2. Im Anschluss erfolgt die Umlage der **sekundären Gemeinkosten**, die einer Kostenstelle nicht direkt, sondern nur über Verteilungsschlüssel zugerechnet werden können, sodass eine verursachungsgerechte Belastung erreicht wird. Die in den Hilfskostenstellen angefallenen Kosten müssen anhand von Bezugsgrößen (z.B. Umlage Gebäude nach m^2 genutzter Fläche) auf die **Hauptkostenstellen** weiterverrechnet werden, die diese innerbetrieblichen Leistungen empfangen haben (Stufenverfahren).
3. Abschließend werden für die Hauptkostenstellen die für die Verteilung auf die Kostenträger benötigten Verrechnungssätze gebildet, die sich aus dem Quotienten von Gemeinkosten (primäre und sekundäre) für die Hauptkostenstellen und einer Zuschlagsbasis ergeben (▶ Abb. 146). Diese Zuschlagsbasis oder Bezugsgröße (Mengengrößen, z.B. Arbeits- oder Maschinenstunden, Raum- oder Flächenmaße; Wertgrößen, z.B. Einzellöhne, Herstellkosten) sollte, wie bereits erwähnt, ein proportionales Verhältnis zu den Gemeinkosten der jeweiligen Kostenstelle aufweisen, sodass diese verursachungsgerecht auf den jeweiligen

Kostenarten \ Kostenstelle	Kosten	Hilfsstellen		Hauptkostenstelle			
		Gebäude	Fuhrpark	Materialstelle	Fertigung I	Fertigung II	Verwaltung und Vertrieb
Umlage primärer Gemeinkosten							
Personalkosten	104	4	12	8	10	10	60
Zinsen	23	12	2	3	2	2	2
Abschreibungen	20	6	4	2	3	3	2
Übriger Betriebsaufwand	58	3	5	4	12	8	26
Summe	205	25	23	17	27	23	90
Umlage sekundärer Gemeinkosten							
Umlage Gebäude (nach m² genutzter Fläche)		–25	3	4	8	5	5
Umlage Fuhrpark (nach gefahrenen km)			–26	11	0	0	15
Summe		0	0	32	35	28	110
Summe Gemeinkosten	205			32	35	28	110
Leistungsmenge				320 Materialeinzelkosten	100 Fertigungseinzelkosten	4.000 Std. Maschinenstunden	500 HK verkaufte Produkte

▲ Abb. 145 Betriebsabrechnungsbogen eines Industriebetriebes (Zahlen in 1.000 EUR)

Zuschlagssätze	Berechnung	Ergebnis
Umlage Materialstelle	$\frac{\text{Materialgemeinkosten}}{\text{Materialeinzelkosten}}\ 100 = \frac{32.000}{320.000}\ 100$	**10 %**
Umlage Fertigung I	$\frac{\text{Fertigungsgemeinkosten I}}{\text{Fertigungseinzelkosten}}\ 100 = \frac{35.000}{100.000}\ 100$	**35 %**
Umlage Fertigung II	$\frac{\text{Fertigungsgemeinkosten II}}{\text{Maschinenstunden}}\ 100 = \frac{28.000}{4.000}\ 100$	**7,-/Maschinen-stunde**
Umlage Verwaltungs- und Vertriebskosten	$\frac{\text{Verwaltungs- und Vertriebskosten}}{\text{Herstellkosten verkaufte Produkte}}\ 100 = \frac{110.000}{500.000}\ 100$	**22 %**

▲ Abb. 146 Berechnung Zuschlagssätze

Kostenträger verrechnet werden können. In dem in ◄ Abb. 146 dargestellten Beispiel werden für die Materialstelle die Materialeinzelkosten, für die Fertigung I die Fertigungseinzelkosten, für die Fertigung II die Maschinenstunden und für die Verwaltung und Vertrieb die Herstellkosten der verkauften Produkte herangezogen.

Zusammenfassend handelt es sich beim Betriebsabrechnungsbogen um eine tabellarische Aufstellung der Gemeinkosten, systematisiert nach Kostenarten und Kostenstellen zur Berechnung der Gemeinkostenzuschlagssätze, um die Gemeinkosten eines Produktes im Unternehmen darzustellen. Zusätzlich dient der Betriebsabrechnungsbogen der Ermittlung der Zuschlagssätze für die Kostenträgerrechnung.

3.1.4.3 Kostenträgerrechnung

Nach der Erfassung der Kostenarten im Unternehmen und der Festlegung der Kostenzuschlagssätze zur Kalkulation werden den Kostenträgern in der Kostenträgerrechnung die Einzel- und Gemeinkosten zugerechnet. Diese Zurechnung erfolgt, um jedem Produkt diejenigen Kosten zu belasten, die es verursacht hat. Die Wirtschaftlichkeit eines Produktes zeichnet sich dadurch aus, dass es neben den direkt (Einzelkosten) auch die indirekt auf das Produkt zurechenbaren Kosten (Gemeinkosten) erlöst. Die Einzelkosten stammen aus der Kostenartenrechnung und die Gemeinkosten werden über die Kostenstellenrechnung ermittelt. Mit der Kostenträgerrechnung wird abschließend die Frage beantwortet, wofür die Kosten entstanden sind (◄ Abb. 142).

Ein wesentlicher Aufgabenbereich der Kostenträgerrechnung liegt somit in der Ermittlung der Herstell- und Selbstkosten je Einheit oder für einen Zeitraum, die bei der Erstellung von absatzfähigen oder innerbetrieblichen Leistungen entstanden sind. Die Kostenträgerrechnung wird aufgeteilt in eine Kostenträgerstückrechnung und eine Kostenträgerzeitrechnung.

In der **Kostenträgerstückrechnung** können die Kosten nach fünf verschiedenen Verfahren (▶ Abb. 147) auf die Kostenträger zugerechnet werden:

1. Die **Zuschlagskalkulation** wird üblicherweise dann angewandt, wenn es sich bei der Produktion um eine Einzel- oder Serienfertigung handelt, bei der mehrstufige Produktionsabläufe auftreten, unterschiedliche Kosten verursacht werden und sich die Lagerbestände an Halb- und Fertigerzeugnissen laufend verändern. Die Ermittlung der Selbstkosten erfolgt über die direkte Zurechnung der Einzelkosten und die Verrechnung der Gemeinkosten mithilfe der Zuschlagssätze aus dem BAB auf die jeweiligen Kostenträger. Alle weiteren Verfahren der Kostenträgerstückrechnung sind in der Praxis nur von untergeordneter Bedeutung und eignen sich meist nur für spezielle Produktfertigungsarten (einheitliche Massenfertigung, Sortenfertigung).

2. Bei der **Bezugsgrößenkalkulation** werden ausschließlich proportionale Kosten zur Selbstkostenermittlung berücksichtigt und es erfolgt keine Trennung zwischen Fertigungseinzel- und -gemeinkosten. Die Kalkulationssätze der einzelnen Kostenstellen werden ermittelt, indem die gesamten Fertigungskosten einer Kostenstelle durch die geleisteten Bezugsgrößeneinheiten (Maßgröße für die Kostenverursachung) dividiert werden.

3. Bei der **Divisionskalkulation** werden die gesamten oder variablen Kosten eines Abrechnungszeitraumes durch eine Schlüssel- oder Bezugsgröße geteilt. Die Divisionskalkulation unterteilt sich in Abhängigkeit von der Anzahl unabhängiger Abrechnungsbereiche in eine einstufige-, zweistufige- oder mehrstufige Divisionskalkulation. Die Divisionskalkulation eignet sich als Kalkulationsverfahren besonders für die einheitliche Massenfertigung eines Produktes.

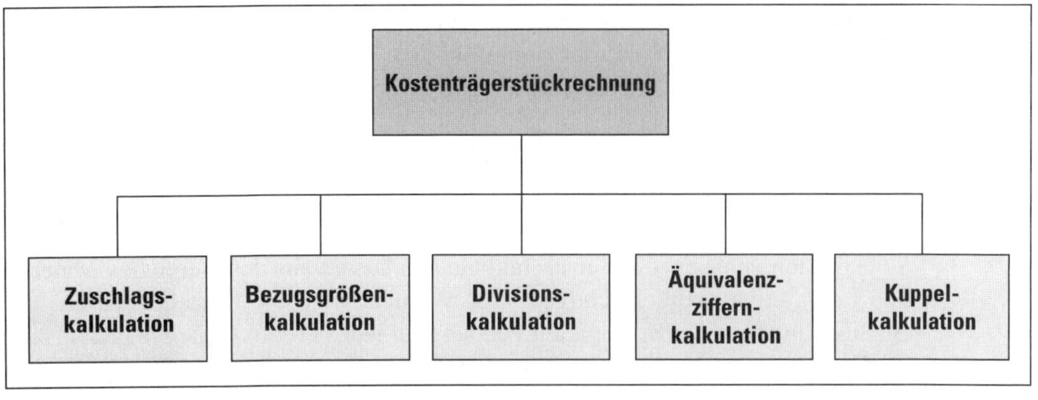

▲ Abb. 147 Gliederung der Kostenträgerstückrechnung

4. Die **Äquivalenzziffernrechnung** ist eine Art der Divisionskalkulation und wird bei einer Sortenfertigung (artgleiche Erzeugnisse) angewendet. Zwischen den einzelnen Produktarten besteht ein festes Kostenverhältnis, das durch Verhältniszahlen ausgedrückt wird. Dieses Kostenverhältnis gibt die unterschiedlich starke Inanspruchnahme der Ressourcen wider. Als Bezugssorte wird ein Haupterzeugnis festgelegt und pro Mengeneinheit die Äquivalenzziffer 1 zugeordnet. Den übrigen Produktvarianten werden in Relation zu ihren Mehr- oder Minderkosten abweichende Äquivalenzziffern zugeteilt. Diese bringen zum Ausdruck, wie viel Kosten ihnen pro Mengeneinheit, im Vergleich zur Bezugssorte, mehr oder weniger angerechnet werden. Für jede Sorte wird dann die produzierte Menge mit der relevanten Äquivalenzziffer multipliziert und man erhält so genannte Rechnungseinheiten. Anschließend dividiert man die gesamten Selbstkosten der Abrechnungsperiode durch die Summe der Rechnungseinheiten. Die ermittelten Selbstkosten je Einheit des Hauptproduktes dienen dann der Berechnung der Selbstkosten je Rechnungseinheit.
5. Bei der **Kuppelproduktion** (z.B. Hochofen) fallen im Rahmen des Produktionsprozesses gleichzeitig mehrere verschiedene Produktarten an, sodass sich die auftretenden Gesamtkosten nur der Gesamtheit der Produkte zurechnen lassen. Um jedoch die Kosten eines Kuppelproduktionsprozesses auf die einzelnen Produktarten zurechnen zu können, gibt es nach dem Prinzip der Tragfähigkeit zwei Methoden:
   - **Marktpreisverhältnisrechnung**: In diesem Verfahren werden die Kosten des Produktionsprozesses anteilig im Verhältnis der mit ihren Marktpreisen gewichteten Mengenanteile aufgeschlüsselt. Die Anwendung der Marktpreisverhältnisrechnung konzentriert sich auf Kuppelproduktionsprozesse mit mehreren Hauptprodukten.
   - **Restwertmethode**: Für den Fall, dass bei der Kuppelproduktion nur ein Hauptprodukt und mehrere Nebenprodukte entstehen, ist die Restwertmethode geeignet. Bei dieser Methode wirken die Erlöse der Nebenprodukte kostenmindernd auf das Hauptprodukt. Die restlichen, noch zu deckenden Kosten (Restwert) werden daraufhin dem Hauptprodukt direkt zugerechnet und die Selbstkosten können anhand einer einstufigen Divisionskalkulation bestimmt werden.

In ▶ Abb. 148 wird die beispielhafte Berechnung der Herstell- und Selbstkosten sowie des Verkaufspreises für ein Produkt nach dem Zuschlagskalkulationsverfahren dargestellt. Es wird deutlich, dass zur Ermittlung der Herstellkosten bzw. Selbstkosten zunächst die Einzel- und Gemeinkosten aus den Bereichen Material und Fertigung zu berücksichtigen sind. Während sich die Einzelkosten aus der Buchhaltung bzw. der Kostenartenrechnung für jedes Produkt ableiten lassen, sind die Gemeinkostenzuschlagssätze aus dem BAB zu entnehmen und dem jeweiligen Einzelkostenbetrag zuzuschlagen. Aus der Summe der Material- und Fertigungskosten ergeben sich die Kosten für alle hergestellten Produkte. Werden diese um

		Zuschlagssatz aus BAB	Beträge in EUR	
	Materialeinzelkosten		200,–	
+	Materialgemeinkosten	10 %	20,–	
=	**Materialkosten**			**220,–**
	Fertigungslohn Fertigungskostenstelle I		60,–	
+	Fertigungsgemeinkosten	35 %	21,–	
+	Fertigungslohn Fertigungskostenstelle II		0,–	
+	Fertigungsgemeinkosten (3 Std.)	7,– / Maschinenstunde	21,–	
=	**Fertigungskosten**			**102,–**
=	**Herstellkosten Gesamtproduktion Produkt A**			**322,–**
–	Bestandsänderungen an Halb- und Fertigfabrikaten			22,–
=	**Herstellkosten der verkauften Produkte A**			**300,–**
+	Verwaltungs- und Vertriebskosten	22 %		66,–
=	**Selbstkosten Produkt A**			**366,–**
+	**Gewinnzuschlag**	**10 %**		**36,6**
=	**Verkaufspreis Produkt A**			**402,6**

▲ Abb. 148 Beispielhafte Berechnung des Verkaufspreises für Produkt A[1]

eventuelle Bestandsänderungen angepasst, lassen sich die Herstellkosten der verkauften Produkte ermitteln. Unter Zurechnung der Kosten für Vertrieb und Verwaltung resultieren schließlich die Selbstkosten. Dies sind jene Kosten, die bei der Herstellung und dem Verkauf eines Produktes oder einer Dienstleistung anfallen. Exemplarisch wird von einem Gewinnzuschlag von 10 % ausgegangen, sodass sich ein Verkaufspreis von 402,6 EUR ergibt.

Im Gegensatz zur **Kostenträgerstückrechnung** (Kostenermittlung je Produkteinheit und je Periode) werden in der **Kostenträgerzeitrechnung** die in einer Abrechnungsperiode anfallenden gesamten Kosten nach betrieblichen Leistungen gegliedert und auf die Kostenträger verteilt. Mittels der Zusammenführung der

1 Dieses Beispiel beruht auf ◀ Abb. 146.

Kostenträgerzeitrechnung und der Periodenerlöse gelangt man zu einer kalkulatorischen Erfolgsrechnung, die zur Ermittlung des kurzfristigen Unternehmenserfolges die Kosten und Erlöse eines Unternehmens verbindet.

Zusammenfassend lässt sich feststellen, dass die Kosten- und Leistungsrechnung zunächst die Aufgabe der Differenzierung sämtlicher Kosten nach verschiedenen Kostenarten im betrieblichen Produktionsprozess übernimmt. Die Ermittlung der Gemeinkosten und der zugehörigen Zuschlagssätze innerhalb des BAB ist ein weiterer Aufgabenbestandteil der Kosten- und Leistungsrechnung. Abschließend werden die Einzelkosten aus der Kostenartenrechnung in die Kostenträgerrechnung übertragen und den Kostenträgern, nebst den verrechneten Gemeinkosten, belastet.

3.1.5 Kostenrechnungssysteme

Betriebliche Kostenrechnungen können nach unterschiedlichen Systemen durchgeführt werden (▶ Abb. 149). Die einzelnen Kostenrechnungssysteme eignen sich für verschiedene Aufgabenbereiche der Kosten- und Leistungsrechnung.

Kostenrechnungssysteme werden unterschieden **nach dem Sachumfang** der auf Kostenträger verrechneten Kosten und **nach dem Zeitbezug.** Zu den Abrechnungssystemen nach dem Umfang der verrechneten Kosten zählen die Vollkosten- und die Teilkostenrechnung. Davon abzugrenzen sind die Abrechnungssysteme mit unterschiedlichem Zeitbezug. Dazu sind die Ist-Kostenrechnung, die Normalkostenrechnung und die Plankostenrechnung zu zählen.

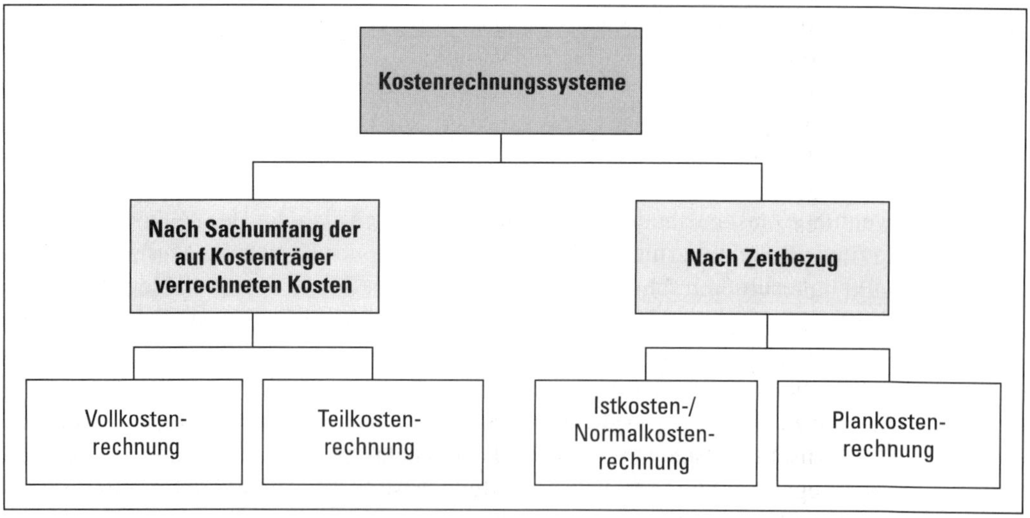

▲ Abb. 149 Kostenrechnungssysteme

3.1.5.1 Kostenrechnungssysteme nach Sachumfang der auf Kostenträger verrechneten Kosten

Die Kostenermittlung und -verrechnung von der Kostenartenrechnung über die Kostenstellen- bis zur Kostenträgerrechnung können nach dem Sachumfang der auf Kostenträger verrechneten Kosten in Form der **Vollkostenrechnung** oder der **Teilkostenrechnung** durchgeführt werden (▶ Abb. 150). Wesentliche Unterscheidungskriterien von Voll- und Teilkostenrechnungssystem sind Art, Umfang oder Differenzierungsgrad der Kostenverteilung. In beiden Kostenrechnungssystemen werden alle Kosten erfasst, jedoch anschließend unterschiedlich auf die Produkte zugerechnet. Entscheidendes Merkmal der Vollkostenrechnung ist, dass keine Aufspaltung der Kosten in fixe und variable Bestandteile erfolgt.

3.1.5.1.1 Vollkostenrechnungssystem

In der Vollkostenrechnung werden alle Kosten nach der Kostenerfassung vollständig auf die Kostenträger verrechnet. Dies erfolgt direkt oder indirekt über den Betriebsabrechnungsbogen. Es findet dabei ausschließlich eine Trennung in Einzel- und Gemeinkosten, nicht aber in fixe und variable Kosten statt.

Auf Grund der fehlenden Kostenaufteilung in fixe und variable Bestandteile in der Vollkostenrechnung werden somit auch die fixen Kosten auf die Kostenträger proportional umgelegt (Fixkostenproportionalisierung). Unter der Fixkostenproportionalisierung ist somit die Schlüsselung der Fixkosten pro Periode auf einzelne Kostenstellen oder Kostenträger zu verstehen. Je höher beispielsweise die Einzelkosten als Bezugsgröße zur Verteilung der Gemeinkosten im BAB ausfallen, desto mehr Fixkosten werden auf die Kostenträger verteilt. Die Proportionalisierung fixer Kosten hat zur Folge, dass Stückkosten für einzelne Kostenträger ermittelt werden, die ein ungenaues Bild der Kostensituation im Unternehmen widerspiegeln. Da diese Vorgehensweise dem Verursachungsprinzip widerspricht, stellt dies zugleich den wesentlichen **Kritikpunkt** an der Vollkostenrechnung dar.

Diese Kritik an der Vollkostenrechnung macht eine eingeschränkte Anwendbarkeit der Vollkostenrechnungssysteme im betrieblichen Planungs-, Steuerungs- und Kontrollprozess deutlich. Dazu zählen Mängel bei der Planung und Analyse von Betriebserfolgen und von Produktprogrammen. Einer Programmplanung nach Vollkostenrechnung zufolge könnten zum Beispiel Produkte eliminiert werden, die zwar die durch sie verursachten Kosten decken, jedoch über die Gemeinkostenzuschlagssätze mit hohen Fixkosten belastet werden und dadurch eventuell einen negativen Stückerfolg hervorrufen. Diese Mängel lassen sich auf weitere betriebliche Entscheidungsprozesse übertragen:

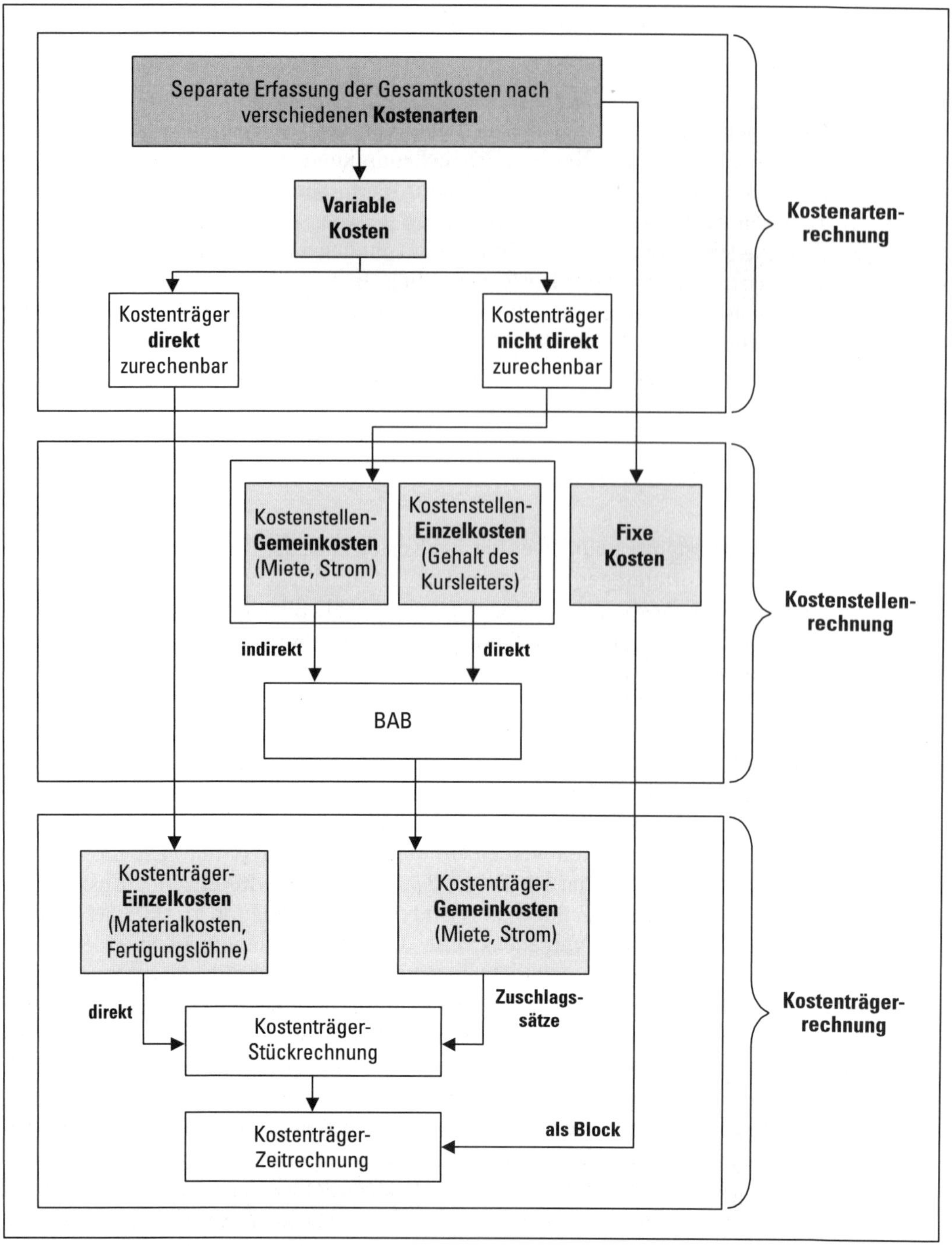

▲ Abb. 150 Ablauf der Teilkostenrechnung – (einstufiges) Direct Costing

- **Probleme bei der Preiskalkulation**: Diese ergeben sich vor allem, wenn der Verkaufspreis auf Basis eines prozentualen Gewinnzuschlags auf die Selbstkosten eines Produktes festgelegt wird und dieser Verkaufspreis auf Grund der proportionalen Kostenverteilung über den Marktpreisen für Konkurrenzprodukte liegt.
- **Fremdbezug von Produkten statt Eigenfertigung**: Bei der betrieblichen Entscheidungsfindung bezüglich der Eigenfertigung oder des Fremdbezugs von Produkten, beispielsweise zur Produktweiterverarbeitung im Betriebsprozess, ist deren Kostenstruktur von maßgeblicher Bedeutung. Sofern das Unternehmen diese Produkte am Markt günstiger als zu Herstellungs- bzw. Selbstkosten einkaufen könnte, wäre ein Fremdbezug der Eigenfertigung unter Umständen vorzuziehen. Werden Produkte mit nicht verursachungsgerecht zugerechneten Kosten belastet, können diese teurer erscheinen und die Entscheidungswahl zu Gunsten des Fremdbezugs, statt der ggf. sinnvolleren Eigenfertigung, beeinflussen. Im Fall des Übergangs von Eigenfertigung auf Fremdbezug ist jedoch zu beachten, dass die Einstellung des Produktionsbetriebs nicht gleichzeitig zum Wegfall der fixen Kosten führt. Diese fixen Kosten können zum Teil nur mit zeitlicher Verzögerung abgebaut werden.

Aus diesen Gründen sollten Kosten in fix und variabel getrennt werden, um eine verursachungsgerechte Kostenzurechnung sicherzustellen.

3.1.5.1.2 Teilkostenrechnungssystem

Auf Grund der erläuterten Mängel der Vollkostenrechnung wurden verschiedene Systeme der Teilkostenrechnung zur besseren Anwendbarkeit der Kostenrechnung entwickelt. Der entscheidende Unterschied der Teilkostenrechnung gegenüber der Vollkostenrechnung besteht in der Trennung von fixen und variablen Kosten (**Teilkostenrechnung auf Basis variabler Kosten**).

Die fixen Kosten werden – im Unterschied zur Vollkostenrechnung – von den variablen Kosten getrennt, als Fixkostenblock von der Kostenartenrechnung in die Kostenträgerzeitrechnung überführt und nach verschiedenen Formen der Teilkostenrechnung unterschiedlich behandelt:

- Deckungsbeitragsrechnung (einstufiges Direct Costing),
- mehrfach gestufte Deckungsbeitragsrechnung.

> Der **Deckungsbeitrag** lässt sich als Differenz aus Erlösen und variablen Kosten ermitteln (► Abb. 151) und sagt aus, welcher Teil des Erlöses zur Deckung fixer Kosten und zur Erzielung des Gewinns beiträgt.

Die Deckungsbeitragsrechnung eignet sich zur Beurteilung der Erfolgssituation eines Produkts und liefert Informationen für absatzpolitische Entscheidungen.

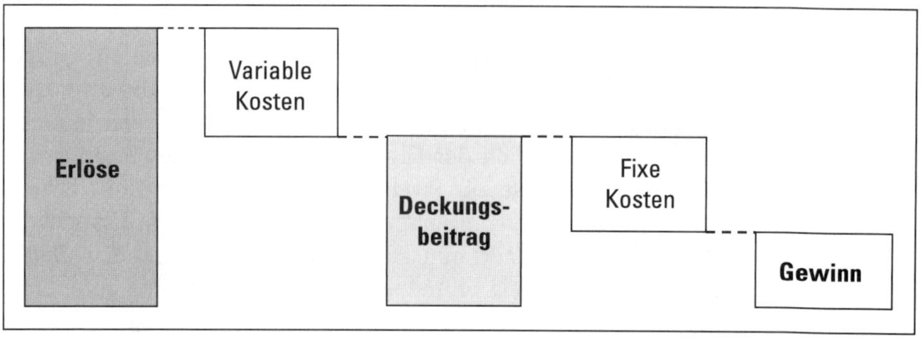

▲ Abb. 151 Ermittlung des Deckungsbeitrags

In der Teilkostenrechnung auf Basis variabler Kosten werden den Kostenträgern – im Gegensatz zur Vollkostenrechnung – nur von der Beschäftigung abhängige Kosten belastet. (◀ Abb. 150). Zunächst werden in der Kostenartenrechnung die variablen Kosten in Einzel- und Gemeinkosten (nach Zurechenbarkeit auf die Kostenträger) unterteilt und die Kostenträger-Einzelkosten vorbei an der Kostenstellenrechnung direkt dem jeweiligen Kostenträger zugerechnet. Die in der Kostenartenrechnung separierten Gemeinkosten werden nicht unmittelbar in die Kostenträgerrechnung übertragen, sondern in Kostenstellen-Gemeinkosten und Kostenstellen-Einzelkosten gegliedert. Allerdings werden nur die variablen Gemeinkosten verrechnet.

Der entscheidende **Vorteil** der Teilkostenrechnung gegenüber der Vollkostenrechnung liegt vor allem in der besseren Planungsmöglichkeit und Analyse von Produktionsprogrammen und Betriebserfolgen. Dies lässt sich damit begründen, dass durch die Kostenzerlegung in fixe und variable Bestandteile in der Teilkostenrechung eine verursachungsgerechte Kostenzurechnung durchgeführt werden kann. Die fixen Kosten werden nicht proportional, sondern dem jeweiligen Kostenträger gemäß der eigenen Verursachung zugerechnet. Darauf aufbauend besteht die Möglichkeit, eine Deckungsbeitragsrechnung durchzuführen, die vom Unternehmen für weitere Entscheidungshilfen bzgl. der inhaltlichen Zusammensetzung des Produktionsprogramms, der Eigenfertigung bzw. des Fremdbezugs und der Festlegung von Preisuntergrenzen genutzt werden können.

Wie in ▶ Abb. 152 dargestellt, werden bei der Deckungsbeitragsrechnung (**einstufiges Direct Costing)** zuerst die variablen Kosten von den Nettoerlösen abgezogen, um den Deckungsbeitrag zu ermitteln. Die Fixkosten werden zur Ermittlung des Betriebserfolges als Block behandelt und nicht weiter aufgeschlüsselt. Der Periodenerfolg ergibt sich aus der Summe der Perioden-Deckungsbeiträge je Produktart (Gesamtdeckungsbeitrag der Unternehmung) abzüglich der gesamten fixen Kosten. Die Deckungsbeitragsrechnung ist – neben den bereits genannten Vorzügen – leicht zu berechnen, es bestehen jedoch Defizite vor allem in der pauschalen Fixkostenbehandlung. Somit wird nicht näher betrachtet, dass Fixkosten

Produkte	1	2	3	4
Nettoerlöse	500	700	400	800
– variable Kosten	400	500	250	600
Stück-Deckungsbeitrag	100	200	150	200
Summe der Deckungsbeiträge	650			
– fixe Gemeinkosten	400			
Betriebserfolg	250			

▲ Abb. 152 Deckungsbeitragsrechnung (einstufiges Direct Costing)

auf verschiedenen Unternehmensebenen in unterschiedlicher Höhe anfallen bzw. von unternehmerischen Entscheidungen aktiv beeinflusst werden können. Ein weiterer Nachteil liegt in der fehlenden Berücksichtigung anderer Kosteneinflussgrößen als der Beschäftigung begründet. Somit wird übersehen, dass sich in manchen Produktionsbetrieben nicht alle variablen Kosten jeweils einer Leistung bzw. einem Produkt zurechnen lassen.

Die **mehrfach gestufte Deckungsbeitragsrechnung** (▶ Abb. 153) zeichnet sich dadurch aus, dass die gesamten Fixkosten nach rechnungszielabhängigen Merkmalen in verschiedene Anteile gegliedert und stufenweise vom jeweils verbleibenden Restdeckungsbeitrag abgezogen werden. Die gesamten Fixkosten werden zum Beispiel in Produkt-, Produktgruppen-, Bereichs- und Unternehmensfixkosten differenziert. Anhand von ▶ Abb. 153 wird ein Unternehmen beschrieben, dass vier Produkte (1 bis 4) herstellt, die sich zwei Produktgruppen zuordnen lassen (A und B) und in zwei Bereichen produziert werden (I und II). In diesem Beispiel wird deutlich, dass der Deckungsbeitrag I im Unternehmensbereich II (Produkt 4) vergleichsweise hohe Fixkosten des Produktes, der Produktgruppe und des Bereiches zu tragen hat. Nach Abzug anteiliger Unternehmensfixkosten ergibt sich im Vergleich zur Produktgruppe A ein relativ geringer Beitrag zum Gesamtbetriebserfolg. Somit ist in der Folge zu analysieren, welchen Einfluss Veränderungen einzelner Parameter des Deckungsbeitrags auf das Gesamtergebnis haben. Zu diesen Faktoren zählen insbesondere:

- produktspezifische Fixkosten für z.B. Miete einer Produktionshalle, in der nur Produkt 4 hergestellt wird oder für Entwicklungskosten dieses Produktes,
- produktgruppenspezifische Fixkosten für z.B. Gehälter eines Produktgruppenleiters,
- bereichsspezifische Fixkosten für Kapitalkosten dieses Bereiches, Gehälter des Bereichsvorstandes.

Bereiche		**I**			**II**
Produkte		**1**	**2**	**3**	**4**
Produktgruppen		**A**			**B**
	Nettoerlös	500	700	400	800
–	variable Kosten	400	500	250	600
=	Deckungsbeitrag I	100	200	150	200
–	Produktfixkosten I (Bsp.: Miete einer Produktionshalle)	5	5	10	30
=	Produktdeckungsbeitrag II	95	195	140	170
=	**Summe der Deckungsbeiträge II**	430			170
–	fixe Produktgruppenkosten (Bsp.: Gehalt eines Marketingleiters)	50			50
=	Produktgruppen-Deckungsbeitrag III	380			120
=	**Summe der Deckungsbeiträge III**	380			120
–	Bereichsfixkosten (Bsp.: Gehälter der technischen Bereichsleitung)	70			60
=	Bereichs-Deckungsbeitrag IV	310			60
=	**Summe der Deckungsbeiträge IV**	370			
–	Unternehmensfixkosten (Bsp.: Vorstandsgehälter)	120			
=	**Betriebserfolg**	**250**			

▲ Abb. 153 Mehrfach gestufte Deckungsbeiträge

Auf Grund dieser Angaben kann das Unternehmen Informationen bezüglich der Produktionsplanung, der Erfolgsrechnung sowie der Absatz- und Investitionspolitik ableiten, die sich beispielsweise auf Anpassungen der Absatzmengen, Veränderungen der Sortimentsstruktur, Wahl zwischen Fremdbezug oder Eigenfertigung von Produkten und auf Maßnahmen zur Kosteneinsparung beziehen können. Dies kann ggf. mit einschließen, Produktionsbereiche stilllegen, restrukturieren oder verkaufen zu müssen. Vor allem wird aber deutlich, wie differenziert Fixkosten bei einer Veränderung des Produktionsprogramms abgebaut werden können.

Insgesamt resultiert aus der Berechnung des Betriebserfolgs nach der Deckungsbeitragsrechnung und der mehrfach gestuften Deckungsbeitragsrechnung derselbe Betriebserfolg, jedoch erhält das Unternehmen nur bei der mehrfach gestuften Deckungsbeitragsrechnung Informationen, wie z.B. verschiedene Fixkostenebenen in zeitlicher Reihenfolge abgebaut werden können bzw. welchen Beitrag ein Produkt zum Gesamterfolg des Unternehmens leistet. Insbesondere bei mehreren Produktionsbereichen mit jeweils verschiedenen Produkten und

Produktgruppen ist es im Vergleich zwischen Vollkostenrechnung und Teilkostenrechnung nur nach der mehrfach gestuften Deckungsbeitragsrechnung möglich, ertragsschwache Produktbereiche eindeutig zu identifizieren, um geeignete Veränderungen einzuleiten.

Abschließend soll eine beispielhafte Rechnung zeigen, dass sowohl die Berechnung des Betriebserfolges nach der Vollkostenrechnung als auch nach der einfach gestuften Deckungsbeitragsrechnung zum selben Ergebnis führen (▶ Abb. 154).

Beide Berechnungen führen dann zum gleichen Ergebnis, wenn die Summe der ermittelten Selbstkosten aller Produkte den kumulierten variablen Kosten/Stück plus den fixen Gemeinkosten entsprechen. Die Deckungsbeitragsrechnung führt somit nicht nur zum selben Betriebserfolg, sondern liefert auch zusätzliche Informationen (Ermittlung des Deckungsbeitrages) für bereits oben erläuterte betriebliche Entscheidungen.

3.1.5.2 Kostenrechnungssystem nach Zeitbezug

Berücksichtigt man statt dem Sachumfang der auf die Kostenträger verrechneten Kosten den Zeitbezug (vergangenheitsbezogene, zukunftsorientierte Kostenbetrachtung), können die Ist- und Normalkostenrechnung von der Plankostenrechnung unterschieden werden.

- **Ist-Kostenrechnungssysteme: Ist-Kosten** sind tatsächlich angefallene Kosten, d.h. mit Ist-Preisen (Anschaffungspreisen) bewertete Ist-Verbrauchsmengen. In der Ist-Kostenrechnung werden vergangenheitsorientiert nur die tatsächlich angefallenen Kosten der Periode verrechnet. Nachteilig ist, dass sich zufällige Schwankungen der Preise und Mengen direkt auf die Ergebnisse der Ist-Kostenermittlung auswirken und sich die Ist-Kostenrechnung somit nicht für die Planung der Preis-, Programm- und Verfahrenspolitik eignet.
- **Normalkostenrechnungssysteme: Normalkosten** ergeben sich aus dem Durchschnitt der Ist-Kosten vergangener Perioden. Durch die Weiterentwicklung der Ist-Kostenrechnung zur Normalkostenrechnung wird auf Grund der Nutzung dieser durchschnittlichen Ist-Kosten eine Stabilisierung der Kostenermittlung erreicht.

Beide Kostenrechnungssysteme erfüllen die Ziele der Kosten- und Leistungsrechnung auf Grund der Orientierung an realisierten Werten nur unzureichend.[1] Während der Ist-Zustand des Kosten- und Leistungsprozesses erfasst, dokumentiert und abgebildet werden kann, ist die Planung nicht und die Kontrolle des Unternehmensprozesses nur anhand von Zeitvergleichen möglich. Aus diesem Grund

1 Vgl. Abschnitt 3.1.2 „Aufgaben der Kosten- und Leistungsrechnung".

Ermittlung des Betriebserfolges nach der Vollkostenrechnung				
Produkt	**A**	**B**	**C**	**D**
Fertigungs-Material	191,57	303,15	135,91	358,81
+ Material-Gemeinkosten (14,78 %)	28,32	44,81	20,09	53,04
= **Materialkosten**	219,89	347,96	156,00	411,86
Fertigungslöhne	50,00	50,00	50,00	50,00
+ Fertigungs-Gemeinkosten (100 %)	50,00	50,00	50,00	50,00
= **Fertigungskosten**	100,00	100,00	100,00	100,00
Herstellkosten	319,89	447,96	256,00	511,86
+ Verwaltungs-Gemeinkosten (20 %)	63,98	89,59	51,20	102,37
+ Vertriebs-Gemeinkosten (20 %)	63,98	89,59	51,20	102,37
= **Selbstkosten**	447,85	627,15	358,40	716,60
Nettoerlöse	500,00	700,00	400,00	800,00
– Selbstkosten	447,85	627,15	358,40	716,60
= Stückgewinn	52,15	72,85	41,60	83,40
= **Betriebserfolg**	250,00			

Ermittlung des Betriebserfolges nach der einfach gestuften Deckungsbeitragsrechnung				
Produkt	**A**	**B**	**C**	**D**
Fertigungs-Material	191,57	303,15	135,91	258,81
+ variable Material-Gemeinkosten (5 %)	9,58	15,16	6,80	17,94
= Materialkosten	227,69	304,62	112,31	381,54
Fertigungslöhne	50,00	50,00	50,00	50,00
+ variable Fertigungs-Gemeinkosten	30,00	30,0	30,00	30,00
= Fertigungskosten	80,00	80,00	80,00	80,00
Herstellkosten	307,69	384,62	192,31	261,54
+ variable Verwaltungs-Gemeinkosten (20 %)	61,54	76,92	38,46	92,31
+ variable Vertriebs-Gemeinkosten (10 %)	30,77	38,46	19,23	46,15
= variable Kosten/Stück	400,00	500,00	250,00	600,00
Nettoerlöse	500,00	700,00	400,00	800,00
– variable Kosten/Stück	400,00	500,00	250,00	600,00
= Stück-Deckungsbeitrag	100,00	200,00	150,00	200,00
= Summe der Deckungsbeiträge	650,00			
– fixe Gemeinkosten	400,00			
= **Betriebserfolg**	**250,00**			

▲ Abb. 154 Vollkostenrechnung versus Teilkostenrechnung

sind die beiden Kostenrechnungssysteme für Planungs- und Steuerungsaufgaben innerhalb des Unternehmens nur sehr eingeschränkt geeignet.

Anders als die Ist-Kostenrechnung ist die **Plankostenrechnung** eine Vorrechnung künftig erwarteter oder künftig angestrebter Kosten (**Plankosten**), die innerhalb unternehmerischer Prozesse anfallen. Auf Grund dieser Rechnung ist daher nach Ablauf der Abrechnungsperiode sowohl eine Gegenüberstellung der tatsächlich angefallenen Kosten mit den bestimmten Plankosten (**Soll-Ist-Vergleich**) als auch ein Betriebsvergleich zur Kontrolle des Unternehmensprozesses möglich. Daran anschließend kann eine Analyse der **Kostenabweichungen** durchgeführt werden, die Aufschlüsse für die Planung kurzfristiger betrieblicher Entscheidungen liefert. Es wird deutlich, dass die Mängel der Ist- und Normalkostenrechnung durch die Entwicklung der Plankostenrechnung behoben wurden und die Aufgaben und Ziele der Kosten- und Leistungsrechnung besser erfasst werden.

In der **Grenzplankostenrechnung** erfolgt eine Trennung fixer und variabler Gemeinkosten. Die fixen Kosten werden als nicht relevant für die zu lösenden operativen Planungsaufgaben der Unternehmensführung angesehen und direkt bei der Kostenerfassung von den variablen Kosten losgelöst und aus dem Grenzplankostenrechnungssystem ausgegrenzt. Die variablen Gemeinkosten werden mit in den geplanten Gemeinkostenverrechnungssatz übernommen. Die Grenzplankostenrechnung wird vor allem zur Ermittlung einer optimalen Produktlagerpolitik, der Losgrößenplanung, der Planung von Produktionsverfahren und der Planung von Beschaffungspreisobergrenzen eingesetzt.

Zeitbezug der Kostengrößen / **Umfang der Kostenzurechnung**	**Vergangenheitsorientierung**		**Zukunftsorientierung**
	Ist-Kosten	**Normalkosten**	**Plankosten**
Vollkostenrechnung Verrechnung der „vollen" Kosten auf die Kalkulationsobjekte, insbesondere Kostenträger	Ist-Kosten-rechnung auf Vollkostenbasis	Normalkosten-rechnung auf Vollkostenbasis	Plankostenrechnung auf Vollkostenbasis
Teilkostenrechnung Verrechnung nur bestimmter Kategorien von Kosten auf die Kalkulationsobjekte, insbesondere Kostenträger	Ist-Kosten-rechnung auf Teilkostenbasis	Normalkosten-rechnung auf Teilkostenbasis	**Plankostenrechnung auf** Teilkostenbasis ▪ Variable Kosten ▪ Deckungsbeitragsrechnung ▪ Mehrfach gestufte Deckungsbeitragsrechnung ▪ Grenzplankostenrechnung

▲ Abb. 155 Gliederung der Kostenrechnungssysteme

In ◀ Abb. 155 werden die verschiedenen Kostenrechnungssysteme nach dem Umfang der Kostenzurechnung und dem Zeitbezug der Kostengrößen differenziert dargestellt. Unterscheidet man Kostenrechnungssysteme nach zeitlichem Bezug, erfolgt eine Trennung in eine vergangenheitsbezogene Ist- und Normalkostenrechnung und eine zukunftsorientierte Plankostenrechnung. Bei der Kombination der Kostenrechnungssysteme entstehen Mischformen, die bewirken, dass die Ist-, Normal- und Plankostenrechnung jeweils auf Voll- oder Teilkostenbasis durchgeführt werden können.

3.2 Controlling

3.2.1 Begriff des Controlling

Unter **Controlling** versteht man die ergebnisorientierte Steuerung des Unternehmensgeschehens.

Beim Controlling handelt es sich um eine Kernfunktion der Führung, die sich aus verschiedenen Teilfunktionen zusammensetzt. Horváth (1998) unterscheidet beispielsweise eine Planungs-, Kontroll-, Koordinations- und Informationsversorgungsfunktion. Die größte Bedeutung kommt der Koordinationsfunktion zu. Diese Funktion besteht darin, das Planungs- und Kontrollsystem mit dem Informationsversorgungs- und dem elektronischen Datenverarbeitungssystem zu koordinieren. Ausgehend von den Daten des Rechnungswesens sind somit Informationen bereitzustellen, um eine bestehende Situation mit der geplanten Entwicklung zu vergleichen und um eventuell notwendige Korrekturmaßnahmen einleiten zu können.

3.2.2 Aufgaben des Controlling

In ▶ Abb. 156 sind die wesentlichen Aufgabengebiete im Bereich Controlling dargestellt. Diese beziehen sich nicht nur auf das Controlling des Gesamtunternehmens, sondern lassen sich auch auf spezialisierte Fachgebiete innerhalb des Unternehmens übertragen. Hierzu sind beispielsweise das Marketing-, Beteiligungs-, Produktions-, Projekt-Controlling und das Internationale Controlling zu rechnen.

Die in ▶ Abb. 156 dargestellten Ergebnisse basieren auf den Auswertungen von 600 überregionalen Stellenangeboten für Controller. Demnach haben sich im Controlling in Deutschland unter anderem folgende operative Aufgabenschwerpunkte (Anzahl der Nennungen in %) gebildet (Preißner, 1998, S. 217ff.):

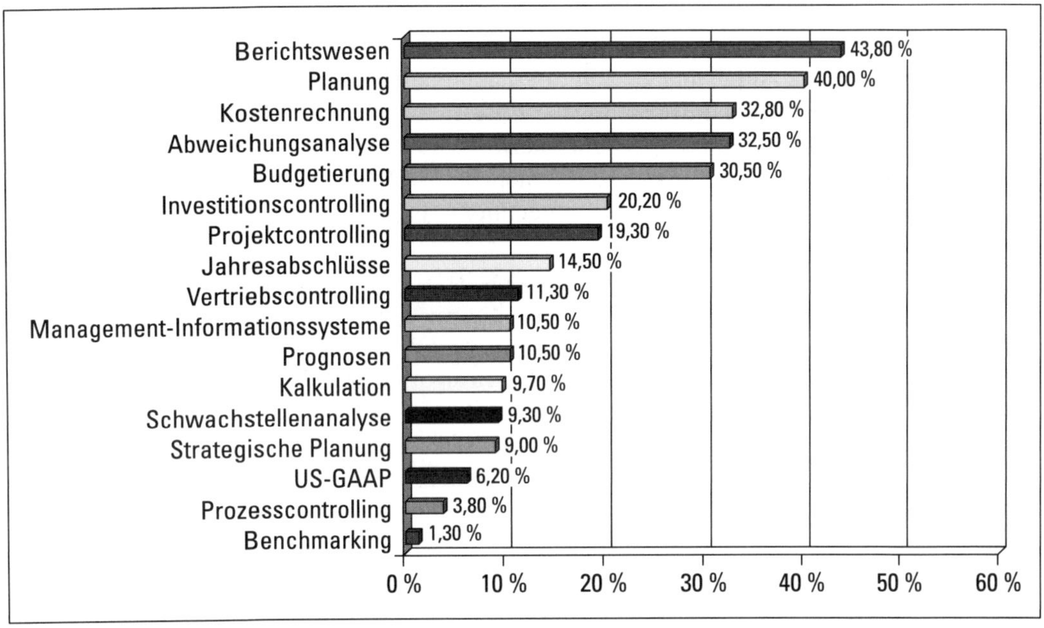

▲ Abb. 156 Aufgabengebiete im Controlling (Preißner 1998, S. 219)

- Berichtswesen (43,8 %),
- operative (40 %) und strategische Planungen (9 %),
- Kostenrechnung (32,8 %),
- Abweichungsanalysen (32,5 %),
- Budgetierung (30,5 %),
- Jahresabschluss (14,5 %).

Die größte Bedeutung innerhalb des Aufgabenspektrums eines Controllers kommt der Führung des Berichtswesens zu. Das Berichtswesen dient der Bereitstellung von entscheidungsrelevanten Informationen für das Management eines Unternehmens. Dazu zählen sowohl Informationen aller wesentlichen internen Betriebsvorgänge als auch unternehmensexterne Daten. Diese Informationen sind an die Informationsbedürfnisse der Adressaten auszurichten, sind vergangenheits- und zukunftsbezogen und bilden die Grundlage für die Unternehmenssteuerung. Somit ist das Berichtswesen als Klammer aller Informationsversorgungssysteme zu verstehen, das sämtliche relevanten Daten aus der Kosten- und Leistungsrechnung, der Investitionsrechnung und dem internen und externen Rechnungswesen verbindet.

Zur Erstellung des Berichtswesens ist zunächst der Informationsbedarf der jeweiligen Adressaten zu evaluieren, um darauf aufbauend die relevanten Informationen zu beschaffen, zu verdichten, benutzerorientiert aufzubereiten und nachvollziehbar darzustellen. In diesem Zusammenhang wird insbesondere auf die Verwendung von Tabellen, Schaubildern und Kennzahlen, in deren Mittelpunkt mit Betonung der finanzwirtschaftlichen Führung die Rentabilität und Liquidität sowie weitere ausgewählte Finanzkennzahlen stehen, zurückgegriffen.[1] Es ist besonders darauf zu achten, dass der Informationswert von der Schnelligkeit der Informationsbereitstellung und der Aussagekraft (Aktualität und Genauigkeit) der aggregierten Daten abhängt. Dies bedeutet, dass zum Beispiel rechtzeitige Gegenmaßnahmen bei Soll-Ist-Abweichungen nur möglich sind, wenn relevante Informationen hierzu in geeigneter Darstellungsform frühzeitig vorliegen.

Alle weiteren genannten Aufgaben des Controllings werden auf Grund des Schnittstellencharakters des Controllings in anderen Kapiteln dieses Buches näher erläutert, sodass im Rahmen dieses Abschnitts auf eine detaillierte Beschreibung verzichtet wird. Es ist jedoch anzumerken, dass neben der Führung des Berichtswesens der Schwerpunkt der operativen Controllingaufgaben auf der operativen Planung, der Durchführung betriebsinterner Kostenrechnungen und den Abweichungsanalysen liegt.[2] Die Budgetierung[3] baut auf der operativen Planung auf und zählt mit 30,5 % aller Nennungen ebenfalls zu den Haupttätigkeitsbereichen eines Controllers.

Von diesen operativen Tätigkeitsfeldern sind weitere Aufgaben zu unterscheiden, die jedoch bisher nur zum Teil in den Verantwortungsbereich eines Controllers fallen. Dazu zählen, wie in ◄ Abb. 156 dargestellt, unter anderem sowohl die strategische Planung mit 9 % als auch die Bereitstellung von Daten zur realitätsgetreuen Abbildung der Vermögens- und Ertragslage des Unternehmens im Jahresabschluss mit 14,5 % aller Nennungen.

Allerdings ist zu erwarten, dass zum Beispiel die Relevanz der strategischen Planung insbesondere im Zusammenhang mit einer wertorientierten Unternehmensführung und der Ausrichtung von Unternehmen auf die Anforderungen des Kapitalmarktes zunehmen wird. In diesem Zusammenhang sind unter anderem Kennzahlen zur wert- und erfolgszielorientierten Steuerung von Unternehmenseinheiten zu definieren, die sich von den klassischen Steuerungsgrößen der finanzwirtschaftlichen Führung unterscheiden lassen. Diese klassischen Steuerungsgrößen weisen durchweg Defizite dahingehend auf, dass

- keine ausreichende zukunftsorientierte Betrachtung durchgeführt wird,
- die verwendete Erfolgsgröße buchhalterische Manipulationsspielräume durch bilanzpolitische Maßnahmen zulässt,
- kapitalmarktorientierte Kosten für aufgenommenes Eigenkapital nicht berücksichtigt werden,
- Risikofaktoren des Kapitalmarktes und der Finanzstruktur ebenfalls nicht integriert werden.

---

1 Vgl. Teil 6, Kapitel 2, Abschnitt 2.2 „Finanzkontrolle“.

2 Vgl. Teil 10, Kapitel 2, Abschnitt 2.1 „Planung“, vgl. Teil 10, Kapitel 2, Abschnitt 2.4 „Kontrolle“.

3 Vgl. Teil 6, Kapitel 2, Abschnitt 2.3 „Budgetierung“.

In den vergangenen Jahren wurden diesbezüglich zunehmend Cashflow-basierte Shareholder-Value-Konzepte entwickelt, die sich im Zuge der Ausrichtung US-amerikanischer Gesellschaften auf eine stärker kapitalmarkt- bzw. wertorientierte Unternehmenssteuerung mittlerweile auch in Deutschland durchgesetzt haben.

Der **Shareholder-Value** beinhaltet den Wert des Unternehmens aus Sicht der Anteilseigner und lässt sich als quantitatives Maß der unternehmerischen Leistung ansehen.[1] Mit der Einführung von Shareholder-Value-Konzepten soll gewährleistet werden, dass sich das Management an den monetären Interessen der Anteilseigner orientiert und eine Maximierung des Eigenkapital-Marktwertes anstrebt. Mit dem Shareholder-Value-Ansatz wird das Ziel der aktiven Steuerung des Unternehmenswertes und des Börsenkurses sowie die Bereitstellung eines geschlossenen Kennzahlensystems verfolgt. Die Ausrichtung an den Interessen der Aktionäre ist dabei – im Gegensatz zum Stakeholder-Value-Ansatz – durch eine vorrangige Orientierung an rein ökonomischen Größen gekennzeichnet. So schließt das Streben nach Optimierung des Marktwertes des Unternehmens keine automatische Berücksichtigung sozialer Verantwortung oder eine Zielfestlegung in Absprache mit weiteren Anspruchsgruppen ein.

Die Berechnung des Shareholder-Value kann auf Basis der in Teil 7[2] dargestellten Unternehmensbewertungsmethoden (DCF, EVA, CFROI) erfolgen. Sofern eine Unternehmensbewertung durchgeführt werden soll, wird eine Totalerfolgsgröße (z.B. Market Value Added)[3] betrachtet, die sich aus dem Barwert der zukünftig geplanten Periodenerfolgsgrößen ergibt. Im Rahmen der erfolgszielorientierten Steuerungsfunktion des Controlling kommt es jedoch stärker auf die Messung des periodischen Erfolgszuwachses an. In diesem Fall ist statt der Totalerfolgsgröße die Vorgabe geplanter Periodenerfolgswerte relevant, die in regelmäßigen Abständen mit den realisierten Werten verglichen werden können.

Zusammenfassend ist der Controller innerhalb des gesamten Aufgabenspektrums für vielfältige Arbeitsbereiche verantwortlich. Diese umfassen die Durchführung kurz- und mittelfristiger Kosten- und Ergebnisplanungen (Grobbudget, Budget, Prognose), die Erstellung monatlicher Kosten- und Leistungsrechnungen, Auftrags- und Projektabrechnungen sowie Erfolgsrechnungen. Weiterhin sind Abweichungsanalysen im Rahmen von periodischen Plan/Ist-Vergleichen mit entsprechendem Kosten- und Ergebnisberichtswesen zu erarbeiten und Maßnahmen zur Beeinflussung und Steuerung von Kosten bzw. Ergebnissen mit den Verantwortlichen abzustimmen. Abschließend besteht die Möglichkeit, das Controlling unterstützend bei der wertorientierten Unternehmensführung einzusetzen, indem Shareholder-Value-Konzepte sowohl auf ihre operative Umsetzbarkeit hin untersucht als auch periodische Kontrollen in Form von Vergleichen der vorgegebenen mit den realisierten Shareholder-Value-Werten durchgeführt werden.

---

1 Vgl. dazu auch Kapitel 2, Abschnitt 2.1.1 „Aufgabe des Jahresabschlusses".

2 Vgl. Teil 7, Kapitel 3, Abschnitt 3.3.2 „Discounted Cashflow-Methode", Abschnitt 3.3.3 „Economic Value Added" und Abschnitt 3.2.4 „Cashflow Return On Investment".

3 Vgl. dazu Teil 7, Kapitel 3, Abschnitt 3.3.3 „Economic Value Added".

Literaturhinweise

Baetge, Jörg: Konzernbilanzen. 5., erweiterte und überarbeitete Auflage, Düsseldorf 2000

Baetge, Jörg: Bilanzen. 5., überarbeitete Auflage, Düsseldorf 2001

Busse von Colbe, Walther/Pellens, Bernhard (Hrsg.): Lexikon des Rechnungswesens – Handbuch der Bilanzierung und Prüfung, der Erlös-, Finanz-, Investitions- und Kostenrechnung. 4., überarbeitete und erweiterte Auflage, München/Wien 1998

Coenenberg, Adolf G.: Jahresabschluss und Jahresabschlussanalyse – Betriebswirtschaftliche, handelsrechtliche, steuerrechtliche und internationale Grundlagen – HGB, IAS, US-GAAP. 17., völlig neu bearbeitete und erweiterte Auflage, Landsberg/Lech 2000

Günther, Thomas: Unternehmenswertorientiertes Controlling. München 1997

Horváth, Peter: Controlling. 7., vollständig überarbeitete Auflage, München 1998

Rappaport, Alfred: Shareholder-Value. 2., vollständig überarbeitete und aktualisierte Auflage, aus dem Amerikanischen von Wolfgang Klien, Stuttgart 1999

Schweitzer, Marcell/Küpper, Hans-Ulrich: Systeme der Kosten- und Erlösrechnung. 7., überarbeitete und erweiterte Auflage, München 1998

Teil 6

Finanzierung

Inhalt

Kapitel 1
Grundlagen

1.1 Finanzwirtschaftliche Grundbegriffe

1.1.1 Finanzwirtschaftlicher Umsatzprozess als Ausgangspunkt

Der Umsatzprozess eines Unternehmens kann in einen güterwirtschaftlichen und einen finanzwirtschaftlichen Prozess unterteilt werden.[1] Beide sind stark miteinander verknüpft; der finanzwirtschaftliche Prozess ist dabei Voraussetzung für den güterwirtschaftlichen. In einer ersten Phase müssen die finanziellen Mittel zur Verfügung gestellt werden, um die für den Produktionsprozess notwendigen Güter und Dienstleistungen beschaffen zu können.

Unter **finanziellen Mitteln** versteht man in der Regel alle Zahlungsmittel (Münzen, Banknoten) und sämtliches Buch- bzw. Giralgeld (Sichtguthaben bei Post und Banken) sowie in einer weiteren Begriffsfassung zusätzlich die übrigen Bankguthaben und leicht veräußerbaren Wertpapiere. Die Märkte, auf denen die finanziellen Mittel beschafft werden können, sind wie folgt zu charakterisieren:

- Der **Geldmarkt** umfasst die kurzfristige Geldanlage und -aufnahme. Er lässt sich unterteilen in einen Banken- und Unternehmensgeldmarkt. Der Bankengeldmarkt wiederum zerfällt in einen Markt für Geldmarktpapiere, auf dem Wertpapiere öffentlicher Schuldner (unverzinsliche Schatzanweisungen, Schatzwechsel etc.) und Wertpapiere privater Schuldner (Wechsel, Depositenzertifi-

1 Vgl. Teil 1, Kapitel 1, Abschnitt 1.2.2 „Betrieblicher Umsatzprozess“.

kate etc.) gehandelt werden, und einen Markt für Zentralbankguthaben. Hier handeln Banken untereinander Tagesgeld (24 Stundenfristigkeit), tägliches Geld und Termingeld (1–12 Monate Fristigkeit). Beim Unternehmensgeldmarkt wird das Industrie- und Konzernclearing unterschieden. Unter Industrieclearing versteht man den Handel von Tages- und Termingeld zwischen Großunternehmen erstklassiger Bonität, die Banken als Intermediäre ausschalten und damit versuchen, ihre Transaktionskosten zu senken. Beim Konzernclearing findet ein Ausgleich von Liquiditätsdefiziten und -überschüssen zwischen den Konzerntöchtern und der Konzernmutter statt.

- Unter **Kapitalmarkt** versteht man den Markt für längerfristige Kapitalanlage und -aufnahme. Der Kapitalmarkt lässt sich nach Primärmarkt (= Emissionsmarkt) und Sekundärmarkt (= Zirkulationsmarkt) unterscheiden. Der Primärmarkt stellt den Markt für Neuemissionen von Wertpapieren dar. Hier stehen sich Emittenten von Beteiligungs- und Schuldtiteln als Verkäufer (Unternehmen und Staat) und Investoren als Käufer (Unternehmen, institutionelle und private Anleger), meist unter Zwischenschaltung von Banken, gegenüber. Auf dem Sekundärmarkt vollzieht sich der Handel bereits emittierter Wertpapiere zwischen den Anlegern. Für die jederzeitige Veräußerung (Liquidität) der Finanztitel haben die Wertpapierbörsen eine besondere Bedeutung.

Im Folgenden werden die Begriffe Kapital, Vermögen, Finanzierung und Investition umschrieben, welche die Grundlage für die Betrachtung der wesentlichen finanzwirtschaftlichen Entscheidungstatbestände bilden.

1.1.2 Kapital und Vermögen

Im Rahmen der Finanzierung bzw. der Betriebswirtschaftslehre bezeichnet man als **Kapital** eine Geldwertsumme, die bei der Unternehmensgründung den zugeführten finanziellen Mitteln entspricht.[1] Sobald diese finanziellen Mittel investiert sind, verkörpert das Kapital den in Geldeinheiten ausgedrückten Wert der im Unternehmen insgesamt vorhandenen materiellen und (bilanzierten) immateriellen Güter.

Das Kapital zeigt primär die Herkunft der investierten finanziellen Mittel bzw. aus rechtlicher Sicht die Ansprüche der Kapitalgeber. Entsprechend der Art dieser rechtlichen Ansprüche wird das Kapital in Eigen- und Fremdkapital unterteilt:

---

1 Nach § 27 AktG kann bei der Gründung eines Unternehmens auch die so genannte Sachgründung gewählt werden, bei der nicht eine Bar-, sondern eine Sacheinlage (z. B. Lieferwagen, Grundstück) getätigt wird.

- Das **Eigenkapital** steht dem Unternehmen in der Regel auf unbegrenzte Zeit zur Verfügung. Es wird entweder von den Unternehmern zur Verfügung gestellt (Grundkapital, Kapitalrücklage), oder ist vom Unternehmen verdient und einbehalten (= einbehaltene Gewinne, Gewinnrücklagen).
- Im Gegensatz dazu steht das **Fremdkapital,** das von Dritten für eine bestimmte Zeitdauer zur Nutzung überlassen wird (= Gläubigerkapital).

Eine genaue Grenze zwischen Eigen- und Fremdkapital kann zwar rechtlich meistens gezogen werden. Betriebswirtschaftlich ist diese Grenzziehung aber nicht immer möglich. Gewährt beispielsweise ein Aktionär einer Familienaktiengesellschaft dem Unternehmen ein Darlehen, so stellt es rechtlich zwar Fremdkapital dar, betriebswirtschaftlich kommt es jedoch der Funktion von Eigenkapital nahe.

> Das **Vermögen** eines Unternehmens besteht aus der Gesamtheit der materiellen und (bilanzierten) immateriellen Güter, in die das Kapital eines Unternehmens umgewandelt wurde.

Kapital und Vermögen sind deshalb in Geldeinheiten ausgedrückt immer gleich groß. Die Vermögensteile eines Unternehmens werden meistens danach gegliedert, wie lange die finanziellen Mittel durch sie gebunden sind. Grundsätzlich wird dabei zwischen Anlage- und Umlaufvermögen unterschieden.[1]

1.1.3 Finanzierung und Investition

Je nach den Aufgaben, die man der Finanzierung zuordnet, kann diese unterschiedlich interpretiert werden.

1. Betrachtet man lediglich die Bereitstellung von finanziellen Mitteln zur Anschaffung bestimmter Gegenstände, insbesondere von Potenzialfaktoren (z.B. Flugzeuge), so handelt es sich um eine **Projektfinanzierung.**
2. Oft führt die Beschaffung eines Potenzialfaktors zu einem zusätzlichen Kapitalbedarf, da durch dessen Inbetriebnahme Auswirkungen auf andere betriebliche Bereiche (z.B. Repetierfaktoren, Debitorenbestände) zu erwarten sind. Man spricht deshalb von einer **Unternehmensfinanzierung** (= Finanzierung i. e. S.) und meint damit die Versorgung des gesamten Unternehmens mit finanziellen Mitteln zur Aufrechterhaltung des betrieblichen Umsatzprozesses.
3. Betrachtet man die Finanzierung als umfassende unternehmerische Funktion, so spricht man vom **Finanzmanagement** des Unternehmens (= Finanzierung i.w.S.). Diese beinhaltet nach Boemle (1995, S. 26) „alle mit der Kapital-

1 Vgl. Teil 5, Kapitel 2, Abschnitt 2.1.4 „Bilanz“.

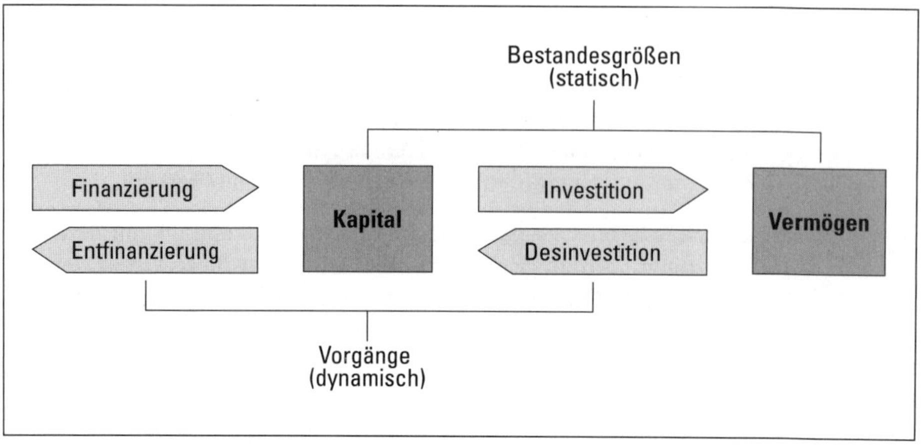

▲ Abb. 157 Zusammenhänge zwischen Kapital, Vermögen, Finanzierung und Investition

beschaffung, der Kapitalverwaltung, dem Kapitaleinsatz und der Kapitalrückzahlung zusammenhängenden Maßnahmen".

Schließlich bleibt noch der Begriff der **Investition.** Darunter versteht man die Ausstattung eines Unternehmens mit den erforderlichen materiellen und immateriellen Vermögensteilen, oder mit anderen Worten, die Umwandlung des Kapitals in Vermögen.[1]

1.1.4 Zusammenhänge

Aus ◄ Abb. 157 wird ersichtlich, dass die Finanzierung i.e.S. der Beschaffung von Kapital dient, das im Rahmen der Investition in konkrete Vermögensteile übergeführt wird. Während die beiden Begriffe Finanzierung und Investition **dynamische** Vorgänge beinhalten (Stromgrößen), sind die beiden Begriffe Kapital und Vermögen als Resultat dieser beiden Vorgänge **statische** Bestandsgrößen. Die Finanzierung i.w.S. schließlich umfasst alle Aufgaben, die in den Prozessen der Finanzierung und Investition bzw. der Entfinanzierung und Desinvestition enthalten sind.

1.2 Systematisierung der Finanzierung

Finanzierungsvorgänge können nach verschiedenen Kriterien charakterisiert werden (► Abb. 158). Betrachtet man alle Möglichkeiten zur Geld- bzw. Kapitalbeschaffung, so können die in ► Abb. 159 aufgeführten Vorgänge unterschieden werden.

1 Vgl. dazu Teil 7, Kapitel 1, Abschnitt 1.1 „Einleitung".

Kriterium	Formen
Finanzierungsanlass	■ Gründungsfinanzierung ■ Wachstumsfinanzierung ■ Übernahmefinanzierung ■ Sanierungsfinanzierung
Rechtsstellung des Kapitalgebers	■ Eigenfinanzierung ■ Fremdfinanzierung
Mittelherkunft	■ Außenfinanzierung (externe Finanzierung) ■ Innenfinanzierung (interne Finanzierung)
Dauer der Mittelbereitstellung (Fristigkeit)	■ unbefristete Finanzierung ■ befristete Finanzierung □ kurzfristig: bis 1 Jahr □ mittelfristig: 1 bis 5 Jahre □ langfristig: über 5 Jahre
Häufigkeit der Finanzierungsakte	■ einmalige, gelegentliche Finanzierung ■ laufende, regelmäßige Finanzierung

▲ Abb. 158 Charakterisierung der Finanzierung

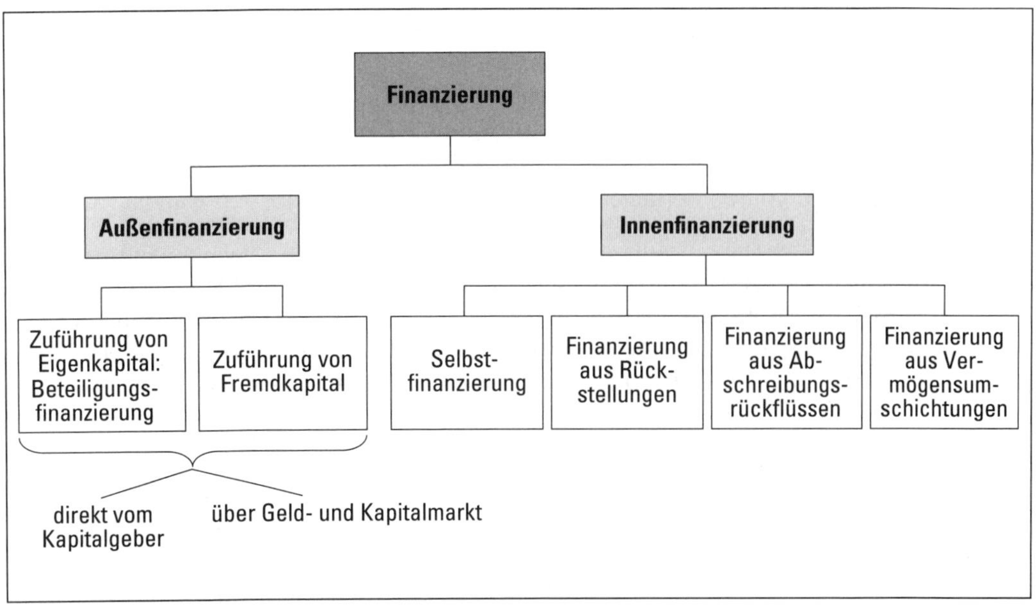

▲ Abb. 159 Finanzierungsquellen eines Unternehmens

Bei der **Außenfinanzierung** erhält das Unternehmen das Kapital direkt von Einzelpersonen resp. von den Banken oder über den Geld- oder Kapitalmarkt.

- Wird das Kapital nur für eine bestimmte Dauer überlassen (Lieferanten-, Bankkredite, Darlehen, Hypothekardarlehen, Schuldverschreibungen), so liegt eine **Fremdfinanzierung** vor.
- Wird das Kapital als Beteiligungskapital zur Verfügung gestellt, so handelt es sich um eine **Beteiligungsfinanzierung.**

Bei der **Innenfinanzierung** kann zwischen der Selbstfinanzierung, der Finanzierung aus Rückstellungen, der Finanzierung aus Abschreibungsrückflüssen und der Finanzierung aus freigesetztem Kapital (Vermögensumschichtung) unterschieden werden.

- Bei der **Selbstfinanzierung** findet eine Finanzierung über die Zurückbehaltung von erzielten Gewinnen statt.
- Der **Finanzierung aus Rückstellungen** liegt die Bildung von Rückstellungen zu Grunde. Rückstellungen stellen Verpflichtungen gegenüber Dritten dar, von denen man noch nicht weiß, in welcher Höhe und zu welchem Zeitpunkt sie anfallen. Beispiele sind Pensionsrückstellungen, Steuerrückstellungen oder Rückstellungen für Verpflichtungen aus Garantieleistungen.
- Die **Finanzierung aus Abschreibungsrückflüssen** beinhaltet die Bereitstellung von finanziellen Mitteln durch Umschichtung der in den abzusetzenden Gütern gebundenen Abschreibungsgegenwerte. Man spricht daher auch von der Finanzierung aus Abschreibungsgegenwerten.[1]
- Die Finanzierung aus **Vermögensumschichtung** umfasst alle Maßnahmen, die darauf ausgerichtet sind, einen ursprünglich gegebenen Kapitalbedarf zu senken. Ansatzpunkte sind vor allem die Liquidation von Vermögensteilen (z.B. Verkauf von Forderungen) und der effizientere Einsatz von Kapital (z.B. Verkürzung der Umschlagsdauer).

Da die nicht ausgeschütteten Gewinne in Form von Gewinnrücklagen und stillen Reserven zusammen mit den Einlagen der Eigentümer das Eigenkapital des Unternehmens bilden, handelt es sich bei der Beteiligungs- und Selbstfinanzierung um eine **Eigenfinanzierung,** im Gegensatz zur Kreditfinanzierung, die in ihrer Gesamtheit das Fremdkapital darstellt und somit als **Fremdfinanzierung** bezeichnet werden kann.

1 Oft liest man auch den Ausdruck „Finanzierung aus Abschreibung". Diese Umschreibung ist aber nicht nur verwirrend, sondern auch falsch, denn Abschreibung bedeutet primär einen Wertverzehr (z.B. einer Maschine). Diesem Wertverzehr im Sinne eines Nutzenabgangs steht aber ein Wertzuwachs auf den mit dieser Maschine hergestellten Produkte gegenüber. Werden diese Produkte verkauft und erhält man dafür die finanziellen Mittel, so wird dieser Wertzuwachs, der dem Abschreibungsgegenwert entspricht, „verflüssigt" (vgl. dazu Kapitel 4 „Innenfinanzierung").

1.3 Problemlösungsprozess der Finanzierung

Die unternehmerischen Aufgaben der Finanzierung können aus dem Problemlösungsprozess der Finanzierung abgeleitet werden. Dieser gliedert sich in folgende Phasen (▶ Abb. 160):

1. **Ermittlung der Ausgangslage:** In einer ersten Phase ist zu klären, welches die finanziellen Bedürfnisse des Unternehmens sind und wie der daraus resultierende Kapitalbedarf gedeckt werden kann. Neben der Analyse unternehmens-

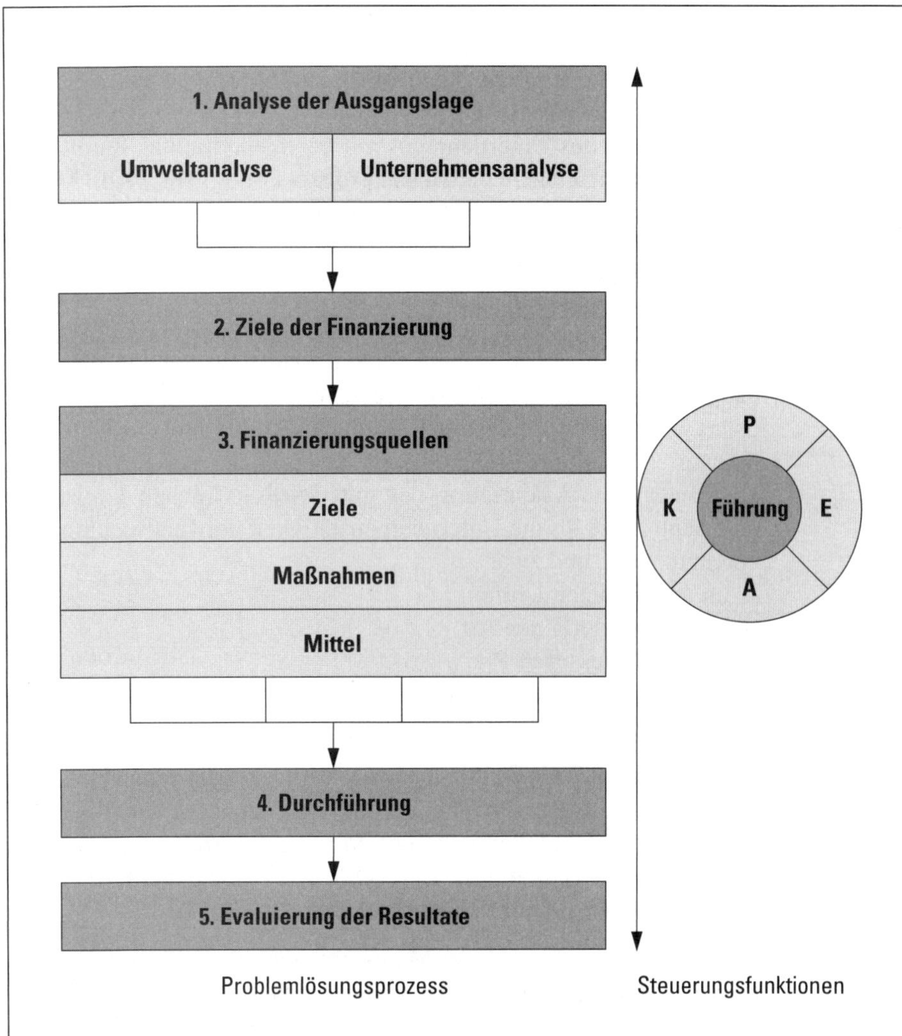

▲ Abb. 160 Problemlösungsprozess der Finanzierung

bezogener Einflussfaktoren wie Unternehmensziele und Umfang der voraussichtlichen Geschäftstätigkeit kommt der Analyse umweltbezogener Faktoren wie beispielsweise dem Geld- und Kapitalmarkt eine große Bedeutung zu. In Kapitel 2 „Finanzplanung und Finanzkontrolle“ wird im Rahmen der Finanzplanung ausführlich darauf eingegangen.

2. **Formulierung der Ziele der Finanzierung:** Aus den allgemeinen Unternehmenszielen lassen sich vorerst folgende Ziele ableiten:
   - **Gewinnerzielung** bzw. die Erzielung einer angemessenen Rentabilität des eingesetzten Kapitals,
   - Aufrechterhaltung des **finanziellen Gleichgewichts,** d.h. dass das Unternehmen jederzeit seinen finanziellen Verpflichtungen nachkommen kann und somit über eine ausreichende Liquidität verfügt bzw. die Zahlungsbereitschaft gewährleistet ist,
   - Versorgung des Unternehmens mit genügend **Kapital,** damit der angestrebte leistungswirtschaftliche Umsatzprozess ermöglicht wird,
   - Sicherstellung einer hinreichenden Eigenkapitalausstattung, um mögliche auftretende Verluste auffangen zu können,
   - Schutz des Unternehmens vor unerwünschten Einflüssen und somit Bewahrung der **Unabhängigkeit.**

   Daraus ergeben sich die Ziele für die **Kapitalausstattung** und **Kapitalverwendung,** die durch eine Reihe von Finanzierungsgrundsätzen und -regeln konkretisiert werden. Auf sie wird in Kapitel 6 „Optimierung der Unternehmensfinanzierung“ eingegangen. Das eigentliche Sachziel der Finanzierung wird sich aber unter Berücksichtigung des güterwirtschaftlichen Umsatzprozesses darauf richten, die für die Unternehmenstätigkeit notwendigen finanziellen Mittel bereitzuhalten, und zwar
   - im notwendigen Umfang,
   - in der erforderlichen Art,
   - zum angemessenen Preis,
   - zum richtigen Zeitpunkt und
   - am richtigen Ort.

3. **Bestimmung der Ziele, Maßnahmen und Mittel der einzelnen Finanzierungsquelle:** Ausgehend von den allgemeinen Unternehmens- sowie Finanzierungszielen können die Ziele, Maßnahmen und Mittel der einzelnen Finanzierungsquellen, wie sie sich auch aus ◄ Abb. 159 ergeben, festgelegt werden. Sie werden in den Kapiteln 3 bis 5 ausführlich behandelt.

4. **Durchführung:** Sind die Ziele, Maßnahmen und Mittel festgelegt, so müssen sie realisiert werden. Je nach Entscheidungstatbestand handelt es sich um eine einmalige Durchführung (z.B. Going Public) oder um häufig und regelmäßig zu erledigende Geschäfte (z.B. Inanspruchnahme von Lieferanten- oder Bankkrediten).

5. **Evaluierung der Resultate:** Die Ergebnisse des finanzwirtschaftlichen Problemlösungsprozesses zeigen, inwieweit die gesetzten Ziele erreicht worden sind. Dies wird besonders deutlich durch die Kapitalstruktur, die vorhandene Liquidität und die Eigen- oder Gesamtkapitalrentabilität.

Die zunehmende Bedeutung des finanzwirtschaftlichen Umsatzprozesses führte dazu, dass der **Steuerung des finanzwirtschaftlichen Problemlösungsprozesses** ein immer größeres Gewicht beigemessen wurde. Wie aus ◄ Abb. 160 ersichtlich, setzt sich auch im Finanzbereich die Steuerung aus den vier Elementen Planung, Entscheidung, Aufgabenübertragung und Kontrolle zusammen. Diese können mit dem Begriff **Finanzmanagement** zusammengefasst werden, welches die finanzielle Führung des Unternehmens beinhaltet. Bei einer gesamtheitlichen Betrachtung des finanzwirtschaftlichen Prozesses kommt der Finanzplanung und -kontrolle als Grundlage der finanziellen Entscheidungen und Aufgabenübertragungen eine große Bedeutung zu. Sie werden deshalb im nächsten Kapitel dargelegt.[1]

1 Vgl. Kapitel 2 „Finanzplanung und Finanzkontrolle“.

Kapitel 2

Finanzplanung und Finanzkontrolle

2.1 Finanzplanung

2.1.1 Überblick über die Aufgaben der Finanzplanung

Ausgangspunkt der Finanzplanung bildet der **Kapitalbedarf,** dessen Höhe sich aus der Geschäftstätigkeit eines Unternehmens ergibt. Dieser wird beeinflusst durch:

- **interne** Faktoren wie
  - Unternehmensgröße,
  - Produktionsverfahren,
  - Produktions- und Absatzprogramm,
  - vorhandenes Kapital und
  - Liquidität sowie
- **externe** Faktoren wie
  - Bedingungen des Geld- und Kapitalmarktes (z.B. Zinssätze),
  - Inflationsrate,
  - allgemeines Lohnniveau,
  - Preisniveau der eingesetzten Güter,
  - Zahlungsgewohnheiten der Kunden,
  - technologische Entwicklung und
  - rechtliche Aspekte (insbesondere Steuern).

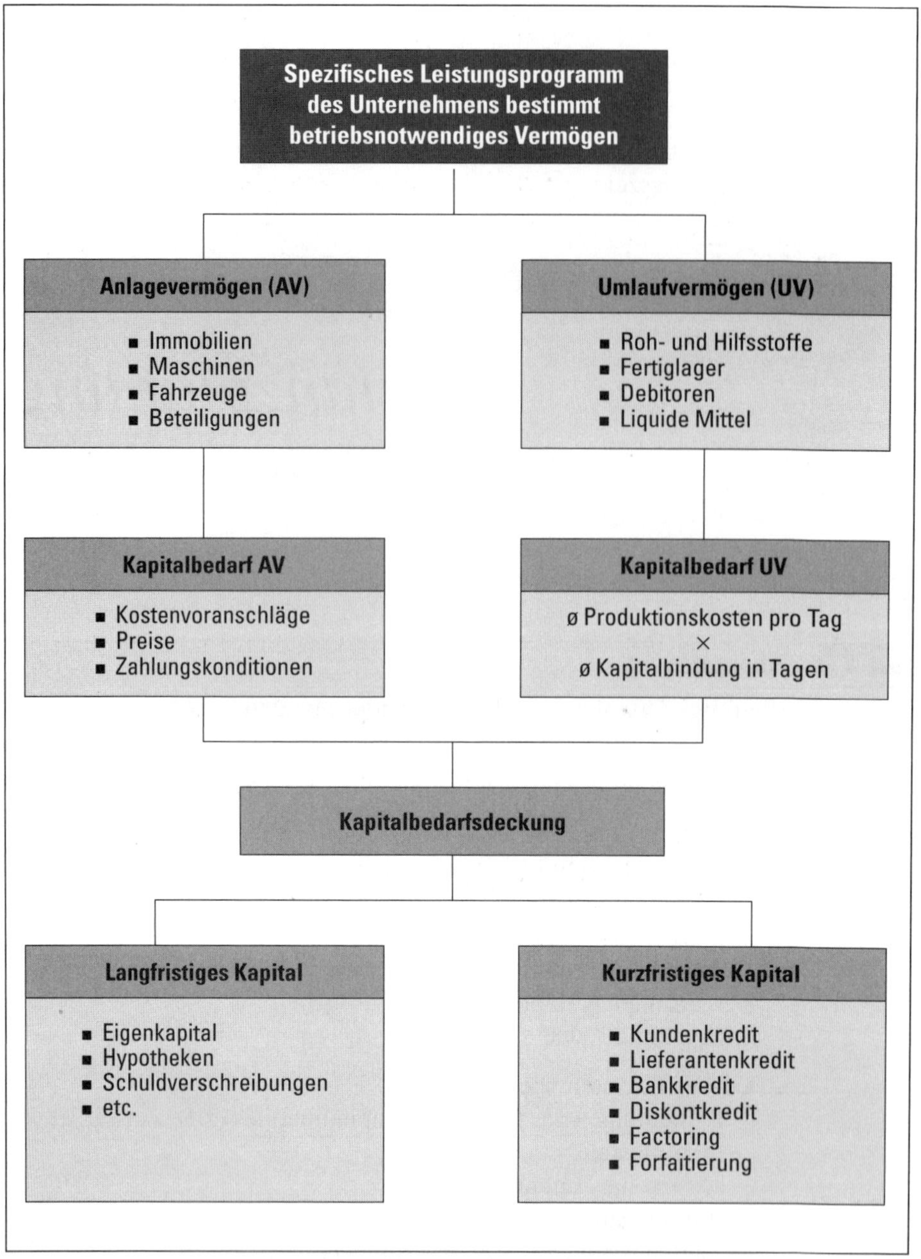

▲ Abb. 161 Kapitalbedarf und Kapitalbedarfsdeckung (in Anlehnung an Steiner 1996, S. 21)

Der Kapitalbedarf unterliegt daher ständigen Schwankungen. In einem ersten Schritt gilt es deshalb, in einer **Kapitalbedarfsrechnung** den erwarteten Kapitalbedarf abzuschätzen. Ist dieser in seiner Höhe für einen bestimmten Zeitpunkt festgelegt, so kann in einem nächsten Schritt die **Deckung** dieses Bedarfs betrachtet werden. Dies geschieht mithilfe von **Finanzplänen,** wobei je nach Zielsetzung und Betrachtungszeitraum zwischen kurz- und langfristigen Finanzplänen unterschieden wird.

2.1.2 Kapitalbedarfsrechnung

Wie aus ◀ Abb. 161 hervorgeht, setzt sich der Kapitalbedarf aus dem Bedarf für das Anlage- und Umlaufvermögen zusammen. Der Kapitalbedarf für das erstere ergibt sich auf Grund der Preise oder Kostenvoranschläge für die Potenzialfaktoren. Da diese Güter über eine längere Zeitperiode genutzt werden, folgt daraus ein langfristiger Kapitalbedarf, d.h. das Kapital wird für eine längere Zeit benötigt. Demgegenüber handelt es sich beim Umlaufvermögen um einen kurzfristigen Kapitalbedarf.

Bei der Ermittlung des Kapitalbedarfs für das Umlaufvermögen ist zu beachten, dass die Produktion und der Absatz von Gütern und damit die Ein- und Auszahlungen zeitlich auseinander fallen. Zusätzlich müssen noch die Zahlungsfristen der Kunden sowie die Zahlungsfristen des Unternehmens gegenüber den Lieferanten miteinbezogen werden. ▶ Abb. 162 zeigt schematisch die durchschnittliche Kapitalbindung des Umlaufvermögens, aus dem der Kapitalbedarf abgeleitet werden kann.

Die eigentliche Berechnung des Kapitalbedarfs für das Umlaufvermögen soll am Beispiel in ▶ Abb. 163 illustriert werden. (Zur Vereinfachung geht das Jahr mit 360 Tagen in die Berechnungen ein.)

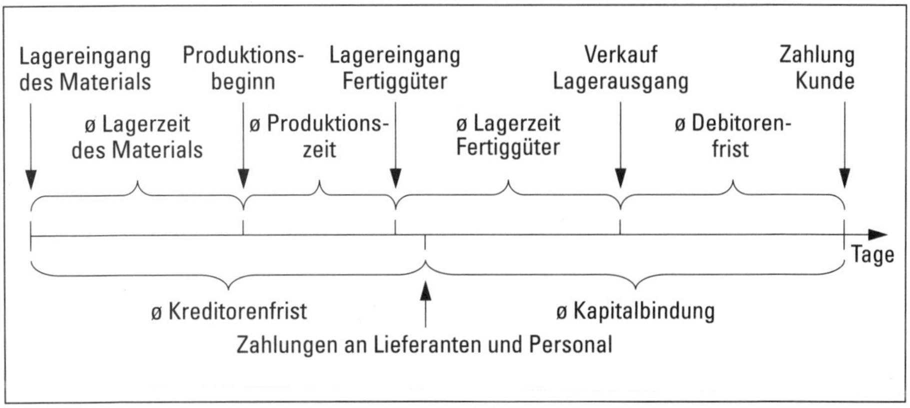

▲ Abb. 162 Schema der Kapitalbindung

1. Ausgangslage

a) Fristen des güter- und finanzwirtschaftlichen Umsatzprozesses:	
▪ ø Lagerzeit des Materials	15 Tage
▪ ø Produktionszeit	60 Tage
▪ ø Lagerzeit Fertiggüter	15 Tage
▪ ø Debitorenfrist	30 Tage
▪ ø Kreditorenfrist	30 Tage
b) Umsatz und Kosten (in Euro):	
▪ geplanter Umsatz pro Jahr	1.440.000
▪ Materialkosten pro Jahr	576.000
▪ Lohnkosten pro Jahr	360.000
▪ Herstellgemeinkosten (HGK) pro Jahr	216.000
▪ Verwaltungs- und Vertriebsgemeinkosten (VVGK) pro Jahr	144.000

c) Fälligkeiten der Kosten:
- ø Fälligkeit der Lohnkosten: 15 Tage nach Produktionsbeginn
- ø Fälligkeit der Verwaltungs- und Vertriebsgemeinkosten (VVGK): 20 Tage vor Verkauf
- ø Fälligkeit der Herstellgemeinkosten (HGK): bei Produktionsbeginn

2. Berechnungen

Kostenart	Auszahlungen		Bindungsdauer (Tage)	kumulierte Auszahlungen
	pro Jahr	pro Tag		
▪ Material	576.000	1.600	90	144.000
▪ Löhne	360.000	1.000	90	90.000
▪ HGK	216.000	600	105	63.000
▪ VVGK	144.000	400	50	20.000
Maximaler Kapitalbedarf				317.000

3. Grafische Darstellung

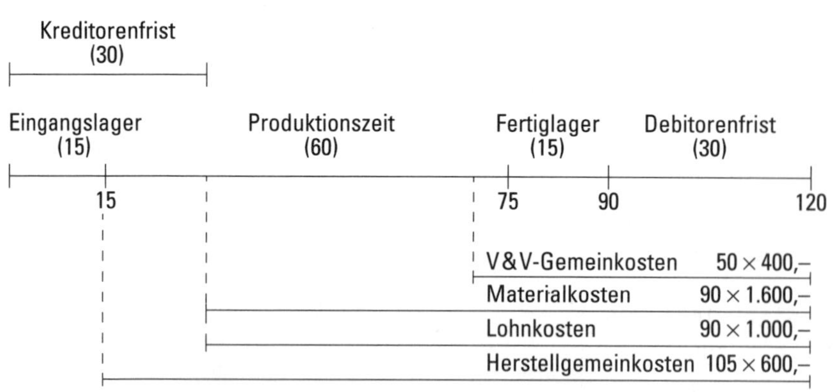

▲ Abb. 163 Beispiel zur Berechnung des Kapitalbedarfs

2.1.3 Finanzpläne

Mit den **Finanzplänen** wird versucht, die finanziellen Auswirkungen aller Unternehmensbereiche zusammenzufassen. Sie dienen dazu, die Art und den Umfang sowie die Verwendung der finanziellen Mittel aufzuzeigen.

Mithilfe der Finanzpläne soll die jederzeitige Zahlungsfähigkeit sowie die Finanzierung der für die betrieblichen Tätigkeiten erforderlichen Mittel sichergestellt werden. Je nach Fristigkeit dieser Pläne kann zwischen lang- und kurzfristigen Finanzplänen unterschieden werden.

2.1.3.1 Langfristige Finanzpläne

Der langfristige Finanzplan ergibt sich in der Regel aus den Teilplänen der übrigen Unternehmensbereiche (z. B. Absatz-, Produktions- und Personalplan). Er soll zeigen, wie die zukünftigen Geschäftstätigkeiten finanziert werden können. Gerade bei Unternehmen, die sich in einer starken Wachstumsphase befinden, ist es wichtig, dass die Ausweitung der Unternehmenstätigkeiten durch ausreichende Finanzierungsmöglichkeiten realisiert werden kann.

Der langfristige Finanzplan zeichnet sich nicht nur dadurch aus, dass er einen längeren Zeitraum (mehrere Jahre) umfasst, sondern dass er auch Finanzentscheidungen enthält, die wegen ihrer langfristigen Auswirkungen eine sorgfältige Planung bedingen. Man denke beispielsweise an Kapitalerhöhungen, Anleiheemissionen oder Veräußerungen von Beteiligungen. Schenkt man dieser Tatsache keine oder zu wenig Beachtung, so hat der Finanzplan nicht mehr die ihm eigentlich zukommende Funktion eines Sekundärplans, der aus den übergeordneten Plänen des Unternehmens abgeleitet ist, sondern übernimmt die Funktion eines Primärplans, der als Ausgangspunkt den Rahmen für die anderen Teilpläne absteckt (Dominanz des Minimumsektors).

Bei der Aufstellung eines langfristigen Finanzplans kann von der Plan-Gewinn- und Verlustrechnung ausgegangen werden. Aus dieser lässt sich der Netto-Cashflow ermitteln, indem die Abschreibungen (oder sonstigen nicht liquiditätswirksamen Aufwendungen), die Erhöhung der langfristigen Rückstellungen sowie die Gewinnausschüttungen dem Jahresüberschuss hinzugerechnet werden (▶ Abb. 164). Dieser zeigt den Mittelzufluss aus der betrieblichen Tätigkeit. Analog zu einer Mittelflussrechnung, welche die Ursachen für die Veränderung bestimmter Bilanzpositionen aufzeigt, müssen neben dem Cashflow die anderen Mittelbeschaffungsvorgänge sowie auch sämtliche Mittelverwendungsvorgänge erfasst werden.[1] Aus einer solchen ganzheitlichen Rechnung werden Überschüsse

Finanzplan (in 1.000 Euro)	Ist 2000	Plan 2001	Plan 2002	Plan 2003
Reingewinn	200	300	400	450
+ Abschreibungen	100	200	250	300
= Cashflow (brutto)	300	500	650	750
– Gewinnausschüttungen	50	75	100	100
= Cashflow netto	250	425	550	650
+ Kreditoren	50	–	–	–
+ Darlehen	100	–	–	–
+ Kapitalerhöhung	–	500	–	–
+ Verkauf von Beteiligungen	–	–	350	–
totaler Mittelzufluss (1)	**400**	**925**	**900**	**650**
Ersatz- und Erweiterungsinvestitionen	50	600	400	150
+ Debitoren	50	200	150	100
+ Warenlager	100	300	300	100
+ Befriedigung Kreditoren	–	50	100	100
+ Rückzahlung Darlehen	–	–	–	100
totale Mittelverwendung (2)	**200**	**1.150**	**950**	**550**
Mittelbedarf/Mittelüberschuss				
■ pro Jahr	+200	–225	–50	+100
■ kumuliert	+200	–25	–75	+25

▲ Abb. 164 Beispiel eines langfristigen Finanzplans

oder Unterdeckungen ersichtlich. Sind diese Abweichungen erheblich, so müssen weitere Maßnahmen zum Ausgleich der beschafften und verwendeten Mittel ergriffen werden.

Allerdings ist zu beachten, dass ein langfristiger Finanzplan als dynamische Rechnung zwar die Ursachen für einen Mittelüberschuss bzw. eine -unterdeckung aufzuzeigen vermag, dass damit aber noch keine Aussagen über die Vermögens- oder Kapitalstruktur vorliegen. Somit ist auch kein Einblick in das Ausmaß einer optimalen Finanzierung gegeben. Dazu sind ergänzende Informationen notwendig, wie sie beispielsweise aus einer Planbilanz und aus zusätzlichen Rechnungen (z.B. Debitorenfrist, Lagerumschlag) entnommen werden können.

1 Vgl. Abschnitt 2.2.3 „Dynamische Finanzkontrolle“ in diesem Kapitel.

2.1.3.2 Kurzfristige Finanzpläne

Kurzfristige Finanzpläne unterstützen die Bemühungen, die Zahlungsbereitschaft in jedem Zeitpunkt zu gewährleisten. Im Mittelpunkt steht die Liquidität; betrachtet werden die Zahlungseingänge und -ausgänge in einem Zeitraum von drei bis zwölf Monaten. Je nach Unternehmen und Situation umfassen diese Pläne auch kürzere Perioden. Gerade bei Banken oder Warenhäusern wird wegen der kurzfristigen starken Schwankungen mit Tagen oder Wochen gerechnet. Dabei müssen diese Teilperioden nicht für die gesamte Planungsperiode gelten. Je weiter sich die Planung in die Zukunft erstreckt, umso größer werden die Planperioden gewählt. ▶ Abb. 165 zeigt ein Beispiel für einen kurzfristigen Finanzplan.

Aus der kurzfristigen Finanzplanung sind die Überschüsse oder Fehlbeträge ersichtlich. Es ist die Aufgabe eines **Cash Management,** die Zahlungsströme nicht nur zu überwachen, sondern auch rechtzeitig Maßnahmen zu ergreifen, die sich auf Grund dieser kurzfristigen Prognoserechnung aufdrängen. Dem Cash Management als Teil der finanziellen Führung des Unternehmens kommen folgende Aufgaben zu:

- Liquiditätsplanung und -disposition,
- rechtzeitige Beschaffung der erforderlichen Liquidität zu geringen Kapitalkosten,
- vorteilhafte Anlage von vorübergehend oder längerfristig überschüssiger Liquidität,
- optimale Ausnutzung der Zahlungsfristen,
- Beschleunigung der Zahlungsabwicklung,
- Überwachung des Währungsrisikos, gegebenenfalls mit Kurssicherung,
- Koordination der Liquiditätspolitik mit derjenigen von verbundenen Gesellschaften (Konzernclearing).

Ziel wird es zwar primär sein, die Einzahlungs- und Auszahlungsströme so aufeinander abzustimmen, dass keine größeren Zahlungsüberschüsse oder Fehlbeträge entstehen. Da sich die kurzfristigen Zahlungsströme allerdings meist aus bereits früher getroffenen Entscheidungen ergeben, ist der diesbezügliche Handlungsspielraum relativ klein. Deshalb wird man sich vor allem darauf beschränken, größere Überschüsse, die kurzfristig zur Verfügung stehen, optimal anzulegen, beispielsweise als Festgeld bei Banken oder am Euromarkt. Im umgekehrten Fall wird man bestrebt sein, eine Unterdeckung mit den dafür notwendigen Krediten zu überbrücken.

Liquiditätsplan (in 1.000 Euro)	**1. Quartal**			**2. Quartal**	**3. Quartal**	**4. Quartal**
	Januar	**Februar**	**März**			
Zahlungsverpflichtungen am Monatsende:						
a) Löhne, Gehälter usw.	170	180	180	520	550	520
b) Fällige Lieferantenrechnungen (Waren, Anlagen)	320	430	330	980	1.050	1.000
c) Raum- und Maschinenmiete	110	100	90	300	260	250
d) Bank- und Darlehenszinsen	50	50	50	160	180	200
e) Steuern, Abgaben usw.	30	60	20	110	70	100
f) Übrige Auszahlungen (Rückzahlung von Schulden, Kontokorrentkrediten usw.)	–	–	–	–	60	50
Total Geldabgänge (1)	680	820	670	2.070	2.170	2.120
Erwartete Einzahlungen im Laufe des Monats:						
a) Barverkäufe	110	100	120	–	–	–
b) Erwartete Debitoreneingänge	480	450	500	1.950	2.100	1.950
c) Erwartete Anzahlungen	90	80	20	–	–	–
d) Erlös aus Anlagenverkäufen	–	–	–	–	–	–
e) Übrige Einzahlungen (Zinsen, Nebenerlös, Darlehensrückzahlung usw.)	30	40	40	120	140	100
Total Geldzugänge (2)	710	670	680	2.070	2.240	2.050
Saldo Geldströme (2) – (1)	+30	–150	+10	–	+70	–70
+ Anfangsbestand an flüssigen Mitteln (Kasse, Bank)	20	50	10	20	20	90
+ zu beschaffende Mittel (Kredite, liquiditätspolitische Maßnahmen)	–	110	–	–	–	–
= Endbestand an flüssigen Mitteln	50	10	20	20	90	20

▲ Abb. 165 Beispiel eines kurzfristigen Finanzplans (Steiner 1996, S. 46)

2.2 Finanzkontrolle

2.2.1 Aufgaben der Finanzkontrolle

Die Finanzkontrolle beinhaltet die laufende Überwachung der Einzahlungs- und Auszahlungsströme sowie die Kontrolle der geplanten Soll-Zahlen mit den effektiven Werten der Finanzbuchhaltung. Wie beim Cash Management gezeigt worden ist, sind bei der Feststellung von Abweichungen sofort Maßnahmen zu ergreifen, um größere Fehlbeträge oder Überschüsse zu vermeiden. Eine weitere Aufgabe der Finanzkontrolle ist die Auswertung der Abweichungen. Werden die effektiven Werte analysiert, können die Ursachen für die Abweichungen bestimmt werden. Darüber hinaus ergeben sich neue Erkenntnisse für die Planung der zukünftigen Finanzzahlen.

Die Finanzkontrolle kann sich entweder auf finanzielle Tatbestände zu einem bestimmten Zeitpunkt (statisch) oder auf die finanzielle Entwicklung während einer bestimmten Periode (dynamisch) beziehen.

2.2.2 Statische Finanzkontrolle

Die statische Finanzkontrolle bezieht sich immer auf die Werte eines bestimmten Zeitpunktes (z.B. Bilanzstichtag).[1] Bei solchen zeitpunktbezogenen Analysen stehen die Rentabilität, die Liquidität, die Kapitalstruktur, die Deckung der Anlagen sowie die Vermögensstruktur im Vordergrund. Verschiedene Kennziffern zu diesen Bereichen werden im Folgenden dargestellt.[2]

2.2.2.1 Liquidität

Mit den Kennzahlen zur Liquidität soll die Zahlungsbereitschaft eines Unternehmens beurteilt und gesteuert werden.[3]

Bei der **absoluten** Liquidität berechnet man einen bestimmten Liquiditätsfonds, wobei dieser die Zusammenfassung jener Bilanzpositionen umfasst, die für ein Unternehmen bezüglich seiner Liquidität von Bedeutung sind. In der Regel werden drei Liquiditätsstufen berechnet:

(1) Liquiditätsstufe 1 = liquide Mittel – kurzfristiges Fremdkapital

(2) Liquiditätsstufe 2
= liquide Mittel + Geldforderungen – kurzfristiges Fremdkapital

(3) Liquiditätsstufe 3 = Umlaufvermögen – kurzfristiges Fremdkapital

Für Liquiditätsstufe 1 wird der Begriff **Bar-** oder **Kassaliquidität** verwendet, Liquiditätsstufe 3 stellt das **Nettoumlaufvermögen** (Net Working Capital) dar.

1 Allerdings kann durch einen Vergleich von statischen Kennzahlen über mehrere Jahre hinweg eine „quasi-dynamische" Analyse erreicht werden.

2 Eine ausführliche Darstellung der zeitpunkt- und zeitraumbezogenen Instrumente (mit praktischen Beispielen) findet sich bei Perridon/Steiner (1995, S. 495 ff.) und Siegwart (1992). Zu Rentabilität und Liquidität vgl. auch Teil 1, Kapitel 3, Abschnitt 3.2.1.2 „Finanzziele".

3 Zur Liquidität vgl. auch Teil 1, Kapitel 3, Abschnitt 3.2.1.2 „Finanzziele".

Unter der **relativen** Liquidität versteht man das Verhältnis zwischen Vermögensteilen und Verbindlichkeiten. Sie kann durch folgende Kennziffern ausgedrückt werden:

$$(4)\ \text{Liquiditätsgrad 1} = \frac{\text{liquide Mittel}}{\text{kurzfristiges Fremdkapital}} \cdot 100$$

$$(5)\ \text{Liquiditätsgrad 2} = \frac{\text{liquide Mittel + Geldforderungen}}{\text{kurzfristiges Fremdkapital}} \cdot 100$$

$$(6)\ \text{Liquiditätsgrad 3} = \frac{\text{Umlaufvermögen}}{\text{kurzfristiges Fremdkapital}} \cdot 100$$

Liquiditätsgrad 1 wird auch als **Cash Ratio,** Liquiditätsgrad 2 als **Quick Ratio** und Liquiditätsgrad 3 als **Current Ratio** bezeichnet. Für Liquiditätsgrad 1 ist es schwierig, einen Richtwert anzugeben, während für die beiden anderen Kennzahlen folgende grobe Erfahrungswerte genannt werden: Der Liquiditätsgrad 2 sollte leicht über 100% liegen, und der Liquiditätsgrad 3 sollte ungefähr 150 bis 200% betragen. Allerdings sind hier branchenbezogene und andere Besonderheiten zu beachten.

2.2.2.2 Vermögensstruktur

Kennzahlen zur Analyse und Gestaltung der Vermögensstruktur zeigen das Verhältnis zwischen einzelnen Vermögensteilen. Im Vordergrund stehen:

$$(7)\ \text{Investitionsverhältnis: } \frac{\text{Umlaufvermögen}}{\text{Anlagevermögen}} \cdot 100$$

$$(8)\ \text{Umlaufintensität: } \frac{\text{Umlaufvermögen}}{\text{Gesamtvermögen}} \cdot 100$$

$$(9)\ \text{Anlageintensität: } \frac{\text{Anlagevermögen}}{\text{Gesamtvermögen}} \cdot 100$$

Obwohl sich diese Kennzahlen genau berechnen lassen, können kaum allgemein gültige Angaben über die Vermögensstruktur gemacht werden – zu sehr sind die Zahlenverhältnisse und die konkrete Gliederung des Vermögens von der Branche, der Finanzierungsart des Vermögens (und damit den Eigentumsverhältnissen) sowie dem individuellen Anteil betrieblicher und nichtbetrieblicher Vermögenswerte abhängig.

2.2.2.3 Kapitalstruktur

Zur Analyse und Gestaltung der Kapitalstruktur stehen folgende Kennzahlen zur Verfügung:

(10) Verschuldungsgrad: $\frac{\text{Fremdkapital}}{\text{Gesamtkapital}} \cdot 100$

(11) Eigenfinanzierungsgrad: $\frac{\text{Eigenkapital}}{\text{Gesamtkapital}} \cdot 100$

(12) Finanzierungsverhältnis: $\frac{\text{Fremdkapital}}{\text{Eigenkapital}}$

(13) Anspannungskoeffizient: $\frac{\text{Eigenkapital}}{\text{Fremdkapital}} \cdot 100$

Es ist schwierig, allgemeine Richtlinien zur Gestaltung der Kapitalstruktur anzugeben, weil diese sehr stark durch die jeweiligen Unternehmensziele geprägt werden.[1]

2.2.2.4 Deckung der Anlagen

Mit den Kennzahlen zur Deckung des Anlagevermögens kann die Finanzierung des Anlagevermögens analysiert und gesteuert werden:

(14) Anlagendeckungsgrad 1: $\frac{\text{Eigenkapital}}{\text{Anlagevermögen}} \cdot 100$

(15) Anlagendeckungsgrad 2:

$$\frac{\text{Eigenkapital + langfristiges Fremdkapital}}{\text{Anlagevermögen}} \cdot 100$$

(16) Anlagendeckungsgrad 3:

$$\frac{\text{Eigenkapital + langfristiges Fremdkapital}}{\text{AV + eiserne Bestände (des UV)}^{2}} \cdot 100$$

Bei einem Produktionsunternehmen werden in der Praxis ein Anlagendeckungsgrad 1 von etwa 90 – 120 % und ein Anlagendeckungsgrad 2 von etwa 120 – 160 % als Richtwert angegeben (Helbling 1997, S. 241).

1 Vgl. Kapitel 6 „Optimierung der Unternehmensfinanzierung" in diesem Teil.

2 Die langfristig gebundenen Teile des Umlaufvermögens werden als eiserne Bestände bezeichnet.

2.2.2.5 Rentabilität

Die Rentabilität lässt sich für das Eigen- und das Gesamtkapital berechnen. Entsprechend lauten die Formeln:[1]

$$(17)\quad \text{Eigenkapitalrentabilität} = \frac{\text{Gewinn}}{\text{ø Eigenkapital}} \cdot 100$$

$$(18)\quad \text{Gesamtkapitalrentabilität} = \frac{\text{Gewinn + Fremdkapitalzinsen}}{\text{ø Gesamtkapital}} \cdot 100$$

Die Gesamtkapitalrentabilität wird auch als **Return on Investment (ROI)** bezeichnet.

Durch Erweiterung von Formel (18) mit dem Umsatz kann die Gesamtkapitalrentabilität auch in die **Umsatzrendite** und den **Kapitalumschlag** zerlegt werden:

$$(19)\quad \text{Gesamtkapitalrentabilität} = \text{Umsatzrendite} \cdot \text{Kapitalumschlag}$$

$$= \frac{\text{Gewinn + Fremdkapitalzinsen}}{\text{Umsatz}} \cdot \frac{\text{Umsatz}}{\text{ø Gesamtkapital}} \cdot 100$$

Rein rechnerisch ändert sich am Endergebnis nichts, die einzelnen Faktoren erlauben jedoch detailliertere und aussagestärkere Informationen über das Zustandekommen der Gesamtkapitalrentabilität. Diese Zerlegung lässt sich noch weiterführen, indem zusätzliche Größen aus Bilanz und Gewinn- und Verlustrechnung einbezogen werden. Bekannt ist vor allem das so genannte **Du Pont-Schema,** das vom amerikanischen Chemiekonzern Du Pont de Nemours & Co entwickelt worden ist (▶ Abb. 166). Dieses erlaubt, die genauen Ursachen für das Zustandekommen der Gesamtkapitalrentabilität zu erforschen sowie auf Schwachpunkte hinzuweisen und somit Ansatzpunkte zur Verbesserung der Gesamtkapitalrentabilität aufzuzeigen. Dieser Analyse kommt deshalb nicht nur eine Planungs-, sondern auch eine Kontrollfunktion zu. Die Vorzüge des Du Pont-Schemas liegen in der übersichtlichen Darstellung wichtiger Größen und derer Zusammenhänge, es vermag aber nicht weitergehende Detailanalysen zu ersetzen. Die einzelnen Größen bzw. deren Ausprägung besitzen lediglich eine grobe Signalfunktion, um gewisse Entwicklungstendenzen anzudeuten.

1 Vgl. Teil 1, Kapitel 3, Abschnitt 3.2.2.4 „Gewinn und Rentabilität".

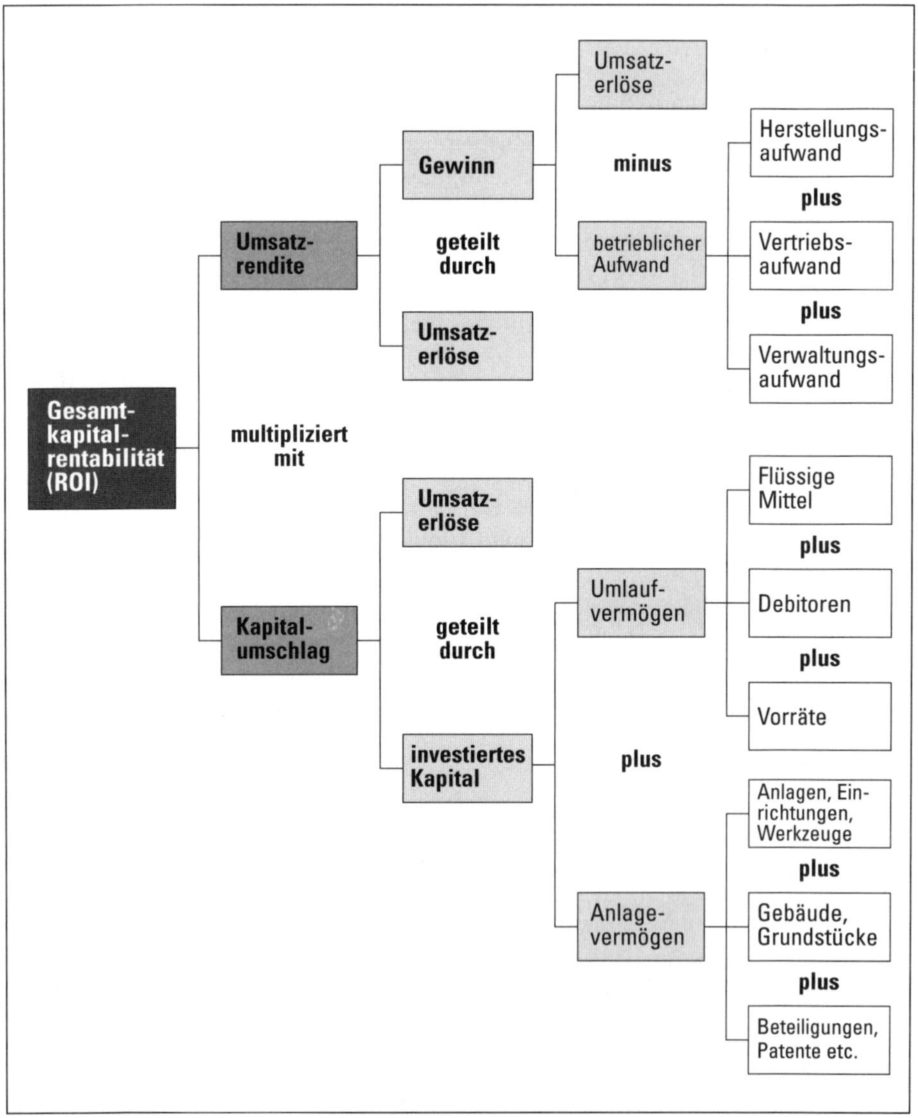

▲ Abb. 166 Du Pont-Schema[1]

1 In diesem Rendite-Schema ist zu beachten, dass beim Gewinn keine Fremdkapitalzinsen wie in Formel (18) berücksichtigt werden. Der Grund liegt darin, dass dieses ursprüngliche Schema in den Geschäftsbereichen der Firma Du Pont angewendet wurde, die nicht mit verzinslichem Fremdkapital arbeiten durften. Dies ist übrigens auch der Grund dafür, dass in der Literatur die Formel (19) häufig nur den Gewinn, nicht aber die Fremdkapitalzinsen beinhaltet.

2.2.2.6 Externe Finanzkennzahlen

Für die Beurteilung eines Unternehmens können auch externe Finanzkennzahlen herangezogen werden. Zu betonen ist, dass die Beurteilung dieser Kennziffern unter besonderer Berücksichtigung der unternehmensspezifischen Branche sowie der allgemeinen Umweltbedingungen (z.B. wirtschaftliche Lage, Inflation) erfolgen sollte. In diesem Sinne sind auch die angegebenen Richtwerte zu verstehen. Deshalb ist es oft sinnvoll, die berechneten Kennzahlen entweder

- in einem Zeitvergleich über mehrere Perioden zu berechnen und auszuwerten oder
- in einem Unternehmensvergleich das Unternehmen mit solchen Unternehmen zu vergleichen, die der gleichen oder einer ähnlichen Branche angehören.

Ferner hängt die Aussagekraft der Kennziffern von der Qualität der zu Grunde liegenden Bezugsgrößen ab. Ein hohes Umlaufvermögen bietet beispielsweise noch keine Gewähr für eine gute Liquidität, wenn die Warenvorräte wegen unzureichender Lagerbewirtschaftung oder die Debitoren als Folge eines schlecht organisierten Inkassowesens und einer fragwürdigen Zahlungsmoral der Kunden überhöht sind. Deshalb sind einzelne Bilanzpositionen durch zusätzliche Rechnungen zu analysieren. Neben den bereits erwähnten Kennziffern der Materialwirtschaft (z.B. Lagerumschlagshäufigkeit)[1] können in diesem Zusammenhang genannt werden:

(20) Debitorenumschlag: $\frac{\text{Kreditverkäufe}}{\text{ø Debitorenbestand}}$

(21) ø Debitorenfrist: $\frac{360}{\text{Debitorenumschlag}}$

Mit diesen Kennzahlen kann geprüft werden, ob die effektive durchschnittliche Kreditfrist mit den Zahlungsbedingungen des Unternehmens in Einklang steht.

(22) Kreditorenumschlag: $\frac{\text{Wareneinkäufe auf Kredit}}{\text{ø Kreditorenbestand}}$

(23) ø Kreditorenfrist: $\frac{360}{\text{Kreditorenumschlag}}$

Eine allzu hohe Kreditorenfrist bedeutet beispielsweise, dass wahrscheinlich vom Lieferanten gewährte Skonti und Rabatte bei Einhaltung bestimmter Zahlungsfristen nicht geltend gemacht werden können.

1 Vgl. Teil 3, Kapitel 1, Abschnitt 1.2 „Problemlösungsprozess der Materialwirtschaft“.

Zu nennen sind zwei Kennzahlen, die vor allem bei der externen Finanzanalyse von börsennotierten Aktiengesellschaften eine große Bedeutung erhalten haben und deshalb auch vom Unternehmen beachtet werden müssen. Es sind dies:

(24) Gewinn/Aktie (earnings per share): $\frac{\text{Gewinn}}{\text{Anzahl Aktien}}$

(25) Kurs-Gewinn-Verhältnis (price earnings ratio, P/E-ratio):

$$\frac{\text{Börsenkurs Aktie}}{\text{Gewinn/Aktie}}$$

Das Kurs-Gewinn-Verhältnis sagt aus, mit welchem Faktor der Kapitalmarkt den Erfolg eines Unternehmens bewertet.

2.2.3 Dynamische Finanzkontrolle

Die dynamische Finanzkontrolle versucht, die Veränderung finanzieller Größen über die Zeit zu erfassen und zu analysieren. Als Instrumente können die bereits besprochenen Finanzpläne eingesetzt werden, indem diese durch die effektiven Werte ergänzt werden. Eine wichtige Kennzahl stellt der Cashflow dar, der in den letzten Jahren auch in Deutschland eine zunehmende Verbreitung gefunden hat. Wie die Verwendung des Cashflow im Zusammenhang mit dem langfristigen Finanzplan zeigt, kann dieser auch als Plangröße verwendet werden.

> Der **Cashflow** zeigt den Mittelzufluss aus dem betrieblichen Umsatzprozess (**Kapitalflussrechnung**[1]). Welche Mittel damit allerdings gemeint sind, muss zuerst definiert werden.

Zur Ermittlung der Cashflows lassen sich die direkte und die indirekte Methode unterscheiden. Während sich der Cashflow nach der direkten Methode als Differenz aus Einzahlungen und Auszahlungen berechnen lässt, ist nach der indirekten Methode der Periodenerfolg um nicht zahlungswirksame Aufwands- und Ertragsgrößen sowie um Aufwand und Ertrag aus investiver Tätigkeit und Finanzierungstätigkeit zu bereinigen. Die Cashflows aus Investitions- und Finanzierungstätigkeit sind nur nach der direkten Methode ableitbar, hingegen besteht für die Ermittlung des Cashflows aus operativer Tätigkeit ein Wahlrecht.

Ausgangspunkt für die Durchführung einer Kapitalflussrechnung stellen zwei aufeinander folgende Bilanzen dar. Im folgenden Beispiel (▶ Abb. 167) wird die Kapitalflussrechnung anhand einer vereinfachten Bilanz, die die Ergebnisse von

1 Vgl. Teil 5, Kapitel 2, Abschnitt 2.2.4, „Instrumente des Konzernabschlusses“.

Bilanz (vereinfacht)							
Aktivseite	t_1	t_2	(+/–)	**Passivseite**	t_1	t_2	(+/–)
Anlagevermögen	10	15	5	Eigenkapital			
Umlaufvermögen				– Gezeichnetes Kapital	20	20	0
– Vorräte	20	30	10	– Jahresüberschuss	0	25	25
Liquidität	35	50	15	Verbindlichkeiten	45	50	5
Bilanzsumme	65	95	30	**Bilanzsumme**	65	95	30

	Kapitalflussrechnung t_2		verwandte Methode
	Jahresüberschuss	25	
–	Vorratserhöhung	10	
=	**Cashflow aus operativer Tätigkeit**	15	indirekte Methode
–	Auszahlungen für Investitionen ins Anlagevermögen	–5	
=	**Cashflow aus investiver Tätigkeit**	–5	direkte Methode
+	Einzahlungen aus der Erhöhung von Verbindlichkeiten	5	
=	**Cashflow aus Finanzierungstätigkeit**	5	direkte Methode
	Gesamtzufluss Finanzmittelfonds in t_2	15	Summe der Cashflows
+	Bestand t_1 (Anfangsbestand)	35	
=	**Gesamtbestand Finanzmittelfonds in t_2**	50	

▲ Abb. 167 Beispiel einer Kapitalflussrechnung in Euro

zwei Perioden abbildet (t_1–t_2), erläutert. Die Kapitalflussrechnung erfolgt für Periode t_2 und basiert auf den Veränderungen der einzelnen Bilanzpositionen.

Für den Cashflow aus operativer Tätigkeit (indirekte Methode) ist zunächst der erzielte Periodenerfolg in t_2 (Jahresüberschuss) relevant, der in der Folge um sämtliche nicht zahlungswirksamen Vorgänge, die sich auf die Erlöserzielung des Unternehmens beziehen, zu bereinigen ist. Hierzu zählt die Erhöhung der Vorräte, die sich auf die betriebliche Leistungserstellung bezieht, jedoch nicht zahlungswirksam ist.

Der Cashflow aus investiver Tätigkeit (direkte Methode) wird prinzipiell durch Einzahlungen und Auszahlungen bestimmt, die unter anderem mit Investitionen in das Anlagevermögen (z.B. Sach- und Finanzanlagevermögen) verbunden sind. Demzufolge stellt die Erhöhung des Anlagevermögens im vorliegenden Beispiel einen auszahlungswirksamen Vorgang dar, der den Cashflow aus investiver Tätigkeit um den Betrag der Erhöhung reduziert.

Der Cashflow aus Finanzierungstätigkeit (direkte Methode) lässt sich anhand von Einzahlungen auf Grund von Kapitalzuführungen und von Auszahlungen für

Kapitalrückzahlungen ermitteln. Die Erhöhung der Verbindlichkeiten bewirkt somit eine Zunahme des Cashflows. Der in Periode t_2 zur Verfügung stehende Finanzmittelfonds setzt sich aus der Summe der drei Cashflows und dem Anfangsbestand in t_1 zusammen.

2.3 Budgetierung

Unter einem **Budget** wird eine systematische Zusammenstellung der während einer Periode erwarteten Mengen- und Wertgrößen verstanden.

Die Budgetierung hat die Aufgabe, den unternehmerischen Erfolg auf der Basis von Annahmen über die zukünftige Entwicklung der Umwelt und des Unternehmens zu schätzen. Sie dient damit in zweifacher Hinsicht als Entscheidungsgrundlage für Eigentümer, Management und Gläubiger:

1. Mithilfe von Budgets können die finanziellen Auswirkungen (z.B. Gewinn, Liquidität, Investitionen) verschiedener Annahmen über die erwartete Umweltentwicklung, insbesondere über die geschätzten Absatzzahlen, untersucht werden. Dies erlaubt eine quantitativ abgestützte Entscheidung über die zu verfolgenden Unternehmensziele und die zu wählenden Maßnahmen.
2. Das Budget wird in der modernen Managementlehre als eines der wichtigsten Führungsinstrumente begriffen, das verbindliche quantitative (mengen- und wertmäßige) Zielvorgaben und Restriktionen aufstellt.

Das Budget umfasst in diesem Sinne

- die Gesamtheit der Ressourcen (Finanzen, Personal, Betriebsmittel usw.),
- die einem organisatorischen Verantwortungsbereich (z.B. Abteilung, Stelle)
- für einen bestimmten Zeitraum (langfristig, mittelfristig, kurzfristig)
- zur Erfüllung der ihm übertragenen Aufgaben
- durch eine verbindliche Vereinbarung zur Verfügung gestellt wird.

Unterschieden wird zwischen starren und flexiblen Budgets. **Starre Budgets** enthalten Größen, die während einer Budgetperiode unbedingt eingehalten werden müssen, während **flexible Budgets** mit Vorgaben arbeiten, die bei sich verändernden Rahmenbedingungen (z.B. Beschäftigungsschwankungen) angepasst werden können.

Das **Budgetierungssystem** eines Unternehmens besteht aus einer Anzahl interdependenter Teilpläne, die sowohl objektbezogen (z.B. Produktlinien, Filialen) als auch funktionsbezogen (Beschaffung, Produktion, Absatz, Investitionen, Personal usw.) formuliert werden können.

Die Zusammenfassung aller Teilpläne führt zum Unternehmensbudget (Plan-Bilanz, Plan-Gewinn- und Verlustrechnung und Plan-Mittelflussrechnung, Plan-Liquiditätsrechnungen).

Durch den Prozess der Budgetierung werden die verantwortlichen Führungskräfte veranlasst, ihre Annahmen über die Umweltentwicklung sowie die angestrebten Ziele und Maßnahmen so weit offen zu legen und zu operationalisieren (d.h. zu konkretisieren und zu präzisieren), dass sie in wertmäßigen Größen (Kos–ten, Erlöse, Gewinn) ausgedrückt werden können. Das Budget hat damit einen maßgeblichen Einfluss auf das zielkonforme Verhalten der Führungskräfte. Im Einzelnen können ihm folgende Funktionen zugewiesen werden:

- **Orientierungs-** und **Entscheidungsfunktion:** Das Budget vermittelt den Handlungsrahmen und stellt ein verbindliches Entscheidungskriterium für die Messung der Zielwirksamkeit von Entscheidungen dar.
- **Integrations-** und **Koordinationsfunktion:** Das Budget ist ein sehr wichtiges Instrument zur Verteilung und Abstimmung der Ressourcen im Unternehmen. Ausgehend von den langfristigen Unternehmenszielen und -strategien sowie von den zur Verfügung stehenden Ressourcen können konkrete Teilbereichsbudgets sowohl über verschiedene Zeithorizonte als auch für bestimmte organisatorische Verantwortungsbereiche (z.B. für Abteilungen bis zu einzelnen Stellen) abgeleitet werden.
- **Motivationsfunktion:** Das Budget beschneidet ohne Zweifel die Handlungsfreiheit der Führungskräfte. Die Identifikation mit den Zielvorgaben (die z.B. im Rahmen eines Management by Objectives[1] entwickelt werden und als Basis für die Leistungsbeurteilung dienen können) sowie vorhandene Freiräume im Rahmen der konkreten Umsetzung des Budgets wirken jedoch tendenziell motivierend.
- **Kontrollfunktion:** Budgets sind genau definierte operationale Zielgrößen (Umsätze, Kosten, Erträge usw.) und erfüllen damit in idealer Weise die Bedingungen der Überprüfbarkeit und Messbarkeit. Im Rahmen von Abweichungsanalysen können zudem weitere Erkenntnisse über Produkte, Märkte und Unternehmen gewonnen werden.

Die Anwendung von Budgets zur Verhaltenssteuerung der Führungskräfte beinhaltet jedoch auch Risiken:

- Gefahr der **Ressourcenverschwendung:** Werden Budgetbeträge auf Grund vergangener Budgetausschöpfungen festgelegt, so entsteht die Tendenz, dass überschüssige, noch nicht in Anspruch genommene Beträge am Ende der Budgetperiode noch ausgegeben werden, obwohl sie eigentlich für die Aufgabenerfüllung nicht erforderlich wären („budget wasting“). Zudem können im Rahmen der Budgetplanung bewusst oder unbewusst durch zu pessimistische Schätzun-

1 Zum Management by Objectives vgl. Teil 10, Kapitel 1, Abschnitt 1.1 „Einleitung“.

gen Reserven aufgebaut werden („budgetary slack"). Beide Phänomene führen zu einem nicht optimalen Einsatz der zur Verfügung stehenden Ressourcen.

- Gefahr der **mangelnden Flexibilität:** Eine starre Beurteilung der Führungskräfte anhand von Budgetvorgaben fördert tendenziell die mechanistische und unreflektierte Orientierung an diesen Vorgaben, auch wenn deren Prämissen sich in der Zwischenzeit geändert haben. Dies kann dazu führen, dass versucht wird, das Budget ohne Rücksicht auf die späteren Folgen einzuhalten. Initiative und Innovationsbereitschaft leiden dann unter diesem starren Budgetdenken.
- Gefahr des **Ressortegoismus:** Durch die starke Bereichs- und Verantwortungsorientierung von Budgets besteht die Gefahr, das Budget unter allen Umständen erreichen zu wollen, auch wenn dies auf Kosten der übrigen Teilbereiche des Unternehmens geschieht. Ein solches Verhalten kann zu Konflikten führen und vermindert die Kooperationsbereitschaft.

Einen Ansatz, diesen Gefahren teilweise zu begegnen, stellt das **Zero Base Budgeting** dar. Die Kernidee dieser Methode ist, dass das Budget nicht als Fortschreibung vergangener Perioden betrachtet wird, sondern aus den tatsächlich geplanten Aktivitäten eines organisatorischen Teilbereichs abgeleitet wird. Damit können die knappen Ressourcen aufgabengerecht ermittelt und verteilt werden. Diese Art der Budgetierung ist jedoch viel aufwändiger und erfordert genauere Informationen und eine präzisere Planung. Sie ist deshalb eher im Abstand von mehreren Jahren einzusetzen mit dem Ziel, eine schleichende Aufblähung von Aufgaben und Personal zu vermeiden. (Weilenmann 1994, S. 98)

Kapitel 3

Beteiligungsfinanzierung

3.1 Einleitung

> Beim **Eigenkapital** handelt es sich um Kapital, das dem Unternehmen dauerhaft zur Verfügung stehen soll.

Zu unterscheiden ist dabei zwischen dem effektiv einbezahlten und dem nicht einbezahlten Eigenkapital. Letzteres ergibt sich als Differenz zwischen dem vertraglich oder statutarisch festgelegten Eigenkapital und dem einbezahlten Eigenkapital. Das nicht einbezahlte Eigenkapital wird auch als **Garantiekapital** bezeichnet, da es in erster Linie eine zusätzliche Sicherheit (Garantie) für die Gläubiger darstellt.

Neben dem Eigenkapital, das aus der Beteiligung am Unternehmen durch eine Bar- oder Sacheinlage entsteht, gibt es das selbsterarbeitete Eigenkapital des Unternehmens. Dieses wird dadurch gebildet, dass ein möglicher Gewinn nicht oder nur teilweise ausgeschüttet wird. Diesem Begriff des selbsterarbeiteten Eigenkapitals entspricht der im Aktienrecht sowie in Bilanztheorie und -praxis verwendete Begriff der **Gewinnrücklagen.**

Wenn die Vermögenswerte des Unternehmens tiefer ausgewiesen werden, als sie tatsächlich sind (z.B. werden Wertsteigerungen der Immobilien nicht berücksichtigt), oder die Verbindlichkeiten zu hoch (z.B. weil zu hohe Rückstellungen gebildet werden), ist das faktische Eigenkapital des Unternehmens höher als das ausgewiesene.

Die Differenz zwischen den aus der Bilanz ersichtlichen und dem tatsächlichen Eigenkapital bezeichnet man als **stille Reserven**.

Dem Eigenkapital eines Unternehmens kommen folgende Funktionen zu:

1. Die Basis zur Finanzierung des Unternehmens bildet das Eigenkapital.
2. Es trägt die aus der allgemeinen Unternehmenstätigkeit anfallenden Risiken, fängt somit Verluste auf und dient den Gläubigern als Sicherheit. Somit übernimmt es in diesem Sinne eine Haftungsfunktion. Die wesentlichen Risiken werden damit vom Eigenkapital getragen. Erleidet aber das Unternehmen über eine längere Zeitperiode hohe Verluste, ist auch das Fremdkapital gefährdet.
3. Wird das Unternehmen in Form einer Gesellschaft geführt, so zeigt das Eigenkapital die Beteiligungs- und Haftungsverhältnisse und bildet damit auch die Grundlage für die Gewinnverteilung.

Rechtsform	**Eigenkapitalformen**
Einzelunternehmen	▪ Eigenkapital des Unternehmers
Offene Handelsgesellschaft Partnerschaftsgesellschaft	▪ Kapitalkonten der Gesellschafter ▪ Kapitalkonten der Partner
Kommanditgesellschaft	▪ Kapitalkonten der Komplementäre ▪ Kommanditkapital
Aktiengesellschaft	▪ Gezeichnetes Kapital (Aktienkapital, Grundkapital) ▪ Kapitalrücklage (Rücklagen aus Einzahlungen) ▪ Gewinnrücklagen (Rücklagen aus nicht ausgeschütteten Gewinnen) ▪ Gewinnvortrag
GmbH	▪ Stammkapital der Gesellschafter ▪ Rücklagen ▪ Gewinnvortrag ▪ evtl. Nachschusskapital[1]
Genossenschaft	▪ Anteilscheinkapital ▪ Rücklagen[2] ▪ Gewinnvortrag ▪ evtl. Nachschusskapital[3]

▲ Abb. 168 Eigenkapitalformen bei verschiedenen Rechtsformen

1 Das Nachschusskapital kann nach § 26 GmbHG im Gesellschaftsvertrag bestimmt werden, wobei die Einzahlung der Nachschüsse nach dem Verhältnis der Geschäftsanteile zu erfolgen hat. Die Nachschusspflicht kann nach § 28 GmbHG beschränkt oder nach § 27 auch unbeschränkt sein.

2 Bildung eines Reservefonds gemäß § 7 GenG.

3 Nach § 6 GenG muss das Statut Bedingungen darüber enthalten, ob von den Genossen Nachschüsse zur Konkursmasse unbeschränkt auf eine Haftsumme oder überhaupt nicht zu leisten sind.

4. Die Kreditwürdigkeit eines Unternehmens wird maßgeblich von der Höhe des Eigenkapitals bestimmt. Diese beeinflusst in starkem Maße auch das Finanzimage eines Unternehmens.
5. Aus der Sicht der Kapitalgeber dient das Eigenkapital dazu, ihr Vermögen ertragbringend zu investieren.

Wie bereits bei der Darstellung der verschiedenen Rechtsformen ersichtlich wurde, hängt die Struktur des Eigenkapitals sehr stark von der gewählten Rechtsform ab.[1] In ◀ Abb. 168 sind die Erscheinungsbilder des Eigenkapitals in den Bilanzen der verschiedenen Rechtsformen skizziert.

Im Folgenden wird auf Grund der großen Bedeutung der Publikumsgesellschaften in der Praxis die Beteiligungsfinanzierung der Aktiengesellschaft näher dargestellt.[2]

3.2 Aktienkapital

3.2.1 Gezeichnetes Kapital der Aktiengesellschaft

Es entspricht der Idee der Aktiengesellschaft, dass das gezeichnete Kapital durch den Aktionär nicht gekündigt werden kann und somit dem Unternehmen dauernd zur Verfügung steht. Im Gesetz finden sich dazu verschiedene Vorschriften, die im Zusammenhang mit dem gezeichneten Kapital beachtet werden müssen. Die wichtigsten sind:

- Die Mindesthöhe des gezeichneten Kapitals einer Aktiengesellschaft beträgt Euro 100.000,– (§ 7 AktG).
- Es dürfen nennwertlose Aktien (Stückaktien) emittiert werden. Bei der Nutzung von Aktiennennbeträgen müssen diese auf mindestens einen Euro lauten (§ 8 AktG).
- Für einen geringeren Betrag als den Nennbetrag oder den auf eine Stückaktie entfallenden anteiligen Betrag dürfen Aktien nicht ausgegeben werden (§ 9 AktG).
- Sacheinlagen oder Sachübernahmen können nur Vermögensgegenstände sein, deren wirtschaftlicher Wert feststellbar ist; Verpflichtungen zu Dienstleistungen können nicht Sacheinlagen oder Sachübernahmen sein (§ 27 AktG).
- Bei Bareinlagen muss der eingeforderte Betrag mindestens ein Viertel des geringsten Ausgabebetrags und bei der Ausgabe der Aktien für einen höheren als diesen auch das Agio umfassen (§ 36a AktG).

1 Vgl. dazu Teil 1, Kapitel 2, Abschnitt 2.6 „Rechtsform".
2 Zur Aktiengesellschaft vgl. auch die Ausführungen im Teil 1, Kapitel 2, Abschnitt 2.6 „Rechtsform".

- Die Anmeldung der Gesellschaft beim Gericht darf erst erfolgen, wenn auf jede Aktie, so weit nicht Sacheinlagen vereinbart sind, der eingeforderte Betrag ordnungsgemäß eingezahlt worden ist (§ 38 AktG).

Wenn im Zuge der Ausgabe von Aktien für diese mehr als der Nennwert bezahlt wird, erhält das Unternehmen ein Agio. Dieser wird in der Bilanz in die Kapitalrücklage eingestellt und ist somit Bestandteil des Eigenkapitals des Unternehmens.

3.2.2 Ausgestaltung der Aktien

Bei der Ausgestaltung von Aktien kann nach den mit dem Besitz verbundenen Rechten und der Übertragbarkeit der Aktien differenziert werden.

In Bezug auf die Rechte, die ein Aktionär mit dem Aktienkauf erwirbt, werden zwei Aktienarten, Stammaktien und Vorzugsaktien, unterschieden. **Stammaktien** bieten dem Aktionär grundsätzlich alle Rechte, d.h. sowohl das Mitgliedschaftsrecht (Stimmrecht, Auskunftsrecht, Recht der Anfechtung von Hauptversammlungsbeschlüssen) als auch finanzielle Rechte auf Dividendenzahlungen, Liquidationserlöse und Bezugsrechte.

Von der beschriebenen Ausstattung mit Rechten für Stammaktien kann jedoch durch Ausgabe von **Vorzugsaktien** abgewichen werden. Vorzugsaktien schließen das Stimmrecht der Aktionäre auf der Hauptversammlung aus, beinhalten jedoch als Ausgleich für die Stimmrechtseinschränkung einen generellen Vorzug bei der Gewinnausschüttung in Form der Dividendenzahlung. Dies bedeutet, dass auf Vorzugsaktien eine Dividende in bestimmter Höhe vor Berücksichtigung der Stammaktionäre ausbezahlt werden soll. Ausgefallene Dividendenzahlungen müssen in den Folgejahren nachgeholt werden, sofern dies auf Grund der Ertragslage des Unternehmens möglich ist. Fällt diese Nachzahlung jedoch in der Folgeperiode – unabhängig von der Vorzugszahlung der laufenden Periode – teilweise oder vollständig aus, erhalten auch die Vorzugsaktionäre auf Grund § 140 AktG ihr volles Stimmrecht für ein oder mehrere Jahre – dieses lebt somit wieder auf. Vorzugsaktien werden häufig bei Sanierungen ausgegeben, wenn neue Geldgeber durch Bevorzugung gegenüber den bisherigen Aktionären gewonnen werden können. Daneben bietet das Instrument der Vorzugsaktie für Familiengesellschaften im Rahmen eines Börsengangs die Möglichkeit, die Einflussnahme Dritter zu begrenzen, indem die neuen Aktien stimmrechtslos ausgestaltet werden. Allerdings weisen Vorzugsaktien auf Grund der erläuterten Benachteiligungen hinsichtlich der Mitgliedschaftsrechte in der Regel einen Abschlag von 10–20% zum Kurs der Stammaktie auf.

Werden die Aktien nicht nach dem Umfang der erworbenen Rechte, sondern nach der Art der Aktienübertragung unterschieden, erfolgt eine Differenzierung nach **Inhaber-**, **Order-** oder **Namenspapieren** (= Rektapapier).[1] Diese Unterscheidung ist deshalb von Bedeutung, weil die Aktien entweder auf den Inhaber oder auf den Namen lauten, d.h. entweder eine Inhaberaktie oder eine Namensaktie darstellen (§ 10 AktG).

1. Die **Inhaberaktien** stellen rechtlich gesehen ein echtes **Inhaberpapier** dar. Sie zeichnen sich dadurch aus, dass die Übertragung durch Einigung und bloße Übergabe vollzogen wird (§ 929 BGB). Der Gesellschaft sind somit die Eigentümer nicht bekannt. Dem Vorteil der leichten Übertragbarkeit und Geltendmachung steht jedoch der Nachteil gegenüber, dass auch ein nicht berechtigter Inhaber auf Grund des bloßen Aktienbesitzes die darin beurkundeten Rechte geltend machen kann.

2. Anders verhält es sich bei den **Namensaktien.** Entgegen dem irreführenden Wortlaut handelt es sich bei diesen Papieren in rechtlicher Terminologie nicht um Namens-, sondern um **Orderpapiere.** Namensaktien bedürfen der Eintragung des Erwerbers in ein von der Gesellschaft geführtes Aktienbuch, in welchem die Aktionäre mit Namen und Wohnort eingetragen werden müssen (§ 67 AktG).
   - Kann sich jeder Erwerber einer Namensaktie ins Aktienbuch aufnehmen lassen, so spricht man von **gewöhnlichen** Namensaktien.
   - Sollen unerwünschte Aktionäre von der Ausübung der Mitgliedschaftsrechte ausgeschlossen werden, kann dies durch die Ausgabe von **vinkulierten** Namensaktien geschehen. Vinkulierte Namensaktien können nur durch Zustimmung des Vorstandes der Gesellschaft übertragen werden. Die Vinkulierung ist dann zwingend erforderlich, wenn es sich um so genannte Nebenleistungsaktiengesellschaften handelt, bei denen die Aktionäre verpflichtet sind, außer der Kapitaleinlage gewisse ständig wiederkehrende und nicht in Geld bestehende Leistungen zu erbringen. Solche Nebenleistungen sind zum Beispiel Zuckerrübenlieferungen an eine Zuckerfabrik oder Milchlieferungen an eine Molkerei. Diese gesetzliche Regelung soll verhindern, dass Aktien an Personen verkauft werden, welche die Nebenleistungen nicht erbringen können.

In Deutschland waren im Gegensatz zu den USA Inhaberaktien weit verbreitet. Es ist jedoch derzeit eine zunehmende Umstellung auf Namensaktien mit Eintragung in ein Aktienbuch festzustellen. Dies hilft, die Aktionärsstruktur des Unternehmens besser zu kennen.

---

1 Der Hauptunterschied zwischen Order- und Namenspapieren liegt darin, dass Erstere durch Indossament, Letztere nur durch Zession übertragen werden können (§ 68 AktG). Das Indossament besteht in der Regel aus einem vom Aussteller (Indossanten) unterzeichneten Übertragungsvermerk auf der Rückseite (in dosso) der Urkunde und ist eine Anweisung an den Schuldner, die Summe an den neuen Berechtigten (Indossatar), an welchen das Wertpapier indossiert ust, zu zahlen. Die Zession (Abtretung) ist die Übertragung einer Forderung durch Vertrag zwischen dem bisherigen Gläubiger (Zedent) und dem neuen Gläubiger (Zessionat). Im Gegensatz zur Zession sind die Einreden des Schuldners beim Indossament beschränkt (vgl. Klunzinger 1997, S. 157).

Allerdings kann die Namensaktie auch als **Rektapapier** ausgestattet werden. Sie wird damit in rechtlichem Sinne zu einem echten Namenspapier, das nur durch die Zession übertragen werden kann. Im Gegensatz zur gewöhnlichen Namensaktie, bei der nur die formelle Eintragungsberechtigung nachgewiesen werden muss (d.h. ununterbrochene Reihe von Indossamenten), muss bei der Rektaaktie der Erwerber zusätzlich die materielle Eintragungsberechtigung nachweisen (d.h. beispielsweise, dass die Aktie infolge Kaufs, Schenkung oder Erbschaft übertragen worden ist). In der Praxis ist diese Form der Verbriefung allerdings selten anzutreffen.

3.3 Going Public

3.3.1 Begriff und Gründe

Unter **Going Public,** auch unter dem Begriff Initial Public Offering (IPO) bekannt, versteht man die Umwandlung einer privaten Aktiengesellschaft in eine Publikumsgesellschaft.

Ein bisher geschlossener Kreis von (Eigen-)Kapitalgebern (z.B. Familien-AG) sucht neue Kapitalgeber, indem Beteiligungspapiere der Gesellschaft einem breiten Anlagepublikum offeriert werden. Es handelt sich also um die Beanspruchung des Kapitalmarktes im Rahmen einer Beteiligungsfinanzierung. Hierbei können sowohl alte, d.h. schon unabhängig von diesem Anlass bestehende, als auch neue Aktien zum Einsatz kommen. Werden alte Aktien platziert, so wechseln lediglich Teile bzw. das gesamte Unternehmen den Eigentümer. Bei der Platzierung neuer Aktien (Primary Placement) ist zunächst eine Kapitalerhöhung notwendig und die Emissionserlöse erhöhen das Eigenkapital des Unternehmens.

Auch wenn die Gründe für ein Going Public sehr vielfältig sein mögen und letztlich verschiedene Motive zusammen den Ausschlag zu einem solchen Schritt geben, steht doch meistens ein im Rahmen von Wachstums- oder Expansionszielen **ungedeckter (zukünftiger) Kapitalbedarf** im Vordergrund. Dieser Kapitalbedarf kann weder durch Zuschüsse der bisherigen Aktionäre noch durch Selbstfinanzierung oder Kredite gedeckt werden. Gerade bei kleineren, stark wachsenden Unternehmen, die einen großen Kapitalbedarf haben, sind die Aktionäre oft nicht mehr fähig, zusätzliches Kapital zur Verfügung zu stellen. Daneben gibt es eine Reihe weiterer Gründe, die den Ausschlag zu Gunsten eines Going Public geben kann:

- Die bisherigen Eigentümer können sich ganz oder teilweise **aus dem Unternehmen zurückziehen.**
- Eine Öffnung der Gesellschaft mit Verbreiterung des Aktionärkreises bedeutet gleichzeitig auch eine **Teilung des Unternehmensrisikos** zwischen mehreren In-

vestoren. Dies ist insbesondere im Interesse der Alteigentümer, die bislang die alleinigen Träger des Unternehmensrisikos waren und durch einen teilweisen Verkauf ihrer Anteile (Teilrealisierung) eine Risikodiversifizierung erreichen.

- Ein Going Public gibt den bisherigen Aktionären die Möglichkeit, einen Teil ihres Aktienbesitzes zu veräußern, da die **Handelbarkeit** der Aktien erst nach der Öffnung gegeben ist. Damit besteht – insbesondere vor dem Hintergrund des Generationenwechsels (**Nachfolge**) – eine Alternative zum Unternehmensverkauf.
- Die Wachstumsfinanzierung steht vor allem in engem Zusammenhang mit der zunehmenden Zahl an Unternehmensübernahmen und -fusionen. Diese können zum einen durch die Emissionserlöse finanziert werden, zum anderen wird durch den Börsengang eine **Akquisitionswährung** geschaffen, die einen Unternehmenskauf durch Anteile (stock offer) ermöglicht.
- Eine **Beteiligung der Mitarbeiter** wird erleichtert. In vielen Fällen wird bei einem Going Public ein bestimmter Teil des Aktienkapitals für die bisherigen Mitarbeiter reserviert und zur freien Zeichnung aufgelegt.

Die Vorteile eines Going Public sowohl für die bisherigen Aktionäre als auch für das Unternehmen liegen somit auf der Hand. Dazu kommt, dass nicht nur ein größerer Kapitalbedarf gedeckt, sondern auch – nach einem erfolgreichen Going Public – das Fremdkapital oft zu günstigeren Konditionen (längere Laufzeiten, geringere Zinssätze) und mithilfe alternativer Finanzierungsinstrumente des Kapitalmarktes beschafft werden kann. Ferner trägt die Erhöhung des Bekanntheitsgrades infolge eines Going Public zu einem positiven Public-Relations-Effekt bei.

3.3.2 Voraussetzungen für ein Going Public

Nicht jede private Aktiengesellschaft, die den Weg eines Going Public beschreiten möchte, ist börsenreif. Die Beurteilung der Börsenreife ist immer vor dem unternehmensindividuellen Hintergrund vorzunehmen. In Anlehnung an Zehnder (1981, S. 27ff.) können die folgenden allgemeinen Grundvoraussetzungen der Börsenfähigkeit genannt werden, die bei einem Going Public erfüllt sein sollten:

1. **Qualität und Kontinuität des Managements:** Die Fähigkeit und der Wille des Managements, das Unternehmen erfolgreich zu führen, d.h. Probleme und schwierige Situationen zu bewältigen, sich gegen die Konkurrenz durchzusetzen, angemessene Gewinne zu erzielen usw. sind entscheidende Faktoren bei der Beurteilung eines Unternehmens durch die zukünftigen Kapitalgeber. Je länger diese Zeitperiode erfolgreicher Unternehmensführung dauert, umso mehr Vertrauen werden die Kapitalgeber dem Management entgegenbringen.
2. **Unternehmensführung und Unternehmenspolitik:** Das Unternehmen sollte sowohl klar formulierte Ziele und Strategien (z.B. in Bezug auf Produkte und

Märkte) als auch ein klares Führungskonzept (z. B. in Bezug auf das Planungs- und Kontrollsystem) haben. Insbesondere der Finanzplanung und -kontrolle wird im Rahmen eines Going Public ein spezielles Gewicht beigemessen.

3. **Unternehmenswachstum und Equity-Story:** Es versteht sich von selbst, dass sich die zukünftigen Aktionäre nur an einem Unternehmen beteiligen wollen, wenn dieses – sofern nicht schon beim Börsengang vorhanden – für die Zukunft ein gutes Gewinnpotenzial ausweisen kann. Im Rahmen der Equity-Story muss daher die Marktposition und das Geschäftsmodell des Unternehmens hinreichenden Grund zur Annahme einer positiven zukünftigen Eintwicklung geben.

4. **Finanzlage:** Eine große Bedeutung kommt auch der Finanzlage zu. Der Aktionär muss auf Grund des Bilanzbildes sowie weiterer Statistiken eine quantitative Bewertung des Unternehmens vornehmen können. Eine genügende Liquidität, ein gutes Verhältnis von Eigenkapital zu Fremdkapital sowie eine gute Vermögenssubstanz (stille Reserven) sind Stichworte in diesem Zusammenhang.

5. **Unternehmensgröße:** Hinsichtlich der Unternehmensgröße sind die Anforderungen stark vom angestrebten Handelssegment der Deutsche Börse AG (Amtlicher Handel, Geregelter Markt, Freiverkehr und Neuer Markt) abhängig. Für das jeweilige Handelssegment sind in der Börsenzulassungsverordnung rechtliche Zulassungskriterien veröffentlicht, die beim Börsengang zwingend erfüllt sein müssen. In Bezug auf die Unternehmensgröße muss demzufolge ein Unternehmen, das bspw. am Amtlichen Handel notiert werden will, mindestens drei Jahre bestehen sowie einen voraussichtlichen Kurswert der zuzulassenden Aktien oder, falls eine Schätzung des Kurswertes nicht möglich ist, Eigenkapital in Höhe von mindestens 1,25 Millionen Euro nachweisen. Weiterhin muss das Unternehmen für eine ausreichende Streuung der Aktien (in der Regel 25% des Gesamtnennbetrages oder bei nennwertlosen Aktien der Stückzahl) im Publikum sorgen, um einen ordnungsgemäßen Börsenhandel sicherzustellen. Neben den rechtlichen Voraussetzungen, die innerhalb der verschiedenen Börsensegmente variieren, existieren weitere Richtwerte bezüglich der Unternehmensgröße, die allerdings nicht gesetzlich vorgeschrieben sind. Demnach sollte der Umsatz des Unternehmens mindestens 20 – 30 Mio. Euro und das Platzierungsvolumen nicht unter 4 Mio. Euro betragen.

6. **Bereitschaft zu einer Publikumsgesellschaft:** Die Umwandlung einer privaten Aktiengesellschaft in eine Publikumsgesellschaft erfordert ein entsprechendes Handeln und vor allem ein Umdenken. Eine offene Informationspolitik mit abgegebenen Geschäftsberichten und regelmäßigen Pressekonferenzen gehören dazu, um den Aktionär auf dem Laufenden zu halten und das Interesse an „seinem" Unternehmen aufrechtzuerhalten.

3.3.3 Planung und Durchführung eines Going Public

Bei der Durchführung eines Going Public sind folgende Entscheidungstatbestände in Zusammenarbeit mit einer Bank oder einem Bankenkonsortium zu planen, festzulegen und zu realisieren:

1. Zuerst muss die Herkunft der im Publikum zu platzierenden Beteiligungspapiere bestimmt werden. Je nach Motiv des Going Public können zwei verschiedene Vorgehen gewählt werden:
   - Es erfolgt eine Kapitalerhöhung unter Ausschluss des Bezugsrechts der bisherigen Aktionäre (Begebung neuer Aktien).
   - Die bisherigen Aktionäre stellen einen Teil ihres Aktienbesitzes zur Verfügung (Umplatzierung bestehender Aktien).
2. Die Ausgestaltung der Beteiligungspapiere in Bezug auf Art und Ausstattung (Inhaberaktie, Namenaktie, Stamm- oder Vorzugsaktie), Nennwert und Anzahl muss festgelegt werden.
3. Die betreffende Börse und hier das Börsensegment, in dem die Aktie gehandelt werden soll, muss bestimmt werden. Desweiteren sind die übrigen Konsortialmitglieder und andere am Börsengang beteiligte Berater (Wirtschaftsprüfer, Rechtsanwälte etc.) auszuwählen.
4. Ein wichtiger Punkt stellt die Öffentlichkeitsarbeit (Investor Relations) dar. Sie äußert sich vor allem in Presse- und Analystenkonferenzen, Vorstellungen durch Banken, Roadshows sowie Finanzanzeigen und dient dazu, die anstehende Emission innerhalb der Financial Community zu bewerben. Hierbei stellt die Konzeption der Equity-Story des Unternehmens eine wichtige Aufgabe dar.
5. Ein zentrales Problem beinhaltet die Festlegung des Ausgabekurses. Folgende Einflussfaktoren können dabei eine Rolle spielen:
   - Vergleich mit ähnlichen Unternehmen derselben Branche,
   - Substanzwert des Unternehmens,
   - Ertragswert des Unternehmens (zukünftige Gewinne),
   - Umfang der Kapitalverwässerung bei Ausschluss bisheriger Aktionäre vom Bezugsrecht,
   - externe Faktoren wie Börsenverfassung oder Liquidität des Kapitalmarktes.
6. Schließlich müssen noch die Bezugsmodalitäten festgelegt werden, die im Wesentlichen die Zeichnungs- bzw. Bezugsfrist und den Zahlbarkeitstag beinhalten.

3.3.4 Probleme und Gefahren eines Going Public

Im Zusammenhang mit einem Going Public ist auf verschiedene Gefahren aufmerksam zu machen, die bei unsorgfältiger Planung zu einem – unter Umständen nicht unerheblichen – Schaden für das gesamte Unternehmen führen können:

- Der Zeitpunkt eines Going Public ist ungünstig gewählt. Auch wenn unternehmensintern alle Voraussetzungen erfüllt sind, kann beispielsweise eine makroökonomisch bedingte schlechte Börsenverfassung herrschen. Daneben sind auch situative Faktoren zu berücksichtigen.
- Der Markt für die neuen Titel ist viel zu eng, weil die Anzahl Stücke zu gering ist oder die Titel nicht breit genug gestreut worden sind. Kursfluktuationen stellen sich ein, die nichts mit den realen Gegebenheiten gemeinsam haben.
- Ein spezielles Problem stellt die Mitarbeiter-Beteiligung dar. Zwar ist die zur Verfügung gestellte Zahl an Aktien in der Regel genügend, um alle Zeichner mindestens teilweise zu berücksichtigen, doch liegt das Problem darin, dass entweder nicht alle Mitarbeiter gewohnt sind, Aktien zu kaufen, oder dass sie das Geld dafür gar nicht aufbringen können.
- Schließlich besteht die Gefahr, dass der Ausgabekurs zu hoch oder zu tief angesetzt worden ist. Im ersten Fall hat dies fatale Folgen für das Unternehmen, da zukünftige Eigenkapitalbeschaffungen nur schwer bzw. zu schlechten Bedingungen möglich sind. Ist der Kurs zu tief angesetzt, so entgeht dem Unternehmen ein (größeres) Agio. Allerdings ist dazu zu bemerken, dass es sehr schwierig ist, den „richtigen" Ausgabekurs festzusetzen. Wohl kann nachträglich besser beurteilt werden, ob er zu hoch oder zu tief angesetzt worden ist, doch hätte vielleicht gerade ein etwas höherer Ausgabekurs einen Misserfolg ergeben oder zumindest einen schönen Erfolg verhindert. Zudem kann es nicht das Hauptziel eines Going Public sein, einen möglichst hohen Ausgabekurs zu erreichen, sondern im Sinne eines langfristigen Denkens ist es das oberste Ziel, ein erfolgreiches Going Public zu verwirklichen. Dies hat konkret zur Folge, dass das Risiko eines Misserfolgs möglichst klein gehalten werden muss, denn ein höheres Agio wäre im Verhältnis zu den Kosten eines Misserfolgs auf lange Sicht verschwindend klein!

Die Fixierung des Emissionspreises determiniert wesentlich den Erfolg oder Misserfolg eines Going Public. Der faire Interessenausgleich zwischen Emittent und Investoren ist die Aufgabe der emissionsbegleitenden Bank. Traditionell wurde der Emissionskurs im Rahmen des **Festpreisverfahrens** bestimmt. Dabei wurde in gemeinsamen Verhandlungen zwischen Emittent und der Bank (bzw. dem Bankenkonsortium) vor Eröffnung der Zeichnungsfrist ein Emissionspreis vereinbart, der auf einer fundamentalen Unternehmensbewertung, der Berücksichtigung der Marktbewertung vergleichbarer Unternehmen sowie der allgemeinen Marktverfassung beruht. Obwohl die potenzielle Marktakzeptanz des

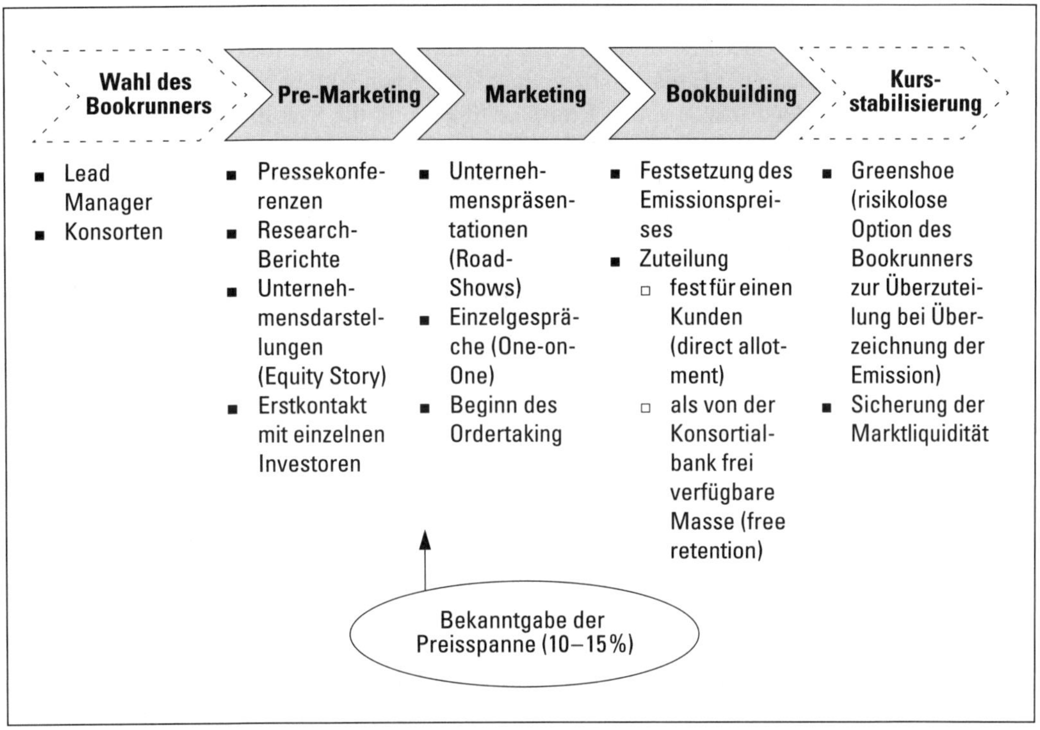

▲ Abb. 169 Ablauf des Bookbuilding-Verfahrens

neuen Wertes durch umfangreiche Analysen abgestützt wird, hat dieses Verfahren den Nachteil, dass der Ausgabepreis der neuen Aktien nicht die Kaufbereitschaft und Preiselastizität der Nachfrageseite (Investoren) berücksichtigt. Die zu dem festgelegten Ausgabepreis tatsächlich vorhandene Marktnachfrage kann erst verbindlich während der Zeichnungsfrist ermittelt werden. Der Emissionspreis kann sich daher ex post als zu hoch (overpricing) oder zu niedrig (underpricing) erweisen.

Um das Problem eines im Voraus festgelegten Emissionskurses zu lösen, wird – wie zuvor schon in den USA und im europäischen Ausland – in Deutschland seit 1995 zumeist das so genannte **Bookbuilding-Verfahren** verwendet, das inzwischen bei über 90% des Emissionsvolumens zur Anwendung gelangt. Das Bookbuilding-Verfahren zeichnet sich durch fünf aufeinander abgestimmte und teilweise zeitlich überlagernde Phasen aus, wie in ◄ Abb. 169 dargestellt. Ziel ist es, auf Basis der fundamentalen Unternehmensdaten einen marktgerechten Preis zu ermitteln, wie er durch das Zusammenspiel von Angebot und Nachfrage zu Stande kommt.

Das Bookbuilding im engeren Sinne ist ein Verfahren zum Aufbau eines Zeichnungsbuches. Der Bookrunner (konsortialführende Bank) stellt in einem „Buch" sämtliche durch die Konsortialbanken übermittelten Zeichnungswünsche der Investoren dar. Der Emissionspreis wird auf Basis der gesammelten Zeichnungswünsche erst mit Abschluss der Zeichnungsphase festgelegt. Insbesondere durch Einbeziehung der Investoren ist das Bookbuilding-Verfahren eine flexible, marktnahe Methode der Emission bzw. Platzierung von Aktien mit der Zielsetzung, das Volumen der Emission, den Emissionspreis und die Stabilität der Platzierung zu optimieren.

Ein weiterer, in letzter Zeit manchmal eingesetzter Preisfindungsmechanismus ist das **Auktionsverfahren**. Im Rahmen eines solchen Preistenders wird eine holländische Auktion (Dutch Auction) durchgeführt, d.h. die Kaufanträge werden nach der Höhe des Gebotes in absteigender Reihenfolge solange entgegengenommen, bis das gesamte Aktienvolumen platziert ist. Alle Investoren zahlen dann einen Kaufpreis in Höhe der letzten, gerade noch platzierten Order. Das Auktionsverfahren ist somit noch marktorientierter und kann den Emissionserlös für das Unternehmen erhöhen. Allerdings bringt das Verfahren auch das Risiko eines überhöhten Kurses, der in der Folgezeit nicht stabil gehalten werden kann.

3.3.5 Going Private und Management-Buyout

Ein **Going Private** bezeichnet die Umwandlung einer börsennotierten Publikumsgesellschaft in eine nicht mehr börsennotierte private Gesellschaft.

Als typische Kennzeichen dieser Transaktionen lassen sich die Konzentration der Gesellschaftsanteile in wenigen Händen sowie die vollständige Aufgabe der Börsennotierung (Delisting) nennen. Going Privates sind in den USA und in Großbritannien etablierte Erscheinungen. In Deutschland ist der Börsenrückzug erst mit den Transaktionen der Honsel AG und der Friedrich Grohe AG seit 1999 bekannter geworden.

Going Privates können etwa im Rahmen von Konzernierungsprozessen oder im Zusammenhang mit Akquisitionen durch Finanzinvestoren und/oder das Management attraktiv erscheinen. Dabei ist in Deutschland ein breites Spektrum an Instrumenten zur Durchführung eines Going Privates von Relevanz: Neben den Normen zur Regulierung von Unternehmensübernahmen können auch Instrumente des Aktienrechts (Eingliederung, Rücklauf eigener Aktien, Verkauf von Vermögenswerten) und des Umwandlungsrechts (Verschmelzung, Formwechsel) genutzt werden.

Die Gründe für ein Going Private sind unterschiedlicher Natur. Vor allem können folgende Gründe genannt werden:

- Das Unternehmen bzw. dessen Geschäftsleitung will verhindern, dass es von einer anderen Gesellschaft übernommen, in einen neuen Kozern integriert sowie einer neuen Unternehmenspolitik unterstellt wird. Neben diesen Anpassungen hat eine solche Transaktion oft auch personelle Konsequenzen, insbesondere für die Geschäftsleitung.

- Es kann vorkommen, dass ein Unternehmen (auf Grund der aktuellen Börsenkurse) durch die Börse unterbewertet wird oder ein Verbleiben an der Börse nicht attraktiv erscheint. In dieser Situation kann ein Going Private neue Möglichkeiten zur Weiterentwicklung der Gesellschaft bieten.

Ein **Buyout** bezeichnet allgemein den Auskauf, d.h. die Akquisition eines Unternehmens oder Unternehmensteils. Als **Management-Buyout** wird ein Vorgang bezeichnet, bei dem Angehörige der bisherigen Geschäftsleitung ein Unternehmen vollständig oder teilweise erwerben. Dies geschieht mit der Zielsetzung, die unternehmerische Freiheit zu erlangen, verbunden mit der Absicht, die Existenz langfristig zu sichern. (Vgl. Boemle 1995, S. 538)

Wenn der Kauf der Anteile in erster Linie mit fremden Mitteln (Bankkredite) finanziert wird, spricht man von einem **Leveraged Buyout**. Diese Vorgehensweise ermöglicht die Übernahme einer Gesellschaft mit wenig Eigenkapital, wobei aber auf der anderen Seite auf die liquditäts- und unter Umständen rentabilitätsbelastenden Zinszahlungen hingewiesen werden muss. In der Regel ist damit auch die Erwartung verbunden, dass eine Wertsteigerung des Unternehmens und somit auch des eingesetzten Kapitals erreicht werden kann.

3.4 Kapitalerhöhung

3.4.1 Gründe für eine Kapitalerhöhung

Es gibt eine Vielzahl von Gründen, die dazu führt, dass eine Aktiengesellschaft ihr Aktienkapital erhöhen will. Primär steht dabei die Finanzierung des betrieblichen Umsatzprozesses im Vordergrund, der bei einem Wachstum des Unternehmens finanziell abgesichert werden muss. Eine Kapitalerhöhung wird in diesem Fall immer dann in Erwägung gezogen, wenn eine Fremdfinanzierung nicht möglich oder zu teuer ist oder die einbehaltenen Gewinne nicht ausreichen, um das Unternehmenswachstum zu finanzieren. Daneben gibt es weitere Gründe, die für eine Kapitalerhöhung verantwortlich sein können, bei denen der Kapitalbedarf nicht oder nur zum Teil im Vordergrund steht:

- Bei Banken und Versicherungen können **rechtliche Vorschriften** bestehen, die eine Kapitalerhöhung bedingen, um das Eigenkapital an den Geschäftsumfang oder an das eingesetzte Fremdkapital anzupassen.
- Das Unternehmen kann zu **vorteilhaften Bedingungen** Eigenkapital beschaffen. Bei einem günstigen Kapitalmarkt kann die Gesellschaft Aktien mit einem hohen Agio ausgeben.
- Eine Kapitalerhöhung kann ferner zur **Erweiterung des Aktionärkreises** durchgeführt werden. Dies hat allerdings zur Bedingung, dass die Kapitalerhöhung

unter Ausschluss des Bezugsrechtes der bisherigen Aktionäre vorgenommen wird.

Zusammenfassend kann gesagt werden, dass in der Praxis meist mehrere Gründe für eine Kapitalerhöhung aufgeführt werden können. Diese Gründe werden zum Teil bereits aus den Bedingungen der Kapitalerhöhung ersichtlich, beispielsweise daraus, ob eine Kapitalerhöhung mit oder ohne Bezugsrecht erfolgt.

3.4.2 Arten der Kapitalerhöhung

Eine Kapitalerhöhung kann bei der Aktiengesellschaft auf unterschiedliche Arten vorgenommen werden.

1. Die Kapitalerhöhung erfolgt durch **Zufluss neuer Geldmittel,** wobei der Zufluss auf verschiedene Arten erfolgen kann:
   - Die **ordentliche** Kapitalerhöhung (§§ 182–191 AktG): Es werden neue (junge) Aktien gegen Zahlung der Einlage ausgegeben, wobei in der Regel[1] den bisherigen Aktionären ein Bezugsrecht entsprechend ihrem Anteil am bisherigen Grundkapital zusteht.
   - Die **bedingte** Kapitalerhöhung (§§ 192–201 AktG): Die Hauptversammlung beschließt zwar eine Erhöhung des Grundkapitals. Diese soll jedoch nur insoweit durchgeführt werden, wie von einem Umtausch- oder Bezugsrecht Gebrauch gemacht wird, das vom Unternehmen auf die neuen Aktien eingeräumt wird. Die bedingte Kapitalerhöhung soll nur zu bestimmten Zwecken beschlossen werden (Bezug von Aktien auf Grund von Wandel- und Optionsschuldverschreibungen[2], Vorbereitung von Fusionen, Gewährung von Bezugsrechten an Arbeitnehmer der Gesellschaft). Der Nennbetrag des bedingten Kapitals darf die Hälfte des zum Zeitpunkt der Beschlussfassung vorhandenen Grundkapitals nicht übersteigen.
   - Die **genehmigte** Kapitalerhöhung (§§ 207–220 AktG): Der Vorstand wird ermächtigt, in den nächsten fünf Jahren mit Zustimmung des Aufsichtsrats das Grundkapital bis zu einem bestimmten Nennbetrag (genehmigtes Kapital) durch Ausgabe neuer Aktien gegen Einlagen zu erhöhen. Dadurch kann ein günstiger Zeitpunkt am Kapitalmarkt, d.h. eine hohe Börsenbewertung (Börsenkurs) für die Kapitalerhöhung abgewartet werden, die spiegelbildlich niedrige Kapitalkosten für das Unternehmen implizieren. Zu beachten ist wiederum, dass das genehmigte Kapital die Hälfte des zur Zeit der Ermächtigung vorhandenen Grundkapitals nicht übersteigen darf.

---

1 Zu den Möglichkeiten des Bezugsrechtsausschlusses siehe § 186 Abs. 3 AktG und auch die Ausführungen im Abschnitt 3.3 „Going Public“.

2 Vgl. auch die Ausführungen in Kapitel 5 „Fremdfinanzierung“, Abschnitte 5.3.4.2 „Wandelschuldverschreibungen (Wandelanleihen)“ und 5.3.4.3 „Optionsschuldverschreibungen“.

2. Im Rahmen der **Kapitalerhöhung aus Gesellschaftsmitteln** (§§ 207–220 AktG) können Kapital- und Gewinnrücklagen in Grundkapital umgewandelt werden, wobei den Aktionären neue Aktien im Verhältnis ihrer Anteile am bisherigen Grundkapital zugeteilt werden (Berichtigungsaktien).

Bei der **Ausgabe von neuen Aktien** ist zu beachten, dass eine Kapitalerhöhung eine Satzungsänderung zur Folge hat, da das gezeichnete Kapital in den Statuten aufgeführt werden muss. Da Satzungsänderungen nur von der Hauptversammlung vorgenommen werden können (§ 179 AktG), hat dieselbe die Entscheidung über eine Kapitalerhöhung zu fällen. Der Beschluss der Hauptversammlung über die Kapitalerhöhung bedarf der Zustimmung von mindestens drei Viertel des bei der Beschlussfassung vertretenen gezeichneten Kapitals. Die neuen Aktien werden dabei von einem Bankenkonsortium übernommen und platziert.

3.4.3 Emissionsparameter

Mit der Herausgabe von neuen Aktien ist eine Reihe von Fragen verbunden, die im Wesentlichen das Ausmaß der Kapitalerhöhung und die Festlegung des Ausgabekurses betrifft.

1. Das **Bezugsverhältnis** gibt das Verhältnis zwischen dem bestehenden und dem neuen Aktienkapital (d. h. dem Betrag der Kapitalerhöhung) wieder und zeigt, wie viele alte Aktien zum Bezug einer neuen Aktie notwendig sind. Ein Bezugsverhältnis von 15 : 1 bedeutet, dass ein bisheriger Aktionär mit 15 alten Aktien eine neue beziehen kann.

2. Eine anspruchsvolle Aufgabe ist die Festlegung des **Ausgabekurses** oder Emissionskurses. Dies trifft insbesondere auf die großen Publikumsaktiengesellschaften zu, deren Aktien an der Börse gehandelt werden. Neben der Einhaltung der rechtlichen Vorschriften sind folgende Einflussfaktoren zu beachten:
   - **Börsenkurs und Ertragswert:** Primär hat sich der Ausgabekurs nach dem Börsenkurs auszurichten. Dieser kann jedoch selbstverständlich nicht überschritten werden. Je höher der Ertragswert des Unternehmens (der sich auf Grund der zukünftigen Gewinne berechnen lässt)[1], desto höher kann der Ausgabekurs ausfallen.
   - **Festlegung des Agios:** Das Agio stellt die Differenz zwischen aktuellem Börsenkurs und Bezugskurs der neuen Aktien dar. Das Agio ist insofern von Bedeutung, als damit eine Kapitalverwässerung vermieden oder zumindest gemindert werden kann. Unter einer Kapitalverwässerung versteht man die Verminderung des Eigenkapitalanteils pro Aktie.[2] In diesem Zusammenhang

1 Vgl. Teil 7, Kapitel 3 „Unternehmensbewertung“.

ist das Bezugsrecht von Relevanz, auf das im nächsten Abschnitt eingegangen wird.

- **Bilanzwert (Bilanzkurs) der Aktie:** Der Bilanzwert einer Aktie ergibt sich aus dem gesamten bilanzierten Eigenkapital dividiert durch das gezeichnete Kapital (Grundkapital).
- **Stille Reserven:** Nicht berücksichtigt im Bilanzkurs sind die stillen Reserven.
- **Rendite:** Der Aktionär erwartet eine angemessene Rendite des neuen Kapitals. Ein Vergleich mit alternativen Anlagemöglichkeiten (z.B. Anleihen) ist deshalb schwierig, weil neben der Rendite noch weitere spezifische Merkmale der zu vergleichenden Anlageobjekte berücksichtigt werden müssen (z.B. Kurssteigerungspotenzial).
- **Aufnahmebereitschaft des Marktes:** Als bedeutendster unternehmensexterner Bestimmungsfaktor ist die Verfassung des Kapitalmarktes zu erwähnen. Es zeigt sich immer wieder, dass in einer Börsenhausse der Emissionskurs relativ hoch angesetzt werden kann.

3. **Bezugsfrist, Zahlbarkeitstag, Dividendenberechtigung:** Neben der Festlegung des Ausgabekurses ist noch die Zeitspanne zu bestimmen, in der die neuen Aktien bezogen werden können. Während dieser Zeit findet für notierte (d. h. an der Börse gehandelte) Aktien ein Bezugsrechtshandel statt.

   Schließlich erfolgt die Einzahlung der erworbenen Aktien. Je nach Einzahlungstermin und Dividendenberechtigung kann dem Aktionär ein zusätzlicher Anreiz zur Zeichnung neuer Aktien gegeben werden. Dies ist zum Beispiel dann der Fall, wenn die neuen Aktien erst im Verlaufe des Geschäftsjahres eingezahlt werden müssen, für das ganze Geschäftsjahr aber dividendenberechtigt sind.

3.4.4 Bezugsrechte

> Beim **Bezugsrecht** handelt es sich um das Recht zum Bezug zusätzlicher neuer Aktien im Verhältnis zur bisherigen Beteiligung.

Das Bezugsrecht verkörpert einen bestimmten Wert. Dieser entspricht dem Preis, den ein Käufer junger Aktien dem Eigentümer bezahlen muss, wenn dieser die neuen Aktien nicht selbst bezieht, sondern das Bezugsrecht verkauft.

Sind alle Informationen mit Ausnahme des Wertes des Bezugsrechts sowie des Kurses nach Kapitalerhöhung gegeben, so kann der Wert des Bezugsrechts berechnet werden:

2 Generell versteht man unter Verwässerungsschutz den Schutz der Aktionäre vor Kapital- (bzw. Vermögens-) und Stimmrechtsverwässerung.

BR = Wert des Bezugsrechts einer alten Aktie
K_a = Kurs der alten Aktie vor Kapitalerhöhung
K_n = Kurs der alten und neuen Aktien nach Kapitalerhöhung
K_e = Emissionskurs der neuen Aktien
a = Anzahl alte Aktien
n = Anzahl neue Aktien
$\frac{a}{n}$ = Bezugsverhältnis
DN = Dividendennachteil

$$(1)\quad K_n = \frac{a\,K_a + n\,K_e}{a + n}$$

$$(2)\quad BR = K_a - K_n = K_a - \frac{a\,K_a + n\,K_e}{a + n}$$

und somit ergibt sich die allgemeine Formel für den rechnerischen Wert des Bezugsrechts als

$$(3)\quad BR = \frac{K_a - K_e}{\frac{a}{n} + 1} \quad \text{oder} \quad \frac{n\,(K_a - K_e)}{a + n}$$

Ein praktisches Beispiel zeigt ▶ Abb. 170. Sind die jungen Aktien für das Geschäftsjahr ihrer Ausgabe nicht in vollem Umfang dividendenberechtigt, so ist das als Zuschlag zum Ausgabekurs aufzufassen und in der Formel zur Berechnung des Bezugsrechts als Dividendennachteil zu berücksichtigen:

$$(4)\quad BR = K_a - \frac{K_a - (K_e + DN)}{\frac{a}{n} + 1}$$

Kapitalerhöhung Industrie AG

Die Industrie AG führte eine Kapitalerhöhung durch. Das bisherige Aktienkapital von EUR 12 Millionen war in 240.000 Aktien zum Nennwert von EUR 50,– eingeteilt. Gemäß Beschluss der Hauptversammlung soll das Grundkapital um EUR 3 Millionen aufgestockt werden, wodurch sich ein Bezugsverhältnis von 4:1 ableitet. Der Börsenkurs der alten Aktie beträgt EUR 350,– pro Aktie zum Nennwert von EUR 50,–. Der Kurs nach erfolgter Kapitalerhöhung beträgt EUR 340,–. Der Wertverlust der Altaktie und somit der rechnerische Wert des Bezugsrechts (BR) beläuft sich auf EUR 10,– gemäß Berechnung mit der Bezugsrechtsformel:

$$BR = \frac{350 - 300}{\frac{4}{1} + 1} = 10$$

▲ Abb. 170 Beispiel Kapitalerhöhung

Ökonomisch soll das Bezugsrecht zum Schutz der alten Aktionäre dienen und verhindern, dass sich ihre Rechte als Gesellschafter im Rahmen der Kapitalerhöhung nicht verschlechtern. Durch die Ausgabe junger Aktien kann sich der Marktwert (= Kurs) der Altaktien des Unternehmens verringern. Sinkt der Kurs der Aktien, verschlechtert sich die Vermögensposition der Altaktionäre. Dies ist auf dem so genannten Verwässerungseffekt zurückzuführen, weil die Altaktionäre bei Ausgabe junger Aktien zunächst einen Verlust ihres relativen Stimmanteils (Verwässerung der Stimmkraft) und ihres Anteils am Unternehmensgewinn beziehungsweise am Liquidationserlös (Verwässerung der Vermögensposition) erleiden. Diese Werteinbusse wird über das Bezugsrecht rechnerisch exakt ausgeglichen.

Die Aktionäre können ihre Bezugsrechte ausnutzen, oder sie innerhalb des Bezugsrechtshandels verkaufen. Der Bezugsrechtshandel dauert mindestens zwei Wochen (in der Regel zwei bis drei Wochen), beginnt mit dem ersten Tag der Bezugsfrist und endet zwei Börsentage vor dem Ende der Bezugsfrist. In dieser Zeit ergibt sich der tatsächliche Wert des Bezugsrechts, der sich nach Angebot und Nachfrage richtet und zum Teil erheblich vom rechnerisch ermittelten Wert abweicht. Das Ausmaß der Verwässerung der Vermögensposition eines Aktionärs hängt beim Verkauf der Bezugsrechte somit von der Schwankung des Bezugskurses ab.

Hat das Unternehmen einen hohen Bezugskurs für die neuen Aktien, das heißt einen relativ geringen Abschlag vom aktuellen Kurs gewählt, ist der Finanzierungseffekt hoch, da durch das Agio zusätzliche Mittel zugeführt werden. Ein zu hoher Bezugskurs birgt jedoch das Risiko, dass der Kurs der alten Aktien innerhalb der Bezugsfrist unter den Neuausgabekurs fällt und damit keine neuen Aktien verkauft werden.

Unter gewissen Bedingungen kann das Bezugsrecht ganz oder zum Teil ausgeschlossen werden. Voraussetzung hierfür ist, dass mindestens drei Viertel des bei Beschlussfassung vertretenen Grundkapitals zustimmt. Ein Ausschluss ist rechtlich nur zulässig, wenn der Ausgabebetrag den Börsenpreis nicht wesentlich unterschreitet und die Kapitalerhöhung 10 % des Grundkapitals nicht übersteigt (§ 186 Abs. 3 AktG). Des Weiteren muss der Vorstand einen schriftlichen Bericht über den Grund für den Bezugsrechtsausschluss vorlegen, hierzu zählt zum Beispiel die Durchführung einer Kapitalerhöhung unter Bezugsrechtsausschluss im Rahmen der Gewährung von Aktien oder Aktienoptionen für Mitarbeiter. Dieser vereinfachte Bezugsrechtsausschluss bietet den Unternehmen viele Vorteile. So kann die bezugsrechtsfreie Kapitalerhöhung in wenigen Tagen abgewickelt werden - dies im Gegensatz zur Kapitalerhöhung bei Bestehen von Bezugsrechten, die mindestens 50 Tage in Anspruch nimmt.[1] Damit entfällt die Zeit raubende technische Abwicklung des Bezugsrechts und dies ermöglicht den Emittenten,

---

1 Diese Zeitspanne wird benötigt, da die Depotbanken die Aktionäre schriftlich informieren und sie zu einer Weisung hinsichtlich des Bezugs der jungen Aktien auffordern müssen. Danach muss den Aktionären eine Bezugsfrist von zwei Wochen eingeräumt werden.

schnell und flexibel günstige Situationen am Kapitalmarkt auszunutzen. Die Ausgabe der jungen Aktien nahe des aktuellen Börsenkurses – in Verbindung mit der schnellen Durchführung der Kapitalerhöhung – erreicht eine größtmögliche Kapitalschöpfung und trägt somit erheblich zur Senkung der Kapitalkosten bei. Schließlich wird im Rahmen einer beabsichtigten Veränderung der Aktionärsstruktur die gezielte Ansprache institutioneller Anleger sowie eine direkte Auslandsplatzierung der Aktien ermöglicht. Dadurch kann ein finanzkräftiges Fundament für zukünftige Kapitalerhöhungen geschaffen werden sowie die Aktionärsstruktur dem relativen Umsatzanteil des Unternehmens angepasst werden.

3.4.5 Kapitalerhöhung aus Gesellschaftsmitteln

Die Kapitalerhöhung aus Gesellschaftsmitteln ist nicht zur Beteiligungsfinanzierung zu zählen, da dem Unternehmen dabei keine neuen Mittel zufließen, sondern nur Teile der zuvor im Rahmen der Innenfinanzierung[1] gebildeten Rücklagen durch Ausgabe von zusätzlichen Aktien (Berichtigungsaktien) in dividendenberechtigtes Grundkapital umgewandelt werden. Die Berichtigungsaktien werden vielfach auch fälschlich als Gratisaktien bezeichnet, wobei dieser Begriff insofern terminologisch unscharf ist, als der Wertverlust der ursprünglichen Aktie nach erfolgter Kapitalerhöhung nicht berücksichtigt wird. Der Aktionär stellt sich vermögensmäßig vor und nach der Kapitalerhöhung aus Gesellschaftsmitteln gleich, ebenso wie sich das Realvermögen des Unternehmens nicht verändert.

Es gibt folgende Gründe, die eine Aktiengesellschaft dazu bewegen können, eine Kapitalerhöhung aus Gesellschaftsmitteln vorzunehmen:

1. Werden Berichtigungsaktien ausgegeben, so kann ein Missverhältnis zwischen dem nominellen gezeichneten Kapital und dem gesamten Eigenkapital behoben werden. Eine Anpassung der Eigenkapitalstruktur ist besonders nach Perioden starker Geldentwertung zweckmäßig. Das Aktienkapital wird dadurch wieder in Einklang gebracht mit der durch die Geldentwertung entstandenen Wertzunahme der Aktiva.
2. Mit einer Erhöhung der Zahl der Aktien wird ein Kursrückgang bewirkt. Dieser ist aus markttechnischen Gründen vielfach erwünscht, da Aktien mit einem kleinen Kurswert einen breiteren Markt aufweisen, d. h. für mehr Kapitalgeber infrage kommen als so genannte schwere Titel mit einem hohen Kurswert.
3. Eine Veränderung des Kurswertes kann auch im Hinblick auf eine Fusion mit einer anderen Gesellschaft angestrebt werden.

1 Vgl. Kapitel 4 „Innenfinanzierung“.

Bilanz *vor* Kapitalerhöhung (in Mio. Euro)

Anlagevermögen	60	Grundkapital	40
		Rücklagen	14
Umlaufvermögen	40	Gewinnvortrag	1
		Fremdkapital	45
	100		100

Bilanz *nach* Kapitalerhöhung (in Mio. Euro)

Anlagevermögen	60	Grundkapital	50
		Rücklagen	4
Umlaufvermögen	40	Gewinnvortrag	1
		Fremdkapital	45
	100		100

▲ Abb. 171 Auswirkungen einer Kapitalerhöhung aus Gesellschaftsmitteln auf die Bilanz

Bei einer Kapitalerhöhung aus Gesellschaftsmitteln wird der dazu notwendige Betrag aus den offenen Rücklagen der Gesellschaft entnommen. Dies können sein (gemäß § 208 AktG):

- die Gewinnrücklagen in voller Höhe (sind diese zweckgebunden, dürfen sie nur umgewandelt werden, so weit dies mit ihrer Zweckbestimmung vereinbar ist),
- die Kapitalrücklage oder die gesetzliche Rücklage, so weit sie den zehnten oder den in der Satzung bestimmten höheren Teil des bisherigen gezeichneten Kapitals übersteigt.

Das vereinfachte Beispiel in ◄ Abb. 171, bei dem Berichtigungsaktien im Verhältnis 4 : 1 ausgegeben wurden, macht deutlich, dass es sich bei der Ausgabe von Berichtigungsaktien in erster Linie um einen buchungstechnischen Tatbestand handelt. Der Gesamtbetrag des Eigenkapitals ändert sich überhaupt nicht, sondern lediglich dessen Zusammensetzung.

3.4.6 Kapitalerhöhung infolge Mitarbeiterbeteiligung

Eine besondere Form der Kapitalerhöhung, bei der nicht der Finanzierungszweck im Vordergrund steht, ist die Mitarbeiter-Kapitalbeteiligung. Es handelt sich somit nicht in erster Linie um finanzpolitische, sondern um personalpolitische oder in einem übergeordneten, umweltbezogenen Rahmen um gesellschafts- und sozialpolitische Herausforderungen. Folgende Entscheidungstatbestände sind dabei zu betrachten:

- **Bezugsberechtigte:** Als Kriterium zur Bestimmung der Bezugsberechtigten dienen in der Praxis die hierarchische Stellung und die Anzahl der Dienstjahre im Unternehmen. Ein weiteres, theoretisch sinnvolles Kriterium wäre die Leistung, die ein Mitarbeiter während einer Periode erbracht hat. Diese Variante fällt aus praktischen Gründen (Beurteilungsmaßstab) in der Regel außer Betracht, sodass man auf die oben genannten Kriterien zurückgreifen muss.
- **Beteiligungsform:** Als Beteiligungspapiere kommen Stamm- und Vorzugsaktien sowie Genussscheine in Frage, wobei jede dieser Beteiligungsformen mit spezifischen Vor- und Nachteilen verbunden ist.
- **Beteiligungsausmaß:** Folgende Kriterien können zur Bestimmung des Beteiligungsumfanges des einzelnen Mitarbeiters herangezogen werden:
  - Grund oder Anlass der Mitarbeiterbeteiligung,
  - beabsichtigter Umfang der Begünstigung,
  - zumutbarer Verzicht der bisherigen Aktionäre auf das ihnen zustehende Bezugsrecht,
  - das als tragbar erachtete Risiko, das der Mitarbeiter durch den Bezug von Beteiligungspapieren eingeht. Diese sollten nur einen angemessenen Anteil am gesamten Vermögen eines Mitarbeiters ausmachen.
- **Ausgabekurs:** Da die Mitarbeiterbeteiligung auf die Vermögensbildung des Arbeitnehmers abzielt, sollten folgende Punkte beachtet werden:
  - Die Aktien oder Genussscheine sollten zu günstigen Konditionen abgegeben werden, d. h. unter dem gegenwärtigen Marktwert.
  - Der Erwerbspreis sollte so angesetzt werden, dass der Mitarbeiter eine angemessene Rendite auf das eingesetzte Kapital erzielen kann. Diese sollte sich in Höhe der alternativen Anlagemöglichkeiten bewegen.
- **Verfügbarkeit der Beteiligungspapiere:** Folgende Überlegungen spielen bei der Bestimmung des Grades der Verfügbarkeit von Mitarbeiteraktien eine Rolle:
  - Die Abgabe der Aktien soll in erster Linie der Vermögensbildung dienen. Da die Beteiligungspapiere in der Regel erheblich unter dem jeweiligen Börsenkurs abgegeben werden, besteht die Gefahr der Realisierung der Differenz zwischen Kurswert und Emissionspreis und deren Verwendung zu Konsumzwecken.
  - Durch Mitarbeiteraktien soll die Bindung und das Interesse am Unternehmen gefördert werden. Durch den sofortigen Verkauf der Papiere wird diese Absicht unverzüglich zunichte gemacht.
  - Der Mitarbeiter wird als vollwertiger und mündiger Aktionär betrachtet, der die gleichen Rechte und Pflichten wie die übrigen Aktionäre haben soll. Eine Beschränkung der Verfügbarkeit würde aber eine starke Einschränkung der Rechte bedeuten, weshalb man häufig bewusst darauf verzichtet.

3.4 Emission von Genussscheinen

Beim Genussschein handelt es sich um ein Wertpapier, mit dem sog. Genussrechte verbrieft sind. Anders als bei Aktien existiert bei diesen Wertpapieren allerdings keine rechtliche Regelung. In der Praxis sind es aber meistens Gläubigerrechte mit solchen Teilrechten, die üblicherweise nur Eigentümern gewährt werden. Im Vordergrund stehen Ansprüche auf

- Anteil am Gewinn,
- Anteil am Liquidationserlös oder
- Gewährung von Bezugsrechten.

Somit handelt es sich in erster Linie um Vermögensrechte. Ausgeschlossen sind hingegen Mitwirkungsrechte, insbesondere das Teilnahmerecht an der Hauptversammlung sowie das Stimmrecht.

Die Emission von Genussscheinen bedarf eines Beschlusses der Hauptversammlung, der mit mindestens 75 % des bei der Beschlussfassung vertretenen gezeichneten Kapitals zu erfolgen hat (§ 221 AktG). Folgende Gründe können zur Emission von Genussscheinen führen:

- Sie sind ein **Finanzierungsinstrument** zur Beschaffung von Kapital, mit dem keine Mitgliedschaftsrechte verbunden sind.
- Sie stellen eine **Erfolgsbeteiligung** der Mitarbeiter dar, indem diese am Gewinn beteiligt werden, ohne Einfluss auf das Unternehmen ausüben zu können.
- Sie sind einsetzbar zur Abgeltung für die besonderen Leistungen im Zusammenhang mit der **Gründung, Sanierung** oder **Fusion** von Unternehmen.

Auf Grund der Möglichkeit der flexiblen Ausgestaltung des Genussscheins bietet dieser aus der Sicht des Unternehmens verschiedene Vorteile (Spremann 1991, S. 260 f.):

- Auf Grund des fehlenden Stimmrechts muss das Unternehmen nicht mit unerwünschter Einflussnahme rechnen.
- Inhalt und Haftung des Genussscheins sind weitgehend frei gestaltbar. So haben Aktiengesellschaften die Möglichkeit, Genussrechte anders auszugestalten als ihre Aktien, zum Beispiel mit einem höheren Gewinnanteil. Außerdem besteht die Möglichkeit der Ablösung des Genussscheins gegen Zahlung des Nennwertbetrags.
- Genussscheinkapital wird auch von Banken als vollwertiges Eigenkapital anerkannt, wenn es seitens der Genussscheininhaber unkündbar ist.
- Die Laufzeit, die eventuell vorgesehene Kündbarkeit sowie die freie oder beschränkte Übertragbarkeit der Genussscheine kann der Emittent ganz nach seinen Zielvorstellungen gestalten.
- Der Betrag der Genussrechte, der insgesamt emittiert werden kann, ist im Gegensatz zu stimmrechtslosen Vorzugsaktien nicht begrenzt.

- Die Ausgabe von Genussscheinen ändert die bestehenden Eigentumsverhältnisse nicht.
- Der Genussschein wird steuerlich wie Fremdkapital behandelt, d.h. die Ausschüttungen gelten, wenn bestimmte Voraussetzungen erfüllt sind, bei der Gesellschaft als betrieblicher Aufwand. Genussscheine dürfen nicht eine Beteiligung am Gewinn *und* einen Liquidationserlös (bzw. höchstens in Höhe des Nominalwertes) verbriefen.
- Trotz des möglichen Fremdkapitalcharakters des Genussscheins sind keine *festen* Zins- und Rückzahlungsbedingungen verbunden.
- Es kann auch eine Beteiligung am Verlust vereinbart werden, womit der Eigenkapitalcharakter unterstrichen wird.
- Bei Einhaltung bestimmter Bedingungen[1] dürfen Kreditinstitute das Genussscheinkapital ihrem haftenden Eigenkapital zurechnen. Allerdings ist die Höhe des angerechneten Genussscheinkapitals auf maximal 25 % des haftenden Eigenkapitals beschränkt.
- Genussscheine sind auch börsenfähig, sofern das emittierende Unternehmen die übrigen dazu erforderlichen Voraussetzungen erfüllt.

Aus dieser Aufzählung wird deutlich, dass der Genussschein je nach Ausgestaltung mehr den Charakter von Eigenkapital oder von Fremdkapital hat. Schließlich ist noch zu erwähnen, dass die Emission von Genussscheinen nicht an eine bestimmte Rechtsform des Unternehmens gebunden ist.

1 So muss die ursprüngliche Laufzeit mindestens 5 Jahre, die Restlaufzeit bzw. die Kündigungsfrist mindestens 2 Jahre betragen. Die Forderungen der Genussscheininhaber müssen im Rang hinter die der übrigen Gläubiger zurücktreten. Außerdem ist eine Verlustbeteiligung in voller Höhe vorgesehen (vgl. § 10 Abs. 5 KWG).

Kapitel 4
Innenfinanzierung

Bei der Innenfinanzierung werden die finanziellen Mittel bzw. das Kapital durch innerbetriebliche Vorgänge bereitgestellt. Dabei werden vor allem drei Formen der Innenfinanzierung unterschieden, nämlich die Finanzierung durch Freisetzung von Abschreibungsgegenwerten, aus Rückstellungen und durch einbehaltene Gewinne. Hinzu kommt die Finanzierung aus Vermögensumschichtung.

4.1 Finanzierung aus Abschreibungsgegenwerten

Betrachtet man den Wert eines Potenzialfaktors (z.B. Maschine) als Summe der zukünftig zu erwartenden Nutzleistungen aus dem Gebrauch dieser Maschine, so stellen die Abschreibungen den Verzehr solcher Nutzleistungen dar.[1] Die Abschreibungen werden in der Finanzbuchhaltung als Aufwand, in der Kostenrechnung als Kosten erfasst. Bei der Finanzierung aus Abschreibungsgegenwerten kommt nur letztere Betrachtung infrage, weil dieser Finanzierungsform ein tatsächlicher Leistungsabgang zu Grunde liegen muss.

Die Berechnung (und Verbuchung) einer Abschreibung hat allerdings noch nichts mit einem Finanzierungsvorgang gemeinsam. Der Wert dieses Nutzleistungsabgangs eines Potenzialfaktors geht vorerst in die mit diesem Potenzialfaktor hergestellten Produkte über und wird bei der Kalkulation des Verkaufspreises

1 Vgl. Teil 5, Kapitel 1, Abschnitt 1.4 „Exkurs: Abschreibungen“.

eingerechnet. Damit entspricht ein Teil des Verkaufspreises genau dem Wert des Nutzleistungsabgangs bzw. der erfolgten Abschreibung. Werden diese Produkte in einem nächsten Schritt des betrieblichen Umsatzprozesses verkauft und fließen dem Unternehmen dafür Einzahlungen zu, so stehen diese für neue Investitionen zur Verfügung. Diese Mittel werden in der Regel zur Anschaffung von neuen Maschinen als Ersatz für die auszuscheidenden eingesetzt. Da diese Ersatzinvestitionen erst zu einem späteren Zeitpunkt als dem tatsächlichen Rückfluss erfolgen, stehen die aus den Abschreibungsgegenwerten erhaltenen finanziellen Mittel vorübergehend zur Verfügung.

Bei der **Finanzierung aus Abschreibungsgegenwerten** findet somit eine Vermögensumschichtung statt, indem der Nutzleistungsabgang der Potenzialfaktoren in liquide Mittel umgewandelt wird.

Die freigesetzten Mittel können bis zum Zeitpunkt der Ersatzinvestition entweder in Repetier- oder Potenzialfaktoren investiert werden. Im letzteren Fall wird dadurch die Produktionskapazität erhöht, die unter bestimmten Voraussetzungen sogar auf die Dauer gehalten werden kann. Dieser Sachverhalt wird in der Literatur als Kapitalfreisetzungs- und Kapazitätserweiterungseffekt oder Lohmann-Ruchti-Effekt bezeichnet.

In ▶ Abb. 172 wird an einem Beispiel ersichtlich, wie dieser Effekt rein rechnerisch zu Stande kommt. Der theoretisch maximal mögliche Kapazitätserweiterungseffekt kann berechnet werden, sobald der Anschaffungspreis A einer Anlage sowie ihre Nutzungsdauer n bekannt sind. Die dazu notwendige Formel kann mathematisch hergeleitet werden. Unter der Annahme einer linearen Abschreibung ergibt sich vorerst der in jeder Periode gleich bleibende Abschreibungsbetrag a:

$$(1) \quad a = \frac{A}{n}$$

Dieser wird jeweils am Ende einer Periode während der gesamten Nutzungsdauer freigesetzt. Damit ergibt sich die gesamte Kapitalbindung während der gesamten Nutzungsdauer als

$$(2) \quad n\,a + (n-1)\,a + (n-2)\,a + \ldots + a = \frac{n}{2}(n\,a + a) = a\,\frac{n\,(n+1)}{2}$$

Dividiert man die gesamte Kapitalbindung durch die Nutzungsdauer n, so erhält man die durchschnittliche Kapitalbindung pro Periode als

$$(3) \quad a\,\frac{(n+1)}{2}$$

Jahr	Anzahl Maschinen: im 1. Betriebsjahr	im 2. Betriebsjahr	im 3. Betriebsjahr	im 4. Betriebsjahr	insgesamt	Wert der Maschinen	Abschreibungen	zur Verfügung stehende Mittel	Reinvestition	Restbetrag
1	5				5	20.000,–	5.000,–	5.000,–	4.000,–	1.000,–
2	1	5			6	19.000,–	6.000,–	7.000,–	4.000,–	3.000,–
3	1	1	5		7	17.000,–	7.000,–	10.000,–	8.000,–	2.000,–
4	2	1	1	5	9	18.000,–	9.000,–	11.000,–	8.000,–	3.000,–
5	2	2	1	1	6	17.000,–	6.000,–	9.000,–	8.000,–	1.000,–
6	2	2	2	1	7	19.000,–	7.000,–	8.000,–	8.000,–	0
7	2	2	2	2	8	20.000,–	8.000,–	8.000,–	8.000,–	0
8	2	2	2	2	8	20.000,–	8.000,–	8.000,–	8.000,–	0

Ausgangslage:

- Bestand zu Beginn: 5 Maschinen
- Eine Maschine kostet 4.000,– EUR.
- Die Nutzungsdauer einer Maschine beträgt vier Jahre, der Abschreibungssatz ist somit 25 %.

▲ Abb. 172 Beispiel Finanzierung aus Abschreibungsgegenwerten

Das durchschnittlich freigesetzte Kapital pro Periode berechnet sich dadurch, dass das durchschnittlich gebundene Kapital vom Anschaffungspreis A abgezogen wird:

$$(4) \quad A - a\,\frac{(n+1)}{2} = n\,a - a\,\frac{(n+1)}{2} = a\,\frac{(n-1)}{2}$$

Um die Ausweitung der Kapazität zu berechnen, setzt man schließlich das am Anfang gebundene Kapital (n a) in Beziehung zum durchschnittlich gebundenen Kapital:

$$(5) \quad \frac{n\,a}{a\,\frac{(n+1)}{2}} = \frac{n}{\frac{(n+1)}{2}} = \frac{2\,n}{(n+1)} = \frac{2}{1+\frac{1}{n}}$$

Damit ergibt sich folgender Kapazitätsausweitungsfaktor:

$$(6)\quad 2\,\frac{n}{(n+1)}$$

Setzt man in die Formel die Zahlen aus dem Beispiel in ◄ Abb. 172 ein, so ergibt sich ein Kapazitätsausweitungsfaktor von 1,6, d.h. die Kapazität kann maximal um 60% erhöht werden.

Damit dieser Kapazitätserweiterungseffekt in der Praxis auch eintritt, ist eine Reihe von Voraussetzungen zu beachten, die erfüllt sein muss:

- Wichtigste Voraussetzung ist, dass die Abschreibungsgegenwerte tatsächlich über die verkauften Produkte in Form von flüssigen Mitteln in das Unternehmen zurückgeflossen sind und somit für eine Neuinvestition zur Verfügung stehen.
- Die zurückgeflossenen Mittel müssen sofort oder so schnell wie möglich wieder in neue Potenzialfaktoren investiert werden.
- Die Potenzialfaktoren müssen so weit teilbar sein, dass die Investitionen auch tatsächlich vorgenommen werden können. Bei Großanlagen zum Beispiel ist dies oft nicht möglich, da die zur Verfügung stehenden Mittel nicht ausreichen, um eine neue zusätzliche Einheit zu kaufen.
- Neben den Potenzialfaktoren müssen auch Repetierfaktoren gekauft und unter Umständen weiteres Personal eingestellt werden. Dazu sind zusätzliche finanzielle Mittel notwendig, die ebenfalls vorhanden sein oder beschafft werden müssen.
- Schließlich müssen die auf den neuen Maschinen zusätzlich hergestellten Produkte abgesetzt werden können. Werden diese beispielsweise nur auf Lager produziert, so ergeben sich daraus keine liquiden Mittel. Damit wäre man wieder bei der zuerst erwähnten Voraussetzung angelangt.

Neben diesen Voraussetzungen gibt es verschiedene Einflussfaktoren, die darüber entscheiden, in welchem Ausmaß der Kapazitätserweiterungseffekt ausgenutzt werden kann:

- Der Kapazitätserweiterungseffekt fällt größer oder kleiner aus, je nachdem ob die Preise zur Beschaffung der gleichen Potenzialfaktoren gestiegen oder gesunken sind. In Zeiten hoher Inflation wird das Ausmaß des Kapazitätserweiterungseffekts abgeschwächt, es sei denn, man berücksichtigt diesen Sachverhalt mit einem inflationsgerechten Rechnungswesen.
- Von großer Bedeutung ist der effektive Verlauf des Nutzleistungsabgangs über die Nutzungszeit und somit das gewählte Abschreibungsverfahren. Beim Beispiel in ◄ Abb. 172 sowie in der Literatur wird im Allgemeinen eine lineare Abschreibung unterstellt.
- Ein weiterer Einflussfaktor, der eng mit dem vorher genannten verknüpft ist, ist die gesamte Nutzungsdauer des Potenzialfaktors. Je länger die Nutzungsdauer,

umso größer ist der Kapazitätserweiterungseffekt. Bei einer Nutzungsdauer von nur einem Jahr ist keine Erweiterung feststellbar, bei einer sehr langen Nutzungsdauer kann sich die Ausgangskapazität beinahe verdoppeln, wie die folgende Tabelle zeigt:

Abschreibungssatz in %:	100	50	33	25	20	12,5	10	5	2,5	0
Ausweitungskoeffizient:	1	1,33	1,50	1,60	1,66	1,77	1,81	1,90	1,95	2

Allerdings ist zu beachten, dass der beschriebene Kapazitätserweiterungseffekt nur zu einer Erweiterung der Periodenkapazität führt, die Totalkapazität dagegen bleibt unverändert. Die Periodenkapazität beschreibt das Leistungsvermögen, das von der Maschine bzw. vom Maschinenbestand des Unternehmens in einer Nutzungsperiode abgegeben werden kann. Die Totalkapazität des Maschinenbestandes ergibt sich aus der Summe der noch abzugebenden Nutzungen (Periodenkapazität × Nutzungsdauer). Es ist einsichtig, dass durch Reinvestition der Abschreibungsgegenwerte die Anzahl der Maschinen und damit der Ausstoß pro Periode (Periodenkapazität) erhöht werden kann, die Gesamt-Totalkapazität, d.h. die Anzahl der Nutzungsjahre aller vorhandener Aggregate dagegen unverändert bleibt. Weniger Anlagen mit höherer Nutzungsdauer werden substituiert durch mehr Anlagen mit einer im Durchschnitt kleineren Restnutzungsdauer.

4.2 Selbstfinanzierung

Unter **Selbstfinanzierung** versteht man die Beschaffung von Kapital durch einbehaltene Gewinne.

Die Selbstfinanzierung hat zur Folge, dass das Unternehmen den Aktionären keine oder eine kleinere Dividende ausschüttet, als dies auf Grund der Gewinne möglich wäre. Die Selbstfinanzierung ist somit eng mit der Dividendenpolitik des Unternehmens verbunden, die in einem separaten Abschnitt behandelt wird.[1]

Voraussetzung der Selbstfinanzierung ist, dass tatsächlich ein Gewinn erarbeitet werden konnte, d. h. die Verkaufspreise der hergestellten Produkte und Dienstleistungen nicht nur allen Aufwand decken, sondern darüber hinaus auch einen Gewinnanteil umfassen, der das unternehmerische Risiko abdeckt. Damit bei der Selbstfinanzierung allerdings auch finanzielle Mittel zur Verfügung stehen, darf es sich nicht um Buchgewinne handeln, sondern nur um echte unternehmerische, d. h. selbsterarbeitete Gewinne, welche sich erfolgswirksam in der Gewinn- und Verlustrechnung niederschlagen.

1 Vgl. Abschnitt 4.2.3 „Dividendenpolitik“.

4.2.1 Motive der Selbstfinanzierung

In der Literatur wird betont, dass die Selbstfinanzierung eine ideale Finanzierungsform darstelle und ihr deshalb eine große Bedeutung zukomme.

- Zur Wahrung des Marktanteils wird ein Unternehmen gezwungen, in einem wachsenden Markt seine Produktionskapazitäten ständig zu erhöhen. Daraus resultiert aber auf der anderen Seite ein ständig steigender Kapitalbedarf. Dasselbe gilt für das qualitative Wachstum, bei dem eine Verbesserung der Produkte einen höheren Verkaufspreis zur Folge hat und zu einer Umsatzerhöhung führt. Die Deckung dieses je nach Branche und Unternehmenssituation zum Teil sehr beachtlichen Kapitalbedarfs kann nur teilweise durch Beteiligungs- und Fremdfinanzierung erfolgen. Eine Beteiligungsfinanzierung bei Publikumsgesellschaften ist beispielsweise bei einer schlechten Börsenverfassung häufig nicht oder nur zu schlechten Konditionen möglich. Bei einem angespannten Kreditmarkt ist es ebenfalls schwierig, Fremdkapital aufzunehmen oder dann nur zu hohen Kapitalkosten. Es kommt noch dazu, dass die Konditionen der Fremdkapitalbeschaffung in starkem Maße von der Selbstfinanzierung abhängen. Das Ausmaß der Selbstfinanzierung eines Unternehmens gilt als ein Indikator für das Risiko, das der Kapitalgeber eingeht. Je größer dieses ist, um so eher will er es mit einem hohen Zinssatz entschädigt haben.
- Mit der Selbstfinanzierung werden die Beteiligungsverhältnisse nicht tangiert, obschon das Eigenkapital des Unternehmens erhöht wird.
- Die Selbstfinanzierung ist äußerst liquiditätsschonend, da mit dieser Finanzierungsform keine fixen periodischen Zinszahlungen oder auch Dividendenzahlungen verbunden sind.
- Vorteile ergeben sich auch aus steuerlichen Überlegungen, weil durch die Bildung von stillen Reserven im Rahmen der stillen Selbstfinanzierung[1] Steuern auf einen späteren Zeitpunkt (bei deren Auflösung) verschoben werden können.

Diesen Vorteilen der Selbstfinanzierung für das Unternehmen muss eine Beurteilung aus der Sicht des direkt betroffenen Kapitalgebers, des Aktionärs, gegenübergestellt werden. Als Nachteil ergibt sich für ihn, dass seine Dividende geschmälert wird und er somit sowohl aus Liquiditäts- als auch aus Dividendenrenditeüberlegungen eine Einbuße erfährt. Dieser allerdings eher kurzfristigen Betrachtungsweise steht gegenüber, dass der Aktionär an dem mit zurückbehaltenen Gewinnen finanzierten Unternehmenswachstum über seinen Kapitaleinsatz beteiligt ist. Denn dadurch sollte sich der Wert eines Unternehmens erhöhen bzw. dies gilt für den Anteil der Reserven pro Aktie, was sich in der Regel in steigenden Aktienkursen an der Börse niederschlägt.

1 Vgl. Abschnitt 4.2.2 „Formen der Selbstfinanzierung“

4.2.2 Formen der Selbstfinanzierung

Die Selbstfinanzierung wird in eine offene und eine verdeckte bzw. stille unterteilt, je nachdem, ob sie sich in der Bilanz niederschlägt oder nicht.

- Bei der **offenen** Selbstfinanzierung werden die nicht ausgeschütteten Gewinne den verschiedenen Rücklagenposten zugewiesen (gesetzliche, freiwillige).
- Die **verdeckte** (stille) Selbstfinanzierung dagegen wird durch Bildung stiller Reserven vorgenommen. Dies erfolgt entweder durch eine Unterbewertung von Aktiven und/oder eine Überbewertung von Passiven. Von diesen stillen Reserven, deren Zustandekommen von internen Entscheidungsträgern (Geschäftsleitung) abhängt, sind diejenigen zu unterscheiden, die auf Grund unternehmensexterner Einflüsse entstehen (beispielsweise durch eine Wertsteigerung von Grundstücken des Unternehmens, die auf Grund der Bilanzierung zu historischen Kosten nicht gezeigt werden darf).

Während die offene Selbstfinanzierung kaum zu Diskussionen Anlass gibt, steht die verdeckte Form oft im Kreuzfeuer der Kritik. Dabei geht es insbesondere um das Problem der aktiven Bildung oder Auflösung stiller Reserven. Es stellt sich nämlich die Frage, ob nicht betriebswirtschaftliche Tatbestände wie Verluste oder hohe Gewinne unter dem Vorwand der stillen Selbstfinanzierung verheimlicht werden.

4.2.3 Dividendenpolitik

> Als **Dividendenpolitik** bezeichnet man das Verhalten des Unternehmens bei der Festlegung der Dividende an die Aktionäre.

Nach § 58 AktG ist der Anspruch der Aktionäre auf den Bilanzgewinn beschränkt und somit auch von der Berechnung desselben abhängig. Normalerweise erfolgt in der Praxis die Ausschüttung in Form einer Bardividende, bei der – wie der Name bereits sagt – eine Geldzahlung an die Aktionäre erfolgt.

Neben der Entscheidung über die Form der Ausschüttung steht bei der Dividendenpolitik die Bestimmung des zur Ausschüttung gelangenden Gewinnanteils im Vordergrund. Auch wenn rechtlich gesehen die Hauptversammlung über die Verwendung des Reingewinns entscheidet, ist es in der betrieblichen Praxis der Aufsichtsrat. Dieser arbeitet materiell einen Dividendenvorschlag aus, den die Hauptversammlung formal noch bestätigt. Der Aufsichtsrat hat sich dabei sowohl die Interessen des Unternehmens als auch der Aktionäre zu vergegenwärtigen. Einerseits werden durch die Dividendenzahlungen dem Unternehmen liquide Mittel entzogen und somit die Selbstfinanzierung eingeschränkt. Andererseits muss das Unternehmen eine Dividende bezahlen, die sein Erscheinungsbild in der Öffentlichkeit nicht negativ beeinflusst. Vielfach werden nämlich die Ertragskraft und somit die Zukunftsaussichten eines Unternehmens an den Dividendenzahlungen gemessen. Werden diese als unangemessen betrachtet, kann sich dies sowohl in einem unerwünschten Kursrückgang auswirken als auch in Schwierigkeiten bei zukünftigen Kapitalerhöhungen äußern.

In der Praxis können zwei grundsätzlich verschiedene dividendenpolitische Systeme beobachtet werden, nämlich:

1. **Grundsatz stabiler Dividenden:** Nach diesem Grundsatz wird die Dividende pro Aktie im Sinne einer Dividendenkontinuität über eine lange Zeitspanne möglichst konstant gehalten. Bei der Wahl dieses Grundsatzes richtet man sich in erster Linie am langfristig orientierten Anleger aus, dem eine stabile Dividende wichtiger und extreme Kursschwankungen seiner Papiere unlieb sind.
2. **Grundsatz der gewinnabhängigen Dividende:** Dieser Grundsatz richtet sich nach dem erzielten Gewinn. Die Dividende soll gemäß den Bewegungen des Jahresgewinns angepasst werden. Damit will man zum Ausdruck bringen, dass der Aktionär direkt am Erfolg oder Misserfolg des Unternehmens teilhaben soll. Der Aktionär stellt Eigenkapital zur Verfügung, welches primär das Unternehmensrisiko trägt. Entsprechend soll der Charakter dieses Papieres auch in der Dividende zum Ausdruck kommen, im Gegensatz etwa zur fest verzinslichen Anleihe.

In den letzten Jahren lässt sich in Deutschland eine Tendenz in Richtung flexibler Dividenden festzustellen.

Neben den besprochenen Grundsätzen gibt es noch weitere Kriterien, nach denen sich eine Dividendenpolitik zumindest teilweise richten kann:

- Prinzip der Substanzerhaltung des Unternehmens (Berücksichtigung inflationsbedingter Preissteigerungen),
- Ausrichtung auf die Konkurrenz,
- Berücksichtigung der allgemeinen Kapitalmarktlage und des Zinsniveaus.

Kapitel 5

Fremdfinanzierung

5.1 Einleitung

Fremdfinanzierung im Rahmen der Außenfinanzierung liegt vor, wenn einem Unternehmen Kapital durch Gläubiger zugeführt wird, die durch diese Transaktion kein Eigentum am Unternehmen erwerben, sondern ihm auf Zeit schuldrechtlich verbunden sind. Im Gegensatz zum Eigenkapital wird das Fremdkapital von Dritten nur für eine bestimmte Zeitdauer zur Nutzung gegeben. Die Fremdkapitalgeber haben Anspruch auf Verzinsung und Rückzahlung des Kapitals zu einem vereinbarten Termin. Da keine Beteiligung besteht, haben die Fremdkapitalgeber auch grundsätzlich keine Mitsprache-, Kontroll- und Entscheidungsbefugnisse. Einschränkend ist jedoch anzumerken, dass im Falle einer starken Abhängigkeit von einem Großkreditgeber dieser auf Vertragsgestaltungen bestehen kann, die ihm eigentumsähnliche Mitsprache- und Kontrollrechte einräumen.

Das Fremdkapital umfasst alle Verbindlichkeiten des Unternehmens, die nach folgenden Merkmalen charakterisiert werden können:

- Entstehungsgrund der Verbindlichkeit (z.B. Warenlieferungen),
- Höhe des Schuldbetrages,
- Höhe der Verzinsung,
- Modalität der Tilgung,
- Differenz zwischen dem Ausgabe- und dem Rückzahlungsbetrag,
- Rückzahlungszeitpunkt.

Je nach Fremdkapitalart sind diese Merkmale mehr oder weniger genau bestimmt. Einen Sonderfall stellt das **bedingte** Fremdkapital dar, worunter solche Schuldverhältnisse verstanden werden, deren Eintreten von gewissen Bedingungen abhängt. Es handelt sich beispielsweise um Verpflichtungen aus Bürgschaften oder Garantieleistungen. Deshalb spricht man im Rechnungswesen auch von **Eventualverbindlichkeiten,** die im Anhang erläutert werden müssen (vgl. § 251 HGB).

Nach Boemle (1995, S. 31) erfüllt das Fremdkapital im Wesentlichen zwei Funktionen:

1. **Kapitalbedarfsdeckung:** Mit dem Fremdkapital kann jener Teil des Kapitalbedarfs gedeckt werden, für den die Eigenkapitalgeber nicht aus eigener Kraft aufkommen können oder wollen.
2. **Elastizität** des Gesamtkapitals: Das Fremdkapital erhöht die Flexibilität des Unternehmens, indem sich dieses durch Aufnahme oder Rückzahlung von Fremdkapital sofort dem jeweiligen Kapitalbedarf oder den wechselnden Kapitalmarktbedingungen anpassen kann.

Die verschiedenen Formen der Fremdfinanzierung werden nach der Fristigkeit des Kapitals gegliedert. Die üblicherweise in kurz-, mittel- und langfristige Finanzierung vorgenommene Differenzierung ist willkürlich gewählt. So weist die Bundesbank in ihrer Statistik Kredite bis zu einem Jahr Laufzeit als kurzfristig, als mittelfristig Kredite über ein bis unter 4 Jahre und als langfristig solche über 4 Jahre aus. Dagegen unterscheidet § 285 Nr. 1 HGB für Kapitalgesellschaften die Fristigkeitskategorien in Abhängigkeit der Restlaufzeiten in kurzfristig bis zu einem Jahr, mittelfristig von einem bis unter 5 Jahre und langfristig über 5 Jahre. Wir beschränken uns im Rahmen der nachfolgenden Darstellung auf eine Einteilung in kurz- und langfristiges Kapital.

5.2 Kurzfristiges Fremdkapital

5.2.1 Lieferantenkredit

5.2.1.1 Private und öffentliche Unternehmen, Verwaltung

Ein Lieferantenkredit entsteht dadurch, dass ein Lieferant seinem Abnehmer eine bestimmte Zahlungsfrist einräumt. Das Zahlungsziel liegt meistens im Bereich von 30 bis 90 Tagen. Der Lieferantenkredit ist insofern vorteilhaft, als er im Vergleich zu Bankkrediten formlos und ohne besondere Sicherheiten gewährt wird. Demgegenüber muss aber beachtet werden, dass der Lieferantenkredit sehr teuer ist. Meistens wird der Abnehmer aufgefordert, den Rechnungsbetrag innerhalb einer festgelegten Frist (z.B. 10 Tage) zu bezahlen, wobei ein bestimmter Skontosatz (z.B. 2%) abgezogen werden kann. Macht er vom Skonto keinen Gebrauch, so hat er den gesamten Rechnungsbetrag innerhalb einer bestimmten Frist (z.B.

30 Tage) zu bezahlen. Es spielt dann überhaupt keine Rolle mehr, ob er am 11. oder 30. Tag der Kreditfrist die Rechnung begleicht.

Der Skontosatz entspricht dem Zinssatz, den der Abnehmer für die Gewährung eines Lieferantenkredites bezahlen muss, wenn er die Skontofrist nicht ausnützt. Der Skonto ist ein Bestandteil des Verkaufspreises, sodass er oft den Eindruck eines zusätzlichen Rabattes erweckt. Eine kurze Überschlagsrechnung macht aber deutlich, dass die Nichtausnützung des Skontos für den Kreditnehmer sehr teuer ist. Sie beträgt im obigen Beispiel 2% des Rechnungsbetrages für 20 Tage. Der effektive Zinssatz des zur Verfügung gestellten Fremdkapitals kann nach folgender Formel berechnet werden:

$$i = \left(\frac{\text{Skontosatz}}{1 - \text{Skontosatz}} \right) \cdot \left(\frac{360}{\text{Zahlungsziel} - \text{Skontofrist}} \right) \cdot 100$$

Im obigen Beispiel beträgt demnach der Zinssatz für den Lieferantenkredit 36,735% pro Jahr.

Mit dem Lieferantenkredit sollte in erster Linie das Umlaufvermögen finanziert werden, weil es nur kurzfristig, im Idealfall bis zum Weiterverkauf der Ware, zur Verfügung steht. Empirische Untersuchungen zeigen denn auch, dass gerade solche Unternehmen, welche Probleme mit ihrer Liquidität bekunden, Lieferantenkredite zur Finanzierung von langfristig gebundenem Kapital verwenden, was in vielen Fällen zur Zahlungsunfähigkeit führt.

5.2.1.2 Kundenkredit

Kundenanzahlungen sind vor allem in der Investitionsgüterindustrie (Maschinenindustrie) und im Baugewerbe üblich. Der Kunde zahlt entweder bei Bestellung oder bei teilweiser Fertigung einen Teil des Verkaufspreises. Damit kann das Unternehmen einen Teil der Finanzierung und die daraus entstehenden Zinskosten auf den Kunden überwälzen, denn diese Anzahlungen werden teilweise zinslos – in Abhängigkeit von der Stärke der Marktstellung des Unternehmens und seiner Abnehmer – zur Verfügung gestellt. Die Rückzahlung erfolgt nicht in Geld, sondern in Waren.

Die Kundenanzahlungen können sogar den kurzfristig benötigten Kapitalbedarf für die Produktion des Auftrages übersteigen, sodass die Mittel kurzfristig angelegt werden können und einen Zinsertrag abwerfen.

Neben der **Finanzierungsfunktion** übernehmen Kundenanzahlungen zusätzlich die Funktion der **Verminderung des Unternehmerrisikos.** Sie geben dem Produzenten eine gewisse Sicherheit, dass der Auftraggeber die bestellten Produkte auch abnimmt. Sollte der Kunde trotzdem nachträglich auf eine Lieferung verzichten, so stellt die Anzahlung eine Entschädigung für mögliche Verluste bei einer anderweitigen Verwertung dieser Produkte dar.

5.2.2 Bankkredit

Je nach Zweck, Sicherheiten und Häufigkeit der Inanspruchnahme können verschiedene Formen des Bankkredites unterschieden werden. Im Folgenden soll auf die Kontokorrent-, Diskont- und Akzeptkredite näher eingegangen werden.

5.2.2.1 Kontokorrentkredit

Der Kontokorrentkredit ist dadurch gekennzeichnet, dass der Kreditnehmer bis zu einem von der Bank festgesetzten Maximalbetrag, der **Kreditlinie,** frei verfügen kann. Der Vorteil dieser Kreditform liegt darin, dass – von möglichen Bereitstellungsprovisionen abgesehen – nur auf den tatsächlich in Anspruch genommenen Kreditbetrag Zinsen bezahlt werden müssen. Der Kontokorrentkredit eignet sich deshalb besonders bei sich wiederholendem, aber in seiner Höhe wechselndem Kapitalbedarf.

Wird der Kredit ohne Sicherheiten gewährt, die im Konkursfall herangezogen werden können, handelt es sich um einen **Blankokredit.** Als Sicherheit kommen bestimmte Vermögenswerte oder die Verpflichtung von Dritten in Frage. Je nach Art der Vermögensgegenstände (z.B. Waren, Gebäude) existieren in der Praxis verschiedene spezifische Kreditformen. Als Beispiel sei der **Lombardkredit** erwähnt. Bei diesem handelt es sich um die Gewährung eines kurzfristigen Kredites gegen Verpfändung von beweglichen und marktgängigen Vermögenswerten. Da die verpfändeten Gegenstände im Bedarfsfalle leicht liquidierbar sein sollen, kommen als Deckung vor allem Kontoguthaben, börsennotierte Wertpapiere (Aktien, Schuldverschreibungen) und Edelmetalle infrage. Die maximale Kreditlinie wird auf Grund der aktuellen Werte (Kurse) berechnet, wobei zur Abdeckung des Kurs- und Währungsrisikos eine Sicherheitsmarge abgezogen wird. Diese richtet sich zum Beispiel nach der Art und Qualität der Wertpapiere.

5.2.2.2 Diskont- und Akzeptkredit

Grundlage des Diskont- und Akzeptkredites bildet der Wechsel.

> Der **Wechsel** ist eine schriftliche, unbedingte, befristete, vom Schuldgrund losgelöste (sog. abstrakte) Verpflichtung zur Zahlung einer bestimmten Geldsumme zu Gunsten des legitimierten Inhabers der Urkunde.

Wechselverpflichtungen unterliegen im Falle der Nichteinlösung der so genannten „Wechselstrenge", die ein beschleunigtes Eintreibungsverfahren bewirkt.

Es können zwei Formen des Wechsels unterschieden werden, nämlich der gezogene Wechsel (§§ 1 – 74 WG) und der Eigenwechsel (§§ 75 – 78 WG).

- Der **gezogene Wechsel** (Tratte) wird vom Gläubiger (Wechselaussteller, Trassant) ausgestellt, der den Schuldner (Bezogener, Trassar) auffordert, zu einem bestimmten Zeitpunkt an eine namentlich genannte Person (Wechselnehmer, Remittent) eine bestimmte Geldsumme zu zahlen. Wechselnehmer kann eine Drittperson oder der Wechselaussteller selbst sein. Die Beziehungen und Vorgänge zwischen den Beteiligten beim Ausstellen und bei der Weitergabe eines Wechsels können wie folgt beschrieben werden (▶ Abb. 173):
  1. Der Aussteller gibt den Wechsel dem Bezogenen zum Akzept, d.h. zur Unterschrift, mit der dieser die Wechselschuld eingeht.
  2. Der Bezogene sendet den Wechsel akzeptiert an den Aussteller zurück.
  3. Der Aussteller gibt den Wechsel dem Wechselnehmer weiter.
  4. Der Wechselnehmer legt den Wechsel bei Fälligkeit beim Bezogenen vor.
  5. Der Bezogene zahlt, womit die Wechselschuld erlischt.

  Ein gezogener Wechsel muss nach Artikel 1 des Wechselgesetzes (WG) folgende Bestandteile enthalten:
  1. die Bezeichnung als „Wechsel" im Text der Urkunde (Wechselklausel),
  2. die unbedingte Anweisung, eine bestimmte Geldsumme zu zahlen (Zahlungsklausel),
  3. den Namen dessen, der zahlen soll (Bezogener),
  4. die Angabe der Verfallzeit (Verfalldatum),
  5. die Angabe des Zahlungsortes,
  6. den Namen dessen, an den oder dessen Order gezahlt werden soll (Wechselnehmer),
  7. den Ort und den Tag der Ausstellung des Wechsels,
  8. die Unterschrift des Ausstellers.
- Der **Eigenwechsel** (Solawechsel) hingegen wird vom Schuldner selbst ausgestellt. Er verpflichtet sich darin, an den Gläubiger zu zahlen. Aussteller und Schuldner sind somit identisch. Der Gläubiger wird damit automatisch zum Wechselnehmer.

Beim **Diskontkredit** werden noch nicht fällige, in Wechselform gekleidete Forderungen eines Lieferanten unter Abzug der Zinsen (die auch einen Risikoanteil enthalten) von einer Bank angekauft. Die auf den Wechselbetrag berechneten und auf diesen in Abzug gebrachten Kreditzinsen bezeichnet man als Diskont, den Vorgang als Diskontierung. Der Kreditvertrag enthält eine Vereinbarung, bis zu welchem Höchstbetrag die Bank bereit ist, die vom Lieferanten auf den Kunden gezogenen Wechsel zu diskontieren. Die von der Bank festgesetzte Kreditgrenze, die als Diskontlinie oder **Wechselobligo** bezeichnet wird, hängt primär von der Bonität des Lieferanten ab.

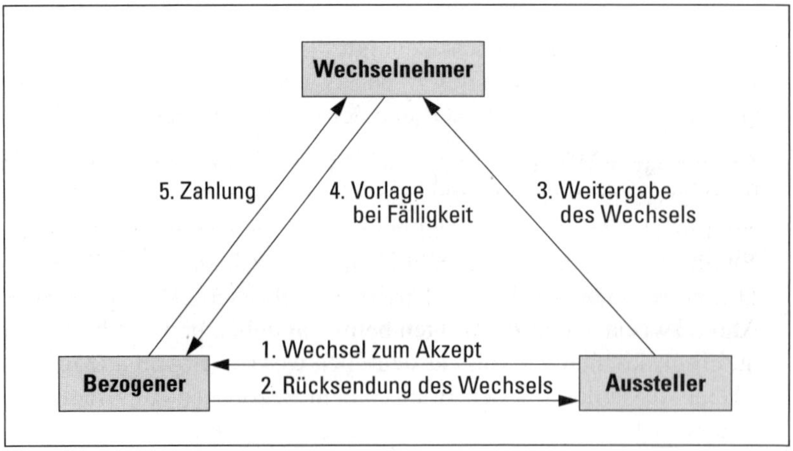

▲ Abb. 173 Ausstellen und Weitergabe eines Wechsels

Der **Akzeptkredit** ist dadurch gekennzeichnet, dass der Kunde (Kreditnehmer) einen Wechsel auf seine Bank ziehen kann. Die Bank verpflichtet sich mit ihrem Akzept, dem legitimierten Wechselinhaber bei Fälligkeit zu zahlen. Bezogener ist somit die Bank des Kunden, Aussteller ist der Kunde selbst. Die Bank legt eine Akzeptlinie fest, die darüber bestimmt, bis zu welchem Betrag sie auf sie selbst gezogene Wechsel akzeptiert. Der Kreditnehmer verpflichtet sich, den Wechselbetrag spätestens einen Werktag vor Verfall bereitzustellen. Dies bedeutet, dass die Bank keine flüssigen Mittel zur Verfügung stellen muss, solange der Kunde seine Pflichten erfüllt. Man spricht deshalb auch von einer Kreditleihe im Gegensatz zu einer Geldleihe. Die Bank stellt in erster Linie ihren guten Namen zur Verfügung. Dies hat zur Folge, dass sie den Akzeptkredit nur erstklassigen Kunden gewährt. Das Bankakzept kann vom Kunden an einen seiner Gläubiger (z.B. Lieferanten) weitergegeben werden. Häufig wird es aber vom akzeptgebenden Kreditinstitut selbst diskontiert.

Der Akzeptkredit wird als Finanzierungsinstrument besonders im internationalen Handel (Import-/Exportgeschäft) genutzt. Er wird als Rembourskredit bezeichnet und eingesetzt, wenn ein Exporteur die Kreditwürdigkeit eines ihm nicht oder nur ungenügend bekannten Importeurs nicht beurteilen kann. In diesem Fall übernimmt eine international angesehene Bank mit ihrem Akzept die Wechselverpflichtung für ihren Kunden (Importeur).

5.2.3 Factoring

Als **Factor** wird bezeichnet, wer Forderungen aus Warenlieferungen oder Dienstleistungen, die im Betriebe eines Dritten entstanden sind, auf sich übertragen lässt, sie verwaltet und bereit ist, diese für die Zeit zwischen der Übernahme und dem effektiven Geldeingang zu bevorschussen und/oder in derselben Zeitperiode das Delkredererisiko zu übernehmen. (Schär 1992, S. 275)

▶ Abb. 174 zeigt die Beziehungen zwischen den beteiligten Parteien beim Factoring. Ein bekanntes Beispiel aus dem Alltag ist das Kreditkartengeschäft, bei dem ein Händler seine Forderungen aus einem Verkauf an das Kreditkartenunternehmen abtritt.

Wichtig in Bezug auf die Finanzierung ist die **Absatzfinanzierung,** d.h. die Bevorschussung der abgetretenen Forderungen durch den Factor. Der Bevorschussungssatz bewegt sich dabei in der Regel zwischen 60 und 80% der ausstehenden Zahlungen. Die Bevorschussung kann sich auf sämtliche ausstehenden Forderungen oder nur auf die vom Factor akzeptierten erstrecken. Damit diese Finanzierungsfunktion gegenüber den Debitoren jederzeit uneingeschränkt wahrgenommen werden kann, wird vertraglich eine **Globalzession**[1], d.h. die Abtretung sämtlicher gegenwärtiger und zukünftiger Forderungen des Factoringnehmers, festgelegt.

Je nach Ausgestaltung des Factoring-Vertrages kann der Factor zusätzliche Aufgaben übernehmen wie:

- **Delkredererisiko:** Übernahme des Ausfallrisikos der Schuldner, sodass beim Lieferanten nur noch die Haftung für die Mängel und den Bestand der Forderung bleiben,
- **Inkasso** und **Mahnwesen:** Erstellung der Rechnungen und Übernahme der Überwachung der Zahlungseingänge,
- **Debitorenbuchhaltung** und **Statistiken:** Bereitstellung von zusätzlichen Informationen zur Beurteilung der Geschäftsentwicklung.

Aus dieser Palette von Aufgaben wird ersichtlich, dass neben der reinen Finanzierungsfunktion eine Kombination weiterer Dienstleistungsfunktionen angeboten wird.

Die Kosten des Factoring bestehen, je nach Art und Umfang der in Anspruch genommenen Dienstleistungen, aus einer Factoringkommission in der Höhe von 0,5 bis 2% des Bruttoumsatzes. Ob für ein Unternehmen das Eingehen eines Factoring-Vertrags vorteilhaft ist, kann nicht allgemein gesagt werden. Wichtige Einflussgrößen sind:

1 Der Begriff der Zession wurde im Zusammenhang mit der Übertragung von vinkulierten Namensaktien erklärt. Vgl. auch Süchting 1995, S. 214.

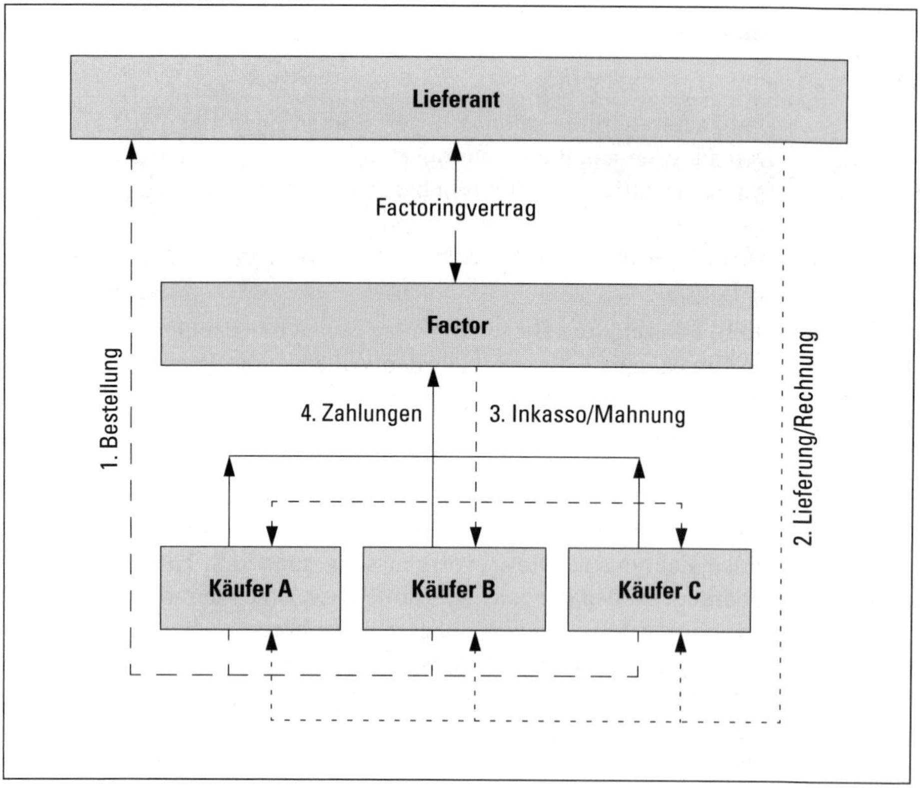

▲ Abb. 174 Beziehungen zwischen Lieferant, Kunde und Factoringunternehmen

- die Anzahl Kunden,
- die durchschnittliche Forderungshöhe,
- die alternativen Finanzierungsmöglichkeiten des Factoringnehmers und
- das eigene Know-how in Bezug auf die vom Factor angebotenen Dienstleistungen.

In der Praxis können verschiedene Formen des Factoring beobachtet werden. Nach den erbrachten Leistungen des Factors unterscheidet man **echtes Factoring** mit Einschluss des Delkredererisikos und **unechtes Factoring,** bei dem das Delkredererisiko ausgeschlossen wird. Je nachdem, ob der Factor oder der Factoringnehmer gegenüber den Kunden auftritt, ergeben sich:

- **Offenes Factoring:** Es ist für den Kunden ersichtlich, dass der Lieferant die Forderungen an einen Factor abgetreten hat.
- **Stilles oder verdecktes Factoring:** Die Abtretung der Forderungen bleibt dem Kunden verborgen.

5.2.4 Forfaitierung

Unter **Forfaitierung** wird der Ankauf von später fällig werdenden Forderungen aus Warenlieferungen oder Dienstleistungen – meist Exportgeschäften – „à forfait", d.h. unter Ausschluss des Rückgriffs auf vorherige Forderungseigentümer verstanden.

Die Forfaitierung beinhaltet einen Vertrag zwischen einem Lieferanten, meist Exporteur, und einem so genannten Forfaiteur. Dieser verpflichtet sich, die in der Regel in Wechselform gekleideten Forderungen aus Warenlieferungen des Exporteurs zu diskontieren. Im Unterschied zum Diskontkredit lässt sich der Exporteur vom Importeur einen Wechsel ausstellen, der auf dessen eigenen Namen lautet. Damit handelt es sich um einen Eigenwechsel. Der Kunde (Importeur) ist somit sowohl Bezogener als auch Aussteller, der Forfaiteur der Wechselnehmer. Ein Rückgriff auf den Einreicher (Exporteur) wird dabei ausgeschlossen, sodass der Kreditwürdigkeit des Schuldners eine große Bedeutung zukommt. Oft wird deshalb eine Garantieerklärung oder eine Bürgschaft[1] einer bekannten internationalen Bank oder einer anderen angesehenen Institution (z.B. der öffentlichen Hand) verlangt (▶ Abb. 175).[2]

Als wesentlicher Vorteil der Forfaitierung für den Lieferanten ist die Liquiditätsverbesserung und die Entlastung der Bilanz von kurzfristigen Debitorenbeständen und/oder Eventualverbindlichkeiten zu nennen. Weitere Vorteile liegen darin, dass der Exporteur die folgenden Risiken dem Forfaiteur übertragen kann:

- **Delkredererisiko:** Das Delkredere- oder Debitorenrisiko stellt das Risiko dar, dass ein Schuldner oder dessen Garant zahlungsunwillig oder zahlungsunfähig ist.

---

1 Sowohl die Bürgschaft als auch die Garantie ergeben sich aus einem einseitig verpflichtenden Schuldvertrag:

- Bei einer **Garantie** verpflichtet sich der Garant, für einen in der Zukunft liegenden Erfolg einzustehen und insbesondere den Schaden zu übernehmen, der sich aus einem bestimmten unternehmerischen Handeln ergeben kann.
- Die **Bürgschaft** ist ein Vertrag, durch den sich der Bürge verpflichtet, dem Gläubiger für die Erfüllung der Verbindlichkeiten des Schuldners einzustehen (§ 765 BGB). Die Bürgschaft ist akzessorisch, d.h. die Verpflichtung des Bürgen ist nach Bestand und Umfang von der Hauptschuld abhängig. Stellt sich z.B. heraus, dass ein Kredit an den Hauptschuldner nicht ausbezahlt wurde, so ist auch der Bürge nicht verpflichtet.

Der Unterschied zwischen Garantie und Bürgschaft besteht somit darin, dass die Garantie nicht akzessorisch, d.h. von der dem Vertragsabschluss zu Grunde liegenden Forderung unabhängig ist. Die Verpflichtung des Garanten ist deshalb größer als die des Bürgen.

2 Dies geschieht häufig durch ein so genanntes Bankaval. Ein Aval ist eine Wechselbürgschaft, die auf dem Wechsel selbst dadurch erklärt wird, dass der Wechselbürge (Avalist) seine Unterschrift neben diejenige des Wechselschuldners, des Wechselausstellers oder eines Indossanten setzt mit dem Zusatz „per Aval" oder „als Wechselbürge".

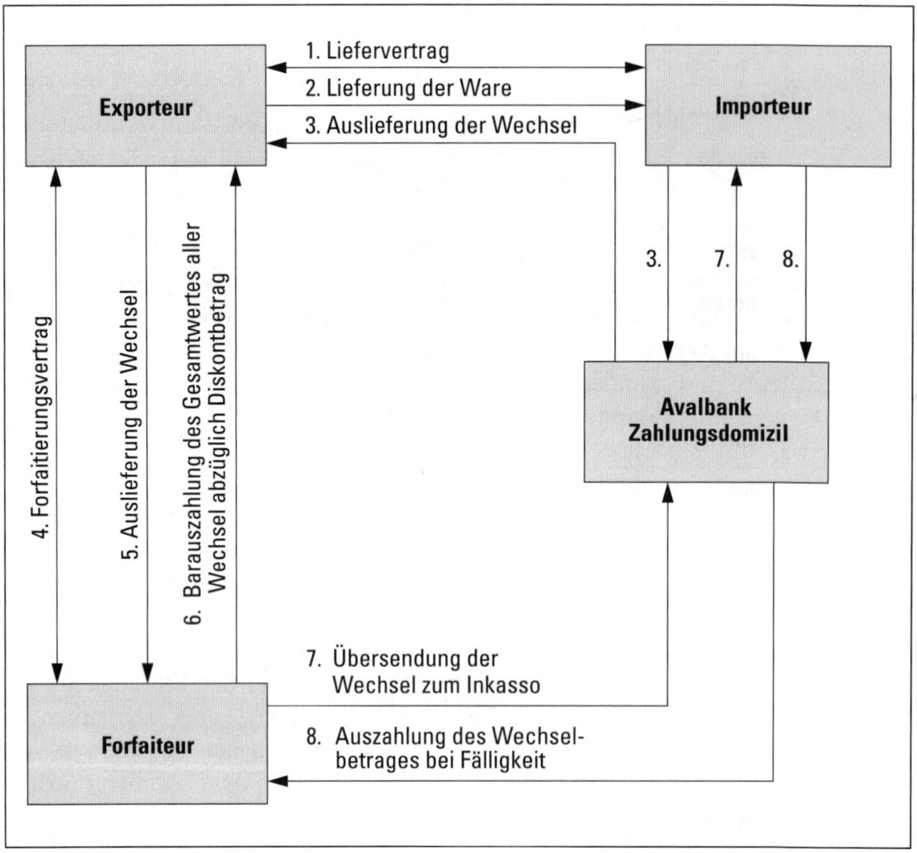

▲ Abb. 175 Abwicklung einer Forfaitierung

- **Politisches Risiko:** Außerordentliche staatliche Maßnahmen oder politische Ereignisse im Ausland wie Kriege oder Revolutionen können zu Schäden für den Exporteur führen.
- **Transferrisiko:** Dieses Risiko beinhaltet die Unfähigkeit oder die fehlende Bereitschaft von Staaten, Zahlungen in der vereinbarten Währung abzuwickeln.
- **Währungsrisiko:** Falls die Fakturierung oder Kreditgewährung in Fremdwährung erfolgt, können Wechselkursschwankungen den vertraglich vereinbarten Preis in einem beachtlichen Ausmaß verändern und somit beim Exporteur zu einer entsprechenden Einbuße führen.

Dafür entstehen einem Exporteur allerdings höhere Kosten, da neben dem Zinssatz für die Inanspruchnahme eines Kredites auch ein Entgelt für die übertragenen Risiken entrichtet werden muss. Dieser Risikosatz ist je nach politischer und wirtschaftlicher Lage des Schuldnerlandes des Importeurs unterschiedlich hoch und bewegt sich zwischen 0,5 und 3,5 % jährlich. Aus dem Zins- und Risikosatz ergibt sich der so genannte Forfaitierungssatz.

Merkmal \ Finanzierungsform	Forfaitierung	Factoring
Risikodeckung	Delkredererisiko politisches Risiko Transferrisiko Währungsrisiko	Delkredererisiko
Form der Forderungen	Wechselform	Rechnungen
Übertragung der Forderungen	Indossament	Zession
Umfang der Forderungen	feststehend	nicht feststehend (gegenwärtige, zukünftige)
Zahlungsziele	6 Monate bis 6 Jahre	30 bis 150 Tage
Typische Warenarten	Investitionsgüter	Konsumgüter Dienstleistungen

▲ Abb. 176 Gegenüberstellung Factoring – Forfaitierung

Da das Factoring und die Forfaitierung ähnliche Merkmale aufweisen, soll abschließend eine Abgrenzung dieser beiden Geschäfte vorgenommen werden. ◀ Abb. 176 zeigt eine Gegenüberstellung anhand verschiedener Kriterien.

5.3 Langfristiges Fremdkapital

5.3.1 Langfristige Kredite

Das Darlehen stellt die Grundform der langfristigen Fremdfinanzierung dar.[1] Als Darlehensgeber kommen primär Kreditinstitute infrage. Wie bereits bei der Darstellung der kurzfristigen Kreditfinanzierung deutlich geworden ist, werden bei Bankdarlehen meistens Sicherheiten (z.B. Wertpapiere, Grundstücke) verlangt.[2] Auf dem Inseratenweg besteht sogar die Möglichkeit, bis dahin unbekannte private Kapitalgeber anzusprechen. Zudem gewähren auch die öffentliche Hand und

1 Rechtlich gesehen ist jeder Kredit, mit dem Bar- oder Buchgeld zur Verfügung gestellt wird, ein Darlehen. Deshalb sind die meisten Kreditgeschäfte, die hier im Rahmen der Finanzierung behandelt werden, dem Darlehen zuzurechnen. Allerdings ist zu beachten, dass das Darlehen auf Geld und vertretbare Sachen beschränkt ist, die vom Schuldner nach Ablauf der vereinbarten Laufzeit zurückzugewähren sind (§ 607 BGB). Kann hingegen ein Gläubiger seine Leistung jederzeit zurückfordern, so fehlt es am Darlehenscharakter und es handelt sich lediglich um offene Forderungen (Wöhe/Bilstein 1994, S. 134 f.).

2 Vgl. Abschnitt 5.2.2 „Bankkredit“ in diesem Kapitel.

ihre (Spezial-) Institutionen (Bund, Länder, Deutsche Ausgleichsbank, Kreditanstalt für Wiederaufbau) gerade für Klein- und Mittelbetriebe Kredithilfen.

Einen Sonderfall stellt das Darlehen von Aktionären bei Familien- oder Konzerngesellschaften dar. In diesem Fall kann das Fremdkapital die Funktion von Eigenkapital übernehmen.[1] Häufig wird dabei den Aktionären ein höherer Zins vergütet als das Unternehmen bei einem alternativen Darlehen (z.B. Bank) bezahlen müsste. Man spricht in diesen Fällen von verdecktem Eigenkapital sowie verdeckter Gewinnausschüttung. Letztere wird von den Steuerbehörden als steuerbarer Gewinnanteil behandelt.

§§ 607–610 BGB bilden die rechtlichen Grundlagen für einen Darlehensvertrag. Die Darlehensbedingungen werden in einem Darlehensvertrag fest gehalten. Da die meisten gesetzlichen Regelungen dispositiver Natur sind, kann der Darlehensvertrag weitgehend nach den Vorstellungen und Bedürfnissen der beteiligten Partner ausgestaltet werden. Falls aber über die Kündigungsfrist nichts fest gehalten wird, ist nach § 609 BGB das Darlehen innerhalb von drei Monaten kündbar.[2]

Von dem **gewöhnlichen** Darlehen ist das **partiarische** abzugrenzen. Bei diesem steht dem Darlehensgläubiger neben einer festen Verzinsung auch ein Anteil am Geschäftsgewinn zu. Oft ist der Darlehensvertrag sogar so ausgestaltet, dass kein fester Zins oder nur ein Zins in geringer Höhe vorgesehen ist. Vom partiarischen Darlehen ist wiederum die **stille Gesellschaft** zu unterscheiden, bei der der Kapitalgeber nicht nur am Gewinn, sondern auch am Verlust beteiligt werden kann (§ 231 HGB). Zudem wird ihm ein Recht auf eine Abschrift des Jahresabschlusses nach § 233 HGB eingeräumt. Diese Trennung zwischen partiarischem Darlehen und stiller Gesellschaft ist im Falle eines Konkurses des Unternehmens von großer Bedeutung. Ein Darlehensgeber (gewöhnlich oder partiarisch) kann seine Forderungen genauso geltend machen wie die übrigen Gläubiger, während der stille Gesellschafter einen auf ihn entfallenden Verlustanteil zu tragen hat, was jedoch im Gesellschaftsvertrag ausgeschlossen werden kann (§ 231 HGB).

Im Folgenden sollen drei Darlehensformen betrachtet werden, die in der Praxis eine bedeutende Rolle spielen, nämlich das Hypothekardarlehen, das Schuldscheindarlehen sowie die Schuldverschreibung.

5.3.2 Hypothekardarlehen

Nach § 1113 BGB ist die Hypothek eine Belastung eines Grundstücks in der Weise, dass an denjenigen, zu dessen Gunsten die Hypothek eingetragen ist (Hypothekengläubiger) eine bestimmte Geldsumme aus dem Grundstück auf Grund einer

1 Vgl. dazu Kapitel 3 „Beteiligungsfinanzierung“, Abschnitt 3.1 „Einleitung“.

2 Damit wird deutlich, dass das Darlehen auch kurz- oder mittelfristiger (bis 5 Jahre) Natur sein kann.

Forderung zu zahlen ist. Die Grundpfandrechte unterteilen sich grundsätzlich in die Hypothek nach §§ 1113ff. BGB und die Grundschuld nach §§ 1191ff. BGB.

- Die **Hypothek** besitzt einen streng akzessorischen Charakter und ist deshalb vom Bestand einer persönlichen Geldforderung abhängig. Mit der Befriedigung des persönlichen Anspruchs der Geldforderung geht der dingliche Anspruch aus der Hypothek unter.
  - Die gewöhnliche Form des Grundpfandrechts der Hypothek, vor allem im Wohnungsbau, stellt die **Verkehrshypothek** dar, die entweder als Brief- oder als Buchhypothek besteht. Bei der **Briefhypothek** erhält der Gläubiger als Sicherheit seines Darlehens – zusätzlich zur Grundbucheintragung bei der Buchhypothek – einen Hypothekenbrief nach § 1116 BGB. Die Höhe der Forderung richtet sich dabei nach der Grundbucheintragung, wobei sich der öffentliche Glaube darauf erstreckt (§ 1138 BGB).
  - Bei der **Sicherungshypothek** hat der Gläubiger seine Forderung stets nachzuweisen und er kann sich nicht auf den öffentlichen Glauben stützen. Dieser strenge akzessorische Charakter schließt die Ausstellung eines Hypothekarbriefes aus, weshalb die Sicherungshypothek nur als Buchhypothek existiert und somit auch keine Verkehrsfähigkeit existiert (§ 1185 BGB).
- Die **Grundschuld** setzt hingegen keine persönliche Forderung des Gläubigers voraus und eignet sich als abstraktes Sicherungsmittel in besonderer Weise zur dinglichen Sicherung von Krediten. Sie bleibt als Sicherheit erhalten, auch wenn der Kredit vorübergehend, teilweise oder auch vollständig zurückbezahlt wird.

5.3.3 Schuldscheindarlehen

Das Schuldscheindarlehen als besondere Form des Darlehens wird vor allem als Instrument zur langfristigen Finanzierung von Investitionen im Industriebereich verwendet. Kreditgeber sind Kapitalsammelstellen, insbesondere die privaten und öffentlich-rechtlichen Versicherungsunternehmen, die Träger der Sozialversicherung und die Bundesanstalt für Arbeit.

Der Schuldschein ist eine **Beweisurkunde,** mit dem der Darlehensnehmer bestätigt, den Darlehensbetrag empfangen zu haben. Er unterscheidet sich von einem Wertpapier dadurch, dass bei Verlust des Schuldscheins der Gläubiger sein Recht auch andersweitig beweisen kann. Dies ist bei Wertpapieren nicht möglich, da das Recht unmittelbar mit dem Besitz des Papiers verbunden ist. Ein weiterer Unterschied besteht zudem in der Übertragung der Papiere. Während bei Schuldscheinen die Übertragung durch Zession, die häufig an die Zustimmung des Schuldners gebunden ist, erfolgt, konnen Schuldscheinverschreibungen (Obligationen) als Inhaberpapiere durch Einigung und Übergabe übertragen werden.

Voraussetzung für die Vergabe von Schuldscheindarlehen durch die Versicherungen ist die **Deckungsstockfähigkeit.** Der Deckungsstock stellt ein Sondervermögen zur Deckung zukünftiger Verpflichtungen aus dem Versicherungsgeschäft dar. Er bildet sich durch die Ansammlung eines Teils der jährlichen Versicherungsprämien. Er steht nicht im Eigentum der Versicherungsgesellschaft, sondern diese verwaltet ihn treuhänderisch für ihre Versicherungsnehmer. Auf Grund rechtlicher Vorschriften zum Schutze der Versicherungsnehmer darf dieses Vermögen als Schuldscheindarlehen nur an Unternehmen gegeben werden, die besonderen Bonitätsansprüchen genügen (§ 68 VAG).

Schuldscheine können entweder direkt bei den Kreditgebern (Versicherungen) oder durch Einschaltung von Kreditvermittlern (Banken, Bankenkonsortien, Finanzmaklern) aufgenommen werden. Häufig wird der indirekte Weg gewählt, da sich die Anforderungen des Gläubigers und jene des Schuldners in Bezug auf Umfang oder Fristigkeit des Darlehens nicht decken. Deshalb müssen unter Umständen Schuldscheindarlehen mehrerer Kreditgeber zusammengefasst und zeitlich auf die gewünschte Finanzierungsfrist abgestimmt werden. Für den Kapitalgeber hat die Einschaltung von Vermittlern zudem den Vorteil, dass diese die Kreditwürdigkeitsprüfung übernehmen, die erforderlichen Unterlagen (Bestellung von Kreditsicherheiten) beibringen und sich um die Beschaffung der Deckungsfähigkeit bemühen (Perridon/Steiner 1995, S. 365 ff).

5.3.4 Schuldverschreibungen (Anleihen, Obligationen)

5.3.4.1 Merkmale der Schuldverschreibung

Eine Schuldverschreibung ist ein in der Regel fest verzinsliches Wertpapier, mit dem ein Schuldner dem Gläubiger eine bestimmte Leistung verspricht. Unter **Anleihen** bzw. **Obligationen** werden in der Regel langfristige Schuldverschreibungen zur Aufnahme von Großkrediten verstanden. Die Anleihe richtet sich nicht an spezifische Kreditgeber, sondern wird in der Regel durch Einschaltung von Banken(-konsortien) an Kreditgeber platziert und nach ihrer Emission am Effektenmarkt gehandelt.[1] Dabei wird der meist hohe Gesamtbetrag einer Anleihe in standardisierte Teilbeträge, in **Teilschuldverschreibungen** aufgeteilt. Diese werden – meistens als Inhaberpapiere[2] – zu gleichen Bedingungen zu einem bestimmten Zeitpunkt ausgegeben. Dabei verpflichtet sich der Anleiheschuldner, dem Inhaber

1 Als vom Volumen bedeutendste Anleihegruppen sind neben den sog. Industrieobligationen, die Ende 1996 nur einen Teil von 0,11 % am Umlauf von notierten fest verzinslichen Wertpapieren inländischer Emittenten ausmachten, insbesondere die Anleihen der öffentlichen Hand mit 42 % (Bund, Länder, Gemeinden, aber auch Bundesbahn) und die Pfandbriefe der Realkreditinstitute mit 35 % (z. B. Hypothekenbanken) zu erwähnen.

2 Zur Unterscheidung der verschiedenen Wertpapierarten vgl. Kapitel 3 „Beteiligungsfinanzierung“, Abschnitt 3.2.2 „Ausgestaltung der Aktien“.

einer Obligation (= Obligationär) den auf dem Titel eingetragenen Geldbetrag zu schulden, darauf meist jährlich einen Zins zu bezahlen und den Geldbetrag nach Ablauf einer im Voraus festgesetzten Frist oder nach vorausgegangener Kündigung in Übereinstimmung mit den Anleihebedingungen zurückzuzahlen. Ein bedeutender Vorteil einer Anleihe besteht darin, dass auf Grund der Aufteilung eines großen Kapitalbetrages in viele kleine Teilschuldverschreibungen auch kleinere Kapitalbeträge verschiedenartiger Kapitalanleger zur langfristigen Finanzierung herangezogen werden können.[1]

Die Anleihe und die mit ihr verbundenen Entscheidungstatbestände können wie folgt charakterisiert werden:

- Der **Nennwert** einer Teilschuldverschreibung lautet meistens auf EUR 1.000,– oder EUR 5.000,–.
- Die Höhe des **Zinssatzes** ist abhängig von der Bonität des Schuldners, der Laufzeit der Obligation und den Kapitalmarktverhältnissen im Zeitpunkt der Emission einer Anleihe. Der Zinssatz ist entweder für die ganze Laufzeit fest oder wird an den jeweiligen Zinsterminen neu festgesetzt. Während in Deutschland die feste Verzinsung vorherrscht, sind im Ausland variable Zinssätze (so genannte Floating-Rate-Notes) üblich. Allerdings ist auch in Deutschland im Zusammenhang mit den vielfältigen Finanzinnovationen eine Zunahme dieser Anleiheform festzustellen.
- Bei der Festlegung des **Emissionskurses** hat man drei Möglichkeiten:
  1. zu pari, d.h. zu 100% des Nennwertes,
  2. unter pari, d.h. tiefer als der Nennwert (Unterpari-Emission),
  3. über pari, d.h. höher als der Nennwert (Überpari-Emission).

  Im zweiten Fall wird die Differenz zwischen Emissionskurs und Nennwert als **Disagio** (Abgeld), im dritten als **Agio** (Aufgeld) bezeichnet. Die Bestimmung des Emissionskurses ist deshalb von großer Bedeutung, weil damit der Zinssatz genau festgelegt werden kann oder – meist aus psychologischen Gründen – von dem am Markt vorherrschenden Zinssatz nicht abgewichen werden muss. Wird beispielsweise eine Anleihe mit einem Zinssatz von 6%, einem Emissionskurs von 101% und einer durchschnittlichen Laufzeit von 10 Jahren ausgegeben, so entspricht dies bei einer statischen[2] Betrachtung einer Verzinsung von 5,9%.

1 Die Schuldverschreibungen privater Unternehmen bezeichnet man, auch wenn diese nicht nur von Industriebetrieben, sondern beispielsweise auch von Handels- oder Verkehrsbetrieben emittiert werden, als Industrieobligation.

2 Es handelt sich deshalb um eine statische Berechnung, weil das Agio gleichmäßig auf die Laufzeit verteilt wird (1% auf 10 Jahre verteilt ergibt 0,1% Minderbelastung pro Jahr). Bei einer dynamischen und damit finanzmathematisch exakten Betrachtung würde berücksichtigt, dass das Agio bereits zu Beginn der Laufzeit dem Unternehmen zur Verfügung steht und damit die Verzinsung effektiv noch tiefer wäre (zur Problematik effektiver Zinssätze vgl. Teil 7, Kapitel 2, Abschnitt 2.3 „Dynamische Methoden der Investitionsrechnung“).

- In der Regel erfolgt die **Rückzahlung** am Ende der Laufzeit zu pari, also zum Nennwert. Allerdings behält sich der Schuldner manchmal das Recht vor, die ganze Anleihe oder einen Teil davon zu einem früheren Zeitpunkt zurückzuzahlen. Der Anleiheschuldner legt dabei entweder im Voraus die Rückzahlungsbeträge sowie deren Rückzahlungszeitpunkte fest oder er bestimmt beides während der Laufzeit auf Grund veränderter Marktbedingungen oder der jeweiligen Unternehmenssituation. Bei einer vorzeitigen Rückzahlung wird der Inhaber einer Obligation für die vom Schuldner vorgenommene Kündigung meist in Form eines während der Laufzeit abnehmenden Rückzahlungsagios entschädigt. Sind regelmäßige Rückzahlungen vorgesehen, so werden die zu tilgenden Teilschuldverschreibungen entweder durch das Los bestimmt oder auf dem Markt über die Börse zurückgekauft. Das letztere Vorgehen kommt dann in Frage, wenn der Börsenkurs tiefer als der Nennwert liegt.

5.3.4.2 Wandelschuldverschreibungen (Wandelanleihen)

Zusätzlich zu den üblichen Bedingungen der Industrieobligation (feste Verzinsung, Rückzahlung des Kapitals) kommt dem Inhaber einer Wandelanleihe das Recht zu, während einer bestimmten Zeit sowie zu einem im Voraus festgelegten Verhältnis seine Teilschuldverschreibungen in Aktien des Schuldners umzuwandeln. Daraus wird ersichtlich, dass die Wandelschuldverschreibung nicht nur das Fremdkapital sondern ggf. auch das Eigenkapital betrifft. Dies ist bei der Ausgabe zwar noch der Fall, doch sobald der Anleger von seinem Wandelrecht Gebrauch macht, wird er zum Aktionär und für das Unternehmen ergibt sich eine Umwandlung des Fremdkapitals in Eigenkapital.[1]

Für den Gläubiger (Wandelobligationär) ergeben sich verschiedene Vorteile, die die Beliebtheit dieser Anlageform unterstreichen:

- Der Anleger erzielt einen regelmäßigen Zins.
- Das Wandelrecht ermöglicht dem Anleger eine indirekte Beteiligung am Unternehmen.
- Das Risiko des Anlegers ist kleiner als bei einer direkten Aktienbeteiligung.

Die Bedingungen einer Wandelanleihe (insbesondere Wandelpreis, Zinssatz) hängen sehr stark von den allgemeinen Kapitalmarktbedingungen sowie von der Bonität des Schuldners ab. In einer guten Börsenverfassung kann die Verzinsung bis 2% unter derjenigen von gewöhnlichen Obligationen liegen und der Wandelpreis kann mit dem aktuellen Börsenkurs nahezu übereinstimmen.

1 Bedingte Kapitalerhöhung nach § 192 AktG.

Im Zusammenhang mit der Ausgabe einer Wandelanleihe gehört die Bestimmung der Wandelbedingungen – neben der Festlegung des Emissionszeitpunktes – zu den wichtigsten Entscheidungen. Sie umfassen insbesondere:

- **Wandlungsverhältnis:** Dieses gibt an, wie viele Beteiligungspapiere mit einer Teilschuldverschreibung eines bestimmten Nennwertes bezogen werden können.
- **Wandelpreis:** Der Wandelpreis ist der Preis für eine Aktie, die bezogen wird. Dieser kann sich während der Wandelfrist erhöhen.
- **Wandlungs- oder Umtauschfrist:** Diese gibt an, während welcher Zeitdauer der Wandelobligationär von seinem Wandelrecht Gebrauch machen kann.
- **Verwässerungsschutzklausel:** Führt das Unternehmen während der Wandelfrist eine Kapitalerhöhung durch, so ergibt sich für den Wandelobligationär, der noch nicht gewandelt hat, eine indirekte Kapitalverwässerung. Diese wiegt um so schwerer, als der Aktionär über das Bezugsrecht für eine Kapitalverwässerung entschädigt wird. Dem Anleger kann ein Schutz gegeben werden, wenn eine Verwässerungsschutzklausel in die Anleihebedingungen eingebaut wird, die den Wandelpreis der Kapitalerhöhung entsprechend anpasst. Die Berechnung der Verminderung des Wandelpreises kann in Analogie zur Bezugsrechtsformel nach folgender Formel vorgenommen werden:

  - $$R = \frac{(W - E)}{(a + n)}\, n$$

  R = Reduktion des Wandelpreises
  W = Wandelpreis
  E = Emissionspreis der neu auszugebenden Aktien
  a = Anzahl der Aktien vor Kapitalerhöhung (bzw. bisheriges gezeichnetes Kapital)
  n = Anzahl der neu auszugebenden Aktien (bzw. Betrag der Kapitalerhöhung)

Nach § 221 AktG bedarf die Ausgabe einer Wandelschuldverschreibung mindestens drei Viertel des bei der Beschlussfassung an der Hauptversammlung vertretenen Grundkapitals, da es sich bei Wandlung um eine bedingte Kapitalerhöhung handelt.

5.3.4.3 Optionsschuldverschreibungen

Wandel- und Optionsschuldverschreibungen ist gemeinsam, dass beide fest verzinsliche Wertpapiere darstellen, die mit einem Sonderrecht auf Aktienbezug ausgestattet sind. Im Gegensatz zu den Wandelschuldverschreibungen werden Optionsanleihen beim Aktienbezug nicht in Zahlung gegeben, sondern das Anteilspapier (Aktie) tritt neben das Forderungspapier (Schuldverschreibung). Während bei den Wandelschuldverschreibungen Fremdkapital in Eigenkapital umgewandelt wird, und damit aus den Gläubigern des Unternehmens Eigentümer werden, tritt bei der Optionsanleihe zum vorhandenen Fremdkapital zusätzlich Eigenkapital hinzu.

Das mit der Wandelanleihe verbundene Optionsrecht wird in einem separaten Wertpapier, dem **Optionsschein** verbrieft. Dies führt dazu, dass dieser Optionsschein allein (ohne Anleihe) gehandelt werden kann und sich somit drei verschiedene Börsennotierungen ergeben:

1. Kurs der ursprünglichen Anleihe, also mit („cum") Optionsschein,
2. Kurs der Anleihe ohne („ex") Optionsschein (diese Situation entspricht einer gewöhnlichen Schuldverschreibung),
3. Kurs für den Optionsschein.

Bei der Festlegung der Bedingungen der Optionsanleihe stellen sich die gleichen Probleme wie bei der Wandelanleihe. Zusätzlich ist aus der Sicht des Anlegers hervorzuheben, dass ein Engagement in Optionsanleihen vielfach ein höheres Risiko in sich birgt, da die Optionsscheine oft großen Schwankungen ausgesetzt sind, was sich entsprechend im Kurs der Anleihe inklusiv Optionsschein niederschlägt. Besonders groß ist das Risiko natürlich dann, wenn die Optionsscheine allein erworben werden. Diesem Risiko, das im Verlust des gesamten eingesetzten Betrags für die Optionen bestehen kann, steht aber ein überproportionaler Gewinn bei einer Kurssteigerung der Aktie gegenüber. Man spricht in diesem Zusammenhang von einem Leverage-Effekt (Hebeleffekt)[1] des Optionsscheins (▶ Abb. 177).

Der rechnerische (innere) Wert entspricht der Differenz zwischen dem jeweiligen Kurs der Aktie und dem Bezugspreis. Die tatsächlichen Kurse der Optionsscheine liegen aber infolge der Kurserwartungen der Anleger in der Regel über dem inneren Wert. Als (absolute) Optionsprämie O_p (Aufgeld) bezeichnet man die Differenz zwischen dem direkten Kauf der Aktie zum jeweiligen Kurs und dem Kauf über einen Optionsschein. Diese Differenz kann als Prozentsatz des jeweiligen Aktienkurses angegeben werden und lässt sich anhand folgender Formeln berechnen (▶ Abb. 178).

1. Optionsbedingungen	1 Optionsschein berechtigt zum Bezug einer Aktie Optio AG bis zum 1. 4. 2002 zum Preis von 500,– EUR		
2. Kursentwicklung		1.4.2000	1.7.2001
	▪ Kurs Aktie Optio AG	500,–	600,–
	▪ Kurs Optionsschein	100,–	160,–
	▪ Optionsprämie	20 %	10 %
3. Leverage-Effekt	▪ Kurssteigerung auf Aktie Optio AG:	20 %	
	▪ Kurssteigerung auf Optionsschein:	60 %	

▲ Abb. 177 Beispiel Optionsprämie und Leverage-Effekt

1 Der Leverage-Effekt wird in Kapitel 6 „Optimierung der Unternehmensfinanzierung" dargestellt.

Optionsanleihe 4$\frac{1}{2}$ % Kreditbank AG 2001 – 2009

1. **Konditionen**
   - *Anzahl Optionsscheine:* Je 6.000,– EUR sind mit 10 Optionsscheinen ausgestattet
   - *Optionsfrist:* bis 14. 11. 2005
   - *Optionspreis:* 1.760,– EUR pro Aktie
   - *Bezugsverhältnis:*
     5 Optionsscheine berechtigen zum Bezug einer Aktie
2. **Kursnotierungen am 13. Februar 2002**
   - Aktie Kreditbank AG: 1.900,– EUR
   - Optionsanleihe inklusive Optionsschein: 102,50 %
   - Optionsanleihe exklusive Optionsschein: 87,75 %
   - Optionsschein: 91,50 EUR
3. **Optionsprämie**

$$\frac{\frac{5 \cdot 91{,}50 \text{ EUR}}{1} + 1.760{,}\text{– EUR} - 1.900{,}\text{– EUR}}{1.900{,}\text{– EUR}} = 16{,}7\ \%$$

▲ Abb. 178 Beispiel Optionsanleihe

- $$\frac{\frac{\text{Kurs Optionsschein}}{\text{Anzahl Aktien/Optionsschein}} + \text{Bezugspreis} - \text{Aktienkurs}}{\text{Aktienkurs}} 100$$

- $$\frac{\frac{\text{Kurs Optionsschein}}{\text{Anzahl Aktien/Optionsschein}} + \text{Bezugspreis}}{\text{Aktienkurs}} 100 - 100$$

Die Optionsprämie ist von verschiedenen Faktoren abhängig wie beispielsweise der Börsenverfassung, dem Erfolg des Unternehmens, den Zukunftsaussichten der Branche oder den Kapitalmarktbedingungen.

5.4 Leasing

5.4.1 Begriff und Arten des Leasing

Unter **Leasing** versteht man die Überlassung von Anlagegegenständen zum Gebrauch oder zur Nutzung unter Übertragung des Besitzes auf bestimmte oder unbestimmte Zeit gegen ein periodisch zu entrichtendes fixes Entgelt. Je nach Situation sind noch zusätzliche Vereinbarungen damit verbunden.

Aus dieser Umschreibung wird deutlich, dass Leasing keine Finanzierung im eigentlichen Sinne, d.h. Beschaffung finanzieller Mittel, bedeutet. Betriebswirtschaftlich kommt das Leasing einer Kreditfinanzierung jedoch sehr nahe. Sowohl der Fremdkapitalgeber als auch der Leasinggeber ermöglichen die Beschaffung und Nutzung von Gütern. Während im einen Fall zuerst die finanziellen Mittel zufließen, die zur Beschaffung von Potenzialfaktoren dienen, werden im anderen Fall die Potenzialfaktoren direkt zur Verfügung gestellt. Beiden Formen ist aber gemeinsam, dass während der Nutzungsdauer meistens regelmäßig finanzielle Mittel abfließen, sei es als Zinszahlungen oder als Leasinggebühren.

Während das Leasinggeschäft in den USA auf eine lange Tradition zurückblicken kann, fasste es in Europa erst in den Sechzigerjahren Fuß. Ende 1999 erreichte das Volumen der von Leasinggesellschaften vermieteten Wirtschaftsgüter 329 Mrd. DM, verteilt auf über 3,7 Mio. Verträge. Mehr als 15,1 % der Bruttoanlageinvestitionen (ohne Wohnungswirtschaft) werden laut Ifo-Institut München (1999) über Leasing investiert. Die Leasing-Nehmer-Struktur reicht von kleinen Gewerbetreibenden über Großunternehmen bis zu kommunalen und staatlichen Instanzen.

Da das Leasinggeschäft nicht ausdrücklich im deutschen Recht geregelt ist, wird es als Mietvertrag im Sinne des BGB mit verschiedenen zusätzlichen Vertragselementen betrachtet. Auf Grund der verschiedenen Erscheinungsformen in der Praxis kann das Leasing nach folgenden Kriterien gegliedert werden.

1. **Leasingobjekt**
   - **Konsumgüterleasing:** Vermietung höherwertiger Konsumgüter wie Autos, Kühlschränke, Fernsehgeräte und Waschmaschinen. Im Vertrag eingeschlossen ist meist ein Wartungs- und Reparaturdienst.
   - **Investitionsgüterleasing:**
     - **Equipment-Leasing:** Vermietung beweglicher Anlagegüter wie Werkzeuge, Maschinen, Computer und Fahrzeuge. Die Laufzeit des Leasingvertrages beträgt ungefähr 3 bis 6 Jahre.
     - **Immobilien-Leasing** (auch Anlagenpacht, Property-Leasing oder Plant-Leasing genannt): Vermietung von unbeweglichem Anlagevermögen wie ganzen Industrieanlagen und Verwaltungsgebäuden. Die Laufzeit beträgt in der Regel zwischen 10 und 30 Jahren. Immobilien-Leasingverträge sind häufig so genannte Sale-and-Lease-Back-Verträge, bei denen Gebäude und Anlagen an eine Leasing-Gesellschaft verkauft und von dieser gleich wieder an die ursprüngliche Eigentümerin zurückvermietet werden.

2. **Stellung des Leasinggebers**
   - **Hersteller-Leasing:** Zwischen Hersteller und Mieter des Investitionsobjekts wird keine Finanzinstitution geschaltet. Es erfolgt ein **direktes** Leasing, weshalb auch von einem Direct-Leasing gesprochen wird.
   - **Händlerorientiertes Leasing:** An Stelle des Produzenten schließt der Händler die Leasingverträge ab; es treten somit ebenfalls nur zwei Partner auf. Solche

Leasingverträge sind oft mit Service- oder anderen Dienstleistungen verbunden, weshalb man auch von **Maintenance-Leasing** spricht.

- **Leasing-Gesellschaften:** Der Leasinggeber kauft das Leasingobjekt beim Produzenten und gibt es an den Leasingnehmer weiter. Es handelt sich somit um ein **indirektes** Leasing. Zu unterscheiden ist:
  - **Objektorientiertes Leasing:** Es werden nur Objekte einer bestimmten Art vermietet. Bekannt ist das Auto- bzw. Fahrzeug-Leasing, welches das Leasing von einzelnen (Single Leasing) oder von mehreren Fahrzeugen (Flotten-Leasing) umfasst.
  - **Universell tätige Leasinggesellschaften:** Diese Gesellschaften tätigen Geschäfte mit Objekten jeglicher Art, wobei sie beim Hersteller oder Händler die vom Leasingnehmer ausgewählten Güter einkaufen, um diese an den Auftraggeber (Leasingnehmer) zu vermieten (▶ Abb. 179).

3. **Rückzahlungsumfang**

- **Vollamortisationsverträge:** Bei dieser Form „amortisiert" der Vermieter während der Leasingperiode die Anschaffungs- oder Herstellkosten, die Beschaffungs-, Vertriebs- und Finanzierungskosten, die Steuern sowie einen angemessenen Gewinn vollständig.
- **Teilamortisationsverträge:** Leasingverträge mit relativ langer, unkündbarer Grundmietzeit, während deren Dauer das Leasingobjekt nur teilweise amortisiert wird. Nach Vertragsablauf hat der Leasingnehmer drei Möglichkeiten:

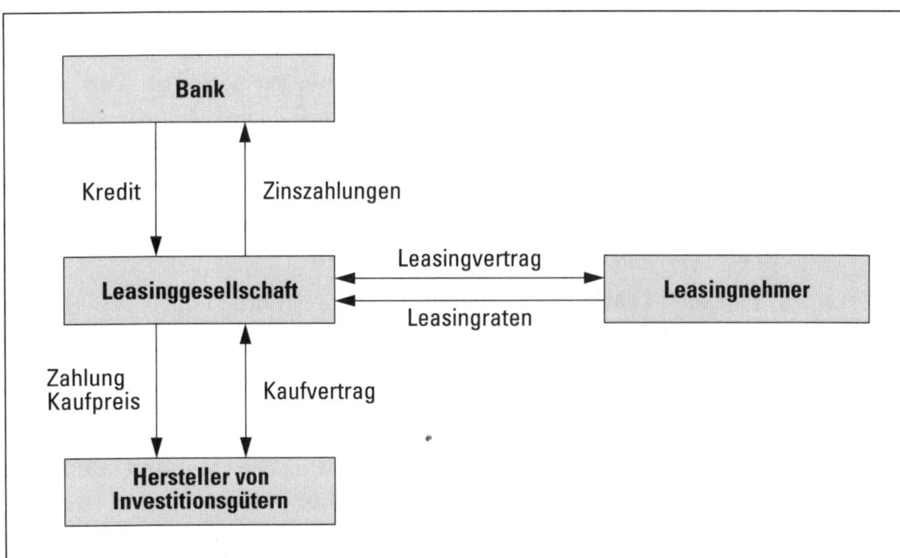

▲ Abb. 179 Abwicklung des indirekten Leasinggeschäfts

  - Kauf des Leasingobjektes zum Restwert,
  - Miete des Leasingobjektes zu einem stark reduzierten Preis,
  - Rückgabe des Leasingobjektes an die Leasinggesellschaft.

4. **Kündbarkeit** des Leasingvertrags und Zurechnung des Leasing-Objektes
   - **Operating-Leasing:** Kurzfristiges (z.B. 6 Monate), in der Regel jederzeit kündbares Mietverhältnis, das oft mit gewissen Serviceleistungen verbunden ist. Der Leasinggeber trägt ein sehr hohes Risiko, da das Leasingobjekt während der ersten Grundmietzeit nicht amortisiert werden kann. Eine rechtliche Abgrenzung des Operating-Leasing von gewöhnlichen Mietverträgen ist oft schwierig. Die Bilanzierung und die Abschreibung über die betriebsgewöhnliche Nutzungsdauer erfolgt in der Regel beim Leasinggeber.
   - **Financial-Leasing:** Der Mieter übernimmt in einem langfristigen und für einen bestimmten Zeitraum unkündbaren Leasingvertrag das Investitionsobjekt (z.B. Flugzeug). Dieses wird während der Dauer des Leasingvertrages vollständig amortisiert. Das Investitionsrisiko trägt in erster Linie der Leasingnehmer.

Der wesentliche wirtschaftliche Unterschied zwischen dem Financial-Leasing und den herkömmlichen Miet- und Pachtverträgen ist die Überwälzung des Investitionsrisikos auf den Leasingnehmer. Auf Grund dieses Unterschiedes ist es nicht möglich, Überlegungen zur handels- und steuerrechtlichen Behandlung von Mietzahlungen auf das Financial-Leasing zu übertragen und Leasing-Verbindlichkeiten mit den üblichen Mietzahlungsverpflichtungen gleichzusetzen.

Infolge der besonderen Vertragsgestaltungen beim Financial-Leasing ist die Frage der Ordnungsmäßigkeit der Bilanzierung derartiger Verträge nicht so eindeutig zu beantworten wie beim Operating-Leasing. Für die steuerliche Behandlung, die maßgeblich entscheidend dafür ist, ob Leasing vorteilhafter ist als ein durch Eigen- oder Fremdkapital finanzierter Kauf, ist von erheblicher Bedeutung, was nach Ablauf der Grundmietzeit mit dem Leasing-Objekt geschieht. Folgende Möglichkeiten sind denkbar:

1. **Financial-Leasing ohne Option:** Vertragsvereinbarungen beziehen sich nur auf die Grundmietzeit, nach deren Ablauf das Leasing-Objekt zurückgegeben wird.
2. **Financial-Leasing mit Kaufoptionsrecht:** Der Leasing-Nehmer hat das Recht, nach Ablauf der Grundmietzeit das Leasing-Objekt zu erwerben. Für die bilanzielle Behandlung dieses Miet-Kaufvertrages ist von Bedeutung, ob es sich um einen Kaufvertrag mit gestundeten Kaufpreisraten oder in erster Linie um einen Mietvertrag handelt, der ein Kaufangebot nach Ablauf des Mietvertrages enthält. Die Zuordnung zu einem dieser Typen hängt vom Inhalt des Vertrages ab.
3. **Financial-Leasing mit Verlängerungsoptionsrecht:** Räumt dem Leasing-Nehmer das Recht ein, das Vertragsverhältnis nach Ablauf der Grundmietzeit auf be-

stimmte oder unbestimmte Zeit zu verlängern. Für die bilanzielle Behandlung ist das Verhältnis von Grundmietzeit und betriebsgewöhnlicher Nutzungsdauer von Bedeutung.

5.4.2 Abwicklung des Leasing

Wegen seiner großen Bedeutung für das Unternehmen wird im Folgenden das Financial-Leasing für Anlagegüter betrachtet. Diese Form des Leasinggeschäfts wickelt sich zwischen folgenden Parteien ab:

1. Der **Leasingnehmer** wählt die für ihn geeigneten Ausrüstungsgegenstände aus und übergibt diese Liste dem Leasinggeber.
2. Der **Leasinggeber** bestellt und/oder kauft die vom Leasingnehmer gewünschten Leasinggegenstände und schließt mit dem Leasingnehmer einen Vertrag ab. Darin werden primär geregelt:
   - die Nutzungsdauer,
   - die monatlichen Leasingraten, die sich aus folgenden Komponenten zusammensetzen:
     - Zins für die Finanzierung des Leasingobjektes,
     - Abschreibung des Leasingobjektes,
     - Verwaltungskosten,
     - Risikokosten im Falle einer Insolvenz des Leasingnehmers,
     - Wartungs- und Reparaturkosten, falls diese im Leasingvertrag eingeschlossen wurden,
     - Gewinnanteil zu Gunsten der Leasinggesellschaft,
   - die einmalige Leasinggebühr bei Vertragsabschluss (1/2 bis 5% des Kaufpreises),
   - die Möglichkeiten am Ende der Vertragsdauer (Kauf oder Rückgabe des Leasingobjektes).

Indirekt beteiligt sind somit der **Produzent** der Leasingobjekte, wobei beim Hersteller-Leasing Identität zwischen Produzent und Leasinggesellschaft besteht, sowie die **Finanzierungsinstitutionen** (Banken, Versicherungen), bei denen sich die Leasinggesellschaften refinanzieren.

5.4.3 Steuerliche Behandlung von Leasing-Verträgen

Werden Leasing-Verträge steuerlich als Miet- oder Pachtverträge behandelt, aktiviert der Leasing-Geber das Objekt, der Leasing-Nehmer setzt die Leasing-Raten als Betriebsausgabe ab. In Anbetracht der Vielfalt der Gestaltungsformen von Lea-

Vertragstyp / Zurechnung des Leasing-Objektes	beim Leasing-Geber	beim Leasing-Nehmer
1. Leasing-Vertrag ohne Optionsrecht	wenn die Grundmietzeit mindestens 40 v. H. und höchstens 90 v. H. der betriebsgewöhnlichen Nutzungsdauer des Leasing-Gegenstandes beträgt	wenn die Grundmietzeit weniger als 40 v. H. oder mehr als 90 v. H. der betriebsgewöhnlichen Nutzungsdauer des Leasing-Gegenstandes beträgt
2. Leasing-Vertrag mit Kaufoptionsrecht	wenn die Grundmietzeit mindestens 40 v. H. und höchstens 90 v. H. der betriebsgewöhnlichen Nutzungsdauer des Leasing-Gegenstandes beträgt und der Kaufpreis bei Ausübung der Option mindestens dem mittels linearer Abschreibung ermittelten Buchwert oder dem niedrigeren gemeinen Wert des Leasing-Gegenstandes entspricht	wenn die Grundmietzeit weniger als 40 v. H. oder mehr als 90 v. H. der betriebsgewöhnlichen Nutzungsdauer des Leasing-Gegenstandes beträgt oder bei einer Grundmietzeit innerhalb dieser Grenzen der Kaufpreis bei Optionsausübung niedriger ist als der mittels linearer Abschreibung ermittelte Buchwert oder der niedrigere gemeine Wert des Leasing-Gegenstandes
3. Leasing-Vertrag mit Verlängerungsoptionsrecht	wenn die Grundmietzeit mindestens 40 v. H. und höchstens 90 v. H. der betriebsgewöhnlichen Nutzungsdauer des Leasing-Gegenstandes beträgt und die Anschlussmiete den Wertverzehr des Leasing-Gegenstandes deckt, der sich auf der Basis des mittels linearer Abschreibung ermittelten Buchwertes oder des niedrigeren gemeinen Wertes ergibt	wenn die Grundmietzeit weniger als 40 v. H. oder mehr als 90 v. H. der betriebsgewöhnlichen Nutzungsdauer des Leasing-Gegenstandes beträgt oder bei einer Grundmietzeit innerhalb dieser Grenzen die Anschlussmiete den Wertverzehr des Leasing-Gegenstandes nicht deckt, der sich auf Basis des mittels linearer Abschreibung ermittelten Buchwertes oder des niedrigeren gemeinen Wertes und der Restnutzungsdauer des Leasing-Gegenstandes ergibt
4. Leasing-Vertrag über spezielle Leasing-Gegenstände		in jedem Fall ohne Rücksicht auf das Verhältnis von Grundmietzeit und Nutzungsdauer und Optionsklauseln

▲ Abb. 180 Zurechnung des Leasing-Objektes (nach Wöhe/Bilstein 1994, S. 205)

sing-Verträgen wurden im so genannten Leasing-Erlass[1] Voraussetzungen festgelegt, die nach wirtschaftlichen Gesichtspunkten die steuerliche Zurechnung der Leasing-Objekte festlegen. Die Zuordnungskriterien sind in ◄ Abb. 180 zusammengefasst.

5.4.4 Betriebswirtschaftliche Beurteilung des Leasing

Nicht selten wird der Einsatz des Leasing pauschal als gut oder schlecht bzw. vorteilhaft oder nicht vorteilhaft bewertet. Im Vordergrund stehen dabei oft reine Kostenüberlegungen. Bei einer Beurteilung des Leasing müssen aber verschiedene Aspekte miteinbezogen werden, welche die spezifische Situation des Unternehmens berücksichtigen. Es werden folgende Gründe für das Leasing aufgeführt:

1. Der Leasing-Gegenstand muss nicht im Voraus bezahlt werden. Die monatlichen Leasing-Zahlungen können während der gesamten Mietzeit aus den Erträgen, den der Einsatz des Leasing-Gegenstandes erbringt, geleistet werden (Pay-as-you-earn-Effekt).
2. Leasing führt nicht zu einer sofortigen Belastung der Liquidität im Investitionszeitpunkt, wie dies beim (Finanzierungs-)Kauf der Fall ist.
3. Die monatlichen Leasing-Zahlungen sind im Regelfall für die gesamte Grundmietzeit fest vereinbart und bilden daher eine klare Kalkulationsgrundlage.
4. Bei längerfristigen Leasingverträgen kann über den Verlauf der Leasing-Zahlungen (degressive, lineare oder progressive Leasing-Zahlungen) in der Regel verhandelt werden. Leasing bietet damit im Gegensatz zu den relativ starren Tilgungsregeln bei Krediten die Möglichkeit, Investitionskosten nutzungskongruent zu tilgen und trägt damit den betriebsindividuellen und objektbezogenen Gegebenheiten Rechnung.
5. Die Alternativen eines Leasing-Vertrages für das Ende der Grundmietzeit (Weiternutzung durch Kauf, Verlängerung des Leasing-Vertrages oder Austausch gegen ein neueres Modell) erleichtern den Entschluss für Modernisierungsinvestitionen.
6. Leasing erhöht die Flexibilität des Unternehmens. Während beim Kauf nur die Alternative ja oder nein gegeben ist, hat der Leasing-Nehmer die Möglichkeit, durch die Wahl des Vertragsmodells, der Laufzeit, des vereinbarten Restwertes usw. seinen individuellen Bedürfnissen Rechnung zu tragen.

---

1 Schreiben des Bundesministerium der Finanzen vom 19.04.1971, IV B/2 – S 2170 – 31/71 BStBl I 1971, S. 264. Zur Erfassung der Besonderheiten siehe auch den Immobilienerlass vom 21.3.1972, BStBl I 1972, S. 188, die Teilamortisationserlasse vom 22.12.1975, BB 1976, S. 72 f. sowie vom 23.12.1991, BStBl I 1992, S. 13.

Die monatlichen Leasingzahlungen sind in der Regel als Prozentsatz des Netto-Anschaffungswertes des Leasing-Objektes im Vertrag angegeben. Ein evtl. Restwert wird ebenfalls als Prozentsatz dieser Bezugsgröße ausgewiesen. Kann man den durch eine Investition zu erzielenden Ertrag exakt dieser Investition zuordnen, so lässt sich relativ einfach sowohl eine Kosten-Nutzenanalyse zwischen den einzelnen Leasing-Investitionen als auch ein Vergleich mit anderen Finanzierungsalternativen durchführen. Dabei ist das Ergebnis selbstverständlich von den zu Grunde gelegten Prämissen abhängig, die jedoch vergleichbar sein müssen. So müssen zum Beispiel die zeitlich unterschiedlich anfallenden Zahlungen durch Auf- oder Abzinsung vergleichbar gemacht werden, die Steuer- und Abschreibungssituation des jeweiligen Unternehmens berücksichtigt, die Risikoposition im Konkurs des Leasinggebers oder alternativen Kreditgebern verglichen werden.[1]

1 Vgl. zu ausführlichen Vorteilhaftigkeitsvergleichen Drukarczyk 1996a, S. 469 ff.

Kapitel 6

Optimierung der Unternehmensfinanzierung

6.1 Einleitung

Sobald das Unternehmen den für den güterwirtschaftlichen Prozess notwendigen Kapitalbedarf berechnet hat, geht es in einer nächsten Phase um die Bestimmung der Kapitalart, die zur Deckung dieses Kapitalbedarfs herangezogen werden soll. Wie in den vorhergehenden Kapiteln dargestellt wurde, ist grundsätzlich eine Finanzierung über Eigenkapital oder Fremdkapital möglich. Es ist das Ziel der folgenden Ausführungen zu zeigen, nach welchen Kriterien eine **optimale Vermögens-** und **Kapitalstruktur** gestaltet werden kann. Dabei geht es um

- das Verhältnis zwischen Fremd- und Eigenkapital,
- die Bestimmung der konkreten Kapitalform innerhalb dieser beiden Kapitalarten (z.B. Stamm- oder Vorzugsaktien, Bankkredite oder Anleihen) sowie
- die Verwendung dieses Kapitals.

Die Gestaltung der Kapitalstruktur hängt primär von den Unternehmenszielen ab, nach denen sich die Kapitalentscheidungen auszurichten haben. Es wurde bereits früher dargelegt, dass die Erzielung eines Gewinnes sowie die Sicherung der Liquidität von großer Bedeutung sind.

- Die Erzielung eines **Gewinnes** bedeutet, dass das Unternehmen nicht nur seine Kosten deckt, sondern darüber hinaus einen Gewinn erwirtschaftet, der ein Entgelt für das eingegangene unternehmerische Risiko darstellt, ein Zeugnis für ein erfolgreiches Management ausstellt sowie über die Selbstfinanzierung einen Beitrag zur weiteren Unternehmensentwicklung leistet.

- Die Sicherung der **Liquidität** ist demgegenüber darauf ausgerichtet, dass das Unternehmen jederzeit über genügend liquide Mittel verfügt, um bestehende Verbindlichkeiten erfüllen und neue eingehen zu können.
- Sowohl die Gewinnerzielung als auch die Liquiditätsbewahrung dienen letztlich der langfristigen **Sicherheit** des Unternehmens. Diese schließt sowohl die Existenzsicherung des Unternehmens selbst als auch die Sicherheit der Gläubiger mit ein.

Ein Unternehmen hat deshalb seinen Kapitalbedarf derart zu decken, dass

- durch die finanzwirtschaftlichen Entscheidungen die Gewinnerzielung unterstützt wird (Rentabilität),
- es jederzeit seinen finanziellen Verpflichtungen nachkommen kann (Liquidität),
- das Unternehmensvermögen ausreicht, die Ansprüche der Fremd- und Eigenkapitalgeber erfüllen zu können (Sicherheit).[1]

Zwischen den beiden Zielgrößen Rentabilität und Liquidität kann es Zielkonflikte geben. Ein zu hoher Bestand an Zahlungsmitteln sichert zwar die Zahlungsfähigkeit des Unternehmens, aber auf Grund zu hoher Zinsbelastung bzw. zu geringer Verzinsung der Liquiditätsreserven kann dem Ziel der Rentabilitäts- bzw. Gewinnmaximierung nicht gefolgt werden.

Schließlich soll durch die finanzielle Führung auch Gewähr leistet werden, dass das Unternehmen in seiner Unabhängigkeit nicht bzw. so wenig wie möglich eingeschränkt wird. So könnten beispielsweise ein hoher Anteil an Fremdkapital oder Zugeständnisse bei den Konditionen den Fremdkapitalgeber dazu bewegen, Informations-, Mitsprache- oder Kontrollrechte zu fordern. Dieses ist sowohl bei der Gestaltung der Kapitalstruktur als auch bei der Auswahl der Finanzierungsinstrumente zu berücksichtigen.

Neben diesen Haupt- oder Unternehmenszielen gibt es eine Reihe weiterer Finanzierungsgrundsätze und -regeln, die bei finanzwirtschaftlichen Entscheidungen eine Rolle spielen können. Diese beziehen sich entweder auf die Kapitalausstattung oder die Kapitalverwendung. Letztere berücksichtigen im Prinzip alle Vermögensteile, wobei Sachanlagen und Finanzinvestitionen (Beteiligungen an anderen Unternehmen) auf Grund ihrer Bedeutung im Vordergrund stehen. Aber auch bezüglich des Umlaufvermögens (z.B. Kasse, Debitoren, Materialvorräte) können Grundsätze aufgestellt werden, die je nach Branche (z.B. Handel) sogar noch eine größere Bedeutung haben können.

1 Dies ist nicht mehr gewährleistet, wenn das Unternehmen überschuldet ist. Nach § 92 AktG wird von einer **Überschuldung** gesprochen, wenn ein Verlust in Höhe der Hälfte des gezeichneten Kapitals besteht. Der Vorstand hat dann unverzüglich die Hauptversammlung einzuberufen und ihr dies anzuzeigen.

Im Folgenden stehen die Zielsetzungen bezogen auf die Kapitalausstattung im Vordergrund. Es werden die Auswirkungen auf die Kapitalstruktur untersucht, die sich unter Berücksichtigung des Gewinns (Rentabilität) und der Liquidität sowie der Unabhängigkeit, der Flexibilität, des Risikos und der Investor Relations ergeben. Gleichzeitig sollen die wichtigsten Finanzierungsregeln aus Theorie und Praxis dargestellt werden.

6.2 Ausrichtung auf die Rentabilität

6.2.1 Optimierung der Kapitalstruktur

Bei der Gestaltung der Kapitalstruktur nach dem Rentabilitätskriterium ist zu berücksichtigen, dass die Rentabilität des gesamten eingesetzten Kapitals (Eigen- und Fremdkapital) in der Regel ungleich der Kapitalkosten des Fremdkapitals ist. Daraus ergibt sich, falls die Gesamtkapitalrentabilität größer ist als die Fremdkapitalverzinsung, dass durch eine Erhöhung des Fremdkapitals eine höhere Eigenkapitalrentabilität erzielt werden kann. Man spricht in diesem Zusammenhang von der Hebelwirkung des Fremdkapitals zu Gunsten der Eigenkapitalrentabilität, dem so genannten **Leverage-Effekt.** Dieser kann mathematisch wie folgt hergeleitet werden:

GK = Gesamtkapital
EK = Eigenkapital
FK = Fremdkapital
r_g = Gesamtkapitalrendite
r_e = Eigenkapitalrendite
r_f = Fremdkapitalzinssatz bzw. -kostensatz

(1) $r_g\,GK = r_e\,EK + r_f\,FK$

(2) $r_e\,EK = r_g\,GK - r_f\,FK$

(3) $$r_e = \frac{r_g\,GK - r_f\,FK}{EK} = \frac{r_g(EK + FK) - r_f\,FK}{EK}$$

$$= r_g\,\frac{EK}{EK} + \frac{r_g\,FK - r_f\,FK}{EK}$$

Daraus ergibt sich folgende Formel:

(4) $$r_e = r_g + \frac{FK}{EK}(r_g - r_f)$$

Aus dieser Formel wird ersichtlich, dass die Eigenkapitalrendite durch den Einsatz von zusätzlichem Fremdkapital angehoben werden kann, solange die Ge-

Ausgangslage	Gesamtkapital: 1.000.000 EUR Fremdkapitalzinssatz: 5 % Gesamtkapitalrendite: 10 % Eigenkapital Variante 1: 80 % Eigenkapital Variante 2: 40 %		
Frage	Wie groß ist die Eigenkapitalrentabilität in Variante 1 und 2?		
Berechnungen		**Variante 1**	**Variante 2**
	Eigenkapital	800.000	400.000
	Fremdkapital	200.000	600.000
	Gesamtkapital	1.000.000	1.000.000
	Gewinn vor Abzug FK-Zinsen	100.000	100.000
	FK-Zinsen	10.000	30.000
	Gewinn nach Abzug FK-Zinsen (Reingewinn)	90.000	70.000
	▪ Eigenkapitalrentabilität	$\frac{90.000}{800.000} \cdot 100 = 11{,}25\%$	$\frac{70.000}{400.000} \cdot 100 = 17{,}5\%$
	Die gleichen Resultate ergeben sich bei Verwendung der Formel (4): ▪ $r_{e1} = 0{,}1 + \frac{200.000}{800.000}(0{,}1 - 0{,}05) = 0{,}1125$ ▪ $r_{e2} = 0{,}1 + \frac{600.000}{400.000}(0{,}1 - 0{,}05) = 0{,}175$		

▲ Abb. 181 Beispiel Leverage-Effekt

samtkapitalrentabilität r_g größer ist als der Fremdkapitalzinssatz r_f. Umgekehrt verschlechtert sich die Eigenkapitalrentabilität schlagartig, sobald die Gesamtkapitalrentabilität r_g kleiner wird als die Fremdkapitalverzinsung. In ◀ Abb. 181 wird der Leverage-Effekt an einem praktischen Beispiel deutlich gemacht.

Die maximale Ausnutzung des Leverage-Effektes stößt allerdings an verschiedene Grenzen. Vorerst ist einmal die Annahme konstanter Fremdkapitalzinsen zu erwähnen. Die Fremdkapitalzinsen sind oft sehr starken Schwankungen ausgesetzt. Es ist daher leicht einzusehen, dass bei einem Anstieg des allgemeinen Zinsniveaus auch die Fremdkapitalzinsen und somit die Fremdkapitalkosten ansteigen werden. Wird aus diesem Grund die Differenz zwischen Gesamtkapitalrendite und Fremdkapitalzins klein, so besteht für das Unternehmen ein erhöhtes Risiko, indem der positive Leverage-Effekt sehr rasch in einen negativen umschlagen kann. Dies bedeutet, dass die Hebelwirkung zu Ungunsten der Eigenkapitalrentabilität wirken kann, welche ohne den Einsatz des Fremdkapitals viel größer wäre. Zweitens geht man davon aus, dass das Fremdkapital in beliebigem Ausmaß beschafft werden kann. In der Praxis zeigt sich aber immer wieder, dass das Ausmaß der Kreditwürdigkeit[1] sehr stark von der Höhe des Eigenkapitals beeinflusst wird. Je stärker der Kreditnehmer verschuldet ist, umso größer ist die Gefahr einer Überschuldung. Der Fremdkapitalgeber wird deshalb nicht oder nur zu steigenden Zinssätzen bereit sein, zusätzliche Kredite zu gewähren.

Bei einer Finanzierung mit Fremdkapital muss berücksichtigt werden, dass eine Fremdkapitalaufnahme mit laufenden Zinszahlungen und einer Rückzahlung oder sogar mehreren Teilrückzahlungen verbunden ist. Diese Zahlungen können die Liquidität erheblich belasten. Es handelt sich dabei um den Zielkonflikt zwischen Gewinn- und Sicherheitsstreben, der mit dem Satz „der Siedepunkt der Rentabilität ist der Gefrierpunkt der Liquidität" wiedergegeben werden kann.

Betriebswirtschaftlich betrachtet müssen bei dem Versuch, die Kapitalstruktur kostenminimal zu gestalten, nicht nur die Kosten des Fremdkapitals, sondern auch die Kosten des Eigenkapitals berücksichtigt werden. Neben Risikoaspekten sind insbesondere Unterschiede in der Besteuerung der verschiedenen Finanzierungsformen zu berücksichtigen.[2]

Abschließend kann fest gehalten werden, dass es in der Praxis sehr schwierig ist, auf Grund reiner Kostenüberlegungen ein optimales Verhältnis zwischen Fremd- und Eigenkapital zu finden. Dies gilt nicht zuletzt deshalb, weil – abgesehen von anderen Kriterien, die noch behandelt werden sollen – die Substituierbarkeit nur innerhalb gewisser Grenzen möglich ist. Zudem geht eine Analyse meist von einer statischen, d.h. zeitpunktbezogenen Betrachtung (z.B. konstante Zinsen) aus.

6.2.2 Modelle zur Minimierung der Kapitalkosten

6.2.2.1 Voraussetzungen

Es existieren verschiedene Modelle, welche die Bestimmung eines „optimalen Verschuldungsgrades" mithilfe von Kostenüberlegungen zum Gegenstand haben. Die meisten stammen aus der amerikanischen Finanzierungsliteratur und sind

1 **Kreditwürdig** sind Unternehmen, von denen die vertragsgemäße Erfüllung der eingegangenen Kreditverpflichtungen erwartet werden kann. Auf Grund der persönlichen und sachlichen Voraussetzungen wird unterschieden zwischen **persönlicher Kreditwürdigkeit**, die sich aus der persönlichen Vertrauenswürdigkeit des Kreditnehmenden (z.B. Zuverlässigkeit, berufliche Qualifikation, unternehmerische Fähigkeiten) ergibt, und **wirtschaftlicher (materieller) Kreditwürdigkeit**, die auf der Ertragskraft des Unternehmens und der Qualität der vorhandenen Sicherheiten des Kreditsuchenden beruht. Die Kreditwürdigkeit ist von der **Kreditfähigkeit** zu unterscheiden. Dies ist die Fähigkeit, als Kreditnehmer rechtswirksam Kreditverträge abschließen zu dürfen. Kreditfähig sind natürliche Personen mit unbeschränkter Geschäftsfähigkeit, juristische Personen des privaten und öffentlichen Rechts sowie Personengesellschaften, die unter ihrer Firma Rechte und Pflichten erwerben können.

2 Zu Aspekten des Risikos beider Finanzierungsformen vgl. Drukarczyk 1996a, S. 181–195, zu der unterschiedlichen steuerlichen Behandlung vgl. Wöhe/Bilstein 1994, S. 341–348.

deshalb von den dortigen Kapitalmarktgegebenheiten geprägt. Für die zu betrachtenden Modelle, deren zentrale These lautet, dass ein optimaler Verschuldungsgrad existiert, gilt die folgende Ausgangslage:

1. Das **Kapital** muss so strukturiert werden, dass der Unternehmenswert möglichst groß wird. Da diese „Maximierung" aus der Sicht des Eigenkapitalgebers vorgenommen wird, handelt es sich beim Unternehmenswert um den Marktwert, der sich aus dem jeweiligen Aktienkurs ableiten lässt.[1]

2. Entscheidend für die Höhe des Unternehmenswertes ist die Erwartung bezüglich der **zukünftigen Gewinne.** Dabei wird unterstellt, dass diese konstant sind und über eine unendliche Lebensdauer anfallen.

3. Die **Kapitalkosten** werden direkt aus den Renditeforderungen der Eigen- und Fremdkapitalgeber abgeleitet. Den Berechnungen dieser Renditeforderungen liegen aber nicht – wie dies sonst bei Renditeberechnungen aus der Sicht des Aktionärs üblich ist – die effektiv ausgeschütteten Gewinnanteile zu Grunde, sondern der gesamte erzielte Gewinn. Die Höhe der Kapitalkostensätze hängt von den alternativen Anlagemöglichkeiten sowie von den Risiken, die mit einer Kapitalüberlassung verbunden sind, ab. Die Kapitalkosten können wie folgt berechnet werden:

   W = Marktwert des Gesamtkapitals
   EK = Marktwert des Eigenkapitals
   FK = Marktwert des Fremdkapitals
   G = Bruttogewinn (vor Abzug der Fremdkapitalzinsen)
   Z = Fremdkapitalzinsen
   k_g = durchschnittlicher Kapitalkostensatz
   k_e = effektive Rendite des Eigenkapitalgebers
   k_f = effektive Rendite des Fremdkapitalgebers

   $$(1) \quad k_e = \frac{(G - Z)}{EK} \cdot 100$$

   $$(2) \quad k_f = \frac{Z}{FK} \cdot 100$$

   Der durchschnittliche Kapitalkostensatz k_g ergibt sich als gewogener Durchschnitt der Kosten aus Fremd- und Eigenkapital:

   $$(3) \quad k_g = \frac{k_f \, FK + k_e \, EK}{W}$$

1 So weit die Fremdkapitalkosten vom Verschuldungsgrad unabhängig sind, stimmt die Maximierung des Marktwertes des bisherigen Eigenkapitals mit der Maximierung aller Fremd- und Eigenkapitalanteile überein.

4. Der **Unternehmenswert** wird durch Diskontierung der zukünftig anfallenden Gewinne berechnet. Als Zinssatz zur Diskontierung dieser Gewinne wird der Kapitalkostensatz k_g gewählt. Da die Gewinne unendlich lang anfallen, gelangt die Formel für die „ewige Rente“ zur Anwendung:

   $$(4)\quad W = \frac{G}{k_g} \cdot 100$$

   Daraus wird ersichtlich, dass unter der Annahme konstanter Gewinne eine Maximierung des Unternehmenswertes nur über eine Minimierung der Kapitalkosten möglich ist.

6.2.2.2 Das traditionelle Modell

Ein erstes Modell versucht, auf Grund des tatsächlich beobachteten Kapitalverhaltens die Zusammenhänge zwischen Kapitalkosten und deren Einflussfaktoren aufzuzeigen. Ausgangspunkt ist die Formel

$$(5)\quad k_g = \frac{G}{W} \cdot 100$$

Werden die zukünftig anfallenden Gewinne wiederum als konstant angenommen, so können die Kapitalkosten k_g nur über eine Erhöhung des Marktwertes W gesenkt werden. Dieser setzt sich aus den Marktwerten des Eigen- und Fremdkapitals zusammen, wobei davon ausgegangen werden kann, dass der Nominalwert des Fremdkapitals dem Marktwert entspricht. Weiter wird angenommen, dass die von den Aktionären und Gläubigern geforderte Rendite von verschiedenen Risiken abhängt. Zu nennen sind das gesamtwirtschaftliche Risiko und das Branchenrisiko, das Risiko bezüglich tatsächlicher Erfolgsentwicklung des Unternehmens und das finanzielle Risiko. Letzteres wird direkt aus dem Finanzierungsverhältnis[1] (FK:EK) abgeleitet. Da alle anderen Risiken als konstant unterstellt werden bzw. nur Unternehmen betrachtet werden, die einer in sich homogenen Risikoklasse angehören, ergibt sich folgende funktionale Beziehung:

$$(6)\quad k_e = f\left(\frac{FK}{EK}\right)$$

$$(7)\quad k_f = g\left(\frac{FK}{EK}\right)$$

1 Im Folgenden wird das Finanzierungsverhältnis FK:EK als Verschuldungsgrad bezeichnet, wie dies bei der Darstellung dieses Modells üblich ist.

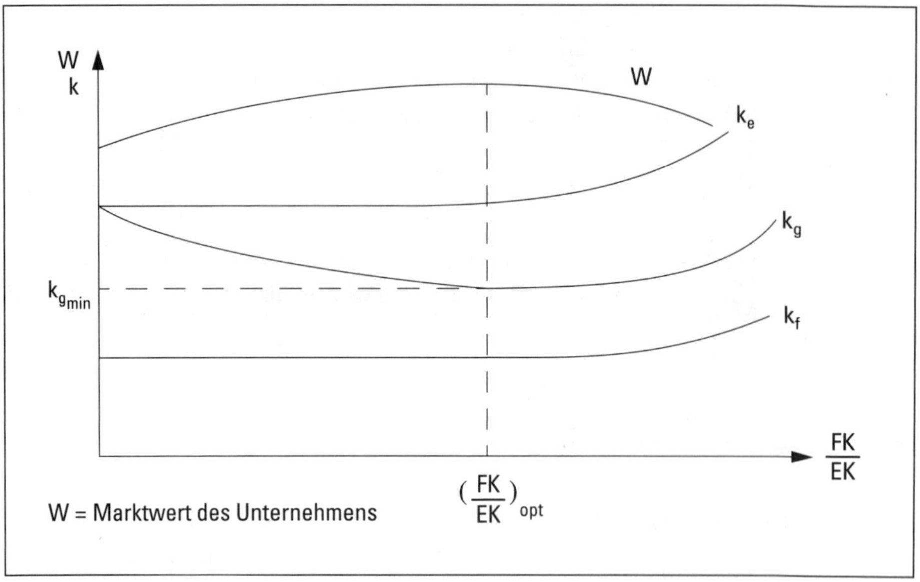

▲ Abb. 182 Kostenoptimaler Verschuldungsgrad

Das Modell versucht, den optimalen Verschuldungsgrad zu bestimmen, bei dem der durchschnittliche Kapitalkostensatz ein Minimum bildet bzw. der Marktwert des Unternehmens maximal ist. ◀ Abb. 182 zeigt die Verläufe der verschiedenen Kapitalkostensätze bei unterschiedlichen Verschuldungsgraden.

Aus ◀ Abb. 182 wird ersichtlich, dass der Verschuldungsgrad vorerst keinen Einfluss auf die effektive Rendite sowohl der Fremdkapital- als auch der Eigenkapitalgeber hat. Allerdings ist die geforderte Rendite der Eigenkapitalgeber höher, da diese auch ein höheres Risiko tragen. Mit zunehmendem Verschuldungsgrad wächst aber das finanzielle Risiko, das sich zuerst in einer steigenden Eigenkapitalrendite k_e, bei einem noch höheren Verschuldungsgrad auch in einer höheren Fremdkapitalrendite k_f niederschlägt. Der Verlauf des durchschnittlichen Kapitalkostensatzes k_g ist vorerst sinkend, weil durch die Substitution von Eigenkapital durch Fremdkapital billigeres Kapital zugeführt wird. Die durchschnittliche Kapitalkostenkurve hat dort ihr Minimum, wo sich der positive Rentabilitätsbeitrag des (billigeren) Fremdkapitals und der Kostenanstieg des Eigenkapitals auf Grund der gestiegenen finanziellen Risikobefürchtungen der Eigenkapitalgeber gerade ausgleichen. Bei einem höheren Verschuldungsgrad wird der Rentabilitätsbeitrag des (billigeren) Fremdkapitals durch die noch stärker gestiegene Eigenkapitalrendite überkompensiert. Zudem verlangt auch der Fremdkapitalgeber eine höhere Rendite, wenn sein finanzielles Risiko, d.h. das Risiko einer Überschuldung, gewachsen ist. Zu beachten ist, dass k_e hier die geforderte Rendite des Eigenkapitals, nicht die tatsächliche bedeutet. Dagegen entsprechen sich tatsächliche und geforderte Verzinsung des Fremdkapitals.

6.2.2.3 Das Modigliani/Miller-Modell

Das oben beschriebene traditionelle Modell, das lange Zeit in der Finanzierungsliteratur vorherrschte, wurde Ende der 50er-Jahre von Modigliani/Miller in Frage gestellt. Sie verneinten einen Zusammenhang zwischen Kapitalkosten und Verschuldungsgrad und entwickelten ein neues Modell, das zum Teil ebenfalls auf empirischen Untersuchungen beruhte, zum Teil aber auch deduktiv hergeleitet wurde.

Modigliani/Miller unterstellen, dass der Kapitalkostensatz unabhängig vom Verschuldungsgrad linear und konstant verläuft. Die geforderte Rendite der Fremdkapitalgeber ist ebenfalls linear und konstant – was nur gelten kann, wenn die Kredite keinem Ausfallrisiko unterliegen –, sodass daraus eine steigende Eigenkapitalrentabilität bei steigendem Verschuldungsgrad folgt.

In ▶ Abb. 183 wird deutlich, dass sich der optimale Verschuldungsgrad auf Grund der Kostenverläufe nicht bestimmen lässt. Unternehmen mit gleichen Gewinnerwartungen und gleichen Unsicherheitsrisiken haben unabhängig vom Verschuldungsgrad die gleichen Kapitalkosten und somit auch den gleichen Unternehmenswert.

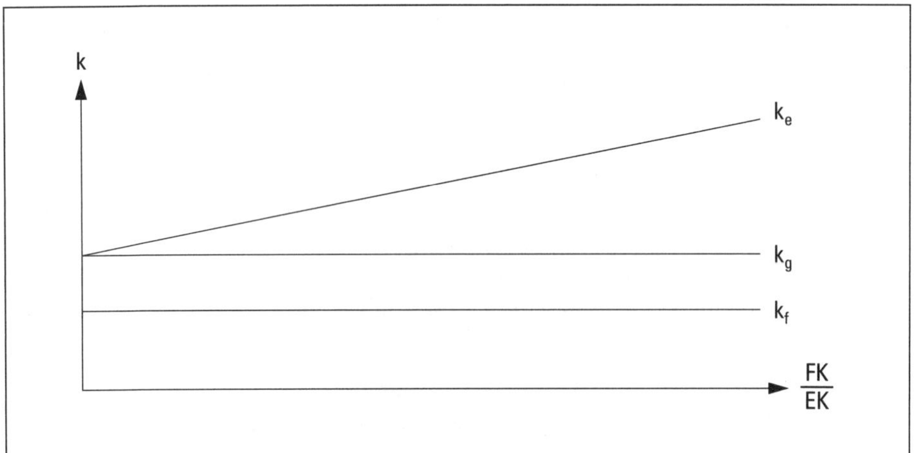

▲ Abb. 183 Kapitalkostenverläufe im Modigliani/Miller-Modell

6.2.2.4 Beurteilung der theoretischen Modelle

Ein Modell stellt eine vereinfachte Abbildung der Wirklichkeit dar. Modelle können deshalb weder alle Fälle erfassen noch den einzelnen Fall ganz genau umschreiben. Es kann sich lediglich um Denkmodelle handeln, die gewisse Prinzipien und Sachverhalte veranschaulichen. So konnte sowohl das traditionelle als auch das Modell von Modigliani/Miller nie empirisch ausreichend bestätigt werden. Insbesondere Letzteres war überwiegend der Kritik ausgesetzt.

6.3 Ausrichtung auf die Liquidität

6.3.1 Liquidität und Solvenz

Für das Unternehmen ist eine ausreichende **Liquidität** und damit die Fähigkeit, die zwingend fälligen Verbindlichkeiten jederzeit uneingeschränkt erfüllen zu können, erforderlich. Zudem ist die auf den betrieblichen Umsatzprozess bezogene Liquidität für einen reibungslosen güter- und finanzwirtschaftlichen Umsatzprozess und damit auch zur Aufrechterhaltung des finanziellen Gleichgewichts notwendig.[1] Liquiditätsprobleme können unter anderem in der Praxis auftreten, wenn

- die notwendigen finanziellen Mittel nicht beschafft werden können (z.B. Ausfall vorgesehener Finanzierungsquellen),
- der Unternehmenserfolg ausbleibt (z.B. können die hergestellten Produkte auf Grund ausgebliebener Nachfrage nicht verkauft werden und bleiben im Lager),
- die Finanzplanung die Einzahlungs- und Auszahlungsströme falsch prognostiziert (berechnet) hat oder
- die Finanzkontrolle versagt hat, rechtzeitig Fehlbeträge festzustellen und Maßnahmen zu ergreifen, um diese Lücken zu schließen.

Aus diesen Punkten wird ersichtlich, dass einer sorgfältigen Berechnung des Kapitalbedarfs und seiner Deckung unter Berücksichtigung des unternehmerischen Risikos (Unsicherheit) im Rahmen der Finanzplanung und -kontrolle eine große Bedeutung zukommt. Eine laufende Überwachung erlaubt das frühzeitige Erkennen von Abweichungen vom Finanzplan.

Zu beachten ist in diesem Zusammenhang aber, dass das Unternehmen auf Grund seiner Kreditwürdigkeit nicht nur die effektiv im Unternehmen vorhandene Liquidität, sondern auch die potenziell zur Verfügung stehenden liquiden Mittel zu berücksichtigen hat. In diesem Zusammenhang spricht man von der **Solvenz** eines Unternehmens. Solvenz ist die Eigenschaft eines Unternehmens, belie-

1 Zur Liquidität im Rahmen der Finanzziele vgl. die Ausführungen in Teil 1, Kapitel 3, Abschnitt 3.2.1.2 „Finanzziele".

bige potentielle Gläubiger (Banken, Investoren am Kapitalmarkt etc.) begründet davon überzeugen zu können, seine Schuldtitel zu akzeptieren. Daraus ist unmittelbar einsichtig, dass die Liquidität der Solvenz folgt, d.h. wer solvent ist, ist auch in der Lage, sich jederzeit liquide Mittel zu beschaffen.

6.3.2 Finanzierungsregeln

Eine der wichtigsten Voraussetzungen für den Bestand des Unternehmens und damit für die Sicherheit der Kapitalgeber ist, dass es der Unternehmensleitung gelingt, das Unternehmen im finanziellen Gleichgewicht zu halten. Insbesondere durch das Sicherheitsbedürfnis der Fremdkapitalgeber haben sich in der Praxis einige Grundregeln für die Kapitalstruktur gebildet, deren Beachtung finanzielle Ungleichgewichtszustände verhindern soll. Diese beziehen sich insbesondere auf

- das Verhältnis zwischen Fremd- und Eigenkapital bzw. zwischen den verschiedenen Fremdkapital- und Eigenkapitalarten (vertikale Finanzierungsregeln) oder
- die Beziehungen zwischen Vermögen und Kapital (horizontale Finanzierungsregeln).

6.3.2.1 Vertikale Kapitalstrukturregel

Die vertikale Kapitalstrukturregel bezieht sich auf die Zusammensetzung des Kapitals. Bezüglich der Ausgestaltung des Verhältnisses zwischen Fremd- und Eigenkapital werden – insbesondere in Abhängigkeit der Branche – unterschiedliche Relationen genannt, wobei zum Teil ein Verhältnis von 1:1 gefordert wird. Die Vertikal-Regel wird meist damit begründet, dass die Eigentümer des Unternehmens mindestens ebenso viel zur Finanzierung beitragen müssen wie die Gläubiger. Bei gegebener Kapitalverwendung wird das Risiko der Gläubiger umso geringer eingeschätzt, je geringer der Anteil des Fremdkapitals am Gesamtkapital ist. Solche Verhältniszahlen geben allerdings noch keinen direkten Hinweis auf die tatsächliche Liquidität, da sie weder in einem Zusammenhang mit den vorhandenen Vermögensstrukturen stehen noch die zukünftigen Ein- und Auszahlungsströme berücksichtigen. Indirekt können aber gewisse Rückschlüsse auf die Liquidität gezogen oder zumindest Vermutungen angestellt werden. Je größer beispielsweise der Verschuldungsgrad ist, umso größer werden in der Regel liquiditätsbelastende Auszahlungen erfolgen, umso weniger wird aber auch die Möglichkeit einer zusätzlichen Verschuldung bestehen.

6.3.2.2 Horizontale Kapital- und Vermögensstrukturregel

Die **goldene** oder **klassische Finanzierungsregel** besagt, dass zwischen der Dauer der Bindung der Vermögensteile und somit der Dauer der einzelnen Kapitalbedürfnisse und der Dauer, während welcher das zur Deckung der Kapitalbedürfnisse herangezogene Kapital zur Verfügung steht, Übereinstimmung bestehen muss.

Diese Regel beruht auf dem Prinzip der **Fristenkongruenz** zwischen Vermögen und Kapital. Die Befolgung dieser Finanzierungsregel gibt allerdings noch keine Sicherheit für eine ausreichende Liquidität. Sie berücksichtigt lediglich die zu einem bestimmten Zeitpunkt vorhandenen Fristen ohne Beachtung des finanz- und güterwirtschaftlichen Prozesses. Werden beispielsweise durch den Verkauf aus Güter- und Dienstleistungen finanzielle Mittel freigesetzt, so stehen diese in der Regel nicht oder nur teilweise zur Rückzahlung von Kapital zur Verfügung, sondern müssen erneut in den Produktionsprozess investiert werden.

In der Praxis wird dieses Prinzip vor allem bei der Kreditgewährung durch Banken beachtet. Dieses kommt in der so genannten **goldenen Bilanzregel** zum Ausdruck. Sie besagt, dass langfristig gebundenes Vermögen mit langfristigem Kapital, idealerweise mit Eigenkapital, finanziert werden soll. Damit ergäbe sich folgende Beziehung zwischen Kapital- und Vermögensstruktur:

Anlagevermögen und „eiserner Bestand“[1]	◄──►	EK und langfristiges FK
Umlaufvermögen	◄──►	kurz- und mittelfristiges FK

Die goldene Bilanzregel ist theoretisch ebenso wenig fundiert wie die goldene Finanzierungsregel. Zusätzlich ist zu ergänzen, dass die aus der Bilanz ersichtlichen Fristen vielfach nicht mit den effektiven übereinstimmen. Die dieser Finanzierungsregel zu Grunde liegende bilanztechnische oder rechtliche Betrachtungsweise vernachlässigt, dass kurz- oder mittelfristig ausgeliehenes Fremdkapital oft langfristig zur Verfügung steht (z.B. Kontokorrentkredit).

1 Hierunter versteht man das zur Aufrechterhaltung der Betriebsbereitschaft erforderliche Minimum an Roh-, Hilfs- und Betriebsstoffen oder an Waren.

6.4 Weitere Finanzierungskriterien

6.4.1 Flexibilitätsorientierte Finanzierung

Der **Grundsatz der flexiblen Finanzierung** besagt, dass ein Unternehmen fähig sein sollte, sich jederzeit an seine schwankenden Kapitalbedürfnisse sowie an die sich dauernd ändernden Bedingungen des Geld- und Kapitalmarktes anpassen zu können.

Dieser Grundsatz beruht auf einer dynamischen, zukunftsorientierten Betrachtungsweise und fordert konkret, dass das Unternehmen

- jederzeit die Möglichkeit hat, zusätzliches Eigen-[1] und Fremdkapital aufzunehmen,
- über eine genügende Liquiditätsreserve verfügt, um unvorhergesehene Liquiditätslücken schließen zu können,
- günstige Kapitalmarktbedingungen (hohe Aktienkurse, tiefe Zinsen) jederzeit ausnutzen kann, um seine Gesamtkapitalkosten möglichst tief zu halten.

Die Flexibilität stößt meistens bei der Rentabilität an ihre Grenzen. Eine hohe Flexibilität erfordert eine hohe Liquidität, welche wiederum die Rentabilität beeinträchtigt. Es zeigt sich jedoch auch, dass die Flexibilität umso größer ist, je höher die Kreditwürdigkeit ist. Diese erlaubt dem Unternehmen, ohne Probleme in kurzer Zeit zusätzliche Mittel zu beschaffen. Sie bedeuten eine große Liquiditätsreserve, ohne damit die Rentabilität zu belasten. Die Flexibilität steigert indirekt die Rentabilität, weil die Mittel in Bezug auf den Zeitpunkt – unter Berücksichtigung des effektiven Kapitalbedarfs – und auf die Finanzierungsform kostenoptimal gewählt werden können.

6.4.2 Unabhängigkeit

Mit der Ausgestaltung der Kapitalstruktur wird meistens auch eine Entscheidung über die Unabhängigkeit des Unternehmens gefällt. Mit der Art und dem Umfang der Kapitalbeteiligung wird entschieden, wie groß der Einfluss auf das Unternehmen ist. Dieser bezieht sich in erster Linie auf die Unternehmensführung in wichtigen Fragen.

Kleinere und mittlere Personenunternehmen und Familienaktiengesellschaften versuchen, sich fremden Einflüssen durch eine hohe Eigenfinanzierung zu entziehen. In einer expansiven Phase (beispielsweise bei wesentlicher Zunahme des Ge-

1 Vgl. Abschnitt 3.4 „Kapitalerhöhung".

schäftsumfangs) sehen sich aber diese Unternehmen ebenso wie größere Publikumsgesellschaften gezwungen, neue Kapitalgeber zu suchen, die dieses Wachstum mitfinanzieren.

In Bezug auf das Eigenkapital stehen verschiedene Möglichkeiten offen, sich fremden Einflüssen zu entziehen. Es wurden bereits im Zusammenhang mit der Ausgestaltung der Aktien (Inhaber- und Namensaktien) einige Möglichkeiten gezeigt.[1] In der Praxis trifft man auch auf so genannte **Aktionärsbindungsverträge,** welche gesetzlich nirgends geregelt sind. In einem solchen Vertrag finden sich Vereinbarungen, welche die Ausübung von Aktionärsrechten regeln. Boemle (1995, S. 253f.) unterscheidet folgende Formen:

- **Stimmbindungsverträge** oder Abstimmungsvereinbarungen: Die Vertragspartner verpflichten sich, ihr Stimmrecht nach den vereinbarten Normen auszuüben.
- **Verträge betreffend die Verfügung von Aktien:** Gegenstand dieser Vereinbarung bildet meistens eine Beschränkung des Rechtes auf Veräußerung, Verpfändung oder Einräumung einer Nutznießung. Sie kommen häufig in Form der sog. Sperrkonsortien vor. Die Aktionäre verpflichten sich, ihre Titel während der Vertragsdauer nicht zu veräußern. Diese Verpflichtung wird meistens durch Hinterlegung der Titel bei einem Treuhänder gesichert. Solche Einschränkungen der Verfügungsrechte erfüllen eine ähnliche Aufgabe wie die statutarische Vinkulierung von Aktien.
- **Verträge über die Ausübung von Bezugsrechten:** Aktionäre, welche bei einer Kapitalerhöhung von den ihnen zustehenden Bezugsrechten keinen Gebrauch machen, verpflichten sich, ihre Bezugsrechte nur den Vertragspartnern anzubieten.
- **Verträge über die Dividendenpoolung:** Die Vertragspartner legen die ihnen zufallenden Dividenden zusammen und verteilen sie nach einem bestimmten Schlüssel.
- **Verträge über die Teilnahme an der Hauptversammlung:** Die vertragsschließenden Aktionäre verpflichten sich, ihre Rechte nicht persönlich, sondern durch einen gemeinsamen Vertreter auszuüben.

Auch bei den verschiedenen Formen der Kreditfinanzierung ist eine Einflussnahme der Kapitalgeber auf die Geschäftsführung, sei es in Form aktiver Mitentscheidung oder bestimmter Kontrollfunktionen, nicht ausgeschlossen. Der Grad des Einflusses hängt dabei vielfach von der Kreditwürdigkeit des Schuldners ab. Je stärker das Vertrauen in die Fähigkeiten des Managements, je größer der gegenwärtige und erwartete Unternehmenserfolg und je weniger die Gesellschaft bereits verschuldet ist, desto kleiner wird das Interesse einer Einflussnahme sein. Dies zeigt sich besonders bei Sanierungen, wo die kreditgebenden Banken meistens einen oder mehrere Sitze im Aufsichtsrat der Not leidenden Gesellschaft ein-

1 Vgl. Kapitel 3 „Beteiligungsfinanzierung“, Abschnitt 3.2.2 „Ausgestaltung der Aktien“.

nehmen. Je anonymer hingegen ein Schuldverhältnis ist (z.B. Schuldverschreibung), desto geringer ist der Fremdeinfluss.

6.4.3 Zusammenfassung

Die Betrachtung der Finanzziele des Unternehmens hat gezeigt, dass durch die Aspekte Rentabilität, Liquidität und Unabhängigkeit Antinomien zwischen den einzelnen Teilzielen bestehen. Auch bei dem Versuch, die Kapitalstruktur zu optimieren und die Kapitalkosten zu minimieren, sieht sich der Finanzmanager eines Unternehmens einem Dilemma ausgesetzt, bei dem er verschiedene Ziele gegeneinander abwägen muss. Bei der Ausgestaltung der Kapitalstruktur ist entgegen vieler theoretischer Modellbetrachtungen die Ermittlung eines „optimalen Verschuldungsgrades" schwerlich operationalisierbar und neben der Rentabilität insbesondere von steuerlichen, risiko- und branchenspezifischen Determinanten abhängig. Auch die Bestimmung des richtigen „Mix" der Finanzierungsinstrumente ist unternehmensindividuell zu bestimmen und auch von den Zielen der beteiligten Anspruchsgruppen abhängig.

Literaturhinweise

Achleitner, A.-K.: Handbuch Investment Banking, 2. überarbeitete und erweiterte Auflage, Wiesbaden 2000

Achleitner, A.-K./Thoma, G.F. (Hrsg.): Handbuch Corporate Finance. Köln 1997

Drukarczyk, Jochen: Finanzierung. Eine Einführung. 8., neu bearbeitete Auflage, Stuttgart 1999

Gebhardt, U./Gerke, W./Steiner, M.: Handbuch des Finanzmanagements: Instrumente und Märkte der Unternehmensfinanzierung. München 1993

Helbling, Carl: Bilanz- und Erfolgsanalyse. Lehrbuch und Nachschlagewerk für die Praxis mit besonderer Berücksichtigung der Darstellung im Jahresabschluss- und Revisionsbericht. 10., nachgeführte Auflage, Bern/Stuttgart/Wien 1997

Perridon, L./Steiner, M.: Finanzwirtschaft der Unternehmung. 10., überarbeitete und erweiterte Auflage, München 1999

Schmidt, R.H./Terberger, E.: Grundzüge der Investitions- und Finanzierungstheorie. 4., aktualisierte Auflage, Wiesbaden 1997

Schneider, Dieter: Investition, Finanzierung und Besteuerung. 7., vollständig überarbeitete und erweiterte Auflage, Wiesbaden 1992

Spittler, Hans-Joachim: Leasing. In: Achleitner, A.-K./Thoma, G.F. (Hrsg.): Handbuch Corporate Finance. Köln 1997

Spremann, Klaus: Investition und Finanzierung. 5. Auflage, München/Wien 1996

Süchting, Joachim: Finanzmanagement. Theorie und Politik der Unternehmensfinanzierung. 6., vollständig überarbeitete und erweiterte Auflage, Wiesbaden 1995

Volkart, Rudolf: Strategische Finanzpolitik. Zürich 1997

Volkart, Rudolf: Finanzmanagement. Beiträge zu Theorie und Praxis. Band 1 und 2, 7., erweiterte Auflage, Zürich 1998a/b

Wöhe, G./Bilstein, J.: Grundzüge der Unternehmensfinanzierung, 8., überarbeitete und erweiterte Auflage, München 1998

Teil 7

Investition und Unternehmensbewertung

Inhalt

Kapitel 1
Grundlagen

1.1 Einleitung

1.1.1 Begriff

Ausgehend vom güter- und finanzwirtschaftlichen Umsatzprozess bedeutet „investieren" – wie das vom lateinischen „investire" (einkleiden) abgeleitete Wort zum Ausdruck bringt – die Einkleidung des Unternehmens mit Vermögenswerten. Die Investitionsvorgänge stellen damit die der Finanzierung unmittelbar folgende Phase dar.

> „**Investition** ist die Umwandlung der durch Finanzierung oder aus Umsätzen stammenden flüssigen Mittel des Unternehmens in Sachgüter, Dienstleistungen und Forderungen." (Käfer 1974, S. 5)

Je nach Umfang der betrachteten Investitionsobjekte können dabei zwei verschieden weit gefasste Begriffe unterschieden werden:

- **Investition im weiteren Sinne:** In einem sehr weiten Sinne umfassen die Vermögenswerte, in welche investiert wird, sämtliche Unternehmensbereiche, und zwar unabhängig von ihrer bilanziellen Erfassung oder Erfassbarkeit. Zu denken ist beispielsweise an
  - das Umlaufvermögen (z.B. Vorräte, Forderungen),
  - das materielle (z.B. Maschinen, Grundstücke), immaterielle (z.B. Patente, Lizenzen) und finanzielle (z.B. Beteiligungen) Anlagevermögen,

- Informationen (z.B. Informationssysteme des Rechnungswesens),
- das Humanvermögen oder Human Capital (z.B. Ausbildung von Mitarbeitern) und
- das Know-how (z.B. Forschung).

Es handelt sich somit um alle Investitionen, die ein Leistungspotenzial, d.h. einen erwarteten zukünftigen Nutzenzugang, darstellen.[1]

- **Investition im engeren Sinne:** Beschränkt man sich dagegen auf einen ganz bestimmten Unternehmensbereich oder eine bestimmte Art von Gütern, in die investiert wird, so handelt es sich um eine enge Fassung des Investitionsbegriffes. Insbesondere versteht man darunter die Umwandlung finanzieller Mittel in materielles Anlagevermögen.

Den folgenden Ausführungen liegt ein enger Investitionsbegriff zu Grunde, wobei die Produktionsanlagen (Maschinen und Maschinenkomplexe) von Industriebetrieben im Vordergrund stehen werden.

1.1.2 Arten von Investitionen

In Anlehnung an die vorhergehende Abgrenzung des Investitionsbegriffes kann bezüglich des **Investitionsobjekts** zwischen Sachinvestitionen (materielle oder immaterielle) und Finanzinvestitionen unterschieden werden.

Nach dem **zeitlichen Ablauf** lassen sich Gründungsinvestitionen (auch Anfangs- oder Errichtungsinvestitionen genannt) und laufende Investitionen unterscheiden. Letztere lassen sich je nach **Investitionszweck** bzw. Investitionsmotiv einteilen in:

1. **Ersatzinvestitionen:** Ersatz alter, nicht mehr perfekt funktionierender Anlagen durch neue gleiche oder zumindest gleichartige Anlagen.
2. **Rationalisierungsinvestitionen:** Auswechslung noch funktionierender und einsetzbarer Anlagen mit dem Zweck,
   - Kosten zu senken,
   - qualitativ bessere Produkte herzustellen,
   - die Kostenstruktur zu verändern (z.B. energiesparende Anlagen).
3. **Erweiterungsinvestitionen:** Beschaffung zusätzlicher Anlagen, um das bereits vorhandene Leistungspotenzial in quantitativer Hinsicht zu vergrößern.
4. **Umstellungsinvestitionen:** Ersatz der alten Maschinen durch neue, um anstelle der bisherigen Erzeugnisse neue Produkte herzustellen.

1 Vgl. dazu Teil 5, Kapitel 1, Abschnitt 1.2 „Struktur des betrieblichen Rechnungswesens“.

5. **Diversifikationsinvestitionen:** Zusätzlich zu den bisherigen Leistungen werden neue erbracht, die in das bestehende Produktionsprogramm passen (horizontale oder vertikale Diversifikation) oder die keinen sachlichen Zusammenhang zu den bisherigen Gütern haben (laterale Diversifikation).

In der betrieblichen Praxis lassen sich die einzelnen Investitionszwecke nicht immer genau abgrenzen, oder es spielen mehrere Motive gleichzeitig eine Rolle. Vielfach ist beim Ersatz einer älteren Anlage auch zu beobachten, dass aufgrund des technischen Fortschritts selten eine quantitativ und/oder qualitativ gleichwertige Anlage wiederbeschafft werden kann. Schließlich sind noch weitere Motive zu erwähnen, die in der Praxis neben den bereits genannten eine wesentliche Rolle spielen können:

- Einhaltung gesetzlicher Vorschriften (z.B. im Zusammenhang mit Umweltschutzmaßnahmen),
- soziale Anliegen zur Verbesserung der Arbeitsqualität der Mitarbeiter (z.B. Betriebssicherheit).

1.1.3 Hauptprobleme bei Investitionen

Da Investitionen häufig mit einer hohen Kapitalbindung verbunden sind und finanzwirtschaftlich erheblichen Liquiditäts- und Erfolgsrisiken unterliegen, kann der Bestand des Unternehmens leicht gefährdet werden, wenn die Investitionen nicht nach sorgsamen Überlegungen getätigt werden. Dieses wird anhand der folgenden Sachverhalte verdeutlicht:

1. **Langfristiger Zeithorizont:** Investitionsentscheidungen haben in der Regel langfristige Auswirkungen. Dies hat unter anderem folgende Konsequenzen:
   - langfristige Kapitalbindung, verbunden mit fixen Belastungen wie Abschreibungen und Zinsen,
   - starre Kostenstruktur,
   - großes Risiko: Je langfristiger die Auswirkungen, umso weniger genau können die für eine Investition relevanten Daten (z.B. Absatzmenge, Entwicklung neuer Maschinen, Liquidationswert) vorausgesagt werden, umso größer wird damit die Gefahr von Abweichungen der erstellten Prognosen.

   Zusammenfassend ergibt sich daraus eine erhebliche Einschränkung der unternehmerischen Flexibilität.
2. **Knappheit des Kapitals:** Grundsätzlich ist davon auszugehen, dass nicht beliebig Kapital zur Verfügung steht. Oder mit anderen Worten: Es stehen mehr Investitionsprojekte zur Auswahl, als finanziert werden können. Dies führt dazu, dass eine Auswahl bzw. eine Ablehnung von Investitionsprojekten vorgenommen

werden muss. Ein Hauptproblem besteht dabei in der Festlegung der Beurteilungskriterien.

3. **Komplexität:** Investitionen stehen nicht nur im Bereich der Finanzwirtschaft im Zentrum, sondern zeigen in allen Unternehmensbereichen erhebliche Auswirkungen. Speziell davon betroffen sind das Personalwesen, das Marketing, die Materialwirtschaft und der Produktionsbereich.
4. **Datenmenge:** Es fällt eine Vielzahl von Daten an, die für eine Investitionsentscheidung relevant sind. Neben innerbetrieblichen Informationen ist vor allem auch die Umwelt des Unternehmens einzubeziehen. Hierzu gehören insbesondere Informationen über den Markt, die Konkurrenz, die Technologie, die Gesamtwirtschaft und die politische Situation.
5. **Erfolg des Unternehmens:** Zusammenfassend kann festgestellt werden, dass Investitionen einen maßgeblichen Einfluss auf den Gesamterfolg (Gewinn) und sogar auf das Bestehen eines Unternehmens haben.

Aufgrund dieser Tatbestände wird verständlich, warum dem Problemlösungsprozess der Investition und dessen Steuerung besondere Aufmerksamkeit geschenkt wird. Im folgenden soll dieser Problemlösungsprozess dargestellt werden.

1.2 Problemlösungsprozess der Investition

Auch im Investitionsbereich kann ein Problemlösungsprozess charakterisiert werden, wie er bei den anderen Teilbereichen des Unternehmens gezeigt wird. Die einzelnen Phasen lassen sich wie folgt beschreiben:

1. **Analyse der Ausgangslage:** In der Ausgangslage geht es darum, die sich auf Grund der veränderten Umwelt (z.B. Technologie, rechtliche Vorschriften, Kundenbedürfnisse) oder neuer Unternehmensbedingungen (z.B. neue Zielformulierung, neue Unternehmensstrategie) ergebenden Probleme für den Investitionsbereich zu erkennen, zu erfassen und einer ersten groben Analyse zu unterziehen.
2. **Festlegung der Investitionsziele:** Aus den allgemeinen Unternehmenszielen und unter Berücksichtigung der Analyse der Ausgangslage lassen sich die spezifischen Investitionsziele herleiten. Wie im Rahmen der Finanzierung bereits dargelegt, geht es grundsätzlich um die optimale Kapitalverwendung. Im Vordergrund stehen die drei Zielkategorien **technische, wirtschaftliche** und **soziale Ziele.** Aus diesen lassen sich die Kriterien ableiten, nach denen die Beurteilung eines Investitionsvorhabens vorgenommen werden kann.
3. **Festlegung der Investitionsmaßnahmen:** Sind die Investitionsziele umschrieben, so lassen sich die Maßnahmen zur Zielerreichung bestimmen. Ausgehend von

den verschiedenen Investitionsarten können Maßnahmen unterschieden werden, die
- auf die Ersetzung (bei ausgedienten Maschinen) oder die Erweiterung (bei Erhöhung der Ausbringungsmenge) der bisherigen Anlagen abzielen,
- auf eine effizientere Herstellung der Produkte (z.B. neue Fertigungstechnik, neue Ablauforganisation) ausgerichtet sind,
- bestehende Anlagen veränderten Marktverhältnissen anpassen wollen,
- die Arbeitssicherheit der Mitarbeiter erhöhen sollen (z.B. Vollautomatisierung gefährlicher Arbeitsgänge, Lärmdämpfungsmaßnahmen),
- einen besseren Schutz der Umwelt beabsichtigen (z.B. neues Abwassersystem, Alarmanlage).

4. **Festlegung der Investitionsmittel:** Die Bestimmung der zur Realisierung der vorgeschlagenen Maßnahmen notwendigen Ressourcen beinhaltet in erster Linie die Entscheidung über die finanziellen Mittel, die eingesetzt werden sollen.

   Fasst man die finanziellen Mittel zusammen, die für sämtliche Investitionsvorhaben während einer Planperiode (z.B. ein Jahr) zur Verfügung stehen, so erhält man das **Investitionsbudget.**

   Da das Investitionsbudget meistens vorgegeben wird, stellt sich in der Praxis das Problem, wie diese Mittel auf die verschiedenen Investitionsprojekte aufgeteilt werden sollen.

5. **Durchführung:** Diese Phase umfasst die Umsetzung der Ziele und Maßnahmen in konkrete Investitionen unter Berücksichtigung des Investitionsbudgets. Die Gestaltung des Investitionsablaufs bei der Beschaffung und Inbetriebnahme von Investitionen wird in Abschnitt 1.3 „Ablauf des Investitionsentscheidungsprozesses“ dargestellt.

6. **Evaluierung der Resultate:** Investitionen zeigen vielfach direkt messbare Resultate, die über den Zielerreichungsgrad sowie die Zweckmäßigkeit der Maßnahmen und des Mitteleinsatzes Auskunft geben.

Sind die Investitionsziele (z.B. betriebssichere und umweltschonende Investitionen, welche ein durchschnittliches jährliches Wachstum von 5% gewährleisten) bestimmt, die vorgeschlagenen Maßnahmen (z.B. Ausbau der bestehenden Produktionsanlagen unter Berücksichtigung neuer Fertigungstechniken) genehmigt und die zu investierenden Mittel (in Form eines Investitionsbudgets) festgelegt, so bilden diese Ziele, Maßnahmen und Mittel zusammen die **Investitionspolitik.** Sie bringt das Investitionsverhalten eines Unternehmens zum Ausdruck.

Wie aus ▶ Abb. 184 ersichtlich, treten die vier Steuerungsfunktionen Planung, Entscheidung, Aufgabenübertragung und Kontrolle, wenn auch in unterschiedlichem Umfang und in unterschiedlicher Bedeutung, in allen Phasen des Problemlösungsprozesses auf. So müssen beispielsweise die Investitionsziele geplant wer-

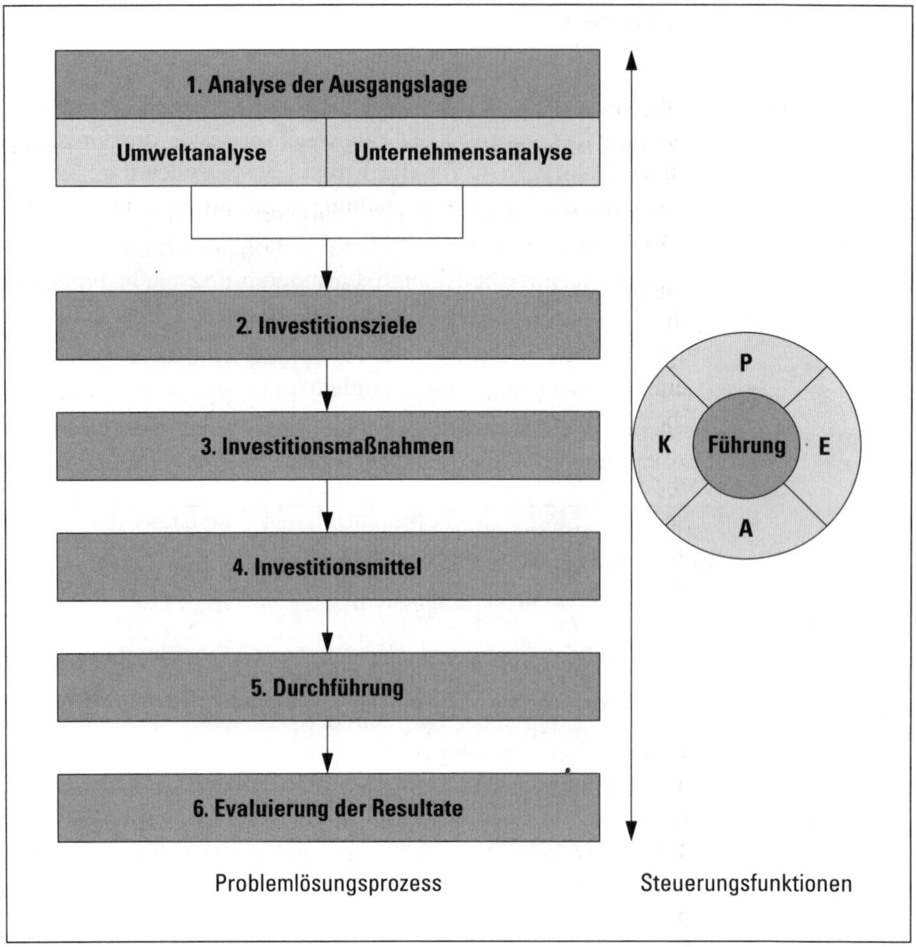

▲ Abb. 184 Problemlösungsprozess der Investition

den, es muss über sie entschieden werden, sie müssen durchgesetzt und schließlich kontrolliert werden.

1.3 Ablauf des Investitionsentscheidungsprozesses

Betrachtet man den Ablauf bei der Beschaffung und Inbetriebnahme eines Investitionsobjektes, so zeigt sich in der Praxis, dass in Anlehnung an die allgemeinen Führungsfunktionen folgende Phasen unterschieden werden können: Investitionsplanung, -entscheidung, -realisierung und -kontrolle.

1.3.1 Investitionsplanung

Der Planungsphase kommt insofern eine große Bedeutung zu, als sie – als Ausgangspunkt des Investitionsentscheidungsprozesses – die Grundlagen für die nachfolgenden Phasen, d.h. für die Investitionsentscheidung, -realisierung und -kontrolle schafft. Die Investitionsplanung kann ihrerseits in mehrere Teilphasen gegliedert werden:

1. **Anregungsphase:** In einer ersten Phase geht es darum, konkrete Investitionsmöglichkeiten zu ermitteln. Dazu sind Anregungen zu sammeln, die sich wie folgt ergeben (vgl. Siegwart/Kunz 1982, S. 21ff.):
   - Erkennung neuer Investitionsmöglichkeiten aufgrund systematischer Suche.
   - Erarbeitung von Vorschlägen aufgrund der Erfahrung bei der täglichen Arbeit, wie sie beispielsweise das betriebliche Vorschlagswesen ermöglicht.[1]
   - Erarbeitung von Investitionshinweisen aufgrund von Abweichungsanalysen. Diese können folgende Diskrepanzen zum Vorschein bringen:
     - Die Kapazität ist nicht ausreichend.
     - Die Ist-Qualität entspricht nicht der Soll-Qualität.
     - Die Durchlaufzeit ist zu lang.
     - Konstruktiv geänderte Teile können mit bestehenden Maschinen nicht mehr hergestellt werden.
     - Ein neues Produkt lässt sich mit den bestehenden Anlagen nicht oder nicht wirtschaftlich herstellen.
     - Die Herstellungskosten werden durch den erzielbaren Marktpreis nicht mehr voll gedeckt.
     - Die Kosten der Instandhaltung einer Anlage sind überdurchschnittlich hoch.
     - Die Kostensteigerung bei der bisher verwendeten Energie ist so stark, dass Substitutionsmaßnahmen geeignet erscheinen.
     - Es sind keine Ersatzteile mehr erhältlich.

2. **Machbarkeitsprüfung:** Liegen Anregungen vor, so müssen die Auswirkungen einer Investition sowie deren Vorteilhaftigkeit überprüft werden. Aufgrund der bestehenden Investitionsziele lassen sich spezifische Bewertungskriterien ableiten, wie sie die Übersicht in ▶ Abb. 185 zeigt. Darauf aufbauend können folgende Analysen vorgenommen werden:
   - **Technische Prüfung:** Ausarbeitung eines technischen Anforderungskataloges für das Investitionsobjekt und Vergleich mit den technischen Möglichkeiten der in Frage kommenden Investitionsobjekte.
   - **Wirtschaftliche Prüfung:** Abklärung der wirtschaftlichen Aspekte und Auswirkungen von Investitionsvorhaben, insbesondere

1 Vgl. Teil 8, Kapitel 5, Abschnitt 5.3.6 „Betriebliches Vorschlagswesen".

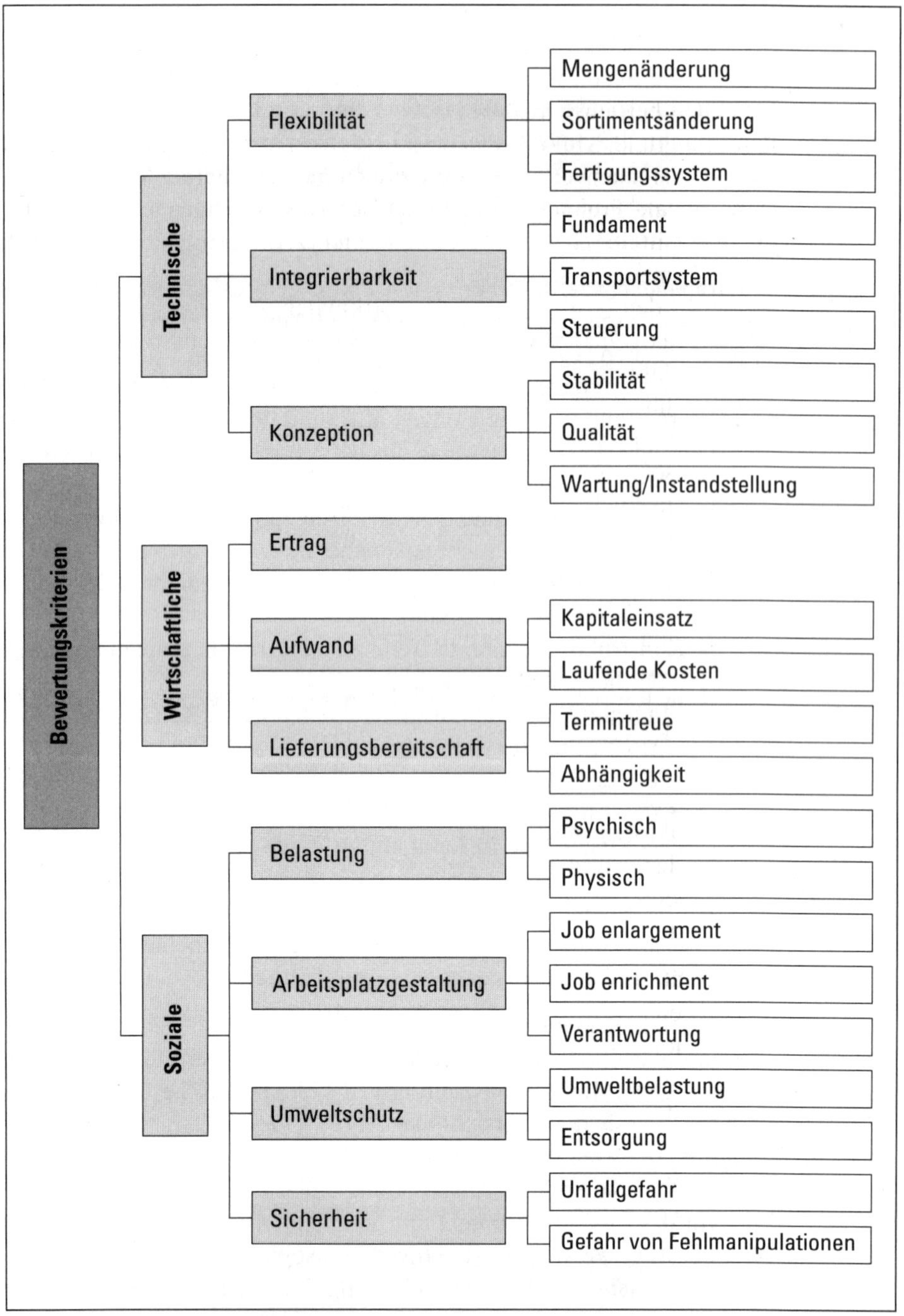

▲ Abb. 185 Zielbewertungskriterien (Siegwart/Kunz 1982, S. 55)

  - die Ermittlung des Kapitalbedarfs,
  - die Schätzung der Kosten und Erlöse sowie
  - die Bestimmung der wirtschaftlichen Nutzungsdauer.

  Aus betriebswirtschaftlicher Sicht steht die wirtschaftliche Analyse im Vordergrund. Mithilfe von Investitionsrechnungen (vgl. dazu Kapitel 2 „Investitionsrechenverfahren") lässt sich eine quantitative Analyse durchführen.
- **Soziale Prüfung:** Betrachtung der Auswirkungen einer Investition auf die unmittelbar betroffenen Mitarbeiter (z. B. Lärm) oder die Umwelt des Unternehmens (z. B. Abfälle).

Neben den rein quantitativen Merkmalen von Investitionsvorhaben spielen in der Praxis auch die wertmäßig nicht oder nur schlecht quantifizierbaren Einflussfaktoren eine nicht unbedeutende Rolle. Sie werden als **Imponderabilien** bezeichnet, d. h. seitens des Entscheidungsträgers „unwägbare" Faktoren. Diese können sowohl technische und wirtschaftliche als auch soziale Tatbestände umfassen:

- Einfachheit und Unfallsicherheit bei der Bedienung von Maschinen,
- Hitze-, Lärm- und Staubbelästigung,
- Arbeitsgenauigkeit,
- Absatzsteigerung infolge geringfügiger Qualitätsverbesserung,
- Einhaltung von Lieferterminen,
- Zuverlässigkeit des Lieferanten.

Bei der Beurteilung spielen vielfach auch **psychologische Einflussfaktoren** eine große Rolle. Als solche sind beispielsweise die Risikofreudigkeit, der Expansionszwang, das Prestige sowie die soziale Einstellung zu nennen.

Wegen der Unsicherheit der Daten und nur schlecht einschätzbarer Einflussfaktoren werden häufig mehrere Investitionsvarianten aufgestellt und miteinander verglichen. Als Hilfsmittel dazu dient die **Nutzwertanalyse.**[1] Sie ermöglicht, sowohl technische und wirtschaftliche als auch soziale Faktoren zu bewerten.

3. **Investitionsantrag:** Hat sich aufgrund der Investitionsanalyse eine Variante ergeben, die den Zielvorstellungen des Antragstellers entspricht, so ist ein Investitionsantrag an den oder die Entscheidungsträger einzureichen. Dieser muss alle entscheidungsrelevanten Informationen enthalten, damit sich derjenige, der über die Investition zu entscheiden hat, ein genaues Bild vom eingereichten Vorschlag machen kann. Deshalb ist es in der Regel unumgänglich, dass die meist umfangreiche Datenmenge auf die wesentlichen Informationen reduziert wird.

1 Zur Nutzwertanalyse vgl. Teil 1, Kapitel 2, Abschnitt 2.8.2 „Standortanalyse".

1.3.2 Investitionsentscheidung

Meistens stehen mehrere Investitionsvorschläge zur Auswahl, aus denen unter Berücksichtigung des Investitionsbudgets die vorteilhaftesten Anträge ausgewählt werden müssen. Vorteilhaft heißt in diesem Falle, dass die aus der Investitionspolitik vorgegebenen Zielkriterien am besten erfüllt werden. Dabei entsteht regelmäßig das Problem, dass aufgrund mehrerer Ziele und den daraus resultierenden Zielkonflikten Entscheidungen mit Kompromissen getroffen werden müssen. Nicht selten werden für einzelne Vorhaben Varianten berechnet, die sich aufgrund einer wahrscheinlichen, optimistischen oder pessimistischen Zukunftsbeurteilung ergeben. Dadurch kann nicht zuletzt das Risiko, das mit der Wahl eines bestimmten Investitionsprojektes eingegangen wird, besser abgeschätzt werden.

Wird schließlich eine Entscheidung gefällt, so stellt sich in der Praxis die Frage der Übertragung der Entscheidungskompetenzen auf die Entscheidungsträger (Stellen). Je nach Größe des Unternehmens und Höhe der Investitionssumme erfolgt eine differenzierte Regelung. Grundsätzlich werden einzelne Investitionsentscheidungen in Abhängigkeit von der Bedeutung der Investition von den Abteilungen oder vom Vorstand getroffen. Bei einzelnen bedeutsamen Investitionen kann die Zustimmung des Aufsichtsrates sinnvoll sein.

1.3.3 Realisierung von Investitionen

Ist die Entscheidung zu Gunsten eines Projektes gefallen, so müssen entsprechende **Maßnahmen** eingeleitet werden, um das Investitionsvorhaben zu realisieren. Je nachdem, ob es sich um eine Eigenherstellung oder um einen Fremdbezug handelt, stellen sich unterschiedliche Probleme. Bei größeren Investitionsprojekten wird die Realisierung geplanter Investitionsvorhaben eine längere Zeitperiode in Anspruch nehmen und schrittweise vollzogen. Dabei muss darauf geachtet werden, dass die Termine aufeinander abgestimmt sind und den direkt Betroffenen eindeutig mitgeteilt werden. Als Instrument eignet sich dazu der Netzplan.[1] Bei kleineren oder regelmäßigen Investitionen handelt es sich hingegen meist um routinemäßige Abwicklungen.

Neben den Maßnahmen, die in unmittelbarem Zusammenhang mit der Beschaffung eines Investitionsobjekts stehen, müssen weitere Vorbereitungen getroffen werden, die verschiedene Unternehmensbereiche betreffen. Zu erwähnen sind beispielsweise:

1 Vgl. Teil 4, Kapitel 2, Abschnitt 2.3.2 „Netzplantechnik".

- Bereitstellung des Kapitals in Form liquider Mittel (Wahl der Finanzierungsform),
- Bereitstellung der notwendigen Räumlichkeiten (evtl. Bau neuer Gebäude),
- Schulung der Mitarbeiter,
- Verfassung der Bedienungsanleitung,
- Durchführung von Marketingmaßnahmen bei neueren Produkten, Orientierung der Verkaufsorganisation,
- Beschaffung von Repetierfaktoren,
- Einstellung neuer Mitarbeiter.

1.3.4 Investitionskontrolle

Die **Kontrolle** als letztes Element der Steuerung des Investitionsentscheidungsprozesses erfüllt verschiedene Funktionen (▶ Abb. 186). Grundsätzlich kann unterschieden werden:

- **Ausführungskontrolle,** d.h. der Kontrolle der mit der Investition verbundenen Tätigkeiten, und einer
- **Ergebniskontrolle,** d.h. der Kontrolle der aus der Investition resultierenden Ergebnisse, unterschieden werden.

Grundlage einer **Wirtschaftlichkeitskontrolle** bildet die Investitionsplanung. Diese Daten, insbesondere diejenigen der Investitionsrechnungen, sind Vorgabewerte, mit denen die effektiven Zahlen verglichen und mögliche Abweichungen interpretiert werden können. Die Investitionskontrolle dient somit in erster Linie einer Soll-Ist-Analyse. Daneben dient sie aber auch als Grundlage für zukünftige Investitionsplanungen und -entscheidungen.

Die Ausgestaltung der Investitionskontrolle wird je nach Größe und Bedeutung des Investitionsprojektes verschieden ausfallen. Insbesondere muss entschieden werden über

- die Stelle, welche die Kontrolle durchführt (z.B. Geschäftsleitung, Rechnungswesen, Finanz- oder Produktionsabteilung),
- den Zeitpunkt und die Intensität der Kontrolle. Je nach Zweck der Kontrolle wird diese in sehr kurzen Zeitabschnitten (z.B. tägliche Kontrolle der Betriebsbereitschaft einer Anlage) oder in größeren Zeitabständen (z.B. Erfolgskontrolle in Form der Rentabilität) stattfinden.

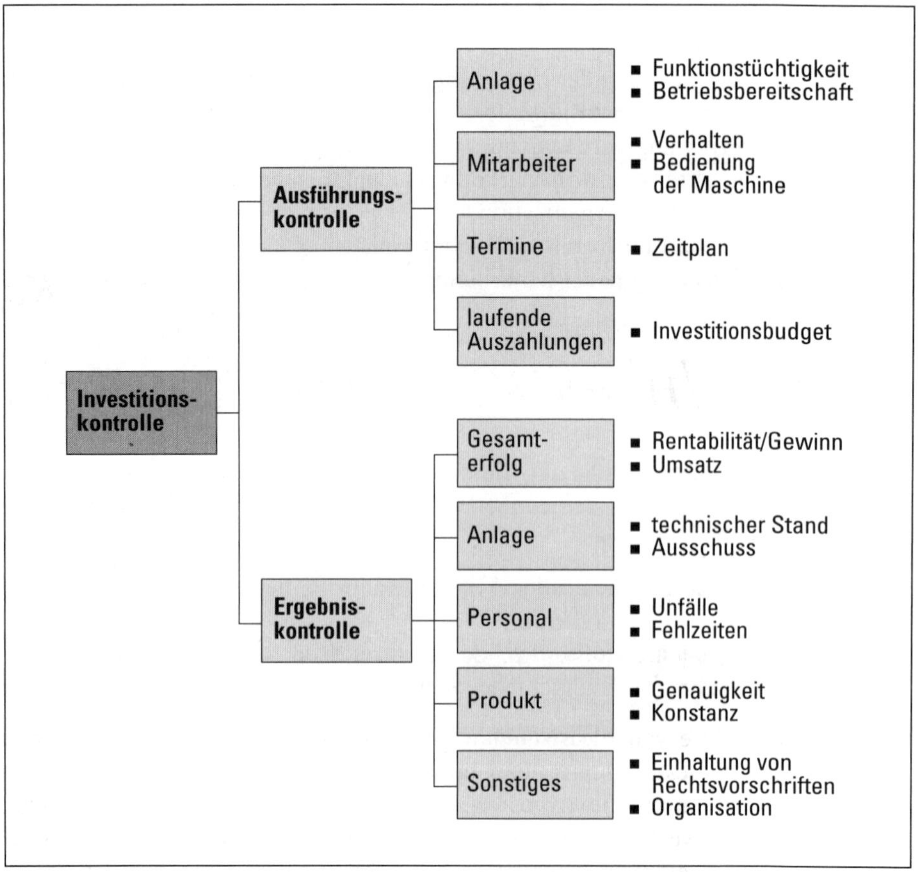

▲ Abb. 186 Kontrollfunktionen

Kapitel 2

Investitionsrechenverfahren

2.1 Überblick über die Verfahren der Investitionsrechnung

Mit Hilfe von Investitionsrechnungen ist es möglich, die quantitativen Aspekte einer Investition oder eines Investitionsprojektes zu erfassen und zu bewerten. Sie bilden damit ein wesentliches Instrument zur Planung und Kontrolle einer rationalen Investitionsentscheidung, die sich auf die wirtschaftliche Vorteilhaftigkeit einer Investition abstützen will. In der betriebswirtschaftlichen Theorie und unternehmerischen Praxis wurden verschiedene Verfahren entwickelt, die sich gemäß ▶ Abb. 187 in drei Gruppen einteilen lassen:

1. Die **statischen** Verfahren sind dadurch gekennzeichnet, dass sie die Unterschiede des zeitlichen Anfalls der jeweiligen Rechnungsgrößen nicht berücksichtigen und damit auf eine Ab- oder Aufzinsung verzichten. Da für alle Perioden die gleichen Werte angenommen werden, liegt den Rechnungen in der Regel lediglich eine Periode zugrunde. Dies bedeutet, dass man sich mit Durchschnittswerten zufrieden geben muss. Es handelt sich somit um relativ einfache Rechnungen, welche sich aus den Informationen des betrieblichen Rechnungswesens ableiten lassen. Sie finden aber – gerade wegen ihrer Einfachheit und Übersichtlichkeit – in der Praxis häufig Anwendung.
2. Die **dynamischen** Verfahren zeichnen sich demgegenüber dadurch aus, dass sie versuchen, die zeitlich unterschiedlich anfallenden Zahlungsströme während der gesamten Nutzungsdauer zu erfassen. Dies hat zur Folge, dass an die Stelle von Kosten- und Nutzengrößen Einzahlungen und Auszahlungen treten und damit bestimmte Notwendigkeiten der buchhalterischen Abgrenzung (z.B. bei

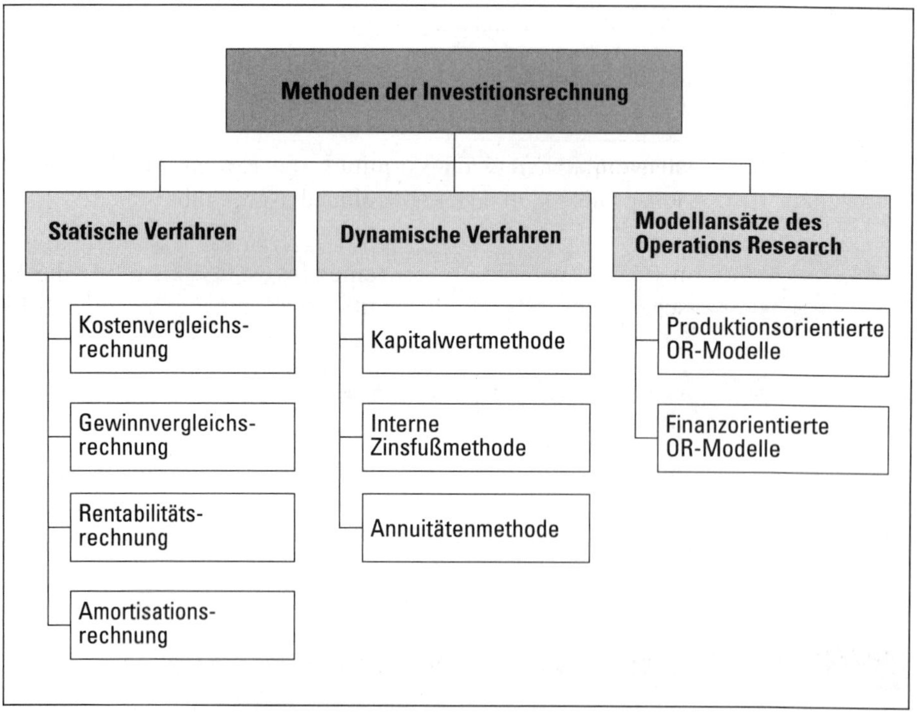

▲ Abb. 187 Übersicht über die Investitionsrechenverfahren

Abschreibungen) entfallen. Die Vergleichbarkeit dieser zeitlich unterschiedlich anfallenden Einzahlungs- und Auszahlungsströme wird dadurch erreicht, dass diese auf einen bestimmten Zeitpunkt abgezinst werden.

3. Die **Modellansätze des Operations Research** schließlich versuchen, mit umfassenden Entscheidungsmodellen die Interdependenzen zwischen verschiedenen Funktionsbereichen wie Absatz, Produktion, Finanzierung und Investition zu berücksichtigen. Sie weisen in der Regel ein hohes Abstraktionsniveau auf und eignen sich aufgrund ihrer allgemein theoretischen Ausrichtung noch wenig für konkrete Anwendungen. Im folgenden sollen deshalb nur die Verfahren der statischen und dynamischen Investitionsrechnung dargestellt und beurteilt werden.

2.2 Statische Verfahren der Investitionsrechnung

2.2.1 Kostenvergleichsrechnung

Die **Kostenvergleichsrechnung** ermittelt die Kosten von zwei oder mehreren Investitionsprojekten und stellt sie einander gegenüber.

Kriterium für die Vorteilhaftigkeit einer Investition ist somit die Kostengröße. Man entscheidet sich für jene Investitionsvariante, bei der die Kosten am kleinsten sind. Grundsätzlich kann dabei gerechnet werden mit

- den Kosten pro **Rechnungsperiode** (z.B. ein Jahr) oder
- den Kosten pro **Leistungseinheit**

Letztere bieten sich als Maßgröße vor allem dann an, wenn die zu vergleichenden Alternativen unterschiedliche Kapazitäten aufweisen und sich in der jährlichen Produktionsmenge unterscheiden. Der Erlös bleibt unberücksichtigt, da man davon ausgeht, dass der Erlös

- für alle betrachteten Investitionsvorhaben gleich groß ist,
- nicht auf eine einzelne Investition zugerechnet werden kann,
- überhaupt nicht gemessen werden kann.

In die Kostenvergleichsrechnung gehen grundsätzlich nur jene Kosten ein, die durch das jeweilige Investitionsprojekt verursacht werden. Vernachlässigt werden allerdings jene Kosten, die für alle Investitionsvarianten in gleicher Höhe anfallen. Entscheidungsrelevant sind damit die folgenden Kosten:

1. **Betriebskosten** (K_b), die als Kosten der laufenden Fertigung ausbringungsabhängig anfallen (variable Kosten), d.h. im wesentlichen Lohn-, Material-, Instandhaltungs-, Energie- sowie Werkzeugkosten,[1]
2. **Kapitalkosten,** die ausbringungsunabhängig anfallen (fixe Kosten). Diese setzen sich zusammen aus
   - den Abschreibungen (K_a) pro Zeitperiode und
   - den Zinskosten (K_z) des durchschnittlich gebundenen Kapitals.

Unter der Annahme eines kontinuierlichen Nutzungsverlaufs und somit linearer Abschreibungen können die Kosten unter Verwendung der nachstehenden Abkürzungen wie folgt berechnet werden:

---

1 Bei einer weiteren Differenzierung können noch ausbringungsunabhängige Kosten (fixe Kosten) der Betriebsbereitschaft unterschieden werden. Hierzu zählen zum Beispiel Versicherungs- oder Raumkosten. Vielfach handelt es sich dabei um sprungfixe Kosten.

I = Investitionsbetrag (Kapitaleinsatz)
L = Liquidationserlös des Investitionsobjekts am Ende der Nutzungsdauer
n = Laufzeit des Investitionsprojektes

p = Zinssatz (in Prozenten/Jahr) $\left(i = \frac{p}{100}\right)$

$$(1)\quad K = K_b + K_a + K_z$$

$$(2)\quad K_a = \frac{(I - L)}{n}$$

$$(3)\quad K_z = \left(L + \frac{(I - L)}{2}\right) \cdot \frac{p}{100} = \frac{(I + L)}{2} \cdot \frac{p}{100}$$

Somit ergeben sich die gesamten Periodenkosten K als

$$(4)\quad K = K_b + \frac{(I - L)}{n} + \frac{(I + L)}{2} \cdot \frac{p}{100}$$

und die Kosten pro Leistungseinheit (k) bei einer hergestellten Menge x als

$$(5)\quad k = \frac{K}{x}$$

Wie das Beispiel der Kostenvergleichsrechnung in ► Abb. 188 zeigt, sind bei einer Investitionsentscheidung nicht nur die Ermittlung der Kosten für eine bestimmte Kapazitätsauslastung von Bedeutung, sondern auch die Kosten bei alternativen Kapazitätsauslastungen.

Für den Entscheidungsträger ist von Interesse, bei welcher Ausbringungsmenge zwei Alternativen die gleiche Kostenhöhe aufweisen. Dieser als kritische Menge bezeichnete Output x_{krit} kann mit Hilfe einer **Break-even-Analyse** ermittelt werden:

$$(6)\quad K_1 = K_2$$

$$(7)\quad K_{z1} + K_{a1} + k_{b1}\, x_{krit} = K_{z2} + K_{a2} + k_{b2}\, x_{krit}$$

$$(8)\quad x_{krit} = \frac{K_{z2} + K_{a2} - K_{z1} - K_{a1}}{k_{b1} - k_{b2}}$$

Die grafische Darstellung der Break-even-Analyse (allgemeiner Fall, d.h. beide Maschinen haben die gleiche Kapazität) in ► Abb. 189 zeigt, dass Maschine 1 vorteilhafter arbeitet, solange die effektiv hergestellte Menge kleiner ist als die kritische Menge x_{krit}. Sobald die kritische Menge aber überschritten wird, erweist sich eine Bevorzugung von Maschine 2 als vorteilhaft. Bei der vergleichenden Beurteilung von zwei Maschinen muss somit nicht nur von den vorhandenen Ka-

A. Kosten pro Jahr	Anlage 1		Anlage 2	
■ **Ausgangsdaten**				
□ Anschaffungskosten	260.000		190.000	
□ Nutzungsdauer	5		6	
□ Liquidationserlös	10.000		10.000	
□ Kapazität/Periode	12.000		10.000	
□ Auslastung/Periode	10.000		10.000	
■ **Kapitalkosten/Jahr**				
□ Abschreibungen	50.000		30.000	
□ Zinsen (10%)	13.500	63.500	10.000	40.000
■ **Betriebskosten/Jahr**				
□ Lohnkosten	30.000		40.000	
□ Materialkosten	25.000		26.000	
□ Unterhaltskosten	10.000		12.000	
□ Energiekosten	4.000		6.000	
□ sonstige Betriebskosten	15.000	84.000	18.000	102.000
■ **Gesamtkosten/Jahr**		147.500		142.000
B. Kosten pro Leistungseinheit	**Anlage 1**		**Anlage 2**	
■ **Ausgangsdaten** wie A, aber Auslastung/Periode	10.000	12.000		10.000
■ **Kapitalkosten/Leistungseinheit**	6,35	5,29		4,00
■ **Betriebskosten/Leistungseinheit**	8,40	8,40		10,20
■ **Kosten/Leistungseinheit**	14,75	13,69		14,20

▲ Abb. 188 Beispiel Kostenvergleichsrechnung in Euro

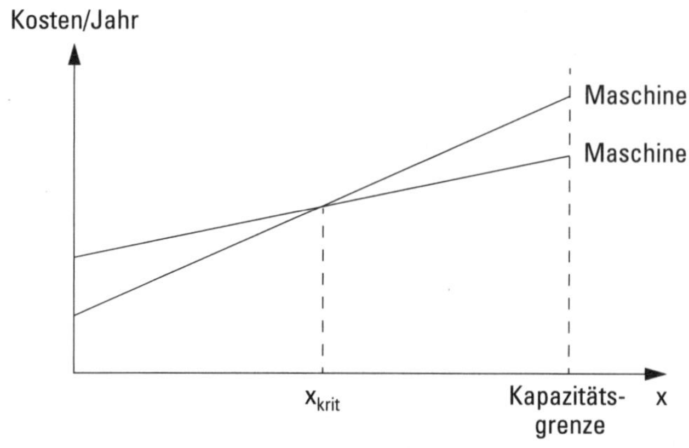

▲ Abb. 189 Break-even-Analyse

pazitäten, sondern auch von der wahrscheinlichen Auslastung ausgegangen werden. Je höher oder je tiefer die geschätzte Produktionsmenge über bzw. unter dem kritischen Punkt liegt, desto kleiner ist das Risiko einer Fehlentscheidung.

Eine **Beurteilung** der Kostenvergleichsrechnung ergibt, dass dem Vorteil eines in der Praxis einfach zu handhabenden Verfahrens einige schwerwiegende Mängel gegenüberstehen:

- Die Erlösseite wird nicht in die Berechnungen miteinbezogen. (Man kann damit nicht einmal bei der kostengünstigsten Alternative sicher sein, dass sie einen Gewinnbeitrag generiert.)
- Es wird keine Beziehung zur Höhe des eingesetzten Kapitals hergestellt.
- Die Kostenstruktur bleibt unbeachtet.
- Mögliche Veränderungen der Kosteneinflussgrößen (z.B. Änderung der Lohnkosten, der Rohstoffpreise) werden nicht berücksichtigt.

2.2.2 Gewinnvergleichsrechnung

Im Gegensatz zur Kostenvergleichsrechnung zieht die Gewinnvergleichsrechnung die Erlösseite mit in die Überlegungen ein. Dieses Verfahren empfiehlt sich somit immer dann, wenn die zur Auswahl stehenden Investitionsprojekte aufgrund unterschiedlicher quantitativer und/oder qualitativer Absatzmengen unterschiedliche Erlöse aufweisen.

> Bei der **Gewinnvergleichsrechnung** wird aus mehreren Investitionsmöglichkeiten jene Variante ausgewählt, die den größten Gewinnbeitrag verspricht.

Die Gewinnvergleichsrechnung eignet sich neben einfachen Ersatzinvestitionen hauptsächlich für **Erweiterungsinvestitionen,** bei denen mehrere Investitionsmöglichkeiten mit unterschiedlichen Gewinnerwartungen zur Verfügung stehen.

Auch wenn die Gewinnvergleichsrechnung durch Berücksichtigung der Erlöse einen wichtigen Mangel der Kostenvergleichsrechnung zu beheben vermag, können bei diesen beiden statischen Investitionsrechnungsverfahren grundsätzlich die gleichen Nachteile aufgeführt werden. Zusätzlich ist zu erwähnen, dass der Gewinn zwar eine aussagefähigere ökonomische Größe als die Kosten darstellt, die Ermittlung dieses Gewinnes aber in der Regel auf Schwierigkeiten stößt. Unproblematisch ist die Zurechnung eines Gewinnes nur dann, wenn mit einer einzigen Anlage, nämlich der zu beurteilenden, das vollständige Produkt hergestellt wird. Der aus dem Verkauf dieses Produkts erzielte Gewinn steht dann in direktem ursächlichem Zusammenhang mit der Anlage. In der betrieblichen Realität durchlaufen die Endprodukte jedoch mehrere Produktionsstufen, so dass eine Zurechnung des Gewinns auf einen bestimmten Teil des gesamten Anlagenkomplexes schwierig wird. Eine solche Verteilung des Gewinns wird zusätzlich dadurch erschwert, dass umgekehrt auf einer einzelnen Maschine vielfach mehrere Produkte (Halbfabrikate) hergestellt werden. Schließlich ist zu beachten, dass die Schätzung des Gewinns auch deshalb schwieriger ist als diejenige der Kosten, da fixe Kosten (wie beispielsweise die Kapitalkosten), die einen wesentlichen Bestandteil der Gesamtkosten ausmachen, fest vorgegeben sind. Der Absatz und somit der Gewinn hängen dagegen von vielen außerbetrieblichen Faktoren ab, so dass das Risiko der Fehleinschätzung eines Investitionsvorhabens auf der Grundlage einer Gewinnvergleichsrechnung erhöht wird.

Weisen die zur Diskussion stehenden Varianten eine unterschiedliche Nutzungsdauer oder unterschiedlich hohe durchschnittliche Kapitaleinsätze auf, so sind weitere Überlegungen in die Gewinnvergleichsrechnung einzubeziehen. Vorerst ist zu untersuchen, wie die nicht verwendeten finanziellen Mittel anderweitig eingesetzt werden können und welchen Gewinn sie dabei abwerfen. Man spricht in diesem Zusammenhang von Differenzinvestitionen.

Differenzinvestitionen sind definiert als Investitionen, die aus dem Einsatz derjenigen finanziellen Mittel getätigt werden, die sich aufgrund unterschiedlicher Laufzeiten und Kapitaleinsätze beim Vergleich mehrerer Investitionsvorhaben ergeben.

Um das Problem unterschiedlicher Laufzeiten zu mildern, kann an Stelle einer Perioden- eine Gesamtgewinnvergleichsrechnung erstellt werden. Dies geschieht im Beispiel in ▶ Abb. 190. Bezüglich des unterschiedlichen Kapitaleinsatzes muss untersucht werden, ob überhaupt genügend liquide Mittel zur Verfügung stehen, oder ob diese nicht ausreichend vorhanden sind und somit eine Restriktion darstellen. Ist dies nicht der Fall, so wird das Investitionsvorhaben mit dem absolut größten Gewinnbeitrag gewählt, sofern dieser mindestens die Höhe der Kapitalkosten erreicht. Sind die finanziellen Mittel hingegen beschränkt, müssen weitere Kriterien zur Ermittlung der Vorteilhaftigkeit eines Investitionsvorhabens herbeigezogen werden. Als zweckmäßig erweist sich dabei eine Ergänzung durch eine Rentabilitätsrechnung.[1]

Wie bereits bei der Kostenvergleichsrechnung dargelegt, können sich zusätzliche Untersuchungen aufdrängen, um weitere Informationen und Entscheidungsunterlagen zu erhalten. Vorerst kann mit Hilfe einer **Break-even-Analyse** überprüft werden, bei welcher kritischen Ausbringungsmenge die Gewinne von zwei Investitionsalternativen gleich groß, d.h. $G_1 = G_2$, sind. Diese berechnet sich analog zur Kostenvergleichsrechnung:

$$(1)\quad p_1\,x - (K_{z1} + K_{a1} + k_{b1}\,x) \;=\; p_2\,x - (K_{z2} + K_{a2} + k_{b2}\,x)$$

1 Vgl. dazu Abschnitt 2.2.3 „Rentabilitätsrechnung“.

1. Ausgangsdaten	Anlage 1	Anlage 2
▪ Anschaffungskosten	100.000	50.000
▪ Nutzungsdauer in Jahren	10	8
▪ Liquidationserlös	10.000	10.000
▪ Kapazität/Jahr	10.000	8.000
▪ Erlös/Leistungseinheit	2,50	2,00
▪ variable Betriebskosten/Leistungseinheit	0,40	0,50
▪ fixe Betriebskosten	2.000	1.000
▪ Zinssatz	10%	10%
2. Kostenvergleich	**Anlage 1**	**Anlage 2**
a) Fixe Kosten		
□ Abschreibungen	9.000	5.000
□ Zinsen	5.500	3.000
□ Sonstige	2.000	1.000
Total fixe Kosten/Jahr	16.500	9.000
b) Variable Kosten/Jahr	4.000	4.000
c) Gesamtkosten/Jahr	20.500	13.000
d) Stückkosten	2,05	1,625
3. Gewinnvergleich	**Anlage 1**	**Anlage 2**
a) Erlös pro Periode	25.000	16.000
b) Gewinn pro Periode	4.500	3.000
c) Gewinn pro Stück	0,45	0,375
d) Projektgewinn (ganze Nutzungsdauer)	45.000	24.000
4. Zusatzanalysen	**Anlage 1**	**Anlage 2**
a) Deckungsbeitrag/Leistungseinheit	2,10	1,50
b) Deckungsbeitrag/Periode	21.000	12.000
c) Gewinnschwelle		
□ absolut	7.857	6.000
□ in % der Kapazität	78,57%	75%
d) Sicherheitskoeffizient	21,43%	25%
e) Deckungsbeitragsquote	84%	75%

▲ Abb. 190 Beispiel Gewinnvergleichsrechnung (in Euro)

$$(2)\quad x_{krit} = \frac{(K_{z1} + K_{a1} - K_{z2} - K_{a2})}{(p_1 - k_{b1} - p_2 + k_{b2})}$$

wobei: x = Ausbringungsmenge
p = Erlös pro verkaufte Leistungseinheit
K_z = Zinskosten pro Periode
K_a = Abschreibungen pro Periode
k_b = Betriebskosten pro Leistungseinheit

Um sich ferner über die Gewinnstruktur der verschiedenen Investitionsprojekte ein genaueres Bild machen zu können, lassen sich die folgenden Kennzahlen berechnen:

$$(3)\ \text{Gewinnschwelle} = \frac{\text{Fixe Kosten}}{\text{Deckungsbeitrag/Leistungseinheit}}$$

$$(4)\ \text{Deckungsbeitragsquote} = \frac{\text{Deckungsbeitrag/Leistungseinheit}}{\text{Erlös/Leistungseinheit}} \cdot 100$$

$$(5)\ \text{Sicherheitskoeffizient} = \frac{\text{Gewinn/Periode}}{\text{Deckungsbeitrag/Periode}} \cdot 100$$

Die **Gewinnschwelle**, auch Break-even-Punkt genannt,[1] gibt an, ab welcher Ausbringungsmenge x die betrachtete Investitionsvariante in die Gewinnzone tritt. Die **Deckungsbeitragsquote** zeigt, wie viel der prozentuale Deckungsbeitrag pro produzierte Leistungseinheit[2] beträgt, während der **Sicherheitskoeffizient** angibt, um wie viel Prozent der Erlös pro Periode sinken kann, bevor Verluste eintreten. Ein Investitionsprojekt ist unter Berücksichtigung dieser drei Kennzahlen umso vorteilhafter,

- je tiefer die Gewinnschwelle,
- je höher die Deckungsbeitragsquote und
- je höher der Sicherheitskoeffizient ist.

2.2.3 Rentabilitätsrechnung

Benötigen die betrachteten Investitionsvorhaben unterschiedliche Kapitaleinsätze, so ist es sinnvoll, die Rentabilitäten bei der Beurteilung zu berücksichtigen. Ausgehend von der Kosten- und Gewinnvergleichsrechnung setzt die Rentabilitätsrechnung den durchschnittlich erzielten Jahresgewinn in Beziehung zum durchschnittlich eingesetzten Kapital.[3] Somit ergibt sich:

$$(1)\ \text{Rentabilität} = \frac{\text{Gewinn/Periode}}{\text{ø eingesetztes Kapital}} \cdot 100 = \frac{G}{\frac{(I + L)}{2}} \cdot 100$$

Mit Hilfe der Rentabilitätsrechnung können sowohl mehrere Investitionsmöglichkeiten als auch einzelne Projekte beurteilt werden. Stehen mehrere Varianten zur

1 Vgl. Teil 2, Kapitel 5, Abschnitt 5.2.3.2 „Gewinnorientierte Preisbestimmung".

2 Der (absolute) Deckungsbeitrag als Differenz zwischen Erlös/Leistungseinheit und variablen Betriebskosten/Leistungseinheit wird auch als **Deckungsspanne** bezeichnet.

3 Zur Rentabilität vgl. Teil 1, Kapitel 3, Abschnitt 3.2.2.4 „Gewinn und Rentabilität".

Auswahl, so wird man sich für jene mit der höchsten Rentabilität entscheiden. Geht es hingegen um die Beurteilung eines einzigen Vorhabens, so erweist sich jenes als vorteilhaft, das eine bestimmte, als Zielgröße vorgegebene Mindestrendite übersteigt. Die Rentabilitätsrechnung eignet sich nicht nur für Erweiterungs-, sondern auch für Rationalisierungsinvestitionen. Im letzteren Fall muss obige Formel wie folgt modifiziert werden:

$$(2)\ \text{Rentabilität} = \frac{\text{Kostenersparnis/Periode}}{\text{zusätzlicher ø Kapitaleinsatz}} \cdot 100$$

Bei der Beurteilung der Rentabilitätsrechnung können ähnliche Argumente vorgebracht werden wie bei den beiden bereits besprochenen Verfahren. Hervorzuheben ist allerdings, dass sich die Rentabilitätsrechnung durch Einbezug des eingesetzten Kapitals an einem Wirtschaftlichkeitskriterium orientiert. Obschon der Kapitalbezug hergestellt wird, bleibt unberücksichtigt,

- wie lange das Kapital gebunden bleibt,
- ob die Kapitaldifferenzen anderweitig eingesetzt bzw.
- zu welchen Konditionen sie angelegt werden können.

2.2.4 Amortisationsrechnung

Bei der Amortisationsrechnung – auch als **Pay back-** oder **Pay off-Methode** bezeichnet – wird die Zeitdauer (z) ermittelt, die bis zur Rückzahlung des Investitionsbetrages (I) durch die Einzahlungsüberschüsse verstreicht.

Die Einzahlungsüberschüsse[1] ergeben sich grundsätzlich aus Einzahlungen abzüglich Auszahlungen pro Periode, wobei sie der Einfachheit halber aus den Größen der Gewinn- und Kostenvergleichsrechnung wie folgt berechnet werden:

(1) Rationalisierungsinvestitionen: Kostenersparnis/Periode + Abschreibungen

(2) Erweiterungsinvestitionen: Gewinn/Periode + Abschreibungen

Die **Wiedergewinnungszeit** z, auch Rückflussfrist oder Amortisationszeit genannt, kann mit zwei Methoden berechnet werden (► Abb. 191):

1. **Kumulationsrechnung:** Die Einzahlungsüberschüsse jeder Periode werden so lange addiert, bis die Summe der kumulierten Werte dem ursprünglichen Inves-

1 Diese Einzahlungsüberschüsse werden auch als „Cashflow" bezeichnet, wobei dieser objektbezogene Cashflow nicht mit dem periodenbezogenen Cashflow der Kapitalflussrechnung verwechselt werden darf (vgl. dazu Teil 6, Kapitel 2, Abschnitt 2.2.3 „Dynamische Finanzkontrolle").

A. Durchschnittsrechnung	Anlage 1	Anlage 2	Anlage 3
▪ Anschaffungskosten	100	80	80
▪ Nutzungsdauer in Jahren	8	8	5
▪ Abschreibungen/Jahr	12,5	10	16
▪ Gewinn/Jahr	7,5	7,5	9
▪ Rückfluss/Jahr	20	17,5	25
▪ Amortisationszeit (in Jahren)	5	4,57	3,2
B. Kumulationsrechnung	**Anlage 1**	**Anlage 2**	**Anlage 3**
▪ Anschaffungskosten	50	50	50
▪ Nutzungsdauer	5	5	5
▪ Abschreibungen			
1. Jahr	10	5	10
2. Jahr	10	10	20
3. Jahr	10	20	10
4. Jahr	10	10	5
5. Jahr	10	5	5
▪ Gewinn			
1. Jahr	4	2	4
2. Jahr	4	4	8
3. Jahr	4	8	4
4. Jahr	4	4	2
5. Jahr	4	2	2
▪ Rückflüsse kumuliert			
1. Jahr	14	7	14
2. Jahr	28	21	42
3. Jahr	42	49	56
4. Jahr	56	63	63
5. Jahr	70	70	70
▪ Amortisationszeit (in Jahren)	3,57	3,07	2,57

▲ Abb. 191 Beispiel Amortisationsrechnung (in 1.000 Euro)

titionsbetrag entspricht. Dieses Vorgehen ist immer dann anwendbar und sogar notwendig, wenn der Gewinn pro Periode nicht konstant ist oder sich die Abschreibungen nicht linear berechnen lassen. Sind diese Prämissen jedoch erfüllt, so empfiehlt sich wegen der Vereinfachung der Berechnung die Durchschnittsmethode.

2. **Durchschnittsmethode:** Bei dieser Methode wird der Investitionsbetrag durch die regelmäßig anfallenden und gleich bleibenden Rückflüsse dividiert. Dies ergibt folgende Formeln:

$$\text{(a)} \quad z = \frac{\text{Kapitaleinsatz}}{\text{Kostenersparnis} + \text{Abschreibungen}}$$

$$\text{(b)}\quad z = \frac{\text{Kapitaleinsatz}}{\text{Gewinn + Abschreibungen}}$$

Die Vorteilhaftigkeit eines Investitionsvorhabens ist somit dann gegeben, wenn entweder

- die als Ziel vorgegebene Amortisationszeit (Soll-Zeit) größer ist als die effektiv berechnete Amortisationszeit (Ist-Zeit) oder
- ein bestimmtes Investitionsprojekt im Vergleich zu anderen Projekten die kleinste Amortisationszeit aufweist.

Die Amortisationsrechnung weist gegenüber den bisher betrachteten Verfahren einige **Vorzüge** auf:

- Erstens beruht das Verfahren auf liquiditätsorientierten Überlegungen.
- Zweitens wird dem Risiko Rechnung getragen: Je länger die Wiedergewinnungszeit, umso größer ist das Risiko, dass sich die Investition nicht bezahlt macht. Denn je langfristiger die Planung, umso größer ist auch die Wahrscheinlichkeit unvorhergesehener bzw. unvorhersehbarer Ereignisse, welche die vorausgesagten Werte wesentlich verändern können.

Diesem einfach anwendbaren Verfahren stehen aber auch einige spezifische **Nachteile** gegenüber:

- So sagt die Rückflussfrist (z) nichts über die zu erwartende Rentabilität aus. Möglicherweise wird selbst bei Durchführung des nach dieser Methode vorteilhaftesten Investitionsprojektes nicht der Kapitalmarktzinssatz (Opportunitätskosten) verdient.
- Probleme ergeben sich auch dann, wenn die Investitionsprojekte eine unterschiedliche Nutzungsdauer aufweisen. So beeinflusst die Höhe der jährlichen Abschreibungen die Amortisationsdauer wesentlich. Deshalb sind in der Regel weitere Rechnungen und Analysen nötig, die neben dem Sicherheits- und Liquiditätsdenken weitere Aspekte (z.B. Rentabilität) einbeziehen.

2.2.5 Beurteilung der statischen Verfahren

Zusammenfassend kann festgehalten werden, dass sich die statischen Investitionsrechenverfahren durch ihre große Praktikabilität auszeichnen. Es handelt sich um einfache Verfahren mit leicht zu verstehenden Berechnungen und betriebswirtschaftlich verständlichen Basisdaten. Allerdings weisen sie auch einige grundlegende Nachteile auf, die nochmals kurz dargestellt werden sollen:

- Zeitliche Unterschiede in Bezug auf effektive Ein- und Auszahlungen bleiben weitgehend unberücksichtigt: Für ein Unternehmen spielt dieser Aspekt nicht nur bezüglich der Liquidität, sondern auch wegen der Rentabilität eine Rolle. Je weiter der Einzahlungsüberschuss in der Zukunft liegt, umso kleiner wird die Rentabilität, weil das Geld zur Reinvestition erst in einem späteren Zeitpunkt zur Verfügung steht.
- Die Betrachtung einer einzigen Periode und somit die Rechnung mit Durchschnittswerten ist eine grobe Vereinfachung, die nicht der betrieblichen Wirklichkeit entspricht.
- Die unterschiedliche Zusammensetzung der Kosten wird nicht untersucht und in die Rechnungen einbezogen. Substitutionsmöglichkeiten (z.B. beim Ersatz von Mitarbeitern durch eine hochwertige, kapitalintensive Anlage werden Löhne durch Abschreibungen und Zinsen auf dem eingesetzten Kapital substituiert), welche im Hinblick auf Beschaffungsrestriktionen bedeutsam sein können, werden vernachlässigt.
- Die Zurechnung von Kosten und Gewinnen auf einzelne Investitionsvorhaben ist in der betrieblichen Praxis äußerst schwierig.
- Die effektive Nutzungsdauer bleibt unberücksichtigt. Damit besteht die Gefahr, dass längerfristige Investitionsprojekte unterbewertet werden. Dies wird besonders deutlich bei Anwendung der Pay back-Methode.
- Innerbetriebliche Interdependenzen werden nicht in die Betrachtung einbezogen. Schon bestehende – seien es bereits realisierte oder erst genehmigte – Investitionsprojekte bleiben beispielsweise unberücksichtigt.
- Restriktionen anderer Unternehmensbereiche (z.B. Finanzen, Personal, Materialwirtschaft), die vom Investitionsprojekt betroffen sind, werden nicht beachtet.

Die statischen Investitionsrechnungen können somit vor allem dann eingesetzt werden, wenn die zu beurteilenden Investitionsobjekte nicht durch schwankende, voneinander abweichende Zahlungsströme gekennzeichnet sind. Sie eignen sich zudem als Entscheidungsgrundlage für kleinere Investitionen, die wenig innerbetriebliche Abhängigkeiten aufweisen.

2.3 Dynamische Methoden der Investitionsrechnung

2.3.1 Einleitung

Die dynamischen Investitionsrechenverfahren versuchen, einige Schwächen der statischen Methoden zu beseitigen. Dies geschieht im Wesentlichen in zweifacher Hinsicht:

1. Es wird nicht mit Durchschnittswerten (Ein-Periodenbetrachtung) gerechnet, sondern mit **Zahlungsströmen,** die während der ganzen Nutzungsdauer der Investition auftreten.
2. Der **zeitlich unterschiedliche Anfall** der Einzahlungen und Auszahlungen wird berücksichtigt.

Aus letzterem Punkt ergibt sich, dass sämtliche zukünftigen Ein- und Auszahlungen auf den Zeitpunkt diskontiert (abgezinst) werden müssen, auf den die erste Zahlung erfolgt. Der für diese Diskontierung bzw. Abzinsung benötigte **Abzinsungsfaktor (v)** lautet:

$$(1)\quad v = \frac{1}{(1+i)^t}$$

wobei: $i = \frac{p}{100}$ (= Diskontierungszinssatz)
t = Jahr, in dem die Zahlung anfällt ($t = 1, 2, \ldots, n$)

Soll der **Barwert Z_0** einer zukünftigen Zahlung Z_t in t Jahren auf den heutigen Zeitpunkt t_0 berechnet werden, so ergibt sich

$$(2)\quad Z_0 = Z_t \frac{1}{(1+i)^t}$$

Diese Diskontierungsfaktoren muss man in der Regel nicht jedes Mal neu berechnen, sondern man kann sie üblicherweise den Abzinsungstabellen entnehmen, in welchen sie für eine bestimmte Anzahl Jahre und für verschiedene Zinssätze zusammengestellt sind (▶ Abb. 192, Tabelle A).

Beispiel Diskontierungsfaktor

p = 10%
Z_5 = EUR 5.000,–

$$Z_0 = 5.000 \frac{1}{(1+0{,}1)^5} = 5.000 \frac{1}{1{,}611} = 5{,}000 \cdot 0{,}621 = 3.105 \text{ [EUR]}$$

Einen Spezialfall stellt die Berechnung des Barwertes Z_0 dar, wenn während n Jahren eine Zahlung jeweils am Jahresende fällig wird, die in ihrer Höhe konstant bleibt. In diesem Fall erhält man Z_0 durch Addition der diskontierten Jahreszahlungen:

$$(3)\quad Z_0 = \frac{Z}{(1+i)^1} + \frac{Z}{(1+i)^2} + \ldots + \frac{Z}{(1+i)^n} = Z\,v_1 + Z\,v_2 + \ldots + Z\,v_n$$

Da die rechte Seite der Gleichung (3) einer geometrischen Reihe entspricht (d.h. der Quotient von zwei aufeinander folgenden Gliedern ist konstant), kann die folgende Summenformel einer solchen Reihe für die Berechnung des Barwerts Z_0 genommen werden:

$$(4)\quad a_{\overline{n|}} = \sum_{t=1}^{n} v_t = \frac{(1+i)^n - 1}{i(1+i)^n}$$

Damit ergibt sich der Barwert wie folgt:

$$(5)\quad Z_0 = a_{\overline{n|}} Z = Z\left(\frac{(1+i)^n - 1}{i(1+i)^n}\right)$$

Der Abzinsungssummenfaktor $a_{\overline{n|}}$ wird auch als Kapitalisierungs- oder Barwertfaktor bezeichnet. Er kann üblicherweise – wie der Abzinsungsfaktor – für verschiedene Jahre und Zinssätze den entsprechenden Tabellen entnommen werden (▶ Abb. 192, Tabelle B). Da es sich bei der Zahlung Z um eine während n Jahren jährlich anfallende, nachschüssige (d.h. Ende Jahr fällige) Rente handelt, nennt man den Barwert Z_0 auch den **Rentenbarwert** oder **Kapitalwert.**

Beispiel Rentenbarwert		
p	=	10%
Z	=	EUR 1.000,–
n	=	5
Z_0	=	1.000 · 3,791 = 3.791 [EUR]

Tabelle A: Abzinsungsfaktor $v = \frac{1}{(1+i)^t} = (1+i)^{-t}$

Jahre	Zinssatz p (%) 1	2	3	4	5	6	7	8	9	10	12	14	16	18	20	22	24	26	28	30
1	0,990	0,980	0,971	0,962	0,952	0,943	0,935	0,926	0,917	0,909	0,893	0,877	0,862	0,847	0,833	0,820	0,806	0,794	0,781	0,769
2	0,980	0,961	0,943	0,925	0,907	0,890	0,873	0,857	0,842	0,826	0,797	0,769	0,743	0,718	0,694	0,672	0,650	0,630	0,610	0,592
3	0,971	0,942	0,915	0,889	0,864	0,840	0,816	0,794	0,772	0,751	0,712	0,675	0,641	0,609	0,579	0,551	0,524	0,500	0,477	0,455
4	0,961	0,924	0,888	0,855	0,823	0,792	0,763	0,735	0,708	0,683	0,636	0,592	0,552	0,516	0,482	0,451	0,423	0,397	0,373	0,350
5	0,951	0,906	0,863	0,822	0,784	0,747	0,713	0,681	0,650	0,621	0,567	0,519	0,476	0,437	0,402	0,370	0,341	0,315	0,291	0,269
6	0,942	0,888	0,837	0,790	0,746	0,705	0,666	0,630	0,596	0,564	0,507	0,456	0,410	0,370	0,335	0,303	0,275	0,250	0,227	0,207
7	0,933	0,871	0,813	0,760	0,711	0,665	0,623	0,583	0,547	0,513	0,452	0,400	0,354	0,314	0,279	0,249	0,222	0,198	0,178	0,159
8	0,923	0,853	0,789	0,731	0,677	0,627	0,582	0,540	0,502	0,467	0,404	0,351	0,305	0,266	0,233	0,204	0,179	0,157	0,139	0,123
9	0,914	0,837	0,766	0,703	0,645	0,592	0,544	0,500	0,460	0,424	0,361	0,308	0,263	0,225	0,194	0,167	0,144	0,125	0,108	0,094
10	0,905	0,820	0,744	0,676	0,614	0,558	0,508	0,463	0,422	0,386	0,322	0,270	0,227	0,191	0,162	0,137	0,116	0,099	0,085	0,073
11	0,896	0,804	0,722	0,650	0,585	0,527	0,475	0,429	0,388	0,350	0,287	0,237	0,195	0,162	0,135	0,112	0,094	0,079	0,066	0,056
12	0,887	0,788	0,701	0,625	0,557	0,497	0,444	0,397	0,356	0,319	0,257	0,208	0,168	0,137	0,112	0,092	0,076	0,062	0,052	0,043
13	0,879	0,773	0,681	0,601	0,530	0,469	0,415	0,368	0,326	0,290	0,229	0,182	0,145	0,116	0,093	0,075	0,061	0,050	0,040	0,033
14	0,870	0,758	0,661	0,577	0,505	0,442	0,388	0,340	0,299	0,263	0,205	0,160	0,125	0,099	0,078	0,062	0,049	0,039	0,032	0,025
15	0,861	0,743	0,642	0,555	0,481	0,417	0,362	0,315	0,275	0,239	0,183	0,140	0,108	0,084	0,065	0,051	0,040	0,031	0,025	0,020

Tabelle B: Abzinsungssummenfaktor $a_{\overline{n}|} = \sum_{t=1}^{n} \frac{1}{(1+i)^t} = \frac{(1+i)^n - 1}{i(1+i)^n}$

Jahre	1	2	3	4	5	6	7	8	9	10	12	14	16	18	20	22	24	26	28	30
1	0,990	0,980	0,971	0,962	0,952	0,943	0,935	0,926	0,917	0,909	0,893	0,877	0,862	0,847	0,833	0,820	0,806	0,794	0,781	0,769
2	1,970	1,942	1,913	1,886	1,859	1,833	1,808	1,783	1,759	1,736	1,690	1,647	1,605	1,566	1,528	1,492	1,457	1,424	1,392	1,361
3	2,941	2,884	2,829	2,775	2,723	2,673	2,624	2,577	2,531	2,487	2,402	2,322	2,246	2,174	2,106	2,042	1,981	1,923	1,868	1,816
4	3,902	3,808	3,717	3,630	3,546	3,465	3,387	3,312	3,240	3,170	3,037	2,914	2,798	2,690	2,589	2,494	2,404	2,320	2,241	2,166
5	4,853	4,713	4,580	4,452	4,329	4,212	4,100	3,993	3,890	3,791	3,605	3,433	3,274	3,127	2,991	2,864	2,745	2,635	2,532	2,436
6	5,795	5,601	5,417	5,242	5,076	4,917	4,767	4,623	4,486	4,355	4,111	3,889	3,685	3,498	3,326	3,167	3,020	2,885	2,759	2,643
7	6,728	6,472	6,230	6,002	5,786	5,582	5,389	5,206	5,033	4,868	4,564	4,288	4,039	3,812	3,605	3,416	3,242	3,083	2,937	2,802
8	7,652	7,325	7,020	6,733	6,463	6,210	5,971	5,747	5,535	5,335	4,968	4,639	4,344	4,078	3,837	3,619	3,421	3,241	3,076	2,925
9	8,566	8,162	7,786	7,435	7,108	6,802	6,515	6,247	5,995	5,759	5,328	4,946	4,607	4,303	4,031	3,786	3,566	3,366	3,184	3,019
10	9,471	8,983	8,530	8,111	7,722	7,360	7,024	6,710	6,418	6,145	5,650	5,216	4,833	4,494	4,192	3,923	3,682	3,465	3,269	3,092
11	10,368	9,787	9,253	8,760	8,306	7,887	7,499	7,139	6,805	6,495	5,938	5,453	5,029	4,656	4,327	4,035	3,776	3,543	3,335	3,147
12	11,255	10,575	9,954	9,385	8,863	8,384	7,943	7,536	7,161	6,814	6,194	5,660	5,197	4,793	4,439	4,127	3,851	3,606	3,387	3,190
13	12,134	11,348	10,635	9,986	9,394	8,853	8,358	7,904	7,487	7,103	6,424	5,842	5,342	4,910	4,533	4,203	3,912	3,656	3,427	3,223
14	13,004	12,106	11,296	10,563	9,899	9,295	8,745	8,244	7,786	7,367	6,628	6,002	5,468	5,008	4,611	4,265	3,962	3,695	3,459	3,249
15	13,865	12,849	11,938	11,118	10,380	9,712	9,108	8,559	8,061	7,606	6,811	6,142	5,575	5,092	4,675	4,315	4,001	3,726	3,483	3,268

▲ Abb. 192 Abzinsungsfaktoren und Rentenbarwertfaktoren

2.3.2 Kapitalwertmethode (Net Present Value Method)

Bei der Kapitalwertmethode werden alle durch eine Investition verursachten Einzahlungen und Auszahlungen auf einen bestimmten Zeitpunkt abgezinst.

Die Differenz aus den abgezinsten Einzahlungen und Auszahlungen bezeichnet man als **Kapitalwert** oder **Net Present Value** (NPV) einer Investition.

Zur Berechnung des Kapitalwertes ist die Kenntnis folgender Größen erforderlich:

t = Zeitindex, wobei $t = 1, 2, \ldots, n$
n = Nutzungsdauer der Investition in Jahren
i = Diskontierungszinssatz (Kalkulationszinssatz)
I_0 = Auszahlungen im Zusammenhang mit der Beschaffung des Investitionsobjektes, zum Beispiel Kaufpreis einer Maschine, Auszahlungen für Transport und Installation oder Kosten für das Anlernen der Mitarbeiter
a_t = Auszahlungen während der Nutzungsdauer, fällig am Ende der jeweiligen Zeitperiode t wie zum Beispiel Zahlungen für Repetierfaktoren, Löhne, Reparaturen
e_t = Einzahlungen während der Nutzungsdauer, fällig am Ende der jeweiligen Zeitperiode t; diese beinhalten in erster Linie die Erlöse aus dem Verkauf der erstellten Leistungen
g_t = Einzahlungsüberschuss, also $e_t - a_t$
L_n = Liquidationserlös am Ende der Nutzungsdauer

Der Kapitalwert K_0 ergibt sich aus der Differenz sämtlicher diskontierter Einzahlungen E_0 und Auszahlungen A_0:

(1) $K_0 = E_0 - A_0$

(2) $$E_0 = \sum_{t=1}^{n} \frac{e_t}{(1+i)^t} + \frac{L_n}{(1+i)^n}$$

(3) $$A_0 = \sum_{t=1}^{n} \frac{a_t}{(1+i)^t} + I_0$$

(4) $$K_0 = \sum_{t=1}^{n} \frac{e_t - a_t}{(1+i)^t} + \frac{L_n}{(1+i)^n} - I_0$$

Fallen die Einzahlungsüberschüsse g_t gleichmäßig über die gesamte Nutzungsdauer an, so kann mit Hilfe der Rentenbarwertrechnung die Formel wie folgt vereinfacht werden:

$$(5)\quad K_0 = a_{\overline{n}|}\, g + \frac{L_n}{(1+i)^n} - I_0$$

Beispiel Kapitalwertmethode

I_0 = EUR 60.000,–
L_n = EUR 10.000,–
p = 10%
t = 3

a) g_1 = EUR 20.000,–
g_2 = EUR 30.000,–
g_3 = EUR 25.000,–

$K_0 = 0{,}909 \cdot 20.000 + 0{,}826 \cdot 30.000 + 0{,}751\,(25.000 + 10.000) - 60.000 = 9.245$ [EUR]

b) $g_1 = g_2 = g_3 = 25.000$,–

$K_0 = 2{,}487 \cdot 25.000 + 0{,}751 \cdot 10.000 - 60.000 = 9.685$ [EUR]

Aus der Kapitalwertformel und den Zahlenbeispielen wird deutlich, dass die Höhe des Kapitalwertes durch die folgenden Faktoren bestimmt wird:

- Höhe und zeitliche Verteilung der jährlichen Auszahlungen und Einzahlungen,
- Kalkulationszinssatz.

Daraus wird ersichtlich, dass der Wahl des Kalkulationszinssatzes ein besonderes Gewicht zukommt. Grundsätzlich stehen drei Möglichkeiten offen, diesen Zinssatz zu bestimmen:

1. Man legt die **Finanzierungskosten** zugrunde und verlangt, dass die Investition mindestens eine Rendite in der Höhe der Kosten des eingesetzten Kapitals erzielt.
2. Man nimmt die Rendite, die bei **alternativen Anlagemöglichkeiten** erzielt werden könnte, sei dies bei sachähnlichen oder sachfremden Investitionsprojekten.
3. Man gibt eine **Zielrendite** vor, die man unter Berücksichtigung verschiedener Faktoren (z.B. Marktchancen, Risiko) erreichen möchte.

Wie aus ▶ Abb. 193 ersichtlich ist, bestehen zwischen Kalkulationszinssatz und Kapitalwert enge Beziehungen. Je höher der Kalkulationszinssatz ist, desto kleiner ist der Kapitalwert und umgekehrt. (Die Darstellung beruht auf den Zahlen des Beispiels zur Kapitalwertberechnung.)

Die Vorteilhaftigkeit einer einzelnen Investition ergibt sich immer dann, wenn der Kapitalwert positiv ist. Dieser zeigt an, dass über die geforderte Mindestverzinsung in Form des Kalkulationszinssatzes i sowie die Rückzahlung des ein-

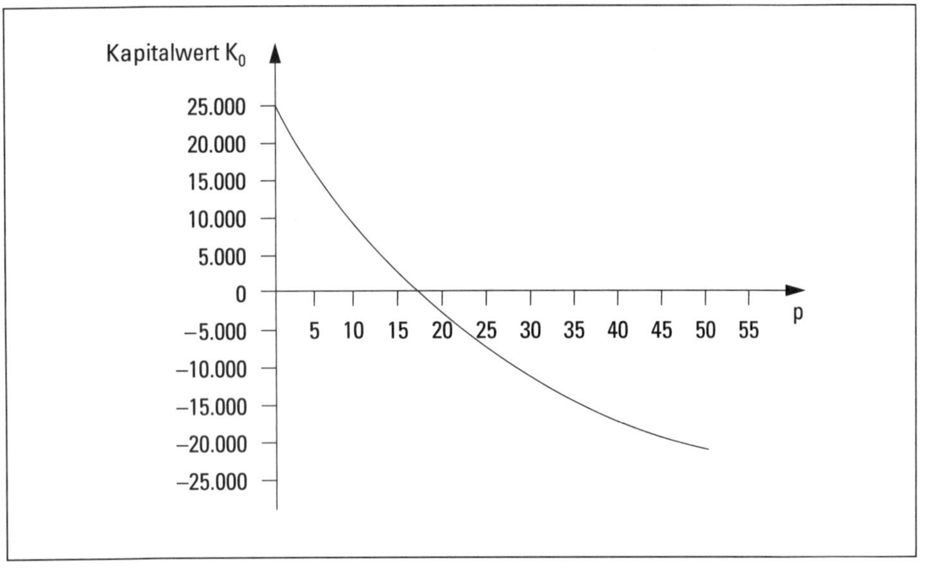

▲ Abb. 193 Zusammenhang Kapitalwert – Kalkulationszinsfuß

gesetzten Kapitals ein Überschuss erwirtschaftet worden ist. Wird die geforderte Mindestverzinsung dagegen nicht erreicht, d.h. ist der Kapitalwert negativ, so genügt die Investition den Anforderungen nicht. Bei einem Vergleich zwischen mehreren Investitionsprojekten wird man sich demzufolge für jenes entscheiden, das den größten Kapitalwert aufweist.

2.3.3 Methode des internen Zinssatzes (Internal Rate of Return Method)

Die Methode des internen Zinssatzes lässt sich auf einfache Weise aus der Kapitalwertmethode ableiten.

> Der **interne Zinssatz** oder Internal Rate of Return (IRR) ist derjenige Zinssatz, bei dem sich gerade ein Kapitalwert von K = 0 ergibt.

Dieser Zinssatz stellt somit die interne oder effektive Verzinsung einer Investition dar. Die Formel dafür lautet, abgeleitet aus (4):

$$(6)\quad I_0 = \sum_{t=1}^{n} \frac{e_t - a_t}{(1+i)^t} + \frac{L_n}{(1+i)^n}$$

Periode / Ein-/Auszahlungen	t_0	t_1	t_2	t_3
Investitionsbetrag I_0	–60.000			
Einzahlungsüberschuss g_1		+20.000		
■ Interne Verzinsung (17,807 %)		+10.684		
■ Rückzahlung		+9.316		
Restkapital		–50.684		
Einzahlungsüberschuss g_2			+30.000	
■ interne Verzinsung (17,807 %)			+9.025	
■ Rückzahlung			+20.975	
Restkapital			–29.709	
Einzahlungsüberschuss g_3				+25.000
Liquidationserlös L_3				+10.000
■ interne Verzinsung (17,807 %)				+5.291
■ Rückzahlung				+29.709
Restkapital				0

▲ Abb. 194 Beispiel interner Zinsfuß

Zur Ermittlung des internen Zinssatzes i muss die obige Gleichung nach i aufgelöst werden. Bei Investitionsprojekten mit mehr als zwei Nutzungsperioden ergeben sich dabei erhebliche mathematische Lösungsschwierigkeiten, so dass mit Näherungslösungen gearbeitet werden muss. Man geht dabei wie folgt vor:

1. Man bestimmt einen Kalkulationszinssatz, bei dem der damit berechnete Kapitalwert möglichst nahe bei Null liegt, aber noch positiv ist.
2. Man wählt einen zweiten Kalkulationszinssatz, bei dem sich ebenfalls ein Wert nahe bei Null, allerdings ein negativer ergibt.
3. Man nimmt die beiden ermittelten Werte und berechnet mit Hilfe der Interpolation den Zinssatz, bei dem der Kapitalwert gerade Null wird.

Eine Vereinfachung ergibt sich allerdings dann, wenn – wie beim Kapitalwert bereits als Spezialfall erwähnt – mit konstanten Rückflüssen gerechnet werden kann. Dann vereinfacht sich Formel (6) zu:

$$(7)\quad a_{\overline{n|}} = \frac{I_0}{e - a} \quad \text{wobei } L_n = 0$$

Der interne Zinssatz stellt die Rentabilität (vor Abzug der Zinsen) dar, mit der sich der jeweils noch nicht zurückgeflossene Kapitaleinsatz jährlich verzinst. Man geht also davon aus, dass die jährlichen Rückflüsse, die über die interne Verzinsung hinausgehen, zur Rückzahlung des Investitionsbetrages I_0 benützt werden.

Die Darstellung in ◄ Abb. 194, beruhend auf dem Beispiel zur Kapitalwertberechnung in Abschnitt 2.3.2 „Kapitalwertmethode (Net Present Value Method)“, soll diese Aussage verdeutlichen (der interne Zinssatz beträgt 17,8 %). Erfolgen hingegen keine Rückzahlungen während der Investitionsperiode (sondern erst am Ende), so wird der Kapitaleinsatz I_0 nur dann zum internen Zinssatz verzinst, wenn die über die Verzinsung mit dem internen Zinssatz hinausgehenden Rückflüsse genau zu diesem Zinssatz wieder angelegt werden können.

Die Vorteilhaftigkeit eines Investitionsprojektes ergibt sich immer dann, wenn der interne Zinssatz über dem geforderten Mindestzinssatz liegt. Werden mehrere Investitionsprojekte miteinander verglichen, so wird jenes mit dem höchsten internen Zinssatz gewählt.

2.3.4 Annuitätenmethode

Die Annuitätenmethode stellt – wie die Methode des internen Zinssatzes – eine Modifikation der Kapitalwertmethode dar. Während bei der Kapitalwertmethode der Kapitalwert die Einzahlungen und Auszahlungen über sämtliche Perioden der Investitionsdauer wiedergibt, wandelt die Annuitätenmethode diesen Kapitalwert in gleich große jährliche Einzahlungsüberschüsse um. Diese bezeichnet man als Annuität. Damit wird eine Periodisierung des Kapitalwerts auf die gesamte Investitionsdauer unter Verrechnung von Zinseszinsen erreicht:

$$(8) \quad K_0 = \sum_{t=1}^{n} A \frac{1}{(1+i)^t} = A \sum_{t=1}^{n} \frac{1}{(1+i)^t} = A\, a_{\overline{n|}} \quad (A = \text{Annuität})$$

Die Berechnung der Annuität erfolgt in zwei Schritten. Zuerst wird der Kapitalwert K_0 berechnet:

$$(9) \quad K_0 = \sum_{t=1}^{n} \frac{g_t}{(1+i)^t} + \frac{L_n}{(1+i)^n} - I_0$$

Anschließend wird der Kapitalwert mit dem so genannten **Wiedergewinnungsfaktor** multipliziert:

$$(10) \quad A = \frac{1}{a_{\overline{n|}}} K_0$$

Der Wiedergewinnungsfaktor stellt nichts anderes als den Kehrwert des Rentenbarwertfaktors $a_{\overline{n|}}$ dar, der aus der entsprechenden Zinstabelle entnommen werden kann.

Ein Investitionsprojekt erweist sich dann als vorteilhaft, wenn seine Annuität größer Null ist. Aus mehreren Projekten wird jenes mit der größten Annuität gewählt. Da sich die Methode prinzipiell nicht von der Kapitalwertmethode unterscheidet, gelten die gleichen Bemerkungen, wie sie zur Kapitalwertmethode gemacht worden sind.

2.3.5 Beurteilung der dynamischen Investitionsrechenverfahren

Die Vorteile der dynamischen Verfahren ergeben sich in erster Linie daraus, dass sie den zeitlichen Ablauf eines Investitionsprojektes berücksichtigen und damit einen höheren Realitätsbezug aufweisen. Das bedeutet insbesondere, dass

- sämtliche Daten über alle Perioden der Nutzungsdauer einzeln erfasst werden und
- der zeitlich unterschiedliche Anfall aller relevanten Zahlungsgrößen auf der Grundlage der Zinseszinsrechnung berücksichtigt wird.

Trotzdem vermögen die dynamischen Verfahren nicht alle Nachteile der statischen zu beheben. Als Mängel lassen sich anführen:

- **Annahme vollkommener Informationen:** Da die zukünftigen Daten unsicher sind, können sie nur geschätzt werden. Das Risiko, aufgrund falsch geschätzter Daten zu einer Fehlentscheidung zu kommen, kann durch folgende Maßnahmen verkleinert werden (ohne die Methode zu wechseln):
  - Wahl eines größeren Kalkulationszinssatzes,
  - Verkleinerung der Einzahlungsströme oder Vergrößerung der Auszahlungsströme,
  - Verkürzung der Nutzungsdauer.

  Man spricht in diesem Zusammenhang auch von einer **Sensitivitätsanalyse.** Diese ermittelt auf systematische Weise die „Empfindlichkeit“ der Investitionsresultate auf Änderungen der Eingabedaten wie Absatzmenge, Investitionssumme, Kalkulationszinsfuß oder Lebensdauer.
- **Zurechnung** von Einzahlungs- und Auszahlungsströmen auf einzelne Investitionsobjekte. Dies ist nur möglich, wenn keine
  - **zeitlich-horizontalen** Interdependenzen, d.h. Verflechtung mit den bestehenden Unternehmens- und Marktstrukturen, sowie keine
  - **zeitlich-vertikalen** Interdependenzen, d.h. Abhängigkeit von zukünftigen Investitionsprojekten, vorhanden sind.
- **Wiederanlage** der Einzahlungsüberschüsse: Es wird unterstellt, dass sämtliche Einzahlungsüberschüsse zum vorgegebenen Kalkulationszinssatz (Kapitalwertmethode) oder internen Zinssatz reinvestiert werden können.
- Annahme der **Differenzinvestition:** Stehen verschiedene Investitionsprojekte zur Auswahl, die sich insbesondere durch eine unterschiedliche Nutzungsdauer und Investitionssumme auszeichnen, so entsteht das Problem der Verwendungsmöglichkeiten der Differenz zwischen den verschiedenen Kapitaleinsätzen und/oder der zeitlichen Verfügbarkeit des Kapitals. Deshalb geht man davon aus, dass

- bei unterschiedlicher Lebensdauer Nachfolge- oder Anschlussinvestitionen und
- bei unterschiedlichen Kapitaleinsätzen und/oder Rückflussdifferenzen Ergänzungsinvestitionen

vorgenommen werden können, die in Bezug auf die betrachteten Merkmale die gleichen Strukturen aufweisen.

2.3.6 Praxisbezug von Investitionsrechenverfahren

Eine empirische Untersuchung über die von großen Unternehmen in Deutschland, Österreich und der Schweiz benutzten Methoden zur Ermittlung der Vorteilhaftigkeit von Investitionsprojekten ergab die in ► Abb. 195 dargestellten Resultate.

Methode	Zahl der Unternehmen	in % von 203
1. interne Zinsfuß-Methode	106	55,2
2. Pay back-Methode	102	50,2
3. Kapitalwert-Methode	97	47,8
4. Kostenvergleichs-Methode	88	43,3
5. bilanzielle Renditen (ROI)	76	37,4
6. Annuitäten-Methode	46	22,7
7. andere Methoden	7	3,4
8. keine Methode	1	0,5

▲ Abb. 195 Einsatz der Investitionsrechenverfahren (nach Drukarczyk 1996b, S. 6)

Diese Untersuchung belegt eine erstaunliche Methodenvielfalt. Diese Vielfalt ist insbesondere überraschend, wenn man erkennt, dass verschiedene Methoden, angewendet auf das gleiche Entscheidungsproblem, zu unterschiedlichen Ergebnissen führen. Das Untersuchungsergebnis zeigt die große Bedeutung der statischen Pay back-Methode im Rahmen von Risiko- und Liquiditätsüberlegungen. Die Praxisrelevanz der Kostenvergleichsrechnung erklärt sich aus dem bedeutenden Anteil von Ersatzinvestitionen an den Gesamtinvestitionen. Im Rahmen der dynamischen Investitionsrechnungen fällt die Dominanz der Methode des internen Zinsfußes auf, womit verdeutlicht wird, dass in der betrieblichen Realität Renditeüberlegungen absoluten Gewinnbetrachtungen vorgezogen werden müssen.

Kapitel 3
Unternehmensbewertung

3.1 Einleitung

Bei der Bewertung eines Unternehmens als Ganzes oder von Teilen eines Unternehmens (z.B. Tochtergesellschaften) handelt es sich um das gleiche Problem wie bei der Beurteilung eines einzelnen Investitionsobjektes (z.B. Maschine). Beide Problemstellungen gehen im Prinzip von der Frage aus: Wie groß ist der zukünftige Nutzen, den man durch den Einsatz von Kapital für eine bestimmte Investition erhält? Trotzdem ergeben sich aufgrund spezifischer Merkmale einige Unterschiede, die sich auch auf die Rechenverfahren auswirken. Die Verfahren der Investitionsrechnung (für einzelne Vorhaben) und diejenigen der Unternehmensbewertung unterscheiden sich insbesondere in folgenden Punkten:

- **Investitionsobjekt:** Unternehmen oder Unternehmensteile auf der einen, einzelne Produktionsfaktoren oder abgrenzbare Investitionsprojekte auf der anderen Seite.
- Zur Verfügung stehende **Daten:** Bei den Investitionsrechnungen sind die Anschaffungskosten I_0 des Investitionsobjekts in der Regel bekannt, während bei der Unternehmensbewertung diese Kosten zuerst berechnet werden müssen.
- Unterschiedliche **Fragestellung:**
  - Unternehmensbewertung: Wie groß ist der Wert eines Unternehmens aufgrund des zukünftigen Nutzenzuganges?
  - Investitionsrechnungen: Lohnt sich eine Investition aufgrund des zukünftigen Nutzenzuganges?

- **Anzahl** der betrachteten Objekte: Bei der Unternehmensbewertung handelt es sich um die Ermittlung des wirtschaftlichen Wertes von Unternehmensteilen oder eines Unternehmens in ihrer Gesamtheit, während bei den allgemeinen Investitionsrechenverfahren vielfach mehrere Objekte miteinander verglichen werden.

Im folgenden sollen unter Berücksichtigung der Gemeinsamkeiten und Unterschiede in der Bewertung ganzer Unternehmen und einzelner Investitionsobjekte die Erkenntnisse der allgemeinen Investitionsrechenverfahren auf die Methoden der Unternehmensbewertung angewandt werden. Die Bewertung eines ganzen Unternehmens verursacht vor allem deshalb große Probleme, weil der gesamte Unternehmenswert in der Regel von der Summe der einzelnen **Vermögensteile** abweicht. Sie unterscheidet sich dadurch wesentlich von der Beurteilung einzelner Investitionsvorhaben, die genau abgegrenzt werden können.[1] Diese Tatsache wird schon daraus ersichtlich, dass Unternehmen der gleichen Branche mit gleichen oder zumindest ähnlichen Produktionsfaktoren eine unterschiedliche Rentabilität erzielen können. Deshalb sind die zukünftigen **Erfolge,** die auf verschiedenen nicht oder nur schlecht erfass- oder messbaren Faktoren beruhen (z.B. gute Organisation, qualifiziertes Personal), zu berücksichtigen. Gerade die Ermittlung des Wertes solcher immateriellen Faktoren, deren Gesamtheit als **Goodwill** bezeichnet wird, stellt in der Praxis ein schwer lösbares Problem dar.

Die **Anlässe** für eine Unternehmensbewertung können sehr unterschiedlicher Natur sein, wie unter anderem:

- Kauf bzw. Verkauf ganzer Unternehmen oder Unternehmensanteile,
- Fusion, Entflechtung, Umwandlung – verbunden mit einer Eigentumsübertragung von Anteilen,
- Aufnahme oder Ausscheiden von Gesellschaftern,
- Börseneinführung des Unternehmens,
- Eingehen von Jointventures,
- Wertsteigerungsmanagement,
- Teilungen nach Erbrecht oder ehelichem Güterrecht (Ehescheidungen),
- Analyse eines Unternehmens im Hinblick auf Strukturänderungen (Reorganisation, Sanierung, Umfinanzierung, Liquidation usw.) und andere Managemententscheidungen,
- gerichtliche oder schiedsgerichtliche Auseinandersetzungen, bei denen der Wert des Unternehmens eine Rolle spielt,
- Festsetzung des Vermögenssteuerwertes (durch den Fiskus), andere steuerliche Anlässe (Umwandlungen usw.).

In der Literatur wurde lange Zeit versucht, einen „richtigen" bzw. „objektiven" Unternehmenswert zu ermitteln. Aus der sich daraus ergebenden Diskussion kann

1 Es ist bereits bei der Beurteilung der statischen wie auch der dynamischen Methoden der Investitionsrechnung darauf hingewiesen worden, dass zeitlich-horizontale Interdependenzen nicht berücksichtigt werden. Je nach Situation ergäbe sich dadurch ein Zusatznutzen oder ein Minderwert.

zusammenfassend festgehalten werden, dass es einen „objektiven" Wert nicht gibt bzw. nicht geben kann. Bewertungen beruhen immer auf subjektiven Werten von Entscheidungssubjekten. So existieren auch in der Betriebswirtschaftslehre keine allgemein anerkannten objektiven Bewertungskriterien. Zu weit gehen die Wertvorstellungen auseinander, zu verschieden sind die Interessen, das Entscheidungsfeld und die Handlungsmöglichkeiten (Besteuerung, Verschuldungsmöglichkeiten, Risikoneigung etc.) der beteiligten Personen im Zusammenhang mit einer Unternehmensbewertung. Hingegen ist die so genannte subjektive Werttheorie zweckabhängig, d.h. es wird im Rahmen der Bewertung jeweils auf das Bewertungssubjekt und dessen subjektive Anlagemöglichkeiten und Präferenzen abgestellt. Bei Ermittlung dieses entscheidungsorientierten Unternehmenswertes ergeben sich in der Regel unterschiedliche Werte für den Käufer und den Verkäufer, so dass dieser auch nicht für alle Bewertungszwecke geeignet erscheint. Um einen Kompromiss zwischen den **objektiven** und **subjektiven** Werttheorien zu finden, hat man die so genannte Funktionslehre entwickelt. Demnach lassen sich drei Hauptfunktionen (bzw. Anlässe oder Ziele) der Unternehmensbewertung unterscheiden, in deren Abhängigkeit sich unterschiedliche Unternehmenswerte ergeben können:

1. **Beratungsfunktion:** Bei der Beratungsfunktion spricht man vom **Entscheidungswert.** Der Entscheidungswert berücksichtigt subjektiv gewichtete Daten und vertritt somit – im Gegensatz zum Schiedswert – die Meinung und das Interesse einer bestimmten Partei. Der Zweck seiner Ermittlung ist das Bereitstellen einer Entscheidungsgrundlage. Beispiele:
   - Bei Verhandlungen über den Kauf/Verkauf eines Unternehmens gibt der Entscheidungswert den Höchstpreis an, den man gewillt ist zu bezahlen bzw. den Mindestpreis, den man beim Verkauf erzielen möchte.
   - Ein Mehrheitsaktionär überlegt sich, wie viel das Unternehmen wert ist und bei welchem Preis er sein Aktienpaket verkaufen würde.
   - Ein Konzern lässt ein Gutachten erstellen, um zu prüfen, ob ein geforderter Unternehmenspreis im Rahmen der Konzernbeteiligungspolitik akzeptiert werden solle.

2. **Vermittlungsfunktion:** Sie führt zu einem so genannten **Arbitrium-** oder **Schiedsspruchwert,** der möglichst unparteiisch, losgelöst von den beteiligten Parteien, ermittelt werden soll. Er beruht auf betriebswirtschaftlichen Daten und soll den Interessengegensatz der Parteien überbrücken. Beispiele:
   - Auftrag an einen Sachverständigen, eine unabhängige Gerichtsexpertise zu erstellen,
   - Bestimmung des Aktienaustauschverhältnisses durch einen Fachmann im Zusammenhang mit einer Fusion,
   - Ermittlung eines verbindlichen Wertes bei Abgeltung eines Minderheitsgesellschafters gemäß Statuten oder Vertrag.

3. **Argumentationsfunktion:** Der **Argumentationswert** ist in dem Sinne ein parteiischer Wert, als dass er Begründungen liefern soll, um bei Verhandlungen die Position einer Partei zu stärken. Er wird bei Verhandlungen als Kommunikationsmittel und Beeinflussungsinstrument eingesetzt. Beispiele:
   - Die Geschäftsführung eines Unternehmens will sich einer nicht erwünschten Übernahme (sog. Unfriendly Takeover) entziehen und versucht unter anderem zu dokumentieren, dass der gebotene Kaufpreis viel zu niedrig ist.
   - Der Verkäufer eines Mehrheitsaktienpaketes sucht einen Berater, der ihm die Begründungen für einen möglichst hohen Wert seines Anteils liefert.

Die oben angeführten Beispiele deuten an, dass der Wert eines Unternehmens nicht nur von seiner Funktion und somit vom Ziel der Unternehmensbewertung abhängt, sondern ebenso von der Institution oder Person, die diese Berechnung durchführt. Grundsätzlich kann dabei zwischen interessenunabhängigen Personen, die als externe Experten oder Berater ein Gutachten verfassen, und internen Personen des Unternehmens selbst, welche einen Unternehmenswert bestimmen, unterschieden werden. Während letztere nur für die Ermittlung des Entscheidungs- und Argumentationswertes in Frage kommen, können externe Stellen im Rahmen aller Funktionen eingesetzt werden.

Schließlich ist auch die Bewertungsmethode zu nennen, die den Unternehmenswert maßgeblich beeinflusst. Wie bereits dargelegt, können sich selbst bei Verwendung ein und desselben Verfahrens von Käufer bzw. Verkäufer durch unterschiedlichen Ansatz von Bewertungsparametern (z.B. Steuerbelastung, Prognose der künftig entziehbaren Überschüsse) verschiedene Ergebnisse einstellen. Da die einzelnen Bewertungsverfahren darüber hinaus auch methodisch große Unterschiede aufweisen, kann es nicht überraschen, dass zum Teil sehr divergierende Ergebnisse resultieren können.

Als Bewertungsverfahren werden nachfolgend zunächst Einzelbewertungsverfahren dargestellt und anschließend einige Methoden, die sich unter Gesamtbewertungsverfahren subsumieren lassen.

- Bei **Einzelbewertungsverfahren** ergibt sich der Unternehmenswert als Summe der Werte der einzelnen Vermögensgegenstände abzüglich der Schulden des Unternehmens. Ausgangspunkt der Bewertung ist das tatsächliche Vermögen oder das bilanzielle Vermögen.
- **Gesamtbewertungsverfahren** verfolgen dagegen eine investitionstheoretische Ausrichtung. Ermittelt wird der Barwert der aus dem Unternehmen zu erwartenden finanziellen Netto-Beiträge an die Anteilseigner.

In einem anschließenden Abschnitt werden dann ausgewählte Verfahren, wie sie in der Praxis angewendet werden, dargestellt. Dabei werden solche Methoden betrachtet, die Bewertungsfälle auf der Grundlage freiwilliger Initiative umfassen, insbesondere den Kauf und Verkauf von Unternehmen bzw. von Anteilen an diesen. In diesem Zusammenhang wird davon ausgegangen, dass das Bewertungssubjekt die Maximierung der finanziellen Ergebnisse anstrebt; die Erreichung nichtfinanzieller Ziele wird demnach an dieser Stelle vernachlässigt.

3.2 Einzelbewertungsverfahren

3.2.1 Liquidationswertermittlung

Einzahlungsüberschüsse können sich entweder aus dem Umsatzprozess des Unternehmens ergeben oder durch eine vorgezogene Beendigung der Unternehmenstätigkeit durch die Verflüssigung des Vermögens. Es stehen daher die Fortführung und die Liquidation des Unternehmens alternativ nebeneinander. Insbesondere bei schlechter Ertragslage kann der Barwert der Einzahlungsüberschüsse aus der Liquidation höher sein als derjenige bei Fortführung des Unternehmens.

Ausgangspunkt der Liquidationswertermittlung ist das Inventar, da das Unternehmen gewöhnlich mehr Vermögensgegenstände enthält als die Bilanz des Unternehmens ausweist, da nicht alle Vermögensgegenstände aktiviert werden dürfen (z.B. voll abgeschriebenes Vermögen oder geringfügige Wirtschaftsgüter).

Die Vermögensgegenstände sind mit den Liquidationswerten (Zerschlagungswerten) anzusetzen. Von dieser Wertsumme sind anschließend die Rückzahlungsbeträge der Schulden im Zerschlagungszeitpunkt abzuziehen. Da die Zerschlagungsgeschwindigkeit und -intensität sowie die mit der Zerschlagung verbundenen Auszahlungen (z.B. Veräußerungs-, Rückbau- oder Abbruchkosten sowie Steuern) maßgeblich den Liquidationswert beeinflussen und geschätzt werden müssen, wird die Wertermittlung erschwert. Ferner sind Zahlungsverpflichtungen zu berücksichtigen, die bei einer Zerschlagung anfallen, jedoch nicht aus dem Inventar abgeleitet werden können. Dazu gehören zum Beispiel Sozialplanausgaben. Andererseits entfallen bestimmte bilanziell ausgewiesene Rückstellungen, insbesondere die Aufwandsrückstellungen und die Rückstellungen für Kulanzen (vgl. Ballwieser 1995).

Bei Berücksichtigung ausschließlich finanzieller Zielbeiträge wäre der Liquidationswert deshalb dem Ertragswert gegenüberzustellen. Realitätsgerecht ist diese These der Liquidation aber nur, wenn diese *nach* Berücksichtigung der nichtfinanziellen Ziele, insbesondere sozialer Ziele, tatsächlich vorgenommen werden soll. Ferner wird vorausgesetzt, dass eine freie Dispositionsmöglichkeit über die weitere Verwendung des Vermögens besteht.

In der Praxis wird der Liquidationswert gelegentlich im Rahmen von Unternehmensbewertungen als „untere Risikogrenze" betrachtet. Da in diesem Fall durch Anwendung des Liquidationswertes das Zerschlagungspotenzial des Unternehmens im Vordergrund steht, kann dieser zum Beispiel als ergänzendes Entscheidungskriterium für die Kreditwürdigkeit eines Unternehmens herangezogen werden.

3.2.2 Substanzwertmethode

Bis in die 60er-Jahre war man bemüht, den Wert eines Unternehmens als „Substanzwert" darzustellen. Im Gegensatz zum Liquidationswert handelt es sich dabei nicht um einen Verkaufs- oder Zerschlagungswert, sondern um einen Gebrauchswert der betrieblichen Substanz des Unternehmens.

Der **Substanzwert** kann definiert werden als derjenige Betrag, der für eine identische Reproduktion des zu bewertenden Unternehmens aufzuwenden ist.

Dabei wird das betriebsnotwendige Vermögen aus dem Inventar abgeleitet und zu geltenden Wiederbeschaffungspreisen bewertet. Zu dieser Position wird das nicht betriebsnotwendige Vermögen, bewertet zu Liquidationswerten, addiert und davon schließlich der Wert sämtlicher Schulden subtrahiert.

Zu beachten ist jedoch, dass die Rendite nicht ausschließlich ein Ergebnis der Substanz ist, sondern von der zweckgerichteten Kombination der Produktionsfaktoren innerhalb des Unternehmens abhängt. Auch kann sich das einzusetzende Kapital, zum Beispiel für ein konkurrierendes Unternehmen, nicht aus der Addition des zu Wiederbeschaffungspreisen bewerteten Bilanzvermögens eines existierenden Unternehmens ergeben, da in diesem Ansatz die Summe aller nicht bilanzierten immateriellen Werte fehlt. Unter ökonomischen Aspekten sollte daher auch nicht der Nachbau eines Unternehmens in seiner bilanziellen Gestalt im Vordergrund der Betrachtung stehen, sondern die Duplikation (Nachbildung) des Ausschüttungsstromes, den das zu bewertende Unternehmen verspricht. Diese Ausschüttungen hängen zwar zum Teil von der Unternehmenssubstanz ab, aber auch in erheblichem Maße von Faktoren, die weder im Inventar noch in der Bilanz aufgeführt werden.

Es wäre daher im Rahmen der Substanzbewertung zweckmäßig, auch die originären Goodwillkomponenten[1] (z.B. Standortvorteil, Mitarbeiterqualifikation, Markenname) nachzubilden. Ob Goodwill vorhanden ist, ergibt sich allerdings nur aus einem Vergleich von Ertragswert und Substanzwert. Hat man jedoch erst ein Mal einen Ertragswert des Unternehmens ermittelt, ist die Ermittlung eines Substanzwertes in der Regel überflüssig.[2] Als alleinige Methode zur Bewertung eines fortbestehenden Unternehmens, zum Beispiel im Rahmen einer Unternehmensveräußerung, ist die Substanzwertmethode in den meisten Fällen – in denen originäre Goodwillkomponenten zu berücksichtigen sind – ungeeignet und methodisch zweifelhaft.

1 Originärer Goodwill: Dieser Wert stellt den selbstgeschaffenen Goodwill dar, der nicht bilanziert werden darf, da sonst ein nicht realisierter Gewinn ausgewiesen würde.

2 Zur Anwendung der so genannten Mischverfahren der Unternehmensbewertung, bei denen auf Substanz- und Ertragswert zurückgegriffen wird, vgl. Abschnitt 3.4 „Anwendung der Verfahren zur Unternehmensbewertung".

3.3 Gesamtbewertungsverfahren

3.3.1 Ertragswert

In den letzten Jahren hat sich der Gedanke durchgesetzt, dass sich der Wert eines Unternehmens nicht aus der vorhandenen Substanz, sondern aus den zukünftigen Erträgen herleiten lässt. Das Ertragswertverfahren soll einen entscheidungsorientierten Wert des Eigenkapitals, nicht einen Unternehmensgesamtwert ermitteln. Dabei wird auch hier wieder davon ausgegangen, dass das Bewertungssubjekt die Maximierung der finanziellen Ergebnisse anstrebt, wobei eine Fortführung des Unternehmens unterstellt wird. Während der Substanzwert von vergangenheits- oder gegenwartsorientierten Bewertungsgrößen ausgeht, legt das Ertragswertverfahren den Berechnungen zukünftige Plan-Daten zugrunde und ermittelt somit einen „Zukunftserfolgswert". Der finanzielle Nutzen für den Investor basiert dabei stets auf einem Nutzenvergleich mit alternativen Investitionsmöglichkeiten.

Der **Ertragswert** entspricht der Summe aller abgezinsten prognostizierten zukünftigen Ertragsüberschüsse, die dem Unternehmen entnommen werden können, ohne den Bestand der erfolgsbildenden Substanz zu gefährden.

Zu diesen Ertragsüberschüssen wird der Barwert der später erwarteten Nettoerlöse aus Veräußerung des ganzen Unternehmens oder von Unternehmensteilen ebenfalls als Ertragskomponente addiert.

Ertragswert bedeutet dabei nicht, dass sich die vom Käufer (Verkäufer) zu ermittelnde Anschaffungspreisobergrenze (Abgabepreisuntergrenze) aus bloßer Diskontierung der aus der GuV ersichtlichen Ertragsüberschüsse ableiten ließe. Vielmehr ist bei der Ermittlung des Ertragswertes zu berücksichtigen, dass die bewertbare Ertragskraft grundsätzlich alle zukünftig nachweisbaren Erfolgschancen beinhaltet, sofern diese bereits eingeleitet sind. Dazu gehören unter anderem geplante Prozessänderungen, Maßnahmen zur Umsatzausweitung sowie Synergieeffekte oder Effekte einer Restrukturierung, soweit sich für diese realistische Anhaltspunkte ergeben.

Grundlage der Ertragswertmethode ist eine Ertrags-Aufwands-Rechnung, die durch verschiedene Modifikationen an eine Einnahmen-Ausgaben-Rechnung[1] angenähert wird. Größere Abweichungen der Erfolgsrechnung von den Zahlungsströmen sollen weitgehend ausgeglichen werden, indem zumindest der Finanzbedarf für Investitionen und größere Rückstellungspositionen in einer Finanzbedarfsrechnung berücksichtigt werden. Im Rahmen der Finanzbedarfsrechnung werden die wesentlichen nicht zahlungswirksamen Aufwendungen/Erträge er-

1 In der Literatur wird von einer Einnahmen-Ausgaben-Rechnung gesprochen, obschon es sich dabei korrekterweise um Einzahlungen und Auszahlungen handelt. Zur Unterscheidung von Auszahlungen und Ausgaben bzw. Einzahlungen und Einnahmen vgl. Teil 5, Kapitel 1, Abschnitt 1.3 „Größen des betrieblichen Rechnungswesens".

fasst. Ergibt sich aus dieser Rechnung ein Liquiditätsbedarf, wird für diesen eine Fremdfinanzierung unterstellt. Die sich daraus ergebenden Zusatzaufwendungen gehen ertragswertmindernd in die Bewertung ein.

Die finanzmathematische Kapitalisierungsrechnung setzt voraus, dass die der Bewertung zugrunde liegenden Ertragsüberschüsse dem Erwerber des Unternehmens in dem Zeitpunkt, auf den die Zinsrechnung abgestellt wird, unmittelbar frei zur Verfügung stehen. Es wird also eine vollständige Ausschüttung der Ertragsüberschüsse unterstellt. Bewertungsgrundlage ist somit – bei Unterstellung der These der Vollausschüttung – der „reservenfreie Erfolg", auch wenn de facto Gewinnthesaurierungen vorgenommen werden. Allerdings ist die Entscheidung der Einbehaltung künftiger Gewinne eine Frage, die erst vom künftigen Anteilseigner getroffen werden kann.[1]

Der Unternehmenswert berechnet sich nach dem Ertragswertverfahren wie folgt:

$$(1)\quad UW = \sum_{t=1}^{T} \frac{E_t}{(1+i)^t}$$

UW = Unternehmenswert
E_t = Ertragsüberschüsse zum Zeitpunkt t
i = Kapitalisierungszinssatz

Der theoretisch adäquate Zinssatz zur Kapitalisierung der Ertragsüberschüsse ist der interne Zinsfuß der nächstbesten Alternativinvestition. Dieser Vergleich ist jedoch nur dann sinnvoll, wenn die betrachtete Alternativinvestition und das zu bewertende Unternehmen dem gleichen Ertragsrisiko (z.B. konjunktureller Art) unterliegen. Um dies zu gewährleisten, wird in der modernen Bewertungstheorie auf die Verwendung eines Sicherheitsäquivalentes zurückgegriffen, das mit dem Zinssatz (Basiszinssatz) einer quasi-sicheren (risikolosen) langfristigen Kapitalanlage zu diskontieren ist. Alternativ bietet sich die Möglichkeit, die tatsächlich zu erwartenden Zahlungsüberschüsse mit dem – um einen Risikozuschlag korrigierten Basiszinssatz – zu diskontieren. Insbesondere die Bewertungspraxis bedient sich vorzugsweise des letzteren Verfahrens, was bei korrekter Anwendung grundsätzlich zum gleichen Ergebnis führen sollte. Der Kapitalisierungszinssatz entspricht in dieser Anwendung dem Basiszinssatz, adjustiert um Zuschläge, unter anderem für erschwerte Veräußerbarkeit, unternehmensspezifische Faktoren, Branchen- und allgemeine Umweltrisiken aller Art sowie Abschläge, zum Beispiel bedingt durch den Inflationsschutz.

Auch wenn ein Zuschlag zum Basiszinssatz die gleiche Wirkung wie ein Abschlag vom erzielbaren Unternehmensergebnis bewirkt und damit einen kompen-

---

1 Dabei ist zu berücksichtigen, dass eine vollständige Ausschüttung nur von Mehrheiten durchgesetzt werden kann, d.h. dieser bewertungstheoretisch notwendige Ansatz lässt sich vom Erwerber eines kleineren Anteils nicht realisieren. Vgl. dazu die Ausführungen im WP-Handbuch (Institut der Wirtschaftsprüfer 1992, S. 28/29).

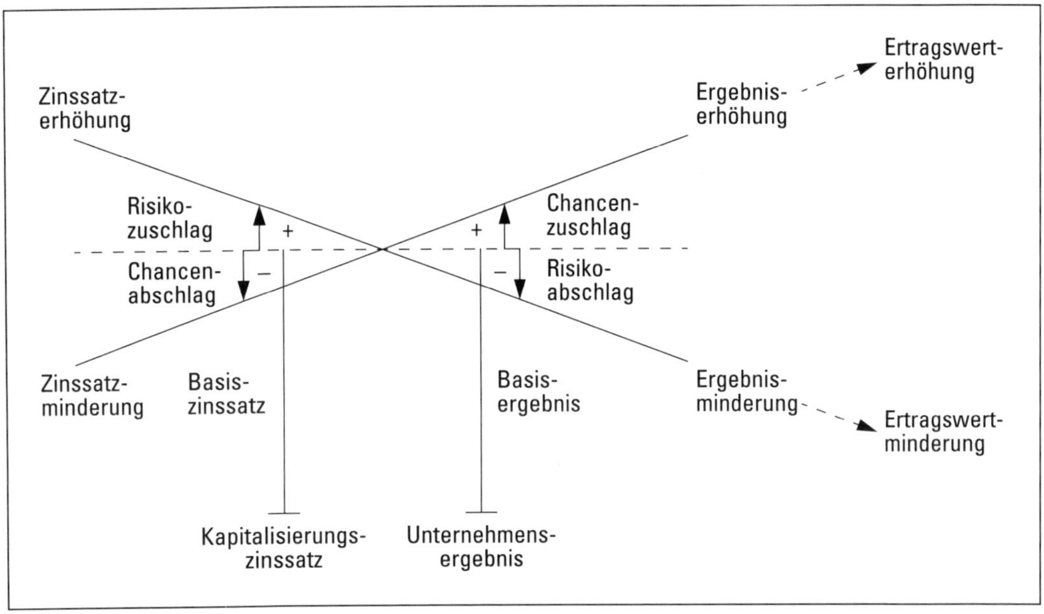

▲ Abb. 196 Risikoberücksichtigung beim Ertragswertverfahren (Institut der Wirtschaftsprüfer 1992, S. 100)

satorischen Effekt ausübt, ist die Zuordnung von Abschlägen oder Zuschlägen im Hinblick auf den Ertragswert nur von methodischer Bedeutung. Die Auswirkung und Bedeutung dieser Zu- bzw. Abschläge lassen sich mit ◀ Abb. 196 verdeutlichen.

Trotz der weiten Verbreitung des Ertragswertverfahrens in der Praxis stellt die zugrunde liegende Risikoberücksichtigung einen der Hauptkritikpunkte an diesem Verfahren dar. So besteht kein vorgegebenes Berechnungsschema zur Risikoberücksichtigung, mit der Folge, dass rein subjektive Einschätzungen der Entscheidungssubjekte in die Entscheidung einfließen. Bei diesem Verfahren scheint nahezu jeder Kapitalisierungszins vertretbar, was die Transparenz und die Vergleichbarkeit des Verfahrens erschwert.

3.3.2 Discounted Cashflow-Methode

Im Zusammenhang mit der Verbreitung der Konzepte zur wertorientierten Unternehmensführung[1] und infolge verstärkt auftretender grenzüberschreitender Unternehmenskäufe scheint das Ertragswertverfahren seine in Deutschland noch vorherrschende Stellung als Bewertungsverfahren langsam zu verlieren. Vor allem Unternehmensberatungsgesellschaften und Investmentbanken bedienen

1 Vgl. dazu die Bewertungsanleitungen von Rappaport 1994 und Copeland/Koller/Murrin 1994.

sich der in den USA seit langem gängigen Discounted Cashflow-Methode (DCF-Methode).

Mit der **DCF-Methode** ermittelt man den Grenzpreis für ein Unternehmen als Differenz aus den Werten des Gesamtkapitals und des Fremdkapitals des Unternehmens.

Der Unternehmenswert wird errechnet, indem die entziehbaren Einzahlungsüberschüsse, die für Zahlungen an Eigen- und Fremdkapitalgeber des Unternehmens zur Verfügung stehen, mit dem durchschnittlich gewogenen Kapitalkostensatz (Weighted Average Cost of Capital = WACC) des Unternehmens diskontiert werden. Aufgrund der indirekten Herleitung des Unternehmenswertes über den Unternehmensgesamtwert wird der hier vorgestellte Ansatz der DCF-Methode auch als so genanntes Entity-Konzept bezeichnet, das in der Praxis bisher die weiteste Verbreitung findet.[1]

Das Bewertungsmodell der DCF-Methode nach dem Entity-Konzept ist grundsätzlich zweistufig:

1. Ermittlung des Unternehmensgesamtwertes auf folgende Weise:
   - Die für Zahlungen an die Eigen- und Fremdkapitalgeber entziehbaren Einzahlungsüberschüsse (freier Cashflow) werden bei unterstellter vollständiger Eigenfinanzierung ermittelt und
   - mit den durchschnittlich gewogenen Kapitalkosten (WACC) kapitalisiert.
2. Ermittlung des Wertes des Eigenkapitals, indem der Unternehmensgesamtwert um den Wert des Fremdkapitals reduziert wird.

Die künftig zu erwartenden freien Cashflows werden in der Regel retrograd aus der Plan-Gewinn- und Verlustrechnung des Unternehmens ermittelt. Der Cashflow ist dabei als Zahlungsüberschuss vor Zinsen und nach Unternehmenssteuern zu verstehen, der einem unverschuldeten Unternehmen zur Verfügung stünde. Ausgangspunkt für die Ermittlung des freien Cashflow ist das operative Ergebnis vor Zinsen und Unternehmenssteuern (▶ Abb. 197). Davon sind die bei den Anteilseignern nicht anrechenbaren Unternehmenssteuern abzuziehen. Zu dem so ermittelten operativen Ergebnis nach (fiktiven) Steuern werden die Abschreibungen – als im Unternehmen gebundenes liquides Eigenkapital – addiert, so dass man den Brutto-Cashflow erhält. Von diesem werden dann die Gesamtinvestitionen subtrahiert sowie mögliche nicht-operative Cashflows hinzugerechnet, um schließlich den freien Cashflow zu erhalten. Bei dieser Berechnung wird eine vollständige Eigenfinanzierung unterstellt, da alle Investitionen aus dem operativen Ergebnis und den Abschreibungen getätigt werden. Der so ermittelte Cashflow steht als entziehbare Größe zum Beispiel für Dividenden-, Zins- und Tilgungszahlungen zur Verfügung.

1 Vgl. Kapitel 3, Abschnitt 3.4 „Anwendung der Verfahren zur Unternehmensbewertung".

DCF-Methode: Ableitung des freien Cashflow	
	Operatives Ergebnis vor Zinsen und Steuern
×	(1 – Grenzsteuersatz)
=	Operatives Ergebnis nach Steuern
+	Abschreibungen
=	Brutto-Cashflow
+/–	Abnahme bzw. Zunahme des Net Working Capital[1]
–	Investitionsausgaben für Anlagevermögen
+/–	Veränderung sonstiger Vermögensgegenstände
=	Operativer freier Cashflow
+	Nicht-operativer Cashflow
=	Freier Cashflow

1 Net Working Capital = Umlaufvermögen (soweit innerhalb eines Jahres liquidierbar) abzüglich kurzfristiges Fremdkapital

▲ Abb. 197 Ableitung des freien Cashflow

Bei der Ermittlung des Kapitalisierungszinssatzes betrachtet die DCF-Methode im Gegensatz zur Ertragswertmethode nicht die nächstbeste Alternativinvestition, sondern die dem jeweiligen Unternehmen zugrunde liegenden Kapitalkosten. Berücksichtigt man, dass die in der Praxis vorzufindenden Steuersysteme nicht finanzierungsneutral sind, d.h. Fremdkapitalzinsen gewöhnlich steuerlich abzugsfähig sind und Fremdkapital damit gegenüber Eigenkapital begünstigt wird, so hat die von der Unternehmensleitung gewählte Kapitalstruktur – bei Vernachlässigung von Insolvenzkosten – einen erheblichen Einfluss auf den Unternehmenswert. Die Kapitalkosten des Unternehmens werden in mehreren Schritten ermittelt. Da der freie Cashflow den für Zahlungen an alle Kapitalgeber verfügbaren Betrag darstellt, wird der Gesamtkapitalkostensatz als gewogenes Mittel der (Mindest-)Renditeforderungen aller Kapitalgebergruppen ermittelt. Als Gewichtungsfaktoren dienen die Anteile der auf die jeweiligen Kapitalgeber entfallenden Marktwerte am Unternehmensgesamtwert.

$$(2)\quad WACC = r_{EK} \cdot \frac{EK}{GK} + r_{FK} \cdot (1 - s) \cdot \frac{FK}{GK}$$

Die Fremdkapitalkosten (r_{FK}) lassen sich vergleichsweise einfach aus den Renditen von Schuldverschreibungen oder Bankverbindlichkeiten ableiten. Die Höhe der steuerlichen Begünstigung des Fremdkapitals wird bei der Berechnung der Fremdkapitalkosten durch multiplikative Verknüpfung mit dem Term 1 – s (mit s = Grenzsteuersatz) berücksichtigt.

Die Eigenkapitalkosten (r_{EK}) werden aus empirischen Kapitalmarktdaten mit Hilfe des Capital Asset Pricing Models (CAPM) abgeleitet.[1] Das CAPM geht davon aus, dass Investoren nur für nicht „wegdiversifizierbare" Risiken (soge-

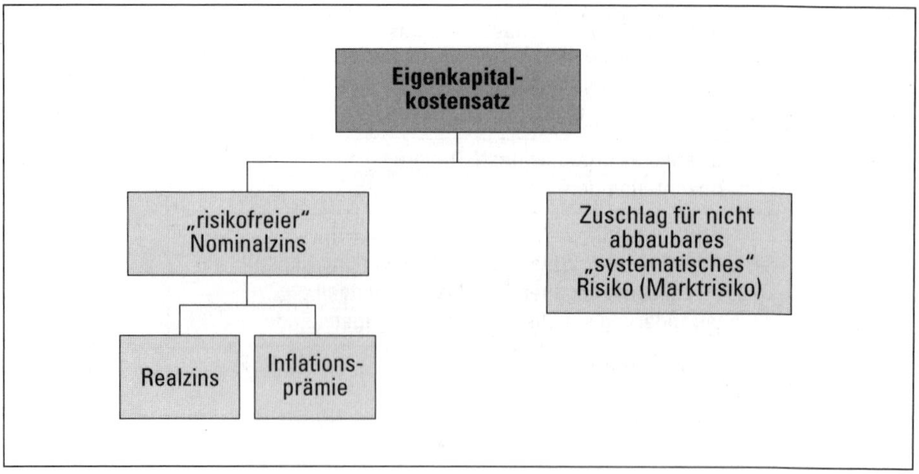

▲ Abb. 198 Zusammensetzung des Eigenkapitalkostensatzes

nanntes „systematisches Risiko") entlohnt werden. ◀ Abb. 198 zeigt die Komponenten des Eigenkapitalkostensatzes auf. Der „risikofreie" Nominalzins wird wie beim Ertragswertverfahren mit der Rendite von langfristigen risikolosen Schuldverschreibungen gleichgesetzt. Dieser Wert wird um einen Risikozuschlag erhöht, um das allgemeine systematische Risiko des Marktes für den Investor zu entschädigen. Die Marktrisikoprämie als Differenz zwischen der erwarteten Marktrendite und dem risikofreien Zins hat das mit dem Eingehen einer Unternehmensbeteiligung allgemein einhergehende höhere Risiko gegenüber risikofreien Schuldverschreibungen abzugelten. Die Marktrisikoprämie wird multipliziert mit dem unternehmensspezifischen „systematischen" Risiko, das im CAPM als Beta bezeichnet wird. Dieser sog. Beta-Koeffizient gibt an, um wieviel stärker oder schwächer die Rendite eines Unternehmens schwankt als die Rendite der Gesamtheit aller Beteiligungstitel (Marktportefeuille). Die risikolose Kapitalanlage hat ein Beta von null; das Marktportefeuille besitzt definitionsgemäß ein Beta von eins. Je größer der Wert von Beta als Kenngröße für das unsystematische Risiko eines Unternehmens ist, um so höher fallen die Renditeforderungen der Investoren entsprechend dem linearen Zusammenhang des CAPM aus.

Unter Verwendung des CAPM lassen sich die Eigenkapitalkosten somit wie folgt ermitteln:

(3) Eigenkapitalkosten = Risikofreier Nominalzins + (Beta × Marktrisikoprämie)

---

1 Die wesentliche Aussage dieses Modells ist, dass sich Unternehmen in Gruppen gleicher Risikoklassen einteilen lassen und die Rendite eines Wertpapiers sich in linearer Abhängigkeit von der Marktrendite aller verfügbaren Wertpapiere und dem Risikozuschlag der relevanten Risikoklasse ableiten lässt.

Eine eingehende Darstellung des CAPM wäre an dieser Stelle zu weitgehend. Interessierte Leser finden eine gelungene Einführung unter anderem bei Brealey/Myers 1996, S. 173 ff., oder bei Perridon/Steiner 1995, S. 229 ff.

Mit dem ermittelten Kapitalkostensatz WACC werden die prognostizierten Cashflows auf den Bewertungszeitpunkt abgezinst.

$$(4)\quad UW = EK = GK - FK = \sum_{t=1}^{T} \frac{FCF_t}{(1 + WACC)^t} - FK$$

FCF_t	=	Freier Cashflow zum Zeitpunkt t
EK	=	Marktwert des Eigenkapitals
FK	=	Marktwert des Fremdkapitals
GK	=	EK + FK = Marktwert des Unternehmens
UW	=	Unternehmenswert
WACC	=	Weighted Average Cost of Capital

Zu beachten ist, dass nicht die bilanziellen Werte, sondern die Marktwerte des Eigen- und Fremdkapitals relevant sind, die es jedoch gerade zu ermitteln gilt. Dadurch entsteht ein Zirkularitätsproblem, da diese Werte erst errechnet werden können, wenn der WACC bekannt ist. Zur Bewältigung dieser Problematik kommen grundsätzlich zwei Lösungen in Frage:

- Es wird statt der empirischen Kapitalstruktur eine Zielkapitalstruktur verwendet. Diese Zielkapitalstruktur, die das Management oder der potenzielle Käufer dem Unternehmen vorgeben könnte, ist im Zeitablauf prinzipiell exakt zu realisieren, wenn das Ergebnis methodisch korrekt sein soll. Dieses kann jedoch zu Änderungen der Cashflows führen. So wird zum Beispiel durch die Senkung der Fremdkapitalquote durch Tilgung bestehender Verbindlichkeiten auch die Höhe des auschüttbaren freien Cashflow reduziert.
- Das methodisch richtige Vorgehen ist, das Zirkularitätsproblem von WACC und Kapitalwerten mathematisch durch Iteration zu lösen. Dabei wird der Marktwert des Fremdkapitals geschätzt und solange variiert, bis der WACC und der Marktwert des Fremdkapitals konsistent sind.

Wie jede andere zukunftsorientierte Bewertung erfordert auch die DCF-Methode einen erheblichen Aufwand, um den zu erwartenden freien Cashflow prognostizieren zu können. Für die ersten 5 bis 10 Jahre versucht man, die freien Cashflows möglichst genau für jedes Jahr zu schätzen, danach beschränkt man sich aus Gründen der Vereinfachung auf eine konstante Größe.

Wesentliche Kritikpunkte an den übrigen gängigen Bewertungsverfahren, wie beispielsweise pauschale Ergebnis-Abschläge oder eine intersubjektiv nicht nachvollziehbare Ableitung des Kalkulationszinssatzes, entfallen bei der DCF-Methode. Allerdings kann die DCF-Methode den Anspruch, die subjektiven Unsicherheiten der Ertragswertmethode (hinsichtlich des Risikozuschlages) zu beseitigen, nicht ganz einlösen, da das CAPM empirisch nicht nachweisbar ist. Zudem erfordert der Rückgriff auf den WACC-Ansatz eine konstante Kapitalstruktur, wodurch der Nutzen der Entity-Methode erheblich eingeschränkt wird. So können Verschiebungen der Zinsstrukturkurve, Änderungen im Steuersystem oder die Veränderung von operativen Risiken erheblichen Einfluss auf die Gestaltung der Kapitalstruktur eines Unternehmens haben. Je komplexer darüber hinaus die Steuersysteme und die Kapitalstruktur des jeweiligen Unternehmens sind, desto ungenauer werden die mit dieser Methode erzielten Ergebnisse.[1]

Obwohl die Modellaussagen des CAPM plausibel sind, haben sie insbesondere aufgrund empirischer Testergebnisse an Überzeugungskraft hinsichtlich der Ermittlung von Risikoprämien eingebüßt. Herauszustellen ist allerdings der konzeptionelle Wert der DCF-Methode, der zur internationalen Vergleichbarkeit beiträgt. Die Vorteile liegen aber nicht darin, schneller zu „besseren" Ergebnissen zu gelangen, sondern in der höheren Transparenz des Weges zum Bewertungsergebnis und dem daraus resultierenden Zwang, die einzelnen Bewertungsparameter stichhaltiger zu begründen.

3.3.3 Economic Value Added

Der Economic Value Added (EVA) ist ein Residualgewinnkonzept, der sich vom DCF-Verfahren durch eine unterschiedliche Erfolgsgröße auszeichnet.

> Beim **Economic Value Added (EVA)** wird anstatt des freien Cashflows ein korrigierter Jahresüberschuss (**Net Operating Profit After Tax = NOPAT**) als Berechnungsgrundlage verwendet und um die Kapitalkosten des Unternehmens vermindert (▶ Abb. 199).

Eine Wertsteigerung wird demzufolge dann realisiert, wenn ein positiver Spread aus Rendite auf das eingesetzte Kapital (NOPAT/IK) und Kapitalkosten (k) erzielt wird. Ein positiver EVA bedeutet, dass in der Periode Wert geschaffen wurde (die erzielte Rendite überstieg die Kapitalkosten).

$$(5)\quad EVA_t = \left(\frac{NOPAT_t}{IK_{EVA}} - k\right) IK_{EVA}$$

1 Abhilfe kann die sog. Adjusted Present Value-Methode (APV-Methode) schaffen, die zur Lösung komplexer Bewertungsprobleme eine komponenten- und schrittweise Vorgehensweise anbietet sowie einen im Vergleich zur Entity-Methode deutlich höheren Grad an Anpassungsfähigkeit an unterschiedliche und im Zeitablauf wechselnde Bedingungen der Kapitalstrukturgestaltung aufweist. Die APV-Methode unterstellt im ersten Schritt eine Eigenfinanzierung aller operativen Tätigkeiten und ermittelt einen Wert der Investitionsstrategien, der losgelöst ist von den Einflüssen der Kapitalstruktur. Im zweiten Schritt werden die Wertbeiträge der vom Unternehmen gewählten Kapitalstruktur ermittelt. Die Summe aus den beiden Schritten ergibt den Unternehmensgesamtwert. Durch Abzug der Ansprüche von Fremdkapitalgebern und Pensionszahlungsberechtigten ergibt sich schließlich der Wert des Eigenkapitals. Zur Darstellung und Beurteilung der Leistungsfähigkeit dieser Methode vgl. die Ausführungen bei Drukarczyk 1996b.

Net Operating Profit after Tax (NOPAT)	**WACC (k)**	**Investiertes Kapital (IK)**
Operatives Ergebnis vor Zinsen und Steuern (EBIT) + Aufwandsaktivierung – Abschreibung auf Aufwandsaktivierung + Zinsanteil für Pensionsrückstellungen + Ergebnis aus nicht operativem Vermögen – Steuern = **Operatives Ergebnis vor Zinsen und nach Steuern**	**Durchschnittlicher gewichteter Gesamtkapitalkostensatz für Fremd- und Eigenkapital**	Bilanzsumme – Operative Verbindlichkeiten (z.B. Lieferungen und Leistungen, Rückstellungen) + Kumulierte Aufwandsaktivierung ./. Abschreibungen (deriv. Firmenwerte, Miet- und Leasing F&E) + Pensionsrückstellungen – nicht operatives Vermögen = **Investiertes Kpital**

▲ Abb. 199 NOPAT, Kapitalkosten und Investiertes Kapital

Da es sich beim EVA um eine jährliche Erfolgsgröße handelt, die sich insbesondere für die Messung von Shareholdervalue im Rahmen der bereits erwähnten wertorientierten Unternehmensführung eignet, ist eine dem DCF-Verfahren vergleichbare Barwertermittlung der zugrunde gelegten zukünftigen Erfolgsgrößen nötig. Der **Market Value Added (MVA)** stellt den Barwert aller zukünftigen EVA dar und kann als Unternehmenswert interpretiert werden:

$$(6)\quad MVA = \sum_{t=1}^{n} \frac{EVA_t}{(1+WACC)^t} + \frac{EVA_{n+1}}{WACC} + \frac{1}{(1+WACC)^n}$$

Der MVA bezeichnet den Marktwert für Fremdkapital- und Eigenkapital, der über die gesamte Laufzeit des Unternehmens geschaffen wurde. Um nach dem EVA-Konzept den Gesamtwert aus Anteilseignersicht zu ermitteln, ist das Investierte Kapital der Betrachtungsperiode zum MVA zu addieren und der Marktwert des Fremdkapitals, vergleichbar mit dem DCF-Modell, abzuziehen.

In der abschließenden Beurteilung eignet sich der EVA insbesondere für die periodenbezogene Performance-Beurteilung von Managern und kann für vergangenheits- und zukunftsorientierte Betrachtungen herangezogen werden. Zudem ist es möglich, einen EVA-Wert/Periode oder eine Zeitreihe von EVA-Werten als Totalerfolgsgröße vorzugeben und mit dem jeweiligen realisierten Wert zu vergleichen.

3.3.4 Cashflow Return On Investment

Der **Cashflow Return On Investment (CFROI)** gibt an, wie viele finanzielle Überschüsse pro eingesetzte Investitionseinheit ins Unternehmen zurückfließen.

Der CFROI basiert auf dem Konzept des Internen Zinsfußes und legt als Erfolgsgröße den **operativen Cashflow** (OCF) zugrunde. Dieser stellt die Einzahlungsüberschüsse über die betrieblichen Auszahlungen, Ersatzinvestitionen und Steuern pro Periode dar und wird zum **Bruttobetriebsvermögen (BBV)**, nach Abzug der Abschreibungen (AB), ins Verhältnis gesetzt.

Das Bruttobetriebsvermögen umfasst das betriebsnotwendige Sachanlage-, das sonstige Anlage- und das Nettoumlaufvermögen. Diese Daten sind der Bilanz des Unternehmens zu entnehmen. Die Abschreibungen beinhalten eine konstante periodische Zahlung, die bei Zinseffekten am Ende der Nutzungsdauer die ursprüngliche Investitionsauszahlung erbringt. Weiterhin ist zur Ermittlung des CFROI ein Restwert zum Operativen Cashflow der letzten Periode zu addieren und ebenfalls auf den Bewertungsstichtag abzuzinsen. Unter dem Restwert ist das betriebsnotwendige Vermögen zu Restbuchwerten zu verstehen. Als Diskontierungsfaktor wird ebenfalls der gewichtete Kapitalkostensatz verwendet.

Diese Variante zur Ermittlung des Unternehmenswertes aus Eigenkapitalgebersicht signalisiert einen Wertzuwachs, wenn der interne Zinsfuß die Kapitalkosten (WACC) übersteigt und lässt sich ebenfalls als Steuerungsgröße in der wertorientierten Unternehmensführung einsetzen. Somit erhält man folgende Formel:

$$(7)\quad \text{CFROI} = \frac{\text{OCF} - \text{AB}_{\text{CFROI}}}{\text{BBV}}$$

Um jedoch eine den oben beschriebenen Ansätzen vergleichbare Residualgewinngröße zu erhalten, ist nach dem CFROI-Ansatz der **Cash Value Added (CVA)** relevant. Dieser ergibt sich als Differenz aus CFROI und WACC, multipliziert mit dem Bruttobetriebsvermögen:

$$(8)\quad \text{CVA} = (\text{CFROI} - \text{WACC})\ \text{BBV}$$

Der CFROI-Ansatz unterliegt aufgrund der Orientierung an Cashflows und dem BBV nur eingeschränkten buchhalterischen Manipulationsspielräumen. Während die Cashflows um nicht zahlungswirksame Aufwandspositionen bereinigt werden, handelt es sich bei den im BBV enthaltenen Daten um bilanzielle Größen, so dass die bilanzpolitische Ausnutzung von Ermessensspielräumen zwar eingeschränkt, aber nicht vollständig ausgeschlossen werden kann. Der CFROI-Ansatz berücksichtigt zudem neben der tatsächlichen wirtschaftlichen Nutzungsdauer einzelner Projekte (Abschreibungen) auch fiktive Zahlungsgrößen.

Als Nachteil des CFROI sind vor allem Probleme in der Anwendung des Internen Zinsfußes sowie die Annahme konstanter zukünftiger Cashflows anzuführen.

Der Interne Zinsfuß gibt den Zinssatz an, der zu einem Barwert der zu diskontierenden Erfolgsgrößen von Null führt. Die Mängel der Internen Zinsfußmethode ergeben sich vor allem dann, sobald schwankende Periodenerfolge auftreten. In diesem Fall ist keine Ableitung eindeutiger Ergebnisse möglich. Zudem bestehen Probleme in der Prognose genauer Zahlungsreihen sowie in der Wiederanlageprämisse der Zahlungsüberschüsse zum Internen Zinsfuß. Diese Prämisse unterstellt, dass die zukünftigen Erfolge zum angenommenen Zinssatz wieder angelegt werden können.

3.3.5 Multiplikatormodelle

In der Praxis der Unternehmensbewertung werden häufig erste wertbestimmende Anhaltspunkte mit Hilfe von Multiplikatoren gesucht. Die Bewertung eines Unternehmens auf Basis eines Vergleichs mit börsennotierten Unternehmen unterstellt, dass die Marktteilnehmer eine „richtige" Bewertung vornehmen. Bewertungsgrundlage bilden die Börsenpreise für die Unternehmensanteile einer Gruppe von Vergleichsunternehmen, die zu aktuellen oder geplanten Bilanz- und Erfolgsgrößen des zu bewertenden Unternehmens ins Verhältnis gesetzt werden. Durch die Berücksichtigung aktueller Börsenbewertungen orientiert sich die Methode an beobachtbaren Marktpreisen und schließt damit aktuelle wertrelevante Informationen mit ein (Absatzprognosen, allgemeine Wirtschaftsdaten u.a.). Das Ergebnis einer solchen Analyse kann zum Beispiel sein, dass der Börsenwert des Eigenkapitals des Vergleichsunternehmens dem Fünffachen des Jahresüberschusses oder dem Zehnfachen des Vorsteuerergebnisses entspricht. Wendet man diese Multiplikatoren auf die Bezugsgrößen des Zielunternehmens an, so ergibt sich eine Bewertungsbandbreite. Als relevante Kenngrößen kommen unter anderem in Frage:

- Umsatz,
- verschiedene Formen des Cashflow,
- Jahresüberschuss vor Steuern,
- bilanzieller Buchwert des Eigenkapitals,
- Netto-Finanzverbindlichkeiten.

Diese Kenngrößen werden üblicherweise zum Marktwert des Eigenkapitals und dem des Gesamtkapitals in Beziehung gesetzt, da beide Kapitalgrößen zu verschiedenen Erfolgsgrößen des Unternehmens in bestimmter Beziehung stehen. Um die Vergleichbarkeit der Unternehmen zu erreichen, ist es darüber hinaus erforderlich, Kennzahlen zur operativen Effizienz, zur Kapitalstruktur und zum Unternehmenswachstum etc. zu erheben. So wird zum Beispiel ein stark wachsendes Unternehmen in der Regel mit höheren Multiplikatoren des Jahresüberschusses am Markt bewertet als ein Unternehmen mit stagnierendem Umsatz oder Jahresergebnis.

Die Anwendung von Multiplikatorenmodellen als alleiniges Instrument zur Bewertung von Unternehmen ist jedoch unter anderem aus folgenden Gründen bedenklich (Schröder/Tschöke 1997, S. 12):

- Vollkommen vergleichbare Unternehmen gibt es in der Regel nicht.
- Internationale Vergleiche werden durch divergierende Rechnungslegungsvorschriften erschwert.
- Die Börsenbewertung unterliegt unterschiedlichen Einflussfaktoren, zudem auch kurzfristigen Stimmungen, Markttrends und Zufallseinflüssen.
- Kontrollprämien oder Möglichkeiten der Wertsteigerung durch Ausnutzung von Synergieeffekten bei Erwerb einer Anteilsmehrheit und unternehmerischer Kooperation sind in der Bewertung nicht enthalten.

Allerdings ist dieses Verfahren, das einen vergleichsweise geringen Aufwand erfordert, in der Praxis beim Erwerb von Minderheitsbeteiligungen an Unternehmen derselben Branche durchaus geeignet, die Ergebnisse anderer Verfahren der Unternehmensbewertung auf ihre Plausibilität hin zu überprüfen.

3.4 Anwendung der Verfahren zur Unternehmensbewertung

Eine Erhebung zur Praxis der Unternehmensbewertung in Deutschland ergab die Resultate, wie sie in ▶ Abb. 200 dargestellt sind. Daraus wird deutlich, dass im wesentlichen zwei Verfahren der Unternehmensbewertung praktiziert werden. Deutliche Dominanz zeigen die ertragswertorientierten Verfahren. Während die DCF-Methode (33%) bei Unternehmensberatern und Investmentbanken den größten Anklang findet, wird das Ertragswertverfahren (39%) vor allem von Wirtschaftsprüfern und M&A-Beratern, die ihre Bewertung hauptsächlich auf nationaler Ebene durchführen, eingesetzt. Liquidations- (2%) und Substanzwerte (4%) finden fast ausschließlich in Verbindung mit dem Ertragswertverfahren zur Bestimmung der Wertuntergrenze Anwendung.

Zur Ermittlung eines Verhandlungs- bzw. Konsensbereiches im Rahmen einer Wertermittlung werden in der Praxis häufig mehrere Bewertungsmethoden nebeneinander eingesetzt. So kommen oft – insbesondere bei kapitalintensiven Branchen – sog. Mittelwertverfahren zur Anwendung, die eine Kombination zwischen Ertrags- und Substanzwertverfahren darstellen. Investmentbanken verknüpfen dagegen meist die DCF-Methode mit Multiplikatorenmodellen und Informationen aus vergangenen Unternehmensverkäufen.

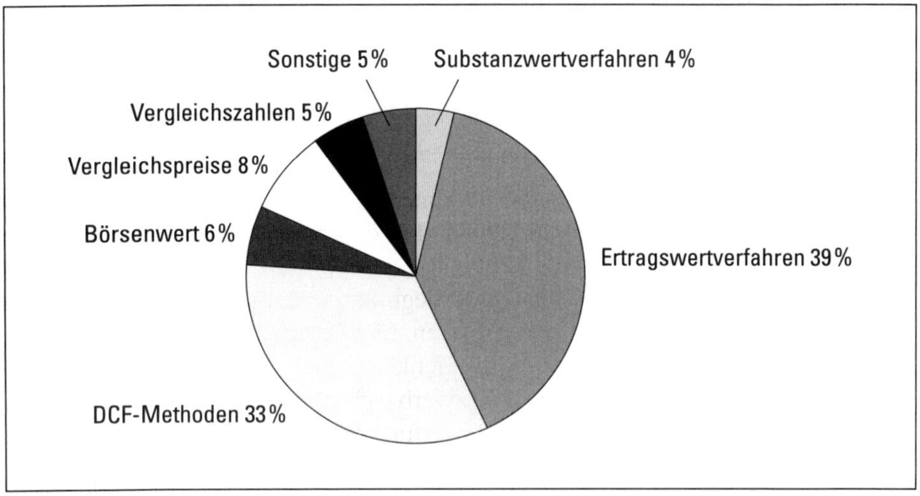

▲ Abb. 200 Bewertungsverfahren im Überblick (Peemöller/Bömelburg/Denkmann 1994, S. 742)

Literaturhinweise

Blohm, H./Lüder, K.: Investition. 8., aktualisierte und ergänzte Auflage, München 1995

Copeland, T. E./Koller, T./Murrin, J.: Valuation – Measuring and Managing the Value of Companies. 2. Auflage, New York u. a. 1994

Drukarczyk, Jochen: Unternehmensbewertung. München 1996b

Drukarczyk, Jochen: Discounted Cash-Flow-Methode. In: Achleitner, A.-K./Thoma, G. F. (Hrsg.): Handbuch Corporate Finance. Köln 1997

Götze, U./Bloech, J.: Investitionsrechnung. Modelle und Analysen zur Beurteilung von Investitionsvorhaben. Berlin u. a. 1992

Institut der Wirtschaftsprüfer (Hrsg.): Wirtschaftsprüferhandbuch. Band 2, 10. Auflage, Düsseldorf 1992

Kruschwitz, Lutz: Investitionsrechnung. Berlin/New York 1995

Lücke, Wolfgang (Hrsg.): Investitionslexikon. 2., völlig neu bearbeitete und erweiterte Auflage, München 1991

Müller-Hedrich, Bernd W.: Betriebliche Investitionswirtschaft. Systematische Planung, Entscheidung und Kontrolle von Investitionen. 6. Auflage, Stuttgart 1992

Rappaport, Alfred: Shareholdervalue: Wertsteigerung als Maßstab für die Unternehmensführung. Stuttgart 1994

Schröder, B. von/Tschöke, K.: Vergleich börsennotierter Unternehmen. In: Achleitner, A.-K./Thoma, G.F. (Hrsg.): Handbuch Corporate Finance. Köln 1997

Volkart Rudolf: Shareholdervalue & Corporate Valuation. Zürich 1998c

Volkart Rudolf: Wertorientierte Steuerpolitik. Zürich 1998d

Teil 8

Personal

Inhalt

Kapitel 1
Grundlagen

1.1 Der Mensch als Mitglied des Unternehmens

Menschen als Mitarbeiter eines Unternehmens bilden zusammen mit den Potenzialfaktoren (Betriebsmittel) diejenigen Produktionsfaktoren, welche die dauerhaft nutzbaren, produktiv tätigen Elemente eines Unternehmens darstellen. Nach H. Ulrich (1970, S. 246f.) unterscheidet sich der Mensch aber trotz dieser Gemeinsamkeit in vielerlei Hinsicht von den sachlich-maschinellen Betriebsmitteln:

- Der Mensch trägt als Lebewesen einen Sinn in sich selbst und ist nicht nur Mittel zum Zweck. Er weist einen Selbstwert auf und stellt Anforderungen an seine Umwelt.
- Der Mensch ist nur teilweise in das Unternehmen einbezogen. Sein Dasein beschränkt sich nicht nur auf seine Funktion im Unternehmenszusammenhang, vielmehr ist er in mannigfaltige soziale Kontakte eingebunden.
- Der Mensch ist selbsttätig, mit Denkvermögen, Initiative und Willen ausgestattet. Deshalb ist er nicht nur passives Objekt, sondern Träger von selbstständigen und sinnhaften Handlungen.
- Der Mensch weist eine sehr große Varietät seines möglichen Verhaltens auf und ist daher in vielen Bereichen des Unternehmens einsetzbar.
- Die Leistungsabgabe des Menschen ist nicht nur von seiner körperlichen Konstitution und physischen Umgebung, sondern ebenso von seinem Willen und seinen psychischen Fähigkeiten (Veranlagungen) abhängig. Die Leistungsabgabe ist deshalb veränderlich. Zwar kann sie von den Organen des Unternehmens beeinflusst, aber nie vollständig beherrscht werden.

- Der Mensch kann durch das Unternehmen nicht gekauft werden. Er stellt lediglich seine Arbeitskraft gegen periodisches Entgelt zur Verfügung. Er ist damit wesentlich an personalpolitischen Entscheidungen wie Eintritt, Einsatz und Austritt mitbeteiligt.
- Der Mensch tritt dem Unternehmen nicht nur als Individuum, sondern gleichzeitig als soziales Wesen entgegen. Diese soziale Dimension des Menschen führt dazu, dass er sich im Unternehmen Gruppen anschließt, innerhalb derer die Menschen ihr Verhalten gegenseitig beeinflussen.

Dieser Überblick zeigt, dass bei der Behandlung des „Produktionsfaktors Mensch" andere Entscheidungskriterien und Entscheidungslogiken anzuwenden sind, als dies zum Beispiel für die Beschaffung, die Verwaltung und den Einsatz von technischen Anlagen oder Werkstoffen der Fall ist. Als Einsatzfaktoren benötigt das Unternehmen zwar Arbeitskräfte in bestimmter Qualität und Menge, was es aber bekommt, sind Menschen mit individuellen Motivationen, mit eigenem Willen und mit verschiedenartigen Ansprüchen. Das Unternehmen stellt ein soziales Beziehungsgefüge dar, aufgebaut aus Individuen und Menschengruppen. In statischer Betrachtung entsteht ein Netz zwischenmenschlicher Beziehungen, in dynamischer ein Komplex von sich verändernden Beziehungen und Interaktionen zwischen den Menschen.

Da die Aktivitäten des Unternehmens von Menschen gestaltet und gelenkt werden, kann das Unternehmensgeschehen ohne das Erfassen menschlichen Verhaltens gar nicht verstanden werden. Dies führt dazu, dass in der Betriebswirtschaftslehre viele Erkenntnisse aus anderen Wissenschaften, in denen ausschließlich der Mensch im Vordergrund steht, Eingang gefunden haben. Diese können summarisch als Verhaltenswissenschaften bezeichnet werden, denen vor allem Disziplinen wie die Psychologie, die Soziologie und die Pädagogik sowie die verschiedenen Spezialgebiete dieser Richtungen zugeordnet werden.

Aussagen über den Menschen liegen meistens Vorstellungen über den allgemeinen Charakter von Menschen zugrunde. Auch in der Betriebswirtschaftslehre ist zu beobachten, dass Annahmen über die menschliche Natur zu bestimmten Aussagen, Systematisierungen, Prognosen und sogar Gestaltungsempfehlungen geführt haben. Umso wichtiger ist es deshalb, sich dieser grundsätzlichen Wertvorstellungen bewusst zu sein. Diese Grundannahmen über das Wesen des Menschen sind stark durch gesellschaftliche Werte geprägt und unterliegen einem ständigen Wandel. Im Folgenden sollen einige dieser Menschenbilder dargestellt werden, wie sie in der Literatur anzutreffen sind.

1.2 Menschenbilder

1.2.1 Einleitung

Gerade in der Personalwirtschaft, aber auch in anderen Bereichen des Unternehmens, spielen bei der Betrachtung betriebswirtschaftlicher Entscheidungstatbestände die Grundannahmen über die menschliche Natur eine große Rolle. Diese Grundannahmen über den Menschen und insbesondere seine Motivierbarkeit drücken sich in einem bestimmten Menschenbild aus.

Wenn im Folgenden verschiedene Menschenbilder besprochen werden, so sollen diese nicht den Eindruck von Werturteilen[1] wecken, sondern lediglich mögliche Idealtypen von Modellen des Menschen als Leistungs-, Bedürfnis- und Entscheidungsträger abgeben, damit Hypothesen über das menschliche Verhalten gewonnen und überprüft werden können. Zudem liegen allen theoretischen Konzeptionen der Arbeitswelt Vorstellungen über den Menschen zu Grunde. Bevor auf die historische Entwicklung des Menschenbildes eingegangen wird, soll das in der Literatur verbreitete Modell von McGregor dargestellt werden, das zwar in seiner Aussage sehr einfach ist, dafür aber das Grundproblem umso prägnanter und anschaulicher darstellt.

Der amerikanische Unternehmensberater **Douglas McGregor** hat in den Fünfzigerjahren grundlegende Annahmen, die von Führungskräften über die Natur des Menschen gemacht wurden, gesammelt und die Auswirkungen dieser Annahmen auf das Führungsverhalten sowie das Verhalten und die Leistung der Mitarbeiter untersucht. Ausgehend von der Überzeugung, dass wirtschaftliche Ineffizienz dadurch hervorgerufen wird, dass die Mitarbeiter nur unzulänglich ihre Bedürfnisse befriedigen und ihre Ziele verwirklichen können, hat McGregor (1970) zwei idealtypische Theorien in Bezug auf das Menschenbild formuliert.

McGregor hält die traditionellen Ansichten der herkömmlichen Managementlehren über Führung und Leistung für Vorurteile. Er bezeichnet diese Vorstellungen als **Theorie X,** welche nach Greif (1983, S. 61 f.) die folgenden Aussagen über die Natur des Menschen beinhaltet:

- Der Durchschnittsmensch hat eine angeborene Abneigung gegen Arbeit und versucht ihr aus dem Weg zu gehen, wo er nur kann.
- Auf Grund dieser Abneigung gegenüber der Arbeit (Arbeitsunlust) muss der Mensch zumeist gezwungen, gelenkt, geführt und unter Androhung von Strafe bewegt werden, das vom Unternehmen gesetzte Soll zu erreichen.
- Der Durchschnittsmensch zieht es vor, an die Hand genommen zu werden, möchte sich vor Verantwortung drücken, besitzt verhältnismäßig wenig Ehrgeiz und ist vor allem auf Sicherheit ausgerichtet.

---

1 Mit Werturteilen sind normative Aussagen gemeint, die auf Grund einer subjektiven Wertung eine Einstellung oder Verhaltensweise als gerechtfertigt erklären. Sie sind von deskriptiven Aussagen abzugrenzen, die auf objektiv beobachtbaren Phänomenen beruhen.

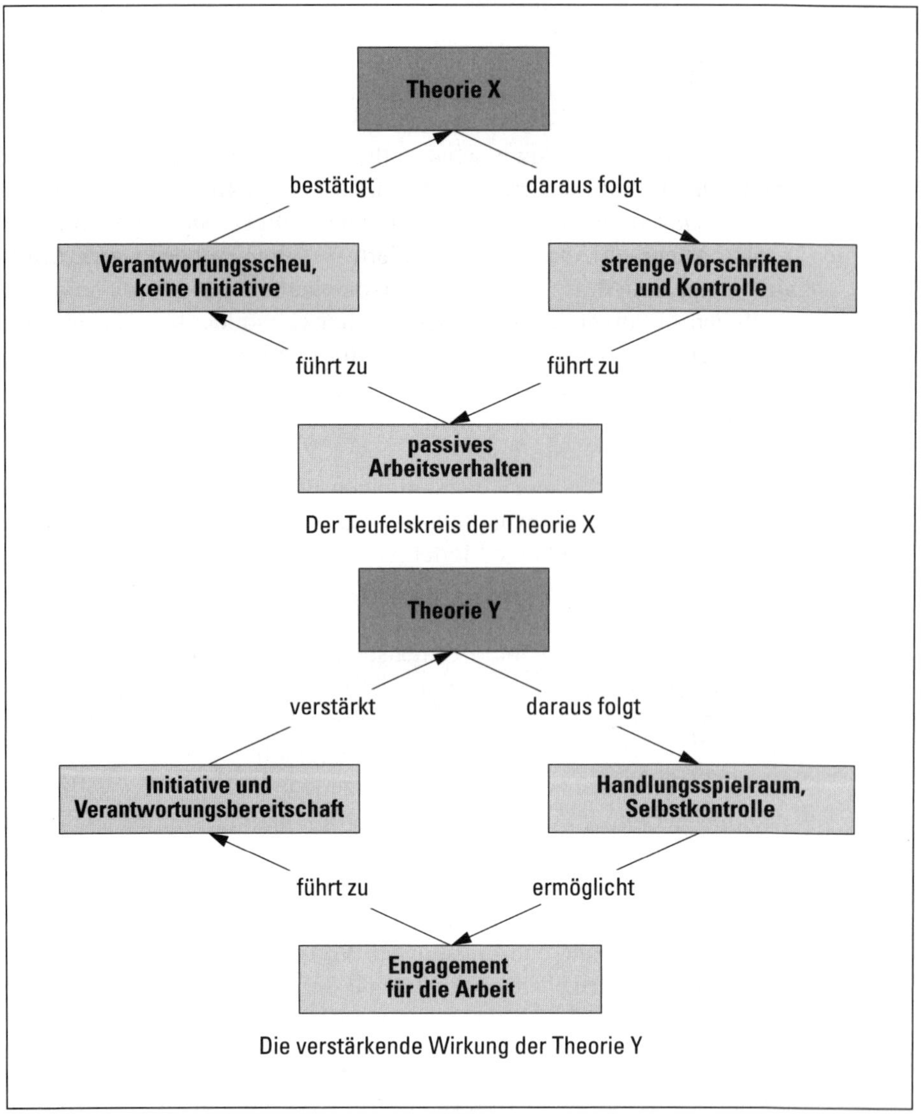

▲ Abb. 201 Theorie X und Theorie Y (Ulich/Baitsch/Alioth 1983, S. 18f.)

Begreift ein Vorgesetzter den Menschen und damit seine Mitarbeiter (wobei er in der Regel sich selbst davon ausnimmt) in dieser Weise, so leitet er für sich daraus ein bestimmtes Vorgesetztenverhalten ab: Er wird der direkten Aufgabenübertragung und Kontrolle vermehrt Aufmerksamkeit widmen und um eine Arbeits- und Organisationsgestaltung bemüht sein, die an den Mitarbeiter möglichst geringe Anforderungen stellt. Die in der Theorie X angelegten Vorurteile führen zu einem Führungsverhalten mit Betonung von Autorität und Kontrolle. Dabei handelt es sich aber nach McGregor um eine Verwechslung von Ursache und Wirkung. Gibt man den Mitarbeitern wenig oder gar keine Möglichkeiten, ihre Fähigkeiten einzusetzen und weiterzuentwickeln und besteht nur wenig Möglichkeit, Verantwortung tatsächlich wahrzunehmen, dann werden die Menschen in der Tat solche Verhaltensweisen an den Tag legen, die das Menschenbild des Vorgesetzten bestätigen. Der Führungsstil hat damit scheinbar seine Bestätigung gefunden, der Teufelskreis hat sich geschlossen, wie ◀ Abb. 201 grafisch veranschaulicht.

Als Alternativhypothese formulierte McGregor die **Theorie Y,** die – auf der Grundlage der Motivations- und Persönlichkeitstheorie des humanistischen Psychologen Abraham Maslow entwickelt – folgende grundlegenden Annahmen enthält (McGregor 1970, S. 61f.):

- Die Verausgabung durch körperliche und geistige Anstrengung beim Arbeiten kann als ebenso natürlich gelten wie Spiel oder Ruhe.
- Von anderen überwacht und mit Strafe bedroht zu werden ist nicht das einzige Mittel, jemanden zu bewegen, sich für die Ziele des Unternehmens einzusetzen. Zu Gunsten von Zielen, denen er sich verpflichtet fühlt, wird sich der Mensch der Selbstdisziplin und Selbstkontrolle unterwerfen.
- Wie sehr er sich Zielen verpflichtet fühlt, ist eine Funktion der Belohnung, die mit dem Erreichen dieser Ziele verbunden ist.
- Der Durchschnittsmensch lernt, bei geeigneten Bedingungen Verantwortung nicht nur zu übernehmen, sondern sogar zu suchen.
- Die Anlage zu einem verhältnismäßig hohen Grad an Vorstellungskraft, Urteilsvermögen und Erfindungsgabe für die Lösung organisatorischer Probleme ist in der Bevölkerung weit verbreitet und nicht nur vereinzelt anzutreffen.
- Unter den Bedingungen des modernen industriellen Lebens ist das Vermögen an Verstandeskräften, über das der Durchschnittsmensch verfügt, nur zum Teil ausgenutzt.

Gehört zu den grundlegenden Einstellungen des Vorgesetzten das Menschenbild Y, so wird er seinen Mitarbeitern auch einen Freiraum zur selbstständigen Gestaltung zugestehen, sie in Entscheidungsprozesse einbeziehen und eine Arbeits- und Organisationsgestaltung anstreben, die Initiative und Engagement der Mitarbeiter ermöglicht. Auch in diesem Fall kann beobachtet werden, dass sich der gewählte Führungsstil selbst bestätigt. Der entsprechende Wirkungszusammenhang wird in ◀ Abb. 201 festgehalten.

1.2.2 Scientific Management[1]

Als Begründer des Scientific Management wird der Ingenieur **Frederick W. Taylor** bezeichnet, der die weltweite Rationalisierungsbewegung auslöste, die bis heute nicht abgeschlossen ist und deren produktivitätssteigernde Wirkung trotz aller negativen Effekte nicht bestritten werden kann. Die Anfänge einer systematischen Wissenssammlung über Organisation und Management sind grundsätzlich eng verbunden mit der industriellen Revolution gegen Ende des 19. Jahrhunderts. Sie bedeutet die weitgehende Mechanisierung der Produktion in Großbetrieben, die Ablösung traditioneller handwerklicher Fertigung durch angelernte monotone Routinetätigkeiten, einen großen Angebotsüberschuss am Arbeitsmarkt mit Löhnen auf der Höhe des Existenzminimums und das Fehlen jeglicher sozialer Sicherheit. Dem entsprach ein Menschenbild, das den Menschen

- als billigen Produktionsfaktor (instrumentaler Aspekt),
- ohne höhere Bedürfnisse (motivationaler Aspekt) und
- mit streng rationalem Verhalten eines „homo oeconomicus" (rationaler Aspekt) betrachtete. (Hill/Fehlbaum/Ulrich 1992, S. 408)

Der Mensch wurde lediglich als ein Produktionsfaktor angesehen, der nicht ganz so zuverlässig und gut wie eine Maschine arbeitet. Die grundsätzliche Problemstellung des Scientific Management bestand deshalb in der Annäherung des Menschen an die Maschine, die zum Vorbild für den arbeitenden Menschen wurde. Ziel war eine Steigerung der Produktivität durch

- starke Arbeitszerlegung,
- physiologisch exakte Arbeitsausführung,
- physiologisch vernünftige Arbeitszeit (kürzerer Arbeitstag, unterbrochen durch kurze Erholungspausen) sowie
- leistungsfördernde Lohnmethoden. (Hill/Fehlbaum/Ulrich 1992, S. 409)

Taylors herausragende Leistung bestand in seiner systematischen Analyse, die sich nach Hill/Fehlbaum/Ulrich (1992, S. 410f.) in folgenden Resultaten äußerte:

1. Ein erster Ansatz bestand in der Einführung methodischer Arbeits- und Zeitstudien, mit denen die kürzesten und physiologisch günstigsten Bewegungsabläufe ermittelt werden sollten.
2. Ein zweiter Ansatz bestand in der systematischen Auswahl der am meisten geeigneten Personen für jede Arbeit sowie ihrer systematischen Anweisung, um die theoretisch optimalen Bewegungsabläufe zu erreichen.
3. Ein dritter Ansatz beruhte auf der Schaffung eines materiellen Anreizsystems, das die Leistungsbereitschaft möglichst hoch hielt: Es war dies das auf Zeitstudien aufgebaute System des Zeitakkords.

1 Zum Scientific Management vgl. auch Teil 9, Kapitel 2, Abschnitt 2.1 „Scientific Management".

4. Ein vierter Ansatz ging vom Arbeitsplatz selbst aus: Lichtstärke, Raumklimatisierung, Farbgebung und Anordnung der Maschinen sollten möglichst leistungsfördernd sein.
5. Ein fünfter Ansatz ging vom Problem der Ausdauer und Ermüdung aus. Der Zusammenhang zwischen Arbeitszeit und notwendiger Erholungszeit wurde erkannt. Kurze Erholungspausen wurden eingeführt.
6. Durch starke Arbeitsteilung sollten die Anforderungen am eigenen Arbeitsplatz so weit reduziert werden, dass eine kurze Anlern- und Einführungszeit genügte, um die maximale Leistungsfähigkeit zu erreichen.
7. Das Prinzip der Spezialisierung wurde schließlich auch auf die Werkmeister übertragen. Damit gelangte Taylor zum Modell der Funktionalorganisation mit acht so genannten Funktionsmeistern.

Taylors Menschenbild beinhaltet eine äußerst simplifizierte Motivationsstruktur des Menschen, welche unterstellt, dass der Mensch seine Leistung ausschließlich wegen des finanziellen Anreizes erbringe. Trotz dieser eindimensionalen Betrachtungsweise des Menschen sind die positiven Auswirkungen des Scientific Management aber nicht zu übersehen. Die Produktionssteigerungen waren enorm und brachten auch für die Beschäftigten eine Verkürzung der Arbeitszeit und Reallohnerhöhungen. Diesem Produktivitätsgewinn stehen aber folgende Bedenken gegenüber (Hill/Fehlbaum/Ulrich 1992, S. 412f.):

- Das instrumentale, mechanistische Menschenbild entwürdigt den Menschen und stellt ihn auf die gleiche Ebene wie die sachlich-maschinellen Anlagen. Dies führt zu einer fast vollständigen Zerstörung des traditionellen Handwerksethos. Liebe zum eigenen Produkt, Qualitätsarbeit, Fleiß, Verantwortungsbewusstsein, Ordentlichkeit, Disziplin und Arbeitszufriedenheit auf Grund der Arbeitstätigkeit (des Arbeitsinhalts) werden nachhaltig zerstört. Die Arbeit hat im Leben der meisten Arbeiter ihre frühere zentrale Bedeutung verloren. Das Lebenszentrum wird im Freizeitbereich angesiedelt.
- Solange das Individuum als eine Art Spezialmaschine eingesetzt wird, kommen die spezifischen menschlichen Qualitäten nicht zu ihrer Entfaltung. Besonders offensichtlich wird dies bei komplexeren Arbeitsvollzügen, bei denen der tayloristische Ansatz völlig versagt. Die Qualität der zu erzielenden Leistung bleibt teilweise ebenfalls unberücksichtigt.

1.2.3 Human Relations-Bewegung

Entwickelte sich das mechanistische Menschenbild Taylors unter den Bedingungen der industriellen Revolution am Ende des letzten Jahrhunderts, so hat das Menschenbild der Human Relations-Bewegung einen prinzipiell veränderten historischen Bezugsrahmen. Ausgangspunkt dafür waren die so genannten **Haw-**

thorne-Experimente der General Electric Company, durchgeführt in der kurzen Phase der Prosperität nach dem ersten Weltkrieg (vgl. Mayo 1945, Roethlisberger/Dickson 1939). Diese Zeit ist (in den USA) gekennzeichnet durch zunehmenden Wohlstand und abnehmende Gefahr der Arbeitslosigkeit bei den werktätigen Massen. Damit treten durch den aufkommenden Wohlfahrtsstaat Existenz- und Sicherheitsbedürfnisse gegenüber sozialen Bedürfnissen in den Hintergrund.

Obschon in den Hawthorne-Werken der General Electric Company in Chicago in bemerkenswert fortschrittlicher Weise für das materielle Wohl der Angestellten gesorgt wurde, blieben viele Arbeiter mürrisch und unzufrieden. Deshalb wurde der Psychologe **Elton Mayo** 1924 beauftragt, zunächst ganz konventionell (im Sinne des Scientific Management) mögliche Zusammenhänge zwischen Leistung und Helligkeit am Arbeitsplatz zu erforschen. Für die Erforschung der Beziehung zwischen Beleuchtung und Arbeitsleistung bildete Mayo zwei voneinander getrennte Gruppen von Arbeitnehmern. Für die erste Gruppe, die so genannte Kontrollgruppe, wurde die Beleuchtung während des gesamten Experiments konstant gehalten, während die andere Gruppe zum Arbeiten stärkeres Licht erhielt. Wie erwartet stieg die Leistung dieser Gruppe. Gänzlich unerwartet stieg aber auch die Leistung in der Kontrollgruppe. Die erstaunten Tester ließen daraufhin ihre Experimentalgruppe bei schwächerem Licht arbeiten – abermals stieg die Leistung. Offensichtlich spielte ein Faktor eine Rolle, der die Arbeitenden unabhängig vom Grad der Beleuchtung zu mehr Leistung anspornte. Um diesen Faktor zu erforschen, wurden zwischen 1927 und 1932 unter der Leitung der beiden Harvard-Professoren **Elton Mayo** und **Fritz J. Roethlisberger** die Arbeitsbedingungen von weiblichen Arbeitskräften bei der Herstellung von Telefon-Relais systematisch variiert. Jede dieser Veränderungen wurde ungefähr für jeweils drei Monate aufrechterhalten. Die wichtigsten Resultate dieses Experiments lauten:

1. Im Durchschnitt wurden im Laufe einer 48-Stundenwoche, einschließlich der Samstage und ohne Ruhepausen, von jeder Frau wöchentlich 2.400 Relais hergestellt.
2. Die Beleuchtung wurde verbessert – die absolute Leistung stieg.
3. Die Frauen wurden im Akkord eingesetzt – die Leistung stieg.
4. Eine zehnminütige Pause am Vormittag wurde eingeführt – die Leistung stieg.
5. Eine zehnminütige Pause am Nachmittag wurde eingeführt – die Leistung stieg.
6. Einführung von sechs fünfminütigen Pausen – der Ertrag sank leicht. Die Frauen erklärten, durch die häufigen Pausen sei ihr Arbeitsrhythmus gestört worden.
7. Rückkehr zu zwei zehnminütigen Pausen, die erstere mit einer warmen Mahlzeit auf Kosten der Firma – die Leistung stieg.
8. Verkürzung der Wochenarbeitszeit auf 45 Stunden – die absolute Leistung stieg.
9. Verkürzung der Wochenarbeitszeit auf 42 Stunden – die Leistung stieg.

10. Zuletzt wurden stufenweise sämtliche der aufgeführten Verbesserungen wieder zurückgenommen, worauf die Leistung kontinuierlich stieg. Ihr Maximum, durchschnittlich 3.000 Stück pro Woche, erreichte die Arbeitsleistung bei einer Beleuchtung, die gemäß Mayo einer hellen Mondnacht entsprochen habe.

Die Resultate der Hawthorne-Studien zeigen, dass nicht allein die physikalisch messbaren Arbeitsbedingungen das Verhalten der Arbeiter bestimmen. Die Erklärung der steigenden Produktivität der Arbeiter liegt vielmehr in einer neuen Form der Zusammenarbeit, hervorgerufen durch die Beachtung und Aufmerksamkeit von Seiten der Forscher. Dieser Sachverhalt wird heute in der Sozialpsychologie als **Hawthorne-Effekt** bezeichnet. Folgende Entdeckungen und Schlussfolgerungen ergeben sich nach Hentze (1994, S. 34) aus den Hawthorne-Experimenten:

1. Das Produktionsergebnis wird durch soziale Normen in der Arbeitsgruppe bestimmt und nicht durch physiologische Leistungsgrenzen.
2. Nicht-finanzielle Anreize und Sanktionen beeinflussen das Verhalten der Arbeiter bedeutend und begrenzen zum großen Teil die Wirkungen finanzieller Anreize.
3. Häufig handeln oder reagieren die Arbeiter nicht als Individuum, sondern als Mitglieder einer Gruppe.
4. Die Bedeutung der Führung in Bezug auf Festsetzung und Erzwingung von Gruppennormen und der Unterschied zwischen formeller und informeller Führung wurde erkannt.
5. Die Bedeutung der Kommunikation zwischen den verschiedenen Rangstufen bei der Aufklärung der Mitarbeiter über die Notwendigkeit bestimmter Arbeitsabläufe wurde erkannt.

Zusammenfassend kann gesagt werden, dass keine mechanistisch-kausale Beziehung zwischen objektiven Arbeitsgegebenheiten und Leistung besteht. Daraus hat Mayo die etwas einseitige Forderung nach Arbeitszufriedenheit als wichtigsten Faktor hoher Produktivität abgeleitet.

Der Hauptverdienst der Human Relations Bewegung ist und bleibt die Überwindung des mechanistischen Menschenbildes. Dennoch blieben auch mit diesem Ansatz einige Probleme und Fragen offen, die in Anlehnung an Hill/Fehlbaum/Ulrich (1992, S. 422f.) wie folgt zusammengefasst werden können:

- Die psychologischen Faktoren wurden einseitig überbetont, strukturelle und technische Faktoren vernachlässigt.
- Im Mittelpunkt stand allein die Zufriedenheit der Mitarbeiter. Konflikte im Betrieb wurden deshalb zu unterdrücken versucht, weil man sich vor deren negativen Auswirkungen auf das Betriebsklima fürchtete. Dies hatte zur Folge, dass man die Mitarbeiter weitgehend gewähren ließ (Laisser-faire-Führungsstil).

- Weniger eine echte innere Befriedigung wurde den Werktätigen vermittelt als vielmehr ein „Gefühl der Zufriedenheit". Darin wurde die instrumentale Ausrichtung auf die Produktivität sichtbar, die im Grunde genommen noch identisch war mit jener des Scientific Management, nur dass sie sich im Weg unterschied.
- Die Bedeutung der Arbeit selbst für die Motivation bzw. für die Erbringung einer Leistung wurde noch nicht erkannt. Mit „Leistung dank Zufriedenheit" statt „Zufriedenheit dank Leistung" kann diese Problemstellung schlagwortartig wiedergegeben werden.

1.2.4 Anreiz-Beitrags-Theorie (Koalitionstheorie)

Die auf den Arbeiten von **Chester I. Barnard** (1938) sowie **James G. March** und **Richard M. Cyert** (1963) aufbauende Anreiz-Beitrags-Theorie geht davon aus, dass sämtliche Organisationsteilnehmer selbstständige Entscheidungsträger sind, die ihre Entscheidungen auf Grund ihrer persönlichen Ziele treffen. Der einzelne Mitarbeiter wägt dabei den Nutzen der vom Unternehmen angebotenen Anreize mit dem Wert seiner eigenen Beiträge ab. Aus der daraus resultierenden subjektiv empfundenen Nutzendifferenz ergibt sich eine Entscheidung. Da dieses Anreiz-Beitragsmodell sowohl für potenzielle (externe) Organisationsmitglieder als auch für die gegenwärtigen (internen) Mitarbeiter gilt, ergeben sich folgende Entscheidungstatbestände:

1. Eintritt in das Unternehmen (Teilnahmeentscheidung);
2. Auflösung des Arbeitsverhältnisses (Austrittsentscheidung);
3. Leistungsbeitrag zur Erreichung der Organisationsziele und somit rollenkonformes Verhalten (Verhaltensentscheidung).

In Anlehnung an Kupsch/Marr (1991, S. 745f.) lassen sich die Hauptthesen der Anreiz-Beitrags-Theorie wie folgt zusammenfassen:

- Eine Organisation, wie sie auch ein Unternehmen darstellt, ist meistens ein System von Personen, die in wechselseitiger Abhängigkeit handeln.
- Alle Organisationsteilnehmer und alle Gruppen empfangen von der Organisation Anreize, die sowohl monetärer als auch nichtmonetärer Natur sein können (z.B. Lohn, Aufstiegsmöglichkeiten), und leisten dafür gewisse Beiträge (z.B. Arbeitsleistungen, kooperatives Arbeitsverhalten).
- Die Belegschaftsmitglieder halten ihr Arbeitsverhältnis nur so lange aufrecht, wie die gewährten Anreize den geleisteten Beiträgen entsprechen oder diese übersteigen. Der Nutzen der Anreize richtet sich dabei nach den Wertmaßstäben des einzelnen Arbeitnehmers. Die Bewertung der Beitragsleistung durch den Arbeitnehmer hängt von den wahrgenommenen Einsatzmöglichkeiten in anderen Organisationen ab.

- Die Organisation befindet sich in einem Gleichgewichtszustand, wenn auf Grund der Beiträge den Arbeitnehmern so viele Anreize gewährt werden, dass diese ihr Arbeitsverhältnis fortsetzen.

Basierend auf dieser Anreiz-Beitrags-Theorie formulierten Cyert/March (1963) die These vom Unternehmen als politische Koalition, an der verschiedene Interessensgruppen (Staat, Kapitalgeber, Kunden usw.) beteiligt sind. Das Unternehmen selbst stellt eine Koalition von Individuen dar, die wiederum in verschiedenen Subkoalitionen Mitglied sind (z.B. Mitarbeiter mit gleicher Arbeit, Mitarbeiter auf der gleichen Führungsstufe, Mitglieder der Firmenfußballmannschaft). Es wird unterstellt, dass alle Organisationsmitglieder Individualziele haben, die in einem Verhandlungsprozess in globale, übergeordnete Organisationsziele (Koalitionsziele) umgewandelt werden. Die dabei auftretenden Interessensgegensätze müssen beseitigt werden, indem über die zu leistenden Beiträge und die dafür angebotenen monetären und nichtmonetären Anreize ein Ausgleich geschaffen wird.

Die Anreiz-Beitrags-Theorie betrachtet den Menschen als eigenständigen Entscheidungsträger, der nicht nur den Nutzen eines Eintritts oder Austritts aus dem Unternehmen sowie den Nutzen seines konkreten Verhaltens im Vergleich zu den erhaltenen Vergütungen abwägt, sondern auch als ein Element, welches das Verhalten des Unternehmens mitbeeinflusst. Allerdings wird der Anreiz-Beitrags-Theorie vorgeworfen, dass die verschiedenartigen Beiträge und Anreize nicht in einer einzigen Nutzengröße zusammengefasst werden können, die als Grundlage für eine Verhaltensentscheidung dienen soll. Zudem unterstellt sie, dass sich das Anspruchsniveau über die Zeit nur langsam ändere und sich die Dynamik der Bedürfnisbefriedigung nicht bemerkbar mache. Würde diese Annahme nicht zutreffen, so ergäbe sich – wenn überhaupt – ein äußerst instabiles Gleichgewicht, da dauernd neue Verhandlungsprozesse aufgenommen werden müssten. Kritisiert wird auch die Annahme, dass keine eigenständigen Unternehmensziele bestehen, sondern nur die Ziele der Organisationsmitglieder eine Rolle spielen.

1.3 Entwicklung des Personalbereichs

Als organisatorischer Bereich hat sich das Personalwesen erst zu Beginn der Sechzigerjahre etablieren können. Vorher bildete es in der Regel einen Teilbereich der kaufmännischen Verwaltung, wie dies heute noch bei kleineren Firmen der Fall ist. Wie ▶ Abb. 202 zeigt, können fünf Phasen in der Entwicklung des Personalwesens unterschieden werden.

Merkmale / Phasen	Philosophie	Strategie	Hauptfunktionen	organisatorische Verantwortung
1. Phase (bis ca 1960): Bürokratisierung	Kaufmännische Bestandspflege der „Personalkonten"	Aufbau vorwiegend administrativer Personalfunktionen	Verwaltung der Personalakten, Durchführung personalpolitischer Entscheidungen – z. T. in Nebenfunktion	Kaufmännische Leitung
2. Phase (ab ca. 1960): Institutionalisierung	Anpassung des Personals an organisatorische Anforderungen (Sozialisationskonzepte)	Professionalisierung der Personalleiter, Zentralisierung des Personalwesens, Spezialisierung der Personalfunktion	Neben Kernfunktionen wie Verwaltung, Einstellung, Einsatz, Entgeltfindung und juristischer Konfliktregelung zusätzlich Ausbau der qualitativen Sozialpolitik (Bildung, Freizeit, Arbeitsplätze)	Personalleiter im Groß- und z. T. im Mittelbetrieb
3. Phase (ab ca. 1970): Humanisierung	Anpassung der Organisation an die Mitarbeiter (Akkomodationskonzepte)	Spezialisierung, Ausbau sowie Mitarbeiterorientierung der Personalfunktionen	Humanisierung, Partizipation, Ausbau der qualitativen Funktionen wie Aus- und Weiterbildung (off-the-job), kooperative Mitarbeiterführung, Human Relations, Personalbetreuung, Humanisierung von Arbeitsplätzen, Arbeitsumgebung und Arbeitszeit, Organisations- und Personalentwicklung	Personalressort in der Geschäftsleitung, Personalstäbe, Arbeitnehmer-Vertretung
4. Phase (ab ca. 1980): Ökonomisierung	Anpassung von Organisation und Personal an veränderte Rahmenbedingungen nach Wirtschaftlichkeitsaspekten	Dezentralisierung, Generalisierung, Entbürokratisierung, Rationalisierung von Personalfunktionen	Flexibilisierung der Arbeit und der Arbeitskräfte, Rationalisierung der Arbeit und der Arbeitsplätze, Bewertung des Arbeitspotenzials und des Entwicklungspotenzials, Abbau quantitativer und freiwilliger Personalleistungen, Orientierung auf Freisetzungspolitik	Geschäftsleitung, Personalwesen, Linienmanagement
5. Phase (ab ca. 1990): Entre- und Intrapreneuring	Mitarbeiter als wichtigste, wertvollste und sensitivste Unternehmensressource. Das Personalmanagement soll sie als Mitunternehmer gewinnen, entwickeln und erhalten. Wertschöpfung („added value") als Oberziel	Zentralisierung des strategischen und konzeptionellen Personalmanagements bei gleichzeitiger Delegation operativer Personalarbeit an die Linie	Unternehmerisches Mitwissen, Mitdenken, Mithandeln und Mitverantworten in allen wesentlichen Unternehmensentscheidungen. Somit integrierte und gleichberechtigte Mitwirkung bei der Unternehmensphilosophie, -politik und -strategie mit besonderer Berücksichtigung von „Mensch und Arbeit". Evaluation der ökonomischen und sozialen Folgen von Unternehmensentscheidungen (Personal-Controlling)	Die Geschäftsleitung, insbesondere ein für Personal (Humanressourcen und Humankapital) verantwortliches Mitglied, das zentrale Personalmanagement als „Wertschöpfungs-Center" sowie die Linie (als dezentrales Personalmanagement)

▲ Abb. 202 Entwicklung des Personalwesens (Wunderer 1993, S. 3f.)

1.4 Problemlösungsprozess im Personalbereich

Überträgt man den allgemeinen Problemlösungsprozess auf den Personalbereich (▶ Abb. 203), so können die einzelnen Phasen wie folgt umschrieben werden:

1. **Analyse der Ausgangslage:** In dieser ersten Phase geht es darum, die mitarbeiterbezogenen Probleme zu erkennen, zu beschreiben und zu beurteilen. Voraussetzung dazu ist, dass die Bedürfnisse des Unternehmens und der Mitarbeiter analysiert werden. Dabei ist darauf zu achten, dass man sich des Menschenbildes bewusst wird, das den jeweiligen Untersuchungen zu Grunde liegt. Denn es ist offensichtlich, dass Art und Umfang der erkannten Bedürfnisse maßgeblich vom vorherrschenden Menschenbild abhängen. Neben diesen unternehmensinternen Tatbeständen spielen auch die gesellschaftlichen Wertvorstellungen oder die Personalpolitik anderer Unternehmen (insbesondere der Konkurrenz) eine Rolle. Somit ist die Umwelt des Unternehmens ebenfalls zu berücksichtigen.

2. **Ziele im Personalbereich:** Die allgemeinen Ziele des Personalbereichs beruhen stark auf dem vorhandenen Menschenbild und den gesellschaftlichen Normen. Sie beziehen sich in der Regel auf folgende Aspekte:
   - Sicherung der Arbeitszufriedenheit,
   - Gewährung eines sicheren Arbeitsplatzes,
   - Anerkennung des Mitarbeiters als Partner,
   - Förderung des Mitarbeiters in beruflicher und außerberuflicher Hinsicht,
   - Schutz der Gesundheit des Mitarbeiters.

   Das aus dem güter- und finanzwirtschaftlichen Umsatzprozess abgeleitete Sachziel wird darin bestehen, die verschiedenen Unternehmensbereiche wie zum Beispiel Marketing, Materialwirtschaft und Produktion mit den notwendigen Mitarbeitern zu besetzen, und zwar
   - in quantitativer Hinsicht,
   - mit den erforderlichen Qualifikationen,
   - zum richtigen Zeitpunkt und
   - am richtigen Ort.

3. **Bestimmung der Ziele, Maßnahmen und Mittel der Personalteilbereiche:** Bei der Lösung der vielfältigen Probleme aus dem Personalbereich scheint eine Systematisierung sinnvoll zu sein. Nach den zu lösenden Hauptaufgaben im Personalbereich ergibt sich nachstehende Einteilung, die auch der Gliederung der folgenden Kapitel dient:
   - Personalbedarfsermittlung,
   - Personalbeschaffung,
   - Personaleinsatz,
   - Personalmotivation und -honorierung,
   - Personalentwicklung,
   - Personalfreistellung.

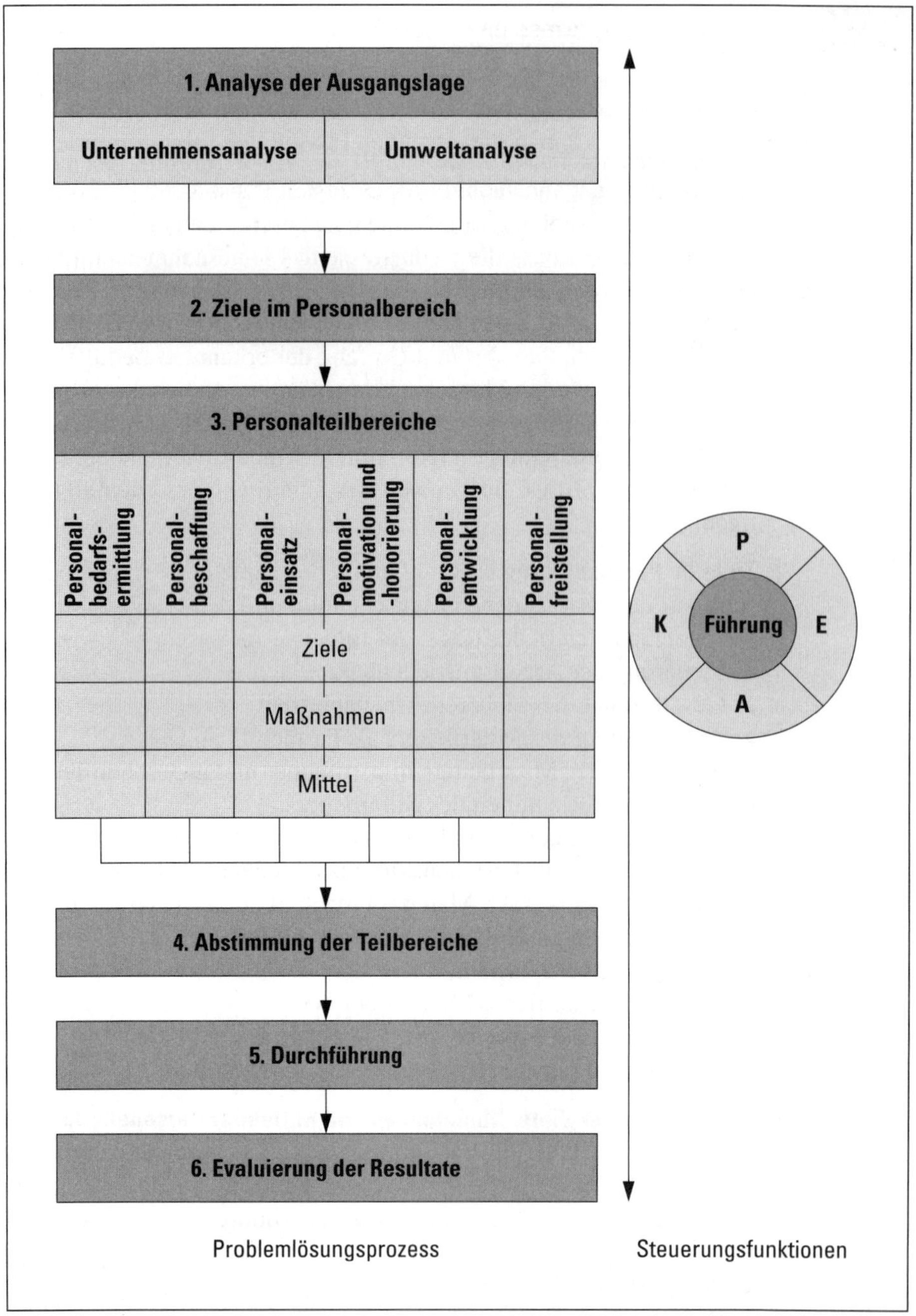

▲ Abb. 203 Steuerung des Problemlösungsprozesses im Personalbereich

Für alle diese Teilfunktionen sind die Ziele, Maßnahmen und Mittel festzulegen, um die übergeordneten Unternehmensziele und die allgemeinen Ziele des Personalbereichs zu erreichen. Sie sollen in den Kapiteln 2 bis 7 ausführlich besprochen werden.

4. **Abstimmung der Teilbereiche:** Ein Blick auf die Teilfunktionen des Personalwesens genügt, um zu erkennen, dass Zielkonflikte nicht zu vermeiden sind. Die Ziele, Maßnahmen und Mittel sind deshalb in der Weise aufeinander abzustimmen, dass Widersprüche möglichst ausgemerzt und Zielkonflikte durch Setzen von Prioritäten abgeschwächt werden.
5. **Durchführung:** Der Formulierung von Zielen und Maßnahmen sowie Bestimmung der dazu notwendigen Mittel folgt in einer nächsten Phase deren Umsetzung.
6. **Evaluierung der Resultate:** Am Schluss des Problemlösungsprozesses stehen die Ergebnisse, die über das Erreichen der gesetzten Ziele Auskunft geben. Besonders beachtet werden dabei die Erfüllung der Unternehmensaufgabe einerseits und die Erfüllung der Bedürfnisse des Arbeitnehmers andererseits.

Sämtliche konkreten Ziele und Maßnahmen sowie die zu deren Realisierung vorgesehenen Mittel im Personalbereich, die sich auf Grund des Problemlösungsprozesses ergeben, stellen als Ganzes die **Personalpolitik** eines Unternehmens dar.

1.5 Personalmanagement

Aus der Sicht einer managementorientierten Betriebswirtschaftslehre steht die Gestaltung und Steuerung des Problemlösungsprozesses mit den Elementen Planung, Entscheidung, Aufgabenübertragung und Kontrolle im Vordergrund (◄ Abb. 203). Diese Aufgabe wird als **Personalmanagement** bezeichnet:

- Besonders wichtig ist die **Planung,** stellt sie doch als Entscheidungsvorbereitung die Grundlage für die Lösung personalpolitischer Problemstellungen. In diesem Sinne beinhaltet sie sämtliche Phasen des Problemlösungsprozesses für alle Teilbereiche und kann deshalb als **Personalplanung** bezeichnet werden. Gelegentlich wird der Begriff Personalplanung in Literatur und Praxis auch als Synonym für die Teilfunktion Personalbedarfsermittlung verwendet. Diese Sichtweise ist aber zu einschränkend.
- **Entscheidungen** im Personalbereich sind oft dadurch gekennzeichnet, dass sie auf Grund unterschiedlicher Wertvorstellungen der beteiligten Interessensgruppen unter großen Zielkonflikten getroffen werden müssen. Man denke beispielsweise an Entscheidungen über das Lohnsystem und die Lohnhöhe, Arbeitszeitregelungen oder Kündigungen.

- **Aufgabenübertragungen** sind vor allem in der Durchführungsphase zu treffen, wenn die geplanten und genehmigten Maßnahmen realisiert werden müssen.
- Die **Kontrolle** im Personalbereich kann unterteilt werden in eine
  - **Verfahrenskontrolle,** welche die Überwachung der Steuerung des Personalproblemlösungsprozesses beinhaltet und in eine
  - **Ergebniskontrolle,** welche die Ergebnisse des Problemlösungsprozesses erfasst und bewertet sowie insbesondere die Abweichung der Ist-Werte von den Soll-Werten in Bezug auf Ziele, Maßnahmen und Mittel analysiert.

Kapitel 2
Personalbedarfsermittlung

2.1 Einleitung

Die Höhe des Personalbedarfs eines Unternehmens ergibt sich aus dem Umfang der einzelnen Leistungsbeiträge zur Erfüllung der betrieblichen Gesamtaufgabe. Der Umfang der einzelnen Teilaufgaben (Beiträge) ist dabei in verschiedener Hinsicht zu betrachten, nämlich

- quantitativ: wie viele Mitarbeiter?
- qualitativ: welche Qualifikationen?
- zeitlich: wann, in welcher Zeitperiode?
- örtlich: Wo, welches ist der Einsatzort?

Vorerst ist zu unterscheiden zwischen dem Brutto- und dem Nettopersonalbedarf. Letzterer wird wie folgt berechnet:

	Bruttopersonalbedarf im Zeitpunkt t_i (= Soll-Personalbestand in t_i)
./.	Personalbestand im Zeitpunkt t_0
+	Personalabgänge im Zeitraum t_0 bis t_i
	▪ feststehende Abgänge (Pensionierungen, Kündigungen)
	▪ statistisch zu erwartende Abgänge (Invalidität, Todesfälle)
./.	Personalzugänge (feststehend) im Zeitraum t_0 bis t_i
=	Nettopersonalbedarf

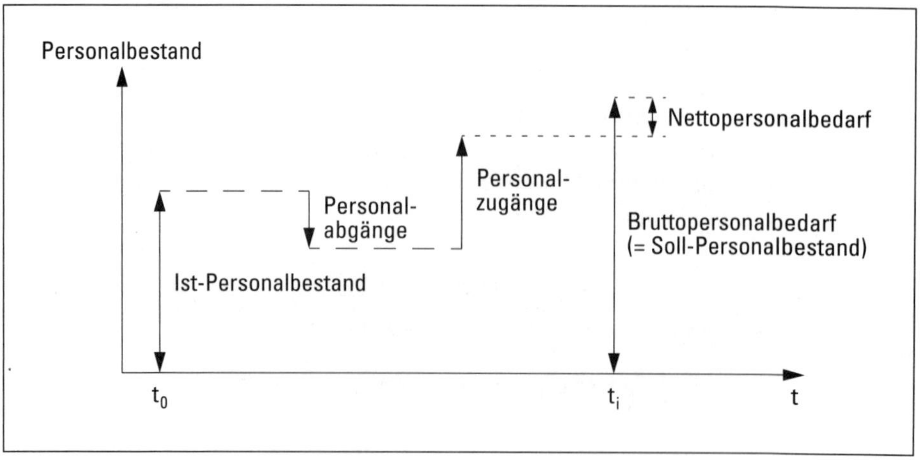

▲ Abb. 204 Schema Personalbedarf

Aus dieser Berechnung wird ersichtlich, dass es sich

- beim **Bruttopersonalbedarf** um den gesamten Personalbedarf in einem bestimmten Zeitpunkt t_i ($i = 1, 2, \ldots, n$) handelt, während
- der **Nettopersonalbedarf** lediglich die zusätzlich (zum vorhandenen Personalbestand) notwendigen Mitarbeiter unter Berücksichtigung der Personalfluktuationen darstellt (◄ Abb. 204).

Der (Netto-)Personalbedarf wird durch eine Reihe von externen und internen Faktoren beeinflusst. Als wichtige **externe** Einflussfaktoren sind zu nennen:

- die sozialpolitische Situation,
- die gesamtwirtschaftliche Entwicklung (Konjunktur),
- die Entwicklung innerhalb der Branche,
- der technologische Fortschritt.

Ist der Soll- und der voraussichtliche Ist-Personalbestand (unter Berücksichtigung der bereits feststehenden Personalzugänge und -abgänge) zu einem bestimmten Zeitpunkt ermittelt, so ergibt sich entweder eine personelle Deckung, Überdeckung oder Unterdeckung, und zwar in quantitativer, qualitativer, zeitlicher und/oder örtlicher Hinsicht. Eine **Überdeckung** tritt beispielsweise dann auf, wenn infolge eines schlechten Auftragseinganges oder einer Verbesserung der Produktivität (im Anschluss an eine Reorganisation) die Anzahl Arbeitsplätze, die wegzurationalisieren wären, größer ist als die Anzahl der Mitarbeiter, von denen bereits feststeht, dass sie das Unternehmen verlassen werden. Auch wenn langfristig mit entsprechenden personalpolitischen Entscheidungen (Entlassung, Umschulung, Beförderung) ein Ausgleich zwischen Personalbedarf und Personalbestand geschaffen werden kann, verhindern oft rechtliche und ethische Gründe einen sofortigen Abbau des Mitarbeiterbestandes und somit eine Anpassung der Ist-Werte an die Soll-Werte. Im Falle einer **Unterdeckung** muss mit entsprechenden Personalbeschaffungsmaßnahmen ebenfalls ein Ausgleich angestrebt werden.

Die Bestimmung des Personalbedarfs erfolgt auf Grund von Informationen aus anderen Funktionsbereichen, insbesondere des Marketing und der Produktion. Deshalb bezeichnet man diese Personalplanung auch als **Sekundärplanung** und bringt damit zum Ausdruck, dass es sich um eine aus übergeordneten Plänen abgeleitete Planung handelt.

2.2 Ermittlung des quantitativen Personalbedarfs

2.2.1 Probleme der quantitativen Personalbedarfsermittlung

Bei der Ermittlung des quantitativen Personalbestandes stellen sich verschiedene Probleme. Das erste Problem ergibt sich dadurch, dass nicht alle Aufgaben (Arbeitsleistungen) quantifizierbar sind, d.h. keine Maßstäbe zur Festlegung der Vorgabezeiten für bestimmte Aufgabenarten gefunden werden können. Schwierigkeiten ergeben sich vor allem bei kreativen Aufgaben oder Führungsaufgaben, während bei rein ausführenden Tätigkeiten im Fertigungsbereich bessere Voraussetzungen für die Quantifizierung gegeben sind. In diesem Bereich können die benötigten Mitarbeiter bei mehr oder weniger konstantem Fertigungsprogramm und Fertigungsverfahren auf Grund der erzeugten Mengen berechnet werden. Die genauen Zahlen ergeben sich aus den Maschinenbelegungsplänen und den Vorgabezeiten. Je genauer und detaillierter die Planung der Arbeitsvorbereitung (AVOR) und die Planungsunterlagen (Werkstattpapiere) sind, umso genauer kann die Zahl der notwendigen Arbeitskräfte ermittelt werden.

Die Bestimmung des quantitativen Nettopersonalbedarfs (◄ Abb. 204) bereitet auch wegen der unsicheren Informationen große Schwierigkeiten. Abgesehen von der Ungewissheit über die zu erstellende Leistung ergeben sich vor allem Probleme auf Grund der Mitarbeiter-Fehlzeiten, deren Ausmaß meistens nur ungenügend vorausgesagt werden kann. Fehlzeiten werden sowohl in der Literatur als auch in der Praxis sehr unterschiedlich definiert, je nach dem Zweck der Ermittlung von Fehlzeiten. Dies rührt in erster Linie daher, dass einerseits die Bezugsgröße, auf die sich die Fehlzeiten beziehen, und andererseits die Arten von Fehlzeiten unterschiedlich weit gefasst werden.

Betrachtet man die Fehlzeiten im Rahmen der Nettopersonalbedarfsplanung, so ist es sinnvoll,

> **Fehlzeiten** als jedes Fernbleiben von der vertraglich festgelegten Arbeitszeit zu umschreiben, denn diese Fehlzeiten müssen – unabhängig von ihrer Ursache – durch andere Mitarbeiter abgedeckt werden.

1. Urlaub (Beurlaubung)	▪ gesetzlich-vertraglich zustehender Urlaub ▪ unbezahlter Urlaub ▪ Sonderfälle (Todesfall in der Familie, Umzug)
2. Krankheit und Unfall	▪ Unfall (Berufsunfall/sonstige Unfälle) ▪ Krankheit ▪ Kuren
3. Betriebliche Weiterbildung	▪ Bildungsurlaub ▪ Umschulung
4. Staatsbürgerliche Pflichten	▪ Militär- oder Zivildienst ▪ öffentliche Ämter (z. B. Schöffe)
5. Unentschuldigtes Fehlen	

▲ Abb. 205 Fehlzeiten

Geht man hingegen von rechtlichen Überlegungen aus, so können Fehlzeiten als in Tagen gemessene Abwesenheiten vom Betrieb, die nicht durch gesetzliche, gesamtvertragliche (tarifvertragliche) oder einzelvertragliche Regelungen und Betriebsvereinbarungen begründet sind, definiert werden. In ◄ Abb. 205 ist eine Klassifikation von Fehlzeiten vorgenommen worden, aus der ersichtlich wird, dass die Gründe für das Auftreten von Fehlzeiten sehr vielschichtig sind.

Für das Unternehmen interessant wäre natürlich eine Unterscheidung in Fehlzeiten, die beeinflussbar, und in solche, die nicht beeinflussbar sind. Nützlich wäre ebenso eine Unterscheidung in Fehlzeiten, die bereits zu Beginn der Planperiode feststehen und in solche, die zwar noch nicht feststehen, deren Eintreten aber meistens mit einer gewissen Wahrscheinlichkeit geschätzt werden kann. Eine eindeutige Klassifizierung auf Grund dieser Kriterien ist aber wegen der Vielzahl möglicher Einflussfaktoren fast unmöglich. ► Abb. 206 zeigt einen Überblick über solche Faktoren, welche Fehlzeiten verursachen oder zumindest mitverursachen können.

Für eine weitere Unsicherheit in der Bestimmung des Nettopersonalbedarfs sorgen die **Personalfluktuationen.** Zu den Fluktuationen werden primär die freiwilligen (Kündigungen der Mitarbeiter) und unfreiwilligen (Kündigungen des Unternehmens) Arbeitsplatzwechsel gezählt. Dazu kommen jene Fälle, bei denen sich wegen Erreichen der Altersgrenze oder durch Eintreten von Invalidität oder Tod Veränderungen ergeben. Diese Fluktuationen versucht man durch eine Kennzahl, die Fluktuationsrate, statistisch zu erfassen.

Die **Fluktuationsrate** bringt eine Beziehung zwischen den Abgängen und den beschäftigten Mitarbeitern in einer bestimmten Planperiode zum Ausdruck:

- $$\text{Fluktuationsrate} = \frac{\text{Anzahl Austritte}}{\text{ø Anzahl Beschäftigte}} \cdot 100$$

Persönliche Merkmale	▪ Alter ▪ Ausbildung ▪ Geschlecht ▪ Nationalität und die damit verbundene Landeskultur ▪ Persönliche Wertvorstellungen und Motive ▪ Persönliche Veranlagung, Anfälligkeit ▪ Familienstand
Private Situation	▪ Einfluss der Familie ▪ Finanzielle Situation ▪ Einflüsse aus der weiteren privaten Umwelt ▪ Weg zur Arbeit
Verhältnis zu Firma als Institution	▪ Wertvorstellungen der Firma ▪ Rationalisierungsgrad ▪ Sozialpolitik ▪ Betriebsklima ▪ Image der Firma
Menschliche Umwelt	▪ Vorgesetztenverhalten ▪ Verhältnis zu benachbarten Bereichen ▪ Verhältnis zu Kollegen ▪ Verhältnis zu Mitarbeitern ▪ Image des Arbeitsbereiches, intern
Arbeitsumwelt	▪ Qualität der Luft (Hitze, Feuchtigkeit, Zug, Gerüche) ▪ Lärmbelästigung und -störung ▪ Sauberkeit – Schmutz ▪ Optische Atmosphäre
Struktur der Arbeit	▪ Monotonie ▪ Entscheidungs- und Handlungsspielraum des Einzelnen/der Gruppe ▪ Zeitstruktur der Arbeit (Schicht, flexible Arbeitszeit, Spitzenbelastung) ▪ Kontinuität des Arbeitseinsatzes ▪ Gefährdungsgrad
Art der Entlohnung, Höhe des Einkommens	▪ Akkordlohn ▪ Prämienlohn ▪ Zeitlohn ▪ Garantierte Einkommensvorteile
Aktuelle Situation des Unternehmens	▪ Auftragslage, Menge der anfallenden Arbeit ▪ Jahreszeitliche Einflüsse ▪ Fehlzeitenstand ▪ Sicherheit des Arbeitsplatzes
Gesellschaftspolitische Einflüsse	▪ Freizeitansprüche ▪ Einflüsse der Tarifpartner, politische Einflüsse

▲ Abb. 206 Einflussfaktoren auf Fehlzeiten (nach Grimm 1981, S. 240)

Ziel der Personalpolitik sollte sein, die Fluktuationsrate möglichst tief zu halten, da Personalwechsel oft mit sehr hohen Kosten verbunden sind. Um die Fluktuationsrate als aussagekräftiges Instrument sinnvoll einsetzen zu können, sollte sie nicht nur für das Gesamtunternehmen berechnet werden, da damit keine direkten und präzisen Kausalzusammenhänge ausgedrückt werden können. Ziel der Berechnung dieser Kennzahl sollte sein, einen ursächlichen Zusammenhang zwischen der Höhe der Fluktuationsrate und einem vom Unternehmen beeinflussbaren betrieblichen Entscheidungstatbestand (z.B. Arbeitszeit, Arbeitsgestaltung, Führungsstil) zu erkennen, damit das Unternehmen steuernd eingreifen kann. Voraussetzung dafür ist die Bildung von Mitarbeitergruppen, die bezüglich eines bestimmten Kriteriums homogen sind. Als Gruppenbildungskriterien kommen beispielsweise die organisatorische Einheit (verschiedene Abteilungen), das Alter (Lebensaltersgruppen), Geschlecht (männliche oder weibliche Mitarbeiter) oder die Führungsebene (Top, Middle und Lower Management) in Frage.

2.2.2 Methoden der quantitativen Personalbedarfsermittlung

Der quantitative Personalbedarf wird aus den betrieblichen Teilplänen abgeleitet. Im Vordergrund stehen der Absatzplan und der Produktionsplan, wobei Letzterer ebenfalls aus Ersterem abgeleitet wird. Damit wird deutlich, dass der Personalbedarf hauptsächlich auf der Grundlage der produzierten Menge bzw. des Beschäftigungsgrades ermittelt wird. Neben einfachen Schätzungen des zukünftigen Bedarfs können auch die statistischen Methoden der Trendextrapolation oder Regressionsanalyse angewendet werden. Allerdings scheint es wenig sinnvoll zu sein, globale Bedarfszahlen für ein ganzes Unternehmen zu ermitteln, da der Personalbedarf – wie bereits ausgeführt – immer unter Berücksichtigung von quantitativen, qualitativen, zeitlichen und örtlichen Aspekten berechnet werden muss. Es nützt mit anderen Worten wenig, wenn beispielsweise im Fertigungsbereich zu viele Mitarbeiter vorhanden sind, aber dringend einige Computer-Fachleute gebraucht werden. Daraus folgt, dass der Personalbedarf sinnvollerweise nur für einzelne Teilbereiche, unter Umständen nur für bestimmte Aufgabenarten ermittelt wird. Zu berücksichtigen ist allerdings, dass in einigen Fällen durch Umschulung Mitarbeiter in neuen Bereichen eingesetzt werden können.

Der Bruttopersonalbedarf (Soll-Personalbestand) für repetitive Büroarbeiten auf der Grundlage von Vorgabezeiten, wie sie mit Hilfe arbeitswissenschaftlicher Untersuchungen ermittelt werden können, kann mit folgender Formel berechnet werden:

- $$PB = \frac{\sum_{i=1}^{n} m_i t_i}{T} VZ$$

PB: Personalbedarf für den Planungszeitraum (z.B. Monat, Jahr).
m_i: Anzahl der zu bearbeitenden gleichartigen Geschäftsfälle der Kategorie i während des Planungszeitraums.
t_i: Durchschnittliche Bearbeitungszeit für einen Geschäftsvorfall der Kategorie i, wobei i = 1, 2, …, n.
T: Arbeitszeit laut Arbeitsvertrag im Planungszeitraum.
VZ: Verteilzeitfaktor, der als Korrekturfaktor der reinen Bearbeitungszeit folgende zusätzliche Zeitaufwendungen berücksichtigt:
- Zeit für vergessene Arbeiten, Korrekturen und Nebentätigkeiten (z.B. Telefongespräche, Auskunftserteilungen an Besucher),
- Zeit für Erholung auf Grund der Ermüdung durch Arbeitserledigung,
- Ausfallzeiten, in denen der Mitarbeiter nicht anwesend war.

▶ Abb. 207 zeigt ein Beispiel für die Berechnung des quantitativen Personalbedarfs.

m_1: 5.000 Kreditanträge prüfen
m_2: 4.000 Kreditverträge ausarbeiten
t_1: 40 Minuten
t_2: 15 Minuten
T: 38 Stunden pro Woche und Mitarbeiter
VZ: Nebenarbeitszeitfaktor = 1,3; Erholungszeitfaktor = 1,1; Ausfallzeitfaktor = 1,2

Bei einem Planungszeitraum von 4 Wochen beträgt der **Soll-Personalbestand** für diesen Zeitraum:

- Personalbestand (PB) = $\left(\frac{5.000 \cdot 40 + 4.000 \cdot 15}{4 \cdot 38 \cdot 60}\right) 1,3 \cdot 1,1 \cdot 1,2 = 48,92$

Es werden somit 49 Mitarbeiter benötigt, um die anfallenden Arbeiten zu erledigen.

▲ Abb. 207 Beispiel für die quantitative Personalbedarfsermittlung

2.3 Ermittlung des qualitativen Personalbedarfs

2.3.1 Arbeitsanalyse

Grundlage für die Ermittlung des qualitativen Personalbedarfs bildet die Arbeitsanalyse.[1]

> Die **Arbeitsanalyse** beinhaltet die systematische Untersuchung der zu lösenden Aufgaben in Bezug auf Arbeitsobjekt, Arbeitsmittel und Arbeitsvorgänge. Sie dient zur Festlegung der Anforderungsarten sowie deren Umfang.

Mit der **Stellen-** bzw. **Arbeitsplatzbeschreibung** werden dann die Anforderungen an eine Stelle bzw. an einen Arbeitsplatz umschrieben, mit dem **Anforderungsprofil** wird die Höhe der verschiedenen Anforderungsarten festgelegt.

Anforderungsart	**Kenntnisse**	Ausbildung	bei festgelegten Ausbildungsplänen in Klassen beschreibbar, Zahl der Jahre schätzbar
		Erfahrung, Denkfähigkeit	zum Teil in Klassen beschreibbar
	geistige Belastung	Aufmerksamkeit, Denkfähigkeit	Dauer messbar, Häufigkeit des Vorkommens zählbar, Höhe in Klassen beschreibbar
	Geschicklichkeit	Handfertigkeit, Körpergewandtheit	in Klassen beschreibbar
	muskelmäßige Belastung	dynamische, statische und einseitige Muskelarbeit	Höhe und Dauer messbar, Häufigkeit des Vorkommens zählbar
	Verantwortung	für die eigene Person, für andere Personen, für Funktion, Struktur und Prozess	allgemein beschreibbar, Höhe der möglichen Schäden schätzbar, Schadenswahrscheinlichkeit in Klassen beschreibbar
	Umweltbedingungen	Klima, Lärm, Beleuchtung, Schwingung, Staub	Höhe und Dauer messbar, Häufigkeit des Vorkommens zählbar
		Nässe, Öl, Fett, Schmutz, Gase, Dämpfe	Höhe in Klassen beschreibbar, Dauer messbar, Häufigkeit zählbar
		Schutzkleidung, Erkältungsgefahr, negatives Sozialprestige	allgemein beschreibbar

▲ Abb. 208 Anforderungsarten (Pfeiffer/Doerrie/Stoll 1977, S. 190)

1 Vgl. Teil 9, Kapitel 1, Abschnitt 1.3.2.1 „Arbeitsanalyse und Arbeitssynthese“.

Je nach Detaillierungsgrad erfolgt die Analyse der Einzelaufgaben über eine Tätigkeitsanalyse bis hin zu Bewegungsanalysen (Bewegungs- und Zeitstudien). Allerdings ist zu beachten, dass eine zu starke Detaillierung die Festlegung bestimmter Anforderungsarten erschwert. Erstens würden sich zu viele Anforderungsarten ergeben und zweitens wären diese nicht operational. Zudem besteht die Gefahr, dass die Summe der Einzelanforderungen nicht mehr der Gesamtanforderung einer Stelle entspricht. Dies führt in der Praxis dazu, dass standardisierte Anforderungslisten mit bestimmten Anforderungskategorien verwendet werden (◀ Abb. 208).

2.3.2 Stellenbeschreibung

In der **Stellenbeschreibung** werden die für eine Stelle relevanten Führungs- und Leistungsanforderungen sowie deren Einordnung in die Organisationsstruktur beschrieben.

Von dieser Umschreibung ausgehend führt die Analyse des Stellenbildes zu einem Instanzenbild, Aufgabenbild und Leistungsbild. Nach Hentze (1994, S. 204f.) können diese drei Bereiche wie folgt umschrieben werden (▶ Abb. 209):

1. **Instanzenbild:** Das Instanzenbild besteht aus der Stellenkennzeichnung, der Regelung der hierarchischen Einordnung und Angaben über die Zusammenarbeit mit anderen Stellen.
   - Zur **Stellenkennzeichnung** zählt zunächst die Stellenbezeichnung, welche die Position des Stelleninhabers (z.B. Leiter Werbung und Public Relations) und den Leitungsbereich (z.B. Marketing), dem sie angehört, umfasst. Dazu gehört auch die Bezeichnung des Dienstranges, da durch diesen zum Teil die sachlichen Kompetenzen und Verantwortlichkeiten zum Ausdruck kommen. Es sind beispielsweise Rangbezeichnungen wie Sachgebiets-, Abteilungs- oder Hauptabteilungsleiter anzugeben. Es können auch weiterhin Rangbezeichnungen, die nichts mit der Aufgabenerfüllung zu tun haben, wie z.B. Handlungsbevollmächtigter, Prokurist, Direktor usw. angeführt werden. Für personalpolitische Zwecke werden in Stellenbeschreibungen häufig auch Lohn- oder Gehaltsgruppen angegeben.
   - Zur Regelung der **hierarchischen Einordnung** der Stelle zählen die Über- und Unterstellungsverhältnisse, besondere Vollmachten bzw. Kompetenzbeschränkungen und die Stellvertretung.
   - Die **Zusammenarbeit mit anderen Stellen** scheint nicht nur im Hinblick auf den Führungsstil ein wichtiger Punkt zu sein, sondern auch für die Kommunikationsbeziehungen. Die internen Kommunikationsbeziehungen betreffen die Mitwirkung in Ausschüssen und das Berichtswesen. Auch externe Kom-

Unternehmen:
Beschäftigungsart:

1. Instanzenbild

a) Stellenkennzeichnung

1. Stellenbezeichnung:
2. Stellennummer:
3. Abteilung:
4. Stelleninhaber:
5. Dienststufe:
6. Gehaltsbereich:

b) Hierarchische Einordnung

7. Der Stelleninhaber erhält fachliche Weisungen von:
8. Der Stelleninhaber gibt fachliche Weisungen an:
9. Stellvertretung
   - Stellvertretung des Stelleninhabers:
   - Stellvertretung für andere Stellen:
10. Anzahl der disziplinarisch unterstellten Mitarbeiter (z.B. Abteilungsleiter, Gruppenleiter, Sachbearbeiter, Meister, Vorarbeiter):
11. Kompetenzen (z.B. Prokura, Handlungsvollmacht)

c) Kommunikationsbeziehungen

12. Der Stelleninhaber liefert folgende Berichte ab:
13. Der Stelleninhaber erhält folgende Berichte:
14. Teilnahme an Konferenzen:
15. Die Zusammenarbeit mit folgenden Stellen (intern/extern) ist erforderlich:

2. Aufgabenbild

16. Beschreibung der Tätigkeit
    - Sich wiederholende Sachaufgaben:
    - Unregelmäßig anfallende Sachaufgaben:
17. Arbeitsmittel:
18. Richtlinien, Vorschriften:

3. Leistungsbild

a) Leistungsanforderungen

19. Kenntnisse, Fertigkeiten, Erfahrungen:
20. Arbeitscharakterliche Züge (z.B. Genauigkeit und Sorgfalt, Kontaktfähigkeit):
21. Verhalten (z.B. Führungsqualitäten, Durchsetzungsvermögen):

b) Leistungsstandards

22. Quantitative Leistungsstandards (z.B. Umsatz):
23. Qualitative Leistungsstandards (z.B. Betriebsklima):

Unterschriften mit Datum:

Personalleiter | Stelleninhaber | Vorgesetzter

▲ Abb. 209 Schema Stellenbeschreibung (nach Hentze 1994, S. 206ff.)

munikationsbeziehungen sind aufzunehmen, wenn der Stelleninhaber in Kommissionen, Ausschüssen oder Verbänden mitwirkt.

2. **Aufgabenbild:** Die bereits oben angesprochene Zielsetzung der Stellenbeschreibung wird im Verzeichnis der Aufgaben und Befugnisse präzisiert. Der Kern der Stellenbeschreibung ist die Analyse der Aufgaben sowie der Entscheidungs- und Weisungskompetenzen. Alle Aufgaben, gleichgültig ob sie täglich, wöchentlich oder monatlich anfallen, sollten aufgenommen werden. Der Vorteil der Stellenbeschreibung ist darin zu sehen, dass der Aufgabenbereich des Betriebsangehörigen geregelt und dass sein Handlungs- und Entscheidungsspielraum klar umrissen ist. Die Formulierung der Aufgaben sollte knapp, verständlich und genau sein.

3. **Leistungsbild:** Das Leistungsbild als dritter Teilbereich der Stellenbeschreibung gibt die Anforderungen an den Stelleninhaber wieder. Die Anforderungsanalyse sollte nicht so umfangreich wie jene bei der analytischen Arbeitsplatzbewertung sein. Häufig reicht eine verbale Beschreibung der wichtigsten Anforderungen aus. Zum Leistungsbild gehören außer der Festlegung der Leistungsanforderungen auch Leistungsstandards. Mit diesen wird festgehalten, was vom Stelleninhaber erwartet wird; sie beinhalten die Ziele einer Stelle.

2.3.3 Anforderungsprofile

Nachdem mit der Arbeits- bzw. Stellenbeschreibung die wesentlichen Anforderungsarten bestimmt worden sind, muss in einem weiteren Schritt die **Anforderungshöhe** festgelegt werden. Üblicherweise wird dazu eine grafische Darstellung mit so genannten Anforderungsprofilen gewählt, in denen die Anforderungshöhen einzelner Anforderungsarten eines Arbeitsplatzes festgelegt werden.

Sind die Anforderungsarten und deren Höhe festgelegt, so müssen sie mit den Fähigkeitsmerkmalen des aktuellen oder potenziellen Stelleninhabers verglichen werden, um dessen Eignung beurteilen zu können. Ein Vergleich zwischen den geforderten und vorhandenen Fähigkeiten ergibt entweder eine Deckung, Überdeckung oder Unterdeckung:

- Bei einer **Unterdeckung** sind die Fähigkeiten niedriger als die gestellten Anforderungen. Der Mitarbeiter ist unterqualifiziert und es stellt sich die Frage, ob mit entsprechenden Personalentwicklungsmaßnahmen (Ausbildung) die Fähigkeiten an die Anforderungen angepasst werden können oder ob der Mitarbeiter an einer anderen, seinen Fähigkeiten adäquaten Stelle eingesetzt werden soll oder kann. Falls beide Varianten nicht infrage kommen, sind weitere Personalfreistellungsmaßnahmen in Betracht zu ziehen.

- Bei einer **Überdeckung** ist der Stelleninhaber überqualifiziert, d.h. seine Fähigkeiten sind höher als die Anforderungen. In diesem Fall muss überlegt werden, ob dem Mitarbeiter nicht eine höher qualifizierte Arbeit zugewiesen werden sollte.

Da eine Über- oder Unterdeckung nur für jeweils ein Anforderungsmerkmal (▶ Abb. 210) bestimmt werden kann, ist ein pauschales Urteil für eine ganze Stelle oft schwierig. Wird eine Person beispielsweise auf Grund einer fachlichen Überqualifikation befördert, so besteht die Gefahr, dass ihr die für die höherwertige Stelle notwendigen Führungseigenschaften fehlen.

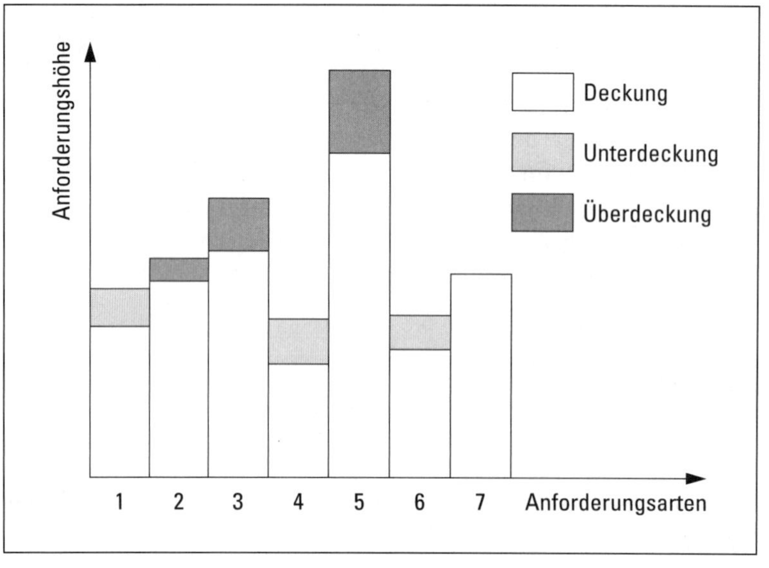

▲ Abb. 210 Schematisches Anforderungs- und Fähigkeitsprofil

Kapitel 3
Personalbeschaffung

3.1 Einleitung

Die **Personalbeschaffung** hat die Aufgabe, die in der Personalbedarfsermittlung festgestellte Unterdeckung nach Anzahl (quantitativ), Art (qualitativ), Zeitpunkt und Dauer (zeitlich) sowie Einsatzort (örtlich) zu decken. Hauptaufgaben der Personalbeschaffung bilden die beiden Bereiche **Personalwerbung** und **Personalauswahl.**

Grundsätzlich ist zwischen interner und externer Personalbeschaffung zu unterscheiden:

- Die **internen** Beschaffungsmaßnahmen lassen sich aufteilen in solche, die eine **Mehrarbeit** in Form von Verlängerung der vertraglichen Arbeitszeit (Überstunden) und in solche, die eine **Aufgabenumverteilung,** verbunden mit Beförderungen und Versetzungen, beinhalten.
- Die **externen** Beschaffungen mit Bewerbern vom Arbeitsmarkt können in Form von **Neueinstellungen** oder durch den Einsatz **temporärer** Arbeitskräfte vorgenommen werden.

Inwiefern eine interne oder externe Stellenbesetzung vorgenommen werden soll, kann nicht allgemein gesagt werden. Die Entscheidung, in welchem Ausmaß Bewerbern aus dem eigenen Unternehmen oder solchen vom Arbeitsmarkt der Vorzug gegeben werden soll, hängt eng mit der Personalentwicklungspolitik (Laufbahn- und Ausbildungsplanung) zusammen. Im Einzelnen sind die Vor- und Nachteile sorgfältig gegeneinander abzuwägen, wobei als Erschwernis viele nicht quantifizierbare Faktoren mitberücksichtigt werden müssen. Die interne Personalbeschaffung weist meist folgende **Vorteile** auf:

- Kosteneinsparung auf Grund entfallender Einstellungskosten, kleinerer Einarbeitungszeiten oder weniger Fehlbesetzungen.
- Das Unternehmen hat gute Beurteilungsunterlagen, um die Fähigkeiten des Mitarbeiters mit den gestellten Anforderungen der neuen Stelle vergleichen zu können. Das Risiko von Fehlbesetzungen wird dadurch erheblich reduziert.
- Die Eingliederungsschwierigkeiten sind kleiner, da der Mitarbeiter mit den betrieblichen Gegebenheiten vertraut ist.
- Die Aufstiegsmöglichkeiten stellen ein Anreizinstrument dar, das zu größerer Motivation und Zufriedenheit führen kann.

Diesen Vorteilen innerbetrieblicher Maßnahmen stehen einige **Nachteile** gegenüber, die gleichzeitig auf die Vorzüge der externen Personalbeschaffung aufmerksam machen:

- Die Betriebsblindheit wird gefördert. Es werden keine neuen Ideen von außen in das Unternehmen getragen.
- Man kennt die Arbeitsmarktverhältnisse zu wenig und kann keinen Vergleich mit den Qualifikationen und Forderungen externer Arbeitskräfte anstellen.
- Es müssen zwei Stellen neu besetzt werden, da der beförderte Mitarbeiter eine offene Stelle hinterlässt, die in der Regel wieder besetzt werden muss. Dadurch können zusätzliche Kosten eine Ersparnis vereiteln.
- Die Beförderung kann von den nicht berücksichtigten Mitarbeitern als ungerechte „Belohnung“ im Vergleich zur eigenen Leistung empfunden werden. Dies könnte zu einem schlechteren Betriebsklima führen.

Mithilfe der Personalentwicklung und -bildung lassen sich in Form einer individuellen Laufbahnplanung und/oder gezielter betrieblicher Weiterbildung einige Nachteile der innerbetrieblichen Stellenbesetzung beseitigen oder zumindest abschwächen.

3.2 Personalwerbung

Aufgabe der **Personalwerbung** ist die Vermittlung der vom Unternehmen angebotenen Anreize an die Umwelt mit dem Ziel, geeignete Mitarbeiter für die Besetzung von freien Stellen zu finden.

Je nachdem, ob die Wirkung auf die Gestaltung optimaler Beziehungen zwischen Unternehmen und Arbeitsmarkt ausgerichtet ist oder auf die Suche potenzieller Mitarbeiter für eine nicht besetzte Stelle, spricht man von mittelbarer oder unmittelbarer Personalwerbung.

Die **mittelbare** Personalwerbung als Teil der Public Relations will mit gezielter Öffentlichkeitsarbeit günstige Voraussetzungen schaffen, um einen Personalbedarf ohne große Schwierigkeiten decken zu können. Sie sieht sich dabei drei Problembereichen gegenübergestellt:

1. Um eine möglichst hohe Werbewirkung zu erreichen, muss die **Zielgruppe** genau definiert werden, um an die tatsächlichen zukünftigen Bewerber zu gelangen.
2. Die **Werbebotschaft,** d.h. die vom Unternehmen angebotenen Anreize, müssen mit den Bedürfnissen und Ansprüchen der festgelegten Zielgruppe übereinstimmen. Inhalt der Werbebotschaft können folgende Tatbestände sein:
   - Allgemeine Informationen über das Unternehmen (z.B. über Geschäftstätigkeiten, Umsatz, Gewinn, Anzahl Mitarbeiter), aus denen auf den Erfolg des Unternehmens (und damit die Arbeitsplatzsicherheit) und auf Einsatzmöglichkeiten geschlossen werden kann.
   - Personalpolitische Informationen, welche über die angebotenen Sozialleistungen (insbesondere die freiwilligen wie zum Beispiel Betriebswohnungen, Sportanlagen), sowie die Mitarbeiterausbildung berichten.
3. Schließlich sind die geeigneten **Werbemedien** auszuwählen. Als solche kommen Zeitungen und Fachzeitschriften, Geschäftsberichte, Firmenvorstellungsbroschüren oder -filme, Betriebsbesichtigungen sowie externe Kurse und Referate von Persönlichkeiten aus dem Unternehmen infrage.

Die mittelbare Personalwerbung dient der Vorbereitung der **unmittelbaren** Personalwerbung, bei der es um die Besetzung von frei werdenden oder neu geschaffenen Stellen geht. Als Werbemedien werden häufig Inserate in Zeitungen und Fachzeitschriften gewählt. Die Gestaltung des Stelleninserates ist dabei mitentscheidend für den Erfolg der Personalwerbungsmaßnahmen. Das Inserat sollte die Aufmerksamkeit bei den Umworbenen wecken und diese dazu bringen, den Inhalt zu lesen. Dieser sollte den Leser soweit informieren, dass er die für eine erste Beurteilung der Stelle notwendigen Informationen erhält und angeregt wird, mit dem Unternehmen Kontakt aufzunehmen. Der Inhalt sollte deshalb folgende Punkte umfassen:

- Bezeichnung der Stelle,
- Anforderungen, die an den Stelleninhaber gestellt werden,
- Qualifikationen, die vom Bewerber erwartet werden,
- Informationen über die Arbeitsbedingungen (z.B. über Arbeitsort, Führungsstil, Arbeitszeit),
- Beschreibung des Bewerbungsvorganges.

Je nach Zielgruppe werden häufig Institutionen dazwischengeschaltet, die entweder einen engen Kontakt mit den potenziellen Bewerbern haben oder sich als Spezialisten für Stellenbesetzungen anbieten. Als Beispiele können Ausbildungsinstitutionen (Universitäten, Fachhochschulen), Berufsverbände sowie Arbeitsvermittlungen und Personalberatungen genannt werden.

3.3 Personalauswahl

3.3.1 Beurteilungsverfahren

Die Aufgabe der **Personalauswahl** besteht darin, aus den zur Auswahl stehenden Bewerbern den oder diejenigen auszusuchen, die die Anforderungen der zu besetzenden Stelle am besten erfüllen.

Diese Hauptaufgabe erfordert die Überprüfung folgender Faktoren:

1. **Leistungsfähigkeit:** Feststellung des Übereinstimmungsgrades zwischen Arbeitsanforderungen und Fähigkeiten des Bewerbers, d.h. ein Vergleich zwischen Anforderungs- und Fähigkeitsprofil.
2. **Leistungswille:** Abklärung, ob der potenzielle Stelleninhaber gewillt ist, die seinen Fähigkeiten entsprechenden Leistungen zu erbringen und damit den Rollenerwartungen des Unternehmens gerecht zu werden. Die Deckung oder sogar Überdeckung der Anforderungen durch die vorhandenen Fähigkeiten bietet nämlich noch keine Gewähr, dass diese Fähigkeiten auch in die verlangte Leistung umgesetzt werden. Andererseits kann eine Unterdeckung dazu führen, dass der Arbeitnehmer durch einen erhöhten Leistungseinsatz seine Fähigkeitsdefizite auszugleichen vermag.
3. **Entwicklungsmöglichkeiten:** In der Regel wird es selten der Fall sein, dass die Anforderungen und die Qualifikationen genau übereinstimmen. In Bezug auf bestimmte Anforderungsarten wird es immer Unter- oder Überdeckungen geben. Bei Unterdeckungen muss abgeklärt werden, inwiefern der Bewerber durch entsprechende Ausbildungsmaßnahmen auf die neue Stelle genügend vorbereitet und ausgebildet werden kann.

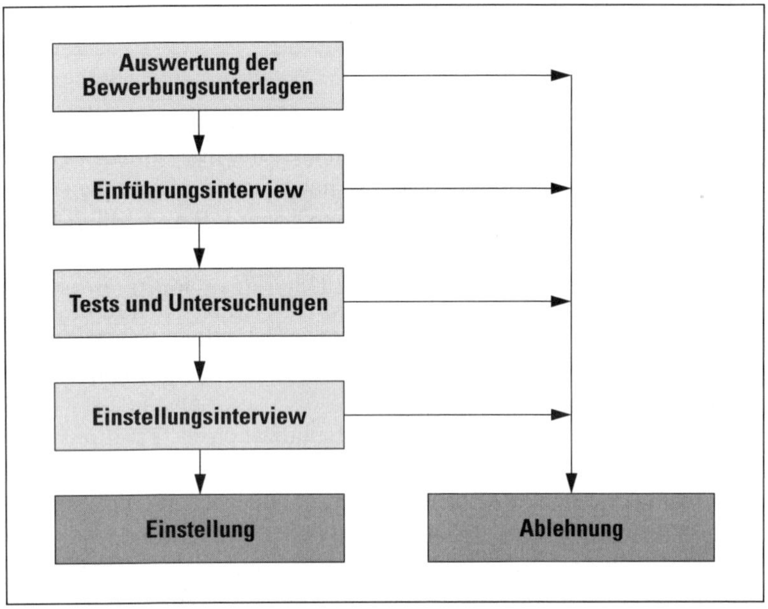

▲ Abb. 211 Schema der Bewerberauswahl

4. **Leistungspotenzial:** Schließlich sollte auch untersucht werden, inwieweit der Bewerber zu einem späteren Zeitpunkt für höherwertige Aufgaben (z.B. Führungsaufgaben) in Frage kommt.

Wird eine offene Stelle mit einem Bewerber aus dem eigenen Unternehmen besetzt, so kann in der Regel auf bestehende Informationen zurückgegriffen werden, die durch aktuelle Beurteilungsgespräche mit Vorgesetzten, Gleichgestellten oder Untergebenen ergänzt werden. Stehen hingegen externe Bewerber zur Auswahl, so besteht ein großer Mangel an Informationen, der durch ein entsprechendes Beurteilungsverfahren behoben werden muss. ◀ Abb. 211 zeigt ein allgemeines Schema, wie die relevanten Daten bei der Beurteilung eines Bewerbers ermittelt werden können, die schließlich zur Einstellung oder Ablehnung führen. Die Anzahl und der Umfang der verschiedenen Beurteilungsphasen richtet sich nach den damit verbundenen Nutzen- und Kostenerwartungen.

Die Kosten bei der Auswahl eines Bewerbers ergeben sich aus den aktuellen und den potenziellen Kosten.

- Die **aktuellen Kosten** sind die unmittelbaren Kosten, die mit dem Auswahlverfahren verbunden sind. Sie beinhalten die Lohnkosten der mit den Abklärungen beauftragten Personen sowie die anteiligen Verwaltungskosten der Personalabteilung. Dazu kommen die Kosten für extern vergebene Gutachten.
- Die **potenziellen Kosten** beruhen auf falschen Selektionsentscheidungen. Solche entstehen dadurch, dass entweder ungeeignete Bewerber eingestellt und/ oder besser geeignete Bewerber abgelehnt wurden.

3.3.2 Auswahlmethoden

3.3.2.1 Bewerbungsunterlagen

Die Bewerbungsunterlagen ergeben ein erstes Bild über die sich bewerbende Person. Sie dienen als Vorselektion, ob überhaupt eine weitere, meist sehr zeitintensive und damit kostspielige Prüfung infrage kommt. Bereits die Art und Weise der Zusammenstellung sowie der Umfang der Bewerbungsunterlagen lassen erste Rückschlüsse zu. Daneben sind folgende Unterlagen von Interesse:

1. **Lebenslauf:** Der Lebenslauf sollte eine vollständige Darstellung der persönlichen und beruflichen Entwicklung des Bewerbers wiedergeben. Diese kann unter drei Aspekten betrachtet werden:
   - die berufliche Entwicklung (Arbeitsplatzwechsel, Positionsveränderungen, Berufswechsel),
   - die sozialen Aspekte (Familie, Freizeit, außerberufliche Verpflichtungen),
   - die individuellen (physische und psychische) Merkmale.

   Bei einem handgeschriebenen Lebenslauf kann ein grafologisches Gutachten angefertigt werden, um zusätzliche Informationen zu erhalten.

2. **Zeugnisse:** Üblicherweise werden den Bewerbungsunterlagen die Schul- und Arbeitszeugnisse beigelegt. Sie ergeben weitere Informationen, doch müssen diese mit Vorsicht interpretiert werden. Aus Schulzeugnissen können nach Hentze (1994, S. 274) Schlüsse auf bestimmte Interessensgebiete und die allgemeine Leistungsbereitschaft gezogen werden.

3. **Referenzen:** Die Angabe von Referenzen dient dazu, weitere Informationen bei Personen einzuholen, die den Bewerber gut kennen und eine Beurteilung abgeben können. Allerdings sollte darauf geachtet werden, dass die Referenzperson unvoreingenommen und vom Bewerber unbeeinflusst eine möglichst objektive Beurteilung abgibt.

3.3.2.2 Interview

Ein verbreitetes Instrument im Rahmen der Bewerberauswahl stellt das Interview dar. Es kann in verschiedenen Phasen des zeitlichen Ablaufs einer Beurteilung eingesetzt werden. Grundsätzlich wird zwischen Einführungs- und Einstellungsinterviews unterschieden.

- **Einführungsinterviews** dienen einem ersten Informationsaustausch und einer Vorselektion. Sie haben zum Ziel, dem Bewerber einen Einblick in das Unternehmen zu geben sowie die Anforderungen zu präzisieren und die zukünftigen Aufgaben vorzustellen. Dies ermöglicht dem Bewerber zu entscheiden, ob er seine Bewerbung weiter aufrechterhalten oder zurückziehen soll. In einem solchen Gespräch ist es auch möglich, den aus den schriftlichen Bewerbungsunterlagen gewonnenen Eindruck zu überprüfen und einen Einblick in die aktuelle Situation des Bewerbers zu erhalten.

- Das **Einstellungsinterview** findet demgegenüber in einer späteren Phase des Auswahlprozesses statt. Mit ihm sollen die bestehenden Informationen ergänzt werden. Zudem tritt man in einen ersten Verhandlungsprozess über die Beitrags- und Anreizstrukturen wie Lohn, Arbeitszeit und Urlaubstage. Nach dem Einstellungsinterview sollten soviele Daten vorhanden sein, dass eine Entscheidung über die Einstellung oder Ablehnung des Bewerbers getroffen werden kann.

Mit dieser kurzen Beschreibung wird bereits angedeutet, dass das Interview je nach Zielsetzung ein sehr vielfältig einzusetzendes Instrument darstellt. Sein Vorzug besteht denn auch in der großen Flexibilität in Bezug auf die Informationsgewinnung. Zudem wird dem Bewerber erschwert, seine persönlichen Eigenschaften zu verstecken, da er oft auf unvorbereitete und überraschende Situationen reagieren muss. Als Nachteil lässt sich aufführen, dass das Interview stark von den subjektiven Wertungen des Interviewers geprägt wird, die einer objektiven Beurteilung entgegenstehen können. Diesem Nachteil kann jedoch entgegengewirkt werden, indem verschiedene Personen ein Interview durchführen oder mehrere Personen an einem Interview teilnehmen.

3.3.2.3 Testverfahren

Weit verbreitete Auswahlinstrumente bilden die psychologischen Einstellungstests, die je nach Zielgruppe unterschiedlich stark eingesetzt werden. Dem Einsatz solcher psychologischer Untersuchungen liegt die Annahme zu Grunde, dass sich die Bewerber durch eine Reihe relativ stabiler Persönlichkeitsmerkmale unterscheiden, die erstens messbar und zweitens signifikant genug sind, um auf Grund dieser Informationen Prognosen über die zukünftigen Leistungsunterschiede der getesteten Personen abgeben zu können. Es wird also mit anderen Worten versucht, eine Kausalbeziehung zwischen bestimmten persönlichen Eigenschaften und dem zukünftigen Verhalten herzustellen. Je nach den zu testenden Persönlichkeitsmerkmalen bzw. Gruppen von Merkmalen unterscheidet man zwischen Intelligenz-, Leistungs- und Persönlichkeitstests.

Intelligenztests versuchen – wie der Name bereits sagt – die Intelligenz zu untersuchen. Allerdings ist dies nicht so einfach, wie es auf den ersten Blick erscheinen mag. Die Intelligenz ist nämlich kein isolierter Faktor, der das gesamte Denk- und Urteilsvermögen des Menschen bestimmt, der angeboren ist und der durch seine Umwelt nur unwesentlich beeinflusst werden kann. Inter- und intrakulturelle Vergleiche haben gezeigt, dass Intelligenz in verschiedenen Formen auftritt.

Um eine eindeutige Beziehung zwischen Intelligenz und (Leistungs-)Verhalten aufzeigen zu können, ist deshalb eine Aufteilung der Intelligenz in verschiedene Bereiche notwendig. Erfasst werden können beispielsweise die sprachlichen Fähigkeiten, Rechenfähigkeiten, Analysefähigkeiten, Erinnerungsvermögen, geistige Flexibilität und Auffassungsgabe. Ein in der Praxis häufig eingesetzter Test ist der **Hamburg Wechsler Intelligenztest für Erwachsene** (HAWIE), der einen Verbalteil und einen Handlungsteil unterscheidet. Im ersteren werden allgemeines Wissen, allgemeines Verständnis, Zahlennachsprechen, rechnerisches Denken und der Wortschatz geprüft, der zweite Teil besteht aus Figurenlegen, Mosaik-Test, Bilderergänzen, Bilderordnen und Zahlen-Symbol-Test.

Mit **Leistungstests** sollen Merkmale untersucht werden, die einen Rückschluss auf die zu erwartende Leistung erlauben, und die zeigen, inwieweit der Getestete seine Intelligenz, sein Wissen und seine Erfahrung in eine bestimmte Leistung umzusetzen vermag. Im Vordergrund stehen die Merkmale Konzentration, Aufmerksamkeit, Ausdauervermögen, Genauigkeit und Arbeitsintensität. Ferner kann zwischen sensorischen Leistungstests, welche die Gesichts-, Gehör- oder Tastfunktion prüfen, und motorischen Leistungstests, welche die Reaktionszeit, die Zweihandkoordination, Fingergeschicklichkeit und Muskelkraft untersuchen, unterschieden werden.

Eine letzte Kategorie bilden die **Persönlichkeitstests,** die je nach Zielsetzung oder untersuchten Merkmalen in Eigenschafts-, Interessens-, Einstellungs-, Charakter- und Typentests unterteilt werden können. Diese Tests versuchen, mit Hilfe geeigneter Methoden persönliche psychische Merkmale bzw. deren Ausprägung zu messen, die bei der Erfüllung der zukünftigen Aufgaben von Bedeutung sind. Meistens wird dabei die unbewusste Ebene der Psyche angesprochen, damit die latent vorhandenen, aber nur in spezifischen Situationen aktualisierten und zum Vorschein kommenden Eigenschaften erfasst werden können. Beispiele psychischer Merkmale sind Durchsetzungsvermögen, Einfühlungsvermögen, Kooperationsbereitschaft, Toleranzfähigkeit. Aus diesen Beispielen wird deutlich, dass vor allem das soziale Verhalten sowie die Führungseigenschaften mit diesen Tests angesprochen werden.

Die Vielzahl der in der Praxis anzutreffenden Tests deutet an, dass es keine eindeutige Methode gibt, um zu einem klaren Ergebnis zu kommen. Bei einer **Beurteilung** und somit bei einem Einsatz dieser Tests sind deshalb folgende Probleme zu beachten:

- Es ist – wie auch empirisch nachgewiesen wurde – äußerst schwierig, eindeutige kausale Zusammenhänge zwischen den getesteten Merkmalen und den gefundenen Fähigkeiten und Eigenschaften herzustellen. Die isolierte Betrachtung einzelner Faktoren kann zu Fehlschlüssen führen. Der Mensch handelt als ein ganzheitliches Wesen.
- Zudem berücksichtigen die Tests nicht, dass das zukünftige Verhalten des Mitarbeiters von seiner zukünftigen Arbeitsumwelt maßgeblich beeinflusst wird.

So kann ein Mitarbeiter durch einen motivationsfähigen Vorgesetzten zu einer guten Leistung geführt werden. Die Tests lassen auch außer Acht, dass das Anreizsystem einen wesentlichen Einfluss auf das Verhalten des Bewerbers ausüben kann.

- Testsituationen entsprechen nicht realen Gegebenheiten. Die bei vielen Menschen beobachtbare Testangst führt zu Stressreaktionen und kann die Ergebnisse verzerren. Im gleichen Zusammenhang sind Widerstände und die daraus folgenden Abwehrreaktionen gegen solche Tests zu erwähnen.
- Empirische Untersuchungen zeigen auch, dass die Testresultate maßgeblich durch die Testsituation beeinflusst werden. Wesentliche Elemente der Testsituation bilden dabei der Testende, die Testart, die Testzeit und die momentane persönliche Situation des zu Testenden selbst.
- Viele Tests (z.B. Rorschach-Test) bedürfen einer qualitativen Interpretation, d.h. es resultieren keine quantitativ eindeutig messbaren Ergebnisse. Jede Interpretation enthält aber subjektive Elemente.

Die erwähnten Nachteile können teilweise aufgehoben werden, indem verschiedene Tests eingesetzt werden. Man spricht dann von so genannten Testbatterien. Unbedingt muss auch darauf geachtet werden, dass der Einsatz von Tests, insbesondere deren Interpretation (v.a. bei qualitativen), nur von geschulten und erfahrenen Personen vorgenommen wird. Zudem wäre es fahrlässig, eine Einstellungsentscheidung nur auf Tests abzustützen. Diese sollen nur ein einzelnes Element des gesamten Auswahlverfahrens bilden.

3.3.2.4 Assessment Center

Das **Assessment Center** (AC) ist ein komplexes und standardisiertes Verfahren, das zur Beurteilung der Eignung und des Entwicklungspotentiales von Bewerbern und Bewerberinnen dient.

Das besondere Kennzeichen des Assessment Center liegt darin, dass sowohl mehrere Bewerber (meist Gruppen von 6 bis 8 Teilnehmern) als auch – um die Resultate zu objektivieren – mehrere Beurteiler (Linienvorgesetzte, Mitarbeiter der Personalabteilung oder externe Berater und Psychologen) gleichzeitig daran teilnehmen. Außerdem werden mehrere Beurteilungsverfahren (z.B. Interviews, Fallstudien, Gruppendiskussionen ohne Gruppenleiter, Rollenspiele oder Präsentationen) eingesetzt und miteinander kombiniert. Deshalb dauert ein intensives Assessment Center 2 bis 3 Tage, manchmal sogar noch länger.

Das Assessment Center hat nicht nur im Rahmen der Personalauswahl, sondern auch als Instrument der Personalentwicklung in den letzten Jahren an Bedeutung gewonnen. Empirische Untersuchungen belegen eine äußerst hohe Validität der

Ergebnisse dieser Methode. Als weitere **Vorteile** werden zudem genannt (vgl. Scholz 2000, S. 485):

- systematischer Ablauf,
- Fokussierung auf direkt beobachtbare Verhaltensmerkmale aus dem zukünftigen Tätigkeitsfeld,
- mehrfache Erfassung des gleichen Fähigkeitsmerkmals im Methodenverbund,
- Einsatz mehrerer Beobachter,
- Möglichkeit des direkten Vergleichs zwischen den Bewerbern.

Als **Nachteil** ist in erster Linie auf die hohen Kosten hinzuweisen, die mit der Konzipierung, Durchführung und Auswertung von Assessment Centers verbunden sind.

Kapitel 4
Personaleinsatz

4.1 Einleitung

Aufgabe des **Personaleinsatzes** ist die Zuordnung der im Betrieb verfügbaren Mitarbeiter zu den zu erfüllenden Aufgaben in Bezug auf Quantität, Qualität, Einsatzzeit und Einsatzort. Ziel ist der ihrer Eignung entsprechende Einsatz aller Mitarbeiter und die mengen-, qualitäts- und termingerechte Erfüllung aller Betriebsaufgaben unter Einhaltung der übergeordneten Sach- und Formalziele des Unternehmens.

Aus dieser Umschreibung können drei Problembereiche abgeleitet werden, die gleichzeitig für die Gliederung der folgenden Abschnitte gewählt werden:

1. Personaleinführung und -einarbeitung,
2. Zuordnung von Arbeitskräften und Arbeitsplätzen,
3. Anpassung der Arbeit und der Arbeitsbedingungen an den Menschen.

4.2 Personaleinführung und Personaleinarbeitung

> Die **Personaleinführung** beschäftigt sich mit der sozialen und organisatorischen Integration neuer Mitarbeiter sowohl in die zukünftige Arbeitsgruppe als auch in das Gesamtunternehmen, während die **Personaleinarbeitung** das Schwergewicht auf die arbeitstechnische Seite der zukünftigen Aufgabe legt.

Beide Bereiche haben eine große Bedeutung, entscheiden sie doch darüber, wie schnell ein neuer Mitarbeiter die von ihm erwartete Normalleistung erbringt.

Bezüglich des **Inhalts** der Personaleinführung geht es „um die systematische Vermittlung von Informationen über die Organisation, die Aufgabenstellung der jeweiligen Abteilung, die Aufgabe und Verantwortung des jeweiligen Mitarbeiters sowie über die Art seiner Tätigkeit und ihre Einordnung in den Betriebsablauf, über die Vorgesetzten und Kollegen, über Unfall- und Gesundheitsgefahren und über Maßnahmen und Einrichtungen, die zur Abwehr dieser Gefahren dienen." (Hentze 1991, S. 402)

Der **Umfang** der zu vermittelnden Informationen wird von den folgenden Faktoren beeinflusst:

- Tätigkeit, Größe und Struktur des Unternehmens;
- Aufgabenstellung der Abteilung, in die der neue Mitarbeiter eintritt;
- Art der Aufgabe des Mitarbeiters und deren Einordnung in den Gesamtablauf sowie Beziehungen zu anderen Aufgaben;
- Unfall- und Gesundheitsgefahren sowie den Maßnahmen und Einrichtungen zur Verminderung dieser Risiken.

Ist der Inhalt bestimmt, so müssen in einem nächsten Schritt die **Maßnahmen** festgelegt werden, mit denen die Inhalte vermittelt werden sollen. Infrage kommen beispielsweise:

- Allgemeine Dokumentationen über das Unternehmen und dessen Geschäftstätigkeiten (z.B. Geschäftsberichte, Jubiläumsfestschriften, Filme);
- Abgabe von firmenspezifischen Dokumenten (Führungshandbuch, Leitbild, Organigramm);
- Betriebsbesichtigungen;
- Vorstellung und Einführung des neuen Mitarbeiters bei allen Stellen, mit denen er künftig zu tun hat;
- Zuweisung eines Betriebs-Paten, der sich besonders um den neuen Mitarbeiter kümmert und an den sich dieser jederzeit wenden kann;
- Einführungsvorträge, die einen Überblick über das Unternehmen geben und in deren Anschluss Fragen gestellt werden können;
- Vorträge über Arbeitssicherheit und Unfallverhütung mit Abgabe von entsprechenden Merkblättern.

Während der **Personaleinarbeitungszeit** geht es um das Kennenlernen der eigenen Aufgaben und der zur Aufgabenerfüllung notwendigen Arbeitsinstrumente. Handelt es sich um eine eigentliche Anlernzeit, so wird damit auch die Lücke zwischen dem Anforderungsprofil und dem Fähigkeitsprofil geschlossen. Je nach der Art der Aufgabe kann die Einarbeitung innerhalb und/oder außerhalb des Unternehmens vorgenommen werden. Die Dauer der Einarbeitungszeit wird durch die vorhandenen Vorkenntnisse und Fähigkeiten des neuen Mitarbeiters sowie durch die Anforderungen des Arbeitsplatzes bestimmt.

4.3 Zuordnung von Arbeitskräften und Arbeitsplätzen

Im Rahmen des Personaleinsatzes geht es um die optimale Zuordnung von Mitarbeitern zu den vorhandenen Arbeitsplätzen. Um eine optimale Lösung zu finden, müssen folgende Ziele und Bedingungen beachtet werden:

- Die zur Verfügung stehenden Mitarbeiter sind so einzusetzen, dass die Unternehmensaufgabe in quantitativer, qualitativer und zeitlicher Hinsicht optimal erfüllt wird.
- Die Zuordnung ist so vorzunehmen, dass die Anforderungen an die Mitarbeiter mit deren Fähigkeiten möglichst genau übereinstimmen. Sowohl Unterdeckungen als auch Überdeckungen sollten vermieden werden, da Überforderung Stress und Frustration, Unterforderung ebenfalls Frustration sowie Arbeitsunlust hervorrufen kann.
- Die persönlichen Wünsche und Interessen der Mitarbeiter sind bestmöglich zu berücksichtigen, um eine maximale Arbeitszufriedenheit und Motivation zu erreichen.

Informationsgrundlagen der **qualitativen** Personaleinsatzplanung bilden einerseits die aus der Arbeitsanalyse gewonnenen Daten sowie andererseits die Informationen der Leistungs- und Personalbeurteilung. Aus den daraus abgeleiteten Anforderungs- und Fähigkeitsprofilen (◄ Abb. 210, S. 660) ergeben sich die relevanten Entscheidungsgrundlagen. Im optimalen Fall stimmen die beiden Profile bei jedem Mitarbeiter überein. Da dieser Idealfall praktisch nie eintritt, gilt es eine Lösung zu finden, welche eine möglichst große Annäherung zwischen den beiden Profilen erreicht (z.B. durch Weiterbildung).

4.4 Anpassung der Arbeit und Arbeitsbedingungen an den Menschen

Wie bereits erwähnt, hängt die menschliche Arbeitsleistung zur Erfüllung der Unternehmensaufgabe von einer Vielzahl von Einflussfaktoren ab.[1] Diese wirken je nach Situation und Mitarbeiter unterschiedlich stark und sind zum Teil voneinander abhängig. Betrachtet man die Bedingungen, unter denen eine Arbeitsleistung erbracht wird, so kann zwischen objektiven und subjektiven Leistungsbedingungen unterschieden werden. Letztere sind im Mitarbeiter selbst begründet. Sie beinhalten im Wesentlichen die Fähigkeiten des Mitarbeiters. Inwieweit er diese Fähigkeiten einsetzt, hängt von seiner Leistungsbereitschaft ab, welche ihrerseits wieder durch das Anreizsystem des Unternehmens beeinflusst wird. Die objektiven Leistungsbedingungen sind hingegen in den unmittelbaren Arbeitsbedingungen zur Erledigung einer bestimmten Aufgabe begründet. Diese können eingeteilt werden in:

- technische Bedingungen,
- organisatorische Bedingungen,
- Führungsbedingungen,
- soziale Bedingungen,
- rechtliche Bedingungen.

Allerdings können die objektiven Leistungsbedingungen nicht immer eindeutig vom Anreizsystem getrennt werden. Im Gegenteil, geht man davon aus, dass das Anreizsystem die Motivationsfunktion übernimmt, so enthalten beinahe alle Leistungsbedingungen Motivationselemente. Sie werden deshalb auch zum Teil in anderen Abschnitten und Kapiteln behandelt. Auf folgende Arbeitsbedingungen soll näher eingegangen werden:

1. Arbeitsaufteilung,
2. Arbeitsplatzgestaltung,
3. Arbeitszeitgestaltung.

4.4.1 Arbeitsaufteilung

Um die unternehmerische Gesamtaufgabe erfüllen zu können, muss diese in Teilaufgaben aufgeteilt und auf Stellen und Arbeitsplätze verteilt werden. Dabei können diese Aufgaben unterschiedlich stark in ihre Teile zerlegt werden, sodass sich ein eher großer oder eher geringer **Spezialisierungsgrad** ergibt. Führt jeder Mitarbeiter nur eine ganz bestimmte Tätigkeit aus, die er dauernd wiederholt, so stellt dies eine Spezialisierung dar. Im Gegensatz dazu steht eine weniger umfassende

1 Vgl. insbesondere Kapitel 1 „Grundlagen“.

Arbeitszerlegung, die dazu führt, dass der Mitarbeiter verschiedenartige Verrichtungen zur Erfüllung seiner Teilaufgabe ausführen muss.

Als mögliche **Vorteile** der Arbeitsplatzspezialisierung nennen Kupsch/Marr (1991, S. 803):

1. Die Spezialisierung engt die Anzahl der möglichen Arbeitsverrichtungen ein, sodass sich diese in kürzeren Zeitabständen wiederholen. Dadurch wird der Grad der Übung und Gewöhnung erhöht. Es kann sich in körperlicher Hinsicht ein nahezu gewohnheitsmäßiger Bewegungsablauf ergeben, so dass sich beinahe ohne kräftemäßigen Mehraufwand die Beitragsmengen erhöhen lassen.
2. Der Arbeitnehmer braucht sich gedanklich nicht auf häufig wechselnde Arbeitsverrichtungen umzustellen, die verwendeten Arbeitsmittel werden seltener durch andere ersetzt. Die Arbeitsleistung kann dadurch ebenfalls ohne Mehraufwand steigen.
3. Bei einer Spezialisierung von Stellen wächst die Möglichkeit, Arbeitsplatz und Arbeitsmittel den spezifischen Erfordernissen des Arbeitsvorgangs anzupassen. Der Kräfteaufwand für die Beitragserstellung kann sich dadurch verringern.
4. Die Stellenzuordnung wird erleichtert, da jedem Mitarbeiter die Stelle übertragen werden kann, für die er sich am besten eignet, während bei weniger spezialisierten Stellen auch Verrichtungen auszuführen sind, die seinen Fähigkeiten weniger entsprechen.
5. Anlern- und Einarbeitungsvorgänge werden verkürzt.
6. Die Spezialisierung bewirkt wegen der ständigen und gleichmäßigen Ausführung weniger Beitragsarten häufig Qualitätsverbesserungen.

Diesen Vorteilen, die sich bis zu einem gewissen Grad in einer produktivitätssteigernden Wirkung niederschlagen können, stehen eine Reihe von **Nachteilen** gegenüber, die Kupsch/Marr (1991, S. 804) wie folgt umschreiben:

1. Die Spezialisierung hat einseitige Belastungen zur Folge und führt zu starken Ermüdungserscheinungen, sodass der Bedarf an Erholung wächst und gesundheitliche Schäden auftreten.
2. Tendenziell steigen die Transportzeiten und -kosten, so weit nicht wirtschaftliche Fördermittel eingesetzt werden, weil jeder Stelleninhaber nur wenige Beitragsarten zur Erfüllung der Gesamtaufgabe leistet.
3. Spezialisierung bewirkt eine Einengung des realisierten Fähigkeitspotenzials der arbeitenden Menschen, ihre Anpassungs- und Umstellungsfähigkeit wird geringer.
4. Die Aufspaltung des Gesamtbeitrags in wenige Beitragsarten kann bei den Arbeitnehmern ein Gefühl der Eintönigkeit und Langeweile (Monotonie) hervorrufen und zu psychischen Störungen führen. Der Blick für den Gesamtzusammenhang des Leistungsvollzugs und für die Bedeutung der eigenen Beitragserstellung geht verloren (Entfremdung). Der Arbeitnehmer identifiziert

sich nicht mehr mit der monotonen Verrichtungsfolge, höhere Bedürfnisschichten bleiben deshalb unbefriedigt.

Die negativen Erscheinungen einer weit gehenden Arbeitszerlegung und der damit verbundenen Spezialisierung sind vor allem mit dem zunehmenden technischen Fortschritt deutlich geworden.[1] Viele Unternehmen versuchen deshalb, diesen Tendenzen entgegenzuwirken und der Forderung nach Humanisierung der Arbeit durch Vergrößerung des **Handlungsspielraums** des einzelnen Mitarbeiters Rechnung zu tragen. Mit der Veränderung des Handlungsspielraums ist nach Rosenstiel (1992, S. 105f.) insbesondere gemeint (▶ Abb. 212):

- Erweiterung des **Tätigkeitsspielraums**, d.h. eine weniger starke Arbeitszerlegung und somit ein kleinerer Spezialisierungsgrad.
- Vergrößerung des **Entscheidungs-** und **Kontrollspielraums**, d.h. eine Übernahme von Führungsfunktionen.
- Eine Ausweitung des **Kontaktspielraums**, d.h. eine Möglichkeit zur Kooperation und Kommunikation mit anderen Mitarbeitern oder Anspruchsgruppen des Unternehmens.

Der Forderung nach einem größeren Handlungsspielraum kann mit verschiedenen Maßnahmen nachgekommen werden. Bekannt sind folgende Methoden:

1. **Job enlargement** (Aufgabenerweiterung): Bei dieser Methode werden dem Mitarbeiter mehr Teilaufgaben übertragen. Damit wird die Arbeitszerlegung rückgängig gemacht. Diese Maßnahmen führen dazu, dass zwar die Anzahl der Teilaufgaben erhöht wird, dass aber gleichzeitig die Anzahl der Ausführungen einer Teilaufgabe vermindert wird. Empirische Untersuchungen bestätigen, dass eine Aufgabenerweiterung nicht zwangsläufig zu einer Verminderung der Produktivität führen muss, da folgende Faktoren einen starken Einfluss ausüben, die leistungssteigernd wirken:
   - Die Arbeitsmonotonie geht stark zurück.
   - Der Arbeiter erkennt einen größeren Sinnzusammenhang in seiner Arbeit.
   - Negative Auswirkungen einer starken Arbeitszerlegung (häufige krankheitsbedingte Fehlzeiten, hohe Fluktuationsrate) werden abgeschwächt.
2. **Job enrichment** (Aufgabenbereicherung): Während beim job enlargement in erster Linie eine Ausweitung von ausführenden Aufgaben stattfindet, versucht das job enrichment eine Anreicherung der Arbeit durch Führungsaufgaben (Planungs-, Entscheidungs-, Anordnungs- und Kontrollaufgaben) zu erreichen. Diese Methode führt zwangsläufig zu einer verstärkten Delegation und somit auch zu einer Entlastung des Vorgesetzten. Umgekehrt führt diese Delegation gemäß Maslow zur Befriedigung einer neuen Bedürfnisstufe. Werden tatsächlich die Voraussetzungen für eine Persönlichkeitsentfaltung und Selbstverwirk-

1 Vgl. auch Teil 9, Kapitel 1, Abschnitt 1.1.1 „Organisation als Managementaufgabe".

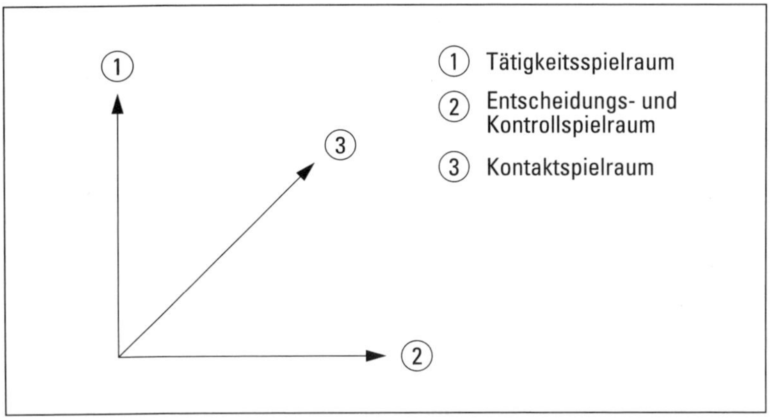

▲ Abb. 212 Handlungsspielraum des Mitarbeiters

lichung geschaffen, so kann ebenfalls mit Produktivitätssteigerungen gerechnet werden.

3. **Job rotation** (Arbeitsplatzwechsel): Mit dieser Methode wird ein planmäßiger Wechsel von Arbeitsaufgaben und Arbeitsplatz angestrebt. Die Arbeitszerlegung bleibt damit unverändert, lediglich der zeitliche oder örtliche Personaleinsatz und die Aufteilung der Teilaufgaben auf die Mitarbeiter verändern sich. Der Arbeitsplatzwechsel ermöglicht dem Mitarbeiter, unterschiedliche Leistungsbeiträge zu erbringen und somit der Arbeitsmonotonie entgegenzuwirken. Zudem wird die soziale Isolation des Einzelnen vermindert, indem sich für ihn auch sein soziales Umfeld verändert. Der Arbeitsplatzwechsel erfolgt meistens auf der gleichen hierarchischen Ebene. Die Zeitdauer, während der ein Mitarbeiter an einem bestimmten Arbeitsplatz tätig ist, hängt ebenfalls von der Leistungsstufe sowie der Art der Aufgaben (z.B. notwendige Einarbeitungszeit) ab.

4. **Teilautonome Arbeitsgruppen:** Die autonome oder teilautonome Arbeitsgruppe stellt weitgehend eine Ausprägung des Prinzips der Aufgabenbereicherung (Job enrichment) dar. Einer Arbeitsgruppe wird eine relativ umfassende Aufgabe übertragen, für deren Erfüllung sie die Ausführungs- und Führungsaufgaben übernehmen muss. Damit erhält sie zusätzliche Kompetenzen, muss aber gleichzeitig die entsprechende Verantwortung tragen. Ziel wäre es, dass alle Mitarbeiter alle Arbeiten übernehmen können, um eine job rotation zu ermöglichen, bei Schwierigkeiten aushelfen oder bei Abwesenheit kurzfristig einspringen zu können. Unter Berücksichtigung der vom Unternehmen vorgegebenen Rahmenbedingungen (Unternehmensziele, Betriebsmittel, Budget, Termine) kann die Gruppe beispielsweise Entscheidungen treffen über
   - Aufgabenverteilung auf die Gruppenmitglieder,
   - Rotationszyklen,
   - Arbeitsplatzgestaltung,

- Arbeitszeit- und Pausengestaltung sowie
- Neueinstellungen.

Neben der Befriedigung höherer Bedürfnisschichten (Selbstverwirklichung) werden mit den teilautonomen Arbeitsgruppen auch der Kontakt und die sozialen Beziehungen mit anderen Mitarbeitern gefördert.

4.4.2 Arbeitsplatzgestaltung

Mit der Arbeitsplatzgestaltung sollen für den Mitarbeiter optimale objektive Leistungsbedingungen geschaffen werden. Sie umfasst folgende Bereiche:

1. Die **Arbeitsablaufgestaltung,** welche die optimale zeitliche und räumliche Reihenfolge der einzelnen Arbeitsvorgänge beinhaltet.
2. Die **Arbeitsmittelgestaltung,** welche die optimale Gestaltung der für die Ausführung der Arbeit benötigten Arbeitsinstrumente wie Maschinen, Werkzeuge, Arbeitstische und -stühle zum Gegenstand hat.
3. Die **Raumgestaltung,** welche dafür sorgt, dass die räumlichen Voraussetzungen optimal sind. Es sollte genügend Raum zur Verfügung gestellt werden, um gegenseitige Arbeitsbehinderungen zu vermeiden.
4. Die allgemeine **Arbeitsumfeldgestaltung** hat zum Ziel, unter Berücksichtigung der Licht-, Temperatur- und Lärmverhältnisse sowie der Schadstoffe optimale Arbeitsbedingungen zu schaffen. Unangenehme Erscheinungen in diesem Bereich lassen sich beispielsweise durch Klimaanlagen, künstliche Beleuchtung, Verwendung schalldämpfender Materialien beseitigen. In einem weiteren Sinne gehört zur Arbeitsumfeldgestaltung auch die Farbgestaltung der Arbeitsräume und das Aufstellen nicht direkt mit der Arbeit zusammenhängender Gegenstände (Kunstwerke, Grünpflanzen). Diese Fragen betreffen allerdings weniger die industrielle Fertigung als vielmehr Büroräume, insbesondere so genannte Großraumbüros, in denen mehrere Mitarbeiter gleichzeitig ihre Arbeiten erledigen.
5. Wegen ihrer großen Bedeutung soll die **Arbeitssicherheit** speziell hervorgehoben werden. Neben der Vermeidung von Arbeitsunfällen durch Aufklärung und Schulung der Mitarbeiter müssen auch Maßnahmen ergriffen werden, mit denen das Entstehen von Gefahren vermindert werden kann. Diese Forderung entspringt zwar primär sozialethischen Wurzeln, doch zeigen Statistiken, dass aus wirtschaftlichen Gründen infolge von Kostenbelastungen des Unternehmens bzw. der Volkswirtschaft eine höhere Arbeitssicherheit angestrebt werden sollte.

4.4.3 Arbeitszeitgestaltung und Pausenregelung

Ein Unternehmen muss die Arbeitszeit für den Mitarbeiter unter Einhaltung der gesetzlichen und gesamtarbeitsvertraglichen Bestimmungen gestalten. Regelungen über die Arbeitszeit können die folgenden Bereiche betreffen:

1. Regelung bezüglich **Arbeitsbeginn** und **-ende:** Diese Regelungen haben mit dem Aufkommen der **gleitenden Arbeitszeit** eine große Bedeutung erlangt. Der Mitarbeiter kann seinen Arbeitsbeginn und sein Arbeitsende selbst bestimmen, wobei aber meistens unter Berücksichtigung unternehmensspezifischer Gegebenheiten (z.B. Schalterstunden) Fixblöcke (so genannte Kernarbeitszeit) festgelegt werden. Während dieser vorgegebenen Zeit muss er anwesend sein und seine Leistung erbringen.

2. Regelungen bezüglich **Teilzeitarbeit:** Unter Teilzeitarbeit wird üblicherweise ein Arbeitsverhältnis verstanden, das eine kürzere als die gesetzliche oder gesamtvertraglich festgelegte Arbeitszeit beinhaltet. Eine neuere Form der Teilzeitarbeit stellt das **Job sharing** dar, dessen Besonderheit darin besteht, dass sich zwei oder mehrere Personen einen oder mehrere Vollarbeitsplätze teilen.

3. Regelungen von **Schicht-** und **Nachtarbeit:** Bei der Festlegung von Schichten sind physiologische Voraussetzungen des Menschen besonders zu berücksichtigen, um keine gesundheitlichen Langzeitschäden zu verursachen. Grundsätzlich können zwei Entscheidungstatbestände unterschieden werden:
   a. **Länge** einer Schicht: Empirische Untersuchungen zeigen, dass die Produktivität des Menschen – insbesondere bei schwerer körperlicher Arbeit – mit zunehmender Arbeitszeit stark abnehmen kann.
   b. **Schichtrhythmus:** Die Leistung ist auch von der Tageszeit abhängig. Leistungstiefpunkte liegen in der Regel am frühen Nachmittag und in der späten Nacht. Inwieweit diese Tagesperioden angeboren bzw. gelernt oder durch Umweltgegebenheiten wie soziale Kontakte bestimmt sind, ist empirisch nicht eindeutig nachgewiesen.

4. **Pausenregelungen:** Pausen als Ruhepausen werden während der Arbeitszeit eingeschaltet, um dem Mitarbeiter eine Erholung von seiner Arbeit zu ermöglichen. Sie ist dann als optimal zu bezeichnen, wenn sie gerade so lang gewählt wird, dass der durch die Arbeitsbelastung entstandene Leistungsrückgang ausgeglichen wird. Die Gesamtlänge der Pausenzeit (pro Arbeitstag) sowie die zeitliche Verteilung auf die gesamte Arbeitszeit hängt von verschiedenen Faktoren ab wie beispielsweise der Art der zu verrichtenden Arbeit (geistige/körperliche), der Einstellung des Mitarbeiters oder den zusätzlichen Funktionen von Pausen (z.B. soziale Kontakte pflegen, Arbeitsplatzwechsel).

Kapitel 5
Personalmotivation und -honorierung

5.1 Einleitung

Aufgabe der Personalmotivation und -honorierung ist es, durch ein System von Anreizen

1. die Entscheidung eines potenziellen Mitarbeiters zum Eintritt in das Unternehmen im positiven Sinne zu beeinflussen,
2. das vorhandene Personal an das Unternehmen zu binden und zu verhindern, dass es zu einer Austrittsentscheidung kommt,
3. die Leistung der Mitarbeiter zu aktivieren, damit der Leistungsbeitrag den Erwartungen bzw. den Plangrößen entspricht.

Daraus ergibt sich, dass das Ziel der Personalmotivation und -honorierung sowohl die **Teilnahmemotivation** als auch die **Leistungsmotivation** beinhaltet. Da sich aber die verschiedenen Maßnahmen und Mittel zur Erreichung dieser beiden Ziele nicht genau auseinander halten lassen, soll auf eine getrennte Behandlung verzichtet werden.

Um ein zweckmäßiges Anreizsystem aufstellen zu können, muss man zuerst wissen, auf welche Anreize die Mitarbeiter überhaupt reagieren. Im Mittelpunkt steht deshalb die Frage, welches die Bedürfnisse der Mitarbeiter sind und welche Motive zu einem bestimmten Verhalten (z.B. Leistungserbringung, Eintrittsentscheidung) führen. Sind diese Bedürfnisse und Motive bekannt, so können sie gezielt angesprochen werden. Mithilfe einiger bekannter Motivationstheorien (Maslow, Herzberg, Porter/Lawler, Adams) sollen im Folgenden die Grundzu-

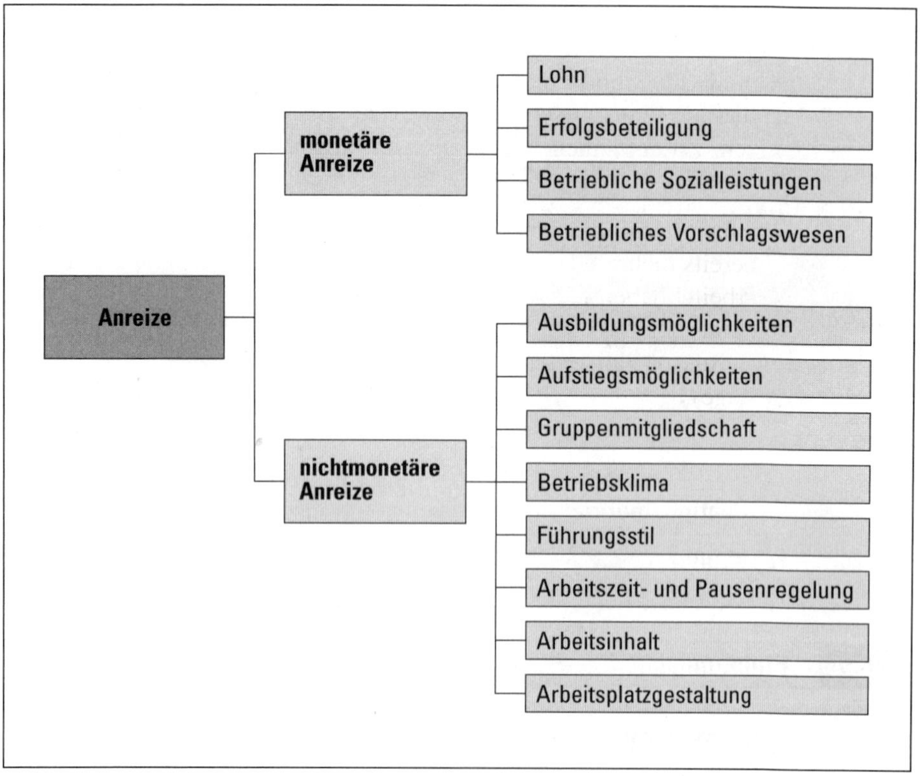

▲ Abb. 213 Anreizarten

sammenhänge aufgezeigt werden. Allerdings ist es schwierig, allgemeine Aussagen zu machen, da die Bedürfnis- und Motivationsstruktur individuell unterschiedlich ausgestaltet ist.

Grundsätzlich lassen sich die Anreize in **materielle** (monetäre) und **immaterielle** (nichtmonetäre) Anreize unterteilen. ◀ Abb. 213 zeigt einen Überblick über den Inhalt dieser beiden Kategorien von Anreizen. Allerdings ist zu betonen, dass sich nicht alle Anreize eindeutig einer dieser beiden Kategorien zuordnen lassen. Betrachtet man beispielsweise eine Beförderung, so bedeutet diese primär einen immateriellen Anreiz, doch ist damit oft eine Lohnerhöhung verbunden, die einen monetären Aspekt darstellt. Auch das betriebliche Vorschlagswesen kann sowohl materielle als auch immaterielle Anreize enthalten.[1]

In diesem Kapitel wird nur ein Teil der monetären und vor allem der nichtmonetären Anreize besprochen, da diese teilweise in anderen Kapiteln der Personal-

1 Vgl. dazu Abschnitt 5.3.6 „Betriebliches Vorschlagswesen".

wirtschaft[1] und auch in anderen betrieblichen Funktionen behandelt werden.[2] In einigen Fällen wird sogar nicht einmal explizit darauf eingegangen. Auf Grund der individuellen Bedürfnis- und Motivstrukturen, die sowohl rationale als auch irrationale Elemente enthalten, existiert auch eine Vielzahl von individuellen Anreizen. Zu erwähnen wären etwa Teilnahmeentscheidungen auf Grund der Tatsache, dass

- man sich mit den Produkten oder der ganzen Firma identifiziert,
- bereits mehrere Generationen der eigenen Familie in diesem Unternehmen gearbeitet haben oder
- es das einzige Unternehmen ist, das infrage kommt (beispielsweise infolge von Berufsspezialisierung, örtlicher Abhängigkeit oder der gesamtwirtschaftlichen Lage).

5.2 Motivationstheorien

5.2.1 Einleitung

Ausgangspunkt der Motivationstheorien ist die Frage nach dem „Warum" des menschlichen Verhaltens und Erlebens. Die Motivationstheorie nimmt an, dass die Gründe für ein bestimmtes beobachtbares Verhalten des Menschen in ihm selbst vorhanden sind. Das Verhalten kann nicht unmittelbar von der Umwelt bestimmt werden, sondern höchstens mittelbar, indem die Umwelt auf die im Menschen bereits vorhandenen Motive einwirkt. Unter **Motiv** bezeichnen wir nach Hentze (1995, S. 28f.) eine isolierte Verhaltensbereitschaft, die latent vorhanden und zunächst noch nicht aktualisiert ist. Sowohl im allgemeinen Sprachgebrauch wie auch in der psychologischen Fachliteratur gibt es eine Vielzahl von Begriffen (wie Trieb, Instinkt, Wunsch, Verlangen, Lust), die zum Teil als Synonyme, zum Teil aber auch mit unterschiedlichem Begriffsinhalt verwendet werden. Wichtig in diesem Zusammenhang ist die Abgrenzung zum Begriff Bedürfnis. **Bedürfnisse** stehen rangmäßig vor den Motiven. Sie bezeichnen ein allgemeines Mangelempfinden, während ein Motiv bereits die inhaltliche Ausprägung eines Bedürfnisses im Hinblick auf ein anzustrebendes Ziel darstellt. Hunger ist beispielsweise ein Bedürfnis, während das Verlangen nach einem bestimmten Nahrungsmittel ein Motiv darstellt.

Man geht davon aus, dass Bedürfnisse bereits angeboren oder in frühester Kindheit von der Umwelt über- oder angenommen worden sind und im späteren Leben dauernd und latent vorhanden sind, während die Motive sich im Laufe der

1 Beispielsweise Arbeitsinhalt und Arbeitsplatzgestaltung im Kapitel 4 „Personaleinsatz".

2 Vgl. z.B. die Ausführungen zur Mitarbeiteraktie in Teil 6, Kapitel 3, Abschnitt 3.3.6 „Kapitalerhöhung infolge Mitarbeiterbeteiligung".

Sozialisation[1] bilden und sich mit der Zeit als relativ stabile Werte etablieren. Um diese Motive zu aktualisieren, ist eine Motivation notwendig.

Unter **Motivation** versteht man die Aktivierung oder Erhöhung der Verhaltensbereitschaft eines Menschen, bestimmte Ziele, welche auf eine Bedürfnisbefriedigung ausgerichtet sind, zu erreichen.

Damit es zu einer erhöhten Verhaltensbereitschaft kommen kann, sind somit Aktivierungsmaßnahmen (= Anreize) notwendig. Diese stammen entweder aus der Person selbst (z.B. körperliche Anreize) oder aus der Umwelt (z.B. Werbung, Geld, sozialer Kontakt). Motive sind zwar immer vorhanden, werden aber erst wirksam, wenn sie durch innere Zustände körperlicher oder seelischer Natur angesprochen werden. Zusammenfassend kann ein einfaches Motivationsmodell mit ▶ Abb. 214 wiedergegeben werden. Der Ablauf kann folgendermaßen beschrieben werden:

1. Es ist eine allgemeine Mangelempfindung vorhanden.
2. Es besteht eine zielgerichtete latente Bereitschaft zur Bedürfnisbefriedigung.
3. Die Spannung zwischen dem Empfinden eines Mangels und der Bereitschaft zu dessen Befriedigung wird erhöht, d.h. der Bereitschaftsgrad wird gesteigert.
4. Die Aktivierung bzw. die Spannung wurde so stark, dass sie zu einem bestimmten Verhalten geführt hat.
5. Das Resultat des Verhaltens ist eine Bedürfnisbefriedigung. Je nach Befriedigungsgrad führt es zu einer Korrektur des Motivs, einer erneuten Aktivierung und somit zu einem neuen Verhalten.

Für das Unternehmen ist es von Interesse zu wissen, welche Bedürfnisse und Motive im Menschen vorhanden sind, damit es diese durch geeignete Anreize aktivieren kann, denn für das Verhalten eines Menschen sind nur diejenigen Anreize bestimmend, die eine Befriedigung der aktuellen Bedürfnisse versprechen. Von Bedeutung ist dabei die Unterscheidung von Inhalts- und Prozesstheorien:

- **Inhaltstheorien** versuchen aufzudecken, *was* im Individuum oder seiner Umwelt ein bestimmtes Verhalten erzeugt und aufrechterhält. Sie zeigen mögliche Bedürfnisse auf, fassen diese in Kategorien zusammen und legen die Beziehungen untereinander offen. Zu diesen Theorien gehören jene von Maslow und Herzberg.
- **Prozesstheorien** versuchen demgegenüber zu erklären, *wie* ein bestimmtes Verhalten erzeugt, gelenkt, erhalten und abgebrochen werden kann. Ihnen geht es somit weniger um das Aufzählen konkreter Bedürfnisse als vielmehr um das Aufzeigen des Motivationsprozesses.

1 Sozialisation ist ein „Begriff zur Beschreibung und Erklärung aller Vorgänge und Prozesse, in deren Verlauf der Mensch zum Mitglied einer Gesellschaft und Kultur wird.“ (Hartfiel 1976, S. 603)

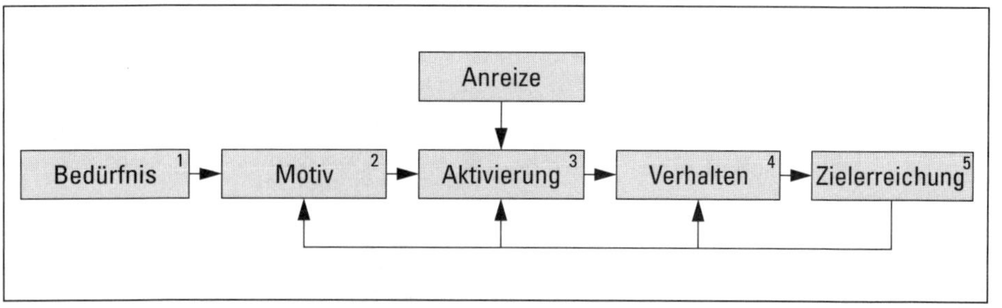

▲ Abb. 214 Einfaches Motivationsmodell (nach Staehle 1999, S. 167)

Alle Theorien sind aber letztlich darauf ausgerichtet, die Zusammenhänge zwischen Bedürfnissen, Motiven, Leistung und Arbeitszufriedenheit des Mitarbeiters aufzuzeigen.

5.2.2 Inhaltstheorien

5.2.2.1 Theorie von Maslow

Das Motiv, das ein bestimmtes Verhalten zur Erreichung eines Ziels auslösen kann, wird seinerseits durch das hinter dem Motiv stehende Bedürfnis ausgelöst. Zwar sind die menschlichen Bedürfnisse äußerst vielfältig und im Hinblick auf ihre Bedeutung sehr verschieden, doch existieren Ähnlichkeiten in der Reihenfolge, in der die Bedürfnisse auf Grund ihrer Dringlichkeit befriedigt werden müssen. Ausgehend von dieser Feststellung hat **Abraham Maslow** (1943, 1954) eine systematische Aufstellung der menschlichen Bedürfnisse vorgenommen.

Die Motivationstheorie von Maslow setzt sich aus zwei Hauptkomponenten zusammen, nämlich aus den Motivationsinhalten und der Motivationsdynamik. Bezüglich der **Motivationsinhalte** versucht Maslow, alle beim Menschen auftretenden Verlangen auf fünf Grundbedürfnisse zurückzuführen. Diese Grundbedürfnisse zeichnen sich durch eine unterschiedliche Dringlichkeit ihrer Befriedigung aus. Auf Grund dieses Dringlichkeitsmerkmals lassen sich diese Bedürfnisse in eine hierarchische Ordnung bringen. Vorerst unterscheidet Maslow zwischen den primären und den sekundären Bedürfnissen:

- **Primäre** Bedürfnisse dienen der Selbsterhaltung; deren Befriedigung ist lebensnotwendig.
- **Sekundäre** Bedürfnisse sowie deren Art und Weise der Befriedigung sind hingegen über einen Lernprozess aufgenommen worden.

Auf dieser Unterscheidung aufbauend hat Maslow eine **Bedürfnispyramide** mit folgenden Bedürfnisstufen aufgestellt (▶ Abb. 215):

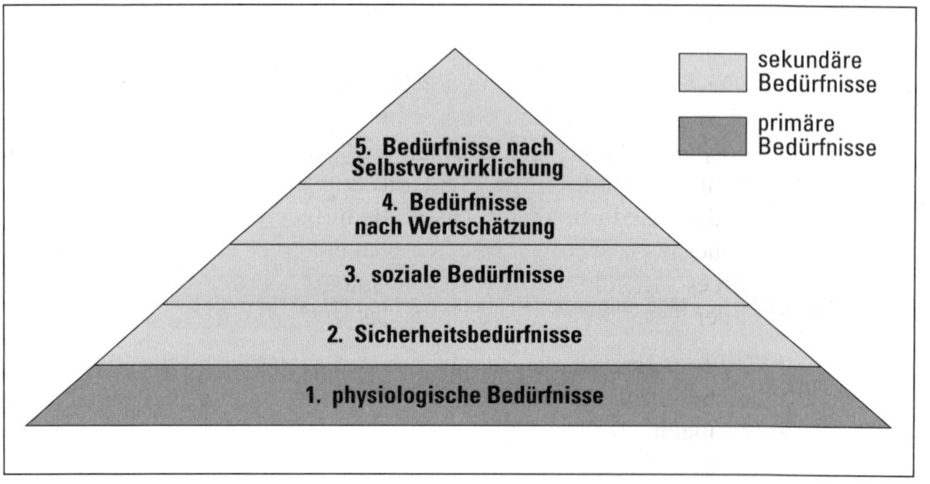

▲ Abb. 215 Bedürfnispyramide von Maslow

1. Die **physiologischen Bedürfnisse** (z.B. Schlaf, Hunger) haben eine körperliche Grundlage und ihre Befriedigung ist eine nicht zu umgehende Voraussetzung für die Lebenserhaltung. Die verschiedenen primären Bedürfnisse treten unabhängig sowohl voneinander als auch von den höher eingestuften sekundären Bedürfnissen auf.
2. Die Bedürfnisse nach **Sicherheit** beziehen sich auf den Schutz vor möglichen Bedrohungen und Gefahren. Ihre Befriedigung erfolgt durch Sicherung eines bestimmten Einkommens und des Arbeitsplatzes durch Schutz bei Krankheit und Unfall oder durch eine Altersvorsorge.
3. Die **sozialen** Bedürfnisse äußern sich im Wunsch nach Geborgenheit in der menschlichen Umwelt. Liebe, Freundschaft, Zusammengehörigkeitsgefühl vermögen dieses Verlangen zu befriedigen.
4. Beim Bedürfnis nach **Wertschätzung** verspürt der Mensch das Verlangen nach einer Anerkennung durch seine Umwelt. Soziales Ansehen, Macht und Beachtung befriedigen diese Bedürfnisse.
5. Die Bedürfnisse nach **Selbstverwirklichung** bringen zum Ausdruck, dass der Mensch das sein will, was er sein kann, und das machen will, wozu er fähig ist. Er strebt danach, die in ihm verborgenen Möglichkeiten und Fähigkeiten voll auszuschöpfen, um damit sich selbst zu entfalten.

Bezüglich der **Motivationsdynamik** dieser Bedürfnisse stellt Maslow fest, dass das Verhalten des Menschen durch die unbefriedigten Bedürfnisse bestimmt ist, d.h. bisher unbefriedigte Bedürfnisse bilden den eigentlichen Motivator menschlichen Verhaltens (Hill/Fehlbaum/Ulrich 1994, S. 67f.):

- Die fünf Bedürfniskategorien stehen zueinander in einer hierarchischen Beziehung. Die Befriedigung niedrigerer Bedürfnisse bildet jeweils die Voraussetzung für die Befriedigung höherer Bedürfnisse (zuerst werden die physiologischen Bedürfnisse befriedigt, dann die Sicherheitsbedürfnisse usw.).
- Entsprechend der angegebenen Bedürfnishierarchie ist immer dasjenige Bedürfnis am stärksten wirksam, das unmittelbar auf das letzte, gerade noch befriedigte Bedürfnis folgt. Dieses Bedürfnis ist das dominante Handlungsmotiv.
- Immer dann, wenn ein Bedürfnis in einem bestimmten Ausmaß befriedigt ist, hört es auf, dominantes Handlungsmotiv zu sein. An seine Stelle tritt ein neues, in der Regel höheres Bedürfnis, das jetzt vorherrscht.

Die Befriedigung der verschiedenen Bedürfnisse zeigt unterschiedliche Wirkung, je nachdem welchen Bedürfnisstufen sie angehören. Nach Lattmann (1982, S. 128) stellen auf Grund der beobachtbaren Wirkungen die Bedürfnisse in den ersten vier Stufen Mangelbedürfnisse, jenes der letzten Stufe ein Wachstumsbedürfnis dar:

- **Mangelbedürfnisse** nehmen in dem Maße an Stärke ab, wie sie befriedigt werden. Sie drängen nach ihrer eigenen Beseitigung, treten auf und verschwinden wieder, um später wiederzukehren. Sie können in der Regel nur durch andere Menschen befriedigt werden. In den vier Grundbedürfnissen ergibt sich eine hohe Umweltabhängigkeit des Menschen.
- **Wachstumsbedürfnisse** dagegen nehmen in dem Maße, in dem sie befriedigt werden, an Stärke zu. Sie drängen nach ihrer eigenen stetigen Steigerung. Der nach Selbstverwirklichung begehrende Mensch strebt nach persönlichem Wachstum als Selbstzweck.

Das Modell von Maslow ist wegen seiner leichten Verständlichkeit und Übersichtlichkeit gut geeignet, einen ersten Einblick in die Motivationsproblematik zu geben. Eine direkte Anwendung dieses Modells in der betrieblichen Wirklichkeit stößt jedoch auf gewisse Grenzen:

- Maslow stellt selber fest, dass die Stufen eins bis vier in der westlichen Zivilisation weitgehend erfüllt sind. Dies hat zur Folge, dass eine Leistungsmotivation nur noch über die fünfte Stufe, die der Selbstverwirklichung (Autonomie, geistige Herausforderung), möglich ist. Dies trifft für die Mitarbeiter der oberen Führungsstufen zwar zu, lässt sich aber auf den unteren Führungs- und Ausführungsstufen nur schwer erreichen. Trotzdem hat Maslow seine Theorie für alle Mitarbeiter formuliert.
- Ferner muss beigefügt werden, dass keines der Elemente der Maslowschen Theorie in empirischen psychologischen Experimenten eindeutig verifiziert werden konnte. Dies hat zur Folge, dass sich aus seiner Konzeption auch keine Operationalisierungen im Sinne einer eindeutigen Gestaltung des Anreizsystems des Unternehmens ableiten lassen.

5.2.2.2 Theorie von Herzberg

Im Gegensatz zur Maslowschen Motivationstheorie, die auf intuitiver Einsicht, unsystematischer Beobachtung und teilweise auf reiner Spekulation beruht, ist die Theorie von **Frederick Herzberg** und seinen Mitarbeitern (1959) hinreichend empirisch überprüft.

Auf Grund einer Studie, in der über 200 Ingenieure und Buchhalter befragt wurden, kam Herzberg zum Schluss, dass diejenigen Faktoren, die zu Arbeitszufriedenheit führen, von jenen Faktoren zu trennen sind, die zu Arbeitsunzufriedenheit führen. Das Gegenteil von Arbeitszufriedenheit ist also Nicht-Arbeitszufriedenheit und das Gegenteil von Arbeitsunzufriedenheit heißt Nicht-Arbeitsun-

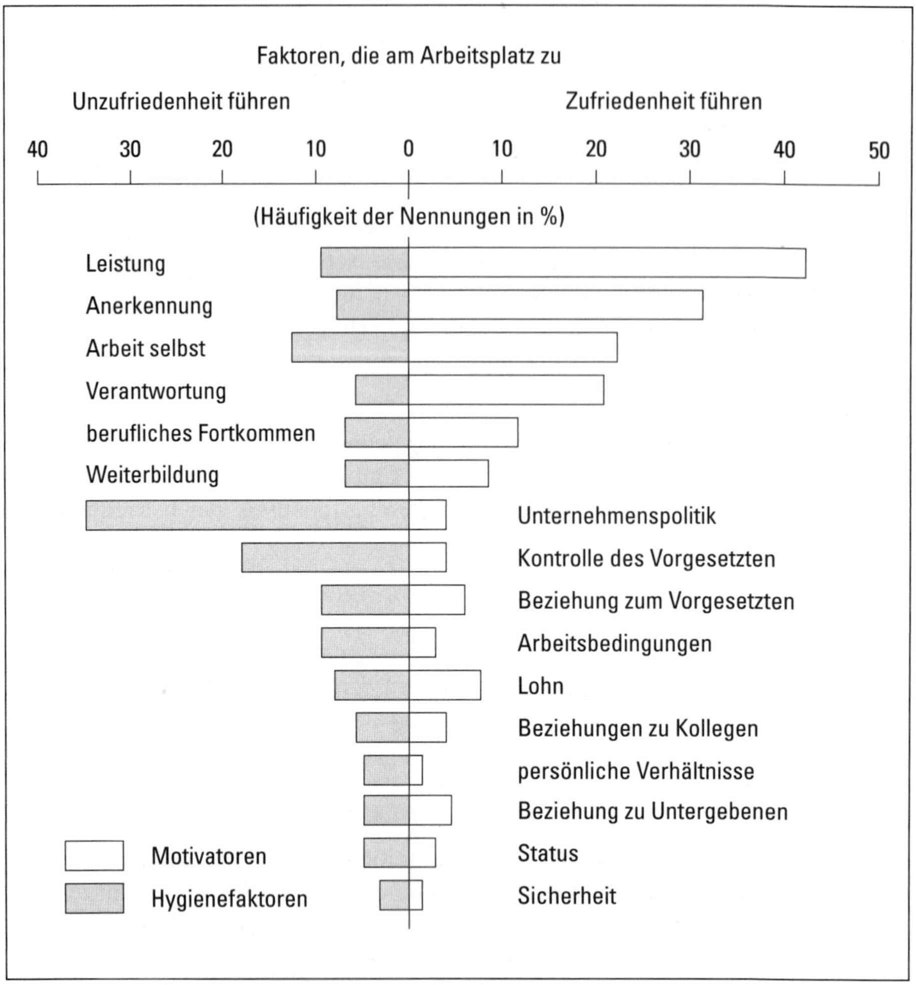

▲ Abb. 216 Einflussfaktoren der Arbeitszufriedenheit (Herzberg 1968, S. 57)

zufriedenheit. Faktoren der ersten Dimension nennt Herzberg Motivatoren (intrinsische Faktoren oder Kontentfaktoren), Faktoren der zweiten Dimension Hygiene-Faktoren (extrinsische Faktoren oder Kontextfaktoren):

- **Hygiene-Faktoren** oder **Frustratoren** wirken in der Weise, dass sie, sind sie nicht vorhanden, im Individuum Arbeitsunzufriedenheit hervorrufen. Sind dagegen diese Bedingungen vorhanden, dann besteht zwar keine Unzufriedenheit, aber die Mitarbeiter sind trotzdem nicht motiviert. Nach Herzberg beziehen sich Frustratoren nicht auf die Arbeit selbst, sondern ihren Kontext.
- Daneben existiert ein zweiter Satz von Arbeitsbedingungen, die sich als **Motivatoren** auf die Arbeit selbst beziehen. Nur sie sind in der Lage, im Individuum Motivation aufzubauen und eine gute Arbeitsausführung zu bewirken (◄ Abb. 216).

Ähnlich wie Maslow unterscheidet also auch Herzberg zwischen Grundbedürfnissen, die den Menschen im Unternehmen „gesund" erhalten, und Bedürfnissen höherer Ordnung, die geistig seelisches Wachstum bewirken. Das Individuum sucht zu seiner Erfüllung Stimulation, Autonomie und Gefordertsein am Arbeitsplatz. Diese Bedürfnisse werden nur durch Verrichtung einer verantwortungsvollen und Sinn stiftenden Arbeit befriedigt, nicht jedoch durch den Kontext der Arbeitsverrichtungen. ► Abb. 217 zeigt das zweigeteilte Kontinuum von Arbeitszufriedenheit/-unzufriedenheit nach Herzberg.

Der Zustand der Motivierung wird nach Herzberg am besten dadurch erreicht, dass der Aufgaben- und Arbeitsbereich des Einzelnen mit interessanten und stimulierenden Tätigkeiten angereichert wird (Job enrichment), um dauernd Motivationsbedürfnisse entstehen zu lassen.

		Motivatoren	
		nicht befriedigend	**befriedigend**
Hygienefaktoren	**nicht befriedigend**	Unzufriedenheit mit der Arbeit	Unzufriedenheit mit der Arbeit
		–	–
	befriedigend	keine Unzufriedenheit	keine Unzufriedenheit
		keine Arbeitszufriedenheit	Arbeitszufriedenheit

▲ Abb. 217 Schema der Zweifaktoren-Theorie von Herzberg

5.2.3 Prozesstheorien

5.2.3.1 Theorie von Porter/Lawler

Eduard E. Lawler und **Lyman W. Porter** (1968) versuchten, mittels eines Motivationsmodells die Beziehung zwischen der Arbeitsleistung und dem Endzustand im Arbeitsprozess, der Arbeitszufriedenheit, herzustellen. Arbeitsverhalten im Unternehmen wird über die rationalen und kognitiven Komponenten menschlichen Verhaltens erklärt und zwar im Hinblick auf die Erwägungen des Individuums gegenüber erwarteten Ereignissen, welche die Bedürfnismodelle von Maslow und Herzberg ignorieren.

▶ Abb. 218 zeigt die Struktur der einzelnen Variablen im Modell von Porter/Lawler. Diese Darstellung macht deutlich, dass die Anstrengungen des Individuums für das Unternehmen einerseits vom Wert der Belohnung, andererseits von der Wahrscheinlichkeit des Eintreffens der Belohnung für die Anstrengungen abhängen. Die Leistung ergibt sich nicht nur aus den Anstrengungen, sondern auch aus den Fähigkeiten und Fertigkeiten sowie der Rollenwahrnehmung des Mitarbeiters. Die Leistung hat, ist sie intrinsisch motiviert, direkt Zufriedenheit zur Folge. **Arbeitsintrinsische** Belohnungen sind solche, die aus der Arbeit selbst resultieren; sie decken sich mit der fünften Bedürfnisstufe nach Maslow. Erfolgt die Motivation **extrinsisch,** so ist die wahrgenommene Angemessenheit äußerer Belohnungen für die Arbeitszufriedenheit relevant. Extrinsische Motivation ergibt sich aus den ersten vier Grundbedürfnissen Maslows. Nach Weinert (1987, S. 277 ff.) bedeuten die einzelnen Komponenten, die sowohl in zeitlicher wie genetischer Hinsicht eine Reihenfolge darstellen, folgendes:

1. Die erste Komponente „subjektiver Wert der Belohnung" (1) beschreibt die Anziehungskraft (Valenz), die verschiedene Resultate der verrichteten Arbeit für das Individuum besitzen. Verschiedene Individuen haben dabei unterschiedliche Werte für unterschiedliche Ziele oder Endergebnisse, die sie bevorzugen.
2. Die „geschätzte Wahrscheinlichkeit zwischen Bemühung und Belohnung" (2) bezieht sich auf die subjektive Wahrscheinlichkeit, mit der das Individuum annimmt, dass erhöhte Bemühungen seinerseits zum Erhalt bestimmter, von ihm als nützlich und wertvoll angesehener Resultate der Be- und Entlohnung führen werden.
3. Die dritte Komponente des Modells besteht aus der „Bemühung" (3), die ein Teilnehmer des Unternehmens aufwendet, um eine bestimmte Arbeitsleistung zu erbringen. Wichtig ist zu beachten, dass das Modell zwischen Bemühung (= eingesetzte Energie) und tatsächlich erbrachter Arbeitsleistung (= Effizienz der Arbeitsleistung) differenziert.
4. Als vierte Komponente ist der Bereich individueller „Fähigkeiten und Eigenschaften" (4) zu nennen (z.B. Intelligenz, psychomotorische Fertigkei-

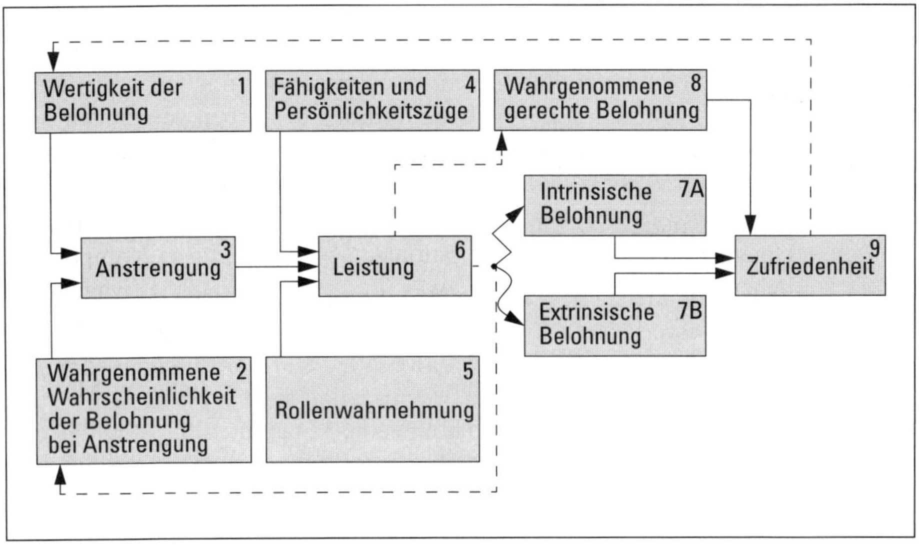

▲ Abb. 218 Das Zirkulationsmodell von Porter/Lawler 1968, S. 165

ten). Diese individuellen Charakteristika bilden Grenzen der Arbeitsleistung eines jeden Individuums.

5. Die „Rollenwahrnehmung“ (5) basiert auf der Definition von Erfolg und erfolgreicher Arbeitsausführung durch den Mitarbeiter. Sie ist ein Maß für die Richtung der Bemühungen des Mitarbeiters und bestimmt die Effizienz der Arbeitsleistungen. Eine inadäquate Rollenwahrnehmung würde demnach heißen, dass der Mitarbeiter zwar mit großem Einsatz arbeitet, aber nicht die vom Unternehmen benötigten Resultate erzielt und damit seine Bemühungen vergeblich sind.
6. Die „Arbeitsdurchführung“ (6) bezieht sich auf das Niveau der Arbeitsleistung, das ein Mitarbeiter erreicht.
7. Die Komponente „Belohnung“ setzt sich aus zwei Teilkomponenten zusammen: Die „intrinsische Belohnung“ (7A) gibt sich das Individuum selbst, die „extrinsische“ (7B) wird durch das Unternehmen (Vorgesetzte) vermittelt. Eine intrinsische Belohnung wird aber nur dann empfunden, wenn das Individuum glaubt, eine schwierige Aufgabe gemeistert zu haben (daher die gewellte Linie zwischen Arbeitsdurchführung und intrinsischer Belohnung). Andererseits kann eine extrinsische Belohnung (auch hier die gewellte Linie) vom Individuum nur dann empfunden werden, wenn die erfolgreiche Arbeitsdurchführung vom Vorgesetzten auch bemerkt und entsprechend zum Ausdruck gebracht wird, was aber nicht häufig der Fall ist.
8. Die Komponente „vom Individuum als angemessen empfundene Belohnung“ (8) bezieht sich auf das Ausmaß an Belohnung, die vom Individuum auf Grund seiner Arbeitsausführung als gerecht und angemessen empfunden und vom Unternehmen erwartet wird.

9. Der Grad der Zufriedenheit kann als Ergebnis des vom Individuum angestellten Vergleichs zwischen der tatsächlich vom Unternehmen erhaltenen Belohnung und der vom Individuum als angemessen und fair erwarteten Belohnung, als Kompensation für die Durchführung der Arbeit verstanden werden. Je größer die Differenz zwischen diesen beiden Werten ist, desto höher wird der Grad der Zufriedenheit oder Unzufriedenheit ausfallen.

Das Zirkulationsmodell geht von einem Bild des rationalen Menschen aus, der überlegt, welche positive oder negative Konsequenz sein Handeln hat. Soll mit dem betrieblichen Anreizsystem ein bestimmtes Leistungsverhalten erreicht werden, ist es erforderlich, dass die Belohnungen von den einzelnen Mitarbeitern auch hoch bewertet werden. Weiterhin müssen alle Aufstiegs- und Lohnentscheidungen allein an der Leistung orientiert und auch in dieser Weise subjektiv wahrnehmbar sein. Ferner sollte der einzelne Mitarbeiter die Möglichkeit haben (und diese auch wahrnehmen), durch eigene Anstrengungen sein Leistungsverhalten tatsächlich beeinflussen zu können. Ist der Einzelne durch die Anforderungen des Arbeitsplatzes überfordert oder aber sind Quantität und Qualität der Leistung durch situative Umstände weitgehend festgelegt, so dürfte ein noch so attraktives Anreizsystem ohne Einfluss auf die Leistungsbereitschaft bleiben.

5.2.3.2 Theorie von Adams

Der Kerngedanke der **Gleichgewichtstheorie** von **John S. Adams** (1968) besteht darin, dass Mitarbeiter Vergleiche anstellen zwischen ihren Beiträgen (Inputs) und den daraus resultierenden Ergebnissen (Outcomes) einerseits und den Beiträgen und den Ergebnissen ihrer Kollegen in der gleichen Arbeitssituation andererseits. Das Individuum vergleicht die Relation zwischen seinem Beitrag und Ergebnis nicht mit der eines beliebigen Kollegen, sondern vielmehr mit einer als signifikant ausgewählten Bezugsperson.

- Die **Erträge** (Outcomes) eines Mitarbeiters können definiert werden als die von ihm wahrgenommenen positiven oder negativen Konsequenzen, die ihm aus seiner Beziehung mit einer anderen Person entstehen. Sie werden berechnet, indem die Summe der negativen Konsequenzen (Kosten) von der Summe der erhaltenen positiven Konsequenzen (Belohnungen) subtrahiert wird.
- Demgegenüber setzen sich die **Beiträge** (Inputs) eines Mitarbeiters aus den von ihm wahrgenommenen „Investitionen“ zu einem sozialen Austausch (z.B. zur Abgabe von Arbeitsleistungen) zusammen.

Die im Arbeitsverhältnis ausgetauschten Inputs und Outcomes sind in ▶ Abb. 219 zusammengestellt. Formal kann ein ausgewogenes oder gerechtes Verhältnis, in dem ein Gleichgewicht besteht, wie folgt formuliert werden:

Inputs	Outcomes
Erziehung Intelligenz Erfahrung Ausbildung Fähigkeiten Länge des Beschäftigungsverhältnisses Alter Geschlecht nationale und ethnische Herkunft sozialer Status Arbeitsanstrengungen persönliche Erscheinung Gesundheit Besitz von Arbeitsmitteln Merkmale des Ehepartners	Bezahlung intrinsischer Wert befriedigende Führung Prämien für die Länge des Beschäftigungsverhältnisses zusätzliche Sozialaufwendungen Sozialprestige der Arbeitstätigkeit Statussymbole Ausstattung des Arbeitsplatzes schlechte Arbeitsbedingungen Monotonie ungewisse berufliche Perspektive interessante Arbeit Verantwortung Anerkennung Aufstiegsmöglichkeiten

▲ Abb. 219 Inputs und Outcomes nach Adams (Greif 1983, S. 214)

- $$\frac{\text{Belohnungen von A} - \text{Kosten von A}}{\text{Investitionen von A}} = \frac{\text{Belohnungen von B} - \text{Kosten von B}}{\text{Investitionen von B}}$$

oder in gekürzter Form:

- $$\frac{\text{Outcomes A}}{\text{Inputs A}} = \frac{\text{Outcomes B}}{\text{Inputs B}}$$

A: Mitarbeiter A
B: Bezugsperson B
Kosten: das, was eine Person auf Grund der sozialen Beziehung aufgibt
Investitionen: das, was eine Person in die soziale Beziehung einbringt (z.B. Fertigkeiten, Anstrengungen, Erziehung, Erfahrung, Alter)
Belohnungen: Vorteile auf Grund der sozialen Beziehung.

Für das Individuum am Arbeitsplatz besteht ein Gleichgewicht, wenn es erkennen kann, dass das Verhältnis zwischen den eigenen Beiträgen und den daraus entstehenden Erträgen demjenigen entsprechender Personen in einer gleichen oder ähnlichen Arbeitssituation äquivalent ist. Besteht ein Ungleichgewicht für das Individuum, entsteht bei ihm eine innere Spannung, die es motiviert, diese Spannung zu vermindern im Sinne einer Wiederherstellung des Gleichgewichts. In Anlehnung an Wunderer/Grunwald (1980, S. 150) kann das Individuum, unabhängig von den Gründen und der Stärke der empfundenen Ungleichheit, aus einer Anzahl verschiedener Handlungsalternativen auswählen, um die wahrgenommene Ungleichheit zu reduzieren:

1. Die Person verändert ihre Inputs. Je nach Situation erhöht oder verringert sie ihre Inputs (arbeitet mehr oder weniger), wobei in der Regel die Inputs verringert werden, da
   a. Nachteile in einer sozialen Beziehung gemeinhin eher wahrgenommen werden als Vorteile,
   b. gemäß dem ökonomischen Prinzip das Individuum bemüht ist, Kosten zu minimieren und Belohnungen zu maximieren.

2. Die Person verändert ihre Outputs. Je nach Situation erhöht oder verringert sie ihre Outputs, wobei eine Erhöhung am wahrscheinlichsten ist (z.B. Forderungen nach Gehaltserhöhung oder nach besseren Arbeitsbedingungen).

3. Die Person reduziert die soziale Beziehung auf ein Minimum (z.B. durch Fehlzeiten oder Krankheit) oder kündigt sie ganz auf (Kündigung).

4. Die Person verzerrt ihre Wahrnehmung der Inputs und/oder Outputs (durch psychische Abwehrmechanismen wie Verdrängen, Verleugnen usw.). Dies ist besonders dann der Fall, wenn eine reale Veränderung der Input-Output-Beziehungen nicht möglich ist.

5. Die Person veranlasst die Vergleichsperson,
   a. ihr Input-Output-Verhältnis zu ändern,
   b. ihre Wahrnehmung der Input-Output-Beziehung zu verändern oder
   c. sie zum Verlassen des „Feldes“ zu bewegen.

   Dabei ist es in der Regel leichter, bei anderen Personen eine Verringerung der Inputs als eine Erhöhung der Outputs zu bewirken.

6. Die Person wählt eine andere Vergleichsperson bzw. einen anderen Maßstab. Im Allgemeinen wählt man Vergleichspersonen nach den Kriterien der Ähnlichkeit (soziokulturell, wertmäßig, statusmäßig) und der räumlichen Nähe.

Obwohl die Gleichgewichtstheorie für alle Beiträge gilt, die innerhalb des Unternehmens einsetzbar erscheinen, steht in der Praxis die Beziehung zwischen Leistung und finanzieller Entlohnung im Vordergrund. Die wichtigste Konsequenz für die Ausgestaltung des betrieblichen Anreizsystems ist, will man eine optimale Leistung und eine optimale Zufriedenheit erreichen, eine leistungsgerechte Bezahlung zu fordern: Ein faires Gehalt wirkt in diesem Sinne besser als ein hohes Gehalt.

5.3 Monetäre Anreize

5.3.1 Lohn und Lohngerechtigkeit

Aufgabe der Personalpolitik ist es, den Lohn des Mitarbeiters zu bestimmen. Der Lohn ist das dem Arbeitnehmer bezahlte Entgelt dafür, dass er dem Unternehmen seine Arbeitskraft zur Verfügung stellt. Von diesen Lohnzahlungen im engeren Sinne sind zu unterscheiden:

- die betriebliche Erfolgsbeteiligung,
- die Sozialleistungen,
- die Prämien des betrieblichen Vorschlagswesens.

Im Rahmen der Entgeltpolitik sind zwei wichtige Probleme zu lösen, nämlich die Bestimmung der absoluten und der relativen Lohnhöhe. Bei der Festlegung der **absoluten** Lohnhöhe handelt es sich um die Frage, wie der von einem Unternehmen geschaffene Wert (= Wertschöpfung) auf die Produktionsfaktoren Arbeit und Kapital verteilt werden soll. Bei der Beantwortung dieser Frage spielen individuelle und gesellschaftliche Wertvorstellungen eine große Rolle.[1] Dieses Verteilungsproblem kann vor allem unter historischen, sozialen, politischen und ethischen Aspekten gesehen werden, wobei auch die jeweilige Situation auf dem Arbeitsmarkt eine entscheidende Rolle spielen mag.

Die Festlegung der **relativen** Lohnhöhe beinhaltet das Problem, die auf die Arbeitnehmer entfallende Lohnsumme auf die einzelnen Mitarbeiter zu verteilen. Es geht also um das Verhältnis der einzelnen Löhne zueinander. Die Lösung dieses Verteilungsproblems hat sich an der Lohngerechtigkeit auszurichten. Dies bedeutet einerseits, dass der Lohn gerecht sein sollte, d.h. in ursächlichen Zusammenhängen zu den Leistungen und zur Person des Lohnempfängers stehen sollte, und dass andererseits der Mitarbeiter den Lohn auch als gerecht empfindet. Denn erst wenn dieses subjektive Gerechtigkeitsgefühl eintritt, ist der Lohnempfänger bereit, die geforderte Leistung zu erbringen oder ein gewünschtes Rollenverhalten zu zeigen.

Da es erstens nicht möglich ist, eine verursachungsgerechte Zuordnung der betrieblichen Wertschöpfung auf die einzelnen Mitarbeiter vorzunehmen, und zweitens verschiedene Aspekte bei der Verteilung einer bestimmten Gesamtlohnsumme eine Rolle spielen, versucht man eine Objektivierung des Verteilungsproblems durch Berücksichtigung verschiedener Gerechtigkeiten zu erreichen. Im Vordergrund stehen folgende Kriterien:

---

1 Dieser und ähnlichen Fragen ist die Betriebswirtschaftslehre als wertfreie Wissenschaft lange Zeit aus dem Wege gegangen (vgl. dazu Teil 1, Kapitel 1, Abschnitt 1.3 „Betriebswirtschaftslehre als Wissenschaft“). Allerdings wurde in jüngster Zeit der Wertbezug der Betriebswirtschaftslehre wieder vermehrt erkannt und als Thema behandelt. Als Beispiel sei in diesem Zusammenhang das Teilgebiet „Unternehmensethik“ erwähnt (vgl. dazu Teil 10, Kapitel 5, Abschnitt 5.3 „Unternehmensethik“).

1. **Anforderungsgerechtigkeit:** Die Anforderungsgerechtigkeit beruht auf der Berücksichtigung des Schwierigkeitsgrades der Arbeit. Im Mittelpunkt stehen die Anforderungen, die an den Mitarbeiter gestellt werden. Diese müssen in einer **Arbeitsbewertung** ermittelt werden. Sie führen zu einer **Lohnsatzdifferenzierung,** d.h. für unterschiedliche Anforderungen werden unterschiedliche Lohnsätze bestimmt. Ausgangspunkt ist eine definierte (Normal-)Leistung, die vom Mitarbeiter erwartet wird.

2. **Leistungsgerechtigkeit:** Bei der Leistungsgerechtigkeit steht der vom Arbeitnehmer erbrachte Leistungsbeitrag im Vordergrund. Damit wird eine über oder unter der definierten Normalleistung liegende Leistung berücksichtigt. Das Unternehmen richtet auf die Leistungsgerechtigkeit ein besonderes Augenmerk, da es an einer Steigerung der Leistung und somit an einer Erhöhung der Arbeitsproduktivität stark interessiert ist. Allerdings hat es durch den Einsatz geeigneter Lohnformen auch die Voraussetzungen dafür zu schaffen, dass der Lohn tatsächlich zu einem Leistungsanreiz wird.

3. **Verhaltensgerechtigkeit:** Mit der Verhaltensgerechtigkeit versucht man, das Verhalten gegenüber
   - anderen Mitarbeitern (Gleichgestellte, Untergebene, Vorgesetzte), also Solidarität und Hilfsbereitschaft,
   - den Einrichtungen und Arbeitsmitteln des Unternehmens, also Pflichtbewusstsein und Sorgfaltspflicht,
   - der Öffentlichkeit (Identifikation mit seinem Unternehmen)

   einzubeziehen. Grundlage bietet eine Verhaltensbewertung, die jedoch schwierig vorzunehmen ist, da das Verhalten schwer quantifizierbar ist. Aus diesem Grund versucht man dieses indirekt zu bewerten, beispielsweise über die Verbundenheit mit dem Betrieb (Anzahl Dienstjahre).

4. **Sozialgerechtigkeit:** Die soziale Gerechtigkeit berücksichtigt soziale und sozialpolitische Anliegen. Dazu gehören beispielsweise Altersvorsorge, Lohnzahlungen bei Krankheit oder Unfall, garantierter Mindestlohn bei einem Leistungslohn oder Kinder-/Familienzulagen.

Gerade das letzte Kriterium macht deutlich, dass die Lohnbemessung auf Grund einzelner Gerechtigkeitskriterien stark von gesellschaftlichen Wertvorstellungen abhängt. Abschließend kann gesagt werden, dass eine Objektivierung der Problematik der Lohngerechtigkeit bereits dadurch erreicht wird, wenn

- man versucht, verschiedene Kriterien bei der Ermittlung des Lohnes zu berücksichtigen,
- alle Mitarbeiter an diesen Kriterien gemessen und somit gleich behandelt werden,
- schließlich die Kriterien bzw. die Bewertungsgrundlagen offen gelegt werden, damit sie für den Mitarbeiter einsichtig sind und er den Zusammenhang zwischen seinem Leistungsbeitrag bzw. seiner Person und dem Lohn erkennen

kann. Dies ist eine Grundvoraussetzung dafür, dass er seinen Lohn als gerecht empfindet.

5.3.2 Arbeitsbewertung

5.3.2.1 Begriff und Arten der Arbeitsbewertung

> Ziel der **Arbeitsbewertung** ist die Ermittlung der Anforderungen (Arbeitsschwierigkeit) einer Arbeit oder eines Arbeitsplatzes an den Mitarbeiter im Verhältnis zu anderen Arbeiten oder Arbeitsplätzen unter Verwendung eines einheitlichen Maßstabes.

Die Arbeitsbewertung dient als Grundlage zur Festlegung der Lohnsätze (Lohnsatzdifferenzierung), aber auch zur Bestimmung des qualitativen Personalbedarfs, zur Besetzung von offenen Stellen mit geeigneten Personen und zur Arbeitsgestaltung.

Die Arbeitsbewertung besteht aus zwei Schritten. In einem ersten Schritt wird in einer qualitativen Analyse die Arbeit bzw. der Arbeitsplatz umschrieben und erfasst. In einem zweiten Schritt – auf dem ersten aufbauend – können in einer quantitativen Analyse die charakteristischen Anforderungsarten miteinander verglichen und bewertet werden.

Zur Ermittlung des Arbeitswertes stehen verschiedene Methoden zur Verfügung. Gemeinsam ist allen Verfahren, dass sie von der Person des Stelleninhabers abstrahieren. Grundlage bildet die Normalleistung eines fiktiven Stelleninhabers.

> Unter einer **Normalleistung** verstehen wir die Leistung, die von jedem geeigneten, geübten und eingearbeiteten Mitarbeiter über eine längere Zeitperiode erbracht werden kann.

Die verschiedenen Verfahren ergeben sich auf Grund der unterschiedlichen Ermittlung und Quantifizierung der Anforderungen:

1. **Art der Ermittlung der Arbeitsschwierigkeit:** Bei der **qualitativen** Analyse für die Ermittlung der Anforderungen wird zwischen summarischen und analytischen Methoden unterschieden:
   - Die **summarischen** Methoden beurteilen die Anforderungen eines Arbeitsplatzes global. Es wird die Arbeitsschwierigkeit eines einzelnen Arbeitsplatzes ermittelt.
   - Die **analytischen** Methoden dagegen versuchen, einen Arbeitsplatz in kleine Bewertungseinheiten aufzuteilen, für welche die spezifische Anforderungsart festgelegt wird.

Art der Quantifizierung \ Art des Bewertungsvorganges	summarisch	analytisch
Reihung	Rangfolgeverfahren	Rangreihenverfahren
Stufung	Lohngruppenverfahren	Stufenwertzahlverfahren

▲ Abb. 220 Verfahren der Arbeitsbewertung

2. **Quantifizierung der Anforderungen:** In der **quantitativen** Analyse stehen die beiden Methoden der Reihung und der Stufung zur Verfügung:
   - Bei der **Reihung** werden die zu beurteilenden Arbeiten nach ihrem Schwierigkeits- oder Anforderungsgrad in eine Reihenfolge gebracht. Zuoberst auf der Rangliste steht die Arbeit mit den höchsten Anforderungen, während diejenige mit den tiefsten Anforderungen am Ende der Liste steht.
   - Wählt man die **Stufung,** werden die Arbeiten einzelnen Merkmalskategorien zugeteilt, die sich durch einen bestimmten Anforderungsgrad auszeichnen. Damit können inhaltlich unterschiedliche Arbeiten (z.B. produktive und administrative Arbeiten) in die gleiche Merkmalsstufe eingeordnet werden.

Aus der Kombination dieser zwei Kriterien und den sich daraus ergebenden Prinzipien (summarisch und analytisch auf der einen, Reihung und Stufung auf der anderen Seite) lassen sich vier Verfahren der Arbeitsbewertung ableiten (◄ Abb. 220), auf die in den folgenden Abschnitten näher eingegangen werden soll. Ob bei einer Arbeitsbewertung die summarischen oder die analytischen Methoden vorzuziehen sind, hängt in erster Linie von den betrieblichen Gegebenheiten ab. Da es in der Regel um die Bewertung einer Vielzahl von Tätigkeiten geht, bieten die analytischen Methoden einen genaueren Maßstab für die Einstufungen der Arbeiten. Sie sind letztlich durch eine größere Objektivität gekennzeichnet, da sich ihre Ergebnisse jederzeit und von jedermann nachvollziehen und überprüfen lassen.

5.3.2.2 Summarische Methoden

Die summarische Arbeitsbewertung nimmt eine globale Beurteilung eines Arbeitsplatzes vor. Auf eine detaillierte Gliederung der einzelnen Anforderungsarten wird verzichtet, wenn entweder eine Aufgliederung sehr schwierig und/oder nicht sinnvoll ist oder der Aufwand in keinem Verhältnis zum Nutzen steht (z.B. bei kleineren Unternehmen mit wenigen Mitarbeitern). Nach der Art der Quantifizierung ergeben sich zwei Verfahren:

1. **Rangfolgeverfahren:** Beim Rangfolgeverfahren werden sämtliche Arbeitsplätze in eine Reihenfolge gebracht. Mithilfe von Stellenbeschreibungen können alle

Lohngruppe I	Arbeiten, die nach kurzfristiger Einarbeitungszeit und Unterweisung durchgeführt werden (81%)
Lohngruppe II	Arbeiten, die bei gleicher Voraussetzung über die Anforderungen der ersten Gruppe hinausgehen (82,4%)
Lohngruppe III	Arbeiten, die Kenntnisse und Fertigkeiten voraussetzen und eine Anlernung erfordern (85,3%)
Lohngruppe IV	Arbeiten, die bei gleicher Voraussetzung über die Anforderungen der vorherigen Gruppe hinausgehen (88,6%)
Lohngruppe V	Arbeiten, die umfassende Sach- und Arbeitskenntnisse und Fertigkeiten voraussetzen, wie sie durch Sonderausbildung oder entsprechende Erfahrung erreicht werden (90,5%)
Lohngruppe VI	Arbeiten, die ein Spezialkönnen voraussetzen, das entweder durch eine abgeschlossene zweijährige Ausbildung oder lange Erfahrung erreicht wird (94,5%)
Lohngruppe VII	Facharbeiten, die ein Können voraussetzen, das durch eine fachliche und abgeschlossene Ausbildung erreicht wird, oder Arbeiten, die gleichwertige Spezialfähigkeiten und -kenntnisse erfordern, auch ohne eine abgeschlossene Ausbildung (100% = Ecklohn)
Lohngruppe VIII	Schwierige Facharbeiten, die besondere Fähigkeiten und langjährige Erfahrung voraussetzen (110%)
Lohngruppe IX	Besonders schwierige und hochwertige Facharbeiten, die große Selbstständigkeit und Verantwortungsbewusstsein voraussetzen (120%)
Lohngruppe X	Hochwertigste Facharbeiten, die überragendes Können, völlige Selbstständigkeit und weitere Qualifikationen erfordern (133%)

▲ Abb. 221 Lohngruppen der Metallindustrie der neuen deutschen Bundesländer (Quelle: Wirtschaftswoche, Nr. 7, 8.2.1991, S. 28)

Arbeitsplätze miteinander verglichen und in eine Rangreihe nach dem jeweiligen Schwierigkeitsgrad überführt werden. Der **Vorteil** dieses Verfahrens liegt in der einfachen Handhabung und leichten Verständlichkeit. Diesem Vorteil steht allerdings eine Reihe von **Nachteilen** gegenüber:

- Das Verfahren eignet sich nur für Unternehmen mit kleinem Mitarbeiterbestand bzw. kleiner Anzahl von Arbeitsplätzen mit unterschiedlichem Arbeitsinhalt. Je größer das Unternehmen, umso größer wird die Gefahr einer Fehlbeurteilung, da die Unübersichtlichkeit steigt (zuviele verschiedene Arbeitsplätze).
- Das Verfahren setzt umfassende Kenntnisse aller Stellen voraus. Müssen beispielsweise mehrere Bewerter eingesetzt werden, so steigt die Subjektivität

der Beurteilung, da sich die persönlichen Wertvorstellungen der einzelnen Bewerter unterschiedlich auswirken können.

- Mit dem Aufstellen einer Rangreihenfolge wird noch keine Aussage über die qualitativen Abstände zwischen den einzelnen Arbeitsplätzen gemacht. Somit liefert das Verfahren keine exakte Bezugsgröße für die Überführung eines Arbeitswertes in einen Lohnwert.

2. **Lohngruppenverfahren:** Das Lohngruppenverfahren, auch Katalogisierungsmethode genannt, bildet eine abgestufte Anzahl von Lohngruppen oder Lohnklassen, in denen die unterschiedlichen Schwierigkeitsgrade der Arbeiten zum Ausdruck kommen. Die einzelnen Stufen werden inhaltlich umschrieben und oftmals durch so genannte Richtbeispiele ergänzt, welche eine Einordnung erleichtern sollen. Anschließend werden alle Arbeitsplätze einer bestimmten Gruppe bzw. Klasse zugerechnet. Wie das Beispiel in ◂ Abb. 221 zeigt, wird für eine bestimmte Lohngruppe ein Ecklohn festgesetzt, der mit 100% die Bezugsgröße für die übrigen Lohngruppen bildet.

   Die **Vorteile** des Lohngruppenverfahrens liegen wie beim Rangfolgeverfahren in der leichten Handhabung und Verständlichkeit. Es setzt allerdings eine exakte Definition der Lohngruppenmerkmale und Umschreibung der Richtbeispiele voraus, da sonst Fehlzuordnungen möglich sind. Zudem besteht die Gefahr, dass – falls zu wenig Lohngruppen gewählt wurden – eine Nivellierung der Lohnsätze stattfindet.

5.3.2.3 Analytische Verfahren

Um die Nachteile der summarischen Methoden zu vermeiden, werden mit den analytischen Methoden die einzelnen Arbeiten in charakteristische Anforderungsarten unterteilt, die einzeln beurteilt werden. Der Arbeitswert einer Arbeit lässt sich dann aus der Summe der Einzelbewertungen ableiten. Nach der Unterscheidung der Quantifizierung der Anforderungsarten ergeben sich ebenfalls zwei Verfahren, nämlich das Rangreihenverfahren und das Stufenwertzahlverfahren:

1. **Rangreihenverfahren:** Das Rangreihenverfahren wendet das Prinzip der Reihung für jede einzelne Anforderungsart an. Hat man sich auf die Anforderungsarten geeinigt, so können alle zu bewertenden Arbeitsplätze in eine Rangreihe je Merkmal gebracht werden. Zuoberst auf der Liste steht dann jene Arbeit, welche bezüglich des Merkmals die höchsten Anforderungen stellt. Ein erstes Problem bildet die Bestimmung der verschiedenen Anforderungsarten. In ◂ Abb. 208 (S. 656) ist ein detaillierter und umfangreicher Anforderungskatalog dargestellt. Ein zweites Problem ergibt sich bei der Berechnung des Gesamtarbeitswertes eines Arbeitsplatzes. Ein mögliches Vorgehen besteht darin,

die einzelnen Merkmale zu gewichten und durch Addition der gewichteten Rangreihenplätze den Gesamtarbeitswert (GAW) zu bilden:

- $$GAW = \sum_{i=1}^{n} RP_i \, GF_i$$

RP = Rangreihenplatz
GF = Gewichtungsfaktor
i = Anzahl Anforderungsmerkmale (i = 1, 2, ..., n)

Ist der Gesamtarbeitswert bestimmt, ist schließlich noch jedem Gesamtarbeitswert ein Lohnwert zuzuordnen. Dabei kann so vorgegangen werden, dass der niedrigste Gesamtarbeitswert mit dem minimal vorgeschriebenen Lohn und der höchste Gesamtarbeitswert mit dem maximal möglichen Lohn versehen wird. Sind diese beiden Extremwerte bestimmt, so lassen sich sämtliche Löhne leicht berechnen. Schwierigkeiten bereitet beim Rangreihenverfahren vor allem die Gewichtung der Anforderungsarten bzw. deren Ausprägung. Es gilt ein zweifaches Problem zu lösen:

- Erstens muss die Bedeutung der einzelnen Anforderungsarten unabhängig von den jeweiligen Arbeitsplätzen festgelegt werden, denn im Normalfall haben nicht alle Einzelanforderungen die gleiche Bedeutung. Es ist also das Verhältnis der Anforderungsarten zueinander festzulegen. Ist beispielsweise Berufserfahrung oder eine Ausbildung, eine körperliche oder eine geistige Arbeit höher einzuschätzen? Meistens sind die verschiedenen Gewichtungsfaktoren Ausdruck historischer Entwicklungen und gesellschaftlicher Wertvorstellungen.
- Ein zweites Problem ist die Frage nach der jeweiligen Ausprägung eines Anforderungsmerkmals an einem bestimmten Arbeitsplatz. Diese Gewichtung ist zwar ebenfalls schwierig vorzunehmen, doch kann im Allgemeinen ein erfahrener Berufsmann gut beurteilen, ob eine Arbeit im Verhältnis zu einer anderen – bezüglich eines Merkmals – schwieriger ist oder nicht. Es muss also kein exakter Wert bestimmt werden, sondern – ausgehend von der Idee der Reihung – lediglich eine Rangfolge.

2. **Stufenwertzahlverfahren:** Für jedes Anforderungsmerkmal werden verschiedene Wertungsstufen festgelegt, die es ermöglichen, der Ausprägung einer bestimmten Anforderung einen Punktewert zuzuordnen. Die maximal verteilbaren Punkte pro Anforderungsart können dabei variieren, je nachdem wie man die jeweilige Anforderung im Vergleich zu anderen Anforderungen gewichtet. Auf wie viele Anforderungsstufen man die maximale Punktzahl pro Anforderungsart aufteilen will, hängt von der Unterscheidungsfähigkeit des jeweiligen Merkmals ab (▶ Abb. 222). Der Gesamtarbeitswert ergibt sich ebenfalls aus der Summe der einzelnen Punktewerte pro Anforderungsart. Die Lohnfestset-

Anforderungsart	Wertstufe	Punktzahl
Verantwortung	klein mittel groß	0,5 2 4
körperliche Belastung	leicht mittel mittel/schwer schwer äußerst schwer	1 2 3 4 5

▲ Abb. 222 Beispiel Stufenwertzahlverfahren

zung kann dann in analoger Weise zum Rangreihenverfahren bestimmt werden (▶ Abb. 223).

Der **Vorteil** des Stufenwertzahlverfahrens liegt in der leichten Handhabung für den Bewerter und der guten Verständlichkeit für den Mitarbeiter, dessen Arbeitsplatz einer Bewertung unterzogen wurde. Der Lohnwert kann einfach berechnet werden, indem

- die einzelnen Punktewerte addiert und mit einem Geldfaktor multipliziert werden,
- die der Gesamtpunktzahl entsprechende Lohngruppe – wie im Beispiel in ▶ Abb. 223 ersichtlich – einer Tabelle entnommen wird.

Punktzahl des Gesamtarbeitswertes	Lohngruppe	Abstufung in Prozenten
bis 5	1	75 %
5–10	2	80 %
10–15	3	86 %
15–20	4	93 %
20–25	5	100 % (Ecklohn)
25–30	6	107 %
30–35	7	115 %
35–40	8	124 %
40–45	9	133 %

▲ Abb. 223 Beispiel Lohnbestimmung

5.3.2.4 Lohnsatzdifferenzierung

Sind die Arbeitswerte ermittelt, so stellt sich das Problem der Lohnsatzdifferenzierung, d.h. die Frage, wie die Arbeitswerte in Lohnwerte umgerechnet werden. Grundsätzlich ergibt sich auf Grund der Anforderungsgerechtigkeit, dass steigende Arbeitswerte höhere Lohnsätze zur Folge haben sollen. Nicht beantwortet bleibt dabei aber die Frage, in welchem Verhältnis die Lohnsatzdifferenzierung vorgenommen werden soll. Je nach dem Ziel bzw. dem Ergebnis, das man sich von der Lohnsatzdifferenzierung verspricht, wird eine stärkere oder schwächere Differenzierung angestrebt.

Geht man davon aus, dass das Unternehmen einen Mindestlohn bezahlen muss, so kann die von diesem Lohn ausgehende Lohnkurve grundsätzlich linear, progressiv oder degressiv ansteigen (▶ Abb. 224):

- Bei einer **linearen** Lohnkurve (1) erhält der Mitarbeiter proportional zu den steigenden Arbeitswerten einen höheren Lohnsatz.
- Bei einem **progressiven** Kurvenverlauf (2) unterstellt man, dass für einen Mitarbeiter mit einer sehr schwierigen Aufgabe auch große Anreize geboten werden müssen, damit er diese Aufgabe übernimmt und gut ausführt, während bei einem Mitarbeiter mit einem tiefen Lohnsatz eine relativ kleine Lohnsatzsteigerung als Anreiz genügt.
- Der **degressiven** Staffelung (3) liegt demgegenüber die Überlegung zu Grunde, dass die monetären Aspekte eine umso geringere Rolle spielen, je schwieriger und verantwortungsvoller die Aufgabe ist. Die Anreize ergeben sich in diesem Fall aus der Aufgabe als solcher. Mitarbeitern, die hingegen einen Lohn nahe dem Minimallohn (und somit dem Existenzminimum) erhalten, können mit

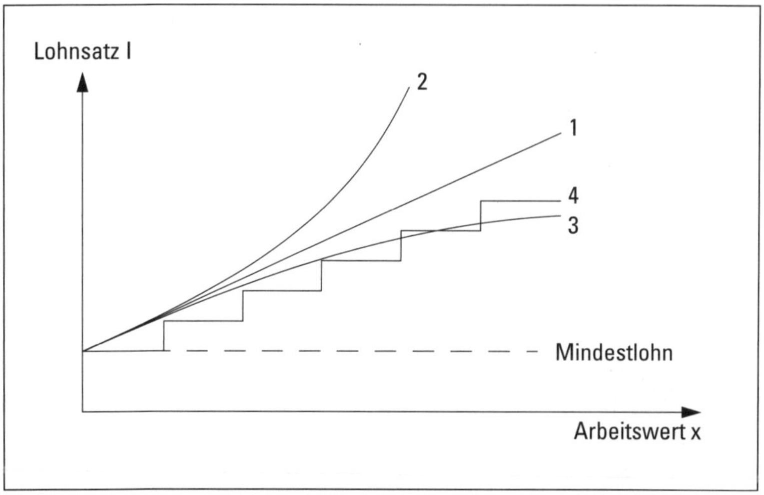

▲ Abb. 224 Möglichkeiten der Lohnsatzdifferenzierung

einer möglichst hohen Lohnerhöhung die größten Leistungsanreize geboten werden.
- Daneben sind noch weitere Kurvenverläufe denkbar wie beispielsweise die **treppenförmige** Kurve (4).

5.3.3 Leistungsbewertung

Während die Arbeitsbewertung letztlich den Schwierigkeitsgrad einer Aufgabe bzw. einer Stelle ermittelt und bewertet, versucht die Leistungsbewertung den persönlichen Leistungsbeitrag eines Mitarbeiters zu erfassen und zu beurteilen. Die Leistungsbewertung erfüllt damit den Grundsatz der Leistungsgerechtigkeit, indem unterschiedliche Leistungsbeiträge bei Aufgaben mit gleichem Schwierigkeitsgrad zu unterschiedlichen Entgelten führen. Im Mittelpunkt steht die Erfassung der persönlichen Leistung, die zu einer Normalleistung in Bezug gesetzt wird. Diese Beziehung wird als **Leistungsgrad** bezeichnet. Die Normalleistung ergibt sich entweder aus der Erfahrung, auf Grund einer Konvention oder aus arbeitsanalytischen Untersuchungen.

Schwierigkeiten der Leistungsbewertung ergeben sich einerseits bei der Bestimmung der Bezugsgrößen, auf die sich eine Bewertung abstützt, und andererseits bei der Messung des Leistungsbeitrages in Bezug auf dieses Merkmal. Eine eindeutige Beurteilung des Leistungsergebnisses ist dann gegeben, wenn quantitative Größen wie Menge und Zeit betrachtet werden. Daneben kommen aber noch weitere Beurteilungskriterien in Frage. In Anlehnung an Kupsch/Marr (1991, S. 827) ergibt sich folgende Systematisierung:

1. **Leistungsergebnis:**
   - quantitativ (Zeit, Menge),
   - qualitativ (Leistungsgüte, Fehlerhäufigkeit).
2. **Leistungsverhalten:**
   - Bei der **aufgabenbezogenen** Komponente steht die Art und Weise der Aufgabenerfüllung im Mittelpunkt. Leistungsmerkmale sind Initiative und Einfallsreichtum, geistige Beweglichkeit, Konzentration, Planungs-, Entscheidungs- und Kontrollfähigkeit, Durchsetzungsvermögen, Einsatzbereitschaft, Flexibilität in der Verhaltensanpassung.
   - Der **ressourcenbezogene** Aspekt des Leistungsverhaltens bezieht sich auf die zielgerechte Nutzung der Produktionsfaktoren.
   - Die **soziale** Komponente kann unterteilt werden in einen **soziofunktionalen** Aspekt, der die aufgabenbezogene Interaktionsfähigkeit beinhaltet und als solcher die **Vorgesetztenfähigkeit** (z.B. Motivationsfähigkeit, Verantwortungsbereitschaft, Unterstützung und Förderung der Mitarbeiter) und die Repräsentationsfähigkeit umfasst, sowie in einen **sozioemotionalen** Bereich, der

die Fähigkeit zur Gestaltung der von der Vorgesetzten-Untergebenen-Beziehung losgelösten zwischenmenschlichen Verhältnisse unter den Mitarbeitern (z.B. Fähigkeit zur Kontaktaufnahme, Kooperation, Spannungsausgleich, Kritikakzeptanz) hervorhebt.

Sind die für eine Arbeit wesentlichen Beurteilungskriterien festgelegt und untereinander gewichtet, so muss in einem weiteren Schritt mit einer entsprechenden Lohnform eine leistungsgerechte Entlohnung gefunden werden, die diesen Beurteilungskriterien Rechnung trägt.

5.3.4 Lohnformen

Mit der Wahl einer geeigneten Lohnform werden die individuellen Leistungsunterschiede berücksichtigt. Zugleich versucht man, die Lohnform als Anreizinstrument einzusetzen. Dazu ist allerdings zu bemerken, dass sich wegen der Vielzahl der auf die Leistung (Arbeitsproduktivität) einwirkenden Einflussfaktoren keine eindeutigen Zusammenhänge zwischen Lohnform und Leistung ergeben. Es können lediglich tendenzielle Aussagen gemacht werden, wobei die übrigen das Arbeitsverhalten beeinflussenden Determinanten als konstant betrachtet werden.

Als Bewertungsgrundlagen für eine Systematisierung kommen in erster Linie die **Leistungszeit** und die **Leistungsmenge** in Frage. ► Abb. 225 zeigt die auf diesen Kriterien basierenden möglichen Lohnformen, wobei im Folgenden nur die reinen Formen besprochen werden.

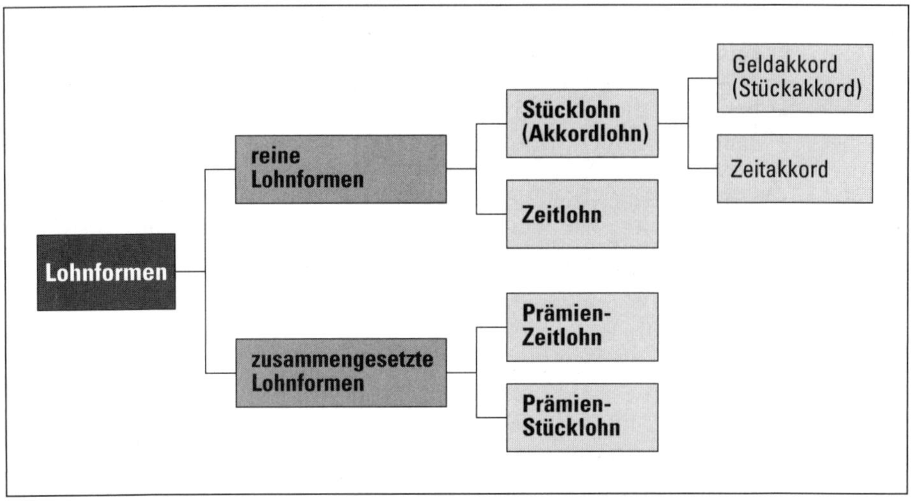

▲ Abb. 225 Übersicht Lohnformen

5.3.4.1 Zeitlohn

Beim **Zeitlohn** wird der Lohn nach der aufgewandten Arbeitszeit berechnet. Der Lohn verläuft damit proportional zur Arbeitszeit des Mitarbeiters.

In der Praxis erscheint der Zeitlohn vor allem als Stunden-, Wochen- oder Monatslohn. Damit ergibt sich eine einfache Berechnung:

- Lohn/Periode = Lohnsatz/Zeiteinheit × Anzahl Zeiteinheiten/Periode

Obschon sich der Zeitlohn bzw. dessen Berechnung grundsätzlich auf die Anwesenheit und nicht auf die erbrachte Arbeitsleistung bezieht und somit kein unmittelbarer Zusammenhang zwischen diesen beiden Größen besteht, ist der Zeitlohn ein Leistungslohn. Mit der Festlegung des periodenbezogenen Lohnsatzes wird eine Leistung erwartet, die entweder der Normalleistung entspricht oder bei höheren Ansätzen (progressiver Verlauf der Lohnsatzkurve) auf einem über der Normalleistung liegenden Leistungsgrad beruht. Diese Beziehung wird besonders deutlich, wenn der Mitarbeiter – wie im Falle der Fließbandfertigung mit vorgegebener Taktzeit – keinen Einfluss auf die Arbeitsgeschwindigkeit hat.

Der reine Zeitlohn bietet in der Regel keinen großen Leistungsanreiz, da die effektiv erbrachte Leistung nicht direkt berücksichtigt wird. Trotzdem erweist sich der Zeitlohn als **vorteilhaft** bei Arbeiten,

- die einen hohen Qualitätsstandard verlangen,
- die sorgfältig und gewissenhaft ausgeführt werden müssen,
- bei denen eine große Unfallgefahr besteht,
- deren Leistung nicht oder nur sehr schwer (quantitativ) messbar ist, wie dies bei kreativen Aufgaben der Fall ist,
- bei denen die Gefahr besteht, dass Mensch oder Maschine überfordert oder zu stark beansprucht werden.

Zudem ist der Zeitlohn immer dann sinnvoll, wenn der Arbeiter die Arbeitsgeschwindigkeit – wie weiter oben erklärt – nicht innerhalb bestimmter Grenzen selbst bestimmen kann.

5.3.4.2 Akkordlohn

Beim **Akkordlohn** handelt es sich um einen unmittelbaren Leistungslohn, da der Lohn nicht auf Grund der Arbeitszeit, sondern nur auf Grund der erbrachten Leistung berechnet wird.

Die Ermittlung des Lohnsatzes pro Mengeneinheit beruht auf einem Normallohnsatz, den ein Mitarbeiter im Zeitlohn für eine Zeiteinheit mit durchschnittlicher normaler Leistung erreichen würde. Auf diesen Normallohnsatz wird ein **Akkordzuschlag** gewährt, der den Mitarbeiter dafür entschädigt, dass die Arbeitsintensität und Beanspruchung beim Akkordlohn größer sind als beim Zeitlohn. Normallohnsatz und Akkordzuschlag ergeben den **Akkordrichtsatz**. Dieser gibt somit den Verdienst eines Mitarbeiters im Akkord für eine Zeiteinheit (vielfach Stunde) bei normaler Leistung wieder.

Um den Lohn eines Mitarbeiters im Akkord berechnen zu können, muss in einem ersten Schritt festgestellt werden, wie viele Stücke pro Stunde bei einer Normalleistung produziert werden können oder wie viel Zeit für die Herstellung eines Stückes bei Normalleistung benötigt wird. Ist die Normalleistung bekannt, so bestehen zwei Möglichkeiten der Berechnung:

1. **Geldakkord:** Im Falle des Geldakkordes wird dem Mitarbeiter für jedes hergestellte Stück ein bestimmter Geldbetrag vergütet. Dieser **Geldsatz je Mengeneinheit** (G_e) ergibt sich aus der Division des Akkordrichtsatzes durch die Normalmenge/Stunde.

Beispiel Geldakkord
Normalmenge/Stunde: 5 Stück effektiv hergestellte Menge/Stunde (m): 6 Stück Akkordrichtsatz/Stunde: 30,– EUR Geldsatz/Mengeneinheit (G_e): 6,– EUR Stundenverdienst = $m \cdot G_e$ = $6 \cdot 6$,– = 36,– [EUR]

2. **Zeitakkord:** Dem Mitarbeiter wird für jede Erzeugniseinheit eine bestimmte Zeit gutgeschrieben. Diese entspricht der Vorgabezeit, die für die Herstellung eines Stückes bei Normalleistung notwendig ist. Die Berechnung des Lohnes für eine bestimmte Zeitperiode ergibt sich wie folgt: Zuerst wird der **Minutenfaktor** (G_m) ermittelt, der dem Geldbetrag pro Minute entspricht. Dieser ergibt sich aus der Division des Akkordrichtsatzes durch 60. Ist die Vorgabezeit pro Stück bekannt, so kann beispielsweise der Stundenverdienst durch Multiplikation des Minutenfaktors mit der Vorgabezeit und den in einer Stunde hergestellten Einheiten berechnet werden.

Beispiel Zeitakkord
Akkordrichtsatz/Stunde: 24,– EUR Vorgabezeit (t_s): 10 Minuten effektiv hergestellte Menge/Stunde (m): 8 Stück Minutenfaktor $G_m = \frac{24,\text{– EUR}}{60 \text{ Minuten}} = 0{,}40$ EUR/Minute Stundenverdienst $= m \cdot G_m \cdot t_s = 8 \cdot 0{,}40 \cdot 10 = 32,–$ [EUR]

Der Zeitakkord hat gegenüber dem Geldakkord den Vorteil, dass bei Lohnänderungen – sowohl realen als auch inflationsbedingten – die Vorgabezeiten nicht neu berechnet werden müssen. Diese ändern sich nur, wenn infolge der Anwendung einer neuen Technologie die Arbeitsprozesse angepasst werden müssen. Sonst muss jeweils nur der Minutenfaktor verändert werden. Ein weiterer Vorzug des Zeitakkords besteht darin, dass die dem Mitarbeiter vergütete Zeit als Vorgabezeit auch in der Kalkulation und Planung verwendet werden kann. Beispielsweise kann bei der Personalbedarfsermittlung mithilfe der Vorgabezeit bei bekannter Produktionsmenge – unter Berücksichtigung von erfahrungsgemäß eintretenden Abweichungen – der Netto- oder Bruttopersonalbedarf berechnet werden.

Voraussetzung für den Einsatz des Akkordlohnes ist, dass die im Akkord hergestellten Erzeugnisse die Akkordfähigkeit und Akkordreife besitzen. Eine Arbeit bezeichnet man als **akkordfähig,** wenn der Ablauf dieser Arbeit im Voraus bekannt ist oder bestimmt werden kann, sich ständig wiederholt und die dafür aufgewandte Zeit und das daraus resultierende Ergebnis gemessen werden können. Unter **Akkordreife** versteht man dagegen, dass eine akkordfähige Arbeit von einem für diese Arbeit geeigneten Mitarbeiter nach einer bestimmten Einarbeitungszeit beherrscht wird sowie keine störenden Einflüsse (z.B. wenn eine neue Maschine noch nicht richtig eingestellt ist) mehr auftreten. Sobald sich Änderungen im Produktionsprozess oder im Produktionsverfahren (z.B. auf Grund neuer Technologien) ergeben, müssen die Akkordfähigkeit und Akkordreife überprüft werden. Auch wenn diese noch vorhanden sind, können sich Änderungen bei der Höhe des Akkordrichtsatzes ergeben. Eine zusätzliche Voraussetzung besteht darin, dass die Arbeitsgeschwindigkeit bzw. Arbeitsintensität vom Mitarbeiter beeinflusst werden kann. Gerade im Hinblick auf die zunehmende Automatisierung ist diese Bedingung aber immer weniger gegeben.

Der Akkordlohn hat gegenüber dem Zeitlohn den **Vorteil,** dass er als direkter Leistungsanreiz eingesetzt werden kann. Er entspricht dem Prinzip der Leistungsgerechtigkeit, da ein erhöhter Einsatz des Mitarbeiters auch belohnt wird. Zudem sind die Lohnkosten/Fertigungseinheit stets bekannt und konstant. Als **Nachteile** ergeben sich:

- Gefahr der Überbeanspruchung von Mensch und Maschine,
- schlecht einsetzbar bei Arbeiten mit großer Unfallgefahr,
- wenig geeignet für Qualitätsarbeiten,
- Gefahr einer großen Ausschussquote,
- Probleme bei Gruppenarbeiten.

Bestimmten Nachteilen kann durch modifizierte Gestaltung des Akkordlohnes begegnet werden. So kann beispielsweise vertraglich ein **Mindestlohn** zugesichert werden, der dem Wesen nach einem Zeitlohn entspricht. Der Akkord wird dann in der Weise ermittelt, dass sich der Akkordrichtsatz aus diesem Grundlohn oder Mindestlohn zuzüglich eines Akkordzuschlages berechnen lässt. Bei Gruppenarbeiten ist es möglich, einen **Gruppenakkord** anzuwenden. Grundsätzlich ist gleich wie beim Einzelakkord zu verfahren, doch ergeben sich Probleme bei der Verteilung des erzielten Akkordlohnes, da eine Aufteilung nach der anteiligen Arbeitsleistung sehr schwierig ist.

5.3.4.3 Prämienlohn

Der Prämienlohn setzt sich aus einem festen Grundlohn und einem veränderlichen Zuschlag, der Prämie, zusammen. Die Höhe der Prämie hängt von einer vom Mitarbeiter über die Normalleistung erbrachten Mehrleistung ab. Der Prämienlohn enthält damit sowohl anforderungs- wie auch leistungsabhängige Lohnkomponenten.

Es können verschiedene Prämienarten unterschieden werden, die in erster Linie vom Fertigungsverfahren abhängen:

- Anzahl der an der Prämie **Beteiligten:**
  - **Einzelprämie,** wenn die Prämie einem einzelnen Mitarbeiter zusteht.
  - **Gruppenprämie,** die einer Gruppe von Mitarbeitern zugeteilt wird.
- **Häufigkeit** der Prämiengewährung:
  - **Zusatzprämien,** die einmalige Zuwendungen darstellen. Es sind in der Regel qualitativ orientierte Prämien.
  - **Grundprämien,** die regelmäßig gewährt werden für das Überschreiten der Normalmenge oder Unterschreiten der Normalzeit.
- Art des **Grundlohnes:**
  - **Prämienzeitlohn,** bei dem zu einem festen Zeitlohn eine Grundprämie zugeschlagen wird.
  - **Prämienstücklohn,** bei dem zu einem festen Stücklohn eine Grundprämie zugerechnet wird. Überschreitet der Mitarbeiter die Normalmenge, erhöht sich der Lohnsatz pro Stück um einen bestimmten Prozentsatz für die gesamte hergestellte Menge.

- **Bezugsgröße** der Prämie:
  - **Mengenleistungsprämie** (Mengenprämie), welche eine zusätzliche quantitativ messbare Leistung vergütet. Sie wird dann eingesetzt, wenn sich der Akkordlohn nicht eignet. Dies ist beispielsweise bei veränderlichen Arbeitsbedingungen mit nicht genau bestimmbaren Vorgabezeiten der Fall.
  - **Qualitätsprämien** (Güteprämien), die für genaues Arbeiten gewährt werden, um Ware der zweiten Wahl oder unnötige Arbeitsunterbrechungen zu vermeiden.
  - **Ersparnisprämien,** die für den sorgfältigen Einsatz der Produktionsfaktoren (Maschinen, Werkzeuge, Rohstoffe, Halbfabrikate, Hilfs- und Betriebsstoffe) ausbezahlt werden.
- **Prämienverlauf** in Abhängigkeit der Bezugsgröße: Je nach Art der Bezugsgröße oder Ziel, das mit der Gewährung von Prämien angestrebt wird, ergibt sich ein linearer (proportionaler) progressiver, degressiver, treppenförmiger oder S-förmiger Prämienverlauf.

Der Prämienlohn zeichnet sich dadurch aus, dass er sehr vielseitig anwendbar ist. Im Gegensatz zum Akkordlohn können verschiedene Bezugsgrößen und nicht nur die Leistungsmenge gewählt werden. Er erfüllt auch die Bedingungen eines anforderungs- und leistungsgerechten Lohnes. Die Gewährung eines Grundlohnes – neben Qualitäts- und Ersparnisprämie – sorgt zudem dafür, dass die Gefahr einer Überbeanspruchung des Menschen und der Betriebsmittel möglichst klein gehalten werden kann. Als Nachteil ergibt sich beim Prämienlohn die Kompliziertheit des Systems. Oft ist es auch schwierig, die nicht quantifizierbaren Bezugsgrößen in eine Prämie einzubeziehen.

5.3.5 Betriebliche Sozialleistungen

Die betrieblichen Sozialleistungen beruhen primär auf dem Grundsatz der Sozialgerechtigkeit. Infolge komplementärer Zielbeziehungen werden aber neben ethischen Zielen der Fürsorge und Wohlfahrtspflege folgende Aspekte berücksichtigt:

- Unmittelbare Leistungssteigerung durch zusätzliche Anreize.
- Förderung eines guten Images des Unternehmens und somit Public Relations-Instrument.
- Bei der Personalbeschaffung kann das Sozialleistungssystem des Unternehmens als Eintrittsargument eingesetzt werden.
- Die soziale Integration eines Mitarbeiters in das Unternehmen kann gefördert werden (z.B. durch Firmensport).
- Forderungen der Gewerkschaften werden erfüllt und mögliche Angriffspunkte abgeschwächt.

Bei der Betrachtung der betrieblichen Sozialleistungen unter **rechtlichen** Aspekten können folgende fünf Arten von Regelungen unterschieden werden:

- gesetzliche Regelungen,
- gesamtarbeitsvertragliche (tarifvertragliche) Regelungen,
- Betriebsvereinbarungen,
- einzelvertragliche Abmachungen zwischen Unternehmen und dem einzelnen Mitarbeiter,
- freiwillige Leistungen des Unternehmens.

Allerdings ist eine eindeutige Abgrenzung nicht immer möglich, da im Gesetz oft nur Minimalleistungen festgelegt sind, die häufig durch andere Regelungen ergänzt werden.

Betriebliche Sozialleistungen können sich auf verschiedene Tatbestände beziehen. Die wichtigsten **Arten** sind: Altersvorsorge, Krankheits- und Unfallversicherung, Schutz gegen Arbeitslosigkeit, Wohnungen des Unternehmens, Familien-/Kinderzulagen, Verpflegungsmöglichkeiten, Transportkostenbeiträge, Freizeitgestaltung sowie Sonderunterstützung (z.B. persönliche Hilfe in Notlagen).

Schließlich können die betrieblichen Sozialleistungen weiter eingeteilt werden nach

- der **Form,** in der diese Leistungen gewährt werden:
  - **Geldzahlungen** (z.B. Pensionszahlungen, Kinderzulagen),
  - **Sachleistungen** (z.B. Abgabe von Produkten, die vom Unternehmen hergestellt werden, Jubiläumsgeschenke),
  - **Nutzungsgewährung** (z.B. unternehmenseigene Sportanlagen, Bibliotheken);
- der **Häufigkeit** des Leistungsempfangs:
  - kontinuierliche Leistungen (z.B. Kantine, Altersfürsorge),
  - periodische Leistungen (z.B. zusätzliche Gratifikationen),
  - einmalige Leistungen (z.B. Jubiläumsgeschenke);
- dem **Empfängerkreis,** der in den Genuss betrieblicher Sozialleistungen kommt:
  - gegenwärtige Mitarbeiter,
  - ehemalige Mitarbeiter,
  - Angehörige von Mitarbeitern.

5.3.6 Betriebliches Vorschlagswesen

Unter dem **Vorschlagswesen** versteht man eine betriebliche Einrichtung, die es dem Mitarbeiter ermöglicht, über seinen Aufgabenbereich hinaus freiwillige und zusätzliche Leistungen zu erbringen.

Ein gut funktionierendes betriebliches Vorschlagswesen ist ein Instrument zur wirtschaftlichen und menschengerechten Führung. Es hilft den Führungsverantwortlichen insbesondere bei ihren Bemühungen um

- Rationalisierung und Verbesserung der Wirtschaftlichkeit,
- Erhöhung der Motivation und Entwicklung der Mitarbeiter sowie
- permanente Innovationen in kleinen Schritten. (Thom 1996, S. 19)

Nach dem **zeitlichen** Einsatz des Vorschlagswesens kann unterschieden werden zwischen

- einem **zeitlich begrenzten** Ideenwettbewerb, der meist auf bestimmte Problemstellungen ausgerichtet ist, und
- einem **ständig** bestehenden Vorschlagswesen, das in die Unternehmensorganisation fest integriert ist. Als **Qualitätszirkel** hat diese Form des Vorschlagswesens besondere Aufmerksamkeit auf sich gezogen (▶ Abb. 226).

Die Belohnung eines Vorschlages kann entweder mit materiellen und/oder immateriellen Mitteln erfolgen, wobei sich die Höhe der Belohnung in erster Linie nach dem Umfang der erbrachten Leistung richten sollte sowie danach, ob der Vorschlag auch tatsächlich realisiert worden ist und eine entsprechende Verbesserung gebracht hat. Im Wesentlichen können folgende Anreizformen unterschieden werden:

- **Materielle Belohnungen:**
  - Geldprämien als Ersparnisprämien in der Höhe eines Prozentsatzes der eingesparten Kosten,
  - Sachprämien, beispielsweise in Form von Gutscheinen für Bücher,
  - zusätzliche bezahlte Ferientage.
- **Nichtmaterielle Belohnungen** wie beispielsweise
  - (persönliche) schriftliche oder mündliche Anerkennung,
  - Erwähnung in der Firmenzeitung,
  - Beförderungen (die allerdings vielfach indirekt eine materielle Komponente beinhalten können).

Qualitätszirkel (Quality Circles)

Das Konzept der Qualitätszirkel wurde während der 50er-Jahre an amerikanischen Universitäten als ein Instrument zur Qualitätsverbesserung von Produkten (später auch Dienstleistungen) entwickelt, fand jedoch auf Grund des Widerstandes von Gewerkschaften, Arbeitnehmern wie auch fest verwurzelter Traditionen keine Anwendung in amerikanischen Firmen.

Unter der Leitung der JUSE (Union of Japanese Scientists and Engineers) nahmen 1962 die Qualitätszirkel ihren Anfang in Japan. Sie dienten ursprünglich der Gestaltung angenehmerer und sinnvoller Arbeitsplätze. Das Anfangsziel bestand somit nicht in erster Linie in der Verbesserung von Produktivität und Qualitätskontrolle.

Auf Grund des großen Erfolges japanischer Unternehmen aufmerksam geworden, kamen amerikanische Firmen auf das Qualitätszirkel-Konzept zurück. Zu diesem Zeitpunkt hatten die japanischen Unternehmen aber bereits einen Vorsprung von ungefähr zwanzig Jahren in der Anwendung dieses Konzepts.

Die Fülle der verschiedenen Formen von Qualitätszirkeln lassen sich durch folgende **Merkmale** zusammenfassen: Ein Qualitätszirkel

- besteht aus etwa fünf (oder mehr) Mitarbeitern mit gemeinsamer Verantwortung für ein Produkt bzw. für eine Produktpalette,
- kommt auf freiwilliger Basis, regelmäßig zusammen (etwa eine Stunde pro Woche),
- beschäftigt sich mit Datensammlung, Problem-/Störungsanalyse und Vorschlägen/Entscheidungen hinsichtlich der Lösung von Qualitätsproblemen,
- trägt die Verantwortung von Qualitätsproblemen sowie die Durchsetzung entsprechender Maßnahmen,
- arbeitet auf der Basis vorher vermittelter Methoden und Techniken,
- zieht bei Bedarf entsprechende Informanten und Experten aus dem Unternehmen hinzu,
- wird durch einen zuständigen Mitarbeiter (Vorarbeiter/Meister/Betriebsingenieur) mit entsprechender Ausbildung geleitet.
- In vielen Betrieben gibt es Preise für hervorragende Beiträge zur Verbesserung der Produktivität und Qualität.

Der Qualitätszirkel wird heute über die Erzielung konkreter Verbesserungsvorschläge hinaus ganz allgemein als **Personalentwicklungsmaßnahme** betrachtet, die geeignet ist, die Innovationsbereitschaft und die Eigenständigkeit im Denken zu steigern und die Kommunikationsbeziehungen im Unternehmen zu verbessern.

Erfahrungsberichte verweisen allerdings auch auf die Gefahr, die Qualitätszirkel als isolierte Maßnahme zu betreiben, ohne die Kontextabhängigkeit von solchen Änderungsvorhaben zu bedenken. Qualitätszirkel werden heute nämlich tendenziell *neben* der Arbeit geplant, auf die Dauer werden sie aber nur Erfolg haben können, wenn sie zum integrativen Bestandteil der regulären Arbeit werden.

▲ Abb. 226 Qualitätszirkel (Imai 1992, S. 132ff., Steinmann/Schreyögg 1991, S. 568f.)

Mit der Einführung eines betrieblichen Vorschlagswesens sind eine Reihe von Problemen verbunden, die bei dessen Ausgestaltung besonders beachtet werden müssen:

- Die Tatsache, dass der Vorschlag eine über die erwartete Aufgabenerfüllung hinausgehende zusätzliche Sonderleistung beinhaltet, ist zwar einleuchtend, aber eine praktische Abgrenzung ist schwierig vorzunehmen. Es ist deshalb zu fragen, **wer** belohnt werden sollte. Grundsätzlich ist festzuhalten, dass je höher der einen Vorschlag einreichende Mitarbeiter in der Unternehmenshierarchie steht, es sich umso weniger um eine zusätzliche Leistung handelt, da von ihm neue Ideen erwartet werden dürfen.

- Weiter stellt sich die Frage, **was** belohnt werden soll. Sind es alle eingereichten Vorschläge oder sollen nur die später realisierten Ideen honoriert werden? Trifft Letzteres zu, so müssen zumindest die Gründe für eine Ablehnung mitgeteilt werden, damit der Mitarbeiter erkennen kann, dass man sich mit seiner Idee auseinander gesetzt hat.
- Probleme ergeben sich auch bei der Bestimmung des Ausmaßes der Belohnung **(wie viel).** Während bei Kostenersparnissen ein prozentualer Ansatz gerechtfertigt erscheint, so wird dies bei nicht quantifizierbaren Verbesserungsvorschlägen (z.B. Verkleinerung der Unfallgefahr) problematisch, da eindeutige Bezugsgrößen fehlen.
- Vielfach sind mehrere Leute an einem Vorschlag in unterschiedlichem Ausmaß beteiligt, und es stellt sich die Frage, wie die **Verteilung** innerhalb einer Gruppe vorgenommen werden sollte.
- Nicht zuletzt können auch **zwischenmenschliche** Probleme entstehen. Den Mitarbeitern, die sich am betrieblichen Vorschlagwesen beteiligen, wird häufig vorgeworfen, sie verhalten sich unsolidarisch und als Einzelgänger, um sich bei den Vorgesetzten beliebt zu machen und Vorteile für sich zu gewinnen. Dies ist besonders dann der Fall, wenn auf Grund von Vorschlägen Rationalisierungsmaßnahmen mit Freistellung von Arbeitskräften erfolgen.
- Es ist auch möglich, dass die **Frustration** eines Mitarbeiters steigt, wenn seine gut gemeinten Vorschläge ständig abgelehnt werden und er mit den jeweiligen Begründungen für die Ablehnung nicht einverstanden ist.

5.4 Nichtmonetäre Anreize

5.4.1 Überblick

Nichtmonetäre Anreize sind sehr vielfältig und für ein Unternehmen zum Teil nur schwer zu erfassen und demzufolge auch schwierig zu gestalten. Dies hat seinen Grund in folgenden Gegebenheiten:

- Nichtmonetäre Anreize haben ihren Ursprung vielfach in den sozialen Beziehungen zwischen den Mitarbeitern oder Gruppen von Mitarbeitern. Insbesondere spielen dabei die informalen Beziehungen (Gruppen) und damit die informale Organisation eine große Rolle.[1] Diese Anreize kann das Unternehmen nur teilweise beeinflussen (z.B. Bau von Sportanlagen, Unterstützung von Freizeitgruppen).

1 Vgl. Teil 9, Kapitel 1, Abschnitt 1.1 „Einleitung“.

- Will man ein nichtmonetäres Anreizsystem gestalten, so sollte man die verschiedenen Anreizarten und deren Wirkungsweise kennen. Soziale Anreize werden aber in der Regel sehr unterschiedlich empfunden. Es hängt sogar vom Mitarbeiter ab, was er als sozialen Anreiz einstuft und was nicht.

Abgesehen von den sozialen Beziehungen können die folgenden Bereiche zum nichtmonetären Anreizsystem gezählt werden (◂ Abb. 213, S. 682): Führungsstil, Aufstiegsmöglichkeiten, Mitarbeiterschulung, Arbeitszeitregelungen, Arbeitsinhaltsstrukturierung und Arbeitsplatzgestaltung.[1]

Obschon der Führungsstil eine starke Beziehung zu den sozialen Aspekten im Unternehmen aufweist, wird er im Rahmen eines integrierten Führungsansatzes – als zwischenmenschliche Dimension – besprochen.[2] Die Aufstiegs- und Ausbildungsanreize werden aus didaktischen Gründen im Kapitel 6 „Personalentwicklung", die Arbeitsinhaltsstrukturierung, Arbeitsplatzgestaltung sowie die Arbeitszeitregelungen im Kapitel 4 „Personaleinsatz" ausführlich besprochen.

5.4.2 Gruppenmitgliedschaft

Als soziales Wesen ist der Mensch immer auch Mitglied von mehreren Gruppen. In Bezug auf das Unternehmen ist er primär Mitglied einer Arbeitsgruppe. Neben dieser formalen Gruppe gibt es aber eine Vielzahl anderer Gruppen, denen er meist freiwillig angehört. Gerade diese letzteren informalen Gruppen bilden nicht unwesentliche Anreize, weil durch eine Zugehörigkeit verschiedene Bedürfnisse des Menschen befriedigt werden können. Folgende Anreize sowie Bedürfnisbefriedigungen sind hervorzuheben:

1. **Soziale Geborgenheit:** Eine Gruppe aus Bekannten und Freunden erzeugt ein Zusammengehörigkeitsgefühl, das das Bedürfnis nach Sicherheit und Geborgenheit befriedigt.
2. **Informationsaustausch:** Die Kommunikation zwischen den Gruppenmitgliedern führt zu einem erhöhten Informationsaustausch, der dafür sorgt, dass der Mitarbeiter gut informiert ist. Damit sind für ihn bessere Voraussetzungen gegeben, um seinen Handlungsspielraum abzugrenzen und seine Chancen und Risiken schneller und genauer zu erkennen.
3. **Statussymbole:** Durch die Teilnahme an einer exklusiven Gruppe, die ein besonderes Ansehen genießt, werden die Prestigebedürfnisse befriedigt. Bereits der Eintritt in ein Unternehmen, das sich durch besondere Merkmale auszeichnet (z.B. beliebtes und bekanntes Produkt), kann ein solches Bedürfnis befriedigen.

1 Zu nennen wäre auch das betriebliche Vorschlagswesen, das aber wegen seiner monetären Komponenten bereits bei der Darstellung der monetären Anreize besprochen worden ist.

2 Vgl. Teil 10, Kapitel 3, Abschnitt 3.2 „Führungsstil".

4. **Gruppenanerkennung:** Wertschätzungen durch andere Gruppenmitglieder erhöhen das Selbstwertgefühl und befriedigen das Bedürfnis nach Wertschätzung.
5. **Gruppenarbeit:** Viele Menschen arbeiten lieber in einer Gruppe, weil ihre Arbeitsleistung dadurch gesteigert wird. Dies ist häufig bei Mitarbeitern mit einseitigen Fähigkeiten der Fall. Bei entsprechender Gruppenzusammensetzung kommen diese Fähigkeiten auf Grund von Synergieeffekten voll zum Tragen.

Gerade die letzten beiden Punkte machen deutlich, dass durch den Einsatz dieser sozialen Anreize die Arbeitszufriedenheit und sicher auch die Leistung gesteigert werden kann. Wie die Resultate der Human Relations-Bewegung gezeigt haben, üben aber die drei ersten Aspekte ebenfalls einen entscheidenden Einfluss auf die Arbeitszufriedenheit und Arbeitsleistung aus. Allerdings weisen empirische Untersuchungen darauf hin, dass sich das Gruppenverhalten auch negativ auf die Leistung auswirken kann. Die Gruppe bzw. die das Gruppenverhalten maßgeblich beeinflussenden Gruppenmitglieder können bestimmte Gruppennormen festlegen. In Bezug auf die Arbeitsleistung spricht man beispielsweise von der so genannten „Fair day work", d.h. einer informalen Vorschrift, wie groß die Arbeitsleistung eines Mitarbeiters pro Tag sein soll. Überschreitet er dieses Arbeitsniveau, so muss er mit Sanktionen der Gruppe rechnen. Das Aufstellen solcher Normen besteht beispielsweise darin, schlechte Mitarbeiter zu decken, damit sie von der vorgesetzten Stelle nicht bestraft werden (z.B. weniger Lohn) oder auch darin, eine bestimmte, als angenehm empfundene Arbeitsintensität aufrecht zu erhalten.

Kapitel 6

Personalentwicklung

6.1 Einleitung

Die **Personalentwicklung** hat die Aufgabe, die Fähigkeiten der Mitarbeiter in der Weise zu fördern, dass sie ihre gegenwärtigen und zukünftigen Aufgaben bewältigen können und ihre Qualifikation den gestellten Anforderungen entspricht.

Die Personalentwicklung kann in zwei Hauptbereiche eingeteilt werden:

1. Die **Laufbahn-** oder **Karriereplanung,** bei welcher der zeitliche, örtliche und aufgabenbezogene Einsatz für eine bestimmte Zeitdauer festgelegt wird.
2. Die betriebliche **Personalbildung,** welche die Maßnahmen festlegt, mit denen der Mitarbeiter auf die gegenwärtigen oder zukünftigen Aufgaben vorbereitet werden soll.

Der Personalentwicklung kommt im Rahmen der Personalpolitik eine große Bedeutung zu:

- Vielfach kann das erforderliche Personal nicht extern über den Arbeitsmarkt gefunden werden, sodass nur eine interne Personalbeschaffung in Frage kommt. Gründe dafür können in einem großen Nachfrageüberhang liegen oder darin, dass eine den Anforderungen genügende allgemeine Ausbildung nicht existiert.

- Die Qualität der Mitarbeiter stellt einen wesentlichen Einflussfaktor für die zukünftige Entwicklung des Unternehmens dar. Je besser die Mitarbeiter auf ihre Aufgaben vorbereitet sind, umso größer wird die Konkurrenzfähigkeit des Unternehmens.
- Die Maßnahmen der Personalentwicklung stellen große immaterielle Investitionen dar, die hohe Kosten verursachen. Eine gezielte Personalentwicklung ist deshalb unter ökonomischen Aspekten notwendig.
- Der betrieblichen Bildung kommt auch eine gesellschaftliche Bedeutung zu. Der Staat liefert zwar in der Regel die Ausbildung vor Eintritt in den Beruf, doch muss zur Erlernung eines Berufs, bei einem Berufswechsel oder bei einer Veränderung der Berufsanforderungen eine zusätzliche Ausbildung erfolgen.
- Die Personalentwicklung stellt einen Teil des Anreizsystems dar. Dieses hat seine Wirkung sowohl bei der externen Personalbeschaffung (akquisitorische Wirkung) als auch bei der Personalerhaltung und Förderung der Arbeitsleistung.

6.2 Laufbahnplanung

Grundgerüst der individuellen Laufbahnplanung stellt die so genannte **Laufbahnlinie** dar. Darunter versteht man eine bestimmte Reihenfolge von Stellen, für die der betreffende Mitarbeiter vorgesehen ist. Die Festlegung solcher Laufbahnlinien wird durch vier Faktoren bestimmt. Es sind dies

- die auf Grund des Stellenplanes notwendigen Mitarbeiter,
- das Leistungspotenzial, das der Mitarbeiter auf Grund der vorhandenen Fähigkeiten mitbringt,
- die persönlichen Interessen und Wünsche, die der Mitarbeiter verfolgt,
- das erweiterte soziale Umfeld des Mitarbeiters (Familie, Freunde).

Im Vordergrund steht bei der Gestaltung eines Laufbahnsystems die Festlegung von **Beförderungskriterien.** Grundsätzlich stehen zwei Beurteilungsmaßstäbe zur Verfügung, nämlich

1. die **persönliche Beitragsleistung,** die der Mitarbeiter in der Vergangenheit erbracht hat und
2. die **Dauer der Unternehmenszugehörigkeit.**

In der Praxis werden diese beiden Kriterien miteinander kombiniert. Grundsätzlich ist aber die individuelle Leistung als Beförderungsgrundlage vorzuziehen, da damit die zukünftige Leistung besser beurteilt werden kann. Betrachtet man allerdings die Beförderung als Anreizelement, so wird deutlich, dass mit diesem Instrument zwei verschiedene Zielsetzungen verfolgt werden. Im einen Fall steht die Leistungsförderung, im anderen die Loyalität und Treue gegenüber dem Unternehmen im Vordergrund. Grundsätzlich handelt es sich bei einer Beförderung sowohl um einen materiellen wie auch um einen immateriellen Anreiz. Einerseits wird nämlich das Bedürfnis nach Wertschätzung und Selbstverwirklichung befriedigt, andererseits ist damit meist eine Lohnerhöhung verbunden. Eine Laufbahnplanung vermittelt aber auch ein Gefühl der Sicherheit, weil damit die berufliche Zukunft mit den damit verbundenen Unsicherheiten bis zu einem gewissen Grad abgesichert wird.

Erfolgen Beförderungen auf der Grundlage der persönlichen Leistung, so muss immer eine Beurteilung der individuellen Leistung vorgenommen werden. Der **Personalbeurteilung** kommt dabei die Aufgabe zu, in einer systematischen Analyse einerseits eine vergangenheitsbezogene quantitative und qualitative Beurteilung, andererseits eine zukunftsbezogene Abklärung des Leistungspotenzials vorzunehmen. Sie kann nach folgenden Kriterien abgegrenzt werden:

1. **Bewertungsmethode:** Man unterscheidet ähnlich wie bei der Arbeitsbewertung zwischen einem **summarischen** und einem **analytischen** Beurteilungsverfahren. Ersteres bewertet den Mitarbeiter in einem globalen Vorgang ohne Berücksichtigung der einzelnen Leistungen, während Letzteres in verschiedenen Bewertungsvorgängen einzelne Leistungsmerkmale beurteilt.
2. **Beurteilungsperson:** Eine Personalbeurteilung kann von verschiedenen Personen durchgeführt werden. Grundsätzlich kommt eine Beurteilung durch den Vorgesetzten allein oder durch den Vorgesetzten und den Mitarbeiter gemeinsam in Frage. Die Lösung dieses Problems ist eine Frage des Führungsstils. Ziel sollte es jedoch sein, dass eine Einschätzung möglichst objektiv vorgenommen wird und frei von subjektiven Einflüssen ist.
3. **Beurteilungsvorgehen:** Die Bewertung kann entweder mithilfe eines vorgegebenen standardisierten Merkmalkatalogs (Check-Liste) oder in einer unstrukturierten Form, bei der die wesentlichsten und hervorstechendsten Merkmale und Ereignisse festgehalten werden, durchgeführt werden.

6.3 Personalbildung

> Unter der **betrieblichen Personalbildung** sind alle zielgerichteten, bewussten und planmäßigen personalpolitischen Maßnahmen und Tätigkeiten zu verstehen, die auf eine Vermehrung bzw. Veränderung der Kenntnisse, der Fähigkeiten sowie der Verhaltensweisen der Belegschaftsmitglieder gerichtet sind. (Hentze 1994, S. 330)

Die Maßnahmen der betrieblichen Personalbildung können unterteilt werden in eine

- **betriebliche Grundausbildung,** welche dem Mitarbeiter die notwendigen Grundkenntnisse und -fähigkeiten vermittelt, um einen Beruf ausüben oder eine Tätigkeit aufnehmen zu können, und in eine
- **betriebliche Weiter-** oder **Fortbildung,** die darauf ausgerichtet ist, das vorhandene Wissen und die vorhandenen Fähigkeiten zu erweitern und zu vertiefen.

Die Personalbildung kann auf verschiedene Art und Weise erfolgen, wobei die Ausbildungsmethoden nach folgenden Kriterien charakterisiert werden können:

1. **Träger** der Ausbildung: Mitarbeiter können entweder durch eigene Ausbilder und Instruktoren oder in betriebsfremden Institutionen ausgebildet werden. Dementsprechend unterscheidet man zwischen **betriebsinterner** oder innerbetrieblicher Ausbildung und **betriebsexterner** oder außerbetrieblicher Ausbildung.
2. **Ort** der Ausbildung: Während die außerbetriebliche Ausbildung in der Regel außerhalb des Unternehmens vorgenommen wird, unterscheidet man bei der innerbetrieblichen zwischen Ausbildung unmittelbar am Arbeitsplatz **(on-the-job training)** und außerhalb des eigentlichen Arbeitsplatzes **(off-the-job training).** Anlernen an eine bestimmte Tätigkeit findet beispielsweise direkt am Arbeitsplatz, Führungsausbildung meistens außerhalb des Unternehmens statt. Häufig werden aber auch beide Methoden miteinander kombiniert (z.B. Lehrlingsausbildung).
3. **Inhalt** der Ausbildung: Bezüglich des vermittelten Inhalts der Ausbildung kann unterschieden werden zwischen einer **allgemeinen** Ausbildung und einer **aufgabenorientierten** Ausbildung. Letztere lässt sich weiter unterteilen in eine Führungsausbildung und eine Fach- oder Berufsausbildung.
4. **Zielpersonen** der Ausbildung: Die Ausbildung kann sich grundsätzlich an alle Mitarbeiter richten, also beispielsweise an Lehrlinge, Mitarbeiter ausführender Tätigkeiten, Kadermitarbeiter und die Ausbilder selbst. Möglich sind sogar externe Gruppen (z.B. Lieferanten, Kunden).

Auf weitere Kriterien – wie beispielsweise Dauer und Häufigkeit der Ausbildung oder verwendete Lernmethode – soll nicht näher eingegangen werden. Es sei in diesem Zusammenhang auf die umfangreiche Literatur verwiesen, die sich unter Stichworten wie Management Development, Kaderschulung, Nachwuchsförderung oder Karriereplanung mit diesen Problemen beschäftigt.[1]

1 Vgl. die zahlreichen Literaturverweise in P. Ulrich/Fluri 1995, S. 253ff.

Kapitel 7
Personalfreistellung

7.1 Funktion und Ursachen der Personalfreistellung

Aufgabe der **Personalfreistellung** ist die Beseitigung personeller Überdeckungen in quantitativer, qualitativer, zeitlicher und örtlicher Hinsicht.

Es ist zu beachten, dass eine solche Beseitigung nicht notwendigerweise zu einer Personalfreisetzung und damit zu einem Abbau des Personalbestandes führen muss. Wie im nächsten Abschnitt ausführlicher dargelegt wird, beziehen sich Personalfreistellungsmaßnahmen entweder auf die **Veränderung** oder auf die **Beendigung** bestehender Arbeitsverhältnisse.

Die **Ursachen** von Personalfreistellungsmaßnahmen sind vielfältiger Natur. Nach Hentze (1995, S. 270f.) lassen sich die meisten Maßnahmen auf eine oder mehrere der folgenden Hauptursachen zurückführen:

1. **Absatz- und Produktionsrückgang als Folge der gesamtwirtschaftlichen Entwicklung:** Eine rückläufige Konjunktur wirkt sich auf Branchen und Betriebe einer Volkswirtschaft in der Regel unterschiedlich aus. Sinkt die Nachfrage, so muss die Produktionsmenge und damit auch der Personalbestand angepasst werden. Verfolgt der Betrieb das Ziel, die Personalkosten der rückläufigen Produktion anzupassen, ist eine Personalfreistellung die Folge. Die Planung des sinkenden Personalbedarfs bereitet den Betrieben große Schwierigkeiten, da die Prognosen als Planungsgrundlagen mit großer Unsicherheit belastet sind.

2. **Strukturelle Veränderungen:** Auch in den Zeiten der Hochkonjunktur und der Vollbeschäftigung einer Volkswirtschaft kann es auf Grund von Bedarfsverlagerungen zu Strukturveränderungen in bestimmten Betrieben bzw. Branchen kommen. Ein derartiger Prozess beeinflusst die Beschäftigungslage in den betroffenen Betrieben. Das Ausmaß der Beschäftigungsveränderungen ist häufig schwer abzuschätzen.
3. **Saisonal bedingte Beschäftigungsschwankungen:** Für bestimmte Branchen und Betriebe (z.B. Tourismus) stellt sich auf Grund des Fertigungs- und Absatzprogramms (z.B. durch große Witterungseinflüsse) das Problem starker saisonaler Beschäftigungsschwankungen.
4. **Betriebsstilllegungen, Betriebsvernichtung, natürliches Betriebsende:** Betriebsstilllegungen als gewollte oder ungewollte Schließung einer Betriebsstätte oder eines Teils davon (z.B. Abteilung) können betriebswirtschaftliche, wirtschafts- und außenpolitische, gesetzliche oder führungspersonelle Ursachen haben. Betriebsvernichtung ist die Auflösung der Arbeitsplätze durch höhere Gewalt (z.B. Brand, Explosion). Das natürliche Betriebsende ist auf Erschöpfen, z.B. von Bodenschätzen, zurückzuführen. Alle drei genannten Ursachen haben je nach Form und Auswirkung eine interne (= Versetzung) oder externe Freistellung (= Ausscheiden) zur Folge.
5. **Standortverlegung:** Standortanalysen können für einzelne Unternehmen die Notwendigkeit eines Standortwechsels mit entsprechenden Auswirkungen auf den Personalbestand aufzeigen. Beispielsweise kann die starke Marktstellung eines neuangesiedelten Handelsbetriebs, der zu einer Filialkette gehört, ein alteingesessenes Unternehmen dazu veranlassen, sich in einer anderen Region niederzulassen.
6. **Reorganisation:** Reorganisation bedeutet im traditionellen Sinne eine Änderung der Aufbau- und Ablauforganisation mit dem Anliegen, die Betriebszwecke sicherer oder wirtschaftlicher zu erfüllen. Das Reorganisationsproblem liegt in der zweckmäßigeren Zuordnung von Teilaufgaben, Menschen und Sachmitteln im Vergleich zum Ist-Zustand. Sofern durch die Reorganisation der Personalbedarf verringert wird, folgt unter der wirtschaftlichen Zielsetzung eine externe Freistellung, während bei einer Neuordnung der Aufgaben die interne Freistellung dominiert. Die externe Freistellung tritt hierbei nur bei zusätzlicher Verringerung des Personalbedarfs in Erscheinung.
7. **Mechanisierung** und **Automation:** Die Mechanisierung und Automation bewirkt eine Substitution der menschlichen Arbeit durch technische Arbeit. Ein steigender Technisierungsgrad ist durch einen verringerten Personalbedarf gekennzeichnet. Mechanisierung und Automation beeinflussen auch stark den qualitativen Personalbedarf in den betroffenen Betriebsbereichen, so dass sich als Folgewirkung die Personalstruktur erheblich ändern kann.

7.2 Personalfreistellungsmaßnahmen

Je nach Ursachen ergeben sich unterschiedliche Personalfreistellungsmaßnahmen. ► Abb. 227 zeigt einen systematischen Überblick über die möglichen Arten der Personalfreistellung, wobei jeweils die rechtlichen Grundlagen beachtet werden müssen. Beizufügen ist, dass diese Personalfreistellungsmaßnahmen in erster Linie bei langfristigen personellen Überdeckungen angewendet werden sollten. Kurzfristige Überdeckungen auf Grund von saisonalen Schwankungen oder Rohstoffversorgungsschwierigkeiten können durch andere Maßnahmen aufgefangen werden, die zum Teil in den Personalbereich gehören (Personaleinsatzplanung), zum Teil aber auch andere Abteilungen betreffen. Als typische Beispiele für solche Maßnahmen sind zu nennen:

- Produktion auf Lager,
- Annahme von Fremdaufträgen von Unternehmen, die nicht allen Kundenaufträgen selbst nachkommen können,
- keine Fremdaufträge verteilen, sondern Zwischenprodukte selbst herstellen,
- Diversifikation in andere Produkte und/oder Märkte.

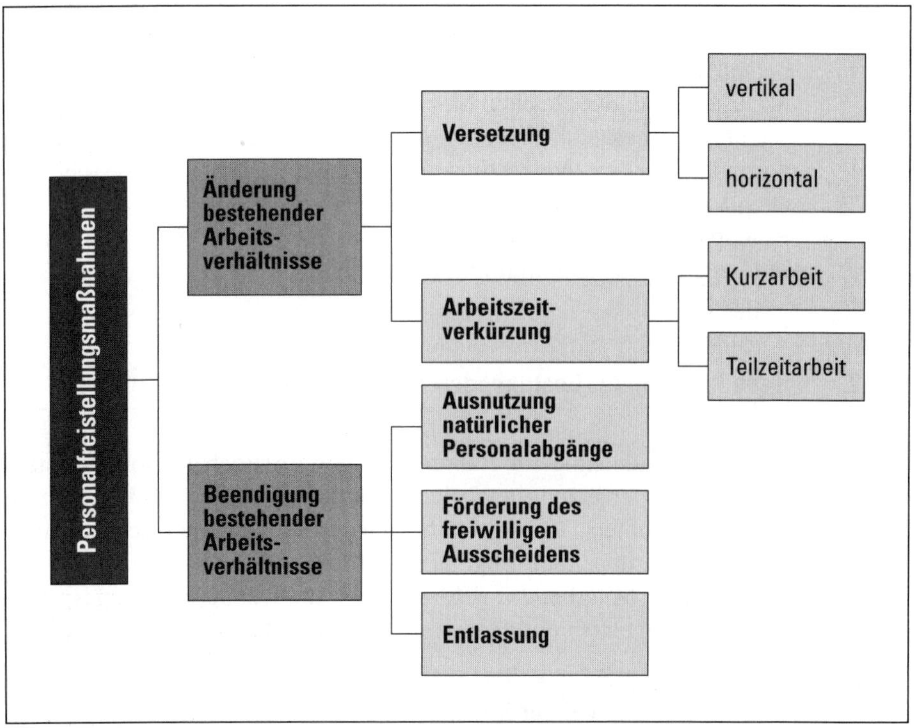

▲ Abb. 227 Überblick über Personalfreistellungsmaßnahmen (Hentze 1995, S. 273)

7.2.1 Änderung bestehender Arbeitsverhältnisse

Arbeitszeitverkürzungen sind dadurch charakterisiert, dass sie in der Regel mit finanziellen Einbußen für den Arbeitnehmer verbunden sind. Im Falle der Kurzarbeit wird aber diese Einbuße durch die Leistungen der Arbeitslosenversicherung vermindert. Maßnahmen der Arbeitszeitverkürzung zeichnen sich vielfach dadurch aus, dass sie nur vorübergehender Natur sind. Bei einer Beurteilung dieser Maßnahmen sind folgende Aspekte zu berücksichtigen:

- Die finanziellen Einbußen treffen Mitarbeiter mit einem tiefen Einkommen besonders hart.
- Für Mitarbeiter mit hohem Einkommen kann dagegen unter Umständen das Bedürfnis nach mehr Freizeit befriedigt werden.
- Wegen des vorübergehenden Charakters haben die Maßnahmen auch nur kurzfristige Auswirkungen. Momentane Einschränkungen müssen in Kauf genommen werden, dafür besteht die Gewissheit eines gesicherten Arbeitsplatzes.
- Oft ist die einzige Alternative zur Arbeitszeitverkürzung nur die Entlassung, die für den Arbeitnehmer aber viel schwerwiegendere Konsequenzen nach sich ziehen würde.

Versetzungen können dann vorgenommen werden, wenn in anderen Abteilungen personelle Unterdeckungen auftreten. Bei einer **horizontalen** Versetzung bleibt der Mitarbeiter auf der gleichen hierarchischen Stufe, während bei der **vertikalen** Versetzung ein hierarchischer Auf- oder Abstieg erfolgt. Probleme ergeben sich insbesondere bei einer Versetzung auf einen tiefer eingestuften Arbeitsplatz, die sich auch auf die Lohneinstufung auswirken kann. Vielfach wird dabei allerdings das Prinzip der Besitzstandswahrung angewandt, welches besagt, dass der Mitarbeiter in Bezug auf die Entlohnung nicht schlechter gestellt werden darf.

7.2.2 Beendigung eines bestehenden Arbeitsverhältnisses

Als erste Maßnahme im Rahmen der langfristigen Personalfreistellung drängt sich die Nichtersetzung natürlicher Abgänge infolge Pensionierung, Kündigung des Arbeitnehmers, Tod usw. auf. Kann eine personelle Überdeckung durch einen Einstellungsstopp nicht abgebaut werden, muss entweder das **freiwillige Ausscheiden** von Mitarbeitern gefördert oder die Kündigung ausgesprochen werden. Als Maßnahmen bei der Förderung der freiwilligen Kündigung stehen zur Verfügung:

- Unterstützung bei der Suche nach einer neuen Stelle,
- finanzielle Abfindung,
- Ermöglichung einer vorzeitigen Pensionierung.

Die **Kündigung** ist die härteste Maßnahme für den Arbeitnehmer, da sie die schwer wiegendsten Konsequenzen mit sich bringt. Sie sollte deshalb nur im Ausnahmefall erfolgen. Je nach der persönlichen Lage und Konstitution oder der Arbeitsmarktsituation können sich nämlich auf Grund des Verlustes der sozialen Kontakte, der beruflichen Anerkennung oder von Identifikationsmöglichkeiten gesundheitliche (psychisch und physisch) und soziale (Familie, Freundeskreis) Probleme einstellen. Diese verhindern das Finden einer neuen Stelle, verstärken in einem Teufelskreis die genannten Probleme und können zu einer Langzeitarbeitslosigkeit führen.

Sowohl bei der Förderung des freiwilligen Ausscheidens als auch bei der Kündigung hat sich als unterstützende Maßnahme das Outplacement als wertvoll erwiesen.

Outplacement soll sowohl dem Unternehmer als auch dem betroffenen Mitarbeiter unter Mitwirkung eines spezialisierten Personalberaters eine einvernehmliche („sanfte") Trennung ermöglichen.

Das Outplacement soll vor allem dem Ausscheidenden helfen, durch eine gezielte Marketingstrategie für seine eigene Person aus einem (sicheren) Arbeitsverhältnis heraus eine adäquate neue Stelle zu finden (Schulz et al. 1989, S. 12). Der Outplacement-Berater leistet also nur Hilfe zur Selbsthilfe. Die Betreuung von Führungskräften erfolgt durch Einzelberatung. Bei Schließung, Fusion oder Standortwechsel von Unternehmen werden jeweils auch (stufengerechte) Gruppenprogramme – meist in Form von Seminaren oder Workshops – durchgeführt.

Damit der Arbeitnehmer bei einer Kündigung des Arbeitgebers in seiner Existenz nicht bedroht wird, erhält er von der **Arbeitslosenversicherung** staatliche Arbeitslosengelder. Arbeitslosengelder können in Deutschland nur bezogen werden, wenn der Arbeitslose beim Arbeitsamt persönlich gemeldet ist und die Leistung beantragt hat. Arbeitslos hinsichtlich des Bezugs des Arbeitslosengeldes ist, wer vorübergehend in keinem Beschäftigungsverhältnis steht und eine Beschäftigung sucht oder wer nur eine Beschäftigung bzw. Tätigkeit von weniger als 15 Stunden wöchentlich ausübt. Die Anwartschaft auf Arbeitslosengeld ist dann erfüllt, wenn der Arbeitslose in den letzten drei Jahren vor der Arbeitslosenmeldung und Antragstellung wenigstens 360 Kalendertage beitragspflichtig war. Wesentlich ist noch, dass der Antragsteller bereit sein muss, jede ihm zumutbare Arbeit anzunehmen, und dass er außerdem eine beitragspflichtige Beschäftigung unter den auf dem Arbeitsmarkt üblichen Arbeitsbedingungen ausüben kann. Ist die Anwartschaftszeit erfüllt, kann das Arbeitslosengeld vom Arbeitsamt gewährt werden, dessen Zeitdauer aus ▶ Abb. 228 entnommen werden kann.

Zeiten eines Versicherungspflichtverhältnisses in der Rahmenfrist* von		Anspruchsdauer in Monaten/Kalendertagen				
		vollendetes Lebensalter				
Monaten/Kalendertagen		unter 45	ab 45	ab 47	ab 52	ab 57
12	360	6/180	6/180	6/180	6/180	6/180
16	480	8/240	8/240	8/240	8/240	8/240
20	600	10/300	10/300	10/300	10/300	10/300
24	720	12/360	12/360	12/360	12/360	12/360
28	840		14/420	14/420	14/420	14/420
32	960		16/480	16/480	16/480	16/480
36	1080		18/540	18/540	18/540	18/540
40	1200			20/600	20/600	20/600
44	1320			22/660	22/660	22/660
48	1440				24/720	24/720
52	1560				26/780	26/780
56	1680					28/840
60	1800					30/900
64	1920					32/960

* Es wird aber nicht weiter zurückgerechnet als bis zur Entstehung eines früheren Alg-Anspruchs.

▲ Abb. 228 Arbeitslosengeld (Bundesanstalt für Arbeit 1998, S. 21)

Grundlage für die Berechnung der Höhe des Arbeitslosengeldes ist:

- das versicherungspflichtige Arbeitsentgelt, das in der letzten Beschäftigung vor Entstehung des Leistungsanspruches zuletzt durchschnittlich erzielt worden ist bzw. andere versicherungspflichtige Entgelte aus der Zeit vor der Arbeitslosigkeit (zum Beispiel Krankengeld, versicherungspflichtiges Entgelt bei Wehr- oder Zivildienst);
- die zu berücksichtigende Lohnsteuerklasse;
- das Vorhandensein eines Kindes im Sinne § 32 Abs. 1, 4 und 5 Einkommensteuergesetz.

Für Arbeitslose mit Kind beträgt das Arbeitslosengeld 67% und für Arbeitslose ohne Kind 60% des um die gewöhnlich anfallenden gesetzlichen Abzüge verminderten Arbeitsentgelts (sog. pauschaliertes Nettoarbeitsentgelt).

Literaturhinweise

Bisani, Fritz: Personalwesen und Personalführung. Der State of the Art der betrieblichen Personalarbeit. 4., vollständig überarbeitete und erweiterte Auflage, Wiesbaden 1995

Drumm, Hans Jürgen: Personalwissenschaft. 4., überarbeitete und erweiterte Auflage, Berlin/Heidelberg/New York 2000

Hentze, Joachim: Personalwirtschaftslehre 1. Grundlagen, Personalbedarfsermittlung, -beschaffung, -entwicklung und -einsatz. 6., überarbeitete Auflage, Bern/Stuttgart/Wien 1994

Hentze, Joachim: Personalwirtschaftslehre 2. Personalerhaltung und Leistungsstimulation, Personalfreistellung und Personalinformationswirtschaft. 6., überarbeitete Auflage, Bern/Stuttgart/Wien 1995

Hilb, Martin: Integriertes Personal-Management. Ziele – Strategien – Instrumente. 4. Auflage, Neuwied/Kriftel/Berlin 1997

Klimecki, R./Remer, A. (Hrsg.): Personal als Strategie. Mit flexiblen und lernbereiten Human-Ressourcen Kernkompetenzen aufbauen. Neuwied/Kriftel/Berlin 1997

Klimecki, R./Gmür, M.: Personalmanagement. Strategien – Erfolgsbeiträge – Entwicklungsperspektiven. 2., neu bearbeitete und erweiterte Auflage, Stuttgart 2001

Sattelberger, Thomas (Hrsg.): Human Resource Management im Umbruch. Positionierung – Potenziale – Perspektiven. Wiesbaden 1996

Scholz, Christian: Personalmanagement. Informationsorientierte und verhaltenstheoretische Grundlagen. 5., neu bearbeitete und erweiterte Auflage, München 2000

Staehle, Wolfgang H.: Management. Eine verhaltenswissenschaftliche Perspektive. 8. Auflage, München 1999

Ulich, Eberhard: Arbeitspsychologie. 3., überarbeitete und erweiterte Auflage, Zürich/Stuttgart 1994

Weibler, Jürgen: Personalführung. München 2001

Wunderer, R./Kuhn, T. (Hrsg.): Innovatives Personalmanagement. Theorie und Praxis unternehmerischer Personalarbeit. Neuwied/Kriftel/Berlin 1994

Wunderer, R./Dick, P.: Personalmanagement – Quo vadis? Analysen und Prognosen zu Entwicklungstrends bis 2010. Neuwied/Kriftel 2000

Teil 9
Organisation

Inhalt

Kapitel 1
Grundlagen

1.1 Einleitung

1.1.1 Organisation als Managementaufgabe

Ein Unternehmen muss primär organisieren, um eine Arbeitsteilung vorzunehmen, da an der Erfüllung der Gesamtaufgabe eines Unternehmens mehrere Personen beteiligt sind. Jeder Person soll eine bestimmte Teilaufgabe zugeordnet werden. Damit stellt sich das Problem, wie eine solche Arbeitsteilung aussehen kann. Wie jeder aus eigener Erfahrung weiß (z.B. Familie, Schule, Kirche, Verein), kann sie auf verschiedene Art und Weise durchgeführt werden. Entsprechend vielfältig sind auch die beobachtbaren Organisationsformen.

Grundsätzlich strebt ein Unternehmen nach einer möglichst effizienten Organisation. Bereits **Adam Smith** beschrieb 1776 die Auswirkungen verschiedener Formen der Arbeitsteilung auf die Effizienz des Unternehmens: In einer Stecknadelfabrik konnte er feststellen, dass insgesamt zehn Arbeiter, von denen jeder zwei bis drei Verrichtungen auszuführen hatte, pro Tag 48.000 Nadeln fabrizierten. Dies ergab 4.800 Nadeln pro Arbeiter und Tag. Hätte hingegen jeder Arbeiter alle Verrichtungen, die für die Fertigung einer Stecknadel notwendig sind, allein ausführen müssen, so hätte ein jeder nur gerade 20 Nadeln pro Tag herstellen können! Dieses Beispiel zeigt sehr anschaulich, dass mit einer zunehmenden Arbeitsteilung im Sinne einer Spezialisierung eine höhere Produktivität erreicht wird.

Ausgehend von diesen Überlegungen kann der Inhalt der Organisationslehre wie folgt umschrieben werden:

Die **Organisationslehre** versucht zu zeigen, wie einerseits die Gesamtaufgabe des Unternehmens, die von Menschen und Maschinen arbeitsteilig erfüllt werden muss, sinnvoll in Teilaufgaben aufgegliedert werden kann und wie andererseits diese Teilaufgaben zueinander in Beziehung gesetzt werden können, damit die Ziele des Unternehmens optimal erreicht werden.

Mit jeder Form der Arbeitsteilung sind aber bestimmte Konsequenzen verbunden, die nicht nur positiver, sondern auch negativer Art sein können. Bei einer zunehmenden Spezialisierung ist beispielsweise festzustellen, dass neben der Erhöhung der Produktivität folgende Phänomene auftreten können:

- Zunahme der **Abhängigkeiten:** Fällt ein Arbeiter in der Kette des arbeitsteiligen Produktionsprozesses aus, so steht die ganze Produktion still. Bestände hingegen keine spezialisierte Arbeitsteilung, so würde lediglich ein Arbeiter ausfallen und die produzierte Gesamtmenge würde nur durch dessen Leistung verringert.
- Zunahme der **Komplexität** der Organisation: Die verschiedenen Verrichtungen des Gesamtprozesses müssen genau aufeinander abgestimmt werden. Arbeitet ein Mitarbeiter beispielsweise zu schnell oder zu langsam, so entstehen Zwischenlager oder der nachfolgende Mitarbeiter ist überlastet bzw. nicht ausgelastet.

Jeder Form der Arbeitsteilung sind deshalb **Grenzen** gesetzt. Eine extreme Arbeitsteilung scheitert beispielsweise daran, dass

- die **Kosten** für die Koordination so groß werden, dass sie den Nutzen aus dem Produktivitätsfortschritt überkompensieren,
- auf Grund der **technologischen Gegebenheiten** eine weiter gehende Arbeitsteilung gar nicht mehr möglich ist,
- der Mensch infolge der ebenfalls zunehmenden **Monotonie der Arbeit** bestimmte Reaktionen zeigt, die nicht nur ihm, sondern auch dem Unternehmen oder der Gesellschaft Schaden zufügen (z.B. gesundheitliche Schäden, Kommunikationsschwierigkeiten, häufiger Stellenwechsel).

1.1.2 Begriff Organisation

Der Begriff Organisation wird sowohl umgangssprachlich als auch betriebswirtschaftlich in unterschiedlichen Bedeutungen verwendet. Betriebswirtschaftlich stehen folgende Interpretationen im Vordergrund:

1. **Gestalterischer Aspekt:** Das Unternehmen *wird* organisiert: Bei dieser Orientierung steht die Tätigkeit des Gestaltens im Vordergrund. Organisation in diesem Sinne kommt deshalb eine **Gestaltungsfunktion** zu. Im Abschnitt 1.1.4 „Problemlösungsprozess der Organisation" wird ein allgemeines Vorgehensschema vorgestellt, während in Kapitel 4 (Abschnitt 4.4 „Organisationsentwicklung") eine Vorgehensweise unter partizipativem Einbezug der Mitarbeiter dargestellt wird.
2. **Instrumentaler Aspekt:** Das Unternehmen *hat* eine Organisation: Dieser Begriff beruht darauf, dass in der Regel jedes Unternehmen eine bewusst geschaffene Ordnung hat, mit der bestimmte Ziele erreicht werden sollen. Diese Ordnung bezieht sich auf die Strukturen (Aufbauorganisation) und Prozesse (Ablauforganisation) des Unternehmens. Gegenstand sind die Beziehungen zwischen den Mitarbeitern sowie zwischen den Menschen und den Sachmitteln. Organisation in dieser Bedeutung hat eine **Ordnungsfunktion.** Sie dient als Instrument zur Erreichung der Unternehmensziele.
3. **Institutionaler Aspekt:** Das Unternehmen *ist* eine Organisation: Dieser Bezeichnung liegt die Frage zu Grunde, welche in der Realität vorkommenden Gebilde als Organisationen bezeichnet und somit von einer Organisationslehre untersucht werden. Wie in Teil 1 „Unternehmen und Umwelt" dargestellt, können neben dem Unternehmen auch öffentliche Betriebe und Verwaltungen, aber auch religiöse, karitative, militärische oder viele andere gesellschaftliche Institutionen Gegenstand der Betriebswirtschaftslehre und somit auch einer Organisationslehre sein.[1]

1.1.3 Formale und informale Organisation

Die bewusst gestaltete Organisation stellt die **formalen** Strukturen und Abläufe eines Unternehmens dar. Neben dieser fest vorgegebenen Ordnung bilden sich in der betrieblichen Wirklichkeit in unterschiedlichem Ausmaß **informale** Strukturen, die neben (komplementär) oder anstelle (substituierend) der formalen Organisation wirksam werden. Als Ursachen dieser Erscheinung können genannt werden:

- menschliche Eigenheiten (z.B. Sympathie, gemeinsame Interessen),
- sozialer Status der Mitglieder des Unternehmens,
- die zu lösende Aufgabe,
- die Arbeitsbedingungen (z.B. Zeitdruck).

In der Praxis bestehen formale und informale Organisationsstrukturen meist nebeneinander. Über die Auswirkungen einer informalen auf die bewusst gestaltete

1 Vgl. Teil 1, Kapitel 1, Abschnitt 1.1.3 „Wirtschaftseinheiten".

Organisationsstruktur können keine allgemeinen Aussagen gemacht werden. Sie hängen von der jeweiligen Situation und den Zielen einer Organisation ab. Wichtig ist es aber, sich dieser informalen Organisation bewusst zu werden sowie positive Wirkungen zu fördern, hemmende Konflikte jedoch zu beseitigen.

1.1.4 Problemlösungsprozess der Organisation

Für die Lösung organisatorischer Probleme ist es ebenfalls sinnvoll, den Problemlösungsprozess als formales Schema aufzuzeichnen. Aus dem allgemeinen Problemlösungsprozess können für die Organisation folgende Phasen abgeleitet werden (▶ Abb. 229):

1. **Analyse der Ausgangslage:** Eine Vielzahl von Einflussfaktoren wirkt auf die Organisation eines Unternehmens. Eine große Rolle spielen dabei sowohl die Umweltbedingungen (z.B. Unsicherheit der Umwelt, gesetzliche Regelungen, Größe des Absatzmarktes) als auch die unternehmensspezifischen Faktoren (z.B. Größe des Unternehmens, historische Entwicklung, Anzahl Produkte).
2. **Bestimmung der Ziele der Organisation:** Oberstes Ziel organisatorischer Tätigkeit ist es letztlich immer, durch eine optimale Arbeitsverteilung die Effizienz einer Organisation und somit den Erfolg eines Unternehmens zu erhöhen. Dieses Ziel kann sich entweder auf die **Aufbauorganisation** (Struktur) oder die **Ablauforganisation** (Prozess) beziehen.
3. **Bestimmung der Organisationsmaßnahmen:** Zur Erreichung organisatorischer Ziele (z.B. effiziente Arbeitsaufteilung, optimale Kommunikationswege) stehen dem Unternehmen eine Vielzahl organisatorischer Maßnahmen zur Verfügung. Im Vordergrund stehen dabei die verschiedenen Formen der Aufbau- und Ablauforganisation.
4. **Bestimmung der Mittel:** Um organisatorische Maßnahmen durchführen zu können, müssen die entsprechenden Mittel zur Verfügung gestellt werden. Neben finanziellen Mitteln sind dies vor allem Personen, welche sowohl die organisatorischen Maßnahmen und die für deren Durchführung notwendigen **Organisationsinstrumente** (z.B. Stellenbeschreibung, Netzplan) ausarbeiten als auch die geplanten Maßnahmen umsetzen.
5. **Durchführung:** Ein besonderes Gewicht wird der Implementierung organisatorischer Maßnahmen beigemessen. Da solche Maßnahmen eine Veränderung bestehender Strukturen und Abläufe bedeuten, betreffen sie immer auch Menschen, die sich an neue Situationen anpassen müssen. Dabei können nicht unerhebliche **Widerstände** und **Konflikte** auftreten.
6. **Evaluierung der Resultate:** Das Ergebnis organisatorischer Tätigkeiten besteht in einer Neuordnung der Aufgaben. Es zeigt, inwieweit es dem Unternehmen gelungen ist, den Anforderungen der Umwelt, der Mitarbeiter und des Unternehmens selbst mit einer zweckmäßigen Aufbau- und Ablauforganisation gerecht zu werden.

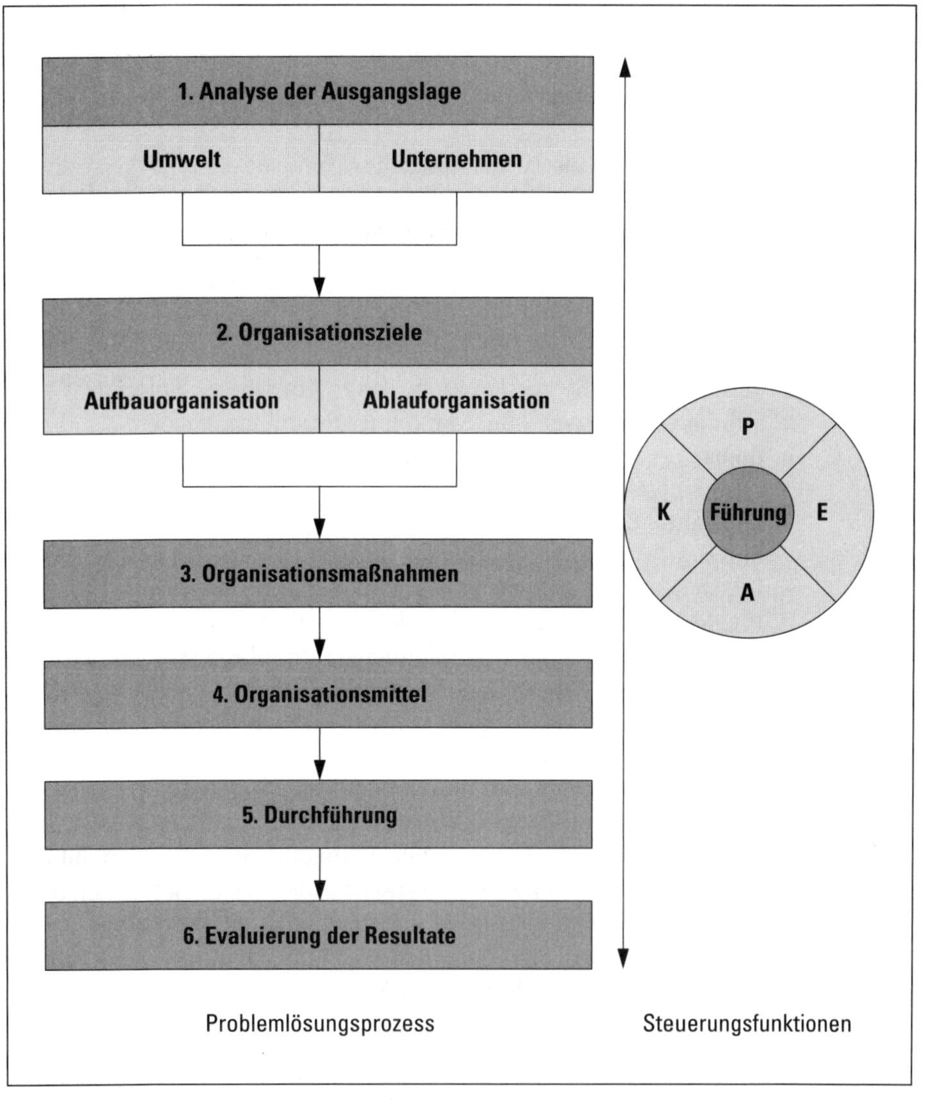

▲ Abb. 229 Problemlösungsprozess der Organisation

1.2 Formale Elemente der Organisation

1.2.1 Aufgabe

Unter einer **Aufgabe** ist bei **statischer** Betrachtung eine bestimmte Soll-Leistung zu verstehen. Bei einer **dynamischen** Sichtweise werden zusätzlich die Aktivitäten einbezogen, die zur Erfüllung dieser Soll-Leistung durchgeführt werden müssen.

Eine Aufgabe lässt sich durch folgende Merkmale abgrenzen:

- **Verrichtungen,** die zur Erfüllung einer Aufgabe zu vollziehen sind (z.B. Forschung und Entwicklung, Marketing, Produktion).
- **Objekt,** an dem oder in Bezug auf das eine Tätigkeit ausgeübt wird (Rohstoffe, Zwischenfabrikate, Endprodukte, Produktgruppe, Dienstleistungen).
- **Sachmittel** bzw. Betriebsmittel, die zur Durchführung einer Aufgabe erforderlich sind.
- **Ort,** an dem eine Aufgabe erfüllt wird. Zu unterscheiden ist zwischen **gesamtbetrieblichen** (Absatzgebiete, Produktionsstätten) und **innerbetrieblichen** Standorten (z.B. Zuordnung der Räumlichkeiten auf die verschiedenen Funktionsbereiche, Anordnung der Betriebsmittel).
- **Rang** des Führungsprozesses, wobei zwischen Leitungs- und Ausführungsaufgaben unterschieden werden kann.
- **Phase** des Führungsprozesses, wobei vier Phasen unterschieden werden können: Planung, Entscheidung, Aufgabenübertragung, Kontrolle.
- **Zweckbeziehung,** wobei zwischen Primäraufgaben, die dem unmittelbaren Betriebszweck (z.B. Produktion) dienen, und sekundären oder Verwaltungsaufgaben (z.B. Rechnungswesen) unterschieden werden kann.
- **Zeit,** die zur Erledigung einer Aufgabe notwendig ist.
- **Person,** der die Aufgabe übertragen wird.

Diese Kriterien bilden die Grundlagen der Aufbau- und Ablauforganisation. Während aber bei der Aufbauorganisation die Merkmale Verrichtung, Objekt, gesamtbetrieblicher Standort, Rang, Phase und Zweckbeziehung im Vordergrund stehen, sind es bei der Ablauforganisation die Merkmale innerbetrieblicher Standort, Sachmittel, Person und Zeit.[1]

1 Vgl. dazu den Abschnitt 1.3 „Aufbau- und Ablauforganisation“.

1.2.2 Stelle

1.2.2.1 Begriffe

Eine **Stelle** ist die kleinste organisatorische Einheit eines Unternehmens. Sie setzt sich aus verschiedenen Teilaufgaben zusammen (z.B. Schreiben, Telefonieren, Daten eingeben), die einen bestimmten **Aufgabenkomplex** bilden (z.B. Sekretariatsarbeiten).

Grundsätzlich können **ausführende Stellen** auf der Ausführungsebene und Leitungsstellen, so genannte **Instanzen,** auf der Führungsebene unterschieden werden. Ausführende Stellen sind einerseits einer oder mehreren Stellen (Instanzen) unterstellt und haben andererseits keine eigenen Weisungsbefugnisse gegenüber anderen Stellen. Leitungsstellen hingegen sind dadurch gekennzeichnet, dass sie bestimmten Stellen hierarchisch übergeordnet sind. Sie können aber ihrerseits auch wieder einer oder mehreren Instanzen unterstellt sein.

Neben Instanzen und ausführenden Stellen treten auch Mischformen auf. Zu erwähnen sind insbesondere die Stabsstellen und die Zentralstellen.

Stabsstellen werden vor allem zur Entlastung und Unterstützung von Geschäfts- und Bereichsleitern für zeitraubende Nachforschungen und Planungsarbeiten eingesetzt. Es kommen ihnen dabei primär folgende Aufgaben zu:

- Beratung und Unterstützung,
- Informationsverarbeitung,
- Vorbereiten von Entscheidungen.

Der **Stab** ist somit dadurch gekennzeichnet, dass er im Führungsprozess an der Entscheidungsvorbereitung beteiligt ist und dass er keine Anordnungsbefugnisse gegenüber Linienstellen besitzt.

Inwieweit der Einsatz von Stabsstellen zweckmäßig ist, hängt von der jeweiligen Unternehmenssituation ab. Folgende Einflussfaktoren dürften dabei eine große Rolle spielen:

- Qualität des Stabes (personelle Besetzung),
- Art der Aufgaben,
- Größe des Unternehmens,
- Führungsstufe,
- Intensität der Zusammenarbeit zwischen Stäben und Linienstellen.

Die Zentralstellen als zweite Mischform werden auch zentrale Dienststellen, Zentralabteilungen oder Service-Center genannt.

> **Zentralstellen** übernehmen fachlich zentralisierbare Aufgaben und besitzen ein fachtechnisches Weisungsrecht in Bezug auf die Erfüllung dieser Aufgaben.

Zur Abgrenzung der Zentralstellen von den Stabsstellen können somit auf Grund dieser Definition zwei Unterscheidungsmerkmale festgehalten werden:

- Zentralabteilungen übernehmen im Gegensatz zu Stabsstellen nicht nur Sachaufgaben der übergeordneten Instanz, sondern auch der untergeordneten Instanzen. Es handelt sich dabei um eine Zentralisation von gleichartigen Aufgaben.
- Zentralabteilungen haben im Gegensatz zu den Stabsstellen fachtechnische Anordnungsbefugnisse, soweit diese ihren Fachbereich betreffen.

1.2.2.2 Stellenbildung

Werden zuerst die Stellen gebildet und nachher auf konkrete Personen übertragen, spricht man von einem **sachbezogenen** Organisieren. Beim umgekehrten Verfahren, dem **personenbezogenen** Organisieren, geht man von den vorhandenen Personen aus und schaut, welche Aufgaben ihnen übertragen werden können. Ob personen- oder sachbezogen organisiert werden soll, hängt beispielsweise von folgenden Faktoren ab:

- Grund des Organisierens (Gründung, Erweiterung, Reorganisation).
- Vorhandene Mitarbeiter: Es muss auf die Qualifikation der im Unternehmen tätigen Mitarbeiter Rücksicht genommen werden.
- Führungsstufe: Je höher eine Stelle in der Führungshierarchie eingeordnet ist, desto eher wird personenbezogen organisiert, da der Persönlichkeit des Stelleninhabers eine große Bedeutung zukommt.
- Flexibilität der Mitarbeiter: Je besser sich ein Mitarbeiter den Anforderungen einer Stelle anpassen kann, desto eher wird man sachbezogen organisieren.
- Arbeitsmarktlage: Je schwieriger es ist, auf dem Arbeitsmarkt geeignete Mitarbeiter zu finden, desto eher wird man gezwungen, eine personenbezogene Vorgehensweise zu wählen.

Auf die inhaltliche Stellenbildung wird ausführlich in Kapitel 3 (Abschnitt 3.1.1 „Prinzipien der Stellenbildung“) eingegangen.

1.2.2.3 Stelle und Arbeitsplatz

Im organisatorischen Sinne ist zwischen einer Stelle und einem Arbeitsplatz zu unterscheiden.

> Unter einem **Arbeitsplatz** ist der jeweilige konkrete Ort und Raum der Aufgabenerfüllung zu verstehen.

Bei der Stelle handelt es sich hingegen nicht um einen konkreten Arbeitsplatz, sondern um einen abstrakten Aufgabenkomplex, bei dessen Bildung man von einem oder mehreren gedachten Aufgabenträgern ausgeht. Eine Stelle kann deshalb mehrere Arbeitsplätze aufweisen und ebenso kann eine Stelle von mehr als einer Person als Aufgabenträger besetzt sein, wenn die Personen die gleiche Aufgabe erfüllen oder die Aufgabe auf Grund ihres Umfanges auf mehrere Personen verteilt werden muss.

1.2.2.4 Stelle und Abteilung

> Werden mehrere Stellen, welche gemeinsame oder direkt zusammenhängende Aufgaben erfüllen, zu einer Stellengruppe zusammengefasst und einer Instanz (Leitungsstelle) unterstellt, so spricht man von einer **Abteilung.**

Je nach Größe einer Abteilung kann diese in Unterabteilungen aufgeteilt werden (▶ Abb. 230).

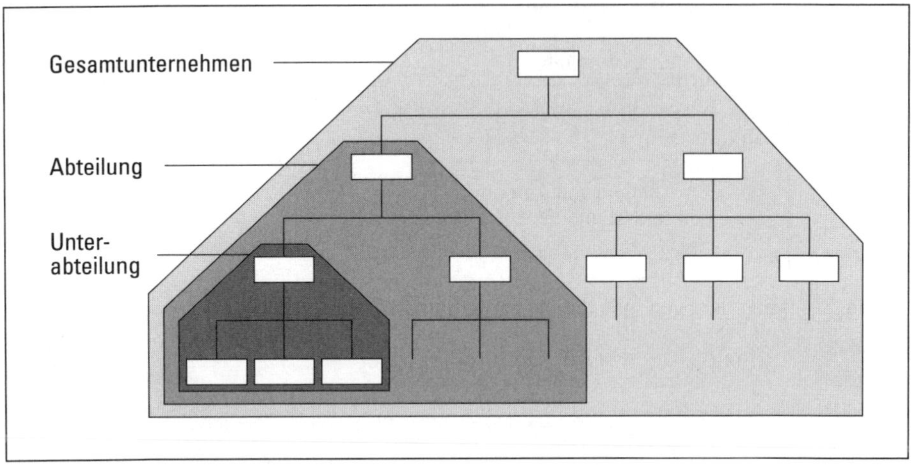

▲ Abb. 230 Abteilung und Unterabteilung

1.2.3 Aufgaben, Kompetenzen, Verantwortung

Damit der Inhaber einer Stelle die ihm übertragenen Aufgaben erfüllen kann, muss er die dazu notwendigen Kompetenzen besitzen.

Als **Kompetenzen** bezeichnet man die Rechte und Befugnisse, alle zur Aufgabenerfüllung erforderlichen Handlungen und Maßnahmen vornehmen zu können oder ausführen zu lassen.

Mit der Zuweisung von Aufgaben und Kompetenzen wird der Stelleninhaber aber auch verpflichtet, seine Aufgabe zu erfüllen und die Kompetenzen wahrzunehmen. Es handelt sich dabei um die Verantwortung.

Unter **Verantwortung** versteht man die Pflicht eines Aufgabenträgers, für die zielentsprechende Erfüllung einer Aufgabe persönlich Rechenschaft abzulegen.

Ein Organisationsgrundsatz besagt, dass die übertragenen Aufgaben, die zugewiesenen Kompetenzen und die zu übernehmende Verantwortung einander entsprechen müssen (► Abb. 231). Ein Aufgabenträger muss nach diesem Gesetz der Einheit jene Kompetenzen erhalten, die er benötigt, um seine Aufgabe richtig erfüllen zu können. Andererseits trägt er die Verantwortung für die korrekte Aufgabenerfüllung sowie allenfalls die Verantwortung bei einer Überschreitung seiner Kompetenzen.

▲ Abb. 231 Kongruenz von Aufgabe, Kompetenz und Verantwortung

1.2.4 Verbindungswege zwischen den Stellen

Da eine Stelle nur eine bestimmte Aufgabe erfüllt und deshalb ein einzelnes Element eines ganzen Beziehungsgefüges darstellt, sind für die Koordination und Zusammenarbeit unter den Stellen verschiedene Verbindungswege notwendig. Diese Verbindungswege dienen entweder dem Austausch von Informationen oder von physischen Objekten. Demzufolge kann zwischen **Transportwegen** einerseits und **Informations-** bzw. **Kommunikationswegen** andererseits unterschieden werden.

Wie aus ► Abb. 232 ersichtlich, können die Kommunikationswege wie folgt aufgeteilt werden (Hill/Fehlbaum/Ulrich 1994, S. 136f.):

- **Reine Mitteilungswege,** die horizontal, vertikal und diagonal durch die Organisationsstruktur verlaufen können. Sie sind meistens zweiseitig und werden zum Austausch von Informationen benutzt.
- **Entscheidungswege,** die der Willensbildung und Willensdurchsetzung dienen. Sie können folgende Wege beinhalten:
  - **Anrufungswege** finden sich dann, wenn eine Stelle zur Erfüllung einer bestimmten Aufgabe der Entscheidung einer anderen Stelle bedarf. Der Anrufung können aber auch die **Rückfrage,** der **Vorschlag,** der **Antrag** und die **Beschwerde** zugeordnet werden. Während die meisten Anrufungswege sowohl horizontal als auch vertikal verlaufen, sind Beschwerdewege nur vertikal, wobei meist noch Zwischeninstanzen übersprungen und direkt höhere Instanzen (z.B. Personal- oder Abteilungschef) angerufen werden können.

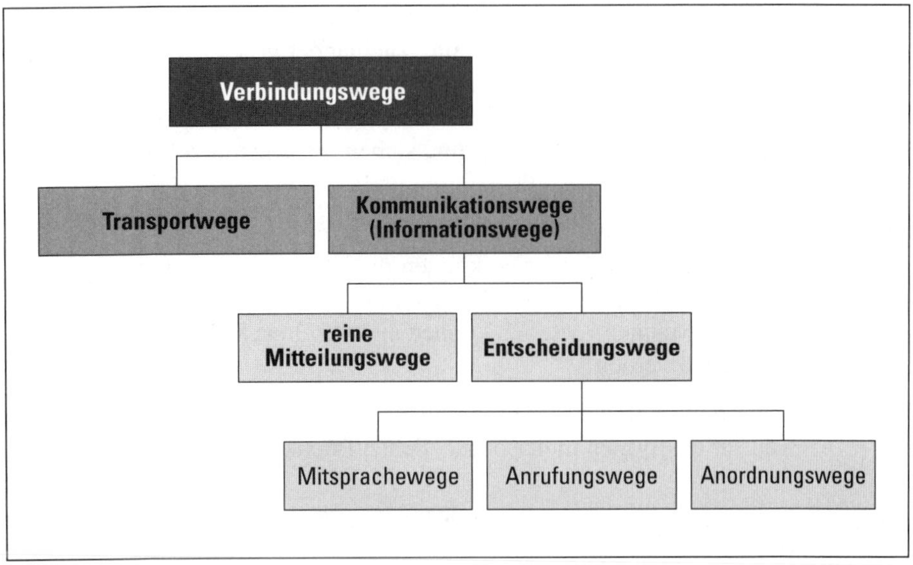

▲ Abb. 232 Verbindungswege zwischen Stellen (Hill/Fehlbaum/Ulrich 1994, S. 138)

- **Mitsprachewege** ergeben sich dann, wenn mehrere Stellen an einer Entscheidung beteiligt sind. Dabei kann der Grad der Entscheidungsbeteiligung unterschiedlich groß sein.
- **Anordnungswege** sind im Gegensatz zu den Anrufungs- und Mitsprachewegen nur vertikal. Es geht dabei um die direkten Anordnungen einer Instanz an die ihr unterstellte Stelle.

Sind die Informations- bzw. Kommunikationswege festgelegt, welche die Organisationsmitglieder verbindlich einzuhalten haben, so spricht man vom **formalen Dienstweg.**

1.3 Aufbau- und Ablauforganisation

1.3.1 Aufbauorganisation

Der erste Schritt zur Gestaltung der Aufbauorganisation besteht darin, die Gesamtaufgabe eines Unternehmens (z.B. Herstellung von Schuhen) in einzelne Teilaufgaben zu gliedern. In dieser **Aufgabenanalyse** wird die Gesamtaufgabe solange in einzelne Aufgaben gegliedert, bis diese nicht weiter zerlegbar sind oder in der anschließenden Arbeitssynthese ohnehin wieder zusammengefasst werden müssten und deshalb eine weitere Zerlegung nicht sinnvoll wäre. Dadurch erhält man die so genannten **Elementaraufgaben,** mit denen in der nachfolgenden **Aufgabensynthese** einzelne zweckmäßige Aufgabenkomplexe gebildet werden, die auf eine Stelle (mit einem oder mehreren Aufgabenträgern) übertragen werden können. Schließlich müssen die verschiedenen Stellen zu einer Gesamtstruktur zusammengefasst und in Beziehung zueinander gesetzt werden. Dies ergibt die formale Aufbauorganisation eines Unternehmens.

▶ Abb. 233 zeigt einen Überblick über das Vorgehen bei der Bildung der Aufbauorganisation. Im Vordergrund stehen die folgenden Probleme:

- Nach welchen Kriterien kann die Gesamtaufgabe gegliedert und in Elementaraufgaben zerlegt werden?
- Nach welchen Kriterien können die Elementaraufgaben zu Aufgabenkomplexen (Stellen) zusammengefasst und strukturiert werden?
- Nach welchen Kriterien können die einzelnen Stellen in Beziehung zueinander gesetzt werden?

Die Kombination dieser Kriterien ergibt die verschiedenen Ausprägungen von Organisationsformen in der betrieblichen Praxis.

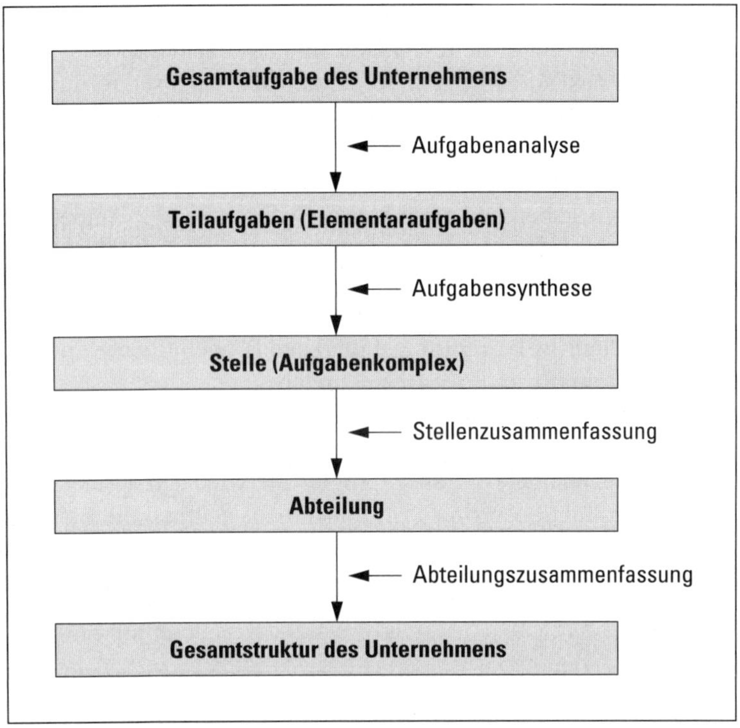

▲ Abb. 233 Vorgehen zur Bildung der Aufbauorganisation

Bei der Gestaltung der Aufbauorganisation stellt sich die Frage der **Breite der Leitungsgliederung,** die mit der Kontroll- oder Leitungsspanne ausgedrückt werden kann.

Unter der **Kontrollspanne** wird die Anzahl der einem Vorgesetzten unterstellten Mitarbeiter verstanden.

Je größer die Kontrollspanne ist, umso umfangreicher fallen die durch den Vorgesetzten zu erfüllenden Leitungsaufgaben aus. Dabei ist zu berücksichtigen, dass nicht nur die direkten Beziehungen zwischen Vorgesetzten und Unterstellten anwachsen, sondern auch die möglichen Gruppenbeziehungen oder die möglichen Beziehungen zwischen den Untergebenen selbst. Es stellt sich daher die Frage, welches die **optimale Kontrollspanne** ist. In der Literatur werden keine einheitlichen Maßstäbe angegeben; die Empfehlungen schwanken zwischen 5 und 30. Statt eine Bandbreite oder absolute Zahl anzugeben, scheint es allerdings wesentlich sinnvoller zu sein, Einflussfaktoren aufzuzeigen, die Auswirkungen auf die Kontrollspanne haben können. In Anlehnung an Hill/Fehlbaum/Ulrich (1994, S. 221 ff.) können genannt werden:

- **Häufigkeit** und **Intensität** der Beziehungen. Nicht die theoretisch möglichen Beziehungen, sondern nur die relevanten sind entscheidend.
- **Unterstützung** des Vorgesetzten: Je stärker der Vorgesetzte durch persönliche Assistenten oder Stäbe unterstützt wird, umso größer kann die Kontrollspanne sein.
- **Führungsstil:** Bei einem partizipativen Führungsstil – verbunden mit einer Delegation von Aufgaben und einer klaren Definition von Kompetenzen und Verantwortung – wird eine Entlastung erreicht, die eine größere Leitungsspanne erlaubt.
- **Eigenschaften der beteiligten Personen:** Fachliche Qualifikation und charakterliche Fähigkeiten (z.B. Führungsfähigkeiten) beeinflussen in starkem Maße den Umfang der notwendigen Beziehungen.
- **Art der Aufgaben:** Komplexität, Interdependenz und Gleichartigkeit der Aufgaben der Untergebenen sind zu beachten.
- **Produktions-Technologie:** Je ausgeprägter die Mechanisierung und Automatisierung im Produktionsprozess ist, umso mehr nehmen die Führungsaufgaben des Vorgesetzten ab.
- **EDV-Einsatz:** Die Belastung des Vorgesetzten kann durch gespeicherte Informationen (schriftlicher Informationsaustausch) und programmierbare Entscheidungen vermindert werden.
- **Verfügbarkeit** und **Kosten von Leitungskräften:** Besteht auf dem Arbeitsmarkt ein knappes Angebot an Leitungskräften und/oder verursachen die Leitungskräfte hohe (Personal-)Kosten, so besteht die Tendenz zu einer großen Kontrollspanne.

Schließlich muss beachtet werden, dass die Größe der Kontrollspanne eng verbunden ist mit der **Tiefe der Leitungsgliederung,** d.h. mit der Anzahl Management-Ebenen. Im Gegensatz zur Kontrollspanne handelt es sich dabei um eine vertikale Spanne. Bei gleichbleibender Mitarbeiterzahl führt eine Verkleinerung der Kontrollspanne zu einer Vergrößerung der vertikalen Spanne und umgekehrt.

1.3.2 Ablauforganisation

1.3.2.1 Arbeitsanalyse und Arbeitssynthese

Während die Aufbauorganisation sich mit der Strukturierung des Unternehmens in organisatorische Einheiten (Stellen, Abteilungen) beschäftigt, steht bei der Ablauforganisation die Festlegung der Arbeitsprozesse unter Berücksichtigung von Raum, Zeit, Sachmittel und Personen im Mittelpunkt.

Ausgangspunkt der Ablauforganisation stellen die durch die Aufgabenanalyse gewonnenen Elementaraufgaben dar. Sie bilden die Grundlage für die Arbeitsanalyse und die Arbeitssynthese.

- In der **Arbeitsanalyse** werden die aus der Aufgabenanalyse gewonnenen Elementaraufgaben weiter in einzelne Arbeitsteile, d.h. Tätigkeiten zur Erfüllung einer Aufgabe, zerlegt. Die Gliederung des Arbeitsprozesses in verschiedene Arbeitsteile kann wiederum nach den Merkmalen Verrichtung, Objekt, Sachmittel, Ort, Rang, Phase, Zweckbeziehung, Zeit und Person des Aufgabenträgers vorgenommen werden.
- In der **Arbeitssynthese** werden die in der Arbeitsanalyse gewonnenen Arbeitsteile unter Berücksichtigung der Arbeitsträger (Person oder Sachmittel), des Raumes und der Zeit zu Arbeitsgängen zusammengesetzt. Ein Arbeitsgang besteht dabei – wie aus ▶ Abb. 234 ersichtlich ist – aus den Arbeitsteilen, die ein Arbeitsträger zur Erfüllung einer bestimmten Teilaufgabe im Rahmen seiner Stellenaufgabe ausführt.[1] Bei der Arbeitssynthese werden drei Stufen unterschieden:
  1. **Arbeitsverteilung (personale Arbeitssynthese):** Bei der Arbeitsverteilung werden einzelne Arbeitsteile zu einem Arbeitsgang kombiniert und auf einen Arbeitsträger übertragen. Dabei ist das Leistungsvermögen von Personen und Arbeitsmitteln zu berücksichtigen, um ihnen ein Arbeitspensum zuzuteilen, das unter normalen Bedingungen ohne Überlastung von Person und Maschine über eine längere Zeitperiode bewältigt werden kann.
  2. **Arbeitsvereinigung (temporale Arbeitssynthese):** Die temporale Synthese befasst sich mit der Festlegung und Abstimmung der Arbeitsgänge in zeitlicher Hinsicht.
  3. **Raumgestaltung (lokale Arbeitssynthese):** Bei der räumlichen Betrachtung der Ablauforganisation geht es um die zweckmäßige Anordnung und Ausstattung der Arbeitsplätze. Die Regelungen der lokalen Arbeitssynthese führen zu den verschiedenen Fertigungsverfahren der Organisation.[2]

Die Ablauforganisation geht in der Regel noch stärker ins Detail als die Aufbauorganisation. Sie beginnt vielfach dort, wo die Aufbauorganisation aufhört, wobei in der Praxis der Übergang fließend ist. Vielfach wird auch durch eine bestimmte Ablauforganisation die Aufbauorganisation stark beeinflusst (z.B. im Falle der Fließfertigung).

Die Arbeitsprozesse als Gegenstand der Ablauforganisation können gemäß früherer Unterscheidung (◀ Abb. 232, S. 741) wiederum in materielle (Transportwege) und informationelle (Informations- und Kommunikationswege) unterteilt werden.

1 Die Gesamtheit jener Arbeitsteile und -gänge, die zur Herstellung eines bestimmten Zwischen- oder Endproduktes notwendig sind, bezeichnet man als Stückprozess.

2 Vgl. Teil 4, Kapitel 1, Abschnitt 1.6 „Festlegung des Fertigungsverfahrens“.

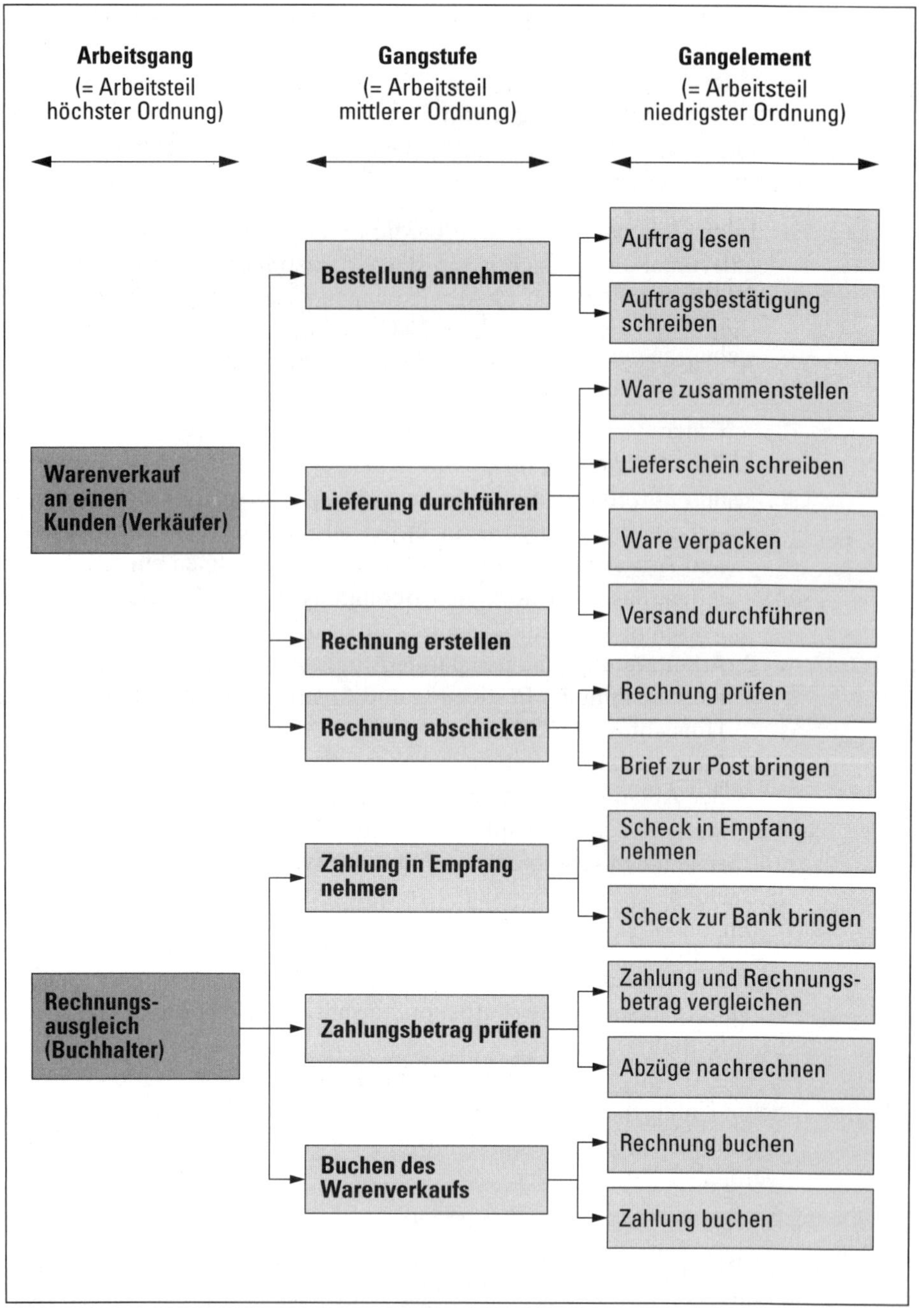

▲ Abb. 234 Beispiel für Arbeitsteile und Arbeitsgänge (Spitschka 1975, S. 47)

1.3.2.2 Ziele der Ablauforganisation und das Dilemma der Ablaufplanung

Im Vordergrund der Ablauforganisation steht die Gestaltung des Fertigungsprozesses in Bezug auf Auftrag, Zeit und Kapazität. Sie hat dafür zu sorgen, dass folgende Grundsätze eingehalten werden:

1. **Prinzip der Termineinhaltung:** Dieser Grundsatz beinhaltet die optimale Abstimmung der Fertigungstermine mit den Auftragsterminen.
2. **Prinzip der Zeitminimierung:** Dieses Prinzip verlangt, die Durchlaufzeiten des zu bearbeitenden Materials so zu gestalten, dass möglichst keine Wartezeiten entstehen, in denen das Material nicht bearbeitet wird.
3. **Prinzip der Kapazitätsauslastung:** Dieser Grundsatz fordert eine möglichst hohe Kapazitätsauslastung und damit eine Minimierung der Leerzeiten, in denen Betriebsmittel und Arbeitskräfte nicht genutzt werden.

Da sich Grundsatz 2 und 3 nur selten *gleichzeitig* verwirklichen lassen, spricht Gutenberg (1976a, S. 216) vom **Dilemma der Ablaufplanung.** Das eigentliche Ziel der Ablauforganisation besteht somit in der optimalen Abstimmung dieser beiden Forderungen, d.h. die Durchlaufzeit des Materials und die Leerzeiten von Maschinen und Menschen gleichzeitig zu minimieren. Dies wird dann erreicht, wenn die Bearbeitungszeiten möglichst den Förderzeiten entsprechen.

1.3.3 Zusammenfassung

Aufbau- und Ablauforganisation hängen sehr eng miteinander zusammen. Beide betrachten das gleiche Objekt, wenn auch unter verschiedenen Aspekten. Sie bedingen sich gegenseitig und bauen aufeinander auf: Die Aufbauorganisation liefert den organisatorischen Rahmen, innerhalb dessen sich die erforderlichen Arbeitsprozesse vollziehen können. Andererseits ist ein solcher Rahmen nur dann sinnvoll festlegbar, wenn genaue Vorstellungen über die Arbeitsprozesse bestehen, die sich innerhalb dieses Rahmens vollziehen sollen. ► Abb. 235 bringt diesen Zusammenhang grafisch zum Ausdruck.

Die klassische Organisationslehre geht in der Regel allerdings von der Aufbauorganisation aus und erst dann werden die Abläufe als raumzeitliche Strukturen hinzugefügt. Diese Dominanz der Strukturen über die Prozesse hat aber zu zahlreichen Schnittstellenproblemen geführt, die durch immer komplexere aufbauorganisatorische Maßnahmen gelöst werden sollten, wie zum Beispiel durch die Matrixorganisation.[1] Im Gegensatz dazu steht beim Business Reengineering die Ablauforganisation im Vordergrund, an die sich die Aufbauorganisation anpassen

1 Vgl. Kapitel 4, Abschnitt 4.3 „Business Reengineering als fundamentaler und radikaler organisatorischer Wandel".

muss. Dadurch sollen Schnittstellenprobleme vermieden und die erwünschte Kundenorientierung erreicht werden.

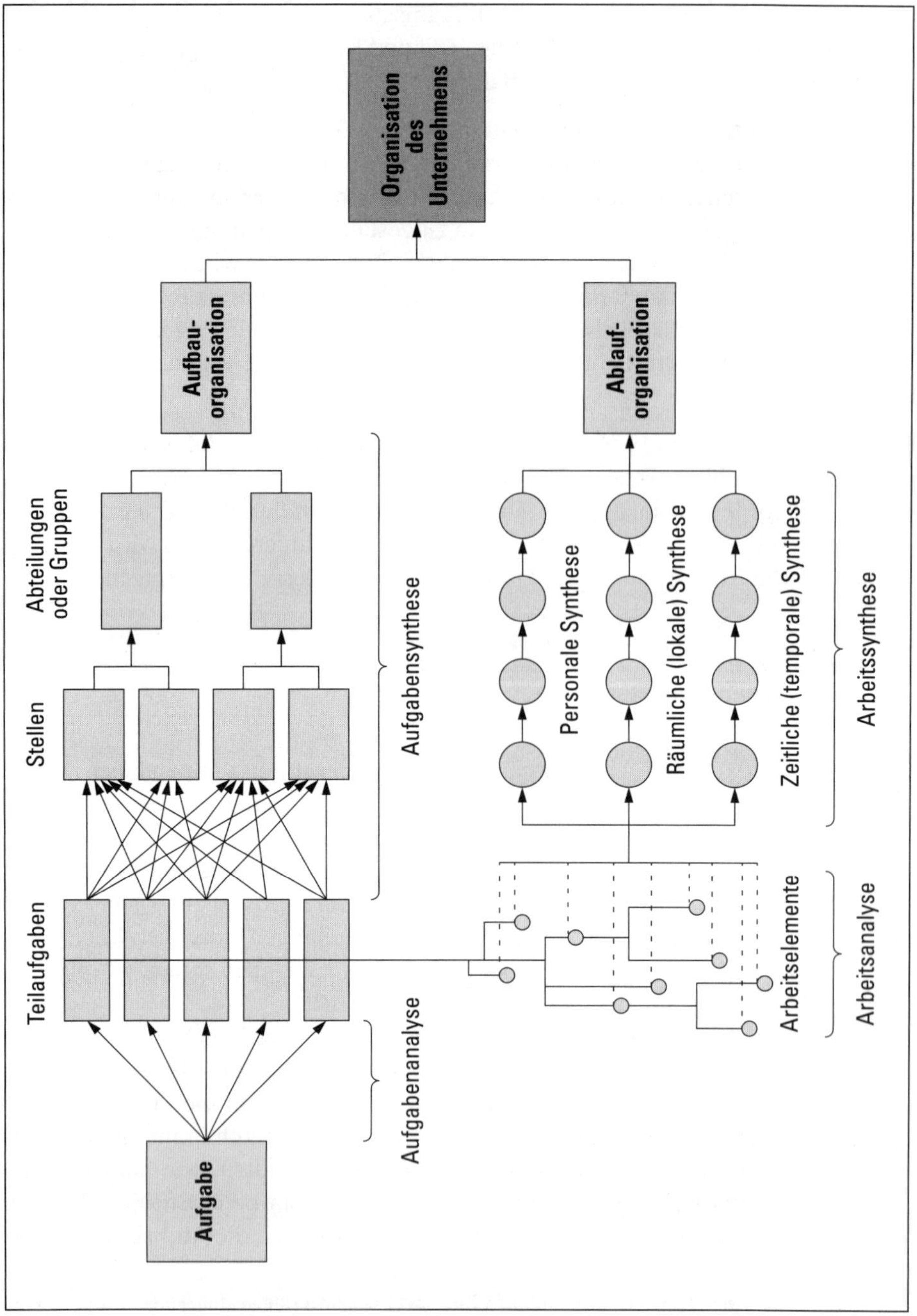

▲ Abb. 235 Zusammenhang Aufbau- und Ablauforganisation (Bleicher 1991, S. 49)

1.4 Organisatorische Regelungen

1.4.1 Organisationsinstrumente

Zur organisatorischen Gestaltung der Aufbau- und Ablauforganisation des Unternehmens stehen verschiedene organisatorische Hilfsmittel (Organisationsinstrumente) zur Verfügung. Die Ausgestaltung der Organisationsinstrumente kann in einem **Organisationshandbuch** festgehalten werden. Als wichtigste Instrumente können genannt werden:

- **Aufbauorganisation:**
  - Organigramm,
  - Stellenbeschreibung,
  - Funktionendiagramm.
- **Ablauforganisation:**
  - Ablaufplan,
  - Balkendiagramm,
  - Netzplan.

Auf die beiden Instrumente Balkendiagramm und Netzplan wurde bereits in Teil 4 „Produktion“ ausführlich eingegangen.[1] Im Vordergrund stehen deshalb die Instrumente der Aufbauorganisation sowie der Ablaufplan.

1.4.1.1 Organigramm

Das **Organigramm** zeigt die vereinfachte Darstellung der Organisationsstruktur zu einem bestimmten Zeitpunkt, wobei Rechtecke als Symbole für Stellen dienen und die Verbindungslinien den Dienstweg und die Unterstellungsverhältnisse zum Ausdruck bringen.

Das Organigramm kann – wie ▶ Abb. 236 zeigt – auf verschiedene Arten dargestellt werden, wobei alle Darstellungsformen die gleiche Aussagekraft haben und die Wahl in erster Linie vom zur Verfügung stehenden Platz abhängt. Es zeigt je nach Ausgestaltung und Beschriftung folgende Informationen:

- die Eingliederung der Stellen in die Gesamtstruktur des Unternehmens,
- die Art der Stelle (Instanz, Ausführungsstelle, Stab, Zentrale Dienste),
- die Unterstellungsverhältnisse (Dienstweg),
- weitere Beziehungen zwischen den Stellen (z.B. als Mitglied eines Ausschusses),

1 Vgl. Teil 4, Kapitel 2, Abschnitt 2.3.2 „Netzplantechnik“ und Abschnitt 2.4.1 „Kapazitätsplanung“.

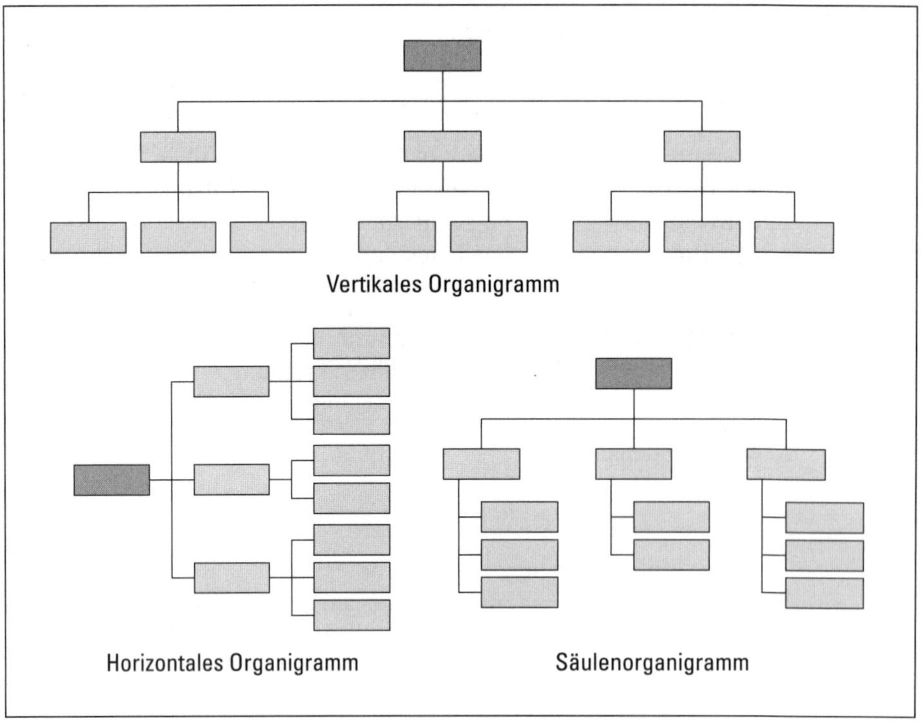

▲ Abb. 236 Darstellungsformen des Organigramms

- die Bereichsgliederung, die Zusammensetzung einer Abteilung und die Stellenbezeichnung,
- je nach Zweck des Organigramms kann dieses die Namen der Stelleninhaber, die Mitarbeiterzahl, die Kostenstellennummern sowie weitere Informationen enthalten.

Das Organigramm ist eines der in der Praxis am meisten verbreiteten Instrumente zur grafischen Darstellung der Organisationsstruktur eines Unternehmens. Es ermöglicht, einen raschen Überblick zu gewinnen. Allerdings ist es ein sehr einfaches Organisationsinstrument, das nur beschränkte Informationen liefert. Insbesondere zeigt es nicht die detaillierte Aufgabenverteilung und die spezifischen Funktionen bei der Bearbeitung gemeinsamer Aufgabenkomplexe. Deshalb werden Organigramme häufig mit zusätzlichen Organisationsinstrumenten ergänzt und kombiniert. Zudem ist es schwierig, komplexe Beziehungsgefüge großer und sehr stark gegliederter Unternehmen auf vernünftigem Raum darzustellen. Man beschränkt sich deshalb oft auf die obersten hierarchischen Stufen und stellt einzelne (Unter-)Abteilungen separat dar.

1.4.1.2 Stellenbeschreibung

Die Stellenbeschreibung wurde in Teil 7 „Personal“ ausführlich dargestellt und beurteilt.[1] Im Personalbereich dient sie in erster Linie als Hilfsmittel bei

- der Ermittlung des qualitativen Personalbedarfs,
- der Besetzung einer Stelle und
- der Mitarbeiterbeurteilung.

Aus organisatorischer Sicht ermöglicht die **Stellenbeschreibung** eine genaue Festlegung von Aufgaben, Kompetenzen und Verantwortung einer Stelle.

Die Stellenbeschreibung trägt damit zur Vermeidung von Unklarheiten, Missverständnissen und Konflikten bei. Sie fördert die Transparenz der Organisation eines Unternehmens. Für die Darstellung und den Inhalt von Stellenbeschreibungen gibt es keine allgemeinen Regelungen.[2]

Hauptproblem bei der Erarbeitung von Stellenbeschreibungen ist die Frage nach dem zweckmäßigen **Detaillierungsgrad.** Je umfassender und genauer eine Stellenbeschreibung ist, umso aufwendiger ist dieses Instrument und es birgt die Gefahr in sich, zu einem formalistischen, starren und sach- statt personenbezogenen Denken zu führen. Zudem wird es bei einem hohen Detaillierungsgrad sehr unübersichtlich und muss ständig überarbeitet und auf den neuesten Stand gebracht werden, wenn es als aktuelles Organisationsinstrument eingesetzt werden soll. Denn einerseits ergeben sich in einem Unternehmen häufig Veränderungen in der Aufgabenverteilung und andererseits können niemals alle Aufgaben vorausgesehen werden.

1.4.1.3 Funktionendiagramm

Das **Funktionendiagramm** zeigt in matrixförmiger Darstellung das funktionelle Zusammenwirken mehrerer Stellen zur Bewältigung einer Aufgabe.

Das Funktionendiagramm ist so angelegt, dass die eine Dimension der Matrix die an einer Aufgabe beteiligten Stellen, die andere die zu bewältigenden (Teil-)Aufgaben beinhaltet (▶ Abb. 237). Somit werden in knapper und übersichtlicher Form die wesentlichen Aufgaben und Kompetenzen einer Stelle sowie das Zusammenwirken verschiedener Stellen bei der Erfüllung einer Aufgabe ersichtlich. Aller-

1 Vgl. Teil 8, Kapitel 2, Abschnitt 2.2 „Ermittlung des quantitativen Personalbedarfs“.
2 Vgl. auch das Beispiel in ◀ Abb. 209 (S. 658).

Aufgaben \ Stellen	Verwaltungsrat	Geschäftsleitung	Bereiche: F & E	Bereiche: Produktion	Bereiche: Marketing	Bereiche: Administration	Bemerkungen
Festlegung der Unternehmenspolitik	E	P	M	M	M	M	
Erstellen der 5-Jahrespläne ▪ Umsatzentwicklung ▪ Kosten-Ertragsentwicklung ▪ Investitionen	 E E E	 P	 P	 P	 P P	 P	
Jahresbudget erstellen ▪ Umsätze ▪ betriebliche Kosten ▪ Investitionen		 E E E	 P	 P P	 P P	 P	bis 10.11.
Aufstellen und Überwachen der Jahresaktionspläne		A					
Erarbeiten von Führungskennziffern						A	
P = Planen, E = Entscheiden, M = Mitspracherecht, A = Ausführen							

▲ Abb. 237 Beispiel Funktionendiagramm (Nauer 1993, S. 171)

dings ist es kaum möglich, komplexe Beziehungen darzustellen. Zur genaueren Umschreibung und Abgrenzung von Aufgaben, Kompetenzen und Verantwortung bedarf es deshalb oft ergänzender organisatorischer Hilfsmittel.

1.4.1.4 Ablaufplan

Der **Ablaufplan** zeigt, welche Stellen in welcher Reihenfolge bei der Erfüllung einer bestimmten Aufgabe beteiligt sind (▶ Abb. 238).

Eine spezielle Form des Ablaufplans ist die Ablaufkarte, die zur Arbeitsplanung im Fertigungs- und Montagebereich dient.[1] Der Ablaufplan ist rasch und einfach zu erstellen und gibt einen guten Überblick über die an einer Aufgabe beteiligten Stellen. Allerdings hat er auf der anderen Seite eine geringe Aussagekraft, da viele Details und konkrete Formulare fehlen. Deshalb müssen häufig noch zusätzliche Informationen zusammengestellt werden.

1 Vgl. Teil 4, Kapitel 2, Abschnitt 2.5.2 «Ablaufkarte».

Stellen					Arbeitsablauf: Betriebsmaterial IST		
Dir	**Pr**	**Ei**	**V**	**A**	**Nr.**	**Aufgaben, Tätigkeiten**	**Bemerkungen**
					1	▪ Wöchentliche Bestandskontrolle ▪ Festlegung der zu bestellenden Artikel und Mengen ▪ Ausstellung einer Bedarfsanforderung	Lieferantenkartei beim Einkauf
					2	▪ Ergänzt Bedarfsanforderung mit Preisen, Lieferbedingungen ▪ Eintrag der Kostenstellen-Nummer ▪ Schreiben der Bestellung	Produktion
					3	▪ Kontrolle der Bestellung, Unterschrift ▪ Eintrag der bestellten Menge in Lagerkartei ▪ Weiterleitung an Administration	Lagerkartei könnte vom Einkauf geführt werden
					4	▪ Kenntnisnahme und Kontrolle ▪ Versand, Verteilung der Bestellkopien	Weshalb nicht Einkauf?
					5	▪ Eingang der Auftragsbestätigung ▪ Kenntnisnahme, Weiterleitung	
					6	▪ Kontrolle der Daten ▪ Eintragung der Liefertermine ▪ Meldung an Produktion	
					7	▪ Kontrolle der Daten ▪ Eintragung der Liefertermine	Doppelspurigkeit!
					8	▪ Eingang der Ware ▪ Überprüfung der gelieferten Ware mit Auftragsbestätigung ▪ Ausstellen Wareneingangsschein ▪ Eintragung in Lagerkartei ▪ Weiterleitung der Kopien	

▲ Abb. 238 Beispiel Ablaufplan (Nauer 1993, S. 211)

1.4.2 Organisationsgrad

Die Organisationsinstrumente enthalten Regelungen und Anweisungen, wie bestimmte Situationen organisatorisch gelöst werden können oder sollen. Dabei kann zwischen allgemeinen und speziellen Regelungen betrieblicher Tatbestände unterschieden werden.

- Eine **allgemeine** Regelung bedeutet, dass bestimmte Tatbestände ein für alle Mal geregelt werden. Dies erweist sich vor allem dann als sinnvoll, wenn es sich um Situationen handelt, die sich in gleicher oder ähnlicher Weise wiederholen. Damit verbunden ist allerdings eine Einschränkung der Entscheidungsfreiheit des betroffenen Mitarbeiters bei der Erfüllung seiner Aufgaben.

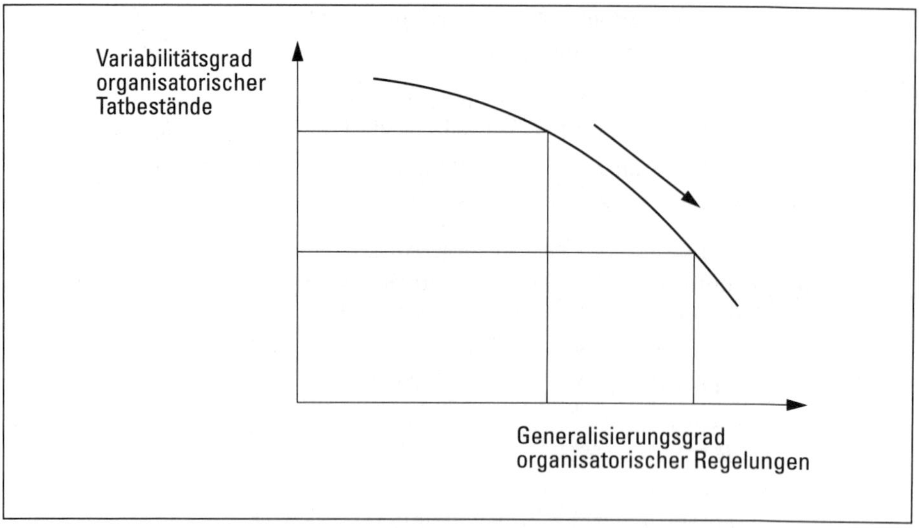

▲ Abb. 239 Substitutionsprinzip der Organisation (Kieser 1981, S. 71)

- Bei einer **speziellen** Regelung hingegen hat der jeweilige Mitarbeiter einen größeren Entscheidungsspielraum, da er jede Situation der Problemlösung entsprechend neu regeln kann.

Je größer die Gleichartigkeit, Regelmäßigkeit und Wiederholbarkeit betrieblicher Prozesse ist, desto mehr allgemeine Regelungen können festgelegt werden und desto weniger spezielle Anordnungen müssen getroffen werden. Gutenberg (1976a, S. 240) bezeichnet diesen Sachverhalt, dass mit abnehmender Veränderlichkeit betrieblicher Tatbestände die Tendenz zur allgemeinen Regelung zunimmt, als das Substitutionsprinzip der Organisation.

Das **Substitutionsprinzip der Organisation** (◄ Abb. 239) besagt, dass mit abnehmender Veränderlichkeit betrieblicher Tatbestände die Tendenz zur allgemeinen Regelung zunimmt.

Die organisatorische Gestaltung mit einer Vielzahl allgemeiner Regelungen nimmt dem Mitarbeiter oft verantwortungsvolle Entscheidungen ab. Damit sind folgende **Gefahren** und **Nachteile** verbunden:

- Der individuelle Gestaltungs- und Entscheidungsspielraum wird sehr stark eingeschränkt.
- Die Schematisierung von Betriebsabläufen führt zu starren und schwerfälligen Organisationsprozessen und -strukturen.
- Die Anpassungsfähigkeit gegenüber sich ändernden Anforderungen wird vermindert.

Die Tendenz zu generellen Regelungen kann aber folgende **positiven Auswirkungen** auf das Unternehmen und seine Mitglieder haben:

- Die Rationalisierung des Betriebsablaufs wird erhöht.
- Die leitenden und ausführenden Stellen werden entlastet.
- Verminderung von Konflikten, da weniger Unklarheiten (z.B. bezüglich Kompetenzabgrenzungen) herrschen.

Die zu lösende organisatorische Aufgabe besteht nun darin, das organisatorische Optimum oder Gleichgewicht zu finden, das durch das Substitutionsprinzip bestimmt wird.

Das **organisatorische Optimum** ist dann erreicht, wenn alle gleichartigen und sich wiederholenden betrieblichen Vorgänge allgemeinen und keinen speziellen Regelungen unterliegen (▶ Abb. 240).

Der **organisatorische Rationalisierungsprozess** hat das Optimum noch nicht erreicht, wenn zu wenige sich wiederholende Vorgänge allgemein geregelt werden (Unterorganisation). Andererseits ist das Optimum überschritten, wenn ungleichartige Tatbestände mit allgemeinen Regeln gelöst werden, obwohl sie fallweise zu behandeln wären (Überorganisation).

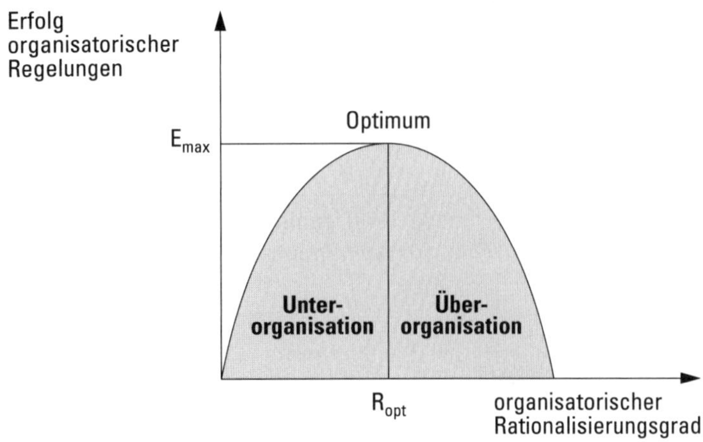

▲ Abb. 240 Optimaler Organisationsgrad (Kieser 1981, S. 72)

Kapitel 2

Organisationstheoretische Ansätze

Auf Grund der historischen Entwicklung der Organisationslehre können vier bedeutende Ansätze unterschieden werden, die in den folgenden Abschnitten vorgestellt werden:

1. Scientific Management,
2. Administrative Ansätze,
3. Human Relations-Ansatz,
4. Situative Ansätze.

Im wesentlichen versucht jeder dieser Ansätze zu zeigen, welche Einflussfaktoren für die Organisation eines Unternehmens, d.h. die Art der Arbeitsteilung, besonders wichtig sind.

2.1 Scientific Management[1]

Als Begründer des Scientific Management wird der Ingenieur **Frederick W. Taylor** betrachtet. In seinem 1911 erschienenen Buch „The Principles of Scientific Management" stellte er die Grundlagen für eine neue Betrachtung des Menschen als Produktionsfaktor und für eine neue Denkweise im Management auf. Diese wur-

1 Zum Scientific Management vgl. Teil 8, Kapitel 1, Abschnitt 1.2.2 „Scientific Management".

den bereits bei der Darstellung der Menschenbilder, die der Einstellung gegenüber dem Mitarbeiter zu Grunde liegen, ausführlich besprochen.[1]

Taylors Aussagen beruhen auf der **Hypothese,** dass eine auf den Ingenieurwissenschaften basierende Spezialisierung und eine Entlohnung nach dem Leistungsprinzip eine maximale Produktivität mit sich bringen.

Diese Annahmen Taylors führten zu folgenden Prinzipien der Betriebsführung:

- auf Bewegungs- und Zeitstudien beruhende Arbeitsmethoden,
- starke Spezialisierung auf einzelne Verrichtungen,
- Trennung von Führungs- und Ausführungsfunktionen,
- starke Betonung der Kontrolle,
- Prinzip des Leistungslohnes,
- Ausrichtung nach dem Maximalprinzip: mit den gegebenen Mitteln (Input) soll ein möglichst hohes Ergebnis (Output) erreicht werden.

Die organisatorische Konsequenz aus diesen Forderungen ist das so genannte **Funktionsmeistersystem,** bei dem Taylor zwei hierarchische Ebenen unterscheidet: die Führungsebene mit den Funktionsmeistern und die Ausführungsebene mit den Arbeitern. Die Ebene der Funktionsmeister wird zudem in zwei Gruppen unterteilt:

- **Meister des Arbeitsbüros:**
  - Arbeitsverteiler,
  - Unterweisungsbeamter,
  - Zeit- und Kostenbeamter,
  - Aufsichtsbeamter.

- **Ausführungsmeister:**
  - Verrichtungsmeister,
  - Geschwindigkeitsmeister,
  - Prüfmeister,
  - Instandhaltungsmeister.

Da sowohl jeder Arbeiter als auch jeder Meister auf eine bestimmte Tätigkeit spezialisiert ist, müssen alle Arbeiter jedem Funktionsmeister unterstellt sein (▶ Abb. 241). Damit ergibt sich das **Mehrliniensystem.**

Eine **Beurteilung** des Funktionsmeistersystems zeigt, dass dem Vorteil der kurzen Mitteilungs- und Entscheidungswege sowie dem Einsatz von Spezialwissen auf Grund der starken Spezialisierung die Nachteile gegenüberstehen, dass Weisungskonflikte entstehen können und der Koordinationsaufwand sehr groß ist. Zudem ist auf die Gefahren der Arbeitsmonotonie hinzuweisen.

1 Vgl. Teil 8, Kapitel 1, Abschnitt 1.2 „Menschenbilder".

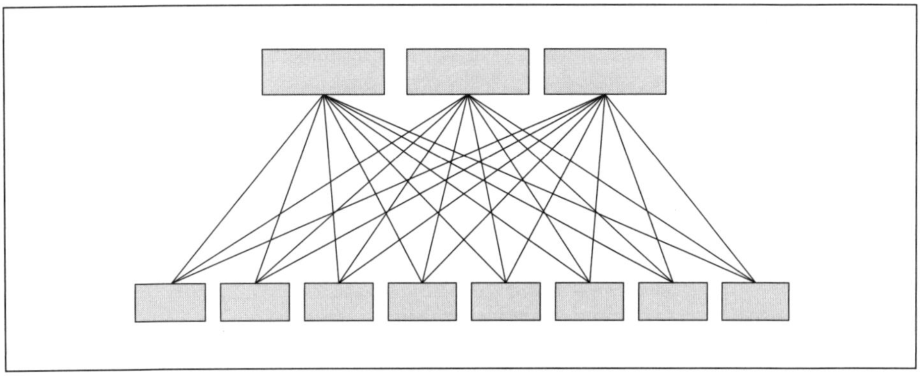

▲ Abb. 241 Mehrliniensystem

Taylor entwickelte seine Ideen und Grundsätze primär im Hinblick auf die Rationalisierung handwerklicher Arbeit. **Henry Ford** war es dann, der 1913 diese Denkweise auf die Rationalisierung des industriellen Fertigungsprozesses bei der Massenproduktion von Automobilen übertrug. Mit einer optimalen Anordnung von Mensch und Maschine nach dem Fließprinzip (Fließbandfertigung), starken Lohnerhöhungen und Kürzung der Wochenarbeitszeit erreichte Ford erhebliche Produktivitätssteigerungen. Dies ermöglichte eine Senkung der Verkaufspreise, welche die Voraussetzung für die Steigerung der Absatzmengen bildete.

2.2 Administrative Ansätze

Wie das Beispiel Taylors zeigt, beschäftigte sich das Scientific Management vor allem mit den arbeitstechnischen Problemen auf den unteren Führungsebenen im Bereich der Fertigung und Verwaltung eines Unternehmens. Demgegenüber zielen die administrativen Ansätze auf die organisatorische Gestaltung des Gesamtunternehmens. Wichtigster Vertreter ist der Franzose **Henry Fayol,** der 1916 mit seinem Werk „Administration industrielle et générale" die Grundlagen dazu schuf. Mit dem Wort „générale" wollte er bereits im Titel klarmachen, dass seine Aussagen nicht nur auf Industriebetriebe, sondern auf alle Arten von Organisationen angewendet werden können.

Fayol ging bei seinen Arbeiten von der **Hypothese** aus, dass eine optimale Organisation dann erreicht ist, wenn übersichtliche und eindeutige Beziehungen zwischen den Elementen einer Organisation bestehen.

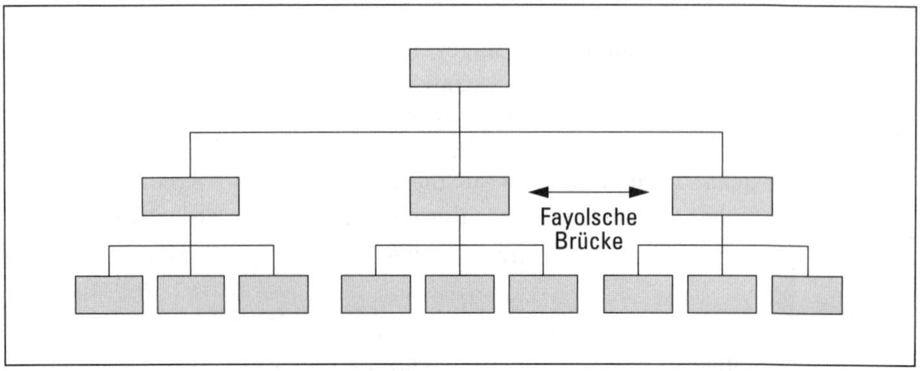

▲ Abb. 242 Einliniensystem

In den Vordergrund rückte er deshalb die beiden folgenden **Grundprinzipien:**

- Grundsatz der Einheit der Auftragserteilung bzw. des Auftragsempfangs: Jeder Organisationsteilnehmer soll nur von einem einzigen Vorgesetzten Anordnungen erhalten.
- Prinzip der optimalen Kontrollspanne: Kein Vorgesetzter soll mehr Untergebene haben, als er selbst überwachen kann.

Die organisatorische Konsequenz der Forderungen Fayols führt zum **Einliniensystem,** wie es in ◄ Abb. 242 dargestellt ist. Die Kommunikationswege verlaufen grundsätzlich vertikal. Allerdings kann im Ausnahmefall die direkte horizontale Kommunikation gewählt werden (so genannte Fayolsche Brücke). Das durch eine hohe Formalisierung gekennzeichnete Organisationssystem zeigt wegen der klaren Abgrenzung von Aufgaben, Kompetenzen und Verantwortung sowie der klaren Kommunikationswege eindeutige Beziehungen zwischen den Organisationsteilnehmern. Weisungskonflikte können kaum auftreten. Dafür erweist sich dieses System aber als starre Organisationsform, die durch lange und umständliche Mitteilungs- und Entscheidungswege gekennzeichnet ist.

2.3 Human Relations-Ansatz

Als Begründer der Human Relations-Bewegung werden die Harvard-Professoren **Elton Mayo** und **William Roethlisberger** angesehen, die in ihren Experimenten in den Hawthorne-Werken der Western Electric Company von 1927 bis 1932 zu neuen organisationstheoretischen Erkenntnissen gelangten (vgl. Roethlisberger/Dickson 1939). Ausgehend von einer typischen Problemstellung des Scientific Management, nämlich der Untersuchung des Einflusses der (physischen) Arbeitsbedingungen auf die Produktivität, gelangten sie zu den Erkenntnissen, wie sie bereits in Teil 8 „Personal" dargestellt worden sind.[1] Zusammengefasst können sie mit der **Hypothese** wiedergegeben werden, dass die Produktivität des Mitarbeiters nicht nur von den physikalischen Arbeitsbedingungen, sondern ebenso von seiner Behandlung (Aufmerksamkeit und Interesse, das man ihm entgegenbringt), seinen Gruppenzugehörigkeiten und den Gruppennormen abhängt. Aus **organisatorischer Sicht** ergibt sich aus diesen Aussagen die Konsequenz, dass neben der formalen Organisation die informale eine ebenso große Rolle spielen kann und entsprechend beachtet werden sollte.

2.4 Situativer Ansatz (Contingency Approach)

2.4.1 Ausgangspunkt situativer Ansätze

In den 50er- und 60er-Jahren zeigten verschiedene Arbeiten in der Organisationsforschung, dass die bisherigen Ansätze zu einseitig auf ein bestimmtes Ziel ausgerichtet waren. Dies führte zu absoluten Aussagen, die zu wenig Rücksicht auf die jeweilige Situation nahmen, in der sich ein Unternehmen befand. Vertreter von neueren Ansätzen waren deshalb der Meinung, dass die jeweiligen Gegebenheiten einen entscheidenden Einfluss auf die Organisation eines Unternehmens haben. Man spricht deshalb von situativen Ansätzen oder situativen Denkweisen. Im englischsprachigen Raum kennt man zwar analog den Ausdruck **Situational Approach,** doch häufiger trifft man auf den Begriff **Contingency Approach.** Damit soll zum Ausdruck gebracht werden, dass die Organisation eines Unternehmens von verschiedenen Größen abhängig (= contingent) ist. Ausgangspunkt der situativen Ansätze sind folgende Grundhypothesen:[2]

1. Es gibt keine beste Organisationsmethode: Es kann keine Aussage darüber gemacht werden, welches die beste Organisationsform sei.
2. Nicht jede Organisationsmethode ist gleich effizient: Je nach Situation kann eine Methode mehr oder weniger wirkungsvoll sein.
3. Die Wahl der Organisationsmethode ist abhängig von der Beschaffenheit der Umwelt, welche für ein Unternehmen relevant ist.

Die situativen Ansätze bemühen sich deshalb, Zusammenhänge zwischen Organisationsformen und möglichen Umweltsituationen aufzuzeigen. Die Strukturvariablen der Organisation stellen dabei die abhängigen, die Situationsvariablen der Umwelt die unabhängigen Variablen dar, d.h. die Organisation wird als Funktion ihrer Umwelt betrachtet. ▶ Abb. 243 gibt einen schematischen Überblick über die dabei zu ermittelnden Grundzusammenhänge.

---

1 Vgl. Teil 8, Kapitel 1, Abschnitt 1.2.3 „Human Relations-Bewegung".
2 Vgl. Galbraith 1973, S. 2, und Scott 1986, S. 163.

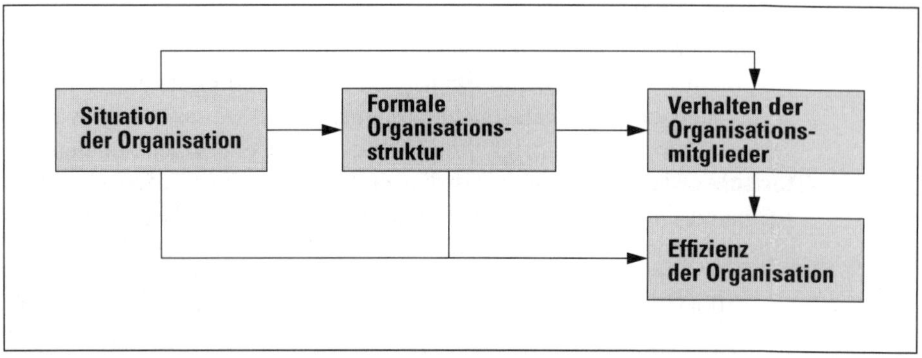

▲ Abb. 243 Grundmodell situativer Ansätze (Kieser/Kubicek 1992, S. 61)

Dieses **analytisch** oder **explikativ** (= erklärend) orientierte Grundmodell kann durch die Ziele ergänzt werden, die man durch die Gestaltung der Organisation zu erreichen sucht (z.B. höhere Flexibilität, Integration verschiedener Produktlinien). Es gilt dann, jene Organisationsform zu finden, die unter Berücksichtigung der verfolgten Ziele die größte Übereinstimmung mit der Umweltsituation aufweist. Dieses **pragmatisch** oder **handlungsorientierte** Grundmodell kann mit ► Abb. 244 wiedergegeben werden.

In ► Abb. 244 stellen die einfach ausgezogenen Pfeile Kausalbeziehungen dar, während der doppelt ausgezogene Pfeil auf die Notwendigkeit eines gestaltenden Eingriffs hinweisen soll. Nach Kieser/Kubicek (1992, S. 65) können die einzelnen Beziehungen wie folgt umschrieben werden:

1. Ausgangspunkt bilden die Gestaltungsziele, die auch als angestrebte Wirkungen in Form bestimmter Verhaltensweisen der Organisationsmitglieder verstanden werden können.
2. Diese Wirkungen sollen herbeigeführt werden, indem die Organisationsstruktur als Instrument der Verhaltenssteuerung in geeigneter Weise gestaltet wird. Da sie im Mittelpunkt der Gestaltung steht, spricht man von einem Aktionsparameter.
3. Die Organisationsstruktur beinhaltet bestimmte Vorgaben und Erwartungen für die betroffenen Organisationsmitglieder und schreibt bestimmte Verhaltensweisen vor.
4. Die Aufgaben, die die Organisationsmitglieder zu bewältigen haben, werden jedoch wesentlich durch die situativen Bedingungen bestimmt, unter denen die Organisation arbeitet. Aus diesen situativen Bedingungen ergeben sich somit ebenfalls Anforderungen an die Organisationsmitglieder.
5. Charakteristisch für die situative Betrachtung ist nun, dass die erwarteten Wirkungen organisatorischer Regelungen auf das Verhalten der Organisationsmitglieder als Kombination von Struktur- und Situationseffekten verstanden werden. Es kommt darauf an, die Organisationsstruktur so zu gestalten, dass sie den situativen Bedingungen entspricht.

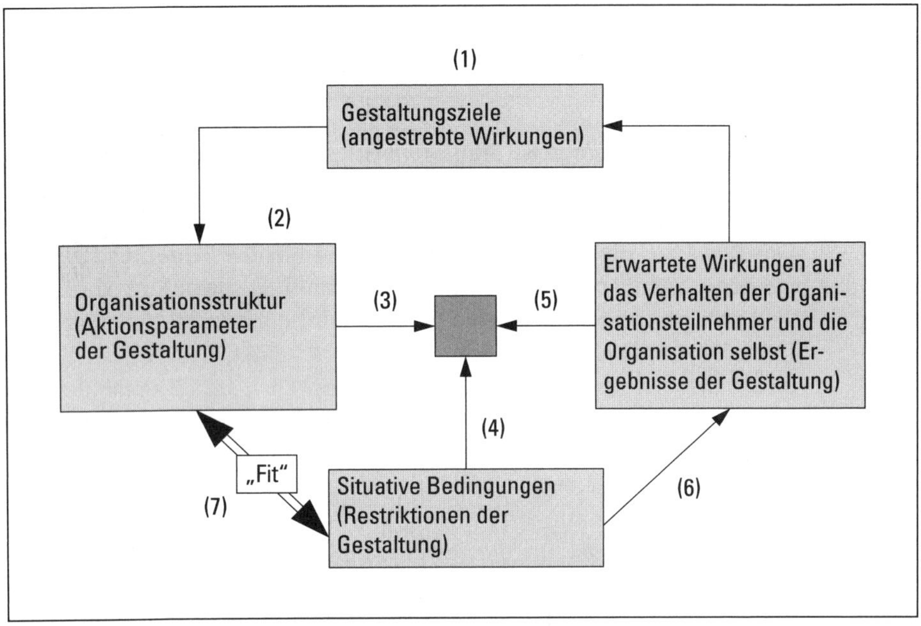

▲ Abb. 244 Handlungsorientiertes Grundmodell (Kieser/Kubicek 1992, S. 64)

6. Zusätzlich ist zu beachten, dass von den situativen Bedingungen auch direkte Verhaltenswirkungen ausgehen.
7. Stellt man in einer konkreten Situation fest, dass die tatsächlichen oder erwarteten Verhaltenswirkungen von den angestrebten abweichen, so wird vermutet, dass dies an einer nicht situationsgerechten Organisationsstruktur, d.h. an einer mangelnden Übereinstimmung zwischen organisatorischen Gegebenheiten und situativen Anforderungen liegt. Aus dieser Diagnose ergibt sich zugleich die Therapie: Die Entsprechung, der „Fit" zwischen Struktur und Situation ist herzustellen, indem die Struktur der Situation angepasst wird und/oder versucht wird, die Situation so zu verändern, dass die bestehende Struktur passt.

Im folgenden werden vier situative Ansätze betrachtet, von denen je zwei eine andere Situationsvariable zum Gegenstand haben. Es handelt sich um die Ansätze von

- Burns/Stalker und Lawrence/Lorsch (Umweltveränderung als Situationsvariable) sowie von
- Woodward und Perrow (Technologie als Situationsvariable).

2.4.2 Umweltveränderung als Situationsvariable

2.4.2.1 Ansatz von Burns/Stalker

Tom Burns und **George M. Stalker** veröffentlichten 1961 ein Buch mit dem Titel „The Management of Innovation", in dem sie eine empirische Studie in zwanzig britischen Industriebetrieben, vorwiegend aus der Elektronikbranche, vorstellten. Die Resultate dieser Studie können mit folgender **Hypothese** zusammengefasst werden: „Sobald Neuartigkeit und Unvertrautheit sowohl im Markt als auch in der Technologie zur Regel geworden sind, wird ein anderes Managementsystem erforderlich, das sich völlig von dem unterscheidet, das bei einer relativ stabilen ökonomischen und technologischen Umwelt passt." (Staehle 1999, S. 466) Burns/Stalker stellen somit das Managementsystem (abhängige Variable) in Abhängigkeit von den Umweltveränderungen (unabhängige Variable) dar. Das **Managementsystem** setzt sich aus der Organisation, der Mitarbeiterführung sowie den Steuerungsfunktionen Planung und Kontrolle zusammen. Unter der **Umwelt** verstehen sie vor allem die jeweilige Marktsituation und die technologischen Grundlagen der Produktion. Verändert sich die Marktsituation und/oder die Technologie, so sind Veränderungen im Organisations- und Führungssystem notwendig.

Burns/Stalker unterscheiden zwei grundsätzliche Managementsysteme, wobei verschiedene Varianten zwischen diesen beiden Extremen auftreten können. Die Ausprägung der wichtigsten Merkmale des Managementsystems zeigt ▶ Abb. 245. Das **mechanistische System** ist allgemein durch Starrheit und mangelnde Anpassungsfähigkeit an die Umweltveränderungen, das **organische System** durch Flexibilität gekennzeichnet. Deshalb stellt das mechanistische System in einer relativ stabilen Umwelt mit entsprechend geringen Innovationsraten und das organische System in relativ dynamischen Umweltsituationen mit entsprechend hohen Innovationsraten das angemessene Managementsystem dar.

2.4.2.2 Ansatz von Lawrence/Lorsch

Paul R. Lawrence und **Jay W. Lorsch** (1967) führten in zehn Unternehmen (sechs aus der Kunststoff-, zwei aus der Nahrungsmittel- und zwei aus der Verpackungsindustrie) mit jeweils 30 bis 50 Mitgliedern des oberen und mittleren Managements schriftliche und mündliche Befragungen durch, denen folgende Hypothesen zugrunde lagen:[1]

1. Mit zunehmender Größe teilt sich das Unternehmen auf Grund der notwendigen Arbeitsteilung in verschiedene Teilbereiche (Abteilungen, Subsysteme)

1 Vgl. Schreyögg 1978, S. 25ff., und Staehle 1973, S. 72ff.

Merkmale Managementsystem	**Systemtyp**	
	mechanistic system	**organic system**
1. Organisation		
Struktur	funktionsorientiert	aufgabenorientiert
Spezialisation	stark	schwach
Arbeitsteilung	starr	flexibel
Hierarchie	spitz, rigide	flach, lose
Kontrollspanne	klein	groß
Führungsebenen	viele	wenige
Vorschriften	stark formalisiert	schwach formalisiert
Autorität	zentralisiert	dezentralisiert
▪ Position	hoch	niedrig
▪ Wissen	niedrig	hoch
Befehlswege	klar, vertikal	unklar, lateral
Entscheidungsfindung	meist an der Spitze	überall
Koordination	auf oberen Ebenen	auf niederen Ebenen
Interaktion zw. Abteilungen	gering	stark
Informelle Beziehungen	vernachlässigt	wichtig
2. Führung		
Stil	autoritär	partizipativ
zwischenmenschl. Bezieh.	befehlend	kooperativ
Formalisierung	stark	schwach
Besprechungen	formell	informell
Motivation	Angst, Bedrohung, Bestrafung, monetäre Anreize	Engagement, Befriedigung psychologischer Bedürfnisse
Verhalten d. Untergebenen	Konformität	Initiative, Kreativität
Anweisungen	detailliert vorgeschrieben, Entscheidung und Instruktion	allgemein empfehlend, Rat und Information
Macht	an der Spitze	überall
3. Planung und Kontrolle		
Verantwortung für Ziele	an der Spitze	überall
Zielfindung	Befehl von oben	Teamarbeit
Zielbeschreibung	stark	schwach
Schwergewicht	Quantität, Risiko	Qualität, Gelegenheit
Planung	durch Stäbe	alle sind beteiligt
Plandetaillierungen	viele	wenige
Art der Kontrolle	formal, schriftlich, häufig	informal, persönlich, selten
Ort der Kontrolle	Spitze, Vorgesetzte	alle Ebenen, Kollegen, Selbstkontrolle
Kommunikation	vertikal	lateral

▲ Abb. 245 Gegenüberstellung der wichtigsten Merkmale mechanistischer und organischer Systeme (Staehle 1973, S. 39)

Umweltsektor		**Unternehmsbereich**
Wissenschaft und Technik	◄——►	Forschung
Technologie	◄——►	Produktion
Lieferanten	◄——►	Einkauf
Kunden und Konkurrenz	◄——►	Verkauf
Arbeitsmarkt	◄——►	Personal
Geld- und Kapitalmarkt	◄——►	Finanzierung
Presse, Verbände etc.	◄——►	Public Relations

▲ Abb. 246 System-Umweltbeziehungen (Staehle 1973, S. 75)

auf. Dieser **Differenzierung** steht aber eine **Integration** gegenüber. Je mehr Abteilungen bestehen, umso stärker müssen diese aufeinander abgestimmt und deren Aktivitäten koordiniert werden.

2. Entscheidend für die Art der Differenzierung ist vorerst die Umwelt eines Unternehmens. Diese stellt nicht einen einheitlichen Block dar, sondern setzt sich aus verschiedenen **Umweltsektoren** (Subumwelten) zusammen. Jedem Umweltsektor muss nun ein Subsystem des Unternehmens gegenüberstehen, das sich an den spezifischen Gegebenheiten seines Umweltsektors orientiert. ◄ Abb. 246 zeigt ein Beispiel einer solchen Differenzierung. Lawrence/Lorsch haben sich allerdings bei ihrer Untersuchung auf die wesentlichen Subsysteme eines Industrieunternehmens beschränkt, nämlich die Bereiche „Produktion", „Marketing" sowie „Forschung und Entwicklung". Diesen haben sie entsprechend die drei Umweltsektoren „techno-ökonomischer Bereich", „Markt" (Kunden, Konkurrenz) und „Wissenschaft" gegenübergestellt.

3. Die Charakterisierung der Umwelt erfolgt grundsätzlich nach dem vorherrschenden **Grad der Sicherheit** der einzelnen Umweltsektoren. Die Sicherheit bzw. Unsicherheit kann nach folgenden drei Dimensionen bestimmt werden:
   - Bestimmtheit und Verlässlichkeit der Informationen,
   - Häufigkeit der Informationsänderungen,
   - Zeitspanne zwischen Aktivität des Subsystems des Unternehmens und Rückmeldung aus der Umwelt.

   Können anhand dieser Kriterien die Subumwelten entweder in der Mehrzahl als sicher oder in der Mehrzahl als unsicher beurteilt werden, so ergibt sich für das Unternehmen das Bild einer **homogenen** oder **gleichartigen Umwelt.** Unterscheiden sich die einzelnen Subumwelten hingegen erheblich voneinander, ist beispielsweise der Marktbereich unsicher und der technisch-ökonomische Bereich sicher, so handelt es sich um eine **heterogene** oder **ungleichartige Umwelt.**

4. Unter der **Differenzierung** verstehen aber Lawrence/Lorsch nicht nur die Aufteilung des Unternehmens in mögliche Teilbereiche, sondern auch die mit dieser Aufteilung einhergehende Verhaltensweise der Mitglieder eines Teilbereichs. Je nach Umweltsituation ergeben sich nämlich unterschiedliche Organisations-

und Führungsstrukturen. Diese werden durch vier Kriterien zu erfassen versucht:

- Formalisierungsgrad: Wie stark ist die Organisation durch Regelungen formalisiert?
- Zwischenmenschliche Orientierung: Steht die Sache (Aufgabe) oder der Mensch im Vordergrund?
- Zeitliche Orientierung: Auf welchen Zeithorizont richtet man sich aus (kurz-, mittel- oder langfristig)?
- Zielorientierung: Welches ist der Inhalt der Ziele?

5. Die **Integration** der verschiedenen Teilbereiche erfolgt primär auf der Basis einer hierarchischen Organisationsstruktur. Sie ist aber nur dort ausreichend, wo eine relativ homogene Umwelt vorhanden ist. Je heterogener aber die Umwelt, umso mehr zusätzliche Integrationsmittel sind erforderlich. Lawrence/Lorsch nennen beispielsweise Projekt-Gruppen, Matrixorganisationen, Integrationsabteilungen oder Mitarbeiter mit einer Integrationsfunktion.

6. Der **Erfolg** eines Unternehmens bzw. die Effizienz der Organisation hängt letztlich davon ab, wie gut es dem Unternehmen gelingt, die auf Grund der Differenzierung entstandene Segmentierung durch eine optimale Integration zu kompensieren.

► Abb. 247 zeigt das Grundmodell des Kontingenz-Konzeptes von Lawrence und Lorsch.

Die empirischen Ergebnisse bestätigten, dass sich die verschiedenen Sicherheitsgrade der Umweltsektoren tatsächlich in einer unterschiedlichen Ausgestaltung der Differenzierungsdimensionen auswirken. Am Beispiel der Kunststoffindustrie sei die Bestätigung dieser Hypothese veranschaulicht (► Abb. 248). Bestätigt wurde auch die Hypothese, dass die Differenzierung und Integration umso

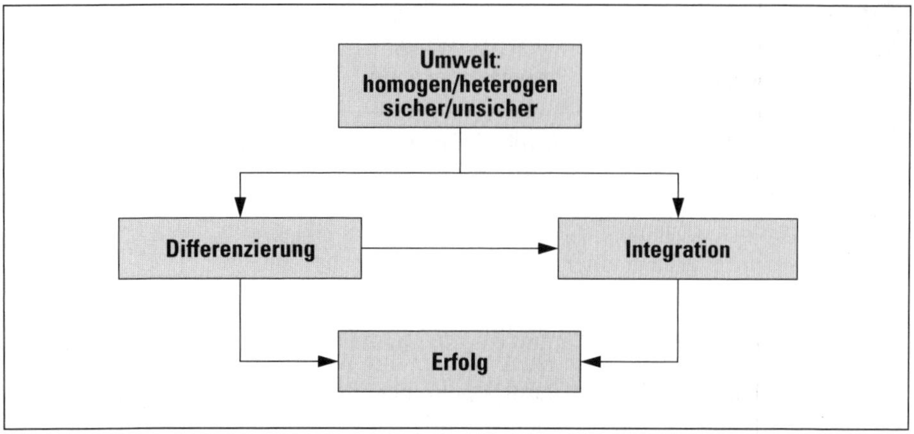

▲ Abb. 247 Modell von Lawrence/Lorsch (Schreyögg 1978, S. 26)

Merkmale / Subsystem	Umweltbedingungen	Differenzierungsdimensionen			
		Formalisierungsgrad	zwischenmenschliche Orientierung	Zeitorientierung	Zielorientierung
Produktion	sicher	stark	aufgabenorientiert	kurzfristig	Kosten
Marketing	unsicher	mittel	personenorientiert	kurzfristig	Markt
Forschung	sehr unsicher	schwach	aufgabenorientiert	langfristig	Wissenschaft

▲ Abb. 248 Differenzierung in der Kunststoffindustrie (Lawrence/Lorsch 1967, S. 29ff.)

Merkmale / Branche	Umweltbedingungen	Differenzierungsgrad	Integration			
			primäre Integrationsmittel	Anteil der mit Integration Beschäftigten am Gesamtmanagement	Verteilung von Macht und Autorität	einflussreichste Teilbereiche
Kunststoff	sehr heterogen	hoch	Teams, Koordinationsabteilungen, Pläne, Vorschriften, Hierarchie	22%	gleichmäßig	Koordinationsabteilung
Nahrungsmittel	relativ heterogen	mittel	Hierarchie, Pläne, Vorschriften, einzelne Koordinatoren, Teams	17%	gleichmäßig	Marketing und Forschung
Verpackung	relativ homogen	gering	Hierarchie, Pläne, Vorschriften	0%	oben: stark unten: schwach	Marketing

▲ Abb. 249 Heterogenität der Umwelt, Differenzierung und Integration (Lawrence/Lorsch 1967, S. 91ff./137ff.)

größer ist, je ungleichartiger die Umwelt ist (◀ Abb. 249). Erfolgreiche Unternehmen innerhalb einer Branche weisen dabei eine höhere Differenzierung und Integration auf als nicht erfolgreiche Konkurrenten.

Lawrence hat seinen mit Lorsch 1967 erarbeiteten Ansatz mit Dyer weiterentwickelt. In ihrem Buch „Renewing American Industry" (1983) stellen sie die **Hypothese** auf, dass die beiden wesentlichsten Einflussfaktoren der Umwelt auf die Organisation

- die Informationskomplexität und
- die Ressourcenknappheit (z.B. bezüglich Mitarbeiter, Rohstoffe)

sind. Je größer die Informationskomplexität und die Ressourcenknappheit, umso stärker muss mit organisatorischen Maßnahmen versucht werden, die Komplexität bzw. Knappheit zu reduzieren. **Resultat** der umfangreichen empirischen Studien in sieben wichtigen Industriebereichen der USA war, dass ein Unternehmen dann effizient und innovativ ist, wenn es durch eine hohe Differenzierung und Integration eine mittlere Informationskomplexität und eine mittlere Ressourcenknappheit erreichen kann.

2.4.3 Technologie als Situationsvariable

2.4.3.1 Ansatz von Woodward

Grundlegend für die Betrachtung der Technologie als wesentlichen Einflussfaktor auf die Organisation eines Unternehmens sind die Untersuchungen von **Joan Woodward,** die sie 1958 in ihrem Buch „Management and Technology" ausführlich darlegte. Mittels einer breit angelegten empirischen Erhebung in 100 Industrieunternehmen mit über 100 Mitarbeitern in Südengland versuchte sie herauszufinden, welche Faktoren für die unterschiedlichen Ausprägungen der Organisationsstrukturen verantwortlich sind. Woodward entdeckte dabei, dass weder der jeweilige Industriezweig noch die jeweiligen Führungspersönlichkeiten eines Unternehmens einen entscheidenden Einfluss auf die Organisations- und Führungsstrukturen ausüben, sondern vielmehr die technologischen Unterschiede im Produktionsprozess. Dies führte sie zur **Hypothese,** dass unterschiedliche Technologien[1] auch unterschiedliche Anforderungen an die Mitarbeiter und die Organisation eines Unternehmens stellen, denen durch eine angemessene Struktur begegnet werden muss.

Als Resultat ihrer Arbeiten hat Woodward die untersuchten Unternehmen nach dem primär vorherrschenden Fertigungstyp in drei Hauptklassen, welche aber lediglich die Zusammenfassung einer elfstufigen Technologieklassifikation darstellen, eingeteilt:

1. Klasse: Einzel- und Kleinserienfertigung,
2. Klasse: Großserien- und Massenfertigung,
3. Klasse: Kontinuierliche oder Prozessfertigung (bei Chemikalien).

► Abb. 250 zeigt einen Überblick über die Ausprägungen der Strukturmerkmale dieser drei Kategorien.

---

1 Gemeint sind verschiedene Organisationsformen der Fertigung (vgl. Teil 4, Kapitel 1, Abschnitt 1.6 „Festlegung des Fertigungsverfahrens").

Fertigungstyp / organisatorisches Merkmal	Einzel- und Kleinserienfertigung	Großserien- und Massenfertigung	Prozessfertigung
Managementebenen	3	4	6
Verhältnis Manager/Ausführende	1 : 23	1 : 16	1 : 8
Verhältnis indirekte/direkte Arbeit	1 : 9	1 : 4	1 : 1
Kontrollspanne eines Werkmeisters	23	49	13
kritischer Funktionsbereich	Forschung und Entwicklung	Produktion	Marketing
Managementsystem	organisch, flexibel Delegation schwach partizipativ	mechanistisch klare Aufgabenbeschreibung autoritär	organisch, flexibel stark partizipativ

▲ Abb. 250 Klassifikation von Woodward (Staehle 1973, S. 90) (Die Zahlen stellen Medianwerte dar)

Gleichzeitig stellte sich Woodward die Frage, ob es die effizienteste Organisationsform gäbe. Dazu teilte sie die untersuchten Unternehmen in drei Erfolgskategorien ein, nämlich

1. unterdurchschnittlich erfolgreiche Unternehmen,
2. durchschnittlich erfolgreiche Unternehmen,
3. überdurchschnittlich erfolgreiche Unternehmen.

Die Zuordnung in eine bestimmte Klasse beruhte auf folgenden ökonomischen Kriterien:

- Entwicklung des Marktanteils,
- Gewinnentwicklung in den letzten fünf Jahren,
- Entwicklung der Erweiterungsinvestitionen,
- Entwicklung des Börsenkurses.

Es zeigte sich, dass erfolgreiche Unternehmen einer jeden Fertigungsklasse Organisations- und Führungssysteme aufwiesen, die weitgehend mit den in ◄ Abb. 250 angegebenen Mittelwerten übereinstimmten. Allerdings bestand zwar innerhalb einer Klasse eine große Ähnlichkeit, zwischen den Klassen ergaben sich aber erhebliche Unterschiede, welche Eigenschaften ein erfolgreiches Unternehmen ausmachen.

2.4.3.2 Ansatz von Perrow

Charles Perrow baute seine Hypothesen (1970) auf den Arbeiten von Woodward auf. Er versuchte insbesondere, den Einflussfaktor „Technologie", d.h. den technischen Transformationsprozess, in welchem die Produktionsfaktoren (menschliche Arbeit, Betriebsmittel, Werkstoffe) in absatzfähige Güter umgewandelt werden, genauer zu charakterisieren. Damit sollte es möglich sein, einerseits die Unterschiede in den technischen Systemen besser zu erfassen und andererseits die Untersuchungen auch auf nicht-industrielle Organisationen auszudehnen. Dafür schienen Perrow zwei Dimensionen von Bedeutung zu sein:

1. **Varietät** des Transformationsprozesses: Wie häufig sind die erwarteten und unerwarteten Ereignisse, bzw. wie häufig treten Ausnahmefälle auf, für die zuerst eine Problemlösung gefunden werden muss?
2. **Zerlegbarkeit** des Transformationsprozesses: Wie stark kann der Transformationsprozess in einzelne mechanistische Arbeitsschritte zerlegt werden?

Damit ergibt sich die in ▶ Abb. 251 dargestellte Klassifizierung mit den organisatorischen Konsequenzen, wie sie in den Matrixfeldern eingetragen sind.

Zerlegbarkeit \ Varietät	tief	hoch
tief	**Handwerkstechnologie** (z.B. Schuhmacher)	**Nichtroutine-Technologie** (z.B. Unternehmensberatung)
hoch	**Routine-Technologie** (z.B. Stahlwalzwerk)	**Ingenieur-Technologie** (z.B. Maschinenbau)

▲ Abb. 251 Klassifikation nach Perrow (1970, S. 75ff.)

Kapitel 3

Organisationsformen

3.1 Strukturierungsprinzipien

In der Praxis wird die jeweilige Organisationsform eines Unternehmens durch eine Vielzahl von individuellen und situativen Gegebenheiten bestimmt. Trotzdem lassen sich fast alle Organisationsstrukturen auf die Ausrichtung einiger allgemeiner Strukturierungsprinzipien zurückführen, wie sie in ▶ Abb. 252 dargestellt sind. Die Kombination dieser Prinzipien ergibt verschiedene Organisationsformen mit spezifischen Eigenschaften, welche bestimmte Verhaltensweisen der Organisationsmitglieder bewirken bzw. verlangen können.

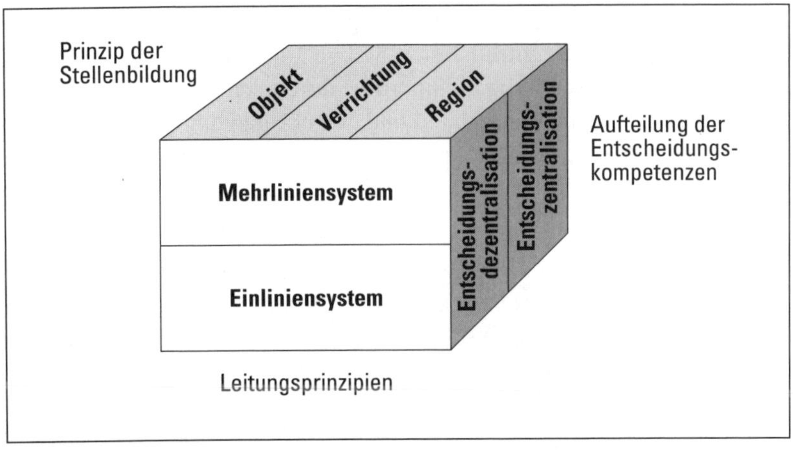

▲ Abb. 252 Strukturierungsprinzipien

3.1.1 Prinzipien der Stellenbildung

Aufgabe der Stellenbildung ist es, die Vielzahl der aus der Aufgabenanalyse gewonnenen Aufgaben so auf Stellen zu verteilen, dass dadurch eine zweckmäßige Organisation entsteht, welche die Beziehungen zwischen den Stellen innerhalb des Unternehmens und zwischen dem Unternehmen und der Umwelt optimal gestaltet. Damit werden die organisatorischen Vorraussetzungen geschaffen, um die Unternehmensziele möglichst effizient zu erreichen. Hauptproblem bildet dabei die Frage, nach welchen Merkmalen eine solche Stellenbildung vorgenommen werden soll. Grundsätzlich kommen in Frage:

1. Stellenbildung nach dem **Verrichtungsprinzip** bedeutet die Zusammenfassung gleichartiger Verrichtungen zu Aufgabenkomplexen. Es handelt sich dabei um eine **Verrichtungszentralisation** und man spricht von einer **verrichtungsorientierten** oder **funktionalen** Struktur (▶ Abb. 253). Mit dieser Organisationsform sind folgende **Vorteile** verbunden:
   - Aufgabenspezialisierung, verbunden mit entsprechend großen Kenntnissen und Erfahrungen auf einem bestimmten Gebiet.
   - Verhinderung von Doppelspurigkeiten.
   - Kostenvorteile durch den Einsatz spezialisierter Maschinen, Menschen und Arbeitsmethoden. Diese erlauben eine gezielte und effiziente Problemlösung.
   - Berücksichtigung spezifischer Neigungen und Fähigkeiten.
2. Stellenbildung nach dem **Objekt** bedeutet die Zusammenfassung unterschiedlicher Verrichtungen, die bei der Bearbeitung eines Produktes oder einer Produktgruppe mit gleichartigen Produkten anfallen. Es handelt sich dabei um eine **Objektzentralisation** und man spricht von einer **objektorientierten** oder **divisionalen** Organisationsstruktur (▶ Abb. 253). Als **Vorteile** dieser Organisationsform ergeben sich:
   - Verkürzung der Transportwege und Durchlaufzeiten der einzelnen Produkte, wenn die objektzentralisierten Stellen auch räumlich zusammengefasst sind.
   - Vermeidung von Arbeitsmonotonie durch den engen Kontakt der Mitarbeiter mit dem produzierten Objekt und den übrigen daran beteiligten Mitarbeitern.
   - Verkürzung der Kommunikationswege und geringe Kommunikation zwischen den objektzentralisierten Stellengruppen.
   - Kostenvorteile durch den geringen Koordinationsaufwand.
3. Eine Stellenbildung nach **Regionen** liegt dann vor, wenn die Subsysteme oder Tätigkeiten eines Unternehmens auf räumlich verschiedene Gebiete verteilt sind (▶ Abb. 253). Einer solchen **regionalen Organisationsstruktur** können folgende Gliederungskriterien zugrunde liegen:

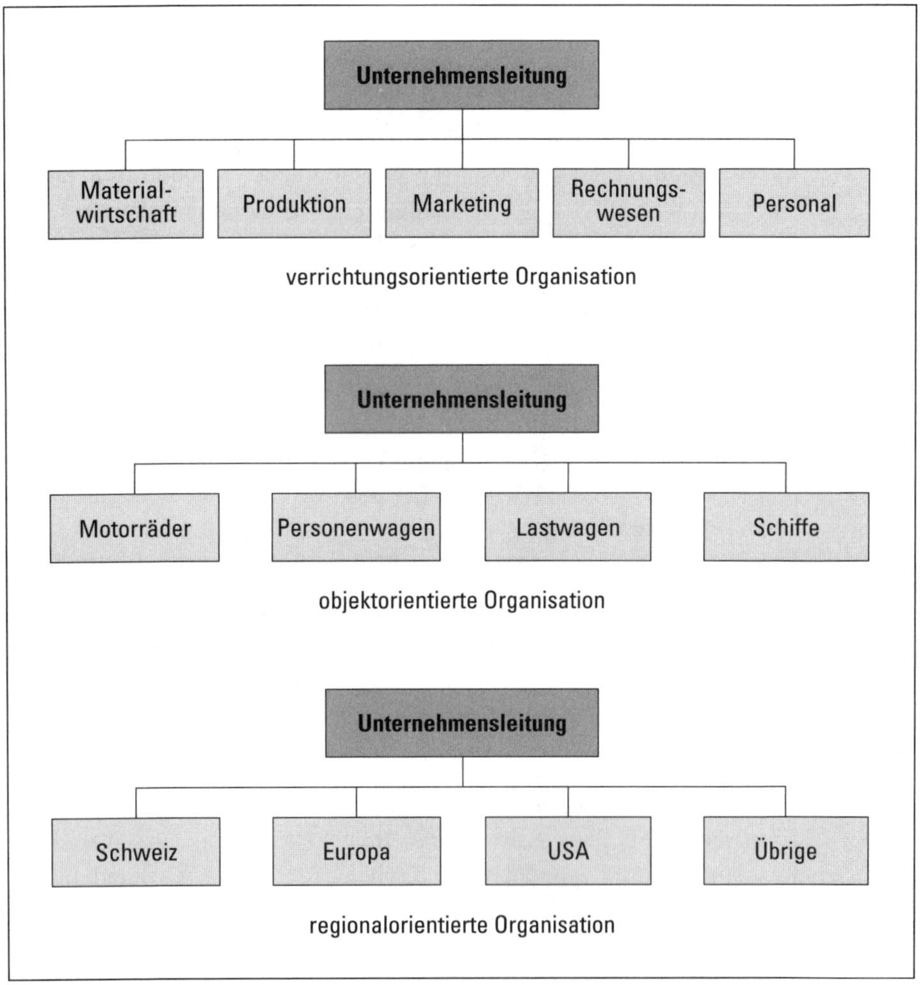

▲ Abb. 253 Prinzipien der Stellenbildung

- **Standorte** eines Unternehmens, wobei zwei Fälle zu unterscheiden sind:
  - Eine rechtlich-organisatorische Einheit wird nach geografischen Gebieten aufgeteilt, wie zum Beispiel das Filialnetz von Großbanken, Versicherungen und Warenhäusern oder auch von Fabrikationswerken.
  - Eine wirtschaftlich-organisatorische Einheit (Konzern) besitzt rechtlich, aber nicht wirtschaftlich selbständige Einheiten (Tochtergesellschaften), die nach geografischen Gebieten strukturiert werden.
- **Absatzmärkte** eines Unternehmens: Ein Unternehmen kann zwar nur einen Standort haben, aber seine Produkte in mehrere Länder exportieren (internationales Unternehmen).

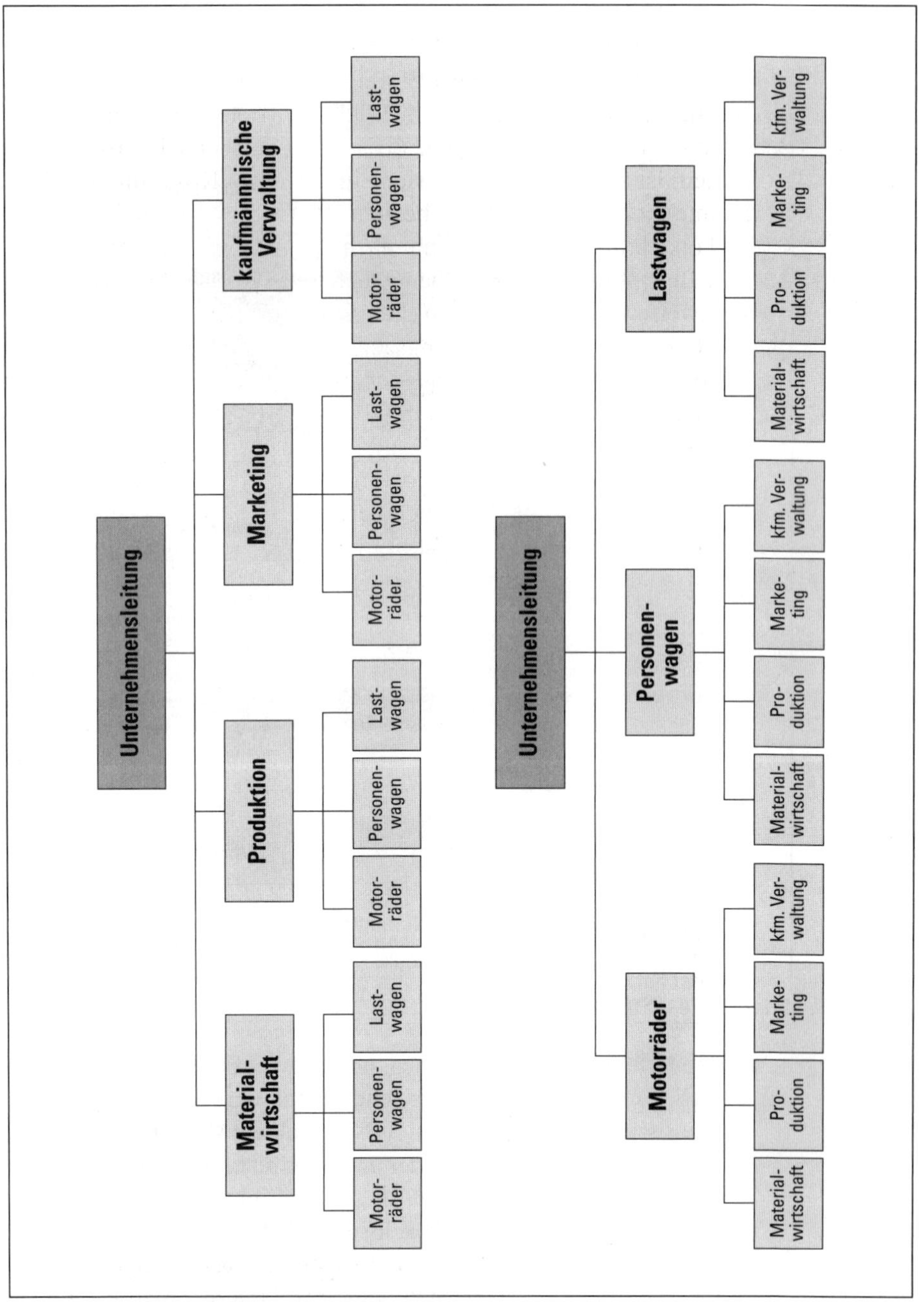

▲ Abb. 254 Stellengliederungskriterien bei drei Leitungsstufen

Neben den besprochenen Kriterien der Stellenbildung sind noch andere Kriterien denkbar wie beispielsweise die Ausrichtung nach **Projekten** oder nach **Kundengruppen.** Letztere ist dann sinnvoll, wenn die verschiedenen Kundengruppen (z. B. Groß- und Einzelhandel) unterschiedliche Vertriebswege, Kundenbetreuung oder Akquisitionsmethoden erfordern, so dass eine getrennte Bearbeitung zweckmäßig ist. Zudem ist zu beachten, dass sich ein einzelnes Kriterium jeweils nur auf eine bestimmte hierarchische Ebene bezieht. Betrachtet man mehrere Leitungsstufen, so wird ersichtlich, dass jede Stufe nach einem anderen Kriterium strukturiert ist. Ist zum Beispiel die oberste Ebene nach dem Verrichtungsprinzip gegliedert, so ist die zweite in der Regel nach dem Objektprinzip strukturiert. Man spricht in diesem Fall von einer Verrichtungszentralisation bei gleichzeitiger Objektdezentralisation. ◀ Abb. 254 zeigt, dass auch eine Objektzentralisation bei gleichzeitiger Verrichtungsdezentralisation möglich ist.

Schließlich ist nicht nur eine Kombination verschiedener Gliederungskriterien auf unterschiedlichen Organisationsstufen möglich. In der betrieblichen Wirklichkeit wird man oft auf Unternehmen stoßen, bei denen auf der gleichen Führungsstufe mehrere Gliederungskriterien angewandt worden sind (▶ Abb. 255). Diese Tatsache hat verschiedene Gründe wie beispielsweise

- die historische Entwicklung des Unternehmens,
- die Bedeutung der einzelnen Stellen im Gesamtunternehmen sowie
- der Führungsstil im Unternehmen.

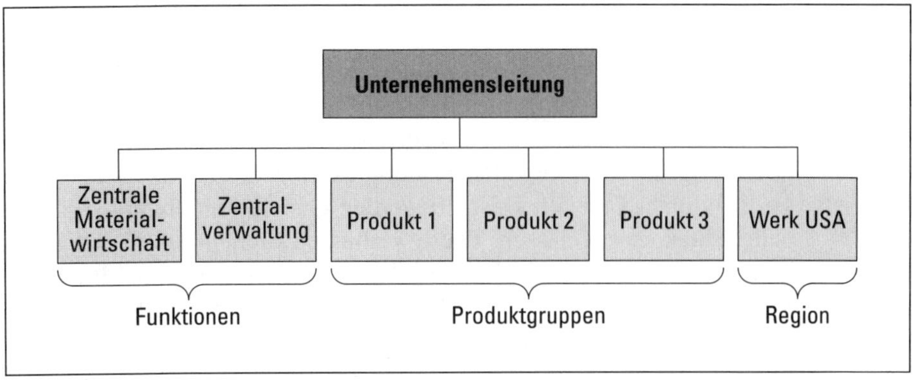

▲ Abb. 255 Verschiedene Gliederungskriterien auf einer Leitungsstufe

3.1.2 Leitungsprinzipien

Aus der arbeitsteiligen Erfüllung der Aufgaben im Unternehmen ergibt sich, dass zwischen den einzelnen Stellen Beziehungen hergestellt werden müssen. Im folgenden werden in erster Linie Leitungsbeziehungen betrachtet, die sich aus der getrennten Zuordnung von Führungs- und Durchführungsaufgaben ergeben: Einerseits müssen getroffene Entscheidungen zu ihrer Ausführung angeordnet und andererseits die Ergebnisse sowie alle für die Entscheidungen notwendigen Informationen gemeldet werden. Diese Kommunikationsbeziehungen werden als **Leitungssystem** bezeichnet. Grundsätzlich lassen sich zwei idealtypische Beziehungen zwischen Instanzen und ausführenden Stellen unterscheiden, nämlich das Einlinien- und das Mehrliniensystem.

3.1.2.1 Einliniensystem

Das Einliniensystem ist dadurch gekennzeichnet, dass jede Stelle nur durch eine einzige Verbindungslinie mit ihrer vorgesetzten Instanz verbunden ist und somit eine Stelle nur von einer einzigen Instanz Anweisungen erhält. Man spricht deshalb vom Prinzip der **Einheit der Auftragserteilung** (Fayol) bzw. vom Prinzip der **Einheit des Auftragsempfangs** (Ulrich).

Beim idealtypischen Einliniensystem, wie es Fayol vorgeschlagen hat,[1] beinhalten die Verbindungswege sowohl die Entscheidungs- als auch die Mitteilungswege. Die Verbindungswege stellen somit die formalen Dienstwege dar. Eine solch absolute Regelung aller Kommunikationsbeziehungen ist für viele Fälle allerdings nicht sinnvoll. Deshalb werden Querverbindungen, so genannte Fayolsche Brücken, zugelassen. Diese verbinden Stellen auf gleicher hierarchischer Ebene (Instanzen) miteinander, sind aber ausschließlich als Mitteilungswege vorgesehen (◄ Abb. 242, S. 760). Eine Beurteilung des Einliniensystems ergibt folgende Vor- und Nachteile:

- **Vorteile:**
  - straffe Regelung der Kommunikationsbeziehungen,
  - Klarheit und Übersichtlichkeit, Einfachheit,
  - klare Abgrenzung von Kompetenzen und Verantwortung.
- **Nachteile:**
  - Starrheit,
  - Länge und Umständlichkeit der formalen Dienstwege,
  - starke Belastung der Zwischeninstanzen.

1 Vgl. dazu Kapitel 2, Abschnitt 2.2 „Administrative Ansätze".

3.1.2.2 Mehrliniensystem

Das idealtypische Mehrliniensystem, wie es bereits Taylor vorgeschlagen hat, beruht auf dem Prinzip der Mehrfachunterstellung.[1] Im Unterschied zum Einliniensystem ist jede Stelle einer Mehrzahl von übergeordneten Stellen (Instanzen) unterstellt. Das Prinzip der Einheit der Auftragserteilung wird durch das Prinzip des kürzesten Weges ersetzt (◀ Abb. 241, S. 759). Als Vor- und Nachteile können festgehalten werden:

- **Vorteile:**
  - Ausnutzen der Vorteile einer Spezialisierung,
  - Ausnutzen des kürzesten Weges zwischen den Stellen,
  - Motivation durch Ausrichtung auf spezifische Fähigkeiten der beteiligten Personen.
- **Nachteile:**
  - Gefahr der Aufgabenüberschneidungen,
  - Kompetenz- und Verantwortlichkeitskonflikte,
  - komplexes System bei wachsender Stellenzahl.

3.1.3 Aufteilung der Entscheidungskompetenzen

Das Merkmal „Entscheidung" einer Organisationsstruktur beruht auf der Unterscheidung zwischen Entscheidungsaufgaben und Durchführungs- bzw. Realisierungsaufgaben.

> **Entscheidungszentralisation** bedeutet deshalb eine getrennte Zuordnung dieser beiden Arten von Aufgaben, während bei der **Entscheidungsdezentralisation** von einer **Delegation** der Entscheidungen an rangtiefere Stellen gesprochen werden kann.

Allerdings ist zu beachten, dass es sich im Falle der Entscheidungszentralisation selten um eine absolute und vollständige Trennung von Entscheidungs- und Durchführungsaufgaben, sondern meist um eine teilweise Übertragung der Entscheidungskompetenzen handelt (▶ Abb. 256). Ein Teil der zur Realisationsaufgabe gehörenden Entscheidungen wird der leitenden Stelle übertragen, während der andere Teil der Entscheidungen bei der ausführenden Stelle bleibt.

---

1 Vgl. dazu Kapitel 2, Abschnitt 2.1 „Scientific Management1".

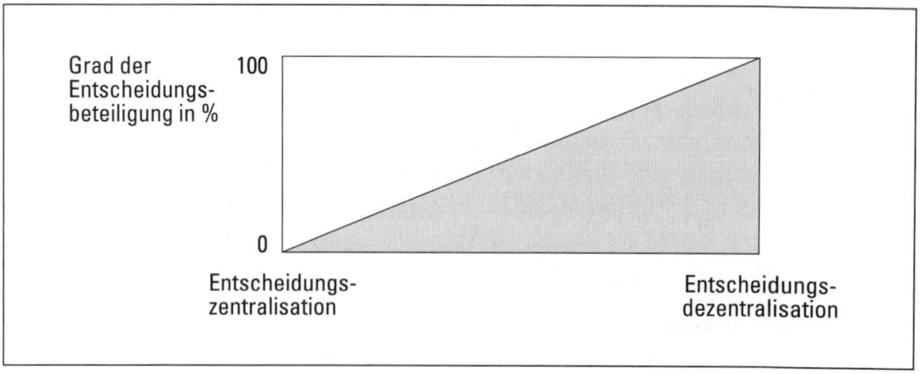

▲ Abb. 256 Intensitäten der Entscheidungsbeteiligung

3.2 Organisationsformen in der Praxis

3.2.1 Funktionale Organisation

3.2.1.1 Rein funktionale Organisation

Die funktionale Organisation knüpft an die Kernfunktionen des güter- und finanzwirtschaftlichen Umsatzprozesses vom Eingang der Rohstoffe bis zum Absatz der Produkte bzw. an den Auftragsdurchlauf von der Auftragsannahme im Marketing über die Auftragsabwicklung in der Produktion bis zur Bereitstellung der Ressourcen durch die Beschaffung an. (Bleicher 1991, S. 388f.)

Die funktionale Organisation basiert somit auf einer **Verrichtungsgliederung,** die zur Schaffung von Funktionsbereichen führt (▶ Abb. 257).

Ideale **Anwendungsbedingungen** der funktionalen Organisationsform sind bei Unternehmen mit nur einem Produkt oder mit Massen- und Sortenfertigung gegeben. Darüber hinaus sollte die Unternehmensumwelt relativ stabil sein, weil dieses Organisationsmodell wenig geeignet ist, kurz- und mittelfristige Umweltveränderungen zu bewältigen.

Bei einer **Beurteilung** der funktionalen Organisation sind folgende Gefahren hervorzuheben, die mit dieser Organisationsform verbunden sein können:

- Da jeder Teilbereich der funktionalen Organisation nur für eine bestimmte Funktion, d.h. einen bestimmten Ausschnitt der Wertschöpfungskette verantwortlich ist, besteht die Gefahr, dass einerseits auf Grund unterschiedlicher Zielorientierungen der einzelnen Teilbereiche **Interessenkonflikte** entstehen (z.B. der klassische Konflikt zwischen der Produktion und dem Marketing), andererseits können auch die einzelnen Teilbereichsziele mit den obersten Unternehmenszielen in Konflikt stehen.
- Die hohe Leitungsspanne dieser Organisationsform und die damit verbundene hohe Zahl von Schnittstellen erfordert einen höheren horizontalen **Koordina-**

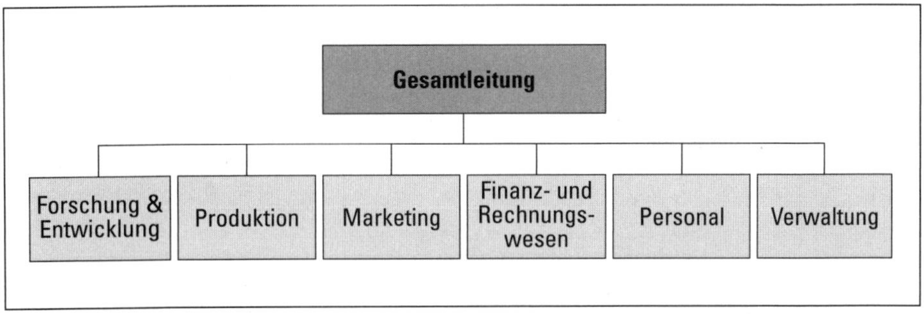

▲ Abb. 257 Rein funktionale Organisation

tionsaufwand. Damit besteht die Gefahr der Überlastung der Unternehmensleitung. Eine Entlastung von diesen Koordinationsaufgaben bringt die Einrichtung von Stäben. In diesem Falle spricht man von einer Stablinienorganisation.[1]

- Um eine ganzheitliche Problemlösung zu gewährleisten, ist in einer funktionalen Organisation eine hohe Zahl von Stellen und Aufgabenträgern unmittelbar in die Entscheidungsprozesse einzubeziehen. Dies erhöht den **Zeitbedarf** bis zur Entscheidungsfindung und verhindert ein schnelles Reagieren auf Veränderungen in den einzelnen Funktionsbereichen.
- Die starke Arbeitsteilung und der enge Handlungsspielraum können sich negativ auf die **Motivation der Mitarbeiter** auswirken.
- Das Einliniensystem und die damit verbundene eindeutige und transparente Zuordnung schafft zwar eine klare Regelung der Weisungsbeziehungen. In der Praxis zeigt sich jedoch, dass sich Vorgesetzte häufig den direkten Zugang zu Mitarbeitern in anderen Funktionsbereichen verschaffen, weil diese das entsprechende Fachwissen haben. Die Gefahr der direkten Kontaktaufnahme und Kommunikation kann bewirken, dass ein ausführender Mitarbeiter unter Umständen mehrere – formale und informale – Vorgesetzte hat, nämlich seinen eigentlichen Abteilungsleiter und die Leiter anderer Abteilungen (vgl. Probst 1993, S. 54).

3.2.1.2 Stablinienorganisation

Die starke Entscheidungszentralisation der funktionalen Organisation erschwert sowohl die Koordination zwischen den Abteilungen als auch die strategische Ausrichtung der Unternehmensspitze. Ein rein funktionales Einliniensystem ist deshalb in der Praxis selten oder nur in kleineren Unternehmen mit wenigen Mitar-

1 Vgl. Abschnitt 3.2.1.2 „Stablinienorganisation".

▲ Abb. 258 Schema der Stablinienorganisation

beitern anzutreffen. In der Regel werden nämlich zur Entlastung der Instanzen **Stäbe** geschaffen (◄ Abb. 258).[1]

Neben den Vorteilen einer funktionalen Organisation mit Stabsstellen, wie zum Beispiel die Entlastung der Linieninstanzen und sorgfältige Entscheidungsvorbereitung, ergibt sich in der Praxis auch eine Reihe von **Nachteilen** und **Konflikten:**

- Konflikte entstehen primär aus der starken Trennung von Entscheidungsvorbereitung, Entscheidungsakt und Entscheidungsdurchsetzung. Dies wird vor allem dann zu einem großen Problem, wenn die Vorschläge der Stäbe nicht anerkannt und in genügendem Maße – aus der Sicht des Stabes – berücksichtigt werden.
- Andererseits bauen sich Stäbe auf Grund ihres großen Wissens als Konkurrenz zu den Linienstellen auf. Man spricht dann von „grauen Eminenzen", weil die Stäbe eine Macht ohne Verantwortung darstellen und die direkt vorgesetzten Linienstellen übergehen.
- Gegen Stabsmitarbeiter wird häufig der Vorwurf der Praxisferne erhoben. Dies trifft oftmals auch zu, weil junge Mitarbeiter zuerst in einer Stabsstelle eingeordnet werden, um erste Erfahrungen zu sammeln, bevor sie eine Linienfunktion übernehmen dürfen.
- Weiter besteht schließlich die Gefahr, dass sich überdimensionierte „wasserkopfartige" Stabsstrukturen bilden, die den Entscheidungsprozess verlangsamen und sehr hohe Kosten verursachen.

1 Zu den Stäben vgl. Kapitel 1, Abschnitt 1.2.2.1 „Begriffe".

3.2.2 Spartenorganisation

Bei der Spartenorganisation ist das Gesamtunternehmen in verschiedene **Sparten** bzw. **Divisionen** durch Anwendung des Objektprinzips gegliedert. Dabei werden gleiche oder gleichartige Produkte oder Produktgruppen zu autonomen Divisionen zusammengefasst.

In Frage kommt aber auch eine Abgrenzung nach Kundengruppen oder nach geografischen Merkmalen. Diesen werden in der Regel alle leistungsbezogenen Funktionen (Leistungsgestaltung, -erstellung, -abgabe) zugeordnet. Je nach Grad der Entscheidungsdelegation werden einer Division weitere Funktionen wie Finanzierung, Personalwirtschaft usw. übertragen.

Daneben werden auch **Zentrale Dienste (Zentralabteilungen)** geschaffen, die aus Gründen der Spezialisierung bestimmte Funktionen zentral für alle Divisionen ausüben (▶ Abb. 259).[1]

Ziel der Spartenorganisation ist es, das infolge von Diversifikationen heterogene Produktionsprogramm durch Gliederung nach dem Objektprinzip in homogene Einheiten aufzuteilen. Es erfolgt damit eine Reduktion der komplexen Beziehungen sowohl innerhalb des Unternehmens als auch zwischen dem Unternehmen und seiner Umwelt. Für die Wahl einer Spartenorganisation können somit die folgenden **Einflussfaktoren** aufgezählt werden:

- Heterogenität des Produktions- und/oder Absatzprogramms,
- angewendeter Führungsstil, d.h. Ausmaß der Delegation von Aufgaben, Kompetenzen und Verantwortung,
- Größe des Unternehmens,
- geografische Aufteilung des Unternehmens.

Je nach Intensität der Entscheidungsdelegation (◀ Abb. 256, S. 780) und Umfang der Verantwortung werden verschiedene Formen der Spartenorganisation unterschieden:

1. **Cost-Center-Organisation:** Werden die Divisionen einer Spartenorganisation als Cost-Center organisiert, so sind diese nur für ihre Kosten verantwortlich. Gemäß den beiden Ausprägungen des ökonomischen Prinzips können der Division die beiden folgenden Zielvorgaben übertragen werden:
   - Einhaltung eines vorgegebenen Kostenbudgets unter Maximierung des Umsatzes.
   - Erreichen eines vorgegebenen Umsatzes unter Minimierung der Kosten.

1 Zu den Zentralen Diensten vgl. Kapitel 1, Abschnitt 1.2.2.1 „Begriffe“.

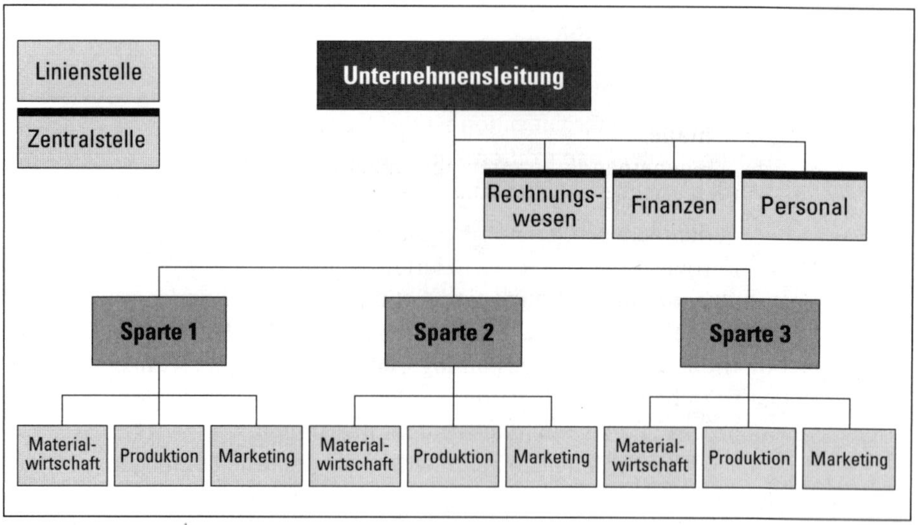

▲ Abb. 259 Schema der Spartenorganisation

2. **Profit-Center-Organisation:** Werden die einzelnen Divisionen als Profit-Center konzipiert, so sind diese für ihren selbstständig erarbeiteten Gewinn verantwortlich. Meist wird dem Profit-Center eine Gewinngröße vorgegeben, die es unter Einhaltung bestimmter Nebenbedingungen (z.B. Qualität der Produkte, Serviceleistungen) zu erreichen gilt. Entsprechend den Gewinnformulierungen kann entweder ein absoluter Gewinn oder ein relativer Gewinn (Rentabilität) vorgegeben werden. Da die einzelnen Divisionen nicht frei über die vorhandenen Mittel des Unternehmens verfügen können, sondern diese von der Geschäftsleitung auf die verschiedenen Divisionen verteilt werden müssen, ist die Vorgabe einer relativen Kennzahl sinnvoller.

3. **Investment-Center-Organisation:** Die weitestgehende Form der Entscheidungsdelegation stellt die Investment-Center-Organisation dar, bei der jede Division zusätzlich die Entscheidungskompetenzen und die Verantwortung für ihre Investitionen hat. Der Gesamtunternehmensleitung kommt darin vor allem die Aufgabe der Beschaffung finanzieller Mittel zu. In der Praxis wird es aber dennoch so sein, dass die Geschäftsleitung im Sinne eines kooperativen Führungsstils und einer bestmöglichen Koordination an den wichtigen Entscheidungen der einzelnen Divisionen teilnimmt.

Bei einer Beurteilung der Spartenorganisation ergeben sich folgende Vor- und Nachteile:

- **Vorteile:**
  - Motivation,
  - übersichtliche Organisationsstruktur,
  - Flexibilität,

  - Marktnähe,
  - schnelle Entscheidungen,
  - kurze Kommunikationswege.
- **Nachteile:**
  - Gegeneinanderarbeiten der einzelnen Divisionen,
  - Koordinationsprobleme,
  - Nichtausnützen von Synergieeffekten,
  - großer Bedarf an qualifizierten Führungskräften,
  - Verrechnungspreise als Konfliktpotenzial.

3.2.3 Management-Holding

3.2.3.1 Charakterisierung und Abgrenzung

Unter **Holding** ist ein Unternehmen zu verstehen, dessen betrieblicher Hauptzweck in einer auf Dauer angelegten Beteiligung an **rechtlich selbstständigen** Unternehmen liegt.

Eine Holding kann neben Verwaltungs- und Finanzierungsfunktionen auch Führungsfunktionen gegenüber den rechtlich selbstständigen Geschäftsbereichen wahrnehmen (vgl. Th. Keller 1990, S. 55). Entsprechend den Funktionen, die eine Holding übernimmt, können deshalb zwei Formen unterschieden werden:[1]

- Als **Finanz-Holding** hält und verwaltet sie Beteiligungen, übt jedoch keinerlei Führungsfunktionen aus. Im Vordergrund steht die „Finanzierungsfunktion", oft handelt es sich jedoch um reine Investmentgesellschaften, die nur an der Rendite ihrer Finanzinvestitionen interessiert sind (► Abb. 260).
- Im Gegensatz zu einer reinen Finanz-Holding ist die **Management-Holding** für unternehmensstrategische Aufgaben zuständig, ohne sich in die Funktionen des operativen Geschäfts einzumischen. Die geschäftsführenden Bereiche sind rechtlich selbstständige Tochtergesellschaften, die über einen hohen Grad an wirtschaftlicher Selbstständigkeit verfügen.

Die Management-Holding ist eigentlich eine dezentrale Form – und somit eine Weiterentwicklung – der divisionalen Organisation, jedoch mit dem Ziel, deren Nachteile zu beheben. Es zeigte sich nämlich, dass das Streben nach Synergien in stark gewachsenen divisionalen Organisationen zu hohen Koordinationskosten und zu einer übermäßigen Bedeutung der Zentralbereiche wie zum Beispiel Personal, Forschung und Entwicklung oder Finanzen führte. Das Prinzip des Profit-Centers als wichtiger Vorteil der divisionalen Organisation wurde dadurch zu-

1 Vgl. auch Teil 1, Kapitel 2, Abschnitt 2.7.3.5 „Konzern".

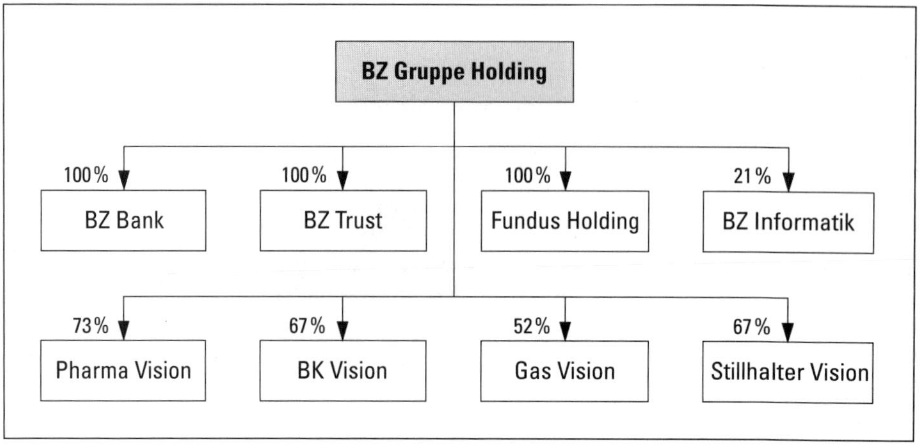

▲ Abb. 260 Beispiel Finanz-Holding (Quelle: BZ Gruppe Holding, in: managermagazin Nr. 12, 1999, S. 190)

nichte gemacht. In der Management-Holding sollen deshalb Wettbewerbsvorteile durch eine noch stärkere Konzentration auf die verschiedenen Kerngeschäfte angestrebt werden.

3.2.3.2 Strukturen der Management-Holding

Eine Management-Holding besteht aus der Holding-Obergesellschaft (Holding-Leitung), den Geschäftsbereichen und wenigen Zentralbereichen (▶ Abb. 261). Diese können wie folgt charakterisiert werden:

- Die **Holding-Obergesellschaft** hat unternehmensstrategische Aufgaben wahrzunehmen und die Geschäftsbereiche beratend zu unterstützen (▶ Abb. 261, S&OZ International). Sie bestimmt wesentlich die Unternehmensstrategie und legt fest, in welchen Geschäften das Unternehmen künftig tätig sein will (Corporate Strategy). Weiter berät, koordiniert und überwacht sie die Geschäftsbereiche, weist die Ressourcen zu und beschäftigt sich mit der Besetzung von Führungspositionen in den Geschäftsbereichen.
- Die **Geschäftsbereichsleitung** bestimmt und implementiert die Geschäftsstrategie (Business Strategy) und nimmt alle operativen Funktionen des Geschäftsbereichs wahr (in ▶ Abb. 261 z.B. die S&OZ Pharma AG oder die S&OZ Ernährungs AG).
- **Zentralbereiche** erbringen Dienstleistungen für die Geschäftsbereiche, die für das Gesamtunternehmen und für die langfristige Entwicklung des Unternehmens von entscheidender Bedeutung sind (in ▶ Abb. 261 die S&Z Technologie AG).

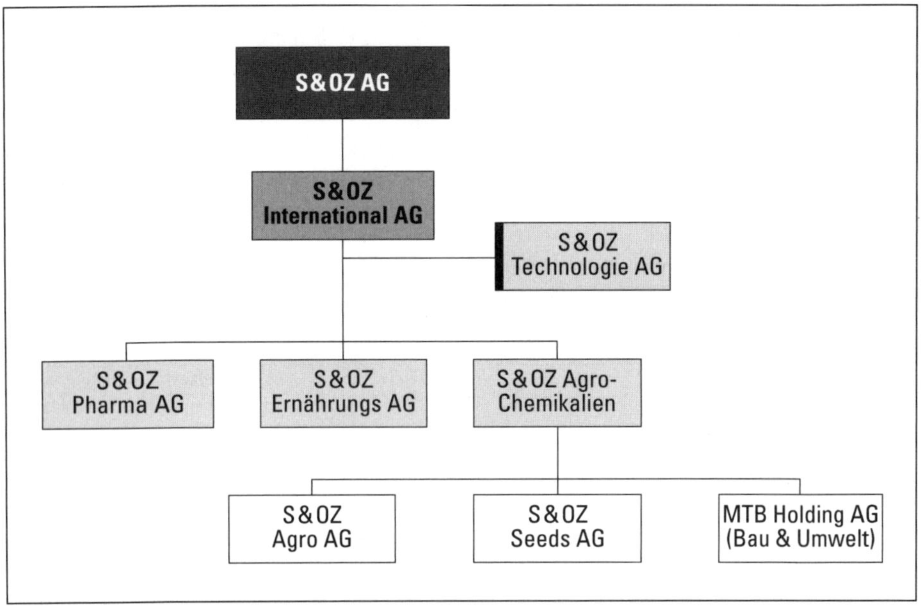

▲ Abb. 261 Beispiel Management-Holding

Eine Management-Holding kann mehrere Ausprägungsformen einnehmen (▶ Abb. 262), die sich nach dem rechtlichen Autonomiegrad der Zentralbereiche unterscheiden (vgl. Bühner 1992, S. 58ff.):

- **Integrierte Management-Holding:** Die integrierte Management-Holding ist der „Normalfall" einer Management-Holding. Sie zeichnet sich durch die Zusammenfassung der Unternehmensleitung und der Zentralbereiche in der Holding-Obergesellschaft aus.
- **Holding mit Finanzierungs-** und/oder **Managementgesellschaften:** Die Ausgliederung der Finanzierungsaufgaben aus der Holding-Obergesellschaft bringt zum Beispiel Kostenvorteile durch eine Niederlassung in Ländern mit geringerem Steuersatz oder Zinsniveau **(Finanzierungsgesellschaft).** Die Holding-Obergesellschaft kann ihre strategischen Aufgaben einer **Managementgesellschaft** delegieren, welche die Rolle einer externen Unternehmensberatung für strategische Fragen übernimmt.
- **Management-Holding-Netzwerk:** Ein Management-Holding-Netzwerk entsteht, wenn auch Zentralbereiche wirtschaftlich und rechtlich verselbstständigt und als Profit-Center geführt werden. Diese können ihre Leistungen sowohl internen (Unternehmensleitung, Geschäftsbereiche) als auch externen Abnehmern zu Marktpreisen anbieten.

Nach der Ausgestaltung der Geschäftsbereiche einer Management-Holding kann eine weitere Differenzierung vorgenommen werden (vgl. Bühner 1992, S. 61ff.):

Konzept Management-Holding	Struktur der Management-Holding
Integrierte Management-Holding	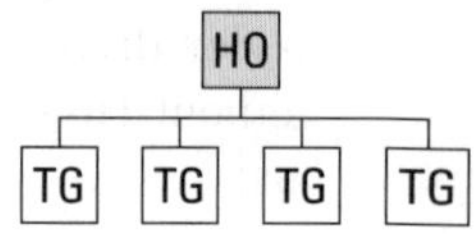
Management-Holding mit Finanzierungs- und/oder Managementgesellschaft	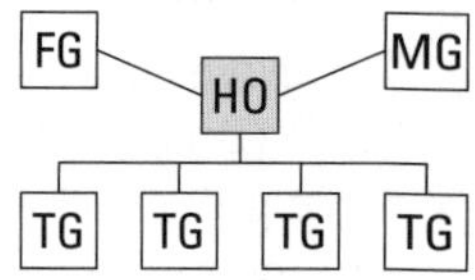
Management-Holding-Netzwerk	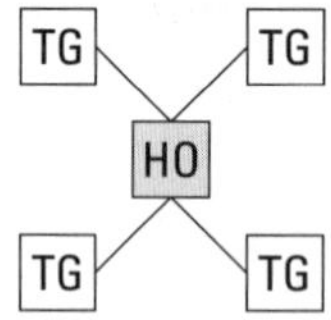
HO = Holding-Obergesellschaft TG = Tochtergesellschaft	MG = Managementgesellschaft FG = Finanzierungsgesellschaft

▲ Abb. 262 Formen der Management-Holding (Bühner 1992, S. 58)

- Auf Grund der rechtlichen Selbstständigkeit kann zwischen einer typischen und einer atypischen Management-Holding unterschieden werden:
  - In einer **typischen** Management-Holding sind die Geschäftsbereiche sowohl rechtlich als auch wirtschaftlich selbstständig.
  - Bei einer **atypischen** Management-Holding sind die Geschäftsbereiche zwar rechtlich nicht selbständig, werden aber als wirtschaftlich selbständige Einheiten geführt, die erfolgsverantwortlich sind.

  Bei der typischen Management-Holding wird somit die wirtschaftliche Selbstständigkeit durch die rechtliche Struktur untermauert, während bei der atypischen die Identität zwischen wirtschaftlichen Organisationsstrukturen und Rechtswirklichkeit nicht gegeben ist.

- Zusätzlich kann sich eine Management-Holding als eine reife oder unreife Holding erweisen.
  - Wenn die Geschäftsbereiche in ihrer strategischen Bedeutung für das Holding-Ergebnis annähernd gleichwertig sind, spricht man von einer **reifen** Management-Holding.
  - Eine **unreife** Management-Holding ist durch Geschäftsbereiche gekennzeichnet, die sich in der Höhe des Umsatzes wesentlich voneinander unterscheiden.

3.2.3.3 Beurteilung

Die bei der divisionalen Organisation erwähnten Vorteile gelten auch für die Management-Holding.[1] Diese zeichnet sich durch folgende zusätzliche Merkmale aus:

- Eine Hervorhebung der **strategischen Ausrichtung** und eine klare Unterscheidung zwischen Unternehmensstrategie (Corporate Strategy) und Geschäftsstrategie (Business Strategy).
- Eine größere **Autonomie** und stärkere **Ergebnisorientierung** der Geschäftsbereiche, deren Ergebnis nicht mehr vom Liefer- und Abnahmezwang interner Leistungen sowie von internen Verrechnungspreisen abhängt.
- Eine erhöhte **strategische Flexibilität** der Management-Holding, die rasch und einfach Tochtergesellschaften aus der Struktur herauslösen und verkaufen sowie neu erworbene Tochtergesellschaften in die bestehende Struktur integrieren kann.

3.2.4 Matrixorganisation

Die **Matrixorganisation** ist eine Mehrlinienorganisation. Sie ist dadurch gekennzeichnet, dass die Stellenbildung auf der gleichen hierarchischen Stufe nach zwei oder mehreren Kriterien *gleichzeitig* erfolgt, also beispielsweise nach Produkten oder Produktgruppen, Funktionen, Regionen und Projekten (▶ Abb. 263).

Die gewählten Kriterien sind gleichwertig: Die Aufteilung nach verschiedenen Dimensionen und somit die Spezialisierung tritt an die Stelle der „Einheit der Auftragserteilung" bzw. „des Auftragsempfangs".[2] Einseitige Interessenvertretungen sollen damit verhindert werden.

Als Voraussetzung für die Wahl einer Matrixorganisation können die folgenden **Einflussfaktoren** genannt werden:

- vielfältige, dynamische und unsichere Umwelt,
- mindestens zwei Gliederungsmerkmale haben etwa die gleiche Bedeutung bei den zu bewältigenden Aufgaben,
- beteiligte Menschen müssen offen gegenüber anderen Menschen sein,
- Bereitschaft zur Konfliktlösung,
- kooperativer Führungsstil,
- Größe des Unternehmens.

1 Vgl. Abschnitt 3.2.2 „Spartenorganisation".
2 Vgl. Abschnitt 3.1.2.1 „Einliniensystem".

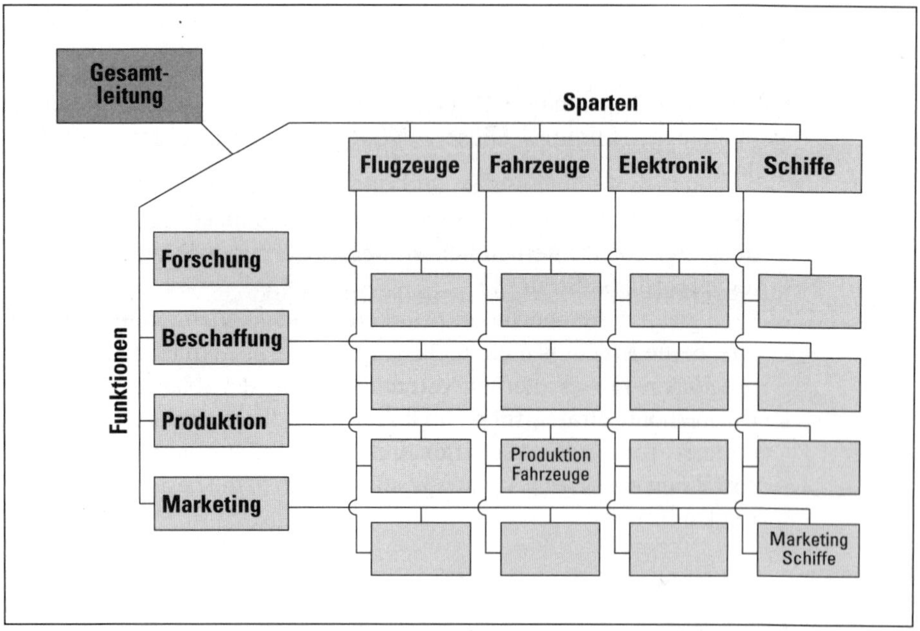

▲ Abb. 263 Schema der Matrixorganisation (Leumann 1979, S. 68)

Das zentrale organisatorische Problem der Matrixorganisation liegt in der eindeutigen Abgrenzung der Aufgaben, Kompetenzen und Verantwortung zwischen den beiden hierarchisch gleichwertigen Leitungsebenen. Bei einer Gliederung nach Produkten (oder Projekten) und Funktionen wird meistens folgende Regelung getroffen: Der Produkt- oder Projektmanager hat die Aufgabe, seine Produkte oder Projekte quer durch alle Funktionen zu betreuen und zu koordinieren. Er behandelt dabei vor allem Fragen des **„Was?"** und des **„Wann?"** in Bezug auf die Produkte oder Projekte. Beim Funktionsmanager treten hingegen die Fragen des **„Wie?"**, welche seinen Funktionsbereich betreffen, sowie die Koordination seines Fachgebietes, in den Vordergrund.

Der Hauptvorteil der Matrixorganisation besteht darin, dass die Integration der verschiedenen Unternehmensbereiche durch eine formale Organisationsstruktur festgelegt wird, von der eine hohe Koordinationswirkung ausgeht.[1] Daneben ergeben sich folgende Vor- und Nachteile:

- **Vorteile:**
  - Motivation durch Partizipation am Problemlösungsprozess,
  - umfassende Betrachtungsweise der Aufgaben,
  - Spezialisierung nach verschiedenen Gesichtspunkten,
  - Entlastung der Leitungsspitze (Entscheidungsdelegation),
  - direkte Verbindungswege.

1 Vgl. dazu Kapitel 2, Abschnitt 2.4.2.2 „Ansatz von Lawrence/Lorsch".

- **Nachteile:**
  - ständige Konfliktaustragung,
  - unklare Unterstellungsverhältnisse,
  - Gefahr von „faulen“ (schlechten) Kompromissen,
  - verlangsamte Entscheidungsfindung (Zeitverlust),
  - hoher Kommunikations- und Informationsbedarf.

3.2.5 Netzwerkorganisation und virtuelle Organsationen

Eine **Netzwerkorganisation** besteht aus relativ autonomen Mitgliedern (Einzelpersonen, Gruppen, Unternehmungen), die durch gemeinsame Ziele miteinander verbunden sind und zur gemeinsamen Leistungserstellung ein komplementäres Know-how einbringen.

Netzwerke lassen sich grundsätzlich in interne und externe Netzwerke unterteilen:

- Ein **internes (intraorganisationales) Netzwerk** ist ein Beziehungsgefüge aus selbstständigen organisatorischen Einheiten (Personen, Gruppen, Abteilungen) innerhalb einer Unternehmung (▶ Abb. 264). Abweichend von den hierarchischen Strukturen mit streng formalen Dienstwegen (z.B. funktionale Organisation oder Spartenorganisation) zeichnet sich die Netzwerkorganisation durch direkte und intensive Beziehungen zwischen den Mitgliedern sowohl auf gleichen (horizontal, z.B. zwischen Abteilungen) als auch auf unterschiedlichen (vertikal) Hierarchieebenen aus. Im Vordergrund steht eine partnerschaftliche Teamstruktur, weshalb interne Netzwerke oft der Teamorganisation zugeordnet werden.[1]
- Unter **externen (interorganisationalen) Netzwerken** ist die mittel- bis langfristige vertragliche Zusammenarbeit zwischen mehreren rechtlich und wirtschaftlich selbstständigen Unternehmungen zur gemeinschaftlichen Erfüllung von Aufgaben zu verstehen. Primäres Ziel ist es, dass jeder Partner sich auf jenen Ausschnitt der Wertschöpfungskette konzentriert, in welchem er ein großes Know-how, so genannte Kernkompetenzen besitzt.[2]

In der Praxis haben vor allem externe Netzwerke eine große Bedeutung erlangt. Dabei lassen sich zwei Formen unterscheiden (▶ Abb. 264):

- Im **stabilen Netzwerk** umgibt sich eine führende Unternehmung mit zahlreichen Zulieferern, die einen Grossteil der Wertschöpfung am Produkt erbringen (z.B. Automobilindustrie). Stabile Netzwerke sind deshalb langfristig angelegte Wertschöpfungspartnerschaften. Bezieht sich die Kooperation auf bestimmte

1 Vgl. Abschnitt 3.2.6 „Team-Organisation“.

2 Zum Begriff der Kernkompetenzen vgl. Teil 10, Abschnitt 4.4.1.4 „Konzept der Kernkompetenzen“. Zur Wertschöpfungskette vgl. Abschnitt 4.3 „Business Reengineering als fundamentaler und radikaler organisatorischer Wandel“ in diesem Teil.

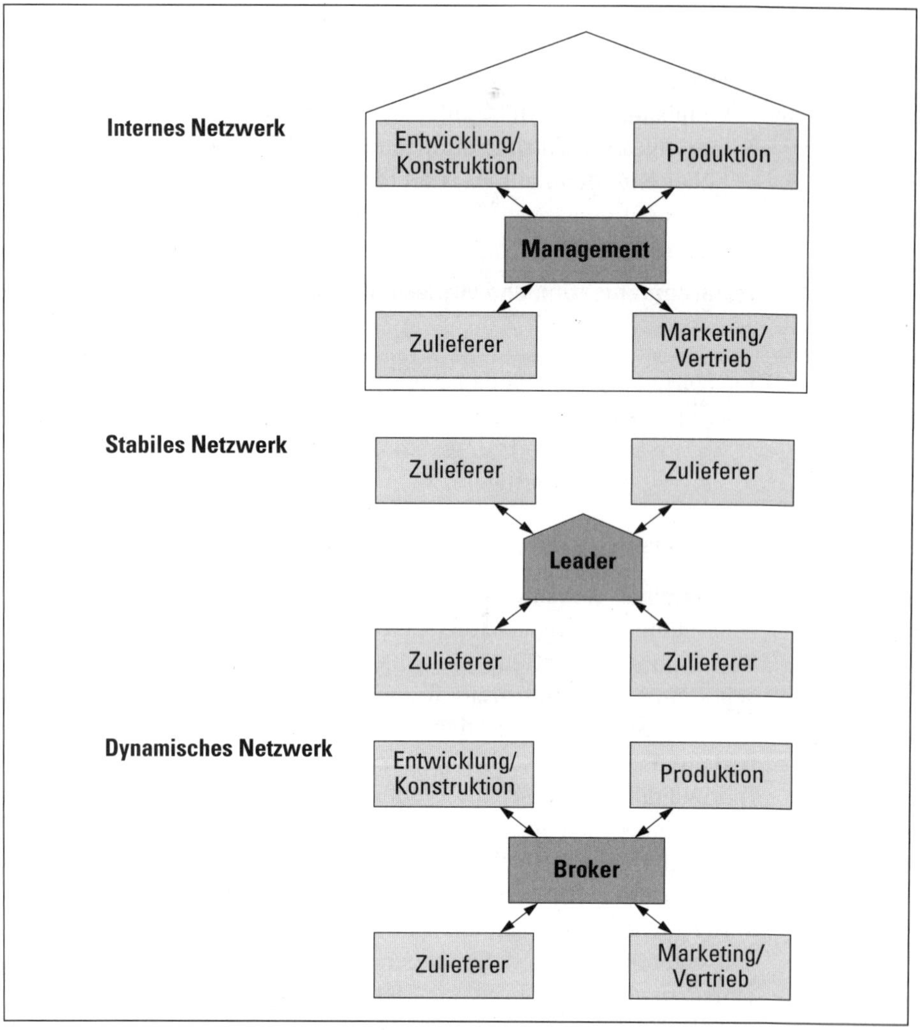

▲ Abb. 264 Formen der Netzwerkorganisation

strategische Kernbereiche (z.B. Forschung und Entwicklung, Marketing), spricht man auch von strategischen Netzwerken.[1]

- Das **dynamische Netzwerk** ist die flexibelste Form der Netzwerkorganisation. Je nach Projekt oder Auftrag arbeiten temporär verschiedene Partner zusammen. Die Partner treten gegenüber Dritten aber als einheitliche Unternehmung auf. Diese Form der Netzwerkorganisation wird auch als **virtuelle Organisation** oder **virtuelle Unternehmung** bezeichnet.

1 Ein strategisches Netzwerk entspricht in diesem Fall einer strategischen Allianz auf vertraglicher Grundlage, wie sie in Teil 1, Kapitel 2, Abschnitt 2.7.3.4 „Strategische Allianz" behandelt worden ist.

Sowohl stabile als auch dynamische Netzwerke sind eine Form des Outsourcing, bei dem bestimmte betriebliche Funktionen ausgelagert werden.[1] Sie zeichnen sich auch durch geringe Zentralisierung und Formalisierung in Bezug auf Führung und Organisation aus.

Externe Netzwerkorganisationen sind auf Grund ihrer flexiblen Gestaltungsmöglichkeiten äußerst gut geeignet, den Anforderungen einer sich ständig ändernden Unternehmungsumwelt Rechnung zu tragen. Voraussetzung für den Erfolg einer Netzwerkorganisation sind folgende Punkte:

1. Ein großes gegenseitiges **Vertrauen**, das sich in einem offenen Austausch von Wissen und Informationen zeigt.
2. Ein umfassender Einsatz von **Informations-** und **Kommunikationstechnologien**, um den beträchtlichen Koordinations- und Kommunikationsaufwand zu bewältigen (z.B. leistungsfähige Datennetze, gemeinsame Datenbanken, gleiche Software, Kommunikation per E-Mail).

Externe Netzwerke, insbesondere virtuelle Organisationen, werden vor allem in Situationen aufgebaut, in denen eine Unternehmung

- sich auf unsicheren Märkten hohen Innovationskosten und Marktrisiken gegenüber sieht (z.B. Mikroelektronik),
- die mit einem Projekt verbundenen Risiken nicht allein übernehmen möchte,
- nicht das notwendige Know-how (Kernkompetenzen) besitzt,
- nicht das notwendige Kapital besitzt,
- eine einzelne Komponente mit komplexen Produktmerkmalen (z.B. Systemtechnologie) anbietet,
- mit den Netzwerkpartnern Branchenstandards (auf Grund eines hohen Marktanteils) durchsetzen will.

Mit der Netzwerkorganisation sind verschiedene Vor- und Nachteile verbunden, die es je nach Situation gegeneinander abzuwägen gilt:

- **Vorteile:**
  - Kostensenkung durch Reduzierung der Entwicklungskosten,
  - Skalenvorteile (economies of scale) durch Erreichung einer kritischen Größe,
  - Risikostreuung durch Verteilung bzw. Abwälzung von Entwicklungskosten,
  - Know-how-Gewinn durch das Ausnutzen des Know-how der Netzwerkpartner,
  - hohe Flexibilität durch die Möglichkeit, Partnerschaften je nach den Erfordernissen eines Projektes zusammenzustellen,
  - Marktzutritt durch zusätzliche Absatzkanäle anderer Netzwerkmitglieder,
  - bessere Kapazitätsauslastung,
  - partnerschaftliche Hilfe (Partner werden beim nächsten Projekt bevorzugt),

1 Zum Outsourcing vgl. Teil 4, Kapitel 1, Abschnitt 1.3 „Festlegung des Produktionsprogramms".

- gemeinsames Sourcing (Zurückgreifen auf gemeinsame Ressourcen, gemeinsamer Einkauf),
- kostenloses Benchmarking (z. B. durch Vergleich der Prozesse in den beteiligten Unternehmungen).

- **Nachteile:**
  - hohe Abhängigkeit von der Qualität und Zuverlässigkeit der Netzwerkpartner,
  - Verlust von Know-how,
  - Austauschbarkeit der Hauptprodukte bei Belieferung mehrerer Unternehmungen mit den gleichen Komponenten (Systembauteil dient nicht mehr als Differenzierungsmerkmal),
  - Kosten und Zeitverluste durch hohen Abstimmungsaufwand zwischen den Unternehmungen,
  - ungewollter Technologietransfer bis hin zum „Technologieklau",
  - Probleme mit der technischen Infrastruktur (z. B. Inkompatibilität der EDV),
  - unzureichend entwickelte Standards unter den Netzwerkpartnern,
  - Gefahr opportunistischen Handelns einzelner Mitglieder,
  - fehlende Reputation (Vertrauensdilemma, speziell bei virtuellen Unternehmungen),
  - geringere Stabilität.

3.2.6 Team-Organisation

Eine weitere Organisationsstruktur ist dadurch charakterisiert, dass Teams gebildet werden.

> Unter einem **Team** im organisatorischen Sinne versteht man eine Stelle, deren Aufgabenbereich von einer Gruppe von Personen gemeinsam und weitgehend autonom bearbeitet wird.

Dabei ist grundsätzlich zwischen zwei Arten von Teams zu unterscheiden:

1. Teams als **Ergänzung** zu einer bestehenden Organisationsstruktur.
2. Teams als **konstitutive Elemente** einer eigentlichen Teamorganisation. Eine solche Organisationsstruktur setzt sich nur aus Teams zusammen, man spricht deshalb auch von einer **Teamkonzeption.**

Im folgenden sollen die Teams als Ergänzung einer vorhandenen Struktur näher charakterisiert werden sowie aus der Vielzahl der bekannten Teamkonzeptionen diejenige von Likert ausführlich dargestellt werden.

3.2.6.1 Teams als Ergänzung bestehender Strukturen

Teams als Ergänzung bestehender Strukturen (z.B. eines Stabliniensystems) übernehmen zusätzliche Aufgaben, an denen mehrere Stellen beteiligt sind. Diese Teams können nach folgenden Gesichtspunkten charakterisiert werden:

- Nach der **Art der Entstehung** können zwei Arten beobachtet werden:
  - **formale Teams,** die bewusst gebildet worden sind, und
  - **informale Teams,** die sich auf Grund der zu lösenden Aufgaben, der Arbeitsverhältnisse und der beteiligten Personen spontan gebildet haben.
- Nach der **Existenzdauer** von Teams ist zu unterscheiden zwischen
  - **dauernden** Teams (z.B. Personalausschuss zur Regelung der Arbeitszeit, Schlichtung von Arbeitskonflikten usw.) und
  - **vorübergehenden** Teams (z.B. zur Beschaffung einer EDV-Anlage oder Betreuung eines großen Forschungsprojektes). In diesem Fall spricht man in der Regel von **Projekt-Teams.**[1]
- Nach der **Zusammensetzung der beteiligten Stellen** können drei Teamarten unterschieden werden:
  - **Vertikale** Teams setzen sich aus Stellen zusammen, die hierarchisch direkt miteinander verbunden sind.
  - **Horizontale** Teams setzen sich aus Stellen der gleichen Führungsstufe zusammen.
  - **Diagonale** Teams setzen sich aus Stellen verschiedener Führungsebenen ohne Berücksichtigung der Unterstellungsverhältnisse zusammen.
- Nach der **Funktion** ergibt sich in Anlehnung an die Unterscheidung von Führungs- und Ausführungsaufgaben folgende Aufteilung (vgl. Forster 1978, S. 34ff.):
  - **Initiativ-Teams:** Austausch von Informationen, Aufwerfen von Problemen und Auslösen von Prozessen zur Problemlösung.
  - **Planungs-Teams:** Gewinnung und Verarbeitung von Informationen zur Entscheidungsvorbereitung. Je nach Einfluss auf die ausstehenden Sachentscheidungen spricht man von Informations-Teams und von Beratungs-Teams.
  - **Entscheidungs-Teams:** Fällen von Sachentscheidungen (z.B. größere Investitionsentscheidungen, wichtige Personaleinstellungen).
  - **Realisierungs-Teams:** Teams, welche vornehmlich mit der Realisierung gefällter Entscheidungen betraut werden.
  - **Kontroll-Teams:** Überwachung der Durchführung der Maßnahmen sowie der Zielerreichung.

---

1 Vgl. Abschnitt 3.2.7 „Projektorganisation“.

- **Häufigkeit des Einsatzes:** Die Mitglieder eines Teams können sich entweder
    - **regelmäßig** treffen oder
    - **fallweise,** wenn auf Grund der Aufgabenstellung ein zu lösendes Problem ansteht.

Teams können nicht bei allen Aufgaben eingesetzt werden. Sie eignen sich besonders bei Projekten und Aufgaben, die folgende Eigenschaften aufweisen:

- groß, komplex, für das Unternehmen von Bedeutung,
- mehrere Bereiche werden davon in starkem Ausmaß betroffen,
- es ist ein unterschiedliches Fachwissen erforderlich,
- Objektivität der Aufgabenbetrachtung und -erfüllung steht im Vordergrund.

Über den Erfolg von Teamarbeit lassen sich keine allgemeinen Aussagen machen. Bei einer Entscheidung für oder gegen Teamarbeit sollten folgende wesentlichen Einflussfaktoren beachtet werden:

- Art der Aufgabe bzw. der Aufgabenlösung (Kreativität, Innovation),
- Terminplan (bei Zeitdruck tendenziell weniger geeignet),
- Einstellung der einzelnen Mitglieder des Teams,
- Personalfluktuationen, welche die Zusammensetzung des Teams betreffen,
- Umschreibung der Zielsetzungen, Aufgabenumschreibungen, Kompetenzenregelungen des Teams,
- Größe eines Teams,
- Zusammensetzung, interne Struktur eines Teams.

Mit der Bildung von Teams sind zudem eine Vielzahl von Vor- und Nachteilen verbunden, die es im Einzelfall gegeneinander abzuwägen gilt. Zu denken ist an folgende Aspekte:

- **Vorteile:**
    - Verkürzung der Kommunikationswege,
    - Nutzung der Informationen, des Wissens und der Kreativität aller Mitarbeiter,
    - Synergievorteile,
    - Erhöhung der Flexibilität der Organisation,
    - Selbstentfaltungsmöglichkeiten der Mitarbeiter,
    - Konfliktminimierung bei Problemen, die mehrere Stellen betreffen infolge direkter Kontakte,
    - Motivation,
    - Koordinationsvorteile,
    - gutes Betriebsklima.
- **Nachteile:**
    - Zeitaufwand, Kosten,
    - Gefahr von Kompromissen, lange Diskussionen,
    - schwierige Kompetenz- und Verantwortungsabgrenzung,
    - Frustrationen von Minderheiten, deren Vorschläge nicht berücksichtigt werden,

- Dominanz einzelner Mitglieder,
- Konflikte in der Gruppe,
- Missbrauch von Informationen,
- Mehrbelastung der Teammitglieder durch Teamsitzungen.

3.2.6.2 Teamkonzeption von Likert

Auf der Grundlage eigener empirischer Untersuchungen (1967) entwickelte **Rensis Likert** das so genannte **Linking Pin Model.** Die ganze Organisationsstruktur setzt sich aus Teams zusammen, wobei sich die einzelnen Gruppen jeweils überlappen. Dieses System von Gruppen wird durch Verbindungsglieder (linking pins) miteinander verbunden, wie ▶ Abb. 265 zeigt.

Die Verbindungsmitglieder gehören zwei Gruppen gleichzeitig an und ihre Aufgabe ist es, neben ihrer eigentlichen Sachaufgabe die vertikale wie auch die horizontale Koordination und Kooperation aufrecht zu erhalten und zu fördern.

Daneben schlägt Likert (1967, S. 103ff.) für diese Organisationsstruktur folgende Prinzipien vor:

- Prinzip der **„supportive relationships"**: Dieses Prinzip besagt, dass fruchtbare zwischenmenschliche Beziehungen auf gegenseitigem Vertrauen und gegenseitiger Unterstützung und Hilfe beruhen.
- Prinzip des **„group decision making"**: Dieses Prinzip verlangt, dass sämtliche Gruppenmitglieder am Entscheidungsprozess aktiv partizipieren, indem sie ihr praktisches und theoretisches Wissen zur Verfügung stellen. Das Modell von Likert wird nach diesem Prinzip oft auch als **Partizipationsmodell** bezeichnet. Für den Fall, dass eine Gruppe nicht zu einer gemeinsamen Entscheidung kommt, ist vorgesehen, dass dem Gruppenleiter die Stichentscheidung zukommt, wobei er sich nach Möglichkeit auf eine Gruppenmehrheit abstützen sollte.
- Prinzip der **„group methods of supervision"**: Die Gruppe sorgt selber für ein reibungsloses Funktionieren der Zusammenarbeit und sämtliche Gruppenmitglieder sind gruppenintern in der gleichen Art und Weise für die Erfüllung der Aufgabe verantwortlich. Nur die Verantwortung gegenüber der nächsthöheren Ebene liegt allein beim Gruppenleiter.
- Prinzip der **„high performance aspirations"**: Ziel der Gruppenbildung und deren Gestaltung soll es sein, über die Erreichung der Gruppenziele auch die individuellen Bedürfnisse zu befriedigen.

Als **Kritik** am Modell von Likert wird vorgebracht, dass die hierarchische Struktur der „klassischen" Organisationsformen beibehalten und lediglich die Art der Aufgabenlösung („Partizipation") betrachtet wird. Damit ergeben sich für die Vor- und Nachteile ähnliche Überlegungen, wie sie bereits bei den Teams als Ergänzung zu bestehenden Strukturen geäußert wurden.

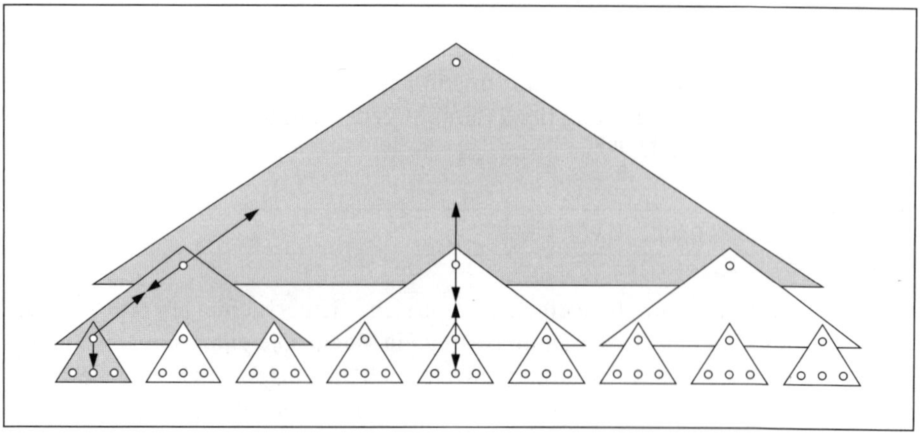

▲ Abb. 265 Gruppenstruktur nach Likert (1967, S. 50)

3.2.7 Projektorganisation

3.2.7.1 Projektmerkmale

Projektaufgaben zeichnen sich durch die drei Merkmale Komplexität, Singularität und originäres Zielsystem aus (vgl. Grün 1992, Sp. 2102f.):

- Projekte weisen meistens einen **hohen Komplexitätsgrad** auf, der sich hauptsächlich an der Zahl der zur Aufgabenerfüllung notwendigen Aktivitäten, der Zahl der am Projekt beteiligten Personen und den Interdependenzen der Teilaufgaben messen lässt.
- **Singularität** bedeutet, dass die Aufgabe für die betrachtete Institution neu ist.
- Jedes Projekt beinhaltet drei miteinander konkurrierende Ziele, die das **originäre Zielsystem** bilden: Qualitäts-, Kosten- und Terminziele. Projektaufgaben sollen qualitativ herausragend sein, ohne jedoch das zugeteilte Kosten- und Zeitbudget zu überschreiten.

3.2.7.2 Formen der Projektorganisation

Die Ausprägungsformen der Projektorganisation grenzen sich vor allem im Hinblick auf zwei Kriterien voneinander ab, nämlich:

- Ressourcenautonomie und
- Verselbstständigung gegenüber der Hauptorganisation.

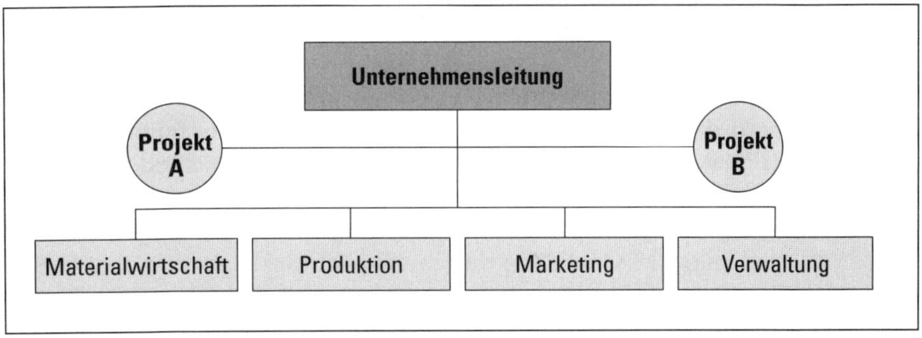

▲ Abb. 266 Stab-Projektorganisation (Frese 1998, S. 479)

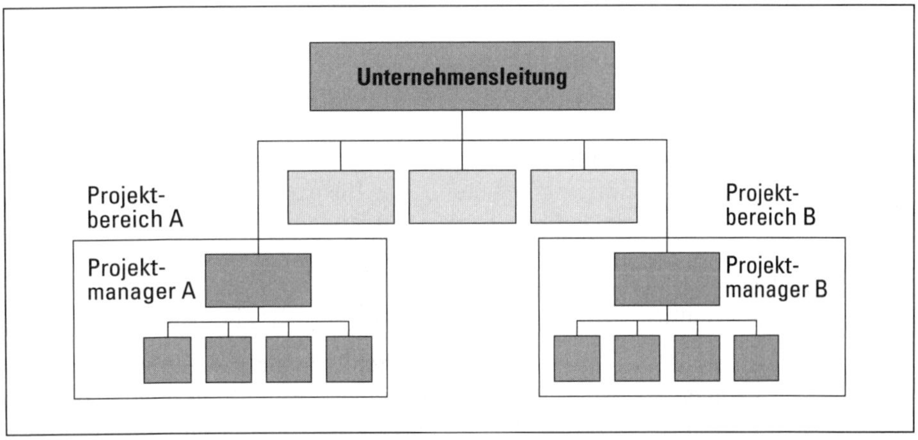

▲ Abb. 267 Reine Projektorganisation (Frese 1998, S. 482)

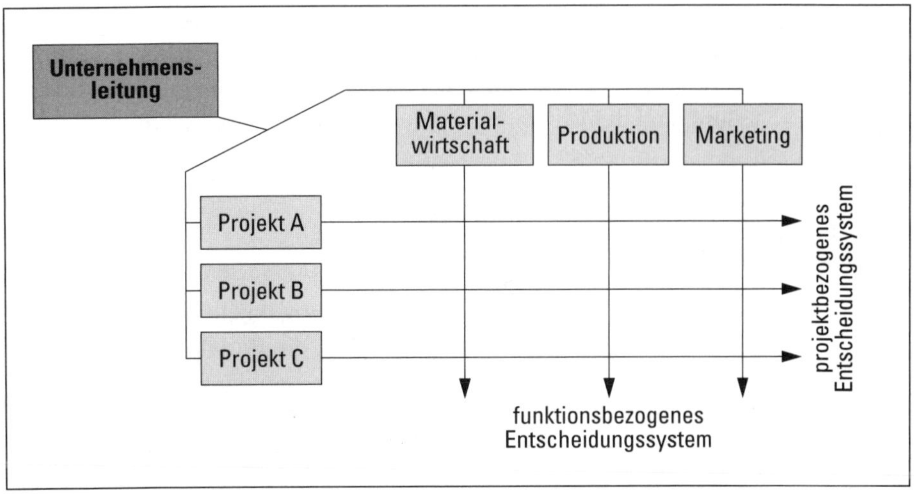

▲ Abb. 268 Matrixprojektorganisation (Frese 1998, S. 480)

Unterschieden werden die Stab-Projektorganisation, die reine Projektorganisation und die Matrixprojektorganisation.

1. **Stab-Projektorganisation:** Die Stab-Projektorganisation wird auch als Einflussprojektorganisation oder als Projektkoordination bezeichnet (◄ Abb. 266). Der Projektleiter ist der Unternehmensleitung direkt unterstellt und hat gegenüber den Linienvorgesetzten ausschließlich Informations-, Beratungs- und Planungsbefugnisse. Damit kann der Projektleiter die Projektverantwortung (Erreichung der Qualitäts-, Kosten- und Terminziele) nicht übernehmen. Die Ressourcenautonomie und die Verselbstständigung dieser Projektorganisationsform gegenüber der Basisorganisation ist schwach ausgeprägt. Die Stab-Projektorganisation eignet sich vor allem für Projekte, die einen niedrigen Komplexitäts- und Neuigkeitsgrad aufweisen.
2. **Reine Projektorganisation:** Bei reinen Projektorganisationen werden ausschließlich für die Erfüllung von Projektaufgaben Organisationseinheiten (so genannte „task forces") geschaffen (◄ Abb. 267). Der Projektleiter verfügt wie eine Linieninstanz über eigene personelle und sachliche Ressourcen. Im Gegensatz zur Stab-Projektorganisation sind die Ressourcenautonomie und die Verselbstständigung gegenüber der Basisorganisation hoch. Für Großprojekte, die durch einen hohen Komplexitäts- und Neuigkeitsgrad gekennzeichnet sind, erweist sich diese Projektorganisationsform als effizient.
3. **Matrixprojektorganisation:** In letzter Zeit wurden die begrenzte Dauer und die Einmaligkeit von Projekten allerdings stark relativiert. Die durchschnittliche Dauer eines Projektes ist auf Grund der technologischen Entwicklung stark gestiegen. Der Anteil von innovativen Aufgaben nimmt im Verhältnis zu Routineaufgaben zu. Verschiedene Projekte laufen gleichzeitig und sollen organisatorisch integriert werden, um Synergien auszuschöpfen und die vorhandenen personellen und sachlichen Ressourcen am effizientesten zuzuweisen. Die Matrixprojektorganisation (◄ Abb. 268) bietet eine Lösung, um diesen Entwicklungstendenzen zu begegnen. Der Projektleiter kann sich besonders auf das originäre Zielsystem konzentrieren. Die fachbereichsinterne Aufgabenverteilung und die Verfahrensregelungen obliegen der Fachbereichsleitung.

3.2.7.3 Beurteilung

Die uneingeschränkte Verfügbarkeit von projektspezifischen Ressourcen erhöht die Chance der reinen Projektorganisation, die Projektziele zu erreichen. Diesem Vorteil stehen allerdings Probleme bei der Bereitstellung von Projektressourcen und deren hinreichenden Auslastung gegenüber.

Die Stab- und Matrixprojektorganisation können Auslastungsschwankungen besser bewältigen, weil sie enger mit der Basisorganisation kooperieren müssen.

Die Wiedereingliederung der Projektmitarbeiter in die Basisorganisation nach Projektabschluss ist bei der reinen Projektorganisation schwieriger zu planen, als bei den zwei anderen Formen. Dafür identifizieren sich die Mitarbeiter bei der reinen Projektorganisation stärker mit den Projektaufgaben.

3.3 Zusammenfassung

Abschließend wird in ▶ Abb. 269 ein zusammenfassender Überblick über die Ausprägungen der besprochenen Organisationsformen in Bezug auf die zu Beginn dieses Kapitels erläuterten Strukturierungskriterien gegeben. Wie bei jeder Zusammenfassung handelt es sich auch bei dieser um eine Vereinfachung der Zusammenhänge. Die Angabe der Ausprägung eines Kriteriums soll und kann deshalb lediglich eine Tendenz zum Ausdruck bringen.

Die idealtypische Betrachtungsweise der verschiedenen Organisationsformen darf nicht darüber hinwegtäuschen, dass in der Praxis diese Formen selten in reiner Form in Erscheinung treten. Vielmehr lässt sich beobachten, dass die Übergänge zwischen den einzelnen Strukturformen fließend sind. So sind zum Beispiel Stäbe in fast jeder Organisationsform anzutreffen, also auch in Sparten-, Matrix- und Teamorganisationen. Auch die Übergänge von einem Einlinien- zu einem Mehrliniensystem sind manchmal kaum zu erkennen. So kann beispielsweise eine sehr große Übereinstimmung bestehen zwischen einer Spartenorganisation, die bekanntlich nach Produkten gegliedert ist und bei der einige Funktionen als Zentralabteilungen ausgestaltet sind, und einer Matrixorganisation, die nach Funktionen und nach Produkten gegliedert ist.

Zudem ist zu beobachten, dass ein Unternehmen in seiner Geschichte meist verschiedene Formen aufweist. In ▶ Abb. 270 ist schematisch eine Entwicklung dargestellt, wobei sich die jeweilige Organisationsform vor allem nach dem Kriterium „Größe" gerichtet hat.

Aus praktischer Sicht interessiert in erster Linie, welche Organisationsform am geeignetsten ist, um die vorgegebenen Unternehmensziele zu erreichen. Schon die Vielfalt bestehender Organisationsstrukturen in der Praxis deutet an, dass es *die* effizienteste Organisationsstruktur nicht geben kann. Auch die Forschung hat gezeigt, sofern überhaupt eindeutige und schlüssige Resultate gefunden werden konnten, dass die Eignung einer Organisationsstruktur situativ beurteilt werden muss. Neben den vor allem in Kapitel 2 „Organisationstheoretische Ansätze" genannten Einflussfaktoren kommen noch viele andere in Frage, die in unterschiedlichstem Ausmaß für die Wahl einer bestimmten Organisationsform ausschlaggebend sein können. Zusammenfassend sei deshalb nochmals eine Liste der wichtigsten Einflussfaktoren gegeben:

- Rechtsform,
- historische Entwicklung des Unternehmens,

Strukturierungsprinzip \ Organisationsform		Funktionale Organisation	Sparten-organisation	Management-Holding	Matrix-organisation	Netzwerk- und virtuelle Organisation	Projekt-organisation	Team-Organisation
Stellenbildung	Objekt		•	•	•		•	•
	Verrichtung	•			•	•		•
	Region		•	•	•	•		•
Leitungsprinzip	Einliniensystem	•	•	•			•	•
	Mehrliniensystem				•	•	•	•
Entscheidungs-kompetenzen	Zentralisation	•					•	
	Dezentralisation (Delegation)		•	•	•	•	•	•

▲ Abb. 269 Gegenüberstellung der Organisationsformen

- Branche,
- Unternehmensgröße,
- beteiligte Personen,
- Produkte, Produktions- und Absatzprogramm (Diversifikationsgrad),
- geografische Verbreitung,
- Absatzwege,
- Absatzmärkte,
- Produktionsverfahren,
- Führungsstil,
- Unternehmensziele,
- gesamtwirtschaftliche Lage,
- branchenspezifische Situation.

Die Vielzahl dieser Einflussfaktoren und die Tatsache, dass sich sowohl die Umwelt als auch die Ziele des Unternehmens und die Bedürfnisse der Mitarbeiter laufend verändern, lässt darauf schließen, dass sich auch die Organisation eines Unternehmens über die Zeit wandeln muss. Eine Organisation ist nichts Statisches, sondern unterliegt einer dynamischen Entwicklung. Sie muss sich dauernd neuen Umweltsituationen anpassen. Als Folge dieser Erkenntnisse ging man in der betrieblichen Wirklichkeit immer mehr dazu über, diesen ständigen Wandel der Unternehmensorganisation als fortlaufende Aufgabe zu betrachten. Auf diese Sichtweise und ihre Konsequenzen wird in Kapitel 4 „Organisation als geplanter organisatorischer Wandel" eingegangen.

Phase	**Organigramm**	**Entwicklung**
Phase 1: Reine Einlini-enstruk-tur	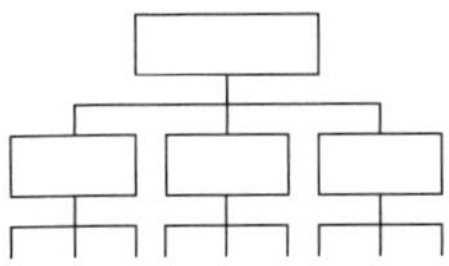	Ein Geschäftsmann gründete ein Unternehmen und stellte einen Buchhalter, einen Produktionsleiter sowie einen Verkaufsleiter ein. Er wollte absolut klare Verhältnisse haben und entschied sich deshalb für eine **reine Einlinienstruktur.** Jeder wusste, was er zu tun hatte und das Geschäft lief bestens.
Phase 2: Stab-Linien-Struktur	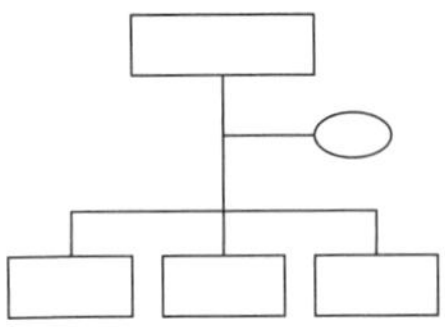	Ein Freund überzeugte unseren Geschäftsmann, dass mit einem Computer administrative Tätigkeiten effizienter erledigt werden könnten. Unser Chef war Neuerungen gegenüber aufgeschlossen. Damit seine Organisation nicht beeinträchtigt werde, entschloss er sich, einen **Assistenten** einzustellen, welcher sich unter seiner Aufsicht mit der EDV zu befassen hatte.
Phase 3: Zentrale Dienste	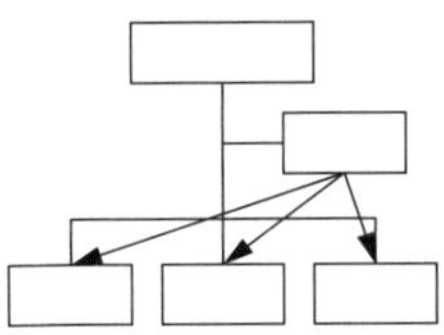	Die neu geschaffene EDV-Stabsstelle brachte schon bald erhebliche Erleichterungen. Weil jede Änderung von unserem Chef beurteilt werden musste, bevor sie bei den Linienstellen durchgesetzt werden konnte, gab es wiederholt Schwierigkeiten. Unser Chef entschloss sich daher, dem EDV-Mann für seine Tätigkeit fachtechnische Weisungsrechte zu erteilen. Die Stabsstelle wurde somit zur Stelle **„Zentrale Dienste"** umfunktioniert.
Phase 4: Matrix-Struktur	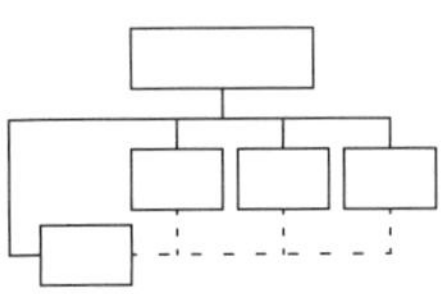	Das Unternehmen wurde zunehmend größer und die damit verbundenen EDV-Probleme komplexer. Die EDV-Stelle übernahm zusätzlich logistische Aufgaben und lieferte wichtige Entscheidungsgrundlagen. Damit die für das Unternehmen bedeutungsvolle Stelle ihre Aufgabe ausüben konnte, wurde die EDV-Abteilung als gleichberechtigte Stelle in die Organisation integriert. Damit verfügte unser Chef, ohne es zu wissen, über eine **Matrix-Struktur.**

▲ Abb. 270 Von der Linien-Struktur zur Matrix-Struktur (nach Nauer 1993, S. 76)

Kapitel 4

Organisation als geplanter organisatorischer Wandel

4.1 Einführung

In diesem Kapitel steht der gestalterische Aspekt des Organisationsbegriffs und somit die Gestaltungsfunktion im Vordergrund.[1] Als Mittel zur Zielerreichung sollen Organisationsstrukturen an die sich verändernde Unternehmenssituation angepasst werden. Unternehmen benötigen dabei zielgerichtete und systematische Gestaltungsmaßnahmen, die allgemein als **geplanter organisatorischer Wandel** bezeichnet werden.

Es existieren verschiedene Konzepte des geplanten organisatorischen Wandels, die zwischen den Extremen „fremdbestimmte Ordnung“ und „selbstgesteuerte Ordnung“ liegen können. Im folgenden werden die Änderungskonzepte des Business Reengineering und der Organisationsentwicklung erklärt.

- Im Konzept des **Business Reengineering** beschäftigt sich ein Expertenteam mit Reorganisationsmaßnahmen, die zu fremdbestimmten organisatorischen Lösungen führen.
- Im Gegensatz dazu betont die **Organisationsentwicklung** die Wichtigkeit von selbstentwickelten organisatorischen Lösungen durch die betroffenen Mitarbeiter.

1 Vgl. Kapitel 1, Abschnitt 1.2 „Formale Elemente der Organisation“.

4.2 Grundmodell der organisatorischen Gestaltung

4.2.1 Überblick

Zur Bewältigung einer Reorganisation bzw. Neuorganisation kann die organisatorische Gestaltung in Anlehnung an den allgemeinen Problemlösungsprozess[1] in verschiedene Schritte zerlegt werden, die auf unterschiedlichen Detailebenen ablaufen (▶ Abb. 271).

Dieses Phasenschema ist als grundlegendes Denkmodell für verschiedene Konzepte des organisatorischen Wandels anzusehen, das der Entwicklung und Steuerung von organisatorischen Gestaltungsprozessen dient. Die Aktivitäten dieses Prozesses werden häufig als Projekte gestaltet. Es handelt sich dabei um zeitlich abgegrenzte Aufgaben, die je nach Reorganisationsumfang verschiedene Komplexitäts- und Neuigkeitsgrade aufweisen.

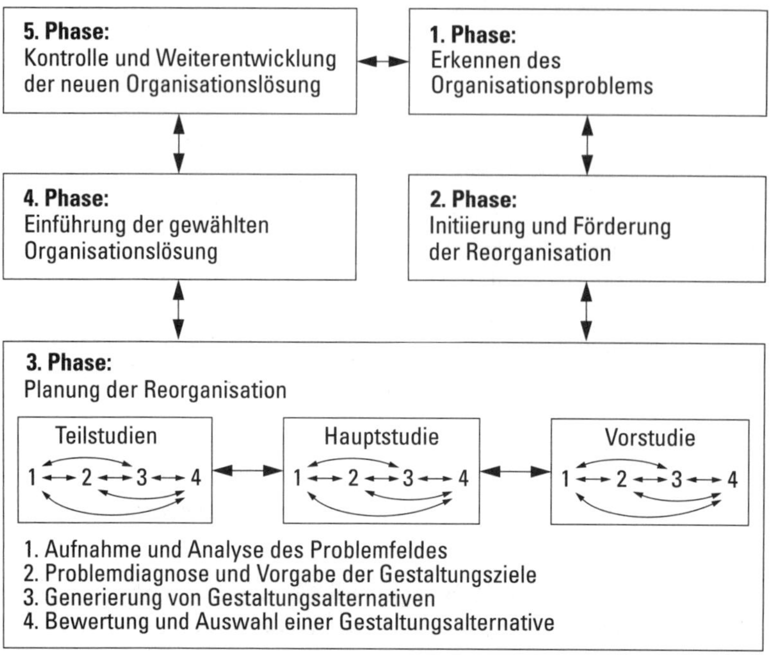

▲ Abb. 271 Aktivitäten im organisatorischen Gestaltungsprozess (vgl. Schmidt 1994, S. 44ff.; Grochla 1982, S. 44ff.)

1 Vgl. Teil 1, Kapitel 1, Abschnitt 1.2.3 „Steuerung des Problemlösungsprozesses".

4.2.2 Erkennen des Organisationsproblems

Organisatorische Probleme müssen zuerst identifiziert werden. Denn häufig lassen sich die Probleme, die zu organisatorischen Gestaltungsprozessen führen können, nicht unmittelbar erkennen. Der Ausgangspunkt für Reorganisationsmaßnahmen kann entweder in der Organisation selbst oder außerhalb der Organisation begründet sein. Von organisatorischen Problemen kann man sprechen, wenn die bestehenden organisatorischen Regeln nicht oder nicht in ausreichendem Maße genügen, um die zur effizienten Aufgabenerfüllung notwendige Ordnungsfunktion zu leisten (z.B. Doppelspurigkeiten, unklare Zuständigkeiten). Die Existenz organisatorischer Gestaltungsprobleme kann aber auch auf Änderungen der Unternehmensziele sowie der unternehmensinternen oder -externen Bedingungen zurückzuführen sein. Als Beispiele sind die vermehrte Berücksichtigung ethischer Aspekte (Unternehmensziele), das Wachstum des Unternehmens (interne Bedingungen) oder eine Erhöhung des Konkurrenzdruckes (externe Bedingungen) zu nennen.

4.2.3 Initiierung und Förderung der Reorganisation

Ist das organisatorische Gestaltungsproblem erkannt, so löst dies keineswegs zwangsläufig einen Gestaltungsprozess aus. Einerseits sollen die Beiträge und Kosten organisatorischer Maßnahmen abgewogen werden, wobei die unmittelbaren Kosten und Folgekosten einer Reorganisation bzw. Neuorganisation die erwarteten Leistungen nicht übersteigen dürfen. Andererseits bestehen in jedem Unternehmen Befürworter und Gegner der Einleitung eines Reorganisationsprozesses. In der Zeitspanne zwischen der Problemerkennung und dem tatsächlichen Antrag zur Reorganisation können somit hemmende und fördernde Kräfte auftreten.

4.2.4 Planung der Reorganisation

Im Rahmen der Projektplanung einer Reorganisation sollen folgende Hauptfragen besprochen und geklärt werden (vgl. Haberfellner 1992, Sp. 2093f.):

- Welcher **Nutzen** soll mit dem Organisationsprojekt erzielt werden und für wen? (Projektziel)
- Wer soll **Projektleiter** sein? Er sollte möglichst frühzeitig bekannt sein und die Vorbereitungsarbeiten maßgeblich mittragen. Es geht dabei um die Vereinbarung eines zweckmäßigen Projektauftrags sowie um die personelle Zusammensetzung der Projektgruppe (Projektbeauftragte).

- Was ist **Gegenstand** des beabsichtigten Projektes? Was nicht? Innerhalb welcher Bereiche sollen Veränderungen vorgenommen werden, welche anderen Bereiche stehen damit in Verbindung? (Projektabgrenzung und -strukturierung, Aufgabenabgrenzung)
- Wie soll das Gesamtprojekt inhaltlich und zeitlich untergliedert werden? Es geht dabei einerseits um die Bildung in sich geschlossener Aufgabenpakete **(Teilprojekte)** und andererseits um die Gliederung des Projektes in **Projektphasen** bzw. um die Entwicklung von Etappenzielen.
- Wie hoch ist der **Aufwand** für die Durchführung des Reorganisationsprojektes?
- Wie soll das **Dokumentations-** und **Berichtswesen** organisiert werden?

In der Planungsphase sollte ein Vorgehen vom Allgemeinen zum Speziellen gefördert werden. Es geht dabei um die weitere Untergliederung der Planung in drei Phasen, die sich auf Grund ihres Detaillierungsgrades voneinander abgrenzen. Es handelt sich um die Vorstudie, Hauptstudie und um Teilstudien:

- Als Ergebnis der **Vorstudie** kann etwa die Angabe einer groben Lösungsrichtung angesehen werden.
- Die **Hauptstudie** setzt sich mit der groben Lösungsrichtung auseinander und arbeitet diese zu Lösungskonzepten aus. Das Gesamtproblem wird in abgrenzbare Problemfelder zerlegt.
- In den **Teilstudien** werden die Problemfelder bis zu realisationsreifen Detailplänen ausgearbeitet.

In jeder dieser Studien der Planungsphase ist ein sich wiederholendes Durchlaufen einzelner Gestaltungsschritte zu beobachten:

- Bei der **Aufnahme** und **Analyse des Problemfeldes** wird der Ist-Zustand der organisatorischen Regeln ermittelt und analysiert. Ebenso werden die relevanten Gestaltungsbedingungen abgegrenzt und auf ihre zukünftige Entwicklung hin geprüft. Mithilfe dieser Informationen werden die neuen Anforderungen an die organisatorischen Regeln gestellt und deren Ist-Zustand auf Grund der neuen Situatuion beurteilt.
- In der Phase der **Problemdiagnose** und der **Vorgabe der Gestaltungsziele** werden einerseits die Ursachen von erkannten Schwachstellen und Mängeln ermittelt und anderseits die groben Ziele konkretisiert.
- Dann folgt auf jeder Detailebene die Generierung von Lösungsalternativen, um die herausgearbeiteten und festgelegten Ziele zu erreichen **(Generierung von Gestaltungsalternativen)**.
- Es soll nun eine Auswahl unter den generierten Lösungsalternativen getroffen werden **(Bewertung und Auswahl einer Gestaltungsalternative)**.

4.2.5 Einführung der gewählten Organisationslösung

Nach Abschluss der Planungsphase kann erst die tatsächliche Implementierung der gewählten Lösung beginnen. Die Einführung selbst muss wiederum geplant bzw. vorbereitet werden. Folgende Fragen müssen dabei beantwortet werden (vgl. Schmidt 1994, S. 54):

- Wer ist zu informieren/zu schulen?
- Was muss den Adressaten vermittelt werden?
- Wie wird die Lösung eingeführt?
- Wer übernimmt die Einführungsaktivitäten?
- Wie wird die Lösung zeitlich eingeführt?
- Wann und wo finden die Einführungsmaßnahmen statt?

Erst nach Beantwortung dieser Fragen kann die Einführung bis zur Übergabe in das Tagesgeschäft durchgeführt werden.

4.2.6 Kontrolle und Weiterentwicklung der neuen Organisationslösung

Nach Einführung der gewählten Organisationslösung ist die Erreichung des Gestaltungszwecks zu kontrollieren. Falls die Ziele nicht erreicht worden sind, ist der Gestaltungsprozess weiterzuführen bzw. ein neuer zu initiieren. Eine Weiterentwicklung ist aber auch deshalb notwendig, weil organisatorische Regeln zwangsläufig eine beschränkte Geltungsdauer aufweisen. Die Kontrolle und Weiterentwicklung bilden damit eine wesentliche Voraussetzung für eine systematische Problemerkennung.

Abschließend ist zu erwähnen, dass nicht alle Phasen in jedem Gestaltungsprojekt linear zu durchlaufen sind. Je nach Komplexitäts- und Neuigkeitsgrad der Reorganisationsmaßnahmen werden gewisse Phasen zusammengelegt, stärker gegliedert oder überlappen sich.

4.3 Business Reengineering als fundamentaler und radikaler organisatorischer Wandel

Das Business Reengineering stellt ein aus der Beratungspraxis in den 90er-Jahren entwickeltes Gestaltungskonzept dar, dessen Hauptziel darin besteht, sich auf Grund von ökonomischen und kundenorientierten Erfolgskriterien von der Konkurrenz stark abzugrenzen.

> **Business Reengineering** bedeutet ein fundamentales Überdenken und radikales Redesign von Unternehmen oder wesentlichen Unternehmensprozessen. Das Resultat sind außerordentliche Verbesserungen in entscheidenden, heute wichtigen und messbaren Leistungsgrößen in den Bereichen Kosten, Qualität, Service und Zeit. (Hammer/Champy 1994, S. 48)

Nach diesem Gestaltungsansatz sollen organisatorische Maßnahmen fundamental und radikal geschehen. **„Fundamental"** bezieht sich auf die Frage des „Was?", d.h. welches sind die wesentlichen Aufgaben eines Unternehmens. Um das festgelegte Ziel zu erreichen, wird die bestehende Struktur nicht nur angepasst, sondern **„radikal"**, d.h. völlig neu umgestaltet. Es geht nicht lediglich um eine Verbesserung, Erweiterung oder Modifizierung der bestehenden Struktur, sondern um eine neue prozessorientierte Rahmenstruktur. Das Schwergewicht dieses Ansatzes liegt dabei in der Identifikation von Kernprozessen im Rahmen der Wertschöpfungskette eines Unternehmens (▶ Abb. 272):

> **Kernprozesse** bestehen aus einem Bündel funktionsübergreifender Tätigkeiten, das darauf ausgerichtet ist, einen Kundenwert zu schaffen.

Je nach Größe des Unternehmens sollte die Anzahl von fünf bis acht Kernprozessen nicht überschritten werden.

Während Unternehmen ihre Organisationsstrukturen lange Zeit und zum Teil auch noch heute hauptsächlich nach den Gliederungsmerkmalen „Verrichtungen" bzw. „Objekte" gestaltet haben bzw. gestalten, werden im Business Reengineering Prozesse zur Grundlage der Unternehmensstruktur. Dadurch soll der Kunde schneller und kostengünstiger beliefert werden.

Im Vergleich zu den traditionellen Organisationsformen[1] zeichnet sich die organisatorische Lösungsvariante des Business Reengineering durch folgende Gestaltungsvariablen aus (▶ Abb. 272):

- **Arbeitsteilung:** Die zu erledigenden Aufgaben werden nach Kernprozessen gegliedert (z.B. Entwicklung neuer Produkte, ▶ Abb. 272).

1 Vgl. Kapitel 3, Abschnitt 3.2 „Organisationsformen in der Praxis".

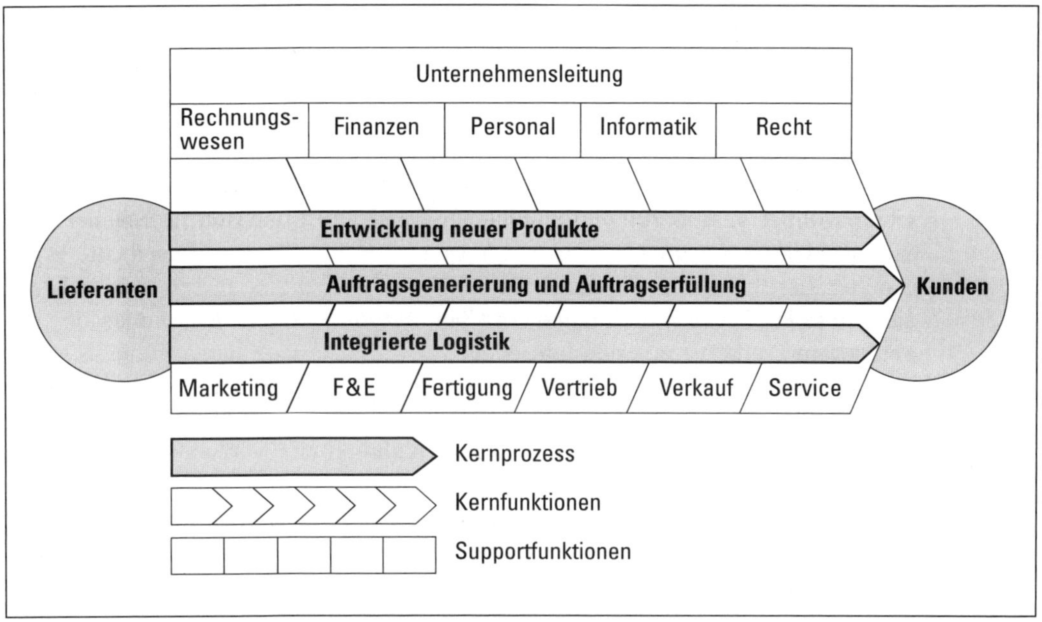

▲ Abb. 272 Wertschöpfungskette mit Kernprozessen

- **Arbeitskoordination:** Die Bildung von Prozessketten und die Benennung eines Prozessverantwortlichen trägt zur Koordination bei. Hammer/Champy (1994, S. 134ff.) unterscheiden verschiedene Rollen für die am Prozess Beteiligten. Es handelt sich insgesamt um fünf mitwirkende Gruppen:
  - Der **Leader** spielt die Machtpromotoren-Rolle. Er ist Mitglied der obersten Unternehmensleitung und besitzt genügend Einfluss, um radikale und fundamentale organisatorische Änderungen in Gang zu setzen.
  - Der **Prozessverantwortliche** übernimmt die Rolle des Prozesspromotors. Er ist für die Gestaltung eines spezifischen Unternehmensprozesses zuständig. Er kann als Projektleiter einer Teilstudie angesehen werden. Im Gegensatz zum Projektleiter behält er aber nach dem Gestaltungsabschluss seine Funktion.
  - Die Mitglieder des **Reengineering-Teams** sind die eigentlichen Ausführenden der organisatorischen Gestaltung eines bestimmen Unternehmensprozesses. Sie können mit den Sachbearbeitern eines Teilprojektes verglichen werden.
  - Der **Leitungsausschuss** besteht aus Führungskräften des oberen Kaders, welche die Reengineering-Strategie für das Gesamtunternehmen planen und überwachen.
  - Der **Reengineering-Zar** ist der Stabschef des Leaders und übernimmt die Rolle eines Fachpromotors. Er kennt sich in Reengineering-Prozessen gut aus und verfügt über das notwendige Know-how, um die Prozesspromotoren und Machtpromotoren zu beraten.

4.4 Organisationsentwicklung

4.4.1 Organisationsentwicklung als evolutionärer organisatorischer Wandel

Organisatorische Veränderungen stoßen meistens auf Widerstände der Unternehmensangehörigen. Widerstand ist eine beinahe selbstverständliche Begleiterscheinung bei Veränderungen bzw. Neuerungen und lässt sich in vielen Fällen damit erklären, dass die betroffenen Menschen befürchten, gewisse Nachteile gegenüber ihrer bisherigen Situation zu erfahren. Widerstände lassen sich meistens nicht objektiv begründen, sondern beruhen auf subjektivem Empfinden der mit Veränderungen konfrontierten Individuen.

Widerstände können durch Informieren teilweise abgebaut werden. Vor dem Änderungsprozess soll deshalb der Sinn der Veränderungsvorhaben erklärt und der Endzustand bekannt gegeben werden. Während des Veränderungsprozesses soll stufenweise über die Entwicklungsfortschritte informiert werden. Eine andere Lösung zum Abbau der Widerstände besteht in der Partizipation der Betroffenen am Veränderungsprozess, wie dies im Konzept der Organisationsentwicklung verwirklicht wird. Dadurch wird den vom Wandel betroffenen Individuen die Möglichkeiten geboten, sowohl auf den Verlauf als auch auf das Ergebnis des Veränderungsprozesses Einfluss zu nehmen (vgl. Schanz 1982, S. 329ff., und French/Bell 1973).

Die Organisationsentwicklung (Organization[al] Development) als eine in den 40er Jahren von Sozialpsychologen entwickelte Form des geplanten organisatorischen Wandels strebt sowohl nach einer besseren organisatorischen Leistungseffizienz (ökonomische Ziele) als auch nach der Schaffung von **Potenzialen zur individuellen Bedürfnisbefriedigung** (individual-soziale Ziele). Die **Organisationsentwicklung** kann im allgemeinen als ein langfristig angelegter, organisationsumfassender Entwicklungs- und Veränderungsprozess von Organisationen und der in ihnen tätigen Menschen verstanden werden. Der Prozess der Organisationsentwicklung beruht auf dem Lernen aller Betroffenen durch direkte Mitwirkung und praktische Erfahrungen. Sein Ziel besteht in einer gleichzeitigen Verbesserung der Leistungsfähigkeit der Organisation (Effektivität) und der Qualität des Arbeitslebens (Humanität). (Vgl. Thom 1992b, Sp. 1478)

Um die Idee der Organisationsentwicklung zu verwirklichen, werden drei grundlegende Prinzipien formuliert:

- **Betroffene zu Beteiligten machen:** Darunter soll verstanden werden, dass diejenigen, die später bestimmte Verhaltensregeln zu beachten haben, an der Ausarbeitung dieser Regeln zu beteiligen sind.
- **Hilfe zur Selbsthilfe:** Die Betroffenen selbst bestimmen mit der Hilfe von Prozessberatern den Inhalt der Veränderungsprozesse.
- **Machtausgleich:** Mit den zwei obigen Grundwerten ist der generelle Wert der Demokratisierung und Enthierarchisierung des Lebens in Unternehmen eng verbunden.

4.4.2 Prozess der Organisationsänderung

Ein weitverbreitetes Instrument zur Gestaltung des Prozesses der Organisationsentwicklung ist das vom Psychologen Kurt Lewin (1947) entwickelte Phasenschema, das sich in drei wiederkehrende Phasen aufgliedern lässt (▶ Abb. 273):

- **Auftauen** („unfreezing“): Am Anfang jedes Wandels soll die Bereitschaft zur Veränderung bei den betroffenen Individuen gefördert werden. Sie sollen von der Notwendigkeit der Umgestaltung überzeugt werden.
- **Ändern** („moving“): In der zweiten Phase beginnt die eigentliche Veränderung des alten Zustands. Daten werden gesammelt und aufgearbeitet, Handlungen geplant und durchgeführt. Je nach Problem empfehlen sich organisatorische oder personelle Entwicklungsmaßnahmen. Bevor organisatorische Lösungen generiert werden, sollte beispielsweise die Teamfähigkeit der in einer Gruppe zusammenarbeitenden Personen verbessert werden.
- **Wiedereinfrieren** („refreezing“): „Wiedereinfrieren“ im Sinne der Organisationsentwicklung ist kein starres Festschreiben von einzuführenden Neuerungen. Vielmehr soll die Grundlage für weitere Verbesserungen gelegt werden, wodurch eine Vorstufe zum erneuten „Auftauen“ und „Ändern“ gebildet wird. In dieser Phase wird die implementierte Lösung stabilisiert, um zu vermeiden, dass das Unternehmen nach einer Weile in den alten Zustand zurückfällt.

Um dem Veränderungskonzept der Organisationsentwicklung zu entsprechen, müssen drei **Hauptrollen** im Veränderungsprozess wahrgenommen werden (vgl. Thom 1992b, Sp. 1480f.):

- **Change Agent** (Veränderungshelfer): Es handelt sich um die Rolle des Organisationsentwicklungsberaters bzw. des Prozessberaters. Das Hauptziel seiner Bemühungen besteht darin, dem Klientensystem zu helfen, eigene Ressourcen zu entwickeln, um immer selbstständiger agieren zu können. Der Prozessberater soll vermeiden, sein organisatorisches Fachwissen dem Klientensystem unmittelbar zu übermitteln, da er sonst die traditionelle Rolle des Beraters, der selbst organisatorische Probleme löst, übernimmt.
- **Client System** (Kundensystem): Das Klientensystem besteht aus Individuen, die direkt von den organisatorischen Maßnahmen betroffen sind. Sie kooperieren eng mit dem Prozessberater, um ihre eigenen organisatorischen Lösungsansätze zu entwickeln. Im Laufe des Veränderungsprozesses ändert sich das Klientensystem je nach Betroffenheit und Bereitschaft an einer Mitwirkung der Mitarbeiter. Die Beiträge dieses Systems liegen in erster Linie bei der genauen Kenntnis der Ist-Zustände (z.B. Schwachstellen), in der Formulierung wünschenswerter und sinnvoller Soll-Zustände sowie in der Kenntnis möglicher Hindernisse auf dem Weg zum Soll-Zustand und in der Beseitigung solcher Hindernisse.

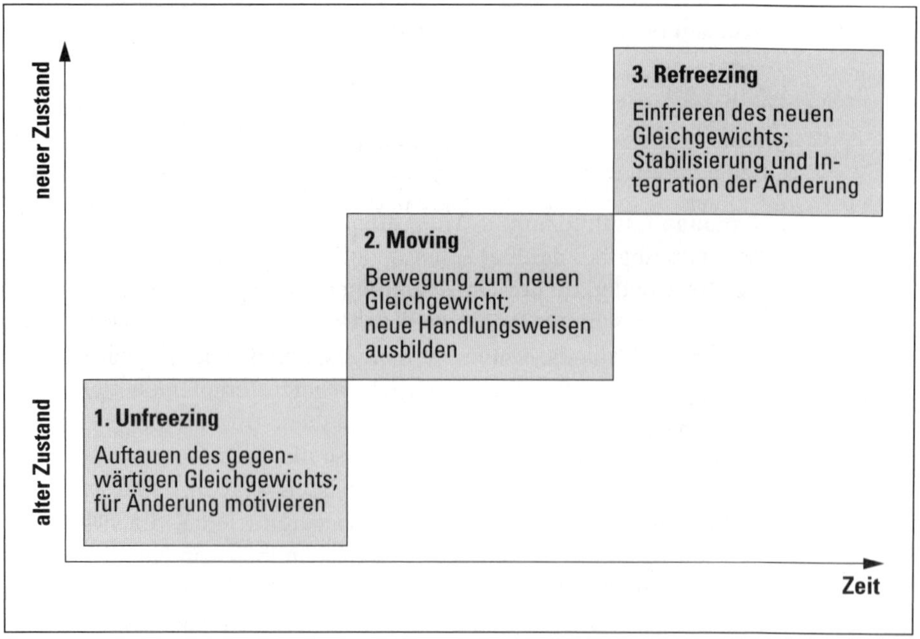

▲ Abb. 273 Dreistufiges Modell des Veränderungsprozesses (Kiechl 1995, S. 291)

- **Change Catalyst:** Dieser nimmt eine vermittelnde Funktion zwischen dem Kundensystem und dem Veränderungshelfer ein. Meistens hat er einen umfassenden Blick über das Gesamtunternehmen und verfügt über Entscheidungsbefugnisse, die ihm erlauben, eine Machtpromotoren-Rolle zu übernehmen, wenn zum Beispiel der Veränderungsprozess zu beschleunigen bzw. zu verlangsamen ist.

Gestaltungsmaßnahmen der Organisationsentwicklung können sowohl auf Veränderungen von Personen als auch auf die Verbesserung der Organisationsstruktur des Kundensystems einwirken. Dementsprechend unterscheidet man zwischen einem **personalen** und einem **strukturalen** Ansatz der Organisationsentwicklung. Beide Ansätze sollten möglichst gleichzeitig zur Anwendung kommen. Die Prioritätenfestlegung hängt jedoch von der jeweiligen Unternehmenssituation ab.

4.5 Vergleich der Veränderungskonzepte des Business Reengineering und der Organisationsentwicklung

In ▶ Abb. 274 werden die Eigenschaften der Veränderungskonzepte des Business Reengineering und der Organisationsentwicklung zusammengestellt. ▶ Abb. 275 zeigt die Stärken und Schwächen dieser beiden Konzepte.

Kriterium	Business Reengineering	Organisationsentwicklung
Herkunft der Ansätze	■ Ingenieurwissenschaften/ Beratungspraxis (managementorientiert)	■ Sozialpsychologie/Beratungspraxis (sozialorientiert)
Grundidee	■ Fundamentales Überdenken und radikales Redesign von Unternehmen und Unternehmensprozessen (revolutionärer Wandel)	■ Längerfristig angelegter, organisationsumfassender Veränderungs- und Entwicklungsprozess von Organisationen und der darin tätigen Menschen (evolutionärer Wandel)
Normative Grundposition (Auswahl)	■ Diskontinuierliches Denken ■ Frage nach dem Warum ■ Überzeugte zu Beteiligten machen	■ Hilfe zur Selbsthilfe ■ Betroffene zu Beteiligten machen ■ Demokratisierung und Enthierarchisierung
Menschenbild	■ Tendenziell Theorie X	■ Theorie Y
Charakterisierung der Veränderung	■ Tief greifender und umfassender Wandel ■ Diskontinuität ■ Veränderung in größeren Schüben	■ Dauerhafter Lern- und Entwicklungsprozess ■ Kontinuität ■ Veränderung in kleinen Schritten
Zeithorizont	■ Mehrjährig mit Druck auf raschen Erfolg (in quantifizierbaren Größen)	■ Langfristig mit Geduld und Offenheit (z.B. für Eigendynamik)
Veränderungsobjekt	■ Gesamtunternehmen bzw. Kernprozesse	■ Gesamtunternehmen bzw. Teilbereiche
Ziele	■ Erhöhung der Wirtschaftlichkeit	■ Erhöhung der Wirtschaftlichkeit (ökonomische Effizienz) *und* der Humanität (soziale Effizienz)

▲ Abb. 274 Gegenüberstellung des Business Reengineering und der Organisationsentwicklung (vgl. Thom 1995, S. 875)

Beurteilung / Methode	Business Reengineering	Organisationsentwicklung
Stärken	▪ Klare Abgrenzung der Veränderungsphasen ▪ Möglichkeit zum Neuanfang ▪ Chance zur deutlichen Steigerung der Wirtschaftlichkeit ▪ Schnelligkeit des Wandels ▪ Konzeptionelle Einheitlichkeit der Veränderung	▪ Sozialverträglichkeit ▪ Natürliche Veränderung ▪ Berücksichtigung der Entwicklungsfähigkeit der Systemmitglieder ▪ Förderung des Selbstmanagements bzw. der Selbstorganisation ▪ Langfristige Optik ▪ Vermeidung/Reduktion von Änderungswiderständen
Schwächen	▪ Instabilität in der Phase der Veränderung ▪ Zeit- und Handlungsdruck ▪ Druck auf kurzfristige Resultatverbesserung ▪ Ausschluss alternativer Veränderungsstrategien ▪ Mangelnde Sozialverträglichkeit (Berücksichtigung von Widerständen)	▪ Reaktionsgeschwindigkeit ▪ Extrem hohe Anforderungen an die Sozialkompetenz der am Organisationsentwicklungsprozess Beteiligten ▪ Zwang zur Suche nach Kompromissen ▪ Unzureichende Möglichkeiten zur Durchsetzung unpopulärer, aber notwendiger Entscheidungen (Unterschätzung der Machtkomponente)

▲ Abb. 275 Beurteilung des Business Reeingineering und der Organisationsentwicklung (Thom 1995, S. 876)

Literaturhinweise

Bleicher, Knut: Organisation. Strategien – Strukturen – Kulturen. 2., vollständig neu bearbeitete und erweiterte Auflage, Wiesbaden 1991

Bühner, Rolf: Betriebswirtschaftliche Organisationslehre. 9., bearbeitete und ergänzte Auflage, München/Wien 1999

Doppler, K./Lauterburg, Ch.: Change Management. Den Unternehmenswandel gestalten. Frankfurt/New York 1994

Frese, Erich: Grundlagen der Organisation: Konzept, Prinzipien, Strukturen. 7., überarbeitete Auflage, Wiesbaden 1999

Gomez, P./Zimmermann, T.: Unternehmensorganisation. Profile, Dynamik, Methodik. Frankfurt/New York 1992

Hammer, M./Champy, J.: Business Reengineering. Die Radikalkur für das Unternehmen. 3. Auflage, Frankfurt a. M./New York 1994

Hill, W./Fehlbaum, R./Ulrich, P.: Organisationslehre 1. Ziele, Instrumente und Bedingungen der Organisation sozialer Systeme. 5., überarbeitete Auflage, Bern/Stuttgart 1994

Hill, W./Fehlbaum, R./Ulrich, P.: Organisationslehre 2. Theoretische Ansätze und praktische Methoden der Organisation sozialer Systeme. 4., ergänzte Auflage, Bern/Stuttgart 1992

Kieser, Alfred (Hrsg.): Organisationstheorien. Stuttgart/Berlin/Köln 1993

Kieser, A./Kubicek, H.: Organisation. 3., völlig neu bearbeitete Auflage, Berlin/New York 1992

Kreikebaum, Hartmut: Organisationsmanagement internationaler Unternehmen. Wiesbaden 1998

Nippa, M./Picot, A. (Hrsg.): Prozessmanagement und Reengineering – Die Praxis im deutschsprachigen Raum. Frankfurt/New York 1995

Osterloh, M./Frost, J.: Prozessmanagement als Kernkompetenz: Wie Sie Business Reengineering strategisch nutzen können. 3., aktualisierte Auflage, Wiesbaden 2000

Probst, Gilbert J. B.: Organisation. Strukturen, Lenkungsinstrumente, Entwicklungsperspektiven. Landsberg/Lech 1993

Schreyögg, Georg: Organisation. Grundlagen moderner Organisationsgestaltung. 3., überarbeitete und erweiterte Auflage, Wiesbaden 1999

Literaturhinweise

Teil 10

Führung

Inhalt

Kapitel 1
Grundlagen

1.1 Einleitung

1.1.1 Begriff Führung

Die Prozesse in einem Unternehmen bedürfen einer Gestaltungs- und Steuerungsfunktion, damit sie koordiniert und zielgerichtet ablaufen. Diese Funktion wird als **Führung** bezeichnet.[1] Die Begriffe **„Management“** und **„Leitung“** werden meistens synonym verwendet. Was allerdings im Einzelnen unter der Führungsfunktion zu verstehen ist, darüber gehen die Meinungen zum Teil weit auseinander. Hunderte von Büchern und Tausende von Artikeln werden jährlich zu diesem Thema geschrieben. Auch die Praxis zeigt großes Interesse an solchen Publikationen, weil eine gute oder schlechte Führung sich früher oder später entscheidend im Unternehmenserfolg niederschlägt. Zudem sind fast alle Menschen mehr oder weniger stark von der Führung direkt betroffen, sei es als Mitarbeiter eines Unternehmens oder als Mitglied anderer Organisationen wie Familie, Verein, Kirche usw.

Aus dem Umfang und der Vielfalt der Publikationen wird aber auch deutlich, dass die Führung ein äußerst komplexes Phänomen ist. Die Führung zu umschreiben, Zusammenhänge aufzuzeigen und Empfehlungen abzugeben ist deshalb ein schwieriges Unterfangen. Doch die Praxis möchte gerade wegen der großen Bedeutung der Führung für den Unternehmenserfolg konkrete Empfehlungen und

1 Vgl. Teil 1, Kapitel 1, Abschnitt 1.2.3.1 „Phasen des Problemlösungsprozesses“.

Rezepte. Dies führt nicht selten dazu, dass bei der Betrachtung des Führungsphänomens nur einzelne Aspekte und Probleme in den Vordergrund gerückt werden.

Auf Grund der Art und der Anzahl der berücksichtigten Aspekte können drei Betrachtungsarten der Führung unterschieden werden, aus denen sich spezifische Empfehlungen für die Führungspraxis ableiten lassen, nämlich

- Unternehmens- und Führungsgrundsätze,
- Führungstechniken und
- Führungsmodelle.

1.1.2 Unternehmens- und Führungsgrundsätze

Unternehmens- und Führungsgrundsätze sind allgemein gehaltene Richtlinien, die alle Führungskräfte ihrem Handeln zu Grunde legen sollten. Sie dienen dazu, alle Teilbereiche des Unternehmens auf eine gemeinsame, aufeinander abgestimmte Politik auszurichten. Sie müssen deshalb in erster Linie eine beabsichtigte und realistische Gesamtorientierung geben, Präferenzen für die Arbeit setzen, gemeinsam zu verfolgende Absichten festhalten, konfliktäre Interessen ausgleichen und helfen, einmal festgelegte Ziele durchzusetzen.

- Während die **Unternehmensgrundsätze** das Verhalten des gesamten Unternehmens gegenüber seiner Umwelt (Kunden, Lieferanten, Mitarbeiter, Staat usw.) betreffen, beziehen sich
- die **Führungsgrundsätze** primär auf das Verhältnis zwischen Vorgesetzten und Untergebenen. (Gabele/Kretschmer 1986, S. 17/27)

Beide Arten von Grundsätzen werden in der Praxis häufig in einem **Leitbild** festgehalten.[1]

1.1.3 Managementtechniken

Konkreter als die Unternehmens- und Führungsgrundsätze sind die Führungstechniken. Diese berücksichtigen zwar meistens nur einen spezifischen Aspekt der Führung (z.B. Zielvorgabe, Delegation), doch zeigen sie zum Teil sehr ausführlich deren Auswirkungen auf die gesamte Organisation und Führung eines Unternehmens. Sie haben in der Praxis als so genannte „Management by"-Techniken eine große Verbreitung gefunden. Auch wenn gegenwärtig eine Vielzahl solcher Konzepte existiert, werden vor allem folgende immer wieder erwähnt:

1 Vgl. Kapitel 4, Abschnitt 4.3 „Unternehmensleitbild".

	Management by Objectives (MbO) Führung durch Zielvereinbarung bzw. Führung durch Vorgabe von Zielen	**Management by Exception (MbE)** Führung durch Abweichungskontrolle und Eingriff in Ausnahmefällen
Konzept	Vorgesetzte und Untergebene erarbeiten gemeinsam Zielsetzungen für alle Führungsebenen (zielorientiertes Management). Es werden nur Ziele festgelegt, nicht aber bereits Vorschriften zur Zielerreichung. Die Auswahl der Ressourcen fällt vollständig in den Aufgabenbereich der Aufgabenträger. Die Ausübung der Leistungsfunktion erfolgt auf allen Führungsebenen an den jeweils vereinbarten Subzielen. Grundpfeiler dieses Führungsmodells ist der arbeitsteilige Aufgabenerfüllungsprozess und die Delegation von Entscheidungs- und Weisungsbefugnissen mit der dazugehörigen Verantwortung.	Der Mitarbeiter arbeitet solange selbstständig, bis vorgeschriebene Toleranzen überschritten werden oder das Auftreten nicht vorhergesehener Ereignisse (Ausnahmefall) ein Eingreifen der übergeordneten Instanz erfordert. Die übergeordnete Instanz behält sich nur in Ausnahmefällen die Entscheidung vor. Ansonsten sind Verantwortung und Kompetenz für die Durchführung aller normalen Aufgaben unter der Voraussetzung delegiert, dass bestimmte, klar definierte Ziele angestrebt werden. Dieses Konzept erfordert: ■ Festlegung von Zielen und Sollwerten bzw. Bestimmung von Bewertungsmaßstäben und Auswahl von Erfolgskriterien; ■ Entwicklung von Richtlinien für Normal- und Ausnahmefälle; ■ Bestimmung des Umfanges der Kontrollinformationen; ■ Vergleich von Soll und Ist und Durchführung einer Abweichungsanalyse.
Voraussetzungen	■ Analyse des Ist-Zustandes und Offenlegung der Stärken und Schwächen, aber auch Entwicklungsmöglichkeiten jeder Stelle. ■ Die Unternehmensziele müssen in ein hierarchisches System operationaler Ziele entlang der vertikalen Organisationsstruktur untergliedert werden (Übersetzung der Unternehmensziele in Sollwerte). ■ Festlegung der Aufgabenbereiche und Verantwortlichkeiten. ■ Offenlegung der Beurteilungsmaßstäbe. ■ Gemeinsame Erarbeitung der Ziele zwischen Vorgesetzten und Untergebenen.	■ Vorhandensein eines Informationssystems, das den „Ausnahmefall" signalisiert (Kontroll- und Berichtssystem). ■ Klare Regelung der Zuständigkeiten. ■ Alle Organisationsmitglieder müssen Ziele und Abweichungstoleranzen kennen.
Vorteile	■ Mobilisierung der geistigen Ressourcen der Mitarbeiter (Förderung der Leistungsmotivation, Eigeninitiative und Verantwortungsbereitschaft). ■ Weitgehende Entlastung der Führungsspitze. ■ Mehrzentriger Zielbildungsprozess erreicht weitgehende Zielidentifikation (Zielkonvergenz); harmonisches „Anreiz-Beitrags-Gleichgewicht". ■ Ausrichtung aller Subziele und Sollwerte auf die Oberziele. ■ Schaffung von Kriterien für eine leistungsgerechte Entlohnung, aber auch Förderung.	■ Weitgehende Zeitersparnis und damit Einsatz für Aufgaben der Problemlösung. ■ Effektvollere Arbeit der Spitzenkräfte. ■ Verdeutlichung krisenhafter Entwicklungen und kritischer Probleme.
Kritik	■ Die operationale Formulierung von Zielen für alle Führungsebenen ist problematisch. ■ Mehrzentriger Planungs- und Zielbildungsprozess ist zeitaufwändig.	■ Kreativität und Initiative werden tendenziell dem Vorgesetzten vorbehalten. ■ Ausrichtung auf die Vergangenheit (Soll-Ist-Abweichung); fehlendes feed forward. ■ Ausrichtung auf nur negative Zielabweichungen; positive Abweichungen bleiben weitgehend unbekannt (Auswirkungen auf die Motivation).

▲ Abb. 276 Management by-Techniken (nach Häusler 1977, S. 59/66f.)

	Management by Delegation (MbD) Führung durch Aufgabendelegation (Harzburger Modell: Führung im Mitarbeiterverhältnis)	**Management by System (MbS)** Führung durch Systemsteuerung
Konzept	Die Durchsetzung des Konzepts erfordert: ■ Die Mitarbeiter erhalten einen eindeutig definierten Aufgabenbereich mit den entsprechenden Kompetenzen, in dem sie selbstständig handeln und entscheiden können. ■ Die unternehmerischen Entscheidungen werden auf die organisatorische Ebene verlagert, wo sie am fachgerechtesten gelöst werden können. ■ Die mit Weisungsbefugnis ausgestatteten Führungskräfte sind allein für ihre Entscheidungen verantwortlich; die Verantwortung des Vorgesetzten beschränkt sich auf Führungsverantwortung, d.h. auf Dienstaufsicht und Erfolgskontrolle.	Führungsmodell, das mit dem Ziel, ein Gesamtoptimum zu erreichen, eine Integration aller Teilsysteme des Unternehmens durch computergestützte Informations-, Planungs-, und Kontrollsysteme ermöglicht und herbeiführt. Management by System besteht im Wesentlichen aus einer Systematisierung folgender Elemente: ■ Verfahrensordnung (procedures) = Regelung der Aufeinanderfolge der Aktivitäten, die von mehreren Organisationsmitgliedern bzw. Subsystemen erbracht werden. (Welche Arbeit muss erbracht werden? – Wer sind die Beteiligten? – Wann sind die verschiedenen Teilaufgaben auszuführen?) ■ Methoden = wie soll eine Arbeit ausgeführt werden? ■ Systeme als Netzwerke von miteinander verknüpften Verfahrensordnungen im Sinne integrierter Regelkreise.
Voraussetzungen	■ Vorhandensein von Stellenbeschreibungen. ■ Bestimmung der Ausnahmefälle (delegierbare und nichtdelegierbare Aufgaben). ■ Transparenz des Zielsystems; ausreichende Information der Mitarbeiter. Vorhandensein eines Berichts- und Kontrollsystems. ■ Tendenzieller Abbau einer ausgeprägten Hierarchie und des autoritären Führungsstils, Hinwendung zur partizipativen Führung.	■ Entscheidungsdezentralisation (Delegation). ■ Leistungsfähiges, integriertes Planungs-, Informations- und Kontrollsystem. ■ Zielorientierte Organisation.
Vorteile	■ Entlastung der Vorgesetzten und damit Freisetzung für Problemlösungen. ■ Förderung der Eigeninitiative, der Leistungsmotivation und der Verantwortungsbereitschaft. ■ Entscheidungen werden auf der Ebene getroffen, auf der am sachgerechtesten entschieden werden kann.	■ Weitgehend automatische Steuerung von Routine-Prozessen durch Computerunterstützung. ■ Weitgehende Berücksichtigung der Parameter aller Subsysteme im Entscheidungsprozess. ■ Verbesserte Informationsversorgung aller Führungsebenen. ■ Beschleunigung der Entscheidungsprozesse.
Kritik	■ Partizipative Führung wird weitgehend nicht erreicht, Tendenz zur „einsamen" Einzelentscheidung. ■ Gefahr, dass Vorgesetzte nur uninteressante Aufgaben delegieren. ■ Hierarchie wird nicht zwangsläufig abgebaut. ■ Das Führungsprinzip berücksichtigt nur vertikale Hierarchiebeziehungen, vernachlässigt aber die notwendigen horizontalen Koordinationen.	■ Bisher nicht realisierbar wegen Fehlen eines integrierten Management-, Planungs-, Informations- und Kontrollsystems. ■ Verursacht hohe Kosten sowohl bei der Entwicklung als auch bei der Einführung. ■ Großer Zeitaufwand von der Entwicklung bis zur Implementierung.

▲ Abb. 277 Management by-Techniken (nach Häusler 1977, S. 60/68)

- **Management by Objectives:** Führung durch Zielvorgabe bzw. durch Zielvereinbarung.
- **Management by Exception:** Führung durch Abweichungskontrolle und Eingriff nur im Ausnahmefall.
- **Management by Delegation:** Führung durch Delegation von Aufgaben, Kompetenzen und Verantwortung.
- **Management by System:** Führung durch eine umfassende Systemsteuerung.

◀ Abb. 276 und 277 enthalten eine Zusammenfassung des Inhalts sowie eine Beurteilung dieser Management by-Techniken.

1.1.4 Managementmodelle und -konzepte

Managementmodelle versuchen, das Führungsphänomen in seiner Ganzheit unter allen relevanten Aspekten sowohl in Bezug auf die Gesamtsteuerung des Unternehmens und seiner Teilbereiche als auch in Bezug auf die Führung des einzelnen Mitarbeiters zu erfassen. Das im deutschsprachigen Raum bekannteste Management-Modell ist das **St. Galler Management-Modell,** das von Hans Ulrich erstmals Ende der Sechzigerjahre vorgestellt und von Bleicher in den Neunzigerjahren als **St. Galler Management-Konzept** weiterentwickelt worden ist.[1]

Auch in der Praxis sind verschiedene Modelle entwickelt worden. Als Beispiel, das große Verbreitung gefunden hat, ist das Konzept des **Lean Management** und des **Total Quality Management** zu nennen.

In den folgenden Abschnitten wird auf die erwähnten Konzepte eingegangen, bevor in Abschnitt 1.5 „Integriertes Management-Modell“ ein Modell vorgestellt wird, das die Grundlage für den Teil 10 „Führung“ bildet.

1.2 St. Galler Management-Konzept

Eine Integration der Unternehmenspolitik in ein ganzheitliches Management-Konzept nimmt auch das **St. Galler Management-Konzept** vor. Grundlage dieses Konzeptes bildet die Unterscheidung von drei Ebenen (▶ Abb. 278):[2]

1. **Normatives Management:** Die Ebene des normativen Managements beschäftigt sich mit den generellen Zielen des Unternehmens, mit Prinzipien, Normen und Spielregeln, die darauf ausgerichtet sind, die **Lebens-** und **Entwicklungsfähigkeit** des Unternehmens sicherzustellen. Die Notwendigkeit, die Lebensfähigkeit eines Unternehmens zu sichern, also ihre Identität zu wahren, wird durch

1 Vgl. H. Ulrich 1970, H. Ulrich/Krieg 1974, H. Ulrich 1987, Bleicher 1995.

2 Für eine ausführliche Darstellung vgl. Bleicher (1992, 1999).

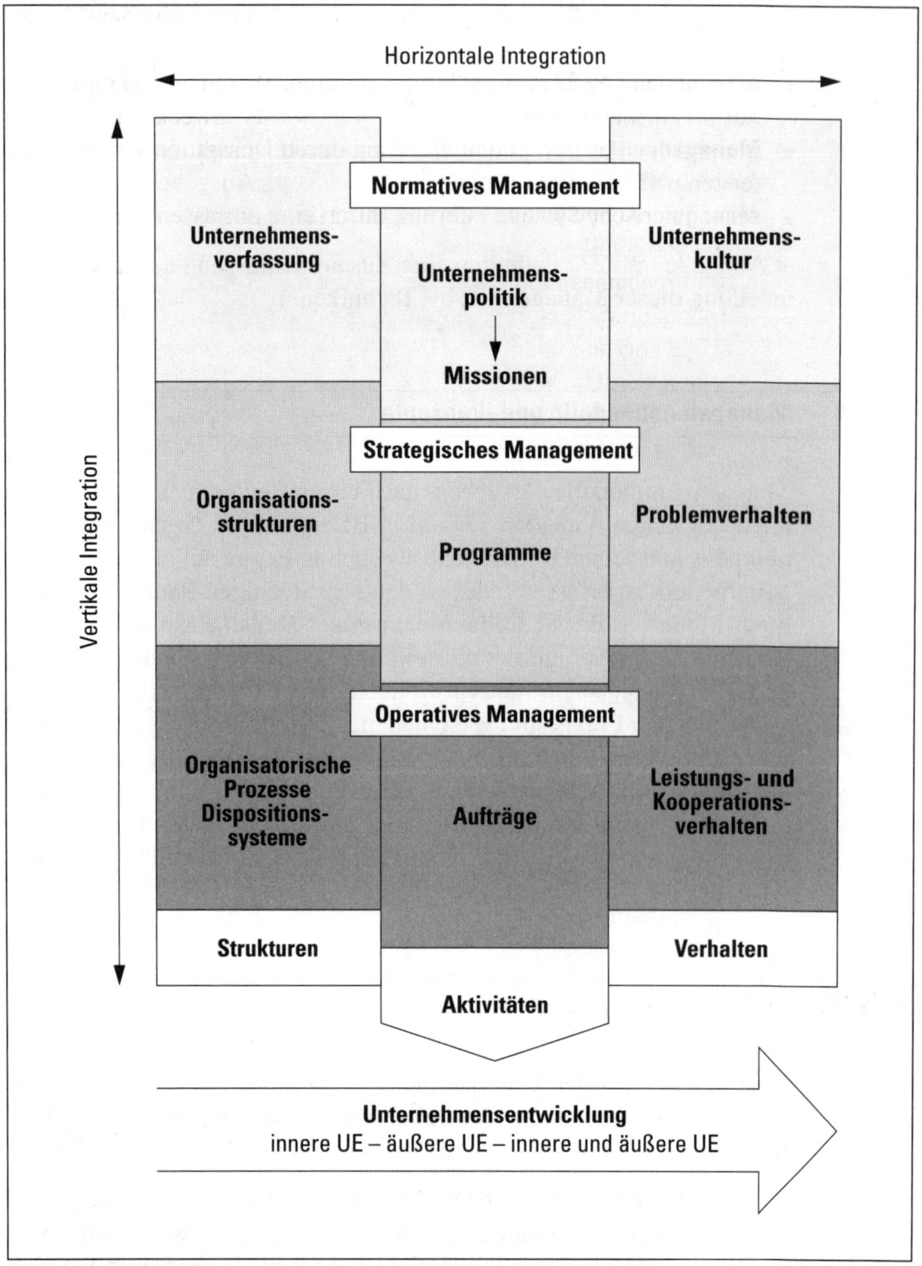

▲ Abb. 278 St. Galler Management-Konzept (Bleicher 1999, S. 77)

das Streben überlagert, Voraussetzungen für die **Fähigkeit zur Unternehmensentwicklung** zu schaffen. Zentraler Ausgangspunkt bildet dabei die unternehmerische **Vision.** Diese umfasst die ganzheitliche, vorausschauende Vorstellung von Zwecken sowie Wege zur Erreichung dieser Zwecke. Dabei sind als „Leitstern", der das unternehmerische Handeln prägt, Ideen zur Erzielung eines Nutzens für die Gesellschaft zu entwickeln. Ausgehend von einer solchen unternehmerischen Vision wird das normative Management in folgende drei Bereiche aufgeteilt:

- **Unternehmenspolitik:** Dieser kommt die prinzipielle Aufgabe zu, eine Harmonisierung externer Interessen am Unternehmen und intern verfolgter Ziele vorzunehmen. Die Harmonisierung erlaubt es, ein Gleichgewicht zwischen der Umwelt und der Inwelt eines Unternehmens zu erreichen, das langfristig die Autonomie des Systems Gewähr leistet.
- **Unternehmensverfassung:** Die Unternehmensverfassung lässt sich als Grundsatzentscheidung über die gestaltete Ordnung des Unternehmens verstehen.[1] Mit ihren konstitutiven Rahmenregelungen definiert sie als „Grundgesetz" des Unternehmens die Gestaltungsräume und -grenzen. Damit legt sie einen generell zu befolgenden Verhaltensrahmen nach innen und nach außen fest. Die Unternehmensverfassung wird vorerst bestimmt durch die Rechtsnormen der gesamtwirtschaftlichen Ordnung. Dazu zählen beispielsweise die gesetzlichen Vorschriften über die Rechtsformen von Unternehmen.[2] Im verbleibenden Autonomiebereich des Unternehmens, d.h. jenem Bereich, der nicht durch den Gesetzgeber vorbestimmt ist, konkretisiert und ergänzt sie diese durch eine eigene Unternehmensverfassung. Neben der Einbindung von Interessenvertretern (Anspruchsgruppen) und der Art der Konfliktlösung steht die Ausgestaltung der Kompetenzen und Verantwortung der Geschäftsleitung im Vordergrund. Dazu dienen folgende Dokumente:
  - **Satzung** und **Statuten,** die den spezifischen Zweck, die Aufgabe und die Arbeitsweise wesentlicher Organe des Unternehmens beschreiben.
  - **Geschäftsverteilungsplan,** der die Zusammensetzung der Spitzenorgane, ihre Aufgaben und Verantwortung und die Form ihrer Zusammenarbeit näher konkretisiert.
  - **Geschäftsordnung** für die Spitzenorgane, welche die satzungsmäßigen und statuarischen Vorschriften in detaillierter Form verfahrensmäßig weiter konkretisiert.

---

1 „Unter einer **Verfassung** versteht man im Allgemeinen ein rechtswirksames System von Grundnormen, das die Grundfragen des Bestands (Existenzzweck, Veränderungs- und Auflösungsmodalitäten), der Zugehörigkeit (Mitgliedschaftsbedingungen), der unentziehbaren Grundrechte aller Beteiligten (Freiheits-, Teilnahme-, Sozial- und Klagerechte), der Organisation (Organe und ihre Befugnisse, Wahl und Kontrollverfahren) und der Verantwortlichkeiten (Haftung) einer Institution regelt." (P. Ulrich/Fluri 1995, S. 155)

2 Vgl. dazu Teil 1, Kapitel 2, Abschnitt 2.6 „Rechtsform".

- **Unternehmenskultur:** Die Unternehmenspolitik wird nicht nur durch die Unternehmensverfassung („harter" Gestaltungsaspekt) getragen, sondern auch durch die Unternehmenskultur („weicher" Gestaltungsaspekt). Im Gegensatz zur Unternehmensverfassung, die Werte und Normen explizit zum Ausdruck bringt, wird durch die Unternehmenskultur die Unternehmenspolitik *implizit* beeinflusst und unterstützt.[1]

2. **Strategisches Management:** Dieses ist auf den Ausbau und die Pflege von **Erfolgspotenzialen** ausgerichtet, für die Ressourcen aufgewendet werden müssen. Bestehende Erfolgspotenziale drücken die im Zeitablauf gewonnenen Erfahrungen eines Unternehmens mit Märkten, Technologien und sozialen Strukturen sowie Prozessen aus. Sie schlagen sich in der realisierten strategischen Erfolgsposition am Markt in Bezug auf die Wettbewerber nieder. Neue Erfolgspotenziale stellen auf die Entwicklung von Fähigkeiten ab, die zukünftig geeignet sind, entsprechende Vorteile gegenüber den Konkurrenten zu erzielen. Eine starke Prägung eines Unternehmens durch herausragende bestehende Erfolgspotenziale und -positionen am Markt sagt aber noch nichts darüber aus, ob auch hinreichende Anstrengungen zum Aufbau neuer, zukunftsführender Erfolgspotenziale unternommen werden. Im Mittelpunkt strategischer Überlegungen stehen folgende Bereiche:
   - **Strategisches Programm,** welches die Unternehmensstrategien zur Erzielung von strategischen Erfolgspositionen enthält.[2]
   - **Organisationsstrukturen** und **Managementsysteme:** Bei der Gestaltung der Organisationsstruktur geht es beispielsweise um die Art der Stellenbildung und des Leitungsprinzips, die Verteilung der Entscheidungskompetenzen sowie die Frage des Formalisierungsgrades unter Berücksichtigung vorgegebener Ziele (z.B. Produktivität, Flexibilität, Motivation).[3] Die Managementsysteme (z.B. Planungs- und Kontrollsysteme, Informationssysteme und Personalmanagementsysteme) unterstützen die Rahmenbedingungen der durch die Organisation festgelegten strukturellen und prozessualen Regelungen. Sie dienen dazu, das Problem-, Leitungs- und Kooperationsverhalten in eine vorgegebene Richtung zu lenken.
   - **Problemverhalten:** Neben den Organisationsstrukturen und den Managementsystemen sind es letztlich die Menschen, die in ihrem Handeln Probleme erkennen, deren Lösungen in strategische Programme umsetzen und operativ verwirklichen. Das Verhalten der Führungskräfte hat somit einen entscheidenden Einfluss auf den Erfolg einer Strategie. Im Mittelpunkt stehen das Entscheidungsverhalten, das Führungsverhalten, das Lernverhalten und das Arbeitsverhalten.

---

1 Zur Unternehmenskultur vgl. Kapitel 3, Abschnitt 3.1 „Unternehmenskultur".
2 Vgl. dazu Kapitel 4, Abschnitt 4.4 „Unternehmensstrategien".
3 Vgl. dazu Teil 9, insbesondere Kapitel 3 „Organisationsformen".

3. **Operatives Management:** Normatives und strategisches Management finden ihre Umsetzung im operativen Management. Bei diesem steht die ökonomische Perspektive der leistungs-, finanz- und informationswirtschaftlichen Prozesse im Mittelpunkt. Zu diesem Aspekt der wirtschaftlichen Effizienz tritt der soziale Aspekt des Mitarbeiterverhaltens. Dieser spielt vor allem im Kooperationsverhalten sowie in der vertikalen und horizontalen Kommunikation von sozial relevanten Inhalten eine Rolle.

Die dargestellten vertikalen Ebenen sind auch in horizontaler Sicht zu betrachten (◀ Abb. 278). Dabei können drei Bereiche unterschieden werden. Diese umfassen wesentliche Integrationsaspekte zwischen konzeptionell-gestalterischem Wollen und führungsmässiger Umsetzung des Erstrebten durch Leistung und Kooperation:

1. **Aktivitäten:** Zunächst bedeutet dies die Konkretisierung von Normen über unternehmenspolitische Missionen zu strategischen Programmen, die schließlich in operative Aufträge umgesetzt werden.
2. **Strukturen:** Ein weiterer Aspekt umfasst das strukturelle Management, das über alle drei Dimensionen in Form der Verfassung wie der Organisations- und der Managementsysteme sowie der Dispositionssysteme konkretisiert wird.
3. **Verhalten:** Letztlich geht es um die Beeinflussung menschlichen Verhaltens im Wechselspiel von Werthaltungen, strategischem Denken und Lernen und ebenso der Leistungsorientierung im operativen Sinn.

Auch das St. Galler Management-Konzept gibt keine inhaltlichen Lösungen. Es vermittelt in erster Linie einen Bezugsrahmen zur Betrachtung, Diagnose und Lösung von Managementproblemen. Ein solcher Bezugsrahmen will einen differenzierten Überblick über die verschiedenen Dimensionen eines integrierten Managements vermitteln. Er soll den Manager auf die wesentlichen Probleme und ihre Interdependenzen sowie auf mögliche Inkonsistenzen hinweisen, die er bei seinen grundlegenden Entscheidungen berücksichtigen muss.

1.3 Lean Management

Das Konzept des Lean Management ist die Weiterentwicklung des vom MIT (Massachusetts Institute of Technology) in einer grossen Vergleichsstudie der weltweiten Automobilindustrie geprägten Begriffs „Lean Production“[1] (schlanke Produktion). Dieser bezeichnet ein von Toyota nach dem Krieg entwickeltes Produktionssystem, aufgrund dessen die japanische Autoindustrie ihre Überlegenheit in Bezug auf Produktivität, Flexibilität, Schnelligkeit und Qualität entwickeln konnte. Lean Management umfasst zusätzlich ein besonderes Verhältnis zu Kunden, Lieferanten und Mitarbeitern (▶ Abb. 279).

1 Vgl. Womack/Jones/Roos 1992.

- Lean Management ist ein überwiegend von japanischen Unternehmen verwendetes **Managementsystem,** das Serienprodukte und Dienstleistungen mit ungewohnt niedrigem Aufwand in vorzüglicher Qualität erstellen kann.
- Lean Management ist ein **komplexes System**, welches das gesamte Unternehmen umfasst. Es stellt den Menschen in den Mittelpunkt des unternehmerischen Geschehens und enthält fundierte geistige Leitlinien, Strategien mit neuen Organisationsüberlegungen und naturwissenschaftlich-ingenieurmässigen Methoden sowie eine Reihe pragmatischer Arbeitswerkzeuge für Mitarbeiter.
- In den **geistigen Grundlagen** werden die Leitgedanken des Unternehmens mit teilweise neuer Bedeutung bestimmt, die z.B. die Vermeidung jeder Verschwendung mit einer konsequenten Verringerung nichtwertschöpfender Tätigkeiten gleichsetzt. Das Konsensprinzip bezieht bei der Nutzung aller Ressourcen Lieferanten und Kunden in das Unternehmen ein und nutzt das volle geistige Potenzial der einfachen Mitarbeiter ebenso wie das der Manager.
- Lean Management **organisiert dezentral** mit ungewöhnlich gleichgerichteten Arbeitsprinzipien wie strikter Kunden- und Qualitätsorientierung, Gruppenarbeit und sorgfältiger Planung der Aktivitäten. Zur Umsetzung werden Konzepte wie Kaizen (ständige Verbesserung), Kanban (produktionsinterne Kundenorientierung), Just-in-time-Produktion (gleichmäßiger, lagerloser Materialfluss in der Fertigung), Total Quality Management (umfassende Qualitätserzeugung als Unternehmensfunktion) sowie Qualitätszirkel (Form der Arbeitsorganisation und der Mitarbeiterbeteiligung) eingesetzt.

▲ Abb. 279 Lean Management (nach Bösenberg/Metzen 1993, S. 8 und S. 23)

1.4 Total Quality Management (TQM)

Die Wettbewerbsfähigkeit eines Anbieters wird unter anderem durch Produktionskosten beeinflusst, die auch die Kosten für die Qualität umfassen. Die traditionelle Sicht behauptet, dass eine Verbesserung der Qualität mit höheren Kosten verbunden sei. Weltweit führende Unternehmer haben jedoch das Gegenteil bewiesen. Indem sie bestimmte **Instrumente zur Qualitätssicherung** anwandten, erreichten sie gleichzeitig eine bessere Qualität ihrer Produkte und eine Senkung der Kosten. Zu diesen Instrumenten zählen beispielsweise die Methoden von Taguchi und die „Statistische Prozesskontrolle“ (Statistical Process Control: SPC). Untersuchungen des japanischen Ingenieurs Taguchi haben ergeben, dass nur 20% der Fehler, die beim Gebrauch eines Produktes auftreten, auf Produktionsmängeln beruhen. Die Ursachen für die restlichen 80% liegen bei schlechten Rohstoffen und in schlechtem Produktdesign. In Taguchis Qualitätskonzept sorgt ein robustes Produktdesign dafür, dass ein Produkt die definierten Eigenschaften über die geplante Lebensdauer zuverlässig erfüllt.

Damit Fehler gar nicht erst entstehen, muss der Produktionsprozess entsprechend gestaltet werden. Die Prozesse werden statistisch kontrolliert, damit Abweichungen sofort analysiert und korrigiert werden können. Das Ziel heißt **Zero Defects** und bedeutet, dass der Prozess so sicher beherrscht wird, dass kein fehlerhaftes Teil entsteht. Jeder beteiligte Mitarbeiter (zum Teil auch in Qualitätszirkel-Gruppen[1]) verfolgt dieses Ziel und bemüht sich, Schwachstellen aufzudecken und den Prozess zu verbessern.

Die wirksamste Sicherungsmassnahme ist ein funktionierendes **Qualitätssystem.** Dieses muss auf die Eigenheiten und Bedürfnisse der Unternehmung abgestimmt werden. Einführung und Unterhalt des Systems bedingen einen gewissen Aufwand. Systemwirksamkeit, Produkt- und Prozessqualität sind dauernd zu überwachen. Hierzu dienen so genannte „System-Audits erster Art", die von ausgebildeten Auditoren der eigenen Unternehmung durchgeführt werden.

Die „Audits erster Art" (auch interne Audits genannt) stellen die Funktionsfähigkeit und Wirksamkeit des firmeneigenen Qualitätssystems oder des gesamten Führungssystems sicher. Führen Firmen bei ihren Lieferanten Audits durch (so genannte „Audits zweiter Art"), so handelt es sich um eine Überprüfung der Qualitätsfähigkeit der Lieferanten im Sinn von Risikoerkennung und -reduktion. „Audits zweiter Art" werden zunehmend durch Audits von akkreditierten **Zertifizierungsunternehmungen** („Audits dritter Art") abgelöst, die auf Grund der Normenreihe ISO 9000 bis 9004 (ISO 1994) international anerkannte Zertifikate ausstellen können.

Die Gesamtheit aller Maßnahmen, die einerseits die Qualität der Produkte verbessern und andererseits die Herstellkosten senken, wird als Total Quality Management (TQM) oder Total Quality Control (TQC) bezeichnet.

1.5 Integriertes Management-Modell[2]

1.5.1 Elemente und Aspekte der Führung

Bei einer Aufteilung der gesamten Steuerungsfunktion „Führung" können vier grundsätzlich verschiedene Teilfunktionen abgegrenzt werden, welche die **konstitutiven Elemente der Führung** bilden:[3]

- **Planung:** Die Aufgabe der Planung besteht in einem systematischen Vorgehen zur Problemerkennung und Problemlösung sowie zur Prognose der zu erzielenden Resultate.
- **Entscheidung:** Eine von der Planung ausgearbeitete Handlungsvariante wird für gültig erklärt und es erfolgt die definitive Zuteilung der zur Verfügung stehenden Mittel.

---

1 Zum Thema Qualitätszirkel vgl. Teil 8, Kapitel 5, Abschnitt „Betriebliches Vorschlagswesen", insbesondere ◀ Abb. 226, S. 713.

2 Dieses integrierte Management-Modell beruht auf dem Ansatz von Rühli. Vgl. dazu insbesondere Rühli 1996, 1988, 1992a, 1993.

3 Vgl. Teil 1, Kapitel 1, Abschnitt 1.2.3.2 „Steuerungsfunktionen".

- **Aufgabenübertragung:** Es handelt sich um die Übertragung von Aufgaben im Rahmen des Problemlösungsprozesses. Diese Funktion ist vor allem bei der Realisierung von geplanten Maßnahmen von Bedeutung.
- **Kontrolle:** Diese Funktion umfasst die Überwachung des gesamten Problemlösungsprozesses und die Kontrolle der dabei erzielten Resultate.

Die Elemente Planung und Entscheidung dienen primär der **Willensbildung**, die Elemente Aufgabenübertragung und Kontrolle der **Willensdurchsetzung**. Wie in den nachfolgenden Abschnitten gezeigt wird, können diese vier Führungsfunktionen zudem unter einem führungstechnischen und einem menschenbezogenen Aspekt betrachtet werden:

1. **Führungstechnische Aspekte:** Stellt man die führungstechnische Betrachtungsweise des arbeitsteiligen Problemlösungsverhaltens in den Vordergrund, so können die Elemente der Führung unter drei Aspekten betrachtet werden:
   - Der **institutionelle** Aspekt berücksichtigt, dass alle Führungsfunktionen im sozialen System des Unternehmens Personen oder Stellen übertragen werden müssen. Es geht somit vor allem um die organisatorische Gliederung des Unternehmens. Da es sich um Stellen mit Führungsfunktionen d.h. um Instanzen handelt, spricht man von der **Leitungsorganisation.**[1]
   - Die **prozessuale** Betrachtungsweise beschäftigt sich mit dem zeitlichen und sachlich-logischen Ablauf der Führungsfunktionen, also beispielsweise mit dem Planungs- oder Entscheidungsprozess.
   - Beim **instrumentalen** Aspekt betrachtet man die Hilfsmittel, die als Instrumente bei der Ausübung der Führungsfunktionen eingesetzt werden können. Solche Führungsinstrumente wurden bereits bei der Besprechung der einzelnen Teilbereiche dargestellt (z.B. lineare Programmierung, Break-even-Analyse, Netzplantechnik, Finanzpläne, Kapitalflussrechnung, Investitionsrechenverfahren, Stellenbeschreibung, Organigramm).

2. **Menschenbezogene Aspekte:** Aus der Tatsache, dass bei jeder multipersonalen Problemlösung und somit in jeder Führungssituation Interaktionen zwischen Menschen stattfinden, entstehen vielfältige **zwischenmenschliche Beziehungen.** Dieser Sachverhalt erfordert auf Grund der komplexen Natur des Problems eine differenzierte Sichtweise. Insbesondere sind nach Rühli (1996, S. 26) zu beachten:
   - Die beteiligten **Individuen** mit ihren Persönlichkeitsmerkmalen (Charakter) und ihren spezifischen Zielsetzungen (z.B. bezüglich Karriere, Betriebsklima) (individualistische Perspektive).[2]
   - Die vielfältigen Beziehungen im **Vorgesetzten/Untergebenen-Verhältnis.** Diese werden durch den gewählten **Führungsstil** maßgeblich beeinflusst (dualistische Perspektive).[3]

---

1 Vgl. dazu Teil 9, insbesondere Kapitel 3 „Organisationsformen".

2 Vgl. dazu die Ausführungen in Teil 8, Kapitel 5, Abschnitt 5.1 „Einleitung".

3 Vgl. dazu Kapitel 3, Abschnitt 3.2 „Führungsstil".

- Der **sozio-kulturelle Kontext,** d.h. die hoch differenzierten Interaktionen zwischen den am Führungsakt direkt Beteiligten und ihrem sozialen Umfeld (kollektivistische Perspektive). Eine große Bedeutung kommt in diesem Zusammenhang der **Unternehmenskultur** zu.[1]

Die Ausgestaltung der Führungselemente kann auf verschiedene Art und Weise vorgenommen werden. Darauf wird in Kapitel 2 „Führungsfunktionen" vertieft eingegangen.

1.5.2 Inhalt der Führung

Bisher wurde die Führung unter formalen Aspekten betrachtet und der eigentliche Inhalt, d.h. die zu lösenden Aufgaben, außer Acht gelassen. Da sich in jedem Funktionsbereich und auf jeder Führungsstufe andere Probleme stellen, wird auch der Inhalt der Führung entsprechend variieren. Dies ist bei der Besprechung der verschiedenen Teilbereiche des Unternehmens deutlich geworden.

Betrachtet man jene Probleme, die bei der Steuerung des Verhaltens des Gesamtunternehmens gelöst werden müssen, so handelt es sich um die Gesamtpolitik des Unternehmens. Kernaufgabe der Unternehmensführung wird damit die Entwicklung und Durchsetzung einer **Unternehmenspolitik.** Im Vordergrund stehen dabei folgende Hauptaufgaben (Rühli 1996, S. 41f.):

1. Klärung, Wahl und Anpassung der Unternehmensziele.
2. Entwicklung, Ausgestaltung und Durchsetzung von Unternehmensstrategien.
3. Bereitstellung und Einsatz der erforderlichen Ressourcen.

Betrachtet man den gesamten Problemlösungsprozess bei der Entwicklung und Durchsetzung der Unternehmenspolitik, so spricht man vom **strategischen Problemlösungsprozess.** Dieser wird in Kapitel 4 „Strategisches Management" ausführlich besprochen.

1.5.3 Zusammenfassung

Unter Berücksichtigung der formalen und inhaltlichen Aspekte der Führung können die bisherigen Ausführungen mit ▶ Abb. 280 zusammengefasst werden.

Die Führung dient der Gestaltung und Steuerung des finanz- und leistungswirtschaftlichen Umsatzprozesses. Deshalb tritt sie sowohl bei der Gesamtführung als auch in allen Funktionsbereichen des Unternehmens (wie Marketing, Produktion, Materialwirtschaft usw.) auf. Sie ist damit eine so genannte **Querfunktion.**[2]

---

1 Vgl. dazu Kapitel 3, Abschnitt 3.1 „Unternehmenskultur".
2 Vgl. Teil 1, Kapitel 1, Abschnitt 1.3.2.1 „Funktionelle Gliederung".

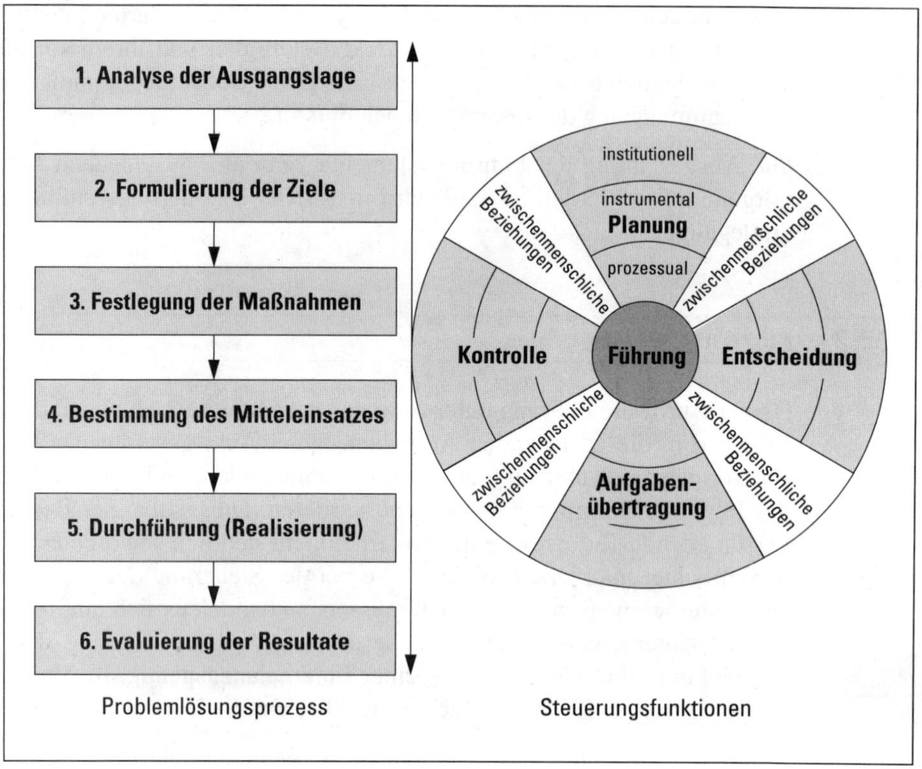

▲ Abb. 280 Integriertes Management-Modell im Überblick

Kapitel 2
Führungsfunktionen

2.1 Planung

2.1.1 Merkmale der Planung

Der Planung kommt im Rahmen der Führung eine große Bedeutung zu. Als erstes Element des Führungsprozesses bildet sie die Grundlage für die weiteren Führungsfunktionen:

1. Als systematische **Entscheidungsvorbereitung** beeinflusst sie wesentlich das zukünftige Verhalten des Unternehmens. Zwar werden bei der Ausübung der Planungsfunktion keine eigentlichen Entscheidungen gefällt, doch werden diese in starkem Maße durch die Planung beeinflusst:
   - Erstens steckt die Planung das mögliche Entscheidungsfeld ab und trifft damit Vorentscheidungen. Sie zeigt beispielsweise die aus ihrer Sicht möglichen Handlungsalternativen auf und macht Vorschläge, welche ausgewählt werden soll.
   - Zweitens hängt die Qualität der Entscheidungen zu einem großen Teil von der Qualität der Planungsunterlagen (z.B. Genauigkeit, Aktualität) ab.
2. Im Rahmen der Realisierung getroffener Entscheidungen bietet die Planung die **Grundlage für die Übertragung von Aufgaben,** sei es in Form von zu erreichenden Zielen oder in Form von Instruktionen, wie ein Problem zu lösen ist.

3. Erst die Planung ermöglicht die **Kontrolle,** da die Zielerfüllung nur durch einen Vergleich zwischen geplanten und tatsächlich erreichten Ergebnissen überprüft werden kann.

Im Rahmen der Steuerung des **Problemlösungsprozesses** kommen der Planung folgende Aufgaben zu:

- die effektive Ausgangslage zu erfassen,
- mögliche Ziele zu formulieren,
- mögliche Maßnahmen zu entwickeln,
- die dazu notwendigen Mittel aufzuzeigen,
- die Durchführung der für gültig erklärten Maßnahmen und den Einsatz der genehmigten Ressourcen vorzubereiten,
- die aus der Umsetzung der Maßnahmen erwarteten Ergebnisse aufzuzeigen (Prognose) und zu beurteilen (Bewertung).

Da es sich in der Regel um eine Vielzahl von Maßnahmen handelt, müssen diese aufeinander abgestimmt werden. Damit erfüllt die Planung eine wichtige **Koordinations-** und **Integrationsfunktion.**

In Anlehnung an die formalen Aspekte der Planung können bei der konkreten Ausgestaltung drei Bereiche abgegrenzt werden (▶ Abb. 281):

1. **Planungsträger:** Welche Personen oder Stellen sind in welchem Ausmaß an der Planung beteiligt? Bei einer gesamtheitlichen Betrachtung aller Planungsträger und deren Zusammenwirken spricht man von der **Planungsorganisation** eines Unternehmens.
2. **Planungsprozesse:** Welches ist der Ablauf der Planung und wie ist bei der Ausarbeitung der Pläne vorzugehen?
3. **Planungsinstrumente:** Welche Instrumente können zur Unterstützung und Gestaltung der Planung eingesetzt werden? Zu nennen sind vor allem die Pläne der verschiedenen Teilbereiche (Investitionsplan, Finanzplan, Produktionsplan, Materialbeschaffungsplan usw.). Die Gesamtheit aller Pläne bilden zusammen das **Planungssystem.** Daneben existieren verschiedene Prognosemethoden wie sie bereits in Teil 2 „Marketing“ und 3 „Materialwirtschaft“ beschrieben worden sind.[1]

> Das Planungssystem, der Planungsprozess und die Planungsorganisation bilden zusammen die Elemente einer **Planungskonzeption.**

1 Vgl. Teil 2, Kapitel 2, Abschnitt 2.3 „Absatzprognosen“, und Teil 3, Kapitel 3, Abschnitt 3.3 „Ermittlung des Materialbedarfs“.

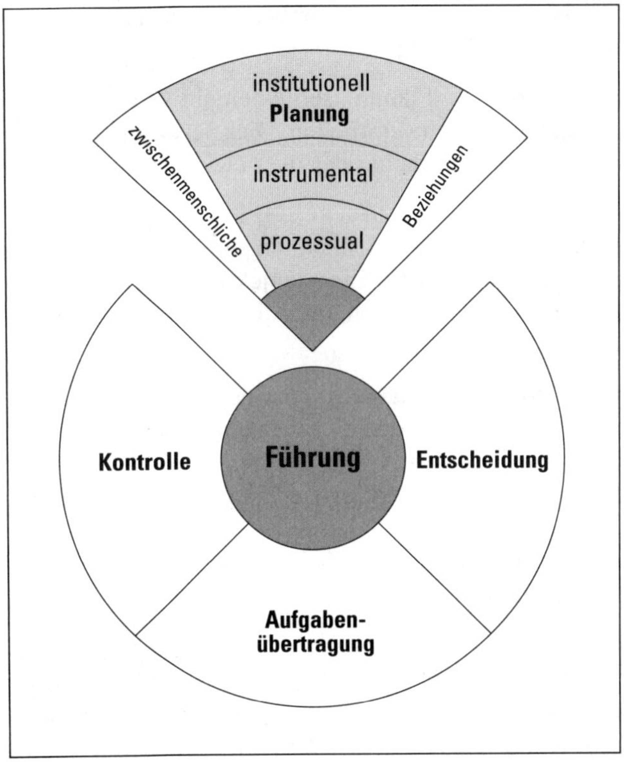

▲ Abb. 281 Planung

Die Ausprägung dieser drei Elemente einer Planungskonzeption ist in der Praxis sehr verschieden,[1] doch kann man einige allgemeine Grundsätze festhalten, die es zu berücksichtigen gilt:

- Grundsatz der **Vollständigkeit:** Die Planung soll sämtliche Informationen erfassen und verarbeiten, welche für die Steuerung des Unternehmens nützlich sind. Es müssen alle inner- und außerbetrieblichen Tatbestände berücksichtigt werden, welche für eine Entscheidung von Bedeutung sind.
- Grundsatz der **Relevanz:** In der Regel wird die Planung mit einer ungeheuren Informationsflut konfrontiert. Deshalb muss sie sich auf jene Informationen konzentrieren, welche für das Unternehmen besonders relevant sind.
- Grundsatz der **Genauigkeit:** Dieses Prinzip besagt, dass die Planungsunterlagen eine bestimmte Genauigkeit aufweisen müssen. Allerdings ist damit nicht eine absolute, sondern nur eine relative Genauigkeit gemeint. Die Plangenauigkeit bezieht sich nämlich lediglich auf die für die Problemlösung notwendige Genauigkeit. Es ist deshalb auch wichtig, das Planungsziel zu formulieren. So

1 Vgl. Abschnitt 2.1.2 „Planungskonzeption“.

wird man beispielsweise von einer Grobplanung eine andere Genauigkeit erwarten als von einer Feinplanung.

- Grundsatz der **Aktualität:** Die Planung sollte bemüht sein, die jeweils aktuellsten Daten zu beschaffen und zu verarbeiten. Dies bedeutet, entweder die neuesten erhältlichen Daten zu sammeln oder die gewünschten Daten selber zu erheben.

- Grundsatz der **Objektivität:** Alle Daten sollten so objektiv wie möglich erfasst, verarbeitet und dargestellt werden. Eine subjektive Bewertung erfolgt erst bei der Entscheidung. Dies bedeutet auch, dass die zu Grunde gelegten Annahmen deutlich gekennzeichnet werden.

- Grundsatz der **Flexibilität:** Die Planung sollte der Dynamik der Umwelt Rechnung tragen und nicht zu einem starren Verhalten verleiten. Dies kann erreicht werden durch
  - Angabe von Bandbreiten, die einen gewissen Handlungsspielraum offenlassen,
  - Aufstellen von Eventualplänen, die beispielsweise von später eintreffenden Ereignissen abhängig sind,
  - Möglichkeit der Planrevision bei neuen Umweltsituationen.

- Grundsatz der **Klarheit:** Unklare Pläne führen zu Interpretationsschwierigkeiten und Missverständnissen. Deshalb sollten Pläne übersichtlich und der jeweiligen Führungsstufe angepasst formuliert werden.

- Grundsatz der **Realisierbarkeit:** Die Planung soll bemüht sein, realistische Pläne aufzustellen, die den Umweltbedingungen (z.B. bezüglich der Nachfrage) und den Unternehmensgegebenheiten (z.B. bezüglich vorhandener oder beschaffbarer finanzieller Mittel) entsprechen. Utopische Pläne sind keine Durchsetzungsgrundlagen und führen bei den Mitarbeitern zu Frustrationen.

- Grundsatz der **Konsistenz:** Der Inhalt der einzelnen Teilpläne sollte aufeinander abgestimmt sein und Widersprüche sollten ausgemerzt werden.

- Grundsatz der **Zielbezogenheit:** Die Planung hat sich an bereits vorhandenen Zielen oder beschlossenen Maßnahmen auszurichten.

- Grundsatz der **Effizienz:** Über die Effizienz der Planung entscheidet schließlich das Kosten/Nutzen-Verhältnis der Planung. An diesem Prinzip haben sich auch die anderen Grundsätze auszurichten.

Die gemeinsame Betrachtung dieser verschiedenen Grundsätze macht deutlich, dass **Zielkonflikte** auftreten können. So zum Beispiel zwischen dem Grundsatz der Vollständigkeit und jenem der Klarheit: Je vollständiger und ausführlicher die Planungsunterlagen sind, umso schwieriger kann es sein, sich in den komplexen Zusammenhängen zurechtzufinden. Es gilt deshalb häufig abzuwägen, welcher Teilanforderung ein größeres Gewicht zukommt.

2.1.2 Planungskonzeption

2.1.2.1 Planungssystem

Das **Planungssystem** eines Unternehmens umfasst sämtliche Pläne, die ausgearbeitet worden sind, und zeigt deren Beziehungen zueinander auf.

Das Planungssystem kann von jedem Unternehmen frei gewählt werden, wobei folgende Aspekte beachtet werden müssen:

1. **Planungsbezug:** Hier geht es um die Frage, auf welchen Bereich des Unternehmens sich die Planung bezieht. Unterschieden werden kann zwischen:
   - **Unternehmensplanung,** welche auf das Verhalten des Unternehmens als Ganzes ausgerichtet ist.
   - **Teilbereichsplanung,** bei der sich die Planung auf einzelne Verantwortungsbereiche (z.B. Abteilungen wie Marketing, Fertigung, Lagerhaltung) beschränkt.
   - **Projektplanung,** die als Grundlage zur Durchführung einmaliger Vorhaben (z.B. Entwicklung und Einführung eines neuen Produktes, Erweiterungsbau) vorgesehen ist.
2. **Planungstiefe:** Der Detaillierungsgrad eines Planes wird durch die Planungstiefe ausgedrückt. Man unterscheidet zwischen einer Grobplanung, welche die allgemeinen Rahmenbedingungen abgibt, und einer Feinplanung, welche die Grundlagen für die Realisierung der Ziele und Maßnahmen enthält.
3. **Planungszeitraum:** Mit dem Planungszeitraum wird die zeitliche Reichweite der Pläne angegeben. In der Regel unterscheidet man zwischen kurz-, mittel- und langfristigen Zeithorizonten.[1]
4. **Planungsstufe:** Mit der Entscheidung über die Planungsstufe wird festgelegt, für welche Führungsstufen (z.B. obere, mittlere, untere) Pläne zu erstellen sind.

Unter Berücksichtigung des Planungszweckes, des Detaillierungsgrades, der Fristigkeit und der Führungsstufe sowie weiterer Abgrenzungsmerkmale (▶ Abb. 282) kann zwischen strategischer, operativer und dispositiver Planung differenziert werden (vgl. Hill 1983, S. 7ff.):

- Die **strategische** Planung ist langfristig ausgerichtet und enthält Vorstellungen über die zukünftige Entwicklung des Unternehmens. Sie umfasst deshalb die allgemeinen Unternehmensziele und die dabei zu verfolgenden Strategien (ins-

1 Vgl. dazu auch Teil 1, Kapitel 3, Abschnitt 3.3.2 „Zeitlicher Bezug der Ziele".

Art der Planung / Merkmale	Strategische Planung	Operative Planung
Hierarchische Stufe	Schwerpunkt auf der obersten Führungsebene	Involvierung aller Stufen; Schwerpunkt mittlere Führungsstufen
Unsicherheit	relativ groß	relativ klein
Art der Probleme	meistens unstrukturiert und relativ komplex	relativ gut strukturiert und oft repetitiv
Zeithorizont	Akzent langfristig	Akzent kurz- bis mittelfristig
Informationsbedürfnisse	primär außerbetrieblich (Umwelt)	primär innerbetrieblich (Teilbereiche)
Alternativenauswahl	Spektrum der Alternativen grundsätzlich weit	Spektrum eingeschränkt
Umfang	Konzentration auf einzelne wichtige Problemstellungen	umfasst alle funktionellen Bereiche
Detailliertheit	relativ tief; globale Aussagen	relativ hoch; konkrete Aussagen

▲ Abb. 282 Abgrenzung strategische und operative Planung (Schierenbeck 1995, S. 116f.)

besondere bezüglich des Produktionsprogrammes und der zu bearbeitenden Märkte).

- Bei der **operativen** Planung stehen die einzelnen Teilbereiche (z.B. Finanzen, Produktion) im Vordergrund, für die vielfach ein detaillierter Jahresplan erstellt und ein Grobplan für die nächsten zwei bis drei Jahre beigefügt wird. Deshalb handelt es sich bei der operativen Planung um eine mittelfristige Planung.
- Die **dispositive** Planung dient der Steuerung sich wiederholender Prozesse im Rahmen des finanz- und leistungswirtschaftlichen Umsatzprozesses (z.B. Fertigungssteuerung, Terminplanung, Personaleinsatzplanung, Planung der Bestell- und Lagermengen, kurzfristige Finanzplanung). Damit wird der kurzfristige Zeithorizont der dispositiven Planung ersichtlich.

◄ Abb. 282 zeigt eine Gegenüberstellung der strategischen und operativen Planung nach verschiedenen Kriterien.

2.1.2.2 Planungsprozess

Bei der Gestaltung des Planungsprozesses geht es vorerst um die Frage, wie dieser **organisatorisch** in das Unternehmen eingegliedert werden soll. Grundsätzlich stehen zwei Möglichkeiten zur Verfügung:

- **Top down-Planung:** In diesem Fall erfolgt die Planung von oben nach unten. Die obersten Führungskräfte des Unternehmens formulieren die allgemeinen Geschäftsgrundsätze und Ziele, welche die Rahmenbedingungen für die Erstellung der Teilpläne der einzelnen Verantwortungsbereiche abgeben.
- **Bottom up-Planung:** Beim umgekehrten Vorgang stellen die untersten Führungskräfte, die noch mit Planungsaufgaben betraut sind, die Pläne für ihren Verantwortungsbereich zusammen und geben sie den übergeordneten Instanzen weiter. Diese fassen die Teilpläne zusammen, stimmen sie aufeinander ab und geben sie nach oben weiter. Dieser Prozess verläuft solange, bis die obersten Führungskräfte einen integrierten Unternehmensplan für das gesamte Unternehmen formulieren können.

Ist eine Planung eingeführt, so geht es im Rahmen des Planungsprozesses um die Regelung einer späteren, periodisch durchzuführenden **Planrevision.** Bei diesem Problem steht die Frage im Vordergrund, mit welcher **Periodizität** die mittel- bis langfristigen Pläne überarbeitet und angepasst werden sollen. Als Lösungsmöglichkeiten bieten sich die rollende Planung und die Blockplanung an, wobei in der Praxis die beiden Verfahren oft vermischt werden (vgl. Rühli 1988, S. 100ff.):

- Bei der **rollenden Planung** wird die ursprüngliche Planung in einem bestimmten Rhythmus revidiert und um eine Teilperiode ergänzt, wie das nachfolgende Schema für eine Vierjahresplanung ab dem Jahr 1997 zeigt:

Revisionsjahr:	Planjahre:
2001	02 03 04 05
2002	03 04 05 06
2003	04 05 06 07
2004	05 06 07 08

- Bei der **Blockplanung** erfolgt hingegen eine Neuplanung am Ende der ursprünglichen Planperiode:

Revisionsjahr:	Planjahre:
2001	02 03 04 05
2005	06 07 08 09
2009	10 11 12 13

2.1.2.3 Planungsorganisation

Bei der Planungsorganisation stellt sich die Frage, wer am Planungsprozess beteiligt ist. Geht man davon aus, dass die Planung ein Element der Führung ist, so gehört sie zum Aufgabenbereich eines jeden Mitarbeiters, der führt. Dadurch entsteht eine Aufgliederung der Planungsaufgaben auf Führungsinstanzen verschiedener hierarchischer Ebenen. Man spricht von einer **Planungsdezentralisation,** im

Gegensatz zu einer **Planungszentralisation,** bei der die Planungsaufgaben vorwiegend bei einer einzigen Stelle konzentriert werden. Eine dezentralisierte Lösung hat zur Folge, dass das Erstellen der Pläne für die einzelnen Teilbereiche dezentral durch die jeweiligen Teilbereichsleiter, die Gesamtplanung jedoch durch die oberste Geschäftsleitung erfolgen muss. (Rühli 1988, S. 109f.)

Eine weitere Forderung geht dahin, dass jene Stelle planen soll, welche die relevanten Informationen zur Verfügung hat. Auch diese Forderung führt zu einer Planungsdezentralisation. Es ist aber abzuklären, ob die bessere Ausnutzung von Spezialkenntnissen und Erfahrungen nicht auf Kosten der bei einer zentralen Stelle vorhandenen Übersicht geht. Damit wird deutlich, dass mit einer Planungsdezentralisation auch Nachteile verbunden sein können. Insbesondere können der Mangel an Einheitlichkeit und die fehlende Berücksichtigung übergeordneter Interessen genannt werden. (Rühli 1988, S. 111)

In der Praxis stellt sich häufig die Frage, inwieweit die Planungsaufgaben **Linien-** oder **Stabsstellen** zuzuordnen sind. Während einige Autoren bei der Planung von einer nicht delegierbaren Führungsaufgabe sprechen, zeigen andere auf, dass eine teilweise Delegation in bestimmten Fällen erforderlich oder zumindest sinnvoll ist.

2.2 Entscheidung

2.2.1 Merkmale der Entscheidung

Sind die Planungsgrundlagen erarbeitet, so muss definitiv über sie entschieden werden. Damit werden die Pläne zur Steuerung des unternehmerischen Handelns für gültig erklärt. Mit Betonung des führungstechnischen Aspektes kann die Entscheidung unter drei Fragestellungen betrachtet werden (▶ Abb. 283):

1. **Entscheidungsträger:** Wer ist an einer Entscheidung beteiligt und wem kommen die eigentlichen Entscheidungskompetenzen über die endgültige Annahme oder Ablehnung eines Vorschlages zu? Die Regelung der Entscheidungskompetenzen findet sich primär in den Stellenbeschreibungen und Funktionendiagrammen.[1]
2. **Entscheidungsprozess:** Wie verläuft der Entscheidungsprozess und welche Phasen sind zu unterscheiden?
3. **Entscheidungsinstrumente:** Welche Instrumente stehen zum Treffen von Entscheidungen zur Verfügung (z.B. Investitionsrechenverfahren, lineare Programmierung, ABC-Analyse, Entscheidungsregeln)?

1 Vgl. dazu Teil 8, Kapitel 2, Abschnitt 2.3.2 „Stellenbeschreibung“, und Teil 9, Kapitel 1, Abschnitt 1.4.1.3 „Funktionendiagramm“.

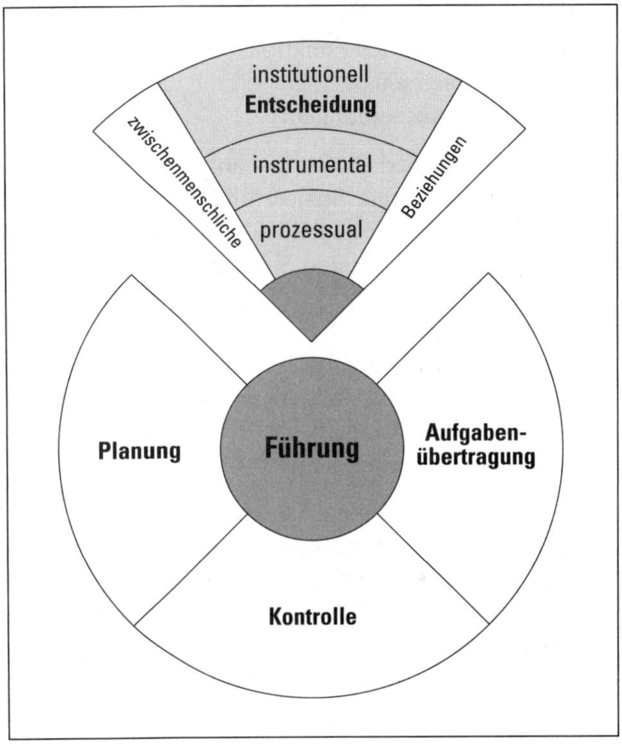

▲ Abb. 283 Entscheidung

Unter einer Entscheidung wird in der Regel die Auswahl einer von zwei oder mehreren Handlungsmöglichkeiten (Alternativen) verstanden, die dem oder den Entscheidungsträgern zur Realisierung eines Zieles zur Verfügung stehen. Für eine Entscheidung müssen also immer mindestens zwei Handlungsmöglichkeiten vorliegen.

2.2.2 Arten von Entscheidungen

In der betrieblichen Praxis ist täglich eine Vielzahl von Entscheidungen zu treffen. Daraus kann vermutet werden, dass es sehr unterschiedliche Arten von Entscheidungen gibt. Bei einer Charakterisierung nach verschiedenen Merkmalen können beispielsweise folgende Entscheidungsarten unterschieden werden:

- innovative Entscheidungen und Routineentscheidungen,
- Entscheidungen bei sicheren und unsicheren Erwartungen,
- Kollektiventscheidungen und individuelle Entscheidungen,
- rationale und nichtrationale Entscheidungen,

- bewusste und unbewusste Entscheidungen,
- Entscheidungen in unterschiedlichen Funktionsbereichen wie Marketing-, Produktions-, Finanzentscheidungen usw.,
- strategische und operative Entscheidungen.

Entscheidungen werden in der Praxis nicht nur auf Grund sachlogischer Argumente und Zusammenhänge getroffen. Soziale und emotionale Aspekte spielen ebenfalls eine wichtige, oft sogar sehr bedeutende Rolle. Besonders zu beachten sind die gruppendynamischen Prozesse und Strukturen, das informale Machtgefüge und die emotionalen Verbindungen zwischen den Mitarbeitern gleicher oder unterschiedlicher Führungsstufen.

Es ist für ein Unternehmen wichtig zu wissen, welches die wesentlichen Entscheidungen sind, denn nicht alle Entscheidungen haben die gleiche Bedeutung. Gutenberg (1962, S. 59ff.) spricht deshalb von **echten Führungsentscheidungen,** welche sich durch drei Merkmale auszeichnen:

1. Die echten Führungsentscheidungen haben eine große Bedeutung für die Vermögens- und Ertragslage und damit für den Bestand eines Unternehmens.
2. Die Entscheidungsträger müssen – auf Grund ihrer besonderen Verantwortung für das Unternehmen als Ganzes – Führungsentscheidungen aus der Kenntnis des Gesamtzusammenhanges treffen.
3. Echte Führungsentscheidungen können im Interesse des Unternehmens nicht delegiert werden.

Im Mittelpunkt echter Führungsentscheidungen werden deshalb Entscheidungen stehen über

- die zu verfolgenden Unternehmensziele,
- die zur Erreichung dieser Ziele vorgeschlagenen Maßnahmen sowie
- die Verteilung der Mittel (Allokation der Ressourcen).

2.2.3 Elemente einer Entscheidung

Unter einer **Entscheidung** im weiteren Sinne ist nicht nur der eigentliche Entscheidungsakt, sondern auch der gesamte Entscheidungsprozess zu verstehen.

Der Entscheidungsakt dient nur der Auswahl der zu verwirklichenden Alternative. Dazu müssen zuerst die Handlungsmöglichkeiten vorliegen, und der Einfluss der Umweltbedingungen auf diese Handlungsmöglichkeiten muss geklärt sein. Damit wird die enge Verknüpfung von Planung und Entscheidung sichtbar. Die Menge der möglichen Handlungen und die Menge der möglichen Umweltzustände ergeben das Entscheidungsfeld. Aus diesem lassen sich die Resultate (Konsequenzen) der zur Auswahl stehenden Alternativen ablesen. Um diese aber beurteilen zu können, ist es nötig, die Konsequenzen an den Ziel- oder Nutzenvorstellungen des Entscheidungsträgers zu messen. Damit setzt sich eine Entscheidung aus folgenden Elementen zusammen:

1. **Handlungsmöglichkeiten (Alternativen):** Die Gesamtheit der Alternativen a_i ($i = 1, 2, \ldots, n$), die dem Einfluss des Entscheidungsträgers unterliegen, wird als Aktionsraum bezeichnet. Beispielsweise hat ein Autohersteller die drei Möglichkeiten, ein bestehendes Automodell aufzugeben und durch ein neues zu ersetzen, es weiterhin anzubieten oder durch ein zweites zu ergänzen. Dabei ist zu beachten, dass sich die Aktionen gegenseitig ausschließen, d.h. dass der Entscheidungsträger in einer bestimmten Entscheidungssituation nur eine einzige Aktion wählen darf. In der Regel wird man sich bei der Suche nach Alternativen mit einer begrenzten Anzahl zufrieden geben.

2. **Umweltbedingungen:** Jede betriebliche Entscheidung ist mehr oder weniger stark durch Umwelteinflüsse mitbestimmt. Unter Umwelt sind alle als relevant zu betrachtenden Einflussfaktoren zu verstehen, welche für die Ergebnisse der Handlungsmöglichkeiten des Entscheidungsträgers verantwortlich sind, von diesem aber nicht beeinflusst werden können. Diese teils innerbetrieblichen teils außerbetrieblichen Faktoren sind in der Regel sehr zahlreich und können in verschiedenen Kombinationen auftreten (z.B. Konjunkturentwicklung, Konkurrenzreaktion, Kapazitätsengpässe), die als Umweltsituationen s_j ($j = 1, 2, \ldots, m$) festgehalten werden. Sie schließen sich genauso wie die Handlungsmöglichkeiten gegenseitig aus. Dabei stellen sich zwei Grundprobleme:
   a. Vorausschauende **Erkennung möglicher Umweltsituationen** mithilfe eines Informationssystems, das eine Lagebeurteilung erlaubt.
   b. **Bestimmung der Wahrscheinlichkeit des Eintritts** der erkannten Umweltsituationen, wobei drei Sicherheitsgrade unterschieden werden:
      - **Sichere Erwartungen,** bei denen sämtliche Umweltsituationen bekannt sind. Da jedem Umweltzustand die Eintrittswahrscheinlichkeit von 1 *oder* 0 zugeordnet werden kann, weiß man genau, welche Umweltsituation mit Sicherheit eintrifft. Diese Situation ist offensichtlich in der betrieblichen Realität selten gegeben.
      - **Erwartungen unter Risiko,** bei welchen den möglichen Umweltsituationen objektiv ermittelte oder subjektiv geschätzte Wahrscheinlichkeitswerte zugeordnet werden können, wobei die Summe aller Wahrscheinlichkeiten 1 beträgt.
      - **Unsichere Erwartungen,** bei denen den Umweltzuständen keine Wahrscheinlichkeiten zugeordnet werden können und man deshalb unterstellt, dass alle Umweltsituationen gleich wahrscheinlich sind.

3. **Resultate:** Sobald der Entscheidungsträger die Handlungsmöglichkeiten und die Umweltbedingungen analysiert hat, fasst er im nächsten Schritt die Konsequenzen (Resultate) zusammen, die mit der Wahl einer bestimmten Alternative

und mit dem Eintreffen einer bestimmten Umweltbedingung auftreten. Die Resultate können in Form von Kosten, Gewinnen, Personalfluktuationsraten oder anderen Größen festgehalten werden.

4. **Ziel- oder Nutzenfunktion:** Die Resultate einer möglichen Alternativenwahl können schließlich mit der Zielfunktion des Entscheidungsträgers verglichen werden, woraus sich dann die Auswahl der optimalen Alternative ergibt. Genauso wie bei der Prognose möglicher Umweltbedingungen oder bei der Berechnung der Resultate sind einige Einschränkungen zu erwähnen, die in der betriebswirtschaftlichen Praxis die eindeutige Auswahl der optimalen Alternative erschweren oder sogar verunmöglichen:
   - **Vielzahl von Zielen:** Eine eindimensionale Betrachtungsweise betriebswirtschaftlicher Probleme wäre zu praxisfern, da immer mehrere Aspekte berücksichtigt werden müssen.
   - **Änderung der Ziel- und Nutzenvorstellungen** über die Zeit, sei es auf Grund sich verändernder Wertvorstellungen, sei es auf Grund eines Wechsels des Entscheidungsträgers.
   - **Gruppenentscheidungen:** Sind mehrere Entscheidungsträger beteiligt, so stellt sich das Problem des Ausgleichs der verschiedenen Wertvorstellungen und Interessen.

Im Folgenden sollen einige Entscheidungsregeln dargestellt werden, die es erlauben, unter Berücksichtigung bestimmter Zielvorstellungen und auf Grund eines vorgegebenen Entscheidungsfeldes sowie einer Ergebnismatrix (Resultate) eine Handlungsmöglichkeit zu bestimmen.

2.2.4 Entscheidungsregeln bei Unsicherheit und Risiko-Situationen

Für Entscheidungen unter Unsicherheit und unter Risiko sind mehrere Regeln entwickelt worden. Da diese verschiedene Auswahlvorschriften aufweisen, führt deren Anwendung beim gleichen Entscheidungsproblem zu voneinander abweichenden Resultaten. Diese Tatsache beruht darauf, dass den Entscheidungsregeln jeweils unterschiedliche Annahmen über die Risikoeinstellung bzw. Risikobereitschaft zu Grunde liegen. Damit kann eine Entscheidungsregel auch nicht richtig oder falsch sein, sondern sie kann letztlich nur die Risikobereitschaft eines Entscheidungsträgers richtig oder falsch widerspiegeln, d.h. für diesen geeignet sein oder nicht.

Im folgenden werden fünf verschiedene Entscheidungsregeln für die gleiche Entscheidungssituation betrachtet (▶ Abb. 284 und 295). Ausgegangen wird von vier verschiedenen Umweltsituationen s_j und vier Alternativen a_i, die dem Unternehmen zur Verfügung stehen und aus denen es eine auswählen muss. Je nach Alternative und Umweltsituation kann das Unternehmen mit unterschiedlichen Gewinnzahlen rechnen, wie jeweils aus der Ergebnismatrix ersichtlich wird.

- **Entscheidungsregel 1: Maximaler Gesamterwartungswert.** Bei dieser Entscheidungsregel wird der jeweilige Ergebniswert einer jeden Alternative mit der Wahrscheinlichkeit des Eintretens einer bestimmten Umweltsituation multipliziert. In ▶ Abb. 284 wurde mit folgenden Eintrittswahrscheinlichkeiten gerechnet: s_1: 10%, s_2: 50%, s_3: 30%, s_4: 10%. Man wählt dann jene Alternative, deren gewichtete Ergebniswerte aller Umweltsituationen die größte Summe und somit den maximalen Gesamterwartungswert aufweist. Damit haben die unwahrscheinlichsten Werte einen relativ kleinen Einfluss auf die Entscheidung. Der Entscheidungsträger zeichnet sich bei Anwendung dieser Regel durch eine mittlere Risikofreudigkeit aus, da die Extremwerte nicht besonders untersucht und somit weder die möglichen negativen noch die möglichen positiven Folgen der Wahl einer Alternative beachtet werden.
- **Entscheidungsregel 2: Minimax-Regel.** Diese Regel ist dadurch charakterisiert, dass durch ihre Anwendung die Gefahr der Enttäuschung minimiert wird. Es ist jene Alternative zu wählen, deren kleinstes Ergebnis (aller Umweltsituationen) größer ist als das kleinste Ergebnis jeder anderen zur Auswahl stehenden Alternative (▶ Abb. 284). Diese Regel ist somit für große Pessimisten mit geringer Risikobereitschaft geeignet. Man rechnet mit dem schlechtesten Fall, dessen Gewinn maximiert werden soll. Die möglichen positiven Folgen der zur Auswahl stehenden Alternativen werden außer Acht gelassen.
- **Entscheidungsregel 3: Maximax-Regel.** Diese Regel stellt das Gegenstück zur Minimax-Regel dar. Gewählt wird jene Alternative, deren größtes Ergebnis (aller Umweltsituationen) größer ist als das größte Ergebnis jeder anderen zur Auswahl stehenden Alternative (▶ Abb. 284). Diese Regel wird vom Optimisten angewandt, der keine Rücksicht auf die möglichen negativen Konsequenzen seines Handelns nimmt.
- **Entscheidungsregel 4: Pessimismus-Optimismus-Regel.** Mithilfe dieser Regel – nach ihrem Erfinder auch Hurwicz-Regel genannt – kann ein Kompromiss aus den beiden zuvor behandelten Entscheidungsregeln angestrebt werden. Es werden nämlich sowohl die Minima als auch die Maxima berücksichtigt, indem beide mit dem so genannten Pessimismus-Optimismus-Faktor α gewichtet werden. Dieser darf Werte zwischen 0 und 1 annehmen und drückt die subjektive Einstellung des Entscheidungsträgers zur Unsicherheit der Umweltsituation aus. Das größte Ergebnis jeder Alternative wird mit dem subjektiven Faktor α, jedes kleinste Ergebnis mit dem Faktor $1 - \alpha$ gewichtet. Dem Beispiel in ▶ Abb. 284 wurde ein $\alpha = 0{,}6$ unterstellt. Vorteilhaft ist jene Alternative, deren Summe aus den beiden Werten am größten ist. Mit $\alpha = 1$ und $\alpha = 0$ umfasst diese Regel auch die Maximax- und die Minimax-Regel.
- **Entscheidungsregel 5: Minimax-Risiko-Regel.** Die Minimax-Risiko-Regel oder Savage-Niehans-Regel weicht dadurch von den bisher besprochenen Regeln ab, dass sie nicht direkt die Höhe der Ergebnisse berücksichtigt, sondern indirekt die relativen Nachteile daraus berechnet. Damit muss für jede Umweltsituation die Differenz zwischen dem größtmöglichen Ergebnis und den Er-

1. Entscheidungsregel: maximaler Gesamterwartungswert

Ergebnismatrix					Entscheidungsmatrix	
a_i \ s_j	s_1	s_2	s_3	s_4	a_i	gewichtete Zeilenwerte
a_1	15	15	3	13	a_1	0,1 · 15 + 0,5 · 15 + 0,3 · 3 + 0,1 · 13 = 11,2
a_2	20	5	10	8	a_2	0,1 · 20 + 0,5 · 5 + 0,3 · 10 + 0,1 · 8 = 8,3
a_3	4	9	7	22	a_3	0,1 · 4 + 0,5 · 9 + 0,3 · 7 + 0,1 · 22 = 9,2
a_4	17	18	0	8	a_4	0,1 · 17 + 0,5 · 18 + 0,3 · 0 + 0,1 · 8 = 11,5 Maximum

2. Entscheidungsregel: Minimax-Regel

Ergebnismatrix					Entscheidungsmatrix	
a_i \ s_j	s_1	s_2	s_3	s_4	a_i	Zeilenminima
a_1	15	15	3	13	a_1	3
a_2	20	5	10	8	a_2	5 Maximum
a_3	4	9	7	22	a_3	4
a_4	17	18	0	8	a_4	0

3. Entscheidungsregel: Maximax-Regel

Ergebnismatrix					Entscheidungsmatrix	
a_i \ s_j	s_1	s_2	s_3	s_4	a_i	Zeilenmaxima
a_1	15	15	3	13	a_1	15
a_2	20	5	10	8	a_2	20
a_3	4	9	7	22	a_3	22 Maximum
a_4	17	18	0	8	a_4	18

4. Entscheidungsregel: Pessimismus-Optimismus-Regel

Ergebnismatrix					Entscheidungsmatrix	
a_i \ s_j	s_1	s_2	s_3	s_4	a_i	gewichtete Zeilenwerte
a_1	15	15	3	13	a_1	0,6 · 15 + 0,4 · 3 = 10,2
a_2	20	5	10	8	a_2	0,6 · 20 + 0,4 · 5 = 14
a_3	4	9	7	22	a_3	0,6 · 22 + 0,4 · 4 = 14,8 Maximum
a_4	17	18	0	8	a_4	0,6 · 18 + 0,4 · 0 = 10,8

▲ Abb. 284 Entscheidungsregeln 1 bis 4

5. Entscheidungsregel: Minimax-Risiko-Regel

Ergebnismatrix

a_i \ s_j	s_1	s_2	s_3	s_4
a_1	15	15	3	13
a_2	20	5	10	8
a_3	4	9	7	22
a_4	17	18	0	8

Spaltenmaxima

20	18	10	22

Matrix der relativen Nachteile

a_i \ s_j	s_1	s_2	s_3	s_4
a_1	5	3	7	9
a_2	0	13	0	14
a_3	16	9	3	0
a_4	3	0	10	14

Entscheidungsmatrix

a_i	Zeilenmaxima
a_1	9 Minimum
a_2	14
a_3	16
a_4	14

▲ Abb. 285 Entscheidungsregel 5

gebnissen der anderen Alternativen bestimmt werden. Der Entscheidungsträger wählt jene Alternative, bei der die maximal mögliche Enttäuschung, nicht die beste Alternative gewählt zu haben, am geringsten ist. Dies ist bei jener Alternative der Fall, bei welcher der größtmögliche Nachteil verglichen mit den größtmöglichen Nachteilen der übrigen Alternativen am kleinsten ist (◄ Abb. 285). Damit kommt in dieser Entscheidungsregel zwar ein Pessimismus zum Ausdruck, da aber auch eine gewisse Risikobereitschaft vorhanden ist, kann von einem vorsichtigen Pessimisten gesprochen werden.

2.3 Aufgabenübertragung

2.3.1 Merkmale der Aufgabenübertragung

Während Planung und Entscheidung der Willensbildung dienen, steht bei der Aufgabenübertragung als drittem Element der Führung die Willensdurchsetzung im Vordergrund. Unter Berücksichtigung der führungstechnischen und menschenbezogenen Aspekte der Führung kann die Aufgabenübertragung betriebswirtschaftlich wie folgt definiert werden (Rühli 1993, S. 18).

Die **Aufgabenübertragung** als Element der Führung umfasst alle institutionellen, prozessualen und instrumentalen Erscheinungen, welche der Willenskundgebung eines Vorgesetzten, der Willensübertragung und der Willensübernahme der ihm unterstellten Mitarbeiter zwecks Realisierung einer gewählten Handlungsalternative dienen.

Bei einer führungstechnischen Analyse der Aufgabenübertragung sind drei Problembereiche zu unterscheiden (▶ Abb. 286):

1. **Beteiligte der Aufgabenübertragung:** Welche Personen sind an einer Aufgabenübertragung beteiligt? Primär kann zwischen einem Aufgabenverteiler und einem Aufgabennehmer bzw. -empfänger unterschieden werden. Allerdings sind neben diesen direkt auch die indirekt Beteiligten zu beachten. Gemeint sind damit all jene Personen, die auf Grund der informalen Organisation einen Einfluss sowohl auf den Aufgabenempfänger als auch auf den Aufgabenverteiler ausüben.
2. **Prozess der Aufgabenübertragung:** Wie wird eine Aufgabe weitergegeben? Dabei stellt die technische Übermittlung eines schriftlich oder mündlich formulierten Auftrages nur einen Teilaspekt des gesamten Prozesses der Aufgabenübertragung dar. Zu beachten sind eine Vielzahl von Faktoren, die den Prozess der Aufgabenübertragung beeinflussen und in starkem Maße dafür verantwortlich sind, dass eine Aufgabenübertragung auch zum angestrebten Ergebnis führt. Neben den zwischenmenschlichen Beziehungen spielt die Autorität des Aufgabenverteilers und die Bereitschaft des Aufgabenempfängers auf Grund seiner Motivation[1] eine große Rolle.
3. **Instrumente der Aufgabenübertragung:** Welche Hilfsmittel stehen zur Unterstützung einer Übertragung von Aufgaben zur Verfügung? In diesem Zusammenhang kann einerseits auf die Organisationsinstrumente (z.B. Stellenbeschreibung, Funktionendiagramm, Netzplan, Ablaufkarte) und andererseits auf die Pläne und Arbeitspapiere der einzelnen Funktionsbereiche (z.B. Finanzplan, Werkstattpapier, Stückliste) verwiesen werden.

Unter Vernachlässigung der zwischenmenschlichen Beziehungen sind bei der Aufgabenübertragung vier Grundsätze zu beachten:

1. Grundsatz der **Klarheit:** Aufgaben müssen so übertragen werden, dass die Aufgabenverteilung für alle Beteiligten eindeutig ist.
2. Grundsatz der **Vollständigkeit:** Die Aufgabenübertragung sollte so gehalten werden, dass keine Rückfragen und Ergänzungen notwendig sind.
3. Grundsatz der **Begründbarkeit:** Aufgabenübertragungen sollten begründet sein. Dies bedeutet aber nicht, dass jede Übertragung von Aufgaben dem Aufgaben-

1 Zur Motivation vgl. Teil 8, Kapitel 5, Abschnitt 5.2 „Motivationstheorien".

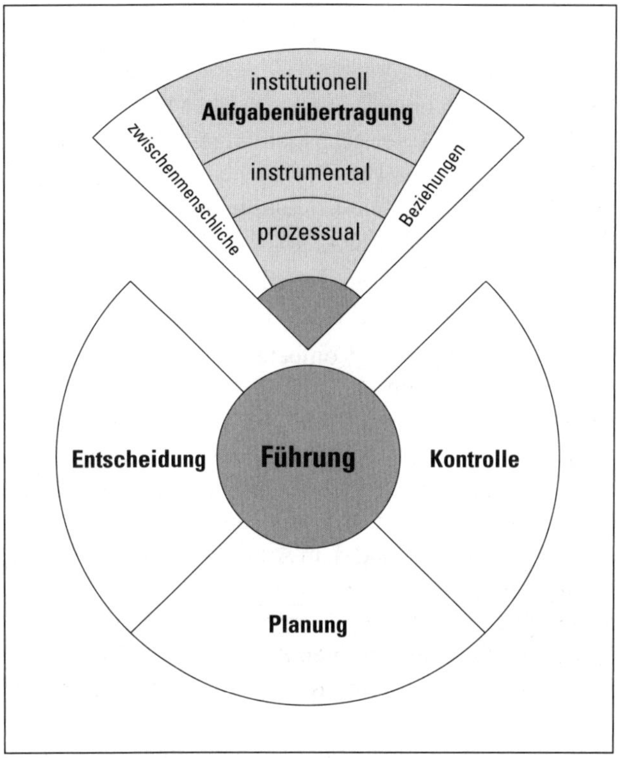

▲ Abb. 286 Aufgabenübertragung

empfänger begründet werden muss. Im Normalfall wird sich der Sinn einer Aufgabenübertragung ohnehin aus der Situation ergeben.

4. Grundsatz der **Angemessenheit:** Aufgabenübertragungen sollten auf den jeweiligen Aufgabenempfänger ausgerichtet sein und diesen – besonders bei Betrachtung einer längeren Zeitperiode – weder über- noch unterfordern.

Unklarheiten und Unvollständigkeiten einer Aufgabenübertragung können vermieden werden, indem folgende Fragen gestellt und eindeutig beantwortet werden:

- **Ergebnis:** Was ist das Ziel der Aufgabenübertragung bzw. welches Resultat wird erwartet?
- **Zeit:** Wie viel Zeit steht zur Erledigung der Aufgabe zur Verfügung und bis wann muss der Auftrag ausgeführt sein?
- **Vorgehen:** Wie soll die Arbeit erledigt werden? Dabei ist auf möglicherweise auftretende Schwierigkeiten und Problemlösungsansätze aufmerksam zu machen.
- **Hilfsmittel:** Welche Hilfsmittel dürfen oder müssen verwendet werden (z.B. Maschinen, Werkzeuge, finanzielle Mittel)?
- **Ort:** Wo soll die Arbeit verrichtet werden?

2.3.2 Macht

Wesentlich für die Übertragung einer Aufgabe ist die Macht des Aufgabenverteilers. Unter Macht einer Person A versteht man allgemein gesehen die Möglichkeit, Einfluss auf das Verhalten einer Person B zu nehmen. Person B wird dabei zu einem Handeln veranlasst, das sie ohne Einflussnahme nicht tun würde. Die Autorität des Aufgabenverteilers kann in der betrieblichen Praxis auf einer Vielzahl von Ursachen beruhen (▶ Abb. 287):

1. **Institutionelle** oder **formale Autorität:** Diese Form der Autorität ergibt sich auf Grund der Verteilung der Aufgaben, Kompetenzen und Verantwortung. Je nach Grundlage werden unterschieden:
   - **Rechtsgrundlagen:** Ausgangspunkt sind die gesetzlichen Regelungen zum Dienstvertrag § 611ff. BGB, Werkvertrag § 631ff. BGB sowie die weiteren Regelungen im ArbG. Danach stehen Arbeitgeber und Arbeitnehmer in einem Subordinationsverhältnis, bei welchem dem Arbeitgeber ein Direktionsrecht (Leitungsbefugnis) und dem Arbeitnehmer eine Gehorsams- bzw. Folgepflicht zukommt.
   - **Unternehmensorganisation:** Aus dem organisatorischen Aufbau und Ablauf ergeben sich die unternehmensinternen Regelungen. Diese werden primär in Organigrammen, Stellenbeschreibungen und Funktionendiagrammen festgehalten.[1]
   - **Soziale Normen:** Wenn Menschen etwas Gemeinsames unternehmen, spielen soziale Normen eine Rolle, die nirgends explizit festgehalten werden. Sie sind entweder in der Gesellschaft oder dem Unternehmen selbst begründet.
2. **Fachliche Autorität:** Oft erweist sich die formale Autorität als alleinige Grundlage zur Verhaltensbeeinflussung als nicht genügend. Zusätzlich braucht man auch das Vertrauen des Mitarbeiters, dass die vom Vorgesetzten erteilten Anweisungen im Zusammenhang mit einer Aufgabe begründet und der Situation angepasst sind. Grundlage bilden:
   - **Fachwissen:** Der Vorgesetzte kennt sich in seinem Fachgebiet gut aus und kann bei gegebenenfalls auftauchenden Problemen bei der Aufgabenausführung Ratschläge erteilen.
   - **Führungsfähigkeit:** Neben dem Fachwissen ist der Vorgesetzte befähigt, seinen Mitarbeiter zu führen. Dies bedeutet beispielsweise die Vorgabe von klaren Zielen, das Fällen eindeutiger Entscheidungen oder eine dem Mitarbeiter angepasste Kontrolle.
3. **Persönliche Autorität:** Die dritte Form der Autorität beruht darauf, dass bei zwischenmenschlichen Beziehungen die Gefühle in Form von Zuneigung und Abneigung eine große Rolle spielen. Ihr Einfluss ist schwer zu erfassen, da die

---

1 Zu diesen Instrumenten vgl. Teil 9, Kapitel 1, Abschnitt 1.4.1 „Organisationsinstrumente".

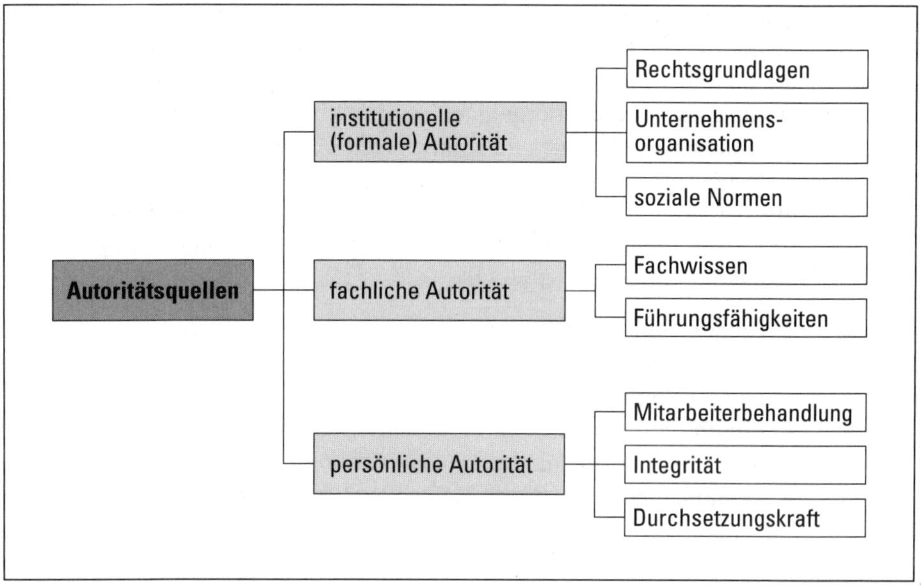

▲ Abb. 287 Autoritätsquellen

ursächlichen Faktoren schwer identifizierbar sind. Zudem besteht die Tendenz, dass diese Gefühle rationalisiert werden, d.h. man gibt eine rationale Begründung für emotionales, nicht rational erklärbares Verhalten. Lattmann (1982, S. 78) unterscheidet drei Faktoren, die dabei im Vordergrund stehen:

- Die **Behandlung der Mitarbeiter** durch den Vorgesetzten, die sich vor allem in einem gerechten Verhalten im Sinne der Anwendung gleicher Regelungen für alle zeigt.
- Die **Beispielhaftigkeit** (Integrität) des Vorgesetzten, die sich in seiner eigenen Aufgabenerfüllung und in seiner Grundhaltung (Wertvorstellungen) zeigt.
- Die **Durchsetzungskraft** des Vorgesetzten, die sich in der persönlichen Ausstrahlung äußert und der sich der Untergebene nicht entziehen kann. Man spricht in diesem Zusammenhang auch von einer charismatischen Autorität.

2.4 Kontrolle

2.4.1 Merkmale der Kontrolle

Die Kontrolle stellt das abschließende konstitutive Element der Führung dar. Unternehmerisches Handeln ist zielgerichtet, weshalb die Führungskräfte versuchen, die Resultate mit den gesetzten Zielen in Übereinstimmung zu bringen. Aufgabe der Kontrolle ist es, die tatsächlich realisierten Ergebnisse mit den angestrebten Ergebnissen zu vergleichen, um daraus den Zielerfüllungsgrad erkennen zu können. Damit lässt die Kontrolle einerseits Rückschlüsse auf die Effizienz des unternehmerischen Handelns zu, andererseits liefert sie wesentliche Informationen für die Planung, indem aus der Analyse der Abweichungen neue Erkenntnisse für das zukünftige Verhalten abgeleitet werden können. Damit wird auch die enge Verknüpfung von Planung und Kontrolle ersichtlich.

Neben einem **Soll-Ist-Vergleich,** d.h. einem Vergleich der geplanten mit den effektiv erreichten Ergebnissen, geben auch **Ist-Ist-Vergleiche** Informationen über den Erfolg des eigenen Handelns. Ist-Ist-Vergleiche können unter folgenden Aspekten durchgeführt werden:

- **Branchenorientierte** Kontrolle: Man vergleicht die Resultate des eigenen Unternehmens mit denjenigen der gleichen Branche (Konkurrenten) oder mit dem Durchschnitt der ganzen Branche.
- **Mitarbeiterbezogene** Kontrolle: Die Ergebnisse der Mitarbeiter, die eine gleiche oder zumindest ähnliche Arbeit ausführen, werden miteinander verglichen.
- **Vergangenheitsorientierte** Kontrolle: Verglichen werden die Ist-Werte der Vergangenheit mit denjenigen der Gegenwart. Gerade bei einem Vergleich über mehrere Jahre hat dieses Vorgehen den Vorteil, dass die neuesten Ergebnisse im Rahmen einer Entwicklung gesehen und deshalb relativiert werden.

Bei einer Analyse der Kontrolle können unter führungstechnischen Gesichtspunkten drei **Problembereiche** unterschieden werden (▶ Abb. 288):

1. **Kontrollsubjekt:** Welche Personen oder Stellen werden mit Kontrollaufgaben betraut? Bei der Bestimmung des Kontrollsubjektes kann weiter zwischen einer Selbst- und Fremdkontrolle differenziert werden:
   - Bei einer **Selbstkontrolle** ist der Kontrollierende für das Zustandekommen des Gegenstandes oder Sachverhaltes, den er zu kontrollieren hat, vollständig oder teilweise selbst verantwortlich. Es besteht also eine direkte Beziehung zwischen Kontrollsubjekt (= Person, die kontrolliert) und Kontrollobjekt (= der zu kontrollierende Tatbestand). Beispielsweise übernimmt ein Mitarbeiter die Überprüfung der Qualität der von ihm hergestellten Produkte selbst.
   - Bei einer **Fremdkontrolle** hingegen steht der Kontrollierende in keinerlei Beziehung zum Objekt, das er zu kontrollieren hat. Beispielsweise wird dem Personalbereich die Aufgabe übertragen, die Einhaltung der Arbeitszeiten zu kontrollieren.

2. **Kontrollprozesse:** Wie ist der Ablauf der Kontrolle und welche Phasen sind dabei zu unterscheiden?

3. **Kontrollinstrumente:** Welche Führungsinstrumente können bei der Kontrolle eingesetzt werden? Zu verweisen ist primär auf die verschiedenen Pläne (z.B. Finanz-, Personal-, Absatzplan) oder auf die betrieblichen Kennziffern (z.B.

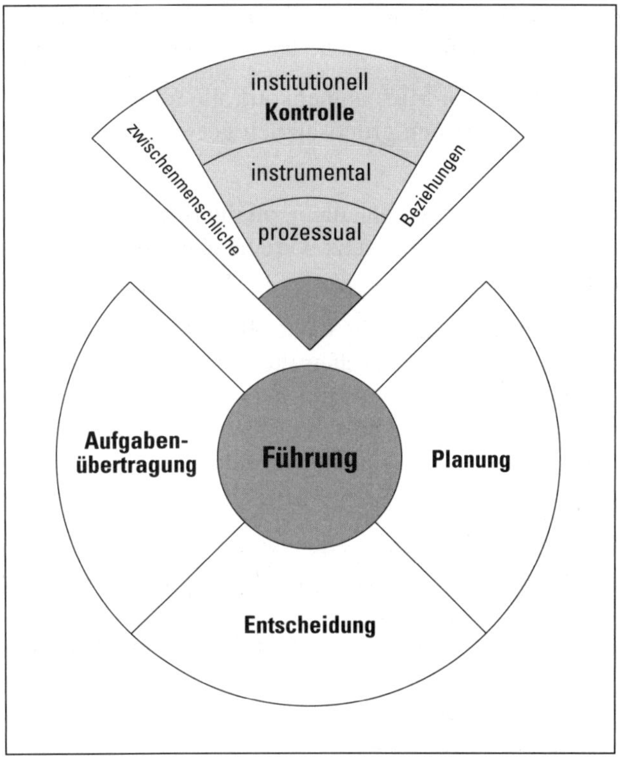

▲ Abb. 288 Kontrolle

Lagerumschlagsziffern[1], Produktivität[2], Liquiditätskennzahlen[3]), die zur Analyse der Ist-Zahlen herangezogen werden können.

Um eine gezielte Kontrolle verwirklichen zu können, d.h. Informationen für die zukünftige Planung zu erhalten, müssen verschiedene **Kontrollbereiche** unterschieden werden:

1. **Prämissenkontrolle:** Die Kontrolle hat zu untersuchen, inwieweit überhaupt das unternehmerische Handeln auf korrekten Annahmen basiert hat. Kontrollobjekt wären damit beispielsweise die Daten der Unternehmens- und Umweltanalyse, welche den Ausgangspunkt des Problemlösungsprozesses bilden. Ist man nämlich bereits von falschen Voraussetzungen ausgegangen, so kann damit bereits ein Abweichen von den geplanten Resultaten erklärt werden. Zusätzlich kann die Kontrolle überprüfen, ob die Ausgangsdaten immer noch zutreffen oder ob neue Entscheidungsgrundlagen erarbeitet werden müssen.

1 Vgl. Teil 3, Kapitel 1, Abschnitt 1.2 „Problemlösungsprozess der Materialwirtschaft".
2 Vgl. Teil 1, Kapitel 3, Abschnitt 3.2.2 „Formalziele (Erfolgsziele)".
3 Vgl. Teil 6, Kapitel 2, Abschnitt 2.2.2 „Statische Finanzkontrolle".

2. **Zielkontrolle:** Es muss überprüft werden, ob die gesetzten Ziele überhaupt realistisch waren oder ob man nicht zu hohe oder zu tiefe Ziele formuliert hat.

3. **Maßnahmenkontrolle:** Bei der Maßnahmenkontrolle wird untersucht, inwieweit die durchgeführten Maßnahmen grundsätzlich geeignet waren, die angestrebten Ziele zu erreichen.

4. **Mittelkontrolle:** Diese Kontrolle untersucht, ob die Mittel genügend hoch angesetzt waren und zweckmäßig eingesetzt wurden. Zudem wird überprüft, ob die Budgets eingehalten worden sind.

5. **Verfahrenskontrolle:** Diese umfasst die Kontrolle der Verfahren, die im Rahmen der finanz- und leistungswirtschaftlichen Prozesse eingesetzt werden. Es handelt sich beispielsweise um die Fertigungsverfahren, Verfahren zur Bearbeitung von Bestellungen, Personaleinstellungsverfahren, Kapitalbeschaffungsvorgänge usw.

6. **Ergebniskontrolle:** Im Mittelpunkt steht die Kontrolle der erzielten Resultate. Es können folgende Phasen unterschieden werden:
   - Ermitteln der **Ist-Resultate:** Welches sind die tatsächlich realisierten Ergebnisse?
   - **Vergleich** zwischen Ist-Resultaten und Soll-Resultaten: Wie groß ist der Zielerfüllungsgrad?
   - Durchführung einer **Abweichungsanalyse:** Warum weichen die tatsächlichen von den angestrebten Ergebnissen ab?

   Die Kontrolle erfolgt dabei in Bezug auf die quantitativen Aspekte (z.B. Gewinn, Umsatz, Kosten) und die qualitativen Aspekte (z.B. Produktqualität, Fachwissen der Mitarbeiter, Betriebsklima) sowie auf den zeitlichen Aspekt (z.B. Einhaltung der Termine bei Kunden, Produktentwicklungstermine).

7. **Verhaltenskontrolle:** Diese umfasst die Kontrolle des Verhaltens der einzelnen Mitarbeiter (z.B. Mitarbeiterqualifikation) sowohl in Bezug auf die erbrachte Leistung als auch auf das soziale Verhalten gegenüber Mitarbeitern, Kunden oder anderen umweltrelevanten Institutionen (z.B. Lieferanten, Kapitalgeber usw.).

8. **Führungskontrolle:** Auch die Führung selbst muss sich einer Kontrolle unterziehen. Diese beinhaltet die Kontrolle
   - der Führungsprozesse (z.B. Planungs- und Entscheidungsprozesse),
   - der Führungsorganisation (z.B. Aufteilung der Kompetenzen, Unternehmensorganisation) und
   - der Führungsinstrumente (z.B. Pläne, Stellenbeschreibung, angewandtes Investitionsrechenverfahren).

Genauso wie an die Planung sind auch an die Kontrolle gewisse **Anforderungen** zu stellen, um ihre Zweckmäßigkeit und ihren Erfolg zu garantieren. Besonders hervorzuheben sind folgende Grundsätze:

- Grundsatz der **Relevanz:** Dieser Grundsatz besagt, dass die Kontrolle sich nur auf jene Bereiche beziehen soll, welche für die zukünftige Steuerung des Unternehmens von Bedeutung sind.
- Grundsatz der **Genauigkeit:** Je genauer die Kontrollergebnisse sind, umso präzisere Aussagen können über das Kontrollobjekt gemacht werden.
- Grundsatz der **Aktualität:** Die Kontrolle hat sich an der aktuellen Situation auszurichten, sonst läuft sie Gefahr etwas zu bemängeln, was bereits behoben worden ist.
- Grundsatz der **Eindeutigkeit:** Die Kontrollergebnisse sollen eindeutig zugeordnet werden können (z.B. Mitarbeiter, Abteilung). Dies ist besonders wichtig bei der Abgrenzung der Verantwortlichkeiten.
- Grundsatz der **Effizienz:** Die Kontrolle darf niemals Selbstzweck sein. Sie hat sich am Nutzen auszurichten, den sie für das zukünftige Handeln bringt.

Der letzte Grundsatz steht über allen anderen Grundsätzen, die auf Grund vorliegender Zielkonflikte niemals alle gleichzeitig befolgt werden können. Deshalb ist immer zu überlegen, welcher Grundsatz bei der jeweiligen Problemstellung im Vordergrund stehen soll.

2.4.2 Controlling

In der Praxis können die einzelnen Führungsfunktionen nicht immer genau voneinander getrennt werden. Oft werden die einzelnen Funktionen auch bewusst zusammengefasst, wie dies beispielhaft beim Controlling der Fall ist. Dieses wird ausführlich in Teil 5, Kapitel 3, Abschnitt 3.2 „Controlling“ dargestellt.

Kapitel 3
Unternehmenskultur und Führungsstil

3.1 Unternehmenskultur

3.1.1 Merkmale der Unternehmenskultur

Das Unternehmen stellt wie jede andere Organisation ein soziales Gebilde dar. In diesem Gebilde handeln Menschen, die auf vielfältige Art und Weise zur Erfüllung gemeinsamer Aufgaben miteinander in Beziehung stehen. Dabei kann man beobachten, dass auf Grund solcher Beziehungen und Handlungen spezifische Denk- und Handlungsmuster gebildet werden. Diese werden von gemeinsamen Werten getragen und oft über symbolhaftes Handeln unter den Mitarbeitern weitervermittelt. Man spricht in diesem Zusammenhang von einer Unternehmenskultur.

> Als **Unternehmenskultur** bezeichnet man die Gesamtheit von Normen, Wertvorstellungen und Denkhaltungen, welche das Verhalten aller Mitarbeiter und somit das Erscheinungsbild eines Unternehmens prägen.

Wie ▶ Abb. 289 zeigt, sind dabei verschiedene Kernfaktoren für die Ausprägung einer Unternehmenskultur verantwortlich. Zur Charakterisierung der spezifischen Ausprägung einer Unternehmenskultur dienen die folgenden Kriterien (Heinen 1987, S. 26ff.):

1. Der **Verankerungsgrad** gibt das Ausmaß an, mit dem der einzelne Mitarbeiter kulturelle Werte und Normen verinnerlicht hat. Je stärker diese Verankerung

1. Persönlichkeits-profile der Führungskräfte	■ **Lebensläufe:** Soziale Herkunft; beruflicher Werdegang; Dienstalter; Verweildauer in einer Funktion usw. ■ **Werte und Mentalitäten:** Ideale; Sinn für Zukunftsprobleme; Visionen; Innovationsbereitschaft; Widerstand gegen Veränderungen; Durchsetzungs- und Durchhaltevermögen; Ausdauer; Lernbereitschaft; Risikoeinstellung; Frustrationstoleranz usw.
2. Rituale und Symbole	■ **Rituelles Verhalten der Führungskräfte:** Beförderungspraxis; Selektion von Nachwuchsführungskräften; Sitzungsverhalten; Entscheidungsverhalten; Beziehungsverhalten; Bezugspersonen; Vorbildfunktion usw. ■ **Rituelles Verhalten der Mitarbeiter:** Besucherempfang; Begrüßung durch Telefonistin; Umgang mit Reklamationen; Wertschätzung des Kunden usw. ■ **Räumliche und gestalterische Symbole:** Erscheinungsbild; Zustand und Ausstattung der Gebäude; Gestalt des Firmenumschwunges; Anordnung, Gestaltung und Lage der Büros (Bürologik); Berufskleidung; Firmenwagen usw. ■ **Institutionalisierte Rituale und Konventionen:** Empfangsrituale von Gästen; Kleidungsnormen; Sitzungsrituale; Parkplatzordnung usw.
3. Kommunikation	■ **Kommunikationsstil:** Informations- und Kommunikationsverhalten; Konsens- und Kompromissbereitschaft usw. ■ **Kommunikation nach innen und außen:** Vorschlagswesen; Qualitätszirkel und übrige Mitwirkungsformen; Dienstwege; Öffentlichkeitsarbeit usw.

▲ Abb. 289 Kernfaktoren der Unternehmenskultur (Pümpin/Kobi/Wüthrich 1985, S. 12)

ausfällt, desto stärker ist die verhaltensbeeinflussende Wirkung der Unternehmenskultur.

2. Das **Übereinstimmungsausmaß** betont den kollektiven Charakter von kulturellen Werten und Normen. Je mehr Mitarbeiter die kulturellen Werte und Normen teilen, desto breiter ist die Wirkung der Unternehmenskultur.
3. Die **Systemvereinbarkeit** ist der Grad der Harmonie der Unternehmenskultur mit anderen Systemen des Unternehmens (z.B. Führungs- und Organisationssystem, Unternehmenspolitik). Je stärker die kulturellen Normen und Werte diese Systeme unterstützen, desto besser können diese durchgesetzt und verwirklicht werden.
4. Die **Umweltvereinbarkeit** ist nach außen gerichtet. Die Werte der Unternehmenskultur sollten nicht im Widerspruch zu den kulturellen Werten der Gesellschaft stehen. Wenn eine Unternehmenskultur sich nicht in Harmonie mit der Gesellschaftskultur entwickelt, besteht die Gefahr, dass beispielsweise die Kundenorientierung verlorengeht, das Image des Unternehmens sich verschlechtert oder das Unternehmen als Arbeitgeber unattraktiv wird.

Je nach Ausprägung dieser vier Kriterien spricht man von einer „starken" oder „schwachen" Unternehmenskultur. Eine starke Kultur wäre demnach durch einen hohen Verankerungsgrad, ein ausgeprägtes Übereinstimmungsausmaß, eine große Systemvereinbarkeit sowie eine hohe Umweltvereinbarkeit gekennzeichnet.

3.1.2 Kulturtypen

Gerade auf Grund der Komplexität des Phänomens Unternehmenskultur besteht das Bedürfnis nach einer Unterscheidung verschiedener Kulturtypen. Die bekannteste Typologie ist jene von Deal/Kennedy (1982, S. 107ff.), der zwei Aspekte von Unternehmenskulturen zu Grunde gelegt werden:

1. **Risikograd,** mit dem die unternehmerischen Entscheidungen und Tätigkeiten verbunden sind.
2. Geschwindigkeit des **Feed-backs** über den Erfolg oder Misserfolg der getroffenen Entscheidungen.

Auf Grund dieser beiden Dimensionen ergibt sich eine Matrix, die vier verschiedene Kulturtypen enthält (▶ Abb. 290):

1. **Macho-Kultur:** In dieser Kultur sind Individuen gefragt, die ein hohes Risiko eingehen. Diese zeichnen sich durch große Ideen, ein draufgängerisches Handeln und ein extravagantes Erscheinungsbild aus. Das Ansehen wird durch Erfolg, Einkommen und Macht bestimmt. Große Erfolge werden überschwänglich gefeiert, Misserfolge führen zum persönlichen Absturz. Beispiele sind Werbeagenturen, Filmproduktionen, exklusive Kosmetikhersteller und Mode-Designer.
2. **„Brot-und-Spiele"-Kultur:** Diese Kultur ist dadurch charakterisiert, dass deren Mitglieder einerseits relativ kleine Risiken zu tragen haben und andererseits einen schnellen Informationsrückfluss bezüglich des Erfolgs der getroffenen Entscheidungen erhalten. Im Vordergrund steht die Umwelt, die viele Chancen bietet, die es zu nutzen gilt. Gepflegtes Auftreten nach außen und unkomplizierte Zusammenarbeit im Team sind charakteristisch für diesen Kulturtyp. Es gibt viele ungezwungene Feste, bei denen oft Auszeichnungen für besonders verdiente Mitarbeiter vergeben werden (z.B. für den „Verkäufer des Jahres"). Beispiele: Autohandel, Computer-Unternehmen, Verkaufsabteilungen großer Unternehmen.

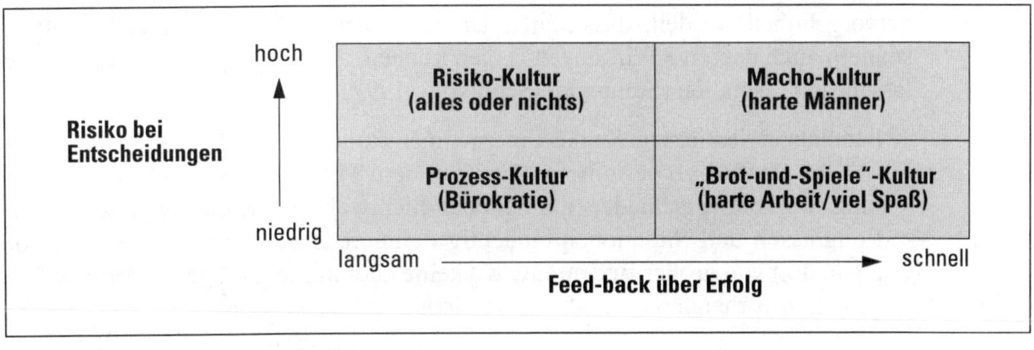

▲ Abb. 290 Kulturtypen nach Deal/Kennedy

3. **Risiko-Kultur:** In dieser Kultur müssen Entscheidungen von großer Bedeutung getroffen werden, deren Erfolg oder Misserfolg aber erst nach vielen Jahren deutlich wird. Es handelt sich meistens um größere Projekte, die lange dauern und die sehr hohe Investitionen verlangen. Typische Beispiele sind deshalb kapitalintensive Tätigkeiten wie der Flugzeugbau, die Großmaschinenindustrie, Forschungs- und Entwicklungsabteilungen großer Unternehmen. Die Mitarbeiter zeichnen sich durch eine ruhige und analytische Arbeitsweise aus und sind unauffällig, aber korrekt gekleidet. Typisches Ritual für diese Kultur ist die häufig stattfindende Geschäftssitzung mit strenger Sitz- und Redeordnung.
4. **Prozess-Kultur:** Bei dieser Kultur besteht ein kleines Risiko und gleichzeitig ist der Informationsrückfluss über den Erfolg der getroffenen Entscheidungen sehr langsam. Im Vordergrund steht der Prozess, nicht das Produkt bzw. das Kundenbedürfnis. Die Dinge richtig zu tun ist wichtiger als die richtigen Dinge zu machen. Die Mitarbeiter versuchen, sich gegen mögliche Vorwürfe abzusichern und Misstrauen zu vermeiden. Eine streng hierarchische Ordnung bestimmt nicht nur das Einkommen sowie die Größe und Ausgestaltung der Büroräume, sondern auch die Kleidung, die Umgangsformen und die Sprache. Dienstjubiläen (z.B. 20-jährige Betriebszugehörigkeit) sind wichtig. Spontane und ungezwungene Feste finden nicht statt, da Emotionen nicht erwünscht sind. Beispiele sind Versicherungsunternehmen, öffentliche Verwaltungen.

Eine solche Typologie, wie sie Deal/Kennedy aufgestellt haben, ist zwar sehr hilfreich, weil sie eine Vereinfachung und somit eine leichte Erfassung des komplexen Phänomens Unternehmenskultur erlaubt. Gerade darin liegt aber auch die Gefahr. Vereinfachung bedeutet immer auch eine undifferenzierte Betrachtung, die dem komplexen Tatbestand und auch den einzelnen Unternehmen bzw. ihren Mitarbeitern unter Umständen nicht genügend Rechnung trägt.

3.1.3 Wirkungen von Unternehmenskulturen

Die Wirkungen von Unternehmenskulturen sind vielfältiger Art. Allerdings muss hervorgehoben werden, dass starke Unternehmenskulturen nicht nur positive, sondern auch negative Wirkungen zeigen können. Als wichtigste positive Effekte lassen sich festhalten (Steinmann/Schreyögg 1997, S. 620f.):

1. **Handlungsorientierung:** Starke Unternehmenskulturen vermögen ein klares Bild von der Realität zu vermitteln. Dies gibt dem Mitarbeiter eine klare Orientierung, weil die verschiedenen möglichen Sichtweisen und Interpretationen von Ereignissen und Situationen eindeutig definiert sind. Diese Funktion ist vor allem dort von großer Bedeutung, wo keine oder nur ungenügende formale Regelungen vorhanden sind oder diese nicht beachtet werden.

2. **Reibungslose Kommunikation:** Die Unternehmenskultur ermöglicht ein komplexes informales Kommunikationsnetz, welches eine einfache und direkte Kommunikation erlaubt. Informationen werden deshalb weniger verzerrt weitergegeben und werden weniger durch notwendige Interpretationen verfälscht.
3. **Rasche Entscheidungsfindung:** Gemeinsame Werte schaffen ein tragfähiges Fundament für schnelle Entscheidungen. Eine Einigung wird rasch erzielt und Kompromisse werden in gegenseitigem Verständnis geschlossen.
4. **Umgehende Implementation:** Getroffene Entscheidungen, Pläne und Projekte lassen sich rasch umsetzen, da sich diese auf eine breite Akzeptanz abstützen. Bei auftretenden Unklarheiten geben die fest verankerten Leitbilder eine rasche Orientierungshilfe.
5. **Geringer Kontrollaufwand:** Der Kontrollaufwand ist gering, da die Kontrolle weitgehend auf indirektem Wege geleistet wird. Die Orientierungsmuster sind so stark verinnerlicht, dass wenig Notwendigkeit besteht, dauernd ihr Einhalten zu überprüfen.
6. **Motivation** und **Teamgeist:** Die gemeinsame Ausrichtung und die fortwährende gegenseitige Verpflichtung auf klare gemeinsame Werte des Unternehmens motivieren zu einer hohen Leistungsbereitschaft und zur Identifikation mit dem Unternehmen, die häufig auch nach außen offen kundgetan wird.
7. **Stabilität:** Eine starke Unternehmenskultur mit klarer Handlungsorientierung reduziert die Angst des einzelnen Mitarbeiters. Sie gibt ihm im Gegenteil Sicherheit und Selbstvertrauen. Damit besteht auch wenig Veranlassung, dem Arbeitsplatz fern zubleiben oder diesen zu wechseln. Daraus resultiert eine geringe Fluktuations- und Fehlzeitenrate.

Neben diesen positiven Aspekten einer starken Unternehmenskultur sind aber unverkennbar auch negative Auswirkungen zu beobachten. Es sind dies im Wesentlichen (Steinmann/Schreyögg 1997, S. 621f.):

1. **Tendenz zur Abschottung:** Eine starke Verinnerlichung von Werten kann leicht zu einer alles beherrschenden Kraft werden. Kritik und Warnsignale, die zur bestehenden Unternehmenskultur im Widerspruch stehen, werden überhört, verdrängt oder gar verleugnet. Damit besteht die Gefahr, dass das Unternehmen zu einem abgekapselten System wird.
2. **Blockierung neuer Orientierungen:** Starke Unternehmenskulturen widersetzen sich neuen Ideen, weil damit die eigene Identität in starkem Maße bedroht wird. Neuartige Vorschläge werden deshalb frühzeitig abgeblockt oder später abgelehnt. Man vertraut nur auf bekannte Erfolgsmuster, die auf den bisherigen Werten aufbauen und die sich in der Vergangenheit bewährt haben.
3. **Implementationsbarrieren:** Selbst wenn neue Ideen aufgenommen und genehmigt worden sind, erweist sich deren Umsetzung bei einer starken Unternehmenskultur häufig als Hemmschuh. Durch offenen oder versteckten Widerstand versucht man die geplanten Maßnahmen zu umgehen.

4. **Mangel an Flexibilität:** Auf Grund der bisherigen Aufzählungen negativer Auswirkungen wird verständlich, dass sich starke Unternehmenskulturen durch Starrheit und mangelnde Anpassungsfähigkeit auszeichnen. Diese „unsichtbare" Barriere ist dann besonders gefährlich, wenn sich das Unternehmen in einem sich rasch verändernden Umfeld befindet. Gelingt es ihm nicht, sich an die neuen Herausforderungen anzupassen und seine Unternehmensstrategie neu auszurichten, besteht die Gefahr eines Misserfolgs.

3.1.4 Analyse und Gestaltung der Unternehmenskultur

Ziel eines Unternehmens wird es sein, seine Kultur so zu beeinflussen, dass sie mit den Unternehmenszielen und den Unternehmensstrategien optimal übereinstimmt. Damit eine Unternehmenskultur aber bewusst entwickelt werden kann, muss sie einer Analyse zugänglich sein. Dabei lassen sich zwei Möglichkeiten der Erfassung einer Unternehmenskultur unterscheiden:[1]

1. Die Werte und Normen können als solche **direkt,** d.h. durch Befragung der Betroffenen, erhoben werden. Dies hat den Vorteil, dass unmittelbar bei den ursächlichen Einflussfaktoren angesetzt wird, welche die jeweilige Unternehmenskultur entscheidend beeinflussen. Dieses Vorgehen ist allerdings mit dem Nachteil von Verfälschungen und Verzerrungen verbunden, die durch bewusste Manipulation von Aussagen oder unbewusste Wunschprojektionen hervorgerufen werden können.
2. Die Wesenszüge der Unternehmenskultur können **indirekt** über ihre Auswirkungen und Symptome erfasst werden. Diese müssen beobachtet und interpretiert werden. Symptome sind beispielsweise die Ausgestaltung von Gebäuden und Büroräumlichkeiten, die Form von Sitzungsprotokollen, Anekdoten, die man sich über das Unternehmen und seine Mitarbeiter erzählt, die Art des Führungsstils oder die Ressourcenverteilung (vgl. auch ◀ Abb. 289, S. 860). Eine bewusste Verfälschung ist bei dieser Methode viel schlechter möglich. Der Nachteil liegt aber in der Fehlerquelle, die der Interpretationsspielraum in sich birgt.

In der Praxis erweist sich eine Kombination der beiden Methoden oft als der beste Weg, um mögliche Fehlerquellen zu vermeiden und die Resultate zu verifizieren.

Aus einer solchen Analyse ergibt sich ein Bild der gegenwärtigen Unternehmenskultur. Falls diese Schwächen aufweist, etwa ein schlechtes Übereinstimmungsmaß oder eine Unverträglichkeit mit der Umwelt, werden zunächst **Soll-Vorstellungen** bezüglich der Entwicklungsrichtung festgelegt. Auf diese Soll-Kul-

---

1 Vgl. dazu Rühli/Keller 1989, S. 688.

tur werden dann mögliche Maßnahmen zur Verbesserung der Ist-Kultur ausgerichtet. Solche Maßnahmen sind beispielsweise:

- Schulungskurse, Workshops, Rollenspiele,
- Symbolische Handlungen,
- Versetzungen, Freistellungen,
- Veränderung von Rekrutierungs-, Beförderungs- und Belohnungskriterien,
- Neugestaltung des Anreizsystems,
- Veränderung der Ressourcenzuteilung,
- Einbezug von kulturellen Kriterien in die Umweltanalyse.

Ein zentraler, wenn nicht der wichtigste Einflussfaktor bei der Pflege und Gestaltung der Unternehmenskultur ist dabei das glaubwürdige Vorbild der Führungskräfte.[1]

3.2 Führungsstil

3.2.1 Klassifikation von Führungsstilen

Unter Stil im Allgemeinen versteht man einen Begriff zur unterscheidenden Kennzeichnung spezifischer Haltungen und Äußerungen von einzelnen Personen oder Gruppen (z.B. Völkern, Generationen, sozialen Schichten) in Bezug auf eine bestimmte Zeit. Zwar wurde der Begriff ursprünglich vor allem auf die Literatur, bildende Kunst und Musik angewandt, doch wird er im heutigen Sprachgebrauch auch für die Lebensform oder -einstellung allgemein (Lebensstil) oder für spezifische Lebensbereiche gebraucht (z.B. Fahrstil, Wohnstil). In Analogie zu dieser allgemeinen Umschreibung kann der Führungsstil wie folgt interpretiert werden:

> Unter **Führungsstil** ist das Resultat der Ausgestaltung der Führungsfunktionen Planung, Entscheidung, Aufgabenübertragung und Kontrolle zu verstehen.

Der Führungsstil ergibt sich einerseits aus

- der Bestimmung der an der Führung Beteiligten, der Gestaltung der Führungsprozesse sowie der Führungsinstrumente, und andererseits aus
- der Integration der individuellen Bedürfnisse der Mitarbeiter im Führungsprozess, der Gestaltung der Vorgesetzten/Untergebenen-Beziehung und der Berücksichtigung sozialer und kultureller Normen.

Ein bestimmter Führungsstil hat zur Folge, dass jede Führungssituation durch ein einheitliches Verhalten gekennzeichnet ist.

1 Zur Glaubwürdigkeit vgl. Abschnitt 5.4.5 „Glaubwürdigkeitskonzept“.

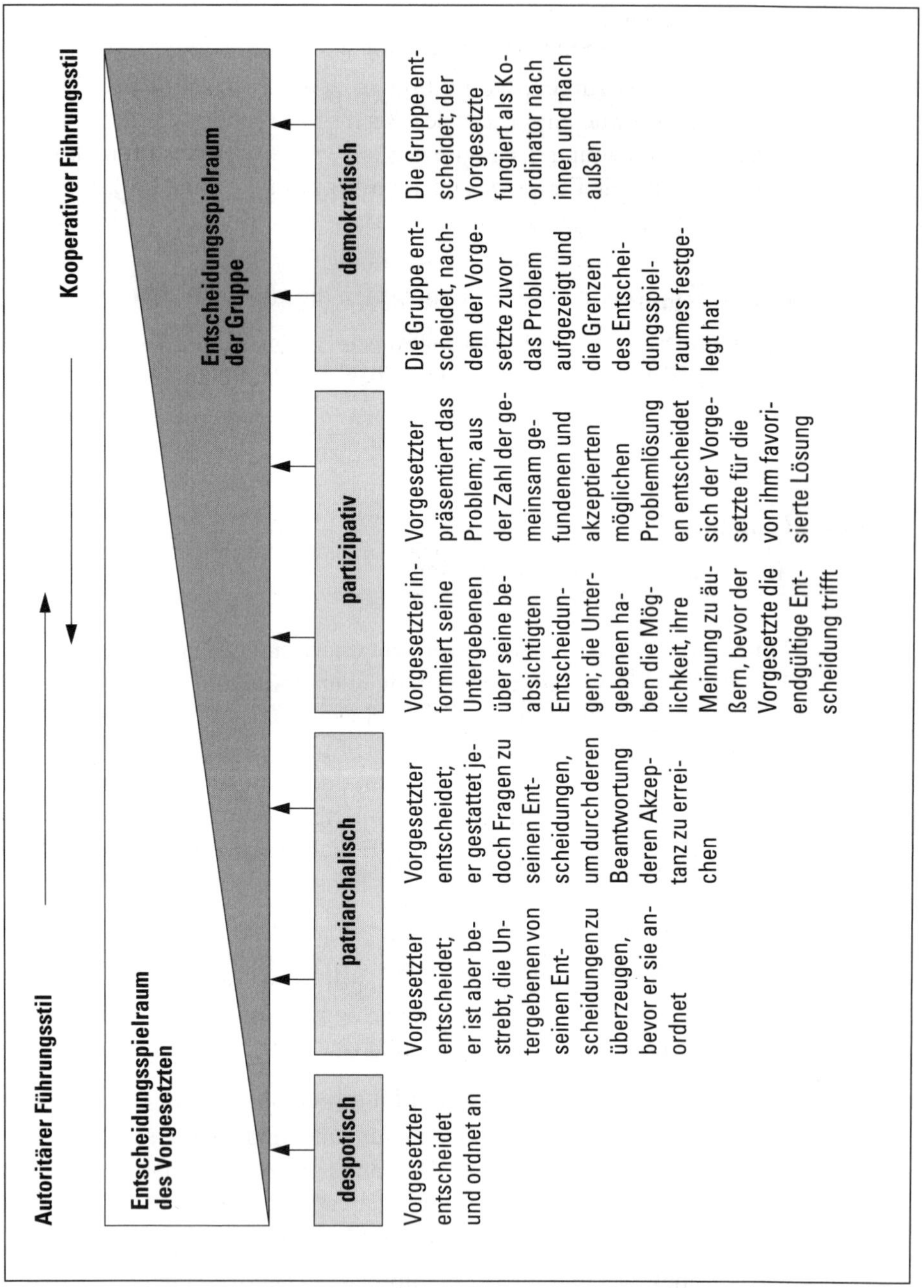

▲ Abb. 291 Führungsstile (nach Zepf 1972, S. 28)

In der Literatur findet man verschiedene Typen von Führungsstilen (vgl. Staehle 1999, S. 334ff.). Eine verbreitete Klassifikation geht auf Tannenbaum/Schmidt (1958) zurück, die in ihrer so genannten Kontinuum-Theorie verschiedene Führungsstile auf Grund des Beteiligungsgrades des unterstellten Mitarbeiters am Entscheidungsprozess beschreiben. Je nach Abstufung können dabei unterschiedlich viele Führungsstile abgegrenzt werden (◀ Abb. 291). Am einen Ende des Kontinuums befindet sich der autoritäre, am anderen der kooperative Führungsstil:

- Der **autoritäre** Führungsstil ist dadurch gekennzeichnet, dass der Vorgesetzte alle Entscheidungen ohne jegliche Mitsprachemöglichkeiten des Untergebenen selber trifft und diese in Form von Befehlen weitergibt.
- Diesem rein vorgesetztenorientierten Führungsstil steht der **kooperative** gegenüber. Dieser kann dadurch charakterisiert werden, dass
  - die Initiative und Selbstständigkeit des Mitarbeiters durch **Delegation** von Entscheidungskompetenz und Verantwortung gefördert wird und
  - die Mitarbeiter durch **Partizipation** am Führungsprozess motiviert werden.

Allerdings ist offensichtlich, dass die Charakterisierung allein auf Grund eines einzigen Kriteriums (Beteiligung am Entscheidungsprozess) eine zu starke Vereinfachung darstellt. Deshalb erscheint eine mehrdimensionale Betrachtungsweise angemessen. Wie aus ▶ Abb. 292 ersichtlich, spielen viele Faktoren eine Rolle, welche die Führungssituation beeinflussen und damit für den Führungserfolg und das Betriebsklima verantwortlich sind.

Neben der Forderung nach einer mehrdimensionalen Betrachtungsweise wird auch angeführt, dass der anzuwendende Führungsstil von der jeweiligen konkreten Situation abhängig sei. Je nach den vorliegenden Umständen sei ein unterschiedlicher Führungsstil angebracht. Deshalb spricht man von einem **situativen Führungsstil.** Als wichtigste Situationsvariablen, d.h. Faktoren, welche den jeweils zu wählenden Führungsstil bestimmen, werden beispielsweise genannt:

- Eigenschaften des **Vorgesetzten** wie zum Beispiel seine Führungsqualitäten und -erfahrung oder sein Menschenbild über die ihm unterstellten Mitarbeiter.
- Eigenschaften der unterstellten **Mitarbeiter** wie zum Beispiel das Fachwissen, das Bedürfnis nach persönlicher Entfaltung oder das Interesse an den gestellten Aufgaben.
- Art der **Problemstellung,** die zu bewältigen ist:
  - Komplexität: Braucht es eine Übersicht über globale Zusammenhänge, oder handelt es sich um ein Detailproblem?
  - Neuartigkeit: Handelt es sich um wiederkehrende Entscheidungen oder um einmalige?
  - Bedeutung für das Unternehmen: Wie wichtig ist die Problemlösung für den Erfolg des Unternehmens?

Unterschiede in Bezug auf		Merkmalsausprägung	Stärke der Merkmalsausprägung							Merkmalsausprägung
			1	2	3	4	5	6	7	
Führungsprozess	Art der Willensbildung	individuell	Extrem autoritärer Führungsstil						Extrem kooperativer Führungsstil	kollegial
	Verteilung von Entscheidungsaufgaben	zentral								dezentral
	Art der Willensdurchsetzung	bilateral								multilateral
	Informationsbeziehungen	bilateral								multilateral
	Art der Kontrolle	Fremdkontrolle								Selbstkontrolle
	Bindung der Mitarbeiter an das Führungssystem	schwach								stark
Beziehungssystem	Einstellung des Vorgesetzten zum Mitarbeiter	Misstrauen								Offenheit
	Einstellung des Mitarbeiters zum Vorgesetzten	Respekt, abwehrende Haltung								Achtung, Vertrautheit
	Grundlage des Kontaktes zwischen Vorges. und Mitarb.	Abstand								Gleichstellung
	Häufigkeit des Kontaktes zwischen Vorges. und Mitarb.	selten								oft
	Handlungsmotive des Vorgesetzten	Pflichtbewusstsein, Leistung								Integration
	Handlungsmotive des Mitarbeiters	Sicherheit, Zwang								Selbstständigkeit, Einsicht
	Soziales Klima	gespannt								verträglich
Formalisierungs- und Organisationsgrad		stark								schwach

▲ Abb. 292 Kriterien zur Abgrenzung des autoritären und kooperativen Führungsstils (nach Wöhe 1986, S. 119)

Daneben können weitere situative Gegebenheiten eine Rolle spielen wie beispielsweise

- Gruppenstrukturen,
- organisatorische Regelungen (Organisationsform, -instrumente) oder
- die zur Verfügung stehende Zeit.

Der situative Führungsstil kann somit zwischen dem kooperativen und dem autoritären hin- und herschwanken. Obschon er wegen seiner großen Flexibilität und der Möglichkeit zu einem differenzierten Vorgehen oft empfohlen wird, sind folgende Gefahren, die mit seinem Einsatz verbunden sind, zu beachten:

- fehlende Konstanz, welche zu Unruhe und Missverständnissen führen kann;
- hohe Abhängigkeit von der Fähigkeit des Vorgesetzten, die Situation richtig zu beurteilen;
- großer Aufwand wegen des ständig wechselnden Führungsstils;
- in der Hektik des Alltags lässt sich dieser ideale Führungsstil nur begrenzt realisieren.

3.2.2 Das Verhaltensgitter (Managerial Grid) von Blake/Mouton

Blake/Mouton (1986) gehen davon aus, dass jedes Führungsverhalten durch zwei Dimensionen gekennzeichnet werden kann. Die eine Dimension ist die Sachorientierung, die andere die Menschenorientierung:

- **Sachorientierung:** Die Sachorientierung lässt sich an der Ausrichtung auf quantitative und qualitative Sachziele erkennen. Es geht beispielsweise um Gewinn- und Umsatzzahlen, Kapazitätsauslastung oder eine bestimmte Produktqualität.
- **Menschenorientierung:** Die Ausrichtung auf den Menschen äußert sich im Bemühen der Führungskräfte um die Zuneigung ihrer Mitarbeiter. Sie zeigt sich im Erzielen von Ergebnissen auf der Grundlage von Vertrauen, Respekt, Gehorsam, Mitgefühl oder Verständnis und Unterstützung. Dazu gehört aber auch das Interesse an Fragen der Arbeitsbedingungen, der Gehaltsstruktur, über Sozialleistungen und der Arbeitsplatzsicherheit. (Blake/Mouton 1986, S. 26f.)

Die beiden Dimensionen können grafisch mit dem zweidimensionalen Verhaltensgitter dargestellt werden (▶ Abb. 293). Die Ausprägung der beiden Dimensionen ist unabhängig voneinander, doch sollten sie nicht getrennt, sondern nur in Kombination betrachtet werden. Da in jeder Dimension 9 verschiedene Ausprägungen möglich sind, ergeben sich daraus 81 unterschiedliche Kombinationen von Menschen- und Sachorientierung. Aus dieser Vielzahl ragen aber nach Blake/Mouton (1986, S. 29f.) fünf Hauptgitterstile heraus:

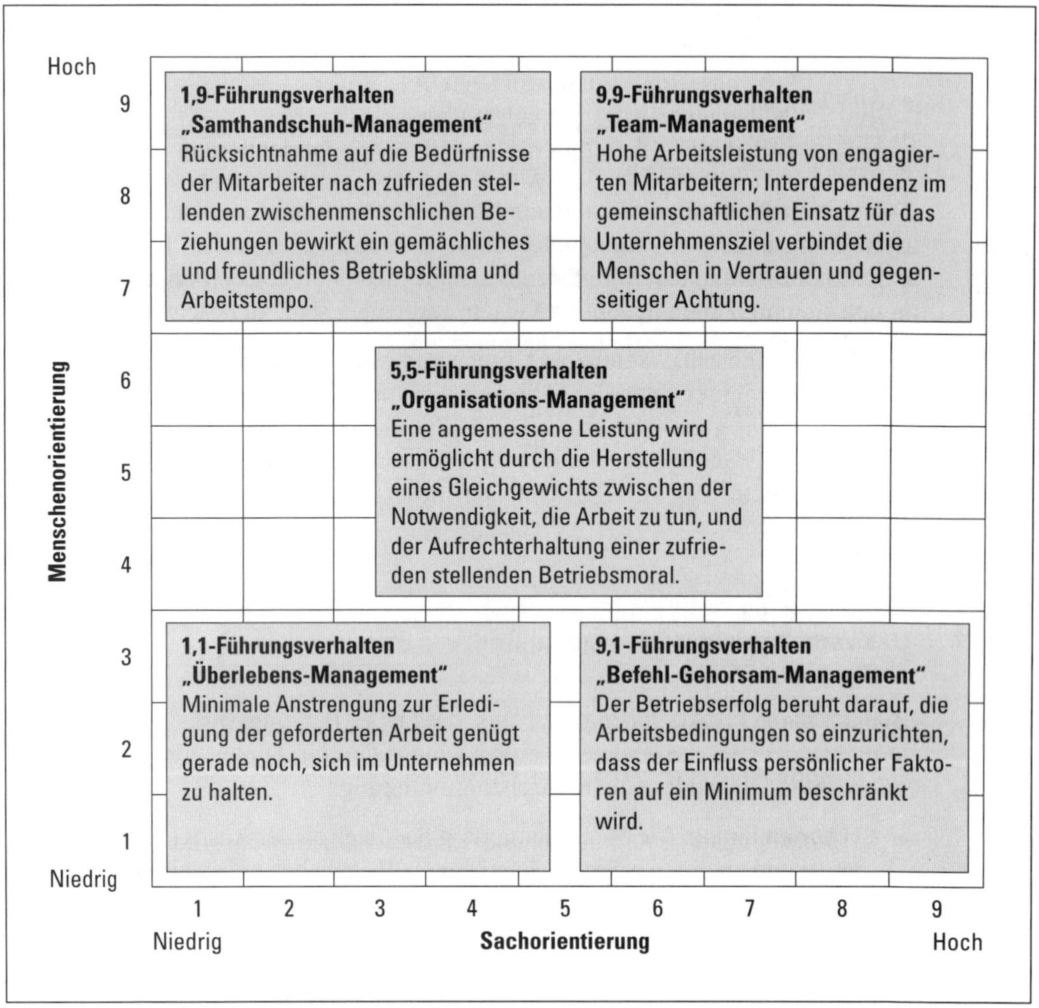

▲ Abb. 293 Das Verhaltensgitter von Blake/Mouton (1986, S. 28)

- Die **9,1-Orientierung** umfasst ein Höchstmaß an Sachorientierung gepaart mit einem niedrigen Maß an Menschenorientierung. Eine von dieser Kombination ausgehende Führungskraft konzentriert sich auf einen maximalen Output. Er setzt seine Macht und Autorität ein und gewinnt Kontrolle über seine Mitarbeiter, indem er ihnen diktiert, was sie tun müssen und wie sie ihre Arbeit zu erledigen haben.
- Die **1,9-Orientierung** ist die Kombination einer niedrigen Sachorientierung mit einer hohen Menschenorientierung. Dieses Führungsverhalten ist darauf ausgerichtet, solche Arbeitsbedingungen zu schaffen, unter denen der Mensch seine persönlichen und sozialen Bedürfnisse am Arbeitsplatz befriedigen kann, auch wenn dies auf Kosten der erzielten Ergebnisse geht.

- Die **1,1-Orientierung** zeigt eine geringe Sach- und Menschenorientierung. Dies bedeutet, dass eine Führungskraft wenig oder gar keine Widersprüche zwischen den Produktionserfordernissen und den Bedürfnissen der Menschen erkennt, da ihm an beiden nur sehr wenig gelegen ist.
- Die **5,5-Orientierung** kombiniert eine mittlere Sachorientierung mit einer mittleren Menschenorientierung. Wer diesen Führungsstil anwendet, versucht das Dilemma zwischen den Leistungserfordernissen und den Bedürfnissen des Menschen durch einen Kompromiss zu lösen.
- Die **9,9-Orientierung** versucht, eine hohe Sach- mit einer hohen Menschenorientierung zu verbinden. Im Gegensatz zur 5,5-Orientierung strebt eine Führungskraft sowohl bezüglich der Sachziele wie auch der Bedürfnisse der Menschen nach einem Optimum. Sie versucht, qualitativ und quantitativ hochwertige Ergebnisse durch Mitwirkung, Mitverantwortung, gemeinschaftlichen Einsatz und gemeinsame Konfliktlösung zu erreichen.

Blake/Mouton (1986, S. 31 f.) nennen ebenfalls mehrere Einflussfaktoren, welche den vorherrschenden Gitterstil einer Führungskraft in einer bestimmten Situation beeinflussen:

- **Organisation,** welche mit ihren Bedingungen und Regeln den Spielraum für die Anwendung von Führungsstilen absteckt.
- **Wertvorstellungen** der Führungskräfte, welche die Grundlagen für die Art des Umgangs mit Menschen oder die Einstellung zur Erreichung von Sachzielen bilden.
- **Persönlichkeitsentwicklung** der Führungskraft auf Grund ihrer eigenen Erfahrung.
- **Kenntnis** der zur Verfügung stehenden möglichen Führungsstile.

Kapitel 4

Strategisches Management

4.1 Ziele und Aufgaben des strategischen Managements

4.1.1 Strategisches Management und Unternehmenspolitik

Betrachtet man jene Probleme, die es zur Bestimmung des Verhaltens des Gesamtunternehmens zu lösen gilt, so spricht man in Anlehnung an den allgemeinen Problemlösungsprozess vom **strategischen** oder **unternehmenspolitischen** Problemlösungsprozess, der auch als **strategisches Management** bezeichnet wird. Im Mittelpunkt dieses Prozesses steht die Unternehmenspolitik:

> Unter der **Unternehmenspolitik** versteht man sämtliche Entscheidungen, die das Verhalten des Unternehmens nach außen und nach innen langfristig bestimmen.

Als charakteristische Merkmale einer Unternehmenspolitik lassen sich festhalten (vgl. H. Ulrich 1987, S. 18ff.):

1. Die Unternehmenspolitik umfasst primär **originäre Entscheidungen,** d.h. Entscheidungen, die nicht aus höherwertigen Entscheidungen abgeleitet werden können.
2. Diese obersten Entscheidungen bilden deshalb die Grundlage für die Entscheidungen in den einzelnen Teilbereichen des Unternehmens und haben den Charakter von **Rahmenbedingungen.**

3. Das Fällen dieser wegleitenden Entscheidungen und somit die Bestimmung der Unternehmenspolitik fällt in den Aufgabenbereich der **obersten Führungsstufe** (Topmanagement).
4. Unternehmenspolitische Entscheidungen sind **allgemein** formuliert und beziehen sich auf das Unternehmen als Ganzes. Sie weisen deshalb einen geringen Konkretisierungsgrad auf und sind **nicht operational,** d.h. unmittelbar in ausführende Handlungen umsetzbar.
5. Grundsätzlich sind unternehmenspolitische Entscheidungen **langfristiger Natur.** Deshalb spricht man auch von strategischen Entscheidungen oder vom **strategischen Management.** Bestimmte strategische Entscheidungen (z.B. Leitbild) sind sogar unterminiert, d.h. sie sind solange gültig, bis eine neue unternehmenspolitische Entscheidung gefällt wird.

Das **Ziel** der Unternehmenspolitik besteht darin, die **Existenz** des Unternehmens durch erfolgreiches Handeln langfristig zu sichern. Daraus können zwei grundsätzliche Ausrichtungen abgeleitet werden:

1. Ein Unternehmen kann nur überleben, wenn es von seinem gesellschaftlichen Umfeld akzeptiert wird (z.B. Kunden, Kapitalgeber, Lieferanten, Staat, Arbeitgeberverbände). Es hat sich deshalb um **Glaubwürdigkeit** gegenüber seinen Anspruchsgruppen zu bemühen.[1]
2. Im marktwirtschaftlichen System kann ein Unternehmen nur bestehen, wenn es wirtschaftlich erfolgreich ist. Das strategische Denken und Handeln muss deshalb darauf ausgerichtet sein, strategische Erfolgspositionen des eigenen Unternehmens zu erkennen, zu erarbeiten und auszunutzen.

> „Unter **strategischer Erfolgsposition** (SEP) versteht man solche Fähigkeiten, die es dem Unternehmen erlauben,
> - im Vergleich zur Konkurrenz
> - auch längerfristig
>
> überdurchschnittliche Ergebnisse zu erzielen.“ (Pümpin/Geilinger 1988, S. 11)

Strategische Erfolgspositionen können in jedem unternehmerischen Bereich aufgebaut werden, wie ▶ Abb. 294 veranschaulicht.

Unternehmenspolitische Entscheidungen haben nach H. Ulrich (1987, S. 29f.) folgenden allgemeinen **Anforderungen** zu genügen:

1. **Allgemeingültigkeit:** Unternehmenspolitische Entscheidungen sollen als Entscheidungsregeln in vielen zukünftigen Führungssituationen anwendbar sein,

---

1 Auf die Elemente einer erfolgreichen Glaubwürdigkeitsstrategie wird in Kapitel 5 eingegangen (vgl. Abschnitt 5.4.5 „Glaubwürdigkeitskonzept“).

Bereiche strategischer Erfolgspositionen	Beispiele
Produkte und Dienstleistungen	■ Fähigkeit, Kundenbedürfnisse rascher und besser als die Konkurrenz zu erkennen und damit die Sortimente bzw. Produkte und Dienstleistungen schneller den Marktbedürfnissen anpassen zu können. ■ Fähigkeit, eine hervorragende Kundenberatung und einen überlegenen Kundenservice zu bieten. ■ Fähigkeit, einen bestimmten Werkstoff (z. B. Aluminium) in der Herstellung und der Anwendung besser zu kennen und zu beherrschen.
Markt	■ Fähigkeit, einen bestimmten Markt bzw. eine bestimmte Abnehmergruppe gezielter und wirkungsvoller als die Konkurrenz zu bearbeiten. ■ Fähigkeit, in einem Markt ein überlegenes Image (z. B. Qualität) aufzubauen und zu halten.
Unternehmensfunktionen	■ Fähigkeit, bestimmte Distributionskanäle am besten zu erschließen und zu besetzen (z. B. Direktvertrieb). ■ Fähigkeit, durch laufende Innovationen schneller als die Konkurrenz neue, überlegene Produkte auf den Markt zu bringen. ■ Fähigkeit, überlegene Beschaffungsquellen zu erschließen und zu sichern. ■ Fähigkeit, effizienter und kostengünstiger als die Konkurrenz zu produzieren. ■ Fähigkeit, die bestqualifizierten Mitarbeiter zu rekrutieren und zu halten.

▲ Abb. 294 Beispiele strategischer Erfolgspositionen (Pümpin/Geilinger 1988, S. 14)

sich also nicht nur auf Einzelfälle oder eng abgegrenzte Teilbereiche des Unternehmens beziehen.

2. **Wesentlichkeit:** Unternehmenspolitische Entscheidungen sollen das Wichtige, Bedeutende, Grundsätzliche zukünftigen Unternehmensgeschehens beeinflussen und nicht irgendwelche Nebensachen oder Spezialitäten, die das Gesamtverhalten des Unternehmens nicht betreffen.
3. **Langfristige Gültigkeit:** Unternehmenspolitische Entscheidungen sollen das Unternehmensgeschehen in seinen Grundzügen auf längere Sicht bestimmen.
4. **Vollständigkeit:** Unternehmenspolitische Entscheidungen können zwar nicht in dem Sinne vollständig sein, dass sie zukünftiges Geschehen gänzlich und in allen Einzelheiten im Voraus bestimmen. Im Gegenteil, die angestrebte Allgemeingültigkeit erfordert das Offenlassen von Freiräumen für die anschließende Konkretisierung auf nachgelagerten Führungsstufen. Vollständigkeit ist jedoch in dem Sinne erforderlich, als sich unternehmenspolitische Entscheidungen

nicht nur auf die anzustrebenden Ziele, sondern auch auf das einzusetzende Leistungspotenzial und die einzuschlagenden Strategien beziehen sollen.

5. **Wahrheit:** Unternehmenspolitische Entscheidungen müssen in dem Sinne „wahr“ sein, dass sie den wirklichen Auffassungen und Absichten der obersten Führungskräfte entsprechen und durch deren Entscheidungen und Handlungen sichtbar bestätigt werden. Eine Unternehmenspolitik kann daher nicht vom Public Relations-Manager konzipiert werden und soll nicht vom Gesichtspunkt der Imagepflege aus entwickelt worden sein, sondern die ernsthaften Absichten der obersten Führungskräfte widerspiegeln.
6. **Realisierbarkeit:** Unternehmenspolitische Entscheidungen sollen den zukünftigen „Umweltbedingungen“ und den unternehmenseigenen Möglichkeiten angepasst sein. Es darf sich durchaus um hochgesteckte Ziele und anspruchsvolle Verhaltensnormen handeln, die aber grundsätzlich realisierbar sein müssen und nicht den Charakter von idealistischen Wunschvorstellungen haben dürfen.
7. **Konsistenz:** Die Unternehmenspolitik umfasst eine Vielzahl von Entscheidungen. Wenn die beabsichtigten Koordinationswirkungen erzielt werden sollen, ist es außerordentlich wichtig, dass diese Entscheidungen in sich konsistent sind.
8. **Klarheit:** Unternehmenspolitische Entscheidungen sollen trotz ihres allgemeinen und relativ abstrakten Charakters so formuliert werden, dass bei ihrer Interpretation und Konkretisierung durch die Unternehmensangehörigen keine Missverständnisse auftreten. Oft ist es deshalb zweckmäßig, dem allgemeinen Grundsatz interpretierende Erläuterungen beizugeben.

4.1.2 Strategischer Problemlösungsprozess

Betrachtet man die einzelnen Elemente des strategischen Problemlösungsprozesses (▶ Abb. 295), so können daraus folgende **Aufgaben** abgeleitet werden:

1. **Analyse der Ausgangslage:** Zu Beginn des strategischen Problemlösungsprozesses wird in einer Informations- oder Situationsanalyse der Ist-Zustand ermittelt. Diese Analyse schließt folgende Bereiche ein:
   - Analyse der **Wertvorstellungen:** Beim strategischen Problemlösungsprozess handelt es sich ebenfalls um eine multipersonale Problemlösung, d.h. es sind mehrere Personen daran beteiligt. Deshalb müssen die verschiedenen Wertvorstellungen bezüglich des zukünftigen Verhaltens und der Entwicklung des Unternehmens erfasst werden. Dabei entsteht das Problem der Harmonisierung dieser in der Regel mehr oder weniger unterschiedlichen Wertvorstellungen der Mitglieder der Führungsgruppe.
   - **Unternehmensanalyse:** Die in dieser Analyse erarbeiteten Informationen sollen den gegenwärtigen Zustand des Unternehmens so objektiv wie möglich

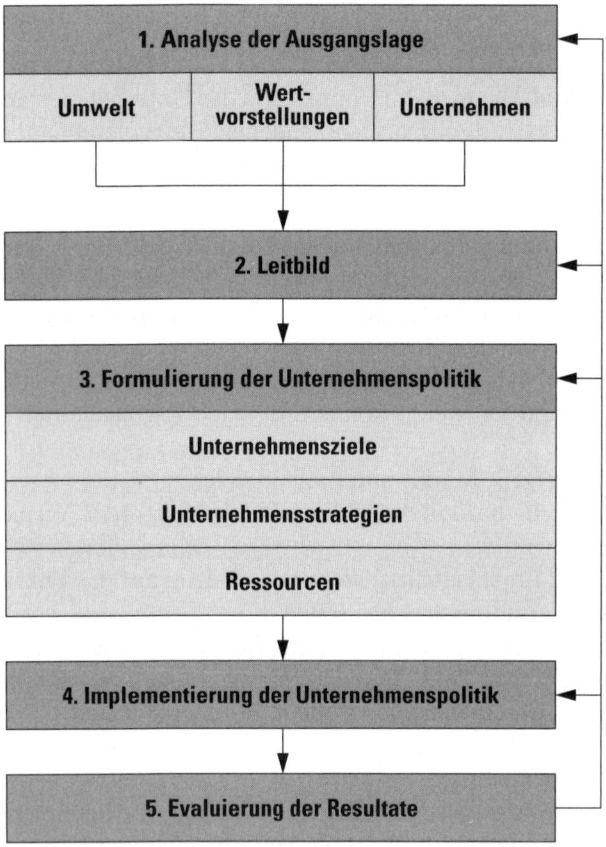

▲ Abb. 295 Strategischer Problemlösungsprozess

darstellen. Erst dann soll eine subjektive Beurteilung des Unternehmens in Form einer Stärken/Schwächen-Analyse erfolgen.

- **Umweltanalyse:** Während bei der Unternehmensanalyse weitgehend auf relativ sichere Informationen über vorliegende Tatbestände abgestellt werden kann und auch die Auswahl der relevanten Daten keine unüberwindlichen Schwierigkeiten bietet, geht es in der Umweltanalyse um die bedeutend anspruchsvollere Aufgabe, zukünftige Entwicklungen einer vielschichtigen Umwelt abzuschätzen und in ihrer Bedeutung für das eigene Unternehmen zu beurteilen.[1] Es handelt sich dabei um eine ausgesprochen schlecht strukturierte Problemstellung, für deren Lösung das interne Informationswesen in der Regel sehr wenig Unterlagen liefert. Auf Grund der voraussichtlichen Umweltentwicklungen erhält man eine umfassende Chancen/Gefahren-Ana-

1 Für eine Gliederung der Umwelt in verschiedene Problembereiche vgl. Teil 1, Kapitel 1, Abschnitt 1.2.5 „Umwelt des Unternehmens“.

lyse, die der in der Unternehmensanalyse herausgearbeiteten Stärken/Schwächen-Analyse gegenübergestellt werden muss.

2. **Unternehmensleitbild:** Hat man die Umwelt und das Unternehmen analysiert, so erfolgt unter Berücksichtigung der vorhandenen Wertvorstellungen eine Umschreibung der allgemeinen Grundsätze, auf die sich das zukünftige Verhalten des Unternehmens auszurichten hat.

3. **Formulierung (Generierung) der Unternehmenspolitik:** Auf Basis des Unternehmensleitbildes sowie der Stärken/Schwächen- und Chancen/Gefahren-Analyse können nun die konkreten Ziele, die zu verfolgenden Strategien sowie die einzusetzenden Ressourcen bestimmt werden:
   - **Formulierung der Unternehmensziele:** Gemäß den Ausführungen in Teil 1 „Unternehmen und Umwelt“[1] können folgende Zielkategorien unterschieden werden:
     - **Leistungsziele** (z.B. Markt- und Produktziele),
     - **Finanzziele** (z.B. bezüglich Zahlungsbereitschaft oder Vermögens- und Kapitalstruktur),
     - **Führungs-** und **Organisationsziele** (z.B. in Bezug auf das Führungssystem oder die Organisationsstruktur) sowie
     - **soziale Ziele** in Bezug auf die Mitarbeiter (z.B. Arbeitsplatzgestaltung) und die Gesellschaft (z.B. Umweltschutz).
   - **Entwicklung von Unternehmensstrategien:** In einem weiteren Schritt gilt es erfolgsversprechende Strategien zu finden, mit denen die angestrebten Ziele erreicht werden können.
   - **Festlegung der Ressourcen:** Ein wichtiges Problem im Rahmen des strategischen Problemlösungsprozesses ist die Verteilung der zur Verfügung stehenden Mittel (Allokation der Ressourcen). Sachlich richtet sich diese Verteilung nach den Unternehmensstrategien. In der Praxis ist aber zu beobachten, dass vielfach die Machtverteilung, d.h. die Aufteilung der Entscheidungskompetenzen innerhalb des Unternehmens, für die Verteilung der Mittel verantwortlich ist.

4. **Implementierung der Unternehmenspolitik:** Sobald die Ziele und die Strategien sowie der Ressourceneinsatz bestimmt sind, müssen diese auch umgesetzt und realisiert werden. Die Probleme bei der Implementierung unternehmenspolitischer Entscheidungen ergeben sich aus dem Charakter dieser Entscheidungen als allgemeine, relativ abstrakte und nicht operationale Grundsatzentscheidungen. Die Verwirklichung einer Unternehmenspolitik kann daher nicht unmittelbar durch eine beschränkte Zahl gezielter ausführender Handlungen erfolgen, sondern nur dadurch, dass bei allen zukünftigen Entscheidungen und Handlungen die Unternehmenspolitik als Richtlinie und Rahmenbedingung betrachtet wird. Es geht somit darum, die für das Unternehmen entscheidenden und han-

---

1 Vgl. Teil 1, Kapitel 3, Abschnitt 3.2 „Zielinhalt“.

delnden Mitarbeiter derart zu informieren und zu beeinflussen, dass sie ihre Aktivitäten nach den unternehmenspolitischen Entscheidungen ausrichten. (H. Ulrich 1987, S. 229) Sobald deshalb das Unternehmensleitbild sowie die Ziele, Strategien und Mittel festgelegt sind, werden die getroffenen unternehmenspolitischen Entscheidungen in zweckentsprechenden Dokumenten schriftlich festgehalten und ihre Anwendung durch die Unternehmensangehörigen mittels erklärender und motivierender Kommunikation eingeleitet.

5. **Evaluierung der Resultate der Unternehmenspolitik:** Am Schluss des strategischen Problemlösungsprozesses stehen die eigentlichen Resultate, die es zu überprüfen gilt. Sie geben Auskunft darüber, ob die Entwicklung und Durchsetzung der Unternehmenspolitik erfolgreich gewesen ist und die geplanten Ziele erreicht worden sind. Im Sinne einer Fortschrittskontrolle müssen auch Teilresultate beurteilt werden. Darüber hinaus muss aber der gesamte strategische Problemlösungsprozess überwacht werden, damit eine notwendige Korrekturmaßnahme nicht zu spät erfolgt.

◀ Abb. 295 zeigt, dass der strategische Problemlösungsprozess kein einmaliger Prozess ist, sondern dass auf Grund der erzielten Resultate oder grundlegender Veränderungen in der Umwelt ein neuer Prozess initiiert werden kann. Zudem ist zu beachten, dass in der Praxis die einzelnen Elemente zeitlich nicht immer hintereinander ablaufen. So müssen beispielsweise vielfach die Ziele oder Maßnahmen auf Grund der zur Verfügung stehenden Ressourcen neu formuliert werden.

In den letzten Jahren hat sich auch gezeigt, dass eine optimale Steuerung dieses strategischen Problemlösungsprozesses nicht nur von einem analytisch klaren und zielgerichteten Konzept abhängt. Es wurde nämlich deutlich, dass die Gestaltung der Unternehmenspolitik, insbesondere der Strategie, ebenso von der **Unternehmenskultur** – d.h. den Werten und Normen, die sich im Unternehmen über die Jahre gebildet haben – sowie von der **Unternehmensstruktur** stark beeinflusst wird (▶ Abb. 296).[1]

In den weiteren Abschnitten dieses Kapitels werden auf Grund ihrer großen Bedeutung drei Kernbereiche des strategischen Managements herausgegriffen und besprochen, nämlich

- die **Analyse der Ausgangslage,**
- die Formulierung eines **Unternehmensleitbildes** sowie
- die Entwicklung, Implementierung und Evaluation einer **Unternehmensstrategie.**[2]

1 Zur Unternehmenskultur vgl. Kapitel 3 „Unternehmenskultur und Führungsstil“. Auf die Organisationsstruktur wird in Teil 9, insbesondere Kapitel 3 „Organisationsformen“, ausführlich eingegangen. Für eine Analyse der Zusammenhänge zwischen der Unternehmenspolitik (Strategie), der Unternehmenskultur und der Organisationsstruktur vgl. Schellenberg 1992, S. 127ff.

2 Die Unternehmensziele als weiterer wichtiger Bereich werden in Teil 1, Kapitel 3 „Ziele des Unternehmens“, ausführlich behandelt.

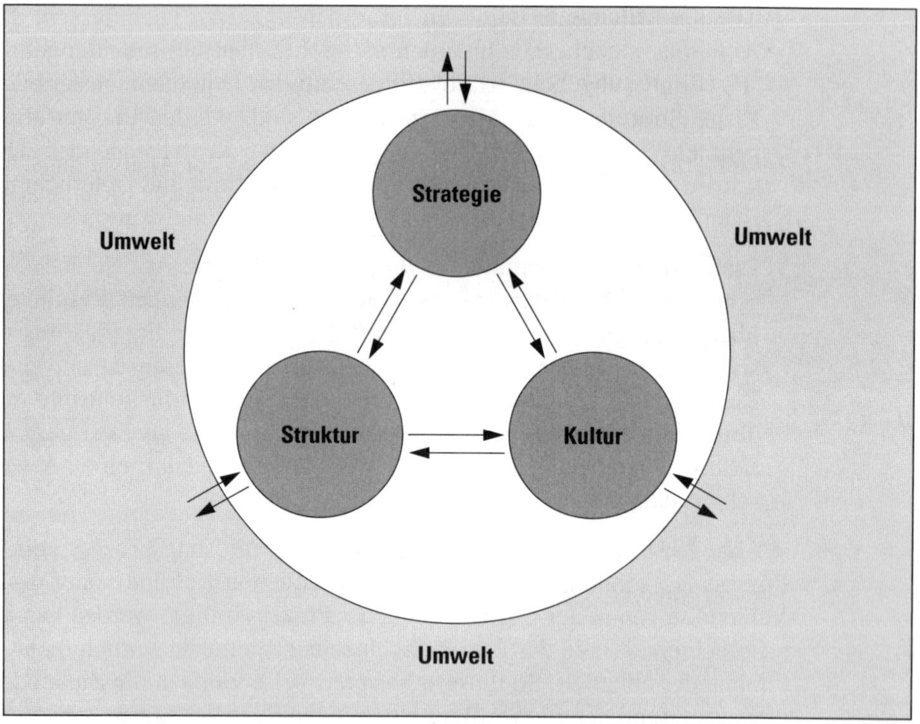

▲ Abb. 296 Trilogie Strategie – Kultur – Struktur (Rühli 1991b, S. 16f.)

In einem letzten Abschnitt wird schließlich auf die verschiedenen Einflussfaktoren (Erfolgsfaktoren) für eine erfolgreiche Formulierung und Implementierung der Unternehmenspolitik eingegangen.

4.2 Analyse der Ausgangslage

Ziel der Analyse der Ausgangslage ist es, die entscheidenden Informationen für die Formulierung der Unternehmenspolitik zu gewinnen. In den folgenden Abschnitten werden deshalb jene Bereiche dargestellt, aus denen diese Informationen gewonnen werden können und deshalb Gegenstand der Analyse sind. Es sind dies:

1. **Umwelt:** Welches sind die hauptsächlichen **Chancen** und **Gefahren,** die sich aus der voraussichtlichen Umweltentwicklung ergeben?
2. **Unternehmen:** Welches sind die **Stärken** und **Schwächen** des Unternehmens? Besonders interessiert die Frage, wo **strategische Erfolgspositionen** vorhanden sind oder aufgebaut werden können.

3. **Wertvorstellungen:** Die Unternehmens- und Umweltanalyse zeigt zwar bestenfalls das Machbare, aber noch nicht das Wünschbare. Deshalb müssen die **Basiswerte** abgeklärt werden, die dem unternehmenspolitischen Handeln zugrunde liegen.

In der Praxis haben sich verschiedene Methoden zur Analyse und Prognose der Unternehmens- und Umweltentwicklung bewährt. Anschließend an die Beschreibung der verschiedenen Analyse-Bereiche werden deshalb folgende Konzepte und Instrumente vorgestellt:[1]

- Wettbewerbsanalyse (Branchenanalyse),
- PIMS-Modell,
- Konzept der Erfahrungskurve,
- Portfolio-Analyse,
- Gap-Analyse,
- Benchmarking.

4.2.1 Umweltanalyse

In der Umweltanalyse wird versucht, die Entwicklungstendenzen in den nächsten fünf bis zehn Jahren – manchmal noch langfristiger – zu erfassen. Ziel dieser Analyse ist es, Entwicklungstendenzen zu erkennen und daraus mögliche Chancen und Gefahren für das eigene Unternehmen abzuschätzen. Die Analyse des Umfeldes kann nach Pümpin/Geilinger (1988, S. 24ff.) in folgende Teilanalysen aufgegliedert werden:[2]

1. Analyse des **allgemeinen Umfeldes:** In dieser Analyse werden die Situationen und Entwicklungstendenzen in Bezug auf die Ökologie, die Technologie, die Gesamtwirtschaft, den demografischen und sozialpsychologischen Bereich sowie die Politik und das Recht erfasst und beurteilt. In ► Abb. 297 ist eine Checkliste für diese Bereiche aufgeführt.
2. **Marktanalyse:** Grundsätzlich interessieren alle für das Unternehmen relevanten Märkte, also insbesondere die Absatzmärkte, die Beschaffungsmärkte, der Kapitalmarkt sowie der Arbeitsmarkt. Auf Grund der großen Bedeutung des Absatzmarktes steht allerdings die Analyse dieses Marktes im Vordergrund. Dabei ist zwischen quantitativen und qualitativen Marktdaten zu unterscheiden, wie dies die Checkliste in ► Abb. 298 zeigt.
3. **Branchenanalyse:** Diese Analyse umfasst den für das Unternehmen relevanten Wirtschaftszweig als Ganzes. ► Abb. 299 zeigt einen Überblick über wesent-

---

1 Auf das Modell des Produktlebenszyklus als weiteres Instrument wurde bereits in Teil 2, Kapitel 3, Abschnitt 3.3 „Produktlebenszyklus" eingegangen.

2 Vgl. dazu auch Teil 1, Kapitel 1, Abschnitt 1.2.5 „Umwelt des Unternehmens".

Ökologische Umwelt	■ Verfügbarkeit von Energie ■ Verfügbarkeit von Rohstoffen ■ Strömungen im Umweltschutz □ Umweltbewusstsein □ Umweltbelastung □ Umweltschutzgesetzgebung ■ Recycling □ Verfügbarkeit/Verwendbarkeit von Recycling-Material □ Recyclingkosten
Technologie	■ Produktionstechnologie □ Entwicklungstendenzen in der Verfahrenstechnologie □ Innovationspotenzial □ Automation/Prozesssteuerung/Informationstechnologie/CIM/CAM ■ Produktinnovation □ Entwicklungstendenzen in der Produkttechnologie (Hardware, Software) □ Innovationspotenzial ■ Substitutionstechnologien □ mögliche Innovationen □ Kostenentwicklung ■ Informatik und Telekommunikation
Wirtschaft	■ Entwicklungstendenzen des Volkseinkommens in den relevanten Ländern ■ Entwicklung des internationalen Handels (Wirtschaftsintegration, Protektionismus) ■ Entwicklungstendenzen der Zahlungsbilanzen und Wechselkurse ■ Erwartete Inflation ■ Entwicklung der Kapitalmärkte ■ Entwicklung der Beschäftigung (Arbeitsmarkt) ■ Zu erwartende Investitionsneigung ■ Zu erwartende Konjunkturschwankungen ■ Entwicklung spezifischer relevanter Wirtschaftssektoren
Demografische und sozialpsychologische Entwicklungstendenzen	■ Bevölkerungsentwicklung in den relevanten Ländern ■ Sozialpsychologische Strömungen z. B. Arbeitsmentalität, Sparneigung, Freizeitverhalten, Einstellung gegenüber der Wirtschaft, unternehmerische Grundhaltungen
Politik und Recht	■ Globalpolitische Entwicklungstendenzen ■ Parteipolitische Entwicklung in den relevanten Ländern ■ Entwicklungstendenzen in der Wirtschaftspolitik ■ Entwicklungstendenzen in der Sozialgesetzgebung und im Arbeitsrecht ■ Bedeutung und Einfluss der Gewerkschaften ■ Handlungsfreiheit der Unternehmen

▲ Abb. 297 Checkliste zur Analyse des allgemeinen Umfeldes (nach Pümpin 1992, S. 194f.)

Quantitative Marktdaten	■ Marktvolumen ■ Stellung des Marktes im Marktlebenszyklus ■ Marktsättigung ■ Marktwachstum (mengenmäßig, in % pro Jahr) ■ Marktanteile ■ Stabilität des Bedarfs
Qualitative Marktdaten	■ Kundenstruktur ■ Bedürfnisstruktur der Kunden ■ Kaufmotive ■ Kaufprozesse/Informationsverhalten ■ Marktmacht der Kunden

▲ Abb. 298 Checkliste zur Analyse des Absatzmarktes (Pümpin 1992, S. 196)

Branchenstruktur	■ Anzahl Anbieter ■ Heterogenität der Anbieter ■ Typen der Anbieterfirmen ■ Organisation der Branche (Verbände, Absprachen usw.)
Beschäftigungslage und Wettbewerbssituation	■ Auslastung der Kapazität ■ Konkurrenzkampf
Wichtigste Wettbewerbsinstrumente/Erfolgsfaktoren	■ Qualität ■ Sortiment ■ Beratung ■ Preis ■ Lieferfristen ■ usw.
Distributionsstruktur	■ Geografisch ■ Absatzkanäle
Branchenausrichtung	■ Allgemeine Branchenausrichtung (Werkstoffe, Technologie, Kundenprobleme usw.) ■ Innovationstendenzen (Produkte, Verfahren usw.)
Sicherheit	■ Eintrittsbarrieren für neue Konkurrenten ■ Substituierbarkeit der Leistungen

▲ Abb. 299 Checkliste zur Branchenanalyse (Pümpin 1992, S. 195f.)

liche Aspekte. Von besonderer Bedeutung ist die Analyse der Hauptkonkurrenten, damit deren strategische Ausrichtung erkannt und gegenüber der eigenen Position abgegrenzt werden kann.[1]

Die Analyse der Umwelt ist oft keine leichte Aufgabe, und dies aus mehreren Gründen:

- Es handelt sich grundsätzlich um ein **schlecht strukturiertes Problem,** das keine eindeutige Lösung oder Antwort kennt. Deshalb ist es wichtig, die Umwelt zu strukturieren und abzugrenzen,[2] wie dies in ◄ Abb. 297 gemacht worden ist.
- Auch wenn die Umwelt mit Hilfe bestimmter Kriterien strukturiert wird, bleibt das Problem der Auswahl der relevanten Informationen aus der riesigen **Datenmenge,** die zur Verfügung steht.
- Um die Chancen und Gefahren der Umwelt für das Unternehmen erkennen zu können, darf nicht nur die gegenwärtige Situation analysiert werden, sondern es muss vor allem auch die zukünftige Entwicklung abgeschätzt werden. Damit verbunden ist das Problem der **Unsicherheit der Prognosen.** Häufig werden deshalb verschiedene Szenarien entwickelt (z.B. optimistische, wahrscheinliche und pessimistische Variante), die mit unterschiedlichen Wahrscheinlichkeiten gewichtet werden.

4.2.2 Unternehmensanalyse

In der Unternehmensanalyse sollen die Stärken und Schwächen des Unternehmens herausgearbeitet und beleuchtet werden. Aus der Analyse der bisherigen Entwicklung und der gegenwärtigen Situation lassen sich mögliche strategische Stoßrichtungen für die Zukunft ableiten.

Im Vordergrund der Unternehmensanalyse sehen Pümpin/Geilinger (1988, S. 17ff.) folgende Aspekte:

1. **Analyse des Tätigkeitsgebietes:** Auf Grund der dynamischen Entwicklung des Marktes, d.h. der Bedürfnisse der Nachfrager, muss sich ein Unternehmen immer wieder fragen, ob es die richtigen Produkte anbietet. Die Beantwortung dieser Frage öffnet dem Unternehmen neue Marktchancen, kann aber auch zu einer Einschränkung der bisherigen Tätigkeiten führen. Deshalb sind für jedes Produkt (oder jede Produktgruppe) folgende Fragen zu beantworten:
   - **Nutzen:** Welchen Nutzen bringt das Unternehmen den Abnehmern (Kunden) mit ihren Produkten und Dienstleistungen?
   - **Abnehmer:** Welchen Abnehmern bringt das Unternehmen diesen Nutzen?

1 Zur Branchenanalyse vgl. auch Abschnitt 4.2.4.1 „Wettbewerbsanalyse (Branchenanalyse)“.
2 Vgl. dazu auch Teil 1, Kapitel 1, Abschnitt 1.2.5 „Umwelt des Unternehmens“.

- **Verfahren:** Welche Verfahren und Technologien setzt das Unternehmen ein, um seinen Abnehmern diesen zu Nutzen zu bringen?

2. **Analyse der eigenen Fähigkeiten:** In der Fähigkeitsanalyse wird aufgezeigt, in welchen Bereichen das Unternehmen gegenüber der Konkurrenz überlegene Fähigkeiten aufweist und welche strategischen Erfolgspositionen es bereits besetzt. ► Abb. 300 zeigt mögliche Kriterien, die bei einer solchen Fähigkeitsanalyse herangezogen werden können.

3. **Analyse der bisherigen Unternehmenspolitik:** Es ist zu überprüfen, inwieweit die bisherigen Ziele sinnvoll und realistisch waren oder immer noch sind, ob die zur Verwirklichung dieser Ziele gewählte Strategie geeignet war und ob die Ressourcenverteilung und der Ressourceneinsatz zweckmäßig und effizient erfolgt sind.

4. **Analyse der Unternehmenskultur:** Auf die große Bedeutung der Unternehmenskultur für die Unternehmenspolitik wurde bereits hingewiesen.[1] Eine sorgfältige Analyse der Unternehmenskultur erlaubt es deshalb zu beurteilen, inwieweit eine Übereinstimmung zwischen der bestehenden Kultur und der beabsichtigten Unternehmenspolitik besteht. Nach Pümpin (1992, S. 97) stehen bei der Erfassung der Grundorientierungen im Rahmen der Analyse der Unternehmenskultur folgende Aspekte im Vordergrund:
   - **Kundenorientierung:** In welchem Umfang richtet sich das Unternehmen nach seinen Kunden? Wird der Kunde geschätzt und rasch bedient?
   - **Mitarbeiterorientierung:** Welche Wertschätzung wird den Mitarbeitern entgegengebracht? Basiert die Zusammenarbeit auf Vertrauen? Verfolgt das Unternehmen einen partizipativen Führungsstil?
   - **Innovationsorientierung:** Wird ein innovatives Verhalten grundsätzlich gefördert? Wie steht es um die Innovationshäufigkeit? Besteht die Bereitschaft, neuartige Lösungen zu testen? Ermutigen die Führungskräfte ihre Mitarbeiter zu unkonventionellen Lösungen? Hat das Unternehmen in der Vergangenheit die Spielregeln des Marktes/der Branche verändert?
   - **Flexibilitätsorientierung:** Sind die Entscheidungswege kurz? Operiert das Unternehmen mit überschaubaren, dezentralen Einheiten?
   - **Expansionsorientierung:** Ist bei Management und Mitarbeitern eine positive Grundeinstellung zum Wachstum vorhanden? Werden anspruchsvolle Wachstumsziele gesetzt und akzeptiert?
   - **Zeitorientierung:** Wird der Faktor Zeit als wichtige Ressource angesehen und effizient geplant und eingesetzt? Welche Maßnahmen wurden ergriffen, um Durchlaufzeiten drastisch zu reduzieren?

---

1 Vgl. Abschnitt 4.1.2 „Strategischer Problemlösungsprozess" und Kapitel 3 „Unternehmenskultur und Führungsstil".

Allgemeine Unternehmensentwicklung	▪ Umsatzentwicklung
	▪ Cashflow-Entwicklung/Gewinnentwicklung
	▪ Entwicklung des Personalbestandes
	▪ Entwicklung der Kosten und der Kostenstruktur
	  □ fixe Kosten
	  □ variable Kosten

Marketing	▪ Marktleistung
	  □ Sortiment
	    – Breite und Tiefe des Sortiments
	    – Bedürfniskonformität des Sortiments
	  □ Qualität
	    – Qualität der Hardware-Leistungen (Dauerhaftigkeit, Konstanz der Leistung, Fehlerraten, Zuverlässigkeit, Individualität usw.)
	    – Qualität der Software-Leistungen (Nebenleistungen, Anwendungsberatung, Garantieleistungen, Lieferservice, individuelle Betreuung der Kunden usw.)
	    – Qualitätsimage
	▪ Preis
	  □ allgemeine Preislage
	  □ Rabatte, Angebote usw.
	  □ Zahlungskonditionen
	▪ Marktbearbeitung
	  □ Verkauf
	  □ Verkaufsförderung
	  □ Werbung
	  □ Öffentlichkeitsarbeit
	  □ Markenpolitik
	  □ Image (evtl. differenziert nach Produktgruppen)
	▪ Distribution
	  □ inländische Absatzorganisation
	  □ Exportorganisation
	  □ Lagerbewirtschaftung und Lagerwesen
	  □ Lieferbereitschaft
	  □ Transportwesen

Produktion	▪ Produktionsprogramm
	▪ Vertikale Integration
	▪ Produktionstechnologie
	  □ Zweckmäßigkeit und Modernität der Anlagen
	  □ Automationsgrad
	▪ Produktionskapazitäten
	▪ Produktivität
	▪ Produktionskosten
	▪ Einkauf und Versorgungssicherheit

▲ Abb. 300 Checkliste zur Unternehmensanalyse (Pümpin/Geilinger 1988, S. 58f.)

Forschung und Entwicklung	■ Forschungsaktivitäten und -investitionen ■ Entwicklungsaktivitäten und -investitionen ■ Leistungsfähigkeit der Forschung ■ Leistungsfähigkeit der Entwicklung □ Verfahrensentwicklung □ Produktentwicklung □ Softwareentwicklung ■ Forschungs- und Entwicklungs-Know-how ■ Patente und Lizenzen
Finanzen	■ Kapitalvolumen und Kapitalstruktur ■ Stille Reserven ■ Finanzierungspotenzial ■ Working Capital ■ Liquidität ■ Kapitalumschlag □ Gesamtkapitalumschlag □ Lagerumschlag □ Debitorenumschlag ■ Investitionsintensität
Personal	■ Qualitative Leistungsfähigkeit der Mitarbeiter ■ Arbeitseinsatz ■ Gehaltspolitik/Sozialleistungen ■ Betriebsklima ■ Teamgeist/Unité de doctrine ■ Unternehmenskultur
Führung und Organisation	■ Stand der Planung ■ Geschwindigkeit der Entscheidungen ■ Kontrolle ■ Qualität und Leistungsfähigkeit der Führungskräfte ■ Zweckmäßigkeit der Organisationsstruktur/ organisatorische Friktionen ■ Innerbetriebliche Information, Informationspolitik □ Rechnungswesen □ Marktinformation
Innovationsfähigkeit	■ Einführung neuer Marktleistungen ■ Erschließung neuer Märkte ■ Erschließung neuer Absatzkanäle
Know-how in Bezug auf	■ Kooperationen ■ Beteiligungen ■ Akquisitionen
Synergiepotenziale	■ Marketing, Produktion, Technologie usw.

▲ Abb. 300 Checkliste zur Unternehmensanalyse (Pümpin/Geilinger 1988, S. 58f.) (Forts.)

- **Produktivitätsorientierung:** Welche Bedeutung hat das Kostendenken? In welchem Umfang werden Maßnahmen zur Produktivitätssteigerung in die Wege geleitet?
- **Technologieorientierung:** Welche Bedeutung haben Produktions- und Werkstofftechnologie? Welchen Stellenwert besitzt die Technologie der gewählten Lösung?
- **Risikoorientierung:** Ist die Bereitschaft vorhanden, Risiken einzugehen und auch Fehlschläge zu akzeptieren?
- **Unité de doctrine:** Ist ein Gemeinschaftsgeist im Unternehmen vorhanden?

5. **Analyse der Organisationsstruktur:** Neben der Unternehmenskultur muss auch die Organisationsstruktur eines Unternehmens optimal auf die Unternehmensstrategie abgestimmt werden, damit die gewählte Strategie voll zum Tragen kommt. So zeigt sich beispielsweise, dass stark innovationsorientierte Unternehmen sehr flexible Organisationsstrukturen aufweisen.[1]

Zwar stehen bei der Unternehmensanalyse (im Gegensatz zur Umweltanalyse) relativ sichere Informationen zur Verfügung, doch stellen sich auch hier einige Probleme (H. Ulrich 1987, S. 55ff.):

- **Relevanz:** Welche Daten sollen erfasst werden, oder mit anderen Worten, welche Daten werden für die Bestimmung der Unternehmenspolitik und somit das zukünftige Verhalten des Unternehmens als relevant betrachtet?
- **Informationsverdichtung:** Die vielen Einzelinformationen müssen zu aussagekräftigen Teilbereichs- oder Unternehmensinformationen zusammengefasst werden, denn die obersten Führungskräfte (welche die Unternehmenspolitik formulieren) benötigen zusammenfassende Gesamtinformationen und nur sehr selektiv detaillierte Daten über einzelne Vorgänge und Tatbestände.
- **Qualitative Daten:** Während bei einem gut ausgebauten Rechnungswesen und Controlling die quantitativen Daten relativ leicht beschafft werden können, bereitet es oft Mühe, nicht-quantitative Informationen (z.B. über Produktqualität, Unternehmenskultur, Mitarbeitermotivation) objektiv zu ermitteln.
- **Prognosewert:** Genauso wie bei der Umweltanalyse dürfen nicht nur Daten über die Vergangenheit und Gegenwart einbezogen werden. Inwiefern nun geeignete Prognosewerte zur Verfügung stehen oder nicht, hängt in erster Linie von einem zweckmäßigen Planungssystem und effizienten Planungsmethoden ab.[2]

1 Vgl. Teil 9, insbesondere Kapitel 2 „Organisationstheoretische Ansätze".
2 Vgl. dazu Kapitel 2, Abschnitt 2.1 „Planung".

4.2.3 Analyse der Wertvorstellungen

Beim allgemeinen wie beim strategischen Problemlösungsprozess handelt es sich um einen multipersonalen Prozess, d.h. es ist in der Regel eine Vielzahl von Mitarbeitern mit verschiedenen Aufgaben und Führungsfunktionen daran beteiligt. Um das Verhalten des Unternehmens in eine bestimmte Richtung zu lenken, ist es deshalb wichtig, sich über die grundlegenden Wertvorstellungen klar zu werden, welche der zukünftigen unternehmenspolitischen Ausrichtung zugrunde gelegt werden sollen. Dazu sind zwei Schritte notwendig:

1. **Erfassung** der Wertvorstellungen: In einer ersten Phase müssen die individuellen Wertvorstellungen der Mitglieder der Führungsgruppe erfasst werden. In der Praxis hat sich dazu als Hilfsmittel das **Wertvorstellungsprofil** bewährt. Wie ▶ Abb. 301 zeigt, handelt es sich dabei um einen morphologischen Kasten.[1]
2. **Harmonisierung** der Wertvorstellungen: In einer zweiten Phase müssen die individuellen Wertvorstellungsprofile zu einem gemeinsamen Profil zusammengeführt werden. In der Praxis bedingt dies intensive Diskussionen zwischen den Mitgliedern der Führungsgruppe.

Das Erstellen von individuellen Wertvorstellungsprofilen ist auch deshalb von Bedeutung, weil die eigenen Werte von den einzelnen Führungskräften oft nicht bewusst wahrgenommen werden oder zum Teil ein inkonsistentes Wertsystem besteht. Der Prozess der Erarbeitung gemeinsamer Werte ist somit wichtig, um die persönlichen Wertvorstellungen hervortreten zu lassen und in ein widerspruchsfreies System zu bringen.

Bei der Erfassung und Harmonisierung der Wertvorstellungen stellen sich in der Praxis mehrere Fragen:

1. **Wer** ermittelt die Wertvorstellungen, um eine möglichst objektive Erhebung zu garantieren?
2. **Welche** Wertvorstellungen sollen erfasst werden? Neben dem Umfang der betrachteten Wertbereiche stellt sich sowohl in der Theorie als auch in der Praxis die Frage nach dem Konkretisierungsgrad der Wertvorstellungen. Grundsätzlich gibt es zwei Möglichkeiten:
   - Man kann die allgemeinen Weltanschauungen und moralischen **Grundwerte** betrachten, wie das Beispiel in ▶ Abb. 302 zeigt.
   - Man beschränkt sich auf **konkrete Ausprägungen** dieser allgemeinen Grundwerte im Unternehmenszusammenhang, wie dies in ▶ Abb. 301 der Fall ist.
3. **Wessen** Wertvorstellungen sollen einbezogen werden? Wer gehört zur relevanten Führungsgruppe? Sollen auch die Wertvorstellungen (externer) Anspruchsgruppen berücksichtigt werden?

1 Zum morphologischen Kasten vgl. Teil 2, Kapitel 3, Abschnitt 3.4.2.2 „Ideensuche“.

Faktoren	Ausprägung				
ausschüttbarer Gewinn	so wenig wie möglich	stabile bescheidene Dividende	nach Ergebnis wechselnde Dividende gering / angemessen / hoch		so viel wie möglich
reinvestierbarer (einbehaltener) Gewinn	Null	nach Ergebnis wechselnde Dividende gering ...%	mittel ...%	hoch ...%	so viel wie möglich
Risikoneigung	größtmögliche Sicherheit	Eingehen „kalkulierter" Risiken gering	mittel	hoch	höchste Risiken akzeptieren
Umsatzwachstum	Schrumpfung	stabil bleiben	„angemessenes Wachstum" klein / mittel / groß		maximales Wachstum
Marktleistungsqualität	keine Bedeutung	angemessenes Qualitätsniveau gering	mittel	hoch	maximale Qualitätsvorstellung
geografische Reichweite	lokal	Landesregion	national	beschränkt international	multinational
Eigentumsverhältnisse	Einzelbesitz	Familienbesitz	kleiner Eigentümerkreis	Publikumsgesellschaft	Mitarbeiterbeteiligung
Innovationsneigung	sehr gering	angemessene Innovationsfähigkeit gering	mittel	hoch	sehr hoch
Verhältnis zum Staat	negativ, Abwehrhaltung	politische Abstinenz	politische Neutralität	politische Aktivität in bestimmter Richtung	maximale Unterstützung, Unterordnung
Berücksichtigung gesellschaftlicher Ziele	keine Berücksichtigung	nur wenn im Eigeninteresse	von Fall zu Fall wenn Opfer gering	wenn mit eigener Überzeugung übereinstimmend	generell so weit als möglich
Berücksichtigung von Mitarbeiterzielen	keine Berücksichtigung	nur so weit leistungsfördernd	auch wenn mit Opfern verbunden		maximale Berücksichtigung
Führungsstil	„autoritär"	„kooperativ" beschränkt	weitgehend		„demokratisch"

- - - - - - Unternehmensbild der klassischen Nationalökonomie

——— Beispiel eines professionellen Managements

▲ Abb. 301 Beispiele von Wertvorstellungsprofilen (H. Ulrich 1987, S. 56)

> Unsere Philosophie wird von Grundsätzen getragen, die unser Verhalten in allen Bereichen und Stufen unseres Unternehmensgefüges prägen:
> - Wir streben nach einer **Sinnhaftigkeit,** in allem, was wir erreichen und tun wollen.
> - Sinn erkennen wir in Leistungen, die einen **Nutzen** für andere außerhalb und innerhalb unseres Unternehmens stiften.
> - Das, was wir erstreben, definieren wir durch eine breite Berücksichtigung unterschiedlicher **Interessen.**
> - **Menschlichkeit** im Urteil und Handeln ist für uns ein übergeordnetes Ziel und niemals Mittel zur Erreichung von Zielen.
> - Sie verlangt eine **Hinwendung** zum Nächsten; was man selbst nicht erdulden möchte, sollte man auch anderen nicht zufügen.
> - Wir verlassen uns auf die **Unabhängigkeit des Urteils** auch bei entgegengesetzten Sachzwängen.
> - Unser Handeln wird von einem hohen **Verantwortungsbewusstsein** gegenüber unserer Umwelt und unseren Mitarbeitern getragen.
> - Wir lassen uns in unserem Verhalten an der **Vertretbarkeit** unseres Handelns messen.

▲ Abb. 302 Beispiele für Grundsätze einer Management-Philosophie (Bleicher 1995, S. 66)

4. **Wie** können die tatsächlichen Wertvorstellungen überhaupt erfasst werden?
5. **Wie häufig** müssen die Wertvorstellungen ermittelt werden? Diese Frage stellt sich deshalb, weil sich erstens die Zusammensetzung der Führungsgruppe ständig ändert und zweitens sich die Wertvorstellungen der einzelnen Mitglieder über die Zeit ebenfalls verändern können.

Resultat der Analyse der Wertvorstellungen, d.h. der grundlegenden Werte und Normen des Managements, ist die Unternehmens- oder Management-Philosophie:[1]

> Unter **Management-Philosophie** werden die grundlegenden Einstellungen, Überzeugungen und Werthaltungen verstanden, welche das Denken und Handeln der maßgeblichen Führungskräfte in einem Unternehmen beeinflussen.

Nach P. Ulrich/Fluri (1995, S. 53) schließt die Management-Philosophie immer drei Bereiche ein, über deren Werte man sich Gedanken machen muss. Daraus ergeben sich drei verschiedene (Leit-)Bilder, nämlich

- ein Menschenbild,
- ein Unternehmensleitbild sowie
- ein Leitbild der Wirtschafts- und Gesellschaftsordnung.

1 „Unter **Philosophie** versteht man im Allgemeinen das Bemühen um die ganzheitliche Deutung des Seins, d.h. um eine vernünftige ‚Weltanschauung', die zugleich als Leitbild für die praktische (normative) Lebensausrichtung des Menschen dient." (P. Ulrich/Fluri 1995, S. 53)

Auch wenn ein gewisser Toleranzbereich in den Abweichungen der individuellen Wertvorstellungen durchaus akzeptiert werden kann, so ist die Einigung auf eine gemeinsame Management-Philosophie für eine konsistente Unternehmenspolitik unerlässlich.

4.2.4 Analyse-Instrumente

4.2.4.1 Wettbewerbsanalyse (Branchenanalyse)

Neuere Untersuchungen zeigen, dass die Struktur einer Branche[1] in starkem Maße sowohl die Spielregeln des Wettbewerbs als auch die Strategien, die einem Unternehmen potenziell zur Verfügung stehen, beeinflussen. Deshalb ist es für ein Unternehmen wichtig, jene Einflussfaktoren zu erkennen, welche für die jeweilige Wettbewerbssituation verantwortlich sind. Damit wird es einem Unternehmen möglich, eine Wettbewerbsstrategie zu finden, mit der es sich am besten gegen bestimmte Wettbewerbskräfte schützen oder sie zu seinen Gunsten beeinflussen kann. Dies bedeutet zugleich eine höhere Rentabilität im Vergleich zu vorhandenen oder potenziellen Konkurrenten.

Wie aus ▶ Abb. 303 hervorgeht, unterscheidet Porter (1983) fünf wesentliche Einflussfaktoren (Wettbewerbskräfte) des Branchenwettbewerbs. Sie alle bestimmen die Wettbewerbsintensität und somit die Rentabilität einer bestimmten Branche. Versucht beispielsweise ein Unternehmen über tiefere Preise seinen Marktanteil zu erhöhen, so wird ihm das kurzfristig vielleicht gelingen. Die anderen Unternehmen werden aber dazu gezwungen, ihre Preise ebenfalls zu senken, wenn sie ihren Marktanteil halten wollen. Dies hätte zur Folge, dass die Gewinnspanne für alle Unternehmen einer Branche verkleinert und die Rentabilität sinken würde. Allerdings wirken diese Einflussfaktoren je nach Situation unterschiedlich stark. Dies ist insofern von großer Bedeutung, als sich die verschiedenen Konstellationen auf die zu wählende Strategie auswirken. Die fünf Wettbewerbskräfte können wie folgt umschrieben werden (Porter 1983, S. 29ff.):

1. **Gefahr des Markteintritts:** Neue Marktteilnehmer erhöhen die Kapazität einer Branche und bringen finanzielle Mittel mit sich, welche die Preis- und Kostenstruktur einer Branche verändern können und somit auf die Rentabilität einen Einfluss haben. Die Wahrscheinlichkeit eines Markteintritts hängt im wesentlichen von den erkennbaren Eintrittsbarrieren (z.B. minimaler Kapitaleinsatz, der notwendig ist, oder minimale Menge, die abgesetzt werden muss, um einen Gewinn zu erwirtschaften) sowie den zu erwartenden Reaktionen der bereits etablierten Marktteilnehmer ab.

1 Als Branche wird eine Gruppe von Unternehmen bezeichnet, die Produkte herstellen oder anbieten, die sich gegenseitig nahezu ersetzen können.

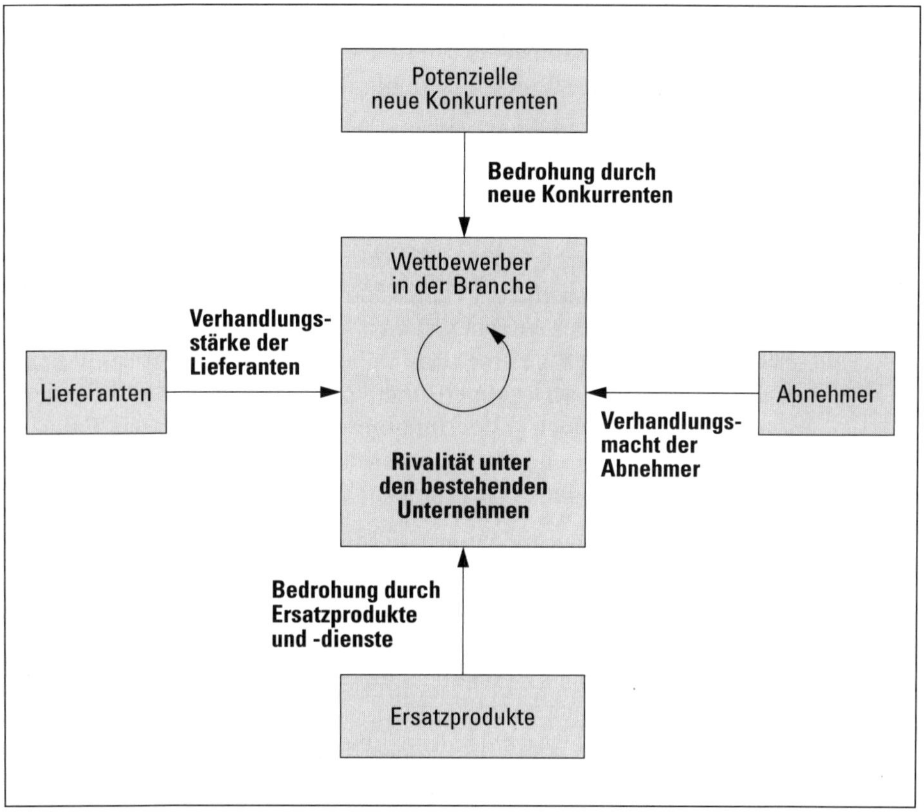

▲ Abb. 303 Triebkräfte des Branchenwettbewerbs (Porter 1983, S. 26)

2. **Rivalität unter den bestehenden Wettbewerbern:** Da die Unternehmen in einer bestimmten Branche wechselseitig voneinander abhängig sind, wird jedes Unternehmen durch das Verhalten eines Konkurrenten direkt oder indirekt getroffen. Preisänderungen, neue Produkte oder neue Absatzkanäle eines Unternehmens führen deshalb meistens zu entsprechenden Reaktionen bei der Konkurrenz. Die Intensität des Wettbewerbs kann maßgeblich durch die Branchenstruktur beeinflusst werden, wie folgende Beispiele zeigen:
   - Sind viele Konkurrenten vorhanden, so glauben einzelne oft, ohne Beeinflussung des Gesamtmarktes mit ihren Maßnahmen die eigene Wettbewerbsposition verbessern zu können. Dies erweist sich langfristig allerdings häufig als Trugschluss, da andere Konkurrenten zu ähnlichen Maßnahmen gezwungen werden. Auf diese Situation trifft man seltener bei Branchen mit wenigen Anbietern, die sich entweder absprechen oder von denen sich ein Konkurrent wegen seiner Größe als Branchenführer erweist.
   - Bei hohen Fixkosten stehen die Unternehmen unter dem Druck, ihre Kapazitäten möglichst stark auszulasten, um die Leerkosten zu vermindern. Dies

führt in gesättigten Märkten dazu, die Produkte über Preissenkungen abzusetzen. Solche Beispiele finden sich vor allem in der Rohstoffindustrie (z.B. Stahl, Aluminium, Papier).

3. **Druck durch Substitutionsprodukte:** Alle Unternehmen einer Branche stehen in Konkurrenz mit Branchen, die ein ähnliches Produkt (Substitut bzw. Ersatzprodukt) herstellen. Die Gefahr einer Substitution ist dabei umso größer, je mehr die Funktionen der jeweiligen Produkte übereinstimmen und je tiefer der Preis des Ersatzproduktes ist. Dass die Substitution aber vielfach nicht nur vom Preis oder von der eigentlichen Funktion des Produktes abhängt, zeigen verschiedene Beispiele der Vergangenheit, bei denen gesellschaftliche Normen oder ökonomische Zwänge eine nicht unbedeutende Rolle gespielt haben (vgl. z.B. Glas/Kunststoff, Margarine/Butter, Öl/Gas/Elektrizität/Sonnenenergie). Tendenziell kann jedoch festgestellt werden, dass potenzielle Ersatzprodukte das Gewinnpotenzial und die Rentabilität einer Branche beeinflussen, indem sie eine obere Preisgrenze bestimmen.

4. **Verhandlungsstärke der Abnehmer:** Einzelne Abnehmer oder Abnehmergruppen beeinflussen den Wettbewerb und die Rentabilität einer Branche, indem sie versuchen, die Preise hinunterzudrücken, eine bessere Qualität oder Leistung zu verlangen oder die Wettbewerber gegeneinander auszuspielen. Die Stärke des Einflusses eines Abnehmers bzw. einer Abnehmergruppe ist in folgenden Situationen besonders groß:
   - Es gibt nur relativ wenige Abnehmer und viele Anbieter (beschränktes Nachfragemonopol).
   - Die Produkte, welche die Abnehmer von der jeweiligen Branche beziehen, bilden einen wesentlichen Anteil an den gesamten Kosten der Abnehmer.
   - Die Produkte können relativ leicht durch ähnliche Produkte substituiert werden.
   - Die Abnehmer können glaubwürdig damit drohen, durch eine Rückwärtsintegration die Lieferanten zu umgehen.

5. **Verhandlungsstärke der Lieferanten:** Ebenso wie die Abnehmer können die Lieferanten versuchen, durch Veränderung der Preise oder der Qualität der Produkte und Dienstleistungen den Wettbewerb bzw. die Wettbewerbsstruktur einer Branche zu beeinflussen. Sie besitzen – analog zu den Abnehmern – vor allem in den folgenden Fällen eine große Macht:
   - Es gibt nur wenige Lieferanten und relativ viele Nachfrager (Angebotsmonopol oder -oligopol).
   - Die Branche ist als Kunde für die Lieferanten relativ unwichtig.
   - Die an die Branche gelieferten Produkte werden nicht durch Ersatzprodukte konkurrenziert.
   - Das Produkt der Lieferanten ist ein wichtiger Input für das Geschäft des Abnehmers.

4.2.4.2 PIMS-Modell

Das PIMS-Modell (Profit Impact of Market Strategies) entstand in den frühen sechziger Jahren auf Grund von Untersuchungen der Firma General Electric. Diese hatte die Absicht, jene Faktoren zu identifizieren, welche für Gewinn bzw. ROI (Return on Investment) und Cashflow verantwortlich sind. Während sich die Untersuchungen vorerst auf etwa 100 Geschäftsbereiche der General Electric selbst beschränkten, wurden im Laufe der Zeit auch andere Unternehmen einbezogen, um verlässlichere Resultate zu erhalten. Heute wird das PIMS-Programm durch das Strategic Planning Institute (SPI) betreut, das eine autonome Non-Profit-Organisation mit Sitz in Cambridge (Massachusetts) ist. Beteiligt sind weltweit mehr als 300 Unternehmen mit über 3.000 strategischen Geschäftsbereichen. (Luchs/Müller 1985, S. 81)

Insgesamt konnten 37 Faktoren ausgesondert werden, die den ROI (Gewinn vor Steuern in Relation zu dem in einer strategischen Geschäftseinheit investierten Kapital) beeinflussen. Als Schlüsselfaktoren können daraus hervorgehoben werden:

- **Stärke der Wettbewerbsposition:** Ein hoher Marktanteil (sowohl absolut als auch relativ im Verhältnis zu den drei größten Konkurrenten) wirkt sich sowohl auf den Gewinn als auch auf den Cashflow positiv aus.
- **Attraktivität des Marktes:** Ein hohes Marktwachstum wirkt sich positiv auf den Gewinn, aber negativ auf den Cashflow aus.
- **Investitionsintensität:** Der Maßstab für die Investitionsintensität ist der Betrag, der in Form von Sachanlage- und Umlaufvermögen eingesetzt wird um einen Dollar (oder eine andere Währungseinheit) Wertschöpfung zu erzeugen (Luchs/Müller 1985, S. 87). Eine hohe Investitionsintensität wirkt sich deutlich negativ auf den Gewinn und den Cashflow aus. Dies lässt sich darauf zurückführen, dass bei stark automatisierter Fertigung, bei der die Investitionsintensität in der Regel sehr hoch ist, die Anbieter bemüht sind, ihre großen Kapazitäten auszulasten. Dies führt gesamtwirtschaftlich gesehen zu einer Überproduktion (d.h. Angebot größer als Nachfrage), wodurch häufig ein Preisverfall ausgelöst wird.
- **Produktivität:** Ein hoher Umsatz pro Beschäftigten wirkt sich positiv auf Gewinn und Cashflow aus.
- **Innovation, Unterscheidung von Konkurrenten:** Maßnahmen zur Erhöhung der Innovation und zur Abgrenzung von der Konkurrenz wirken sich nur dann positiv auf den Gewinn und den Cashflow aus, wenn das Unternehmen über eine starke Wettbewerbsposition verfügt.
- **Qualität der Produkte:** Wird die Produktqualität durch die Kunden hoch bewertet, so korreliert dies positiv mit Gewinn und Cashflow.
- **Vertikale Integration:** Diese wird mit der Wertschöpfung in Relation zum Umsatz gemessen. Eine hohe Integration wirkt sich nur in reifen oder stabilen

Märkten positiv auf Gewinn und Cashflow aus. In rasch wachsenden oder schrumpfenden Märkten trifft das Gegenteil zu.

Mit diesen Untersuchungen wurde somit die verbreitete und vielen Modellen (z.B. Portfolio-Methode) zu Grunde liegende Annahme bestätigt, dass ein hoher Marktanteil und ein hohes Marktwachstum den Gewinn positiv beeinflussen.

4.2.4.3 Konzept der Erfahrungskurve

Das von der Boston Consulting Group 1966 entwickelte **Modell der Erfahrungskurve** besagt, dass die Kosten pro hergestellte Produktionseinheit mit zunehmender Erfahrung sinken. Als Maß für die gewonnene Erfahrung dient die kumulierte Produktionsmenge.

Das Erfahrungskurven-Konzept stellt eine Erweiterung der Lernkurve dar. Diese beruht darauf, dass mit zunehmender kumulierter Ausbringungsmenge sowohl die Fertigungszeiten als auch die Fehlerquote und damit die Lohnkosten sowie als Folge davon auch die Produktionskosten sinken. Dieses Phänomen wurde vor allem auf das Lernen der Arbeiter durch häufige Übung zurückgeführt.

Als **Ursachen** für die Kostenreduzierung bei der Erfahrungskurve werden genannt (Kilger 1986, S. 146):

1. Übergang zu rationelleren Fertigungsverfahren, die auf Grund des technischen Fortschritts zur Verfügung stehen und infolge einer Kostendegression zu Kostensenkungen führen.
2. Übergang zu rationelleren Organisationsformen der Fertigung, zum Beispiel Einführung des Fließprinzips.
3. Verminderte Personalkosten durch Lerneffekte bei wachsenden Ausbringungsmengen und die Einführung verbesserter Arbeitsmethoden.
4. Effizientere Lagerung von Material, Halb- und Fertigfabrikaten bei zunehmenden Stückzahlen.
5. Rationellere Distributionsverfahren bei wachsenden Umsätzen.
6. Allgemeine Fixkostendegression bei zunehmender Beschäftigung.

Wesentlich ist nun die empirisch beobachtbare Tatsache, dass mit jeder Verdoppelung der kumulierten Ausbringungsmenge die Kosten um einen nahezu konstanten Faktor zwischen 20% und 30% zurückgehen (▶ Abb. 304). Allerdings stellt sich diese Kostenreduktion nicht automatisch ein. Es handelt sich lediglich um ein Kostenreduzierungspotenzial, das erkannt und mit gezielten Maßnahmen ausgeschöpft werden muss.

Die Erfahrungskurve kann entweder auf linear oder logarithmisch eingeteilten Ordinaten dargestellt werden (▶ Abb. 304). Formal lässt sie sich ausdrücken als:

(1) $k_x = k_1\, x^{-\lambda}$

wobei: k_x = Stückkosten für das x-te Stück (bzw. die x-te Produktionseinheit)
k_1 = Stückkosten für das erste Stück (bzw. die erste Produktionseinheit)
x = kumulierte Produktionsmenge x
λ = Kostenelastizität

Der Faktor λ stellt die konstante Kostenelastizität dar, welche aussagt, um wie viel Prozent die Stückkosten sinken, wenn die kumulierte Produktionsmenge x um 1% steigt. Transformiert man diese hyperbolische Funktion in eine logarithmische, so erhält man:

(2) $\log k_x = \log k_1 - \lambda \log x$

Ist die Kostenreduktionsrate α gegeben, so kann λ unter Annahme einer Verdoppelung der Ausbringungsmenge (d.h. x = 2) wie folgt berechnet werden:

(3) $k_x = k_1\,(1 - \alpha)^{\delta}$

wobei: α = Kostenreduktionsrate (Erfahrungsrate)
δ = Anzahl Verdoppelungen, ausgehend vom ersten Stück (bzw. von der ersten Produktionseinheit)

Aus Gleichung (1) und (3) ergibt sich:

(4) $k_1\, 2^{-\lambda} = k_1\,(1 - \alpha)$

Logarithmiert man beide Seiten der Gleichung (4), so lässt sie sich nach λ auflösen:

(5) $$-\lambda = \frac{\log(1-\alpha)}{\log 2}$$

Somit beträgt bei einer Kostenreduktionsrate von 20% unter der Voraussetzung einer Verdoppelung der Ausbringungsmenge $\lambda = -0{,}3219$. Bei der logarithmischen Darstellung entspricht λ der Steigung der Erfahrungskurve (▶ Abb. 304).

Das Phänomen der Erfahrungskurve hat weit reichende Konsequenzen für die Wettbewerbsposition eines Unternehmens sowie dessen strategische Verhaltensmöglichkeiten:

kumulierte Produktions-menge	Kostenreduktionsrate α		
	α = 20	α = 25	α = 30
1	10,00	10,00	10,00
2	8,00	7,50	7,00
4	6,40	5,63	4,90
8	5,12	4,22	3,43
16	4,10	3,16	2,40
32	3,27	2,37	1,68

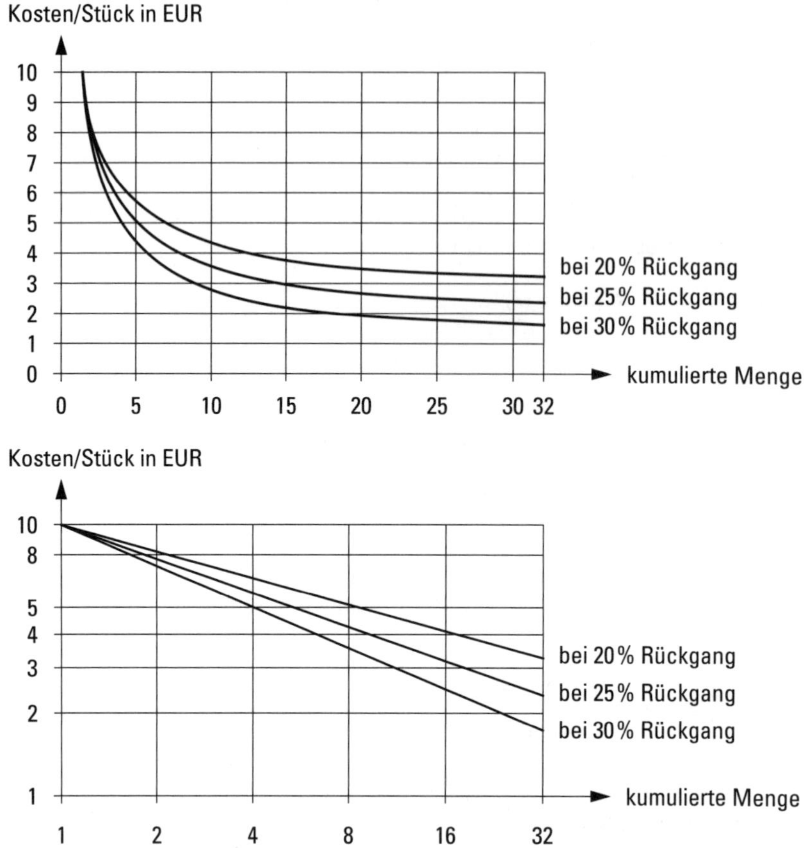

▲ Abb. 304 Beispiel und Darstellung der Erfahrungskurve

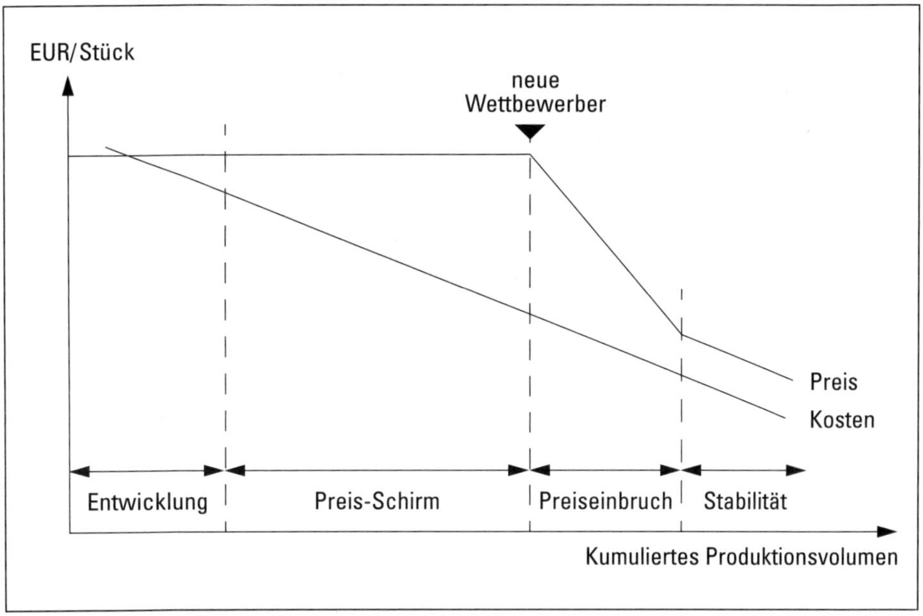

▲ Abb. 305 Erfahrungskurve und Preisverhalten (Henderson 1984, S. 28ff.)

- Unterstellt man, dass die kumulierten Produktionsmengen und die jährlichen Absatzmengen der Marktteilnehmer im gleichen Verhältnis zueinander stehen, so bestimmen die Marktanteile die Kostenstrukturen eines jeden Anbieters. Dasjenige Unternehmen mit dem größten Marktanteil weist dabei die größte Gewinnspanne auf.
- Betrachtet man gleichzeitig die Veränderungen des Preises, so wird deutlich, dass das Unternehmen mit dem größten Produktionsvolumen den größten preispolitischen Handlungsspielraum besitzt (◄ Abb. 305). Kann es sein Kostenreduktionspotenzial nicht ausnutzen, so läuft es sogar Gefahr, dass es in der Phase eines Preiseinbruchs keine kostendeckenden Produkte mehr herstellen kann.

4.2.4.4 Portfolio-Analyse

Grundlage der Portfolio-Analyse bildet die von **Markowitz** (1959) entwickelte Portfolio-Selection-Theory. Diese Theorie ist auf Kapitalanlageentscheidungen ausgerichtet und besagt, dass auf Grund sich verändernder Umweltbedingungen durch gezielte Investitionen eine optimale Mischung von Kapitalanlagen, d.h. ein optimales Portefeuille, zusammengestellt werden soll. Optimal heißt in diesem Falle, dass für einen geforderten Ertrag das Risiko minimiert bzw. für eine bestimmte Risikobereitschaft die Gewinnerwartung maximiert wird. Ausgehend von diesen Überlegungen versuchte man, für ein Unternehmen ein **optimales Produkt-Portfolio** zusammenzustellen.

Ausgangspunkt des Produkt-Portfolios ist das Modell des Produkt-Lebenszyklus. Dieses besagt, dass der Lebenszyklus eines Produktes durch einen typischen Verlauf mit den fünf Phasen Einführung, Wachstum, Reife, Sättigung und Degeneration gekennzeichnet ist.[1] Da der Umsatz, Gewinn und Cashflow in den einzelnen Phasen sehr unterschiedlich ausfällt, wird leicht ersichtlich, dass sich das Produkt-Portefeuille aus Produkten oder Produktgruppen zusammensetzen muss, die sich in verschiedenen Phasen des Produkt-Lebenszyklus befinden. Sonst läuft ein Unternehmen Gefahr, dass es plötzlich nur noch nicht gewinnabwerfende, auslaufende Produkte führt, da es nicht rechtzeitig für neue, Erfolg versprechende Produkte gesorgt hat. Dies wird beispielsweise besonders deutlich in der Automobilindustrie, wenn ein bestimmtes Automodell nicht mehr nachgefragt wird und durch ein Neues ersetzt werden sollte (z.B. Opel Kadett durch Opel Astra, Opel Ascona durch Vectra, Opel Senator durch Omega).

Ziel der **Produkt-Portfolio-Analyse** ist es, die vorhandenen oder potenziellen Ressourcen in solche Bereiche zu lenken, in denen die Marktaussichten besonders vorteilhaft sind und in denen das Unternehmen seine Stärken ausnutzen kann.

Andererseits muss sie die Ressourcen aus jenen Bereichen abziehen, aus denen keine Vorteile mehr resultieren. Bei einer solchen Produkt-Portfolio-Analyse stellen sich zwei Probleme:

- Zuerst sind die Bereiche, die so genannten **Geschäftsfelder** oder **Geschäftseinheiten** (SGE) zu definieren, in welche das Unternehmen investieren bzw. desinvestieren soll.[2]
- Es sind **Kriterien** aufzustellen, nach denen die einzelnen Geschäftsfelder beurteilt werden können.

Als Geschäftseinheiten kommen solche Teilbereiche des Unternehmens in Frage, die einen bestimmten Produkt/Markt-Bereich bearbeiten (z.B. ausgewählte Kundengruppe, geografisch abgrenzbarer Markt) und für die es sinnvoll erscheint,

1 Vgl. Teil 2, Kapitel 3, Abschnitt 3.3 „Produktlebenszyklus".

2 Bei einer differenzierten Betrachtung sind diese beiden Begriffe voneinander zu unterscheiden. Sowohl der Begriff **„Strategische Geschäftsfelder (SGF)"** als auch derjenige der **„Strategischen Geschäftseinheiten (SGE)"** beruht auf dem Segmentierungsgedanken der Geschäftstätigkeiten. Bei einer differenzierten Betrachtung kann man unter SGF eine Segmentierung der Umwelt in Geschäftsfelder verstehen, auf die sich eine Unternehmensstrategie ausrichtet (Außenorientierung). Demgegenüber handelt es sich bei den SGE um eine organisatorische Abgrenzung von Teilbereichen innerhalb des Unternehmens (Innenorientierung), die sich auf bestimmte SGF ausrichten. Das SGF ist deshalb die originäre Entscheidung, die SGE ergibt sich aus der Definition des SGF (vgl. dazu Schellenberg 1992, S. 146f.).

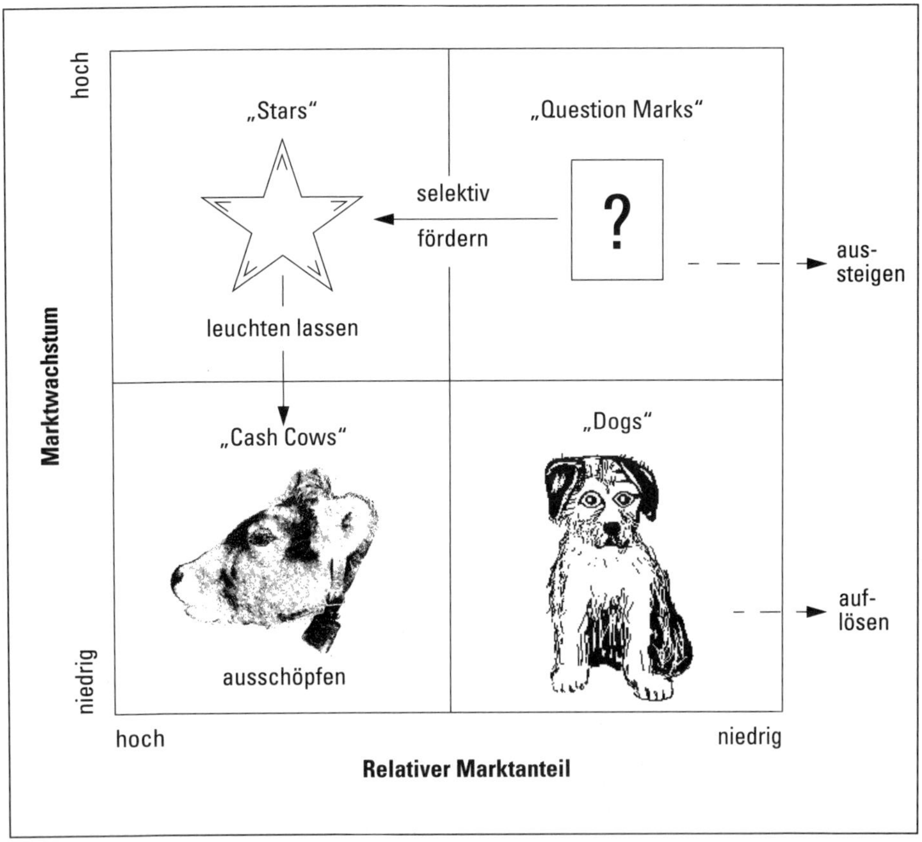

▲ Abb. 306 Marktwachstums-/Marktanteils-Matrix (nach Gabele 1981, S. 46)

eigenständige, von anderen Teilbereichen des Unternehmens unabhängige Strategien zu formulieren und durchzusetzen.

Zur Einordnung und Beurteilung der vorhandenen oder zukünftigen Geschäftsfelder werden verschiedene Kriterien herangezogen. Am bekanntesten ist wohl die Kombination der beiden Faktoren

1. **relativer Marktanteil** (eigener Marktanteil der SGE im Verhältnis zum Marktanteil der SGE des stärksten Konkurrenten) und
2. **zukünftiges Marktwachstum** als zukunftsbezogene und vom Unternehmen selbst nicht beeinflussbare Größe.

Diese beiden Kriterien bilden die Grundlage für das von der Boston Consulting Group entwickelte **Marktwachstums-/Marktanteils-Portfolio,** wie es in ◀ Abb. 306 dargestellt ist. Auf Grund dieser Matrix ergeben sich vier Portfolio-Kategorien, aus denen so genannte **Normstrategien,** d.h. mögliche strategische Verhaltensweisen, insbesondere die sinnvolle Aufteilung der Ressourcen (finanzielle Mittel,

Sach- und Humankapital), abgeleitet werden können.[1] Diese vier Kategorien lassen sich wie folgt umschreiben:

- **„Stars"**: Diese Produkte befinden sich in einem Markt mit einem hohen Marktwachstum. Das Unternehmen hat zwar einen hohen Marktanteil, doch muss es zu dessen Verteidigung weiterhin stark investieren.
- **„Cash Cows"**: Bei diesen Produkten sorgt ein hoher Marktanteil mit niedrigem Marktwachstum dafür, dass das Unternehmen seine Kostenvorteile voll ausschöpfen kann. Mit den hohen Einnahmen können die übrigen Geschäftsbereiche finanziert werden.
- **„Dogs"**: Es handelt sich um **Problemprodukte**, die auf Grund ihres niedrigen Marktanteils eine schwache Wettbewerbsstellung besitzen. Sie werden deshalb als „arme Hunde" oder „lahme Enten" bezeichnet. Sie bringen keinen Beitrag zum Cashflow, binden aber selbst Ressourcen, deren Einsatz fragwürdig ist.
- **„Question Marks"**: Am schwierigsten ist eine Beurteilung der so genannten **Nachwuchsprodukte**. Sie sind mit einem Fragezeichen zu versehen, weil sie entweder
  - hoffnungsvolle (neue) Produkte sind, die durch entsprechenden Ressourceneinsatz zu Stars gefördert werden können, oder
  - Produkte darstellen, die wegen eines zu geringen Marktanteils aus dem Markt gezogen werden müssen.

▶ Abb. 307 zeigt ein Beispiel einer Produkt-Portfolio-Analyse mithilfe der Marktwachstums-/Marktanteils-Matrix. Es handelt sich um ein Unternehmen aus der Metallverarbeitungsindustrie mit drei Sparten und insgesamt 16 Produkten. Für eine Einordnung in die Marktwachstums-/Marktanteils-Matrix wurden folgende drei Größen für jedes einzelne Produkt ermittelt:

1. Derzeitiges **Umsatzvolumen** (entspricht der Kreisgröße).
2. Derzeitiger **relativer Marktanteil** im geografischen Markt, auf dem das Unternehmen das Produkt anbietet. Der relative Marktanteil ist dabei auf einer logarithmischen Skala eingetragen. Die Trennlinie zwischen einem hohen und einem niedrigen relativen Marktanteil wurde beim Faktor 1,5 festgelegt.[2]
3. **Künftiges Marktwachstum** (reale Zuwachsrate, als Durchschnittsgröße der nächsten 5 Jahre geschätzt).

1 Vgl. dazu den Abschnitt 4.4.1.3 „Normstrategien der Marktwachstums-/Marktanteils-Matrix".

2 Der Grund für den Wert 1,5 liegt darin, dass Kostenvorteile sich meist erst dort bemerkbar machen, wo ein Marktführer mindestens einen eineinhalb mal so großen Umsatz hat wie der nächstkleinere Anbieter.

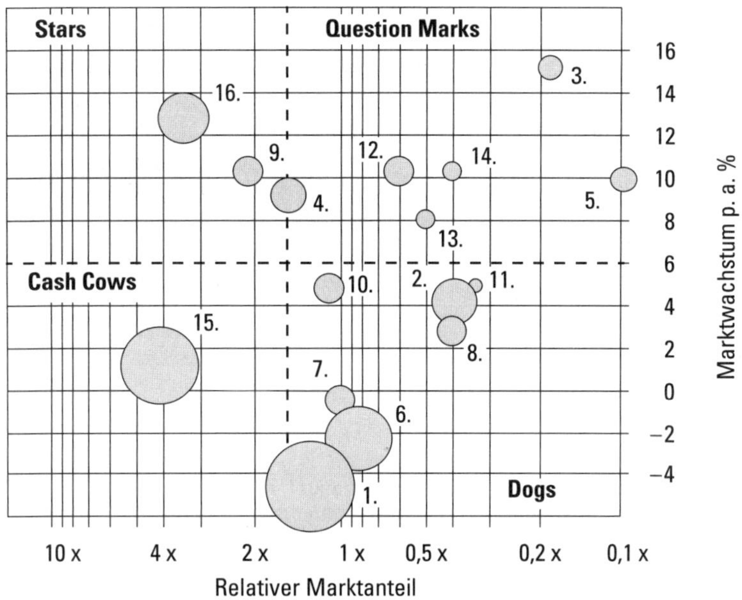

I. **Bauelemente**	II. **Regalbau**	III. **Behälterbau**
1. Fassadenelemente	6. Prüfgeräte	11. Wasserspeicher
2. Doppelboden	7. Förderbänder	12. Druckbehälter
3. Decken	8. Hochregale	13. Fahrzeugtanks
4. Trennwände	9. Palettenregale	14. Giftmüllbehälter
5. Duschkabinen	10. Stahlboxpaletten	15. Kellereinschweißtanks
		16. Stückgutcontainer

▲ Abb. 307 Beispiel Produkt-Portfolio (Dunst 1979, S. 477)

4.2.4.5 Gap-Analyse

Die Gap-Analyse (Lückenanalyse) stellt ein klassisches Instrument der strategischen Planung dar.

Die **Gap-Analyse** zeigt durch Gegenüberstellung der erwarteten Prognosewerte (z.B. in Bezug auf den Umsatz, Cashflow, Gewinn) bei Fortführung der bisherigen Strategie einerseits und der geplanten Zielwerte (Soll-Werten) andererseits eine sich mit den Jahren vergrößernde Abweichung, d.h. eine Ziellücke (► Abb. 308).

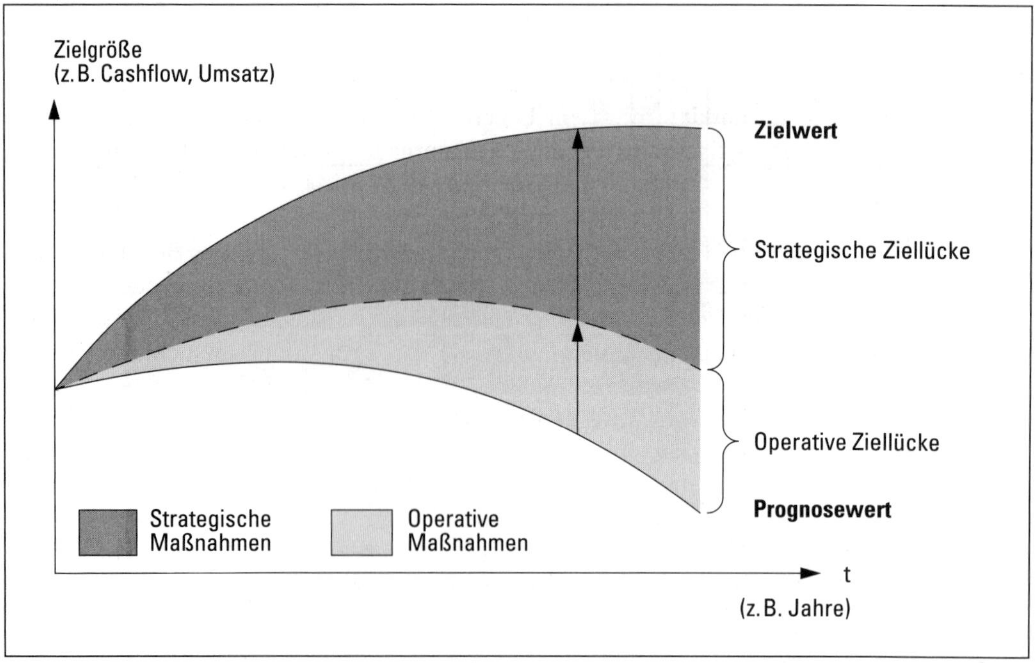

▲ Abb. 308 Gap-Analyse

Deshalb gilt es, die Ursachen für das Auftreten der Ziellücke zu analysieren und mit entsprechenden Gegenmaßnahmen zu schließen. Dabei kann zwischen zwei Arten von Maßnahmen unterschieden werden:

1. **Strategische Maßnahmen:** Entwickeln neuer Strategien, wie sie im Abschnitt 4.4 „Unternehmensstrategien" dargestellt werden (z.B. Produktinnovationen, Differenzierung gegenüber der Konkurrenz).
2. **Operative Maßnahmen:** Unterstützende Maßnahmen zu den bisherigen oder neuen Strategien (z.B. verstärkter und gezielter Einsatz der verschiedenen Marketing-Instrumente, Rationalisierungsmaßnahmen).

Die Gap-Analyse stellt zwar ein relativ einfaches und beschränktes Instrument dar, da die Zielwerte und vor allem die Prognosewerte auf Grund der unsicheren Daten und vieler nicht quantifizierbarer Einflussgrößen schwierig zu bestimmen sind. Zudem lassen sich nicht direkt Normstrategien ableiten, wie dies beispielsweise beim Produkt-Portfolio der Fall ist. Trotzdem ist diese Methode in der Praxis aber verbreitet, weil sie

- zu einer sorgfältigen Analyse der Einflussfaktoren zwingt, welche die zukünftige Entwicklung beeinflussen,
- deutlich macht, dass ohne entsprechende Maßnahmen der Gewinn (Cashflow) meistens stark abnimmt,
- die Suche nach Strategien fördert, mit denen die Ziellücke geschlossen werden kann.

4.2.4.6 Benchmarking

Beim **Benchmarking** misst ein Unternehmen seine Leistung (Produkte, Prozesse) systematisch an demjenigen Unternehmen, das diese Leistungen am besten erbringt.

Die Vergleichspartner können aus dem eigenen Betrieb (internes Benchmarking), aus der gleichen Branche (wettbewerbsorientiertes Benchmarking) oder aus einer fremden Branche (funktionales Benchmarking) stammen. Beispielsweise hat das amerikanische Elektronikunternehmen Xerox Corporation zuerst einen Vertriebskostenvergleich mit Canon und Kodak angestellt, später seine Benchmarkingaktivitäten mit Vergleichen mit dem amerikanischen Textilversandhaus L.L. Bean in Bezug auf den Betrieb und die Logistik erweitert sowie schließlich noch auf den Kreditkartenanbieter American Express im Bereich der Fakturierung ausgedehnt.

Neben dem Aufdecken von Schwachstellen und deren Ursachen liegt der Hauptvorteil von Benchmarking darin begründet, dass hohe Ziele gesetzt werden können, die in der bestehenden Wettbewerbssituation auch zu erreichen sind.

4.3 Unternehmensleitbild

4.3.1 Merkmale und Funktionen von Unternehmensleitbildern

Das **Unternehmensleitbild** enthält die allgemein gültigen Grundsätze über angestrebte Ziele und Verhaltensweisen des Unternehmens, an denen sich alle unternehmerischen Tätigkeiten orientieren sollten.

Ein Leitbild stellt somit einen fundamentalen und offenen Orientierungsrahmen dar. Es enthält allgemeine Aussagen über den Sinn und Zweck des Unternehmens. Mit ihm werden die Verhaltensweisen des Unternehmens gegenüber den Anspruchsgruppen des Unternehmens umrissen.

Das Leitbild als grundlegende Willenskundgebung der Unternehmensleitung übernimmt als Teil der Unternehmenspolitik verschiedene Aufgaben. Als wichtigste Funktionen sind zu nennen:

1. Klärung des **Selbstverständnisses:** Das Leitbild gibt dem Unternehmen eine eindeutige Identität. Man spricht in diesem Zusammenhang von der **Corporate Identity.** Darunter versteht man die Selbstdarstellung und das Verhalten nach innen und nach außen auf Grund widerspruchsfreier und eindeutiger Werte. Sie gibt Antwort auf die Fragen „Was ist unser Unternehmen?“ und „Was ist der Sinn unserer wirtschaftlichen Tätigkeit?“. Daraus können zwei weitere Funktionen abgeleitet werden:

- **Legitimationsfunktion:** Die Aufklärung über das unternehmerische Handeln soll Vertrauen und Glaubwürdigkeit und somit letztlich die Legitimationsbasis für wirtschaftliches Handeln schaffen.
- **Kommunikationsinstrument:** Das Leitbild als Teil der Corporate Identity soll in schriftlicher Form die wichtigsten Verhaltensgrundsätze sowohl nach innen (Mitarbeiter) als auch nach außen (gesellschaftliche Anspruchsgruppen) kommunizieren.

2. **Orientierungsrahmen:** Mit dem Unternehmensleitbild wird die grundlegende zukünftige strategische Ausrichtung festgehalten.
3. **Motivation** und **Kohäsion:** Der einzelne Mitarbeiter kann auf gemeinsame Werte zurückgreifen, die ihm Sicherheit gewähren und ihn mit seinen Arbeitskollegen verbinden.
4. Gestaltung der **Unternehmenskultur:** Das Leitbild dient dazu, den Übergang von einer bestehenden Ist-Kultur zu einer gewünschten Soll-Kultur zu erleichtern.
5. **Entscheidungs-** und **Koordinationsfunktion:** Das Unternehmensleitbild erleichtert den Entscheidungsprozess und fördert die Koordination und Abstimmung zwischen verschiedenen Teilbereichen, weil es einen Ausgleich der verschiedenen Interessen ermöglicht.

Damit ein Unternehmensleitbild letztlich alle diese Funktionen übernehmen kann, ist es wichtig, dass es von den Adressaten akzeptiert wird. Deshalb ist darauf zu achten, dass bei der Formulierung des Leitbildes möglichst viele der betroffenen Gruppen berücksichtigt oder beteiligt werden.

4.3.2 Inhalt eines Unternehmensleitbildes

Über den Umfang und vor allem über den Inhalt eines Unternehmensleitbildes gehen die Meinungen stark auseinander. Grundsätzlich können drei verschiedene Inhaltskategorien unterschieden werden:

1. **Allgemeine geschäftspolitische Inhalte:** Diese Kategorie umfasst meistens Angaben über das allgemeine Tätigkeitsfeld eines Unternehmens (Produkt/Markt-Bereich), die obersten Unternehmensziele (z.B. Aussagen zur Rentabilität, zum Wachstum, zur gesellschaftlichen Verantwortung) oder die allgemeine strategische Ausrichtung (z.B. bezüglich des Verhaltens gegenüber der Konkurrenz, der Kooperationsbereitschaft oder des Risikoverhaltens).
2. **Aufgabenspezifische Inhalte:** Diese Aussagen beziehen sich auf die einzelnen Teilbereiche des Unternehmens, also auf den Marketing-, Produktions-, Finanzbereich usw.

Unsere Geschäftsprinzipien	
Unsere Kunden	Wir wollen zuerst und vor allem unseren Kunden dienen. Innovative und qualitativ herausragende Dienstleistungen für unsere Kunden sind die Grundlage für unseren Erfolg.
Unsere Mitarbeiterinnen und Mitarbeiter	Die fachliche Kompetenz und die Integrität unserer Mitarbeiterinnen und Mitarbeiter schaffen Mehrwerte für unsere Kunden und damit auch für unseren Konzern. Ein Arbeitsklima, das von Teamgeist und Leistungsorientierung geprägt ist, motiviert unsere Mitarbeiterinnen und Mitarbeiter und bringt ihre Fähigkeiten zur vollen Entfaltung.
Unsere Aktionäre	Engagierte Mitarbeiterinnen und Mitarbeiter, die für eine treue Kundschaft ausgezeichnete Leistungen erbringen, steigern den Wert unseres Konzerns. Indem wir unsere Mitarbeiterinnen und Mitarbeiter an der Erhöhung des Unternehmenswertes beteiligen, bringen wir ihre Interessen und die Interessen unserer Aktionäre auf einen Nenner.
Leistungsorientierung	Die Grundlage unserer Unternehmenskultur ist Leistungsorientierung. Ethische Wertvorstellungen und das Bekenntnis zu Professionalität und Dienstleistungsqualität, verbunden mit einem Geist der Partnerschaft und Fairness innerhalb und zwischen den Unternehmensbereichen, haben konzernweit Gültigkeit. Die sorgfältige Auswahl und die verantwortungsvolle Führung unserer Mitarbeiterinnen und Mitarbeiter gewährleisten die Einhaltung der regulatorischen Rahmenbedingungen und sichern unsere erstklassige Reputation.
Kostenbewusstsein	Kostendisziplin, Kosteneffizienz und Kostentransparenz sind die Grundlagen für unser Bekenntnis zur Steigerung des Unternehmenswertes.
Gesellschaftliche Verankerung	Mit unserem Erfolg leisten wir einen wichtigen Beitrag zur gesellschaftlichen Entwicklung. Initiativen, die zur Sicherung und Verbesserung der Rahmenbedingungen beitragen und damit unseren nachhaltigen Erfolg ermöglichen, werden von uns aktiv gefördert.

▲ Abb. 309 Unternehmungsleitbild UBS AG

3. **Adressatenspezifische Inhalte:** Im Vordergrund stehen die Anspruchsgruppen des Unternehmens. Meist wird ausführlich auf die Mitarbeiter eingegangen. Gegenstand sind in diesem Fall das Verhältnis zum Unternehmen, der Führungsstil, die materiellen oder immateriellen Leistungsanreize oder die Sozialleistungen. Daneben kommen sämtliche Anspruchsgruppen der Umwelt als Adressaten in Frage, also insbesondere die Kunden, die Eigen- und Fremdkapitalgeber, die Lieferanten, die Konkurrenz, der Staat, politische Parteien, Aktivisten-Gruppen usw.

In der Praxis findet allerdings meistens eine Vermischung dieser verschiedenen Aspekte statt (◀ Abb. 309). Zusammenfassend wird in ▶ Abb. 310 eine Fragenliste gegeben, deren Antworten den wesentlichen Inhalt eines Unternehmensleitbildes ausmachen.

- Welche **Bedürfnisse** wollen wir mit unseren Marktleistungen (Produkten, Dienstleistungen) befriedigen?
- Welchen grundlegenden Anforderungen sollen unsere **Marktleistungen** entsprechen? (Qualität, Preis, Neuheit usw.)
- Welche **geografische Reichweite** soll unser Unternehmen haben? (lokaler, nationaler, internationaler Charakter)
- Welche **Marktstellung** wollen wir erreichen?
- Welche Grundsätze sollen unser **Verhalten gegenüber unseren Marktpartnern** (Kunden, Lieferanten, Konkurrenten) bestimmen?
- Welches sind unsere grundsätzlichen Zielvorstellungen bezüglich Gewinnerzielung und **Gewinnverwendung?**
- Welches ist unsere grundsätzliche Haltung gegenüber dem **Staat?**
- Wie sind wir gegenüber wesentlichen **gesellschaftlichen Anliegen** eingestellt? (Umweltschutz, Gesundheitspflege, Armutsbekämpfung, Entwicklungshilfe, Kunstförderung usw.)
- Welches ist unser **wirtschaftliches Handlungsprinzip?**
- Wie stellen wir uns grundsätzlich zu **Anliegen der Mitarbeiter?** (Entlöhnung, persönliche Entwicklung, soziale Sicherung, Mitbestimmung, finanzielle Mitbeteiligung usw.)
- Welches sind die wesentlichsten **Grundsätze der Mitarbeiterführung,** die in unserem Unternehmen gelten sollen?
- Welches sind unsere **technologischen Leitvorstellungen?**

▲ Abb. 310 Fragenliste zum Unternehmensleitbild (H. Ulrich 1987, S. 94)

4.4 Unternehmensstrategien

Die Entwicklung und Umsetzung einer Unternehmensstrategie ist das zentrale Element der Unternehmenspolitik. Auf der Basis der Analyse der Ausgangslage, des Unternehmensleitbildes sowie der Unternehmensziele ergeben sich drei Vorgehensschritte:

1. **Strategieentwicklung:** In einem ersten Schritt wird die grundlegende Ausrichtung des zukünftigen Verhaltens des Unternehmens festgelegt. Es handelt sich um den Inhalt der Unternehmensstrategie.
2. **Strategieimplementierung:** Mit einer Reihe von Maßnahmen und Instrumenten soll die geplante Strategie erfolgreich realisiert werden.
3. **Strategieevaluation:** Implementierte Strategien müssen von Zeit zu Zeit aus zwei Gründen überprüft werden: Erstens können sich die internen und externen Gegebenheiten verändert haben, oder zweitens können sich Schwierigkeiten bei der Implementierung auf Grund nicht berücksichtigter Tatbestände oder Einflussfaktoren ergeben. Beide Gründe führen zu Anpassungen der ursprünglichen Strategie.

4.4.1 Strategieentwicklung

Im folgenden werden vier verbreitete Strategie-Konzepte dargestellt, die jeweils einen spezifischen strategischen Schwerpunkt betonen:

- Produkt/Markt-Strategien,
- Wettbewerbsstrategien nach Porter,
- Normstrategien der Marktwachstums-/Marktanteils-Matrix,
- Konzept der Kernkompetenzen.

In einem abschließenden Abschnitt werden weitere mögliche strategische Ausrichtungen aufgezeigt.

4.4.1.1 Produkt/Markt-Strategien

Unternehmensstrategien können grundsätzlich in Überlebensstrategien und in Wachstumsstrategien unterteilt werden. Erstere sind bei rezessiver Wirtschaftsentwicklung oder bei Strukturproblemen einer Branche angezeigt, während Wachstumsstrategien darauf ausgerichtet sind, an einem potenziellen Marktwachstum teilhaben zu können. Eine Systematisierung solcher Wachstumsstrategien nimmt Ansoff (1966) vor. Ausgehend von den vorhandenen oder möglichen Märkten und Produkten unterscheidet er vier Produkt/Markt-Strategien (▶ Abb. 311):

1. **Marktdurchdringung:** Intensive Bearbeitung der bestehenden Märkte mit den gegenwärtigen Produkten. Diese kann sowohl durch eine Steigerung der Absatzmenge pro Abnehmer als auch durch Vergrößerung der Zahl der Abnehmer erreicht werden. Bei nicht änderndem Marktvolumen bedeutet diese Strategie, dass das Unternehmenswachstum auf Kosten der Marktanteile anderer Unternehmen geht. Bei einem wachsendem Marktvolumen kann diese Strategie darin bestehen, sowohl den bestehenden Marktanteil zu halten als auch diesen zu erhöhen.

2. **Marktentwicklung:** Diese Strategie zielt darauf, neue regionale Märkte zu bearbeiten, neue Anwendungsmöglichkeiten der bestehenden Produkte und/oder neue Käuferschichten zu erschließen. Im letzteren Fall kommt der Marktsegmentierung[1] große Bedeutung zu. Sie erlaubt die genaue Abgrenzung von Märkten und die zielgerichtete Bearbeitung homogener Zielgruppen, die nach bestimmten Kriterien (z.B. Verbrauchsgewohnheiten, Ausbildung, Einkommen) gebildet worden sind.

---

1 Vgl. dazu Teil 2, Kapitel 5, Abschnitt 5.2.2.4 „Preispolitik bei polypolistischer Konkurrenz (Polypol auf unvollkommenen Märkten)".

Produkt \ Markt	gegenwärtig	neu
gegenwärtig	Marktdurchdringung	Marktentwicklung
neu	Produktentwicklung	Diversifikation

▲ Abb. 311 Produkt/Markt-Matrix (nach Ansoff 1966, S. 132)

3. **Produktentwicklung:** Mit dieser Strategie will man mit neuen Produkten die Bedürfnisse der Kunden auf den bisherigen Märkten befriedigen. Die neuen Produkte können das alte Produktions- bzw. Absatzprogramm ergänzen oder einzelne Produkte ersetzen. Bei einer Programmerweiterung kann der Neuheitsgrad des neuen Produktes sehr unterschiedlich ausfallen.[1]

4. **Diversifikation:** Bei einer Diversifikationsstrategie erfolgt ein Wachstum mit neuen Produkten auf neuen Märkten. Dabei werden in der Regel folgende Diversifikationsformen unterschieden:
   - **Horizontale** Diversifikation: Die neuen Produkte stehen in einem sachlichen Zusammenhang zu den bisherigen Produkten. Dieser kann sich beispielsweise auf die vorhandenen Maschinen und die angewandte Produktionstechnologie (z. B. Brillengläser, Ferngläser, Mikroskope), die verwendeten Rohstoffe (z. B. Milch und Joghurt) oder die benutzten Absatzkanäle (z. B. Bier, Wein und Mineralwasser), auf Komplementärprodukte (z. B. Filme und Fotoapparate) oder Kuppelprodukte (z. B. Weizen und Stroh) beziehen.
   - **Vertikale** Diversifikation: Die neuen Produkte beziehen sich auf vorgelagerte (Rückwärtsintegration) oder auf nachgelagerte (Vorwärtsintegration) Produktionsstufen. Diese Strategie dient vor allem der eigenen Unabhängigkeit von Lieferanten und/oder Abnehmern (z. B. Stahl-, Blech- und Autoherstellung).
   - **Laterale** Diversifikation: Bei einer solchen Strategie besteht überhaupt kein sachlicher Zusammenhang mehr mit der bisherigen Produktion. Freie finanzielle Mittel werden unter Berücksichtigung der Risikostreuung in neue Branchen investiert (z. B. elektronische Geräte, Versicherungen und Kosmetikartikel).

1 Zur Strategie der Produktentwicklung sowie der Diversifikation vgl. Teil 2, Kapitel 3, Abschnitte 3.4 „Produktentwicklung" und 3.2 „Produktpolitische Möglichkeiten".

4.4.1.2 Wettbewerbsstrategien nach Porter

In der Praxis sind viele Ansätze entwickelt worden, um erfolgreich mit den Wettbewerbskräften umzugehen.[1] Obschon eine solche Strategie letztlich eine einmalige Konstruktion ist, welche die besonderen Bedingungen einer Branche widerspiegelt, können nach Porter (1983, S. 62ff.) drei in sich geschlossene Strategiegruppen unterschieden werden (▶ Abb. 312):

1. **Kostenführerschaft:** Diese Strategie beruht darauf, einen umfassenden Kostenvorsprung innerhalb einer Branche durch eine Reihe von Maßnahmen zu erlangen:
   - aggressiver Aufbau von Produktionsanlagen effizienter Größe,
   - energisches Ausnutzen erfahrungsbedingter Kostensenkungspotenziale,[2]
   - strenge Kontrolle der variablen Kosten und der Gemeinkosten,
   - Vermeidung von marginalen Kunden,
   - Kostenminimierung in Bereichen wie Forschung und Entwicklung, Service, Vertreterstab, Werbung usw.

   Diese Strategie ermöglicht einem Unternehmen, entweder durch Preissenkungen seinen Umsatz zu vergrößern oder bei gleichen Preisen den Gewinn zu erhöhen.

2. **Differenzierung:** Die Differenzierungsstrategie besteht darin, ein Produkt oder eine Dienstleistung von denjenigen der Konkurrenzunternehmen abzuheben und eine Produktsituation zu schaffen, die in der ganzen Branche als einzigartig angesehen wird. Damit kann sich ein Unternehmen gegen Preissenkungen der Konkurrenz abschirmen. Ansätze zur Differenzierung sind:
   - ein gutes Design und/oder ein einprägsamer Markenname,
   - eine einzigartige Technologie,
   - ein werbewirksamer Aufhänger,
   - ein hervorragender Kundendienst oder
   - ein gut ausgebautes Händlernetz.

   Im Idealfall differenziert sich das Unternehmen auf verschiedenen Ebenen. Nicht zu vernachlässigen sind die dabei anfallenden Kosten, doch sind sie nicht das primäre strategische Ziel.

3. **Konzentration auf Schwerpunkte:** Diese Strategie besteht darin, dass ein Unternehmen sich auf **Marktnischen** konzentriert. Während die Kostenvorsprungs- und Differenzierungsstrategien auf eine branchenweite Umsetzung ihrer Ziele abstellen, geht es bei der Konzentrationsstrategie darum, ein bestimmtes Branchensegment zu bevorzugen und jede Maßnahme auf diesen begrenzten Marktbereich auszurichten. Als Nische kommen in Frage:

---

1 Zu den Wettbewerbskräften vgl. Abschnitt 4.2.4.1 „Wettbewerbsanalyse (Branchenanalyse)“.

2 Vgl. dazu Abschnitt 4.2.4.3 „Konzept der Erfahrungskurve“.

		Strategischer Vorteil	
		Singularität aus Sicht des Käufers	Kostenvorsprung
Strategisches Zielobjekt	Branchenweit	Differenzierung	Umfassende Kostenführerschaft
	Beschränkung auf ein Segment	Konzentration auf Schwerpunkte	

▲ Abb. 312 Strategietypen (Porter 1983, S. 67)

- eine bestimmte Abnehmergruppe,
- ein bestimmter Teil des Produktionsprogramms oder
- ein geografisch abgegrenzter Markt.

Die Strategie beruht auf der Prämisse, dass das Unternehmen sein eng begrenztes strategisches Ziel wirkungsvoller oder effizienter erreichen kann als seine Konkurrenten, die sich im breiteren Wettbewerb befinden. Als Ergebnis erzielt das Unternehmen gegenüber der Konkurrenz entweder eine Differenzierung (weil es die Anforderungen des besonderen Zielobjekts besser erfüllen kann) oder niedrigere Kosten – oder beides zusammen.

Abgesehen von den bereits genannten Unterschieden weisen die drei Strategietypen auch in anderer Hinsicht Unterschiede auf, vor allem bezüglich der erforderlichen Mittel und Fähigkeiten auf der einen und des Führungs- und Organisationssystems auf der anderen Seite (► Abb. 313).

Diese Strategietypen treten getrennt oder unter bestimmten Voraussetzungen kombiniert auf und dienen letztlich dazu, langfristig eine gefestigte Position in einer Branche zu erreichen und andere Unternehmen der gleichen Branche zu übertreffen.

4.4.1.3 Normstrategien der Marktwachstums-/Marktanteils-Matrix

Auf Grund der Marktwachstums-/Marktanteils-Matrix und den sich daraus ergebenden Portfolio-Kategorien[1] können vier Normstrategien abgeleitet werden, die mögliche strategische Verhaltensweisen in Bezug auf eine sinnvolle Auftei-

1 Vgl. dazu Abschnitt 4.2.4.4 „Portfolio-Analyse".

Voraussetzungen / Strategietyp	Gewöhnlich erforderliche Fähigkeiten und Mittel	Übliche organisatorische Anforderungen
Umfassende Kostenführerschaft	▪ Hohe Investitionen und Zugang zu Kapital ▪ Verfahrensinnovationen und Verfahrensverbesserungen ▪ Intensive Beaufsichtigung der Arbeitskräfte ▪ Produkte, die im Hinblick auf einfache Herstellung entworfen sind ▪ Kostengünstiges Vertriebssystem	▪ Intensive Kostenkontrolle ▪ Häufige detaillierte Kontrollberichte ▪ Klar gegliederte Organisation und Verantwortlichkeiten ▪ Anreizsystem, das auf der strikten Erfüllung quantitativer Ziele beruht
Differenzierung	▪ Gute Marketingfähigkeiten ▪ Produktengineering ▪ Kreativität ▪ Stärken in der Grundlagenforschung ▪ Guter Ruf in Sachen Qualität und technologische Spitzenstellung ▪ Lange Branchentradition und einmalige Kombination von Fähigkeiten, die aus anderen Branchen stammen ▪ Enge Kooperation mit Beschaffungs- und Vertriebskanälen	▪ Strenge Koordination von Tätigkeiten in den Bereichen Forschung und Entwicklung, Produktentwicklung und Marketing ▪ Subjektive Bewertungen und Anreize an Stelle von quantitativen Kriterien ▪ Annehmlichkeiten, um hoch qualifizierte Arbeitskräfte, Wissenschaftler oder kreative Menschen anzuziehen
Konzentration	▪ Kombination der oben genannten Maßnahmen, gerichtet auf das bestimmte strategische Zielobjekt	▪ Kombination der oben genannten Maßnahmen, gerichtet auf das bestimmte strategische Zielobjekt

▲ Abb. 313 Anforderungen der Strategietypen (nach Porter 1983, S. 69f.)

lung der Ressourcen (finanzielle Mittel, Sach- und Humankapital) aufzeigen (▶ Abb. 314):

- **„Stars":** Das Unternehmen hat zwar einen hohen Marktanteil, doch muss es zu dessen Verteidigung weiterhin stark investieren. Deshalb ist eine **Investitionsstrategie** zu verfolgen. Die erzielten Einnahmen reichen meistens nur zur Deckung des neuen Finanzbedarfs aus.
- **„Cash Cows":** Wegen der geringen Wachstumsrate des Marktes sollen keine neuen Investitionen mehr getätigt, sondern nur noch Gewinne realisiert werden. Somit liegt eine **Abschöpfungsstrategie** vor. Die dadurch erzielten hohen finanziellen Überschüsse dienen zur Finanzierung anderer Geschäftsfelder.
- **„Dogs":** Da eine Verbesserung der Position dieser Problemprodukte nur durch einen unverhältnismäßig hohen Einsatz von Ressourcen erreicht werden kann, sind sie aufzulösen. Es empfiehlt sich eine **Desinvestitionsstrategie.**

Strategische Elemente / Portfolio-Kategorie	**Zielvorstellung** (relativer Marktanteil)	**Ressourceneinsatz**	**Risiko**
Stars	halten/leichter Ausbau	hoch, Reinvestition des Cashflow	akzeptieren
Cash Cows	halten/leichter Abbau	gering, nur Rationalisierungs- und Ersatzinvestitionen	einschränken
Dogs	Abbau	minimal, Verkauf bei Gelegenheit, evtl. Stilllegung	stark reduzieren
Question Marks	selektiver Ausbau	hoch, Erweiterungsinvestitionen	akzeptieren
	Abbau	Verkauf	einschränken

▲ Abb. 314 Idealtypische Normstrategien (in Anlehnung an P. Ulrich/Fluri 1995, S. 127)

- **„Question Marks"**: Für diese Produkte sind grundsätzlich zwei Strategien möglich:
  - **Investitionsstrategie:** Die Produkte werden mit einem erheblichen Ressourceneinsatz gefördert, damit sie einen genügend großen Marktanteil erreichen.
  - **Desinvestitionsstrategie:** Wegen zu geringer Chancen müssen die Produkte zurückgezogen werden.

Die Produkte dieser Kategorie erfordern deshalb besondere Aufmerksamkeit, weil sie einerseits einen außerordentlich hohen Finanzmittelbedarf aufweisen und andererseits die Starprodukte von morgen sind. Gerade wegen des ersten Sachverhaltes muss sich ein Unternehmen auf wenige Produkte beschränken. Ein Misserfolg würde stark ins Gewicht fallen und wäre nur schwer zu verkraften.

4.4.1.4 Konzept der Kernkompetenzen

Unter **Kernkompetenz** versteht man das Potenzial eines Unternehmens, das den Aufbau von Wettbewerbsvorteilen in verschiedenen Geschäftsbereichen ermöglicht.

Bei den Kernkompetenzen handelt es sich um die in eines Unternehmens vorhandenen, langfristig aufgebauten Kompetenzen in Produkt-, Markt- oder Prozess-Know-how, die eine Basis für die Entwicklung neuer Produkte bilden (▶ Abb. 315).

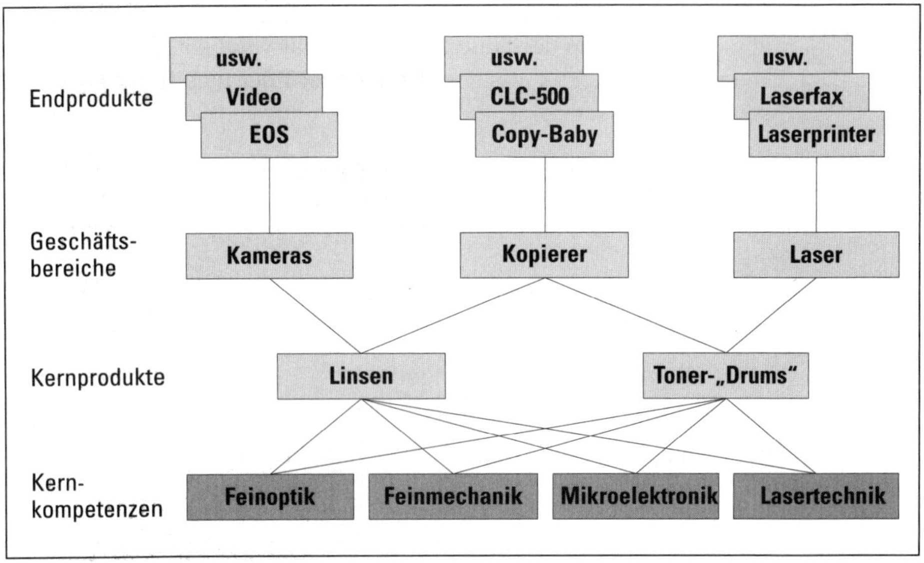

▲ Abb. 315 Kernkompetenzenbaum für Canon

Durch Verknüpfung verschiedener Kernkompetenzen mit Hilfe von Innovationen können neue strategische Geschäftsfelder erschlossen werden. Innovationsprozesse führen zur Entwicklung von so genannten Kernprodukten, z.B. Motoren. Diese Produkte können in verschiedenen Geschäftsbereichen eingesetzt werden (z.B. Motoren für Automobile, Schiffe und Rasenmäher bei Honda) und sodann den Kundenbedürfnissen entsprechend modifiziert und als Endprodukte auf den Markt gebracht werden.

Zur Identifikation von unternehmerischen Kernkompetenzen dienen folgende Kriterien (Lombriser/Abplanalp 1998, S. 158):

- **Multiplikatoreffekt:** Kernkompetenzen ermöglichen den Zugang zu einem weiten Spektrum zukünftiger Geschäfte.
- **Kundennutzen:** Kernkompetenzen tragen erheblich zum vom Kunden wahrgenommenen Nutzen des Endprodukts bei und bilden den kaufentscheidenden Faktor.
- **Imitierbarkeit:** Kernkompetenzen sind von Dritten schwer zu durchschauen und zu imitieren, da sie aus einer Kombination von verschiedenen Technologien, Produktionsfertigkeiten und Organisationstechniken bestehen. Damit befähigen sie das Unternehmen, sich von der Konkurrenz abzusetzen.
- **Substituierbarkeit:** Kernkompetenzen können nicht gekauft, sondern nur durch Einsatz, Überzeugung und Beharrlichkeit aufgebaut werden. Da also ein beträchtlicher Aufwand zu leisten ist, kann ein Unternehmen selten mehr als drei bis fünf Kernkompetenzen aufbauen.

- **Organisationales Lernen:** Kernkompetenzen entstehen aus kollektiven Lernprozessen und sind in der Unternehmenskultur verankert.[1] Sie sind also nicht von Individuen abhängig, sondern basieren auf der geteilten Wissensbasis der gesamten Organisation.

Ziel des Managements muss es sein, einerseits die Anzahl vorhandener Kernkompetenzen nach strategischen Gesichtspunkten zu erhöhen und andererseits bestehende Kompetenzen so miteinander zu verknüpfen, dass innovative Prozesse in Gang kommen.

4.4.1.5 Weitere strategische Ausrichtungen

Neben den dargestellten strategischen Verhaltensweisen können weitere Kriterien zur Abgrenzung von Strategien herangezogen werden (Pümpin 1980, S. 75 ff.):

- Aus der Sicht der **Nutzung von Synergiepotenzialen:**
  - werkstofforientierte Strategien (gleicher Werkstoff),
  - technologieorientierte Strategien (gleiche Produktionsanlagen),
  - abnehmerorientierte Strategien (Bedürfnisse eines bestimmten Kundenkreises).
- Aus der Sicht des **Wachstums:**
  - Expansionsstrategie,
  - Konsolidierungsstrategie,
  - Kontraktionsstrategie (Schrumpfungsstrategie).
- Aus der Sicht der **Integration:**
  - Vorwärtsintegrationsstrategie (Integration nachgelagerter Produktions- oder Handelsstufen),
  - Rückwärtsintegrationsstrategie (Integration vorgelagerter Produktions- oder Handelsstufen).
- Aus der Sicht der **Kooperation:**
  - Unabhängigkeitsstrategie,
  - Kooperationsstrategie (z. B. Strategische Allianz, Joint Venture),
  - Beteiligungsstrategie (finanzielle Beteiligung),
  - Akquisitionsstrategie (Übernahme).[2]
- Aus der Sicht der **Breite der Geschäftstätigkeit:**
  - Konzentrationsstrategie,
  - Breitenstrategie.

---

1 Zum organisationalen Lernen vgl. Kapitel 5, Abschnitt 5.2.4 „Organisationales Lernen".

2 Zu den Strategien der Integration und Kooperation vgl. Teil 1, Kapitel 2, Abschnitt 2.7 „Unternehmensverbindungen".

- Aus der Sicht des **Verhaltens gegenüber der Konkurrenz:**
  - Offensivstrategie,
  - Defensivstrategie.

4.4.2 Strategieimplementierung und Strategieevaluation

4.4.2.1 Strategieimplementierung

Viele erfolgsversprechende Strategien scheitern deshalb, weil ihre Umsetzung in die Realität nicht gelingt. Deshalb ist es wichtig, die mit einer neuen Strategie verbundenen Veränderungen zu erkennen und sorgfältig vorzunehmen.

In Anlehnung an Pümpin/Geilinger (1988, S. 40ff.) können folgende allgemeine Voraussetzungen für das Gelingen der Umsetzung einer Unternehmensstrategie genannt werden:

1. Die Führungskräfte sind von Anfang an in die Strategieentwicklung einzubeziehen, um die Identifikation mit der neuen Strategie zu erhöhen.
2. Die oberen Führungskräfte müssen auf Grund ihrer Vorbildfunktion geschlossen hinter der neuen Strategie stehen und dies durch ihr Verhalten klar zum Ausdruck bringen.
3. Es sind alle Mitarbeiter in die Umsetzung der geplanten Strategie einzubeziehen, da die Realisierung nicht allein Aufgabe der oberen und mittleren Führungskräfte ist. Dies erfordert eine stufengerechte interne Kommunikation. Durch die Auseinandersetzung mit der neuen Strategie und den damit verbundenen Konsequenzen werden die Motivation und das Engagement gefördert.
4. Alle Teilbereiche des Unternehmens müssen einen Beitrag zur Realisierung einer Strategie leisten. Eine Unternehmensstrategie umfasst das ganze Unternehmen, auch wenn einzelne Abteilungen (z.B. Marketing oder Produktion) stärker betroffen sein können als andere.
5. Es werden konkrete Maßnahmen benötigt, um den gewünschten Wandel herbeizuführen.

Bei den Maßnahmen zur Realisierung des gewünschten Wandels im Zusammenhang mit der Implementierung einer neuen Strategie kann zwischen direkten und indirekten Maßnahmen unterschieden werden. Mit **direkten Maßnahmen** soll unmittelbar in die betrieblichen Tätigkeiten eingegriffen werden. Es handelt sich insbesondere um

- **Aktions-** und **Projektpläne:** Aktionspläne werden dann eingesetzt, wenn die geplante Veränderung von begrenztem Umfang und überblickbar ist. Bei den umfassenden Projektplänen geht es hingegen um komplexe, schwer zu überschauende und umfangreiche Eingriffe, die auch mit beachtlichen Risiken verbunden sind.

- **Planung** und **Budgetierung:** Es ist ein Mehrjahresplan (z.B. fünf Jahre) zu erstellen, der die zukünftige Entwicklung festhält. Daneben muss die Strategieumsetzung auch in groben Zügen in der Jahresplanung und der Budgetierung ihren Niederschlag finden.

- **Managementsysteme:** Sämtliche Managementsysteme zur Steuerung der Strategieumsetzung sind entsprechend zu gestalten. Zu erwähnen sind insbesondere
  - die Führung durch Zielsetzung,[1] wobei diejenigen Ziele im Vordergrund stehen, die einen Beitrag zum Aufbau einer strategischen Erfolgsposition leisten, sowie
  - das Belohnungs- und Anreizsystem, das konsequent auf ein strategiegerechtes Verhalten ausgerichtet werden muss.[2]

- **Organisation:** Die bestehende Organisationsstruktur ist der neuen Strategie anzupassen, was in der Regel eine grundlegende Reorganisation zur Folge hat. Neben einer solchen einmaligen und größeren Reorganisation wird häufig ein evolutionärer Weg begangen, bei dem die Organisation in kleinen Schritten nach und nach den neuen Bedingungen angepasst wird.

- **Informationssysteme:** Mit Hilfe der Informatik können Datenbanken aufgebaut werden, welche die relevanten Informationen für strategische Erfolgspositionen enthalten. Dazu sind auch die im Unternehmen existierenden Informationssysteme (Reporting, Statistiken, Rechnungswesen) zu integrieren.

- **Managementeinsatz:** Der richtige Einsatz von Führungskräften besteht darin, die fähigsten Führungskräfte dort einzusetzen, wo ein strategischer Durchbruch erzielt werden soll.

Daneben ist eine Reihe von **indirekten Maßnahmen** zu beachten, die als flankierende Maßnahmen zu den direkten gesehen werden können. Es betrifft dies vor allem folgende Bereiche:

- **Information der Mitarbeiter:** Es handelt sich um allgemeine Orientierungen (z.B. über die Hauszeitschrift) über die zukünftige Ausrichtung, ohne dass damit konkrete Aufträge vergeben werden.

- **Corporate Identity:** Das Erscheinungsbild des Unternehmens muss mit der neuen Strategie übereinstimmen. Ein umfassendes Corporate-Identity-Konzept umfasst sämtliche Kommunikationsmittel des Unternehmens (Public Relations, Werbung, Verpackung, Geschäftsbericht, Briefpapier, Gebäudebeschriftung usw.).

---

1 Für eine Beschreibung des Management by Objectives vgl. Kapitel 1, Abschnitt 1.1 „Einleitung“.

2 Eine Darstellung der Anreizsysteme zur Förderung des strategischen Denkens und Handelns findet sich in Schellenberg 1992, S. 316ff.

- **Ausbildung:** Zu denken ist entweder an eine Ausbildung zur Unterstützung des strategischen Denkens und Handelns ganz allgemein oder an die Förderung notwendiger Fähigkeiten im Hinblick auf eine geplante Strategie. Eine neue Strategie bedeutet nämlich für den einzelnen Mitarbeiter oft die Übernahme neuartiger Aufgaben, auf die er – durch Schulung – vorbereitet werden muss.
- **Unternehmenskultur:** Auf die große Bedeutung der Unternehmenskultur bei der Gestaltung der Unternehmenspolitik ist bereits hingewiesen worden.[1] Eine Einflussnahme kann insbesondere erfolgen durch
  - symbolische Handlungen,
  - Zeremonien (z.B. bei Auszeichnungen oder Beförderungen),
  - Geschichten und Anekdoten,
  - Arbeitstagungen (zur Gestaltung der Unternehmenskultur).

Diese umfangreiche Liste direkter und indirekter Maßnahmen macht deutlich, dass die Strategieumsetzung durch eine Vielzahl von Maßnahmen unterstützt werden kann, dass es aber auch dauernde und konsequente Anstrengungen sämtlicher Führungskräfte auf allen Ebenen und in allen Bereichen braucht, um erfolgreich zu sein.

4.4.2.2 Strategieevaluation

Zur Sicherstellung des Erfolges der Strategieimplementierung ist eine Überprüfung der Strategieumsetzung bzw. der daraus resultierenden Ergebnisse notwendig. Grundsätzlich sind nach Pümpin/Geilinger (1988, S. 55) neben einer laufenden Überwachung periodisch folgende Bereiche zu überprüfen:

1. **Prämissenkontrolle:** In einem ersten Schritt sind die der Strategie zugrunde liegenden Prämissen zu überprüfen.
   - Treffen die bei der Strategieentwicklung erkannten Trends und gemachten Annahmen bezüglich des allgemeinen Umfeldes, des Marktes, der Branche und der Konkurrenz noch zu?
   - Zeichnen sich in diesen Bereichen wichtige neue Chancen oder Gefahren ab?

   Gegebenenfalls werden erste Konsequenzen für eine Anpassung der Strategie abgeleitet.
2. **Fortschrittskontrolle:** In zweiter Hinsicht ist der Fortschritt der Strategieumsetzung in einem Soll-Ist-Vergleich zu kontrollieren:
   - Sind die gesteckten strategischen Ziele in qualitativer (SEP) und quantitativer Hinsicht (Umsätze, Marktanteile usw.) erreicht worden?

1 Vgl. insbesondere Kapitel 3 „Unternehmenskultur und Führungsstil“.

- Wurden die zur Umsetzung eingeleiteten Maßnahmen und Projekte realisiert?

3. **Abweichungsanalyse:** In dieser Analyse werden die Gründe für die festgestellten Soll-Ist-Abweichungen diskutiert. Wichtig ist dabei, dass nicht nur negative Abweichungen, sondern im Sinne des chancengerichteten Managements auch positive Abweichungen analysiert werden. Die Abweichungen werden in einer Beurteilung daraufhin bewertet, wie groß die zu erwartenden Auswirkungen sein werden.

In einem anschließenden Schritt müssen auf Grund der Ergebnisse dieser Strategieevaluation die entsprechenden Konsequenzen gezogen werden. Diese können sich auf sämtliche Elemente des strategischen Problemlösungsprozesses beziehen, also insbesondere auf

- die Revidierung der Ziele,
- die Korrektur der geplanten Strategie,
- die Veränderung (z.B. Erhöhung oder Verlagerung) des Ressourceneinsatzes,
- die Einflussnahme bei der Strategieimplementierung.

4.4.3 Balanced Scorecard

Die **Balanced Scorecard** ist ein umfassendes Managementinformationssystem, das sowohl finanzielle als auch nichtfinanzielle Kennzahlen zu einem umfassenden System zusammenführt.

Das Wort „Balance" weist auf die Bedeutung der Ausgewogenheit hin zwischen

- kurzfristigen und langfristigen Zielen,
- monetären und nichtmonetären Kennzahlen,
- Spätindikatoren und Frühindikatoren,
- externen und internen Leistungsperspektiven.

Die Balanced Scorecard übersetzt die Vision und die daraus abgeleitete Unternehmungsstrategie in Ziele und Kennzahlen aus vier Bereichen (▶ Abb. 316):

1. Die **finanzwirtschaftliche Perspektive,** die immer mit der Rentabilität verbunden ist, manchmal auch mit Umsatz- und Cashflow-Wachstumskennzahlen.
2. Die **Kundenperspektive,** die Kennzahlen enthält wie Kundenzufriedenheit, Kundentreue, Kundenakquisition, Kundenrentabilität, Gewinn- und Marktanteile, kurze Durchlaufzeiten.
3. Die **interne Prozessperspektive,** die den Schwerpunkt legt auf die Identifizierung neuer Prozesse, die ein Unternehmen zur Erreichung optimaler Kunden-

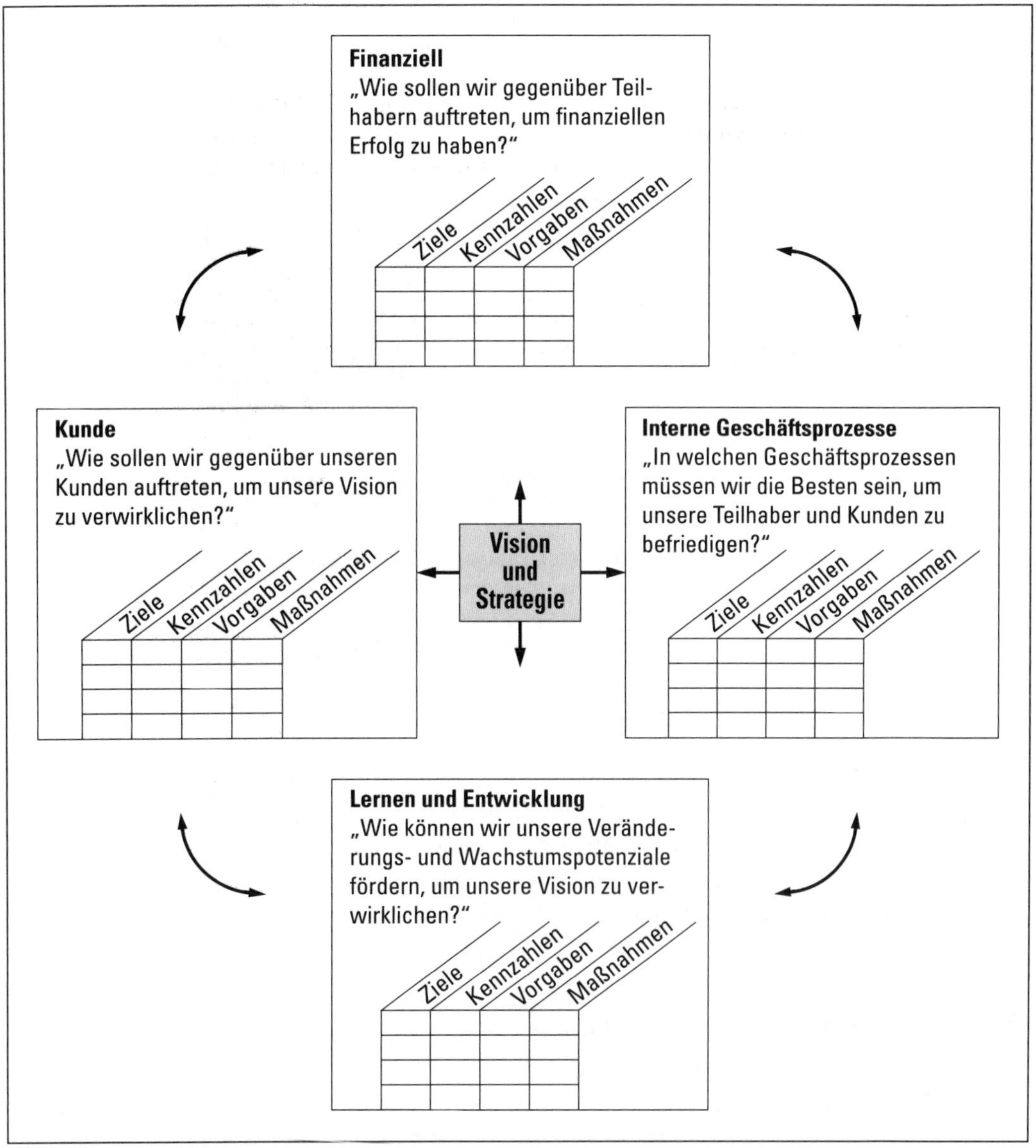

▲ Abb. 316 Balanced Scorecard (Kaplan/Norton 1997, S. 9)

zufriedenheit schaffen muss. Sie befasst sich mit der Integration von Innovationsprozessen.

4. Die **Lern- und Entwicklungsperspektive,** die jene Infrastruktur identifiziert, die ein Unternehmen schaffen muss, um ein langfristiges Wachstum und eine kontinuierliche Verbesserung zu sichern.

▲ Abb. 317 Strategieumsetzung mit BSC (Kaplan/Norton 1997, S. 191)

Die Balanced Scorecard dient aber nicht nur der Erfassung und Verknüpfung der Ziele und Kennzahlen unterschiedlicher Unternehmensbereiche und -aktivitäten, sondern ist auch ein Instrument der Strategieumsetzung, d.h. der Umsetzung der Vision und Strategie in zielführende Aktivitäten sowie der Strategieevaluation durch ein Feedbacksystem (◀ Abb. 317).

4.5 Strategische Erfolgsfaktoren

Die bisherigen Ausführungen haben deutlich gemacht, dass die erfolgreiche Gestaltung und Implementierung einer Unternehmenspolitik von vielen verschiedenen Einflussfaktoren abhängt. Auf der Suche nach solchen **Erfolgsfaktoren** und deren Systematisierung sind Pascale/Athos (1981) und Peters/Waterman (1982) auf Grund empirischer Untersuchungen über amerikanische und japanische Führungskonzepte auf sieben Faktoren gestoßen, die sie im **7-S-Modell** in Form eines Management-Moleküls zusammengestellt haben (▶ Abb. 318). In diesem Modell werden zwei Arten von Faktoren unterschieden, die für den unternehmerischen Erfolg von Bedeutung sind:

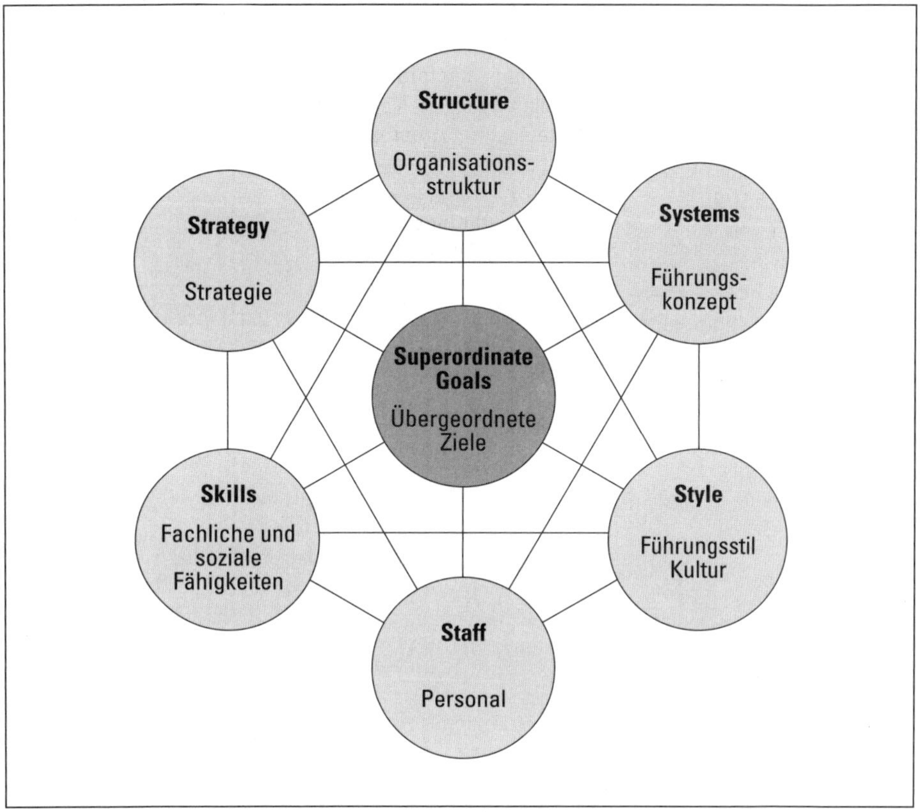

▲ Abb. 318 7-S-Modell

- **„weiche"** Faktoren wie kultureller Stil, Personal und Fähigkeiten,
- **„harte"** Faktoren wie Strategie, Organisationsstrukturen und Managementsysteme.

Im Zentrum dieser sieben Faktoren stehen aber als Ausgangspunkt die übergeordneten Ziele.[1] Mit diesem Modell wollen die Autoren zum Ausdruck bringen, dass alle Einflussfaktoren berücksichtigt werden müssen, um erfolgreich zu sein, und dass die einzelnen Faktoren in enger Wechselbeziehung zueinander stehen.

Das Modell unterstellt aber nicht, dass es für alle Organisationen nur eine einzige optimale Lösung gäbe. Im Gegenteil, jedes Unternehmen hat seinen eigenen Weg zu finden, die Faktoren optimal auszugestalten und aufeinander abzustimmen. Darin liegt gerade die unternehmerische Aufgabe und Herausforderung.

1 Peters/Waterman (1982, S. 10) sprechen in diesem Zusammenhang nicht von Superordinate Goals (übergeordneten Zielen), sondern von Shared Values (gemeinsamen Werten).

Kapitel 5

Spezielle Gebiete des Managements

5.1 Informationsmanagement[1]

5.1.1 Einleitung

Seit den 60er-Jahren des 20. Jahrhunderts beschäftigen sich große Unternehmen mit dem Einsatz von **Computern.** Die Finanzbuchhaltung wurde dabei oft als erste betriebliche Aufgabe mithilfe des Computers automatisiert. In den 70er-Jahren dehnte sich die elektronische Datenverarbeitung auf weitere Aufgaben, wie zum Beispiel die Verkaufsabwicklung oder die monatlichen Lohnzahlungen, aus. Seit Mitte der 80er-Jahre stehen preisgünstige Personalcomputer zur Verfügung. In den 90er-Jahren liegt der Schwerpunkt auf der elektronischen **Kommunikation**. Immer mehr Personen tauschen mithilfe der elektronischen Kommunikation innerhalb und zwischen Unternehmungen Informationen aus. Das Internet als weltumspannendes elektronisches Kommunikationsnetzwerk hat der inner- und zwischenbetrieblichen Kommunikation zum Durchbruch verholfen. [1]

Parallel zur Verbreitung der Computer- und Kommunikationstechnik in den Unternehmen hat sich mit dem Informationsmanagement eine neue Führungsaufgabe entwickelt.

> Das **Informationsmanagement** hat die Aufgabe, die Möglichkeiten der Computer- und Kommunikationstechnik zu erkennen und für das Unternehmen nutzbar zu machen.

1 Verfasser dieses Abschnitts 5.1 „Informationsmanagement" ist Prof. Dr. Walter Brenner, Professor für Wirtschaftsinformatik an der Universität St. Gallen.

Die breite Verfügbarkeit der Computer- und Kommunikationstechnik macht das Informationsmanagement zu einer Aufgabe, die nicht nur für Großunternehmen, sondern auch für Klein- und Mittelbetriebe von Bedeutung ist.

5.1.2 Informationsverarbeitung

Das Informationsmanagement gestaltet die betriebliche und zwischenbetriebliche Informationsverarbeitung. Diese lässt sich in die **Informationstechnik** und das **Informationssystem** gliedern.

5.1.2.1 Informationstechnik

Die **Informationstechnik** umfasst die Produkte, die zum Einsatz kommen, wenn Informationen elektronisch verarbeitet werden.

▶ Abb. 319 zeigt die verschiedenen Bestandteile der Informationstechnik im Überblick.

Informationstechnik					
Hardware		**Software**		**Netzwerke**	
Zentraleinheit	Peripherie	Anwendungssoftware	Systemsoftware	Local Area Network	Wide Area Network

▲ Abb. 319 Bestandteile der Informationstechnik

Als **Hardware** bezeichnet man die Gesamtheit der physikalischen Baueinheiten der Informationstechnik. Sie gliedert sich in die Zentraleinheit und die Peripherie. Die Zentraleinheit enthält den Prozessor. Er ist derjenige Teil des Computers, der die eigentlichen Rechenoperationen ausführt. Die Ein- und Ausgabegeräte und die Speicher bilden die Peripherie.

Die **Software** umfasst den immateriellen Teil der Informationstechnik. Sie gliedert sich in Anwendungs- und Systemsoftware.

- **Anwendungssoftware** unterstützt bei der Lösung fachlicher Probleme. Ihr Spektrum reicht von der Finanzbuchhaltung über Textverarbeitung bis zur computerunterstützten Steuerung eines chemischen Prozesses. In der Vergangenheit haben viele Unternehmen ihre Anwendungssoftware **selbst entwickelt.**

Ausgehend von den bestehenden manuellen Abläufen sind detaillierte computerunterstützte Lösungen entstanden. Ziel war es, die Bedürfnisse der Benutzer möglichst umfassend zu befriedigen. Viele Projekte der Eigenentwicklung sind aber gescheitert, weil die Software nicht in der erforderlichen Qualität, im Rahmen der geplanten Kosten und zu den vereinbarten Terminen fertiggestellt wurde. Auf Grund dieser Erfahrungen entschließen sich immer mehr Unternehmen, Standardsoftware einzusetzen.

Standardsoftware ist Anwendungssoftware, die für den Einsatz in vielen Unternehmen für gleichartige Aufgabenstellungen entwickelt wird.

Standardsoftware wird im Rahmen der Einführung an die besonderen Verhältnisse eines Unternehmens angepasst. So werden beispielsweise während der Einführung einer standardisierten Finanzbuchhaltung die Konten eingerichtet, die ein Unternehmen für eine ordnungsgemäße Buchführung benötigt.

- **Systemsoftware** ermöglicht, überwacht und steuert den Betrieb der Anwendungssoftware auf der Hardware. Wichtige Komponenten der Systemsoftware sind das Betriebssystem, die Programmiersprachen, die Datenbankmanagementsysteme, d.h. spezielle Programme zur Verwaltung großer Datenbestände, und Dienstprogramme, die beispielsweise zur Suche nach den Ursachen von Störungen der Hardware eingesetzt werden.

Netzwerke bestehen aus Hardware und Software, die an verschiedenen Orten verteilt und durch Datenübertragungseinrichtungen miteinander verbunden sind. Für die Übermittlung der Daten stehen beispielsweise Kupfer-, Koaxial- und Glasfaserkabel sowie Funk und Infrarot zur Verfügung. Das Netzwerk, das in einem Gebäude oder einem zusammenhängenden Gebäudekomplex installiert ist, bezeichnet man als Local Area Network (LAN). Ein Wide Area Network (WAN) verbindet Unternehmen miteinander, die zum Beispiel auf verschiedenen Kontinenten ansässig sind. Das Internet ist das derzeit größte und bekannteste Wide Area Network, das sowohl für die Übermittlung von Daten und Informationen in multimedialer Form als auch für die Abwicklung von Geschäften genutzt wird. Das Internet ist ein dezentraler, weltweiter Verbund von Computern und Netzwerken.

Die Produkte der Informationstechnik werden ständig weiterentwickelt. Kontinuierlich führen Innovationen dazu, dass bestehende Produkte verbessert oder durch neue ersetzt werden. Es gibt kaum eine andere Branche mit einer so hohen **Innovationsrate** wie die informationstechnische Industrie. Messen wie die CeBIT in Hannover oder die COMDEX in Las Vegas zeigen Jahr für Jahr eine große Zahl von Neuheiten. Ein Ende dieser Entwicklung ist nicht erkennbar.

5.1.2.2 Informationssystem

Das **Informationssystem** eines Unternehmens umfasst seine informationsverarbeitenden Tätigkeiten und Beziehungen.

► Abb. 320 zeigt die verschiedenen Bestandteile des Informationssystems eines Unternehmens ohne Berücksichtigung ihrer Vernetzung im Überblick.

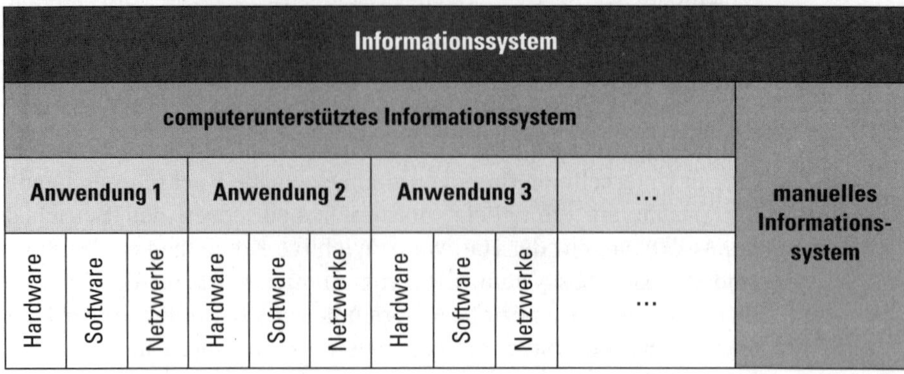

▲ Abb. 320 Bestandteile des Informationssystems

Die Berücksichtigung von Hardware, Software und Netzwerken veranschaulicht den Zusammenhang zwischen Informationssystem und Informationstechnik: Das computerunterstützte Informationssystem wird mit den Produkten der Informationstechnik realisiert.

Das betriebliche Informationssystem lässt sich in ein manuelles und ein computerunterstütztes Informationssystem gliedern:

- Das **manuelle Informationssystem** umfasst Aufgaben, die nicht durch die Informationstechnik unterstützt werden (z.B. das handschriftliche Ausfüllen eines Kreditantrages).
- Das **computerunterstützte Informationssystem** ist derjenige Teil des Informationssystems, der durch den Einsatz der Informationstechnik unterstützt wird.

Die unternehmerische Bedeutung des betrieblichen Informationssystems hat in den vergangenen Jahren zugenommen. Inzwischen erkennen die Unternehmen, dass es einen wesentlichen Beitrag zum Erfolg des Unternehmens leistet; es ist zu einem Produktionsfaktor geworden.[1]

Das **computerunterstützte Informationssystem** besteht aus Anwendungen, die ein Unternehmen zur Erfüllung seiner Aufgaben einsetzt (◄ Abb. 320).

1 Vgl. Teil 1, Kapitel 1, Abschnitt 1.1.2 „Wirtschaftsgüter“.

Anwendungen stellen inhaltlich zusammengehörende Kombinationen von Software, Hardware und Netzwerken dar.

Die Software einer Finanzbuchhaltung beruht beispielsweise auf Standardsoftware. Als Hardware wird ein Großrechner verwendet. Der Anwender greift über seinen Personalcomputer auf die Finanzbuchhaltung zu. Der Personalcomputer und der Großrechner sind über ein lokales Netzwerk miteinander verbunden.

In den Unternehmen sind in den vergangenen 30 Jahren eine große Anzahl unterschiedlicher Anwendungen entstanden. Spezielle Anwendungen sind zur Unterstützung einzelner Funktionsbereiche des Unternehmens, zum Beispiel des Rechnungswesens, der Logistik oder des Marketing entwickelt worden. Daneben gibt es Anwendungen, die sich auf die Bedürfnisse von Branchen, zum Beispiel der Hotel-, Bank- oder Versicherungsbranche, konzentrieren.

Anwendungstypen fassen Anwendungen mit gleichen Eigenschaften zusammen. In Unternehmen lassen sich acht Anwendungstypen unterscheiden:

1. **Verwaltungsanwendungen** unterstützen und übernehmen betriebliche Verwaltungsaufgaben wie Rechnungsstellung, Verbuchung oder Bestandskontrolle. Beispiele: Finanzbuchhaltung, Verkaufsabwicklungssystem, Lagerhaltungssystem.
2. **Führungsanwendungen** basieren auf den Verwaltungsanwendungen und unterstützen die Führungskräfte auf allen hierarchischen Stufen und über alle Funktionsbereiche eines Unternehmens hinweg. Beispiele: Verkaufsinformationssystem, Managementinformationssystem.
3. **Officeanwendungen** bilden die aufgabenunabhängige Ausstattung von Büroarbeitsplätzen mithilfe der Informationstechnik. Beispiele: Textverarbeitungsprogramm, Grafikprogramm, Terminverwaltungsprogramm.
4. **Internet-, Kommunikations- und Koordinationsanwendungen** unterstützen den Informationsaustausch zwischen den Mitarbeitern eines Unternehmens und der Umwelt. Sie erleichtern Arbeitsabläufe, an denen mehrere Personen beteiligt sind, indem sie die Verwendung gemeinsamer Informationsbestände unterstützen. Beispiele: Electronic-Mail-System, elektronisches schwarzes Brett.
5. **Know-how-Anwendungen** stellen Problemlösungsvorschläge, Schulungsinhalte und Informationen über bereits gelöste ähnliche Fragestellungen in einem Unternehmen zur Verfügung. Beispiele: Artikelinformationssystem, multimediales Schulungsprogramm, Beratungssystem zur Auswahl eines optimalen Leasingvertrages.
6. **Prozess-Steuerungsanwendungen** übernehmen die Steuerung und Überwachung technischer Prozesse. Beispiele: Prozessleitsystem für chemische Reaktionen, elektronische Steuerung eines Webstuhles, Steuerung eines Hochregallagers.
7. **Entwurfsanwendungen** unterstützen die Entwicklung gedachter oder physischer Objekte wie Produkte, Fertigungsverfahren oder Publikationen. Beispiel: System zum Entwurf von Teilen in der Automobilindustrie.

8. **Electronic-Commerce-Anwendungen**[1] veranschaulichen Produkte und Dienstleistungen, beraten die Benutzer bei Entscheidungen und lösen teilweise Verarbeitungsfunktionen aus. Beispiele: elektronische Produktkataloge, Suchmaschinen, Auskunftssysteme.

Anwendungen stehen in einem engen Zusammenhang mit ihrem **organisatorischen Umfeld.** Fall 1 zeigt, wie der Schalterbereich der Banken durch den Einsatz der Informationstechnik verändert wurde.

Fall 1: Vom Spartenschalter zum Universalschalter

Der Schalterbereich von Banken war bis zur Mitte der 80er-Jahre durch eine Trennung in verschiedene Sparten gekennzeichnet. Eigene Schalter für Devisen, Geldbezug und Geldanlage existierten. Jeden dieser Bereiche betreute ein qualifizierter Mitarbeiter, der Zugriff auf die entsprechenden Informationen hatte.

Die fortschreitende Entwicklung der Informationstechnik ermöglicht es, die Organisation der Abläufe im Schalterbereich zu verändern und Universalschalter einzuführen, an denen den Kunden ein umfassendes Dienstleistungsangebot zur Verfügung steht. Der Dialog mit den Kunden ist durch die Bildschirmmasken einer Anwendung vorgegeben. Angelernte Bankangestellte können über alle Sparten hinweg die Kundenwünsche erfüllen.

Ergebnis dieser Umstrukturierung ist, dass der Kunde umfassend bedient werden kann, die Verarbeitungssicherheit durch die Computerunterstützung steigt, und dass Personalkosten (Schalter) eingespart werden können.

Organisation und Informationstechnik stehen somit in einem engen Zusammenhang: Die Einführung der Informationstechnik verändert die Organisation und erlaubt neue Formen der Organisation. Dies wurde vielen Führungskräften erst durch das **Business Reengineering** bewusst.[2] Ziel dieses Konzeptes ist die prozessorientierte Umgestaltung eines Unternehmens. Diese ist erst durch den Einsatz der Informationstechnik als eine wichtige Grundlage für neue organisatorische Lösungen möglich geworden.

1 Electronic Commerce meint den Kauf und Verkauf von Produkten und Dienstleistungen über elektronische Kommunikationsnetzwerke wie das Internet.

2 Vgl. dazu Teil 9, Kapitel 4, Abschnitt 4.3 „Business Reengineering als fundamentaler und radikaler organisatorischer Wandel".

5.1.3 Informationsmanagement als Führungsaufgabe

5.1.3.1 Ziele des Informationsmanagements

In den ersten Jahren des Einsatzes der Informationstechnik in Unternehmen stand die **Rationalisierung** der Abläufe im Vordergrund. Ziel war es, durch den Einsatz des Computers (z.B. im Rechnungswesen) menschliche Arbeit durch computerunterstützte Lösungen zu ersetzen und auf diese Weise Kosten zu senken. So wurden die Konten nicht mehr „von Hand", sondern mit Hilfe des Computers geführt und ausgewertet. Beträchtliche Personaleinsparungen konnten dadurch realisiert werden.

Nachdem in vielen Bereichen der Unternehmen keine weiteren Rationalisierungserfolge erreicht werden konnten, wurde die Informationstechnik nicht mehr nur zur Senkung der Kosten, sondern auch zur Unterstützung **strategischer Zielsetzungen** der Unternehmensführung eingesetzt. Folgende Zielsetzungen für den Einsatz der Informationstechnik sind dabei zu hervorzuheben:

- **Differenzierung:** Der Einsatz der Informationstechnik schafft bewusste Unterschiede zu Mitbewerbern. Beispiel: Ein Hotel ist in der Lage, den Preis für eine Übernachtung kontinuierlich der Bettenbelegung im eigenen Haus und dem Markt anzupassen.
- **Kosten:** Der Einsatz der Informationstechnik schafft Kostenvorteile. Beispiel: Eine computerunterstützte Prozess-Steuerung senkt die Produktionskosten.
- **Innovation:** Der Einsatz der Informationstechnik ermöglicht neue Produkte oder betriebliche Abläufe. Beispiel: Die Einführung der Universalschalter in Banken hat zu neuen Abläufen in der Kundenbetreuung geführt.
- **Wachstum:** Der Einsatz der Informationstechnik verbessert die Nutzung bestehender Angebote oder schafft neue Märkte. Beispiel: Spezielle Konditionen für Vielflieger erhöhen die Attraktivität einer Fluggesellschaft und können neue Kunden bringen.
- **Allianzen:** Die Informationstechnik ermöglicht es, dass Unternehmen besser zusammenarbeiten. Beispiel: Der elektronische Austausch von Rechnungsdaten zwischen Unternehmen verbessert die administrativen Prozesse auf beiden Seiten und intensiviert die Zusammenarbeit.

Fall 2 zeigt, wie American Airlines durch bewusste **Differenzierung** der Preise mit Hilfe der Informationstechnik ihre Wettbewerbssituation verbessert hat.

Die Bedeutung der Informationstechnik für den geschäftlichen Erfolg wird weiter steigen. In der **Informationsgesellschaft** wird ein immer größerer Anteil der betrieblichen Abläufe und der Kommunikation sowohl zwischen Unternehmen als auch zwischen privaten Haushalten durch die Computer- und Kommunikationstechnik unterstützt.

Fall 2: Optimierung des Deckungsbeitrages bei American Airlines

Ende der 70er-Jahre beschloss der amerikanische Präsident Reagan, den Flugreisemarkt in den Vereinigten Staaten von Amerika zu liberalisieren. Die traditionsreiche Fluggesellschaft Pan American Airways, die 1980 noch den dritten Platz in der Rangfolge der US-Fluggesellschaften belegt hatte, ist seitdem von der Bildfläche verschwunden. American Airlines hingegen ist es gelungen, ihre Spitzenpositionen aus der Zeit vor der Deregulierung zu behaupten. Ohne das Flugreservierungssystem SABRE wäre dieser Erfolg nicht möglich gewesen.

SABRE war in den Anfangsjahren so ausgelegt, dass es nur Reservierungen von American Airlines zuließ. Ziel von American Airlines war es deshalb, möglichst schnell viele Reisebüros an SABRE anzuschließen. In den Reisebüros wurden spezielle Terminals installiert und eine Kommunikationsverbindung mit dem Rechenzentrum von American Airlines in Dallas hergestellt. Der große Installationsaufwand für die Reisebüros erschwerte den Wechsel auf das System eines Konkurrenten.

Heute resultiert der Nutzen der Reservierungssysteme nicht mehr aus dem Anschließen von Reisebüros, sondern aus der Nutzung der Daten für die marktorientierte Festsetzung der Preise. SABRE ermöglicht es American Airlines, in Preiskämpfen schnell und gezielt auf Veränderungen am Markt zu reagieren. In Abhängigkeit von der Buchungssituation kann der Preis jedes Sitzes auf einer Flugroute verändert werden, um die Auslastung der Flüge zu maximieren. Der Gesamtdeckungsbeitrag jedes einzelnen Fluges kann optimiert werden.

5.1.3.2 Verantwortung für das Informationsmanagement

In der Vergangenheit wurde das Informationsmanagement oft als eine Aufgabe einiger hochqualifizierter Spezialisten gesehen. In den Unternehmen setzt sich jedoch immer mehr die Erkenntnis durch, dass die Gestaltung und Weiterentwicklung des Informationssystems alle Mitarbeiter betrifft. Zwei im Hinblick auf die Informationstechnik unterschiedlich ausgebildete Typen von Mitarbeitern ergänzen sich:

1. **Informatiker:** Mitarbeiter, die durch ihre Ausbildung und Tätigkeit im Unternehmen vertiefte Kenntnisse der Informationstechnik und ihrer Einsatzmöglichkeiten im Unternehmen besitzen.
2. **Anwender** der Informationstechnik: Sie setzen in erster Linie die computerunterstützten Lösungen ein, besitzen selbst aber nur anwenderbezogene Kenntnisse der Informationstechnik.

Informationsmanagement ist eine Aufgabe, für die grundsätzlich die Anwender verantwortlich sind. Sie bestimmen, welche Aufgaben mit welcher Priorität unterstützt werden und welche Ressourcen zur Verfügung stehen. Die Informatiker unterstützen die Anwender. Sie beraten die Anwender und setzen deren Anforderungen an die Informationstechnik in computerunterstützte Anwendungen um.

5.1.3.3 Problemlösungsprozess des Informationsmanagements

▶ Abb. 321 zeigt den Problemlösungsprozess des Informationsmanagements mit seinen Aufgaben und Teilaufgaben im Überblick. Informationsverarbeitungskonzeption, Projektmanagement, Betrieb und Evaluation laufen im Informationsmanagement zyklisch ab; in einem Kreislauf wiederholen sich die vier Aufgaben. Die Ergebnisse der Evaluation eines Zyklus fließen in die Informationsverarbeitungskonzeption des nächsten Zyklus ein.

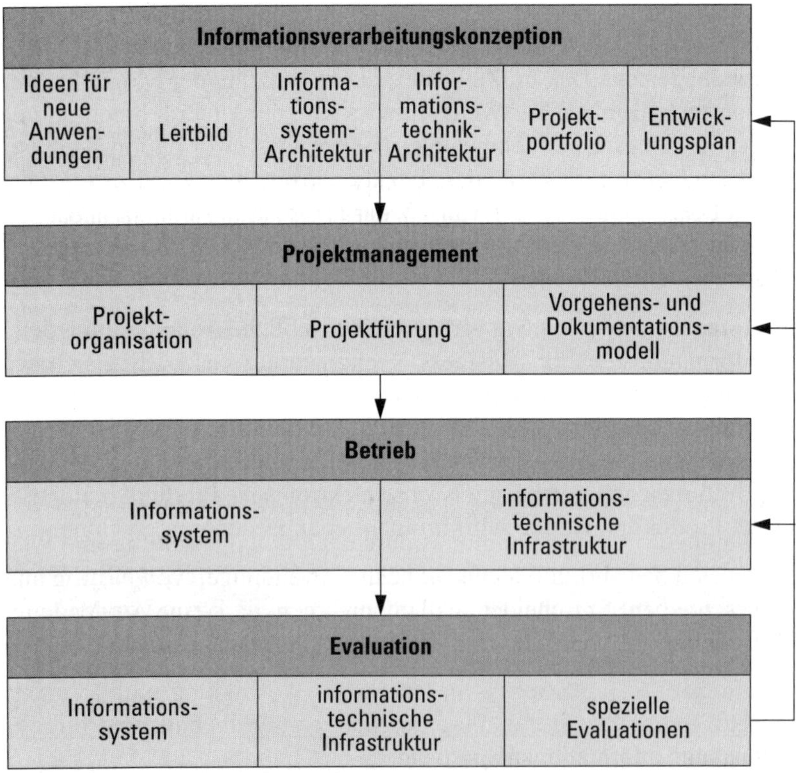

▲ Abb. 321 Problemlösungsprozess des Informationsmanagements

5.1.4 Informationsverarbeitungskonzeption

Die Informationsverarbeitungskonzeption hat das Ziel, die Gestaltung des computerunterstützten betrieblichen Informationssystems und der Informationstechnik an den zukünftigen Erfordernissen des Unternehmens auszurichten.

5.1.4.1 Ideen für neue Anwendungen

Ideen für neue Anwendungen entstehen aus dem **informationstechnischen Innovationsmanagement.** Dessen Ziel ist es, durch Nutzung der Möglichkeiten der Informationstechnik Ideen zur Weiterentwicklung der Unternehmensstrategie und Organisation eines Unternehmens zu liefern. Das informationstechnische Innovationsmanagement strebt an, dass bei allen Problemen und Lösungsvorschlägen in einem Unternehmen an den Einsatz der Informationstechnik gedacht wird.

Zwei Zielsetzungen des informationstechnischen Innovationsmanagements lassen sich unterscheiden:

- **Prozessinnovationen:** Sie verbessern betriebliche Abläufe durch den Einsatz der Informationstechnik. Business Reengineering beschäftigt sich schwerpunktmäßig mit diesem Ansatz.
- **Produktinnovationen:** Sie führen zu Anwendungen, die ohne oder gegen Entgelt an die Kunden eines Unternehmens weitergegeben werden. Zu den Produktinnovationen gehören beispielsweise elektronische Produktkataloge. Der Bereich der Produktinnovation wird im Internet an Bedeutung gewinnen.

Es hat sich bewährt, die Ideen für neue Anwendungen von Anfang an strukturiert zu beschreiben. Entscheidet das Unternehmen, dass eine Anwendungsidee realisiert werden soll, wird die Beschreibung zum Ausgangspunkt des Projektes.

5.1.4.2 Leitbild des Informationsmanagements

> Das **Leitbild** des Informationsmanagements enthält die inhaltlichen und führungsbezogenen Grundlagen des Informationsmanagements.

Das Leitbild des Informationsmanagements lehnt sich an die Leitbilder an, wie sie aus der Unternehmensführung bekannt sind.[1] Die wichtigsten Inhalte eines Leitbildes des Informationsmanagements sind:

---

1 Vgl. Kapitel 4, Abschnitt 4.3 „Unternehmensleitbild“.

- Ziele des Informationssystems,
- Zweck, Gültigkeitsbereich und Umsetzungsrichtlinien für das Leitbild,
- Problemlösungsprozess des Informationsmanagements mit einer kurzen Beschreibung der Informationsverarbeitungskonzeption, des Projektmanagements, des Betriebs und der Evaluation,
- Organisation des Informationsmanagements,
- Methoden für die Entwicklung von Anwendungen und für das Informationsmanagement,
- Standards der Informationstechnik.

Das Leitbild des Informationsmanagements ist in der Regel drei bis fünf Jahre gültig und wird nach Ablauf dieses Zeitraumes umfassend überarbeitet.

5.1.4.3 Informationssystem-Architektur

> Die **Informationssystem-Architektur** zeigt, welche Anwendungen ein Unternehmen in drei bis fünf Jahren besitzen sollte.

Die Informationssystem-Architektur resultiert aus einer Analyse der Ideen für neue Anwendungen. Diese stammen aus dem informationstechnischen Innovationsmanagement und aus systematischen Befragungen der Anwender.

▶ Abb. 322 zeigt ein vereinfachtes Beispiel für eine Informationssystem-Architektur aus einem Unternehmen mit den Geschäftsbereichen „Produktion“, „Handel“ und „Verwaltung“. Strukturiert ist die Informationssystem-Architektur in ▶ Abb. 322 auf der einen Seite nach den Anwendungstypen aus Abschnitt 5.1.2.2 „Informationssystem“ und auf der anderen Seite nach der Aufbauorganisation des Unternehmens. Dieser matrixartige Aufbau gewährleistet, dass für jeden Funktionsbereich des Unternehmens dargestellt wird, in welchem Umfang die Potenziale der Informationstechnik genutzt werden. Synergien beim Einsatz der Informationstechnik zwischen verschiedenen Bereichen werden erkannt.

Anwendungstyp \ Funktionsbereich	Produktion	Handel	Verwaltung
Verwaltung	Einkauf Lager Produktionsplanung Produktionssteuerung Instandhaltung	Handelsabwicklungssystem Fakturierung	Finanzbuchhaltung Kostenrechnung Planung Personal Vertragsverwaltung
Führung	Produktions-informationssystem	Handels-informationssystem	Management-informationssystem
Office	Word Excel Access Designer	Word Excel Access Designer	Word Excel Access Designer
Kommunikation und Koordination	Lotus Notes	Lotus Notes	Lotus Notes
Know-how	Anlagen-informationssystem	Kunden-informationssystem	Dokumenten-managementsystem
Prozess-Steuerung	Leitstand Maschinensteuerung	Workflow-System	Workflow-System
Entwurf	CAD-Anwendungen		
Präsentation		Informationskiosk	Unternehmens-präsentationssystem

▲ Abb. 322 Vereinfachte Darstellung einer Informationssystem-Architektur

5.1.4.4 Informationstechnik-Architektur

Die **Informationstechnik-Architektur** beschreibt die Hardware, die Software und die Netzwerke, die ein Unternehmen in drei bis fünf Jahren besitzen sollte.

Eine Gliederung der Informationstechnik-Architektur in vier Ebenen hat sich durchgesetzt:

- Infrastruktur am Arbeitsplatz (z.B. Personalcomputer mit Netzwerkanschluss sowie Textverarbeitungsprogramm, WWW-Browser und E-Mail-Programm),
- arbeitsplatznahe Infrastruktur (z.B. spezielle Drucker für Abteilungen oder Abteilungsserver),
- zentrale Infrastruktur (z.B. unternehmensweite Netzwerke und zentrale Internet-Server),
- unternehmensübergreifende Infrastruktur (z.B. überbetriebliche Netzwerke mit Internet- und Extranet-Servern).

Ein zusätzlicher Teil der Informationstechnik-Architektur beschäftigt sich mit den Standards der Informationstechnik.

5.1.4.5 Projektportfolio

Aus der Informationssystem-Architektur und der Informationstechnik-Architektur leitet das Unternehmen Projekte ab.

Projekte sind einmalige Vorhaben eines Unternehmens, die zeitlich befristet sind und von mehreren Personen durchgeführt werden.

Beispiele für Projekte im Rahmen des Informationsmanagements sind:

- Entwicklung eines neuen Managementinformationssystems,
- Einführung einer Standardsoftware für das Rechnungswesen,
- Einführung einer neuen Computergeneration in einem Unternehmen,
- Installation eines Netzwerkes.

Das **Projektportfolio** fasst die laufenden und geplanten Projekte eines Unternehmens zusammen. Es umfasst sowohl Anwendungs- als auch Infrastrukturprojekte.

Jedes Projekt wird mit Hilfe einer Projektbeschreibung konkretisiert. Ihre wichtigsten Inhalte sind:

- Bezeichner,
- Ziele und Begrenzungen,
- Beschreibung,
- Terminplan,
- Wirtschaftlichkeit (Kosten und Nutzen),
- Restriktionen,
- Projektorganisation,[1]
- Risiken,
- Abhängigkeiten von anderen Projekten,
- Entwicklung einer Web Seite.

Das Beschreiben der Projekte wird in einem kleinen Team vorgenommen, das nach Möglichkeit der spätere Projektleiter führt. In vielen Fällen hat das Beschreiben der zukünftigen Projekte den Charakter eines „Vorprojektes“. Die noch unpräzisen Vorstellungen über ein Vorhaben werden durch erste inhaltliche Arbeiten konkretisiert. Von besonderer Bedeutung bei der Definition ist die Größe der Pro-

1 Vgl. Teil 9, Kapitel 3, Abschnitt 3.2.7 „Projektorganisation“.

jekte. Die Erfahrung zeigt, dass ein Projekt nicht länger als 18 Monate dauern sollte und dass nicht mehr als sieben Personen daran beteiligt sein sollten. Größere Projekte sollten deshalb vom Team in mehrere kleinere Projekte aufgespalten werden.

5.1.4.6 Entwicklungsplan

Der **Entwicklungsplan** zeigt, wie ein Unternehmen von seinem gegenwärtigen computerunterstützten Informationssystem zu dem in der Informationssystem- und Informationstechnik-Architektur geplanten Soll-Zustand kommt und welche Ressourcen eingesetzt werden. Er besteht aus einem Migrationsplan, einem Finanzplan und einem Personalplan.

Der **Migrationsplan** ist der wichtigste Bestandteil des Entwicklungsplans. Er zeigt, in welcher Reihenfolge die Projekte aus dem Projektportfolio, die ein Unternehmen realisieren will, ablaufen sollen. Ein Migrationsplan setzt voraus, dass sich Anwender und Informatiker darauf geeinigt haben, mit welchen Prioritäten die einzelnen Anwendungen entwickelt werden müssen. Das Festlegen der **Prioritäten** liegt in der Verantwortung der Anwender. Sie wählen aus dem Projektportfolio diejenigen Vorhaben aus, die aus unternehmerischer Sicht von Bedeutung sind. Zentrales Auswahlkriterium ist die voraussichtliche Wirtschaftlichkeit der geplanten Vorhaben. Die Informatiker tragen zur Planung der Reihenfolge bei, indem sie auf technische **Restriktionen** zwischen den einzelnen Anwendungen hinweisen.

Der **Finanzplan** zeigt, welche finanziellen Auswirkungen der Migrationsplan hat. Der **Personalplan** beschäftigt sich mit den Auswirkungen der Weiterentwicklung des computerunterstützten Informationssystems auf den Mitarbeiterbestand bei den Anwendern und in der Informatikabteilung.

5.1.5 Projektmanagement

Das **Projektmanagement** sorgt dafür, dass die Projekte in der gewünschten Qualität und im Rahmen der geplanten Kosten und Termine abgeschlossen werden.

Qualität steht dabei für die Erfüllung der Anforderungen der Anwender in Bezug auf Kriterien wie beispielsweise den funktionalen Umfang, die Antwortzeiten und die Benutzerfreundlichkeit. Die geplanten Kosten und die geplanten Termine leiten sich aus der Projektplanung ab, die vor dem Start eines Projektes vorliegen sollte.

Die verstärkte Entwicklung multimedialer Anwendungen durch die Nutzung der Internet-Technologien erfordert – neben den Informatikern und Anwendern – zunehmend die Beteiligung von Designern, Web-Spezialisten, Grafikern und Tontechnikern in den Projekten.

5.1.6 Betrieb

Der Betrieb im Rahmen des Informationsmanagements lässt sich in den Betrieb des Informationssystems und den Betrieb der informationstechnischen Infrastruktur gliedern.

- Der **Betrieb des Informationssystems** stellt sicher, dass die Anwendungen eines Unternehmens jederzeit den Anforderungen der Anwender entsprechend eingesetzt werden können. Von Bedeutung sind in diesem Zusammenhang die Wartung und Schulung:
  - Die **Wartung** ist für die Weiterentwicklung der Anwendungen eines Unternehmens verantwortlich ist. Sie stellt sicher, dass die großen Investitionen in das Informationssystem ihren Wert behalten.
  - Die **Schulung** neuer und die Weiterbildung vorhandener Mitarbeiter ist dafür verantwortlich, dass die Anwendungen entsprechend ihren Zielsetzungen zum Einsatz kommen. Erfahrungen aus vielen Unternehmen zeigen, dass ohne ausreichende Schulung die Anwendungen nur rudimentär eingesetzt werden und sich die Investitionen in die computerunterstützte Informationsverarbeitung nicht lohnen.
- Zentrale Bestandteile des **Betriebs der informationstechnischen Infrastruktur** sind der Betrieb des Rechenzentrums und der Netzwerke. Die Kosten des Betriebs werden den Anwendern verrechnet. Spezielle Kostenrechnungssysteme sorgen für eine verursachergerechte Weiterbelastung.

5.1.7 Evaluation

Die Evaluation im Informationsmanagement umfasst die Evaluation des Informationssystems, die Evaluation der informationstechnischen Infrastruktur und spezielle Evaluationen.

- Die **Evaluation des Informationssystems** überwacht, ob die Programme und Datenbanken in der täglichen Arbeit eines Unternehmens so eingesetzt werden, wie es im Rahmen der Soll-Konzepte der Projekte vorgesehen ist, und hilft bei der Beseitigung von Fehlern in den Anwendungen.
- Eine systematische **Evaluation der informationstechnischen Infrastruktur** existiert in den meisten Unternehmen seit langem. Auf der Grundlage der Auf-

zeichnungen des Betriebssystems sind die Informatiker in der Lage, die Belastung der Computer und Netzwerke zu beobachten und, falls notwendig, Korrekturmaßnahmen vorzuschlagen. Frühzeitig kann zum Beispiel der Bedarf für eine Erweiterung der Computerkapazität erkannt werden.
- **Spezielle Evaluationen** stellen sicher, dass die Bestimmungen des Datenschutzes eingehalten werden. In unregelmäßigen Abständen findet eine Evaluation der Sicherheitsvorkehrungen statt.

5.1.8 Zusammenfassung

Parallel zur Ausbreitung der Informationstechnik in den Unternehmen ist mit dem **Informationsmanagement** eine neue Führungsaufgabe entstanden.

Aufgabe des Informationsmanagements ist es, die Möglichkeiten der Computer- und Kommunikationstechnik zu erkennen und für das Unternehmen zu nutzen. Es stellt eine Herausforderung für das ganze Unternehmen dar. Anwender und Informatiker arbeiten eng zusammen.

Im **Problemlösungsprozess** des Informationsmanagements lassen sich die Aufgabengebiete Informationsverarbeitungskonzeption, Projektmanagement, Betrieb und Evaluation unterscheiden:

- Die **Informationsverarbeitungskonzeption** setzt sich mit den zukünftigen Bedürfnissen der Anwender und den Möglichkeiten der Informationstechnik auseinander. Ihre Ergebnisse sind neue Anwendungsideen, das Leitbild des Informationsmanagements, die Informationssystem-Architektur, die Informationstechnik-Architektur, das Projektportfolio und der Entwicklungsplan.
- Das **Projektmanagement** setzt die Vorstellungen aus der Informationsverarbeitungskonzeption in der betrieblichen Realität um. Im Mittelpunkt steht die Entwicklung von Anwendungen.
- Der **Betrieb** stellt das computerunterstützte Informationssystem und die informationstechnische Infrastruktur eines Unternehmens den Anwendern zur Verfügung.
- Die **Evaluation** untersucht, ob die Vorgaben aus der Informationsverarbeitungskonzpetion in der betrieblichen Realität erreicht werden und überprüft die Wirtschaftlichkeit der computerunterstützen Informationsverarbeitung. Es lässt sich eine Evaluation der Anwendungen und eine Evaluation der Informationstechnik unterscheiden.

Informationsmanagement ist eine junge Führungsaufgabe. In vielen Unternehmen ist sie erst im Entstehen begriffen. Die wachsende Durchdringung der Unternehmen und ihrer Produkte mit Informationstechnik steigert die Bedeutung des Informationsmanagements. Es wird sich in den nächsten Jahren immer mehr zu einer zentralen Aufgabe der Unternehmensführung entwickeln. Die weiterhin rasant verlaufende Entwicklung des Internets wird diese Tendenz beschleunigen.

5.2 Wissensmanagement

5.2.1 Bausteine des Wissensmanagements

Unter **Wissensmanagement** versteht man die zielgerichtete Steuerung und Entwicklung der Ressource Wissen im Unternehmen.

In Anlehnung an Probst/Raub/Romhardt (1998) können dabei folgende Bausteine des Wissensmanagements unterschieden werden (▶ Abb. 323):

1. **Wissensidentifikation:** Schaffung von Transparenz über die relevanten internen und externen Daten, Informationen und Fähigkeiten.
2. **Wissenserwerb:** Erwerb von Wissen über bestehende Beziehungen (Kunden, Lieferanten, Konkurrenten, Kooperationspartner), Rekrutierung von Experten oder Kauf von innovativen Unternehmen.
3. **Wissensentwicklung:** Produktion von neuen Ideen und Fähigkeiten, welche die Grundlage für neue Produkte und leistungsfähigere Prozesse bilden. Neben spezifischen Abteilungen (z.B. Marktforschung, Forschung und Entwicklung) sind alle Mitarbeiter und Bereiche angesprochen.
4. **Wissens(ver)teilung:** Prozess der Verarbeitung bereits vorhandenen Wissens innerhalb der Unternehmung. Eine besondere Bedeutung kommt der Umwandlung von implizitem in explizites Wissen zu.
5. **Wissensumsetzung:** Sicherstellung der Nutzung des vorhandenen Wissens. Diese wird in der Unternehmenspraxis oft durch eine Vielzahl von Barrieren eingeschränkt.

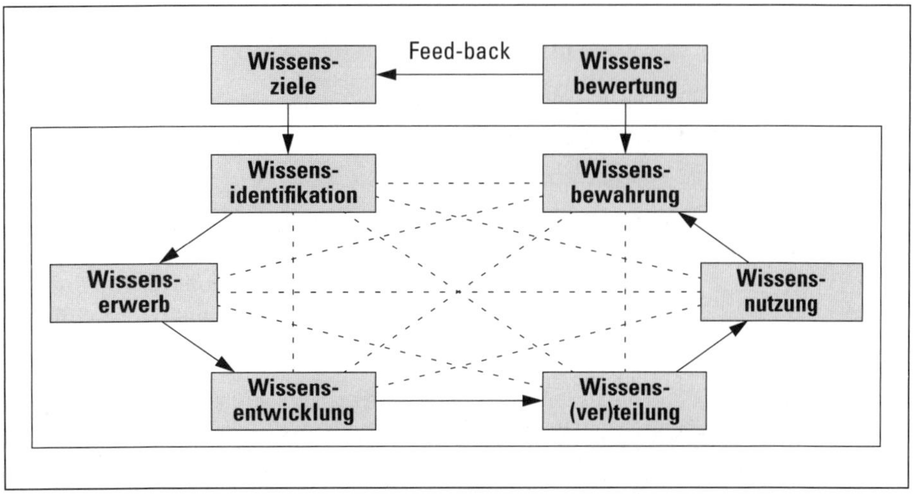

▲ Abb. 323 Bausteine des Wissensmanagements (Probst/Raub/Romhardt 1998, S. 58)

6. **Wissensbewahrung:** Gezielte Bewahrung von Erfahrungen, Informationen und Dokumenten. Sie erfolgt sowohl durch informationstechnische Speichermedien als auch durch eine entsprechende **Wissenskultur.**

5.2.2 Wissensziele

Zur zielgerichteten Steuerung der Bausteine des Wissensmanagements bedarf es konkreter Wissensziele auf allen Managementebenen:

- **Normative Wissensziele** beziehen sich auf die Wissenskultur und auf die Teilung und Entwicklung der vorhandenen Fähigkeiten.
- **Strategische Wissensziele** definieren den Bedarf an organisationalem Kernwissen zur Sicherung der Wettbewerbsfähigkeit (Wissensstrategien) und die dazu notwendigen Organisationsstrukturen (Wissensstruktur).
- **Operative Wissensziele** sorgen für die notwendige Umsetzung der Bausteine des Wissensmanagements in allen Bereichen (Erstellen Wissensinfrastruktur, Steuerung von Wissensflüssen, Wissensbroker). ▶ Abb. 324 zeigt die Erfolgsfaktoren mit dem höchsten Stellenwert für die Umsetzung von Wissensmanagementsprojekten auf Grund einer empirischen Untersuchung.

Die Wissensziele sollten so formuliert werden, dass sie auch messbar sind. Allerdings muss dazu das traditionelle Instrumentarium von Indikatoren und Messmethoden aus dem Finanzbereich erweitert werden, wie dies beispielsweise mit der Balanced Scorecard[1] gemacht wird.

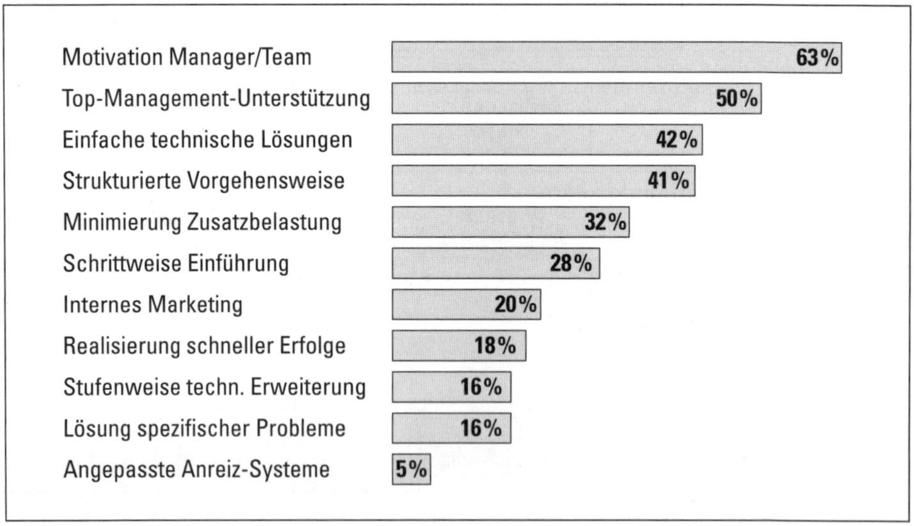

▲ Abb. 324 Erfolgsfaktoren Wissensmanagement (Wienröder 2000, S. 24)

1 Vgl. Kapitel 4, Abschnitt 4.4.3 „Balanced Scorecard“.

5.2.3 Wissensstrategien

Wissensstrategien dienen der Realisierung der Wissensziele. Mit Hilfe der beiden Kategorien „Wissensvorsprung gegenüber der Konkurrenz“ und „effektive interne Wissensnutzung“ können vier Normwissensstrategien abgeleitet werden (► Abb. 325):

1. **Outsourcing:** Bei einem geringen Wissensvorsprung und einer geringen Bedeutung des Wissens bietet sich ein Outsourcing an.
2. **Aufwerten:** Da die Fähigkeit infolge der hohen Nutzung von Bedeutung ist, sollte sie verbessert und in eine Hebelfähigkeit übergeführt werden.
3. **Anwenden:** Das ungenutzte Fähigkeitspotenzial sollte ausgeschöpft werden, um die Wettbewerbsvorteile zu erhöhen.
4. **Übertragen:** Hoher Wissensvorsprung und Erfahrung sollten dazu genutzt werden, das vorhandene Wissen auf neue Produkte oder Märkte zu übertragen und damit einen „Leverage-Effekt des Wissens“ auszulösen.

Wissensvorsprung	hoch	**Anwenden** (brachliegende Fähigkeit)	**Übertragen** (Hebelfähigkeit)
	niedrig	**Outsourcen** (wertlose Fähigkeit)	**Aufwerten** (Basisfähigkeit)
		niedrig	hoch
		Wissensnutzung	

▲ Abb. 325 Normwissensstrategien (nach Probst/Raub/Romhardt 1998, S. 83)

5.2.4 Organisationales Lernen

Organisationales Lernen bezeichnet den Prozess der Veränderung der organisationalen Wert- und Wissensbasis, um die Problemlösungs- und Handlungskompetenz zu erhöhen sowie den Bezugsrahmen einer Organisation zu verändern.

Im Zentrum des organisationalen Lernens steht der Aufbau einer unternehmensspezifischen Wissensbasis, d.h. der Aufbau von Wissen, das von allen Unternehmensmitgliedern geteilt wird.

Obschon organisationales Lernen über Individuen und deren Interaktionen erfolgt, ist es nicht der Summe der individuellen Lernprozesse und -ergebnisse gleichzusetzen. Denn einerseits wird nicht alles individuelle Wissen weitergegeben (z.B. aus Gründen der Macht, Angst oder Frustration), andererseits kann durch die Weitergabe von individuellem Wissen neues Wissen entstehen (Synergieeffekte). Je nach Konstellation kann die Summe des individuellen Wissens grösser oder kleiner als das organisationale Wissen sein.

5.2.4.1 Lernebenen

Bei organisationalen Lernprozessen wird zwischen Single-loop-learning und Double-loop-learning unterschieden (▶ Abb. 326):

- Beim **Single-loop-learning** werden die erkannten Probleme mit den vorgegebenen Werten und Zielen verglichen, um geeignete Aktionen zur Lösung der Probleme einleiten zu können.
- Das **Double-loop-learning** hinterfragt die Werte und Ziele zusätzlich kritisch. Falls diese nicht mehr geeignet sind, wird ein neuer Bezugsrahmen geschaffen.

Diese Unterscheidung macht deutlich, dass Lernen auf zwei Ebenen erfolgt. Single-loop-learning beschäftigt sich mit der Oberflächenstruktur, d.h. mit der Gesamtheit aller organisatorischen Regeln, welche die Strukturen und Prozesse festlegen, die offiziell dokumentiert, autorisiert und somit gleichsam an der „Oberfläche" der Organisation sichtbar sind. Das Double-loop-learning setzt bei den Tiefenstrukturen an, dem „organisatorischen Unbewussten", das sich aus Unternehmenskultur, kognitiven Strukturen und etablierten Individual- und Gruppeninteressen zusammensetzt.

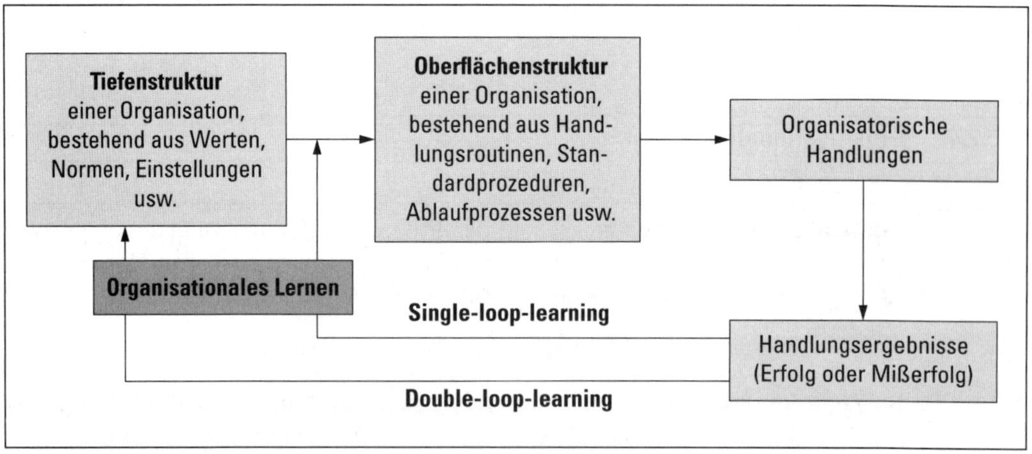

▲ Abb. 326 Basismodell der Lernprozesse

5.2.4.2 Explizites und implizites Wissen

Im Rahmen organisationaler Lernprozesse spielt auch die Unterscheidung zwischen explizitem und implizitem Wissen eine grosse Rolle, da durch Interaktion zwischen diesen beiden Wissensformen altes Wissen weitergegeben bzw. neues geschaffen wird. Dieses Zusammenwirken bezeichnen Nonaka/Takeuchi (1997) als Wissensumwandlung, die sich als sozialer Prozess zwischen Menschen ergibt. Sie unterscheiden vier Formen der Wissensumwandlung (▶ Abb. 327):

1. **Sozialisation** (von implizit zu implizit) ist ein Erfahrungsaustausch, aus dem implizites Wissen gebildet wird (gemeinsame kulturelle Werte, Erwerb technischer Fähigkeiten durch Beobachtung).
2. **Externalisierung** (von implizit zu explizit) ist ein Prozess der Artikulation von implizitem Wissen (z.B. Metaphern, Leitbilder, Modelle, Hypothesen) in explizite Konzepte, d.h. Produkte und Verfahren.
3. **Kombination** (von explizit zu explizit) ist ein Prozess der Erfahrung und Verbindung verschiedener Bereiche von explizitem Wissen. Dies erfolgt meistens über Dokumente, Sitzungen, Telefon, Computernetzwerke.
4. **Internalisierung** (von explizit zu implizit) ist ein Prozess zur Überführung des expliziten Wissens in implizites Wissen, das dem „Learning by doing“ sehr verwandt ist. Als Hilfsmittel dienen oft Dokumente, Handbücher, Datenbanken oder mündliche Geschichte.

		Zielpunkt	
		implizites Wissen	**explizites Wissen**
Ausgangspunkt	**implizites Wissen**	**Sozialisation** (sympathetisches Wissen)	**Externalisierung** (konzeptionelles Wissen)
	explizites Wissen	**Internalisierung** (operatives Wissen)	**Kombination** (systemisches Wissen)

▲ Abb. 327 Formen der Wissensumwandlung (Nonaka/Takeuchi 1997, S. 75)

5.3 Ökologiemanagement[1]

5.3.1 Ökologie

Die zunehmenden Umweltprobleme haben in den letzten Jahren zur Forderung geführt, dass die Ökologie vermehrt in wirtschaftlichen Entscheidungen zu berücksichtigen sei.

Unter **Ökologie** versteht man die komplexen Zusammenhänge innerhalb der belebten Umwelt (Menschen, Tiere und Pflanzen) und deren Wechselwirkungen mit der unbelebten Welt (z. B. Mineralien, Luft, Wasser).

Das ökologische System ist sehr empfindlich und seine Fähigkeit, sich zu regenerieren und Belastungen zu verarbeiten, ist begrenzt. Ökologische Systeme sind nicht mehr im Gleichgewicht, wenn bestimmte Belastungsgrenzen überschritten und dadurch natürliche Lebensräume verändert werden sowie als Folge davon die Existenz von Lebewesen bedroht wird. Die Leidtragenden bei einer Beeinträchtigung ökologischer Kreisläufe sind dabei nicht nur die direkt betroffenen Lebewesen, sondern alle Elemente des gestörten Systems. Unverhältnismäßige Eingriffe in natürliche Kreisläufe verursachen Folgeprobleme (z. B. Aussterben von Tier- und Pflanzenarten, Klimaveränderungen), die unsere Gesellschaft und die Wirtschaft überfordern.

Der Mensch ist ein Teil seiner ökologischen Umwelt.[2] Sein Wohlergehen und seine Zukunft sind unmittelbar vom Wohlergehen einer vielfältigen und intakten ökologischen Umwelt abhängig.

5.3.2 Ökologie und Ökonomie

Die Begriffe „Ökonomie" und „Ökologie" gehen beide auf das griechische Wort „oikos" zurück, welches mit „Haus" bzw. „Haushalt" übersetzt werden kann. In der Ökonomie wird der Wirtschaftshaushalt, in der Ökologie der Naturhaushalt betrachtet. Sowohl der Wirtschafts- als auch der Naturhaushalt verlangen **haushälterisches Verhalten,** wobei die beiden Systeme voneinander abhängig sind.[3] Ein auf die Ökologie ausgerichtetes Management stellt deshalb eine wichtige Voraussetzung für eine funktionsfähige Gesamtwirtschaft dar. Die Menschen müssen

1 Dieser Abschnitt 5.3 „Ökologiemanagement" beruht auf dem Buch „Ökologie und Management. Eine Einführung für Praxis und Studium" von Guido Fischer.

2 Die Begriffe „ökologische Umwelt" und „Natur" werden einander gleichgesetzt.

3 Vgl. dazu Teil 1, Kapitel 1, Abschnitt 1.2.5 „Umwelt des Unternehmens", insbesondere ◀ Abb. 7 (S. 49).

Gewohntes menschliches Denken	**Wirkungsweise der Natur**
Ressourcen aus der Natur ↓ Produkte ↓ Abfälle an die Natur, Umweltbelastung	Ressourcen in der Natur → „Abfälle" → Lebewesen → Ressourcen in der Natur
Menschen sind ein gefährliches, lineares Denken gewohnt ...	**... die Natur baut jedoch auf vielen, ineinander greifenden Kreisläufen auf!**
Folgen: ▪ Abfallproblem (Haushaltabfälle, Sondermüll usw.) ▪ Energieverschwendung ▪ Verschwendung von Rohstoffen ▪ Übernutzung der Natur ▪ Zerstörung von Landschaften	Vorteile: ▪ Keine wirklichen Abfälle – alles wird wiederverwendet ▪ Optimale Energienutzung ▪ Optimale Rohstoffnutzung ▪ Lebensfähigkeit der Natur ▪ Vielfalt der Landschaften

▲ Abb. 328 Menschliches Denken – Wirkungsweise der Natur

sich so verhalten, dass sie nicht die Umwelt und damit ihre eigene Zukunft zerstören. Es sind Mittel und Wege zu suchen, mit denen sie ihre heutigen Bedürfnisse befriedigen können, ohne damit die Lebensgrundlagen der Nachkommen zu beeinträchtigen. Dieses Postulat der Nachhaltigkeit ist sowohl an Unternehmen wie auch an Volkswirtschaften gerichtet.[1]

Die ökologische Umwelt zu berücksichtigen bedeutet vorerst, dass Denkhaltungen überwunden werden müssen, die mit einer nachhaltigen Entwicklung unvereinbar sind (◄ Abb. 328). Die Menschen sind gewohnt, dass ihnen die Natur Ressourcen liefert, die zu Produkten verarbeitet, von Konsumenten genutzt und schließlich zu Abfall werden. Dieses Verhalten stößt aber mit zunehmender Ausbreitung der industrialisierten Zivilisation an Grenzen. Die zur Neige gehenden, nicht erneuerbaren Ressourcen und die Abfälle aller Art, welche die Umwelt beeinträchtigen, stellen limitierende Faktoren dar. Die Lösung der Umweltproblematik kann nur darin bestehen, dass sich das menschliche Verhalten am System orientiert, das seit Milliarden von Jahren erfolgreich Bestand hat: der Natur. Die Natur baut auf einer großen Zahl von **ineinandergreifenden Kreisläufen** auf. Wird dieser Gedanke auf die Wirtschaft übertragen, so führt dies zu einer Kreislaufwirtschaft (z.B. Recycling).

1 Zur Nachhaltigkeit vgl. auch Abschnitt 5.3.5.2 „Umweltziele".

Ein auf die Ökologie ausgerichtetes Management kann auf Grund der angestellten Überlegungen wie folgt zusammengefasst werden:

Ökologisch bewusstes Management – auch Umweltmanagement, Ökologiemanagement, umweltbewusstes Management, ökologiebewusstes Management und umweltbezogenes Management genannt – orientiert sich in nachhaltiger Weise an den Kreisläufen der ökologischen Umwelt (sustainable development) und berücksichtigt deren Grenzen.

5.3.3 Unternehmen und Ökologie

Unternehmen sind als Teil der Wirtschaft in das ökologische System eingebettet. Ein Unternehmen bezieht Ressourcen aus der ökologischen Umwelt als Input für die Herstellung von Gütern und Dienstleistungen (Output), wobei jedoch im gesamten güterwirtschaftlichen Umsatzprozess auch **unerwünschter Output** entsteht, der in die Natur zurückfließt (▶ Abb. 329).

Die unternehmerische Tätigkeit ist häufig mit Folgen verbunden, die nicht vom Unternehmen selbst, sondern von unbeteiligten Dritten getragen werden müssen. Man nennt diese Auswirkungen **negative externe Effekte.** In Geld bewertete negative externe Effekte werden als **Sozialkosten** bezeichnet. So führt beispielsweise die Luftverschmutzung zu Ernteeinbußen für Landwirte, zu Krankheitskosten für empfindliche Personen (z.B. bei Atemwegproblemen), zu Schäden an Gebäuden oder zur Beeinträchtigung empfindlicher Ökosysteme. Meist müssen heute die

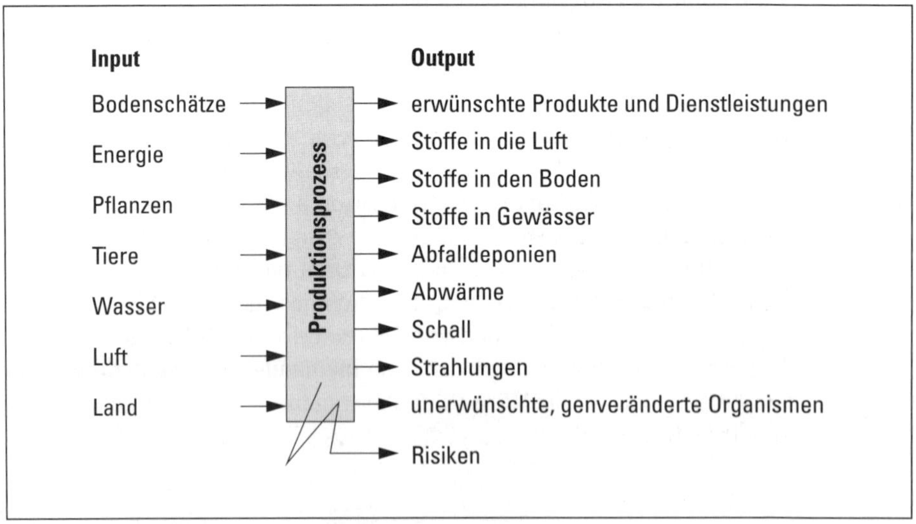

▲ Abb. 329 Input-Output-Betrachtung aus ökologischer Perspektive

Betroffenen und die Allgemeinheit solche Folgekosten tragen. Negative externe Effekte führen damit zu einer **Verfälschung der Wettbewerbsverhältnisse:** Wer umweltbelastend produziert und somit Kosten externalisieren kann, profitiert von geringeren Produktionskosten.

Als Folge der wachsenden sozialen Kosten gewinnt das **Verursacherprinzip** zunehmend an Bedeutung. Unternehmen, die Sozialkosten verursachen, sollen in Zukunft vermehrt für diese Kosten aufkommen. Betrachtet man in diesem Zusammenhang die Trends in der Gesetzgebung, so haben Unternehmen mit folgenden Veränderungen der gesetzlichen Rahmenbedingungen zu rechnen:

- **Preise:** Mit verschiedenen Maßnahmen wie beispielsweise Umweltsteuern oder Lenkungsabgaben wird versucht, den Umweltaspekt in das Preissystem zu integrieren.
- **Produkte:** Kunden verlangen vermehrt Auskünfte über die Stoff- und Energieflüsse, die mit einem Produkt verbunden sind. Der Trend geht in Richtung der Lebenszyklusverantwortung. Dies bedeutet, dass die Hersteller die Verantwortung für ihre Produkte von der Entstehung bis zur Entsorgung zu tragen haben (► Abb. 330). Unternehmen müssen sich somit über die von den Kunden zurückgegebenen Produktabfälle und über die damit verbundenen steigenden Entsorgungskosten Gedanken machen.
- **Standorte:** Unternehmen mit Standorten, bei denen die Produktion starke Auswirkungen auf die Umwelt hat, geraten zunehmend unter Druck, Umwelt-Audits durchführen zu lassen.[1] Bei diesen werden die Umweltauswirkungen bewertet und das Umweltmanagementsystem wird überprüft.
- **Information:** Die Öffentlichkeit verlangt einen freieren Zugang zu umweltrelevanten Informationen.
- **Haftung** und **Strafen:** Die Haftung für Schäden aus Umweltdelikten und die strafrechtlichen Folgen (z.B. Haft, Buße) werden verschärft.

Die aufgezeigten Trends verdeutlichen, dass das **Umweltmanagement** zu einem **Erfolgsfaktor** in der Unternehmensführung geworden ist. Mit einem guten Umweltmanagement können nämlich Kosten reduziert werden: Ein sparsamer Einsatz von Ressourcen (z.B. Energie, Wasser, Materialien), geringere Entsorgungskosten, vereinfachte behördliche Genehmigungen oder verringerte Versicherungsprämien helfen dem Unternehmen, seine Kosten zu senken. Zudem fördern ökologische Anstrengungen das Image des Unternehmens und somit den Erfolg seiner Produkte.

1 Zum Umwelt-Audit vgl. Abschnitt 5.3.6 „Umweltmanagementsystem“.

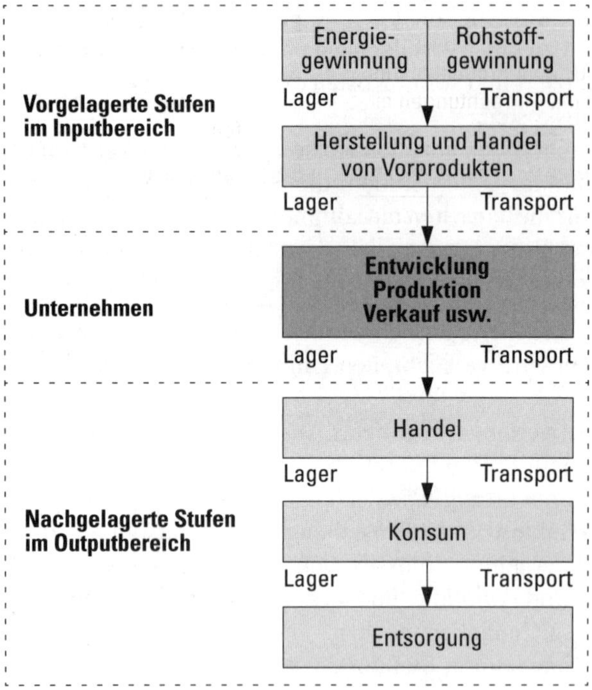

▲ Abb. 330 Stufen des ökologischen Produktlebenszyklus

5.3.4 Systemabgrenzungen

Die ökologischen Auswirkungen der Unternehmenstätigkeit sind sehr komplex. Ein ökologiebewusstes Management muss deshalb die für ein Unternehmen und insbesondere die für seine Ziele und Aufgaben wesentlichen Zusammenhänge erfassen. Es ist notwendig, genau festzulegen, welche Tätigkeiten, Prozesse und Produkte – d.h. welcher Ausschnitt aus dem komplexen Gesamtsystem – in Bezug auf die Umwelteinwirkungen untersucht werden sollen. Das Ergebnis dieser Festlegung wird als **„Systemabgrenzung"** bezeichnet.

Die Resultate einer Umweltbetrachtung (z.B. Auswirkung der Unternehmenstätigkeit auf das Klima) hängen stark von den vorgenommenen Systemabgrenzungen ab. Die Abgrenzungen müssen offen gelegt werden, wenn eine Beurteilung glaubwürdig sein soll (Transparenz). Die folgenden Abgrenzungen gilt es besonders zu beachten:

- Abgrenzungen nach dem **Untersuchungsobjekt:** Welche Produkte, Verfahren, Unternehmensbereiche usw. sollen analysiert werden?
- Abgrenzungen nach den **Umwelteinwirkungen:** Welche Umwelteinwirkungen werden betrachtet? Welche Umwelteinwirkungen werden vernachlässigt? Aus

Abgrenzung	Fragestellung	Beispiel
Stufe	Welche Stufen aus dem Produktlebenszyklus werden in die Betrachtungen einbezogen?	Beschränkung auf die eigene Produktion und die Entsorgung, Vernachlässigung der Vorstufen
Zeit	Welcher Zeithorizont wird berücksichtigt?	Beschränkung auf 1 Jahr
Ort	In welchem räumlichen Bereich werden die Auswirkungen betrachtet?	Beschränkung auf das Werksareal

▲ Abb. 331 Abgrenzungen nach dem ökologischen Produktlebenszyklus

den – je nach Untersuchungsobjekt – vielfältigen Umwelteinwirkungen müssen die wesentlichsten erkannt und für die Beurteilung abgegrenzt werden.

- Abgrenzungen nach dem **ökologischen Produktlebenszyklus:** Welche Bereiche aus dem gesamten Produktlebenszyklus – von der Rohstoffgewinnung über die Produktion bis hin zur Entsorgung – werden berücksichtigt (◄ Abb. 330)? Welche Abschnitte werden vernachlässigt? Zu klären sind insbesondere die Abgrenzungen nach der Stufe im Produktlebenszyklus, nach der Zeit und nach dem Ort (◄ Abb. 331).

Die Abgrenzung nach dem ökologischen Produktlebenszyklus ist besonders wichtig, weil ökologische Betrachtungen Gesamtbetrachtungen sein müssen. Es ist sehr problematisch, wenn die Umweltverträglichkeit von Produkten beispielsweise nur auf Grund der Menge der zur Produktion benötigten Rohstoffe und Energien beurteilt wird.

Neben den Auswirkungen der eigentlichen Unternehmenstätigkeit auf die Umwelt müssen auch die entsprechenden Wirkungen in den vor- und nachgelagerten Stufen berücksichtigt werden. Angefangen bei der Art und Gewinnung der eingesetzten Rohstoffe und Energien über die Auswirkungen der Produktionstätigkeit und die Folgen des Konsums bis hin zur Entsorgung der Abfälle müssen alle möglichen Auswirkungen auf die Umwelt in die Überlegungen einbezogen werden.

Aus dem ökologischen Produktlebenszyklus können für den Aufbau eines Umweltmanagements folgende Forderungen abgeleitet werden:

1. Bei der Formulierung von Umweltzielen ist der gesamte ökologische Produktlebenszyklus zu beachten.
2. Für die Erfassung der verschiedenen Umwelteinwirkungen ist ein **Umweltinformationssystem** notwendig.
3. Die Realisierung von nachhaltigen Lösungen erfordert oft eine umfassende **Kooperation.** Um beispielsweise ein tragfähiges Recyclingsystem aufzubauen, kann sich eine Kooperation mit dem Handel, den Konsumenten und den Herstellern von Vorprodukten (vertikale Kooperation) oder sogar mit der Konkurrenz (horizontale Kooperation) als notwendig und sinnvoll erweisen.

5.3.5 Umweltbezogenes Management

5.3.5.1 Handlungsebenen

Von Unternehmen wird ein aktives Umweltverhalten auf **allen Handlungsebenen** gefordert (▶ Abb. 332). Dabei geht es nicht um die Verharmlosung von Umweltzusammenhängen, sondern um die Erfassung von Chancen für das Management und das Marketing (z.B. bezüglich der Mitarbeitermotivation oder der Einführung neuer Produkte).

Ein glaubwürdiges Umweltmanagement bedarf der vollen **Unterstützung der Geschäftsleitung.** Die Verantwortung des Unternehmens gegenüber der Umwelt darf nicht bloß einer Stabstelle delegiert werden: Sie muss von allen Vorgesetzten und letztlich allen Mitarbeitern wahrgenommen werden. Das Management muss deshalb Anreize schaffen, damit sich umweltgerechtes Verhalten für den Einzelnen lohnt (z.B. Einbau von Umweltkriterien bei der Mitarbeiterbeurteilung und der Entlohnung). Voraussetzung dafür ist, dass die (bedeutenden) Umwelteinwirkungen im Input- und Outputbereich (◀ Abb. 329) bekannt sind und klare Umweltziele formuliert worden sind. Dabei muss angestrebt werden, dass die Verant-

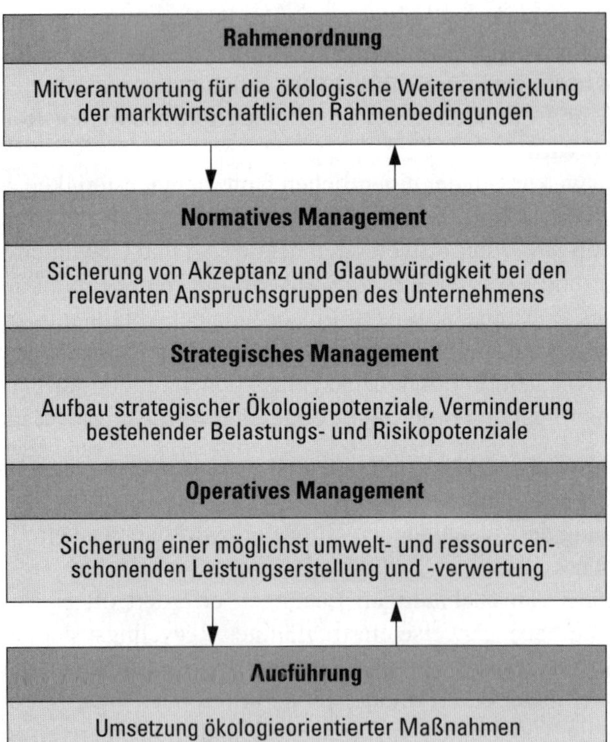

▲ Abb. 332 Handlungsebenen im Umweltmanagement (nach Dyllick 1992, S. 405ff.)

wortung für die Kosten, den Erfolg *und* die Umwelt (in Bezug auf das abgegrenzte System oder einen Teil davon) klar definiert ist und von der gleichen Person wahrgenommen wird.

5.3.5.2 Umweltziele

Leitlinie für die Formulierung von Umweltzielen ist die Forderung nach einer nachhaltigen Entwicklung, welche besagt, dass heute so produziert werden soll, dass die Lebensgrundlagen nachfolgender Generationen nicht zerstört werden. Vor diesem Hintergrund ist insbesondere problematisch

- der Verbrauch nicht erneuerbarer Ressourcen (z.B. fossile Energien),
- die Übernutzung erneuerbarer Ressourcen (gefährdete Pflanzen- und Tierarten) und
- der Einsatz von Stoffen, der mit Ablagerungen von schädlichen Substanzen in der Umwelt verbunden ist (z.B. Freisetzung von Schwermetallen beim Produkteinsatz oder bei der Abfallverbrennung).

Umweltziele können auf der Grundlage der beschriebenen Input-Output-Betrachtungen formuliert werden.[1] Im Vordergrund stehen dabei Ressourcen-, Emissions-,[2] Abfall- und Risikoziele (▶ Abb. 333).

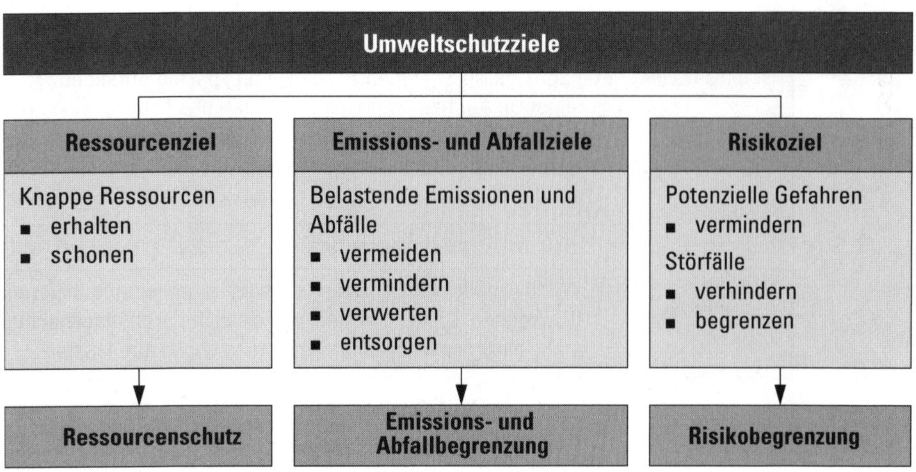

▲ Abb. 333 Umweltschutz als Unternehmensziel (nach Dyllick 1990, S. 25)

1 Vgl. Abschnitt 5.3.3 „Unternehmen und Ökologie".

2 Als „Emissionen" bezeichnet man den Ausstoß von Schadstoffen in die Umwelt (z.B. Abgase, Abluft, Abwärme, Abwasser, Lärm und Strahlen). Von den Emissionen zu unterscheiden sind die Immissionen als Einwirkung der Gesamtheit der zusammenwirkenden Schadstoffe auf Menschen, Tiere und Pflanzen (z.B. gesamte Lärmbelastung in einem Raum und die Wirkung auf die dort arbeitenden Menschen).

Der Grundsatz „vorbeugen ist besser als heilen“, den man als Vorsorgeprinzip bezeichnet, ist für das Umweltmanagement von zentraler Bedeutung. Neben dem Verursacherprinzip bildet er eine wichtige Leitlinie für die Festlegung von Zielen und Maßnahmen. Zudem ist ein integrierter Umweltschutz anzustreben, bei dem alle Maßnahmen so kombiniert werden, dass die Umweltbelastung am Entstehungsort bekämpft werden kann. So muss beispielsweise bereits bei der Produktentwicklung darauf geachtet werden, dass bei der Produktion keine schädlichen Substanzen anfallen, keine umweltgefährdenden Verfahren angewendet werden und ein Recycling möglich ist. End-of-the-Pipe-Lösungen (auch additiver Umweltschutz genannt) wie beispielsweise Filter oder Abwasserreinigungsanlagen, die am Ende des Produktionsprozesses ansetzen, sind suboptimal.

Ausgehend vom Vorsorgeprinzip können vier Stufen einer sinnvollen Emissions- und Abfallbegrenzung formuliert werden (► Abb. 334). Die strikte Einhaltung dieser Stufen ist in Bezug auf das Ressourcen- und Risikoziel von großer Bedeutung.

Vermeiden ist besser als ...	Produktionsprozesse, Produkte usw. sind in erster Linie so zu gestalten, dass umweltbelastende Abfälle und Emissionen vermieden werden können (z.B. Produktzusammensetzung so wählen, dass auf den Einsatz schädlicher Substanzen verzichtet werden kann; Produktdesign so entwerfen, dass Verpackungen unnötig werden; Standort so aussuchen, dass Transporte sich erübrigen).
Vermindern ist besser als ...	Können Abfälle und Emissionen nicht vermieden werden, so sind als nächstes Maßnahmen zu realisieren, um die anfallende Menge zu vermindern. Auch hier spielt die Produkt- und Prozessgestaltung eine große Rolle (z.B. Substituierung von problematischen Materialien; Reduktion der Verpackung; Verlagerung des Verkehrs von der Straße auf die Schiene).
Verwerten ist besser als ...	Wenn Abfälle und Emissionen weder vermieden noch vermindert werden können, so ist zu prüfen, wie sie sich durch unternehmensinternes oder -externes Recycling wenigstens verwerten lassen.
Entsorgen	Sind keine anderen Maßnahmen möglich, so muss schließlich dafür gesorgt werden, dass die Emissionen und Abfälle auf möglichst gefahrlose und Umwelt schonende Weise entsorgt werden können. Dabei sind Folgewirkungen in die Abwägungen einzubeziehen (z.B. Umwelteinwirkungen während der gesamten Deponiedauer von Abfällen). Erst an dieser Stelle sind End-of-the-Pipe-Maßnahmen grundsätzlich ökologisch vertretbar.

▲ Abb. 334 Stufen der Emissions- und Abfallbegrenzung

Interessant ist, dass im Alltag genau umgekehrt vorgegangen wird: Entsorgungslösungen sind Standard, während die Umsetzung ökologisch sinnvoller Vermeidungsansätze zusätzlicher Sensibilisierung bedarf. Dieses Manko zu beheben, stellt eine grundsätzliche Aufgabe des Umweltmanagements dar. Eine weitere Herausforderung im Umweltmanagement besteht darin, die Umweltziele und -maßnahmen nicht einzeln zu betrachten, sondern im Rahmen eines umfassenden und unternehmensspezifisch gestalteten Umweltmanagementsystems aufeinander abzustimmen.

5.3.6 Umweltmanagementsystem

Ein **Umweltmanagementsystem** umfasst als Teil des gesamten Managementsystems die organisatorischen Strukturen, die Verantwortlichkeiten, die Prozesse und die Voraussetzungen für den Aufbau und die Umsetzung der Umweltpolitik eines Unternehmens.

In einem Umweltmanagementsystem muss klar festgelegt werden, wer für welche Problembereiche (z.B. bezüglich der Systemabgrenzungen) im Unternehmen welche Aufgaben, Kompetenzen und Verantwortlichkeiten hat. Umfassende Umweltmanagementsysteme beruhen auf Umwelt-Audits.

Umwelt-Audits sind systematische, regelmäßige, objektive und dokumentierte Erhebungen und Bewertungen der Umwelteinwirkungen der Unternehmenstätigkeit.

Ohne eine regelmäßige Überprüfung und Weiterentwicklung der Umweltpolitik besteht die Gefahr, dass Umweltschutzbestrebungen im Alltagsstress sehr schnell vernachlässigt werden.

Umweltmanagementsysteme können durch speziell dafür geschaffene Institutionen begutachtet werden. Erfüllt ein Umweltmanagementsystem die geforderten Bedingungen, so erhält es ein **Zertifikat**. Die Grundidee der Zertifizierung besteht darin, dass durch die Möglichkeit einer freiwilligen externen Prüfung des Umweltmanagementsystems die Unternehmen von einem reaktiven zu einem eigenverantwortlichen Handeln in Umweltangelegenheiten motiviert werden sollen. Sie sollen ihr umweltfreundliches Verhalten in der Öffentlichkeit bekanntmachen und als Marktchance nutzen können. Als weltweit erster Zertifizierungsstandard wurde 1992 der British Standard BS 7750 „Specification for Environmental Management Systems" geschaffen. Dem British Standard folgten die **EMAS-Ver-**

Elemente	Funktion	Ansatzpunkte
Umweltprüfung	Bestandsaufnahme und Beurteilung der umweltrelevanten Situation (Soll-Ist-Vergleich)	■ Gesetze ■ Interne Vorgaben ■ Bisherige Maßnahmen
Umweltpolitik	Klares Bekenntnis der obersten Führung zur Umweltverantwortung und Festlegung der umweltbezogenen Gesamtziele und Handlungsgrundsätze	■ Leitbild
Umweltziele und Umweltstrategien	Definition von Handlungsfeldern, Zielen und Strategien	■ Erfolgs- und Risikopotenziale ■ Strategien ■ Ziele
Umweltprogramm	Definition konkreter Vorgaben und Maßnahmen zur Verwirklichung der Umweltziele	■ Maßnahmen ■ Mittel ■ Fristen ■ Verantwortlichkeiten
Umweltmanagementkonzept	Aufbau und Sicherung der instrumentellen, organisatorischen und personellen Voraussetzungen zur Umsetzung des Umweltprogramms	■ Information ■ Planung ■ Organisation (inkl. Aufgaben, Kompetenzen, Verantwortlichkeiten) ■ Controlling ■ Führung ■ Dokumentation ■ Ausbildung
Umwelt-Audit	Prüfung und Beurteilung der Funktionsweise und Angemessenheit des Umweltmanagements	■ Umweltmanagementsystem ■ Umweltrecht ■ Umweltleistung
Umweltkommunikation	Information über Maßnahmen und Ergebnisse im Umweltbereich sowie Kommunikation mit Anspruchsgruppen	■ Intern ■ Extern ■ Umweltbericht

▲ Abb. 335 Elemente eines Umweltmanagementsystems (nach Dyllick 1995)

ordnung[1] der Europäischen Gemeinschaften und die **ISO 14 000-Normenreihe**[2] der Internationalen Normungsorganisation. Nach EMAS können sich nur die einzelnen Standorte von gewerblich orientierten Unternehmen in der EU zertifizieren lassen. Eine Nutzung dieses Zertifikats im Rahmen des Marketing ist zudem nur

1 EMAS steht als Abkürzung für Environmental Management and Audit System: Verordnung des Rates vom 29. Juni 1993 über die freiwillige Beteiligung gewerblicher Unternehmen an einem Gemeinschaftssystem für das Umweltmanagement und die Umweltbetriebsprüfung.

2 ISO ist die Abkürzung für International Organization for Standardization.

in geringem Maße möglich. Bei einer Zertifizierung nach der ISO 14 000-Normenreihe sind diese Einschränkungen nicht gegeben. Die Zertifizierung darf in Werbung und Public Relations erwähnt werden. Aus der Sicht der Öffentlichkeit sind dagegen die im Vergleich zu EMAS weniger strengen Anforderungen an das Umweltmanagementsystem (z.B. geringere Verpflichtungen für die Veröffentlichung von Umweltdaten) kritisch zu beurteilen.

Umweltmanagementsysteme können unterschiedlich aufgebaut werden. Sie umfassen im allgemeinen die in ◄ Abb. 335 aufgeführten Elemente.

Das Umweltmanagementsystem wird sinnvollerweise in das bestehende Managementsystem eines Unternehmens integriert. Es muss aus Effizienzgründen nämlich verhindert werden, dass für die verschiedenen Teilsysteme (z.B. Umweltmanagement, Qualitätsmanagement, Sicherheitsmanagement) voneinander unabhängige Managementsysteme aufgebaut werden. Beispielsweise sind im Rahmen des ökologischen Rechnungswesens und des Öko-Controllings als grundlegende Bausteine eines funktionierenden und auch wirtschaftlich durchdachten Umweltmanagements die bestehenden Strukturen des Rechnungswesens und Controllings zu berücksichtigen.

5.3.7 Ökologisches Rechnungswesen

Im traditionellen Rechnungswesen werden nur die finanzwirtschaftlich wirksamen Geschäftsvorgänge erfasst, welche das Unternehmen selbst betreffen. Der Kostenbegriff schließt deshalb den ökologischen Wert nur so weit ein wie sich die ökologischen Wirkungen im Marktpreis (bzw. in dem in der Kostenrechnung berücksichtigten Wert) äußern. Unberücksichtigt bleiben alle jene Kosten, welche zwar vom Unternehmen verursacht, aber von anderen getragen werden (externe Effekte). Deshalb muss ein ökologisches Rechnungswesen eingeführt werden.

Das **ökologische Rechnungswesen** dient als Basis, um die für ein Umweltmanagementsystem erforderlichen Daten zu erheben und sinnvoll aufzubereiten.

Das finanzielle und betriebliche Rechnungswesen stellt eine erste Datenquelle für das ökologische Rechnungswesen dar, vor allem in Bezug auf die Kosten und Erträge von einzelnen Stoff- und Energieströmen. In den meisten Fällen muss das bestehende Rechnungswesen allerdings modifiziert werden, um aussagekräftige Daten zu erhalten.

Für ein ökologisches Rechnungswesen sind neben den Kosten und Erträgen des traditionellen Rechnungswesens deshalb auch die Mengenströme auf der Input- und Outputseite des betrieblichen Umsatzprozesses zu beachten:

1. **Kosten:** Die Stoff- und Energieflüsse führen einerseits zu Kosten, die direkt den verschiedenen Produkten zugerechnet werden können (z.B. Materialkosten)

und andererseits zu Umweltgemeinkosten, die einen Umlageschlüssel erforderlich machen (z.B. Kosten der Abwasserreinigung oder den Produkten nicht direkt zurechenbare Entsorgungskosten).
2. **Mengenströme:** Stoff- und Energieflüsse entstehen im Input- und Outputbereich der Unternehmenstätigkeit. Eine systematische Erfassung und Beurteilung der Mengenströme ist in den meisten Unternehmen noch nicht erfolgt und muss deshalb neu aufgebaut werden.

Eine ökologieorientierte Gestaltung des Rechnungswesens kann auf zwei Arten erfolgen. Die traditionelle Rechnungslegung kann entweder differenziert oder durch eine eigenständige ökologische Rechnungslegung erweitert werden:

1. **Differenzierung** des bestehenden Rechnungswesens: Das Kontensystem wird im Hinblick auf die Umweltpolitik überarbeitet und ergänzt. Das Konto Energieaufwand kann beispielsweise nach den einzelnen Energiearten aufgespaltet werden, um eine differenziertere Beurteilung des Energieverbrauchs zu ermöglichen.
2. **Erweiterung** des bestehenden Rechnungswesens um eine eigenständige ökologische Dimension: Ergänzend zum traditionellen Rechnungswesen wird ein ökologisches Rechnungswesen aufgebaut. Dieses befasst sich mit der systematischen Erfassung, Darstellung und Auswertung der ökologisch relevanten Input- und Outputprozesse eines Unternehmens.

Ein umfassendes Umweltmanagement beinhaltet sowohl eine Differenzierung des traditionellen Rechnungswesens als auch eine Erweiterung durch eine spezielle ökologische Rechnungslegung. Es ist dabei darauf zu achten, dass die ökonomischen und ökologischen Bereiche des Rechnungswesens in einem branchen- und unternehmensspezifisch sinnvollen Gesamtkonzept zusammengeführt werden.

5.3.8 Öko-Controlling

Das **Öko-Controlling** (Umwelt-Controlling) dient als Teil des Umweltmanagementsystems der Formulierung ökologischer Ziele sowie der Planung, Steuerung und Kontrolle der ökologischen Maßnahmen im Unternehmen.

Das Öko-Controlling umfasst die Sammlung, Bewertung und entscheidungsorientierte Aufbereitung aller Umweltinformationen zur Optimierung der ökonomisch-ökologischen Effizienz. Es sollen Prozesse in Gang gesetzt werden, die möglichst selbstregulierend zu einer ökologiebewussten Ausrichtung der gesamten Unternehmenstätigkeit führen. Die Resultate der ökologischen Bemühungen des Unternehmens sollen laufend erfasst und mit den Vorgabewerten verglichen werden. Bei etwaigen Abweichungen sind die Zielsetzungen zu revidieren oder zielorientierte Maßnahmen zu ergreifen. Ein wichtiges Instrument des Öko-Controllings ist dabei die Ökobilanzierung.

5.3.8.1 Ökobilanzen

Eine **Ökobilanz** ist eine Zusammenstellung und Bewertung von Stoff- und Energieflüssen.

Mithilfe von Ökobilanzen können Produkte, Produktbestandteile wie Verpackungen, aber auch ganze Systeme wie beispielsweise Produktionsprozesse, Unternehmen oder Städte auf ihre ökologischen Auswirkungen hin untersucht werden. Die wichtigsten Anwendungsbereiche sind **Produkt-, Prozess-** und **Unternehmensökobilanzen.** Grundlage für die Erstellung einer Ökobilanz ist eine Input-Output-Analyse[1] der Umwelteinwirkungen und eine daraus abgeleitete Darstellung der wesentlichen Stoff- und Energieflüsse.

Für die Gewichtung und Bewertung der Stoff- und Energieflüsse hat sich in der Praxis folgendes Vorgehen zur Erstellung einer Ökobilanz als sinnvoll erwiesen:

1. Definition des Bilanzierungsziels und Festlegung der Systemgrenzen.
2. Erstellung einer Sachbilanz (Darstellung der Stoff- und Energieflüsse unter Einbezug des gesamten ökologischen Produktlebenszyklus, auch Öko-Inventar genannt).
3. Bewertung der Sachbilanz mit einer geeigneten Methode.

Das Wort „Bilanz" im Begriff Ökobilanz täuscht insofern, als es sich bei der Ökobilanz nicht um eine Bestandesrechnung im Sinne der Bilanz in der Finanzbuchhaltung handelt, sondern vielmehr um eine Darstellung der Stoff- und Energieflüsse während eines bestimmten Zeitraumes. Sie entspricht damit eher der Idee der Erfolgsrechnung. Die in der Unternehmenspraxis verwendeten Ökobilanzierungstechniken unterscheiden sich vor allem in der Methode, wie Stoff- und Energieflüsse bewertet werden (▶ Abb. 336).

Bei der Beurteilung von Ökobilanzen sind die Kriterien der Vollständigkeit (Erfassung aller relevanten Input- und Outputdaten), der Objektivität (wissenschaftliche Abstützung von Gewichtungsfaktoren), der Transparenz (in Bezug auf die gewählten Systemgrenzen und Gewichtungsmethoden) und der Praktikabilität (Einfachheit der Erhebung) zu beachten.

1 Vgl. Abschnitt 5.3.3 „Unternehmen und Ökologie".

Methoden	Beschreibung
Auswirkungs-orientierte Klassifizierung	Die Umwelteinwirkungen werden im Hinblick auf ausgewählte Umweltproblembereiche (z.B. Treibhauseffekt, Ressourcenerschöpfung) klassifiziert und beurteilt. Diese Methode gewinnt international zusehends an Bedeutung.
Immissions-grenzwert-methode (kritische Volumina)	Es wird ein Profil der Belastungssituation in Bezug auf die Wasser-, Luft- und Bodenbelastung erstellt. Als Basis für die Zusammenfassung der Belastungswerte (Teilaggregation) dienen die geltenden Immissionsgrenzwerte. Ergänzend werden der Energieverbrauch und die Abfallmengen erfasst. Diese Methode wird vor allem zum Vergleich von Produkten und Verpackungen eingesetzt.
Umwelt-belastungs-punkte (ökologische Knappheit)	Die Schadstoffe werden bei dieser Methode mithilfe von schadstoffspezifischen Ökofaktoren gewichtet, die auf Grund der ökologischen Knappheit berechnet werden. Diese entspricht dem Verhältnis zwischen der maximal tolerierbaren Belastung und der bestehenden Belastung in einem Land. Die Multiplikation von Ökofaktoren mit den vorliegenden Umwelteinwirkungen ergibt Umweltbelastungspunkte (UBP). Diese können beliebig aggregiert werden. Die Umweltbelastungspunktmethode wird in der Praxis vielfältig eingesetzt (z.B. Unternehmens- und Produktökobilanzen).
Umwelt-rechnungs-methode (EPS-Methode, Environmental Priority Strategies)	Fünf schützenswerte Umweltbereiche werden bei dieser Methode unterschieden: Biodiversität (Artenvielfalt), menschliche Gesundheit, landwirtschaftliche Produktion, Ressourcenbeanspruchung und ästhetische Werte. Für alle diese Umweltbereiche wurden quantifizierbare Auswirkungen definiert. In Bezug auf die Gesundheit des Menschen sind dies beispielsweise die Krankheitsanfälligkeit oder der Hungertod. Der Kern der Methode besteht darin, dass den festgestellten Auswirkungen Kosten zugeordnet werden. Beispiele: Kosten von Gesundheitsbeeinträchtigungen oder von Ernteausfällen in der Landwirtschaft (zu Marktpreisen). Die Kosten können voll aggregiert werden.
Toxizitäts-äquivalente	Diese auf den Effekt der Umwelteinwirkungen ausgerichtete Methode gewichtet die Schadstoffe nach ihrer Schädlichkeit. Die Gewichtungsfaktoren (Ökotoxizitätsfaktoren) sind naturwissenschaftlich begründet. Beurteilt werden insbesondere Toxizität (Giftigkeit) für Säugetiere und Wasserlebewesen, Erhöhung des Krebsrisikos, Veränderung von Genen, Anreicherung in Lebewesen und Dauer der Wirkung.

▲ Abb. 336 Übersicht über Bewertungsmethoden für Ökobilanzen (vgl. Hofstetter/Braunschweig 1994; Braunschweig et al. 1994)

5.3.8.2 Weitere Instrumente des Öko-Controllings

Neben der Ökobilanzierung werden im Öko-Controlling verschiedene weitere Instrumente eingesetzt wie beispielsweise:

- **Öko-Effizienz-Portfolio:** In einer Matrixdarstellung wird das Ausmaß der Umweltbelastung von Produkten beispielsweise mit deren Rentabilität, deren Deckungsbeitrag oder deren Umsatz verglichen, um daraus Folgerungen für die Förderung von Produkten ziehen zu können.

- **Ökologiekennzahlen:** Kennzahlen zum Energieverbrauch, zur Wasserbelastung usw. können im Controlling gute Dienste leisten.
- **ABC-Analyse:** Produkte oder Prozesse werden auf Grund der Umwelteinwirkung in Klassen – z. B. in Klasse A (grundlegendes ökologisches Problem) bis C (nicht relevant) – eingeteilt und miteinander verglichen.
- **Produktlinienanalyse:** Die Auswirkungen eines Produktes bzw. einer Produktlinie auf Natur, Gesellschaft und Wirtschaft werden systematisch für alle Phasen des ökologischen Produktlebenszyklus beschrieben und analysiert.
- **Checklisten:** Diese erleichtern es, ökologische Schwachstellen aufzuspüren.
- **Szenariotechnik:** Zukünftige Umweltentwicklungen sind oft nur schwer vorhersehbar. Mit verschiedenen Szenarien (z. B. optimistisches, wahrscheinliches und pessimistisches Szenario) versucht man, mögliche Entwicklungen durchzudenken und in die Planung einzubeziehen.
- **Risikoanalyse:** Um vorhandene Risiken von Produkten und Prozessen vorbeugend ausschalten oder mindern zu können, werden diese systematisch gesucht und überprüft.

5.3.9 Glaubwürdigkeit im Ökologiemanagement

Als Folge der zunehmenden Umweltkosten (z. B. Kosten von umweltbedingten Krankheiten) hängt die Akzeptanz von Produkten in vielen Branchen schon heute auch von der Umweltverträglichkeit dieser Produkte ab. Umweltbelastende Produkte sind zu **Risikoprodukten** für die Hersteller geworden, umweltgerechte Produkte bieten dagegen neue **Marktchancen.** Unabhängig davon ist aber – gerade angesichts des zunehmenden Wettbewerbs – die Verschwendung von Rohstoffen und Energien, eine unnötige Produktion von Abfall oder das Eingehen vermeidbarer Risiken eine Verschleuderung von finanziellen Mitteln. Ökologisches Fehlverhalten ist damit auch eine Form ökonomischen Fehlverhaltens.

Im Ökologiemanagement ist die **Glaubwürdigkeit** der Gesamtheit der Handlungen von großer Bedeutung.[1] Durch die Glaubwürdigkeit erreicht ein Unternehmen nämlich die gesellschaftliche Akzeptanz, die für das langfristige Überleben unerlässlich ist. Deshalb sind beispielsweise ökologische Alibihandlungen im Marketing (z. B. minimalste Veränderungen bei einem weiterhin problematischen Produkt) und Pseudo-Ökologieorientierungen (z. B. Öko-Botschaften in der Kommunikationspolitik ohne entsprechende Marktleistungen und ohne entsprechendes Verhalten) mit Risiken verbunden. Dies wird noch dadurch verstärkt, dass die Sensibilisierung bezüglich des Missbrauchs von Ökologieargumenten in der Gesellschaft in den letzten Jahren gestiegen ist.

1 Zur Glaubwürdigkeit vgl. Abschnitt 5.4 „Unternehmensethik“, insbesondere Abschnitt 5.4.5 „Glaubwürdigkeitskonzept“.

5.4 Unternehmensethik

5.4.1 Aufgabe einer Unternehmensethik

In den letzten Jahren ist der Ruf nach mehr Ethik in der Wirtschaft immer lauter geworden. Auf eine Unternehmensethik beruft man sich vor allem im Zusammenhang mit Ereignissen, welche die Wirtschaft und die Gesellschaft in starkem Maße betreffen und nachteilige Auswirkungen zur Folge haben. Als solche Ereignisse lassen sich beispielsweise anführen:

- Schwerwiegende Chemieunfälle, die nicht nur zu starker Belastung und Verschmutzung der Natur, sondern sowohl zum Tod von Menschen als auch zu großem Sterben in der Tier- und Pflanzenwelt geführt haben.
- Entlassungen von Mitarbeitern, die bei den betroffenen Menschen oft persönliche Schwierigkeiten physischer, psychischer und sozialer Art verursacht haben.
- Abbau und Verschwendung von Ressourcen (Rohstoffen), welche die Lebensbedingungen bestimmter Menschengruppen oder sogar der gesamten Menschheit nachhaltig beeinflusst haben und zu irreversiblen Schäden an Natur und Menschen führen können.

Im betrieblichen Alltag trifft man allerdings noch auf eine Vielzahl weniger spektakulärer ethischer Problemstellungen, genauso wie dies im täglichen Leben in der Familie, im Freundes- und Bekanntenkreis sowie am eigenen Arbeitsplatz der Fall ist, wenn Menschen miteinander leben und zu tun haben. Im Folgenden soll deshalb die Rolle einer Unternehmensethik in solchen ethischen Problemstellungen geklärt werden.

Was ist somit unter Unternehmensethik zu verstehen und welche Konsequenzen ergeben sich daraus für das Management? Vorerst kann man festhalten, dass die Unternehmensethik ein Teilgebiet der Ethik ist. Diese wiederum ist eine wissenschaftliche Disziplin der Philosophie. Als solche untersucht sie das moralische Handeln von Menschen:[1]

1. **Beschreibungs-** und **Begründungsfunktion** (deskriptive Ethik): Die Ethik interessiert die Frage, nach welchen Normen und moralischen Grundsätzen sich Menschen richten oder welche Normen und Regeln überhaupt möglich sind. Sie sagt damit zunächst nichts darüber aus, was moralisch gut oder schlecht ist, sondern versucht zu begründen, warum man ein bestimmtes Verhalten als gut oder schlecht bezeichnen kann.
2. **Vorschriftsfunktion** (normative Ethik): Im Gegensatz zur deskriptiven Auslegung der Ethik versucht die normative Ethik zu zeigen, welche Normen und

1 Die beiden Adjektive „ethisch“ und „moralisch“ werden aus Gründen der Vereinfachung synonym gebraucht, obschon korrekterweise „ethisch“ sich auf die Ethik als philosophische Wissenschaft vom moralischen Handeln des Menschen bezieht, während mit „moralisch“ die Qualität einer Handlung zum Ausdruck gebracht wird.

Grundsätze befolgt werden sollen. Dies äußert sich darin, dass die Ethik eine eigene Moral – Moral verstanden als Gesamtheit von Normen und Werten – entwickelt, nach denen die Menschen einer Gesellschaft sich verhalten sollen. Sie gibt Gebote (Du sollst …) und Verbote (Du sollst nicht …) ab, von denen sie glaubt, dass bei deren Befolgung ein gutes Leben, gerechtes Handeln und vernünftige Entscheidungen Wirklichkeit werden.

Ausgehend von diesen Überlegungen der allgemeinen Ethik können einer Unternehmensethik folgende Aufgaben zugewiesen werden:

1. Beschreibung der Normen und Regeln, nach denen sich die Führungskräfte ausrichten.
2. Umschreibung ethischer Problemstellungen, denen sich ein Unternehmen gegenübersieht.
3. Beurteilung des Unternehmensverhaltens und Begründung, warum dieses ethisch gut oder schlecht ist.
4. Im Sinne einer angewandten Betriebswirtschaftslehre geht es letztlich darum zu zeigen, welche Konsequenzen sich daraus für das unternehmerische Handeln ergeben. Darüber hinaus müssen Konzepte mit den dazugehörigen Instrumenten zur Verfügung gestellt werden, mit denen ethische Probleme analysiert und gelöst werden können.

5.4.2 Ethische Verhaltenstypen im Management

Auf Grund empirisch festgestellter Denkmuster und der dabei wesentlichen Bestimmungsfaktoren konstruierten P. Ulrich/Thielemann (1992) typische ethische Verhaltensweisen von Managern. In einem späteren Zeitpunkt versuchten sie mit Hilfe umfangreicher Interviews mit obersten Führungskräften, diese Verhaltenstypen empirisch zu belegen.

Zur Einteilung der verschiedenen Verhaltenstypen haben sich die beiden folgenden Dimensionen als entscheidend erwiesen (P. Ulrich/Thielemann 1992, S. 24f.):

- In der ersten Dimension geht es um die **Wahrnehmungsform** in Bezug auf die Wirtschaft, wobei zwei Ausprägungen zu unterscheiden sind. Im ersten Fall hat ein Manager ein Bewusstsein darüber ausgebildet, dass das wirtschaftliche Geschehen wesentlich von überpersönlich wirkenden, anonymen Strukturen der Wirtschaft geprägt wird. Diese so genannten wirtschaftlichen Sachzwänge haben ihre eigene „Sachlogik“, innerhalb derer sich das unternehmerische Entscheiden und Handeln bewegen muss. Ulrich/Thielemann sprechen deshalb vom „systemorientierten“ Typus. Im anderen Fall wird davon ausgegangen, dass die Wirtschaft ein Lebensbereich sei genauso wie beispielsweise die Politik, die Familie, die Kunst oder die Wissenschaft. In diesem Falle sieht man von

Problembewusstsein \ Wahrnehmungsform	Systemorientierte (Wirtschaft als *System*)	Kulturorientierte (Wirtschaft als *Lebenswelt*)
Harmonisten	Ökonomisten	Konventionalisten
Konfliktbewusste	Reformer	Idealisten

▲ Abb. 337 Ethische Verhaltenstypen im Management

der Existenz spezifisch ökonomischer Sachzwänge ab, und es stellt sich kein besonderes unternehmensethisches Problem: Ethik ist in den Lebensbereich der Wirtschaft integriert und stellt etwas ganz Normales und Selbstverständliches dar. Manager dieses Typus werden deshalb als „Kulturorientierte" bezeichnet.

- In der zweiten Dimension geht es um den Grad des **Problembewusstseins** bezüglich des Verhältnisses zwischen Ethik und Erfolg in der Wirtschaft: Entweder ist ein Manager der Ansicht, dass die „Harmonie" von Erfolg und Ethik im wesentlichen und unter normalen Umständen als gegeben angesehen werden kann, oder er geht davon aus, dass zwischen Unternehmenserfolg und ethischen Anforderungen regelmäßig ein Konflikt auftaucht. In diesem zweiten Fall muss die „Harmonisierung" erst noch erfolgen.

Auf Grund dieser beiden Dimensionen ergibt sich eine Vier-Felder-Matrix (◄ Abb. 337), aus der sich vier unternehmensethische Grundmuster ableiten lassen (P. Ulrich/Thielemann 1992, S. 26):

1. Für den **Ökonomisten** steckt die Ethik im gegenwärtigen Marktsystem. Dabei erzeugt – oder begünstigt zumindest – der Marktmechanismus (Konkurrenzprinzip) automatisch ein ethisch richtiges Handeln bzw. die ethisch richtigen Ergebnisse.
2. Für den **Konventionalisten** ist Unternehmensethik eine selbstverständliche Angelegenheit, da die altbekannten „guten Sitten" der Gesellschaft auch im Wirtschaftsleben gelten, so dass er sich nicht zu außergewöhnlichen Anstrengungen veranlasst sieht.
3. Der **Idealist** ist demgegenüber von der Notwendigkeit eines besonderen Einsatzes überzeugt. Die Überwindung des Konfliktes zwischen unternehmerischem Erfolgsstreben und Ethik erhofft er sich von einem allgemeinen kulturellen „Bewusstseinswandel" und nicht so sehr von einer Veränderung des „Systems".
4. Der **Reformer** strebt im Gegensatz zum Idealisten eine Veränderung des Systems an. Die Sachzwangstruktur selbst bedarf in seiner Sicht der ethisch motivierten Veränderung, der Weiterentwicklung oder der Revision.

Auf Grund ihrer Befragung von Führungskräften kommen Ulrich/Thielemann in der erwähnten Studie zum Schluss, dass insgesamt 75% der befragten Führungskräfte als ausdrückliche oder unterschwellige, mehr oder minder strikte Ökonomisten einzustufen sind. Der **Neue Unternehmer,** d.h. der zukünftige Unternehmertyp, könnte aber derjenige sein, der als eine mögliche Ausprägung des Reformers ein zweistufiges Konzept einer umfassenden unternehmensethischen Verantwortung vertritt. Auf der Ebene der Unternehmenspolitik sucht er nämlich – möglichst unter Mitwirkung seiner Mitarbeiter und anderer Anspruchspartner – nach finanziell rentablen Wegen ethisch-sinnvollen Wirtschaftens. Im Falle echter Sachzwänge sieht er seine ordnungspolitische Mitverantwortung darin, einen Beitrag zur Veränderung der Rahmenbedingungen unternehmerischen Handelns zu leisten.

5.4.3 Ethische Problemstellungen

Jedes Unternehmen sieht sich einer Vielzahl ethischer Probleme gegenüber, weil sein Handeln andere Organisationen und viele Menschen in und außerhalb des Unternehmens betrifft. Für eine differenzierte Betrachtung hat es sich deshalb als zweckmäßig erwiesen, nach dem Umfang der Handlungsträger drei Handlungsebenen zu unterscheiden:

1. Auf der **Mikroebene** stehen die Werte und das Handeln des Individuums im Vordergrund. Untersucht werden das Handeln einzelner Menschen in ihren spezifischen Lebensräumen (z.B. Arbeitsplatz) und die Handlungsbedingungen, die das Handeln in diesen Lebensräumen eingrenzen (z.B. Arbeitsbedingungen). Es geht darum zu beschreiben und zu erklären, wie sich der einzelne Mensch als Arbeitgeber, als Manager, als Konsument usw. verhalten kann oder soll. Beispielsweise wird untersucht, welche Handlungsmöglichkeiten ein Mitarbeiter hat, der über die Sicherheit eines Produktes sehr besorgt ist, dessen Argumente aber von den Vorgesetzten nicht ernst genommen werden.
2. Auf der **Mesoebene** wird das Handeln von wirtschaftlichen Organisationen betrachtet. Eine Organisation wie das Unternehmen setzt sich zwar aus einzelnen Menschen zusammen, welche es gestalten und lenken, aber es bildet als Ganzes auch eine wirtschaftliche Einheit und ist als ein eigenständiges Handlungssubjekt aufzufassen. Somit ist ein Unternehmen für sein moralisches Verhalten verantwortlich und hat die Konsequenzen für sein Handeln und Tun zu tragen. Es wird zu einer moralischen Person, genauso wie es eine juristische Person ist, und muss deshalb moralische Rechte und Pflichten übernehmen. Dies bedeutet zum Beispiel, dass nach einer aus einem Unfall resultierenden Umweltkatastrophe einzelne Mitarbeiter für ihr Fehlverhalten und ihre Fehlentscheidungen zur Verantwortung gezogen werden müssen, dass aber gleichzeitig das Unternehmen für die angerichteten Schäden nicht nur juristisch, sondern auch moralisch verantwortlich ist (und deshalb unter Umständen über die juristisch verpflichteten Schadenzahlungen hinaus weitere Leistungen erbringen muss).

3. Auf der **Makroebene** geht es um die Gestaltung der allgemeinen wirtschaftlichen Rahmenbedingungen. Sie fragt nach dem gerechtesten oder besten wirtschaftlichen System, in welchem sich die verschiedenen Organisationen wie Unternehmen, öffentlich-rechtliche Institutionen, Berufsverbände oder Konsumentenvereinigungen bewegen. Inwiefern vermag die freie Marktwirtschaft ethischen Grundsätzen zu genügen? Wie sieht eine gerechte Wirtschaftspolitik aus? Wie ist eine wirksame Umwelt- oder Energiepolitik zu gestalten? Solche Fragen werden auf dieser Ebene aufgegriffen.

Auch wenn diese drei Ebenen nicht immer eindeutig voneinander getrennt werden können, ist diese Unterscheidung für eine Versachlichung der Diskussion und eine gezielte Problembehandlung und -lösung von großer Bedeutung. So wird der Staat im Rahmen seiner Sozialpolitik mit anderen Problemen konfrontiert als das Unternehmen bei der Formulierung eines sozialen Konzeptes für die Mitarbeiter im Rahmen der Unternehmenspolitik. Soziales Verhalten des einzelnen Mitmenschen wiederum verlangt nochmals nach einer anderen Betrachtungsweise.

Im Rahmen einer Unternehmensethik stehen die Fragen der Mesoebene im Vordergrund, auf die in den folgenden Abschnitten näher eingegangen wird.

5.4.4 Ethische Grundsätze

Will man das moralische Verhalten eines Unternehmens beurteilen oder dem Management eine Entscheidungshilfe für ethische Problemstellungen geben, so können vorerst allgemeine Regeln aus verschiedenen Bereichen (Religion, Gesellschaft, Manager-Regeln) herangezogen werden wie beispielsweise:

- **Goldene Regel:** Handle in der Weise, in der du erwartest, dass andere dir gegenüber handeln.
- **Utilitaristisches Prinzip:** Handle in der Weise, dass der größte Nutzen für die größte Anzahl Menschen entsteht.
- **Kants kategorischer Imperativ:** Handle in der Weise, dass deine Handlung in einer spezifischen Situation ein allgemeines Verhaltensgesetz sein könnte.
- **Experten-Ethik:** Unternimm nur Handlungen, welche von einem nicht von diesen Handlungen betroffenen Experten-Team als korrekt bezeichnet würden.
- **TV-Test:** Ein Manager sollte sich immer die Frage stellen, ob er sich wohl fühlen würde, wenn er seine Entscheidungen und Handlungen am Abend im Fernsehen vor einem breiten Publikum begründen müsste.

Es wäre nun illusorisch zu glauben, dass es auf Grund solcher Regeln *das* ethische Handeln gäbe. Zu erwähnen sind vor allem zwei Gründe:

1. Erstens ist das Unternehmen ein soziales System, das durch vielfältige Beziehungen mit seiner Umwelt, d.h. den Konsumenten, den Gewerkschaften, den

Lieferanten, den Kapitalgebern, dem Staat usw., verbunden ist. Die Ansprüche dieser verschiedenen Partner sind aber derart unterschiedlich, dass auch die Vorstellungen, was ein moralisch gutes Verhalten des Unternehmens ist, stark voneinander abweichen. Beispielsweise ist der Aktionär in der Regel an einer gerechten Dividende interessiert, welche eine angemessene Entschädigung für das eingegangene Risiko darstellen soll, während die Gewerkschaften eine gerechte Entlohnung fordern, die dem Einsatz des Produktionsfaktors Arbeit Rechnung trägt. Was allerdings als angemessen oder gerecht zu bezeichnen ist, darüber gehen die Meinungen auseinander.

2. Zweitens ist zu beachten, dass einige wenige allgemeine moralische Grundsätze zwar wünschenswert sind (weil sie bei der Lösung sehr vieler ethischer Problemstellungen herangezogen werden können), sich aber immer wieder Schwierigkeiten bei der „richtigen" Interpretation dieser Regeln in konkreten Situationen ergeben. Dies führt nicht selten dazu, dass aus der gleichen allgemeinen Norm unterschiedliche, sich unter Umständen widersprechende Unternormen abgeleitet werden. Was bedeutet beispielsweise eine gerechte Entlohnung bzw. ein gerechtes Lohnsystem? Ist es gerecht in Bezug auf die erbrachte Leistung, ist es gerecht in Bezug auf die Art der zu verrichtenden Arbeit oder ist es gerecht in Bezug auf soziale Kriterien wie Alter, Familienstand oder Familiengröße?[1] Auf der anderen Seite ist es unmöglich, für alle ethischen Problemstellungen spezifische Regeln aufzustellen. Dies würde wegen der Vielzahl solcher Situationen zu einer starken Bürokratisierung führen, ganz abgesehen davon, dass die Regeln ständig überarbeitet werden müssten und dennoch nie alle Tatbestände erfassen würden.

Auf Grund dieser Überlegungen scheint es nicht sinnvoll, nach den „richtigen" moralischen Grundsätzen für unternehmerisches Handeln zu fragen, denn dies würde implizieren, dass es sie erstens gibt und dass sie zweitens auch richtig angewendet werden können. Viel wichtiger scheint die Frage zu sein, wie ethisches Handeln eines Unternehmens konkret zum Ausdruck kommt.

5.4.5 Glaubwürdigkeitskonzept[2]

5.4.5.1 Glaubwürdigkeit als Leitmotiv

Das Unternehmen ist Teil eines übergeordneten Systems, nämlich der Gesellschaft. Dies hat zur Folge, dass das Handeln von Unternehmen in Bezug auf diese Gesellschaft gesehen werden muss, denn vom wirtschaftlichen Handeln sind viele Menschen sowohl unmittelbar als auch mittelbar betroffen. Aus diesem Tatbestand lässt sich die Legitimation einer Gesellschaft ableiten, dass sie beurteilen

1 Zur Lohngerechtigkeit vgl. Teil 8, Kapitel 5, Abschnitt 5.3.1 „Lohn und Lohngerechtigkeit".

2 Eine ausführliche Darstellung dieses Glaubwürdigkeitskonzepts findet sich in Thommen (1996d).

darf, ob ein Unternehmen moralisch handelt oder nicht, d.h. auch zu einem guten gesellschaftlichen Leben beiträgt oder nicht, wie dies das Ziel der Ethik ist. Um somit als Element einer Gesellschaft existieren zu können, muss ein Unternehmen letztlich von dieser Gesellschaft bzw. von den verschiedenen Anspruchsgruppen dieser Gesellschaft akzeptiert werden. Dies wird ein Unternehmen aber nur dann erreichen, wenn es offen gegenüber seiner Umwelt ist, ein ehrliches Verhalten an den Tag legt und auf die Anliegen seiner Anspruchspartner eingeht.[1] Eine solche Akzeptanz hat zur Folge, dass die Gesellschaft einem Unternehmen vertraut. Mit anderen Worten: Ein Unternehmen verdient das Vertrauen, es ist würdig, dass man ihm glaubt.

Die **Glaubwürdigkeit** wird damit zum zentralen Leitmotiv unternehmerischen Handelns.

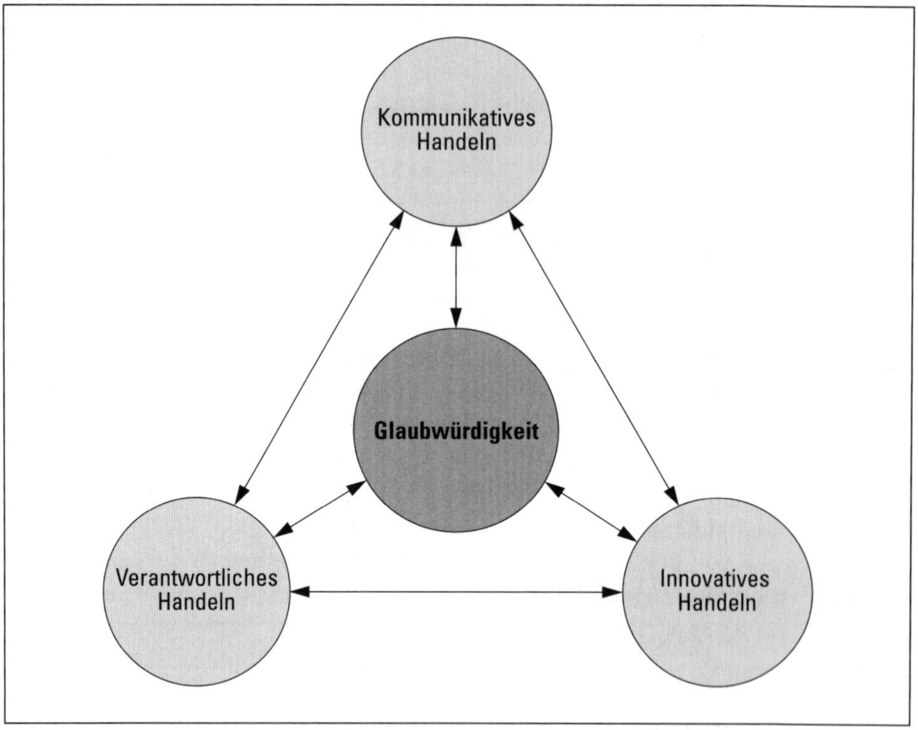

▲ Abb. 338 Konstitutive Elemente einer Glaubwürdigkeitsstrategie

1 Man spricht in diesem Zusammenhang auch von einer **Social Responsiveness** des Unternehmens und meint damit seine Fähigkeit, einerseits für die Ansprüche der von seinem Handeln Betroffenen empfänglich zu sein und andererseits diese Ansprüche so weit als möglich zu berücksichtigen.

Sie stellt das Ergebnis ethischen Handelns dar und wird zum Beurteilungskriterium unternehmensethischen Handelns.

Auf Grund dieser Überlegungen wird eine bewusste und aktive **Glaubwürdigkeitsstrategie** zu einer unerlässlichen Voraussetzung für die Erreichung von Glaubwürdigkeit. Ein solches Verhalten setzt sich aus drei Handlungskomponenten zusammen, nämlich

- dem **verantwortlichen,**
- dem **kommunikativen** sowie
- dem **innovativen** Handeln.

Diese drei Komponenten sind als die konstitutiven Elemente einer aktiven Glaubwürdigkeitsstrategie des Unternehmens zu betrachten. Wie aus ◀ Abb. 338 ersichtlich, hängen diese drei Handlungskomponenten eng miteinander zusammen und führen nur im gegenseitigen Wechselspiel zum gewünschten Ziel, d.h. zu Vertrauen und Glaubwürdigkeit.

5.4.5.2 Kommunikatives Handeln

Kommunikatives Handeln im Rahmen einer Glaubwürdigkeitsstrategie bedeutet grundsätzlich, dass die verschiedenen Anspruchsgruppen des Unternehmens als echte Kommunikationspartner verstanden werden. Damit entsteht eine wechselseitige Beziehung, bei der das Unternehmen diese Anspruchsgruppen nicht nur als Informationsempfänger, sondern auch als Informationssender betrachtet. Das Unternehmen hat deshalb die Wertvorstellungen und Bedürfnisse seiner Umwelt zu beobachten und zu erkennen, genauso wie es beispielsweise schon immer die Bedürfnisse der Konsumenten erforscht hat, um marktgerechte Produkte anbieten zu können. Diese Wertvorstellungen sind jedoch nicht konstant. Erinnert sei in diesem Zusammenhang an den gesellschaftlichen Wertewandel, der in den letzten Jahren durch eine außerordentlich hohe Dynamik gekennzeichnet war.

Aus der Sicht des Unternehmens steht in der Phase des Informationsaustausches die Öffentlichkeitsarbeit[1] im Vordergrund, in welcher es sich nach außen selber darstellt und sein Handeln verständlich machen will. Diese Selbstdarstellung soll aber über die herkömmlichen Public-Relations-Konzepte hinausgehen. Gefragt sind nicht billige Alibi-Übungen, welche die Realität eher verschleiern, sondern Maßnahmen, die sich an ihr orientieren und sich mit ihr auseinandersetzen. In diesem Sinne können nach Röglin/Grebmer (1988, S. 70ff.) vier Prinzipien der Öffentlichkeitsarbeit formuliert werden:

1 Zur Öffentlichkeitsarbeit (Public Relations) vgl. Teil 2, Kapitel 6, Abschnitt 6.2 „Public Relations“.

1. **Prinzip der verhaltensorientierten Öffentlichkeitsarbeit:** Der Glaubwürdigkeit des Informanten kommt eine entscheidende Bedeutung zu, wenn es darum geht, ob eine Information angenommen wird oder nicht. Deshalb entscheidet das tatsächliche, konkret überprüfbare und sichtbare Verhalten der Mitarbeiter – von der Geschäftsleitung bis hin zu jedem einzelnen Mitarbeiter – über das Vertrauen zwischen Unternehmen und Gesellschaft.
2. **Prinzip der mitwirkungsorientierten Öffentlichkeitsarbeit:** Richtig informieren kann man nur, wenn man weiß, welche Informationen gefragt sind. Deshalb hat das Unternehmen in einen Dialog zu treten, welcher ermöglicht, auf jene Fragen einzugehen, die die Öffentlichkeit auch tatsächlich interessieren. Es können in einem Dialog auch komplexe Sachverhalte geklärt werden, weil Unklarheiten durch Rückfragen ausgeräumt werden können.
3. **Prinzip der rückhaltlosen Öffentlichkeitsarbeit:** Glaubwürdigkeit wird nur mit vollständiger Information erreicht. Ein Unternehmen wirkt nicht glaubwürdig, wenn es nur Positives verkündet, das Negative aber zu verheimlichen oder zumindest nicht zu erwähnen versucht. Dies bedeutet nun nicht, dass in erster Linie das Negative interessieren würde, aber die Erfahrung des Menschen ist es, dass jede Sache meistens eine positive und eine negative Seite hat. Die negative zu verschweigen oder herunterzuspielen hat besonders dann schwerwiegende Konsequenzen, wenn sie in aller Deutlichkeit, zum Beispiel in Form einer Umweltkatastrophe, zum Vorschein kommt.
4. **Prinzip der nicht-akzeptanzorientierten Öffentlichkeitsarbeit:** Versucht man die einzelnen Mitglieder und Gruppen einer Gesellschaft als echte Partner zu begreifen, dann muss man ihnen auch eine eigene Meinung zugestehen, die von der Meinung und den Wertvorstellungen des Unternehmens abweichen kann. Ziel der Öffentlichkeitsarbeit kann es nicht nur sein, dass die anderen das Handeln des Unternehmens akzeptieren. Dies würde bereits implizieren, dass das Handeln des Unternehmens als einzig richtig betrachten würde, welches deshalb auch nicht geändert werden müsste.

5.4.5.3 Verantwortliches Handeln

„Verantwortung tragen“ bedeutet vom Wort her nichts anderes als „zu antworten, Rede und Antwort zu stehen“ und damit die Konsequenzen zu tragen, sei es, um beispielsweise einen Schaden so gut wie möglich zu beheben, oder sei es, um einen zukünftigen Schaden zu verhindern. Aus unternehmensethischer Sicht können daraus drei Aspekte der Verantwortung abgeleitet werden:

1. **Rollen-Verantwortung:** Verantwortung kann im organisatorischen Sinne als Pflicht eines Aufgabenträgers angesehen werden, für die zielentsprechende Erfüllung einer Aufgabe oder Rolle, die ihm zugewiesen worden ist, Rechenschaft abzulegen. Dies gilt auch für ein Unternehmen als Institution. Als Teil

der Gesellschaft hat es sich an den Ansprüchen verschiedener Interessengruppen (Kunden, Lieferanten, Gläubiger, Arbeitnehmer, Staat) zu orientieren. Ein Teil dieser Ansprüche wird über die Austauschbeziehungen des Marktes befriedigt. Es verbleiben aber zusätzliche Ansprüche, die sich aus den Wertvorstellungen der Öffentlichkeit ableiten. Dem Unternehmen wird sozusagen eine bestimmte Rolle in der Gesellschaft zugewiesen, über deren Erfüllung es Rechenschaft ablegen muss.

2. **Kausale Verantwortung:** Gemäß diesem Aspekt ist ein Unternehmen für jene Probleme verantwortlich, die es selber verursacht hat. Falls es beispielsweise ein Gewässer verschmutzt hat, dann ist es dafür und für die sich daraus ergebenden Konsequenzen (z.B. Reinigung, Schadenzahlungen) verantwortlich. Diese Form der Verantwortung lässt sich in der Regel leicht feststellen; hingegen führt die Frage, ob ein Selbstverschulden vorliege oder nicht, häufig zu heftigen Auseinandersetzungen. Eine Antwort hängt dabei nicht unwesentlich vom Umfang der Fähigkeitsverantwortung ab.
3. **Fähigkeitsverantwortung:** Bei dieser Betrachtung ist ein Unternehmen verantwortlich für alle Situationen, für die es auch fähig ist, eine Problemlösung zu bieten. Die inhaltliche Umschreibung dieser Art von Verantwortung bringt allerdings einige Schwierigkeiten mit sich. Wann ist ein Unternehmen fähig, ein bestimmtes Problem – zum Beispiel die Entwicklung eines sicheren oder umweltfreundlichen Produktes – zu lösen? Dies hängt in erster Linie von der Innovationsfähigkeit sowie den zur Verfügung stehenden Ressourcen des Unternehmens ab.

5.4.5.4 Innovatives Handeln

In der unternehmensethischen Diskussion wird oft vergessen, dass sich ethisches und unternehmerisches Handeln in keiner Weise widersprechen müssen, sondern in Einklang miteinander stehen, einander sogar bedingen. Unternehmerisches Handeln bedeutet nämlich primär innovativ sein. Dies ist aber genau, was ethisches Handeln in starkem Maße verlangt. Denn es gilt, sowohl für bestehende Probleme bessere Lösungen als auch für neuartige Probleme gute Lösungen zu finden, welche von den Anspruchspartnern akzeptiert werden. Innovatives und kreatives Denken ist somit Voraussetzung für ethisches Handeln.

Grundsätzlich ist zu beachten, dass Innovationen nicht unbedingt aus gesamtwirtschaftlicher Perspektive neu sein müssen, sondern es auch aus der Sicht eines einzelnen Unternehmens oder einer Branche sein können. Im allgemeinen werden dabei drei Arten von Innovationen unterschieden:

1. **Produktinnovationen,** d.h. Neuerungen bezüglich der Angebotsleistungen, wobei sich diese auf quantitative, qualitative, zeitliche oder geografische Aspekte beziehen können.

2. **Verfahrensinnovationen,** d.h. Neuerungen im güter- und finanzwirtschaftlichen Leistungserstellungsprozess.
3. **Sozialinnovationen,** d.h. Neuerungen im (zwischen)menschlichen Bereich, insbesondere im Führungs- und Organisationssystem des Unternehmens.

Innovatives Handeln im Hinblick auf Glaubwürdigkeit kann sich deshalb in verschiedenen Bereichen zeigen, wie folgende Beispiele veranschaulichen:

- Produkte herstellen, die einem echten Bedürfnis entsprechen und versuchen, dieses mit neuen Produkten immer besser zu befriedigen.
- Technologien erfinden, die für die Umwelt (Natur, Mitarbeiter, Gesellschaft) keine Gefahren mit sich bringen bzw. die Umwelt weniger belasten (z.B. Einsparungen beim Materialverbrauch, Wiederverwendung von Abfallmaterialien, Substitution gefährlicher durch ungefährliche Stoffe, Energieeinsparung bei der Produktion).
- Produkte mit neuen Verpackungsformen absetzen, welche weniger umweltbelastend sind (z.B. Verkauf von Motorenöl aus Selbstzapfanlagen an DEA Tankstellen; Verzicht auf Aluminiumdosen).
- Mit originellen Werbekampagnen den Konsumenten mitteilen, dass auch sie einen Beitrag zur Verwirklichung eines ethischen Verhaltens des Unternehmens leisten müssen. Als Beispiele aus verschiedenen Bereichen wären zu nennen:
  - Recycling von Verpackungen, zum Beispiel Rückgabe von Flaschen oder Jogurt-Gläsern.
  - Bezahlung höherer Preise, wie dies bereits in Ausnahmefällen anzutreffen ist (z.B. bei biologisch angebautem Gemüse oder Fleisch aus Freilandhaltung).
  - Verzicht auf umweltbelastende Produkte (z.B. Fluorchlor-Kohlenwasserstoff [FCKW] in Spraydosen).
- Durch neue Führungs- und Arbeitsformen die Motivation und Arbeitsfreude der Mitarbeiter steigern (wie dies – um ein bekanntes Beispiel zu nennen – schon vor einiger Zeit Volvo mit der Einführung von teilautonomen Arbeitsgruppen geschafft hat, die zudem noch mit einer Produktivitätssteigerung verbunden war).

5.4.6 Zusammenfassung

Entscheidungen des Managements versuchte man lange Zeit (und zum Teil auch heute noch) mit dem Bild des **Homo oeconomicus** zu erklären, der immer rational handelt. Unter rationalen Handlungen wurden dabei solche verstanden, die unter Berücksichtigung des ökonomischen Prinzips zur Maximierung des Gewinns führen. Eine derartige Gewinnmaximierung ist möglich, weil der Homo oeconomicus sämtliche Handlungsmöglichkeiten kennt und alle Konsequenzen seines Handelns absolut sicher vorauszusagen vermag. Dieses eindimensionale Bild wird aber den komplexen Realitäten und Entscheidungssituationen, denen sich das Management gegenübersieht, nicht mehr gerecht. Der Begriff Rationalität ist deshalb für das Management neu zu definieren und mit einem aktuellen und realitätsnahen Inhalt zu füllen.

Unter Berücksichtigung ökonomischer und ethischer Aspekte soll deshalb die unternehmerische Rationalität in drei Komponenten aufgespalten werden:

1. **Technische Rationalität:** Bei diesem Aspekt steht die Effizienz (= Leistungsfähigkeit) des Handelns im Vordergrund. Es geht darum, wie man mit möglichst wenig Input an Arbeitsleistungen oder Rohstoffen einen möglichst großen Output an Gütern erzielen kann. Es handelt sich meistens um (rein mengenmäßige) Produktivitätsbeziehungen wie Anzahl hergestellte Fahrzeuge pro Mitarbeiter und Jahr.[1]
2. **Ökonomische Rationalität:** Es genügt aber nicht, nur effizient zu sein. Falls ein Unternehmen seine (effizient) produzierten Güter einlagern muss, weil sie niemand kaufen will, wird es früher oder später in Schwierigkeiten geraten. Das Beispiel der schweizerischen Uhrenindustrie ist noch in bester Erinnerung. Deshalb ist es wichtig, nur solche Güter herzustellen, die einem echten Bedürfnis der Konsumenten entsprechen, die konkurrenzfähig sind, deren Preise die Kosten decken und darüber hinaus einen Gewinn erzielen. In den Vordergrund rückt deshalb die Effektivität (= Leistungswirksamkeit), d.h. die Wirksamkeit der betrieblichen Tätigkeiten im Hinblick auf das im marktwirtschaftlichen System angestrebte Gewinnziel. Oder mit Peter Drucker (1967) auf eine einfache Formel gebracht: „It is more important to do the right things than to do the things right." Je besser dabei das (wertmäßige) Wirtschaftlichkeitsverhältnis zwischen Ertrag und Aufwand ist, umso größer wird der Gewinn ausfallen.
3. **Sozioökonomische Rationalität:** Wirtschaftliches Handeln und Gewinnerzielung geschehen nicht im luftleeren Raum. Immer stärker setzt sich die Einsicht durch, dass ein Unternehmen nur Teil eines umfassenden politischen, ökonomischen, sozialen und kulturellen Systems ist. Will das Unternehmen als Element dieses komplexen Systems langfristig überleben, so hat es nicht nur bestimmte Pflichten gegenüber den Mitarbeitern und den Konsumenten, sondern auch gegenüber der Gesellschaft wahrzunehmen. Es hat sich zu fragen, was eine gute Unternehmensmoral ist, nach der das Unternehmen gut geführt wird und seine Mitarbeiter gerecht handeln. Dies ist auch der Grund, weshalb einige Firmen einen Ethik- bzw. Verhaltenskodex aufgestellt haben, in welchem sie ihre moralischen Grundsätze umschreiben.

Diese drei Teilrationalitäten dürfen nicht isoliert für sich allein betrachtet und zum reinen Selbstzweck erhoben werden. Effizientes Handeln darf nur im Hinblick auf die Bedürfnisbefriedigung der Kunden gesehen werden, während gewinnorientiertes Handeln die gesellschaftlichen Auswirkungen berücksichtigen

1 Zur Produktivität vgl. Teil 1, Kapitel 3, Abschnitt 3.2.2.2 „Produktivität".

muss. Umgekehrt bezieht sich eine Unternehmensethik immer auf Menschen und ihr wirtschaftliches Handeln. Deshalb ist es verständlich, dass sich diese drei Aspekte gegenseitig bedingen und beeinflussen.

Die drei Komponenten dieser neu interpretierten Rationalität stehen zwar oft im Einklang miteinander, indem beispielsweise gut bezahlte Mitarbeiter sehr effizient arbeiten und daraus eine gute Wirtschaftlichkeit resultiert. Gerade in konkreten Entscheidungssituationen und unter dem Druck der täglichen Arbeit stehen diese Teilrationalitäten aber nur allzu häufig in einem Widerspruch zueinander und bedeuten auch für den verantwortungsbewussten Manager nur schwer zu lösende Zielkonflikte. Unangenehmerweise zeichnen sich jedoch echte unternehmerische Entscheidungen gerade dadurch aus, dass sie alle drei Aspekte berücksichtigen müssen, um der Realität gerecht zu werden. Deshalb kann ein Unternehmen **langfristig** nur überleben, wenn es gemäß den drei Rationalitäten effizient ist, sich am Gewinn orientiert und ethisch handelt.

In den Mittelpunkt unternehmerischer Entscheidungen rückt deshalb die Abstimmung dieser drei Forderungen. Je besser es einem Unternehmen dabei gelingt, seine langfristigen Ziele – zu nennen sind beispielsweise die Existenzsicherung, die Erhaltung der Wettbewerbskraft, die Bewahrung der Unabhängigkeit, der Aufbau einer guten Unternehmenskultur – unter Berücksichtigung ökonomischer *und* ethischer Aspekte zu erreichen, umso glaubwürdiger und um so erfolgreicher wird es langfristig sein.

Literaturhinweise

Bleicher, Knut: Das Konzept Integriertes Management. Das St. Galler Management-Konzept. 5. revidierte und erweiterte Auflage, Frankfurt/New York 1999

Brenner, Walter: Grundzüge des Informationsmanagements. Berlin u. a. 1994

Corsten, H./Reiss, M. (Hrsg.): Handbuch Unternehmungsführung. Konzepte, Instrumente, Schnittstellen. Wiesbaden 1995

Fischer, Guido: Ökologie und Management. Eine Einführung für Praxis und Studium. Zürich 1996

Kaplan, R./Norton, D.: Balanced Scorecard. Strategien erfolgreich umsetzen. Stuttgart 1997

Kreikebaum, Hartmut: Strategische Unternehmensplanung. 6., überarbeitete und erweiterte Auflage, Stuttgart 1997

Lombriser, R./Abplanalp, P.: Strategisches Management. Visionen entwickeln, Strategien umsetzen, Erfolgspotenziale aufbauen. 2. Auflage, Zürich 1998

Macharzina, Klaus: Unternehmensführung. Das internationale Managementwissen. Konzepte – Methoden – Praxis. 3., aktualisierte und erweiterte Auflage, Wiesbaden 1999

Nonaka, I./Takeuchi, H.: Die Organisation des Wissens. Wie japanische Unternehmen eine brachliegende Ressource nutzbar machen. Frankfurt a.M. 1997

Probst, G. J. B./Büchel, B. S. T.: Organisationales Lernen. Wettbewerbsvorteile der Zukunft. 2. aktualisierte Auflage, Wiesbaden 1998

Probst, G./Raub, St./Romhardt, K.: Wissen managen. Wie Unternehmen ihre wertvollste Ressource optimal nutzen. 2. Auflage, Frankfurt a.M. 1998

Rühli, Edwin: Unternehmungsführung und Unternehmungspolitik. Band 1, 3., vollständig überarbeitete und erweiterte Auflage, Bern/Stuttgart 1996. Band 2, 2. Auflage, Bern/Stuttgart 1988. Band 3, Bern/Stuttgart/Wien 1993

Staehle, Wolfgang H.: Management. Eine verhaltenswissenschaftliche Perspektive. 8. Auflage, München 1999

Steinmann, H./Schreyögg, G.: Management. Grundlagen der Unternehmungsführung. Konzepte – Funktionen – Praxisfälle. 4., überarbeitete und erweiterte Auflage, Wiesbaden 1997

Thommen, Jean-Paul: Glaubwürdigkeit: Die Grundlage unternehmerischen Denkens und Handelns. Zürich 1996d

Wunderer, Rolf: Führung und Zusammenarbeit. Eine unternehmerische Führungslehre. 3. Auflage, Neuwied/Kriftel 2000

Literaturverzeichnis

Abrams, Rhonda M.: The Successful Business Plan: Secrets & Strategies. Grants Pass, Oregon 1991

Adams, John S.: Toward an Understanding of Inequity. In: Journal of Abnormal and Social Psychology, 67. Jg., 1963, S. 422–436

Achleitner, A.-K./Achleitner, P.: Unternehmensüberwachung durch Interessengruppen. In: Achleitner, A.-K./Thoma, G.F. (Hrsg.): Handbuch Corporate Finance. Köln 1997

Achleitner, A.-K./Thoma, G.F. (Hrsg.): Handbuch Corporate Finance. Köln 1997

Achleitner, A.-K.: Handbuch Investment Banking, 2., überarbeitete und erweiterte Auflage, Wiesbaden 2000

Ahlert, Dieter: Distributionspolitik. 3. Auflage, Stuttgart u.a. 1996

Albach, Horst: Investitionspolitik erfolgreicher Unternehmungen. In: Zeitschrift für Betriebswirtschaft, Heft 7, 57. Jg., 1987, S. 636ff.

Albach, H./Klein, G. (Hrsg.): Harmonisierung der Konzern-Rechnungslegung in Europa. Wiesbaden 1990

Amen, M.: Erstellung von Kapitalflußrechnungen. München 1994

Ansoff, Igor W.: Management-Strategie. München 1966

Arnold, Ulli: Beschaffungsmanagement. Stuttgart 1995

Atteslander, Peter: Methoden der empirischen Sozialforschung. 5., völlig neu bearbeitete und erweiterte Auflage, Berlin/New York 1985

AWF Arbeitsgemeinschaft für wirtschaftliche Fertigung: Integrierter EDV-Einsatz in der Produktion. Computer Integrated Manufacturing. Eschborn 1986

Baetge, Jörg: Konzernbilanzen. 5., erweiterte und überarbeitete Auflage. Düsseldorf 2000

Baetge, Jörg: Bilanzen. 5., überarbeitete Auflage, Düsseldorf 2001

Ballwieser, Wolfgang: Aktuelle Aspekte der Unternehmensbewertung. In: Die Wirtschaftsprüfung, 48. Jg., 1995, Heft 4–5, S. 119–129

Bantleon, W./Wendler, E./Wolff, J.: Absatzwirtschaft. Praxisorientierte Einführung in das Marketing. Opladen 1976

Barnard, Chester I.: The Functions of the Executive. Cambridge, Mass. 1938

Barth, Klaus: Betriebswirtschaftslehre des Handels. 2., überarbeitete und wesentlich erweiterte Auflage, Wiesbaden 1993

Bassen, Alexander: Dezentralisation und Koordination von Entscheidungen in der Holding. Wiesbaden 1998

Bea, F.X./Dichtl, E./Schweitzer, M. (Hrsg.): Allgemeine Betriebswirtschaftslehre. 3 Bände. 7., neu bearbeitete Auflage, Stuttgart 1997

Bea, F. X./Göbel, E.: Organisation. Theorie und Gestaltung. Stuttgart 1999

Becker, Jochen: Marketing-Konzeption. Grundlagen des strategischen Marketing-Managements. 6., Auflage, München 1998

Behrens, Bolke: Geballte Macht. In: Wirtschaftswoche, 50. Jg., 1996, Heft 52, S. 74–106

Bender, Dieter et al. (Hrsg.): Vahlens Kompendium der Wirtschaftstheorie und Wirtschaftspolitik. Band 1 und 2, 6., überarbeitete und erweiterte Auflage, München 1995

Bennis, W./Nanus, B.: Leaders. New York 1985 (deutsch: Führungskräfte. Die vier Schlüsselstrategien erfolgreichen Führens. Frankfurt a. M. 1985)

Berekoven, L./Eckert, W./Ellenrieder, P.: Marktforschung. Methodische Grundlagen und praktische Anwendung. 7., vollständig überarbeitete und erweiterte Auflage, Wiesbaden 1996

Berg, Hartmut: Wettbewerbspolitik. In: Bender, Dieter u.a. (Hrsg.): Vahlens Kompendium der Wirtschaftstheorie und Wirtschaftspolitik. Band 2, 6., überarbeitete und erweiterte Auflage, München 1995, S. 239–300

Bisani, Fritz: Personalwesen und Personalführung. Der State of the Art der betrieblichen Personalarbeit. 4., vollständig überarbeitete und erweiterte Auflage, Wiesbaden 1995

Bitz, Michael et al.: Vahlens Kompendium der Betriebswirtschaftslehre. Band 1, 4., völlig überarbeitete und erweiterte Auflage, München 1998

Bitz, Michael et al.: Vahlens Kompendium der Betriebswirtschaftslehre. Band 2, 4., völlig überarbeitete Auflage, München 1999

Blake, R.R./Mouton, J.S.: The Managerial Grid III. The Key to Leadership Excellence. Houston, Texas 1984 (deutsch: Verhaltenspsychologie im Betrieb. Der Schlüssel zur Spitzenleistung. Völlig überarbeitete und ergänzte Neuauflage, Düsseldorf/Wien 1986)

Bleicher, Knut: Organisation. Strategien – Strukturen – Kulturen. 2., vollständig neu bearbeitete und erweiterte Auflage, Wiesbaden 1991

Bleicher, Knut: Leitbilder. Orientierungsrahmen für eine integrative Management-Philosophie. Stuttgart/Zürich 1992

Bleicher, Knut: Normatives Management. Politik, Verfassung und Philosophie des Unternehmens. Frankfurt/New York 1994

Bleicher, Knut: Das Konzept Integriertes Management. Visionen – Missionen – Programme. 5., revidierte und erweiterte Auflage, Frankfurt/New York 1999

Bleicher, K./Gomez, P. (Hrsg.): Zukunftsperspektiven der Organisation. Bern 1990

Bleicher, K./Leberl, D./Paul, H.: Unternehmungsverfassung und Spitzenorganisation. Wiesbaden 1989

Blohm, H./Lüder, K.: Investition. 8., aktualisierte und ergänzte Auflage, München 1995

Boemle, Max: Unternehmungsfinanzierung. 11., überarbeitete Auflage, Zürich 1995

Bohley, Peter: Statistik. Einführendes Lehrbuch für Wirtschafts- und Sozialwissenschaftler. 5., überarbeitete und ergänzte Auflage, München/Wien 1992

Bösenberg, D./Metzen, H.: Lean Management. Vorsprung durch schlanke Konzepte. 3., durchgesehene Auflage, Landsberg/Lech 1993

Brauchlin, Emil: Problemlösungs- und Entscheidungsmethodik. Eine Einführung. 3. Auflage, Bern/Stuttgart/Wien 1990

Braunschweig, A./Förster, R./Hofstetter, P./Müller-Wenk, R.: Evaluation von Bewertungsmethoden für Ökobilanzen – erste Ergebnisse. Zwischenbericht des Nationalfondsprojektes Nr. 5001–35066, IWÖ-HSG. St. Gallen 1994

Braunschweig, A./Müller-Wenk, R.: Ökobilanzen für Unternehmungen. Eine Wegleitung für die Praxis. Bern/Stuttgart/Wien 1993

Brealey, R. A./Myers, S.C.: Principles of Corporate Finance. 5. Auflage, New York 1996

Brenner, Walter: Grundzüge des Informationsmanagements. Berlin u. a. 1994

Brenner, Walter: The Information Superhighway and Private Households. Heidelberg 1996

Brockhoff, Klaus: Produktpolitk. 4., neubearbeitete und erweiterte Auflage. Stuttgart 1999

Bröer, N./Däumler, K.D.: Investitionsrechnungsmethoden in der Praxis. In: Buchführung, Bilanz, Kostenrechnung, Heft 13, 1986, S. 709–720

Bronder, Ch./Pritzl, R. (Hrsg.): Wegweiser für Strategische Allianzen. Meilen- und Stolpersteine bei Kooperationen. Frankfurt a.M./Wiesbaden 1992

Bruhn, Manfred: Marketing. Grundlagen für Studium und Praxis. 3., überarbeitete Auflage. Wiesbaden 1997

Bruhn, M./Stauss, B. (Hrsg.): Dienstleistungsqualität: Konzepte, Methoden, Erfahrungen. Wiesbaden 1991

Bühner, Rolf: Betriebswirtschaftliche Organisationslehre. 9., bearbeitete und ergänzte Auflage, München/Wien 1999

Bühner, Rolf: Management-Holding. Unternehmensstruktur der Zukunft. 2. Auflage, Landsberg/Lech 1992

Bühner, Rolf: Personalmanagement. Landsberg/Lech 1994

Bundesanstalt für Arbeit: Ihre Rechte – Ihre Pflichten. Merkblatt für Arbeitslose. April 1998

Burns, T./Stalker, G.M.: The Management of Innovation. London 1961

Busse von Colbe, Walther: Die neuen Rechnungslegungsvorschriften aus betriebswirtschaftlicher Sicht. In: Zeitschrift für betriebswirtschaftliche Forschung, Nr. 3/4, 39. Jg., 1987, S. 191 – 205

Busse von Colbe, W./Chmielewicz, K.: Das neue Bilanzrichtlinien-Gesetz. In: Die Betriebswirtschaft, Nr. 3, 46. Jg., 1986, S. 289 – 347

Busse von Colbe, Walther/Pellens, Bernhard (Hrsg.): Lexikon des Rechnungswesens – Handbuch der Bilanzierung und Prüfung, der Erlös-, Investitions- und Kostenrechnung. 4., überarbeitete und erweiterte Auflage, München/Wien 1998

Bussiek, S./Fraling, R./Hesse, K.: Unternehmensanalyse mit Kennzahlen. Wiesbaden 1993

Buzzell, R.D./Gale, B.T.: Das PIMS-Programm. Wiesbaden 1989

Chmielewicz, Klaus: Forschungskonzeptionen der Wirtschaftswissenschaft. Stuttgart 1979

Chmielewicz, Klaus: Betriebliches Rechnungswesen, 2 Bände. 3. Auflage, Hamburg 1991

Coenenberg, Adolf G.: Jahresabschluß mit Jahresabschlußanalyse – Betriebswirtschaftliche handelsrechtliche, steuerrechtliche und internationale Grundlagen – HGB, IAS, US-GAAP. 17., völlig neu bearbeitete und erwiterte Auflage, Landsberg/Lech 2000

Coenenberg, Adolf Gerhard: Unternehmensrechnung. München 1976

Coenenberg, Adolf Gerhard: Kostenrechnung und Analyse. Landsberg/Lech 1992

Copeland, T.E./Weston, J.F.: Financial Theory and Corporate Policy. 3. Auflage, Reading, Mass. u.a. 1988

Copeland, T.E./Koller, T./Murrin, J.: Valuation – Measuring and Managing the Value of Companies. 2. Auflage, New York u.a. 1994

Corsten, H./Reiss, M. (Hrsg.): Handbuch Unternehmungsführung. Konzepte, Instrumente, Schnittstellen. Wiesbaden 1995

Corsten, Hans/Reiß, Michael (Hrsg.): Betriebswirtschaftslehre. 2. Auflage, München/Wien 1996

Cyert, R.M./March, J.G.: Behavioral Theory of the Firm. Englewood Cliffs, N.J. 1963

Davenport, Thomas: Process Innovation – Reengineering Work through Information Technology. Boston 1993

Deal, T.E./Kennedy, A.A.: Corporate Cultures. The Rites and Rituals of Corporate Life. Reading, Mass. 1982

Dellmann, K./Franz, P. (Hrsg.): Neuere Entwicklungen im Kostenmanagement. Bern/Stuttgart/Wien 1994

Diller, Hermann (Hrsg.): Vahlens Großes Marketinglexikon. München 1992

Domsch, M./Regnet, E./Rosenstiel, L. von (Hrsg.): Führung von Mitarbeitern. Fallstudien zum Personalmanagement. Stuttgart 1993

Doppler, K./Lauterburg, Ch.: Change Management. Den Unternehmenswandel gestalten. Frankfurt/New York 1994

Drucker, Peter: The Effective Executive. London 1967

Drukarczyk, Jochen: Finanzierung. Eine Einführung. 8., neu überarbeitete Auflage, Stuttgart 1999

Drukarczyk, Jochen: Unternehmensbewertung. München 1996

Drukarczyk, Jochen: Discounted Cash-Flow-Methode. In: Achleitner, A.-K./Thoma, G.F. (Hrsg.): Handbuch Corporate Finance. Köln 1997

Drumm, Hans Jürgen: Personalwissenschaft. 4., überarbeitete und erweiterte Auflage, Berlin/Heidelberg/New York 2000

Dunst, Klaus H.: Portfolio-Management für die strategische Unternehmungsplanung. In: io Management-Zeitschrift, Nr. 11, 48. Jg., 1979, S. 474–477

Dunst, Klaus H.: Portfolio Management. Konzeption für die strategische Unternehmensplanung. 2. Auflage, Berlin/New York 1982

Dürler, Beat: Logistik als Teil der Unternehmungsstrategie. Bern/Stuttgart 1990

Dyllick, Thomas: Management der Umweltbeziehungen. Öffentliche Auseinandersetzungen als Herausforderung. Wiesbaden 1989

Dyllick, Thomas: Ökologisch bewußtes Management. Die Orientierung, Nr. 96, Bern 1990

Dyllick, Thomas: Ökologisch bewußte Unternehmungsführung. Bausteine einer Konzeption. In: Die Unternehmung. Nr. 6, 1992, S. 391–413

Dyllick, Thomas: Die Unternehmung in der sozialen und ökologischen Umwelt. Vorlesungsunterlagen an der Hochschule St. Gallen, Sommersemester 1995. St. Gallen 1995

Ebers, Mark: Organisationskultur: Ein neues Forschungsprogramm? Wiesbaden 1985

Ehrmann, Harald: Logistik. 2., überarbeitete Auflage, Ludwigshafen (Rhein) 1999

Ergenzinger, Rudolf: Arbeitszeitflexibilisierung – Konsequenzen für das Management. Bern/Stuttgart/Wien 1993

Ergenzinger, R./Thommen, J.-P.: Marketing. Vom klassischen Marketing zu Customer Relationship Management und E-Business. Zürich 2001

Falk, B./Wolf, J.: Handelsbetriebslehre. 11., völlig überarbeitete und erweiterte Auflage, Landsberg/Lech 1992

Fayol, Henri: Administration industrielle et générale. Paris 1916

Fischer, Guido: Ökologie und Management. Eine Einführung für Praxis und Studium. Zürich 1996

Forster, Jürg: Teams und Teamarbeit in der Unternehmung. Eine gesamtheitliche Darstellung mit Meinungen aus der betrieblichen Praxis. Bern/Stuttgart 1978

Franke, R./Zerres, M.P.: Planungstechniken. Instrumente für zukunftsorientierte Unternehmensführung. 3., überarbeitete und erweiterte Auflage, Frankfurt a.M. 1992

French, W.L./Bell, C.H.: Organization Development. Englewood Cliffs, N.J. 1973 (deutsch: Organisationsentwicklung. Sozialwissenschaftliche Strategien zur Organisationsveränderung. 2. Auflage, Bern/Stuttgart 1982)

Frese, Erich (Hrsg.): Handwörterbuch der Organisation. 3., völlig neu gestaltete Auflage, Stuttgart 1992

Frese, Erich: Grundlagen der Organisation: Konzept, Prinzipien, Strukturen. 7., überarbeitete Auflage, Wiesbaden 1998

Gabele, Eduard: Die Leistungsfähigkeit der Portfolio-Analyse für die strategische Unternehmensführung. In: Rühli, E./Thommen, J.-P. (Hrsg.): Unternehmungsführung aus finanz- und bankwirtschaftlicher Sicht. Stuttgart 1981, S. 45–61

Gabele, E./Kretschmer, H.: Unternehmensgrundsätze. Empirische Erhebungen und praktische Erfahrungsberichte zur Konzeption, Einrichtung und Wirkungsweise eines modernen Führungsinstrumentes. Frankfurt a. M. 1986

Galbraith, Jay R.: Organization Design. Reading, Mass. 1973

Gaugler, E./Weber, W. (Hrsg.): Handwörterbuch des Personalwesens. 2. Auflage, Stuttgart 1992

Gebhardt, U./Gerke, W./Steiner, M.: Handbuch des Finanzmanagements: Instrumente und Märkte der Unternehmensfinanzierung. München 1993

Gomez, P./Hahn, D./Müller-Stewens, G./Wunderer, R. (Hrsg.): Unternehmerischer Wandel. Konzepte zur organisatorischen Erneuerung. Wiesbaden 1994

Gomez, P./Probst, G.J.B.: Die Praxis des ganzheitlichen Problemlösens. Bern 1995

Gomez, P./Weber, B.: Akquisitionsstrategie. Wertsteigerung durch Übernahme von Unternehmungen. Stuttgart/Zürich 1989

Gomez, P./Zimmermann, T.: Unternehmensorganisation. Profile, Dynamik, Methodik. Frankfurt/New York 1992

Götze, U./Bloech, J.: Investitionsrechnung. Modelle und Analysen zur Beurteilung von Investitionsvorhaben. Berlin u. a. 1992

Greif, Siegfried: Konzepte der Organisationspsychologie. Bern/Stuttgart/Wien 1983

Grimm, Wolfgang: Zur Beeinflußbarkeit von Fehlzeiten. In: Personal, Heft 6, 1981, S. 239–241

Grochla, Erwin: Grundlagen der Materialwirtschaft. Wiesbaden 1978

Grochla, Erwin (Hrsg.): Handwörterbuch der Organisation. 2., völlig neu gestaltete Auflage, Stuttgart 1980

Grochla, Erwin: Grundlagen der organisatorischen Gestaltung. Stuttgart 1982 (Nachdruck 1991)

Grochla, E./Wittmann, W. (Hrsg.): Handwörterbuch der Betriebswirtschaft. Band I/3, 4. Auflage, Stuttgart 1976

Grün, Oskar: Projektorganisation. In: Frese, Erich (Hrsg.): Handwörterbuch der Organisation. 3. Auflage, Stuttgart 1992, Sp. 2102–2116

Grünig, Rudolf: Das Planungskonzept. Instrument zur Gestaltung von Planung und Kontrolle. Bern/Stuttgart/Wien 1992

Günther, Thomas: Unternehmenswertorientiertes Controlling. München 1997

Gutenberg, Erich: Unternehmensführung. Organisation und Entscheidungen. Wiesbaden 1962

Gutenberg, Erich: Grundlagen der Betriebswirtschaftslehre. 1. Band: Die Produktion. 22. Auflage, Berlin/Heidelberg/New York 1976a

Gutenberg, Erich: Grundlagen der Betriebswirtschaftslehre. 2. Band: Der Absatz. 15., neu bearbeitete und erweiterte Auflage, Berlin u. a. 1976b

Haberfellner, Reinhard: Projektmanagement. In: Frese, Erich (Hrsg.): Handwörterbuch der Organisation. 3. Auflage, Stuttgart 1992, Sp. 2090–2102

Haedrich, G./Tomczak, T.: Strategische Markenführung. Bern/Stuttgart 1990

Hamel, G./Prahalad, C. K.: Wettlauf um die Zukunft. Wien 1995

Hammer, M./Champy, J.: Reengineering the Corporation: A Manifesto for Business Revolution. New York 1993

Hammer, M./Champy, J.: Business Reengineering. Die Radikalkur für das Unternehmen. 3. Auflage, Frankfurt a.M./New York 1994

Hammer, Richard M.: Unternehmungsplanung. Lehrbuch der Planung und strategischen Unternehmungsführung. 5., durchgesehene Auflage, München/Wien 1992

Hansen, Robert: Wirtschaftsinformatik I. 6. Auflage, Stuttgart u.a. 1992

Hartfiel, Günter: Lexikon der Soziologie. Zürich 1976

Hartmann, Horst: Materialwirtschaft. Organisation, Planung, Durchführung, Kontrolle. 5., überarbeitete Auflage, Gernsbach 1990

Hasenböhler, R./Kiechl, R./Thommen, J.-P. (Hrsg.): Zukunftsorientierte Management-Ausbildung. Zürich 1994

Hässig, Kurt: Material- und Produktionswirtschaft. In: Thommen, J.-P.: Betriebswirtschaftslehre, Band 1: Unternehmung und Umwelt, Marketing, Material- und Produktionswirtschaft. 4. Auflage, Zürich 1996, S. 385–580

Hässig, Klaus: Prozessmanagement in Unternehmensnetzwerken. Zürich 2000

Häusler, Joachim: Führungssysteme und -modelle. Köln 1977

Heinen, Edmund: Einführung in die Betriebswirtschaftslehre. 9., verbesserte Auflage, Wiesbaden 1985

Heinen, Edmund (Hrsg.): Unternehmenskultur. Perspektiven für Wissenschaft und Praxis. München/Wien 1987

Heinen, Edmund: Industriebetriebslehre als Entscheidungslehre. In: Heinen, Edmund (Hrsg.): Industriebetriebslehre. Durchgesehener Nachdruck der 8. Auflage, Wiesbaden 1990

Heinen, Edmund: Industriebetriebslehre. Entscheidungen im Industriebetrieb. 9., vollständig neu bearbeitete und erweiterte Auflage, Wiesbaden 1991

Heinen, E./Dietel, B.: Kostenrechnung. In: Heinen, Edmund (Hrsg.): Industriebetriebslehre. Wiesbaden 1991, S. 1157–1313

Helbling, Carl: Unternehmensbewertung und Steuern. Unternehmensbewertung in Theorie und Praxis, insbesondere die Berücksichtigung der Steuern aufgrund der Verhältnisse in der Schweiz und in der Bundesrepublik Deutschland. 9., nachgeführte Auflage, Düsseldorf und Zürich 1998

Helbling, Carl: Bilanz- und Erfolgsanalyse. Lehrbuch und Nachschlagewerk für die Praxis mit besonderer Berücksichtigung der Darstellung im Jahresabschluß- und Revisionsbericht. 10., nachgeführte Auflage, Bern/Stuttgart/Wien 1997

Henderson, Bruce D.: Die Erfahrungskurve in der Unternehmensstrategie. 2., überarbeitete Auflage, Frankfurt/New York 1984

Hentze, Joachim: Personalwirtschaftslehre 1. Grundlagen, Personalbedarfsermittlung, -beschaffung, -entwicklung und -einsatz. 5., überarbeitete Auflage, Bern/Stuttgart 1991

Hentze, Joachim: Personalwirtschaftslehre 1. Grundlagen, Personalbedarfsermittlung, -beschaffung, -entwicklung und -einsatz. 6., überarbeitete Auflage, Bern/Stuttgart/Wien 1994

Hentze, Joachim: Personalwirtschaftslehre 2. Personalerhaltung und Leistungsstimulation, Personalfreistellung und Personalinformationswirtschaft. 6., überarbeitete Auflage, Bern/Stuttgart/Wien 1995

Hentze, H./Müller, K.-D./Schlicksupp, H.: Praxis der Managementtechniken. München/Wien 1989

Herrmann, A./Homburg, Chr. (Hrsg.): Marktforschung. Methoden, Anwendungen, Praxisbeispiele. 2., aktualisierte Auflage, Wiesbaden 2000

Herzberg, Frederick: One More Time: How Do You Motivate Employees? In: Harvard Business Review, Vol. 46, January/February 1968, S. 53–63

Herzberg, F./Mausner, B./Snydermann, B.B.: The Motivation to Work. New York 1959

Hilb, Martin: Integriertes Personal-Management. Ziele – Strategien – Instrumente. 4. Auflage, Neuwied/Kriftel/Berlin 1997

Hill, Wilhelm: Marketing. Band 1, 5., unveränderte Auflage, Bern/Stuttgart 1982a
Hill, Wilhelm: Marketing. Band 2, 5., unveränderte Auflage, Bern/Stuttgart 1982b
Hill, Wilhelm: Unternehmensplanung in kleinen und mittleren Betrieben. Die Orientierung, Nr. 61, 2. Nachdruck, Bern 1983
Hill, W./Attiger, P./Umbacher, U./Zieger, F.: Dienstleistungsunternehmen im internationalen Wettbewerb. Bern/Berlin/Frankfurt a. M. u. a. 1995
Hill, W./Fehlbaum, R./Ulrich, P.: Organisationslehre 2. Theoretische Ansätze und praktische Methoden der Organisation sozialer Systeme. 4., ergänzte Auflage, Bern/Stuttgart 1992
Hill, W./Fehlbaum, R./Ulrich, P.: Organisationslehre 1. Ziele, Instrumente und Bedingungen der Organisation sozialer Systeme. 5., überarbeitete Auflage, Bern/Stuttgart 1994
Hill, W./Rieser, I.: Marketing-Management. Bern/Stuttgart 1990
Hinterhuber, Hans H.: Strategische Unternehmungsführung. Band 1: Strategisches Denken. 6., völlig überarbeitete und erweiterte Auflage, Berlin/New York 1996; Band 2: Strategisches Handeln. 5., neu bearbeitete und erweiterte Auflage, Berlin/New York 1992
Hirsch: Verkaufsmitteilung über DM 3 200 000,– auf den Inhaber lautende Stammaktien der Hirsch AG Düsseldorf. Düsseldorf 1990
Hoffmann, Friedrich: Konzernhandbuch. Wiesbaden 1993
Hofstetter, P./Braunschweig, A.: Bewertungsmethoden von Ökobilanzen – ein Überblick. In: GAIA, Nr. 3, 1994, Nr. 4, S. 227–236
Hopfenbeck, Waldemar: Umweltorientiertes Management und Marketing. Konzepte, Instrumente, Praxisbeispiele. 2., durchgesehene Auflage, Landsberg/Lech 1991
Hopfenbeck, Waldemar: Umdenken zahlt sich aus. Audits, Umweltberichte und Ökobilanzen als betriebliche Führungsinstrumente. Landsberg/Lech 1993
Hopfenbeck, Waldemar: Allgemeine Betriebswirtschafts- und Managementlehre. Das Unternehmen im Spannungsfeld zwischen ökonomischen, sozialen und ökologischen Interessen. 11. Auflage, Landsberg/Lech 1997
Horváth, Péter: Controlling. 7., vollständig überarbeitete Auflage, München 1998
Hummel, Siegfried: Kostenrechnung. 4., völlig neu bearbeitete und erweiterte Auflage, Wiesbaden 1986
Hummel, Siegfried/Männel, Wolfgang: Kostenrechnung 1 – Grundlagen, Aufbau und Anwendung. 4., völlig neu bearbeitete und erweiterte Auflage, Wiesbaden 1993
Hummel, Siegfried/Männel, Wolfgang: Kostenrechnung 2 – Moderne Verfahren und Systeme, 3. Auflage, Wiesbaden 1993
Hungenberg, Harald: Zentralisation und Dezentralisation: strategische Entscheidungsverteilung in Konzernen. Wiesbaden 1995
Hüttner, Manfred: Grundzüge der Marktforschung. 4., völlig neu bearbeitete und erweiterte Auflage, Berlin/New York 1988
Ifo-Institut: Ifo Schnelldienst, Heft 1–2/97, München 1997
Imai, Masaaki: Kaizen. The Key to Japan's Competitive Success. New York 1986 (deutsch: Der Schlüssel zum Erfolg der Japaner im Wettbewerb. München 1992)
Institut der Wirtschaftsprüfer (Hrsg.): Wirtschaftsprüferhandbuch. Band 2, 10. Auflage, Düsseldorf 1992
IAS International Accounting Standards Committee (Hrsg.): International Accounting Standards 1998. Deutsche Fassung, Stuttgart 1999
Jehle, E./Müller, K./Michael, H.: Produktionswirtschaft. Eine Einführung mit Anwendungen und Kontrollfragen. 3. Auflage, Heidelberg 1990
Jonas, Martin: Unternehmensbewertung: Zur Anwendung der Discounted-Cash-flow-Methode in Deutschland. In: Betriebswirtschaftliche Forschung und Praxis, Nr. 1, 1995, S. 83–98

Käfer, Karl: Investitionsrechnungen. 4., verbesserte Auflage, Zürich 1974
Kahle, Egbert: Produktion. Lehrbuch zur Planung der Produktion und Materialbereitstellung. 3., völlig neu bearbeitete Auflage, München/Wien 1991
Kaplan, R./Norton, D.: Balanced Scorecard. Strategien erfolgreich umsetzen. Stuttgart 1997
Keller, Andrea: Die Rolle der Unternehmungskultur im Rahmen der Differenzierung und Integration der Unternehmung. Bern/Stuttgart 1990
Keller, Thomas: Unternehmungsführung mit Holdingkonzepten. Köln 1990
Kern, Werner: Industrielle Produktionswirtschaft. 4., neu bearbeitete und erweiterte Auflage, Stuttgart 1990
Kern, Werner (Hrsg.): Handwörterbuch der Produktionswirtschaft. 2. Auflage, Stuttgart 1996
Kiechl, Rolf: Management of Change. In: Thommen, Jean-Paul (Hrsg.): Management-Kompetenz. Zürich 1995, S. 283–300
Kieser, Alfred (Hrsg.): Organisationstheoretische Ansätze. München 1981
Kieser, Alfred (Hrsg.): Organisationstheorien. Stuttgart/Berlin/Köln 1993
Kieser, A./Kubicek, H.: Organisation. 3., völlig neu bearbeitete Auflage, Berlin/New York 1992
Kilger, Wolfgang: Industriebetriebslehre. Band 1, Wiesbaden 1986
Kilger, Wolfgang: Einführung in die Kostenrechnung. 3., durchgesehene Auflage, Wiesbaden 1992
Kircher, Nicole: Franchising. Der legale Klau einer guten Idee. In: HandelsZeitung, Nr. 7, 1994, S. 35
Kirsch, W./Picot, A. (Hrsg.): Die Betriebswirtschaftslehre im Spannungsfeld zwischen Generalisierung und Spezialisierung. Wiesbaden 1989
Klaus, P./Krieger, W. (Hrsg.): Gabler Lexikon Logistik. 2., vollständig überarbeitete und erweiterte Auflage, Wiesbaden 2000
Klimecki, R./Remer, A. (Hrsg.): Personal als Strategie. Mit flexiblen und lernbereiten Human-Ressourcen Kernkompetenzen aufbauen. Neuwied/Kriftel/Berlin 1997
Klimecki, R./Gmür, M.: Personalmanagement. Strategien – Erfolgsbeiträge – Entwicklungsperspektiven. 2., neubearbeitete und erweiterte Auflage, Stuttgart 2001
Klook, J./Sieben, G./Schildbach, Th.: Kosten- und Leistungsrechnung. Düsseldorf 1993
Klunzinger, Eugen: Grundzüge des Gesellschaftsrechts. 10., überarbeitete Auflage, München 1997
Kobi, J.-M./Wüthrich, H. J.: Unternehmenskultur verstehen, erfassen und gestalten. Landsberg/Lech 1986
Kopper, E./Kiechl, R. (Hrsg.): Globalisierung: Von der Vision zur Praxis. Methoden und Ansätze zur Entwicklung interkultureller Kompetenz. Zürich 1997
Kotler, Philip: Marketing Mix Decisions for New Products. Journal of Marketing Research, February 1964, S. 43–49
Kotler, Philip: Marketing Management. Analyse, Planung und Kontrolle. 4., völlig neu bearbeitete Auflage, Stuttgart 1982
Kotler, Ph./Bliemel, F.: Marketing-Management. Analyse, Planung, Umsetzung und Steuerung. 9., überarbeitete und aktualisierte Auflage, Stuttgart 1999
Kramer, Ernst A. (Hrsg.): Neue Vertragsformen der Wirtschaft: Leasing, Factoring, Franchising. 2., überarbeitete und erweiterte Auflage, Bern/Stuttgart/Wien 1992
Kreikebaum, Hartmut: Strategische Unternehmensplanung. 6., überarbeitete und erweiterte Auflage, Stuttgart 1997
Kreikebaum, Hartmut: Organisationsmanagement internationaler Unternehmen. Grundlagen und neue Strukturen. Wiesbaden 1998
Kroeber-Riel, W./Weinberg, P.: Konsumentenverhalten. 6. Auflage, München 1996
Krulis-Randa, J. S./Ergenzinger, R. (Hrsg.): Entwicklung zum strategischen Denken im Handel. Bern/Stuttgart 1990

Kruschwitz, Lutz: Investitionsrechnung. Berlin/New York 1995
Kruschwitz, Lutz: Finanzierung und Investition. 2., überarbeitete Auflage, München/Wien 1999
Krystek, U./Redel, W./Reppegather, S.: Grundzüge virtueller Organisationen. Elemente und Erfolgsfaktoren, Chancen und Risiken. Wiesbaden 1997
Kübler, Friedrich: Gesellschaftsrecht. 4., neubearbeitete und erweiterte Auflage, Heidelberg 1994
Kühn, Richard: Marktforschung für die Unternehmungspraxis. Methoden, Entscheide, Kontrollen. Die Orientierung, Nr. 67, 3., überarbeitete Auflage, Bern 1986
Kühn, R./Fankhauser, K.: Marktforschung. Ein Arbeitsbuch für das Marketing-Management. Bern/Stuttgart/Wien 1996
Küpper, Hans-Ulrich: Ablauforganisation. Stuttgart/New York 1981
Küpper, Hans-Ulrich: Beschaffung. In: Bitz, Michael et al. (Hrsg.): Vahlens Kompendium der Betriebswirtschaftslehre. Band 1, München 1989, S. 193–252
Kupsch, P. U./Marr, R.: Personalwirtschaft. In: Heinen, Edmund (Hrsg.): Industriebetriebslehre. 9., vollständig neu bearbeitete und erweiterte Auflage, Wiesbaden 1991, S. 729–896
Küting, K./Weber, C.-P.: Die Bilanzanalyse. Lehrbuch zur Beurteilung von Einzel- und Konzernabschlüssen. Stuttgart 1993
Lattmann, Charles: Die verhaltenswissenschaftlichen Grundlagen der Führung des Mitarbeiters. Bern/Stuttgart 1982
Lawrence, P. R./Dyer, D.: Renewing American Industry: Organizing for Efficiency and Innovation. New York 1983
Lawrence, P. R./Lorsch, J. W.: Organization and Environment. Cambridge, Mass. 1967
Leumann, Peter: Die Matrix-Organisation. Unternehmungsführung in einer mehrdimensionalen Struktur. Theoretische Darstellung und praktische Anwendung. Bern/Stuttgart 1979
Lewin, Kurt: Frontiers in Group Dynamics. In: Human Relations, 1. Jg., 1947, S. 5–41
Lewis, Jordan D.: Strategische Allianzen. Informelle Kooperationen, Minderheitsbeteiligungen, Joint Ventures, Strategische Netze. Frankfurt/New York 1991
Likert, Rensis: The Human Organization. New York 1967
Lombriser, R./Abplanalp P.A.: Strategisches Management. Visionen entwickeln, Strategien umsetzen, Erfolgspotentiale aufbauen. 2., durchgesehene und ergänzte Auflage, Zürich 1998
Luchs, R. H./Müller, R.: Das PIMS-Programm – Strategien empirisch fundieren. In: Strategische Planung, Band 1, 1985, S. 79–98
Lücke, Wolfgang (Hrsg.): Investitionslexikon. 2., völlig neu bearbeitete und erweiterte Auflage, München 1991
Lücke, Wolfgang: Rechnungswesen. In: Chmielewicz, Klaus (Hrsg.): Handwörterbuch des Rechnungswesens. 3., völlig neu gestaltete und ergänzte Auflage, Stuttgart 1993
Macharzina, Klaus: Unternehmensführung. Das internationale Managementwissen. Konzepte – Methoden – Praxis. 3., aktualisierte und erweiterte Auflage, Wiesbaden 1999
Manz, Klaus/Breid, Volker/Bronner, Tillmann/Daschmann, Hans-Achim/Koch, Ingo: Kostenrechnung/Controlling, Band 3. München 1993
Markowitz, Harry M.: Portfolio Selection: Efficient Diversifications of Investments. New York u. a. 1959
Marr, R./Picot, A.: Absatzwirtschaft. In: Heinen, Edmund (Hrsg.): Industriebetriebslehre. 9., vollständig neu bearbeitete und erweiterte Auflage, Wiesbaden 1991, S. 623–730
Maslow, Abraham H.: A Theory of Human Motivation. In: Psychological Review, 50. Jg., 1943, S. 370–396
Maslow, Abraham H.: Motivation and Personality. New York u. a. 1954 (deutsch: Motivation und Persönlichkeit. Olten/Freiburg i. Br. 1977)

Mattmüller, R.: Handels-Marketing. In: Meyer, P.W./Meyer, A. (Hrsg.): Marketing-Systeme, Grundlagen des institutionalen Marketing. 2., überarbeitete Auflage, Stuttgart 1993, S. 77–138

Mattmüller, R.: Marktforschung im Handwerk. In: Handwerks-Marketing, Ideen und Visionen für Erfolgsstrategien im Handwerk, Band 2, Bad Wörishofen 1995, S. 59–70

Mattmüller, Roland: Integrativ-prozessualorientiertes Marketing. Eine Einführung. Mit durchgehender Schwarzkopf & Henkel-Fallstudie. Wiesbaden 2000

Mayo, Elton: The Social Problems of an Industrial Civilization. Boston, Mass. 1945

McCarthy, Jerome E.: Basic Marketing: A Managerial Approach. 7. Auflage, Homewood, Ill. 1981

McGregor, Douglas: The Human Side of Enterprise. New York u. a. 1960 (deutsch: Der Mensch im Unternehmen. Düsseldorf 1970)

Meffert, Heribert: Marketing. Grundlagen der Absatzpolitik. 6., durchgesehene Auflage, Wiesbaden 1982; 7., überarbeitete und erweiterte Auflage, Wiesbaden 1986

Meffert, Heribert: Marketingforschung und Käuferverhalten. 2., vollständig überarbeitete und erweiterte Auflage, Wiesbaden 1992

Meffert, Heribert: Marketing-Management. Analyse – Strategie – Implementierung. Wiesbaden 1994

Meffert, Heribert: Marketing. Grundlagen marktorientierter Unternehmensführung. Konzepte – Instrumente – Praxisbeispiele. 9., überarbeitete und erweiterte Auflage, Wiesbaden 2000

Meffert, H./Bruhn, M.: Dienstleistungsmarketing: Grundlagen, Konzepte, Methoden. Wiesbaden 1995

Meffert, H./Kirchgeorg, M.: Marktorientiertes Umweltmanagement. Grundlagen und Fallstudien. Stuttgart 1992

Mertens, Peter: Integrierte Informationsverarbeitung 1 – Administrations- und Dispositionssysteme in der Industrie. Wiesbaden 1993

Mertens, P./Bodendorf, F./König, W./Picot, A./Schumann, M.: Grundzüge der Wirtschaftsinformatik. 3. Auflage, Berlin u. a. 1995

Mertens, P./Griese, J.: Integrierte Informationssysteme 2 – Planungs- und Kontrollsysteme in der Industrie. Wiesbaden 1993

Meyer, Conrad: Betriebswirtschaftliches Rechnungswesen. Einführung in Wesen, Technik und Bedeutung des modernen Management Accounting. 2., ergänzte Auflage, Zürich 1996

Meyer, A./Mattmüller, R.: Marketing. In: Corsten, H./Reiß, M. (Hrsg.): Betriebswirtschaftslehre. 2. Auflage, München u.a. 1996, S. 837–931

Modigliani, F./Miller, M. H.: The Cost of Capital, Corporation Finance, and the Theory of Investment. In: American Economic Review, vol. 48, 1958, S. 261–297. Deutsche Übersetzung in Hax, H./Laux, H. (Hrsg.): Die Finanzierung der Unternehmung, Köln 1975, S. 8–119

Moxter, Adolf: Bilanzlehre – Band II. Einführung in das neue Bilanzrecht. 3., vollständig umgearbeitete Auflage, Wiesbaden 1991

Müller-Hedrich, Bernd W.: Betriebliche Investitionswirtschaft. Systematische Planung, Entscheidung und Kontrolle von Investitionen. 6. Auflage, Stuttgart 1992

Müller, Michael/Leven, Franz-Josef (Hrsg.): Shareholder Value Reporting – Veränderte Anforderungen an die Berichterstattung börsennotierter Unternehmen. Wien/Frankfurt 1998

Nauer, Ernst: Organisation als Führungsinstrument. Ein Leitfaden für Vorgesetzte. Bern/Stuttgart/Wien 1993

Nieschlag, R./Dichtl, E./Hörschgen, H.: Marketing. 18., durchgesehene Auflage, Berlin 1997

Nippa, M./Picot, A. (Hrsg.): Prozeßmanagement und Reengineering – Die Praxis im deutschsprachigen Raum. Frankfurt/New York 1995

Nonaka, I./Takeuchi, H.: Die Organisation des Wissens. Wie japanische Unternehmen eine brachliegende Ressource nutzbar machen. Frankfurt a. M. 1997

North, Klaus: Wissensorientierte Unternehmensführung. Wertschöpfung durch Wissen. 2., aktualisierte und erweiterte Auflage, Wiesbaden 1999

November, Andràs: Distribution. Entwicklung und Neuorientierung von Handel und Verkauf. Die Orientierung, Nr. 70, Bern 1978

Ö.B.U.: Methoden für Ökobilanzen und ihre Anwendung in der Firma. Tagungsunterlagen vom 24.11.1993, Adliswil 1993

Odiorne, George S.: Management by Objectives. Führungssysteme für die achtziger Jahre. München 1980

Oeldorf, G./Olfert, K.: Materialwirtschaft. 9., überarbeitete und erweiterte Auflage, Ludwigshafen (Rhein) 2000

Oelsnitz, Dietrich von der: Benchmarking. In: Wisu – das wirtschaftsstudium, Nr. 8/9, 1994, S. 673

Osborn, Alex F.: Applied Imagination, Principles and Procedures of Creative Thinking. New York 1953

Österle, Hubert: Business Engineering – Prozeß- und Systementwicklung. Band 1: Entwurfstechniken. Berlin u.a. 1995

Österle, H./Brenner, C./Gaßner, C./Gutzwiller, T./Hess, T.: Business Engineering – Prozeß- und Systementwicklung. Band 2: Fallbeispiel. Berlin u.a. 1995

Österle, H./Brenner, W./Hilbers, K.: Unternehmensführung und Informationssystem. Der Ansatz des St. Galler Informationssystem-Managements. 2., durchgesehene Auflage, Stuttgart 1992

Osterloh, M./Frost, J.: Business Reengineering: Modeerscheinung oder „Business Revolution"? In: Zeitschrift Führung + Organisation, 63. Jg., 1994, S. 356–363

Osterloh, M./Frost, J.: Prozeßmanagement als Kernkompetenz: Wie Sie Business Reengineering strategisch nutzen können. Wiesbaden 1996

Ouchi, William G.: Theory Z: How American Business Meet the Japanese Challenge. Reading, Mass. 1981

Pascale, R.T./Athos, A.G.: The Art of Japanese Management. Harmondsworth 1981

Peemöller, V./Bömelburg, P./Denkmann, A.: Unternehmensbewertungen in Deutschland – Eine empirische Erhebung. In: Die Wirtschaftsprüfung, 47. Jg., 1994, Nr. 22, S. 741–749

Perlitz, Manfred: Internationales Management. 4., bearbeitete Auflage, Stuttgart 2000

Perridon, L./Steiner, M.: Finanzwirtschaft der Unternehmung. 10., überarbeitete und erweiterte Auflage, München 1999

Perrow, Charles: Organizational Analysis: A Sociological View. London 1970

Peters, Th.J./Watermann, R.H.: In Search of Excellence. New York 1982 (deutsch: Auf der Suche nach Spitzenleistungen. München 1983)

Pfahl, J.M.: Konzernkapitalflußrechnungen. München 1994

Pfeiffer, W./Doerrie, U./Stoll, E.: Menschliche Arbeit in der industriellen Produktion. Göttingen 1977

Picot, A./Reichwald, R./Wigand, R. T.: Die grenzenlose Unternehmung. Information, Organisation und Management. Lehrbuch zur Unternehmensführung im Informationszeitalter. 4., vollständig überarbeitete und erweiterte Auflage, Wiesbaden 2001

Picot, A./Dietl, H./Franck, E.: Organisation. Eine ökonomische Perspektive. 2., überarbeitete Auflage, Stuttgart 1999

Pieper, R./Richter, K. (Hrsg.): Management. Bedingungen, Erfahrungen, Perspektiven. Wiesbaden 1990

Pleitner, Hans J.: Aspekte einer Managementlehre für kleinere Unternehmen. Internationales Gewerbearchiv, Sonderheft 1, Berlin/München/St. Gallen 1986

Pleitner, Hans J.: Klein- und Mittelunternehmen in einer dynamischen Wirtschaft. Ausgewählte Schriften von Hans Jobst Pleitner. Hrsg. von Josef Mugler und Karl-Heinz Schmidt, Berlin/München/St. Gallen 1995

Porter, L. W./Lawler, E. E.: Managerial Attitudes and Performance. Homewood, Ill. 1968

Porter, Michael E.: Wettbewerbsstrategie. Frankfurt a. M. 1983

Porter, Michael E.: Wettbewerbsvorteile. Frankfurt a. M. 1986

Preißner, Andreas: Was machen Controller? In: Das Controller-Magazin, 23 Jg. 1998, Heft 3, S. 217–223

Probst, Gilbert J. B.: Organisation. Strukturen, Lenkungsinstrumente, Entwicklungsperspektiven. Landsberg/Lech 1993

Probst, G. J. B./Gomez, P. (Hrsg.): Vernetztes Denken. Unternehmen ganzheitlich führen. Wiesbaden 1990

Probst, G. J. B./Büchel, B. S. T.: Organisationales Lernen. Wettbewerbsvorteile der Zukunft. 2., aktualisierte Auflage, Wiesbaden 1998

Probst, G./Raub, St./Rombardt, K.: Wissen managen. Wie Unternehmen ihre wertvollste Ressource optimal nutzen. 2. Auflage, Frankfurt a.M. 1998

Pümpin, Cuno: Strategische Führung in der Unternehmungspraxis. Entwicklung, Einführung und Anpassung der Unternehmungsstrategie. Die Orientierung, Nr. 76, Bern 1980

Pümpin, Cuno: Management strategischer Erfolgspositionen. Das SEP-Konzept als Grundlage wirkungsvoller Unternehmungsführung. 3. Auflage, Bern/Stuttgart 1986

Pümpin, Cuno: Das Dynamik Prinzip. Zukunftsorientierungen für Unternehmer und Manager. Düsseldorf/Wien 1989

Pümpin, Cuno: Strategische Erfolgs-Positionen. Methodik der dynamischen strategischen Unternehmensführung. Bern/Stuttgart/Wien 1992

Pümpin, C./Geilinger, U. W.: Strategische Führung. Aufbau strategischer Erfolgspositionen in der Unternehmungspraxis. Die Orientierung, Nr. 76, 2., neu verfaßte Ausgabe, Bern 1988

Pümpin, C./Kobi, J.-M./Wüthrich, H. A.: Unternehmenskultur. Basis strategischer Profilierung erfolgreicher Unternehmen. Die Orientierung, Nr. 85, Bern 1985

Pümpin, C./Prange, J.: Management der Unternehmensentwicklung. Phasengerechte Führung und der Umgang mit Wissen. Frankfurt/New York 1991

Raffée, Hans: Gegenstand, Methoden und Konzepte der Betriebswirtschaftslehre. In: Bitz, Michael et al. (Hrsg.): Vahlens Kompendium der Betriebswirtschaftslehre. Band 1, München 1989, S. 1 ff.

Raffée, H./Fritz, W.: Unternehmensführung und Unternehmenserfolg. Grundlagen und Ergebnisse einer empirischen Untersuchung. Institut für Marketing, Universität Mannheim, Arbeitspapier Nr. 85. Mannheim 1990, S. 15

Rappaport, Alfred: Shareholder Value. 2., vollständig überarbeitete und aktualisierte Auflage, aus dem Amerikanischen von Wolfgang Klien, Stuttgart 1999

Reichwald, R./Dietel, B.: Produktionswirtschaft. In: Heinen, Edmund: Industriebetriebslehre. Entscheidungen im Industriebetrieb. 9., vollständig neu bearbeitete und erweiterte Auflage, Wiesbaden 1991, S. 395–622

Riekhof, Hans-Christian (Hrsg.): Strategieentwicklung. Konzepte und Erfahrungen. Stuttgart 1989

Ringlstetter, Max: Konzernentwicklung. München 1995

Roethlisberger, F. J./Dickson, W. J.: Management and the Worker. Cambridge, Mass. 1939

Röglin, H.-Ch./Grebmer, K. von: Pharma-Industrie und Öffentlichkeit. Ansätze zu einem neuen Kommunikationskonzept. Basel 1988

Rosenstiel, Lutz von: Grundlagen der Organisationspsychologie. 3., überarbeitete und ergänzte Auflage, Stuttgart 1992

Rosenstiel, L. von/Regnet, E./Domsch, M. (Hrsg.): Führung von Mitarbeitern. Handbuch für erfolgreiches Personalmanagement. 4., überarbeitete und erweiterte Auflage, Stuttgart 1999

Roventa, Peter: Portfolio-Analyse und Strategisches Management. Ein Konzept zur strategischen Chancen- und Risikohandhabung. 2., durchgesehene Auflage, München 1981

Rüegg-Stürm, Johannes: Controlling für Manager. Grundlagen, Methoden, Anwendungen. Zürich 1996

Ruh, Hans: Störfall Mensch. Wege aus der ökologischen Krise. Gütersloh 1995

Ruh, Hans: Anders, aber besser. Die Arbeit neu erfinden – für eine solidarische und überlebensfähige Welt. Frauenfeld 1995

Rühli, Edwin: Unternehmungsführung und Unternehmungspolitik. Band 2, 2. Auflage, Bern/Stuttgart 1988

Rühli, Edwin (Hrsg.): Strategisches Management in schweizerischen Industrie-Unternehmungen. 2., überarbeitete und ergänzte Auflage, Bern/Stuttgart 1991a

Rühli, Edwin: Unternehmungskultur – Konzepte, Methoden. In: Rühli, E./Keller, A. (Hrsg.): Kulturmanagement in schweizerischen Industrieunternehmungen. Bern/Stuttgart 1991b

Rühli, Edwin: Gestaltungsmöglichkeiten der Unternehmungsführung. Führungsstil, Führungsmodelle, Führungsrichtlinien, Mitwirkung und Mitbestimmung. Bern/Stuttgart/Wien 1992a

Rühli, Edwin: Koordination. In: Frese, Erich: Handwörterbuch der Organisation. 3., völlig neu gestaltete Auflage, Stuttgart 1992b, Sp. 1164–1175

Rühli, Edwin: Strategische Allianzen als dritter Weg zwischen Alleingang und Zusammenschluß? Beschränkte Zusammenarbeit in Kerngebieten. In: Neue Zürcher Zeitung, 16. Juni 1992c, S. 61

Rühli, Edwin: Unternehmungsführung und Unternehmungspolitik. Band 3, Bern/Stuttgart/Wien 1993

Rühli, Edwin: Unternehmungsführung und Unternehmungspolitik. Band 1, 3., vollständig überarbeitete und erweiterte Auflage, Bern/Stuttgart 1996

Rühli, E./Keller, A.: Unternehmungskultur im Zürcher Ansatz. Wirtschaftswissenschaftliches Studium, Nr. 12, 1989, S. 685–691

Rühli, E./Sauter-Sachs, S. (Hrsg.): Strukturmanagement in schweizerischen Industrieunternehmungen. Bern/Stuttgart/Wien 1992

Sattelberger, Thomas (Hrsg.): Human Resource Management im Umbruch. Positionierung – Potentiale – Perspektiven. Wiesbaden 1996

Schäfer, E./Knoblich, H.: Grundlagen der Marktforschung. 5., neu bearbeitete Auflage, Stuttgart 1978

Schaltegger, St./Sturm, A.: Ökologieorientierte Entscheidungen im Unternehmen. Ökologisches Rechnungswesen statt Ökobilanzierung: Notwendigkeit, Kriterien, Konzepte. Bern/Stuttgart/Wien 1992

Schanz, Günther: Organisationsgestaltung. Struktur und Verhalten. München 1982

Schanz, Günther (Hrsg.): Anreizsysteme in Wirtschaft und Verwaltung. Stuttgart 1991

Schär, Kurt F.: Die wirtschaftliche Funktionsweise des Factoring. In: Kramer, Ernst A. (Hrsg.): Neue Vertragsformen der Wirtschaft: Leasing, Factoring, Franchising. 2., überarbeitete und erweiterte Auflage, Bern/Stuttgart/Wien 1992, S. 275ff.

Schedler, Kuno: Ansätze einer wirkungsorientierten Verwaltungsführung. Bern/Stuttgart/Wien 1995

Scheer, August-Wilhelm: CIM – Computer Integrated Manufacturing. Der computergesteuerte Industriebetrieb. 2., durchgesehene Auflage, Berlin u.a. 1987

Scheer, August-Wilhelm: EDV-orientierte Betriebswirtschaftslehre. 4. Auflage, Berlin u.a. 1990

Scheer, August-Wilhelm: Wirtschaftsinformatik – Referenzmodelle für industrielle Geschäftsprozesse. 4. Auflage, Berlin u.a. 1994

Scheffler, Eberhard: Konzernmanagement. München 1992

Schellenberg, Aldo: Durchsetzung der Unternehmungspolitik. Problemanalyse und Lösungsbeiträge aus betriebs- und verhaltenswissenschaftlicher Sicht. Bern/Stuttgart/Wien 1992

Schellenberg, Aldo: Rechnungswesen. Grundlagen, Zusammenhänge, Interpretationen. 3., überarbeitete und erweiterte Auflage, Zürich 2000

Scheuch, Fritz: Marketing. München 1986

Schierenbeck, Henner: Grundzüge der Betriebswirtschaftslehre. 12., überarbeitete Auflage, München 1995

Schierenbeck, Henner: Grundzüge der Betriebswirtschaftslehre. 13., überarbeitete Auflage, München/Wien 1998

Schmidt, Götz: Methode und Techniken der Organisation. 2. Auflage, Gießen 2000

Schmidt, R. H./Terberger, E.: Grundzüge der Investitions- und Finanzierungstheorie. 4., aktualisierte Auflage, Wiesbaden 1997

Schneider, Dieter: Allgemeine Betriebswirtschaftslehre. 3., neu bearbeitete und erweiterte Auflage, München/Wien 1987

Schneider, Dieter: Investition, Finanzierung und Besteuerung. 7., vollständig überarbeitete und erweiterte Auflage, Wiesbaden 1992

Scholz, Christian: Personalmanagement. Informationsorientierte und verhaltenstheoretische Grundlagen. 5., neubearbeitete und erweiterte Auflage, München 2000

Schreyögg, Georg: Umwelt, Technologie und Organisationsstruktur. Eine Analyse des kontingenztheoretischen Ansatzes. Bern/Stuttgart 1978

Schreyögg, Georg: Organisation. Grundlagen moderner Organisationsgestaltung. 3., überarbeitete und erweiterte Auflage, Wiesbaden 1999

Schröder, B. von/Tschöke, K.: Vergleich börsennotierter Unternehmen. In: Achleitner, A.-K./Thoma, G.F. (Hrsg.): Handbuch Corporate Finance. Köln 1997

Schubert, W./Küting, K.: Unternehmungszusammenschlüsse. München 1981

Schulte, Christof: Logistik. Wege zur Optimierung des Material- und Informationsflusses. München 1991

Schulte-Zurhausen, Manfred: Organisation. 2., völlig überarbeitete und erweiterte Auflage, München 1999

Schulz, D./Fritz, W./Schuppert, D./Seiwert, L. J./Walsch I.: Outplacement. Personalfreisetzung und Karrierestrategie. Wiesbaden 1989

Schwaninger, Markus: Managementsysteme. Frankfurt/New York 1994

Schwarz, Peter: Management in Nonprofit Organisationen. Eine Führungs-, Organisations- und Planungslehre für Verbände, Sozialwerke, Vereine, Kirchen, Parteien usw. Bern/Stuttgart 1992

Schweitzer, Marcell (Hrsg.): Industriebetriebslehre. Das Wirtschaften in Unternehmungen. München 1990

Schweitzer, M./Küpper, H.-U.: Systeme der Kosten- und Erlösrechnung. 7., überarbeitete und erweiterte Auflage, München 1998

Scott, Richard W.: Organizations: Rational, Natural, and Open Systems. Englewood Cliffs, N.J. 1981 (deutsch: Grundlagen der Organisationstheorie, Frankfurt/Main 1986)

Seghezzi, Hans Dieter: Qualitätsmanagement: Ansatz eines St. Galler Konzepts Integriertes Qualitätsmanagement. Stuttgart und Zürich 1994

Seghezzi, Hans Dieter: Integriertes Qualitätsmanagement. München 1995

Seiler, Armin: Marketing. Zürich und Wiesbaden 2000

Sieben, Günter: Unternehmensbewertung: Discounted Cash Flow-Verfahren und Ertragswertverfahren – Zwei völlig unterschiedliche Ansätze? In: Lanfermann, Josef (Hrsg.): Festschrift für Hans Havermann. Internationale Wirtschaftsprüfung, Düsseldorf 1995, S. 713–737

Siegwart, Hans: Produktentwicklung in der industriellen Unternehmung. Bern/Stuttgart 1974

Siegwart, Hans: Das betriebswirtschaftliche Rechnungswesen als Führungsinstrument. Stuttgart/Zürich 1990

Siegwart, Hans: Kennzahlen für die Unternehmungsführung. 4., überarbeitete und erweiterte Auflage, Bern/Stuttgart/Wien 1992

Siegwart, H./Kunz, B.R.: Brevier der Investitionsplanung. Bern/Stuttgart 1982

Smith, Adam: Der Wohlstand der Nationen. München 1971 (Original 1776)

Soom, Erich: Die neue Produktionsphilosophie: Just-in-time-Production. In: io Management-Zeitschrift, Nr.9, S. 362ff., und Nr.10, S. 446ff., 1986

Specht, Günter: Distributionsmanagement. 2., überarbeitete und erweiterte Auflage. Stuttgart/Berlin/Köln 1992

Spitschka, Horst: Praktisches Lehrbuch der Organisation. München 1975

Spittler, Hans-Joachim: Leasing. In: Achleitner, A.-K./Thoma, G.F. (Hrsg.): Handbuch Corporate Finance. Köln 1997

Spremann, Klaus: Investition und Finanzierung. 5. Auflage, München/Wien 1996

Spremann, K./Zur, E. (Hrsg.): Controlling. Grundlagen – Informationssysteme – Anwendungen. Wiesbaden 1992

Staehelin, Erwin: Investitionsrechnung. Konzept und Vergleich der Investitionsrechnungsmethoden. Berücksichtigung der Inflation und Steuern. 40 Aufgaben. 8., erweiterte Auflage, Chur/Zürich 1993

Staehle, Wolfgang H.: Organisation und Führung sozio-technischer Systeme. Grundlagen einer Situationstheorie. Stuttgart 1973

Staehle, Wolfgang H.: Management. Eine verhaltenswissenschaftliche Perspektive. 8. Auflage, München 1999

Staffelbach, Bruno: Management-Ethik. Ansätze und Konzepte aus betriebswirtschaftlicher Sicht. Bern/Stuttgart/Wien 1994

Stahlmann, Volker: Umweltorientierte Materialwirtschaft. Das Optimierungskonzept für Ressourcen, Recycling, Rendite. Wiesbaden 1988

Staub, Leo: Unternehmungsführung und Recht: Management von Recht als Führungsaufgabe. Zürich 1995

Stein, Heinz-Gerd: Operatives und strategisches Controlling im Thyssen-Konzern. In: Hoffmann, Friedrich (Hrsg.): Konzernhandbuch. Recht – Steuern – Rechnungslegung – Führung – Organisation – Praxisfälle. Wiesbaden 1993, S. 601–620

Steinbuch, P.A./Olfert, K.: Fertigungswirtschaft. 6., aktualisierte Auflage, Ludwigshafen (Rhein) 1995

Steiner, Frank: Finanzielle Führung in der Praxis des Klein- und Mittelbetriebes. 3., überarbeitete und aktualisierte Auflage, Bern 1988

Steinmann, H./Löhr, A. (Hrsg.): Unternehmensethik. Stuttgart 1989

Steinmann, H./Löhr, A.: Grundlagen der Unternehmensethik. Stuttgart 1992

Steinmann, H./Schreyögg, G.: Management. Grundlagen der Unternehmungsführung. Konzepte – Funktionen – Praxisfälle. 2. Auflage, Wiesbaden 1991

Steinmann, H./Schreyögg, G.: Management. Grundlagen der Unternehmungsführung. Konzepte – Funktionen – Praxisfälle. 4., überarbeitete und erweiterte Auflage, Wiesbaden 1997

Süchting, Joachim: Finanzmanagement. Theorie und Politik der Unternehmensfinanzierung. 6., vollständig überarbeitete und erweiterte Auflage, Wiesbaden 1995

Tannenbaum, R./Schmidt, W.H.: How to Choose a Leadership Pattern. In: Harvard Business Review, March/April 1958, S. 95–101

Taylor, Frederick W.: The Principles of Scientific Management. New York 1911 (deutsch: Die Grundsätze der wissenschaftlichen Betriebsführung. Berlin/München 1917)

Theisen, Manuel R.: Der Konzern. Stuttgart 1991

Thom, Norbert: Innovationsmanagement. Die Orientierung, Nr. 100, Bern 1992a

Thom, Norbert: Organisationsentwicklung. In: Frese, Erich (Hrsg.): Handwörterbuch der Organisation. 3. Auflage, Stuttgart 1992b, Sp. 1477–1491

Thom, Norbert: Change Management. In: Corsten, H./Reiss, M. (Hrsg.): Handbuch Unternehmungsführung. Konzepte, Instrumente, Schnittstellen. Wiesbaden 1995

Thom, Norbert: Betriebliches Vorschlagswesen – Ein Instrument der Betriebsführung. Empirische Erkenntnisse und Gestaltungsempfehlungen. 5., überarbeitete und erweiterte Auflage, Bern u.a. 1996

Thommen, Jean-Paul (Hrsg.): Management-Kompetenz. Die Gestaltungsansätze des NDU/Executive MBA der Hochschule St. Gallen. Zürich 1995

Thommen, Jean-Paul: Betriebswirtschaftslehre, Band 1: Unternehmung und Umwelt, Marketing, Material- und Produktionswirtschaft. Zürich 1996a

Thommen, Jean-Paul: Betriebswirtschaftslehre, Band 2: Rechnungswesen, Finanzierung, Investition. Zürich 1996b

Thommen, Jean-Paul: Betriebswirtschaftslehre, Band 3: Personal, Organisation, Führung, Spezielle Gebiete des Managements. Zürich 1996c

Thommen, Jean-Paul: Glaubwürdigkeit: Die Grundlage unternehmerischen Denkens und Handelns. Zürich 1996d

Thommen, Jean-Paul: Managementorientierte Betriebswirtschaftslehre. 6., aktualisierte und ergänzte Auflage, Zürich 2000a

Thommen, Jean-Paul: Lexikon der Betriebswirtschaft: Management-Kompetenz von A bis Z. 2. Auflage, Zürich 2000b

Tietz, Bruno: Der Handelsbetrieb: Grundlagen der Unternehmenspolitik. 2., neubearbeitete Auflage, München 1993

Tietz, B./Köhler, R./Zentes, J. (Hrsg.): Handwörterbuch des Marketing. 2., vollständig überarbeitete Auflage, Stuttgart 1995

Tschätsch, Heinz: Praktische Betriebslehre. Stuttgart 1983

Ulich, Eberhard: Arbeitspsychologie. 3., überarbeitete und erweiterte Auflage, Zürich/Stuttgart 1994

Ulich, E./Baitsch, Ch./Alioth, A.: Führung und Organisation. Die Orientierung, Nr. 81, Bern 1983

Ulrich, Hans: Die Unternehmung als produktives soziales System. 2. Auflage, Bern/Stuttgart 1970

Ulrich, Hans: Management. Bern/Stuttgart 1984

Ulrich, Hans: Unternehmungspolitik. 2. Auflage, Bern/Stuttgart 1987

Ulrich, Hans: Von der Betriebswirtschaftslehre zur systemorientierten Managementlehre. In: Wunderer, Rolf (Hrsg.): Betriebswirtschaftslehre als Management- und Führungslehre. 2., ergänzte Auflage, Stuttgart 1988, S. 173ff.

Ulrich, H./Krieg, W.: St. Galler Management-Modell. 3., verbesserte Auflage, Bern 1974

Ulrich, P./Fluri, E.: Management. Eine konzentrierte Einführung. 7., verbesserte Auflage, Bern/Stuttgart/Wien 1995

Ulrich, P./Thielemann, U.: Ethik und Erfolg. Unternehmungsethische Denkmuster von Führungskräften – eine empirische Studie. Bern/Stuttgart 1992

Vidale, M.L./Wolfe, H.B.: An Operations-Research Study of Sales Response to Advertising. In: Operations-Research, Juni 1957, S. 370–381

Vogt, Gudrun G.: Nomaden der Arbeitswelt. Virtuelle Unternehmen – Kooperationen auf Zeit. Zürich 1999

Volkart, Rudolf: Finanzmanagement. Beiträge zu Theorie und Praxis. Band 1 und 2, 7., erweiterte Auflage, Zürich 1998a/b

Volkart Rudolf: Shareholder Value & Corporate Valuation. Zürich 1998c

Volkart Rudolf: Wertorientierte Steuerpolitik. Zürich 1998d

Volkart, Rudolf: Strategische Finanzpolitik. 2., überarbeitete und erweiterte Auflage, Zürich 1998e

Volkart, Rudolf: Unternehmensbewertung und Akquisitionen. Zürich 1999

Volkart, Rudolf: Unternehmensfinanzierung und Kreditpolitik. Zürich 2000

Walker, Beat: Der steuerbare Unternehmungsgewinn (Personen- und Kapitalunternehmen). In: Höhn, E./Athanas, P. (Hrsg.): Das neue Bundesrecht über die direkten Steuern. Direkte Bundessteuer und Steuerharmonisierung. Bern/Wien/Stuttgart 1993, S. 125–203

Warnecke, Hans Jürgen: Der Produktionsbetrieb. Berlin 1984

Warnecke, Hans-Jürgen: Der Produktionsbetrieb 1. Organisation, Produkt, Planung. 3., unveränderte Auflage, Berlin u.a. 1995a

Warnecke, Hans-Jürgen: Der Produktionsbetrieb 2. Produktion, Produktionssicherung. 3., unveränderte Auflage, Berlin u.a. 1995b

Weber, Helmut K.: Betriebswirtschaftliches Rechnungswesen, Bd. 1. 4., überarbeitete Auflage, München 1993

Weber, W./Mayrhofer, W./Nienheiser, W.: Taschenlexikon Personalwirtschaft. Stuttgart 1997

Weber, Jürgen: Logistik-Controlling. 2., vollständig überarbeitete und erweiterte Auflage, Stuttgart 1991

Wehrli, Hans-Peter: Marketing. 3., überarbeitete Auflage, Wetzikon 1995

Weibler, Jürgen: Personalführung. München 2001

Weilenmann, Paul: Planungsrechnung in der Unternehmung. 8., neu bearbeitete Auflage, Zürich 1994

Weinert, Ansfried B.: Lehrbuch der Organisationspsychologie. 2., erweiterte Auflage, München/Weinheim 1987

Welge, Martin K.: Unternehmungsführung. Band 1: Planung. Stuttgart 1985

Welge, Martin K.: Unternehmungsführung. Band 2: Organisation. Stuttgart 1987

Welge, Martin K.: Unternehmungsführung. Band 3: Controlling. Stuttgart 1988

Welge, M. K./Al-Laham, A.: Planung. Prozesse – Strategien – Maßnahmen. Wiesbaden 1992

Wiendahl, Hans-Peter: Betriebsorganisation für Ingenieure. 3., überarbeitete und erweiterte Auflage, München/Wien 1989

Wildemann, Horst: Die modulare Fabrik. München 1988

Wittmann, Waldemar et al. (Hrsg.): Handwörterbuch der Betriebswirtschaft. Teilband 1 (A–H), 5., völlig neu gestaltete Auflage, Stuttgart 1993

Wittmann, Waldemar et al. (Hrsg.): Handwörterbuch der Betriebswirtschaft. Teilband 2 (I–Q), 5., völlig neu gestaltete Auflage, Stuttgart 1993

Wittmann, Waldemar et al. (Hrsg.): Handwörterbuch der Betriebswirtschaft. Teilband 3 (R–Z), 5., völlig neu gestaltete Auflage, Stuttgart 1993

Wöhe, Günter: Einführung in die Allgemeine Betriebswirtschaftslehre. 16. Auflage, München 1986

Wöhe, Günter: Einführung in die Allgemeine Betriebswirtschaftslehre. 17., überarbeitete Auflage, München 1990

Wöhe, Günter: Einführung in die Allgemeine Betriebswirtschaftslehre. 19., neubearbeitete Auflage, München 1996

Wöhe, Günter: Einführung in die Allgemeine Betriebswirtschaftslehre. 20., neubearbeitete Auflage, München 2000

Wöhe, G./Bilstein, J.: Grundzüge der Unternehmensfinanzierung, 7., überarbeitete und erweiterte Auflage, München 1994

Wohlgemuth, André C.: Das Beratungskonzept der Organisationsentwicklung. 3. Auflage, Bern/Stuttgart 1991

Wohlgemuth, A.C./Treichler, Ch. (Hrsg.): Unternehmensberatung und Management. Die Partnerschaft zum Erfolg. Zürich 1995

Wolff, Karina: Going Public in der Schweiz, in Deutschland und in den USA. Bern/Stuttgart/Wien 1994

Womack, J. P./Jones, D. T./Roos, D.: Die Zweite Revolution in der Autoindustrie. Frankfurt a. M. 1992

Woodward, Joan: Management and Technology. London 1958
Woodward, Joan: Industrial Organization: Theory and Practice. London 1965
Wunderer, Rolf (Hrsg.): Betriebswirtschaftslehre als Management- und Führungslehre. 2., ergänzte Auflage, Stuttgart 1988
Wunderer, Rolf (Hrsg.): Kooperation. Gestaltungsprinzipien und Steuerung der Zusammenarbeit zwischen Organisationseinheiten. Stuttgart 1991
Wunderer, Rolf: Von der Personaladministration zum Wertschöpfungs-Center. In: Schweizerische Gesellschaft für Personalfragen, Mitteilungen, Nr. 2, 1993, S. 3ff.
Wunderer, R./Kuhn, T. (Hrsg.): Innovatives Personalmanagement. Theorie und Praxis unternehmerischer Personalarbeit. Neuwied/Kriftel/Berlin 1994
Wunderer, R./von Arx, S.: Personalmanagement als Wertschöpfungs-Center. Unternehmerische Organisationskonzepte für interne Dienstleister. 2., überarbeitete und erweiterte Auflage, Wiesbaden 1999
Wunderer, Rolf: Führung und Zusammenarbeit. Eine unternehmerische Führungslehre. 3. Auflage, Neuwied/Kriftel 2000
Wunderer, R./Dick, P.: Personalmanagement – Quo vadis? Analysen und Prognosen zu Entwicklungstrends bis 2010. Neuwied/Kriftel 2000
Zäpfel, Günther: Taktisches Produktions-Management. Berlin/New York 1989a
Zäpfel, Günther: Strategisches Produktions-Management. Berlin/New York 1989b
Zehnder, Hans-Peter: Die Umgestaltung einer privaten Aktiengesellschaft in eine Publikumsgesellschaft. Zürich 1981
Zepf, Günter: Kooperativer Führungsstil und Organisation. Zur Leistungsfähigkeit und organisatorischen Verwirklichung einer kooperativen Führung in Unternehmungen. Wiesbaden 1972
Ziegenbein, Klaus: Controlling. 6., überarbeitete und erweiterte Auflage, Ludwigshafen 1998
Zwicky, Fritz: Entdecken, Erfinden, Forschen im morphologischen Weltbild. München/Zürich 1966

Stichwortverzeichnis

A

C

H

P

T

V